中国煤炭工业
科学技术发展报告

(2016—2020)

中国煤炭工业协会 编

应急管理出版社

·北京·

图书在版编目（CIP）数据

中国煤炭工业科学技术发展报告：2016—2020/中国煤炭工业协会编．－－北京：应急管理出版社，2021
　ISBN 978 – 7 – 5020 – 8693 – 0

　Ⅰ.①中…　Ⅱ.①中…　Ⅲ.①煤炭工业—技术发展—研究报告—中国—2016—2020　Ⅳ.①TD82 – 12

中国版本图书馆 CIP 数据核字（2021）第 088010 号

中国煤炭工业科学技术发展报告（2016—2020）

编　　者	中国煤炭工业协会
责任编辑	赵金园　尹燕华　武鸿儒
编　　辑	杜　秋
责任校对	李新荣　孔青青
封面设计	解雅欣
出版发行	应急管理出版社（北京市朝阳区芍药居35号　100029）
电　　话	010 – 84657898（总编室）　010 – 84657880（读者服务部）
网　　址	www.cciph.com.cn
印　　刷	北京玥实印刷有限公司
经　　销	全国新华书店
开　　本	889mm×1194mm $^1/_{16}$　印张　38$^1/_4$　字数　1003千字
版　　次	2021年5月第1版　2021年5月第1次印刷
社内编号	20210350　　　　　　　　　定价　228.00元

版权所有　违者必究

本书如有缺页、倒页、脱页等质量问题，本社负责调换，电话：010 – 84657880

编委会

主　　任	王显政	梁嘉琨			
副 主 任	解宏绪	刘　峰	王虹桥	张　宏	孙守仁
指导专家	谢和平	何满潮	袁　亮	彭苏萍	武　强
	顾大钊	王双明	康红普	王国法	葛世荣
	杨仁树	潘一山	梁　冰	来兴平	周福宝
	冯国瑞	李全生	刘见中	马世志	马占元
	张建国	唐永志	侯水云	令狐建设	尚建选
	孙希奎				
委　　员	郭中华	曹文君	王景亮	李迎春	张绍强
	杨树勇	郑厚发	张建明	孟　琦	昌孝存
	雷　毅	管增伦	程建远	毕银丽	朱拴成
主　　编	刘　峰				
副 主 编	曹文君	郑厚发	张建明		
编写人员	杨胜利	闫志伟	吴拥政	董东林	张延旭
	曹　博	程卫民	谭　波	李宏艳	魏国营
	孙建荣	郭玉辉	杨方亮	庞义辉	王和堂
	李泉新	阮立军	高明仕	张守仁	金立国
	曹光明	高　杨	杨　扬	王　宏	吴晓华
	颜丙磊	王　蕾	赵　奇	李少华	张　磊
	郭秀军	郭林峰	刘　磅	赵　瑞	许德轩
	赵巧芝	周密林	张庆华	周　楠	牛　芳

前 言

《中华人民共和国国民经济和社会发展第十四个五年规划和2035年远景目标纲要》提出："坚持创新在我国现代化建设全局中的核心地位，把科技自立自强作为国家发展的战略支撑，面向世界科技前沿、面向经济主战场、面向国家重大需求、面向人民生命健康，深入实施科教兴国战略、人才强国战略、创新驱动发展战略，完善国家创新体系，加快建设科技强国。"2020年，煤炭在我国一次能源消费中占比56.8%，比2019年下降0.9个百分点。在今后较长时期内，煤炭作为我国兜底保障能源的地位和作用难以改变。

"十三五"以来，我国煤炭行业发生了巨大变化，行业自主创新能力大幅提升，实现了从跟踪、模仿到部分领域并跑、领跑的转变。大型矿井建设、特厚煤层综放开采、煤与瓦斯共采、燃煤超低排放发电、高效煤粉型和水煤浆工业锅炉、现代煤化工技术达到国际领先水平，主要煤机装备和大型粉煤气化技术实现了国产化，装备制造水平位于世界前列，引领了国际煤炭智能化开采和清洁高效转化的发展方向。

"十四五"是我国全面建成小康社会、乘势而上开启全面建设社会主义现代化国家新征程的第一个五年，是深入贯彻"四个革命、一个合作"能源安全新战略、着力构建清洁低碳、安全高效现代化能源体系的攻坚期，也是煤炭工业应对新一轮工业革命、实现高质量发展的关键时期。面对高质量发展新要求，必须以系统思维来谋划煤炭科技创新发展，需从发展历史、现实、未来及地理、国际等多个角度综合考虑。从发展历程看，70多年来煤炭工业的发展，尤其是改革开放以来的跨越式发展离不开煤炭科技的有力支撑；从现实角度看，煤炭行业面临高质量供给和发展不平衡、不充分的矛盾，需要煤炭科技创新提供更有力的支撑；从未来角度看，煤炭科技要顺应未来能源发展趋势，从传统能源向清洁能源转变；从地理角度看，煤炭科技发展要充分考虑我国煤炭资源地理空间分布；从国际角度看，要抓住世界经济和能源格局调整带来的机遇与挑战，坚持开放合作。

为了全面反映"十三五"期间我国煤炭科技进展，介绍煤炭工业重点领域的科学技术发展情况，宣传煤炭工业实施创新驱动发展战略、坚持科技自立自强取得的成就，中国煤炭工业协会编写出版《中国煤炭工业科学技术发展报告（2016—2020）》（以下简称《报告》）。《报告》全面总结了"十三五"期间煤炭行业科技创新体系建设情况，客观反映了煤炭重点领域关键技术攻关成就，详细介绍了先进技术推广应用情况，重点提出了"十四五"期间煤炭科技发展的指导思想、主要目标和重点任务。

《报告》共五章。第一章从总体上描述了我国煤炭产业发展现状、中华人民共和国成立以来煤炭科技发展历程、我国煤炭科技发展现状。第二章全面总结了煤炭行业科技创新体系建设情况，介绍了科研平台、人才队伍、知识产权、标准化和科技成果奖励情况。第三章介绍了煤炭重点领域的理论和技术进展情况，重点从资源勘查与地质保障、矿井建设、井工煤矿开采、露天煤矿开采、煤矿安全与应急救援、煤矿智能化、矿区生态环保与资源综合利用、煤炭洗选与现代煤化工八大领域进行了阐述，并介绍了五年来行业取得的重大科技创新成果。第四章描述了煤炭工业先进技术与装备的推广应用情况，包括国家部委推广的先进适用技术装备和行业重点推广的先进适用技术装备。第五章提出了煤炭工业"十四五"期间科技发展的总体思路、"31110"主要任务和保障措施。

我们希望，本书将成为所有想了解中国煤炭工业科学技术发展的人们，特别是煤炭及相关行业从事科学技术研究和管理工作人员的一部具有全面性和客观性的重要文献。

在本书编写过程中，得到了众多煤炭生产、煤矿建设、煤机制造、煤化工等企业以及煤炭高等院校的大力支持，其中，国家能源集团、中煤能源集团、中国华电集团、中国煤炭科工集团、中国煤炭地质总局、中联煤层气有限责任公司、山东能源集团、晋能控股集团、华阳新材料科技集团、陕西煤业化工集团、淮河能源集团、中国平煤神马能源化工集团、河南能源化工集团、煤炭科学技术研究院有限公司、天地科技股份有限公司、中煤科工集团西安研究院、中煤科工集团重庆研究院、煤科集团沈阳研究院、中国矿业大学、中国矿业大学（北京）、太原理工大学、辽宁工程技术大学、山东科技大学、安徽理工大学、河南理工大学、西安科技大学、华北科技学院的学者和专家在本书编审过程中付出了大量的努力，在此一并表示衷心的感谢！

由于编写时间紧张，本书难以反映"十三五"期间煤炭工业科技发展取得的所有进展，不完善之处，敬请读者见谅！

编　者
2021 年 4 月

目次

1 概述 … (1)
   1.1 "十三五"煤炭行业改革发展成就 … (1)
      1.1.1 煤炭去产能目标任务超额完成 … (1)
      1.1.2 煤炭资源开发布局持续优化 … (1)
      1.1.3 现代产业体系建设取得新进展 … (2)
      1.1.4 科技创新能力显著增强 … (2)
      1.1.5 煤炭资源生产水平明显提升 … (3)
      1.1.6 煤炭清洁高效利用步伐加快 … (3)
      1.1.7 煤炭市场化改革取得实质性进展 … (3)
      1.1.8 矿区生态文明建设稳步推进 … (3)
      1.1.9 煤炭产业政策体系进一步健全完善 … (3)
      1.1.10 国际交流合作领域不断拓展 … (4)
      1.1.11 安全生产形势持续稳定好转 … (4)
   1.2 新中国成立以来煤炭科技发展进程 … (4)
      1.2.1 新中国成立到改革开放初期 … (4)
      1.2.2 改革开放到市场化初期 … (5)
      1.2.3 全面市场化改革时期 … (6)
      1.2.4 进入新时代 … (9)
   1.3 我国煤炭科技发展现状 … (10)
      1.3.1 煤炭地质勘探 … (10)
      1.3.2 矿井建设 … (10)
      1.3.3 煤及共伴生资源开采 … (11)
      1.3.4 矿井灾害防治 … (12)
      1.3.5 煤机装备与智能化 … (13)
      1.3.6 洁净煤技术 … (14)
      1.3.7 节能环保与职业健康 … (15)

2 煤炭科技创新体系建设 … (17)
   2.1 科技研发平台 … (17)
      2.1.1 国家企业技术中心 … (17)
      2.1.2 国家级科技创新基地 … (18)
      2.1.3 国家能源研发中心（重点实验室） … (20)
      2.1.4 安全科技支撑平台 … (20)
      2.1.5 煤炭行业工程研究中心 … (21)
      2.1.6 协同创新中心 … (23)
   2.2 科技人才队伍 … (24)
   2.3 行业知识产权 … (26)

2.4 行业标准化 ……………………………………………………………………… (27)
2.5 科技创新成果 …………………………………………………………………… (29)
2.5.1 成果奖励 …………………………………………………………………… (29)
2.5.2 科研项目 …………………………………………………………………… (30)

3 重点领域技术进展 ……………………………………………………………………… (33)
3.1 资源勘查与地质保障 …………………………………………………………… (33)
3.1.1 煤炭资源勘查及综合评价 ………………………………………………… (33)
3.1.2 煤矿井下钻探技术装备 …………………………………………………… (35)
3.1.3 煤矿井下物探技术装备 …………………………………………………… (42)
3.2 矿井建设 …………………………………………………………………………… (45)
3.3 井工煤矿开采 ……………………………………………………………………… (52)
3.3.1 开采 ………………………………………………………………………… (52)
3.3.2 掘进 ………………………………………………………………………… (56)
3.3.3 支护 ………………………………………………………………………… (62)
3.3.4 运输 ………………………………………………………………………… (68)
3.4 露天煤矿开采 ……………………………………………………………………… (73)
3.5 煤矿安全与应急救援 ……………………………………………………………… (77)
3.5.1 矿井通风 …………………………………………………………………… (77)
3.5.2 矿井水害防治 ……………………………………………………………… (81)
3.5.3 矿井火灾防治 ……………………………………………………………… (85)
3.5.4 矿井瓦斯治理 ……………………………………………………………… (95)
3.5.5 矿井粉尘防治 ……………………………………………………………… (111)
3.5.6 顶板与冲击地压灾害防治 ………………………………………………… (134)
3.5.7 职业危害 …………………………………………………………………… (148)
3.6 煤矿智能化 ………………………………………………………………………… (150)
3.6.1 智能地质保障技术 ………………………………………………………… (150)
3.6.2 智能化快速掘进技术 ……………………………………………………… (154)
3.6.3 智能化开采技术 …………………………………………………………… (158)
3.6.4 智能供电技术 ……………………………………………………………… (163)
3.6.5 煤流智能调速技术 ………………………………………………………… (164)
3.6.6 智能洗选技术 ……………………………………………………………… (165)
3.6.7 井下5G通信技术 …………………………………………………………… (167)
3.6.8 智能化综合管控平台 ……………………………………………………… (168)
3.6.9 煤矿机器人共性关键技术 ………………………………………………… (169)
3.7 矿区生态环保与资源综合利用 …………………………………………………… (172)
3.7.1 矿区生态修复 ……………………………………………………………… (172)
3.7.2 煤矸石综合利用 …………………………………………………………… (183)
3.7.3 矿井水利用 ………………………………………………………………… (187)
3.7.4 煤层气（煤矿瓦斯）开发与利用 ………………………………………… (191)
3.7.5 矿井余热资源利用 ………………………………………………………… (194)

3.8 煤炭洗选与现代煤化工 (200)
3.8.1 煤炭洗选 (200)
3.8.2 现代煤化工 (205)
3.8.3 煤粉工业锅炉 (210)
3.8.4 燃煤发电 (212)
3.8.5 煤电污染物控制 (215)

3.9 行业重大科技创新成果 (221)
3.9.1 重大技术突破与应用示范 (221)
3.9.2 行业年度科技事件 (234)

4 先进适用技术及装备 (246)

4.1 国家部委推广的先进适用技术及装备 (246)
4.1.1 技术及装备推广目录 (246)
4.1.2 部分技术及装备介绍 (255)

4.2 行业重点推广的先进适用技术及装备 (278)
4.2.1 煤矿采掘与机电技术及装备 (278)
4.2.2 煤矿智能化技术及装备 (322)
4.2.3 煤矿安全保障与应急救援技术及装备 (372)
4.2.4 煤炭清洁利用与生态环保技术及装备 (506)

5 煤炭工业"十四五"科技发展方向 (525)

5.1 发展环境 (525)

5.2 发展思路 (526)
5.2.1 指导思想 (526)
5.2.2 基本原则 (526)
5.2.3 主要目标 (527)

5.3 主要任务 (527)
5.3.1 煤炭基础理论研究 (528)
5.3.2 重点领域核心技术攻关 (528)
5.3.3 重大技术创新示范 (529)
5.3.4 先进适用技术推广 (531)

5.4 保障措施 (531)
5.4.1 完善科技创新体系 (531)
5.4.2 强化标准规范引领 (532)
5.4.3 加强科技创新服务 (532)
5.4.4 加强知识产权保护 (532)
5.4.5 健全人才发展机制 (532)
5.4.6 营造优良创新环境 (532)

附录一 煤炭行业获国家科技奖励目录（2016—2020） (533)
  （一）国家科学技术奖获奖项目 (533)
  （二）中国专利奖获奖项目 (536)

附录二 中国煤炭工业协会科学技术奖获奖项目目录（2016—2020） ……………………………（541）
　　（一）2016 年度中国煤炭工业协会科学技术奖获奖项目 ………………………………（541）
　　（二）2017 年度中国煤炭工业协会科学技术奖获奖项目 ………………………………（549）
　　（三）2018 年度中国煤炭工业协会科学技术奖获奖项目 ………………………………（557）
　　（四）2019 年度中国煤炭工业协会科学技术奖获奖项目 ………………………………（566）
　　（五）2020 年度中国煤炭工业协会科学技术奖获奖项目 ………………………………（575）

附录三 煤炭行业相关标准制修订目录（2016—2020） …………………………………………（586）
　　（一）2016—2020 年批准发布的国家标准（GB） ………………………………………（586）
　　（二）2016—2020 年批准发布的煤炭标准（MT） ………………………………………（589）
　　（三）2016—2020 年批准发布的能源标准（NB） ………………………………………（591）
　　（四）2016—2020 年批准发布的安全标准（AQ） ………………………………………（594）
　　（五）2016—2020 年批准发布的团体标准（TB） ………………………………………（594）

附录四 国家首批智能化示范煤矿建设名单 ………………………………………………………（595）
　　（一）智能化升级改造煤矿（63 处） ……………………………………………………（595）
　　（二）新（改扩）建智能化煤矿（8 处） …………………………………………………（596）

附录五 煤炭行业技能大师工作室目录（2018—2020） …………………………………………（598）

1 概　　述

1.1 "十三五"煤炭行业改革发展成就

"十三五"时期是煤炭工业发展史上具有里程碑、划时代意义的五年。2016年2月，国务院印发《关于煤炭行业化解过剩产能实现脱困发展的意见》（国发〔2016〕7号），明确提出"从2016年开始，用3~5年的时间，再退出产能5亿吨左右、减量重组5亿吨左右，较大幅度压缩煤炭产能，适度减少煤矿数量，煤炭行业过剩产能得到有效化解，市场供需基本平衡，产业结构得到优化，转型升级取得实质性进展"的奋斗目标。煤炭行业迈上了推动供给侧结构性改革、实现高质量发展的新征程。"十三五"以来，面对错综复杂的宏观环境、艰巨繁重的改革发展任务，特别是2020年受新冠肺炎疫情的严重冲击，全行业坚持以习近平新时代中国特色社会主义思想为指导，牢记习近平总书记"做好煤炭这篇大文章"的嘱托，深入贯彻国家能源安全新战略，着力推动煤炭安全高效智能化开采和清洁高效集约化利用，着力推动体制机制创新，着力推动科技创新，着力推动产业转型升级，去产能目标任务超额完成，产业结构持续优化，新旧动能加快转换，供给体系质量显著增强，煤炭经济运行总体平稳，煤炭清洁化利用水平大幅提升，煤炭"兜底保障"根基更加稳固，为谱写新时代煤炭工业高质量发展新篇章奠定了坚实基础。

1.1.1 煤炭去产能目标任务超额完成

"十三五"以来，在国家有关部门和主要产煤省区地方政府的领导和推动下，持续推动化解过剩产能、淘汰落后产能、建设先进产能，全国煤炭供给质量显著提高。截至2020年底，全国累计退出煤矿5500处左右、退出落后煤炭产能1 Gt/a以上，安置职工100万人左右，超额完成《国务院关于煤炭行业化解过剩产能实现脱困发展的意见》（国发〔2016〕7号）提出的化解过剩产能目标。

1.1.2 煤炭资源开发布局持续优化

"十三五"时期，我国煤炭生产重心加快向资源禀赋好、开采条件好的"晋陕蒙地区"集中。2020年西部地区煤炭产量2.33 Gt，占全国的59.7%，比2015年提高5个百分点；中部地区占全国的33.4%，下降了1.4个百分点；东部地区下降了2.3个百分点；东北地区下降1.3个百分点。

从大型基地和区域煤炭产量变化看，2020年，14个大型煤炭基地产量占全国总产量的96.6%，比2015年提高3.6个百分点。内蒙古、山西、陕西、新疆、贵州、山东、安徽、河南8个省（区）煤炭产量超亿吨，原煤产量共计3.5 Gt，占全国的89.7%，其中，晋陕蒙三省（区）原煤产量2.79 Gt，占全国的71.5%。全国煤炭净调出省（区）减少到晋陕蒙新4个省（区），其中晋陕蒙三省（区）调出煤炭1.73 Gt左右。

1.1.3 现代产业体系建设取得新进展

煤炭供给体系质量显著提升。截至2020年底，全国煤矿数量减少到4700处以下、平均单井（矿）产能提高到1.10 Mt/a以上。大型现代化煤矿成为全国煤炭生产的主体。全国建成年产1.20 Mt以上的大型现代化煤矿1200处以上，产量占全国的80%左右，其中，建成年产千万吨级煤矿52处，产能820 Mt/a；年产0.3 Mt以下的小煤矿数量、产能分别下降到1000处以下、110 Mt/a左右。

前8家大型企业原煤产量1855 Mt，占全国的47.6%，比2015年提高11.6个百分点；其中，亿吨级以上企业煤炭产量1680 Mt，占全国的43%；千万吨级以上企业煤炭产量3000 Mt，占全国的77%。

煤炭企业战略性重组步伐加快。神华集团与国电集团合并重组为国家能源投资集团，山东能源与兖矿集团联合重组成立新山东能源集团，中煤能源兼并重组国投、保利和中铁等企业的煤矿板块，山西省战略重组成立晋能控股集团和山西焦煤集团，甘肃省、贵州省、辽宁省分别重组成立甘肃能源化工投资集团、盘江煤电集团、辽宁省能源集团。战略性重组后，国家能源集团、晋能控股集团、山东能源集团、中煤能源集团4家企业煤炭年产量超过200 Mt，陕西煤业化工集团、山西焦煤集团2家企业年产量超过100 Mt，煤炭产业集中度大幅提升，培育打造了一批具有创建世界一流能源企业潜力的大型煤炭（能源）企业集团。

新兴产业和生产服务性产业加快发展。新能源、新材料、先进制造、科技环保、现代金融等产业不断发展，形成一批新兴产业增长新引擎。人工智能、大数据、机器人等现代信息技术与煤炭开发利用深度融合，煤矿数字化、智能化、绿色化转型全面提速。截至2020年底，建成400多个智能化采掘工作面，采煤、钻锚、巡检等19种煤矿机器人在井下应用，71处煤矿列入国家首批智能化示范建设煤矿。

产业链、供应链现代化水平明显提高。截至2020年底，煤炭企业参股控股电厂权益装机容量达330 GW，比2015年增加180 GW，占全国燃煤电力装机的26.5%；参股控股焦化规模占全国焦化总产能的30%以上；煤制油、煤制烯烃、煤制气、煤制乙二醇产能分别达到9.31 Mt/a、15.82 Mt/a、5.1 Gm^3/a、4.89 Mt/a。

1.1.4 科技创新能力显著增强

"十三五"期间，煤炭行业技术创新体系不断健全完善，科技创新驱动发展的能力显著增强。大型煤炭企业采煤机械化程度提高到98.86%。大型矿井建设、特厚煤层综放开采、煤与瓦斯共采、燃煤超低排放发电、高效煤粉型工业锅炉、现代煤化工技术等达到国际领先水平，主要煤机装备和大型粉煤气化技术实现了国产化，煤机装备制造规模位于世界前列。2016—2019年，全行业获国家科技奖励项目16项，其中"煤制油品/烯烃大型现代煤化工成套技术开发及应用"项目荣获国家科技进步一等奖；2020年8月，国家科学技术奖励工作办公室开展2020年度国家科学技术奖初评工作，煤炭行业共6个项目通过初评，包括技术发明奖2项，科技进步奖4项。"十三五"期间，全行业获中国专利奖 51 项,其中金奖 3 项、银奖 2 项;获得煤炭行业科技奖 1491 项,其中特等奖 5 项、一等奖 162 项。

"十三五"期间,全行业建成国家级、省部级和行业级研发平台 170 余家,其中,国家重点实验室和国家工程技术研究中心 23 家,科技创新支撑煤炭行业高质量发展的能力显著增强。

1.1.5 煤炭资源生产水平明显提升

煤炭清洁生产机制不断完善,充填开采、保水开采、煤与瓦斯共采、无煤柱开采等煤炭绿色开采技术得到推广,煤炭资源回收率显著提升。2020 年,原煤入洗率达到 74.1%,比 2015 年提高 8.2 个百分点。煤炭洗选加工技术快速发展,千万吨级湿法全重介选煤技术、大型复合干法和块煤干法分选技术、细粒级煤炭资源的高效分选技术、大型井下选煤排矸技术和新一代空气重介干法选煤技术成功应用。2020 年,矿井水综合利用率、煤矸石综合利用处置率、井下瓦斯抽采利用率分别达到 78.7%、72.2%、44.8%,比 2015 年分别提高 11.2 个、8 个、9.5 个百分点;土地复垦率达到 57% 左右,提高 9 个百分点;大型煤矿原煤生产综合能耗 10.51 千克标煤/吨,下降 11 个百分点;煤矸石及低热值煤综合利用发电装机达 42 GW,增加 9 GW,年利用煤矸石达到 150 Mt。

1.1.6 煤炭清洁高效利用步伐加快

燃煤电厂超低排放改造持续推进。截至 2020 年底,全国燃煤电厂完成超低排放和节能改造 950 GW,占全国火电装机容量的 76% 左右。具有自主知识产权的高效煤粉型锅炉技术得到推广应用,锅炉燃料燃烬率达到 98%,比普通燃煤锅炉提高 28 个百分点,主要污染物排放指标达到天然气锅炉排放标准。散煤综合治理和煤炭减量替代成效显著,"十三五"期间散煤用量消减超过 200 Mt。

1.1.7 煤炭市场化改革取得实质性进展

以国务院办公厅发布《关于深化电煤市场化改革的指导意见》(国办发〔2012〕57 号)为标志,我国煤炭市场化改革进入快车道。全国煤炭交易市场体系不断完善,煤炭价格指数体系逐步健全,煤炭期货市场不断培育发展。市场运行机制、交易规则、监管体制不断建立和完善。特别是在政府有关部门的推动下,逐步建立了符合煤炭工业改革发展方向的产能置换、中长期合同制度和"基础价 + 浮动价"的定价机制、最高最低库存和政府行业企业共同抑制煤炭价格异常波动、行业诚信体系建设等一系列基础性制度。2021 年煤炭中长期合同签约量达到 2.1 Gt,占全国煤炭产量的 50% 以上。中长期合同制度和"基础价 + 浮动价"定价机制,发挥了维护煤炭经济平稳运行的压舱石作用。

1.1.8 矿区生态文明建设稳步推进

全行业牢固树立"绿水青山就是金山银山"理念,持续推进矿区生态环境修复治理,矿区大气、水、土壤、绿化等生态环境质量稳定向好,建成了开滦南湖中央生态公园、徐州潘安湖湿地公园、神东国家级水土保持生态基地等一批国家矿山公园、近代工业博览园和国家生态旅游示范区,矿区主要污染物排放总量持续减少,生态环境品质得到提升,促进了矿区资源开发与生态环境协调发展。

1.1.9 煤炭产业政策体系进一步健全完善

能源法律法规体系进一步健全,《资源税法》颁布实施,《安全生产法》《能源法》《煤炭法》《职业病防治法》等修订工作有序推进。国家先后出台了工业企业结构调整专项奖补资金管理办法、去产能关闭煤矿职工安置办法、煤炭产运储销体系建设、自然资源资产产权制度改革的指导意见、推进煤炭企业兼并重组转型升级的意见、积极稳妥降低企业杠杆率的意见、国有企业"三供一业"分离移交、推进煤矿智能化发展的指导意见等一系列政策措施,充分激发煤炭企业的活力,为煤炭行业高质量发展提供了制度保障。

1.1.10 国际交流合作领域不断拓展

煤炭行业企业坚持共商共建共享原则，深入推进"一带一路"产能合作。国家能源集团、中煤能源集团、中煤科工集团、中煤地质总局、山东能源集团、徐州矿务集团、郑州煤矿机械集团等大型企业依托地质勘探、矿山建设、煤矿机械、技术装备、人才资源等方面的优势，深化务实合作，主动融入"一带一路"沿线国家和区域建设格局，全球配置资源能力不断增强，国际影响力显著提升。煤炭行业与世界能源机构、主要产煤国家政府、协会和企业的合作不断深化，搭建高层次国际合作交流平台，举办世界煤炭协会技术委员会会议、煤炭企业国际化研讨会、中国国际煤炭采矿展等，开创了与"一带一路"沿线国家产业合作和互利共赢发展的新局面。

1.1.11 安全生产形势持续稳定好转

煤矿安全法律法规标准体系不断完善，煤矿安全生产责任制度体系不断健全，安全科技装备水平大幅提升，安全生产投入大幅增加，煤矿职工安全培训不断强化，深入推进煤矿安全生产违法违规行为专项整治行动、煤矿安全生产专项整治三年行动等，促进了煤矿安全生产形势持续稳定好转。2020年，全国煤矿百万吨死亡率降至0.059，比2015年下降63.6%。

1.2 新中国成立以来煤炭科技发展进程

70多年来，煤炭行业管理体制几经变革，但科技创新引领产业发展的主线从未改变。经过广大煤炭从业人员的不断努力，行业科技创新能力持续提升，为提高行业发展质量和效益，推动现代化煤炭经济体系建设奠定了坚实基础。

1.2.1 新中国成立到改革开放初期

新中国成立初期的煤炭科技进步主要体现在采煤方法和采煤装备方面。

新中国成立后到20世纪50年代，我国煤矿机械化开始有所发展，先后引进了苏联和波兰的采煤机，煤矿支护材料开始由原木支架升级为钢支架，但机械化程度比较低，还没有液压支架。而同期西方国家已开始进行综合机械化采煤。

综合机械化采煤就是在液压支架的保护下，能综合实现采煤机割煤、运输机输煤的技术。为了学习西方经验，1954年8月，燃料工业部召开了第一次煤矿机械化会议。1964年，煤炭部组织相关人员赴英国、法国和西德考察煤炭工业的发展状况、趋势及现代化技术，历时83天。同年，相关研究人员在郑州煤机厂开始研制液压支架。

1970年11月，在大同矿务局煤峪口煤矿进行了综合机械化开采试验，这是我国第一个综采工作面。这次试验为将综合机械化开采确定为煤炭工业开采技术的发展方向提供了坚实依据。1972年，燃化部（1970年1月，煤炭部、石油部、化学部合并，组成燃料化学工业部）在郑州召开了全国煤矿机械化会议，组织全国综合机械化采煤设备会战。当时各煤研所和煤机厂与冶金、机械等行业的相关厂家协作，先后研制出垛式、掩护式等多种液压支架以及双滚筒采煤机、重型可弯曲输送机和高压乳化液泵站、阀组和高压管件等。这次会战及其研发成果为我国综合机械化采煤技术的发展奠定了坚实基础。

党和国家非常关心和支持煤炭行业的技术进步。在周恩来总理的亲自关怀下，1974年我国从国外引进43套综采设备。1975年撤销燃料化学工业部成立煤炭工业部。1977年在当时国家外汇非常紧缺的情况下，支持煤炭工业部引进了100套综采设备，同时计划国内制造500套。

20世纪70年代煤炭工业部专门成立了综合机械化采煤指挥部，为综采设备的关键零部件建设配备了"采掘测试技术装置"，对液压支架"三阀"、乳化液泵、采煤机以及带式输送机的关键部件进行了技术攻关，为提高综采设备的可靠性创造了条件。

1.2.2 改革开放到市场化初期

1980年我国成立国家能源委员会，负责管理石油、煤炭、电力3个工业部门。1988年煤炭工业部、石油工业部、水利电力工业部和核工业部撤销，组建了能源部，统管国家能源工业。煤炭工业部撤销后，成立中国统配煤炭总公司和东北内蒙煤炭工业联合公司。1993年能源部撤销，重新组建了煤炭工业部和电力工业部。1998年，国家进行机构改革，煤炭工业部改组为国家煤炭工业局。1999年，经国务院批准设立国家煤矿安全监察局，同年成立中国煤炭工业协会。

以上机构改革变化期间，正是煤炭行业市场化改革的初级阶段。这一期间，坚持科技兴煤的方向一直没有改变。煤炭科技创新取得重要进展，支撑了煤炭工业较快发展。

1. 综合机械化和放顶煤技术

我国煤矿综合机械化开采技术在20世纪80年代取得较大进展，到80年代末已成功掌握综合机械化开采技术，极大提高了采煤效率。与此同时，综采设备的研制也蓬勃展开。1985年郑州煤矿机械厂研制生产的ZY-35型液压支架，在4个综采工作面使用，年产原煤1 Mt以上。鸡西煤矿机械厂研制生产的MLS3-170型采煤机，在七台河、平顶山、潞安、鸡西等煤矿使用，实现了井下连续割煤15000 m以上不开盖检修。西安煤矿机械厂、辽源煤矿机械二厂和无锡采煤机械厂分别生产的300 kW和150 kW采煤机，都通过了1000 h台架试验。张家口煤矿机械厂生产的SGZ-764/264型重型刮板输送机，过煤量达到2 Mt，为煤炭生产能力的提高创造了条件。

1985年，全国有7个使用国产综采成套设备的综采队，创年产原煤1 Mt以上的纪录，达到当时的国际先进水平。

20世纪80年代初，我国引进了国外的放顶煤技术。1984年由煤炭科学研究总院开采所与沈阳煤炭研究所共同设计、郑州煤矿机械厂制造的FY400-14/28型放顶煤液压支架首次研制成功并在沈阳矿务局蒲河煤矿投入试验，取得较好效果。1986年在窑街矿务局二矿进行了急倾斜特厚煤层水平分段综采放顶煤开采工业性试验，取得圆满成功；之后在甘肃窑街、吉林辽源、新疆乌鲁木齐取得了急倾斜煤层综放技术的突破。之后综采放顶煤液压支架得到进一步完善，实现了综采放顶煤技术的重大突破。1991年山西阳泉一矿创下综采放顶煤工作面月产0.14 Mt的纪录；同年山西潞安漳村矿综采放顶煤工作面月产突破0.15 Mt，潞安五阳矿综采放顶煤工作面月产突破了0.21 Mt。1993年潞安王庄矿综采放顶煤工作面取得月产0.311 Mt、年产2.53 Mt的好成绩。

2. 煤矿建设和掘进技术

20世纪70年代开始，由于开采深度增加，矿井建设向大型矿井、集中生产的方向发展，一批年产1.5 Mt、3 Mt、4 Mt的矿井，以及年产10 Mt的露天煤矿相继开工兴建。到1985年年底，全国已建成131个大中小相结合的煤炭生产基地，其中年产1 Mt及以上的矿区94处。

1983年，在注浆堵水技术研究领域中，MG-646化学注浆材料、水泥—水玻璃注浆材料、YSB-250/120型液力调速注浆泵和动水注浆技术等4项成果荣获全国科学大会奖。1985年，冻结法凿井技术荣获国家科技进步二等奖。

为适应煤矿机械化发展需要，20世纪80年代，煤炭行业引进了AM50型、S-100型掘进机，对推动我国综掘机械化发挥了重要作用。在岩巷掘进机械化方面，研制成功了ZC-1B型侧卸式装岩机，与光面爆破、液压凿岩台车（双臂）或多台气腿式风动凿岩机、JZD-1型激光指向仪、胶带转载机、锚喷支护等设备综合配套使用，形成了岩巷掘进机械化作业线。

3. 选煤技术

到20世纪80年代，我国已能自行设计年处理原煤3 Mt的大型选煤厂，并可以制造大型选煤设备。这一时期，我国已建设22处重介质选煤厂，入选原煤量约占全国入选总量的22%。三产品重介质旋流器和非磁性介质旋流器等新工艺研究也取得进展。同时，国内研制的XPM系列喷射浮选机也得到推广应用。其中，推广应用了煤泥直接浮选工艺，从根本上消除了细煤泥和极细泥质物在洗水系统中的积聚和恶性循环，达到清水洗煤，为实现选煤厂洗水闭路循环创造了条件。

1.2.3 全面市场化改革时期

20世纪90年代后期，我国煤炭工业迎来全面市场化改革时期，虽然有改革的阵痛但科技创新的步伐更加稳健，成就斐然。

1. 综合机械化采煤和智能化开采

1）20世纪90年代安全高效的煤炭综采和放顶煤技术

1995年日产7000 t的综采成套设备在铁法矿务局试验成功。同时开始研发大功率、电牵引、多电机横向布置和大截深新一代采煤机，开始应用具有铸焊结合封底中部槽、交叉侧卸机头、链条自动张紧等先进技术的重型刮板输送机，从而将综合机械化采煤能力提高到了年产三四百万吨的先进水平。这一期间还开发了长距离带式输送机系统、既运人又可运料的高效辅助运输系统、地质保障系统、煤巷快速掘进与锚杆支护系统、安全生产监测系统，有效保障了综合机械化开采的安全高效生产。1999年，综合机械化采煤产量占国有重点煤矿的51.7%，较1975年（综合机械化开采发展初期）提高了26倍。

这一时期的综采放顶煤技术进一步完善。1995年山东兖州矿务局兴隆庄煤矿的综采放顶煤工作面达到年产3 Mt的好成绩；2000年兖州矿务局东滩煤矿综采放顶煤工作面创出年产5.12 Mt的纪录；2002年兖矿集团兴隆庄煤矿采用"十五"攻关技术装备将综采放顶煤工作面的月产和年产再创新高，达到年产6.8 Mt。同时，山东兖矿集团开发了综采放顶煤成套设备和技术，并于2005年在澳大利亚澳思达煤矿成功应用，将综采放顶煤技术推广到了国外。

2）21世纪涌现出千万吨综采机械化煤矿

进入21世纪，针对煤矿装备可靠性较差、寿命较短等方面的不足，煤炭行业开始采用三维仿真、有限元分析等现代设计方法，研制用高强度、高韧性优质焊接无裂纹结构钢的液压支架。新型采煤机研制时更加注重可靠性要求，采用了1000 V变频器和集中控制技术。同时大运量、软起动、高强度、重型化、高可靠性的刮板输送机开始研制。采用动态分析技术，带式输送机在驱动装置、高效储带与张紧装置、自移机尾、控制系统与监控装置方面也取得了长足进步。

截至2020年，年产10 Mt配套的采煤机、液压支架和运输机已全部实现了国产化并达到了世界先进水平。如神东上湾煤矿年产10 Mt的矿井，井下采煤工作面一个班只有9个人。大型煤炭企业的采煤机械化程度已由1978年的32.5%提高到2018年的97.9%；掘进机械化程度由14.5%提高到

56.3%；全国煤矿人均生产效率由 137 t/a 提高到 1000 t/a，增长了 6.3 倍。

3）党的十八大后煤炭开采迈向智能开采

2014 年 5 月 8 日，黄陵矿业一号煤矿 1001 工作面首次实现连续作业的智能化开采，成为我国煤炭开采史上具有里程碑意义的一次革命。

我国煤炭生产企业积极开展了煤矿智能化建设，陆续实施了矿井信息基础设施的升级改造，包括传感器、摄像仪等信息感知设备，井上下传输网络和数据中心等信息服务设施。一些现代化井工煤矿主要生产系统中的输送带主运输、井下变电所、供排水泵房、地面主通风机房实现了远程监控和无人值守。2019 年，国家能源神东煤炭集团在榆家梁矿成功试验了基于精确三维地质模型和扫描构建工作面绝对坐标数字模型的自主智能割煤。国家能源集团、中煤能源、兖矿集团、山东能源、平煤集团、陕煤集团、山西焦煤、同煤集团、阳煤集团、重庆能投、淮北矿业等企业都在积极开展智能工作面建设，全国已建成约 500 个有人巡视、无人值守的智能化综采工作面，既有薄煤层综采工作面又有大采高、中厚煤层综采工作面，实现了减人提效的目标，引领了国际煤炭智能化开采的发展方向。

2019 年 1 月，国家煤矿安全监察局首次印发了 5 类 38 种煤矿机器人重点研发目录，加快煤矿机器人技术的攻关和研发应用，在采煤、掘进、支护、喷浆、打钻、巡查等井下危难险重岗位实现机器人替代作业，并建成一批智能化无人（少人）示范煤矿。

2. 煤矿建设与井巷掘进

1）矿井建设

我国在煤矿建设方面已形成以综合机械化开采为核心、集中生产和合理开拓为关键、先进技术装备为保障的现代化矿井设计理念，建立了以冻结、钻井、注浆为主的建井理论与技术体系，矿井规模从改革开放初期的 3 Mt 发展到 28 Mt。

同时，发展了深井控制冻结理论、地层注浆改性理论，研发了"一扩成井"钻井技术，反井钻井技术，深井冻结、斜井冻结、"钻注平行作业"凿井技术，超大直径深立井建井技术。冻结法凿井技术穿过冲积层厚度 726.42 m，钻井法最大钻凿成井深度达 660 m，最大钻井直径 10.3 m，研制出超大直径深立井凿井大型成套装备，国内施工井筒最大荒径 15.5 m，最大井深 1341.6 m，世界首套煤矿斜井盾构施工装备在神东矿区补连塔矿成功投用，创最高月进尺 639 m 的掘进纪录，开创了煤矿建井施工新模式。

改革开放以来，"兖州矿区工程建设施工新技术"荣获国家科技进步特等奖。

2）井巷掘进

煤炭行业进入全面市场化改革之后，经过科技攻关，我国煤巷掘进技术水平有了大幅提高。掘进机的截割功率和整机性能有了大幅提高，巷道掘进速度与功效等指标也有了较大提升。研发出适应我国复杂地质条件和生产工艺的综掘装备，EBJ-120TP 型掘进机在 2002 年通过了中国煤炭工业协会组织的技术鉴定，2003 年获中国煤炭工业科技进步特等奖，2004 年获国家科技进步二等奖。

科研院所与企业合作开发的煤巷高效快速掘进系统在神东大柳塔矿试验成功，单班最高进尺 85 m，日最高进尺 158 m，月最高进尺 3088 m，创造了大断面（25.2 m^2）单巷掘进的世界纪录，首次实现煤矿井下掘进工作面真正意义的综合掘进机械化。

3. 煤炭加工转化

1）选煤技术及其装备

2018年全国原煤入选量约2.64 Gt，入选率71.8%，其中，炼焦煤入选约0.95 Gt，动力煤入选量约1.7 Gt。2018年末已建成投产的洗煤厂原煤入选能力达2.85 Gt，投运入选能力超过10 Mt的选煤厂80座，总能力近1.2 Gt，占全国选煤能力的42%，其中，炼焦煤选煤厂12座，入选能力约0.16 Gt；动力煤选煤厂68座，入选能力1.04 Gt。

通过不断的科技攻关和研发，我国主要选煤工艺和部分装备技术水平世界领先。自主研发的SKT型筛下空气室跳汰机早已成为跳汰工艺选煤厂的主导产品，并实现了跳汰床层分层状态的可视化。通过引进消化吸收再创新，我国重介质选煤技术工艺及其装备的自主创新取得重要进步，尤其是三产品重介选煤技术及其装备的研发。干法选煤技术及其装备方面，自主开发的复合式干法分选技术及其装备获得2018年国家科学技术进步奖，独创的空气重介干法选煤技术已投入工业化应用。浮选技术及装备方面，自主研发的XJM系列浮选机、喷射式浮选和微泡浮选技术已广泛应用，设备也日趋大型化。同时，选煤过程辅助的原煤筛分、破碎和煤泥压滤技术、泵送技术及其装备等也取得重大进步。选煤领域的国产技术装备基本能替代进口，选煤厂正在向智能化方向发展。

2）型煤和水煤浆

1990年，年产0.25 Mt的兖矿水煤浆试验厂开工建设。进入21世纪，一些以洁净燃烧为方向的型煤技术及其工业化生产线不断落成，如洛阳双勇机器制造有限公司，先后攻克俄罗斯褐煤成型、新疆褐煤成型技术。洁净型煤自2014年开始工业化。兖矿集团蓝天清洁能源公司不仅生产洁净燃烧的型煤，还开发配套解耦炉，"蓝天"牌洁净型煤由于易点燃、上火快、火力旺、持续燃烧时间长、无烟等特点得到了用户的肯定。

3）煤炭化学转化

煤炭化学转化分为传统煤化工和现代煤化工。传统煤化工主要指以煤干馏炼制焦炭和煤为原料生产化肥；现代煤化工主要指煤制油气、煤制烯烃、煤制乙二醇和煤制芳烃。

改革开放以来，我国煤炭工业一直致力于推进将煤炭由燃料向燃料与原料并重转变。20世纪70年代末，原国家科委和煤炭工业部在山西召开了全国第一次煤气化和煤液化工作会议，拉开了煤化工产业发展的序幕。进入21世纪，现代煤化工迎来发展新机遇，煤制油、煤制烯烃、煤制乙二醇、煤制气等现代煤化工技术及其装备在自主创新方面取得重大突破，打通了工艺流程。在煤气化技术自主创新方面，先后开发了"多喷嘴对置式水煤浆气化""航天粉煤加压气化"等先进技术，成功研发出"航天炉""神宁炉""晋华炉"等煤气化装备。自主研发了煤直接液化技术，成功运行了世界首套1.08 Mt煤直接液化示范工程；中温浆态床F-T合成煤间接液化技术，实现了世界单体规模最大的4 Mt煤间接液化项目运行；以低温浆态床F-T合成技术为核心的1 Mt煤间接液化示范项目成功投产。2010年8月8日，自主知识产权甲醇制烯烃关键技术（MOTO技术）成功工业化，在原神华包头煤制烯烃示范工厂一次试车成功。甲醇制丁烯联产丙烯技术完成万吨级装置工业性试验。

4）清洁燃煤发电和洁净燃烧

（1）超低排放燃煤电厂。2014年以来，我国燃煤发电企业深入开展了超低排放和节能改造工作，并取得了实质性成果。燃煤电厂二氧化硫、氮氧化物、烟尘年排放量大幅下降，供电标煤耗也呈现明显下降趋势。燃煤电厂超低排放技术改造后电厂烟尘浓度达到2.78 mg/m³左右、SO_2浓度达到23 mg/m³左右、NO_X浓度达到31 mg/m³左右，均低于天然气电厂的排放标准。

（2）工业燃煤锅炉洁净化改造。工业燃煤锅炉洁净化改造方面也取得了显著成效。高效煤粉型锅炉技术不仅可以提前制作燃用的煤粉，还可以大大提高燃烧效率、降低污染物排放。高效煤粉锅炉燃尽率可达到98%，比普通燃煤锅炉提高了28个百分点，烟尘、SO_2、NO_X等污染物排放指标相当于天然气锅炉标准。

4. 生态矿山建设与煤炭综合利用

1）生态矿山建设

煤炭行业已建立起煤矿区生态修复与水资源保护技术体系，涌现出中煤能源平朔公司、国家能源集团宝日希勒露天煤矿、冀中能源峰峰集团梧桐庄煤矿、山东能源新汶矿业集团新巨龙煤矿、兖矿集团济三煤矿等一批绿色生态矿山。2018年我国土地复垦率达到49.5%，矿区生态环境质量明显改善。

同时，成功应用了矿区土地生态环境损害监测与构造土壤介质和恢复植被相结合的综合复垦技术，徐州东部采煤塌陷区蝶变成国家湿地公园——潘安湖景区，已成为矿区生态治理的样板。鄂尔多斯盆地相关采煤区实施地下水保护和复用的新理念，建成了以"导储用"为特征的地下水库，在神东矿区建成35座地下水库，矿区由耗水大户变为供水基地。

2）煤炭综合利用

2018年，我国煤矸石综合利用量490 Mt，综合利用率达到70%。比1979年提高43.3个百分点。煤矸石主要用于井下充填、矿区塌陷区治理、筑路材料、煤矸石砖、综合利电厂发电以及煤矸石深加工，同时还可以成为循环流化床锅炉的燃料。煤矸石等低热值燃料火电机组总装机容量达28 GW，年利用煤矸石140 Mt，年发电量1.6×10^{11} kW·h。2018年，煤矸石、煤泥及低热值煤发电综合机组规模达37 GW。

油母页岩的加工从20世纪20年代日本占领抚顺矿区开始，当时的日处理量仅40 t。1989年，抚顺矿业集团千金页岩炼油厂和西露天矿页岩炼油厂开始建设。抚顺矿业集团控股的辽宁天宝能源股份有限公司是我国唯一的油母页岩综合利用示范基地。

改革开放以来矿井水处理工艺技术进步显著，综合利用途径多样化，除传统的井下和煤场降尘、工业广场绿化、选煤厂补水、综合利用电厂补水和生活用水等途径外，部分矿区还将处理达标的富余矿井水输送到周边的化工、钢铁和电厂等作为补充水源，拓展了矿井水的利用方式。2018年，我国矿井水用水量约为5.48 Gm^3，综合利用量为4.04 Gt，综合利用率达到73.6%。另外，我国还利用品质较好的矿井水制作矿泉水，如北京城子矿生产过"康力宝"牌矿泉汽水，山东省的坊子矿改制后成立新方集团生产过"奇灵矿泉水"。

1.2.4 进入新时代

20世纪70年代以来，煤炭科技创新推动行业实现了跨越式发展，支撑我国原煤产量从1949年的32.43 Mt增长到2019年的3.85 Gt。进入新时代，我国经济已由高速增长阶段转向高质量发展阶段，社会主要矛盾已转化为人民日益增长的美好生活需要和不平衡不充分的发展之间的矛盾。煤炭行业要实现高质量发展，必须顺应能源革命的方向，坚持创新驱动，推动行业绿色、安全、智能发展，促进煤炭清洁高效利用。

2020年2月，国家发展改革委、国家能源局、应急部、国家煤矿安监局、工业和信息化部、财政部、科技部、教育部联合印发了《关于加快煤矿智能化发展的指导意见》，明确提出煤矿智能化发展目标：到2021年，建成多种类型、不同模式的智能化示范煤矿，初步形成煤矿开拓设计、地质保障、生产、安全等主要环节的信息化传输、自动化运行技术体系，基本实现掘进工作面减人提效、综采工作面内少人或无人操作、井下和露天煤矿固定岗位的无人值守与远程监控；到2025年，大型煤矿和灾害严重煤矿基本实现智能化，形成煤矿智能化建设技术规范与标准体系，实现开拓设计、地质保障、采掘（剥）、运输、通风、洗选物流等系统的智能化决策和自动化协同运行，井下重点岗位机器人作业，露天煤矿实现智能连续作业和无人化运输；到2035年，各类煤矿基本实现智能化，构建多产业链、多系统集成的煤矿智能化系统，建成智能感知、智能决策、自动执行的煤矿智能化体系。

新时代，煤炭行业将插上互联网和信息化的翅膀，不断深化智能开采技术，推动煤矿智能化建设，实现煤矿少人化和无人化；将进一步推动绿色发展，对废弃矿井实现资源化利用；将以市场为导向，不断推动煤炭清洁利用和高效转化，促进和新能源的耦合发展，建设更多的清洁能源供给基地和清洁化工原料供给基地。科技创新将继续担当新时代煤炭工业高质量发展的引擎，相信科技创新将为煤炭高质量放提供不竭的动力，助力煤炭工业创造新的更大辉煌。

1.3 我国煤炭科技发展现状

1.3.1 煤炭地质勘探

"十三五"以来，煤炭地质勘查理论体系不断完善，形成了具有中国特色的煤炭地质学新理论与综合勘查技术体系、矿井复杂地质构造与灾害源探测体系、矿井灾害源超深探测地质雷达装备及技术方法、采煤工作面涌水量多阶动力学动态预测技术等代表性理论与技术成果。

在资源勘查方面，发展出适合中国煤炭资源分布特点的煤炭资源综合勘查技术体系，将"煤田地质勘探"发展为以煤为主、包含煤层气、页岩气、致密砂岩气以及高岭土、铝土矿、"三稀"（稀有、稀土、稀散金属）等多能源矿产协同勘查，并涵盖煤炭勘查、矿井建设、安全生产、环境保护等内容的"煤炭资源综合勘查"。

在地质构造探测方面，建立了矿井复杂地质构造与灾害源探测体系，"地震主导、多手段联合、采前采中配合"矿井地质保障技术的成熟应用，可查明1000 m深度以内落差3~5 m以上的断层和直径20 m以上的陷落柱。国产井下随钻测量定向钻进技术与装备取得重要进展，创造了井下深孔定向钻进3353 m的新纪录。开发了矿井灾害源超深探测地质雷达装备及技术方法，首次实现了80 m范围内的地质构造和灾害源的精细探测，探测距离提高1.6倍以上，地质构造验证率平均达75%；开发矿井低频地质雷达探测系统及CT透视反演软件，实现了透射法300 m跨度工作面的地质构造和灾害源的精细探测，探测精度提高30%以上。

在矿井水害预测方面，开发出基于工作面涌水量采前快速预测与采中动态校正方法的涌水量动态预测软件，实现了工作面推采过程采空区峰值涌水量、动态稳定涌水量及发生位置的精细预测，将应用矿井工作面涌水量预测精度从70%以下提高到85%以上，完善了矿井涌水量预测技术体系。

1.3.2 矿井建设

"十三五"以来，矿井建设理论体系不断完善，立（斜）井凿井、快速高效掘进、巷道支护等关键技术取得历史性突破，形成了以冻结、钻井、注浆为主的建井理论与技术体系，研制出超大直径深立井建井技术和大型成套装备。

在立（斜）井凿井建设方面，攻克了深厚岩层中新型单层冻结井壁技术、深部冻土成套实验装置与技术和冻结孔固管充填缓凝水泥浆液及施工技术，使得深立井建设最大主井井筒净直径达到

9.6 m；建立了复杂地层深长斜井冻结壁三维动态模型和冻结壁设计计算体系，研发了深厚含水砂层深长斜井冻结段井壁结构、施工工艺技术及装备，解决了深长斜井冻结调控难题和"冻掘"矛盾；形成了盾构施工煤矿斜井的成套装备与技术体系，解决了煤矿长距离斜井深埋超长、连续下坡、富水高压、地层多变等重大技术难题；变革了竖井和斜井施工方法，攻克了深井、大直径、坚硬岩石和复杂地层反井钻井的破岩、排渣、偏斜和井帮稳定性控制等难题，并研发了大直径反井钻井成套技术与装备。

在巷道掘进方面，研发了井巷掘进爆破新技术和液压凿岩控制的钻装锚一体机，解决了钻爆施工中存在的"周边成型差、炮孔利用率低、围岩损伤严重"等难题；引入成熟的山岭隧道、城市地铁全断面掘进机施工技术和装备，降低了劳动强度，提高了煤矿深井岩巷掘进效率；研发了煤矿深井巷道全断面硬岩掘进机，实现了掘进、支护、排矸、辅助运输同步作业；研发了国内首台煤矿大直径、大埋深、长距离煤矿岩巷全断面盾构机（新矿1号）；应用了掘支运一体化快速掘进技术与装备的应用；形成了掘锚一体机、锚杆转载机和柔性连续系统为主体的智能快速掘进成套装备，突破了掘支运一体化快速掘进技术，实现了高效掘进；研发了首套集智能截割、自动运网、自动钻锚等技术为一体的智能快速掘进系统，有效提高了掘进水平和支护质量。

在巷道支护方面，研发了首台用于测试井下锚杆支护系统复杂受力状态的综合试验平台，攻克了高强度锚杆受冲击载荷作用易破断难题，形成了煤矿巷道抗冲击预应力支护成套技术体系；首次提出了冲击地压巷道防冲吸能支护理论及技术体系，发明了系列巷道防冲吸能支护装备，有效降低了冲击地压巷道破坏程度；研发了具有NPR结构的新型恒阻大变形锚杆/索，并成功应用于巷道大变形控制与预测；研发了锚架充协同控制技术，实现了千米深井软岩大巷围岩大变形的有效控制。

1.3.3 煤及共伴生资源开采

"十三五"以来，煤及共伴生资源绿色开采理论与技术创新百花齐放，形成了厚及特厚煤层开采、煤炭资源绿色开采、煤与瓦斯共采、煤与油型气共采等代表性理论与技术成果。

在厚及特厚煤层开采方面，开发了7.0 m特厚硬煤层超大采高智能化综放开采成套技术与装备，研发了8.2 m一次采全高综采工艺及装备技术，形成了千万吨级综放工作面智能控制关键技术，创建了特厚煤层开采坚硬顶板大空间采场坚硬岩层控制理论，研发了基于地面压裂技术与井下预裂的远近场协同控制技术体系，实现了特厚煤层安全开采理念、技术和装备的重大突破。在急倾斜煤层开采方面，揭示了急倾斜特厚煤层综放开采覆层形成和顶煤结构畸变致灾机制，创建了急倾斜厚煤层综放开采顶煤放出理论，研发了急倾斜厚煤层综放开采的专用支架与采场围岩控制技术。

在煤炭资源绿色开采方面，提出了西部浅埋地层隔水岩组隔水性判据和保水开采分类方法，开发了柔性条带充填保水开采技术，建立了保水采煤技术体系，有效指导了生态脆弱矿区煤炭资源开采和生态环境；发现了遗煤开采的扰动面接触块体梁岩体结构，提出了遗留煤柱群链式失稳的关键柱理论，研发了遗煤开采可行性定量判定方法，研发了遗煤开采岩层控制的关键技术，指导优质遗煤高效回收；提出了"切顶短臂梁"理论，研发了无煤柱自成巷110工法和N00工法，实现了采（盘）区内无煤柱和无巷道掘进，形成了具有自主知识产权的采煤工艺和装备系统；发明了柔模支护无煤柱开采技术及其配套装备，开发了柔模支护充填开采技术和柔模充填支架，提出了锚杆与柔模混凝土碹相结合的巷道支护方法；提出了煤炭资源"采选充+X"绿色开采技术构想，形成了煤炭"采选充+X"（控、留、抽、防、保）协同生产模式。此外，还开发了露天矿区绿色开发的系列关键技术。

在煤与瓦斯共采方面，开发了碎软低渗煤层顶板岩层水平井分段压裂成套开发技术工艺，研发了煤矿用履带式钻进高压旋转水射流破煤钻扩造穴一体化技术，提出了高压水压裂－冲孔联作的煤岩缝网改造技术，发明了脉动水力压裂裂缝导向控制高效致裂增透技术，创建了以全孔段均衡作业为核心技术思想的可控冲击波煤层增透技术，研发了水平井与千米钻孔对接抽采、大孔径裂隙带定向长钻孔抽采、厚煤层沿空留巷及留巷钻孔抽采、双向立体交错抽采、大直径水平钻孔桥接抽采、双管柱筛管完井与洗井增产、采动卸压瓦斯分域联动导流抽采、软岩保护层卸压抽采等瓦斯增产技术，完善了煤层气高效抽采数系统；此外，还发明了煤层气高效开发无线随钻测量钻进技术，研制了具有多逻辑保护回路与钻进参数监测功能的超长定向孔钻进装备，研制了 $\phi 89$ mm 高强度大通孔无缆定向钻杆、磁吸牙片限位反转式钻头和内附导向衬管式钻杆，研发了煤矿井下 3000 m 超长距离传输的泥浆脉冲无线随钻测量系统，发明了复杂结构井导向钻井随钻测控技术。

在煤与油型气共采方面，建立了油型气（瓦斯）勘查技术，创新了油型气（瓦斯）"预－探－抽"一体化精准防治技术，研究了油型气爆炸与巷道扩散规律，研制了煤矿油型气检测装置；发明了油型气不均匀涌出工作面连续高效开采方法，研发了超前预测多机联动智能控制系统，创立了煤与油型气共生矿区安全智能开采技术体系；研发了煤与油型气共生矿井安全保障及智能开采配套技术与装备，制定了安全智能开采技术和管理标准体系。

1.3.4 矿井灾害防治

"十三五"以来，矿井灾害防治理论体系不断完善，冲击地压防治、瓦斯灾害防控、矿井水害防治、煤层自燃与火灾防治、复合动力灾害防控等关键技术取得历史性突破，形成了以灾害预测和防控为核心的理论与技术体系。

在冲击地压防治方面，建立了集中静载荷疏导的区域防范冲击地压理论与技术体系，开发了以诱发冲击启动的载荷源为中心，分源监测、分源防治的局部冲击地压防治技术；研发了冲击地压危险动静载区域探测技术与装备，研发了冲击地压危险多尺度多元融合预警关键技术与方法；构建了以"分类分治"为核心的深部煤层冲击地压防治"七模块"技术体系；提出了冲击地压巷道防冲吸能支护理论及技术体系，发明了系列巷道防冲吸能支护装备，发明了冲击地压能量释放与吸收监测装备。

在瓦斯灾害防治方面，论证了瓦斯含量法指标预测煤与瓦斯突出的科学性，发展了基于瓦斯含量法预测煤与瓦斯突出的瓦斯含量临界值；在煤与瓦斯突出防控方面，确定了矿井煤与瓦斯突出的力学作用机理，发明了全过程监测、多元信息融合的突出预警方法；创建了多尺度强湍流瓦斯爆炸动态传播和湍流－火焰－超压多场耦合理论，形成了矿井瓦斯封闭抑爆与隔爆协同防控技术体系。

在矿井水害防治方面，制订和实施了有效的底板寒武灰岩水害防治措施和地热水利用方案，创建了"直孔水平三分支互嵌"和"直孔垂向两分层重叠"的射流孔含水层改造技术，提出了砂－土－基岩水害、高承压基岩水害、白垩系巨厚砂层离层水害和地表水－薄基岩水害 4 种顶板水害模式，制定了不同模式下水害防治技术，构建了"系统解析→动态预测→分区防控→控制疏放"的矿井顶板水害综合防控体系，开发了烧变岩帷幕墙注浆保水技术。

在煤层自燃与火灾防治方面，研发了基于热－磁－电位复合异常响应的火区范围初探技术与附带导温杆的红外热像测温反演高温点精探相结合的火源探测成套技术，提出了煤自燃阶段跃迁理论及其预警决策体系，研发了适用于容易自燃复杂采空区下开采的风压自动调节技术，提出了 CO 气体分源治理方法；发明了多种高效抑制煤层发火的材料，研发了非间隔连续拖管注氮防火装备与防灭火工艺;在此基础上,集成创新形成了堵漏控风、覆盖隔氧、阻化降温的井上下联动防灭火技术体系。

在复合动力灾害防控方面,应用蝶形破坏理论解释了巷道冒顶、底鼓、非对称大变形、冲击地压、煤与瓦斯突出以及地震等动力灾害形成的机理;研发了双系煤层开采水气下泄灾害预警系统和安全开采技术体系;界定了控制复合煤岩动力灾害的"主控地质体"概念,研发了基于声发射和微震技术的复合煤岩动力灾害微震预警新方法;研发了深部区采场矿压控制技术系统、巷道支护辅助决策支持系统、采场矿压预警系统、采空区煤自燃灾害预测系统、综采工作面综合防尘系统等5大系统,实现了多灾害数据开发与管理、海量数据压缩保真及多灾害智能预测与防控。

此外,我国学者还走出国门服务孟加拉国煤炭资源安全开采,构建了特厚煤层多灾源安全开采模式,形成了极强含水层下特厚煤层开采顶板水害"上保下疏"、冲击地压"动静转移"、自燃火灾"时空适配"的综合防控技术体系,形成了中国—孟加拉国煤电联营模式,为推进"一带一路"建设做出重大贡献。

1.3.5 煤机装备与智能化

"十三五"以来,煤炭行业综采装备、巷道掘进装备、主要运输装备和辅助运输装备等实现了重大革新,保障了煤炭资源的安全高效开采。

在综采装备研发方面,研制出能够适应7.2 m厚煤层开采的MG1000/2540-GWD型采煤机,研发了基于30CrNiMo的中碳合金钢高强度厚煤层摇臂,形成了高承载能力行走系统,开发了工况自适应智能截割技术;研发了8.8 m大采高智能化液压支架、22000 kN四柱支撑掩护式强力放顶煤液压支架、20000 kN急倾斜强力液压支架、纯水液压支架和巷道防冲液压支架;制造了高性能3×1600 kW系列智能型刮板输送机,研发出直角转弯大功率重型刮板输送机,形成了主要部件整体铸造重型刮板输送机制造技术。在此基础上,研发了适应0.65~10 m煤层高智能综采成套技术装备。同时,在煤矿综采成套装备再制造的设计方法、新型激光器研制、激光熔覆用合金粉末研发、采煤机械设备典型零部件绿色清洗与再制造成形加工关键技术等方面也取得了突破。

在巷道掘进装备研发方面,制造了大功率全断面自动截割成形远控掘进机,发明了掘支运三位一体巷道掘进方法,开发了智能快速掘进成套装备,形成了掘进、支护、运输一体化智能快速掘进生产线。

在主要运输装备研发方面,研制了6000 m超长运距低阻智能机头集中驱动矿用带式输送机,发明了长距离大运力带式输送系统永磁电机直驱、分布式张力调节、空间转弯等本体关键技术,研发了长距离大运力带式输送系统控制与监测技术,发明了长距离大运力带式输送系统安全保障技术;研发了"矿山超大功率提升机全系列变频智能控制技术与装备",攻克了重载平稳起动、宽范围精确调速、高精度定位、整流器无网侧电动势传感器电网优化接入、低开关频率整流器柔性启动、超大功率三电平高功率密度变频调速等核心技术,建立了基于物联网的二维远程故障预测诊断系统,实现了大型提升机的智能化控制、无人化运行和远程监控。

在辅助运输装备研发方面,发明了隔爆型永磁交流变频同步电机系统和隔爆型锂离子蓄电池电源,设计了整车智能主动安全防护体系,发明了矿用防爆车辆整车控制系统,形成了矿用防爆锂电池无轨胶轮车系列产品;开发出一种新型摩擦轮与齿轮混合驱动电喷柴油单轨吊,首创性研发出矿用大功率防爆蓄电池、柴油机混合驱动单轨吊,全方位满足煤矿辅助运输需求;研发了无人驾驶矿用自卸卡车,实现了装运排一体化运行作业。研发了基于机器视觉的煤矿运输节能与安全智能控制关键技术，实现了危险区域的人员监测、带式输送机防纵撕和振动筛流量异常监测功能。此外，研发了千万吨级综采工作面智能高压型大流量乳化液泵站系统，发明了矿用隔爆兼本质安全型高压变频调速一体机，开发出基于一体机的智能驱动综采装备，实现了煤炭开采装备传动技术升级换代。

基于上述煤机装备，我国煤炭智能开采格局初步形成。"十三五"以来，煤炭绿色开发与智能精准开采技术体系逐步建立。同时，制定了煤矿智能化发展规划和实施方案，为煤矿智能化建设描绘了路线图和施工图。

在智能开采装备研发方面，发明了工作面直线度精确检测与智能控制、采煤机记忆截割控制、刮板输送机智能控制、工作面集中远程智能控制等多个关键技术，研发了适用于各种煤层条件具有较高智能化水平的系列综采（放）成套装备使不同区域、不同煤层条件实现了智能安全高产高效生产。

在智能远程管控研发方面，提出了智能化与远程干预结合的综合机械化采煤新模式，研发了综采工作面采煤、支护、运输等工序的智能化协调控制技术，开发了矿井人员与车辆等动目标精确定位关键技术与系统，开发了煤矿供电无人值守及防越级跳闸技术与系统，研发了一体化矿山生产综合智能监控系统，研发了面向智能开采的煤矿安全高效生产空间信息处理关键技术，创建了亿吨级矿区复杂系统的全流程信息协同系统平台，实现了矿井群资源的智能配置和管理。

此外，提出了数字孪生智采工作面新系统（DTSMW），并把物联网、5G通信、云计算等技术融合于智采工作面，创建精确的虚拟智采工作面模型，实现智采工作面生产、管理的高度数字化及模块化；提出了煤矿机器人的分类方法，构建了科学合理的煤矿机器人分类体系，规划了不同种类、层次的煤矿机器人研发路径；开通并优化了井上、井下5G网络，建成了矿用高可靠5G专网系统，研发出3∶1时隙配比5G网络，开展了5G成套装备规模化应用，发布了《5G+煤矿智能化白皮书》，倡议建设煤矿5G应用生态，引导煤矿科学有序开展5G网络建设。

全国已建成约500个智能化采煤工作面，形成薄、中厚、厚煤层的完整智能化开采实践应用示范体系，构建了"有人巡视、无人操作"的智能开采工作面新模式。

1.3.6 洁净煤技术

"十三五"以来，形成了包含煤炭洗选、提质加工、清洁转化与污染物控制的洁净煤技术体系。

在选煤技术方面，千万吨级湿法全重介选煤技术、大型复合干法和块煤干法分选技术、大型井下选煤排矸技术和新一代空气重介干法选煤技术成功应用；发明了大型复合式干法分选技术和干法重介质流化床分选技术，开发了世界上首套模块式高效干法选煤工艺系统，形成了煤炭高效干法分选关键技术，解决了长期影响干法选煤工程化的技术难题；此外，还研发出了融合图像识别和X射线识别的高压喷嘴式高精度智能干选机，以及超大处理能力原料煤、粗煤泥重介质分选及煤泥水浓缩设备等。

在提质加工及污染物控制方面，中小型高效煤粉工业锅炉、水煤浆浆体化CFB供热供暖锅炉、大容量高效煤粉工业锅炉、民用固硫抑尘型煤、烟煤解耦新型炉具、大型低阶煤热解分质分级利用等技术取得突破；同步建设和投入运行废水处理、VOCs治理与脱硫、脱硝等装置，研发了具有靶向清洗、选择性活性补充、结构补强和脱硝催化剂全寿命管理解决方案的神华脱硝催化剂再生技术，实现了兰炭粉燃料无助燃稳定运行，攻克了粒径小于30 mm、产量占低阶煤总产量80%以上的混煤热解的系列关键技术难题，突破了煤焦油分质转化高性能油品及高附加值产品的瓶颈，构建了低阶煤分质清洁高效利用技术体系。

"十三五"以来,我国现代煤化工产业快速发展,在煤制油、煤制天然气、煤制烯烃、煤制乙二醇等方面都取得了较大突破,在生产工艺、关键大型装备和特殊催化剂等领域逐步实现了国产化,传统煤化工的大型合成氨行业已全面升级换代为煤炭高温气化技术。

在煤气化方面,攻克了大型、超大型水煤浆气化和干煤粉气流床高压气化成套关键技术与装备,研发了多喷嘴对置式水煤浆气流床加压气化技术、航天干煤粉气流床加压气化技术、水煤浆水冷壁废锅流程气流床加压气化技术(晋华炉)、"神宁炉"干煤粉气流床加压气化技术、"东方炉"干煤粉气流床加压气化技术等,建成单炉日处理3000 t级、4000 t级煤气化示范工程,解决了"三高"煤难气化等煤种适应性问题;开发出气化煤浆粒控提浓系列工艺及装备并完成了工业化,破解了煤浆浓度低影响气化效率、煤化工污泥难处理且成本高、中浓度管输煤浆直接气化效率低等难题。

在煤直接液化方面,完成了煤制油品/烯烃大型现代煤化工成套技术开发与应用,首创了高效大型现代煤制油品/烯烃工程化技术,突破了超大超厚装备设计及制造技术,实现了核心装备的国产化,世界首个煤直接液化和煤制烯烃工程长周期稳定运行。

在煤间接液化方面,根据费托反应的温度不同,开发出三种不同的工艺:①实现了超大型工业反应器放大设计制造的重大突破,建成国内首套百万吨级煤间接液化工业示范装置;②解决了中温条件下铁基催化剂活性结构控制和产物选择性控制的技术难题,建成世界上单厂生产能力最大的 4 Mt/a 煤间接液化产业化示范项目;③研发了高温流化床费托合成催化剂 YHFT-C01 的制备工艺,并在国内首套 0.1 Mt/a 高温费托合成工业示范装置上成功应用。

在碳减排方面,习近平总书记在联合国成立75周年大会上向世界做出庄严承诺,中国将"采取更加有力的政策和措施,二氧化碳排放力争于2030年前达到峰值,争取在2060年前实现碳中和"。煤炭行业主动作为,首创了煤化工 CO_2 捕集、咸水层封存与监测成套技术,建成了世界首个 0.1 Mt 级煤化工 CCS 示范工程,提高了我国在国际气候战略博弈的话语权;开发了低渗咸水层多地层分类改造与多组同注、多维度监测与安全预警等成套 CO_2 封存关键技术。

1.3.7 节能环保与职业健康

"十三五"以来,我国在低浓度瓦斯利用、矿井余热利用、煤矿低品位热能利用、采煤沉陷区治理、矿井生态环境修复和矿井粉尘防治等方面取得了显著的进步。

在低浓度瓦斯利用方面,系统开展了集瓦斯治理、抽采、发电、制冷、热害治理为一体的瓦斯综合治理与循环利用关键技术与示范研究;发明了瓦斯自适应混配和自回热蓄热氧化技术,研发了瓦斯阶梯式清洁利用技术,破解了低品质瓦斯化学能的热电转换、高效氧化提热的难题。

在矿井余热利用方面,研发了低浓度瓦斯蓄热氧化井筒加热技术,开发了风排瓦斯引风技术、风排瓦斯与抽采瓦斯混配技术、远距离安全输送技术、大型脱水技术、蓄热式非催化氧化技术(RTO)和热电联供技术等关键技术,发明了焦化厂荒煤气高温余热回收技术。

在煤矿低品位热能高效利用方面,发明了兼顾煤矿通风安全与热能高效提取的系列喷淋式矿井回风换热器,开发了喷淋式矿井回风余热利用成套装备;研发了壳管式防结垢、防堵塞、强换热的换热器以及与其配套的矿井排水余热利用成套装备。

在采煤沉陷区治理方面,创建了采煤沉陷区中高层建筑群建设技术体系,提出了采煤沉陷区城市服务功能开发理念,研发了采煤沉陷区湿地建设、城市功能开发等关键技术,研发了高强度开采矿区生态环境修复与调控技术,并首次在沉陷治理中创新性采用定向钻探、城市建筑废弃物再生利用、分布式光纤动态监测、深层地热资源利用等先进技术工艺，建成了全国首例条带式采煤沉陷区综合治理与利用项目，改善了沉陷区生态环境，增加了采空区土地再利用，实现了人与自然和谐共生的重大民生工程。

在矿井生态环境修复方面，发明了煤矸石山自燃污染控制与生态修复关键技术，构建了矿区生态环境与地质灾害时空信息多尺度监测技术体系，发展了高强度开采矿区生态环境演变链式响应理论和生态环境损害动态预警方法；研发了采煤沉陷区土壤重构、植被恢复和区域尺度农业景观再塑关键技术，形成了能促进植物根系生长发育、抗拉伤能力强的微生物修复技术，研发了集约化开采源头减损与地表生态修复一体化技术。

在矿井粉尘防治方面，揭示了机械化掘进巷道煤岩尘微观理化特性对其润湿性影响规律，确定了综掘面宏观粉尘团及细观颗粒流扩散规律，揭示了巷道喷雾细观降尘机制；发明了射流汽化吸液及低阻高效产泡方法与装置，研制了环形承压泡沫的喷射装置，研发了活性磁化水幕帘与泡沫联用除尘系统；发明了三向旋流全断面风幕控尘方法及关键技术，研发了综掘面高效小型化风雾双幕协同增效控除尘成套装备。

2 煤炭科技创新体系建设

"十三五"以来，煤炭行业健全完善以企业为主体、市场为导向、产学研协同创新的科技创新体系，国家、省部和行业级研发机构达170余家，形成一批从事知识产权、检验检测认证等专业化服务的科技服务机构，培育了开放共享、创新活跃的行业"双创"新模式、新业态，涌现出一批科技创新领军人才和优秀青年人才，培养了一支高技能人才队伍。

"十三五"以来，我国煤炭行业自主创新能力大幅提升，实现了从跟踪、模仿到部分领域并跑、领跑的转变。大型矿井建设、特厚煤层综放开采、煤与瓦斯共采、燃煤超低排放发电、高效煤粉型和水煤浆浆体化工业锅炉、现代煤化工技术达到国际领先水平，主要煤机装备和大型粉煤气化技术实现了国产化，煤机装备制造水平位于世界先列，引领了国际煤炭智能化开采和清洁高效转化的发展方向。

2.1 科技研发平台

2.1.1 国家企业技术中心

截至2020年年底，全行业获国家发展改革委认定的国家企业技术中心共30个（表2-1）。其中煤炭生产企业13个、煤矿建设企业1个、煤机装备企业9个、煤化工企业6个、节能环保企业1个。"十三五"期间，共认定国家企业技术中心5个。

表2-1 煤炭相关的国家企业技术中心

序号	国家企业技术中心名称
1	中煤北京煤矿机械有限责任公司技术中心
2	北京天地玛珂电液控制系统有限公司技术中心
3	中煤张家口煤矿机械有限责任公司技术中心
4	开滦（集团）有限责任公司技术中心
5	冀中能源集团有限责任公司技术中心
6	大同煤矿集团有限责任公司技术中心
7	潞安化工集团有限责任公司技术中心

表 2-1（续）

序号	国家企业技术中心名称
8	山西晋城无烟煤矿业集团有限责任公司技术中心
9	天脊煤化工集团股份有限公司技术中心
10	山西焦煤集团有限责任公司技术中心
11	华阳新材料科技集团有限责任公司技术中心
12	山西蓝天环保设备有限公司技术中心
13	★晋能清洁能源科技股份有限公司技术中心
14	★内蒙古伊泰集团有限公司技术中心
15	三一重型装备有限公司技术中心
16	上海大屯能源股份有限公司技术中心
17	江苏亚星锚链股份有限公司技术中心
18	淮北矿业（集团）有限责任公司技术中心
19	中煤矿山建设集团有限责任公司技术中心
20	兖矿集团有限公司技术中心
21	新汶矿业集团有限责任公司技术中心
22	龙口矿业集团有限公司技术中心
23	★中信重工开诚智能装备有限公司技术中心
24	平顶山天安煤业股份有限公司技术中心
25	郑州煤矿机械集团股份有限公司技术中心
26	永城煤电控股有限公司技术中心
27	★中国平煤神马集团开封碳素有限公司技术中心
28	云南煤化工集团有限公司技术中心
29	★陕西煤业化工集团有限责任公司技术中心
30	宁夏天地奔牛实业集团有限公司技术中心

注："★"为"十三五"期间认定的国家企业技术中心。

2.1.2 国家级科技创新基地

据不完全统计，截至 2020 年年底，国家科技部批准煤炭行业建立国家重点实验和国家工程技术研究中心 23 个（表 2-2），包括 5 个国家重点实验室、13 个企业国家重点实验室、1 个省部共建重点实验室、4 个国家工程技术研究中心，主要分布在煤炭加工与转化、煤矿灾害防治、深部岩土力学、煤基低碳能源等领域。

表 2-2 煤炭行业国家重点实验室和国家工程技术研究中心

序号	研发平台名称	依托单位
1	煤燃烧国家重点实验室	华中科技大学
2	煤转化国家重点实验室	中国科学院山西煤炭化学研究所
3	煤炭资源与安全开采国家重点实验室	中国矿业大学

表 2-2（续）

序号	研发平台名称	依托单位
4	深部岩土力学与地下工程国家重点实验室	中国矿业大学
5	煤矿灾害动力学与控制国家重点实验室	重庆大学
6	煤炭资源高效开采与洁净利用国家重点实验室	煤炭科学技术研究院有限公司
7	煤矿安全技术国家重点实验室	中煤科工集团沈阳研究院有限公司
8	瓦斯灾害监控与应急技术国家重点实验室	中煤科工集团重庆研究院有限公司
9	煤液化及煤化工国家重点实验室	兖矿集团
10	深部煤炭开采与环境保护国家重点实验室	淮南矿业集团
11	煤基低碳能源国家重点实验室	新奥集团
12	煤基清洁能源国家重点实验室	中国华能集团
13	炼焦煤资源开发及综合利用国家重点实验室	中国平煤神马能源化工有限责任公司
14	煤炭开采水资源保护与利用国家重点实验室	神华神东煤炭集团有限公司
15	煤与煤层气共采国家重点实验室	山西晋城无烟煤矿业集团有限公司
16	高效清洁燃煤电站锅炉国家重点实验室	哈尔滨锅炉厂有限责任公司
17	矿山采掘装备及智能制造国家重点实验室	太原重型机械集团有限公司
18	清洁高效燃煤发电与污染控制国家重点实验室	国家能源集团科学技术研究院
19	省部共建煤炭高效利用与绿色化工国家重点实验室	宁夏大学
20	国家煤加工与洁净化工程技术研究中心	中国矿业大学
21	国家水煤浆工程技术研究中心	煤炭科学研究总院
22	国家煤基合成工程技术研究中心	山西潞安矿业（集团）有限责任公司
23	国家煤矿水害防治工程技术研究中心	皖北煤电集团有限责任公司

截至 2020 年底，国家发展改革委批准煤炭行业成立了 19 个国家工程研究中心和国家工程实验室（表 2-3），包括 8 个国家工程研究中心，4 个国家地方联合工程研究中心，7 个国家工程实验室，主要分布在深井建设、采掘装备、充填开采、煤层气开发、瓦斯治理、生态环境保护、废弃物利用、燃煤烟气净化、煤炭液化等领域。

表 2-3 煤炭行业国家工程研究中心和国家工程实验室

序号	研发平台名称	依托单位
1	煤矿瓦斯治理国家工程研究中心	中国矿业大学、淮南矿业集团
2	水煤浆气化及煤化工国家工程研究中心	兖矿鲁南化工有限公司
3	国家煤矿安全技术工程研究中心	中煤科工集团重庆研究院有限公司
4	煤层气开发利用国家工程研究中心	中联煤层气有限责任公司
5	电站锅炉煤的清洁燃烧国家工程研究中心	西安热工研究院有限公司
6	清洁高效煤电成套设备国家工程研究中心	上海发电设备成套设计研究院
7	燃气轮机与煤气化联合循环国家工程研究中心	清华大学
8	工业锅炉及民用煤清洁燃烧国家工程研究中心	清华大学
9	新型煤焦化产业技术国家地方联合工程研究中心	太原理工大学

表2-3（续）

序号	研发平台名称	依托单位
10	煤气化技术与装备国家地方联合工程研究中心	山西阳煤化工机械（集团）有限公司
11	煤炭安全精准开采国家地方联合工程研究中心	安徽理工大学
12	煤矿瓦斯防治国家地方联合工程研究中心	重庆市能源投资集团科技有限责任公司
13	煤间接液化国家工程实验室	中国科学院山西煤炭化学研究所
14	煤直接液化国家工程实验室	国家能源集团
15	煤矿深井建设技术国家工程实验室	北京中煤矿山工程有限公司
16	煤矿采掘机械装备国家工程实验室	煤炭科学研究总院太原研究院
17	燃煤污染物减排国家工程实验室	哈尔滨工业大学
18	煤矿生态环境保护国家工程实验室	淮南矿业集团有限责任公司
19	煤矿充填开采国家工程实验室	山东科技大学、新汶矿业集团

2.1.3 国家能源研发中心（重点实验室）

截至2020年底，煤炭行业获国家能源局批准建设国家能源研发中心（重点实验室）共11个（表2-4），包括5个国家能源研发中心、6个国家能源重点实验室。2013年，国家能源局批准淮南矿业集团（原淮河能源控股集团）成立了煤炭开采国家工程技术研究院。

表2-4 煤炭相关的国家能源研发中心（重点实验室）

序号	研发（实验）中心名称	建设单位
1	国家能源页岩油研发中心	抚顺矿业集团有限责任公司
2	国家能源煤炭清洁转化利用技术研发中心	北京低碳清洁能源研究院、浙江大学
3	国家能源煤炭清洁低碳发电技术研发中心	中国华能集团公司、华中科技大学
4	国家能源煤矿采掘机械装备研发中心	中国煤矿机械装备有限责任公司、中国矿业大学
5	国家能源低阶煤综合利用研发中心	国电科技环保集团股份有限公司
6	国家能源高铝煤炭开发利用重点实验室	大唐国际发电股份有限公司
7	国家能源煤炭高效利用与节能减排技术设备重点实验室	煤炭科学技术研究院有限公司
8	国家能源煤炭分质清洁转化重点实验室	陕西煤业化工集团有限公司
9	国家能源充填采煤技术重点实验室	冀中能源集团有限责任公司、中国煤炭科工集团、中国矿业大学
10	国家能源煤与煤层气共采技术重点实验室	山西晋城无烟煤矿业集团有限责任公司
11	国家能源高效清洁炼焦技术重点实验室	中国平煤神马集团能源化工集团有限责任公司

2.1.4 安全科技支撑平台

2018年，应急管理部发布安全科技支撑平台（第一批）名单，共12个。其中煤炭行业获批7个，分别是安徽理工大学的煤矿深井开采灾害防治技术科技研发平台、河南理工大学的深井岩层控制与瓦斯抽采技术科技研发平台、黑龙江科技大学的煤矿瓦斯分离与综合利用技术创新中心、陕煤化黄陵矿业公司的煤矿智能化开采技术创新中心、百色百矿集团的中小煤矿机械化开采技术创新中心、山东精诚电子科技公司的煤矿安全管理云服务技术创新中心、湖南科技大学的南方煤矿瓦斯与顶板灾害预防控制安全生产重点实验室。

2.1.5 煤炭行业工程研究中心

"十三五"期间，中国煤炭工业协会继续加强煤炭行业工程研究中心建设工作，截至2020年，共评定煤炭行业工程研究中心56个（表2-5）。分布在地质勘探、矿井建设、煤矿开采、煤矿安全、生态环保、煤炭清洁利用、煤炭洗选、煤矿智能化、职业健康等领域。

表2-5 煤炭行业工程研究中心

第一批煤炭行业工程研究中心		
序号	工程研究中心名称	依托单位/共建单位
1	矿井地质与地球物理工程研究中心	中国矿业大学（北京）
2	物探技术与装备工程研究中心	中煤科工集团西安研究院有限公司
3	矿山物联网工程研究中心	中滦科技有限公司/中国科学院自动化研究所
4	煤矿信息化工程研究中心	中国矿业大学
5	煤与煤层气一体化高效开采工程研究中心	晋城无烟煤矿业集团有限责任公司
6	低渗突出煤层煤与瓦斯共采工程研究中心	河南能源化工集团研究院有限公司/中国矿业大学（北京）、重庆大学、河南理工大学
7	煤加工过程装备与控制工程研究中心	中国矿业大学
8	特厚煤层开采工程研究中心	大同煤矿集团有限责任公司
9	深井开采工程研究中心	山东能源新汶矿业集团有限责任公司
10	充填采煤工程研究中心	冀中能源集团有限责任公司
11	复杂难采煤层机械化开采工程研究中心	四川省煤炭产业集团有限责任公司
12	稀缺炼焦煤资源保护性开采与利用工程研究中心	山西焦煤集团有限责任公司
13	高端综采装备动力学测试与大数据分析工程研究中心	辽宁工程技术大学/中国煤矿机械装备有限责任公司
14	煤炭绿色开采工程研究中心	陕西煤业化工集团有限责任公司
15	放顶煤开采工程研究中心	中国矿业大学（北京）/中煤平朔集团有限公司、淮北矿业集团有限责任公司
16	瓦斯地质与瓦斯防治工程研究中心	河南理工大学
17	矿井水害综合防治工程研究中心	安徽理工大学
18	矿山火灾监测与防治工程研究中心	神华地质勘查有限责任公司/辽宁工程技术大学
19	顶板与冲击地压灾害防治工程研究中心	煤炭科学技术研究院有限公司
20	井下瓦斯综合治理工程研究中心	阳泉煤业（集团）有限公司
21	炼焦煤开发利用工程研究中心	中国平煤神马能源化工集团有限责任公司
22	油页岩开发与利用工程研究中心	抚顺矿业集团有限公司
第二批煤炭行业工程研究中心		
序号	工程研究中心名称	依托单位/共建单位
1	煤矿钻探技术与装备工程研究中心	中国煤炭科工集团西安研究院有限公司
2	支护技术及装备工程研究中心	中煤北京煤矿机械有限责任公司
3	煤矿采掘机械装备工程研究中心	中国煤炭科工集团太原研究院有限公司

表2-5（续）

第二批煤炭行业工程研究中心

序号	工程研究中心名称	依托单位/共建单位
4	矿山岩层控制工程研究中心	天地科技股份有限公司
5	矿井水防控与资源化利用工程研究中心	中国矿业大学（北京）/冀中能源集团有限责任公司、安徽省皖北煤电集团有限责任公司、开滦（集团）有限责任公司
6	煤矿水害精细探测与综合防治工程研究中心	中国煤炭地质总局水文地质局/中国矿业大学
7	煤矿生物修复工程研究中心	中国矿业大学（北京）
8	矿井热害防护工程研究中心	安徽省煤炭科学研究院
9	冲击地压防治工程研究中心	山东能源集团
10	煤火灾害防治工程研究中心	西安科技大学
11	高硫煤洁净利用工程研究中心	兖矿集团有限公司
12	煤基合成工程研究中心	山西潞安矿业（集团）有限责任公司
13	煤矿瓦斯分离与利用工程研究中心	黑龙江科技大学
14	矿物材料与矿用材料工程研究中心	辽宁工程技术大学
15	贵州煤与瓦斯突出防治工程研究中心	贵州省矿山安全科学研究院
16	煤炭绿色露天开采工程研究中心	神华准能集团有限责任公司
17	煤矿应急避险技术装备工程研究中心	煤炭科学技术研究院有限公司
18	西南地区煤矿瓦斯防治工程研究中心	贵州安和矿业科技工程股份有限公司/中煤科工集团重庆研究院有限公司、贵州省煤矿设计研究院、贵州水矿控股集团有限责任公司、贵州盘江投资控股（集团）有限公司
19	矿山环境与灾害协同监测工程研究中心	安徽理工大学
20	煤炭地下气化工程研究中心	华北科技学院
21	煤矿机电设备安全检测检验工程研究中心	山东公信安全科技有限公司
22	采煤装备再制工程研究中心	神华神东煤炭集团有限责任公司

"十三五"期间认定的煤炭行业工程研究中心

序号	工程研究中心名称	依托单位/共建单位
1	煤炭行业矿区土地整治与深陷区治理工程研究中心	中国煤炭科工集团
2	煤炭行业高端刮板和带式输送机械工程研究中心	中煤张家口煤矿机械有限责任公司
3	煤炭行业干法选煤工程研究中心	中国煤炭加工利用协会/唐山市神州机械有限公司
4	煤炭行业巷道支护与灾害防治工程研究中心	中国矿业大学（北京）
5	煤炭行业矿山火灾与瓦斯爆炸防治工程研究中心	中国矿业大学（北京）/湖南科技大学、山西煤炭进出口集团科学技术研究院有限公司
6	智能矿山工程研究中心	神华信息技术有限公司
7	煤矿智能开采工程研究中心	兖矿集团有限公司
8	煤矿机器人工程研究中心	北京京能能源技术研究有限责任公司/哈工大机器人（岳阳）军民融合研究院、山东科技大学、中国煤炭工业协会生产力促进中心
9	矿井智能供电工程研究中心	北京国力矿安科技有限公司/哈尔滨国力电气有限公司
10	西部矿井瓦斯智能抽采工程研究中心	西安科技大学

表 2-5（续）

序号	工程研究中心名称	依托单位/共建单位
11	智能选煤工程研究中心	中国煤炭加工利用协会/中国矿业大学、中煤科工集团北京华宇工程有限公司、国家能源集团神东煤炭集团、大地工程开发集团天津德通电气股份有限公司、北京泽建五六选煤科技有限公司
12	煤炭工业互联网工程研究中心	煤炭科学研究总院

2.1.6 协同创新中心

"十三五"期间，教育部继续开展"2011协同创新中心"的建设工作。据不完全统计，煤炭行业高等学校和企事业单位牵头、参与共培育成立了 24 个协同创新中心（表 2-6）。其中包括 1 个国家级、2 个行业级和 21 个省级协同创新中心。

表 2-6 煤炭相关的协同创新中心

序号	协同创新中心名称	牵头建设单位
1	煤炭分级转化清洁发电协同创新中心	浙江大学
2	煤及煤层气绿色清洁开发利用省部共建协同创新中心	太原理工大学
3	矿山智能采掘装备省部共建协同创新中心	中国矿业大学
4	煤炭安全生产与清洁高效利用省部共建协同创新中心	河南理工大学
5	煤的新型高效气化与规模利用省部共建协同创新中心	西安交通大学
6	煤炭安全绿色开采协同创新中心	中国矿业大学、中国矿业大学（北京）
7	煤炭行业煤矿重大动力灾害防控协同创新中心	辽宁工程技术大学
8	矿山重大灾害防治与环境修复协同创新中心	辽宁工程技术大学
9	河北省煤炭资源综合开发与利用协同创新中心	河北工程大学
10	中原经济区煤层（页岩）气河南省协同创新中心	河南理工大学
11	煤炭资源安全绿色高效开发陕西省协同创新中心	西安科技大学
12	西部矿井智能通风与瓦斯抽采技术协同创新中心	西安科技大学
13	陕北低阶煤清洁高效利用协同创新中心	延安大学
14	山东煤炭安全高效开采技术与装备协同创新中心	山东科技大学
15	煤层气高效开采与利用协同创新中心	太原理工大学
16	矿井数字化协同创新中心	太原理工大学
17	山西煤炭资源清洁高效可持续开发利用	太原理工大学
18	高端煤矿机械设备协同创新中心	太原理工大学
19	低附加值煤基资源高值利用协同创新中心	山西大学
20	煤基工业气体深度净化技术协同创新中心	中北大学
21	老工业基地资源利用与生态修复江苏省协同创新中心	中国矿业大学
22	安徽矿山机电装备协同创新中心	安徽理工大学
23	矿产资源安全绿色开发协同创新中心	湖南科技大学
24	云南绿色褐煤能源化学协同创新中心	云南大学

2.2 科技人才队伍

"十三五"以来,在供给侧结构性改革、煤炭行业科技创新和转型升级的引导下,科技人才培养体系不断完善,人才发展机制不断创新,人才结构不断优化,涌现出一批中青年科技创新领军人才和技能型人才,王国法、王双明、黄庆学3人增选为中国工程院院士,赵阳升1人增选为中国科学院院士,煤炭行业两院院士达27人(表2-7);全行业共31人入选国家科技部创新人才推进计划名单(表2-8)。

表2-7 煤炭行业的两院院士名单

序号	院士姓名	类别	序号	院士姓名	类别
1	陈清如	中国工程院院士	15	李晓红	中国工程院院士
2	鲜学福	中国工程院院士	16	彭苏萍	中国工程院院士
3	洪伯潜	中国工程院院士	17	武 强	中国工程院院士
4	钱鸣高	中国工程院院士	18	金智新	中国工程院院士
5	周世宁	中国工程院院士	19	袁 亮	中国工程院院士
6	范维唐	中国工程院院士	20	张玉卓	中国工程院院士
7	宋振琪	中国科学院院士	21	刘炯天	中国工程院院士
8	蔡美峰	中国工程院院士	22	凌 文	中国工程院院士
9	张铁岗	中国工程院院士	23	康红普	中国工程院院士
10	谢克昌	中国工程院院士	24	赵阳升	中国科学院院士
11	谢和平	中国工程院院士	25	王国法	中国工程院院士
12	何满潮	中国科学院院士	26	王双明	中国工程院院士
13	顾大钊	中国工程院院士	27	黄庆学	中国工程院院士
14	王 安	中国工程院院士			

表2-8 煤炭行业入选科技部创新人才推进计划名单

中青年科技创新领军人才			
序号	姓名	工作单位	入选年度
1	代世峰	中国矿业大学(北京)	2013
2	卢义玉	重庆大学	2013
3	张 农	中国矿业大学	2013
4	周福宝	中国矿业大学	2013
5	房倚天	中国科学院山西煤炭化学研究所	2013
6	梁运涛	煤炭科学研究总院沈阳研究院	2013
7	张吉雄	中国矿业大学	2014
8	姚宁平	中煤科工集团西安研究院有限公司	2014
9	聂百胜	中国矿业大学(北京)	2014

表2-8（续）

中青年科技创新领军人才			
序号	姓名	工作单位	入选年度
10	曹亦俊	中国矿业大学	2014
11	樊卫斌	中国科学院山西煤炭化学研究所	2014
12	邓 军	西安科技大学	2015
13	来兴平	西安科技大学	2016
14	秦波涛	中国矿业大学	2016
15	黄炳香	中国矿业大学	2018
科技创新创业人才			
序号	姓名	工作单位	入选年度
1	王建学	北京矿大节能科技有限公司	2013
2	王洪英	北京诚田恒业煤矿设备有限公司	2013
3	史丽萍	徐州上若科技有限公司	2013
4	付 超	辽宁卓异装备制造有限公司	2013
5	杨陆武	北京奥瑞安能源技术开发有限公司	2013
6	吴道洪	北京华福神雾工业炉有限公司	2013
7	周满山	力博重工科技股份有限公司	2013
8	卢明立	连云港天明装备有限公司	2014
9	兰治淮	四川省达科特能源科技有限公司	2014
10	杜长龙	江苏中机矿山设备有限公司	2014
11	周官群	安徽惠州地下灾害研究设计院	2014
12	赵树彦	唐山国华科技国际工程有限公司	2014
13	戴云峰	北京国华新兴节能环保科技有限公司	2014
14	钱建生	华洋通信科技股份有限公司	2016
15	谭国俊	徐州中矿大传动与自动化有限公司	2017
16	毛善君	北京龙软科技股份有限公司	2018

2019年，中国煤炭学会为宣传表彰数十年来为煤炭科技发展做出卓越贡献的科技领军人物，授予王显政、叶青、宋振骐、张铁岗、陈清如、范维唐、周世宁、洪伯潜、钱鸣高、谢克昌、蔡美峰、鲜学福、濮洪九（按姓氏笔画排序）13人"煤炭科技功勋"荣誉称号。

"十三五"期间，中国矿业大学（北京）武强、神华准能集团郭昭华、中国矿业大学朱真才等3人获何梁何利基金奖；全行业共60人荣获孙越崎能源科学技术奖，其中，王家臣、祁和刚、张建国、王国法、杨仁树、杨俊哲、郭金刚、董书宁、毕银丽、孟祥军10人荣获能源大奖，曹志国等50人荣获青年科技奖；14人荣获中华国际科学交流基金会杰出工程师奖，其中，于斌、文光才、胡长华、樊启祥、王虹、朱真才、杨俊哲、董书宁8人获杰出工程师奖；王宝冬、潘俊峰、黄中、任怀伟、孙海涛、吴拥政6人获杰出工程师青年奖；2016—2020年，中国煤炭学会共评选全国煤炭青年科学技术奖189人。

为加强技能人才队伍建设，发挥高技能领军人才在带徒传技、技能攻关、技艺传承、技能推广等方面的重要作用，"十三五"期间，煤炭行业进一步加强技能大师工作室建设，全行业建成国家级技能大师工作室20个（表2-9），行业级技能大师工作室348个。

表2-9 煤炭行业的国家级技能大师工作室

序号	年度	工作室名称	所属单位
1	2011	张文市技能大师工作室项目	开滦（集团）有限责任公司
2		杨杰技能大师工作室项目	淮北矿业（集团）有限责任公司
3		白国周技能大师工作室项目	中国平煤神马能源化工集团有限责任公司
4		张奋技能大师工作室项目	神华宁夏煤业集团有限责任公司灵新煤矿
5	2012	张晨光技能大师工作室项目	山西晋城无烟煤矿业集团有限责任公司
6		方国胜技能大师工作室项目	淮北矿业（集团）有限责任公司
7		胡文博技能大师工作室项目	神华宁夏煤业集团有限责任公司
8	2013	魏建雄技能大师工作室项目	神华准格尔煤田集团公司
9		吴新院技能大师工作室项目	靖远煤业集团有限责任公司
10		吴作斌技能大师工作室项目	宁夏天地奔牛实业集团有限公司
11	2014	张建华技能大师工作室项目	中煤张家口煤矿机械有限责任公司
12		吕向东技能大师工作室项目	山西潞安矿业（集团）有限公司
13		任海平技能大师工作室项目	阳泉煤业（集团）有限责任公司
14		顾秀花技能大师工作室项目	神华神东煤炭集团有限责任公司
15		李忠敬技能大师工作室项目	淮南矿业集团潘集第一煤矿
16	2015	崔志刚技能大师工作室项目	开滦（集团）有限责任公司
17		王岐林技能大师工作室项目	山西潞安矿业（集团）有限公司
18	2016	汪文进技能大师工作室项目	淮南矿业集团张集煤矿
19		李向宾技能大师工作室项目	郑州煤矿机械集团股份有限公司
20	2019	张国财技能大师工作室项目	窑街街煤电集团有限公司

"十三五"期间，中国煤炭工业协会分别于2016年和2020年开展了两批先进会员单位和先进个人评选活动，其中，国家能源集团等120家煤炭企业评选为科技创新领域先进会员单位，王海军等180人评选为科技创新领域先进个人。

2.3 行业知识产权

"十三五"以来，经济全球化速度加快、国际竞争激烈，产业结构调整升级，随着国家对知识产权工作的着力推进，提出"创新是引领发展的第一动力，保护知识产权就是保护创新"的要求，知识产权保护的重要性和战略性日益凸显。随着煤炭行业转型升级和创新发展的稳步推进，对煤炭领域知识产权工作也提出了更高的要求，煤炭企事业单位知识产权保护意识大大增强，对知识产权创造、运用、保护和管理的能力也有了显著提升，煤炭领域的专利保护工作取得了实质性的进展，专利申请量和授权量历经了从无到有，从有到多的阶段，当前也正努力迈向从多到好、从好到强的新阶段。

在专利培育与保护方面，截至"十三五"末，煤炭工业协会会员单位拥有授权发明专利9000余件，实用新型专利近2万件，PCT 631件，累计申请总量达3.8万件。从统计结果分析得出，煤炭企业专利数量整体呈上升趋势，其中，发明专利的比例也逐年增加，专利质量整体稳步提升。自中国专利奖设奖以来，煤炭行业共获得中国专利奖97项，其中，金奖7项，银奖2项，优秀奖88项。煤炭行业专利创造、保护与运用水平不断提高，在专利授权量不断提升的基础上，行业重点领域高质量高价值专利培育成为自主创新发展的重点方向。

在推进联盟建设方面，2016年，由国家知识产权局、北京市知识产权局、中国科学技术协会、中国煤炭工业协会共同指导，成立了中国矿业知识产权联盟，在联盟成员之间搭建知识产权公共信息平台，形成矿业领域知识产权流动与运营渠道，提升矿业领域的自主创新能力，推动矿业领域在关键领域实现技术突破，为联盟成员知识产权战略运用以及海外知识产权布局等相关事宜提供信息分析服务与知识产权预警分析。经过几年的建设，联盟已建立完全具有我国自主知识产权、国际领先的无煤柱煤炭开采技术，构建了无煤柱自成巷-110工法专利池，并围绕N00工法及其装备系统构建了较为完整的专利保护体系。

在专利分析布局方面，全行业着力推进实施专利质量提升工程，开展完成了国家知识产权局"现代煤化工"和"煤炭工业物联网专利分析"等课题研究，以及北京知识产权局、贵州省知识产权局行业重点领域分析等课题研究。中国煤炭工业协会积极推动并指导国家能源集团、中国煤炭科工集团、兖矿集团、阳煤集团、中国矿业大学（北京）、贵州理工学院等煤炭企事业单位及院校，围绕现代煤化工、煤炭开采、采掘机械、智能采掘等重点领域开展专利分析、预警布局、高价值专利培育等工作，培育高价值核心专利技术，在创新全过程周期注重对研发成果的产权保护，推动核心技术专利化、核心专利工程化、专利技术利润化，加强专利、技术秘密的保护和转化，为提升企业核心创新能力、提高成果转化率、推动企业转型升级打下坚实基础。

在示范企业建设方面，截至2020年，煤炭行业入选国家知识产权示范企业共5家，入选国家知识产权优势企业22家。优势示范企业的培育与发展，在完善知识产权管理体系、提升知识产权质量和运用能力等方面得到了很大的提升、具有行业影响力和标杆性，有力推动了企业知识产权管理体系的建设，进一步提升了煤炭行业知识产权保护能力和市场竞争力。

在专业人才培养方面，煤炭行业高度重视知识产权人才培养，多次组织专家深入煤炭企业、高校院所、行业工程中心开展知识产权高价值专利培育、专利布局、专利预警等专题培训，组织煤炭企事业单位参加国家知识产权局组织的企业专利竞争策略实战培训、全国专利信息人才培训、知识产权管理体系培训等培训班，为行业培养知识产权管理人才、知识产权分析实务人才、专利挖掘撰写人才等多层次知识产权人才梯队打下坚实基础，为行业科技创新质量保驾护航。

行业拥有全国知识产权领军人才1人，全国专利信息实务人才3人，参加知识产权领域专业培训并通过考核的行业知识产权专业管理人才1000余人。

"十四五"时期，为进一步保障能源供给安全，煤炭行业要在关键技术领域抢占核心技术专利权制高点，要站在世界维度和格局上加强对新技术的开发、消化、吸收以及创新成果的专利保护，提高创新质量与创新效益，为煤炭工业高质量发展保驾护航。

2.4 行业标准化

"十三五"期间，全国煤炭标准化技术委员会、全国煤化工标准化技术委员会已完成了换届工作，煤炭行业煤矿专用设备标准化技术委员会、煤炭行业煤矿安全标准化技术委员会和全国安全生产标准化技术委员会煤矿安全分技术委员会已开始换届筹备工作，将于2021年完成换届工作。

新型标准体系建设方面。2016年，按照《国务院办公厅关于印发强制性标准整合精简工作方案的通知》（国办发〔2016〕3号）和《国家标准委关于印发〈推荐性标准集中复审工作方案〉的通知》（国标委综合〔2016〕28号）要求，中国煤炭工业协会组织全国煤炭标委会和煤炭行业煤矿安全标委会、煤炭行业煤矿专用设备标委会和全国安全生产标准化技术委员会煤矿安全分技术委员会协助国家标准委、国家煤监局、国家能源局、应急管理部（原国家安全生产监督管理总局）开展煤炭领域国家标准（GB）、煤炭行业标准（MT）、能源行业标准（NB）、安全生产行业标准（AQ）的强制性标准整合精简和推荐性标准集中复审工作。同时，根据国务院《深化标准化工作改革方案》（国发〔2015〕13号），2017年，中国煤炭工业协会组织起草了《中国煤炭工业协会团体标准制修订管理实施细则（试行）》，并在全国团体标准信息平台上注册，同年9月，中国煤炭工业协会通过公示阶段，正式开展团体标准化工作。截至2020年，共下达团体标准计划115项，已发布团体标准4项。"十三五"期间，煤炭重点企业也加强了自身企业标准体系建设，先后有皖北煤电集团、兖矿集团等单位构建了企业标准体系与信息管理系统，大大加快了企业标准化水平，促进了企业标准化发展。

创新驱动方面。通过参加国家重点研发计划和国家标准委标准技术管理专项，加强重要标准前期研究，开展行业和企业标准体系课题研究与实施，以科技创新引领标准创新，逐步提高标准科技创新能力。先后开展了《国家质量基础的共性技术研究与应用》《煤矿矿用设备标准体系研究》《〈煤矿瓦斯等级鉴定办法〉修订研究》等四十余项标准化科研项目，针对煤炭领域标准的体系建设与重点领域的标准理论基础进行研究，以科技创新引领标准创新，逐步提高标准科技创新能力，取得了明显的经济效益和社会效益。

经费投入方面。"十三五"期间，相关标准的国家主管部门逐步增加标准的经费投入，但随着标准需求的增大，年度标准计划数量的大幅增加，单项标准的平均补助经费不断减少。平均每项安全行业标准项目补助经费为3万~4万元，每项国家标准和煤炭行业标准补助经费1万~2万元，每项能源行业标准补助经费0.1万~0.2万元。在国家补助经费的引导下，企业加大了标准项目的配套资金投入力度，主动参与国家标准和行业标准制修订，逐步成为标准制修订和经费投入的主体。

标准制修订方面。"十三五"期间，全行业共发布国家标准、行业标准293项，下达标准制修订项目计划共577项。标准制修订主要涉及煤矿安全与重大灾害防治、煤炭资源评价与清洁利用、节能减排、绿色开采、重大装备国产化、信息化、职业健康、应急救援与紧急避险等重点领域。

成果奖励方面。《煤中有害元素含量分级》被评为2016年中国标准创新贡献奖二等奖，《商品煤质量评价与控制技术指南》被评为2018年中国标准创新贡献奖三等奖。《固体生物质燃料检验方法标准体系》等31项获得中国煤炭工业协会科学技术奖。

2015年以来，中国煤炭工业协会组织煤炭各相关标委会参与了300余项ISO标准的投票和审查工作。全国煤炭标委会参与制修订4项国际标准（ISO），其中"固体矿物燃料-库仑滴定法测定全硫"等2项国际标准已出版。特别是2018年，标准国际化工作取得新突破，由煤炭行业煤矿专用设备标委会联系，中煤科工集团上海有限公司承办的ISO/TC 82采矿国际标准化技术委员会第九次年会在上海召开，来自16个国家的三十余位代表参加了此次会议。会议的召开推动了我国煤炭行业的国际交流，促进了我国煤炭行业标准与国外标准的互联互通，为煤炭标准走出去创造了基础条件，加快了我国煤炭标准化国际化进程。

截至2019年底，中国煤炭工业协会组织制定现行国家标准303项，协助主管部门归口制定现行行业标准1490项。

2.5 科技创新成果

2.5.1 成果奖励

2016—2019年，全行业荣获国家科技奖励项目16项。其中，"煤制油品/烯烃大型现代煤化工成套技术开发及应用"项目荣获国家科技进步一等奖；2020年8月，煤炭行业共6个项目通过2020年度国家科学技术奖初审（技术发明奖2项，科技进步奖4项）。"十三五"期间，获中国专利奖51项，其中金奖3项、银奖2项、优秀奖46项。

2004年，经国务院批准，中国工业经济联合会联合中国煤炭工业协会、中国机械工业联合会等11家全国行业联合会（协会），设立了我国工业领域最高奖励——中国工业大奖。截至2020年，煤炭行业共有14家企业和14个项目获中国工业大奖。其中，获奖企业包括中国工业大奖6家，表彰奖6家，提名奖2家（表2-10）；获奖项目包括中国工业大奖5项，表彰奖4项，提名奖5项（表2-11）。

"十三五"期间，中国煤炭工业协会科技奖共授奖1491项，其中，特等奖5项，一等奖162项，二等奖586项，三等奖738项，创新团队7项。

表2-10 煤炭行业获"中国工业大奖"获奖企业

序号	企业名称	届数
\multicolumn{3}{c}{"中国工业大奖"获奖企业}

序号	企业名称	届数
1	兖矿集团有限公司	第二届
2	神华集团有限责任公司	第三届
3	徐州工程机械集团有限公司	第三届
4	黄陵矿业集团有限责任公司	第四届
5	陕西煤业化工集团神南矿业有限责任公司	第五届（2017）
6	中国煤炭地质总局	第六届（2019）

"表彰奖"获奖企业

序号	企业名称	届数
1	神华集团	第一届
2	太原重型机械集团有限公司	第二届
3	徐州工程机械集团有限公司	第二届
4	山东能源集团有限公司	第三届
5	内蒙古伊泰集团有限公司	第四届
6	华电煤业集团有限公司	第六届（2019）

"提名奖"获奖企业

序号	企业名称	届数
1	开滦（集团）有限责任公司	第三届
2	淮北矿业（集团）有限责任公司	第六届

表 2-11 煤炭行业获"中国工业大奖"获奖项目

"中国工业大奖"获奖项目			
序号	项目名称	企业名称	届数
1	淮南矿业瓦斯综合治理与利用	淮南矿业（集团）有限责任公司	第三届
2	燃用准东煤超（超）临界锅炉研制及工程应用示范项目	哈尔滨锅炉厂有限责任公司	第四届
3	近距离突出煤层群稀缺资源安全开发与利用	华晋焦煤有限责任公司	第四届
4	超级移动起重机创新工程	徐州工程机械集团有限公司	第五届（2017）
5	8.8 m智能超大采高综采工作面成套装备研发与示范工程	神华神东煤炭集团有限责任公司	第六届（2019）
"表彰奖"获奖项目			
序号	项目名称	企业名称	届数
1	塔山循环经济示范项目	大同煤矿集团有限公司	第二届
2	煤炭综采工作面智能化无人开采技术及装备	天地科技股份有限公司	第四届
3	煤矸石清洁燃烧综合利用示范项目	山西平朔煤矸石发电有限责任公司	第五届（2017）
4	中煤新集口孜东矿千米深井智能化开采	中煤新集能源股份有限公司	第六届（2019）
"提名奖"获奖项目			
序号	项目名称	企业名称	届数
1	煤矿生态矿山建设	冀中能源集团有限责任公司	第三届
2	煤矸石发电产业链延伸综合利用项目	山西平朔煤矸石发电有限公司	第三届
3	燃煤发电机组近零排放工程示范与应用	北京国华电力有限责任公司	第四届
4	大规格超高功率石墨电极项目	开封平煤新型炭材料科技有限公司	第六届
5	煤矿井下大功率近水平定向钻进技术装备	中煤科工集团西安研究院有限公司	第六届

2.5.2 科研项目

据不完全统计，"十三五"期间，全行业承担研究国家科技项目40项（表2-12），包括国家重大专项及示范项目3项，国家重点研发计划37项；承担国家自然科学基金项目13项（表2-13）。

表 2-12 煤炭行业承担的部分国家科技项目

国家重大专项项目及示范项目		
序号	项目名称	项目牵头承担单位
1	煤矿区煤层气抽采利用关键技术与装备	煤炭科学研究总院
2	山西重点煤矿区煤层气与煤炭协调开发示范工程	山西晋城无烟煤矿业集团有限责任公司
3	两淮矿区煤层群开采条件下煤层气抽采示范工程（三期）	淮南矿业（集团）有限责任公司
重点研发计划		
序号	项目名称	项目牵头承担单位
1	煤矿深井建设与提升基础理论及关键技术	中国矿业大学（北京）
2	深部岩体力学与开采理论	四川大学
3	深部煤矿安全绿色开采理论与技术	国家能源集团

表2-12（续）

重点研发计划		
序号	项目名称	项目牵头承担单位
4	煤矿千米深井围岩控制及智能开采技术	天地科技股份有限公司
5	千万吨级特厚煤层智能化综放开采关键技术及示范	天地科技股份有限公司
6	煤矿智能开采安全技术与装备研发	天地科技股份有限公司
7	大采高工作面智能开采安全技术集成与示范	国家能源神东煤炭集团
8	严酷条件下矿用设备性能检测及质量评价技术研究	中国矿业大学
9	矿井灾变通风智能决策与应急控制关键技术研究	中国矿业大学
10	煤矿隐蔽致灾地质因素动态智能探测技术研究	中国矿业大学（北京）
11	矿井突水水源快速判识与水灾防控关键技术研究	中煤科工集团西安研究院有限公司
12	煤矿重大水害防治关键技术工程示范	国家能源集团
13	煤矿井下瓦斯防治无人化关键技术与装备	中煤科工集团重庆研究院有限公司
14	矿山新型甲烷通风防尘安全仪器计量技术研究	中国矿业大学
15	煤矿典型动力灾害风险判识及监控预警技术研究	中国矿业大学（北京）
16	煤矿深部开采煤岩动力灾害防控技术研究	煤炭科学技术研究院有限公司
17	矿山职业危害防治关键技术及装备研究	中煤科工集团重庆研究院有限公司
18	煤矿重特大事故应急处置与救援技术研究	中国矿业大学（北京）
19	煤矿热动力灾害防控技术与装备	煤科集团沈阳研究院有限公司
20	矿山安全生产物联网关键技术与装备研发	中国矿业大学
21	"互联网+"煤矿安全监管监察关键技术研发与示范	中煤科工集团重庆研究院有限公司
22	智能应急预案及应急救援辅助决策系统与项目示范应用	国家能源集团
23	矿山灾害生命保障救援通道快速安全构建关键技术与装备	中煤科工集团西安研究院有限公司
24	东部草原区大型煤电基地生态修复与综合整治技术及示范	神华集团有限责任公司
25	西北干旱荒漠区煤炭基地生态安全保障技术	北京林业大学
26	深部煤矿井下智能化分选及就地充填关键技术装备研究及示范	新汶矿业集团有限责任公司
27	大型煤矿和有色矿矿井水高效利用技术与示范	内蒙古农业大学
28	大型煤电化基地固废资源化利用成套技术及集成示范	国家能源集团
29	先进煤间接液化及产品加工成套技术开发	国家能源集团
30	煤的热稳定性等4项指标测定方法国际标准研究	煤炭科学技术研究院有限公司
31	煤层气、页岩气及现代煤化工关键技术标准研究	煤炭科学技术研究院有限公司
32	燃煤烟气硫回收及资源化利用技术	国家能源集团
33	CO_2近零排放的煤气化发电技术	国家能源集团
34	燃煤电站低成本超低排放控制技术及规模装备	国家能源集团
35	超低NO_x煤粉燃烧技术	国电电力发展股份有限公司
36	燃煤电站多污染物协同控制与资源化技术与装备	国电电力发展股份有限公司
37	超超临界循环流化床锅炉技术研究与示范	神华国神集团

表2-13 国家自然科学基金项目

重大研究计划项目		
序号	项目名称	项目负责人
1	煤型关键金属矿床中成矿元素富集的地球化学行为与机制	代世峰
2	川藏铁路深埋超长隧道工程灾变机制及防控方法	何满潮

重点基金项目		
序号	项目名称	项目负责人
1	煤中有害矿物质富集分异特性及其热迁变影响机制	唐跃刚
2	冲击地压灾害监测预警及卸压减冲机理研究	张俊文
3	深埋弱胶结薄基岩厚煤层开采岩层运动与控制研究	王家臣

优秀青年科学基金项目		
序号	项目名称	项目负责人
1	煤地质学	赵蕾
2	煤矿勘探地震学	赵惊涛

科学仪器基础研究专项		
序号	项目名称	项目负责人
1	煤矿井下钻孔随钻瞬变电磁超前智能探测实时预警仪	武强
2	低渗透储层岩石超临界CO_2压裂与三维应力场可视化实验系统	鞠杨

重大国际（地区）合作研究项目		
序号	项目名称	项目负责人
1	裂隙砂岩非饱和渗流机理的中子层析成像研究	赵毅鑫

3 重点领域技术进展

3.1 资源勘查与地质保障

"十三五"期间,煤炭地质勘查理论体系进一步完善,关键技术取得突破,建立了具有中国特色的煤炭地质学新理论与综合勘查技术体系,将以煤为主的地质勘查发展为煤系多能源、多资源的协同勘查。为煤炭资源勘查和煤矿地质保障提供了有力支撑。

煤炭地质理论研究经过几代人的努力,形成了具有中国特色的煤炭地质学科体系,为煤炭地质勘探开发、煤矿地质保障技术发展提供了有力的基础理论支撑。"十三五"期间,空天地一体化勘探、数据信息融合处理、测试化验与分析等精细技术获得长足进步,含煤沉积、聚煤作用、控煤构造、煤岩学、煤化作用等研究进一步深入,"成煤系统"理论研究、优质清洁煤炭资源评价、控煤构造及赋煤构造单元研究、煤系矿产资源认识、煤岩微观结构构造分析等方面进展突出。

"十三五"期间,在煤炭资源勘查技术方面,地质工作者积极适应新时代绿色发展要求,转变思路,开展了煤系资源综合勘查、绿色勘查探索和实践,取得了显著成效。在煤矿安全高效开采地质保障技术方面,以高密度全数字三维地震勘探、孔-巷瞬变电磁探测、煤矿井下反射槽波超前探测以及大透距多频同步无线电波透视等为代表,地球物理探测新技术与新装备取得了长足的进步;煤矿井下超长距离定向钻进技术与装备,创造了主孔深度3353 m、孔径120 mm、中靶坐标误差小于0.15%新的世界纪录;煤矿顶板离层水害成灾机理研究取得突破,基于地面区域超前治理的煤层底板水害防治技术得到工程推广等。

3.1.1 煤炭资源勘查及综合评价

在全国第三次煤炭资源地质普查的基础上,王佟等提出了煤炭资源遥感技术、高精度地球物理勘查技术、快速精准地质钻探技术、煤炭资源勘查信息化技术、煤矿区环境遥感监测与治理技术及煤质测试化验技术等关键技术构成的煤炭地质综合勘查理论与技术新体系,支撑了"十三五"期间的地质找煤工作。2016年全国新增煤炭查明资源储量60.68 Gt;2017年全国新增煤炭查明资源储量81.556 Gt;2018年全国新增煤炭查明资源储量55.61 Gt;2019年全国新增煤炭查明资源储量61.51 Gt。其中,2017年新发现煤炭资源量超过5 Gt的煤田3处。

1. "成煤系统"理论

"成煤系统"强调了煤盆地煤在形成和演化阶段的地质信息,中煤科工集团西安研究院晋香兰进行了鄂尔多斯盆地侏罗系成煤系统研究,探索盆地内煤与煤层气资源评价新思路与方法,其中,沉积学研究及层序地层从古泥炭的堆积、含煤岩系的地层格架及煤层丰度、煤中矿物、煤变质程度到煤层气等不同阶段都起到了不可替代的作用。

2. 构造控煤研究

中国工程院王双明院士认为,鄂尔多斯盆地构造背景和沉积作用转换是控制煤炭资源形成的重要地质条件,在大地构造运动界面上覆岩系中,寻找沉积体系转换区域是战略性找煤的有效途径;在大地构造背景转换过程控制聚煤期,石炭纪、二叠纪含煤岩系形成于加里东—海西构造运动转换过程,三叠纪和侏罗纪含煤岩系形成于印支—燕山转换过程;在沉积作用转换区域控制成煤区,在近海型盆地中,成煤区位于向陆一侧的河—海沉积作用转换区域。

中国矿业大学(北京)曹代勇教授以赋煤构造亚区为单元,总结归纳了构成中国煤田地质构造格局的基本架构,根据赋煤构造单元的层次结构体系方案,将全国划分为五大赋煤构造区、16 个赋煤构造亚区、81 个赋煤构造带。同期,其以成煤盆地研究为基础,提出了成煤盆地原型综合分类方案,划分了我国主要成煤期的成煤盆地类型;采用赋煤构造单元的概念表征展现今煤系赋存特点,认为煤田构造格局的形成和演化就是成煤盆地原型经历不同程度改造,形成现今各类赋煤单元。

3. 煤岩显微结构构造研究

煤岩显微结构构造的研究工作突破了传统的几何学、运动学研究,将煤岩微观与超微观尺度构造结构研究与变质作用、动力学分析等密切结合,已从定性分析走向定量研究。中煤科工集团西安研究院张慧通过对比研究非常规储层与常规储层的微观区别,系统分析了不同煤阶、不同地区煤储层的显微组分、孔隙类型及其对储层物性的影响;中国矿业大学(北京)曹代勇教授于 2020 年提出"煤变质作用的热-应力条件决定显微组分结构演化、惰质组与镜质组大分子结构演化具有差异性"的研究思路,定量刻画显微组分大分子结构与温压条件的关系,确定煤变质全过程中惰质组大分子结构的演化路径,建立惰质组大分子动力学模型。

4. 优质清洁煤炭资源预测评价

生态环境问题日益突出,煤的绿色开发与清洁利用中优质煤资源预测成为焦点。中煤科工西安研究院李小彦开展了煤的绿色开发与清洁利用中优质煤资源预测研究;2017 年,中国矿业大学(北京)邵龙义教授从含煤岩系沉积学的角度深入探讨了煤层作为古气候的载体与大气中 CO_2 变化的关系,提出了从晚石炭世到晚二叠世由温暖潮湿至炎热干燥的长周期气候变化是板块漂移的结果,具有长湿短干—半湿半干—短湿长干的降水特征,短周期气候变化则是区域性基准面变化的结果。

5. 煤系共伴生资源勘查

1)多种资源协同勘查

鄂尔多斯盆地面积约 $37 \times 10^4 \text{ km}^2$,是多种矿产资源互相重叠的综合性资源盆地,盆地内蕴藏着丰富的煤炭、石油、天然气、铀等矿产资源,具有"半盆油,满盆气""南油北气,上油下气"的特点。我国西部地区煤炭资源储量占全国的 2/3 以上,其中,鄂尔多斯盆地内埋藏深度小于 2000 m 的煤炭资源总量约 2000 Gt,占全国 40% 以上。"十三五"期间,李增学等提出了煤系矿产"四位一体"(固态、液态、气态和分散元素)协同勘查的基本思路、原则和理论,构建了煤系多位态矿产资源的协同勘查系统及其实施方案，其中：固态矿产资源，如煤、油页岩、黏土矿、铝土矿、盐类等；气态矿产资源，如煤层气、煤成气与致密气、页岩气等；液态矿产资源，如常规石油和非常规致密油等；分散元素矿产主要为煤及煤系中的伴生元素矿产（如 Li 矿床、Ga 矿床等）和砂岩型铀矿床等。

特别值得一提的是，在鄂尔多斯盆地长期研究的基础上，王双明院士团队发现了宝贵的富油煤资源。研究结果表明：陕北地区富油煤资源储量 150 Gt，平均含油率 10%，相当于找到了储量 15 Gt 的油田。富油煤的发现和分级分质利用提炼出油品，对我国能源安全具有重要的战略意义和广阔的发展空间。

2）煤系矿产资源赋存规律

含煤地层中煤与多种矿产共存的现象很早就被发现，在国家重大专项、国家自然科学基金等项目的支持下，煤系非常规气和煤中金属元素研究突飞猛进，增加了对煤系多种矿产的全面认识。中国矿业大学（北京）曹代勇教授于 2016 年重新厘定了"煤系矿产资源"概念，将其定义为赋存于煤和含煤岩系以及邻近地层中、与煤矿床有成因联系或空间组合关系的所有矿产资源。从经济性、赋存特征、成因机制、物质相态、工业分类等方面对煤系矿产资源进行了分类，初步建立了六大煤系矿产资源组合分类系统；从中国煤田地质条件和煤系矿产资源时空分布差异性角度出发，总结了五大富煤区的煤系矿产资源组合类型。煤系矿产资源总体可划分为能源矿产、金属矿产、非金属矿产三大类。主要进展如下：

（1）煤中金属资源。煤中金属元素作为矿产资源得到广泛关注，中国煤炭地质总局、中国矿业大学（北京）、安徽理工大学等单位的专家和学者，围绕煤矿区发现的元素富集及作用机理开展了不同角度、不同深度的研究。其中，中国煤炭地质总局主持的"煤中金属矿产资源调查与评价"项目首次在全国层面开展资源调查，被评为 2017 年度中国地质学会十大地质科技进展；宁树正等人以全新工作理念开展全国煤中金属元素分布规律和矿产资源调查评价，总结了我国煤中镓、锗、锂等主要金属元素矿产资源时空分布规律，对指导煤系矿产资源综合勘查和开发利用具有重要意义；中国矿业大学（北京）代世峰教授于 2020 年系统提出并总结了煤型锗、煤型镓铝、煤型稀土和煤型铌锆稀土镓矿床的特征与成矿机制，梳理了中国煤中铍、钪、锂、镁、钒和铼的富集与分布。

（2）煤系气资源。煤系气资源开发利用价值受到广泛关注，在成藏机理研究和共探共采技术研发方面取得突破性进展，中国矿业大学秦勇教授于 2018 年提出了"多层叠置独立含煤层气系统"概念，指出在垂向上相互叠置的煤储层含气性存在相对独立性，是沉积—水文—构造条件耦合控制作用的产物，并从煤系砂岩储层致密化机理、煤系气共生组合及成藏要素配置、煤系含气系统叠置性角度研究了我国煤系气共生成藏作用。

（3）煤系石墨资源。石墨烯的应用开发使煤系石墨（隐晶质石墨）重新受到关注。"十三五"期间，煤系石墨鉴别指标、成矿机理及控制因素研究等取得进展，中国矿业大学（北京）曹代勇教授提出，以化学组成参数为基础指标、结构参数为精确指标的煤系石墨鉴别指标体系，从资源评价需求出发，将不同演化程度的煤系石墨划分 3 类，提出煤系石墨的形成受区域性构造—岩浆带控制，成矿区带呈现出"一纵三横"的分布特点。

3.1.2 煤矿井下钻探技术装备

"十三五"以来，我国煤矿井下钻探技术与装备体系不断完善，取得了一批标志性科研成果，引领了煤矿井下钻探技术与装备发展的方向，煤矿地质保障能力不断增强，促进我国煤矿安全形势持续稳定好转，全国煤矿百万吨死亡率从2015年的0.133降至2019年的0.083，创历史最好水平。钻探装备制造业在加快自主创新、推动产业升级方面迈出坚实步伐，研制了一批技术性能先进的井下钻探装备，产品质量、关键零部件国产化程度明显提高，装备制造水平步入世界前列，大功率定向钻机、自动化钻机、矿用旋转导向系统及矿用无线随钻测量系统的研制填补了国内外技术空白，使我国煤矿井下钻探装备水平跃升到新的台阶。突破了一批制约我国煤矿井下灾害防治和隐蔽致灾地质因素探查的技术瓶颈，开发了适用于我国煤矿地质条件和开采条件的井下坑道钻探技术，先后三次刷新煤矿井下顺煤层定向钻孔深度世界纪录，复杂煤岩层定向钻进和近水平取芯钻进也取得突破性进展。

同时，煤矿井下随钻测量定向钻进技术与装备的应用领域也不断拓展，除了满足井下瓦斯抽采、水害防治和隐蔽致灾地质因素探查需求外，还在透明工作面构建、顶板动力灾害治理、井下粉尘防治等新领域发挥关键作用。"煤矿井下1500 m深孔大功率定向钻进装备""顶板高位大直径定向钻孔采动瓦斯抽采技术与高效快速成孔工艺""煤矿用深孔钻车""煤矿井下瓦斯抽采远控自动钻机"等成果相继入选国家煤矿安全监察发布的《煤矿安全生产先进适用技术与装备推广目录》，有力推动了煤炭地质保障技术的进步，为煤炭资源安全、高效、绿色、智能开采做出了突出贡献。

1. 煤矿坑道钻机

"十三五"期间，我国煤矿坑道钻机在提高钻机输出能力、提升自动化程度、满足个性化需求等方面取得重要成果，研制出大功率定向钻机、自动化钻机和个性化定制钻机。

针对煤矿井下"以孔代巷"瓦斯抽采、矿井水害防治和地质异常体探查的迫切需要，以中煤科工集团西安研究院有限公司为代表，研制出ZDY系列大功率定向钻机及BLY系列泥浆泵车，在我国各煤矿区已推广应用100余台套。在满足巷道受限空间施工要求下，钻机输出转矩、给进/起拔力和制动力等主要性能参数大幅提升，解决了钻机紧凑型结构设计与大能力钻进需求之间的矛盾，攻克了多种钻进工艺可靠切换、多重安全保护和精准控制等技术瓶颈，实现对输出转矩和转速大范围无级调节，满足钻机回转压力、给进/起拔压力、泥浆泵压力、回转转速以及给进速度等参数的实时测量需要，适用孔底马达定向钻进、孔口回转钻进以及复合钻进等施工工艺，对于提升矿井灾害防治水平、保障煤矿安全高效生产、加快瓦斯抽采利用起到积极推动作用，研究成果"煤矿井下大功率定向钻进技术及装备"达到国际领先水平。

为提高井下钻孔施工的安全性、降低工人的劳动强度，中煤科工集团重庆研究院有限公司研制出ZYWL系列自动化钻机，开发了适用于井下坑道钻机的电液控制系统，攻克了一键全自动钻进、无线远程遥控、大角度自动上下钻杆、智能防卡钻和系统故障自动诊断等技术瓶颈，具有自动化程度高、作业人数少、劳动强度低、安全系数高等优点，应用于瓦斯抽采、水害防治和冲击地压防治等钻孔施工，已在我国淮南、平顶山、神东等煤矿区得到推广应用。研究成果"煤矿井下遥控智能钻进技术及装备"达到国际领先水平。

基于我国煤矿区地质条件和开采条件差异性大的现状，对煤矿坑道钻机进行个性化定制和改造。研制出多变幅履带钻机，开孔方位角、倾角、高度调节范围大，适用于煤矿井下跨皮带、穿层孔、多层孔钻孔施工；研制出窄体式履带钻机，最小宽度0.85m，满足井下快速让道要求，可施工水平多排钻孔和全断面仰俯角度钻孔；研制出双臂探放水钻机，机身窄、移动灵活、稳固调角速度快、可与掘进机交替进行施工，可显著提高掘进工作面探放水孔作业的施工效率；研制出矿用胶轮式全液压坑道钻机，采用双动力双系统配套设备，行走状态下由防爆柴油机提供动力，钻进状态下由防爆电动机提供动力，整机布置灵活，施工效率高，可实现钻场设备快速搬家和高效施工；研制出可变径钻孔造穴卸压增透一体化装备，满足突出煤层钻进、冲孔一体化作业需要，快速消除煤与瓦斯突出危险性；研制出气动履带式钻机，以压缩空气为动力，实现狭窄巷道内的自动行走和全方位钻孔施工。

2. 矿用旋转导向系统

"十三五"期间，研制出矿用旋转导向系统，能够在钻杆旋转状态下随钻进行钻孔轨迹的精确控制，具有钻孔轨迹平滑、排渣效果好、钻进效率高等优点。该矿用旋转导向系统采用推靠式结构设计，导向工具外径140 mm，根据钻孔轨迹调控需要，利用推靠巴掌在钻具旋转时伸缩支撑孔壁，使推靠巴掌产生不同的推力，通过调整推力使钻头产生侧向切削，从而控制钻孔轨迹沿预定方向延伸。采用有线传输方式进行测量数据上传和控制指令实时下达，满足系统连续工作需求；开发了孔底复合供电模式，由孔口防爆计算机通过专用通缆钻杆为孔底随钻测量系统供电，实现孔内工程参数实时监控，由孔内防爆型涡轮发电装置为导向机构供电，实现导向机构准确动作；创新提出了"本质安全+隔爆"的组合防爆形式，参数测量系统工作电流小、功耗低，导向机构创新设计连接面连接方式，保障在井下爆炸性气体环境中工作的安全性。可以预见，煤矿井下坑道旋转导向系统将在顺煤层超长定向钻孔、顶板超大直径瓦斯抽采钻孔、底板坚硬岩层防治水钻孔、大直径防冲卸压钻孔、井下大直径工程钻孔等施工中彰显其巨大优势。

3. 随钻测量系统

"十三五"期间，为进一步提高定向钻进成孔效率和质量，拓展定向钻进技术的地层适用范围，研制出无线随钻测量系统。发明了防爆型泥浆脉冲无线随钻测量系统，揭示了近水平孔泥浆脉冲信号传输特性和衰减规律，开发了基于流量控制的低功耗间歇工作模式，创新设计了防爆结构、比例先导控制结构、流量开关结构，突破了煤矿井下小排量（≥90 L/min）、低压力（≤12 MPa）工况下脉冲信号长距离、稳定传输技术，实现了近水平条件下泥浆脉冲信号长距离稳定传输、可靠解调，实钻最大传输距离超过3000 m，在顺煤层超长定向钻进、软硬复合煤层定向钻进和复杂顶底板岩层定向钻进成孔方面优势明显，填补了国内外煤矿井下无线随钻测量技术装备空白。发明了电磁波无线随钻测量系统，建立了煤矿井下全空间条件下电磁波信号传输模型，开发了参数高精度测量、信号高效低功耗发射、微弱信号接收与解调等关键技术，研制出了矿用电磁波无线随钻测量系统，创新了煤矿井下随钻测量装置的信号传输方式，提高了定向钻孔轨迹参数测量精度和传输稳定性，实钻最大传输距离超过500 m，已成功应用于井下碎软煤层气动定向钻进轨迹测量中。

4. 配套钻具

针对煤矿井下定向钻进复杂工况条件，研制了高强度定向钻具，开发了钻杆接头用V150钢级热轧态圆钢材料、无磁钢摩擦焊技术及无磁钢钻杆螺纹渗氮工艺，显著提高了钻杆整体强度，并解决了无磁钢丝扣粘扣难题；基于多元耦合仿生理论，研制了新型PDC定向钻头，采用PTA增材制造技术，突破了兼具胎体耐磨性和钢体强韧性的WC基复合钻头体加工工艺，钻头寿命至少提高了1倍以上；研制了适合于井下硬岩层钻进的冲击螺杆马达、等壁厚螺杆马达、液动潜孔锤、扭力冲击器和高压水锤等动力钻具，通过提高孔底钻具碎岩动力、改变碎岩方式来解决中硬及以上岩层定向长孔钻进效率低的问题；研制了矿用小直径空气螺杆马达，实现碎软煤层定向长距离成孔，解决了碎软煤层成孔深度浅、成孔率低等难题；研制了双动力大直径阶梯式扩孔钻具，实现定向钻孔的单次双级大直径增扩，可有效节约扩孔钻进钻次，提升扩孔钻进施工效率与岩层钻孔直径；研制了矿用小直径水力振荡器，通过降低孔壁与钻具之间的摩阻力，提高机械钻速、增加钻孔深度。

5. 技术应用与示范

（1）高瓦斯矿井大盘区采前瓦斯抽采定向钻进方面。"十三五"期间，我国专家学者提出并创建了 3000 m 近水平孔复合定向钻进理论与技术装备体系，揭示了超长定向钻孔钻压传递规律，首创了中硬煤层超长定向孔加压减阻与复合轨迹控制技术，创造了井下定向孔深度 3353 m 的世界纪录，实现了矿井大盘区瓦斯抽采治理。研制了 ZDY15000LD 型大功率定向钻机、BLY460/13 型泥浆泵车、YHD3-3000 型泥浆脉冲无线随钻测量系统等钻进装备，为超长定向钻孔施工提供了装备保障；开发了螺杆钻具水力加压技术和正反扭转减阻技术，解决了深孔钻进钻压传递难题，降低钻具滑动造斜钻进阻力 30% 以上，滑动钻进深度突破 2700 m；开发了复合回转倾角控制技术；发明了复合侧钻分支方法，解决了超长孔段轨迹控制和侧钻分支难题，钻孔总进尺量中的复合钻进占比达到 91.5%，最大分支点深度达到 3198 m，最大成孔深度达到 3353 m。此外，还研制出矿用冲洗液净化循环系统，由振动筛、离心机循环系统组成，处理能力达到 250 L/min，实现了井下顺煤层超长定向孔钻进冲洗液循环利用，降低了钻探成本，并达到了煤矿井下绿色环保钻探的目的。

（2）煤矿井下碎软煤层瓦斯抽采定向钻进方面。"十三五"期间，发明了煤矿井下压风定向钻进技术，攻克了碎软煤层中顺层长距离定向成孔技术难题，实现了碎软煤层区域递进式瓦斯抽采治理，推动了突出矿井瓦斯高效治理技术发展。研制了工作面巷道"T"形窄体定向钻机，满足狭窄巷道内垂直工作面定向钻进施工需要，既可垂直工作面跨带式输送机施工，也可平行巷道施工；发明了矿用小直径气动螺杆马达，突破了低压启动、长寿命工作技术瓶颈，形成了风动单弯螺杆马达为核心的定向钻具组合，单根气动单弯螺杆马达使用时间超过 700 h，进尺超过 9000 m；开发了压风定向钻进随钻测量系统，可实现钻孔姿态、孔底温度参数的测量，创新集成了煤矿井下碎软煤层压风定向钻进孔口除尘、压风降温润滑监控装备系统，解决了钻进施工安全控制和孔口高效除尘难题；开发了定向孔筛管完孔工艺，实现了碎软煤层钻孔"钻到位、管到底"。实践表明：该套技术装备能显著提升碎软煤层成孔深度、成孔率和瓦斯抽采效果，300 m 以上钻孔成孔率达到 75%，最大孔深 406 m，与常规钻孔相比，单孔瓦斯抽采纯量是常规钻孔的 5 倍左右，浓度提高 50% 以上，实现了煤巷条带、采煤工作面超前区域精准抽采，为碎软突出煤层瓦斯治理提供了新的技术途径。

（3）煤矿井下复杂顶板岩层定向钻进方面。"十三五"期间，研究开发了满足井下复杂顶板岩层大直径高位定向钻孔施工成套技术及配套机具，为工作面采动卸压瓦斯治理提供技术支持和装备保障。创新开发了顶板大直径高位定向钻孔先导孔高效定向钻进技术及配套机具，先导孔综合钻进效率提高 20% 以上；创新开发了复杂顶板岩层高位定向钻孔成孔技术及配套机具，包括复合强排渣定向钻进技术、复杂顶板主动防塌及局部孔段扩孔防堵工艺技术，针对成孔技术需要，研制了高强度整体式宽翼片螺旋钻杆、外螺旋螺杆马达等配套机具，整体寿命提高 2 倍以上；创新开发了顶板岩层高位定向钻孔大直径高效扩孔技术及配套机具，复杂顶板中最大扩孔直径 ϕ220 mm、孔深普遍超过 500 m、综合扩孔效率提高 30%。利用该技术装备打破了淮南矿区复合顶板岩层定向钻进成孔的"禁区"，瓦斯抽采纯量 11.07 m³/min、浓度 31.39%，与邻近高抽巷瓦斯抽采水平相当，上隅角瓦斯浓度保持在 0.03% 左右，研究成果实现了采动卸压瓦斯抽采治理，推动了以定向钻孔代替高抽巷的技术进步。此外，采用该套技术装备还施工完成孔深 1236 m 的近水平岩层定向岩孔，创造了煤矿井下岩层定向钻进孔深纪录，主要为井下高抽巷盾构机快速掘进提供地质导航，探查钻遇地层岩性及构造破碎带发育情况，同时采用高压注浆的方式进行破碎带超前加固。

（4）矿井冲击地压防治方面。"十三五"期间，为破解冲击地压防治难题，研制出 ZDY20000LK 防冲远控钻机，具有全自动装卸钻杆、程序控制自动钻进、远程操控与数据传输、设备状态自动监测与记录、故障诊断和预警等功能，最大输出转矩 20000 N·m，可通过远程控制的方式进行 300 mm 大直径卸压钻孔一次成孔作业，以降低煤（岩）体应力集中程度，同时保障现场作业人员安全。为实现顶板动力灾害防治，创新提出采用井下定向长钻孔分段水力压裂实现工作面强矿压灾害超前、精准、区域防治的新方法，开发了煤矿坚硬顶板定向长钻孔裸眼分段水力压裂技术，通过随钻测量定向钻进技术与装备实现煤层顶板目标地层内有效延伸，然后对煤层顶板实施定向长钻孔分段水力压裂，使顶板逐层垮落，形成连续有效支撑，防止顶板能量的突然释放，实现顶板动力灾害超前防控，同时研发了水力压裂效果立体综合监测技术，实现压裂效果的动态评价，已在兖矿、神东等矿区得到推广应用。

（5）煤矿坑道近水平取芯钻进方面。"十三五"期间，在煤矿地质构造取芯探查方面，开发了煤矿井下水力反循环连续取芯工艺，突破了近水平条件下裂隙发育地层取芯率低的技术瓶颈，发明了一种具有辅助排屑功能的螺旋双壁钻具，破解了煤层孔段环空间隙煤屑疏排难的技术难题，提出了基于中心流道正循环通水与投球相结合的岩芯解卡方法，研制了无岩芯卡断机构取芯钻头，有效保证了取芯钻进过程的连续性，实现了煤矿井下地质构造的精准探测。同时，为解决运输条件差的巷道钻机搬迁的难题，创新提出了轻型合金材料代替传统碳钢、模块化泵站、提升架无极伸缩、各部件间快速组装的设计思路，研制了 ZDY1200G 型全液压坑道钻机，完成了孔深 512.68 m、终孔直径 75 mm 的近水平勘探孔，取芯率达到 96.8%，创造了国产坑道液压钻机绳索取芯钻孔深度的新纪录。在井下煤层瓦斯测定方面，为解决传统钻孔取样方法钻孔深度浅、精度低、瓦斯易逸散的问题，开发了瓦斯含量精准测试密闭取芯方法，研制了专用的煤层密闭取样装置，首先利用定向钻进技术与装备沿煤层施工定向长钻孔，当到达预定取样点后提出孔内定向钻具组合，下入专用取芯钻具组合钻取岩样，实现煤样保压密闭采取，实现瓦斯含量精确测定。

（6）基于定向钻孔的三维地质模型构建方面。煤矿智能开采要求突破精准地质探测、精确定位与数据高效连续传输技术，构建面向智能开采的透明工作面，为智能开采提供高精度地质导航。利用煤矿井下钻孔还可获取目标区域内点、线等关键空间信息和断层、陷落柱等重要地质信息，实现煤岩界面的精确识别，服务于矿井透明工作面构建和智能化开采。"十三五"期间，中煤科工集团西安研究院有限公司将定向钻孔与孔中物探结合，实现了煤矿井下掘进工作面前方"腔状"二维空间地质透明化；国家能源集团神东榆家梁煤矿通过定向钻孔勘探工作面的顶底板煤岩分界线技术，获取工作面顶底板煤岩层界面数据，综合矿井地质勘探钻孔和巷道揭露等实测地质信息，预先构建了可动态自优化的工作面精确三维地质模型，精度达 0.2 m，实现前方预采"黑匣子煤层"的透明化，解决了长期困扰煤矿智能开采过程中煤岩无法识别的难题。

然而，煤矿井下钻探技术装备基础理论研究薄弱，关键技术原创性突破较少，高端智能钻探装备缺乏，尚不能满足我国煤矿智能化建设需要。主要体现在：智能化钻探装备发展较慢，没有紧跟当前大数据、信息化、智能化的发展趋势；高性能防爆型元器件缺乏，关键技术及核心部件依赖进口，产业链安全得不到有效保障，支撑煤矿高端智能化钻探装备研发制造能力不足，当前钻探技术装备距离实现无人化操作的目标还有很大差距；我国各煤矿区地质条件和开采技术条件区域差异性大，而钻探技术装备的适应性仍然不足、智能化水平低、系统集成控制难，针对矿井瓦斯、水害、冲击地压等灾害的治理效率有待进一步提升；随钻探测技术装备对工作面地质条件响应速度慢、探查数据结构单一、探查精度低，实现动态连续探测存在诸多技术瓶颈，难以满足智能开采对透明工作面构建的需要。因此，煤矿井下钻探技术装备的发展必须加强基础理论攻关、加大提升关键零部件的国产化率、加速与新一代信息技术的融合，进一步提升煤矿井下钻探施工的智能化水平，引领煤矿井下钻探装备向高端制造业迈进，促进煤炭行业高质量发展。

6. 未来研究方向

围绕我国煤矿智能化建设重大需求，面向煤矿井下钻进技术装备领域发展前沿，立足于我国煤矿井下钻探技术装备从机械化向自动化转型的发展现状，加强煤矿智能化钻探、随钻探测、复杂地层碎岩机理等方向的基础理论研究，着力推动煤矿井下钻探技术攻关与装备研发，全面提升井下钻探技术装备数字化水平、智能化控制能力。通过开展智能、精准、快速钻进技术研究，不断发展和完善我国煤矿井下技术与装备体系，提高煤矿井下地质条件探查和灾害防治的精准性，切实提升我国煤矿地质保障能力，服务于煤矿透明工作面构建和智能开采。

1）煤矿坑道钻探基础理论与方法研究

煤矿井下坑道钻探是一个复杂的系统，其面临的对象是非线性地质体，因此需要进一步梳理我国各煤矿区煤炭赋存条件和矿井灾害类型，为坑道钻探设备与工艺优选提供依据；加强煤矿坑道钻机机械结构和机电液系统动态特性分析和试验研究，为钻机设计及升级改造提供基础支撑；加大多物理场耦合作用下坑道钻探破岩机理与孔壁失稳机理研究，构建煤矿井下坑道钻机-钻具与地层的耦合模型，为坑道钻探施工工艺优化、钻具设计和主动防护体系建立提供重要参考；加快基于多源信息融合的煤系地层智能识别方法与理论研究，为煤矿井下坑道优快钻进提供保障，进一步提升坑道钻孔施工效率和灾害防治的精准性；深入开展近水平坑道钻探钻孔轨迹控制机理与方法研究，为煤系地层中钻孔轨迹调控和智能决策提供依据。

2）研制智能化钻机

煤矿井下灾害类型多、风险大，对坑道钻探施工作业人员存在潜在的威胁，尤其在矿井水害探查、高瓦斯防突、冲击地压卸压钻孔施工过程中威胁更大，因此，研制智能化钻机，降低钻孔施工过程中人为干预程度，实现减人增效及安全生产的目标。"十四五"期间，要在现有自动化钻机的基础上研制出煤矿井下智能化钻机，开发自主巡航定位、钻孔轨迹智能设计、钻进工况智能感知、钻进过程智能控制、故障智能诊断、远程数据快速传输、钻机及配套装备的远程健康运维管理等技术，从感知、决策、执行层面持续完善钻机的技术性能，提升钻机的智能化程度，实现钻场内钻探装备的一体化、集成化、协同化控制，不断地降低人为干预程度、提升控制效能、增强可靠性、提高钻进速度，依靠传感器技术和振动测试技术等对智钻机的机械系统、电液系统进行故障诊断分析，提高钻探设备的检测和诊断效率，实现钻探设备全生命周期管理。

3）开发多参数随钻测量系统

为提高煤矿井下定向钻进轨迹控制精度、地层识别精度，研制矿用动态方位伽马随钻测量系统、方位电阻率与视频图像可视探测装置，同时开发矿用近钻头随钻测量技术，采用过线螺杆马达或短波无线传输技术，提升获取地质数据的可靠性和实效性，使地层探测半径达到 2 m 以上，提高地质导向钻进的效率和质量，可指导薄煤层或特定地层精准导向钻进；开发多源地质信息融合技术及高端地质信息综合解释软件，实现随钻地质信息识别和可视化展示，为透明工作面构建提供更加可靠的地质信息。为提高钻进工艺参数调整、保障孔内钻具安全，研制矿用工程参数测量短节，实现孔底扭矩、钻压、内外环空压力、转速、振动、温度等参数的实时监测，用于综合评估孔内工况环境和钻具状态，保障施工效率和钻具安全。为实现信息的高速稳定双向传输，开发矿用连续脉冲无线传输技术，解决现有泥浆脉冲无线随钻传输方式速率低的问题；开发抗高阻电磁波无线数据传输技术，解决现有电磁波无线随钻传输方式受强噪声干扰的问题；开发智能钻杆传输技术，由于采用了磁耦合无线方式实现过线钻杆间数据传输，具有传输容量大、速度快、密封性好等特点，能保证多参数测量信息实时上传和控制指令快速下达。

4）开发复杂地层快速安全钻进技术

以定向钻孔替代高抽巷和底抽巷瓦斯抽采为重点突破口，开发复杂地层快速安全钻进技术，进一步提升随钻测量定向钻进技术装备在坚硬、破碎等特殊地层中的适用性和实用性。针对坚硬岩层定向钻进成孔难题，通过数值模拟、室内测试和现场试验等手段，研制以冲击回转破岩为主的长寿命提速工具，进一步提高易损件强度，同时要保证钻进参数的合理匹配，确保各个参数在最佳区间发挥最佳的碎岩效果，提高硬岩定向钻进效率和钻孔直径，定向钻进技术适用地层范围得到进一步拓展（$f \leqslant 10$），顶板大直径钻孔成孔直径达到300 mm以上，为顶板卸压瓦斯抽采和底板探放水定向钻孔施工提供重要技术支撑。针对破碎地层长距离安全成孔难题，研究破碎地层钻孔稳定性、监测仪器与预警机制，进一步完善煤矿井下压风定向钻进技术，开发破碎地层智能控压钻进系统，通过孔内数据的智能诊断，自动识别钻进工况，实现钻进过程中孔内压力的智能控制，提升破碎地层长距离安全成孔能力。

5）开发冲洗液循环系统与自动控制技术

研制满足井下冲洗液循环的多级固液分离装置和智能控制系统，具备关键参数智能监测、循环自动控制功能，实时采集钻孔返渣中的固相含量、密度、黏度及冲洗液压力、流量等参数，通过智能控制系统调整和改变离心机的运行参数，确保离心机始终处于最优化工作状态，经处理后的冲洗液能满足井下正常钻进需要，减少冲洗液的消耗量，为煤矿井下智能化自主钻进奠定基础。此外，利用冲洗液循环系统与自动控制技术还可辅助建立主动控压护壁模式，解决近水平定向钻孔无液柱压力条件下复杂地层孔壁失稳难题。

6）建立数字化钻进平台

通过对煤矿井下钻探装备和钻探工艺参数监测技术的研究，以随钻测量数据和钻探设备运行数据为依托，开发钻探装备运行和钻进参数监测系统，建立基于数字孪生的数字化钻进平台，集成钻进数据、专家经验、科学经验等，结合各类工程模拟技术，实时监测井下钻探装备系统运行状态，测控钻孔实钻轨迹，掌握钻进工艺参数随孔深及地层的变化规律，实现钻进过程实时监控、数字孪生、高效决策和信息共享，尽量降低人为干预程度、减少施工人员数量，以达到降低安全施工风险、减少工人劳动强度、提高钻孔质量的目的。

采集钻机运行参数、钻孔施工参数和钻场环境参数等，通过有线或无线方式输出至井下监测主站（防爆计算机），由井下工业环网传至地面监控系统和云端，通过APP或浏览器实时监控现场钻机、钻场施工情况，包括工程进度、报表查询、远程视频、实时曲线、报警信息以及数据分析等；通过监测井下设备和施工情况，形成设备状态知识库，构建数字孪生体，通过"虚实结合"的感知模型，研究针对数字化模型的动态响应，反映井下设备和仪器的全生命周期过程，实现虚拟化模型对物理系统的数字化呈现。

7) 开发基于定向钻孔的透明工作面构建技术

研究基于定向钻孔数据的三维地质建模技术，利用随钻测量系统探查沿钻孔轨迹延伸方向的地层特性、构造分布、水害和瓦斯赋存等地质信息，同时结合地面煤层勘探信息、井下采掘部署及已施工钻孔信息，建立可视化三维地质模型，根据随钻测量信息反馈和钻孔揭露的信息对地质模型进行不断修正，实现多类型数据间的深度融合。重点攻克多类型多层级数据挖掘与分析技术、复杂地质信息智能感知与动态反馈技术、基于随钻测量信息三维地质模型自动更新技术等瓶颈，从而建立基于定向钻孔轨迹信息和随钻探测地质信息的三维动态地质模型，为透明工作面构建提供重要数据支撑。

3.1.3 煤矿井下物探技术装备

1. 高精度三维地震勘探技术

常规煤矿采区三维地震勘探技术已经成熟，并得到推广应用。为了充分发挥三维地震勘探技术的优势，安徽、山西、山东、陕西等地积极推广煤矿采区三维地震资料的地质动态解释技术，取得了显著成效。段中会等在黄陇矿区某矿以采掘地质信息为约束，开展复杂地质条件下的超前预测预报工作，煤层厚度预测精度提高了15%、小构造发现率提高了30%。

以"两宽一高"技术为核心，高密度全数字三维地震勘探技术在淮南、淮北、皖北、新集、永煤、晋煤、伊泰、陕煤、神华、内蒙古、新疆、阳煤等矿区逐步得到推广应用。2009—2018年，中煤科工集团西安研究院、东方地球物理公司、中煤地质总局物探研究院三家单位完成的煤矿采区全数字高密度三维地震勘探项目控制面积约 350 km^2；据不完全统计：2019年，正在施工的全数字高密度三维地震项目约 70 km^2。高密度全数字三维地震不但在查明煤层中发育的小断层、采空区、陷落柱、岩浆岩侵入等方面效果显著，而且在查明煤层薄层顶板砂岩、底板奥灰含水层方面初显成效，有望为今后的透明矿井三维建模、区域超前治理工作提供地质依据。

2. 煤岩自动化测试技术装置

中煤科工集团西安研究院结合现代显微分析技术、自动化技术，开发了基于图像处理的煤岩显微组分组自动识别技术装置，该装置包括以光电倍增管（PMT）为光电转换元件的显微镜光度计、以光纤光谱仪（CCD探测器）为接收光信号元件的显微镜光度计和镜质组反射率自动测定仪，实现了显微组分组和镜质组反射率自动测试，降低操作者的劳动强度，减少人为测试的主观性。

3. 煤矿井下反射槽波探测技术

"十三五"期间，采煤工作面采前槽波地震探测技术已被晋煤、阳煤、义煤、淮北矿业、焦作矿业等列入企业技术标准。《煤矿安全规程》（2016版）、2018年出台的《煤矿防治水细则》等将槽波探测列为推荐技术。据不完全统计，煤矿安全生产事故大多数发生在掘进工作面，以瓦斯事故类型居多，小构造是主要诱因，因此，超前查明掘进工作面前方地质构造成为急需解决的技术难题。2018年中煤科工集团西安研究院物探研发中心攻克了煤矿井下反射槽波地震探测的技术难题，成果达到了国际领先水平。该技术在阳煤、宁煤、晋煤、晋能等地进行了探采，通过对比表明煤矿井下反射槽波超前探测技术可以实现沿煤层单条巷道前方、侧帮 200～300 m 范围内的小断层、陷落柱、老窑巷道等精细探测，探测准确率大于80%，显示出良好的推广应用前景，成为"十三五"期间矿井物探技术进步的一大亮点。

4. 井下随采地震探测技术

煤矿井下随采地震探测技术研究处于学科前沿，主要是基于煤矿智能开采的工作面地质透明化的现实需求，以查明影响回采的小构造、隐蔽致灾地质因素为目标，中煤科工集团西安研究院程建远研究员于2019年提出煤矿井下随采地震探测技术体系的构想，带领团队持续开展了随采地震探测技术的先导性研究和初步试验研究，证明了采煤机诱发的振动信号是一个连续、高频、宽带、强能量的地震信号，符合作为地震勘探震源的充要条件，首次开展了煤矿随采地震探测试验，探测隐伏陷落柱（直径 22～27 m）并经回采证实存在。

5. 孔—巷瞬变电磁探测技术

"十三五"期间，范涛等开展了孔—巷瞬变电磁探测技术与装备的研发，即采用大功率发射电磁波以压制背景噪声，在巷道发射电磁波形成一次场、在钻孔中接收断电后的二次感应场，取得了较好的应用效果。孔—巷瞬变电磁技术具有以下优点：

（1）在钻孔中接收瞬变电磁的二次纯异常场，有效躲避了掘进巷道迎头及四周采掘机械的干扰，减少了假异常。

（2）在孔中接收来自钻孔径向 30～50 m 范围内的二次纯异常场，接收点距离低阻异常近、二次场的弱信号衰减小，异常反映强。

（3）在钻孔中可以按一定间距在多点接收二次感应场，通过数据处理手段实现二次场信号的多次叠加，达到增强信号、压制干扰的目的。

（4）孔中三分量瞬变电磁探测可以准确定位异常的深度和方位，克服了常规瞬变电磁探测深度不准的难题。大量的生产实践表明：煤矿井下孔—巷瞬变电磁探测技术与装备极大地提高了瞬变电磁探测的准确性。

6. 大透距多频同步无线电波透视技术

"十三五"期间，中煤科工重庆研究院研发出新一代无线电波透视多频同步探测技术及装备，可实现多种探测频率同步发射接收。由于低频率具有较强的穿透能力和信号稳定性，而高频率具有较高的灵敏度和分辨率，因此，多频探测可以兼顾两者的优势，有效提升探测精度和准确性，同时节省大量时间和工作量。2019 年，吴燕青团队研发的大透距多频同步无线电波透视技术与装备，获得煤炭工业协会科学技术一等奖。

7. 煤矿水害隐患探查与防治技术

"十三五"期间，随着我国能源战略的西移，晋、陕、蒙三省区煤炭企业的开采规模不断增大，年产量 30 Mt 的矿井、上千万吨的工作面不断涌现，顶板水害事故逐渐增多，如锦界煤矿、柠条塔煤矿等顶板砂岩水的出水量普遍达到 5000～7000 m³/d，出现了以顶板"离层水"为特征的新型水害；同时，我国东部矿区随着开采深度的不断加大，煤层底板高承压灰岩岩溶突水隐患也在不断加重。

（1）煤矿顶板砂岩水超前治理技术。"十三五"期间，水文地质工作者通过大量的理论探索，结合顶板水害的案例研究，揭示了煤层顶板离层水害的成灾机理，创造性地提出了基于定向钻孔的顶板水超前疏放技术，在工作面回采前可以控制性地疏放顶板砂岩水，减缓了煤层开采后顶板来水的压力；同时，研发出了煤矿地面与井下"离层水"的超前疏放方案，达到了合理"削峰"的目的，这一技术成果已经在蒙、陕、宁等地取得了明显的效果。

（2）煤矿底板高承压水区域治理技术。2015 年以来，冀中能源集团率先利用地面定向钻进技术超前施工定向钻孔，对煤层底板含水层进行改造、弱隔水层进行加固等，实现了煤层底板带压开采条件下的安全回采，初步形成了区域治理的理念。区域治理是由采前被动治理到掘前主动治理、由局部治理到区域治理的转变，进而实现了从采面超前防治水到采区超前防治水的转变；得益于地面定向钻进、地面径向射流和井下定向钻进技术的成熟与发展，利用煤矿底板水害区域超前治理技术，基本控制了东部矿区深部开采底板高承压灰岩水的威胁。此后，冀中能源所属煤矿、淮北矿业、皖北矿业、淮河能源、焦作矿业及山东能源集团部分煤矿相继开展了水害隐患区域超前治理工作，取得了很好的应用效果。

8. 未来研究方向

1）绿色煤炭资源地质勘查与深部地质环境基础研究

目前，我国西部地区煤炭产能占全国70%以上。西部地区生态环境脆弱，在开发优质煤炭资源的同时，应将以往煤矿水害防治的思维转变到"保水采煤"的理念上，加大在浅地表水资源保护和开采后生态修复方面的研发投入，合理选择开采区域，优选采煤方法，研究充填开采、限高开采、快速推采、条带开采以及裂隙带注浆保水、隔水层再造等技术，这已成为西部煤炭资源绿色开发迫切需要解决的技术难题，急需开展立项研究。

另外，我国浅部煤炭资源已逐渐枯竭，开发采深以平均每年 $10\sim 25$ m 的速度不断走向深部，与此同时，深部开采地质背景发生了质的变化，深部高地层应力、高地温场、高承压水、高瓦斯与流体渗透压力相互耦合，成灾机理更趋复杂，这些都是煤炭地质工作者将要面对的新的基础性课题。

2）煤与煤层气协调开发技术

我国煤层气地质资源量排名世界第三，位居俄罗斯、美国之后。煤层气是清洁能源，大力开发煤层气是对我国"缺油、少气、相对富煤"资源禀赋的很好补充。2015 年，中国煤层气地面抽采量达到 44.25×10^8 m^3，全国煤层气抽采总量达到了 170.99×10^8 m^3。2020 年，国家能源局制定了煤层气产量达到 400×10^8 m^3 的战略目标等。山西晋城和陕西韩城煤层气开发已初具规模。

我国煤层气赋存地质条件复杂，煤层气赋存区普遍存在低渗、低透，造成未采区地面煤层气开发存在单井产量低、开发成本高、投入产出比低等现实困难；从煤层气高效开发的地质保障角度来看，煤层气富集区的优选、缺少"甜点"圈定技术、地面增透投入偏大等问题，是导致煤层气开发成功率偏低、经济效益不好的主要原因。为了充分发挥煤矿开采扰动区煤层气开发的独特优势，晋煤集团经过持续攻关已经形成了地面与井下"三区联动"、煤与煤层气协调开发、高效开发的技术流程，对我国煤矿区低渗、低透煤层气的开发具有借鉴意义；更重要的是，实现数据共享，便于对大量的煤层气钻井井下解剖，分析研究煤层气抽采效果与地质条件、开发工艺的关系，开展针对性的方法研究、技术攻关和工程示范，变煤层气资源优势为清洁能源优势。

3）煤矿井下"两探"融合技术

煤矿安全高效、绿色智能开采面临的主要问题是煤矿开采对地质条件的高精度需求与现有探测技术精度不足的矛盾、高效快速采掘技术与低效孤立地质探测的矛盾以及井巷动态揭露地质信息与单一静态地质解释推断的矛盾等。

从技术层面看，钻探技术是公认的探测精度最高的技术手段，尤其是定向钻探技术，但钻探技术存在成本高、探测范围"一孔之见"等不足；物探技术具有快速、无损探测等优势，但随着探测距离的增加探测精度相应降低且单一物探手段的探测结果具有多解性。因此，如果能够借鉴石油行业

"一趟钻"的理念，让钻孔在发挥原有的探放水、瓦斯抽采、地质探查等功能的基础上，开展钻孔物探技术与装备研发，并利用钻孔孔内物探仪器同步实现对钻孔孔径向一定范围内的地质构造、煤层顶底板起伏、煤岩界面、低阻异常区等综合探测，将钻探、物探"两探"融合，发挥"一孔多用"和"1+1＞2"的作用，真正将"一个钻孔就是一项工程"落到实处。

4）矿井下采掘同步智能探测

传统的煤炭地质勘查是以煤炭资源勘探为主要目标，地质勘查的成果是分阶段的、静态的、低精度的。煤田地质勘探与煤炭资源开发两个阶段是分离的、孤立的、割裂的，这在一定程度上影响了地质保障技术对煤炭安全高效开发的技术支撑作用。

根据煤矿智能化开采对地质保障技术的需求分析，在原有地面地质勘查成果数据挖掘和煤矿井巷工程动态揭露地质信息集成分析的基础上，开展地面三维地震数据地质动态解释和井下工作面一体化、高精度综合地质探测，研发基于煤矿井下随钻、随掘、随采等智能动态超前探测技术与装备，构建基于矿井大数据的4DGIS信息平台，实现高精度三维地质动态探测数据与集控中心"三机"监控数据的互馈融合，将有望成为未来煤矿智能化开采的共性、关键、核心技术。

5）透明矿井三维地质动态建模

煤矿采掘活动在时间上和空间上是一个动态历经的过程，对采掘地质条件的认识也是一个不断修正、逐步深化的动态过程，因此，只有通过实施构建矿井三维动态地质模型才能更好地服务煤矿生产。

在矿井多元地质信息集成分析的基础上，基于云计算和大数据技术，将多源海量数据分类融合，建立矿井地测大数据共享服务平台，实现地面与井下、钻探与物探、采掘与探测等多源异构地质信息的动态融合，搭建高精度的矿井三维动态地质模型；该模型通过与煤矿生产决策系统实时互馈和动态优化，建立全矿井高精度三维地质模型，开发矿井3D可视化地质模型和虚拟仿真系统，形成记忆截割曲线和规划截割"模板"，多视角展现矿井地质属性和采掘情况，结合惯性导航精准定位技术，实现工作面生产全过程动态协同管理，最终达到为煤矿智能化开采超前提供动态地质保障的目的。

3.2 矿井建设

针对在深部和西部大型矿井建设中深厚冲积层、含水弱胶结岩层、遇水泥化流动地层等复杂地质条件，为进一步丰富和发展特殊凿井技术内涵，实现节能和减少开挖和支护等技术发展要求，"十三五"期间，科研机构、高等学校等相关研究人员，围绕机械破岩理论、地层改性机理，开展了冻结凿井壁、冻结井壁、冻结温度场等理论和设计，深部岩层注浆改性机理研究等，为建井技术发展提供了基础支撑。

（1）机械破岩钻进井筒理论。研究了滚刀破岩机理，形成钻井法、反井钻井法、竖井掘进机钻井法等井筒综合机械化破岩掘进技术体系。

（2）斜井沿轴线冻结理论。通过技术装备研究，将垂直孔冻结斜井技术向沿轴线冻结斜井技术发展，实现斜井冻结节能。

（3）千米深井控制冻结理论。提出千米深井控制冻结理论，并成功应用于事故井处理冻结工程；单孔、单圈孔冻结稳定温度场的分布规律，建立了冻结壁平均温度的理论计算方法与公式，在多圈孔冻结温度场方面取得重要进展。

（4）基岩冻结井壁厚度计算理论。考虑岩层和井壁共同作用，在一定深度范围内能满足高水压下基岩冻结井壁设计需要，能够在一定程度上减少井壁厚度。提出基岩冻结单层井壁计算理论；建立了考虑孔隙水压力荷载效应的基岩单层冻结井壁设计理论。

（5）地层注浆改性理论。提出"L"深部硐室围岩注浆改性理论，通过改变岩体的物理力学性质，实现对岩体的预加固，保障岩体长期稳定。

在我国矿井建设中，使用钻井法的比例占3%~5%，冻结法约占16.7%，地面预注浆法约占10%；在特殊凿井技术中，钻井法比例约占20%，冻结法约占50%，地面预注浆法约占30%。在深厚表土和复杂地质条件井筒中，大多采用"冻结法＋人工钻爆法"施工，但其存在作业环境差、劳动强度高、安全保障低等不足。随着TBM在地铁隧道工程和反井钻井法在煤矿立井井筒中的广泛应用以及破岩技术的快速发展，竖井机械化施工技术将成为未来的发展方向。

我国矿井建设技术不断发展提高，冻结法凿井、注浆法凿井、钻井法凿井（井巷机械化配套）技术，以及立井普通法施工和平巷掘进、爆破与支护技术等传统的作业法建井模式已不能满足特大型煤矿快速建井的要求。实施"双四同时"施工技术实现了快速建井的目标，最终创建了以工程工序"双四同时"施工工艺、井筒表土段小导管超前支护、分层同时钻眼中深孔光面爆破、全锚杆浇注支护、相邻近距离大断面主副斜硐支护等关键技术为核心的快速建井模式。冻注凿三同时凿井技术就是将传统的冻结、注浆、凿井依次施工，通过一定的技术手段，使三者在同一立井、同一时间同时施工，达到缩短立井建设工期的目的。

1. 深井建设技术

深井建设技术主要包括普通法凿井技术和特殊凿井技术。据不完全统计，我国已有47处煤矿采用立井开拓，开采深度超过1000 m，其中，山东新汶孙村煤矿开采深度达到1501 m。此外，采用斜井开拓最长的是华能核桃峪矿井（位于甘肃华亭）主斜井，长度5875 m，垂深975 m。据统计，我国千米深井井深集中在1000~1299 m的矿井约占91.48%，平均深度1086 m。

1）普通法凿井技术

普通法深竖井凿井主要考虑凿井井架、提升系统、悬吊系统及凿岩和装岩设备等。凿井井架及提升系统可满足直径8~12 m、深度1600 m的立井施工需要。提升系统成功研制出容绳量1800 m的凿井绞车，利用新型立井凿岩钻机可实现岩石硬度40~150 MPa的立井施工，采用液压抓岩机较先前启动抓岩机减少了能耗，提高了施工的安全性。

综上，普通法深竖井凿井从凿井井架、提升系统、悬吊系统及凿岩和装岩设备等可满足直径8~12 m、深度1600 m的立井施工需要。正在建设的纱岭主井直径6.8 m、井深1600.2 m，为国内在建最深竖井。

2）特殊凿井技术

特殊凿井技术主要包括冻结法、注浆法、钻井法和沉井法。20世纪90年代以来，欧美等发达国家的煤炭需求大幅缩减，基本不建新井，而同时期国内煤炭资源开发规模不断扩大，冻、注、钻3种特殊凿井技术也得到广泛应用，总体技术应用处于国际先进水平，工业化水平较高。

（1）冻结法。斜井冻结主要采用垂直孔冻结方式，"十三五"期间提出了斜井沿轴线冻结工艺。研究的内容包括：倾斜冻结孔布置理论，斜井冻结壁发展规律，斜井冻结交圈理论，斜井冻结壁发展规律，斜井冻结交圈判断；磁导向倾斜冻结孔定向钻进技术及装备，倾斜冻结孔钻进、冻结管下放及安装工艺，斜井冻结施工过程中井帮变形的时空规律、井帮变形与冻结管受力状态之间的相关关系，为长斜井冻结技术的工业性应用打下了基础。

我国东部地区煤矿立井冻结表土层已达800 m深度，西部甘肃核桃峪煤矿副立井含水基岩冻结深度达到950 m。国内冻结法凿井技术经过60多年的发展，在纵深方向及穿越黏土层厚度方面均处于世界领先地位。

（2）注浆法。立井井筒地面预注浆技术是注浆法的代表，近二十年来深井注浆技术不断突破，注浆深度由600多米增加到1100多米，结合定向钻进技术在建井工艺方面取得了极大的创新成果，相继形成了"冻－注－凿"三同时凿井技术、"钻－注"平行作业技术、深井L型钻孔地面预注浆技术、井筒过采空区地面预注浆加固技术等。

注浆材料是注浆技术发展的核心，各种特殊性能和用途的注浆材料被开发应用，包括黏土－水泥浆（CL-C）、钻井废弃泥浆改造浆液（MYG）、塑性早强水泥浆液、单液水泥基复合加固浆液、高掺量粉煤灰水泥浆液、水泥－粉煤灰－水玻璃双液速凝浆液、超长缓凝水泥基改性浆液、改性脲醛树脂和水玻璃化学浆液等。在注浆装备方面，开发应用了高压大流量注浆泵、高性能顶驱钻机、JDT系列定向测斜仪、KWS型高压止浆塞等设备和装置，极大地提高了深井注浆装备水平。

（3）钻井法。钻井法的研究和应用以立井深厚冲积层钻井技术和反井钻井技术为代表，在国内已有四五十年的发展历史。钻井法开展了大直径井筒"一扩成井"、小直径井筒"一钻成井"技术装备研究，最大钻井深度达660 m，最大成井直径10.8 m。研究出废弃泥浆作为材料和全部固化的创新成果，大幅提高了钻井法成井速度，有效减少环境污染。钻井法凿井技术成井深度达到660 m。

煤矿反井工程最小直径为0.75 m，最大直径为5.3 m，最大钻井深度560 m。研制的BMC系列反井钻机，钻孔直径0.75~5.0 m，钻井深度100~600 m，在不同的地质条件下，钻成直径为3.5 m、5.0 m和5.3 m的多条煤矿采区风井及电站、隧道通风竖井。井筒钻进期间，人员全部地面作业，凿井安全问题得到根本解决。

（4）沉井法。我国沉井法自20世纪50年代初开始研究，曾一度快速发展，有过沉井180 m的施工记录，90年代以后，由于传统沉井法在深厚冲积层凿井方面与冻结法相比没有优势，发展日渐式微。近年来只零星见于二三十米深度的应用，深沉井研究基本停止。

2. 西部弱胶结地层15 Mt/a煤矿深立井建设与提升关键技术研究

首次研究出深厚弱胶结地层条件下单立井年提升15 Mt煤系统设计方案，并建成实现了单深立井年提升15 Mt煤炭的能力；提出并优化了装备两套50t箕斗的井筒布置、硐室布局及井壁结构设计方法；系统采用了大直径井筒冻结、高强混凝土浇筑质量保障与内壁养护、井筒围岩稳定性控制、壁间注浆封水等关键技术，确保了井筒施工质量；基于围岩特性，优化大体积箕斗装载硐室形状及支护，建立预警防治体系，井塔基础强制解冻，有效缩短了建设工期。

3. 煤矿深井马头门及连接硐室群破损机理与防治技术

研究开发了一整套千米深井围岩改性L型钻孔地面预注浆关键技术，确保相关巷道围岩稳定和支护结构安全，涉及注浆材料、注浆理论、岩石力学、机械工程等多个学科领域，创造性地提出利用L型钻孔地面预注浆进行围岩加固的理论、地面L型钻孔技术、新型巷道支护技术等新技术新工艺，研制出地下围岩改性材料，独创地面L型注浆钻孔钻进工艺与高精度定向技术，新研制出地面水平注浆孔分段止浆机具，优化千米深井硐室群和运输大巷等大断面巷道支护结构设计。目的是解决淮北矿区复杂地质条件下深井连接硐室群及井底车场大巷围岩稳定性及支护难题，还可应用于黄淮地区乃至全国类似地质和工程条件下的矿山建设工程。该项科研成果已经应用于淮北矿区信湖煤矿和青东煤矿。

4. 盾构施工煤矿长距离斜井关键技术研究与示范

针对盾构施工煤矿长斜井工程面临的"深埋超长、连续下坡、富水高压、地层多变"等特点。在国家科技支撑计划项目的支持下，神华集团围绕盾构施工选型配套、始发掘进、地下拆解、数字化远程监控、特殊不良地质处置、煤炭开采对管片结构的影响等重大关键技术开展了研究攻关，研制了适合煤矿斜井掘进的盾构整机设备及新型刀具、窄体管片运输车等新型装置；形成了斜井条件下盾构步进、斜向始发等盾构掘进施工新技术；建立了斜井盾构推力和扭矩理论计算模型及盾构施工安全评估指标体系。研究成果应用于神东补连塔煤矿斜井工程，创造了最高月进尺639 m的掘进纪录，填补了我国TBM在长距离大坡度煤矿斜井建设领域的技术空白，实现了安全、高效建井目标，建成了我国第一个采用盾构施工的煤矿斜井示范工程，开创了我国煤矿斜井建设新模式，对大型现代化矿井建设具有示范和引领作用。该项目于2017年通过国家科技部验收，形成新技术22项、新工艺3项，研制新装备7套，成果获2018年中国煤炭工业协会科学技术一等奖。

5. 超大直径深立井深斜井建井关键技术

建井技术向超大直径深立井深斜井攻克迈进。中煤集团联合7家企业、高校，围绕建成荒径15 m、井深1200 m立井，研发了大跨距、大负荷、高可靠性的关键吊挂设施，攻克了多台大型抓岩机动载作用下吊盘稳定、多绳同步升降，以及断绳荷载作用下井架结构强度和稳定性的技术难题。创立了井筒围岩"环拱效应"和"井壁与围岩共同承载"理论，开发了超大直径井筒井壁设计方法与施工装置，实现了大直径深井井壁的安全经济设计。创新了超大直径井筒高效掘进关键技术，攻克了小伞钻在大直径井筒全断面高效凿岩、超大直径井筒全断面深孔掏槽、小空间多设备高效协同作业等技术难题和减震爆破。创立了超大直径井筒施工管控技术，实现了井筒施工技术、装备与组织管理的高效协同，整体技术达到国际领先水平。该成果已在全国20个多矿区的煤矿立井井筒建设中成功应用，并已推广到国内金属矿山和国外矿井建设工程，对推动行业技术进步、提升行业国际影响力具有重要的意义。

6. 竖井掘进机关键技术与成套装备

形成了直径5.8 m的竖井掘进机样机，完成了厂内空载试验、测试检验，并在云南以礼河四级水电站出线竖井进行工业性试验。攻克一次5 m可变径大直径破岩钻头空间结构、高效大体积机械破碎岩石机理、大扭矩旋转驱动系统、掘进方向智能控制等关键技术。形成具有自主知识产权矿山竖井筒破岩机械化、控制自动化、利用反井钻机钻孔作为溜渣井的大型掘进机综合凿井技术。项目授权发明专利9项，实用新型专利4项。发表论文20余篇。

7. 800 m深厚土层中冻结法凿井关键技术

针对万福煤矿建井过程中面临深厚土层强度低，地压、水压大，存在涌水、涌砂等工程风险，开展深厚土层中冻结法凿井关键技术攻关。建立了考虑开挖径向卸载效应和与地层相互作用的冻结壁力学模型，获得了600～800 m深厚土层冻结壁的变形规律，研发了适应冻结井筒严苛施工条件的CF80～CF100钢纤维混凝土井壁施工技术。成果成功应用于万福煤矿主井、副井和风井井筒，实现安全、优质施工。施工过程中零断管，解冻后井筒涌水量仅为 0.5~0.8 m³/h。取得 800 m 深厚土层中冻结法凿井关键技术突破，使我国土层冻结法凿井技术跨上了一个新台阶。

8. 深厚冲积层冻结法凿井高强高性能混凝土关键技术

随着煤炭资源向深部开发，煤炭建井的趋势是井筒向纵深发展，冲积层越来越厚，井型越来越大。因此，穿过 600~800 m 深厚冲积层、开凿深达 1000 m 以上的井筒和施工建设技术，成为我国开发深部煤炭资源的关键所在。该技术一是发明了调黏型聚羧酸减水剂，研制了含有偏高岭土的复合矿物掺和料，为实现井壁高强高性能混凝土良好的施工性能、低温早强、低收缩抗裂、高耐久性及强度长期持续发展等综合特殊性能提供专用材料；二是开发了适用于深厚冲积层冻结段井壁应用的 C80~C120 混凝土制备成套技术，实现了外层井壁的低水化热低温早强性能、内层井壁低水化热抗裂密实性能，开发出机制砂 C80~C100 混凝土制备技术，解决了机制砂配制高强高性能混凝土质量稳定性控制的难题；三是首次提出深厚冲积层冻结井壁结构设计应用大于 C80 混凝土轴心抗压强度设计值的取值方法，解决了大于 C80 混凝土在冻结井壁结构中应用的设计理论，提出基于 C80~C120 混凝土的深厚冲积层冻结设计、冻结孔布置与冻结工艺优化组合方式，首次实现 C100 高强高性能混凝土在深厚冲积层冻结法凿井工程中的设计应用，井壁厚度减薄 23% 以上；四是首次开发了井下便携式一总线温度检测系统、外层和内层井壁无线测温系统，揭示了深厚冲积层冻结井筒"两壁"温度场的耦合作用规律，形成"两壁"温度场有效调控技术，提出深冻结井井壁壁间注浆最佳时间，配套解决了高强高性能混凝土在深厚冲积层冻结段现场实施关键技术。

项目研究成果已在赵固一矿工程得到全面应用，并将在即将开工建设的赵固二矿中部风井冻结工程得到全面推广。冻结设计、冻结过程调控技术、监测技术等关键技术，已在红二主副风井、平煤六矿北二回风井、常家梁主副风井等工程中获得较好的推广应用效果。

在已完成的赵固一矿西风井示范工程——冻结井筒 C80~C100 混凝土的施工中，应用 C100 混凝土比原设计最大减薄井壁 23.8%，节约冻结钻孔量 25% 和冻结需冷量 25.5%，节省了 5030 万元的建设资金。而即将建设的赵固二矿中部风井，如设计应用 C80~C100 混凝土进行井壁结构设计，则可达到井壁厚度减薄 32.4% 的效果；如应用于赵固二矿中部风井 800 m 以上深厚冲积层冻结井壁设计，则可降低工程造价 30% 以上，单一井筒可节约资金约 1 亿元。

该研究成果不仅解决了大于 700 m 深冲积层冻结法凿井的重大技术难题，取得了显著的社会和经济效益，而且为实现千米深井的安全、优质、经济、快速建设提供了技术保障，对保障我国能源安全、提升我国煤炭深井建设水平、开发更深冲积层所覆盖的煤炭资源具有重要的现实意义。

9. 深厚富水软岩大直径立井及毗邻硐室冻结法开凿关键技术

该技术针对鄂尔多斯地区千万吨级大直径深井安全高效建设重大课题，开展深厚富水软岩立井冻结施工关键技术攻关，首次探索应用基岩冻结壁、外层冻结井壁设计理论，采用"马蹄形"整体冻结方案，实施"四大一深"施工工艺，创造了国内同类型矿井建设最快速度，攻克大厚度内层井壁渗漏水等重大技术难题，成果应用于石拉乌素煤矿和营盘壕煤矿的 6 个深大井筒，创造了冻结孔固管充填高度 300 m 和冻结基岩井筒高强混凝土支护深度 849.5 m 两项世界纪录，节省投资 1.1 亿元。

10. 富水浅覆土层大断面隧道微扰动冻结关键技术与示范应用

该技术解决了其他工法难以实施的复杂条件下富水大断面隧道施工的世界难题，推动了冻结暗挖法施工技术进步，避免了大规模拆迁，实现了复杂地层条件下的施工环境控制目标，促进了环境友好型轨道交通建设发展。针对富水浅覆土层大断面隧道微扰动冻结技术，采用浅覆土大体积冻结小体量设计新理念。发明了多段局部冻结器，提出了部分冻结管割除后维持环形冻结壁平均温度的盐水恢复供给方法，减小冻土体量约50%。首创了大体积冻结温控－热限－泄压冻胀综合控制新方法。提出敞开式冻结孔设计与差异式冻结交圈时间、冻土边界循环温水与冻结模式控制以及施工吸收变形泄压孔，解决了变形敏感性极强的浅覆土大断面隧道冻胀控制难的世界性难题，冻胀量可控制在5 mm以内。研发了隧道水平透孔、泥浆循环保压平衡钻进装置与配套工艺、地铁隧道（联络通道）冻结法施工高效辅助降温方法、高效闭式冷凝系统、延长监测数据传输距离方法。研制了"冻结制冷系统"智能设计决策专家知识库系统。工程实践证明应用以上技术钻孔出泥（砂）量比传统半封闭保压钻进减小97%，节电以及缩短冻结时间为整个冻结系统节约能源约24.3%。实现了富水浅覆土层大断面隧道冻结工程的微扰动控制。成果已应用于广州、上海、南昌、苏州等30余个联络通道冻结工程及盾构进出洞加固工程，1个车站出入口冻结工程，1个超大断面隧道曲线段冻结工程，3年内同比节约成本2482万元。

11. L型钻孔地面预注浆关键技术在区域水害治理的应用

L型钻孔地面预注浆关键技术在区域水害治理的应用技术，减少了地面钻孔的数量，转变了传统注浆以垂向治理为主的观念，实现了区域内顺层注浆综合治理的目的；对于巷道突水、片帮及掉块等掘进时的危险源，采用了预注浆的主动应对方法，保障了人员安全；该项技术的外延扩展性也非常好，适用于煤巷顶底板含水层大范围改性注浆、硐室群或长距离巷道软弱围岩预加固治理、煤矿陷落柱及薄弱地层的探查、村庄下采空区减沉注浆、复杂地层煤层气治理等方面。

12. 岩石地层井筒反井快速施工工艺及装备研究

反井钻机钻井法具有机械化程度高、工艺简单、工期短、安全风险小、劳动强度低等特点。北京中煤矿山工程有限公司经过多年研究与创新，攻克了深井、大直径、坚硬岩石和复杂地层等条件下反井钻井的破岩效率、偏斜控制和井帮稳定性控制等难题，研制出国内最大型反井钻机及首台上向式反井钻机，研制出镶齿破岩滚刀及钻具系列产品，揭示了滚刀破岩机理，形成了岩石地层井筒反井快速施工工艺及装备，总体技术指标达到国际先进水平。项目成果在煤矿、金属矿山、水利水电、公路铁路隧道及其他地下工程领域广泛应用。

13. 基于反井钻井技术的瓦斯管道井建设新工艺研究

针对瓦斯井地质钻机施工方法、需要3~5次扩孔才能达到设计要求荒径、施工效率低等问题，提出了利用煤矿井下生产系统的优势，以反井钻井技术为基础的瓦斯管道井建设新技术，攻克了深反井偏斜控制、富水岩层扩孔钻进、瓦斯管道支护设计、安装、封底、壁后充填固井等关键技术，研制出配套反井钻机、钻具和管道安装、固井装备，完成了工业性试验验证，形成了瓦斯管道井反井钻井成套技术与装备。项目授权和受理专利7项，其中，发明专利6项，发表学术论文14篇。项目形成了瓦斯管道井反井施工工艺及装备，经中国煤炭工业协会鉴定，总体技术指标达到国际领先水平。

14. 相关地下空间建设技术

21世纪以来，岩土工程迈入新时代工程，尤其是以地铁为引擎的地下综合体高速发展。截至2018年，我国境内共有35个城市开通轨道交通，总里程5761.4 km，其中，地铁线路4354.3 km，占75.6%。以地铁建设为引擎的地下空间开发利用迅猛发展。

我国已经成为当今世界城市轨道交通、地下空间、综合管廊及海绵城市等领域的建设大国。但与欧美日等发达国家相比，我国在城市地下空间资源综合开发利用、综合管廊与城市防涝地下水道工程的规划设计建设技术与管理法规建设等方面还存在较大差距。从我国智慧城市地下空间综合利用的角度来看，智慧城市地下空间可以包括城市地下综合管廊、智能立体地下停车场和城市内涝地下水道等一些工程的开发，城市地下综合管廊的设计与建设，将极大改善管线杂乱分布难以管理的现状；智能立体地下停车场的推广和建设，将有效缓解各城市中逐渐加剧的停车难等问题，并减轻由其带来的交通拥堵及环境污染等问题；城市防涝地下水道的建设旨在解决城市内涝问题，使城市雨水和污水等"有道可排，有地可储"，并在此基础上发展储水再利用等。建设城市地下管廊、智能立体停车场和防涝地下水道将是我国智慧城市地下空间发展的重要部分。

地下空间建设对技术的需求，主要是隧道、基坑等在软弱含水土层建设过程中采用的智能化装备及特殊施工技术手段，煤矿建设领域技术具有向城市地下空间技术横向拓展的应用优势。

城市竖井建设采用传统的地下连续墙方式具有占地空间大、接茬咬合风险大等特点。VSM 是一种先进的下沉式竖井掘进机，能够在地下水位之下的复合地层中安全快速的开挖竖井及安装衬砌。特别适用于在狭小空间的城市竖井建设，主要应用于隧道通风井、盾构与顶管工作井、集污井、集水井、圆筒型地下停车场等，在国外已有较多应用案例。国内针对城市竖井施工装备研发处于起步阶段。

地下空间开发主要是在富水软弱地层中进行建设，煤矿建设的特殊工法在处理软弱地层加固中具有独特优势。市政冻结技术的迅猛发展便是工法优势的体现。

15. 未来研究方向

"十四五"期间，突破和改进深部复杂地层改性自动化控制、地下不同条件岩层中机械掘支一体化智能控制、特殊条件下井筒建设等技术和装备，形成煤矿建设的安全、高效、绿色和智能化建设体系，矿井建设速度提升15%，井巷施工人员减少50%，实现煤矿建设向专业化、绿色化、精准化、机械化、信息化、智能化、少人化的绿色智慧矿山转型。

以深部建井、复杂条件建井主流技术为核心，并向相关地下空间领域的建设工程拓展，重点突破和改进复杂地层特殊凿井关键技术与装备、千米深井掘进机钻井关键技术及装备、千万吨矿井提升工程技术、深地空间（废弃矿井）储能再造技术、机械掘支一体化智能控制技术、特殊条件下井筒建设关键技术和装备、地下工程（井筒）全寿命测控及综合利用技术等，形成煤矿建设的安全、高效、绿色和智能化技术体系和装备体系。

1）矿建工程设计

如水利、电力、化工等行业的数字化协同设计解决方案完成了 40%~60% 的工作量，水电行业应用程度较高，以华东勘测设计研究院为代表，数字化在设计、施工与运营阶段都有应用，并向交通、市政、智慧城市等拓展；煤炭行业工程数字化设计起步较晚，应用水平不高。所有的行业还没有形成全业务完整的解决方案。在未来的发展中，应将矿山建设的基本要素以数字化的方式呈现，进行前期设计施工和后期管理运营，达到自动化矿山、数字化矿山进而实现智慧矿山的目的；三维数字化协同设计可以为矿山管理者提供各种用户接口，按照用户需求提供服务，不受时间、地域限制；三维数字化协同设计的操作可视化并且可以与其他软件结合，为决策者提出更合理化建议，符合智慧化定义。

2）全断面竖井掘进机工艺技术及装备

研发施工全过程的竖井掘进机综合超前地质预报体系；研究竖井掘进机施工工艺井帮卸荷，岩石流变特性，基于岩石本构关系的井帮稳定流变力学模型；研究深部滚压破岩机理，并合理布置有高效破岩滚刀的钻头快速破岩，提高钻进效率；研究井底高效清理及时排渣技术，全断面竖井掘进机破碎后的岩渣提升技术；研究井帮安全控制及能平行作业的支护技术。

3）机械破岩智能建井关键技术及装备

千米级反井钻井工艺技术；大直径近水平瓦斯抽采孔反井施工工艺及成套设备；西部富水弱胶结地层中钻井法凿井技术与工艺；关键凿井装备智能化研究。

4）深部复杂地层改性技术

针对1500～2000 m坚硬地层存在的高应力、高水压、高水温等复杂地质及水文条件，研发1500～2000 m深部工程结构围岩地层治理技术；近接建（构）筑物老采空区地表变形精准控制技术；固废膏体浆液密闭空间钻孔充填工艺；研究千米级深厚冲积层立井及长斜井冻结技术；研究新型冷媒冻结理论与技术。

5）井巷工程全生命周期智能化管理关键技术与装备

研究复杂围岩环境井壁受力理论、新型井壁材料及结构；研究井壁结构可靠度理论与评价体系；研发基于数字孪生技术的井巷工程智能化管理系统与平台；研究煤矿既有井筒结构病害快速检测与防治技术；研究工程建造与安全运维智能监测技术；研究井巷机器人。

6）工程数字化智能设计

工程数字化设计管理系统研发；云平台设计系统实施；AI智能设计系统研发，搭建云端人工智能专家系统。

7）建井智能监控

随着人工智能、大数据和云计算等新一代信息技术的快速发展和深度融合，井筒风险灾害的判识、评估及监测预警将由主观性、盲目性和不确定性向真实性、科学定量性和准确性转变，为井筒的服役风险控制及灾害治理提供了技术支撑。

3.3 井工煤矿开采

3.3.1 开采

"十三五"期间，煤矿采掘领域的广大研究人员进一步研究了不同采煤方法的相关理论及关键技术，主要包括：大采高工作面大采场空间采动应力分布与覆岩破断规律，特大采高工作面开采理论与技术应用，减少煤壁片帮和提高支架稳定性机理及措施研究；急倾斜煤层、大倾角煤层、特厚煤层及大变异性厚煤层等不同煤层条件下综放开采工作面顶煤放出理论及放煤方式优化研究；不规则薄煤层工作面顶板破断规律及开采工艺研究，急倾斜薄煤层伪俯斜工作面参数确定及设备研发等；近距离煤层群工作面裂隙发育、顶煤破断及地表沉陷等方面理论解析。

1. 大采高一次采全高开采技术

"十三五"期间，随着采矿设备性能的不断提升，大采高开采工作面高度不断升高，已到达8.8 m特大采高，成为世界之最，大采高开采技术在理论方面的研究主要集中在大采场空间覆岩破断及活动规律、特大采高工作面开采理论研究及应用、支架稳定性提高及煤壁片帮等灾害防治等方面，代表性成果包括：

（1）康红普院士主持的"十三五"国家重点研发计划项目"煤矿千米深井围岩控制及智能开采技术"示范工程在中煤新集口孜东矿顺利开展，实现了千米深井大采高超长工作面智能开采，工作面长度超过350 m，最大采高达到7 m，提出了围岩支护－改性－卸压协同控制理论，并在围岩软破碎度高的条件下的140502示范工作面成功应用。

（2）王国法院士团队基于不同层位围岩破断的应力路径效应研究成果，研究了液压支架与围岩的强度、刚度、稳定性耦合作用原理，提出了液压支架适应围岩失稳的"三耦合"动态优化设计方法；针对厚煤层超大采高综采，建立了顶板岩层断裂失稳的"悬臂梁＋砌体梁"力学模型，分析了"悬臂梁"破坏失稳的空间条件与力学条件；通过数值模拟方法分析了煤壁破坏的主要影响因素，得出了各影响因素对煤壁破坏的敏感度排序；研发了增容缓冲抗冲击立柱、液压支架群组协同控制系统及"大梯度＋小台阶"配套方式。

（3）中国矿业大学（北京）王家臣教授团队提出了采动应力旋转理论，分析了采动应力旋转现象对覆岩"砌体梁"结构稳定性的影响；建立了深部超长工作面顶板结构模型，分析了基本顶分区破断和采动应力动态迁移特征，确定了顶板分区破断理论判据，提出了工作面围岩分区控制方法；基于中厚板理论讨论了关键岩层厚度对切应力分布的影响，揭示了关键岩层受力与破断特征，提出了关键岩层破断模式判据；首次提出了"硬煤劈裂式、中硬煤压剪式、软煤滑塌式"三种大变形煤壁破坏模式，建立了基于应力状态和应力路径的多参量煤壁失稳判据；构建了"棕绳－煤体－浆液"柔性支护系统的本构关系模型，揭示了其协调变形机制，开发了适用于柔性加固的新型注浆材料，研制了半环形柔性加固注浆管，形成了成套煤壁柔性加固工艺。

（4）神华集团神东上湾矿12401综采工作面建成世界首个8.8 m大采高综采工作面，实现了单井单面年产量16 Mt，刷新世界井工煤矿综采面单面回采效率纪录；研究了超大采高工作面覆岩活动规律及矿压显现机理，分析了工作面上覆岩层三带分布规律，仿真模拟了工作面支架运行状态，提出了通过采取注高分子材料进行加固围岩、液压支架工作阻力实时监测、减小空顶距、加强工程质量管控、加快工作面推进速度以及增加防护设施等多项防片帮控制和增强支架稳定性措施。

2. 综合机械化放顶煤开采技术

放顶煤开采技术作为厚煤层高效的采煤方法，"十三五"期间也取得了显著成绩，应用范围也进一步扩大，形成了以"BBR理论"为代表的系列研究成果，揭示了复杂煤层条件下综放开采工作面顶煤放出规律，指导了厚煤层综放开采的成功实施。

（1）工作面三维顶煤放出体理论方程推导。考虑了综放支架对顶煤放出过程的影响，通过改进Bergmark－Roos模型从理论上推导了综放工作面推进方向上顶煤放出体边界方程，得出顶煤放出体呈"切割变异椭球体"形态，可预测不同顶煤厚度条件下的放煤时间；综合考虑工作面布置方向煤层倾角和综放支架的影响，建立了倾斜煤层顶煤放出体计算模型，推导出了顶煤放出体理论形态，发现了顶煤放出体"异形等体"特征，为工作面放煤方式优化提供了理论依据。

（2）综放工作面煤岩分界面理论形态及特征。分析了煤岩分界面上顶煤块体受力情况，推导了初次见矸和过量放煤下煤岩分界面曲面方程，能较准确地描述二维和三维空间内不同煤层厚度条件下的煤岩分界面形态；发现了过量放煤下，煤岩分界面空间形态呈"方底椭圆顶漏斗"状，为控制最佳放出体形态和现场最大化回收煤炭资源提供了理论依据。

（3）特厚煤层卸压综放开采。提出了特厚煤层中分层卸压综放开采技术，分析了卸压层开采和综放层开采时顶煤破碎块度分布、支架工作阻力特征及破碎块体位移场演化等；理论推导了顶煤裂隙扩展应力场条件，揭示了顶煤采动裂隙扩展机理；开发了特厚煤层端头逆序多口同时放煤方式，研究了其提高顶煤回收率的作用机理。

（4）大变异性厚煤层综放开采。放顶煤开采时厚度变异性大的厚煤层开采有效方法，该类煤层在我国分布范围较大。综合已有的研究成果，研究了工作面倾角对顶煤放出体、煤岩分界面和顶煤回收率的影响，得出了随着工作面倾角的增大，顶煤放出体体积逐渐增大，上端头侧煤岩分界面逐渐向重力线靠近，顶煤回收率呈现出先增大后减小的变化特征；基于大倾角综放工作面顶煤运移特征，开发了动态群组放煤方式，并与单口和多口放煤方式进行了技术对比，验证了其优势性。形成了动态采放比精细化综放开采技术，并成功应用于放煤实践，提高了资源回收率。

3. 急倾斜煤层开采技术

我国急倾斜煤层储量超过 1/4，但是产量却不足 1/10，并且急倾斜煤层多是煤质很好的稀缺煤种，也有些老矿区随着资源匮乏，不得不开采急倾斜煤层。"十三五"期间，急倾斜煤层开采工艺、专用设备研制、围岩控制技术等方面也取得了显著的成绩。

（1）急倾斜厚煤层走向长壁综放开采。以 2016 年国家科技进步奖二等奖"急倾斜厚煤层走向长壁综放开采关键理论与技术"为代表的成果，系统研究了急倾斜厚煤层走向长壁综放开采基本问题，指出支架合理设计是该类煤层成功开采的首要条件，支架设计首先应以工作面上部顶板冲击载荷确定支架工作阻力；结合工作面采放工艺，分析了综放支架受力情况，推导了支架侧护板所需的抗挤压力；急倾斜厚煤层综放工作面顶煤放出体与煤岩分界面具有明显的不对称性，结合顶煤放出规律及支架稳定性等，提出了"下行动态分段、段内上行放煤"采放工艺，可最大限度提高支架稳定性，并获得较高顶煤采出率。

（2）急倾斜厚煤层水平分段综放开采。倾角大于 70°，厚度超过 20 m 的厚煤层可以采用水平分段综放开采，以神华新疆乌东煤矿为代表的该类煤层开采取得了突破性进展。现有研究成果急倾斜煤层水平分段综放工作面不同放煤方式下顶煤放出规律，开发了大间隔放煤工艺，理论分析了最佳间隔距离，给出了巷道最佳布置位置；揭示了工作面采用爆破方法预制裂隙机理，提出了提高顶煤破碎程度的有效爆破措施；建立了顶板破断岩块倾倒力学模型，揭示了顶板上分段"倾倒式"和下分段"滑塌式"2 种破坏模式，提出了顶板岩块"破坏形态转变点"判别准则，定义了表征顶板破坏形态的滑-倾系数，讨论了顶板载荷和岩块厚度对滑-倾系数影响等，为急倾斜煤层群开采动力灾害防治提供了理论依据。

（3）急倾斜薄煤层伪俯斜开采。重庆松藻煤电有限责任公司和重庆市能源投资集团科技有限责任公司联合研究了急倾斜薄煤层俯伪斜综合机械化开采方法，确定了回采工作面布置方式，理论计算了工作面最佳伪倾角大小，研制了相适应的采煤机及附属装置、液压支架、导向连接系统等配套设备，并在逢春煤矿成功应用，创造了良好的经济效益。

4. 近距离煤层群开采理论研究与技术应用

（1）"十三五"期间，开滦（集团）有限责任公司和中国矿业大学（北京）研究团队联合就深井近距离煤层群高效协调开采理论与关键技术进行了深入研究，提出了上行开采综合性判别指标，建立了上行协调开采的"可行度"定量判别式与评价体系，提出了上行开采可行度的区域划分方法，应用钻孔窥视与地质雷达探测技术实测了覆岩裂隙发育程度及破碎情况，给出了开滦矿区近距离煤层、极近距离煤层及煤层群的判别依据，该方法在开滦矿区现场工程实践中成效显著，为安全高效开采近距离煤层群资源提供新的理论依据。

（2）神华新疆能源有限责任公司和天地科技股份有限公司研究团队联合研究了浅埋近距煤层群坚硬顶板冲击地压发生机理及防治技术，建立了宽沟煤矿冲击地压防治成套技术体系，获得了大量基础数据和矿压显现规律，从煤岩能量积聚、转移、释放及耗散的全过程，提出了冲击地压的能量机理，并给出了冲击地压的能量方程。

（3）西安科技大学黄庆享教授团队对浅埋煤层群大采高工作面采场顶板破断特征、来压规律、裂隙演化机理等方面进行了研究。建立了浅埋煤层群下煤层关键层固支梁力学模型，修正了基本顶极限垮距计算公式，确定了下煤层顶板结构块的参数；建立了煤层群下煤层开采初次来压的支架载荷计算模型，揭示了工作面顶板动压机理；基于宏观裂隙与微观裂隙的相似性原理，建立了裂隙扩展力学模型，应用裂隙尖端断裂能量理论和 Griffith 准则，给出了裂隙扩展方向、起裂应力强度因子、扩展速度和裂隙发育高度计算公式；揭示了浅埋近距煤层开采的三场演化机理，分析了区段煤柱错距对集中应力、覆岩与地表移动及裂缝发育的影响，得到了基于三场耦合控制的合理煤柱错距。

5. 煤柱自成巷 110/N00 工法技术体系

长期以来，我国煤炭地下开采主要采用欧美专利技术与装备为主导的长壁开采体系，这种开采方法存在生产成本高、资源浪费严重、安全事故多发等问题。何满潮院士领衔的学术团队经过集中攻关，创建了利用矿山压力做功自动成巷、借助碎胀岩体充填卸压的无煤柱自成巷开采理论，研制了高恒阻 NPR 锚杆/索、定向预裂切缝器、切顶钻机、滞后临时支护装备及挡矸装备，形成了具有完全自主知识产权的无煤柱自成巷 110/N00 工法技术装备体系，实现了资源节约型开采方式的重大原始创新，为保证新时期我国能源安全以及煤炭行业的可持续发展提供了理论和技术支撑。

研究成果获第 21 届中国专利金奖以及包括教育部技术发明一等奖在内的省部级一等奖 4 项，相关技术被写入《国务院关于煤炭行业化解过剩产能实现脱困发展的意见》（国发〔2016〕7 号）等文件，成为国家层面主推的开采方法与技术体系。无煤柱自成巷 110/N00 工法技术体系在我国五大煤炭产区、34 个矿区、500 多个工作面推广应用，累计切顶成巷 35 万多米，多回收煤柱资源 2000 余万吨，创造了巨大的经济和社会效益，被誉为我国"第三次矿业技术变革"。

6. 深部煤矿井下采选充一体化技术体系

深部煤矿开采面临生产系统布置复杂产矸率高、矿井提升效率降低、岩层移动与开采沉陷影响范围大等问题，同时煤流矸石井上洗选与地面排放、地表沉降及生态破坏等问题也严重制约深部矿井的高效生产与矿区环境协调发展。张吉雄教授带领的团队围绕深部煤矿充填开采岩层控制、超大断面密集硐室群围岩连锁破坏失稳、井下受限空间煤矸精确分离 3 个关键科学问题，提出了深部煤矿井下智能化分选及就地充填关键技术总体框架，并对矸石少量化选择性回采、煤矸全粒级水介精确分离、超大断面硐室围岩失稳机理及控制、矸石就地充填开采岩层运动及控制进行了系统研究。经过多年的联合攻关，构建了井下智能化分选及就地充填一体化建设与协同生产模式，在高效采充技术、煤矸智能化精确分选技术及装备、超大断面硐室稳定控制技术、矸石聚合物共混改性充填材料等方面实现了重大突破，为深部煤矿井下采选充一体化技术发展提供了坚实基础。

深部煤矿井下采选充一体化技术在新汶矿业集团新巨龙煤矿、平顶山煤业股份公司十二矿、开滦集团唐山矿等矿井建成了示范工程并进行了工程应用，取得了良好的工程应用效果。

3.3.2 掘进

煤炭开采，掘进先行。全国85%以上的煤矿属于井工开采，巷道是井工煤矿中必要的生产和生命通道，井下数量庞大的各类巷道的安全快速掘进是煤矿安全高效开采的前提，是煤炭开采的关键环节和核心工程。"十三五"期间，在国家支持、企业投入及专业研究人员努力研究的背景下，巷道开挖、临时支护、永久支护的理论、工艺和装备方面有了长足的进步，取得了丰富的阶段性成果。2020年煤矿巷道掘进机械化程度已达到60.4%，巷道机械化掘进形式呈现多样化的特点，除了传统的以悬臂式掘进机为主的机械化作业方式、连续采煤机与锚杆钻车配套作业系统、掘锚一体机掘进系统得到发展外，不少矿业集团还尝试研发了掘支运一体化新型快速掘进系统并进行了工业性试验。煤矿巷道掘进工程特征主要体现在以下几个方面：

（1）工程量巨大。全国煤矿每年新掘巷道12000 km，位居世界前列。

（2）施工条件复杂。岩层、煤层的厚度和发育程度各不相同，断层、陷落柱等不确定因素增多，巷道支护面困难增加。

（3）掘进工序繁多。掘进主要包括截割、支护、运输、通风除尘、安全管控等工序，需要多学科、多领域技术共同支撑。

（4）技术水平不高。常规的掘进工序为综掘采用"悬臂式掘进机+单体钻机"配套模式。先掘后支，支护主要集中在迎头顺序施工，掘支不能平行作业，尚未形成安全高效的作业线。

（5）采掘失衡。据统计，全国煤矿巷道掘进进尺平均每月仅180 m，每个综采面平均月消耗巷道超过600 m，掘进队与综采队平均配比3.1∶1.0，掘进作业人员是综采人员的3倍以上，严重制约了煤炭安全高效生产。

（6）作业环境、安全性差。掘进工作面地下水突出、瓦斯突出、顶板冒落、粉尘爆炸等事故严重威胁着井下作业人员的安全。

随着我国科技投入的不断加大，煤矿井下巷道掘进技术与装备取得了一批重要科技成果，实现了从炮掘到机掘的跨越。我国自主研制的高效快速掘进系统在工程示范中数次打破了井下煤巷掘进进尺的世界纪录，同时，在履带千伏级变频牵引调速、高效袋式除尘器、截割电机变频调速等方面取得重要突破，填补相关领域国内外空白。"掘支运一体化快速掘进关键技术与装备"形成了我国具有完全自主知识产权的快速掘进技术与装备体系，有效解决了国内急需解决的巷道掘进问题，并获2019年度中国煤炭工业科学技术奖特等奖。

1. 巷道岩石截割理论研究

"十三五"期间中国煤炭科工集团太原研究院有限公司依托于"煤矿采掘机械装备国家工程实验室"的研究团队对截割理论及实验开展了深入研究，通过截齿侵入岩石试验发现岩屑的断裂是以拉伸为主并伴随着挤压和剪切的共同作用；通过镐型截齿旋转破岩截割力预测试验，利用回归分析得到截割力学参数与截割厚度的关系；基于N. Bilgin 单齿载荷预测公式建立了截割头截割功率预测模型，通过掘进机人工岩体截割试验发现，该模型的预测结果与试验数据线性相关，截割功率平均值相关系数达0.982，对应的预测公式拟合度达96.34%；通过截齿磨损过程试验，截齿破岩过程中累计温度高于600 ℃，高温作用使截齿硬度明显降低，高温磨损是截齿磨损的形式之一，截割速度、截割力、摩擦力与截齿磨损均成正相关。

2. 巷道快速掘进系统与装备工艺

《"十三五"国家科技创新规划》明确提出了围绕"安全、绿色、智能"目标，开展煤机装备智能化技术攻关，为煤炭产业转变发展方式、提质增效提供强大的科技支撑。"十三五"期间，基于截割理论与截割机构的创新发展，结合不同煤矿地质开采条件开展研究，逐步形成了适应我国复杂煤层赋存地质条件下的快速掘进系统与装备工艺。为解决我国煤矿采掘失衡矛盾，践行"机械化换人，自动化减人"，实现煤炭安全、高效和绿色生产提供了强大支撑。

1) 悬臂式掘进机为龙头的快速掘进系统 + 单巷掘进工艺

悬臂式掘进机一直是掘进作业的主力机型。20 世纪 60 中期至 70 年代初，在消化吸收国外技术的基础上开始悬臂式掘进机的基础性研究，并研制了以 30~50 kW 为主的轻型掘进机，形成了我国第一代悬臂式掘进机。经过近半个世纪的持续研究与发展，我国悬臂式掘进机行业已研发出适应煤、半煤岩、硬岩的全系列机型，最大功率达 450 kW。

"十三五"期间，基于现代悬臂式掘进机功能集成化、重型化、智能化的发展方向，中煤科工太原研究院研制了 EBZ160T 掘探一体机、EBZ220M 掘锚一体机、EBH450 智能超重型掘进机，其中，依托国家"863"计划项目研制的 EBH450 智能化超重型岩巷掘进机（图 3-1），攻克了掘进机截割工况识别技术和截割转速自动调节技术难题，实现了自适应截割。该装备在山西新元煤炭公司完成了井下工业性试验，截割岩石 UCS 最大 124 MPa，在 UCS 为 80~120 MPa、最大 124 MPa 的岩巷中试验三个月，累计进尺 1027 m（标准断面 8 m^2），最高月进尺达 381 m（标准断面 8 m^2）。我国在悬臂式掘进领域已经步入世界先进行列，产品出口海外，广泛用于钾盐、钻石等非煤矿业开采。

(a) EBH450 智能化超重型掘进机　　(b) EBZ160T 掘探一体机

图 3-1　EBH450 智能化超重型岩巷掘进机及 EBZ160T 掘探一体机

掘进机性能参数对比见表 3-1。

2) 连续采煤机为龙头的快速掘进系统 + 双巷掘进工艺

1948 年，美国利诺斯公司成功研制出全球第 1 台连续采煤机。该装备在 20 世纪 60 年代前主要用于房式或房柱式开采，后来推广到煤巷快速掘进中，广泛应用于许多国家的房柱式采煤、边角煤回收和巷道快速掘进。国外连续采煤机制造企业已经推出采高 0.6~4.7 m、截割功率 118~520 kW、整机质量 20~100 t、四十余种型号的全系列连续采煤机产品。

我国从 1979 年开始引进连续采煤机进行煤炭开采，前期以单机引进为主，神东矿区采用连续采煤机进行巷道掘进，月均进尺达 1100 m。在国家科技支撑计划项目"煤柱及不规则块段开采关键技术"的支持下，我国已研制出采高 1.3~5.5 m、截割功率 340 kW、多种系列的连续采煤机，并研制了多种型号的锚杆钻车、梭车等配套装备（图 3-2），在煤巷掘进、短壁开采、露天边坡开采、钾盐矿开采等领域广泛应用。2016 年在陕西金鸡滩煤矿进行巷道掘进（巷道规格：宽 6m×高 5.4 m），连续截割断层 296 m，月均进尺达 1500 m，应用效果良好。

表 3-1 掘进机性能参数对比

参数	EBZ260	EBZ300	EBH315	MT720	MK5
最大掘进高度/m	5.0	5.0	5.83	6.6	5.35
最大掘进宽度/m	6.0	6.0	7.01	9.1	7.75
煤岩单向抗压强度/MPa	100	100	120	120	120
整机质量/t	80	85	135	135	120
总功率/kW	426	447	533	555	590
截割功率/kW	260/200	300	315	300	>350

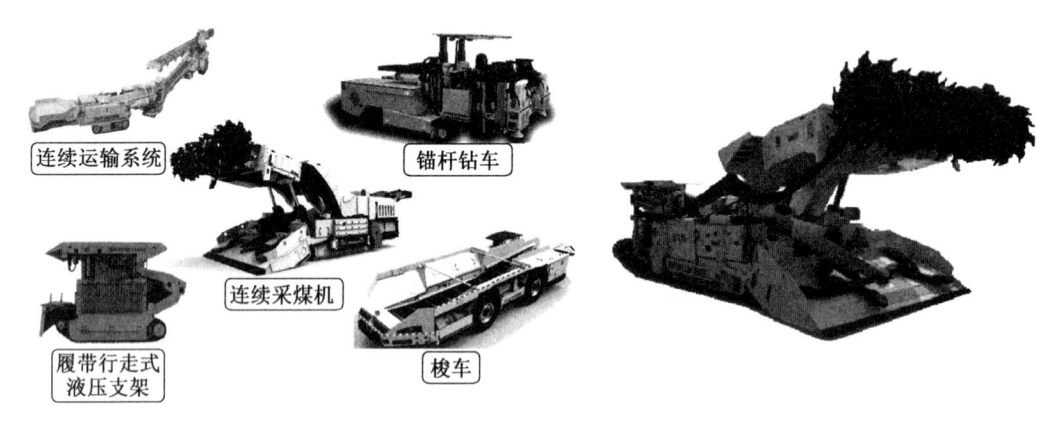

图 3-2 连续采煤机及配套装备 EML340 型连续采煤机

3) 掘锚一体机为龙头的快速掘进系统+单巷掘进工艺

奥钢联采矿设备公司于 1991 年研制出第一台掘锚一体机 ABM20，并在澳大利亚 TahmoorColliery 矿试验成功，实现了掘锚平行作业，减少了设备反复碾压对巷道的破坏，巷道一次成型，设备空顶距 ≤2 m，可适应围岩条件较差的工况。掘锚一体机已在美国、南非、澳大利亚、俄罗斯、中国等地综采准备巷道掘进中广泛应用，约 400 余台，其中我国在用掘锚一体机近 100 台。经过近 30 年发展，奥地利、美国、日本、德国等国外掘锚一体机制造企业已研制采高 1.2~5.5 m、截宽 4.0~7.2 m、截割功率 200~340 kW、整机质量 60~115 t、适应不同工况条件的全系列掘锚一体机产品，共 30 余种型号，并在智能掘锚、掘锚探一体化、钻机电液控制、自动铺网等掘锚一体机相关研究领域开展了大量理论与试验研究。

我国对掘锚一体机的研究应用发展较快，相关科研机构在消化吸收国外技术的基础上，结合我国煤矿井下巷道工程实际，开展了大量相关创新技术研究，提高了掘锚一体机的适应性，满足了我国不同地质条件下的使用要求，具备宽履带低比压底盘、双驱动高速合流重型截割减速器、前探式临时支护等特点，已形成采高 2.8~5.0 m、截宽 5.0~6.5 m、截割功率 270~340 kW、整机质量 90~110 t、多种系列的掘锚一体机产品（图 3-3）。

(a) EJM 340/4-2 掘锚一体机

(b) 掘锚一体机快速掘进成套装备系统

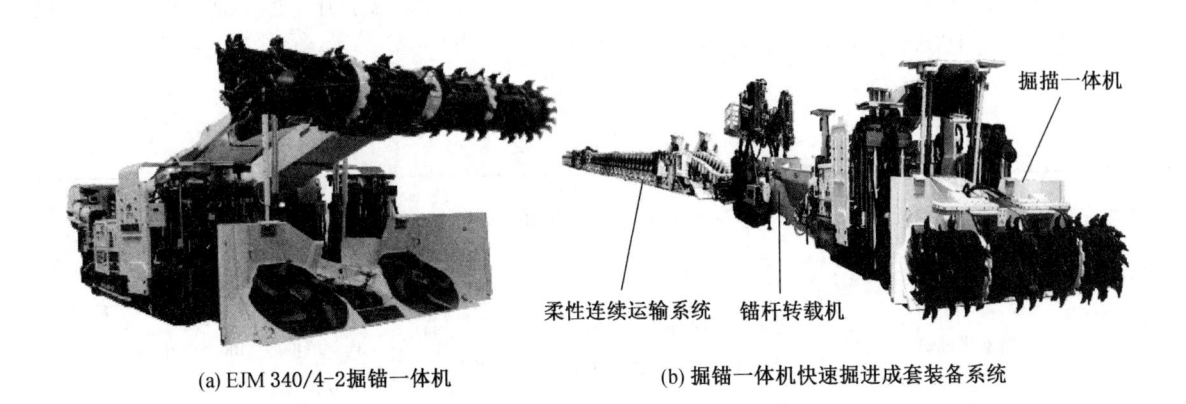

图 3-3 EJM340/4-2 掘锚一体机和掘锚一体快速掘进成套装备系统

掘锚一体机煤巷掘进采用一次成巷工艺，即在一个作业循环内，掘进和支护同步进行，当锚杆支护完成一个排距后，系统前移进行下一个作业循环，其后配套一般采用梭车或桥式转载机进行间断或连续的转运。神东矿区是我国应用掘锚一体化技术较成熟的矿区，采用一次成巷工艺平均月进尺 800 m 左右。与连续采煤机双巷掘进工艺相比，该工艺适用范围广，支护效果好、掘进工效显著，安全性高，引起了世界采矿界的广泛关注。

4）全断面掘进机为龙头的快速掘进系统 + 单巷掘进工艺（TBM）

TBM 是一种靠旋转并推进刀盘，通过盘形滚刀破碎岩石而使隧洞全断面一次成形的机器。自从 1818 年英国的布鲁诺（Brunel）受蛀虫钻孔启示，最早提出盾构雏形与施工方法以来，TBM 经过百年的发展，到 2004 年，SELI 自主开发了 DSUC 系列（通用紧凑型）硬岩掘进机，全断面岩石掘进机已经获得了广泛应用。地铁、隧道等长距离、大硬度、一次巷道成型通常采用 TBM 掘进，在煤矿巷道掘进中也把其作为一种掘进的手段尝试引入。TBM 分类见表 3-2。

5）掘支运一体化快速掘进系统

包括稳定围岩条件下快速掘进系统和中等稳定围岩条件下快速掘进系统。

（1）稳定围岩条件下掘支运一体化快速掘进系统。主要由掘锚一体机、破碎转载机、跨骑式锚杆钻车、柔性连续运输系统等组成，技术特点：①掘支分离、集中支护。跨骑式锚杆钻车机载 10 组钻机，完成所有支护任务，通过跨骑式底盘实现与输送机相对穿行，从而实现了掘、支完全分离、互不影响；②重叠搭接、连续装运。柔性连续运输系统采用可伸缩带式输送机和迈步式自移机尾重叠搭接，搭接行程达 150 m，满足快速掘进圆班进尺的要求；③集中控制、多机协同。以跨骑式锚杆钻车为中心建立中央集中控制系统，实现多设备远程操控、协同作业；④作业辅助、减人强安。除尘系统、供电系统、材料存储有效集成，随系统同步前移，消除相关辅助工序。3000 m 级高效快速掘进成套装备系统在神东大柳塔、补连塔矿相继使用，平均月进尺 2400 m，最高月进尺 3088 m。

（2）中等稳定围岩条件下掘支运一体化快速掘进系统。采用掘锚一体机、锚杆转载机、柔性连续运输系统的配套方式。主要技术特点：①锚索自动连续钻孔。集成自动锚索钻机技术，该钻机利用旋转机构旋转及机械手自动续装钎杆，采用旋转式钎杆仓一次可存储9根，最大钻孔深度可达11 m，钻孔用时20 min；②支护工艺参数可调。当巷道条件发生变化时，可灵活调整掘锚一体机和锚杆转载机的支护任务，实现安全支护。该系统于2018年6月在神木汇森凉水井矿投入使用，日最高进尺75 m，月最高进尺1506 m，掘进队人员数量减少25%。

表3-2 TBM分类表

分项	EPB盾构机	开敞式TBM	单护盾硬岩TBM	双护盾硬岩TBM	通用紧凑型DSU compact TBM
切削原理	刮削式	盘形滚刀压碎岩石			
推进方式	利用推进油缸，由预制管片提供反力前进	利用推进油缸，由压紧在洞壁的撑靴提供反力前进	类似EPB	具有单护盾TBM和开敞式TBM的两种步进方式	
出渣方式	螺旋输送机将出土送到带式输送机上运出	刀盘背部卸砟槽将石料倒在带式输送机上运出			
需要平衡掌子面	必须采用土体压力或泥水压力来稳定开挖面，以防泥水涌入和地表沉降	硬岩TBM没有平衡掌子面的功能			
支护方式	预制管片支护	锚喷支护为主，钢拱架支护为辅		预制管片支护	支护方式任选，锚喷支护、钢瓦片，或预制混凝土管片
工作的连续性	安装管片时需要停止掘进	可以连续掘进	安装管片时需要停止掘进	可以连续掘进	可以连续掘进
适用范围	软土	地质条件好的岩石不需要衬砌的隧洞	地质条件恶劣且管片衬砌的隧洞	地质条件恶劣且管片衬砌的隧洞	适应各种岩性的地质条件

6) 掘进工作面智能视频预警技术研究

项目通过对基础视频识别理论、机器学习理论、大数据理论为智能视频识别技术在煤矿井下的实际应用奠定了研究基础。项目在煤矿井下瓦斯、潮湿、粉尘等复杂环境条件下，首次利用智能视频识别技术对空顶作业、连采超循环和带式输送机堆煤精准识别进行了研究，实现了煤矿井下掘进工作面空顶作业、连采超循环和带式输送机堆煤准确预警，通过工业性试验和实际应用，系统运行可靠、稳定。项目成果在神华神东上湾煤矿等四家大型煤炭企业进行了应用，帮助企业实现了减员增效，取得了显著的经济效益和社会效益。

3. 未来研究方向

国家科技创新能力显著提升，有效支撑煤炭行业发展，快速掘进技术借势也将获得长足发展。这些年来，快速掘进技术经过国家支持、市场培育、企业投入、专业研究人员努力研究，已经取得了丰富的阶段性成果，初步解决了技术与装备有无的问题。"十四五"期间将是快速掘进技术从有无到精品的转变，从低端控制到高级智能的转变，从粉尘满巷到健康绿色的转变，快速掘进技术发展的关键词将是安全、高效、智能、绿色。要实现新一代的快速掘进技术，必须在巷道掘进基础理论、智能感知与导航定位、新结构与新材料等技术领域进行突破。

1）巷道掘进基础理论研究

煤矿井下巷道掘进是一个复杂的系统工程，利用遥感、大数据、云计算等现代手段分析采掘区域的地质构造情况，为掘进装备与工艺的优选提供依据。多物理场耦合作用下围岩强化机理研究，构建临时支护、永久支护与截割煤岩三场耦合作用模型，为永久支护效果评价、截割路径优化、临时支护和永久支护空顶距的优化、钻机工作参数匹配等提供重要参考。进行截割机构动态特性、比能耗的分析与试验研究，建立岩壁截割试验场，为截割机构的设计和升级改造提供平台支撑。

2）智能感知与导航定位技术

巷道掘进是物质流运输的过程，是依托掘进技术装备实现的。而智能化、数字化矿山的建设，是信息流、数据流的传输、解析、重构的过程。在这过程中高精度、微型化、集成化的感知技术是关键所在，多样化的矿用防爆传感器是实现掘进装备自动化、智能化乃至机器人化的内在需求。而当前国内可用于掘进装备的防爆传感器却面临种类少、精度低、响应速度慢、线性度差和可靠性低的局面。突破适用于掘进领域传感器的信号探测、自诊断、微型化、集成化等关键技术，研制集成化多功能传感器，并依靠回传数据研发掘进装备智慧大脑，实现掘进装备在巷道施工过程中的自监测、自分析、自反馈、自修正的智能掘进感知系统是智能感知在该行业发展的方向。

煤矿巷道掘进作业设备与人员数量多，作业人员大致占煤矿总作业人员的40%左右，掘进设备占采掘生产设备30%以上，而且人、机工作环境恶劣，工作强度大。惯性导航技术可以自主完成航位推算，且不受载体运动的周边环境制约。但是单纯的惯性导航系统存在累计位置测量误差，且该误差不能由惯性导航系统自身进行修正，地面运载体通常基于GPS、星光等技术与惯导系统结合来实现组合导航。在井下巷道的封闭空间中，纯惯导系统不能满足掘进装备长航时、高精度的位姿检测需求，并且地面常用的组合导航技术受环境条件的制约而无法应用。因此需要开发适用于井下的组合导航系统，解决掘进装备导航问题。

4. 新结构与新材料

煤矿巷道掘进、支护、运输三大环节工作任务，必须依靠相应的设备机构来完成，解决好三大环节的时空运行关系，是提高巷道快速掘进效率的关键。研发适应临时支护的支护机构、新型锚杆高效便捷锚固技术、锚杆高效钻装技术、自动钻装机构、自动铺网与高效联网技术、动载荷识别技术与截割机构、掘进运输系统与截割匹配的运输机构、掘进工作面环境状态与掘、支、运的匹配技术。

快速掘进在新材料的需求方面，主要是适用于硬岩切割、装载和运输的高强度、耐磨新材料。目前在用的耐磨性能较好的材料，往往脆性较高，焊接性能和机械加工性能较差，并且成本较高，这些耐磨材料焊接到普通结构钢基体上，经常会出现成片脱落的现象。

另一方面是适用于非煤领域新材料的开发。非煤矿井特别是盐矿，腐蚀性较强，普通钢材的耐腐蚀性较差，因此需要积极寻求耐腐蚀性较高的新型材料，应用到掘进机的主要结构部位，以拓展快速掘进系统的应用领域。

快速掘进对于新材料的科技需求主要是，研制开发硬度更大、耐磨性更好、耐腐蚀性能更好、可焊接性能和机械加工性能更好，性价比更高的新型材料。

我国快速掘进技术经过几代人的不懈努力，总体达到国际领先水平，解决了"卡脖子"环节，有效缓解采掘失衡，为智能矿山的建设提供强有力的支撑，有力推力了能源生产和消费革命，有效保障国家能源安全；践行"机械化换人，自动化减人"，实现掘进作业人员减少60%的工作人员，且效率提高3倍以上。切实提高了掘进领域安全生产水平，最大限度降低作业死亡率；打破山特维克在掘锚一体机领域的垄断，实现"中国制造"向"中国创造"的跨越。

3.3.3 支护

"十三五"期间，煤炭开采巷道围岩控制在理论研究与技术研发方面成绩斐然，为解决不同地质条件的工程问题奠定了基础。在巷道围岩控制理论研究方面，具有代表性的有"三主动"理论、N00工法、蝶形塑性区理论、连续梁理论等。

1. 千米深井围岩控制"三主动"控制技术

（1）理论方面。康红普院士团队提出了千米深井围岩控制"三主动"理论。针对千米深井巷道围岩强流变、结构大变形的特点，在高应力及强采动影响下单一棚式支架或锚杆支护无法解决巷道围岩控制难题，提出"三主动"支护理论，即将锚杆支护、注浆改性与卸压技术有机结合，形成"三位一体"巷道围岩控制技术，实现"三主动"，即预应力锚杆主动支护，高压劈裂注浆主动改性，水力压裂主动卸压。

支护—改性—卸压协同控制原理主要体现在3个方面：一是通过高预应力锚杆、锚索及时主动支护，减小围岩浅部偏应力和应力梯度，抑制锚固区内围岩不连续、不协调的扩容变形，减小围岩强度下降幅度，在围岩中形成预应力承载结构；二是通过高压劈裂主动注浆改性，提高巷帮煤体的强度、完整性及煤层中锚杆、锚索锚固力，不仅可以控制巷帮变形，还可以提高巷帮对顶板的支撑能力；三是在工作面回采前选择合理层位进行水力压裂主动卸压，减小侧方悬顶和采空区后方悬顶，并产生新裂隙，激活原生裂隙，降低工作面回采时采动应力量值和范围。通过高预应力锚杆、锚索主动支护－煤层高压劈裂主动改性－超前工作面水力压裂主动卸压，改善围岩应力状态，抑制围岩强度衰减，提高煤层结构强度与完整性，进而控制千米深井高应力、强采动软岩巷道围岩大变形。

（2）技术方面。基于千米深井软岩巷道大变形机理及支护—改性—卸压三主动协同控制原理，研发出配套控制技术，包括高预应力、高强度、高冲击韧性锚杆与锚索支护、高压劈裂注浆改性、水力压裂卸压3项技术。高预应力、高冲击韧性锚杆锚索材料及支护技术，水力压裂卸压技术在此不再赘述。

高压劈裂注浆改性技术通过注浆改性方法可提高围岩自承能力，是巷道围岩"支护－改性－卸压"协同控制技术的重要一环。通过类晶纳米材料诱导结晶增强、有机界面黏接增强和超细粉磨方法开发出微纳米无机有机复合改性双液注浆材料（MCGM）。新型注浆材料经过超细加工，95%的粒径≤9 μm，是以水为分散、扩散介质的黄料、白料双液型固相材料。注浆材料浆液配制可以根据施工现场情况，调节凝结时间与初、终期强度等；固结体有微膨胀性，早期抗压强度高，拉伸黏结强度达到现有水泥材料的3倍以上。基于新型微纳米无机有机复合改性注浆材料，开发出高压劈裂注浆技术与装备。电动高压注浆泵额定注浆压力40 MPa，预胀式封孔器开启压力9 MPa，最高封孔压力40 MPa。高压劈裂注浆改性工艺解决了高应力低渗透软岩"注不进"的难题，保证锚杆索锚固质量，改善新掘巷道成型，巷道围岩改性效果理想。

2. 基于切顶自成巷的N00工法

何满潮院士团队建立了"切顶短臂梁"理论模型。基于"切顶短臂梁"理论及其关键技术，在切顶卸压无煤柱自成巷110工法的基础上，进一步提出了无煤柱自成巷N00工法，可实现无巷道掘进。

该方法不但可以保证整个采煤区的通风，而且在进行盘区中每个工作面开采时，利用采空区的一部分，实施切顶卸压自动成巷，不再需要掘进任何工作面巷道，也不再需要留设煤柱，从而节约资源，提高效率。N00工法通过改进采煤"三机"之间的配套方式，实现了采掘一体化的生产模式。利用全新功能设计的成巷"四机"装备系统，实现了采后自动成巷，并将其保留为下一工作面服务。在N00工法配套装备的协同作用下，形成了采留一体化的开采模式，实现了自动成巷与无煤柱开采。

3. 围岩蝶形塑性区理论

中国矿业大学（北京）马念杰教授团队提出了围岩蝶形塑性区理论。即在不同的应力条件下，圆形巷道围岩塑性区具有圆形、椭圆形和蝶形3种基本形态。将这种边界轮廓类似蝴蝶形状的塑性区称为蝶形塑性区，凸出的部分称为蝶叶。

需要说明的是，巷道蝶形破坏理论并不是指所有的巷道围岩都会产生蝶形破坏，事实上，蝶形形态是巷道围岩可能产生的破坏形态之一，大多数的巷道围岩破坏形态都不是蝶形，只有在特殊的应力和围岩条件下巷道才会产生蝶形破坏，但蝶形破坏与巷道工程灾害具有更紧密的联系。当巷道围岩塑性区形态为蝶形时，塑性区最大半径随着主应力的增加而增加，两者为指数关系，主应力达到某一极限值时，塑性区的最大半径发生突变，产生急剧扩展；当巷道围岩塑性区形态为圆形或椭圆形时，塑性区的最大半径随着主应力的增长而缓慢增加，两者为线性关系，在主应力增加过程中，塑性区的最大半径没有急剧扩展的现象。

产生蝶形破坏的巷道往往伴随有大变形、冒顶、底臌、冲击地压等不同的灾害形态，这些灾害发生的直接原因往往也是由于巷道围岩产生了蝶形破坏或其变异形态。如当蝶形塑性区的蝶叶由于应力偏转而位于巷道顶板时，巷道冒顶隐患程度最高；当蝶形塑性区的蝶叶处于突变的临界应力环境或围岩条件时，很容易由于应力或围岩条件的微小改变而急剧扩展，很短时间内围岩的大范围破坏，是巷道动力灾害的特征。

4. 快速掘进连续梁控顶理论

中国矿业大学张农教授团队提出了快速掘进连续梁控顶理论。巷道的快速开挖可充分利用端头效应实现低损伤下的顶板控制。掘进工作面顶板在已支护区域和端头煤体约束下，在一定时间内保持稳定，即时效自稳区域、时效自稳性能与岩层强度、厚度成正比，与应力大小、卸载面积成反比。在自稳期间完成及时支护，在支承压力扩展前迅速开挖再卸载，达到"应力驱赶"效果，使得支护区域顶板应力始终达不到峰值应力，能大幅降低岩体损伤程度。

据此提出了连续梁控顶理论，其内涵是巷道顶板及时构建超过临界锚固长度的厚层高预应力稳态锚固岩梁。连续梁控顶理论指出，巷道开挖后空顶支护存在临界时间点，应充分发挥端头的时效自稳特性，及时构建顶板稳态岩梁，达到了双向连续和双态连续的效果，实现了顶板的小矿压、微变形和低损伤。与此同时，巷道顶板形成连续梁后，顶板应力实现均匀传递，改善了帮部的压力，缓解了帮部的破坏程度，促成了煤帮由支向护的转变，双向优化了支护围岩承载结构。

5. 高韧性材料、预应力钢棒材料

传统的锚杆钢材，包括屈服强度为335 MPa、400 MPa、500 MPa的钢材，由于强度比较低、冲击吸收功低、韧性差，容易发生非常规破断的问题，研发了热处理锚杆。开发出CRMG500-700系列超高强度、高冲击韧性锚杆钢材，具体方法是以热轧螺纹钢为原料，通过中频+超音频感应快速加热实现锚杆组织晶粒细化，淬火后在马氏体相变区进行碳调配＋回火连续热处理工艺，得到铁素体、马氏体、残余奥氏体复相组织，大幅提高锚杆钢材强度的同时保证了钢材具有足够的抗冲击性能。CRMG700 锚杆杆体屈服强度达到 721 MPa，抗拉强度为 859 MPa；直径 22 mm 的杆体屈服力 274 kN，最大承载力 343 kN，冲击吸收功 147 J，最大力延伸率 9%，断后延伸率 22%。锚杆杆尾螺纹段最大承载力 331 kN，达到杆体的 96.5%。

6. 高应力巷道卸压—支护协同控制技术

国内针对煤矿采空区悬顶造成煤柱高应力集中的难题，开发了坚硬顶板及强烈动压巷道定向水力压裂控制技术与装备，可在单轴抗压强度为 50~150 MPa 的岩层中形成定向水力压裂裂缝，水力压裂定向裂缝扩展半径达到 10~15m。研究揭示了水力压裂裂缝扩展机理，开发出强烈动压影响巷道水力压裂卸压方法，进而发明了强烈动压影响巷道水力压裂卸压与高强度支护协同控制方法。

通过研究采动应力演化过程，采用水力压裂装置在护巷煤柱上方进行水力压裂法钻孔，削弱了护巷煤柱顶板的整体性，在护巷煤柱顶板上形成一个弱化带，将残余支承应力转移到相邻的备采工作面，从而为护巷煤柱集中应力卸压，对工作面回采引起的强烈采动应力进行应力转移，减弱采动应力对回采巷道的影响，改善巷道围岩受力状态，提高巷道围岩稳定性。

在水力压裂装备研发方面，开发了新型小孔径水力压裂成套技术与装备，包括水力压裂横向、纵向切槽钻头、高性能耐磨材料刀片、高压跨式封隔器、超高压注水泵。开发了数字式全景钻孔结构测试设备、裂隙倾角测试方法、煤岩体强度与变形模量原位测量方法及三维应力监测系统。

在水力压裂卸压和高强度支护的协同作用下，动压巷道的围岩变形得到了较好的控制。该技术应用于长治、晋城、鄂尔多斯、神木等煤矿的强烈动压巷道卸压，并在神东、潞安、晋城、伊泰、大同等多矿区得到大面积推广。

7. 墩柱—卸压组合沿空留巷技术

康红普院士首次创新提出"支卸组合－泵充墩柱"沿空留巷工艺，以"柱"代"墙"实现了"支"的目标，水力压裂实现了"卸"的目的。工艺由高阻大变形强力墩柱、超前水力压裂卸压、组合挡矸液压支架护顶、自移式单元支架及时支护等成套技术与关键装备组成，主要解决现有留巷技术存在留巷速度与工作面快速推进不匹配、留巷成本高、巷道维护工程量大等问题，在何家塔等煤矿试验平均日推进 8 m，效果显著。

该技术在低成本快速高强巷旁支护、巷内动压薄弱区单元支架支护、预充填控顶区挡矸液压支架研制等方面取得了突破性进展，形成了浅埋中厚煤层快速沿空留巷装备技术体系。在保障工作面安全高效开采的前提下，资源回收率提高了 8~10 个百分点，非常适合蒙陕矿区浅埋煤层实现低成本快速留巷。

8. 冲击地压巷道围岩控制技术

针对近几年频发的冲击地压诱发巷道冒顶问题，提出冲击地压巷道围岩变形破坏机理，揭示了冲击载荷下锚杆及构件动力响应规律，开发出适用于冲击地压巷道的超高强度、高冲击韧性锚杆材料及构件；提出冲击地压巷道锚杆支护原则及材料选择原则；建立了以预应力全长锚固、高冲击韧性锚杆与锚索形成的高抗支护体为主，辅以金属支架与卸压的巷道围岩综合控制技术体系。

开发了煤矿巷道抗冲击预应力支护关键技术。发明了动静载锚杆力学性能综合测试系统，揭示出锚杆真实应力状态与破断机理；发明了高冲击韧性、超高强度、低成本预应力锚杆材料及制造工艺，发明了抗冲击全长预应力钻锚注一体化锚杆及双组分阻燃型低黏度不饱和聚酯树脂锚固材料，集成了冲击地压巷道围岩控制技术体系。

9. NPR 锚杆索支护技术

何满潮院士在岩石力学领域中 10^{-2} ~ 10 m 的宏观尺度上首次提出了负泊松比结构的概念与力学行为的科学问题，研发了具有负泊松比（Negative Poisson's Ratio，NPR）效应的新型高恒阻大变形锚杆/索（也称为 NPR 锚杆/索），并应用于深部动力灾害与滑坡的控制、监测与预测。NPR 锚杆/索是一个具有独特负泊松比结构的复合装置，由活塞状的锥体（安装在套管中）、安装在锥体上的杆体、套管（其内径稍大于锥体的大端直径）、托盘（用于将岩体变形的传递到套管上）和紧固螺母（传力装置）组成。当轴向外载荷（拉力）作用在 NPR 锚杆的自由端，套管将产生成与锚固端相反方向的位移，此位移即是锚杆的变形。套管的运动相当于锥体相对于套管内壁的滑移。锥体的小端直径略小于套管的内径，大端略大于套管的内径。当锥体在套管内滑移时，套管会产生径向膨胀变形，从而产生负泊松比（NPR）结构效应。

静态拉伸试验结果表明：NPR 锚索在工作时表现出显著的恒阻特性、大变形以及独一无二的负泊松比效应的特点。煤矿应用结果表明：由于支护材料受力不均，普通锚杆/索支护极易出现拉出或拉断，导致支护失效巷道崩塌现象，而 NPR 锚杆/索支护在吸收围岩变形能的同时可以通过自身的结构变形抵御岩体变形，进而保证巷道的稳定性。露天矿滑坡监测结果表明：采用 NPR 锚索滑动力监测预警系统，可以有效地对滑坡全过程进行及时预警。

10. 约束混凝土支护技术

结合深部支护的难点和方钢约束混凝土拱架的特点提出了方钢约束混凝土新型支护体系。该支护体系具有高强、完整的特点，主要包括方钢约束混凝土拱架形成的内部高强承载层、锚杆（索）加固的围岩体形成的外部锚固自承层和利用壁后充填形成的中间充填调整层3个部分。锚网喷支护、高强及高刚拱架、壁后充填三者相互作用。壁后充填保证拱架及时地与围岩有效接触并起到支撑作用，改善巷道受力状态；拱架与围岩间点、线接触会恶化支护结构的受力条件，使其支撑能力得不到充分发挥，在架后进行混凝土壁后充填，壁后充填保证拱架受均布荷载，高强承载力得以发挥；充填材料将内、外承载结构有效连接在一起，形成三维立体的整体承载结构，实现了拱架—充填体—围岩三者共同承载，使支护体与围岩在强度、刚度和结构上耦合，有效防止支护体系的局部失效，提高了支护巷道稳定性。

在方钢支架的基础上，陆续开发出系列高强约束混凝土拱架，实现了外部约束和核心混凝土力的共生，既发挥了约束材料强度高、延性好的优点，又体现出核心混凝土抗压性能优、造价成本低的特点。与传统型钢拱架相比，其承载能力大幅提高，可对软弱围岩提供更大的径向作用力，提高围岩自身承载能力，有效控制围岩变形和塑性区发展。同时，高强约束混凝土拱架作为内部高强承载结构，是维护围岩自承结构完整性和有效性的主体，其与外部围岩形成整体承载体系，避免了支护体系木桶效应的产生，实现了复杂条件围岩的"高强、完整"控制。

11. 柔性锚杆长锚固技术

根据厚层跨界锚固原理，提出顶板厚层锚固系统，其核心思想是抑制锚固区裂隙的扩展与贯通，控制顶板挠曲变形，避免垮冒失稳，实现巷道顶板安全。顶板厚层锚固系统的内涵是利用高强长锚杆在顶板及时构建水平和垂向上均能实现应力连续传递的厚层稳态岩梁。相比组合支护系统，厚层锚固系统具有以下特点：

（1）顶板抗弯刚度大。厚锚固层提高了顶板稳态岩梁的强度和抗弯刚度，带动深部岩层参与承载，实现了深浅位移的联动。

（2）裂隙化程度低。消除了顶板拉应力区，实现了不同层位围岩的应力连续均匀传递，裂隙化程度显著降低。

（3）锚杆支护效率高。通过使用单一化高强锚杆来构建顶板厚层锚固岩梁，克服了组合支护工艺的复杂性，提高了锚杆支护效率，大幅提升了巷道掘进速度，破解了采掘失衡的难题。

利用高强长锚杆构建厚层稳态岩梁实现应力均化的锚固技术，称为跨界长锚固技术，需要锚杆突破临界锚固厚度，实现跨界支护。因此，研发了一种新型可实现杆体弯曲且能快速安装的柔性锚杆，柔性杆体突破了巷道高度的限制，同时，锚杆通过螺母旋转式安装方法满足快速支护的要求。柔性锚杆由钢绞线杆体、锁紧套管、螺母、垫片、拱形托盘、防扭钢板组成，其中，钢绞线杆体是7股或19股相互缠绕的钢丝。锁紧套管通过挤压工序和滚丝工序固定在钢绞线杆体尾部，依靠锁紧套管与杆体间的摩擦力使其不发生滑脱破坏。杆体长度可根据工程现场需要进行确定，由于杆体是柔性材质，柔性锚杆突破了刚性锚杆受巷道高度限制的弊端，能够锚固到深部相对稳定的岩层。

12. 柔模混凝土沿空留巷技术

王晓利教授团队提出了柔模混凝土理论、沿空留巷承载梁理论及锚碹井巷支护理论；开发了柔模及柔模混凝土新材料；研制了柔模混凝土制备输送机组、沿空留巷支架等成套装备；开发了柔模无煤柱开采、柔模充填开采及柔模锚碹井巷支护三项新技术与新工艺。特别是柔模混凝土沿空留巷技术，在多个矿区进行了推广应用，在不同地质条件下开展了系列试验，取得了不错效果，表明其对地质条件的适应性较强。该技术实现了以下创新：

（1）发明了煤矿柔模复合材料，构建了巷道、巷旁和采空区柔模复合材料支护结构，研发了柔模复合材料制备、输送、成型装备和工艺，制订了相关标准，建立了柔模复合材料支护体系。

（2）发明了柔模混凝土巷旁支护无煤柱开采技术，研制了具有躲避锚头和架尾自动铺网功能的端头围护支架，发明了具有挡矸切顶和遥控自移功能的采空区围护支架，实现了千万吨工作面沿空留巷无煤柱开采。

13. 未来研究方向

（1）煤矿巷道围岩地质条件存在复杂性、多变性的特点，煤层作为围岩的一部分，是煤矿巷道的特点。对巷道围岩，特别是煤层地质力学特性，包括煤层中的孔隙、裂隙、节理、割理、层理等结构分布与力学参数，煤层中的地应力、瓦斯对煤层力学性质的影响等缺乏深入研究。地应力测量主要在比较完整的岩层中进行，鲜有煤层地应力实测数据。

应加强井下原位煤岩体地质力学测试与分析，集中开展煤力学的研究与攻关，进一步深化对巷道围岩物理力学特性的认识。在此基础上提出新的煤矿巷道围岩分类方法，为巷道围岩控制理论研究与设计提供基础。

（2）采动应力具有在时空上不断移动、变化的特征，是煤矿巷道的又一大特点。虽然进行了大量的采煤工作面周围及煤柱支承压力监测、理论分析与模拟研究，但还缺乏能长期、稳定、有效监测采动应力的技术与仪器，还没有完全弄清三维采动应力的时空演化规律；不同采煤方法与参数的工作面开采后形成的上覆岩层结构，对巷道围岩稳定性影响的研究还不充分。

需要从应力测试、监测、模拟、理论建模等各个方面，系统开展采动力学研究，为巷道围岩控制提供力学基础。

（3）围岩大变形是煤矿巷道的显著特征。虽然采用弹塑黏性等连续介质力学理论及多种数值模拟方法研究了围岩变形与破坏规律，但分析及计算结果与井下实际情况还有较大差距。

应针对煤岩体介质非均质、非连续、各向异性、内含多尺度孔隙及裂隙、水、瓦斯等特点，采用多尺度、多场、多相耦合及加卸载结合的研究方法，进一步开展采动煤岩体力学行为的研究，建立适合煤岩体，特别是煤层的本构关系与力学模型，揭示煤矿巷道围岩变形破坏的本质，使分析及计算结果更接近实际。

（4）支护与围岩相互作用是巷道围岩控制研究的核心问题。应将围岩与支护看成相互作用、共同承载的整体，围绕强度、刚度及稳定性等开展支护力学研究。

继续深化原岩应力场、采动应力场与支护应力场"三场"分布特征及相互作用研究；深化各种围岩控制方式与围岩相互作用机制的认识；进一步研究支护与改性相互协调、互补的作用机制，支护与卸压耦合作用机制及支护—改性—卸压"三位一体"联合控制作用原理；在此基础上，提出更适合煤矿巷道围岩控制的新理论、新方法。

（5）巷道围岩控制设计虽有很大进展，但仍有不少矿区还以经验设计为主，缺乏普遍认可、定量化的设计方法。

应进一步提高初始设计的合理性，加大动态化、信息化、系统性设计方法的推广力度，积极运用现代信息技术，实时、精确捕捉设计全过程中的各种信息，及时进行反馈，不断优化围岩控制设计，确保巷道安全。

（6）锚杆支护已成为煤矿巷道围岩控制的主体方式，解决了一般条件巷道支护问题。但对于复杂困难巷道，仍有很多难题需要深入研究。

在锚杆支护理论方面，需要进一步研究大变形巷道锚杆支护机制、锚杆与锚索协调作用机制等。在锚杆支护材料与构件、井下施工及监测等方面，还需开发适应高应力、大变形、强冲击的锚杆新材料、新产品；优化锚杆支护构件几何参数及力学性能，研究构件的匹配性；开发锚杆高精度加工工艺与设备，提高锚杆加工质量；研制锚杆、锚索预应力精确施加技术与设备，确保施工质量；研发快速、准确、无损的锚杆监测系统，满足信息化设计与安全的要求。

（7）注浆加固是破碎围岩控制的有效手段。但是与注浆材料和设备的发展相比，注浆理论研究已明显滞后。

需要深入研究浆液在不规则节理、裂隙及交叉裂隙网络中的扩散流动规律，围岩各向异性、浆液时变性等因素对注浆效果的影响。在注浆材料方面，需不断开发更适合煤矿巷道围岩的新型低成本、环境友好型注浆材料。在注浆质量检测与注浆效果评价方面，研发能实时监测注浆压力、流量、浆液黏度等注浆参数的仪器及可靠的注浆效果检测仪器，提高注浆施工质量，准确评价注浆效果。

（8）卸压法是高应力、强采动巷道围岩控制的有效应力途径。水力压裂法得到较多应用，但无论在水力压裂卸压机制、工艺技术，还是施工机具、设备及监测仪器方面，仍需进行大量深入的研究工作。包括煤岩体中水力裂缝起裂、扩展规律及卸压机制；水力压裂参数的定量化设计，提高设计的合理性与科学性；水力压裂机械化、自动化施工设备研发，提高施工质量与效率；水力裂缝扩展与卸压效果检测、监测仪器开发，实现水力压裂效果的准确评价。

（9）除个别巷道地质条件好的矿区，我国煤矿巷道掘进速度仍普遍较低，不能满足采煤工作面快速推进的要求。

应根据不同巷道围岩条件，开发不同形式的快速掘进与支护技术及装备，提高掘进与支护作业的机械化、自动化水平并向智能化发展，从而大幅提高成巷速度，缓解日益突出的采掘接续紧张的矛盾。随着我国煤矿开采深度、范围、强度的不断增加，软弱破碎围岩巷道、深部高应力巷道、受强烈采动影响巷道、冲击地压巷道等复杂困难条件越来越多，对巷道围岩控制技术提出更高、更严格的要求，在今后很长一段时间内，仍需要进行持续不断的攻关研究。

3.3.4 运输

3.3.4.1 刮板输送机

1. 驱动技术

刮板输送机有多种驱动方式。对于中小功率刮板输送机一般采用"单速电机+限矩型耦合器""双速电机+弹性块联轴器"和"双速电机+摩擦限矩器"的方式，对于大功率刮板输送机一般采用"单速电机+阀控充液型耦合器""变频器"。

刮板输送机带载启动的大电流会冲击设备和电网，随着系统装机功率的提高，双速电机驱动无法重载启动。软启动技术实现了刮板输送机无负载起动、过载保护、多电机自动负载平衡，改善了刮板输送机的起动性能和运行可靠性。软启动装置已成为重型刮板输送机的标准配置，主要有阀控充液式液力偶合器、可控起动传输装置（CST）和变频调速三种软启动技术。阀控充液型液力偶合器是一种以水为介质将自动控制技术和涡轮传动技术紧密结合的软启动系统，是典型的机、电、液一体化系统。通过阀控改变充液量，实现软启动、负载平衡、过载保护等功能，传递功率800~1600 kW。CST是一个由多级齿轮减速器加上湿式离合器及液压控制组成的系统。输出扭矩是由液压系统控制的，随着离合器上所加的液压压力而变化。但它们对水质、油质的要求严格，维护使用的成本高，基本没有节能功效，无法实现自动调速，功率平衡效果不佳。

大功率变频驱动技术广泛应用于重型及超重型刮板输送机成套装备，主要有一体式变频驱动和分体式变频驱动两种形式。其中，一体式变频驱动技术具备将电机和变频器集成在一起、结构紧凑、占空间小、电缆使用少、易安装、应用效果好等优点，但一旦损坏，需升井维修，售价较高且供货周期长。分体式变频驱动技术将矿用防爆电机和变频中心单独制造，变频中心布置在设备列车上，通过一定长度的电缆与电机相连。变频中心采用模块化设计，抽屉式安装，方便井下维修。价格较一体式变频驱动低，供货周期短，配件较易购买，结构不如一体式变频驱动紧凑，存在电缆使用较多、布线复杂等不足。随着变频一体机的发展，一体式变频器受到青睐。从大体趋势上看，一体式变频器的应用会越来越多。

采用变频驱动技术实现了智能调速、高精度功率平衡、刮板机断链保护和低速满扭矩运行控制功能，实现对刮板输送机、转载输送机、破碎机、带式输送机等设备的协调联动和远程集中控制。

（1）在智能调速方面：结合采煤工艺，以输送系统负载转矩为基本参数，综合应用采煤机位置、运动方向、运动速度等数据，根据输送系统负荷状况，实现了自动分级调整采煤机速度的节能控制模式、自动分级调整输送系统运行速度的安全控制模式，达到了智能控制的目的，减少了部件磨损，提高了使用寿命，节能效果显著，提高了系统综合能效。

（2）在高精度功率平衡方面：基于DTC直接转矩控制技术和主从控制模式，采用光纤通信，实现多电机转矩及功率的动态平衡，主从机功率平衡度小于1.5%，平衡反应速度小于10 μs。

在断链保护方面：根据转矩和转速的大小及变化率，自动判断是否发生过载或链条卡阻情况，防止发生断链故障；断链后，自动控制电机停机，防止由继续拖动链条等导致事故扩大。

在低速满扭矩运行控制方面：在基频50 Hz以下调速时，实现低速满转矩运行，提高了重载启动性能，配合紧链装置，实现了可靠紧链操作；整机可以长时间低速运行，实现了"不停机检修"操作。

交流异步电动机运行过程中会产生大量无功功率，刮板输送系统运行过程中不均衡、中轻载时间占比较大，异步电机功率因数、低效率特性表现尤为突出。采用永磁同步电机+变频器的驱动方式，可以全面提供功率因数和效率，有效降低能耗。在转速或负载下降的情况下，由于永磁同步电动机的高效区间宽，可以始终在相对高效区间工作；而异步电动机效率和功率因数则有大幅度下降。在负载突然增大情况下，永磁同步电机基本保持转速不变，异步电动机转速会有明显波动。

2. 中部槽技术

中部槽是刮板输送机中消耗量最大的核心部件，是刮板导向的轨道和煤炭运输的载体，承受着采煤机牵引力和截割反力、液压支架的推溜力和拉架力、刮板和链条以及槽中煤炭的摩擦力等，运行工况特别恶劣，结构的合理性、质量的稳定性直接影响着刮板输送机整机的寿命和可靠性以及煤炭生产的安全性。市场在用中部槽有铸焊式、轧焊式和整铸式。

整体铸焊结构的中部槽结构工艺简单、成本低，是最常用的一种形式。采用铸造而成的槽帮和中底板焊接而成，槽帮为ZG30SiMn材质的铸造件，中底板为瑞典萨博HARDOX系列、日本JFE的EH系列或舞阳钢铁的NM400系列高强度耐磨钢板材。槽帮和中底板的材质不同，属于异种钢焊接，焊缝焊接质量决定了中部槽的使用寿命和刮板输送机的可靠性。

轧焊式中部槽由轧制槽帮、锻造端头及钢板焊接而成，中板分两层，上层中板可使用更加耐磨的材料，组焊件数量多、焊接工艺复杂。整铸式基于真空泡沫消失模铸造工艺，采用高耐磨性、高强度、特种配方的合金以及热处理技术研制而成，彻底克服了铸焊中部槽中底板容易与槽帮脱焊、开裂及耐磨性不一致等质量缺陷；抗拉强度达到铸焊中部槽的1.7~2.0倍，耐磨性为NM400耐磨板1.6倍以上，使用寿命是同型号铸焊中部槽的2~3倍，使用过程中免维护。

3. 圆环链技术

链条是刮板输送机最薄弱的环节。链条承受频繁交变应力，承受片帮、重载等瞬间重载冲击，承受刮板输送机、链轮、煤和矸石的磨损，在中部槽接口等过渡位置存在刮卡，受到矿物质腐蚀。链条包含的链环数量大、故障点多，每台刮板输送机的链环数达到数千个，任何一个链环断裂都会造成停机事故且刮板链的故障隐患难以发现，故障处理困难，耗时长，对生产影响大。因此，链条的强度直接关系到整机的可靠性。

圆环链的可靠性与寿命取决于链条的强度、韧性、耐磨性、耐腐蚀性等综合指标，过高的强度造成的韧性降低、应力腐蚀加剧会造成链条早期的脆性断裂，降低链条运行的可靠性。为提高链条强度，早期供货的48 mm×152 mm链条破断负荷达到3550 kN，使用过程中，脆性断裂频繁，后分别降低到3290 kN、3150 kN，仍存在问题，通常供货的破断负荷为2900 kN，强度降低，但实际运行的可靠性提高。为获得更高的强度，大规格链条由最初的标准型圆环链、紧凑型圆环链，逐步发展到宽带链和超宽带链。宽带链的优势有立环高度不变，宽度增加，端面面积增大，强度提高，如可以将ϕ38 mm 链条升级为 ϕ42 mm、ϕ42 mm 链条升级为 ϕ48 mm、ϕ48 mm 链条升级为 ϕ52 mm。现有的中部槽可以采用更高强度级别的圆环链，可以增加装机功率，以提高刮板输送机的运量和铺设长度，实现产品升级，提高运行可靠性。另外，矿井地下水腐蚀性特别强时，链条会发生腐蚀坑和疲劳裂缝，防腐矿用链条几乎完全不受腐蚀的影响，减少了链条的早期失效。

4. 伸缩机尾技术

伸缩机尾由综采工作面开采工艺决定，工作面刮板输送机的负荷是随时变化的，刮板链的张力也随负荷随时变化。恒定的刮板链预张紧力不能保证刮板链随时处于适度张紧工作状态。在大功率、大运量、长运距刮板输送机中，伸缩机尾已成为标配，伸缩机尾技术的应用，有效地改善了链条、链轮的受力状况，减轻刮板和输送机中部槽的磨损，延长了输送机的使用寿命。

自动伸缩机尾由 4 个主要部分组成，包括固定机尾架、活动机尾架、液压系统和电气控制系统。固定机尾架和活动机尾架由液压系统的液压缸连接，在机尾架及液压缸上安装压力传感器及位移传感器，电气控制系统根据有关传感器提供的信号对伸缩机尾架及刮板链的张紧程度及机尾架当时的工作位置进行调整。一般通过检测伸缩油缸的压力间接检测链条松紧程度，工作方式如下：根据设备运行状况，设定空载和满载情况下油缸压力数值并经常性跟踪修正；根据电机电流和采煤机位置等综合因素，确定机尾油缸压力调节的具体目标值。通过电控系统向液压系统发出指令，调节油缸压力数值，使其与设定的目标值接近，进行紧链或松链操作，及时对刮板链的张紧力进行调整，使刮板链的张力一直处于设定的工作范围内。

5. 动力学分析及控制技术

国内刮板输送机的设计依据经验公式和静力学计算，该方法的前提条件是系统运行工况稳定。刮板输送系统启制动及运行过程往往载荷不均匀，甚至载荷突变，因此，研究人员开展了动力学分析研究。通过对电动机、液力偶合器、减速器、刮板链条传动等各元部件建立数学模型，进而建立整机动力学模型，然后利用 MATLAB 软件求取动力学模型数值解，分析满载情况下关键位置链条张力、速度以及电机输出转矩随时间的变化规律。针对刮板输送机链传动系统，基于有限元理论建立数学模型，数值仿真研究在卡链故障载荷下、不同卡链故障发生点的链条速度—时间变化规律以及链条张力—时间变化规律。对启动过程进行动力学特性分析，研究刮板输送机控制策略，提出反 S 形启动速度控制曲线。通过有限元仿真分析链条及链轮的关键尺寸变化对啮合过程的影响及链条啮过链轮时的应力、应变分布来优化链条及链轮的设计，降低传动过程的磨损，提高使用寿命。

6. 运行工况在线监测监控技术

基于传感、微处理器、现场总线、工业以太网和计算机等技术，已建成从工作面→工作巷→地面的工作面输送设备集中监控系统，初步形成了相对完善的工况数据库，在线监测、集中显示刮板输送系统运行工况参数以及超限报警，包括：减速器的输出轴轴承温度、输入轴轴承温度、油箱润滑油温度、油箱润滑油液位，冷却水路进口压力、出口压力、流量，每个电机三相绕组电压、绕组电流、绕组温度、每个电机轴头轴承温度、轴尾轴承温度、液压缸无杆腔液体压力、液压缸伸缩位置（1 路）、液压缸伸缩限位，液压马达转速、液压马达液体进口压力，链轮轴承温度，电机到链轮某一处转速等。

7. 未来研究方向

为了保障煤炭开采安全性、开采效率和产量，千万吨级矿井已成为大型煤炭集团重点开发模式。

国内已自主研发出系列化重型、超重型刮板输送机成套装备,保障了千万吨级矿井主煤流稳定运输。但是,在向大型化发展的同时,高可靠性、高度智能化将成为重型刮板输送机的发展趋势;核心元部件及新材料,设备监测、控制、故障诊断及预知性维护,配套测试试验平台等关键技术还有待攻克。

1) 核心元部件及新材料

国内不少厂家研制了系列化的一体变频电机、分体变频中心,但机芯仍依赖进口;刮板输送机刮板和链条重量大,与中部槽摩擦力大,空载功耗大,研发低摩擦因数、轻量化、高强度高耐磨的新材料或降阻技术,应用于刮板输送机中部槽、刮板、链条、伸缩机尾等存在相对运动的部件,既可降低整机功耗,又可减轻整机重量;国产中部槽过煤量相同时磨损较国外的更严重,槽帮中板、底板的焊缝更容易开裂,需研制高强度级别槽帮、中板和底板,研发高强韧性低氢焊丝,创新焊接工艺,采用机器人化焊接方式,进一步提高中部槽性能;相对刮板输送系统的机械液压系统,工况监测系统的传感器、数据采集与传输单元等部件的可靠性、稳定性不高,煤矿机电装备对数据采集系统的稳定性要求比准确性要求更高,因此需研发军用级的传感器、抗电磁干扰能力强的数据采集与传输单元等。

2) 设备监测、控制、故障诊断及预知性维护

已建成从工作面→工作面巷道→地面的刮板输送设备集中监控系统,形成了温度、压力、流量等工况数据库,但缺少振动、润滑油污染度、链条故障等工况参数,进而形成全面完善的数据库;需研发油夜污染度传感器、非接触式链条故障传感器等。设备智能化程度不深,仅仅实现了海量数据展示,缺少对海量数据的挖掘分析,给出有用的决策建议,指导设备管理;因此需研发设备健康管理系统,研究健康评价、典型故障数据库、故障诊断与预测等技术,建立远程云服务平台,将用户、厂家和行业专家纳入平台,实现设计、生产、运行、维修、回收再利用全生命周期的设备管理。

在控制方面,基于油缸压力的自动伸缩机尾在实际中应用效果不佳,因为油缸压力无法直接反应链条张力压力控制范围无法合理确定;研发链条张力技术,与推荐预张紧力直接比较,控制活动机尾的动作,实现链条张力自动控制;通过对链条受力状况的测量与记录,预期判断链条疲劳寿命,及时更换链条,避免停机事故发生;受限于无法直接测得刮板输送系统的煤量情况,一般是依据电机电流大小间接感知负载实现调速等控制,研制大扭矩传感器,直接感知负载大小,根据电机输出轴转矩控制刮板输送系统运行。此外,需加强动力学分析与控制方法研究及应用,指导刮板输送系统的设计与运行控制。

3) 测试试验平台

高端刮板输送成套装备尚未实现完全国产化,核心部件可靠性不高,部分元件依赖进口,整机使用寿命远低于国外同类产品。尽快扭转这种被动局面是刮板输送机制造业创新发展的重大课题,必须对关键元部件进行深入研究,而深入开展研发工作需要测试试验平台的支撑,可从综采工作面成套装备综合测试、单机等单机性能检测、关键部件性能试验等专业平台建设入手,建立校企联合的国家、省部、行业等级别的实验室,元部件的理论研究与测试试验支持,避免片面追求工程应用,从根本上解决我国产品可靠性和寿命低的问题,尽快扭转高端装备及关键部件依赖进口的被动局面。

3.3.4.2 矿用纯电动防爆车辆

1. 整车

矿用防爆铅酸类蓄电池整车设计主要参照煤矿无轨辅助运输要求,自主开发矿用防爆纯电动车辆

底盘，主要涉及整体式承载底盘、两段铰接式底盘、三段回转铰接式底盘，载重范围覆盖 3~80 t；驱动方式主要有无级单电机变频调速驱动、双电机变频调速驱动和四轮四电机变频调速驱动控制 3 种类型，该类车辆应用过程中暴露出传动系统效率低、电池寿命低和作业时间短等问题，严重制约了该类车辆的进一步推广。

在矿用防爆锂离子蓄电池车辆方面，国内很多厂家和研究机构都在研究矿用井下电动无轨运输车辆，但主要集中在使用柴油机车身改装的锂电池运人车上。现有电驱动车辆大部分是在传统柴油机车的基础上改装而成，即用一个集中电机代替原来的发动机，动力通过电机、变速器、传动轴、差速器和半轴等传到车轮来驱动车辆前进。在其独有的动力驱动系统、能源系统等关键部件上未实现技术匹配，造成整机重量大、行驶里程短、充电时间长、电机匹配困难、电池放电率过大等问题，制约新能源车辆在煤矿井下的发展。

2. 防爆驱动电机

矿用纯电动防爆车辆用驱动电机不同于常规的工业电机和非防爆电动车辆用电机，根据其使用条件，一般要求电机具有效率高、功率大、过载能力强、质量轻、尺寸小、可靠性好及成本低等特点。

矿用纯电动防爆车辆用驱动电机铅酸类重型车辆主要采用交流异步电机及开关磁阻电机，而以锂离子蓄电池为动力的车辆主要用于永磁同步电机和开关磁阻电机，功率范围覆盖 15~100 kW，按照不同的动力需求，分别配置单电机、双电机和四电机驱动。该类车辆应用的防爆电机基本都是地面非防爆电机进行了防爆处理，未真正结合整车工况需求进行研制开发，使整个电机高效区覆盖整车工况的区域较小，导致整车常用工况下的电机及控制系统综合效率未完全工作在高效区，整个驱动效率非常低。

3. 防爆动力电池

国内使用的防爆铅酸电池单体主要参照煤矿相关标准在地面铅酸电池的基础上进行防爆改造，并将各个单体电池统一按照煤矿标准要求安装在一个金属制壳体内，防爆铅酸电池单体容量主要有 530 A·h、900 A·h、1200 A·h、2000 A·h 等规格，属于典型的铅酸蓄电池电源装置。

防爆铅酸蓄电池在应用过程中暴露出以下几方面问题：

（1）充电作业烦琐，效率低、寿命短、成本高，主要体现在：专人维护，所加酸液要求指标高（如电导率大于 100 kΩ·cm），一般难以达到，大量蓄电池提前失效或性能迅速衰减，寿命 6~10 个月；设备工作效率低下，运维成本高，平均充电时长 10 h；电源装置与电池各自独立，无法进行智能充电判断；没有专用的电池管理系统，电池长期处于无监控状态。

（2）对环境产生影响，主要体现在：蓄电池充电时产生的酸雾严重污染周围环境；蓄电池冲洗液排放；频繁酸液配制产生大量污染物排放。基于煤矿标准要求，矿用防爆锂离子蓄电池使用的仅有磷酸铁锂电池，禁止采用钴酸锂电池、三元系锂电池、锰酸锂电池，同时单体需要完成过放电试验、过充电试验、短路试验、跌落试验、加热试验、挤压试验、电池针刺等试验内容，需要在国家安全标志中心进行备案。而整个电源装置检验主要基于《矿用隔爆（兼本安）型锂离子蓄电池电源安全技术要求》，其中对电池的容量等基本要求、防爆要求以及电池管理系统（BMS）做了规定。

鉴于大容量锂离子蓄电池的生产工艺和安全性能控制还存在诸多问题，单体电池的最大容量不超过 100 A·h；隔爆腔内不允许单体电池和电池组有任何形式的并联；单体电池在充、放电过程中的最大允许温升不超过 70 ℃ 且须配备电池管理系统。

3.4 露天煤矿开采

"十三五"期间，露天煤矿开采领域的广大科技工作者围绕露天矿开采程序与边坡形态协同优化技术、倾斜煤层露天矿深部安全增效开采关键技术、倾斜煤层露天矿倾向分区纵采转横采技术、近水平煤层遇强背斜断层构造强化内排技术、相邻露天矿边帮压煤协调开采技术、露天矿边坡分级预警技术、无人卡车自动驾驶技术等开展深入研究。

1. 露天矿开采程序与边坡形态协同优化技术

该技术的核心是优化开拓开采方式，解决弱层暴露长度与边坡稳定的关系，确定有效压帮高度及工程位置。露天矿开采境界（矿场）由三个空间曲面即地表面、矿场底面、矿场四周边帮包络，四周边帮的形态参数影响开采境界、可采储量、剥采比的大小。露天矿边坡按照其外形可分为凹形边坡、直线边坡和凸形边坡，其中凹形边坡稳定性最好，直线边坡次之，凸形边坡最差，体现了边坡的三维效应，而边坡的三维效应又随边坡长度的加大而减弱。一次滑坡的发生要经历变形—产生裂隙—裂隙贯通—形成滑面的过程，这个过程往往需要一定的时间，边坡的服务期越短，失稳的可能性越小，对应的边坡角可以适当加大。为最大限度地改善边坡的稳定性、提高边坡角、增大可采储量、降低剥采比，分析了露天矿边坡稳定性与采场、内排土场边坡空间形态、边坡及弱层暴露长度和边坡服务时间的关系，研究了边坡稳定性三维算法、数值模拟模型、横采内排追踪压帮的开拓开采方式，提出了露天矿边坡稳定控制开采的设计理论，提出了确定露天矿合理追踪距离及边坡角的方法。

2. 倾斜煤层露天矿深部安全增效开采关键技术

该技术的核心是针对边坡稳定与露天开采协同控制、边坡稳定性计算方法、滑坡预警理论与方法等科学技术难题，解决倾斜煤层露天矿深部资源的安全高效开采问题。受稳定性计算方法的限制，传统的倾斜煤层露天矿边坡设计中，无法考虑三维形态、空间尺寸、时间、地下开挖扰动等因素对边坡稳定性的定量影响，造成深部资源得不到有效回收。兼顾边坡稳定性的时间与空间效应，创立了露天开采与边坡工程协同设计理念；提出了顾及边坡三维形态与尺寸、服务时间的最终边坡形态的"类四维"法，创建了倾斜煤层露天矿深部横采内排追踪压帮边坡稳定控制开采技术体系；对露井联采边坡破坏模式进行了类型划分并明确了不同破坏模式的发生条件，提出了可用于计算露井联采边坡稳定性的新方法；揭示了露井联采逆倾边坡受地下开采影响时边坡岩移规律，明确了边坡岩体破坏的力学机制及稳定性下降的根本与直接原因，为该种条件下边坡工程治理奠定了理论基础；针对高大边坡滑坡预测预警难题，从统计学角度出发，提出了基于假设检验原理的边坡临滑时刻动态识别方法，可有效提高滑坡预警的可靠性；从随机过程的角度，建立了系统聚类—马尔可夫耦合滑坡预警模型，可同时实现滑坡的时间预警和区域预测，揭示了滑坡随时间、空间双重演化的机制。

项目相关成果应用到平庄西露天矿、抚顺西露天矿，分别可比原设计多采出原煤 4.5 Mt 和 18.24 Mt，服务年限分别延长 7 a 和 5 a，有力保障了员工生活，维护了矿区稳定，让露天矿继续为地区经济发展发挥着重要作用，经济和社会效益显著。成果对类似露天矿深部资源回采具有重要的指导和借鉴意义。

3. 倾斜煤层露天矿倾向分区纵采转横采技术

该技术的核心是解决初期采用纵向开采程序后剥采比和运距不断增大、生产成本急剧增加的重大技术难题。在倾斜巨厚煤层露天矿开采过程中，往往为了扩大初期效益而在初期采用纵向开采程序，针对采场降深不断增加，生产剥采比与剥离运距增大，边坡稳定性降低，经济效益恶化等问题，提出了倾斜巨厚煤层露天矿强化内排开拓开采技术，开发了"驱动开采模板自动切割算量、定位显示工程位置的模拟开采方法"，为开采方案的优化提供了技术手段。提出了"倾斜巨厚煤层纵采转横采分期境界强化内排的开拓开采方式"，优化确定了转向方向、超前降深位置参数、转向期间剥采排工程过渡接续程序、开拓运输系统布置方案；提出了"倾斜巨厚煤层横采内排阶压采场单侧帮工作线L形布置平行发展提升内排重心、缩短运距、降低重车下坡比重的内排土场建设发展程序"，有效缩小剥离重心与内排重心的高差，缓解重车下行问题，减少折返次数，缩短剥离运距，达到了降低剥采比、缩短运距、降低生产成本目的。

成果成功应用于神新能源公司准东露天矿，技术成效显著，经济获益显增，提高首采区采场到界边坡角3°，降低剥采比 1 m^3/t 以上，缩短运距 1 km 以上，降低剥离物提升高度 50 m，内排时间提前到 2015 年，吨煤成本降低 20 元/t 以上，使企业扭亏为盈。充分利用内排空间，最大限度减少外排占地和对土地的破坏。成果在神新能源公司黑山露天矿、红沙泉露天矿均得到了推广应用，降低了剥采比，提前实现了内排，取得了巨大的经济效益。

4. 近水平煤层遇强背斜断层构造强化内排技术

该技术解决了大型露天矿在采场范围内遭受到地质构造引起的开采条件复杂化，给原有的开采程序、设备部署、剥采关系、开拓运输系统造成影响，致使原来的采剥工程出现困难，生产成本升高等一系列技术难题。露天开挖工程不能人为选址，经常会在开采过程中遇到断层、褶曲、陷落柱等不良地质条件，严重影响开采程序与系统布置等技术决策，处理不当则会造成矿山不能正常接续。针对大型露天矿过强背斜期间生产接续困难的问题，发明了"Z-L"型组合工作线平稳快速推进采区转向技术；建立了动态规划模型，开发了剥离物流向流量动态规划系统；分析了近水平转倾斜煤层期间采剥量与内排量的动态耦合关系，得出了过背斜构造不同阶段内排空间变化规律；提出了在背斜构造区域针对洪峰剥采比采用双坑跳跃式开采的技术方案，丰富了剥采均衡理论；提出了延深+水平分层的延深下降式端帮道路布置技术方案，解决了近水平过渡为倾斜煤层时露天矿开拓运输系统设计和部署的技术难题。

成果在中煤平朔煤业公司安家岭露天矿进行了应用，在背斜影响区地表煤层均下降情况下采用大小坑互补进行超前剥离，保证生产剥采比的稳定。提前实现了内排，缩短了运距，同时可顺利实现由首采区向二区的自然转向过渡，节约了约1.5亿元的采区转向费用。最大限度地减少了外排占地，充分利用了内排空间，考虑复垦要求，实现了占补平衡，保护了生态环境。针对过背斜区运输干道必须由近水平布置方式转变为倾斜布置方式的技术要求，综合考虑道路工程量、运距、安全及端帮运输主干道与采场工作平盘联络的方便性，对端帮运输道路进行了设计，节省综合运距 0.57 km，累计节省运输费用约 3.5 亿元。成果在其他相似条件下的露天矿得到了推广应用，取得了巨大的经济效益和社会效益。

5. 相邻露天矿边帮压煤协调开采技术

该技术解决了露天煤田开发中垂直条带式矿权界的划分，造成的边帮压煤问题。随着露天矿山工程的发展，同一煤田相邻露天矿相互影响、相互制约的矛盾日益突出，但受到相邻矿山产量规模、开采工艺、开采现状、开采强度等因素的制约，该问题变得极为复杂。围绕相邻露天矿端帮压煤回采、开采程序调整方式、工作线优化布置以及运输系统建立等问题，提出了一套包括相邻露天矿边帮压煤协调开采、运输系统协调布置、排土空间协调利用、生产及生活服务设施联合布置在内的同一煤田相邻露天矿协调开采技术体系；建立了临时排土桥参数及位置的优化模型，确立了运输系统动态演变过程，为运输系统优化提供依据；提出了包括地面生产系统、供电系统、工业广场等在内的联合协调布置技术，大大降低了露天矿投资与运行费用。

研究成果在国电蒙东能源控股有限责任公司西二矿与乌矿进行了应用，多回采境界重叠区边帮压煤 47 Mt，同时避免了乌矿压帮内排给滞后开采的西二矿带来的 120 Mm^3 二次剥离量，减少了 13.7 亿元的二次剥离费用。两矿实施协调排土，节约外排运输费用为 0.2 亿元，为西二矿节约 600 万元征地费用、0.7 亿元土地复垦费用。两矿装、储、运系统及供电系统、工业场地实施联合协调布置后，装、储、运系统节约投资 25575 万元，供电系统节约投资 899.43 万元，工业场地节约投资 7404 万元。成果在白音华一号与二号、黑岱沟与哈尔乌素相邻露天矿得到了推广应用，提高了煤炭资源回采率、降低了剥采比、缩短了剥离运距、降低了工程建设投资，给协调开采技术实施主体带来显著的经济效益。

6. 无人卡车自动驾驶技术

该技术是为了露天采矿结合"5G + 矿用卡车无人驾驶"应用，加快产业智能化进程，全面推动产业结构的优化升级和生产力水平的整体跃升的需求提出的。随着"少人则安、无人则安"的方针提出，根据中国露天矿劳动力年龄分布及从业意愿分析，基于对无人化后矿区生产的效益提升及成本降低预期，矿用无人驾驶技术已经成为露天矿矿主的刚性需求。矿山无人驾驶系统是智慧化矿山的重要组成部分，可有效解决现有的行业问题，大幅提高矿山生产效益，降低劳动力成本，降低生产成本，增强安全性，解决人员安全与健康问题，解决矿主招工难、人力成本高的问题，减少资源浪费、有效保护环境等。

中国移动已在白云鄂博铁矿、宝日希勒煤矿完成用于无人驾驶的 5G 部署；中国联通在大唐保利露天矿、洛阳栾川钼矿完成试点应用；中国电信和国家能源集团神新公司在公司层面开展全面合作。踏歌智行在白云鄂博铁矿、霍林河煤矿、华能伊敏煤矿都建立了无人驾驶试点；慧拓智能则在大唐保利煤矿、神华宝日希勒、中金集团乌山铜钼矿进行试验；易控智驾无人驾驶运输运营里程已经超过 15000 km，运输物料超过 80000 m^3，无人驾驶实际运营数据国内最多；而跃薪智能在洛阳钼业矿山用纯电动矿车上进行了试验。

7. 未来研究方向

1）露天矿安全智能精准开采

智能露天矿综合管控一张图系统平台包括露天矿基础支撑智能化平台建设、露天矿时空演化智能协同设计、露天矿设备管理及工艺智能化、露天矿生产计划与工程管理智慧化、露天矿综合管理智慧化五部分内容。

（1）露天矿智能化平台的基础支撑体系建设。基于物联网感知、数据存储、5G 数据传输、系统集成、数据分析、仿真建模等相关技术，构建智能化露天矿山的硬件及感知体系，完成矿山智能化发展的基础支撑，实现数据的高效采集、存储、传输和应用，为整个智慧露天煤矿的建设保驾护航。

（2）露天矿时空演化智能协同设计。基于露天矿山的时间、空间两维度的发展特征，构建露天矿时空演化特征的规律模型，实现了矿山地质、测量、安全、生产等相关数据规律特性的反演，并为现场生产组织管理提供规律特性及可视化分析基础。能实现重大生产事件的定向回溯及模拟开采，有助于生产决策及管理者核准生产进度计划设计的质量，校核现场施工精度，为指挥露天矿的生产实践提供科学合理的决策依据，并为实现露天矿安全、高效、绿色生产及智慧化综合管控提供基础保障。

（3）露天矿设备管理及工艺智能化。通过物联传感技术及网络传感技术，对各生产设备主要运行参数、作业环境参数、生产参数等进行采集、计算、评估及可靠性分析。通过运用智能管控手段，实现系统的无人值守和智能化操作。通过精准化的数据分析及仿真建模技术，将生产、管理、自诊断、设备维护和安全等因素相结合，并融入综合管控的闭环控制系统。实现在保护各大型设备的同时，更大程度上提升露天矿山的自动化管理水平。

（4）露天矿生产计划与工程管理智慧化。针对现阶段露天矿山进度计划设计过程中尚存在开采条件复杂多变、工艺系统纷繁复杂、现场施工与设计脱节以及复杂大系统协同优化存在技术瓶颈等现实问题，有针对性地将生产设计与土石方工程的时空演化规律进行强有力的结合，通过构建采矿设计的数字化、生产计划的自动化、露天矿生产作业的时空反演及生产作业标准化管控等多项关键技术，实现联动与"穿、爆、采、运、排"等主要工艺环节的全局协同最优化，为矿山精确、严格、规范化的现场施工提供有力的技术支撑及生产保障。

（5）露天矿综合管理智慧化。通过逐步实现生产设计、生产信息、生产作业等的智慧化改造，简单的信息化管理方式已经不能适应智慧化露天矿山的生产及组织管理需求，通过搭建统一的业务流程及信息化办公的集中管理平台，从生产经营环节采集到应用大数据分析、专家评价、专家管理等先进的技术手段，逐步实现安全、高效、绿色生产的智慧综合管控，最终实现建设信息化、智能化及智慧化露天矿的建设目标。

2）高精度的实时、自动化地质灾害监测平台

面向矿区地质灾害、生态协同监测与应急响应空间信息应用服务等重大需求，基于多因素耦合致灾机理研究与地质条件分析，整合天基监测系统与地基监测系统的技术优势，旨在突破矿区生态地质监测评估、应急通信等技术瓶颈，研制复杂灾害现场环境下星地导航定位和应急通信系统，建立完整的监测剖面与监测网以实现监测的系统化和立体化，研发集成天地一体化遥感协同监测、灾场应急通信与协同响应、尾矿生态监测等关键技术，依托高分辨率重大专项工程，构建辽宁矿山地质防灾减灾和采矿生态协同遥感监测与应急服务系统，以提高监测的准确性、连续性与时效性，并对不同地质灾害点的现状做出评价，进而结合建模技术提高矿区地质灾害预警水平，将危害程度降到最低，为灾害治理工程等提供可靠资料和科学依据，为政府、矿区管理部门对矿区地质灾害易发区的经济建设、环境治理等方面的规划和决策提供依据。

3. 大型矿山设备国产化

国内轮斗连续开采工艺主要采掘设备完全依靠进口，致使露天矿山采用轮斗连续开采工艺的设备投资和维护成本居高不下，受轮斗挖掘机对国内露天矿山岩层硬度的适应性差、设备自身体积庞大、灵活性差等不利因素影响，轮斗连续开采工艺在国内依然没有推广应用。研发一种大切割力、智能采掘的紧凑型轮斗挖掘机，解决现有国产轮斗挖掘机挖掘力小、斗齿耐磨性差、设备故障率高等问题；优化轮斗挖掘机的整机性能，提高设备可靠性，实现大切割力轮斗挖掘机的国产化，推进轮斗挖掘机在国内露天矿的应用，实现露天矿的连续高效智能化开采。

相比于国外的大倾角输送技术与装备，国内生产的大倾角带式输送机的运输能力、提升高度、运行速度均较低，缺乏必要的理论支撑和试验研究，研发一种大运量、大角度提升、可自主智能移设的露天矿端帮大倾角连续提升装备，解决露天矿产量大、边坡角度大、内排跟进快的条件下，露天矿深部煤炭沿端帮的高效连续输送问题，提高煤炭的运输效率，实现露天矿深部煤炭的智能、绿色、高效、连续输送。

4. 露天矿端帮采煤装备及技术

我国露天矿端帮压煤量巨大，鄂尔多斯地区在产露天矿端帮压煤量约 500 Mt，白音华一号露天矿端帮压煤量约 27 Mt，元宝山露天矿端帮压煤量约 78 Mt，新疆大南湖北露天矿端帮压煤量约 210 Mt。基于连采机改造的 EML 和 EBH 等边帮采煤机在我国鄂尔多斯地区乌兰煤矿、特拉不拉煤矿及华能井露天矿正处于试验性回收阶段；螺旋钻开采边帮煤项目在鄂尔多斯鄂托克旗金欧煤矿处于边帮煤开采试验性回收起步阶段；白音华一号露天矿、扎哈淖尔露天矿等的边帮压煤开采可行性研究还处于论证阶段，缺少与其赋存条件相适应的开采技术及设备。

研究边帮开采条件下岩体稳定性力学机理，研究不同煤层赋存条件下露天矿边帮煤开采参数（煤柱宽度、硐室采宽、采高、采深等）确定方法并进行合理性优化；通过分析露天矿开采强度、排土场跟进速度、边坡稳定的时效性、煤层自然发火期等对边帮压覆各煤层回采的时空顺序影响规律，确定露天矿边帮煤开采的合理时机及开采程序。通过分析边帮开采后岩体稳定性力学变化机理，优化露天矿边帮煤开采参数，研发安全高效露天边帮采煤机成套设备，研发适用于露天边帮采硐的充填技术，最终研发出适用于露天矿应用的边帮煤开采技术与成套设备。

5. 露天采矿智能化

将人工智能、工业物联网、云计算、大数据、机器人、智能装备等与现代煤炭开发利用深度融合，形成全面感知、实时互联、分析决策、自主学习、动态预测、协同控制的智能系统，实现煤矿开拓、采掘（剥）、运输、排弃、洗选、安全保障、经营管理等过程的智能化运行。建设智能化生产、安全保障、经营管理等多系统、多功能融合的一体化平台，实现煤矿产运销业务协同、决策管控、一体化运营等智能化应用，融合智能技术与绿色开采技术，积极推进绿色矿山建设。加快工业互联网和车联网、新一代通信技术、云计算、大数据、人工智能、虚拟现实等现代信息技术在煤炭工业领域的推广应用；推进煤炭生产企业建立安全、共享、高效的煤矿智能化大数据应用平台，构建实时、透明的煤矿各生产环节数据链条，实现煤矿智能化和大数据的深度融合与应用，以数据为核心资源，推动煤矿智能化技术开发和应用模式创新，提高煤炭企业的核心竞争力。

3.5 煤矿安全与应急救援

3.5.1 矿井通风

通风系统是矿井的"血液循环系统"，是保障矿井安全生产的基石。通风系统出现故障往往导致风流紊乱、风流短路、用风地点风量不足等安全隐患，严重时还会导致矿井灾害的发生。我国井工煤矿平均采深约 600 m，超千米深井 47 座，尤其在发生瓦斯爆炸、煤尘爆炸、火灾、煤（岩）与瓦斯突出等灾害时通风系统遭到破坏，快速恢复矿井正常通风是遏制事故扩大和应急响应的关键。随着开采规模的扩大和矿井向深部延伸，瓦斯、火灾、热害等灾害愈加严重，多种灾害耦合加剧了通风管理的难度，同时对矿井通风提出了新的挑战。

1. 通风参数测定与监测

巷道风量的测量与监测是掌握通风系统运行状态最直接、最简单的方式，主要通过测量巷道平均风速和巷道断面积，计算得出巷道风量。

（1）巷道风速测量与监测仪表方面，煤矿风速测量仪表使用最多的是机械式风表，测量范围一般在 0.3~15.0 m/s，误差 ±0.2 m/s；井下风速监测传感器种类较多，以压差式和超声波涡街式为主，GFY15 型压差式风速传感器测量范围为 0.3~15.0 m/s，误差 ±0.2 m/s。中煤科工集团重庆研究院有限公司研制了基于超声波测速原理的大量程、高精度 CFD15 煤矿用电子风速表和 GFC15 型煤矿用风速传感器，测量范围达到 0.1~15.0 m/s，误差 ±0.1 m/s。

（2）巷道风速测量与监测技术方面，王恩等研发了多点移动式测风装置，通过控制风速传感器在巷道断面内精确移动，确定巷道平均风速，研究了井巷单点风速与平均风速的关系，得出了通过单点风速测量巷道平均风速的计算公式（或方法），研究了巷道断面内风速传感器测定巷道平均风速的最佳位置，为巷道风量的精确监测提供了技术指导。

（3）巷道断面测量方面，主要用卷尺、激光测距仪测量巷道宽度、高度，按照规则断面计算公式计算得到巷道断面积。

风流压力的测量与监测是掌握巷道通风阻力，判识风流短路、风路阻塞、构筑物状态异常等通风隐患的重要方式。JFY-2 型矿井通风参数检测仪、JFY-4 矿井通风多参数检测仪、CPD2/20 型矿用精密数字气压计等绝对压力测量误差均在 1% F.S 左右，相对压力测量误差在 10 Pa 以上。在通风阻力测定中，采用气压计基点法时，因仪器绝对压力测量误差大，数据波动频繁，致使阻力仅有十几帕到几十帕的大断面巷道测量结果可靠性较低；采用压差计法时，仪器相对压力误差较小，但铺管测量劳动强度大，很难保证压力传输准确；在压差传感器监测方面，广泛使用的 GF5 风流压力传感器、GPD10 煤矿用压差传感器测量误差均在 1% F.S 左右，在矿井静压监测、主要通风设施压差监测方面发挥着重要作用。

2. 通风网络分析与决策

通风网络解算是通风系统分析与决策的基础，自 Scott-Honsley 法提出以来，通风网络解算的数学模型日趋成熟。长期以来，国内外开发了一批通风网络解算软件，国外具有代表性的有波兰科学院的 WENTGRAF、日本九州大学工学研究院开发的"风丸"、美国矿业局开发的 CANVENT、澳大利亚裂谷公司开发的 Ventsim 等；国内具有代表性的有中国矿业大学的 MFire 可视化灾变风流模拟软件系统、辽宁工程技术大学的 MVSS 通风仿真系统、煤炭科学技术研究院有限公司的 VentAnaly 通风智能分析系统、中煤科工重庆研究院的通风在线监测及分析预警系统等。

大批研究单位开始将通风网络解算与监测监控融合，对矿井通风网络进行监测与实时解算，动态掌握通风系统运行状况，以便及时决策，无论采用哪种通风网络解算方法和解算软件，真实反映通风系统运行状况是网络解算首先要解决的问题。网络解算前必须要有真实的通风系统图和通风系统各要素的属性数据。一是在通风系统图形建模方面。传统方式一般在网络解算前人工绘制具有拓扑连接关系的通风系统图，工作费时费力。通过对通风系统 CAD 图进行规范性处理，生成 DXF 文件，直接导入网络解算软件，自动生成具有拓扑连接关系的通风网络图形，大幅降低了人工建模的工作强度。二是在通风网络属性数据获取方面。全面掌握矿井井巷通风网络风阻数据具有很大的工作强度且难以保证数据的准确性，因此，提出了一种在获取部分巷道分支风阻和全部巷道风量基础上的测风求阻方法，并采用 Tikhonov 正则化方法对模型进行修正，应用于复杂矿井通风系统网络解算中，取得了良好效果。

在风流按需调节方面，国内外学者进行了大量研究，取得了丰富的研究成果，使用最为广泛的是通路法，采用 Dinic 算法遍历所有网络寻找网络所有通路，但对大型网络而言，该方法时间复杂度和空间复杂度过高仅适用于单源单汇的网络。因此，研究提出了一种基于通风网络最小功耗的深度优先搜索算法，解决了存在单向回路网络的求解和复杂通风网络的多源多汇求解问题，使通路法在解决复杂通风系统按需优化调节上的应用得到推广；国内科研单位探索研究了通过通风网络灵敏度计算，寻找对被调节地点敏感的巷道分支进行调节，实现调节位置最佳、调节最容易，并能计算得出风量调节值。上述技术方法为通风网络实现自动调节决策做了有益探索，促进了通风网络解算在矿井通风管理与决策的推广应用。

在通风故障诊断方面，角联风路识别、循环风识别、通风设施和通风动力故障识别等方面成果较多。与灾害防控相结合，基于网络分析的通风系统故障诊断是研究热点。为确定通风系统故障源位置，通过建立风阻—风流变化影响矩阵和风速、瓦斯、风门等预警诊断推理机制，实现了风速、瓦斯、风门、负压传感器等的故障位置及原因智能诊断；提出了一种子图同构的煤矿高风险区域识别方法，可根据风网结构和网络分支属性在复杂通风网络中自动识别出高风险区域。提出了一种无须样本参与训练的矿井通风系统阻变型故障诊断无监督学习模型和优化求解方法，实现了矿井通风系统阻变型故障的实时诊断，描述了基于网络监测与动态解算的通风隐患排查在煤矿现场的应用。这些研究成果主要集中在通过监测分析手段实现通风故障的自动识别，是通风隐患与故障智能识别的重要基础。

3. 通风调控技术与装备

矿井正常生产时，当总风量不足或风量富裕系数过大，需通过调控主要通风机增加或减少矿井风量，在极端困难条件下甚至需要更换主要通风机；在一般情况下，井下风量的调节通过调整通风设施实现风量的最优分配；灾变时，通过调控主要通风机、通风设施或隔离设施控制灾害范围的进一步扩大，减少人员伤害和经济损失。

1）通风动力装置

经过几十年的发展，我国煤矿通风机装备的研制能力和水平明显提升，尽管种类繁多，但性能参差不齐。据不完全统计，我国煤矿在用主要通风机约 1 万台，局部通风机约 10 万台，矿井主要通风机以轴流式风机为主，约占 90% 以上。其中，应用最广泛的是 FBCDZ 系列（原 BDK）和 GAF 系列通风机，可提供风压 400~6570 Pa，风量 900~2700 m^3/min，效率最高达 85%。FBCDZ 系列风机采用双级双电动机驱动，两级叶轮反向旋转，风机结构整体性和密封性好，叶轮最大直径 4.22 m，可直接实现风机反转反风，但该类风机在煤矿的实际运行效率仅为 60% 左右，能耗损失较大，投资相对较小，却是我国煤矿使用最多的一类主要通风机。GAF 系列风机是基于德国 TIL 公司技术改造的轴流式风机，叶轮最大直径 6.13m，在实际应用中，其风量风压调节范围大，静压效率高，叶片角度调整容易，反风只需改变叶片角度即可实现，但该类风机初期投资较大。

局部通风机一般为轴流式，FBD 系列防爆对旋式应用较多，规格可满足各种要求，风量最大 1900 m^3/min，效率超过 80%，送风距离长达 3000 m 以上，平安电气股份公司研发了一种智能局部通风机，可根据掘进工作面瓦斯浓度变化通过变频器实现风机调频，自动增加或减少送风量，实现按需供风、自动调频、可控排瓦斯。

主要通风机对井下风量的调控主要通过调节通风网络阻力、风机叶片角度、调节导流板、风机反转等方式进行，能够变频调节的风机较少。掘进工作面使用的局部通风机出现了通过调频实现按需供风的产品，但在实际生产中应用的可靠性、安全性还有待验证。

2）通风设施

自动风门已在全国煤矿推广，这类风门一般采用连杆结构，以按钮、红外、光控、撞杆、地感线圈等多种感应方式通过压缩空气、液压、电动机驱动实现风门开闭，解决了人工开闭存在的问题，安全可靠性高。具有代表性的是ZMK-127型自动无压风门，当来人来车时，通过红外对射传感器自动感应，风门开关传感器自主辨识对面风门开闭状态，并以压缩空气、液压、电机为动力实现风门的对向开启与关闭，同时具备风门闭锁、防夹人夹车等应急响应功能。

在自动调节风窗方面，多个研究单位和企业自主研制了包括百叶窗式、滑动挡板式自动调节风窗，用风速传感器监测风量变化，自主决策调整风窗过风面积，改变风窗风量，能够更高效精准地实现风量调节，但该类风量自动调节装置仍处于试验阶段，未进行大面积应用于灾变风流控制方面。中国矿业大学、中国矿业大学（北京）均研制了火灾时期风流的远程自动控制装备与决策系统；山东科技大学通过运输巷火灾应急救援系统，以数据采集、智能分析、灾害报警为依托，远程控制风门实现火灾期间灾害气体的有效隔离；开滦集团通过矿井通风自动化控制系统确定发生火灾的区域，应用通风网络解算技术分析烟流达到的区域和具体工作面，利用井口防火门和井下各区域风门的远程控制疏导烟；流煤炭科学技术研究院有限公司研制了抗冲击自动复位式风井防爆门和矿井灾变区域隔离门，并进行了爆炸条件下的实验室试验，在国家重点研发计划"矿井灾变通风智能决策与应急控制关键技术研究"支持下，灾变风流调控决策方法与调控装备也取得了长足进步。

4. 未来研究方向

1）智能感知

（1）井下巷道通风参数的智能感知。研究内容包括：①稳定可靠的煤矿井下巷道全断面风速超声波或多普勒激光雷达监测装备，实现风速监测精度的提升；②考虑风流脉动特征的高精度单点平均风速监测技术和断面风速传感器安装位置确定方法，使传感器监测数据真实反映巷道实际风速；③满足全网络风阻（摩擦阻力）精确反演的高精度矿井绝对压力、相对压力监测装备，实现通风网络精确动态建模；④基于激光雷达扫描的巷道全断面精细成图装备，实现巷道断面的精确测定。

（2）通风系统图形数据的智能感知。研究内容包括：①基于惯性导航、陀螺精准定位的矿井动态三维图构建方法，实现通风系统图绘制的自动化，彻底解放人工烦琐劳动；②基于灾害控制需要的机电设备、风流障碍物定位技术与装备，为灾害风流控制与应急响应决策提供依据。通过上述通风系统图形及其基础数据的准确掌控，为实现通风系统智能建模、通风管理智能决策、通风隐患智能感知、通风灾害智能控制提供基础数据保障。

2）智能决策

（1）数据驱动的矿井通风网络快速构建。研究内容包括：①兼顾传感器布置数量少、通风网络无盲区监测的传感器优化布置方法，实现网络实时监测数据获取全覆盖；②矿井通风系统动态图形与监测数据的融合技术，实现图形与数据、数据与数据的融合、共享与联动分析；③多源数据优选与网络模型实时更新修正技术，实现真实有效数据的筛选，保证通风网络模型真实可靠。

（2）通风调控的联动分析与智能决策。研究内容包括：①主要通风机、局部通风机与通风网络自适应和远程智能调控，实现风机运行与通风网络需风量相适应；②按需分风智能决策与自主调控技术，当局部区域需风量变动时系统智能决策并远程自主调控通风设施，实现风量供需平衡。

（3）通风隐患的智能识别与及时报警。研究内容包括：①基于图像识别的矿井通风系统合规性判识方法，为及时调整通风系统布局提供技术手段；②基于监测分析结果的通风隐患智能识别与优化技术，实现通风隐患在线排查，智能决策提醒；③全矿井有毒有害气体分布云图生成及分级评价技术，实现有毒有害气体从点监测向空间面域分析评价的转变。

通过上述技术与装备的研发，实现智能通风系统模型的快速构建、通风系统调控的自主决策。

3）应急调控

（1）通风灾变的准确判识与辅助决策。研究内容包括：①基于通风网络与监测数据联动分析的煤与瓦斯突出、火灾、爆炸等灾变快速判识技术，及时发现事故发生时间、地点；②灾害气体波及范围监测与智能预测技术，事故发生后自动标出灾害气体已确认波及范围和下一步可能波及范围，给出灾害气体控制与疏导、人员撤离、机电设备断电等决策建议；③灾变条件下通风智能决策方法，能够对灾区环境信息交互感知，研判区域灾情状态，提出最佳灾区隔离与控制方案。

（2）通风灾变应急控制装备。研究内容包括：①高可靠性抗冲击自动复位防爆门及其附属装置，确保灾变时期不仅能快速打开，而且能自动复位；②灾变区域隔离门，在系统发出报警信息后，通过自主决策灾变区域，可实现区域隔离门的远程开闭，缩小灾变区域范围。通过发展灾变信息判识方法、灾变应急控风装备和智能控灾决策技术，形成一套矿井灾变通风智能控制技术装备体系，实现灾变时期有效减灾、控灾，减少人员伤亡和经济损失。

3.5.2 矿井水害防治

1. 矿井突水水源多元快速判识理论及技术

1）矿井突水水源多元快速判别方法体系

针对煤矿重大突水灾害问题及现有技术方法面临的瓶颈，着眼"矿井突水水源快速判识技术与装备"中突（涌）水水源综合判识技术重点方向，通过建设涌（突）水水源水样标准数据库系统，构建了涌（突）水点水分光光度、化学特征模型和光纤技术的水源快速判别方法体系，结合涌（突）水点水化学特征与水源标准值偏离的机理研究，揭示了煤矿区地下水化学特征离子的聚集规律和演化机制。

（1）涌（突）水点水化学特征与水源标准值偏离的机理研究。研究了主要含水层的水化学离子特征分布特点以及突水点的空间区域分布特征；研究了控制矿区地下水水文地球化学特征的主要地球化学作用模式、环境同位素特征及水循环规律，分析了地下水稳定同位素的漂移特征与水力联系，探讨了矿区地下水中主要阴、阳离子的来源，揭示了地下水形成、循环和水化学演化规律；研究了不同组成的水体混合反应机制，并通过突水点水化学成分和各个突水水源的化学成分对比，研究利用涌（突）水点水化学特征与水源标准值偏离的机理。

（2）揭示了突水点的多场响应机制。通过对现有识别技术的集成与优化，研究了水动力、水化学、水温和环境同位素等数据在涌（突）水点的不同响应机制。

2）矿井突水水源多元快速综合判识智能技术

在矿井突水水源多元快速判别理论研究的基础上，研发了涌（突）水水源判识智能系统和涌

（突）水水源快速判别技术及装备，得到了判识准确率大于 90%，响应时间在 1 h 内的突水水源快速多元判识装备，形成了矿井突水水源快速综合判识智能技术，并在部分区域开展了应用示范。

（1）提出了光纤检测技术：通过室内和室外光纤传感器测试，研发了基于荧光特性的 pH、NH_4 等的光纤检测技术。

（2）研发了突水判识的级次技术模型：通过对不同水害分区的水动力学指标、水化学指标和水温指标等多元数据对突水的响应分析，厘清并构建涌（突）水水源判别的指标体系，确定突水判识的级次模型，确定了各单项指标的计算模型和分级标准，研究提出了综合数据分析算法，构建了涌（突）水水源快速综合判别方法和模型。

（3）研发了涌（突）水水源的多元级次判识智能系统突破多元数据融合技术、突水水源水化学场、水动力场、温度场数据的采集与更新技术、突水水源快速判识技术以及成果集成与可视化表达技术，基于 NET 平台研发了一套基于大数据平台的具备数据管理—模型管理—流程管理—成果可视化的智能平台，开发了涌（突）水水源判识智能系统和手持机移动端的数据推送决策系统。

（4）研发了涌（突）水水源快速判别智能系统与装备：根据水化学分析测试结果和温度场、水位（水压）场实测值，应用智能识别信息分析模型快速判识井下突（涌）水水源类型和补给来源，并对现有技术集成与优化，研制了可用于矿井突水水源快速识别的仪器装备，负责将涌（突）水监测现场的数据进行采集并实现现场分析，并根据需求传回远端服务器。通过系统的部署、调试与实验应用，大幅缩短了现有涌（突）水源判别时间提高了准确率。

2. 采空区积水水害孕育机理与防治技术

1）采空区积水水害孕育机理

针对山西采空区积水水害频发，尤其是后资源整合时代有愈演愈烈之势，深入研究了采空区积水水害孕育机理及防治基础，分析了采空区积水水害事故与采空区积水量、水质、裂隙发育状况、掘进扰动情况等因素的关联情况，并基于积水采空区水质、水量的差异性，重点从水—岩交互作用角度，开展了巷道掘进动态扰动作用下，积水采空区围岩应力场—裂隙场—水化学渗流—扩散场的时空演化机制的研究。

通过对山西采空区积水水害孕灾环境进行分类，获得对应的孕灾模式，结合水扩散、水渗透、煤岩吸水机理、采空区尺寸及连通特征，分析了掘进扰动作用下，孕灾模式对应积水采空区渗流场、围岩有效应力场、围岩破坏时空演化规律、围岩裂隙中水化学场的时空演化规律，获得了采空区水岩交互作用时空演化致灾机理，并基于不同孕灾模式下的水岩交互作用时空演化规律及相似模拟实验与现场钻孔电视等基础数据，进行了"裂隙发育区"的预测，为采空区突水防治超前准确注浆提供了理论依据。

（1）分析了采空区积水水害孕灾模式。基于突水源—通道—汇水水文地质资料及掘进条件，综合考虑了山西矿区以采空区突水为主的特点，建立了采空区与掘进巷道相对位置关系的积水水害孕灾模式，用以研究对应孕灾模式下，不同采空区形状、尺寸、不同水质、水量及不同掘进巷道尺寸情况下，积水采空区水岩交互作用时空演化致灾机理。

（2）研究了采空区水岩交互作用时空演化孕灾机理。通过对充水层内化学成分及泥沙等物理成分及含量的监测、不同粒径散样及型样在不同水质、水压条件下的渗流特征的实验分析，获得了水质、水压与粒径、裂隙特征、渗透率之间的时空演化定量关系，采用渗流力学理论分析了水在煤岩中的渗流动力学特征，研究了采空区"三带"内不同粒径散样及采空区围岩对水的导通性；选定渗流场范围最大的结果作为最终结果，结合对采空区三带典型位置的取样及渗透—扩散—吸水实验构建采空区理想"三带"渗流特征模型，分析了三带内典型岩体的渗透特点；基于突水源—通道—汇水文地质资料及掘进条件，研究了4种孕灾模式对应煤岩体模型在掘进扰动过程中，对应水质、水量、不同形状及尺寸采空区条件下的围岩等值线应力图，分析了应力异常等局部区域裂纹扩展机制，研究了围岩应力分布影响范围、集中区及卸荷区的位置等应力分布特征，获得了掘进巷道断面大小、煤岩层岩性及相邻掘进工作面间距与相应条件下应力特征值的定量关系，并利用改进的三轴加卸载－注水－地质异常体三维模拟平台，分析了加卸载过程及蠕变加载中的岩体力学特征参数与各实验参数的定量变化关系，获得了水对围岩的弱化作用机理、裂隙及采空区对围岩应力分布的影响；运用实验室搭建的含采空区掘进三维相似模拟平台中的高速摄像图形化多通道处理系统，获得了内含不同水质、水量、不同形状及尺寸采空区在掘进扰动条件下，裂隙产生、扩展及贯通，围岩移动变形直至失稳破断的全过程，并对图片进行数值化处理，获得各实验条件下围岩破坏定量变化过程；运用三轴加卸载－注水－地质异常体三维模拟平台的可承压可视窗腔体，结合高速摄像图形化多通道处理系统，连续采集水岩组合体在含采空区（给定几何形态及尺寸）、含不同分布特征的裂隙、浸杂质水（给定量泥沙或化学离子）条件下，三轴加卸载及蠕变加载过程中的裂隙扩展动态演化过程（起裂位置、起裂角、裂隙扩展方向等），获得了各实验条件下围岩破坏定量时空演化规律，结合三维相似模拟及数值模拟获得的裂隙扩展、围岩移动变形直至失稳破断的全过程，基于积水采空区掘进扰动围岩有效应力场理论及实验结果，分别推导了围岩在静水、动水压条件下损伤破坏时空演化理论公式；采用三轴加卸载－注水－地质异体三维模拟平台中的水样动态采集系统，连续采集了含采空区（给定几何形态及尺寸）、含不同分布特征的裂隙的煤岩样品在不同加卸载及蠕变条件下的水样，并对采集的水样物理化学成分进行分析，获得了加卸载及蠕变条件下的力学特征参数（抗压强度、弹性模量、应力－应变曲线等）、裂隙特征指标与水质、水量的演化过程，采用高速摄像图形化多通道处理系统对获得的水动态运移过程进行分析，获得了煤岩体加卸载裂隙扩展过程中杂质水动态运移过程。

（3）矿井突水水位时空演化预测理论。在实验室建立模拟矿井巷道的管道系统，研究了同一矿井巷道管道系统在不同突水压力、突水流量下，突水水位时空演化规律；通过节点容量、水位割集的计算，得出了井下任意地点突水后，给定突水量条件下的巷道被淹范围；建立了利用水位传感器数据推测矿井突水量与矿井突水水位时空演化预测理论，掌握了突水量条件下的救灾范围和模式，同时为突水后排水治理等工作提供了理论指导。

2）采空区积水水害防治技术

在采空区积水水害孕育机理研究的基础上，建立了采空区积水水害预测模型，通过对采空区积水量、"裂隙发育区"以及突水量的预测，建立了采空区积水水害预测模型，提出了积水采空区高精度探测方法，为采空区水害防治提供了技术支持。

（1）采空区积水量预测技术。研究了水质、水量与粒径、煤岩体中水扩散范围之间的时空演化定量关系，采用扩散动力学理论，分析了水在煤岩中的横向及垂向扩散动力学特征。综合煤岩吸水量、煤岩体内自由水量及采空区空腔积水量计算了更接近真实情况下的采空区积水量。利用钻孔探测采空区内水位阶段性变化规律，综合分析了采空区连通性及水力连通情况，对采空区动态积水量进行科学的判断分析，建立了积水采空区空间的等效数学模型，采用数学微积分方法相对准确计算了采空区空腔积水量。

（2）"裂隙发育区"预测技术。获得煤岩样纳米到微米级全尺度孔隙结构定量特征；采用X射线层析扫描和扫描电镜方法，识别了钻芯煤岩样品毫米级以下孔裂隙的发育程度、连通性等空间尺度特征，并建立了采空区及周围煤岩样品原始孔裂隙结构的三维模型。综合运用掘进扰动作用下，围岩有效应力场、应力场及孔隙水压作用下围岩破坏时空演化过程中获得的基础特征参数，研究了掘进前方"裂隙发育区"的特征，确定了裂隙发育起裂位置、空间尺度及形态分布与演化特征、联通情况等，为判定有效隔水层厚度，确定超前注浆时机、位置、范围提供理论依据。

（3）突水量预测技术。综合分析采空区积水量预测模型掘进扰动下水化学场在裂隙扩展过程中的时空演化过程，获得了加卸载、蠕变加载及动态掘进扰动过程中，杂质水对煤岩体试样裂纹扩展的影响及裂纹扩展后杂质水在煤岩样品中流态的改变，即获得掘进扰动下杂质水岩交互作用定量关系；综合运用水化学、水动力学、流体力学、断裂损伤力学及岩石力学理论，建立了含单一采空区煤岩体在掘进扰动下的水岩交互作用模型，将该模型嵌入到COMSOL的PDE模块，对不同空间位置组合采空区煤岩体，在掘进扰动–应力–水压多物理场耦合作用下，水的动态运移过程及突水量进行了预测，为确定突水后水害监测及治理措施提供理论依据。

3. 矿井水害随钻智能超前探测与立体动态监测关键技术装备研发

我国大部分煤矿水文地质条件复杂，特别是随着煤矿的不断开采和开采深度的不断增加，水文地质条件越来越复杂。为防治突水事故的发生，超前探测采掘工作面前方的地质构造、富水性分布规律、水量大小、采空区分布位置与积水情况等，是井下防治水的有效措施。传统的矿井巷道超前探放水技术主要采用地球物理勘探和钻探两种方法，地球物理勘探方法投资小、探测范围大，但探测误差大，探测精度随探测距离增大急速下降；钻探方法较为直观，但控制范围有限，存在大量勘探盲区且所需工期长、投资大。因此，研发随钻智能的新一代超前探放水技术与装备势在必行，同时，我国矿井水害监测技术主要是对导水通道的监测，但未对突水水源监测，不能真正进行预警，因此，研发立体的动态监测技术和装备对实现矿井水害的预警具有重要意义。

（1）研发了基于钻孔物探的随钻智能超前探放水技术与装备。包括钻孔激发极化法的随钻智能超前探放水技术与装备；钻孔电磁波层析成像法的随钻智能超前探放水技术与装备；钻孔瞬变电磁法的随钻智能超前探放水技术与装备；钻孔雷达法的随钻智能超前探放水技术与装备。

（2）研发了基于微震与电法耦合的矿井水害立体动态监测预警技术与装备。包括基于微震与震电耦合的矿井水害立体动态监测预警技术与装备；基于微震与直流电法耦合的矿井水害立体动态监测预警技术与装备。

4. 煤矿灾害应急管理平台研发

煤矿存在的水、火、瓦斯、煤尘、顶板压力和冲击地压等六大灾害严重威胁着矿井的安全生产。智慧应急救援已成为矿山安全生产监察的迫切需求和发展趋势。充分利用云计算、物联网、大数据、人工智能等前沿技术，研发煤矿灾害应急管理平台可以形成对煤矿灾害的预测预报、模拟推演、监测预警、快速判识、智能救援与辅助治理规划等应急管理，推动信息资源共享，建立长效信息安全响应与处置机制，实现矿井应急管理的信息化、自动化、智慧化建设，全面提升矿山企业的应急管理水平，减少灾害造成的损失，解决企业实际需求。

（1）以矿井突（透）水灾害为例，研发了矿井背景信息"一张图"、灾害预测预报及模拟、监测预警、快速判识与应急救援、灾害治理与矿井恢复等五大功能模块的智能应急管理平台。

（2）在矿井突（透）水灾害智能应急管理平台研发的基础上，构建了包括"一张图"信息管理、水害危险性预测预报、矿井淹没过程模拟、辅助设计、物联网监测、水害隐患预兆信息识别、水害综合预警、快速判识水害位置及水量、淹没过程预测、涉险人员危险性评价、智能应急逃生疏散、应急救援处置工程及其效果快速模拟、复矿方案辅助设计、复矿方案动态优化 14 个功能实现。

5. 未来研究方向

（1）废弃矿井水再利用技术。利用废弃矿井建造抽水蓄能电站，充分利用了大量历史废弃和即将闭坑矿山遗留下来的地下空间，从技术角度和经济角度开展多交叉学科的废弃矿山地下抽水蓄能电站可行性研究，提出规划设计构想，形成一套有实践指导意义、切实可行的废弃矿山可再生能源存储技术方法与工程设计实施方案，破解我国能源转型期大规模可再生能源开发利用瓶颈问题。

（2）基于 5G 技术的矿井水文信息智能感知系统建设技术。基于大数据、物联网和人工智能技术，再结合智能感知设备等与现代煤炭开发深度融合，构建实时全面感知、互通互联、分析决策、安全警示、风险预测识别、协同控制的多物理场网络化分布式智能系统，实现矿井突水信息采集、传输、处理与可视化技术研究。

（3）煤矿突水监测预警技术。以海量水文地质数据为基础，充分挖掘水文信息，实现实时数据与历史资料融合，建设水文平台和数据仓分析模块，通过数据融合处理，应用智能辨识技术判别突水临界并据此发出警报，从而实现煤矿突水灾害的实时监测、预测预报、超前预警。

（4）矿井水安全及水生态保护技术。"五图-三带-两分区"保水采煤技术，综合运用理论分析与计算、数值模拟和现场实测等研究手段，确定保水采煤影响因素权重，提出采动对地下水的影响程度判定标准，对水资源保护性采煤技术进行适用性划分；提出采煤对地下水影响程度分区判定标准，对采动下地下水影响程度进行分区；系统分析水资源保护性开采技术并对保水采煤技术进行适用性分区。

（5）煤矿环境治理技术。新型离层注浆技术，从空间置换的角度和空间守恒的角度，主动利用高压把浆体注入离层中，改变传统被动带入的方式，充分对离层空间填充，更好地改善地表沉降现象。新型离层注浆技术利用结构转换的力学原理完成柱式平台结构，通过更小的填充量实现更好的填充效果，达到降低成本的目的，该技术可延长煤矿的开采寿命，降低矿山环境压力与社会压力。

3.5.3 矿井火灾防治

1. 煤层自燃倾向性鉴定方法与自然发火早期预测预报

1）煤层自燃倾向性鉴定方法

国内主要采用以色谱动态吸氧法为主的煤自燃倾向性鉴定方法，科研人员同时提出了基于氧化动力学测定的煤自燃倾向性判定方法。中国矿业大学辛海会教授于 2017 年提出了建立基于煤自燃倾向性的绝热氧化时间预测方法，即通过煤的自燃倾向性测试来预测其绝热氧化时间，用绝热氧化时间这种准确、直观的煤自然发火危险性判定标准来量化煤自燃倾向性，使该方法更具参考及指导意义。中国矿业大学秦波涛教授研究认为，长期被水浸泡煤样的表面孔隙结构更发达；同时，浸水煤样表面的部分有机物和无机物会溶解在水中，煤中自由基浓度增加，基团分布与原煤相比存在明显变化；与原煤样相比，经过浸水过程后的煤体，表现出更高的自燃倾向性。西安科技大学邓军教授研究发现二次氧化煤样中 C 含量减小，O 含量增大，水分减少；而比表面积与孔隙率增大，导致与氧发生反应的面积增大，致使氧化反应前期二次氧化过程中产生的 CO 浓度大于一次氧化。此外，二次氧化煤样特征温度点均提前于原始煤样，使得发生自燃的时间提前，说明二次氧化煤样氧化性强于原始煤样，更容易自然发火。

太原理工大学唐一博教授研究发现，在惰性或低氧环境（CO_2，N_2，$10\% O_2$）内对煤样预处理后煤样的活化能降低，临界温度降低，自燃特性增强，中孔及大孔的比例增加，渗透率和孔隙率明显增高；煤中 C—O，C＝O 等活性基团增多，而 –OH 和杂原子官能团含量减少。煤表面形成各类裂隙孔隙相互沟通，增强了气体在煤中的流动性。煤科集团沈阳研究院有限公司梁运涛研究员于 2020 年提出煤自燃过程的介尺度理论，应用介尺度理论将煤自然发火的微观反应机理与宏观变化特征相关联，分析了单煤颗粒、煤颗粒聚团及煤堆 3 个尺度的区别及相互联系，指出尺度之间正确的信息传递是多尺度模拟的前提，煤自燃领域尺度信息传递的主要方式是"尺度上联"。中国矿业大学的王德明教授采用量子化学方法，基于 Beer – Lambert 定律对煤的红外光谱进行了定量测定，消除了不同官能团消光系数的影响，测定了煤的红外光谱强度、单位吸收强度及其比值，计算了煤的官能团百分比组成和分子结构参数，得到了煤的功能基团的精确分布和结构特征。得到了某些官能团的分布与结构参数之间的线性关系。这些结果将提高测定煤结构特征的红外光谱定量分析的准确性。

2）煤自然发火早期预测预报

煤自然发火预测预报综合指标体系以 CO 及其派生指标、C_2H_4、C_2H_2 为主指标，以链烷比和烯烷比以及温度等为辅助指标。国内学者提出了我国典型褐煤、长焰煤、气煤、肥煤、焦煤、瘦煤、贫煤、无烟煤等煤种自然发火标志气体指标优选原则。

中国矿业大学（北京）的朱红青教授通过大量实验表明，内在、外在水分失去前，自燃过程总是波动缓慢上升，没有急剧增温表现，超过 110 ℃后，升温速度增加 10～100 倍，进入加速升温阶段。110 ℃ 最明显的特征：C_2H_4 出现→定义 C_2H_4 出现温度为 $T_{C_2H_4}$，把 C_2H_4 出现作为煤自燃阶段跃迁过程表征现象，$T_{C_2H_4}$ 作为一个表征参数，并得到加速氧化前煤样经历的三个阶段——潜伏阶段、储热阶段、蒸发阶段。其中，潜伏阶段为常温到 60 ℃，储热阶段为 60～90 ℃，蒸发阶段为 90～110 ℃。加速氧化阶段煤自燃特征：①活跃阶段 110～180 ℃，内在、外在水分脱附完成，热反应开始活跃，耗氧量、放热量、各种气体产生量均发生质的变化；②乏氧阶段 180 ℃至燃点，温度急剧升高，各气体指标随着剧烈反应进行而迅猛增加；由于反应迅猛，氧含量补给不能满足反应进一步发展，进入乏氧阶段（2%～5%）。

最终基于指标气体建立预警分级表格，根据煤自燃过程临界点前后变化特征，即将煤自燃前期划分 5 个阶段：第Ⅰ阶段（<60 ℃）；第Ⅱ阶段（60～90 ℃）；第Ⅲ阶段（90～110 ℃）；第Ⅳ阶段（110～180 ℃）；第Ⅴ阶段极（>180 ℃），将危险等级分为低危险、中危险、较高危险、高危险、极高危险，并提出每个阶段对应的对策措施。此外，通过自行研制的气体恒温解吸实验装置，结合 FLAC 模拟，朱红青教授研究了开采条件对 CO 产生的影响。结果表明，开采应力通过影响煤的渗透性而影响 CO 的产生。不受开采影响的煤层与受开采影响的煤层具有同样的一次 CO 解吸倾向。利用 Matlab 软件对原生 CO 的解吸过程进行了拟合，并对褐煤中 CO 的含量进行了数学分析。结果表明，原生 CO 的解吸过程符合二项式指数拟合，每吨褐煤中含有约 380 mL 的原生 CO。

中国矿业大学（北京）谭波教授于 2020 年通过设计对比实验，研究了温度、粒径和氧浓度对耗氧速率的影响；并通过灰色关联度分析法对实验数据进行定量分析，分别计算了温度、粒径和氧浓度三者与耗氧速率的关联度，得到粒径与耗氧速率的关联度系数最大，氧浓度次之且两者较为接近，温度与耗氧速率的关联度数值最小，确定各个因素之间的主次关系，对煤矿自然发火的预测预警有很好的指导作用；并从 CO 体积分数和碳氧化物比率两方面的灰色关联度，分析采空区与上隅角相关指标存在的关联特征，按照关联等级的高低细化 4 级预警机制，对煤炭自燃分级预警方法进行优化，提高了预警准确性和可靠性；针对矿井大范围复杂火区，综合运用红外测温仪、钻孔测温及同位素测氡法对火区进行探测，设计应用了"浅部明火剥离—边界构筑隔离带—深部火区打钻灌浆"的分区灭火方案，并研制了具有更优异耐火耐高温能力、气体阻隔性能、更高的发泡倍率的天固充填材料，结果显示火区的治理取得明显效果，该研究为煤矿火灾控制提供了一种新的方法。

辽宁工程技术大学的刘剑教授 2019 年通过煤自燃氧化实验，研究实验煤样标志气体出现的临界温度并分析其体积分数随煤氧化温度的变化规律。研究结果表明，指标气体出现的临界温度及其规律性可以反映出煤的自然发火过程。根据指标气体优选原则和主成分分析法的优选结果，建立以一氧化碳体积分数 $\varphi(CO)$、乙烷体积分数 $\varphi(C_2H_6)$、乙烯体积分数 $\varphi(C_2H_4)$、乙炔体积分数 $\varphi(C_2H_2)$ 作为主要指标，以烯烷比 $\varphi(C_2H_4)/\varphi(C_2H_6)$ 作为辅助指标的自然发火预测预报体系。

西安科技大学的陈晓坤教授在 2016 年通过煤自然发火试验获得了煤自燃过程主要指标气体的产生规律与特征参数，确定了以 CO、C_2H_4 作为主要的早期预报指标。结合 CO 的主要来源和工作面干扰气体浓度的因素，提出了上隅角 CO 浓度理论模型，并计算得出了体积分数为 0.04% 的极限指标，来预报采空区遗煤的氧化程度。

3）煤自然发火期判定

采用统计比较法和类比法对煤最短自然发火期的试验测试分析技术进行了研究。中国矿业大学的王德明教授 2019 年提出了一种煤最短自然发火期快速预测方法。通过煤自燃特性的氧化动力学测试获得煤氧化过程中不同阶段的特征参数，利用线性拟合建立了煤自燃倾向性判定指数和绝热氧化时间的函数关系；根据 F-K 热自燃理论，建立了煤绝热氧化时间和特征尺寸之间的函数关系；利用以上函数关系推导出煤最短自然发火期快速预测模型。基于该方法获得的煤最短自然发火期预测值与实际值基本一致。该方法耗时少、操作简单，适合大量煤样的最短自然发火期预测。西安科技大学的张燕妮教授在 2018 年研究了不同煤层煤自然发火特征的异同性及规律，研究结果表明 4 个不同煤层煤的耗氧速率、CO 及 CO_2 产生率、C_2H_4/C_2H_6 值随煤温升高具有相似的变化规律；煤中 CH_4 气体大量解吸出现于煤温 60 ℃之前，煤中灰分在 80~120 ℃ 开始逐渐吸热融化，解析和融化均会抑制煤氧接触并且减小煤氧反应放热总量。

4）煤自然发火监测

基于气相色谱分析的火灾束管监测系统抽气距离最长可达 10 km 以上，开发了井下原位光谱束管监测系统，克服了大范围井田长距离抽气时效性差、系统维护复杂、自动化程度低的难题，实现了井下气样就地检测、数据实时上传、早期预警。此外光纤测温技术在采空区温度监测方面也得到了应用。

西安科技大学的邓军教授以现场束管监测系统数据为基础，采用粒子群优化算法（PSO）优化支持向量回归（SVR）参数，建立了煤自燃温度预测的 PSO-SVR 模型；同时，在保证训练和测试样本不变的前提下，建立了标准 SVR 模型，BP 神经网络（BPNN）模型和多元线性回归（MLR）模型，并与 PSO-SVR 模型预测结果进行对比分析。结果表明，MLR 模型预测结果最差，说明煤自燃温度与气体指标之间的非线性关系更显著,线性模型不宜用于煤自燃预测;BPNN模型训练样本预测效果极佳,但测试样本预测效果较差,易出现"过拟合"现象,泛化性较差;PSO-SVR模型预测精度较标准SVR模型有了极大提高,更适合煤自燃预测。

西安科技大学的文虎教授在2020年通过上隅角CO浓度预测数学模型、采空区束管监测数据以及工作面参数计算得到上隅角CO预测浓度,判断采空区遗煤自然发火危险性。通过上隅角CO浓度预测与现场监测值对比分析,成功预测了停采撤架期间采空区煤自燃程度,提出的针对性防控措施成功消除了煤自燃隐患,保证了撤架工作的顺利进行。

太原理工大学的王俊峰教授在2018年运用采空区束管监测,得出采空区自燃危险区域指标气体分布情况及流场气体运移规律。在此基础上对工作面采空区气体流场进行三维稳态数学建模,确定了采空区氧体积分数分布及自燃危险区域范围,同时应用同位素测氡技术探测地表氡异常区域并进行验证,形成井下监测-计算机模拟-地表验证"三位一体"的采空区自燃危险区域预测的理论体系。研究成果为采空区煤自燃区域精准探测提供了借鉴。

2. 煤自然发火与瓦斯爆炸耦合机理

新疆工程学院的尹彬根据采空区遗煤自燃升温的阶段性特征,以定容反应器为模型,借助数值模拟软件CHEMKIN模拟煤自燃缓慢氧化、加速氧化和激烈氧化3个阶段瓦斯爆炸前后反应时间、压力及中间产物的变化情况,从微观机理层面对煤自燃与瓦斯爆炸的耦合关系进行了研究。结果表明,煤自燃缓慢氧化阶段对瓦斯爆炸表现为抑制作用,加速氧化阶段对瓦斯爆炸表现为促进作用,激烈氧化阶段对瓦斯爆炸表现为略微促进作用。

山东科技大学的程卫民教授在2016年研究了综放采空区瓦斯与遗煤自燃耦合灾害危险区域重建技术。在对遗煤自燃与瓦斯爆炸耦合灾害致灾特性研究的基础上,分析了耦合灾害发生原因、判定原理和判定方法。以试验工作面为例,对采空区各气体浓度场测量、重建与分析,考虑其他可燃性气体对CH_4爆炸界限的影响,叠加确定了各空间高度上耦合灾害危险区域平面范围,利用三维场重建程序结合空间插值技术,重建出耦合灾害危险区域空间立体分布情况,并对灾害空间参数进行了提取。

3. 煤田火灾防治

中国矿业大学的王德明教授团队从反应路径、结构及动力学特征等揭示了煤火引发的自由基链式循环反应动力学自燃机制,探明了火区碳氧和烃类指标气体产生的多链反应路径、煤结构特征和氧浓度选择机制;建立了煤火自燃引发的氧化动力学理论。基于着火机制、燃烧特性转变及表观动力学失衡,定量揭示了氧浓度影响火区阶段发展及残余复燃的过程机制,提出了煤火发展的极限氧浓度(2%~3%)及复燃指标;阐明了煤火贫氧燃烧着火机制、燃烧性能及动力学特征等主控基团及其转化机理,为防治火区快速发展及其复燃提供了理论基础。

天津大学的李君教授设计搭建了研究煤田火灾的实验模拟装置。采用中心开通孔的耐高温泡沫陶瓷模拟上覆盖层,通过在煤体下端外加热源的方式对煤层加热,研究了盖层表面的温度和生成的CO随煤样温度的变化规律,并测量了煤体温度随时间的变化规律。实验结果表明:盖层厚度的增加可以加快煤低温氧化进程,减少到达快速氧化临界温度所需的时间;根据煤体的升温速率,CO体积分数和盖层标志点温度随煤温的变化规律,可推断出实验用煤样氧化加速的临界温度约为80 ℃,CO体积分数与煤样温度近似呈指数式关系。CO体积分数与煤样温度的关系方程可以用来判断煤低温氧化的程度,对煤田火灾的早期探测有一定指导意义。

内蒙古科技大学的王文才教授在分析煤田露头火区引起地表沉陷机理与范围的基础上，进一步研究了火区上覆岩层的岩性、煤层的倾角、煤层燃烧深度、煤层燃烧厚度、燃烧煤层数量等因素对火区塌陷范围的影响，提出了依据煤田露头火区燃烧三要素，分别从岩层移动、通风系统和火区热源3方面来分析确定煤田露头火区燃烧范围的方法。

西安科技大学的宋泽阳教授推导并验证了煤火高温贫氧燃烧的耗氧速率估算式，建立并验证了大尺度地下煤火二维非稳态、温度场-流场-化学反应多场耦合数值计算模型，揭示了大气压周期波动作用下地下煤火"脉呼效应"的产生机制；首次构建了热浮力驱动地裂缝气流作用下的地下煤火1/20尺度相似实验平台，验证了地下煤火"自吸氧"理论和"烟囱效应"，揭示了thermal-solutal双浮力驱动地裂缝气流的耦合作用机制，发现了当地裂缝渗透性大于10^{-7} m^2时火源深度增加地下煤火的燃烧速率和强度"不减反增"规律；首次测量了煤田火区内煤、烧变岩等典型地物的光谱特征，建立了典型地物光谱特征与煤田火区状态之间的内在关系，为煤田火区高光谱探测奠定了基础；基于卫星遥感移动窗口探测法分析了内蒙古乌达煤火时空演化规律；提出了地下煤火碳排放估算方法，首次确定了地下煤火阴燃条件下碳排放系数，评估了中、美两国碳排放量，为下一步全球煤火碳排放估算奠定了基础。

4. 矿井综合防灭火技术

现阶段我国开采容易自燃煤层或采用放顶煤方法开采自燃煤层的矿井，普遍建立了以注浆防灭火方法为主的综合防灭火系统，发展了充填堵漏防灭火、均压防灭火、注浆防灭火、惰性气体防灭火、阻化防灭火、高分子材料防灭火、三相泡沫防灭火、燃油惰气及高倍数泡沫灭火等技术装备，各类防灭火技术与装备在煤矿火灾防治领域的应用效果如下：

（1）充填堵漏防灭火技术可有效应用于填堵漏风通道防治自燃火灾，发展了无机凝胶、胶体泥浆、复合浆体等防灭火材料及专用装备。具有技术易行、价格便宜的特点，但不能完全控制漏风，适用性有限。

对聚氨酯弹性体（PUE）的研究表明：这是首次将聚氨酯弹性体（PUE）作为空气泄漏密封剂应用于煤矿巷道。在含裂纹煤岩体中应用具有优异的力学性能和良好的阻燃性能，对漏气密封胶的应用具有十分重要的意义。

对柔性凝胶（FG）的研究表明：①在低搅拌速度（600 r/min及以下）下，FG的黏度随时间的增加而增大，然后达到恒定黏度；在搅拌速度高（800 r/min以上）时，FG的黏度先增大后减小，最后达到恒定黏度；②FG含有许多疏水基团，表面具有保护层结构，其封孔作用的主要机理是井眼变形适应性强、渗透率高、保水性好、疏水性好；③FG中材料与水的比例越高，其疏水性和渗透性越低，保水性越好；④充分搅拌后，FG的渗透性最低，保水性和疏水性最好，过度搅拌的FG次之，未充分搅拌的FG的保水性和疏水性最差，但渗透性最大。

（2）均压防灭火技术实现了开区均压、闭区均压和联合均压的成功应用，通过改变通风系统内的压力分布，降低了漏风通道两端的压差，减少了漏风，从而抑制和熄灭火区。具有实施费用低、实施方法灵活的特点，可减少有害气体涌入工作面，改善工作环境，但工艺复杂，影响正常生产，工程量较大。

近距离易自燃煤层群工作面回撤期均压防灭火技术：在扩大回撤通道阶段，采用调节风门与局部通风机联合均压，以提高工作面的压能，抑制外部漏风；在设备回撤阶段，采用联合调节工作面与回风巷风门有效通风面积，使得风门通风面积小于工作面有效通风面积，从而减少内部漏风。该技术成功应用于张双楼煤矿工作面，使回撤期回风流 CO 体积分数从 40×10^{-6} 降低至 10×10^{-6}。

液氮直注配合均压通风防灭火技术：通过采取采空区直注液氮措施，配合工作面均压通风系统，有效治理了综放工作面采空区自然发火，为工作面回采创造安全条件，确保了工作面正常推进。这一防灭火技术的成功应用，为类似的采煤工作面回采期间采空区发火治理提供了很好的借鉴，具有很高的推广价值。

浅埋藏煤层火区下开采均压防灭火技术：为了解决浅埋藏煤层火区下开采采空区自然发火有毒有害气体涌出和回风隅角低氧问题，提出了风机-风窗联合均压防灭火技术。通过风窗调节，地表至工作面的通风阻力降为 0，处于平衡状态，回风隅角 CH_4、CO 气体浓度均为 0，O_2 和 CO_2 气体均维持在安全浓度范围内，证明均压系统起到了较好的作用。

均压防灭火技术在千米井深矿井的应用：利用均压防灭火技术，控制 CO 涌出。均压防灭火技术的使用，有效抑制采空区遗煤的自然发火倾向，架间 CO 涌出量减小了近 2.5 倍，监测上隅角和回风流 CO 浓度更是明显减小。

矿井角联通风卸压式均压通风防灭火技术：采取卸压式均压防灭火措施后，工作面 CO 体积分数由 300×10^{-6} 降至 0，上部钻孔内 CO 体积分数由 5000×10^{-6} 逐渐减小至 0，防灭火效果明显，解决了这种短期内迫切需要克服的采空区遗煤自然发火难题。

双工作面均压通风防灭火技术：通过构建的风机、风门、密闭、调节风窗等通风构筑物，在双工作面成功应用了联合均压通风防灭火技术，实现了工作面风量、上下煤层风压的动态平衡。结果表明：均压通风防灭火技术提升了工作面风流压力，减少了采空区漏风量，有效地抑制了采空区 CO 气体向回采工作面溢出。

（3）注浆防灭火技术形成了以地面固定式制浆系统为主体，以井下固定式和井下移动式注浆系统为辅的体系。地面固定式注浆系统流量可达 120 m³/h 以上，井下移动式大流量注浆装置流量可达 60 m³/h 以上，并在注浆材料方面实现了粉煤灰、页岩、矸石等多种材料的拓展。具有材料易选且价格便宜、浆液制备简单、防灭火效果显著等特点，但浆液制备设备体积大、运输管路长，运输管路易堵塞且处理困难，易跑浆并恶化工作面环境。

补连塔煤矿构建了一套以固定注浆站为主，移动注浆站为辅的井上下联合注浆体系；该体系适用于井田面积大、近距离煤层群开采的矿井，能很好地解决传统单一注浆模式下管路敷设距离长、管路易堵塞、浆液覆盖差的问题，同时极大地减少矿井防灭火成本。经过实践检验，该体系运行良好，累计完成 32 个采空区预防性注浆，防止了采空区遗煤自燃，取得了良好的效果，确保矿井安全生产。

神东公司针对近距离煤层群超大采空区的矿井开采现状，深入研究了注浆范围、材料、方法、工艺、过程、注浆区排水及效果考察等相关防灭火技术，在应对矿井自燃火灾时，采取了以注浆防灭火技术为主的综合防灭火措施，并取得了较好的效果。结合注浆防灭火技术在补连塔煤矿的应用情况，进一步说明了科学合理地应用注浆防灭火技术能够有效治理矿井煤炭自燃火灾，从而保证矿井的安全生产。

五虎山煤矿利用上层施工的定向钻孔及本层回风巷的注浆管路，实施上下层高低位联合注浆治理措施。结果表明：实施高低位联合注浆后钻孔内 CO 气体浓度呈不断降低趋势，复合采空区注浆治理效果比较明显，能确保工作面正常回采。

红柳煤矿采用粉煤灰代替黄土的灌浆技术，通过现场试验确定了适配煤矿灌浆及注胶防灭火系统的浆液配比，并对比了该配比粉煤灰浆与常用黄土浆的降温效果。研究结果表明：适配系统的最佳粉煤灰浆配比为5∶1，在降温效果方面与黄土灌浆效果相当，并经过成本核算验证了其经济可行性。

（4）惰性气体防灭火技术以氮气为主，二氧化碳为辅，制氮装置以变压吸附和膜分离为主，相应开发了地面固定式和井下移动式制氮装置；发展了液氮、液态二氧化碳直注式与可控温式灌注防灭火技术并成功应用。工艺简单，操作方便，有较好的稀释抑爆作用，有利于矿井恢复生产，但灭火周期长，不能有效消除高温点，易窒息。

在煤的明火灭火实验中，N_2/CO_2具有不同的抑火效果：当N_2线性减小火焰表面积时，CO_2表现出指数递减效应，CO_2的灭火时间小于N_2。此外，对标记气体浓度变化的综合分析和基于CHEMKIN的模拟计算表明，N_2主要通过稀释法灭火，CO_2还可以起到燃烧剂的作用，抑制链式反应的正向反应过程，使CO_2的灭火效果强于N_2。

内蒙古某矿现场先注N_2，后注液态CO_2的尾巷局部火灾治理措施，结果表明：向发火区域内注入大量N_2可有效稀释O_2浓度；由液态转化为气态的低温CO_2通过稀释O_2浓度和更有效地减小外部漏风，将发火区域氧浓度快速降低至3%；CO_2比N_2具有更好的扩散性和稀释作用，对O_2、C_2H_4和C_2H_6的稀释效果较为明显，从侧面体现出CO_2能更好地降低煤的氧化反应活性。

（5）阻化剂防灭火技术采用喷洒、压注以及气雾阻化等多种方式，在传统常规阻化材料的基础上，先后研发了多种高分子阻化剂。具有工艺简单、阻化效果好的特点，适用于火灾预防，但阻化材料价格昂贵且用量较大，阻化寿命有限，使用地点选择性强。

锌镁铝类水滑石（$Zn_1Mg_1Al_1-CO_3-LDH_s$）抑制煤自燃的原理是吸热，煤样中阻化剂的添加能够提高煤的脱水脱附最大速率点、缓慢氧化温度和煤样的起始放热温度，而且可以降低煤样的最大释热功率，阻化率随添加量的增大呈线性增加。

热响应抑制剂（TRIS）抑制煤对特定温度的敏感性，只要温度还没有达到，就可以保留它们的效果。$CaCl_2 \cdot 6H_2O$具有稳定的抑制效果，其抑制率在加热过程中稳定上升，在200℃时达到最大值79.9%。

自由基清除剂2，2，6，6－四甲基－1－哌啶基氧自由基（TEMPO）为缓蚀剂，通过抑制自由基的链式反应，抑制煤自燃的发生。TEMPO的抑制作用强于普通卤化物盐抑制剂，其抑制作用随浓度的增加而增大。因为在煤自燃过程中，TEMPO与烷基自由基的结合降低了自由基的活性，降低了活性自由基的浓度，从而抑制了自由基的链式反应。

MS/CMC－Al^{3+}凝胶在煤自燃过程中能有效抑制煤的升温和蓄热。同时，MS/CMC－Al^{3+}凝胶还能抑制CO和CO的生成。MS/CMC－Al^{3+}凝胶是一种清洁而且成本较低防火灭火材料。

（6）高分子材料防灭火技术主要分为高分子泡沫与高分子胶体，先后应用了包括各类型凝胶、胶体泥浆、聚氨酯类（罗克休、马利散等）等多种高分子材料，实现了巷道漏风喷涂、裂隙压注及空洞充填的工程应用。具有封堵效果好、用途广泛等优点，但存在价格昂贵、施工复杂等缺点。

两种新型水凝胶，分别为HPAM－HPAM－Al^{3+}/WG和CMC－Al^{3+}/WG。其中，HPAM－Al^{3+}/WG水凝胶表现出最佳的渗流能力、持水能力、抗压强度和抑制特性，有效地解决了无机固结硅凝胶常见的失水开裂和粉碎问题。灭火实验表明：HPAM－Al^{3+}/WG凝胶降低了火源温度、热辐射和CO生成量，是一种理想的防火消光材料。

在玉米秸秆-丙烯酰胺-2-甲基丙磺酸（AMPS）-丙烯酸（AA）水凝胶中加入化学发泡剂，形成自发泡凝胶，然后与可膨胀石墨混合形成智能凝胶。与温度敏感的聚丙烯酰胺凝胶相比，该智能凝胶具有良好的热稳定性以及高温下的黏附和溶胀性。灭火实验表明，智能凝胶能覆盖燃煤表面，显著降低了点火源温度、热辐射和 CO 生成量。

在传统的水玻璃凝胶（水玻璃/混凝剂/膨润土体系）中引入聚合物增塑剂制备了新型凝胶。工作面现场应用结果表明：泥凝胶有效地抑制了破碎煤体的氧化，显著降低了煤体温度，保证了工作面机架的安全回收。

（7）三相泡沫防灭火技术集固、液、气三相材料的防灭火性能于一体，克服了传统注浆材料向上运移堆积难、包裹覆盖性能差、惰气滞留时间短的难题。具有吸热降温、包裹煤体、隔绝氧气、封堵漏风通道与煤体裂缝等特点，但成本较高。

以水、发泡剂、乙酸锌、二乙醇胺、羟乙基纤维素为主要成分的新型锌泡沫材料，用于控制煤的自燃。这些泡沫锌的发泡倍数大于 30，半寿命大于 7 h，表现出优异的性能。经过处理后，超细氧化锌均匀沉积在煤试件表面，煤中 C-O、-OH 等官能团明显减少，有效地抑制了煤的氧化。

凝胶稳定泡沫（GSF）：采用复合发泡剂（CFA）、改性聚氧乙烯硅酮（MPS）、水玻璃（WG）和混凝剂（$NaHCO_3$）在气泡膜中形成硅胶结构，成功制备了 GSF。泡沫性能和泡沫稳定性表明：随着 $NaHCO_3$ 和 WG 浓度的增加，泡沫溶液的黏度增大。GSF 处理后的煤样表面羟基和亚甲基氧化程度较低。灭火试验表明：GSF 能很好地覆盖燃煤表面，显著降低火源温度、热辐射和 CO 排放量，实现不再燃的稳定灭火。

采用增稠剂（TA）和交联剂（CLA）在气泡膜中形成凝胶结构，成功地制备了凝胶稳定泡沫。微观结构和液体排水动力学分析表明：与传统的水泡沫相比，凝胶稳定泡沫的平均气泡尺寸较小，气泡尺寸的增长速度和排水速率较低，主要归因于气泡膜的增厚和气泡表面黏弹壳的形成。煤的自燃模拟试验表明：凝胶稳定泡沫对煤自燃的抑制效果优于传统泡沫，表现在较高的过点温度、较低的一氧化碳和乙烯释放量，表明凝胶稳定泡沫对煤的氧化具有较好的保水性能。此外，凝胶稳定的泡沫会在煤颗粒表面形成完整的薄膜，将煤从氧气中分离出来，以抑制自燃。

以溶胶泡沫/聚己内酯（SFP）溶液和有机酸为原料合成的多态泡沫（PF）技术：PF 具有吸附煤低温氧化产生的热量，为煤提供水分，抑制煤自热。PF 可以保持 12% 的不可燃残留物，主要由 SiO_2 和少量的 Na_2CO_3 组成，在可燃物表面形成一层热稳定的涂层来灭火。PF 主要含有 C-O 和 CO 官能团，使其表面亲水性更加。抑制了煤低温氧化过程中新的 $-CH_2/CH_3$ 和 -OH 官能团的生成。

（8）燃油惰气灭火技术与高倍数泡沫灭火技术解决了煤矿井下火灾快速熄灭、快速惰化的技术难题。两者均可用于熄灭煤矿井下火灾，既能阻爆灭火，又可快速惰化火区，起到隔绝、窒息火灾的作用。用新型螺旋射流式泡沫发生装置灌注高倍阻化泡沫后，火区温度降至 14.0 ℃ 左右，CO 浓度降至 0.001% 以下。

5. 矿井外因火灾防治技术

（1）矿井外因火灾自动监控技术与装备实现了带式输送机输送带、电缆和硐室火灾的高温监测、烟雾报警等功能。分布式光纤测温系统在煤矿井下带式输送机与电缆火灾监控方面得到了应用，但无法直接测量高温点，受环境影响大，效果差。新型阻燃抗静电输送带的广泛应用降低了输送带火灾发生的概率。

温度和烟雾等传感器矿井外因火灾监测方法需多点布置，成本高，维护工作量大。可见光图像矿井外因火灾监测方法具有监测范围广、使用简单、成本低、受距离影响小、分辨率高、色彩信息丰富、边缘纹理信息清晰、火焰结构信息便于提取等优点，但受矿灯、巷道灯、车灯及红色物体等影响大。红外图像矿井外因火灾监测方法具有监测范围广、使用简单、可在浓烟等能见度低情况下监测火灾等优点，但监视距离、矿尘、环境温度和湿度、物体表面发射率等均会影响温度测量，近距离的作业人员、白炽灯及机电设备等均会影响火灾监测。基于可见光和红外图像的矿井外因火灾识别方法提高了火灾识别准确率：当可见光图像和红外图像均识别出火灾时，才判定为火灾，发出火灾报警信号；当仅有单一可见光图像或红外图像识别出火灾时，不判定为火灾，发出疑似火灾报警信号。

MEMS（微电子机械系统）系统：能够对带式输送机温度进行实时在线监测，测温精度可达 1 ℃。该系统的成功研制对于有效控制我国煤矿外因火灾事故具有重要现实意义。

主运输系统利用远程可控风门实现发生外因火灾时，可利用风流自动调整系统进行应急处置，将含有大量有害气体的风流短路，直接引入总回风巷，排至地面，为井下人员逃生创造条件。

(2) 矿井外因火灾自动喷水（粉）灭火系统实现了带式输送机自动灭火，雨室与输送带自动洒水灭火的功能，应用广泛，但控制范围小，智能化程度低。

6. 煤矿火区探测技术

(1) 在钻探法探测方面开发了孔内不同高度测温与成孔时孔内气样分析相结合的探测技术。具有可靠度较高、受外部影响较小的特点，但存在工程量较大、费时、费力、成本昂贵等不足，性价比低。

选择基于地面钻探的温度探测法和气体分析法，结合灰色关联度计算分析，得出 CO/CO_2，CO/O_2 和 CO 指标与火区温度有较高的关联度，验证了火区探测结果的准确性，并预测出火区发展趋势。

(2) 在物探技术方面开展了磁法、电法在煤火探测领域的探索性研究。采用同位素测氡法圈定深度为 300~500 m 的地下隐蔽火源的水平范围，操作简便，但易受岩石裂隙漏风等因素影响，现场探测工作量较大，探测精度低。物探法在火区探测方面属于探索性研究，其中，磁法探测速度快，尤其是航空磁测在短期内能进行大面积测量，但应用条件要求高；高密度电法测点密度大、分辨率高，但受地形影响较大，不能实现对煤矿隐蔽火源的精确定位，难以适应矿井安全生产对隐蔽火源的防控需要。

用磁法探测火区的物探方法：用加拿大 GSM-19T 型质子磁力仪对安家岭露天煤矿首采区 3 km² 的重点区域进行了火区探测，分析了首采区 19 个磁异常点，通过综合分析确定了疑似火区，与实际相符，钻孔验证了磁法探测火区的可靠性。

通过建立煤田火区地电、地磁模型并进行计算分析，分别研究高密度电法中温纳 α 装置与温施装置对火区燃烧中心温度、埋深的敏感性和磁法探测对燃烧中心温度、火区埋深、燃烧时间的敏感性。

同位素测氡法：煤自燃温度升高，伴随着氡气的析出和垂直向上转移，在地面集聚氡气。基于此，通过探测地面氡气含量，即可间接地检测到井下采空区发火的大致范围或区域。氡法探测出火区共有氡异常区域 14 个，地表面积约 5050 m²，确定该区域为温度异常区域，通过钻孔温度验证了火源位置和范围的准确性。

(3) 在遥感技术方面，采用红外热成像法提取煤火燃烧痕迹、综合地质、采矿等特征信息，初步实现了煤火大范围勘查，基本满足煤田火区大比例尺填图，初步实现了煤田火区勘查与煤火的早期预报，但成本高、操作复杂。一种面向新疆广域煤田火区精细探测的热红外遥感：该方法利用单窗算法对 Landsat-8 影像进行地表温度反演，提取研究区域地表温度异常信息，在此基础上，结合 TCP-InSAR 从 Sentinel-1A 影像获取研究区域地表沉降信息，并对二者进行空间叠加分析，获取煤火区域的分布特征。研究表明：热红外遥感手段联合雷达干涉测量技术探测大范围煤田火区的方法具有较高的可靠性和准确性。

针对国产 CBERS-04 卫星的热红外波段提出一种自适应边缘阈值算法：该算法通过高斯滤波算法过滤热图像噪声，利用 Sobel 算子和提取的高温区域生成高温边缘，将高温边缘像素温度值的平均值作为温度分割阈值识别并提取煤火区。通过外业调查的火区验证提取的火区，发现二者的位置重叠度高达 81.3%。对比同一日夜晚 ASTER 卫星和 CBERS-04 卫星提取的火区，发现二者的位置重叠度为 81.0%。

7. 未来研究方向

深入研究煤自燃机理、科学评价煤火环境影响、准确探测煤火火源位置和提高煤火治理效率等是未来煤火灾害防治研究的关键，这些问题涉及空间和时间发展过程中的众多影响因素，涉及多学科、多专业，内容相互交叉。"十四五"时期，煤火灾害防治仍从煤自燃机理等5个方面开展科技攻关。

1）煤自燃机理研究

（1）建立全国主要开采煤层煤自燃基础参数数据库。由于成煤环境、时期及地质作用等众多因素的影响，全国不同地区煤层的物理与化学基础特性存在异同且与煤层本身的自燃性相关，通过建立全国主要开采煤层基础参数数据库，可以较为全面地掌握各地区主采煤层的自燃特点，为煤自燃机理研究与防治技术提供依据。

（2）煤自燃过程中力学（热、流、固）特性。研究在热、流、固等多场耦合作用下的煤自燃特性。

（3）微观反应机理及动力学。研究煤自燃形成的前期导因及其影响规律，深入揭示煤自燃形成及演化的内在与外在多因素耦合作用导因机制；研究煤自燃发展过程中低温氧化环节的热动力学特征，分析发展演化过程的阶段性特征及其表征参数；采用先进技术手段和方法，研究煤自燃发展过程中的微观结构变化，从活性结构、自由基等多角度揭示煤自燃的微观反应环节，揭示煤自燃的微观机理与宏观动力学特征。

（4）复杂环境下煤自燃的形成与发展机制。研究在大采高、高瓦斯等复杂环境下煤自燃的形成过程，建立氧化自燃的动力学发展机制。

2）监测、探测与预警技术

（1）建立煤自燃预测预报的多参数指标体系，研发更为精确的监测系统。

（2）研究提高煤自燃火源中心位置及范围准确性的探测方法和技术。

（3）研究建立煤矿火灾早期监测、火灾预警与专家决策分析系统为一体的煤矿火灾综合预警系统。

3）防灭火材料、技术与装备研究

（1）在已建立的多种防灭火系统基础上，结合不同矿区或煤层条件，从效果、经济等方面优选适用的综合防灭火技术手段。

(2) 结合煤火灾害形成演化过程的关键参数研究，研发绿色、高效、经济的新型防灭火材料。

4）鉴定与评价方法

(1) 结合煤自燃机理研究进展，深入研究基于多参数的煤自燃倾向性鉴定理论，提出煤自燃倾向性鉴定的科学方法（判定指标、标准）。

(2) 复杂条件下采空区煤自燃危险区域判定理论与方法。

(3) 煤矿火区危险性预判与应急决策。

5）煤田火灾防治方向

(1) 煤田火灾的形成演化机理。

(2) 探测方法与识别理论。研究煤田火区识别方法，综合优选煤田火区特征信息参数，提出煤田火区范围和程度的反演计算方法。

(3) 远程监测及防控新技术。在现有煤火灾害监测方法基础上，综合互联网+移动通信技术、无线自组网技术等监测方法，实现煤田火灾监测的自动化和网络化，研发高效、低成本的煤田火区灭控新技术。

(4) 煤田火区污染评价及环境效应。建立煤田火灾污染评价机制，定量表征煤田火灾对大气与土壤等环境影响程度。

(5) 煤田火区的热能利用。

3.5.4 矿井瓦斯治理

1. 瓦斯吸附/解吸机理

煤矿瓦斯吸附理论是与瓦斯突出研究相关的重要课题，也是煤层气勘探、开发和利用的重要内容。影响煤吸附瓦斯能力的因素有很多，其研究方向主要包括：①对影响煤吸附瓦斯能力的因素进行研究；②对煤体瓦斯解吸放散模型进行研究。"十三五"期间，相关研究主要从水分、粒度、不同破坏类型、温度、外加物理场等5个方面进行研究。

1）影响煤吸附瓦斯能力因素

(1) 水分对瓦斯吸附影响的研究。煤的水含量直接关系到煤的瓦斯吸附性能强弱，水分不但影响含水煤的瓦斯吸附量和吸附能力，也决定含水煤层的瓦斯涌出规律。河南理工大学高建良等通过煤岩低场核磁共振系统，在已有的研究基础上开展不同含水情况下的无烟煤瓦斯吸附试验，分析了 T_2 谱图核磁信号与瓦斯吸附量的关系，研究了煤样在不同水分下瓦斯吸附的核磁共振 T_2 谱图，继而分析了含水率对高阶无烟煤的吸附特性的影响。煤科集团沈阳研究院秦兴林为研究烟煤在受水作用后的瓦斯吸附特性，以山西潞安王庄煤矿为研究对象，针对2种不同变质程度的烟煤，测试了不同水分含量下的瓦斯吸附量，并结合压汞法分析了煤样的微观孔隙结构特征，从微观角度分析了水分含量对煤体瓦斯吸附的影响机理。河南理工大学刘彦伟等运用自制设备，试验研究当水分小于等于平衡水时，3种变质程度煤样的瓦斯扩散量、扩散速度和扩散系数随水分、扩散时间的变化规律；基于气体在多孔介质内的吸附解吸理论和Fick扩散定律，分析水分对瓦斯在煤粒内扩散的动力参数和动态过程的影响机理。中国矿业大学焦彬运用界面物理化学理论，通过对煤、瓦斯和水三相分子之间的相互作用力进行计算分析，揭示煤储层瓦斯吸附的理化作用机理；对平衡水煤样和干燥煤样进行实验对比分析，研究平衡水条件下的煤体瓦斯吸附特性，结合理化作用分析，讨论平衡水煤样与干燥煤样实验的适用性。贵州大学杨康、李波波等利用含瓦斯煤热-流-固耦合三轴伺服渗流装置，开展不同含水条件下孔隙压力升高过程中煤岩渗透特性的试验研究，建立考虑含水率的吸附方程和吸附－渗透率模型，探讨含水率和孔隙压力共同作用对煤岩变形及渗透特性的影响。

（2）粒度对瓦斯吸附影响的研究。众多学者研究了粒度对煤吸附瓦斯的影响。西安科技大学张晓宇通过核磁共振和容量法瓦斯吸附实验，结合理论分析，研究了成型压力与粒度对型煤的孔隙结构特征和瓦斯吸附特性的影响。河南理工大学武磊以4个矿区不同变质程度的柱状煤样与颗粒煤样为研究对象，采用理论分析与实验室测试相结合的方法，对柱状煤样与颗粒煤样在累计瓦斯解吸量以及解吸速度两方面进行对比分析，找出它们的异同，并结合压汞法与核磁共振技术对其孔裂隙进行研究，揭示造成差异的原因所在。西安科技大学李树刚为了研究不同粒度条件下型煤孔隙结构特征、瓦斯吸附特性规律及其相关关系，选取新疆矿井中煤阶煤样，制取4种粒度的型煤煤样，通过核磁共振（NMR）分析实验和高压容量法瓦斯等温吸附实验，测定不同粒度型煤的弛豫时间T_2谱和瓦斯吸附等温线。中国矿业大学周同测试了吸附平衡压力、变质程度、粒度等因素对全过程瓦斯解吸规律的影响，得到了不同影响因素条件全过程瓦斯解吸规律曲线，从理论上对上述规律进行分析。华北科技学院翟盛锐为了掌握煤岩材料在不同吸附－解吸瓦斯条件下的变形规律，基于实验系统开展了不同粒度型煤煤样瓦斯吸附－解吸变形特征实验研究。平安煤炭开采工程技术研究院周伟等为研究吸附压力和粒度对煤样瓦斯解吸的影响，选取寺河煤矿3号煤为考察样本，采用瓦斯等温吸附解吸试验系统，考察了0.17~0.25 mm、0.25~0.50 mm、1~3 mm 3个粒度煤样在1 MPa、1.5 MPa和3 MPa吸附压力下的瓦斯解吸量和解吸速度变化特征。中国矿业大学羊阳通过对相同粒径及不同粒径构造煤与原生煤压力衰减、放散量衰减、膨胀能衰减曲线及具体膨胀能能量值测定分析，得出了相同粒度范围下同煤质构造煤与原生煤初始释放瓦斯膨胀能测定值具有相仿性的客观事实。

（3）破坏类型和孔隙结构对瓦斯吸附影响的研究。不同破坏类型的煤，其煤体孔隙结构也不同，又因为煤体内部具有双重孔隙结构，为瓦斯的赋存提供了空间，因此吸附性能也存在差异。河南理工大学王俏为弄清不同破坏类型煤吸附甲烷的规律，采用吸附势理论对不同温度煤的甲烷吸附量进行计算，得出不同破坏类型煤的吸附特征曲线及差异性。贵州大学曲闯为研究不同破坏类型煤体结构差异性及其对瓦斯吸附的影响，以山西沁水煤田王庄煤矿3号煤层为工程背景，测试了4种不同破坏类型煤样的瓦斯吸附性能；采用低温液氮吸附法分析了不同破坏类型煤样的孔隙结构特征，通过FHH公式计算了煤体孔隙分形维数，并针对不同变形破坏程度煤的结构差异性进行了对比分析。中国矿业大学张志成基于阳煤一矿81301老采空区实际存在问题，通过现场实测及实验室研究对老采空区内不同氧化程度遗煤的孔隙结构特征以及不同粒径或不同氧化程度遗煤对多元气体的吸附规律进行了研究。中国矿业大学王小蕾通过对煤层地质构造分析、实验室实验，分析煤层构造演化对煤孔隙结构特征及瓦斯吸附－解吸、扩散性能的影响。基于小粒径"粉煤"表现出的对瓦斯极强的吸附能力和解吸能力，计算了SJZY和SJZR煤样不同粒径下的瓦斯膨胀能，判断出"粉煤"是造成煤与瓦斯突出过程的必要条件之一，并在此基础上分析了煤体粉化、快速解吸对突出的影响。河南理工大学王玲玲等在压力为7 MPa、温度为40~130 ℃的条件下进行了等温吸附实验和压汞实验，研究了高温高压条件下煤孔隙结构变化对瓦斯吸附特性的影响。

（4）温度对于瓦斯吸附影响的研究。随着开采深度的增加，煤层出现了地应力升高、温度升高、瓦斯压力升高和渗透率降低的特点，应力、渗流和温度耦合作用下煤岩和瓦斯的相互作用机理更加复杂，其中，温度已成为重要的研究目标。辽宁工程技术大学郝建峰等为了研究煤吸附/解吸瓦斯热效应对煤与瓦斯突出前兆信息演化规律及互耦关系的影响,开展了煤吸附/解吸瓦斯热效应实验,建立了不同压力梯度下的煤体温度变化方程,进而构建了反映采场孔隙率与渗透率动态演化、瓦斯吸附-解吸-扩散以及能量积聚与耗散等过程的热-流-固耦合模型。以耦合模型为基础,进行了煤与瓦斯相互作用机理数值模拟。河南理工大学马树俊等为保证煤层瓦斯含量测定结果的可靠性和准确性,引入低温冷冻取芯技术,利用高低温吸附试验装置,开展低温变温条件下煤样吸附瓦斯全过程试验研究,并分析降温过程中煤样中瓦斯吸附量变化特征。贵州大学杨康等为研究深部开采下煤岩吸附特性,利用等温吸附试验仪器开展不同温度下等温吸附试验,基于吸附热理论建立温度作用下考虑过剩吸附的煤岩吸附模型(改进的L-F模型),通过试验结果与模型预测结果对比验证其有效性。太原理工大学安江飞利用红外热成像原理,从温度的角度对煤吸附/解吸瓦斯的特征进行了研究。中国矿业大学杨银磊等为了研究恒压条件下,随着温度的升高煤吸附的瓦斯量以及吸附速率的变化情况,选取粒度为60~80目的安泽矿煤样,依次测试出煤样在压力0.6 MPa,温度为35 ℃、50 ℃、65 ℃、80 ℃、105 ℃条件下的等温吸附线,以及吸附量与时间的关系曲线。

(5) 外加物理场对瓦斯吸附影响的研究。外加物理场作用主要包括声场、振动场、电磁场、交变电场、微波场以及应力场等。许多学者针对外加物理场对煤层瓦斯解吸特性做了大量研究,并取得了巨大进展。辽宁工程技术大学肖晓春等为深入探究不同瓦斯吸附压作用下的煤岩力学行为及声-电荷反演规律,以阜新孙家湾矿168工作面煤样为研究对象,利用载荷-声-电-应变复合监测系统对不同瓦斯吸附压力作用下的试样的力学特性、破坏特征、冲击-突出特征及声-电信号反演进行试验研究。安徽理工大学张虎为了研究含瓦斯煤的振动解吸特性,自主设计了瓦斯振动解吸实验仪,进行了不同振动条件、不同煤样粒径和不同吸附平衡压力下的含瓦斯煤振动解吸实验。河南理工大学薛群山通过实验研究、理论分析相结合的方法,研究静电场对不同变质程度煤样瓦斯放散、解吸特性的影响规律。采用实验对比法分析煤样在不同静电场处理后的放散特征和解吸特征,得出静电场下不同变质程度煤的瓦斯放散、解吸变化规律。河南理工大学王志军等为揭示煤中瓦斯解吸过程中加载微波作用对解吸特性的影响,分析探讨了微波辐射促进煤层瓦斯解吸的基本原理,研制了微波作用下煤中瓦斯解吸实验装置,对微波间断加载作用及无微波作用条件下煤中瓦斯解吸特性进行了对比实验研究。河南理工大学杨明等为了深入了解围压对高阶煤瓦斯吸附规律的影响,以焦作赵固矿高阶煤为研究对象,利用低场核磁共振(LNMR)系统与围压加载系统,开展了高阶煤在不同围压下的瓦斯吸附实验。

煤对甲烷的吸附能力受多种因素影响,包括煤阶(即煤的变质程度)、煤的结构、灰分和水分、气压、温度以及施加物理或电磁刺激以提高瓦斯抽放能力。研究多针对单一影响因素进行研究,而结合多项影响因素,综合研究多影响因素下煤对瓦斯的吸附能力将是未来的研究趋势。另外,对于相同等级的煤,不同的研究人员使用不同的实验条件、设备或程序进行的实验可能会返回明显不同的结果。因此,应建立统一的实验标准,以保证实验结果的准确性,并在一定程度上保证实验结果的可比性。

2) 煤体瓦斯解吸放散模型

煤中的瓦斯解吸放散规律反映了瓦斯在煤中的赋存及运移状态,在一定程度上表征着煤与瓦斯突出的危险性。准确研究其解吸规律有助于研究人员探明煤层瓦斯含量、预测巷道瓦斯涌出量以及进一步深入研究煤与瓦斯突出机理。瓦斯灾害监控与应急技术国家重点实验室张宪尚为研究时间因素对扩散系数拟合计算的影响，基于经典扩散模型分析其拟合过程中的理论误差，并选用不同时间段及时间间隔的颗粒煤瓦斯扩散动力学试验数据，通过常规及定截距2种线性拟合方式分析扩散系数及确定系数 R~2 随时间的变化趋势。河南理工大学安丰华等为研究扩散模型近似解中巴雷尔法计算煤瓦斯扩散系数的局限性，采用数值计算与扩散系数理论近似求解方法，对比了用平均浓度模型和瓦斯赋存特征模型计算扩散系数的数值解与理论解。河南理工大学祁晨君等运用高低温吸附解吸装置，设计低温解吸试验，描述了低温下经验公式的适用性。中国矿业大学王琳琳等通过开展煤样的等温 CH_4 吸附/解吸实验、X 射线衍射（XRD）和傅里叶变换红外光谱（FT-IR）测试分析，研究了构造煤等温吸附/解吸性随煤变形程度的演化特征及其地球化学机理。河南理工大学刘操等针对等温吸附模型误用的问题，基于过吸附试验机理推导、等温吸附试验、等温线校正和误差分析，得出了不同模型的详细使用条件和使用方法。

"十三五"期间对于煤体瓦斯解吸放散模型方面的研究主要是利用不同的试验方法和理论对经典模型进行修正；经典模型主要包括巴雷尔式、文特式、乌基斯诺夫式、博特式和 Langmuir 型等。而随着煤矿开采深度的加大，经典模型在深部煤层开采的适用性上存在一定的误差。在未来的研究中，将瓦斯解吸放散模型与煤层瓦斯吸附影响因素结合起来，在模拟深部煤层高应力高瓦斯压力的环境下，展开对煤层瓦斯解吸放散经典模型修正和新模型的研究将成为主攻关方向。

2. 瓦斯生成与赋存机理

瓦斯是古代植物在堆积成煤阶段，受地质作用，纤维素和有机质经厌氧菌分解而成的气体地质体。瓦斯的生成、运移和赋存分布受地质构造演化作用的影响，构造的分级、分区和分带造成了煤与瓦斯突出分布的不均衡，这种不均衡分布与地质因素有关，地质构造是控制煤与瓦斯突出的主导因素。

1）瓦斯地质理论研究

在长期的煤矿生产过程中发现矿井瓦斯的分布受到诸多地质因素的影响，采用瓦斯地质学原理可以有效地将瓦斯和地质结合起来，研究在不同地质状况下煤体瓦斯的生成和运移、煤层中瓦斯赋存的地质条件、煤与瓦斯突出的地质影响因素以及瓦斯突出危险性。

（1）瓦斯赋存影响因素。瓦斯赋存影响因素较多，上海应用技术大学孔胜利等以西山煤田屯兰煤矿为研究对象，通过分析煤层埋藏深度、围岩条件、水文地质、煤的变质程度、地质构造等地质因素的影响，发现断层是控制瓦斯赋存的关键因素。陕西煤田地质勘查研究院蔺亚兵从煤层冲刷带的形成模式和空间形态出发，结合陕西胡家河煤矿和山西新景煤矿采掘过程中遇到的不同类型煤层冲刷带瓦斯赋存和涌出实践，总结分析了煤层冲刷带对煤矿瓦斯赋存和涌出的影响机理。中国矿业大学聂凤祥等以新汶矿区千米深井潘西煤矿为例，研究了后六采区 19 号煤层断层空间分布特征，运用分形理论对断层构造进行了定量化研究。中煤科工集团重庆研究院樊正兴为寻求受单一地堑构造影响煤层的瓦斯赋存规律，分析了山西古城煤矿的地堑构造特征和煤层赋存情况，确定该矿井地堑以北和地堑以南分别属于不同的瓦斯地质单元；采用现场实测和数学分析相结合的研究方法，研究了地堑以南和地堑以北区域的 3 号煤层瓦斯赋存规律。

焦作煤业集团郝殿的针对九里山矿二$_1$煤层瓦斯含量高、煤层透气性差、抽采衰减速度快的特点，为提高瓦斯抽采效果，实施了地面钻井水力压裂增透措施；为考察水力压裂影响范围内瓦斯赋存影响规律，在压裂影响区域内外开展相关考察。河南理工大学贾天让等完善了瓦斯赋存地质构造逐级控制理论的力学解释，分离出构造挤压剪切区和拉张裂陷区，并结合平顶山、焦作等矿区瓦斯赋存情况分析了挤压剪切作用对瓦斯赋存的控制，结合汾渭、冀中等地区瓦斯赋存情况，分析了拉张裂陷作用对瓦斯赋存的控制；研究了构造应力作用下断层对瓦斯赋存的影响以及构造应力作用下褶皱构造对瓦斯赋存的影响；建立了矿井瓦斯涌出量反演瓦斯含量方法和瓦斯含量取值方法，提出了基于瓦斯地质图的瓦斯（煤层气）资源量计算方法；分析了保护层掘进过程中由于巷道开挖引起的煤岩应力、应变能和塑性区分布规律及位移；研究了上保护层回采时瓦斯突出危险区位置；利用保护层开采瓦斯运移力学机制研究成果，结合平顶山五矿实际，制定了保护层开采期间瓦斯抽采及相关措施，保证了保护层采掘安全。青岛理工大学刘杰等为研究煤层赋存条件对煤与瓦斯突出危险性的影响，模拟分析不同条件（埋藏深度、煤层厚度和煤体强度）下的应力、瓦斯压力和煤体塑性变形区的分布及变化。河南理工大学贾宏福等基于粒煤含裂隙少、实验样本量大的特点，以含瓦斯粒煤为研究对象，采用坚固性系数测定装置来研究煤力学强度与瓦斯的关系。煤炭科学技术研究院孙小明等针对陷落柱与伴生断层普遍发育从而严重影响矿井安全生产的问题，提出将陷落柱及其伴生断层视为陷落柱-断层复合构造的地质构造联合体，基于李家楼井田大量瓦斯地质资料，深入总结了陷落柱-断层复合构造的发育成因及分布规律，并结合现场瓦斯参数测试，探索复合构造对于瓦斯赋存的影响。

（2）瓦斯突出危险性影响因素。基于瓦斯赋存影响因素的研究，许多学者展开了瓦斯突出危险影响的研究。山西能源学院于丽雅等针对现有煤与瓦斯突出危险性评价模型或方法难以兼顾评价指标的不确定性和模糊性、指标权重不合理等问题，构建了以煤层物理特性等4类因素为二级指标、以煤体瓦斯放散指标等24个因素为三级指标的煤与瓦斯突出危险性评价指标体系，提出了基于云模型和D-S理论的煤与瓦斯突出危险性评价模型。西安科技大学杨守国等从不同巷道层位布置方式对突出危险性影响的角度出发，运用数值模拟软件FLAC^{3D}和RFPA^{2D}-Flow进行了工作面力学及突出模拟对比分析。河南理工大学魏国营运用瓦斯地质理论，以平顶山矿区八矿为研究对象，基于地质构造对区域、矿区和井田瓦斯赋存的控制特征，研究了三级构造对平顶山八矿突出煤层瓦斯赋存的地质构造逐级控制特征，合理划分了煤与瓦斯突出发生有利地带。

中国矿业大学（北京）黄琪嵩等为提高煤与瓦斯突出危险性预测的准确性，引入岩石工程系统理论，利用交互作用矩阵描述各影响因素间的作用关系，通过因果分析图分析各因素的交互作用强度和参数优势特性。同时建立基于岩石工程系统理论的煤与瓦斯突出预测模型，并对预测结果进行验证。中国矿业大学（北京）徐德宇等为解决新安煤田煤与瓦斯突出影响因素众多和防治难度较大等问题，运用瓦斯地质理论分析了新安煤田煤与瓦斯突出特征及控制因素，并提出了有针对性的煤与瓦斯突出防治措施。瓦斯灾害监控与应急技术国家重点实验室覃木广等为了准确预测工作面煤与瓦斯突出危险性，从采掘工作面突出危险性的瓦斯地质环境出发，建立了反映瓦斯地质特征的突出风险判识预警指标体系，构建了突出风险判识预警模型，建立了基于瓦斯地质特征的煤与瓦斯突出预警系统。

2）煤层瓦斯区带划分研究

不同地区煤层瓦斯的生成条件和保存条件变化较大，因而煤层瓦斯的赋存在空间分布上存在着较大差异，表现为高瓦斯矿井和高瓦斯矿区常常集中分布在某些区带，煤层瓦斯在空间分布上存在着明显的分区、分带现象。精准划分瓦斯区带对矿井瓦斯精准治理意义重大。西安科技大学文虎等针对建北矿4204工作面高瓦斯赋存实际情况，通过现场观测，得出采空区浮煤厚度、氧浓度和漏风强度的分布规律，并结合煤自然发火特性参数对采空区进行危险性分析，划分了抽采条件下采空区"三带"范围，确定了采空区自燃危险区域及预防采空区遗煤自燃的工作面安全推进速度。煤炭科学研究总院等针对高瓦斯采空区"三带"的方法并未将氮气、瓦斯对氧体积分数的扰动考虑在内的问题，提出了氮气、瓦斯扰动系数；利用类比方法，定义了氧体积分数氧化损耗值这一概念，得出在氮气、瓦斯双重影响下，使得氧化带向采空区深部移动，氧化带宽度减小；用矫正后的划分方法和基于温度的划分方法同时对 N3042 工作面进行采空区"三带"划分。北京科技大学张英华等选取平山煤矿 11 采区 11011 回采工作面 3 号煤层为研究对象，利用 FLAC^{3D} 软件对首采工作面进行开挖数值模拟，对模拟结果进行分析，从而确定了上覆岩层"三带"高度。

中国地质大学王琼以三塘湖盆地中、低煤阶煤层含气量和主要气体成分为基础，结合盆地构造、沉积及水文地质特征，对汉水泉凹陷和条湖凹陷煤层甲烷风化带进行了划分，并对库木苏凹陷、马朗凹陷、淖毛湖凹陷和苏鲁克凹陷煤层甲烷风化带进行了预测。新疆维吾尔自治区煤田地质局杨曙光等为了研究准南煤田乌鲁木齐矿区低煤阶煤层气甲烷风化带特征及影响因素，规避勘探风险，降低开发成本。依据低煤阶煤层气含气量低、次生生物成因气与热成因气共存的特点，利用煤层含气量以及主要气体（CH_4、CO_2、N_2）浓度测试数据，提出了甲烷风化带划分的新方法，以甲烷含量 $\geq 1\ m^3/t$、N_2 浓度 $\leq 20\%$ 分别作为判断甲烷风化带经济边界和地质边界的指标。进一步利用该方法对乌鲁木齐河东、河西矿区甲烷风化带深度进行了划分，讨论了构造、沉积以及水文地质对矿区甲烷风化带深度的影响，分析了造成两个矿区甲烷风化带深度差异的成因。

3）瓦斯地质复杂程度研究

随着采煤工艺的发展和改进，对地质构造复杂程度进行定量评定已成为矿井安全生产的客观要求。定量评价煤层地质构造复杂程度对合理开采煤炭资源以及防止和减少矿井地质灾害有着十分重要的现实意义。河南理工大学魏国营等发明了一种基于瓦斯地质综合指标的瓦斯地质复杂程度评价方法，利用瓦斯地质基础数据，综合地质构造、瓦斯和煤体结构三方面因素构建瓦斯地质综合指标来评价瓦斯地质复杂程度。避免了传统采用单一或者某几种因素评价瓦斯地质复杂程度的局限性，而是综合考虑瓦斯赋存环境所包含的所有因素，实现了瓦斯地质复杂程度半定量化评价的新途径，为快速和简便预测煤层煤与瓦斯突出危险程度奠定基础。河南理工大学马志奇等为深入研究地质构造对瓦斯赋存的影响，以薛湖煤矿 21 和 23 采区为研究对象，采用构造复杂程度定量评定方法，对二$_2$ 煤层中小断层和褶曲的发育程度以及煤层倾角变化程度进行定量统计和分析。贵州大学何松霖等基于贵州盘江矿区生产地质条件的复杂性，为了解决因地质构造查明程度较低引起的煤矿安全生产问题，采用灰色模糊综合评价法，对盘江矿区煤系地质构造复杂程度评价进行了研究，提出了一种地质构造复杂程度评价方法。安徽理工大学王来斌认为，地质构造控制着煤层瓦斯的赋存，造成了矿井瓦斯分布的不均一性。在分析潘集矿区 13-1 煤层瓦斯地质资料的基础上，利用煤层底板等高线图反映的地质构造信息，在煤层瓦斯含量测试点以 $1\ km^2$ 的方形为瓦斯地质单元计算地质构造复杂程度综合系数。研究区根据运储条件共划分 6 个地质单元，建立地质构造复杂程度综合系数与煤层瓦斯的函数关系。安徽理工大学薛凉以实现利用分形理论定量的研究地质构造对煤与瓦斯突出控制作用为研究主题，探讨了井田 7、8 和 10 主采煤层的瓦斯地质规律以及运用分形理论定量研究断裂和褶皱构造复杂程度的方法；研究了各主采煤层的构造煤厚度变化特征，最后采用多指标参数的灰色模糊综合评判方法对瓦斯灾害危险性进行了定量评价。

瓦斯生成和赋存理论在过去十几年的发展中，对于瓦斯赋存影响因素和瓦斯突出危险性影响因素的定性研究上已经趋于完善。而对于瓦斯赋存影响因素和瓦斯突出危险性影响因素的定量研究还较为欠缺，且瓦斯地质理论在实际矿井应用过程汇总存在门槛高、应用困难的情况，不利于矿井的实际生产。在未来的研究中，利用人工智能，在定量化瓦斯赋存影响因素和瓦斯突出危险性影响因素的基础上，实现瓦斯地质智能分析，智能预警将是未来很长时间内的主攻方向。

3. 煤矿瓦斯灾害预测与防控理论和技术

1）瓦斯压力、瓦斯含量测定与预测研究

（1）瓦斯压力测定。煤层瓦斯压力指煤层孔隙内气体分子自由热运动撞击产生的作用力。测定煤层瓦斯压力的关键技术是选择钻孔位置和正确封孔。测压钻孔位置应选择在坚硬、稳定的岩石中。影响封孔质量因素主要有三点：煤岩层特征；封孔材料和封孔仪器适用性；操作人员的封孔技术。2016—2020 年，学者在瓦斯压力测定方面做了大量工作。王恩元提出一种超远距离原位测定煤层瓦斯压力装置及方法，通过长钻孔超远距离原位测试煤层瓦斯压力解决了传统瓦斯压力测定距离短、无巷道无法测压及无法鉴定突出危险性等难题，具有可远距离、多点测试瓦斯压力等优点，适用于远距离准确测定瓦斯参数和鉴定突出危险性。杨永良提出一种基于真空条件的水侵钻孔瓦斯压力测定方法，在真空负压条件及超声波脱气相结合时可快速、有效地将常压下难以解析的甲烷从钻孔水中解析出来，从而精确得出钻孔水中的甲烷溶解量，最终准确得出开采煤层的瓦斯压力值。

（2）瓦斯含量测定。煤层瓦斯含量是单位质量煤中所含的瓦斯体积（换算为标准状态下的体积）的量。根据测定原理煤层瓦斯含量测定方法分为间接法和直接法。

间接法测定煤层瓦斯含量是通过在煤矿井下煤层内施工钻孔实现的。对钻孔进行有效封堵，防止钻孔内瓦斯气体的逸散对压力测定结果产生影响；通过设置在测压管上的压力表，显示钻孔内瓦斯气体压力的变化情况，待压力表数值稳定后再读取压力值。同时，将煤层钻取的煤样送至实验室进行吸附常数、工业分析、孔隙率等参数的测定。将测得的煤层瓦斯压力代入公式，即可计算得到待测煤层的瓦斯含量。间接法测定煤层瓦斯含量的技术在我国煤矿瓦斯治理技术发展的历程中发挥了至关重要的作用，但由于其工艺操作流程较为烦琐且测试周期较长（一般测压需 1 个月以上），在很大程度上促进了煤矿井下直接法测定煤层瓦斯含量技术的诞生。

直接法测定煤层瓦斯含量是通过在煤矿井下采集煤芯或煤屑实现的。根据煤样的瓦斯放散规律，推算取样过程中的瓦斯损失量；而后将采集的煤样进行瓦斯自然解吸、粉碎解吸，结合煤样的吸附常数、工业分析等参数，计算煤层的瓦斯含量。煤矿井下直接法测定煤层瓦斯含量的关键技术是煤样钻取工艺与取样过程中瓦斯损失量的推算。国内外学者围绕以上 2 个问题已开展了大量的研究工作。

①取样技术：

a）孔口直接取样及岩芯管取样技术。孔口直接取样技术分为麻花钻杆螺旋排粉、水力排粉或压风排粉。孔口直接取样工艺简单，但孔壁残粉产生的影响较大，特别是在松软煤层或钻孔长度较大的情况下，孔壁残粉对煤层瓦斯含量计算结果的影响较大。岩芯管取样技术按照取芯管的结构，可分为普通岩芯管取样和双层岩芯管取样两种。普通岩芯管取样技术主要用于坚硬煤层顺层或者穿层向上钻孔取芯。双层岩芯管取样技术是在煤田地质勘探取样技术的基础上发展起来的，其岩芯管为双管结构，包含了内管和外管，钻进过程中内管收集煤样，取芯介质从双管间隙及钻孔壁排出钻孔外。

b）负压定点取样技术。负压定点取样技术通过带有煤屑收集器的气体引射装置、压风转换装置实现上述装置与煤矿井下压风相连通，以压缩空气为流体介质，在钻进的过程中，压风与气体引射装置形成真空区，从而使煤屑连续被输出，直至煤屑收集器集满煤样。该取样技术操作较为简单，但驱使煤屑在钻杆内运移的动力为压风转换装置与气体引射装置形成的压差,该压差数值较小,致使取样深度较小,难以实现深孔快速取样。

c）深孔定点快速取样技术。深孔定点快速取样技术的工作原理：正常钻进时,双壁钻杆内管与环形空间同时进风排渣；取样时,采用反循环钻进原理,压风由双壁钻杆环形空间进入,将旋风喷射取样钻头切削的煤样沿双壁钻杆内管吹出,实现快速取样。

②取样过程中瓦斯损失量推算方法：

取样过程中瓦斯损失量的推算方法是煤矿井下直接法测定煤层瓦斯含量的又一关键技术,其实质是通过研究不同条件下的煤样瓦斯扩散规律,建立相应的逸散瓦斯量的推算模型。其中,具有代表性的数学模型有巴雷尔式、负指数函数式。温志辉等以负压定点取样为工程背景,采用自主研发的颗粒煤瓦斯负压—负压转常压解吸实验系统,开展了不同吸附平衡压力、不同解吸负压及解吸时间条件下的颗粒煤瓦斯负压—负压转常压解吸规律实验,得到结论：负压解吸初期（0～2 min）,瓦斯解吸规律及转为常压解吸后的常压解吸初期规律（0～10 min）可采用巴雷尔模型描述。Wang 研究表明吸附平衡瓦斯压力和瓦斯解吸特征系数满足指数函数方程,瓦斯含量和瓦斯解吸特征系数呈线性关系。李成武等研究了直接法测含量累计瓦斯解吸量与解吸时间的关系,认为存在 t_a 和 t_b 两个时间分界点,将解吸过程分为 3 段,$0～t_a$ 时间段为符合线性规律的初期高速释放阶段,$t_a～t_b$ 时间段为符合 $\sqrt{t}$ 规律的中期快速解吸阶段,$t_b～120$ min 时间段为符合幂函数规律的后期缓速放散阶段,提出不同阶段对应的解吸量与解吸时间的数学表达式。

综上所述,国内外学者针对取样过程中的瓦斯损失量推算方法,尚未形成统一的理论体系,且上述损失量推算模型并未考虑温度对逸散量影响的问题。理论研究方向：针对高密度气体状态对煤吸附瓦斯常数、游离量计算结果的影响深入开展研究。常用的取样方法采集的煤样均为煤芯或煤屑,且采样过程中都会有瓦斯损失。因此,应充分考虑各取样方法全过程对煤样的影响,建立相应的瓦斯时变扩散模型并进行求解,获取取样全过程的瓦斯放散特征曲线。深入开展煤层瓦斯含量与煤的视电阻率、煤层波谱特征、地震信息之间关联的研究工作,基于地球物理学的方法,研究新的煤层瓦斯含量测定方法,构建相应的技术体系。已有的研究成果表明：煤层瓦斯含量能显著影响煤的地球物理相应特征,如煤的电阻率在瓦斯解吸过程中,其数值随煤中瓦斯含量增大而线性减小。因此,针对地球物理相应特征与煤层瓦斯含量之间关系的研究,亦为煤矿井下煤层瓦斯含量测定方法的研究提供了一种新的思路。技术研究方向：尽可能降低取样过程对煤样瓦斯赋存状态的影响,研究基于瓦斯损失量推算模型的智能化仪器设备,实现煤矿井下煤层瓦斯含量的直接读取。基于煤层瓦斯含量与煤的视电阻率、煤层波谱特征之间关联关系的研究,研发适用于煤矿井下的小型智能化仪器装备,实现煤层瓦斯含量的精准测量,丰富煤层瓦斯含量测定的技术体系。

（3）瓦斯含量预测。煤层瓦斯含量是煤层瓦斯的主要参数之一,它是矿井瓦斯涌出量和煤层突出危险性预测的重要依据。2016—2020 年,学者在瓦斯含量预测方面做了大量工作。魏国营等利用瓦斯地质理论分析煤层瓦斯含量的 7 个影响因素并用 PCA 提取特征因素,建立用 AHPSO 算法优化的支持向量回归机预测模型,经验证 AHPSO－SVM 模型运行更稳定且预测准确率更高。林海飞等构建 PSO－BP 神经网络煤层瓦斯含量预测模型,较多元回归模型相比,PSO－BP 模型准确率更高。针对煤层瓦斯含量预测主要是采用瓦斯地质理论分析瓦斯含量的影响因素,综合考虑各个影响因素的作用结果并利用数学技术建立影响因素与预测对象之间无法表达的函数映射关系来实现预测,结果表明：

该类方法优于传统预测方法且泛化能力更强，针对瓦斯含量预测和煤与瓦斯突出预测准确度更高。

2）瓦斯爆炸研究

瓦斯事故主要包括瓦斯爆炸和煤与瓦斯突出。瓦斯是瓦斯爆炸和煤与瓦斯突出的物质基础，其含量大小对瓦斯爆炸破坏力和突出强度有重要作用。瓦斯爆炸发生过程中包含物理过程、化学过程、热力学过程、传热传质过程的多相耦合与交叉，是一个非常复杂的理论与实验技术课题。瓦斯爆炸研究主要集中在4个方面：①瓦斯爆炸基本认知；②瓦斯爆炸的传播机理研究；③瓦斯爆燃相关研究；④爆燃向爆轰转变问题（DDT）。DDT影响的因素众多，如紊流、放热速率、激波作用等，是燃烧和爆轰理论中一直未解决的难题。DDT现象的预测和计算对爆轰的防治与控制有重要的现实意义。国内外学者对瓦斯爆炸化学反应机理进行了大量的研究，提出了热反应机理和链反应机理，研究表明：甲烷发生燃烧和爆炸是一个复杂的物理化学过程，是热反应和链反应共同作用的结果，两者之间相互促进，使甲烷的链式反应保持下去。链式反应的过程包括链引发、链持续、断链反应三阶段。链式反应的关键是形成活性强的自由基，自由基的特点是在一定环境下，借助自身的反应热再生。

3）瓦斯突出预测与防控研究

学者主要通过构造模型对煤与瓦斯突出之前检测到的数据进行分析来对后期发生的现象进行预测。由于对煤与瓦斯突出的机理还没有明确，并不能准确地筛选监测数据对煤与瓦斯突出进行预测。不过学者都在对煤与瓦斯突出预测进行摸索，通过了解煤体和瓦斯的状态实现对瓦斯突出的预测。

（1）煤与瓦斯突出预测理论：

①瓦斯地质区划理论。我国瓦斯地质工作者从20世纪60年代开始研究瓦斯赋存规律，70年代研究煤与瓦斯突出分布的地质规律，80年代提出煤与瓦斯突出预测的地质条件，主要体现在矿井地质构造、煤体结构及煤层和围岩3个方面。瓦斯地质区划论的提出进一步阐明了瓦斯分布和瓦斯突出分布的不均衡性、分区分带性，具有分级控制的特点且受地质因素制约。

②地质动力区划理论。俄罗斯学者巴杜金娜认为在地球上动力现象产生的空间和时间具有不均衡性，现代板块构造运动是造成矿井动力灾害分布不均的主要原因，这种动力学观点形成了地质动力区划理论的基础。我国学者张宏伟在此认识基础上，对区域断裂构造的活动性和煤岩体的构造应力状态进行了研究，并结合数值计算方法和地理信息系统技术，提出了煤与瓦斯突出灾害发生的主要判据。

③地球物理探测方法。地球物理探测方法主要是根据煤岩体的物性差异，通过探测煤层地质构造和煤体能量变化，阐述煤层区域发生煤与瓦斯突出的条件。该方法主要包括两大类：地质雷达、槽波地震、脉冲超声波、无线电波透射法、煤层地电法等用于探测煤层地质构造；声发射、红外辐射、电磁辐射、电荷辐射、微震技术和岩性地震反演等用于探测煤体能量变化。这些方法的应用，为煤与瓦斯突出灾害的不间断预测开辟了新的途径。

（2）煤与瓦斯突出预测方法：

①简单指标方法。世界上主要产煤国家都很重视煤层突出危险性的研究，对煤与瓦斯突出危险性预测方法进行了重点研究和改进，以期能够更加精确地预测煤与瓦斯突出的危险性。其中，俄罗斯投入的科研力量较多，包括实验室物理模拟和煤矿现场观测，日本注重实验室研究，西欧则看重有效的预防措施。国内采用的工作面煤与瓦斯突出危险性预测方法主要有综合指标法、钻屑瓦斯解吸指标法、复合指标法和R值指标法等静态方法。这类方法便于现场操作，在煤矿已普遍使用，但需要消耗较大的人力和物力，不利于煤炭的安全高效开采。而动态方法可以解决这些问题，也逐渐受到煤矿

管理人员的认可，主要包括瓦斯涌出动态特征法、红外辐射监测法、声发射监测法、电磁辐射监测法、脉冲超声波监测法、无线电波透视法、地质雷达法、槽波地震法和微震法等非接触式预测方法和指标，其中，电磁辐射监测技术、声发射监测技术和微震技术得到较为深入的实验及理论研究，并在现场得到一定的应用。另外，采用瓦斯含量、瓦斯膨胀能和瓦斯涌出量等指标预测煤与瓦斯突出灾害危险性的方法也有了一定的研究。

②多指标数学方法。一些前沿数学方法在煤与瓦斯突出预测领域得到研究和应用，不仅提高了预测的效率，也提高了预测的准确性，概括起来主要是煤与瓦斯突出主控因素优选和危险程度预测2个方面：一方面虽然煤与瓦斯突出的影响因素较多，但在一定的地质条件和开采条件下，一般来说有1个或几个因素起着决定性作用，研究人员主要采用专家打分法、事故树分析法、层次分析法和灰色关联分析法等方法进行确定；另一方面影响煤与瓦斯突出的诸多因素间具有不确定的耦合关系，这也加大了煤与瓦斯突出准确预测的难度，研究人员试图将机器学习、数据融合和人工智能等技术手段运用到煤与瓦斯突出的危险性预测中，在现场得到了初步应用，这方面的研究主要集中在模糊数学、神经网络和模式识别等数学方法建立的多指标法，与此同时，灰靶决策、GIS系统平台、信息融合和属性综合评价也有一定程度的研究，并应用于矿井煤与瓦斯突出预测。

③煤与瓦斯突出预测敏感指标及临界值确定。敏感指标选取及临界值的确定是煤与瓦斯突出预测研究的重要一环。不同的地质背景，煤与瓦斯突出预测的敏感指标也不相同，如何确定该研究区域的预测敏感指标，近几十年来在我国讨论得比较多，具有代表性的是煤科总院抚顺分院提出的"三率法"，以及煤科总院重庆分院提出的包括适用指标情况、初选阈值、现场调校和验证的一整套方法步骤。之后孙东玲认为"喷孔率"可以间接表征煤与瓦斯突出的危险性程度，在此认识基础上利用数理统计方法确定预测指标的敏感性，并根据各指标的离散化程度，对敏感指标的阈值进行了初步确定；赵旭生论述了采用历史资料统计、实验室实验和现场试验相结合的手段确定煤与瓦斯突出预测敏感指标及其阈值的合理性和正确性。随着各种基础学科的发展和交叉学科的产生及应用，模式识别、灰色关联和模糊数学等方法也被用来确定瓦斯突出预测指标的敏感性和临界值。郑哲敏运用力学理论探讨了煤与瓦斯突出灾害，利用量纲分析得到了一般形式下的煤与瓦斯突出判据，后来丁晓良和俞善炳在此基础上建立了煤与瓦斯突出恒稳推进模型，并根据质量守恒方程和动量守恒方程得出了煤与瓦斯突出一维流动解和启动判据。胡千庭等运用力学理论对煤与瓦斯突出各阶段进行了详细的描述，分析了力学作用条件下的煤与瓦斯突出过程。另外，随着研究的深入以及新技术、新方法的应用，学者也对煤与瓦斯突出的延时机理、微观机理和逾渗机理以及煤与瓦斯突出过程的物理特征进行了相关研究。Wu Y 等建立改进的 GASA-BP 神经网络瓦斯突出预测模型，并将该模型在付村煤矿进行现场验证，结果表明经过全新 GASA 优化后的模型比 GA-BP 模型预测准确率更高且计算速度更快。管永伟等探讨了煤层冲刷带与煤层瓦斯突出的关系，发现煤层冲刷带过渡区瓦斯突出危险性最大。魏文希等基于拟声波反演方法研究了煤层顶底板岩性识别方法，认为砂岩是瓦斯突出的危险区。李冬等综合考虑瓦斯含量、构造煤分布及煤层顶板岩性3方面特征，建立了一套瓦斯突出危险区域综合预测方法，为判断瓦斯突出危险区提供理论基础。

4）瓦斯积聚研究

从事瓦斯积聚机理方面研究的专家学者主要从3个方向进行突破。一是对天然气瓦斯在不同流场中的积聚原因进行研究，尤其以瓦斯在上部角区的积聚原因以及治理措施的讨论最多；其次是利用以数学、物理理论不断充实的计算机软件等新方法进行机理研究；三是对诸如高瓦斯矿井此类易出现积聚的特殊矿井地质条件及井下特殊情况的积聚机理研究。

中国工程院院士周世宁教授提出了"煤层瓦斯赋存与流动理论"后，多以周教授的此理论为基础开展积聚机理研究。理论中系统研究了煤层瓦斯的赋存状态与煤对瓦斯的吸附作用，利用了流体力学、渗流力学与岩体力学等力学手段，并且结合了热力学、传热学以及表面物理化学的手段方法；该理论不仅建立了瓦斯在煤层中包括单向流动、径向流动和球向流动的运动基本理论，并且以其为基础提出了计算在掘进巷道及回休工作面的过程中瓦斯涌出量的计算方法。

在矿井井下不同流场空间研究方面，上隅角是矿井通风中最容易形成"死区"的通风区域，所以一部分专家和学者致力于该区域瓦斯积聚机理方面的研究。龚选平采用物理模拟、数值分析和现场监测方法，研究工作面开采初期和稳定时期覆岩结构演化及裂隙场分布特征，提出采用高位定向长钻孔治理采空区卸压瓦斯并进行了效果检验。李润芝为解决放顶煤工作面生产期间上隅角瓦斯治理难题，提出采用大直径钻孔代替联络巷的方法抽采放顶煤工作面上隅角的瓦斯。李树刚为解决综采工作面回采期间上隅角瓦斯超限问题，基于物理相似模拟试验，采用分形理论从细观角度证实了瓦斯流动活跃区的存在性，通过构建瓦斯流动活跃区的空间模型和力学模型，研究了工作面上隅角瓦斯流动活跃区的形成机理。

随着瓦斯积聚理论研究的不断完善以及煤炭开采环境的不断更新，特殊地质条件、特殊情况下的瓦斯积聚机理开始成为研究热点。吴海进对高瓦斯低透气性煤层卸压增透理论及技术进行了研究，得出了高瓦斯低透气性煤层的瓦斯流动和卸压增透规律，提出了钻割一体化技术，实现了卸压增透效果；秦汝祥等对高瓦斯高产工作面立体"W"形空气动力学系统进行了研究，对采空区流场、瓦斯浓度场、工作面流场瓦斯的特点和影响因素进行了分析，提出了同煤层邻近区段间瓦斯涌出量预测的新方法——类比法；邵昊等对高瓦斯易自燃采空区双层遗煤均压通风系统进行了研究，提出了U–U形新型通风系统。

5）瓦斯突出、冲击地压复合灾害研究

随着煤矿向深部开采，一些矿井动力灾害既表现出煤与瓦斯突出的部分特征，又有冲击地压的部分特征，两种动力灾害共存，互相影响、相互复合，难以界定为单一灾害类型，因此有学者提出煤与瓦斯突出、冲击地压复合动力灾害的概念。

潘一山对冲击地压、煤与瓦斯突出复合动力灾害一体化机理进行研究，建立统一失稳判别准则，提出复合动力灾害一体化分类分级预测技术和防治技术。印证了深部矿井煤与瓦斯突出、冲击地压复合动力灾害是可防控的，瓦斯抽采、深孔爆破断顶–破煤–断底卸压、煤层注水等一体化防治技术现场应用效果显著，同时提高了灾害一体化防治的有效性。王桂峰等从能量角度揭示冲击地压产生机制，通过理论分析和现场实测微震活动与冲击地压之间的时空内在联系，研究了冲击地压的不稳定能量触发机制，得出了动力灾变的能量触发条件。张建国基于最大主应力、应力梯度等因素对矿区动力灾害发生的潜在危险进行了预测划分，以动力灾害一级预测结果为研究基础，补充考虑开采活动等作用的影响，进行动力灾害二级预测，明确目标煤层、目标采区动力灾害发生的模式。朱丽媛为了探索深部矿井冲击地压、瓦斯突出复合灾害机理，为复合灾害的有效监测与防治提供理论基础，利用试验研究和理论研究相结合的研究方法，研究了瓦斯对煤岩体力学性质和冲击倾向性的影响，建立了圆形巷道冲击地压、瓦斯突出复合灾害模型并进行了解析分析，探讨了冲击地压和煤与瓦斯突出的诱导转化机理。以冲击地压、煤与瓦斯突出等煤矿典型动力灾害为对象，针对煤矿典型动力灾害孕育、前兆信息识别、多网融合传输及精准预警中的重大难题，提出需要解决的4个关键科学问题：

（1）煤矿典型动力灾害多相多场耦合灾变孕育规律及演化机理。煤矿典型动力灾害是一种非线性复杂问题，是煤岩体中应力场、裂隙场、渗流场和温度场4者之间形成的一个相互影响不断耦合的作用过程。风险精准判识及监控预警在该方面涉及的关键科学问题包括多尺度多物理场耦合条件下高应力煤岩在加卸载过程中力学效应与损伤演化关系、外部应力和内部渗流场叠加作用下煤岩局部变形和裂隙扩展、气固两相多物理场动态耦合诱突机制等。

（2）煤矿典型动力灾害多参量前兆信息智能判识预警理论与技术。煤炭井下开采涉及地应力、残余构造应力、瓦斯压力、煤岩力学参数及渗流场、裂隙场等多源多参量信息。风险精准判识及监控预警在该方面涉及的关键科学问题包括面向煤矿微震、地应力、瓦斯等监测数据的快速分析算法，面向数据特征的去噪、滤波、分解和频谱信息的快速提取，煤矿动力灾害特征数据的快速抽取，多源多指标的煤矿典型动力灾害危险区域模态评价方法等。

（3）煤矿典型动力灾害前兆信息新型感知与多网融合传输方法与技术装备。开发安全、灵敏、可靠的新型采集传感装备，研究人机环参数全面采集及共网传输新方法，实现煤矿动力灾害前兆信息深度感知、高可靠传输，已成为灾害前兆信息采集传输发展的趋势。风险精准判识及监控预警在该方面涉及的关键科学问题包括开发高可靠性的灾害前兆信息采集传感技术与装备，形成人机环参数全面采集、共网传输新方法。

（4）基于大数据与云技术的煤矿典型动力灾害预警方法与技术。优化集成一大批灾害前兆信息采集传感、挖掘辨识、远程传输、云计算、数据融合等先进技术，对于构建多源海量动态信息远程在线传输、存储挖掘的系统平台至关重要。风险精准判识及监控预警在该方面涉及的关键科学问题包括创建典型动力灾害监测预警技术装备示范应用的共性关键集成架构体系，形成基于大数据的煤矿典型动力灾害模态化预警方法及主动推送服务体系，研发基于云技术的远程监控预警系统平台。

4. 煤矿瓦斯抽采方法及技术

1）井下瓦斯抽采

受地质条件影响，我国煤矿区煤层气井下开发面临着井下长钻孔定向难、软硬复合煤层钻孔难、低渗煤层增透难、钻机装备操作复杂等困境。总体上，煤矿区煤层气井下开发技术可以划分为钻孔技术、增渗技术、钻孔装备3类。我国在中硬以上煤岩层钻孔技术、松软煤层螺旋钻孔技术、穿层钻孔水力压裂增渗技术、CO_2相变致裂增渗技术等方面取得了长足进步，为井下煤层气产量的稳步增长奠定了基础，但依然面临着软硬复合煤层钻孔成孔、顺煤层钻孔压裂控制、钻机智能控制等困难，典型创新性成果主要围绕以下几个方面进行：

（1）井下定向长钻孔抽采技术。钻孔抽采是我国煤矿井下最广泛采用的抽采方式，对于高瓦斯压力的松软、低透气性突出煤层，以前主要通过施工常规顺层钻孔和底（顶）板穿层钻孔来实现对煤巷条带、回采区域煤层瓦斯的预抽。在突出煤层钻进时极易发生喷孔、夹钻、顶钻、埋钻等现象，进而导致钻进成孔困难。另外，由于钻孔浅、钻孔轨迹无法控制的限制，导致钻孔工程量大、成本高、工期长、容易出现抽采空白带、矿井采掘接替紧张等困局。《煤矿安全规程》第210条限制了将在本巷道施工顺煤层钻孔预抽煤巷条带瓦斯作为区域防突措施的应用范围，《防治煤与瓦斯突出细则》第64条规定了定向长钻孔预抽煤巷条带煤层瓦斯区域防突措施的钻孔施工要求，这些都限制了常规钻孔在突出煤层预抽中的应用。作为钻探工程领域的一项新技术，煤矿井下随钻测量定向钻进技术逐渐兴起并成为我国煤矿瓦斯高效抽采的一种重要技术途径，通过实时测量钻孔轨迹和孔底螺杆马达工具面向角，控制钻孔轨迹沿设计延伸，提高了钻孔空间定位精度，增加了钻孔深度。最后，还可以采用定向钻进技术进行多分支钻孔、羽状钻孔、梳状钻孔、枝状钻孔等的施工，具有能均匀覆盖预定区域、钻进效率高、钻孔长度大、一孔多用等优点。2019 年 9 月，神东保德煤矿使用中煤科工西安研究院自主研制的 ZDY15000LD 定向钻进装备、泥浆脉冲无线随钻测量系统，创造了主孔深度为 3353 m 井下沿煤层定向钻进孔深新的世界纪录。

（2）松软煤层全孔段护孔钻进技术。我国煤层地质条件复杂，软煤层分布广泛，"松软煤层钻孔成孔率低"一直以来是行业难题。套管钻进工艺技术和全孔段下放筛管护孔工艺得到了快速发展。套管钻进工艺技术采用底扩式可打捞套管钻进至安全扭矩设定孔深后，将套管留在孔内护孔，再用二级钻具钻进至设计孔深，降低了深孔一次钻进的施工难度，提高了松软煤层钻孔深度和成孔率。全孔段下放筛管护孔工艺技术是钻进到设计孔深后，退钻前将筛管通过钻杆和钻头内孔将其下入到孔底，退钻后筛管留在孔内，实现全孔段筛管下放，该技术极大提高了钻孔成孔率。

碎软煤层中深孔气动马达定向钻进技术。"碎软煤层孔壁稳定性差，成孔率和钻孔精度差"，气动定向钻进技术主要是针对碎软煤层精准抽采对瓦斯抽采钻孔轨迹精确测控的需求。该技术利用矿用空压机输出的中压气体作为钻孔循环排渣介质，并驱动孔底空气螺杆马达进行复合定向钻进及钻孔轨迹调控，确保钻孔沿设计轨迹延伸；钻进过程中，采用随钻测量系统实时监测钻孔轨迹参数，为钻孔轨迹调控提供依据；采用异形定向钻具进行强化排渣，避免卡埋钻事故；利用孔口除尘装置进行污染空气处理，确保钻场清洁，钻孔成孔后，下入筛管进行护孔，避免抽采过程中孔壁坍塌。气动定向钻进技术解决了松软煤层长距离精确成孔难题，最大孔深达到 406 m，为松软煤层区域递进式抽采提供了保障，可有效避免出现抽采盲区和空白带。

（3）地面遥控智能钻机。煤矿井下钻孔作业空间狭窄、环境恶劣，防突钻孔更是临危作业，给钻机操作人员的生命安全造成了较大的安全隐患。"井下钻机的智能化控制"是钻机自动作业的瓶颈，随技术的进步地面遥控智能钻机取得了较大进步，该装备通过自动上下钻杆技术、无线遥控操作技术、一键全自动钻孔技术、数据自动记录技术、智能防卡钻技术等突破了井下钻机无人化钻孔操作的技术瓶颈，为井下无人化钻孔作业奠定了基础。

（4）井下顺层钻孔水力压裂增渗技术。井下掘进工作面的增渗一直都是提高掘进速度的关键节点，"顺层钻孔水力压裂封孔的安全保障技术"是影响顺层压裂技术推进的关键。逐渐发展的顺层钻孔水力压裂技术为解决该难题提供了有效手段。顺层钻孔水力压裂适用于工作面压裂及定向长钻孔压裂，特别是分段压裂工艺的实现；相对穿层压裂而言，起裂压裂小、压裂安全系数高，压裂液可全部进入煤层、压裂效率高，压裂范围更广更均匀、压裂效果好。该技术应用的基于跨式双封结构的拖动分段压裂工艺及投球分段压裂工艺，可实现定向长钻孔、梳状钻孔等工艺下的分段压裂。与传统封隔器主要依靠封隔器与钻孔壁的摩擦力封孔不同，跨式双封结构封隔器主要依靠双封结构间的拉力及封隔器径向压力实现坐封，解决了封隔器在坐封过程中轴向滑动难题，封孔可靠、封隔层位精准。

（5）井下超高压水力割缝增渗技术。中硬及以上煤层的局部高效增渗是提高煤矿井下条带、区段抽采效率的有效措施。超高压水力割缝技术发展迅速，该技术以高压水为动力，对煤体进行切割、剥离，增大煤体的暴露面积，改善煤层中的煤层气流动状态，改变煤体的原始应力，使煤体得到充分卸压，从而提高煤层的透气性和煤层气释放能力。超高压水力割缝装置主要由金刚石复合片钻头、水力割缝浅螺旋整体钻杆、超高压旋转水尾、超高压清水泵、高低压转换割缝器、超高压软管等组成。适用于高地应力、高瓦斯、低透气性煤层（煤层硬度 $f>0.4$）工作面顺层钻孔、穿层钻孔及石门揭煤卸压增渗等，顺层钻孔割缝深度 80~120 m，穿层钻孔割缝深度 80~140 m。超高压割缝技术的工作压力可达 100 MPa，能实现钻进、切割一体化作业，缩短工艺流程时间；通过超高压远程操控装置可实现 100 m 以上远程操控，装备承压 150 MPa，清水泵可实现履带自行走功能。

（6）井下高压空气爆破致裂增透技术。爆破增渗是井下煤层卸压增渗的主要措施，但传统的控制爆破、深孔爆破等往往面临着爆孔火花诱发爆炸的风险。井下高压空气爆破技术迅速发展，该技术以高压空气为媒介，通过控制高压空气的释放产生爆轰作用，进而通过连续高压空气爆破产生叠加卸压效应，可以大幅提高中硬及以上煤层的透气性。该技术通过二级增压实现高压（100 MPa）空气泵站的国产化、小型化；采用单片机控制、连接多根爆破管多点起爆，提高了爆破效率；爆破影响范围可达 5 m，钻孔瓦斯抽采纯量可增加 55% 以上。

2）地面瓦斯抽采

受地质条件影响，我国煤矿区煤层气地面开发主要面临着瓦斯富集区探测难、碎软低渗煤层成孔难、多煤层排采效率低、破碎煤岩层钻井难、采动区地面井防护难等困境。总体上，煤矿区煤层气地面开发技术主要可以划分为地质物探类技术、地面排采类技术、地面抽采类技术、地面钻井类技术等 4 类。我国在高精度地质物探、地面直井、丛式井、U 形井钻井、60 t 地面钻机和采动区地面井防断等方面取得了长足进步，为地面煤层气产量的稳步增长奠定了基础，但依然面临着碎软煤层排采难、煤层群排采效率低、破碎地层钻井速度慢、采动区地面井抽采范围窄等困难，典型创新性成果主要围绕着以下几个方面进行：

（1）瓦斯富集地质理论方法。瓦斯地质学是研究煤层瓦斯的形成、赋存和运移以及瓦斯地质灾害防治理论的交叉学科。河南理工大学在区域分级瓦斯地质基础上创新性提出了全国瓦斯赋存分布受 10 种区域地质构造类型控制的新认识，划分出 30 个瓦斯赋存分区，圈定出 47 个瓦斯富集区；进而运用瓦斯地质图法，估算了全国 22 省（区）煤层气资源量为 29.16×10^{11} m^3。为了解决"区域瓦斯地质赋存基础上的矿井采掘面瓦斯防治尺度差异"难题，在既有区域瓦斯地质划分的基础上，"区域 - 矿井 - 采掘工作面"的三级瓦斯地质分析技术逐渐发展，为瓦斯地质图的分类实施和应用奠定了基础。

（2）碎软煤层高效抽采技术。碎软低渗煤层煤层气开发中的"煤层水力压裂稳定造缝"多年来一直是有待解决关键技术难题。通过试验沿煤层顶板岩层施工水平井进行分段压裂的技术思路，避免了常规顺煤层钻水平井时出现的垮塌埋钻、下套管困难、固井质量不好、煤储层污染等问题，形成了碎软煤层高效抽采技术。该技术关键问题是套管水平井在分段压裂过程中压裂缝能否向下延伸到煤层中。借助"工程测试 + 数值分析"预测压裂裂缝延伸效果及顶板岩层水平井分段压裂工艺 [U 形对接井→水平井段顶板岩层紧邻煤层（2 m）→地质导向钻井→套管固井→向下定向射孔→泵送桥塞→分段压裂→精细排采]，淮北矿区已实现了连续 6 个月单井产气量 8000~10000 m^3/d 的排采效果。

（3）分层控压联合排采技术。多煤层地区是我国煤层气资源集中赋存区。对于多煤层，特别是大间距、碎软低渗煤层，排采中如果动液面保持在上煤层以上的位置，下煤层将不能充分解吸，甚至不产气；而如果将动液面继续下降，则上部煤层就会暴露，导致排采半径缩短、产生速敏效应吐粉吐砂、支撑剂颗粒镶嵌煤层、裂缝闭合速率加快等问题，严重影响产气效果。多煤层分层控压合层排采技术获得成功应用，该技术以双泵三通道双煤层分层控压排采技术和双套管多煤层分层控压排采技术为核心，通过专用分隔装置实现了煤层排采过程中的液面压力分层控制和共井联合排采。技术及配套装备已在贵州大方、黔西等地成功应用。

（4）采动区地面 L 形顶板水平井抽采技术。安全高效矿井受快速采掘推进影响巨大，回采空间涌出瓦斯量大，仅靠通风及常规抽采措施无法解决超限难题。在攻克区域优选布井、局部重点防护、局部固井和悬挂完井等技术后采动区地面直井抽采孔的防断问题基本解决，但仍然面临着单井抽采范围小、地面复杂地形布井难等问题。在攻克大孔径地面井破碎岩层护壁钻进、小角度穿层钻进（避免孔内积水堵塞抽采通道）等钻完井难题基础上，能使用地面大能力钻机、适应大起伏地形的 311 mm 特大孔径地面 L 形顶板水平井抽采技术成功应用，实现了单一煤层单井抽采覆盖范围超 1000 m 和 3.3×10^4 m³/d 的抽采效果。

（5）100 t 地面车载钻机及穿越采空区钻井技术。我国地面煤层气车载钻机主要依靠进口，国外公司对电液控制等技术严格保密。适用采空区多种钻进工艺的双速马达回转器、直线导轨式伸缩桅杆、具有多种保护功能和多冗余度的电液控制系统等技术获得突破，具有大扭矩、结构紧凑、适应多种钻进工艺等特点的 100 t 国产化全液压车载钻机及配套设备获得成功。进而，配套完成的采动区煤层气井大直径空气潜孔锤、集束式反循环潜孔锤钻进工艺和防止卡埋钻、强力穿越垮落带空气潜孔锤正循环钻进工艺方法等大幅提升了我国地面钻井的技术水平。

3）井上下联合协同抽采

考虑到地面和地下瓦斯抽采技术的优缺点，提出了地面和地下联合瓦斯抽采技术，通过长期的理论和实验探索，有效地防止了煤与瓦斯突出，提高了瓦斯抽采效率。地面与井下联合抽采是实现煤矿区煤层气（瓦斯）资源抽采最大化的重要途径。随着煤矿区煤层气开发技术的发展，地面与井下联合抽采煤层气演化出了多种技术形式，包括开发方式的联合、抽采通道的联合、施工技术的联合等。

煤层气开发方式的联合是指煤层气地面开发与矿井瓦斯井下抽采在时间顺序上进行联合，即在井下生产之前，在采煤规划区先通过地面钻井配合增产等措施预抽原始煤层的煤层气，随着井下采掘活动的推进，当规划区变为生产区，再进行煤矿瓦斯井下抽采，最终形成先地面、后井下的煤层气联合开发模式。

在煤矿区煤层气实际抽采过程中，地面钻井和井下钻孔作为两个独立的煤层气抽采单元，没有产生煤层气联合协同开发效果。此外，地面井煤层气抽采量低、抽采时间长，井下钻孔瓦斯抽采效率低、瓦斯治理周期长，这都极大地限制了煤矿区煤层气抽采效果。突破煤矿瓦斯井下抽采和煤层气地面开发两个独立产业模式的局限性，是实现煤矿区煤炭与煤层气资源协调开发的重要前提。煤层气抽采工艺上的井上下联合实现的技术瓶颈有：①如何建立井上下联合抽采通道；②如何实现地面排水采气与井下负压抽采工艺的融合。

（1）地面井与井下长钻孔连通压裂联合抽采。地面井与井下长钻孔连通压裂联合抽采是通过在地面施工垂直井，在井下沿煤层施工定向长钻孔，借助定向钻进技术使地面直井与井下长钻孔交汇贯通，随后对井下定向长钻孔进行有效封孔，利用地面压裂设备通过地面井对目标抽采区域及井下钻孔进行压裂作业，实现对抽采区域的增透改造后进行抽采，其产气方式主要分为井下采气和地面采气两种。针对碎软煤层定向钻孔成孔困难问题，有学者提出先施工地面直井进行水力压裂，对目标煤层进行预抽，之后在煤层下底板岩巷施工放射状穿层钻孔进行二次瓦斯抽放，对突出煤层卸压消突。

地面直井与井下长钻孔连通压裂后进行采气，在施工技术层面上实现了井上下联合，其潜在技术优势有：一方面可提高煤层气抽采效率和速度，地面直井与井下长钻孔连通压裂后，沟通了更多的煤层裂隙，以较少数量的井下钻孔实现煤层气高效抽采；另一方面，连通压裂增大了井下长钻孔的抽采影响范围，因此，在井下区域抽采时可增大井下长钻孔的布置间距，减少钻孔施工作业量，进而缩短煤层气抽采工程的建设周期，主要适用于煤层结构较完整、渗透率低的煤矿区。

地面直井与井下长钻孔连通压裂可有效沟通井筒、钻孔和煤层中裂隙，扩大井/孔的抽采影响范围，理论上具有一定的先进性。但这种联合抽采方式存在一定的局限性，表现在：①井孔联合压裂，效果不可控，裂缝的起裂和延伸随机性较大，煤层气抽采效果有待进一步考察；②压裂前需将井下钻孔孔口段密封，因地面压裂装备供液能力强，压裂时在井下钻孔内可形成高的静压力，对孔口密封承压能力要求较高，实施难度较大，因此，技术层面的缺陷限制了这种联合抽采方式在实际煤层气开发工程中的应用。而地面直井与井下穿层钻孔联合抽采需要施工专门的底板岩层巷道，且放射状穿层钻孔施工工程量大、施工周期长，造成工作面采掘衔接紧张。

（2）条带式井上下联合抽采。条带式井上下联合抽采是指在未进行地面预抽的规划区或准备区，对拟开设的水平大巷、盘区（带区）大巷、工作面巷道，在其两侧施工常规地面钻井，完井后进行储层压裂改造，然后进行地面煤层气抽采；当巷道掘进后，施工近水平瓦斯抽采定向钻孔连通地面井压裂影响区，也可根据需要对井下长钻孔实施井下压裂，以便实现井下钻孔与地面压裂井裂隙网的高效互连，此时，停止地面煤层气抽采，改为井下钻孔负压抽采。

条带式井上下联合抽采具有的技术优势：一方面通过地面钻井实施水力压裂储层改造措施，在影响区内形成大量的人工裂缝，使抽采通道与煤储层中的天然裂隙有效连通，可扩大抽采范围、提高抽采效率；另一方面，在井下施工近水平定向长钻孔，通过轨迹控制实现多个地面工程井压裂影响区的"串联"，能够发挥井下钻孔施工成本低、布孔灵活的优势，主要适用于煤层结构完整、力学强度高、构造相对简单的煤矿区。进行条带式井上下联合抽采的突出难题是井下近水平定向长钻孔通过压裂影响区的钻进技术：地面工程井压裂区内的煤体被改造后，裂隙发育且充填有压裂液、支撑剂，煤体结构破碎，使钻孔进入压裂区后极易出现喷孔、塌孔、卡钻等事故，钻进成孔难度大。同时，井下水平定向长钻孔施工完成后，压裂影响区内孔段孔壁稳定性差，易发生孔壁坍塌而堵塞抽采通道，严重的还将导致井下近水平定向钻孔大部分抽采孔段失效。

（3）立体压裂联合抽采。"立体压裂"地面与井下联合抽采的核心思想是借助井下巷道已揭露的地面煤层气开发直井井筒实现地面水力压裂设备与井下水平定向钻孔之间的"连通"，进而利用地面压裂设备对井下水平定向钻孔实施水力加砂压裂改造，达到增大孔壁周围煤岩体的透气性、提高瓦斯抽采效率，扩展单孔瓦斯有效抽采的范围、减少钻孔施工工作量和缩短煤矿瓦斯预抽时间的目的。立体压裂联合抽采可以充分利用地面宽敞的场地摆放大型压裂机械设备，以实现更大规模的井下近水平钻孔的压裂。"立体压裂"地面与井下联合抽采在施工技术层面具有潜在优势，可大幅提高井下钻孔的压裂规模，理论上可形成更大范围的压裂影响区、增加钻孔抽采范围，提高抽采效率，主要适用于地面钻井条件相对简单、井下近水平长钻孔成孔率高的煤矿区。然而，这种联合抽采方式客观上存在一定的局限性，钻孔压裂效果不可控，难以实现全孔段均匀压裂。

（4）顶板压裂联合抽采。在地面施工垂直井和水平井，保证水平井层位于裂隙带与弯曲下沉带之间，且靠近待回采煤层回风巷一侧，并在垂直井底部扩径，降低垂直井与水平井的对接难度，完井后在地面对水平井进行压裂作业。工作面圈闭时，密闭水平井，通过直井利用压裂裂缝对煤层及上覆围岩气体进行抽采。采煤前，将靠近采煤工作面水平井段密封，从回风巷和进风巷向煤层中施工对穿钻孔，利用地面直井和井下近水平钻孔进行负压抽采，直到煤层瓦斯含量降到标准值，工作面正常回采；采煤中及采后，针对本煤层、采空区及顶板裂隙带瓦斯，首先将采空区密闭，将初次来压后所对应的水平井段用密封装置密封，利用垂直井、水平井和井下采用梯度负压模式进行瓦斯抽采；当周期来压形成后，水平井段被分割，从直井井口和水平井井口分别实现瓦斯抽采，以此循环直至工作面回采结束。顶板压裂立体化联合抽采形成了采前、采中和采后的三区抽采模式，从时间和空间上实现了煤层气井上下联合立体化抽采，具有一井多用的优点。在煤层顶板实施分段压裂增产改造，相比于在煤层中实施压裂优势明显，顶板水平井分段压裂技术已在我国淮北矿区取得了良好的煤层气抽采效果，连续3个月日产气量达10000 m^3 以上。采前利用井下钻孔与水平井压裂缝贯穿，实现井上下立体化联合抽采；边采边抽阶段，煤层得到充分卸压，利用压裂裂缝与采动裂隙有效沟通，显著提高煤层气抽采效率，主要适应于煤层结构破碎、渗透率低、井下定向长钻孔钻进成孔困难的煤矿区。

（5）井/孔对接联合抽采。针对具有突出危险性的煤层，在地面施工多分支水平井，在井下施工近水平钻孔，并使井下近水平钻孔与地面多分支水平井部分井眼对接连通，随后将地面多分支水平井封闭，将井下近水平钻孔连接到瓦斯抽采系统中进行负压抽采。本质上是地面、井下煤层气开发施工技术联合，一定程度上发挥了地面多分支井与井下近水平钻孔开发煤层气技术的各自优势。地面多分支水平井本身是一项高效煤层气开发技术，多分支井眼增加了煤层的裸露面积，扩展了煤层中气体流动的泄流面积。其次，地面多分支水平井的施工不受井下巷道条件的限制，同时从地面施工多分支井与在井下施工水平定向长钻孔相比，钻进成功率更高。最后，地面井下钻孔/井对接联合抽采技术利用井下负压瓦斯系统进行抽采，摆脱了地面排采系统的限制，地面布井位置更加灵活，可回避安装、维护地面排采装备和集输管汇系统等，辅助工程量小，安全性和技术性更高，主要适应于煤层透气率低、地面钻井条件简单、满足多分支水平井施工的煤矿区。地面多分支水平井与井下近水平钻孔的精确对接是必须要解决的关键技术难题，同时地面多分支水平井在井下煤层气抽采过程中也存在塌孔堵塞瓦斯运移通道等问题。

3.5.5 矿井粉尘防治

2010年以来，随着矿井智能化、机械化、自动化水平的提高，高强度机械化采掘带来的作业粉尘威胁日益严重，尘（矽）肺病已经逐步上升为矿工生命健康的最大威胁。尤其综采与综掘区域粉尘浓度极高，采掘作业场所时间加权粉尘浓度高达 1000～1500 mg/m^3，超过国家规定限值数百倍之多。针对井下作业场所粉尘污染日益严重的情况，国内外研究人员聚焦煤矿粉尘污染治理难题，提出多种粉尘污染控制技术和方法，如煤层注水减尘、通风除尘、喷雾降尘、化学抑尘以及粉尘传感监测等，并逐渐形成了以粉尘微观润湿理论、粉尘弥散污染规律、尘雾凝并湿式除尘理论以及粉尘传感监测理论为主的矿井粉尘防治理论，进一步指导了煤矿企业的清洁生产，降低了煤矿的粉尘污染。

"十三五"期间，国内外研究学者开展了煤体结构特性、注水逾裂增渗润湿动力特性研究；建立了适用于采掘面的风流-粉尘耦合运移的数学模型，得到了采掘面粉尘时空演化规律；基于激光多普勒测粒技术（PDI）的风流-雾滴-粉尘三相耦合测试平台，揭示了矿用喷嘴雾场特征演化规律。基于激光散射法和交流电荷耦合感应法，完善了粉尘检测原理，实现对粉尘宽量程、高精度、高灵敏度实时在线监测。

井下粉尘防治具有尘源多、风路复杂、人员密集等特点，粉尘控制一直备受关注。在采掘面防尘技术研究方面，研发了脉动注水工艺及配套的增渗材料与自动化监控系统；研发了三向旋流风幕控尘技术、干式和湿式除尘器除尘、局部雾化控除尘技术以及空气幕隔尘技术，大大降低了工作面粉尘浓度。在喷浆防尘方面，针对传统喷浆作业"粉尘大、喷层质量不一、喷射效率低"等问题，研发了喷浆机械手、矿用湿喷混凝土长距离管道输送技术以及潮式混凝土喷射机高效除尘系统。在化学抑尘方向，由于复合型抑尘剂兼具润湿、黏结和凝并粉尘的作用，使得化学抑尘技术逐步由单一型抑尘剂向复合型抑尘剂发展。在粉尘传感器研究方面，基于激光散射法和电荷感应原理，研制出了光散射法粉尘浓度传感器和电荷感应法粉尘浓度传感器，实现了对粉尘的连续、稳定监测。在个体防护方面，具有高强度、阻燃、抗腐蚀等多功能的静电纺纳米纤维材料逐渐成为当今研究的热点。

1. 综掘工作面防尘技术

随着煤矿机械化程度的不断提高，综掘工作面粉尘防治技术也得到了相应的发展和完善，风幕控尘、喷雾降尘、化学抑尘以及干式和湿式除尘器除尘等防尘技术也取得了进步，巷道内平均粉尘浓度实现了一定程度的降低。但由于综掘工作面粉尘产生的源头多、浓度高、类型复杂，粉尘问题仍然存在，尤其是掘进机司机位置处的粉尘浓度仍远超国家标准，煤工长期处于粉尘游离环境下仍易患尘肺病。因此需要进一步优化降尘技术，全面掌握不同类型综掘工作面粉尘污染规律，根据尘源的具体类型，有选择地实施合适的综合防尘技术，制定合理的综合防尘标准规范，提高粉尘危害综合治理水平，为煤炭工人创造一个安全、卫生、舒适的工作环境，以适应煤炭工业可持续发展的需要。

1）三向旋流风幕控尘方法及关键技术

湖南科技大学的刘荣华团队利用 Fluent 软件进行数值模拟，分析空气幕出口角度对隔尘效果的影响，得到控制截割煤尘扩散的最佳空气幕出口角度；辽宁工程技术大学的张建卓团队得出风幕控尘效果由风幕风机的风速、除尘风筒的直径、出口压力三者确定的结论。以上的研究根据数值模拟以及现场实测的结果，为综掘工作面风幕控尘提供了有效方法。较为先进的粉尘防治技术，是基于"以风控尘"的核心原理，形成了可快速覆盖巷道全断面的三向旋流风幕控尘方法。

2）综掘工作面风雾双幕协同增效控除尘技术及装备

中国矿业大学的胡方坤运用 CFD 模拟软件，对不同通风条件下全岩综掘工作面的粉尘运移规律及除尘效果进行分析，并在现场开展泡沫与除尘风机联合降尘实践，取得了较好的效果（图 3-4）。山东科技大学聂文团队研发了由轻质多向旋流风幕装置（图 3-5）、高效湿式除尘风机（图 3-6）、增润促凝剂定量添加装置（图 3-7）等构成的综掘工作面高效小型化风雾双幕协同增效控除尘成套装备（图 3-8），攻克了水雾幕受高速轴向压风流影响不易成形的难题，实现了掘进机截割粉尘先由水雾幕包裹捕集、逃逸粉尘再由多向旋流风幕与除尘风机等有效控除的突破。

3）综掘工作面外喷雾控除尘技术及装备

辽宁工程技术大学的赵丽娟基于 Fluent 软件对掘进机外喷雾降尘系统相似参数进行了探讨，提高了掘进机喷雾系统的喷雾效果，为掘进及其他设备喷雾系统的优化提供了全新的方法；山西中煤华晋能源有限责任公司的孙峰在分析大断面煤巷掘进工作面产尘特点的基础上，采用二次负压喷雾降尘技术对其进行改造，最终提出适用于大断面煤巷掘进工作面的高压外喷雾降尘技术及工艺（图 3-9）。

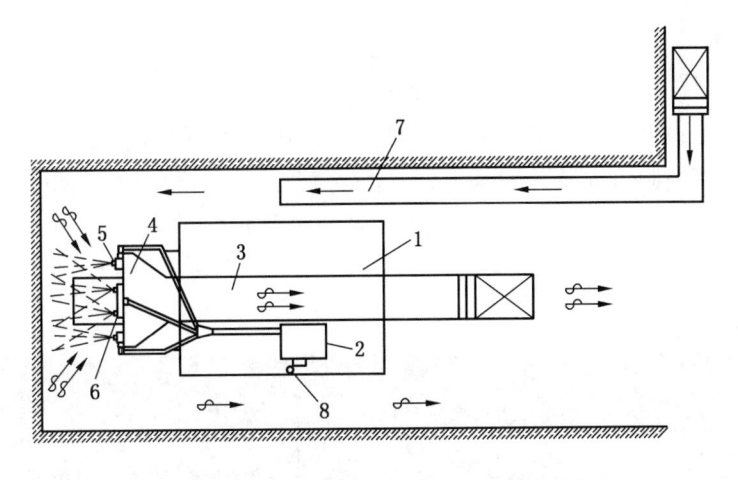

1—综掘机机身；2—泡沫降尘装置；3—除尘风机抽风筒；4—吸尘罩；
5—泡沫喷头；6—综掘机截割部；7—压入式风筒；8—综掘机司机位

图 3-4 联合降尘系统安装与布置示意图

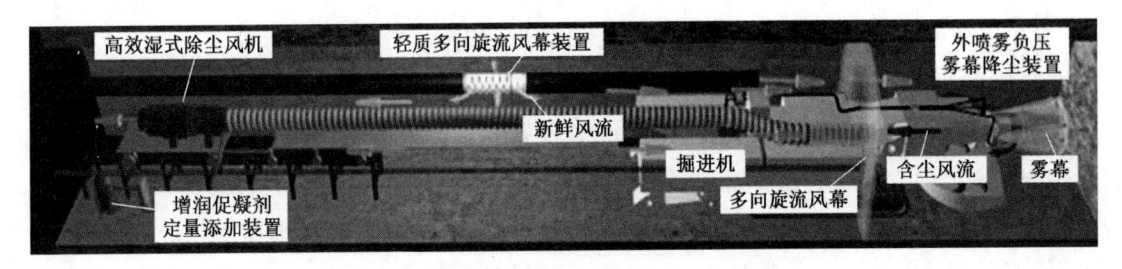

图 3-5 风雾双幕协同增效控除尘装备布置示意图

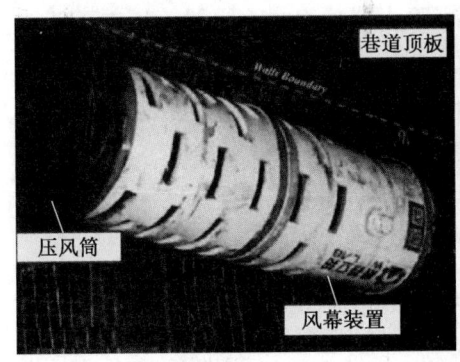

图 3-6 三向旋流风幕装置　　图 3-7 除尘风机图　　图 3-8 抑尘剂添加装置

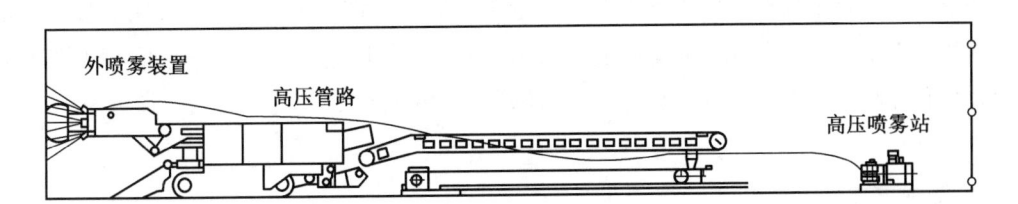

图 3-9 现场喷雾降尘工艺试验系统

4）干式除尘技术

中国矿业大学的周福宝研发了煤矿干式过滤除尘技术，提出以干式过滤除尘代替湿式除尘风机的思路，构建了干式过滤除尘实验系统，研制了高效低阻梯形褶皱式金属网滤筒、内置锥形体的气控脉冲喷吹清灰装置和集成控制协同脉冲卸灰装置，形成了煤矿综掘面干式过滤除尘技术装备（图3-10），除尘器本体对全尘和呼尘除尘效率达到97%和96%以上。该技术将我国煤矿干式除尘技术推进到了国际先进水平。

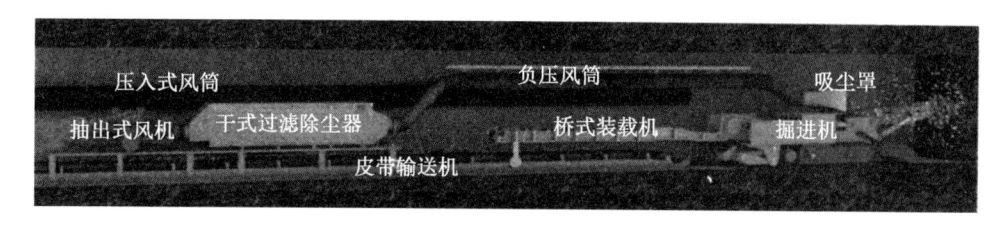

图3-10 综掘工作面干式过滤除尘装备布置示意图

5）综掘工作面通风除尘条件下除尘器抽风量自动调控技术

在综掘工作面通风除尘压抽风流协调机制研究成果的基础上，中国矿业大学针对瓦斯和粉尘浓度、压入风量等随综掘工作面的推进发生变化，从而影响巷道掘进最佳控除尘效果及掘进生产安全，研制了综掘面通风除尘风量监控装置和呼吸尘除尘效率达到95%以上的高效湿式除尘器，实现了对综掘面的风量、瓦斯、降尘效率、除尘设备运行状态等参数的监测，并根据监测结果自动对除尘器抽出风量进行自动控制。

通过风量测量装置、进出风口粉尘浓度传感器、风筒重叠段和通风除尘系统内的甲烷传感器、控制箱鉴别控制功能，实现对综掘面供风风量、除尘器处理风量、除尘器功率、除尘器管道内瓦斯浓度、抽压风筒重叠段瓦斯浓度、降尘效率（粉尘浓度）的在线监测；可根据不同压风风量，通过除尘器变频调速来调节供风风量和除尘器风量之间的配比，使除尘器处于最佳运行状态，避免瓦斯积聚并保证良好的降尘效果；其风量监测误差≤5%，显示误差为±0.5%。填补了国内煤矿综掘面在通风除尘时压抽风量实时主动调控方面的空白。

2. 综采工作面防尘技术

综采面尘雾-凝并湿式降尘技术是国内针对综采面高浓度粉尘普遍采取的一种有效措施。针对现有喷雾雾场受风流扰动影响严重、雾化降尘机理认知不足、喷雾方案设计不合理等因素，设计了包括新型水动力除尘器、负压卷吸除尘装置、复合喷嘴喷雾器以及采煤机内外在内的综采面尘源局部雾化封闭控除尘技术。通过采煤机新型水动力湿式除尘器、复合喷嘴喷雾器与采煤机内外喷雾构筑局部雾化空间封闭截割尘源，一方面充分润湿或捕捉截割煤体产生的原生煤尘，另一方面阻隔截割湍流风侧向偏移或减缓其偏移分速度，从而弱化截割煤尘侧向逸散的能力，达到缓解人行道中煤尘污染状况的目的。

1）尘-雾凝并湿式降尘技术

山东科技大学程卫民、周刚团队对尘-雾凝并湿式降尘技术做了大量研究，基于局部雾化封闭原理，研发了由湿式除尘器与液压支架负压卷吸喷雾系统组成的局部雾化控除尘技术（图3-11、图

3-12),研发了以电动力、液压动力为核心的系列化采煤机控除尘装备(图3-13)。其最大尺寸(轴向×径向)为0.68 m×0.41 m,最大处理风量为300 m³/min,静压、动压以及全压分别为550 Pa、206 Pa、756 Pa;液压支架负压卷吸除尘装置在6 MPa下喷射雾滴的平均径为47.3~75.4 μm,含尘风流抽吸量为10.5 m³/min。在该技术应用后,现场实测移架工与滚筒司机作业处的平均总尘降尘率达95%以上,平均呼尘降尘率达91%以上,较综采面原有的喷雾降尘设施的降尘率平均提高约46.7%。

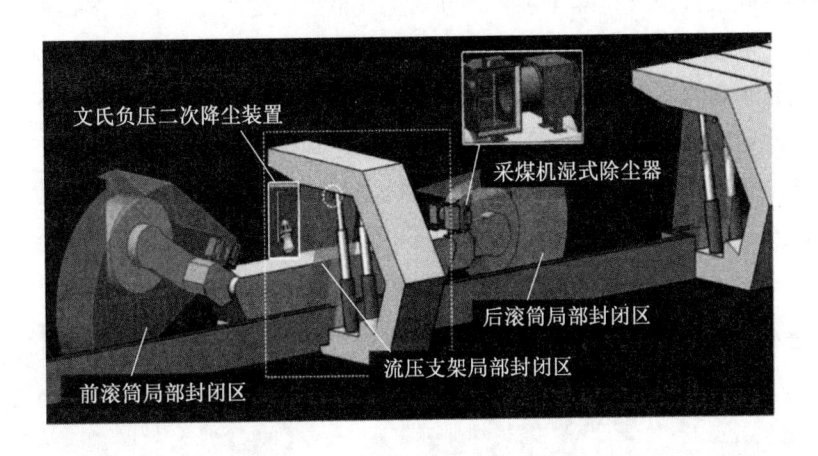

图3-11 采煤机-液压支架区域局部封闭雾化除尘原理示意图

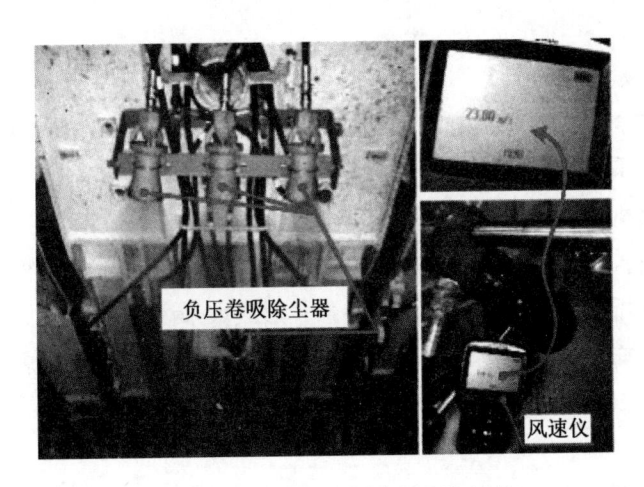

图3-12 液压支架负压卷吸除尘器   图3-13 采煤机除尘器

该技术将采煤机区域与液压支架区域视作两个既相互联系又相对独立的局部区域,一方面针对采煤机区域,通过采煤机湿式除尘器与采煤机喷雾构筑局部雾化空间封闭截割煤尘的逸散区域,并抑制截割湍流风扰动下的偏移风流向人行道偏移或减缓其偏移分速度,从而抑制人行道中的煤尘污染状况继续恶化;另一方面针对液压支架区域,通过文氏负压卷吸降尘装置在人行道中形成的负压流场能够有效卷吸滞留于呼吸带附近的移架煤尘,并将其喷射至液压支架区域的局部雾化封闭空间,从而缓解人行道中的煤尘污染状况。

2) 综采面空气幕隔尘理论与技术

湖南科技大学的刘荣华团队从理论分析、实验研究、数值模拟及现场试验四个方面开展了利用空气幕隔断技术阻止采煤机割煤滚筒产生的粉尘向司机工作区扩散、降低司机处粉尘浓度的防尘新方法研究。研究结果表明,在综采工作面采煤机上安装空气幕(图3-14),其作用相当于一个"透明的无形屏障",能有效阻止采煤机截煤过程中粉尘向司机处扩散,尤其是阻止呼吸性粉尘的扩散,大大降低了综采工作面司机处的粉尘浓度。西安科技大学李倩玉团队基于均匀管道送风理论以及平面射流理论,通过ANSYS数值仿真计算,分析了综采工作面风流的速度分布规律以及粉尘流的浓度分布规律,通过数值模拟结果设计空气幕隔尘装置,并对空气幕出口的风流进行测试,观察风流对粉尘的阻隔作用,取得了较好的效果。华北科技学院句海洋团队针对采煤机附近主要产尘源及粉尘扩散范围,优化设计出一种高速水射流负压降尘装置(图3-15),此装置使用空气助力喷嘴,在低压水源情况下提供速度极高的水射流雾团,通过合理的喷嘴布置,达到抑制采煤机滚筒处的产尘量,降低采煤机滚筒前方的粉尘浓度,隔离采煤机摇臂与刮板运输机之间的粉尘向人行道扩散,实现水雾墙阻挡粉尘防治扩散的效果。

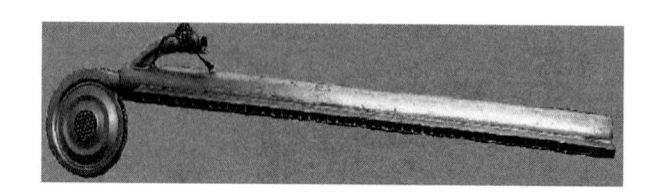

图3-14 隔尘气幕器　　　　　　图3-15 高速射流雾化屏障示意图

3)大采高综采面分尘源分区封闭防尘技术

我国8 m左右大采高综采工作面已在多个矿区推广应用,但在提高产能的同时,其工作面的产尘强度、粉尘危害程度和治理难度均远超一般采高的综采工作面。在大采高综采面呼吸性粉尘时空演化规律研究的基础上,中国矿业大学围绕采煤机滚筒割煤、煤壁片帮垮落、液压支架降柱移架等尘源点的降尘技术展开研究,研发了大采高综采面含尘风流控制与净化技术及装备、采煤机随机抽尘净化技术与装备、液压支架封闭控尘收尘技术及负压除尘微雾净化技术及装备,形成大采高综采面分尘源分区封闭防尘成套技术及装备。通过在神东补连塔煤矿现场综合应用,研发的大采高综采面分尘源分区封闭防尘技术可使人行道呼吸性粉尘浓度由203.8 mg/m^{3}降至11.8 mg/m^3,降尘效率可达到94.2%。

3. 煤层注水防尘理论研究

煤层注水防尘的实质是用水预先湿润尚未采落的煤体,使其在开采过程中大量减少或基本消除浮游煤尘的发生。通过煤体中的注水钻孔将水压入煤体,使水均匀分布于煤体中无数细微的裂隙和孔隙之中,湿润的煤体降低了产生浮游煤尘的能力。

在煤层注水湿润性理论研究方面,主要集中于煤体微观孔裂隙结构的表征、煤体渗流-润湿规律、煤层注水及水力增透技术以及相关技术工艺参数研究等4个方面。借助于先进技术手段,在煤体微观孔裂隙结构表征理论以及煤层注水增透技术理论方面均取得了显著进展,在煤体渗流-润湿规律方面进步较为迟缓,尤其是煤体渗流-润湿耦合作用理论方面。

1)煤体结构特性研究

煤体的裂隙性和多孔性是煤层注水的先决条件,注入煤层的水主要是通过裂隙和孔隙进入煤体。煤体内的裂隙分为内生裂隙、外生裂隙和次生裂隙。孔隙按孔径的大小分为微孔、过渡孔、半大孔、大孔和可见孔。一般裂隙比孔隙的透水性强得多。部分学者采用双重孔隙介质理论及模型描述煤体的裂隙性和多孔性,为煤层注水的理论研究提供了新的途径。该理论认为,煤体多孔介质的每一代表性体积单元中,同时存在裂缝孔隙和基质孔隙,并且认为裂缝是流体的主要流动通道,其孔隙度小且渗透性高;基质孔隙是流体的主要储存空间,孔隙度高且渗透性低。

2)煤层注水的运动学研究

水在煤层裂隙、孔隙中的运动动力有3种:①孔口的注水压力;②煤层中裂隙、孔隙对水的毛细作用力;③瓦斯压力。对某一煤层孔隙而言,作用于孔隙两端的总压力差为3种力之和。研究认为,水进入煤体后的运动可分为压力渗流和自然渗流两部分。首先,压力水沿大裂隙以较快的速度流动,水在煤体中的这一运动过程称为压力渗流;当水由大的裂隙进入微小孔隙时,外部的注水压力基本消失,此时毛细力及润湿等起主导作用,故称为自然渗流。关于压力渗流,国内的有关研究较多,主要是引进了渗流力学方法。向煤层注水时,水在裂隙中的压力渗流运动要满足质量能量守恒定律、符合达西定律,按非线性渗流假设处理。关于自然渗流的研究较少。根据双重孔隙介质模型假设,水在煤体孔隙中的渗透率是常数,运动形式主要表现为表面吸附和毛细作用,吸附过程是时间的函数,时间越长,吸附水量越大。

3)煤层注水润湿理论研究

润湿是指固体表面上的气体被一种液体取代过程中所表现的性质,水对煤体孔、裂隙表面的润湿实质上是水溶液取代煤体裂隙、孔隙固体表面气相的过程(图3-16)。润湿的类型有3种:铺展润湿型、浸渍润湿型和黏附润湿型。在一定的温度和压力下,润湿的过程可以用润湿过程吉布斯函数的改变量来衡量,吉布斯函数减少得越多,则越容易润湿。只要知道液体、固体表面张力及液固界面张力,就可以判断润湿过程的难易,但是无法准确测量固、液表面张力,不过可利用杨氏方程和接触角的概念来解决,因此,液体对固体润湿效果的好坏可以通过接触角的大小来确定;液体在试样表面的接触角可以通过快速照相法测定。

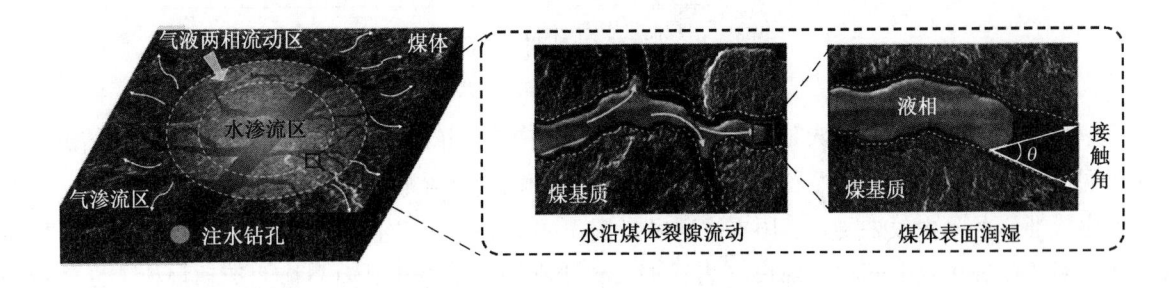

图3-16 煤层注水渗流与润湿阶段过程示意图

4. 粉尘污染规律理论研究

随着煤矿机械化程度不断提高,大功率采煤、掘进与运输等设备在我国快速普及,煤矿生产效率提高的同时,也大幅度增大了粉尘浓度,加重了粉尘污染。针对煤矿采掘工作面粉尘污染规律理论的研究,较为前沿的方法是通过CFD数值模拟、实验研究和现场实测相结合的方法,根据不同生产工序中风流的流动特性和各产尘源的产尘特点,基于欧拉-拉格朗日法的气固两相流理论,建立采掘工作面风流-粉尘耦合运移的数学模型和物理模型,对模型的精确度进行优化和改进,分析得出微观状态下粉尘的污染状况，通过搭建仿真实验平台和现场实测的方法，在宏观状态下对粉尘的污染状况进行验证，通过分析确定煤矿采掘工作面不同类型、不同通风条件下风流-粉尘的污染规律。

在粉尘弥散污染规律研究方面，主要是通过数值模拟、实验研究及现场实测对采煤机截割产尘、移架产尘以及通风携尘等不同尘源粉尘的扩散污染规律进行分析。山东科技大学的程卫民团队2017年基于 CFD（计算流体力学）- DEM（离散单元法）计算框架（图3-17），建立了细观离散粉尘颗粒动态追踪模型。通过研发仿真实验平台，结合现场实测对动态追踪模型进行校正，粉尘浓度预测精度较高。以粉尘动态追踪模型为核心、宏观粉尘团与细观颗粒群联结的预测分析法，在粉尘运动扩散数值计算方面取得了突破性进展。

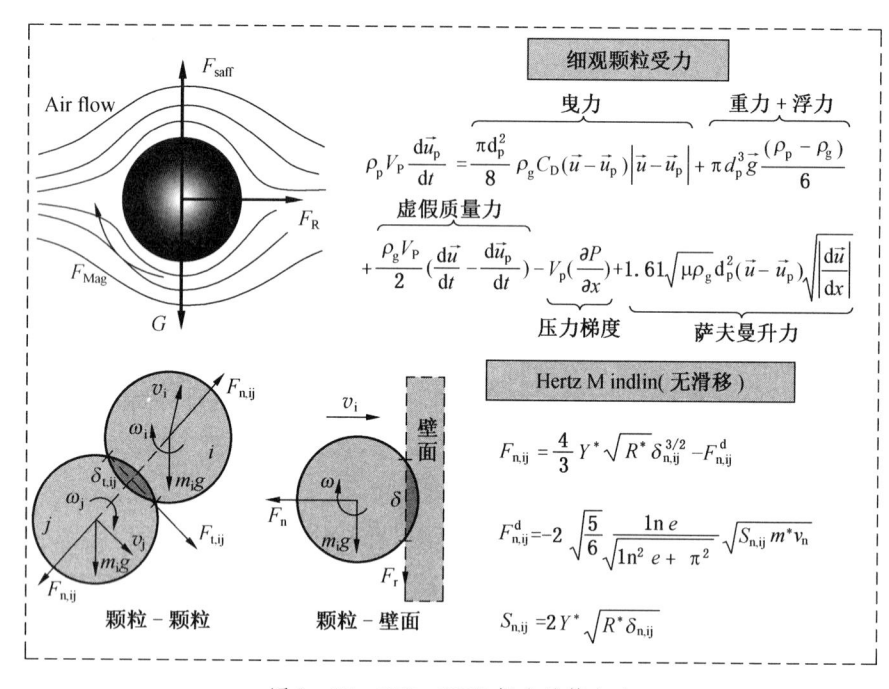

图3-17 CFD-DEM耦合计算方法

北京科技大学的蒋仲安团队对压入式通风掘进巷道中粉尘浓度进行了数值模拟，由此总结出压入式通风掘进巷道中全尘和呼吸性粉尘浓度都是在工作面附近区域较大，然后沿程逐渐减小，比较发现，抽出式通风的除尘效果要好于压入式通风（图3-18）；中国矿业大学的王德明团队基于CFD模拟技术，对比研究了割上部与下部煤（岩）时，粉尘在掘进巷道的纵向与横向运移规律，发现在掘进头风流场中有两处涡流区域，对司机影响较大；山东科技大学的聂文团队于2020年分析了高压射流、负压吸抽、局部涡流等多种效应叠加作用下各粒级粉尘受风流诱导偏离范围、运动轨迹、累积质量以及沉降行为等时空演化规律（图3-19、图3-20）。对巷道中粉尘污染机制进行了定量表征，并建立了通风参数与粉尘浓度、粉尘扩散距离LD与所需时间T、粉尘轨迹偏离比与其粒径间等定量关系。中国矿业大学的秦跃平团队采用FLUENT模拟技术，研究长压短抽式除尘通风时掘进巷道中粉尘运移和分布规律，对比分析了压入风量、风筒位置等通风参数对粉尘浓度及分布范围的影响（图3-21）；北京科技大学的蒋仲安团队在2019年对岩巷综掘工作面通风除尘系统进行数值模拟，确定了风量压轴比为2:3的"以轴为抽，前压后抽"混合式通风除尘较优（图3-22、图3-23）。

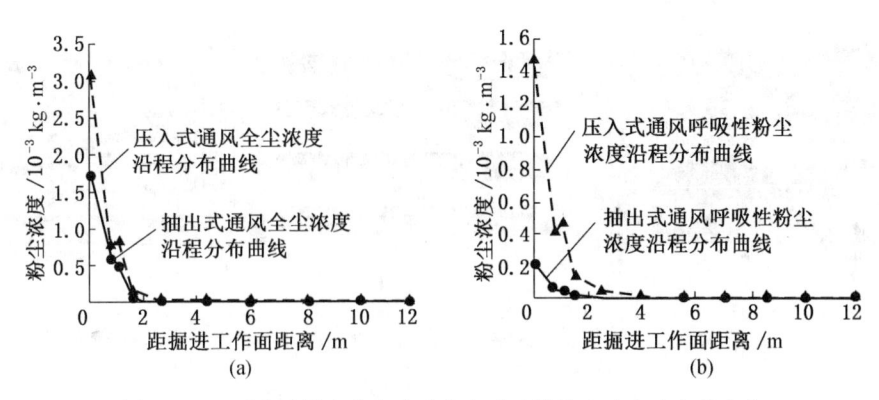

图 3-18 两种通风方式全尘浓度和呼吸性粉尘浓度分布的比较

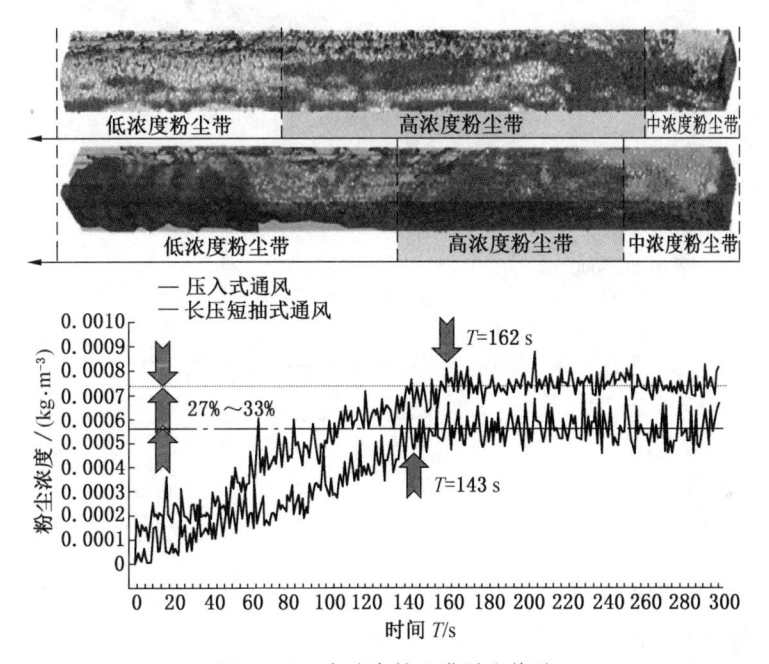

图 3-19 高浓度粉尘带划分结果

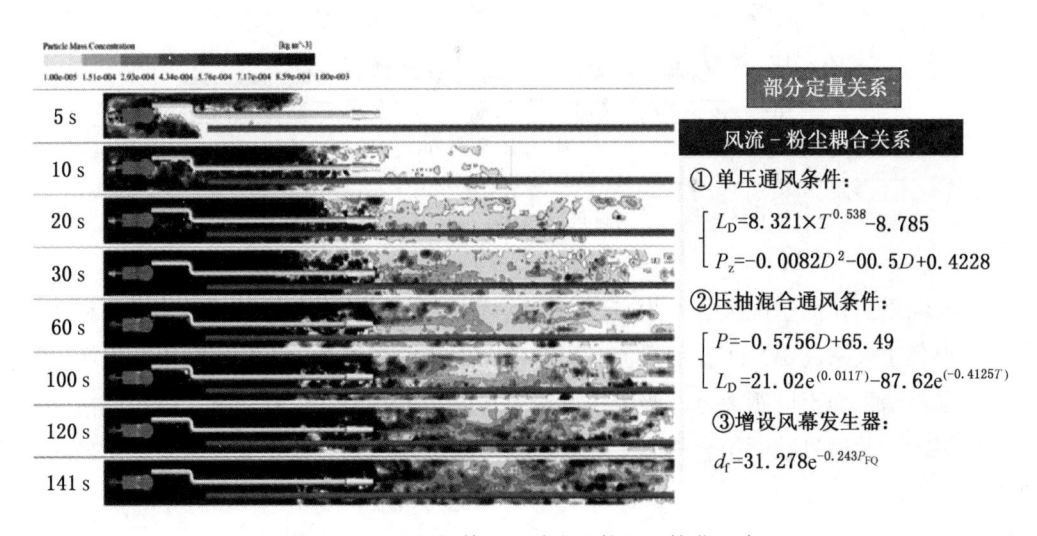

部分定量关系

风流-粉尘耦合关系

① 单压通风条件：
$$\begin{cases} L_D = 8.321 \times T^{0.538} - 8.785 \\ P_z = -0.0082D^2 - 00.5D + 0.4228 \end{cases}$$

② 压抽混合通风条件：
$$\begin{cases} P = -0.5756D + 65.49 \\ L_D = 21.02e^{(0.0117T)} - 87.62e^{(-0.4125T)} \end{cases}$$

③ 增设风幕发生器：
$$d_f = 31.278e^{-0.243P_{FQ}}$$

图 3-20 长压短抽通风时宏观粉尘团扩散污染

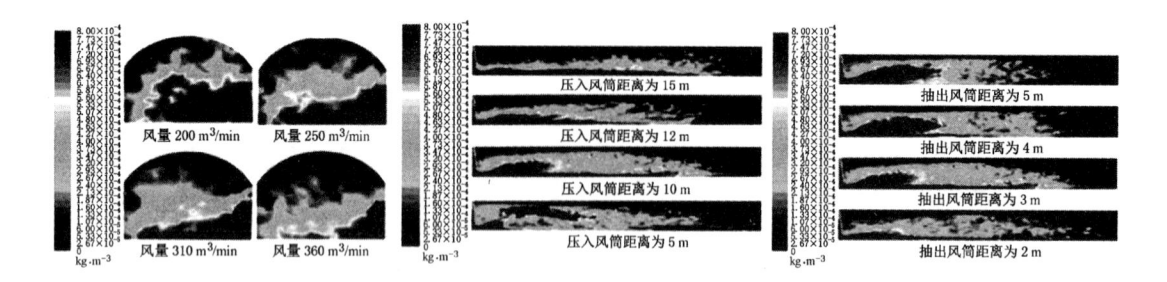

图 3-21 不同风量下、不同压入风筒、抽出风筒距离条件下综掘面粉尘分布规律图

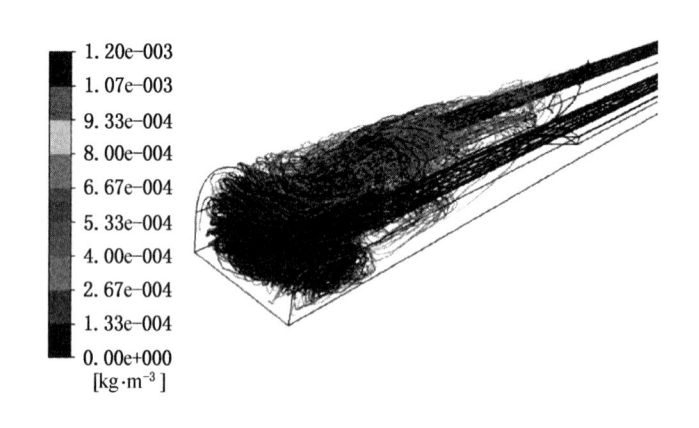

图 3-22 以抽为主混合式通风时粉尘运动轨迹图

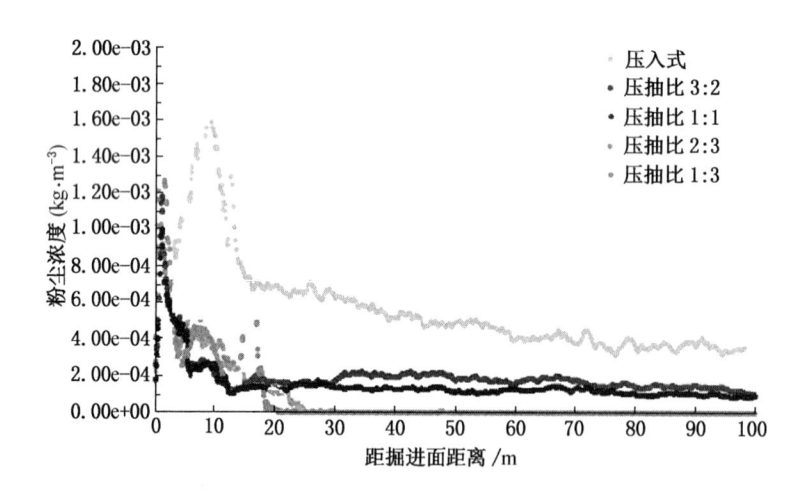

图 3-23 不同通风方式下粉尘浓度分布规律图

针对大采高综采工作面空间大、产尘点分布广的特点，中国矿业大学采用数值模拟和现场实测相结合的方法，得到了大采高综采工作面风流场影响范围、采场割煤侧风流分布规律、采场人行侧风流分布规律、大采高综采面不同距离处呼吸尘浓度分布规律、不同高度位置呼吸尘分布规律、人行侧呼吸尘浓度演化规律，并通过数学拟合得到了呼吸尘与空间位置演化关系，最终揭示了大采高综采工作面呼吸性粉尘分布时空演化规律。

5. 雾化降尘理论研究

在尘雾凝并湿式除尘理论研究方面，大部分学者认为喷雾降尘的原理是惯性碰撞、截留、重力作用、静电力和扩散等多种情况相互作用的结果。然而采掘面喷雾降尘措施上仍存在喷嘴选择和布置普遍缺乏科学性、喷雾降尘效果较差等问题。为了进一步提高喷雾降尘效率，国内外较为先进的理论主要是通过测定不同类型喷嘴的雾滴粒径、速度以及浓度分布规律，从瞬态、细观角度完善粉尘-雾滴流动、碰撞等尘雾-凝并机理，优化了单水雾化喷嘴的水流入射角度、腔体长径比、出口直径、导流芯形状与风水雾化喷嘴的出气孔数量、注水孔直径、空气帽出口孔径等参数，形成了一套系统的喷嘴雾化特性与细观喷雾降尘机制。

在尘-雾凝并沉降理论研究方面，喷嘴雾化效果直接影响水雾幕快速包裹捕集截割粉尘效率，国内学者基于激光多普勒测粒技术（PDI）的风流-雾滴-粉尘三相耦合测试平台，揭示了矿用喷嘴雾场特征演化规律，为尘雾-凝并湿式降尘提供理论依据。山东科技大学程卫民、周刚团队首次定量得出了雾滴有效捕尘的细观粒径、相对速度等参数标准：①雾滴与其捕获粉尘粒径关系：$D_{尘粒} \approx 0.1 D_{雾滴}$，$10 \sim 160\ \mu m$ 是雾滴捕尘的基本保证粒径，捕集呼尘的雾滴最佳粒径是 $15 \sim 70\ \mu m$；②雾滴粉尘相对速度应 $>20\ m/s$；③采掘面机械外喷雾压力应 $>4\ MPa$（图 3-24、图 3-25）。

图 3-24 4 MPa 压力喷嘴雾化效果

东南大学林鸿亮团队在 2015 年采用试验方法研究了单相喷嘴、两相喷嘴的气液比、轴向距离和径向距离的变化规律；伊利诺伊大学的 TESSUM 团队利用气动粒度仪测量了电荷分离粒子的粒度和浓度，研究了不同表面活性剂类型对不同煤尘粒径和电荷的集尘性能（图 3-26）；湖南科技大学的王鹏飞团队于 2019 年借助自主研发的喷雾降尘实验平台，对内混式空气雾化喷嘴的结构参数进行了模拟研究，实验结果表明，随着供水压力的增加，内混式空气雾化喷嘴水流量和气流量分别呈指数形式递增和递减，气液质量流量比不断下降（图 3-27）；中国矿业大学的周福宝团队在 2017 年构建了干式过滤除尘实验系统和样机，测试发现适度的喷雾量（2200 mL/min）有利于提高过滤性能，滤筒内安装正锥体或柱锥体可以改善喷吹流场。

6. 粉尘传感监测理论

粉尘浓度传感器满足现有煤矿井下粉尘浓度监测要求，能够在自然风流状态下实时、就地、连续不间断地监测显示井下粉尘浓度。我国矿山粉尘浓度一般在 300 mg/m³ 左右，因此，粉尘浓度传感器监测范围要求（0~300）mg/m³。研究表明，激光散射法在颗粒物浓度小于 20 mg/m³ 时的检测精度和灵敏性较高，而电荷感应法在颗粒物浓度大于 10 mg/m³ 时的检测精度较高。两种检测原理相结合可达到粉尘浓度（0~500）mg/m³ 准确监测。基于激光散射法和电荷感应法对粉尘浓度的检测原理，研究建立激光散射法和电荷感应法的粉尘浓度检测技术，解决粉尘浓度连续监测的稳定性等关键技术问题，研发出高精度、宽量程和高灵敏度的粉尘浓度传感器，是实现矿山粉尘宽量程、高精度、高灵敏度实时在线监测的关键。

激光散射法粉尘传感器通过对光散射特性分析，构建复杂形貌粒子系非独立散射模型，对粉尘光散射特性进行计算与分析来实现粉尘浓度检测。激光在散射介质中的传播规律主要与入射光的波长、

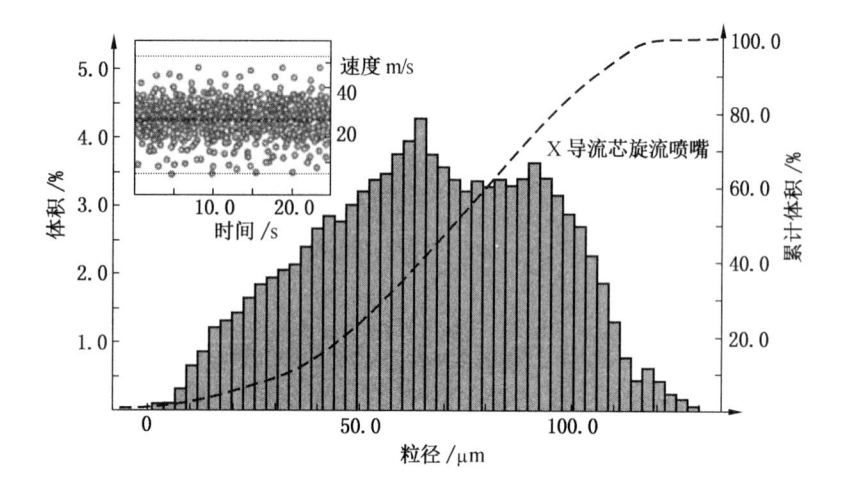

图3-25 4 MPa压力雾滴粒径-速度分布图

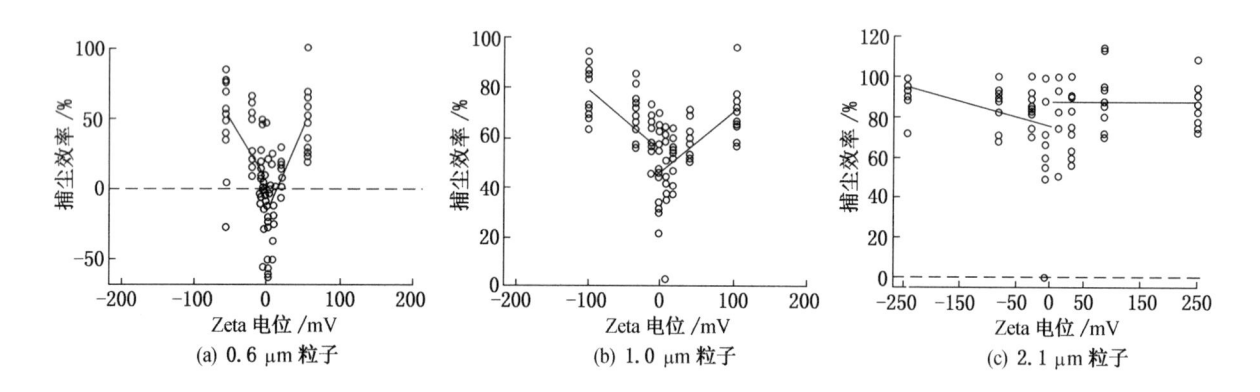

图3-26 煤尘气溶胶与粒子电荷水平的关系
(a) 0.6 μm粒子
(b) 1.0 μm粒子
(c) 2.1 μm粒子

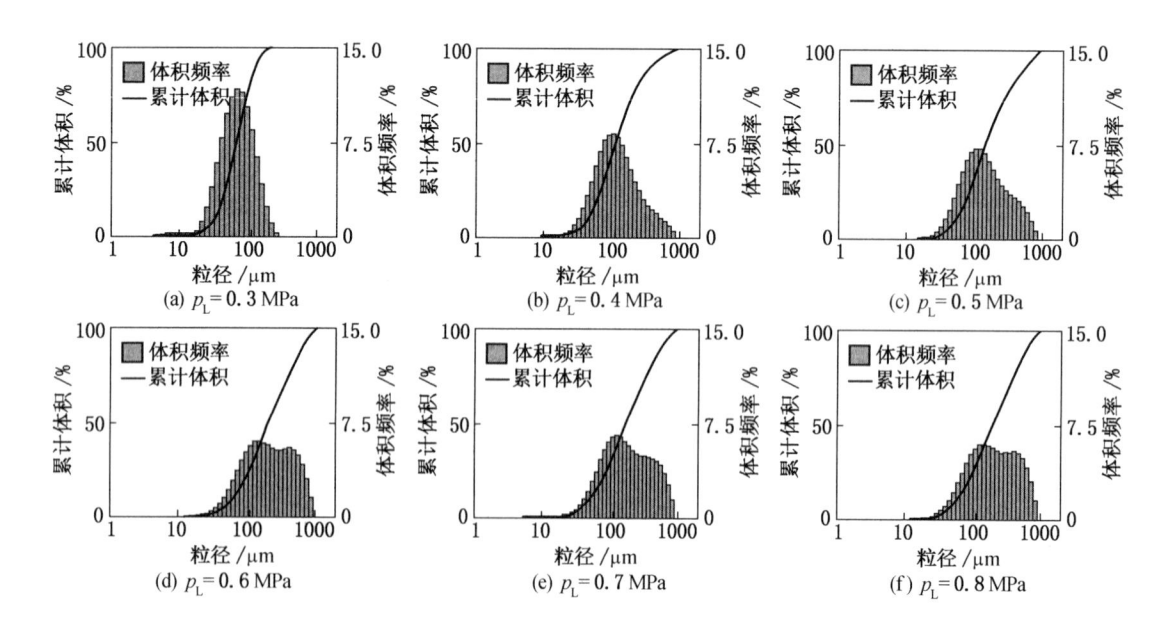

(a) p_L = 0.3 MPa
(b) p_L = 0.4 MPa
(c) p_L = 0.5 MPa
(d) p_L = 0.6 MPa
(e) p_L = 0.7 MPa
(f) p_L = 0.8 MPa

图3-27 不同气顶出口直径下液滴尺寸的分布

粉尘形状和大小及其粉尘粒径分布有关。根据无量纲粒径参数的大小将光散射分为3种：瑞利散射、Mie 散射及几何光学的散射。其中，Mie 散射理论是麦克斯韦方程对处在均匀介质中的均匀颗粒在平面单色波照射下的严格数学解，可求得光散射强度与粉尘浓度关系，以此作为光散射粉尘浓度传感器研发的原理（图3-28）。

交流电荷耦合感应法根据含尘气流粉尘颗粒带电特性及其在探测电极上产生感应电荷平均值的扰动量的变化进行测量，利用感应电荷扰动量的变化与粉尘浓度相关的原理实现对粉尘浓度的检测（图3-29）。

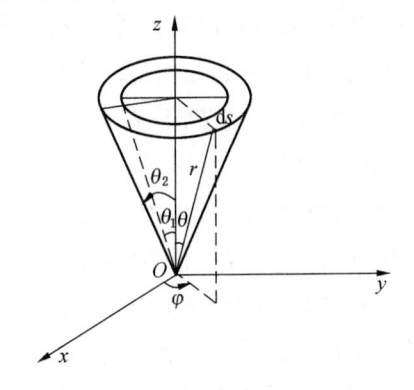

图 3-28　单粉尘粒子 Mie 散射示意图

交流耦合只提取由电荷感应作用产生的交流信号，需滤除摩擦产生的直流信号。当带电粉尘通过金属环状电极，让金属电极感应起电从而使金属电极表面带有一定量的电荷。而这个感应起电的电荷量与粉尘浓度正相关，大量粉尘经过感应电极时，信号会进行叠加、放大、滤波，通过检测金属电极表面的电荷量分析围绕均值的交变信号波动性达到检测粉尘浓度的目的。研究表明，交流静电耦合感应法对高浓度粉尘有较高的检测精度，在颗粒物浓度 $\geqslant 10 \text{ mg/m}^3$ 时的检测精度较高，且可通过特殊的检测算法提高测量的稳定性。

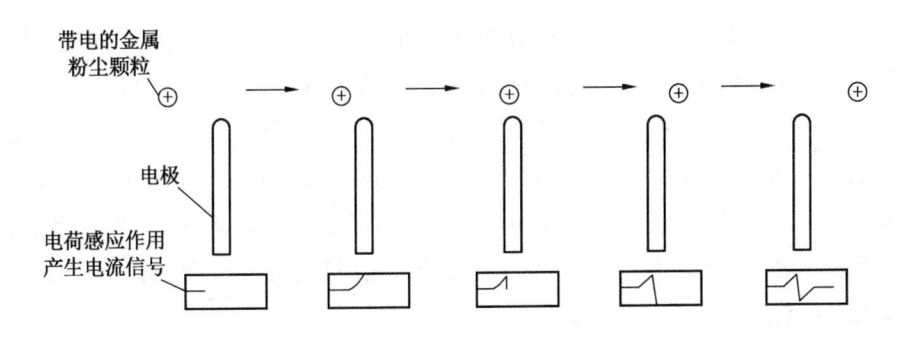

图 3-29　静电感应检测原理图

7. 煤层注水防尘技术

我国煤层注水技术已经有了较大的发展，主要集中在煤层注水工艺技术、煤层注水装备技术以及煤层注水润湿材料研发等方面。钻孔高效成孔技术及装备的发展、钻孔高效封孔技术及工艺的进步，缓解了坚硬煤层难注水的问题，尤其是脉冲注水技术及装备的发展，大大提高了坚硬煤层的注水效率。另外，针对不同煤质，国内外开展多种表面活性剂及添加剂的复配与优化实验研究，开发了环保高效润湿剂，在有效降低注水压力、提高注水速度、缩短注水时间方面成效显著，有效促进了低孔隙率煤层注水降尘的推广应用。但在注水钻孔流量与润湿范围的实时自动监测和控制方面，相应的硬件及软件系统研发较为落后，暂时未能实现煤层注水的有效预测和控制，煤层注水自动化管理水平有待提高。

1）煤层注水装备的研究现状

煤层注水所需的装备包括钻机设备、封孔设备、煤层注水泵、注水系统监测设备等，随着科学技术的进步，各种系统装备技术趋于成熟，还可根据现场需求进行技术更新、产品开发。国内在煤层顺层钻孔方面已有许多成功的经验，煤炭科学研究总院西安研究院和重庆研究院，拥有钻机技术及装备方面的专利成果，在相关领域处于领先地位。西安研究院研究的井下松软突出煤层中风压空气钻进装备及配套工艺，有助于提高松软突出煤层顺层钻孔的成孔率；针对全液压坑道钻机的布局不合理，存在搬迁速度慢、劳动强度大、辅助时间长等问题，西安研究院研究的履带式全液压坑道钻机，将给进机身布置在行走平台的侧边与履带行走方向平行，具有移动迅速、劳动强度低、操作简单等优点；重庆研究院研究的矿用联动全液压钻机，采用由多路阀单元和联动单元组成的液压联动系统，实现旋转、移动、定位等液压联动功能，减少了钻机操作的辅助时间，使钻机操作更简便。美国、澳大利亚的顺层长钻孔可达千米以上，同时还对高精度定向钻机进行了研究。我国千米钻机正处于现场试验阶段，定向钻机的研制也已着手进行。

钻孔封孔是注水工艺技术中影响注水效果的一个重要环节。从国内外情况看，主要以水泥砂浆封孔、封孔器封孔和化学合成材料封孔3种方法为主。由于煤层注水对封孔长度和封孔质量的要求高，因此有必要不断研究煤层注水的封孔工艺技术及装备（图3-30）。水泥砂浆封孔泵的封孔深度能够达到垂直20 m、水平30 m。橡胶封孔器膨胀系数达到60%~100%，能够适用于直径30~120 mm的钻孔，封孔深度1~8 m，工作压力1~8 MPa；北京科技大学研究了一种瓦斯抽放与煤层注水两用的封孔器；重庆研究院研究的FSFZ系列分段式注水用封孔器，能够在煤体的卸压带、常压带、应力集中带进行封孔注水。化学合成材料封孔一般通用材料为聚氨酯双组分封孔剂，其封孔操作工艺简单、适用条件广，缺点是强度低、承压能力低；最新研究的马丽散封孔材料渗透性强、凝固强度高、承压能力高，能够达到特殊条件的钻孔、裂隙封孔、封闭要求。国内煤层注水泵的主要研究成果包括：BZW（BZ）系列、3BZ系列、5D-2/150系列煤层注水泵，注水压力3~25 MPa，注水流量2~8 m^3/h，脉冲式煤层注水泵是解决低渗透性、高硬度难注水煤层注水的有效技术手段，此外，煤层注水监测设备如注水流量压力表用于检测注水的流量和压力参数；重庆研究院研究开发出煤层长钻孔动压自动注水系统，能进行动压注水与静压注水的自动切换，实时监控注水系统的流量、压力和单孔注水量，同时，系统具有湿润剂自动添加功能。

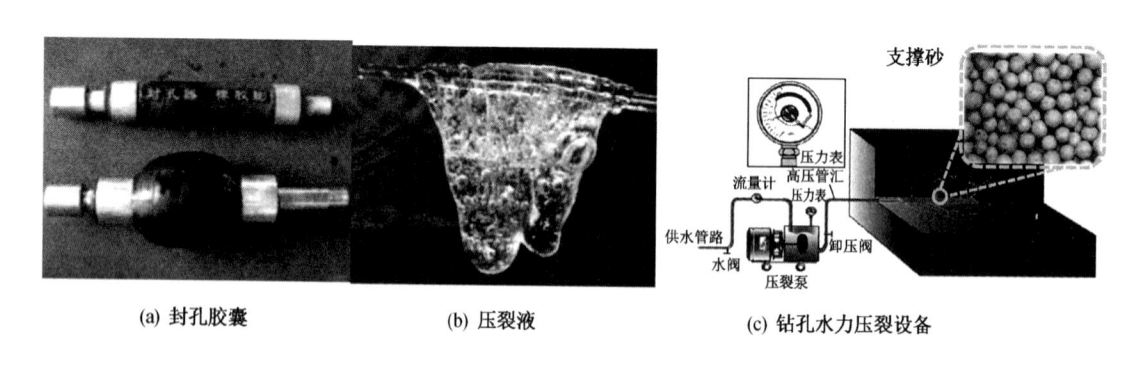

(a) 封孔胶囊　　(b) 压裂液　　(c) 钻孔水力压裂设备

图3-30　水力压裂强化煤层注水技术装备

2）煤层注水湿润剂的研究现状

湿润剂溶于水时，可降低水的表面张力，提高水对粉尘的湿润能力和抑尘效果，特别适合疏水性的呼吸性粉尘。我国对湿润剂的研究以试验为主，采用的试验方法有表面张力测定法、沉降法、滴液法、毛细管上下向渗透法、动力试验法及Z-电位测定法等,研究内容集中于阴离子、阳离子及非离子表面活性剂对粉尘湿润能力的改善程度。吴超教授等对湿润剂做了大量的研究工作,主要研究成果如下:

(1) 氯化钙、水玻璃、丁二酸钠、十二烷基磺酸钠和十二烷基苯磺酸钠等5种试剂能提高水对煤尘的湿润能力,其对应的溶液浓度存在较大差异。

(2) 用毛细管反渗湿润法,研究了阴离子湿润剂与硫化矿尘的反渗长度与反渗时间的关系。

(3) 采用毛细管正向渗透法,研究了粉尘与湿润剂的耦合性。

(4) 研究了不同试验装置测定湿润剂湿润粉尘的相关性,提出实验室研究湿润剂所采用的方法,在原理上要与应用现场的特征相适应。

8. 喷浆防尘技术

实现矿用混凝土喷射作业的"人机协同作业"是国内外研究的热点。针对喷浆粉尘防治现状,进一步完善了湿式搅拌混凝土根源消尘技术;针对混凝土喷射脉冲引起喷射过程回弹率高、工人劳动强度大、喷射效率低、存在喷射盲区等问题,设计研发了三缸式无脉冲湿喷机泵送结构,有效解决了混凝土湿喷机的泵送和喷射脉冲。针对传统喷浆作业存在"占用人工多、劳动强度大、操作工艺复杂、混凝土喷射不均、喷层质量不一"等问题,研发了喷浆机械手,实现了与湿喷机的高效配合,便于进行喷射高度及位置的调整,解放了人工抱喷头的重体力劳动,扩展了喷射范围,也提高了施工质量。

1) 矿用湿喷混凝土长距离管道输送技术研究

山东科技大学陈连军教授团队针对湿喷混凝土稠密颗粒流管输阻力大和管道堵塞等泵送难题,进行了矿用湿喷混凝土管道输送阻力及抑尘技术研究。设计了远距离输送试验系统(图3-31),布置压力传感器并设计防损措施,实验可实现输送距离(最长实验距离不低于300 m)、弯管角度、管道属性(试验中选择布置钢管、亚克力透明管和胶管)对管道压力分布的影响规律研究。

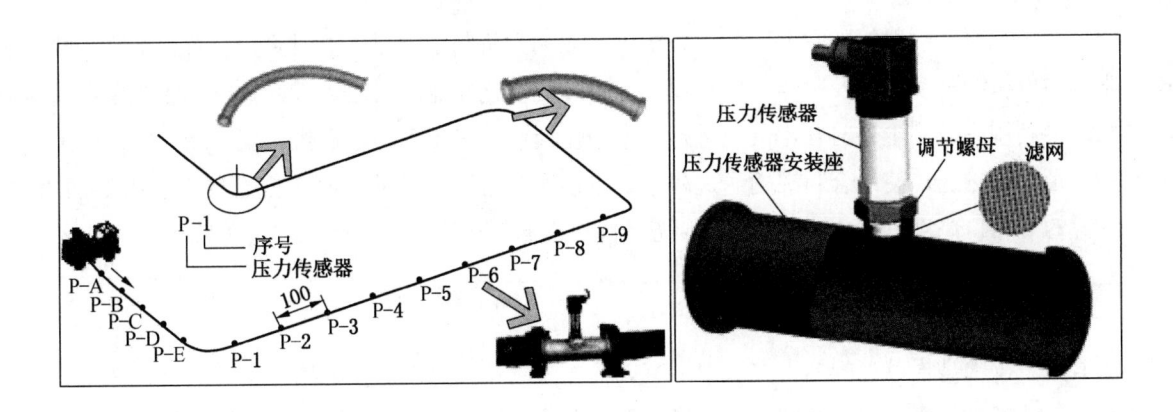

图3-31 混凝土长距离输送管道工艺流程

2) 矿用新型湿喷混凝土设备研发设计

为实现井下喷浆作业区域自主配料、智能一体化,山东科技大学程卫民、陈连军教授团队牵头研发了JSLT7-L湿式混凝土喷射机组、单卧轴强制式搅拌铺路一体机及混凝土辅助喷射车等设备。

针对喷浆作业过程中设备存在的脉冲现象，研发了无脉冲混凝土湿喷机（图3-32）。解决了混凝土的泄压和回流问题；并通过分析混凝土流动状态，提出用"削峰填谷"的方法来解决混凝土脉冲，实现了混凝土泵送时的脉冲补偿及混凝土泵送和喷射时的连续性，降低了管道输送阻力，减小了堵管概率；降低了喷浆回弹，提高了材料利用率和喷浆效率。

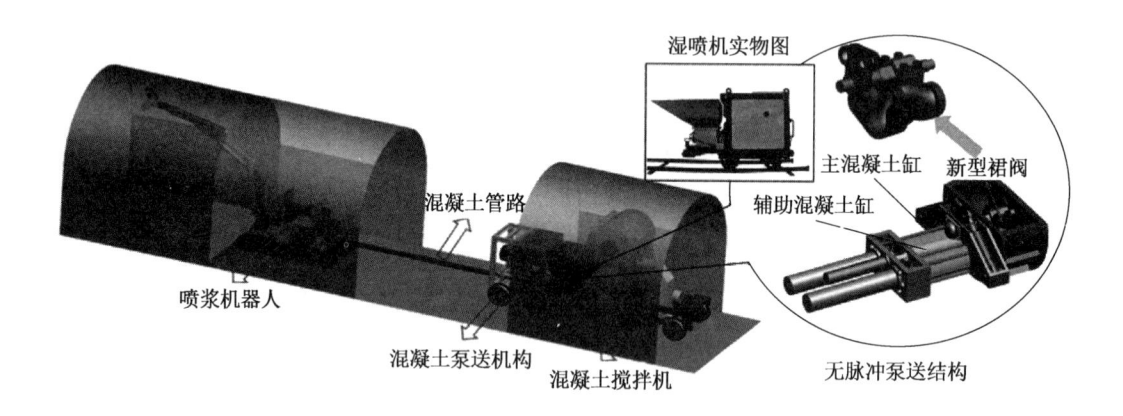

图3-32 无脉冲混凝土湿喷机

3）喷浆抑尘及自修复材料性能研究

通过研发新型无碱液体速凝剂、优化喷射工艺等手段，减少了喷浆粉尘的产生。根据水泥机体自修复机理，采用微胶囊的方式实现了喷浆材料自愈性。研发了适用于喷浆材料的自愈微胶囊（图3-33），提出了微胶囊芯和固化剂的选取标准，使用原位聚合法进行了薄层喷浆材料微胶囊的制备实验。以E51环氧树脂作为囊芯材料，EH-451K作为芯材固化剂。该自愈微胶囊解决了矿用喷涂材料后期易开裂的技术问题。

4）潮湿混凝土喷射机上料除尘技术

针对潮湿混凝土喷射机的主要产尘点，中国矿业大学研制了喷射机上料除尘装置，解决了井下潮喷作业时喷射机的配套送料及除尘，实现自动上料和无尘化作业。采用可拆卸式密闭收尘罩密闭喷射机尘源，再利用高效除尘器对含尘气流进行集中净化处理；采用刮板输送机实现自动上料，经过上料装置一段距离的输送，使混合料在输送过程中产生多次混合，从而使混凝土混合料混合得更加均匀；上料装置的上料口高度只有400 mm，比传统上料装置上料口降低1000 mm，大大降低了作业人员的劳动强度。

9. 化学抑尘技术

化学抑尘技术是报道过的抑尘方法中最有效的方法之一。化学抑尘的抑尘机理通过特殊化学物质来润湿、黏结或凝并环境中的微细粉尘使粉尘沉降下达到抑尘的目的，有效降低微细粉尘对自然环境的污染，最大限度保护人们的身体健康。化学抑尘技术根据作用机理的不同，主要分为润湿型抑尘剂抑尘技术、黏结型抑尘剂抑尘技术、凝聚型抑尘剂抑尘技术和复合型抑尘剂抑尘技术，因单一型抑尘剂存在较大的局限性，而由多种材料复配得到的复合型抑尘剂兼具润湿、黏结和凝并粉尘的作用，使得化学抑尘技术逐步由单一型抑尘剂向复合型抑尘剂发展。

1）润湿型抑尘剂

润湿型抑尘剂抑尘技术主要是指由一种或几种表面活性剂和无机盐组成的润湿型抑尘剂，其中表面活性剂起主要的润湿作用，无机盐起吸湿作用。如中国矿业大学的王德明团将对不同结构的阴离子表面活性剂对煤尘的润湿能力进行了系统研究，对比研究了多种吸湿材料的吸湿保湿能力和几种表面活性剂的润湿能力（图3-34）；另有蒋仲安团队基于泡沫抑尘原理，从发泡性能及湿润性能两方面设计复配实验，优选出的最佳泡沫抑尘剂配方有效降低了露天矿潜孔打钻作业产生的粉尘，并解决了湿式抑尘用水量大的问题。

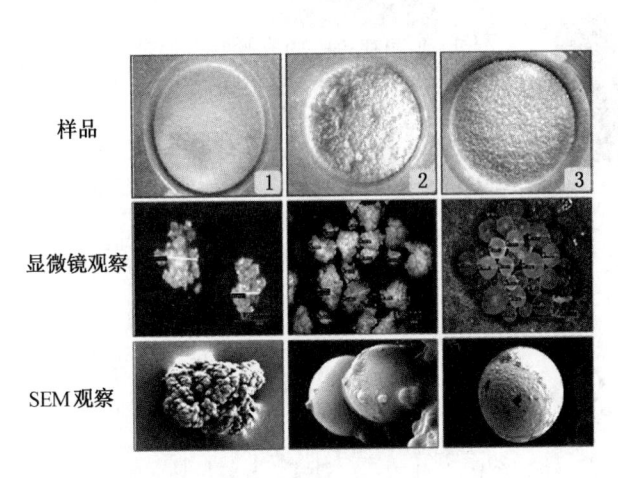

图3-33 三种微胶囊表面形貌

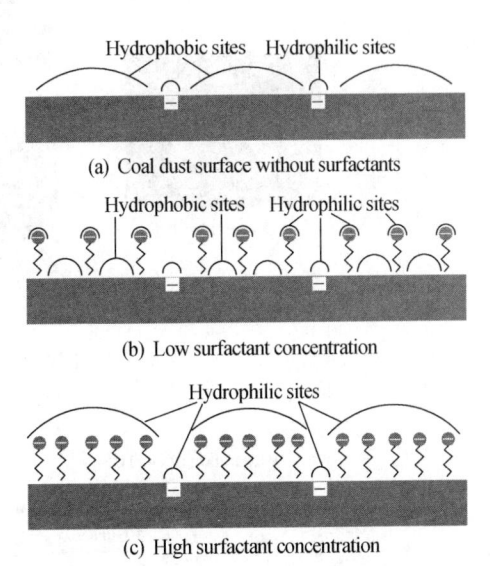

图3-34 不同浓度表面活性剂在煤尘表面的吸附状态

2）黏结型抑尘剂

黏结型抑尘剂抑尘技术主要是指具有一定黏度的黏结型抑尘剂，对黏结性抑尘剂的研究是在单一配方抑尘剂的基础上，加入具有黏结作用的黏结剂（木质素磺酸盐、明胶、淀粉等），实现多组分、多功能的相互溶解（图3-35）。如四川大学单志华团队通过制备氧化玉米淀粉和明胶（凝胶）基抑尘剂，可对PM2.5和PM10扬尘颗粒进行黏附；山东科技大学的周刚团队选择木质素磺酸盐与丙烯酰胺交联制备了一种改性木质素磺酸盐抑尘剂，其中木质素作为天然聚合物引入增加了抑尘剂黏结煤尘的能力，磺酸基的引入增强了产品在煤矿条件下的适用性。

3）凝聚型抑尘剂

凝聚型抑尘剂抑尘技术的抑尘机理主要是抑尘剂与粉尘通过物理、化学的相互接触与作用后形成粉尘团聚体。如山东科技大学的程卫民、聂文团队制备了淀粉基抑尘剂，通过填满煤尘颗粒之间的空间使其紧密凝聚，又以天然聚合物瓜尔胶（GG）为主要原料制备改性产品GGTCS（图3-36），研制出具有良好抑尘性能的环保凝聚型可降解抑尘剂；另有东南大学的杨林军团队将高分子单体瓜尔豆胶复配以表面活性剂曲拉通X-100，开发得到一种褐煤矿场专用的对细颗粒物抑制效果明显的结壳型抑尘剂。

4）复合型抑尘剂

复合型抑尘剂抑尘技术是将上述两种或多种抑尘剂，通过物理、化学作用，有机地聚合在一起，

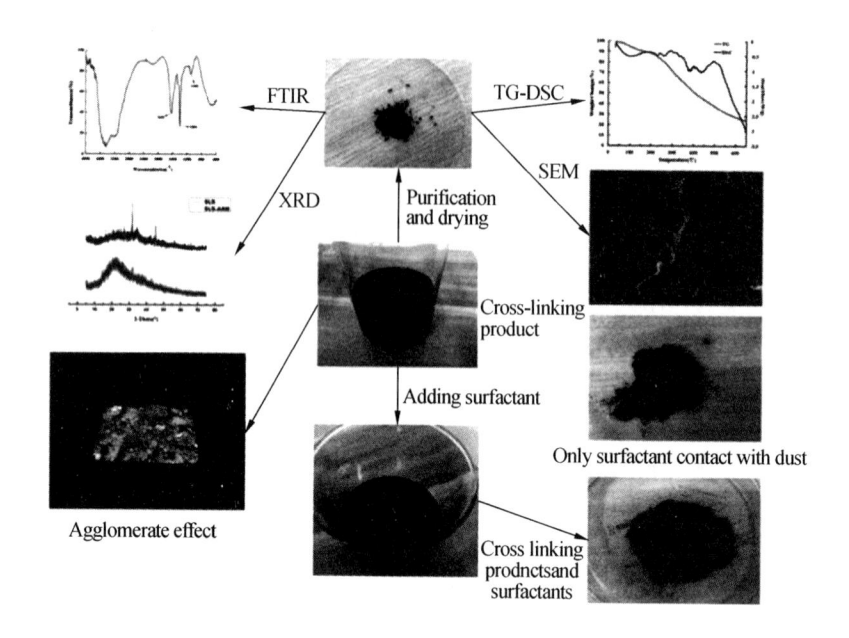

图 3-35 L.S. 抑尘剂合成图

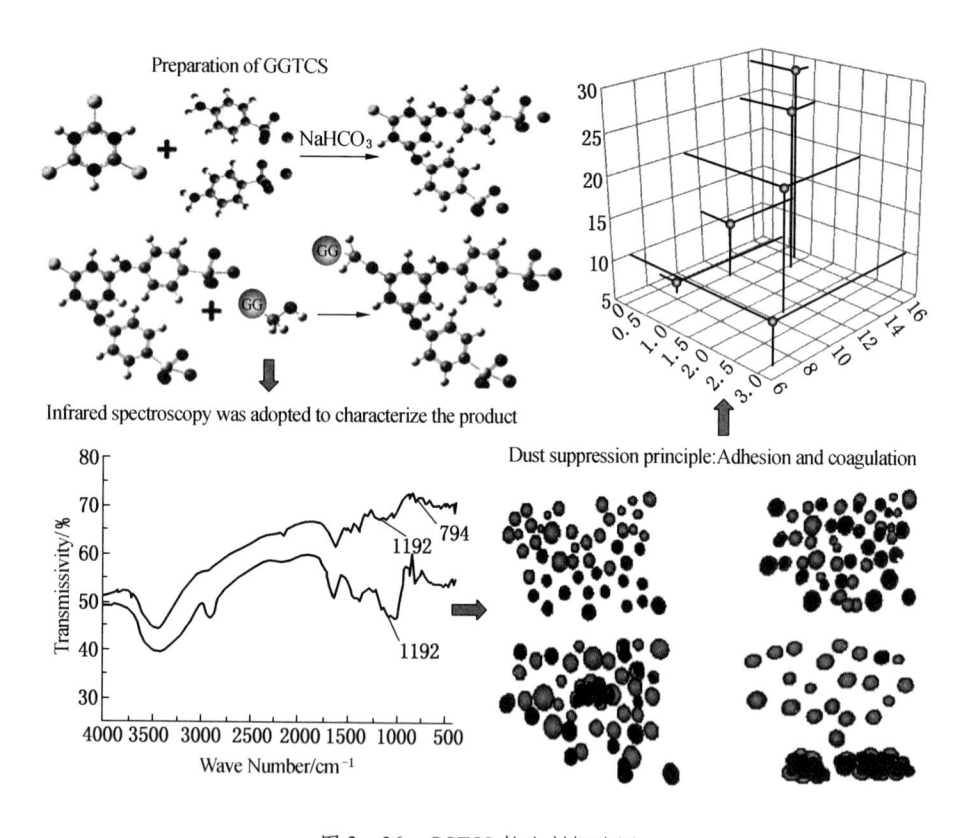

图 3-36 GGTCS 抑尘剂概述图

具有润湿、黏结、凝并、吸湿、透水等特性，适用于多种场所。如北京科技大学的金龙哲团队提出了一种自硬化泡沫溶胶（SHF）来控制静态煤尘的扩散，SHF 具有较强的亲水性、保水性和固结性（图 3-37）；山东科技大学的胡相明团队制备了一种环保型聚乙烯醇/海藻酸钠/甘油（PVA/SA/

GLY）复合抑尘剂，抑尘剂固化膜的抗压强度达 26.1 kPa，具有良好的润湿、保湿和降解性能。

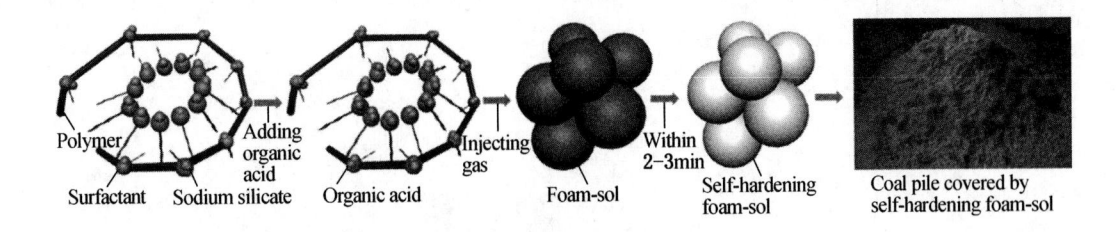

图 3-37 SHF 抑尘剂概述图

10. 粉尘传感器及监测系统

基于激光散射法和电荷感应法对粉尘浓度的检测原理，研究建立激光散射法和电荷感应法的粉尘浓度检测技术，研发出高精度、宽量程和高灵敏度的粉尘浓度传感器，分析获得风速、湿度、温度对测量精度影响规律，是进行粉尘连续、稳定监测的关键技术。

光散射法粉尘浓度传感器由测试光路机构和信号接收处理等部分组成。光路机构采用精密的激光技术进行激光发射，散射光信号经放大、滤波等处理后，转换为工业仪表能接收的标准电压、电流或脉冲信号，再经过接收处理，得到实时的粉尘浓度值，实现粉尘浓度值的显示、记录和运算。电荷感应法粉尘浓度传感器研发技术主要包括粉尘静电感应特性及应用机理研究、荷电量检测装置的硬件设计及算法研究、静电感应信号与煤尘浓度之间的关系模型研究。

中煤科工集团重庆研究院有限公司已成功研发了 GCG1000 型光散射法粉尘浓度传感器及 GCD1000（A）型静电感应法粉尘浓度传感器（图 3-38、图 3-39）。传感器采用分段式控制算法，根据不同的浓度大小自动采用不同的比例系数计算，大大提高了测量的精度，能够连续地、长时间实时显示煤矿井下的粉尘浓度，同时输出与煤矿监控系统相适应的 200—1000 Hz 频率信号和 4～20 mA 电流信号，供矿井监控系统或其他系统使用。通过预置粉尘浓度警告点的阈值，当测量的粉尘浓度达到该值时，立即输出一个警告信号，以便提醒工作人员及时启动相应的降尘措施。通过两种检测原理相融合的机制研究，可实现宽量程、高精度、高灵敏度的矿山粉尘浓度实时在线监测。

图 3-38 GCG1000 型光散射法传感器    图 3-39 GCD1000（A）型静电感应法传感器

郑州光力科技股份有限公司专注于煤矿粉尘监测与治理，现开发有 KJ370 煤矿瓦斯与粉尘监控系统、直读式粉尘浓度测量仪、粉尘浓度传感器等，已在我国部分煤矿推广应用。KJ370 煤矿瓦斯与粉

尘监控系统由安全监控系统各类传感器及监控系统软件组成（图3-40），用于煤矿井下安全监控系统、各种抽采管路、钻场管路、抽放泵站的瓦斯实时抽采监控，还可用于煤矿各工作面粉尘监测与治理，是一种系统的煤矿安全环境监测与治理解决方案。

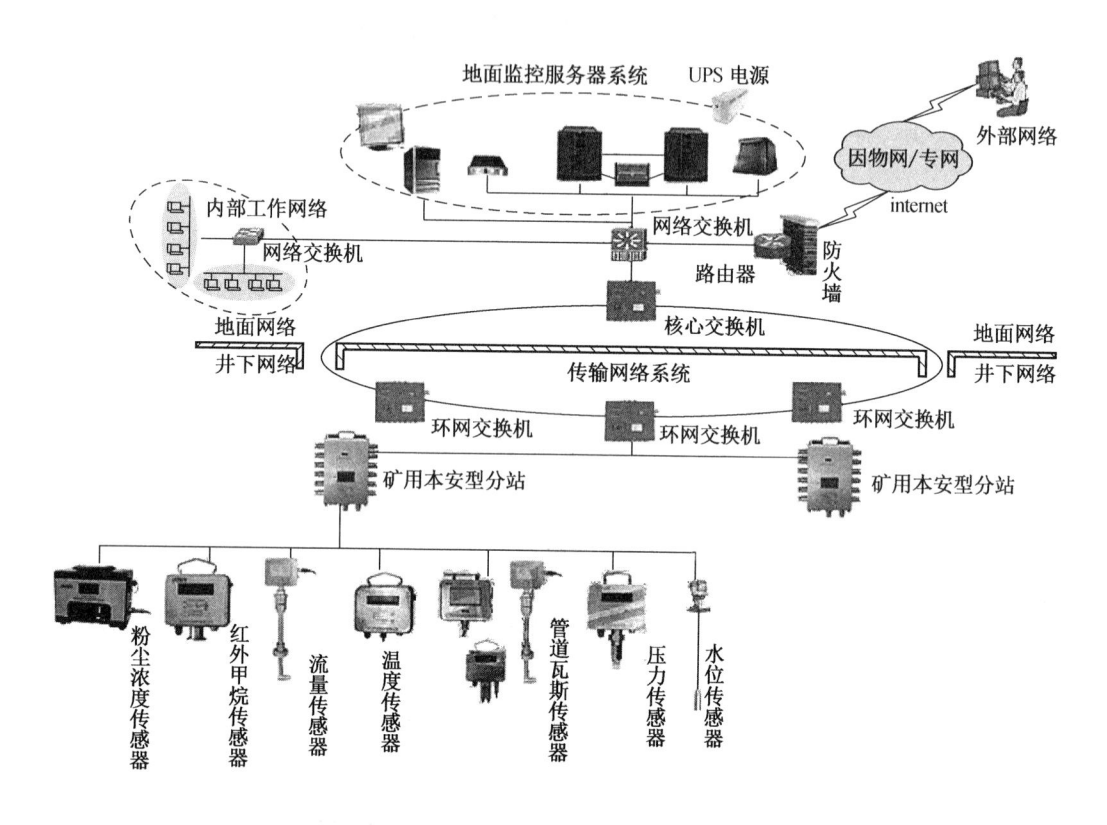

图3-40 KJ370煤矿瓦斯与粉尘监控系统示意图

国内研发的粉尘传感器及其监测系统已在部分煤矿推广应用，但矿山粉尘防治工作重点正从总粉尘向呼吸尘转变，长时效呼吸性粉尘传感器研发技术及新型无线通信技术下的粉尘监测系统有待进一步发展。

11. 个体防护技术装备

个体防护是减少吸入粉尘的最后一道措施。市面上的个体防护装备的核心元件主要采用经过静电驻极处理的熔喷布，熔喷布由聚丙烯纤维组成，纤维直径可以达到 0.5~10 μm。但是静电很容易丢失，特别是在清洗或者长时间佩戴后，所以经过静电驻极处理的口罩基本都是一次性的。随着纳米技术的发展，以纳米纤维为介质的高效空气过滤材料以其比表面积大、分离精度高等优势引起研究者的广泛关注。其中，静电纺纳米纤维材料具有孔隙率高、可控纤维形态和直径等优异性能，是当效低阻、多功能滤料研发的研究热点和重点。

1) 单轴静电纺丝制备多级结构纳米纤维

静电纺丝技术由于其灵活多变性和可操控性，成为制备具有微纳米多级结构纤维材料的有效手段。通过对纺丝溶液、纺丝设备、纺丝工艺参数及环境条件等因素的调控，可制备得到堆叠多层、串珠状、纳米蛛网、荷叶等多种结构的纤维（图3-41）。静电纺纤维材料的这些多级结构不仅能显著提高其应用性能，同时也赋予了其新颖的特性，大大拓宽了应用领域。

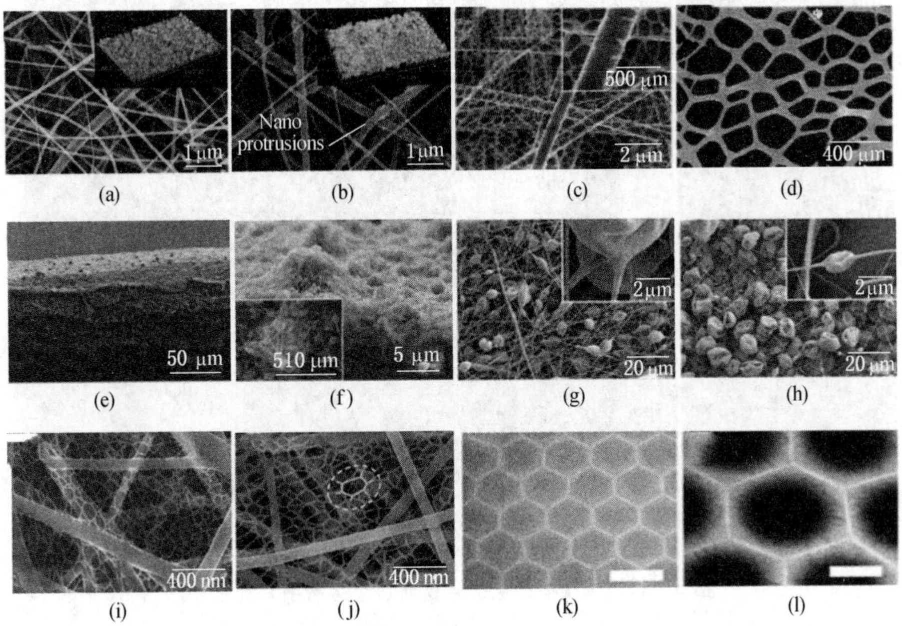

图3-41 单轴静电纺多级或仿生结构纳米纤维

空气中的细菌、病毒往往附着在微细粉尘颗粒物上，被滤料截留后增加人们感染疾病的危险。因此，研究者会在纺丝液中加入抗菌剂，结合静电纺纳米纤维较大比表面积的优势，可极大提高静电纺纳米纤维的抗菌性能。此外，还可以通过加入一些无机物质、碳纳米管、金属纳米颗粒等制备一些高强度、阻燃、抗腐蚀等众多优异功能的功能型静电纺纳米纤维。

2）多流体复合静电纺丝制备多级结构纳米纤维

单轴静电纺丝是最简单且研究最多的静电纺丝工艺，缺点是结构和功能单一、效率低。随着纳米纤维应用领域的发展，提出了多流体静电纺丝技术，并将其用于制备复合纳米结构的功能型纳米材料，如同轴静电纺丝或并排静电纺丝、三轴静电纺丝、四流体静电纺丝等。与混合纺丝溶液或复合纳米纤维的方法不同，多流体电纺丝是通过多室喷丝头实现的，以实现相应的多流体电纺丝工艺。多流体静电纺丝可用于核壳或中空纤维、芯鞘型复合纤维，可具有更多附加功能和更好的纳米纤维性能（图3-42）。多流体静电纺丝技术是一种更有效的方法，并且在复杂纳米结构的设计和生产新型功能型纳米材料方面得到了越来越多的关注。

综上所述，静电纺多级结构纳米纤维膜可有效赋予过滤材料的高效低阻、高强度、阻燃等性能优势，克服传统纳米纤维过滤材料阻力高、容尘量偏低等固有缺陷，其在空气过滤领域表现出广阔的应用前景。但仍存在许多问题亟待研究和解决，主要表现在以下几个方面：①每一种多级结构纳米纤维过滤材料都存在或多或少的不足，缺乏双重甚至多重多级结构过滤材料的研究；②市场上的滤膜主要成分是化学纤维，具有环境友好型和生物可降解性的天然纤维材料将迎来更大的发展机遇；③个体防护呼吸器必须符合安全人机工程，在保证人体佩戴舒适的同时又起到良好的防护作用；④研究尚集中在实验室小试阶段，缺少成果转化与示范应用。

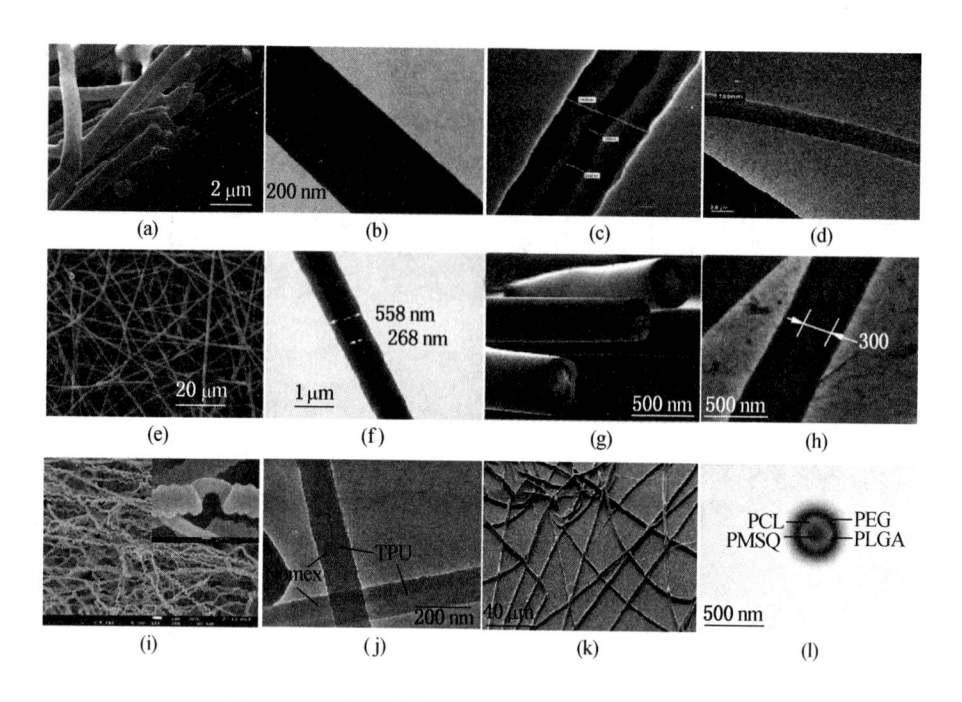

图 3-42 多流体静电纺多级或仿生结构纳米纤维

12. 未来研究方向

随着我国煤矿机械化、自动化、智能化开采水平的日益提高，作业环境粉尘污染日益严重，给矿井安全生产带来了较大影响，严重威胁着矿工的职业安全健康。国内外学者在矿井粉尘防治方面进行了积极探索，取得了一定的创新性成果。然而，我国煤矿赋存条件复杂，不同矿区煤层情况、开采方式、技术装备水平、综合管理水平存在较大差异，煤矿粉尘防治理论技术的发展还有较大提升空间。

1）煤层注水防尘方面

现有研究为能从理论、技术和装备等方面形成系统的重大创新。我国煤层多属于低渗煤层，与国外煤层赋存条件差别较大，情况更为复杂，进一步增加了煤层注水的难度。同时，煤层注水技术与石油领域的压裂技术、瓦斯抽采增效技术又存在较大差别，导致相关的理论或技术工艺不能直接应用于煤层注水。在下一步研究工作中，要强化先进技术手段在煤层注水研究中的应用，特别是超声测量技术、岩体 CT、地震波测定方法等先进手段应用到注水防尘研究和效果考察方面。另外，要加强学科交叉融合，研究注水钻孔流量与注水润湿范围的实时自动监测和控制系统，实现煤层注水的自动化与智能化，提高煤层注水自动化管理水平。

2）综采工作面防尘方面

综采工作面防尘要和大数据、人工智能等高新信息技术进行深度融合，实现根据产尘作业状况自动启停煤机除尘器和负压喷雾，自动调节卷吸风量及雾化状况，将粉尘浓度降至安全浓度以下；建立粉尘基础特性数据库，为工程技术应用提供良好数据支撑；实现由单一防尘技术手段向多样复合技术转变，研发风流-粉尘-瓦斯多组分耦合条件下的成套协同防治技术体系及装备从根本上解决高瓦斯矿井、煤与瓦斯突出矿井等的粉尘治理难题。

3）综掘工作面防尘方面

面对复杂多变的生产环境，综掘工作面的粉尘防治理论与技术应不断进行自我完善和补充。在普通煤巷、岩巷粉尘防治技术的基础上，拓宽研究思路，做好全断面隧道掘进机（TBM）截割产尘、连续机械化采煤工作面产尘等多类综掘工作面污染规律研究工作，明确综掘面风流—粉尘运移特征，探讨掘进过程中不同类型工作面粉尘浓度分布规律，加强横向与纵向对比，分析比较不同类型综掘工作面粉尘防治的内在联系和关键技术，形成一套全面的粉尘防治技术体系，满足不同生产和地质条件下粉尘的治理需求；基于大数据、人工智能等高新信息技术搭建工矿作业环境粉尘职业健康实验平台；研发多向旋流风幕自动发生控除尘系统和智能喷雾技术，通过自动感应现场粉尘浓度变化进行控除尘，实现无人化智能操作，可根据现场粉尘浓度变化自动调节风量及雾化状况，将粉尘浓度降至安全浓度以下；开展附壁射流控尘轴、径向风流耦合影响机制研究，解决附壁射流控尘轴-径向风流耦合影响机制不清的问题，并研发压风分流自动（智能）调控及移动装置研制。

4）喷浆防尘方面

中国矿业大学、中煤科工、重庆大学等就煤炭智能化体系及建设思路等进行了深入探讨。根据"十四五"时期规划的创新性、智能化及绿色健康发展的要求，优化升级混凝土输送技术、粉尘运移规律、喷射沉积特征等理论研究，设计研发适用于煤矿井下防爆环境和有限作业空间的混凝土智能搅拌机、湿喷轻型喷头、液体速凝剂定量添加装置等智能化设备，实现湿喷系列智能装备一体化，开展智能湿喷混凝土配合比优化、长距离管道输送、管道堵塞防治方法、喷射回弹沉积特征及新型外加剂等技术和工艺研究，形成了一套完整的煤矿井巷智能混凝土湿式喷射理论、技术工艺和装备体系。通过喷浆机器人自动行走平台和具有喷射混凝土质量自动管控功能的喷浆机械手的研究，实现煤矿无人化自动喷浆。通过喷射混凝土无尘化上料与自动配比混合技术及装备和喷射作业下风侧粉尘控制及高效净化关键技术及装备的研究。

5）化学抑尘方面

化学抑尘技术已经取得了阶段性的发展，广泛应用于矿山、煤炭铁路运输等方面；正在向建筑工地、城市铺装道路、港口散装粉料装卸、矿井下作业面、筒仓内或密闭仓库内装卸过程等方面发展。未来化学抑尘技术的主要研究方向集中在以下几方面：①针对铁矿粉、铝矾土、镍矿粉等大宗散装粉料港口储运，开发适合不同颗粒物特征的专用型复合抑尘剂；②根据无组织源扬尘排放特征，研发适合城镇铺装道路建设工程施工、矿山未铺装道路等特定区域或环境的专用复合型抑尘剂；③在保证抑尘效率的基础上，针对复合型抑尘剂的毒理性、腐蚀性、皮肤刺激性的研究，解决复合型抑尘剂使用过程带来的二次污染问题，向公众展示化学抑尘技术的环保效益，缓解公众对化学抑尘技术的陌生感和抵触情绪；④复合型抑尘剂生产工艺简化、配套自动化喷洒设备的研发及化学抑尘技术应用成本的降低，使得化学抑尘技术具备推广应用的空间；⑤具备某种特性功能如防火、防冻、抗蒸发、抗腐蚀等复合型抑尘剂的研发能力。

6）粉尘传感监测方面

进一步研发长时效呼吸性粉尘传感器和独立完整的煤矿智能粉尘监控系统。基于多传感融合的粉尘监测技术，研发高精度、宽量程和高灵敏度的呼吸尘浓度传感器，通过监控系统对矿井现场环境参数连续在线显示，将环境的污染状况、粉尘的现场状况、治理过程以动态的形式直观呈现出来。根据环境监测数据，构建煤矿粉尘监测预警平台的架构模式，建立起基于网络化大数据支撑的新型粉尘职业危害预警指标体系和预警模型，真正实现煤矿粉尘连续、在线的有效监测。

7）个体防护方面

考虑矿井内高温高湿、粉尘浓度大等特殊环境，工人工作时间长、劳动强度较高，如何运用静电纺丝技术研发呼吸阻力更小、容尘量更高、防潮防高温的矿用个体防护材料，对预防日益增长的尘肺病显得尤为重要。虽然以聚丙烯纤维为主的熔喷布仍是防护口罩的核心材料，但存在纤维直径大、使用寿命短等问题。市面上出售的大多数口罩都是一次性的，在高湿环境以及清洗或消毒后，过滤效率大幅下降。而纳米纤维过滤材料可通过调节纤维形态延长使用时间，甚至可以消毒，保持其过滤性能。因此，在解决以上问题的基础上，从安全人机角度出发，考虑不同粉尘环境、接尘工种，研制一款具备舒适透气、密合度高、立体大空间、可消毒清洗和重复使用、环保可降解的矿用个体防护装备对其在煤矿的推广应用具有十分重要的意义。

3.5.6 顶板与冲击地压灾害防治

3.5.6.1 顶板灾害防治

我国煤矿主要以井工开采为主，巷道和采场的可靠支护是煤矿安全、高效开采的核心支撑技术。"十三五"期间，支护领域创建了包括无煤柱开采切顶留巷短壁梁、巷道围岩支护–改性–卸压协同控制、蝶形塑性区、深部煤巷连续梁控顶吸能防冲支护、冲击地压巷道支护强弱强结构、锚架充耦合协同支护、自稳平衡圈（拱）、时效边坡等一批创新的基础理论，研发了包括110/N00工法、无煤柱自成巷聚能切缝技术、恒阻大变形锚索支护技术、切顶卸压沿空留巷技术、"锚架充"支护技术、巷道支护—改性—卸压协同控制技术、柔性冒顶控制技术、低密度高效支护技术等一批创新技术，取得了丰硕的成果。

1. 顶板灾害预警机理研究

"十三五"期间，中国矿业大学（北京）马念杰教授团队在分析巷道冒顶事故与围岩体环境之间关系的基础上，将煤层巷道冒顶分为围岩主导型和应力主导型两大类，揭示了裂隙危岩坠落、松散岩体冒落、弱黏结复合顶板垮落、大变形巷道蝶叶型冒顶等煤层巷道冒顶的机理与成因；在此基础上，提出了巷道冒顶隐患分阶段多层次的全时预警方法与机制，即设计阶段的冒顶隐患远期风险评价、巷道掘进施工阶段的随钻预估、服务周期内的长时临界预警，开发了岩层结构随钻探测仪、顶板多点位移监控器、锚杆锚索工况监测报警仪等用于长时和临界预警的仪器设备，形成的煤层巷道冒顶机理和预警方法与仪器设备为顶板事故预报预防提供理论支撑和技术保障。该成果获得2019年度湖南省科技进步一等奖。

2. 吸能防冲支护理论及支架的研制应用

由辽宁大学潘一山教授团队提出，吸能防冲支护理论通过在支护体系中的关键部位设计吸能装置来缓解支护体受到的冲击作用，实现在动载下对围岩的有效控制。该团队联合北京诚田恒业煤矿设备有限公司，共同攻关研发了煤矿用吸能防冲液压支架，在冲击矿压矿井安全开采中发挥了巨大作用。

巷道吸能防冲液压支架在高静压下是利用安全阀调控围岩流变、缓慢释放岩体内的弹性能，而在冲击地压动载作用下能够利用特设的吸能保护构件迅速变形让位、吸收冲击能，并为安全阀开启排液争取时间，以此保障围岩–支护体系统的整体性与稳定性，达到防冲的目的。

平直顶梁吸能防冲支架、圆弧顶梁吸能防冲支架等吸能防冲巷道液压支架、综采液压支架等巷道吸能防冲液压支架在义马常村矿及耿村矿、新汶华丰矿、内蒙古鄂尔多斯北京昊华能源红庆梁煤矿等进行了应用，支架起到了快速让位吸能防冲的作用，但未发生损坏，自安装至今，采面巷道未发生灾害性冲击地压，从根本上减少甚至避免了冲击地压发生时对巷道内部人员造成的伤亡和设备损毁，应用效果明显，对国内同类冲击地压矿井灾害防治具有借鉴作用，具有广阔的推广应用前景。该支架已遍及国内 20 个省、自治区、直辖市以及越南、印尼、土耳其、墨西哥及哥伦比亚等国家。获 2018 年中国煤炭工业协会科学技术一等奖。

3. 冲击地压巷道支护的强弱强理论

由中国矿业大学高明仕教授团队提出，巷道围岩由内强小结构、中间弱结构、外强大结构三个结构组成，其核心在于通过构筑合理的强弱强支护结构，在充分调动巷道围岩的自承载能力的同时，达到消波吸能和应力转移的目的，对深井高应力巷道支护和冲击地压防治具有重要的理论指导意义。2006 年提出，获江苏省优秀博士学位论文，已在永煤、义马、华亭、陕煤榆北、汇森煤业、山东能源等矿区推广应用。2018 年在义马常村煤矿深井强矿压 21170 下巷通过反复钻孔法致裂煤体技术实现巷道围岩弱结构，对巷道支护材料与支护方式进行优化设计，巷道支护效果良好，达到了预期目的。

4. 露天开采时效边坡理论

由中国矿业大学才庆祥教授团队提出，时效边坡作为代表一种露天矿边坡分析的理念，是用动态的参数对露天矿边坡进行评价与设计，露天矿采场是由坑底和四周边帮组成的。时效边坡是指通过若干露天采矿技术措施，缩短边坡暴露时间，提高设计帮坡角，既能体现综合效益，又能保证安全生产的露天矿采场帮坡。

我国内蒙古地区赋存丰富的煤炭资源，生产、在建及规划的大型露天矿山较多，以胜利东二号露天矿为例，该矿地处锡林浩特胜利煤田，位于二连坳陷东端乌尼特断陷带中，属新华夏系弧形构造体系。通过改变煤层底板的摩擦因数，可以使排土场处于"自锁"或"解锁"状态。

5. 大采高一次采全高综采支护技术装备

由天地科技王国法院士团队创立，该技术装备完成了 0.6~1.3 m 薄煤层自动化综采成套装备、7 m 超大采高综采成套装备、20 m 特厚煤层大采高放顶煤成套装备、35°~55°大倾角煤层综采成套装备和充填开采工作面成套装备等一系列煤炭安全高效绿色开采技术与装备的创新，发展成果达到国际领先水平，得到广泛推广应用，为煤炭工业可持续发展提供了技术支撑。研究了 6~8 m 超大采高一次采全厚开采关键技术装备，确定了液压支架对围岩控制的 6 个可控性因素。研究了超大采高工作面端头大梯度直接过渡配套方式，有效提高了煤炭资源采出率。基于工业以太网的环境及装备智能感知系统，实现了工作面设备间的智能联动与一键启停控制。通过对 6~8 m 超大采高综采成套装备及技术研究与实践，提出了超大采高综采技术装备的适应条件及实施的技术经济性。基于超大采高工作面液压支架与围岩的强度、刚度、稳定性耦合关系，以 8.2 m 超大采高开采实践为基础，研制了世界上最大支护高度、最大支护强度的超大采高液压支架。

金鸡滩煤矿于 2018 年成功应用了世界首套 8.2 m 超大采高液压支架及成套设备，使用兖矿集团自主生产的液压支架，国产带式输送机、转载机等先进设备，实现了一流装备国产化，利用国产设备打造世界一流矿井，走在了煤炭行业的前列。8 m 大采高工作面配套装备研制方面，在采煤机行走部、带式输送机机身、超前液压支护等方面进行了局部改进和创新。研制了国内外首套 8 m 大采高综采成套装备，在兖矿金鸡滩煤矿 12-2 上 108 工作面进行了工业性试验。工业性试验期间，工作面最高日产 5.7×10^4 t，月产达到 1.5 Mt 以上，截至 2017 年 8 月，累计推进 4449 m，最高日产达到 6.16×10^4 t。大幅提高了工作面开采效率和资源采出率。同时研发的世界首套 7 m 超大采高综放开采成套技术装备，成套设备配套合理，性能先进，联合试运转成功。针对陕蒙矿区硬煤厚煤层，提出并遵循的"以采为主，以放为辅；顶煤架前完整，架后破碎；智能开采，系统协同；环境友好，绿色开采"的开采理念符合国家智慧矿山建设的发展方向。研发的7 m超大采高综放开采模式、综放工作面大梯度过渡总体配套模式、工作面刮板输送机煤流卸载口、转载机入料口、破碎机及转载机卸料口四级破碎系统，均为世界首创。

世界首台8.8 m采高特厚煤层采煤机在上海煤科研制成功，同时开发了与8.8 m一次采全高配套的高速高可靠性重载采煤机行走系统，在采煤机方面实现了关键技术自主创新和先进技术集成创新。该装备的研制成功，进一步增大了采煤机一次采全高范围，大幅提升了特厚煤层回采率和生产效率，为我国煤炭资源安全高效绿色和智能无人化开采提供了有力支撑，同时，也代表和引领了大采高大功率采煤机技术发展方向。

神东上湾煤矿8.8 m大采高综采工作面属世界最高的工作面，该工作面液压支架、运输机、运输车辆及辅运平硐等均创多个国内、世界纪录。该工作面采用国产化设备，并引入了数字化、智能化技术，将大大提高综采工作面单产水平，让上湾煤矿在提高煤炭回采率的同时，进一步提升矿井的综合运营效率和价值创造空间。

6. 掘锚护一体化施工技术

山东天河科技研制的四臂掘锚护一体机，能够实现连续切割、装载、运输，锚杆、锚索支护循环作业，在兖矿集团兴隆庄煤矿成功投入使用，掘进、锚固、临时支护和除尘于一体的多功能、自动化巷道施工工程装备，产品整体技术达到国际先进水平，在掘锚护多功能设计上处于国际领先地位。喷浆机器人采用全液压控制设计，动作平稳，操作灵活，工作运行安全稳定可靠。喷射角度大，喷射范围广，大大降低了喷头抱喷劳动消耗。工人远程遥控或坐在控制台上操作即可实现安全保护。

山东兖煤黑豹矿业装备有限公司研制的基于悬臂式掘进机的掘锚护一体机，从第一代产品到第五代产品，在不同煤矿得到了验证，实现了掘、支、锚连续化、一体化，现已研发至第六代产品。在不动整机的情况下，完成前探作业以及三排的全断面锚杆（索）支护，各锚杆索完全满足角度要求。也可在原有掘进机基础上，进行升级改造，不改变掘进机原有结构和功能，将锚护机构和作业平台加装至掘进机上，实现原掘进机的掘锚护升级。

冀凯河北机电科技有限公司研发了智能整铸刮板输送成套技术与装备、安全智能钻探技术与装备、长距离辅助运输技术与装备、高效钻锚支护技术与装备、采掘锚护平行作业技术与装备等。

全断面硬岩快速掘进机。实现了快速掘进系统解决了掘进、支护矛盾，实现了掘进、支护和运输三大工序的掘锚平行作业、合理支护、装运机械化及其之间的优化配置，极大地提高了单进水平和劳动率，并且有效改善了安全环境，实现了降本增效的目的。融合了工程TBM、煤矿防爆、激光导向、无线遥控等先进技术，可实现圆形巷道一次成巷、掘锚同步作业和巷道快速掘进，具有数据无线传输、远程自动控制、故障自我诊断、状态自动调整等多项智能化特性，能够大大改善作业环境，降低施工成本和劳动强度，提高作业安全性。投入到渝新公司打通一矿使用实现了圆形巷道快速掘进一次成巷，掘锚同步作业和巷道快速掘进。

高效快速掘进系统的研发，实现了煤巷全断面快速掘进、掘支运平行作业、远距离监控操作、辅助作业机械化等机械化、自动化、信息化程度较高的快速掘进技术。

7. 钢管混凝土支架技术

该技术由中国矿业大学（北京）高延法教授团队研发。混凝土在钢管的作用下处于三向受压状态，抗压强度成倍提高，而钢管由于混凝土的存在，刚度得到增强。因此，钢管和混凝土的优点得到了充分发挥，两者协同变形、共同承受载荷，使钢管混凝土支架具有承载力高、稳定性好、支护成本低等特点。

8. 煤矿采选充护一体化开采技术

中国矿业大学张吉雄教授团队研发设计出了能掩护综合机械化采煤和固体废弃物充填并行作业的充填采煤液压支架，研究了充填采煤液压支架充填运转特性的内涵，建立了基于充填运转特性的设计方案评价机制，提出了充填采煤液压支架设计方案优化的方法；构建了充填体与充填采煤液压支架协同控顶力学模型，分析得到了充填体与充填采煤液压支架协同控顶的基本规律，揭示了充填体与充填采煤液压支架系统控顶机制，充填采煤液压支架能够保证充填与采煤的作业空间及固体物的连续输送通道，同时其后部夯实机构可保证采空区密实充填，从而实现了对关键岩层的精准控制，为矿区资源开采与生态环境保护协调发展提供了有力的技术支撑。相关研究成果已先后推广到平顶山、济宁、兖州、皖北、开滦等十多个矿区。

9. 纯水液压支架、急倾斜厚煤层综放开采专用支架

纯水液压支架以纯水介质替代传统乳化液，成功解决了井下开采污染难题，填补了国内外综采工作面液压支架使用纯水介质的空白。以"纯水"替代传统"乳化液"作为综采液压系统工作介质，不仅能够实现绿色采煤，还可降低介质本身的成本，有助于降低液压零部件故障率、提高生产效率、延长液压零部件寿命、降低备件损耗。特别是未来煤炭开采中，不会产生污染水质和土壤的危害，这是煤炭行业的一次重大进步，是一次里程碑式的技术革命。

随着国家对煤矿开采环保管控日趋严格，以绿色环保的新技术产品替代传统产品势在必行。"十二五"时期，神华集团与三一国际成立联合专案组，开发综采工作面纯水介质液压系统研究。经过近4年时间研究开发，2018年8月，该项目152台纯水支架在锦界煤矿31408工作面全部安装结束，并进行了工业性试验。

纯水介质液压系统包括纯水支架、纯水三机、纯水自移机尾、纯水高压泵、纯水制备装置等。先通过纯水制备装置将矿井水进行处理，再通过纯水高压泵将纯水供给综采工作面的液压支架、三机、自移机尾使用。

纯水液压支架以纯水介质替代传统乳化液，成功地解决了井下开采污染的难题，填补了国内外综采工作面液压支架使用纯水介质的空白，成为"绿色发展、清洁生产"理念的重大实践。科技创新中的中国制造，再次令世界煤炭行业为之瞩目。以"纯水"替代传统"乳化液"作为综采液压系统工作介质，不仅能够实现绿色采煤，还可降低介质本身的成本，推广之后，仅神东矿区每年可减少3600多万元的乳化液购置费；同时，纯水系统封闭、介质清洁度是传统乳化液系统无法比拟的，有助于降低液压零部件故障率、提高生产效率、延长液压零部件寿命、降低备件损耗。特别是未来煤炭开采中，再也不会产生污染水质和土壤的危害，是煤炭行业的一次重大进步，是一次里程碑式的技术革命。

纯水液压支架优点主要有：①绿色环保，自来水、地下水、矿井水均可作为水源制造纯水，纯水替代乳化液为工作介质，零污染排放，符合国家环保政策要求；②运营成本低，超纯水制水成本仅8元/吨，传统乳化液配液成本803元/吨，每个工作面以年消耗动力液2000 t计算，纯水支架每年可节

省生产成本159万元，且乳化液需要定期检测、更换、配比，纯水每年还可节约工人开销约10万余元；③故障率低，纯水介质清洁度极高，无腐蚀性，液压件工况好，油缸、阀、密封件故障率低，维护工作及备件消耗减少，促进煤矿高效低耗生产。纯水液压支架以纯水介质替代传统乳化液，成功地解决了井下开采污染的难题，为传统煤矿开采带来了颠覆性的技术变革。

另外，王家臣教授团队创建了急倾斜厚煤层综放开采顶煤放出的 BBR 理论和工艺技术。首次将煤岩分界面、顶煤放出体和顶煤回收率与含矸率进行了统一研究，获得了急倾斜厚煤层顶煤放出体的理论方程，揭示了急倾斜厚煤层顶煤放出的内在规律；首次开发了"下行分段、段内上行、多口放煤"的急倾斜厚煤层采放工艺，工作面年产量提高了一倍。研制了急倾斜厚煤层综放开采的专用支架与采场围岩控制新技术。发现了急倾斜厚煤层综放采场覆岩"三段式"非对称移动规律，创立了急倾斜综放采场顶板冲击载荷的计算方法；建立了工作面设备稳定的判别准则，研制了急倾斜厚煤层综放开采的专用支架；开发了适用于大变形煤壁加固的棕绳注浆等采场围岩控制成套技术。

项目成果已在冀中能源集团、靖远煤电股份公司、鹤壁煤业集团等全国20余个矿井进行了推广应用，实现了急倾斜厚煤层的安全高效开采，最大限度地提高了煤炭资源回收率，经济与社会效益显著。研究成果对提高我国急倾斜煤层的高效安全开采水平和推动行业科技进步意义重大，具有广阔的应用前景，项目成果达到国际领先水平并获得2016年国家科学技术进步二等奖。

10. 湿喷、薄喷技术

湿喷技术由山东科技大学程卫民教授等研发，湿式喷射混凝土是将骨料（石子、河砂）、水泥、水和先进的外加剂按比例拌和均匀，然后经过湿式喷浆机将搅拌好的湿料泵送到喷头处，并在喷嘴处添加液体速凝剂，用压缩空气补给能量，使拌合物形成料束，从喷嘴喷射到围岩面上。相比传统的干（潮）喷，湿喷具有回弹量小、混凝土密实、质量高、强度大、无粉尘、效率高等优势。结合煤炭行业及井下工矿的实际情况，能有效解决煤矿井下粉尘污染严重的现状，明显改善井下施工环境，减少粉尘对井下工人健康的伤害，提高支护强度，有效控制混凝土的喷射质量，大大降低混凝土的回弹率，同时能有效降低成本，提高煤炭企业的经济效率和生产效率。

煤矿巷道锚喷支护作业采用湿式混凝土喷射工艺能有效降低粉尘浓度和回弹率，对于提高喷射混凝土的质量和生产效率、降低工人劳动强度具有非常重要的意义和广阔的应用前景。针对煤矿巷道内狭小空间的使用要求，对砂石上料机的抓斗和混凝土搅拌机的上料变幅装置进行了优化，解决了煤矿巷道混凝土湿喷采用人工供料效率低、工人劳动强度大等问题，实现了煤矿巷道混凝土湿喷机械化作业。技术形成的成果"矿用混凝土湿式喷射关键技术及成套装备的研发与应用"获2017年中国煤炭工业协会科学技术一等奖。

薄喷技术由煤科总院南京煤研所张少波研究员等人员研发，煤矿巷道薄喷封闭技术主要用于喷射混凝土支护后的煤矿巷道锚杆支护系统中的防风化、防锈蚀的快速封闭施工。与喷射混凝土相比，具有喷层薄（5 mm）、用人少（2~3名）、工效高（施工速度提高5~8倍，材料运输量减少10倍，无须现场混料和连续加料）、粉尘小（小于10~20 mg/m³）、无回弹等特点，达到了高效、安全、洁净、低耗的目的。薄喷专用机具小巧，操作简单方便；人工成本低，较混凝土喷射机每班减少5人；成本低，纯压风作为动力，无须配电；施工效率高，每班进尺30余米；薄喷材料成型好，岩壁附着力强，在巷道表面形成强有力涂层；调配好涂料比例后，喷浆过程无回弹无粉尘。薄喷技术首次在冀中能源集团邢台矿开拓区22300探巷运输巷实施封闭施工并实现了近千米巷道的规模，标志着薄喷技术已逐步走向成熟，成为解决煤矿巷道安全隐患的重要技术组成部分。

2017年2月，煤科总院南京煤研所实施完成了"龙煤集团鹤岗公司兴安矿的薄喷封闭采空区项目"，将薄喷技术的现场应用推向了一个新的阶段。之前采取采空区内注水煤灰浆体、注水等多种措施，并没有完全杜绝裂纹现象的发生，采用薄喷技术对采空区下部巷道进行喷涂，进一步阻隔氧气由巷道渗入，防止煤层自燃。

新型聚合物喷层支护技术。在传统混凝土喷层支护下，含水段巷道表面完整性差，部分区域出现裂纹和渗水现象；而在新型聚合物喷层支护技术下，巷道表面完整性较好，无裂纹和渗水现象，锚杆锚索受力更小，新型聚合物喷层更有利于保障巷道围岩和支护结构的稳定性，更适合应用于西部弱胶结软岩巷道支护。

11. 未来研究方向

1）冲击地压巷道支护基础理论和技术研究

冲击矿压是煤矿开采过程中发生的一种动力灾害，会造成采掘空间的瞬间位移、垮冒闭合及人员的巨大伤亡，给煤矿安全生产带来巨大危害。统计表明，90%的冲击地压事故发生在巷道，冲击地压动载巷道支护已成为煤矿安全开采的重大难题，值得深入探索研究。

研发新型防冲支护材料；研发超高强度、超高吸能特性和高延伸率系列支护材料，如锚杆、锚索等，通过采用高抗冲击支护材料提高巷道抗冲击力学性能；研发精准卸压技术及装备，通过CT扫描精准确定应力集中位置，采用定向钻孔与区域压裂卸压技术，实现冲击地压巷道围岩的精准卸压；防护装备；研发新型便携式巷道防护支架，在回采巷道超前范围内实现冲击地压灾害的超前段防护。

2）巷道智能掘锚护一体化集成系统

系统研究巷道掘进作业各工序的作业特点，研究掘锚分离支护机理，提出掘、支、锚、运、探一体化施工工艺，构建煤巷围岩智能分类和支护智能设计方法，开发高效率支护方案和参数的智能决策系统。提出煤巷截割空顶区、顶板支护作业区的安全性即时评判方法，形成掘支安全性和可持续性的智能化评判方法。建立煤巷围岩长期稳定性评价及反馈机制，形成各类条件下"超前–截割–支护–稳定"的巷道全生命大数据，深度挖掘不同数据间的动态关联，融合多源数据开发掘支循环全过程智能决策系统。研发掘进循环的"掘–护–支–运"多工序并行协同工艺以及装备智能协同控制系统。

3）煤矿支护机器人研发

凿岩机器人、掘进机器人、喷浆机器人、采煤机器人、机器人矿车等，用于巷道掘进、巷道支护、采煤、运输等工作；矿难事故处理与救援机器人，即矿难发生后机器人进入事故现场进行现场环境探测、受灾人员搜救、事故处理等工作；煤矿维护机器人，利用机器人对井下环境、设备进行监测，协助处理管道清淤等工作。煤矿机器人可靠性技术、能源供给技术、导航技术、通信和控制技术等方面仍需不断改进和完善。随着多传感器信息融合、多机器人系统、通信系统网络化等技术的发展，煤矿机器人将在我国煤炭工业中实现更加重要的功能。

4）深部煤矿井下智能化采选充一体化技术

深部开采面临复杂的开采环境，严重制约深部矿井的安全高效开采与矿区环境的协同发展，而煤矿井下智能化采选充一体化技术是实现深部矿井安全高效与环境协调发展的有效途径。该技术亟须研发适用于煤矿井下具有采充协调作业机构的智能化采充一体液压支架，兼顾采充一体液压支架移架及位态调整智能化、夯实机构夯实智能化及多孔底卸式输送机卸料智能化等功能，并开发充填与采煤协调作业的智能化系统与工艺，形成煤矿井下高效智能化采充一体化协调作业技术与装备，实现深部煤矿开采岩层运动的智能化充填控制，该技术在深部矿井安全高效与环境保护性开采方面具有重大需求及应用前景。

5）大采高液压支架多功能高可靠性发展

综采装备技术的不断发展进步，大采高综采工艺得到广泛应用，并逐渐在一些倾斜煤层中得到推广。但是开采倾斜煤层时液压支架的稳定性是大采高煤层综采的一个难点。随着开采倾角的增加，使得重力切向分力增大而法向分量减小，当工作面顶板条件差、支架工况差、操作不当时，容易导致工作面支架下滑、倾倒及大采高工作面片帮。因此，需在大采高液压支架稳定性及工作面片帮方面展开研究。

6）纯水液压支架和工作面超前支护端头液压支架的完善和发展

新技术、新工艺、新方法、新材料的不断应用及计算机技术的空前扩展，使液压支架的发展前景广阔。液压支架使用纯水液压技术，对降低煤矿的生产成本、保护环境是有益的，并可改善矿井的工作和安全条件。纯水液压支架的推广及应用尤为重要。工作面超前支护端头液压支架的特点是支撑力较大、支护强度相对较高，安全性能也相对较高，轻型端头液压支架的研制及端头控制单元的技术升级，使升级后能实现液压支架从地面、中央到支架的多级控制，最终实现无人值守工作面操作，具有重大的社会效益和推广价值。

7)"三深"前沿开采支护理论和技术装备的探索与研发

深地采矿技术、深海采矿技术、深空采矿技术是针对未来资源开发利用的趋势所在。深地采矿技术已经积累了足够多的经验，但在不同国家、不同地域、不同矿山仍要进行因地制宜地研究和应用。深海采矿技术及装备在不少发达国家研制和试采，但还未开始商业性应用。深空采矿充满了无限可能。中国煤炭工业协会支护专委会将继续关注、跟踪、倡导、支持这一领域的创新和探索，继续进行深地煤炭资源流态化开采、煤炭地下气化等采矿工艺与支护技术的研究，持续大胆研究和探索"深地、深海、深空"等前沿开采与支护理论技术与装备的再研究。

3.5.6.2 冲击地压防治

"十三五"期间，冲击地压灾害技术先行理论滞后的局面促进了冲击地压灾害的理论攻关，同时煤矿开采智能化的需求推动了灾害监测预警精准化的发展，催生了对预警模型的强大需求；灾害频发推动了冲击危险性评价方法向实用性转变，但冲击地压防控机理方面的研究仍然是主流，并在"十三五"期间获得了较有成效的研究。

1. 冲击地压防控机理

1）冲击地压防控广义"三因素"理论

广义"三因素"理论由深部煤矿煤岩动力灾害防控技术研究项目组共同完成。本理论起源于齐庆新研究员提出的冲击地压灾害"三因素"机理，与此同时，在煤与瓦斯突出的各种发生机理中，综合作用假说具有普遍性。这两种"机理"或"假说"可以较好地解释冲击地压和煤与瓦斯突出的发生机理，也得到了较为广泛的认同，成为认识冲击地压和煤与瓦斯突出的基本共识。

冲击地压和煤与瓦斯突出的发生机理可以用"物性因素""应力因素"及"结构因素"来描述，即煤矿动力灾害的广义"三因素"理论。广义"三因素"理论提供的基础支撑具体表现为，从理论上明确了煤岩动力灾害防控应从改变煤岩体的"物性因素""应力因素"和"结构因素"入手,以实现不同尺度、不同应力源或载荷源、不同结构与构造、不同煤岩层的控制,防止煤岩动力灾害的发生。

2）煤矿冲击地压扰动响应失稳理论

辽宁大学潘一山教授团队创新性地提出了煤矿冲击地压扰动响应失稳理论。提出了煤岩变形系统稳定性模型,从复杂多样的井下工程影响因素中抽象出煤岩变形系统的状态量、控制量、扰动量和响应量,揭示了煤矿冲击地压扰动响应发生机理,建立了冲击地压发生的能量和扰动响应量化判别准则,构建了煤矿冲击地压扰动响应失稳理论的完备科学体系。推导出巷道、煤柱、采煤工作面、顶板和断层发生冲击地压的临界岩体应力理论公式,实现了从定性分析到定量分析的突破。提出了临界开采深度的概念,将冲击地压预测时间提前到了新矿井、新水平和新采区的设计阶段。全面梳理了煤岩变形系统在扰动量作用下输出响应量的演化过程,提出煤岩变形破裂全过程产生的微震、电荷、温度等物理信息均可作为冲击地压的监测预警信息。将冲击地压划分为煤体压缩型、顶板断裂型和断层错动型3种类型,提出了分类防治的科学思想,实现了从盲目性治理到针对性治理的突破。发现冲击地压发生的内因是煤岩冲击倾向性,外因是岩体应力,提出了通过削弱煤岩体冲击倾向性和降低煤岩体应力研发冲击地压防治技术的科学思想。发现了冲击地压、煤与瓦斯突出复合灾害是煤岩介质变形破坏、微裂纹发生发展、吸附瓦斯解吸、煤岩体变形系统失稳并释放能量的过程,并给出了一体化能量和扰动响应判别准则。据此提出消减瓦斯内能、煤岩弹性能的一体化防治科学思想。建立了支护围岩相互作用关系和巷道防冲支护理论,提出了冲击地压巷道支护防冲机制,据此,提出了巷道防冲支护的科学思想。

3）冲击地压启动理论

中煤科工开采研究院的潘俊锋研究员,以冲击地压物理过程分解为切入点,研究提出了"冲击地压启动理论",认为冲击地压发生是一个动力学过程,依次经历冲击启动—冲击能量传递—冲击地压显现3个阶段;冲击启动是单一结构体突破材料强度极限,材料失稳,导致联合结构体结构失稳的结果;采动围岩近场系统内集中静载荷的积聚是冲击启动的内因,采动围岩远场系统外集中动载荷对静载荷的扰动、加载是冲击启动的外因;可能的冲击启动区为极限平衡区应力峰值最大区,冲击启动的能量判据为 $E_{静}+E_{动}-E_c>0$,并以此建立了冲击地压启动理论及其成套技术体系。

2. 煤矿冲击地压风险判识及监控预警理论

国家重点研发计划项目"煤矿典型动力灾害风险判识及监控预警技术研究"在袁亮院士的带领下,在煤矿冲击地压风险判识及预警理论方面形成了较为显著的成果,揭示了冲击矿压灾变机理及复合动力灾害孕育机制,建立开采扰动和多场耦合叠加效应下冲击地压孕育演化机理和发生发展的新理论,通过建立以触探法为基础的煤岩冲击倾向性鉴定方法,用X射线成像技术分析煤岩微观孔隙结构与煤岩动力失稳特征相关性,模拟获得了煤样失稳破坏过程中的宏细观转化机制,得到了煤岩冲击失稳宏观破坏的微结构演化前兆与机理。研究了加载速度和节理角度对冲击倾向性煤动态断裂韧度的影响,获得了煤裂纹扩展形态、冲击载荷速率及层理间的相关规律,为冲击地压前兆特征提取和灾变点识别提供了基础。建立了构造应力场与采动应力场耦合时孤岛工作面采场动力失稳的能量激增非线性动力学模型,提出了冲击地压孕育和发生过程中的应力场–能量场–震动场耦合诱冲机理,构建了"能量释放率–应力梯度"耦合模型,建立了冲击地压临界判据,为建立冲击地压预警准则提供支撑。上述研究成果为深部煤矿安全开采提供关键理论与技术保障，可丰富和发展煤矿动力灾害的预测预警、控制理论和技术，进而为深部煤炭资源开发和我国经济的可持续发展做出贡献。

3. 煤矿深部开采煤岩动力灾害多尺度分源防控理论

煤矿进入深部开采后，煤岩体物性、应力、瓦斯等因素发生显著改变，开采覆岩扰动范围及动静载荷显著增大，矿井群联动致灾效应与大型地质体控制效应显现，冲击地压、煤与瓦斯突出灾害并存甚至相互转化，煤矿深部开采煤岩动力灾害防控已成为亟待解决的问题。针对我国煤矿深部煤岩动力灾害孕灾条件复杂且尚不清楚，相互转化机制不清，快速探测手段、科学有效的防控技术与装备缺乏的现状，提出了多尺度分源防控深部煤岩动力灾害的思想，确定了深部开采煤岩动力灾害防控技术的攻关方向，构建了煤矿深部开采煤岩动力灾害多尺度分源防控理论与技术架构，最终将形成我国煤矿深部开采煤岩动力灾害多尺度分源防控理论与技术体系，为我国煤矿深部开采冲击地压、煤与瓦斯突出和复合煤岩动力灾害有效防控提供理论支撑和技术途径。

"十三五"以来，冲击地压防控技术主要围绕冲击地压危险性探测与评价技术、冲击地压灾害监测预警技术装备、冲击地压灾害防控技术装备等开展。其中，冲击地压危险性探测与评价技术主要采用"应力－钻屑－微震－地震CT"等综合技术，完成对巷道和回采工作面煤体冲击危险性的表征，并据此提出"透明采场"的表征原理，即充分量化各类探测信息，以此建立模型，通过软件完成可视化，试图实现对探测区域的"透明"表征，为危险区域的划分以及危险程度的评价提供支撑。冲击地压灾害监测预警技术与装备的发展除了前端探测设备的改进，研究的焦点集中于预警平台的搭建，各个研究团队都在尝试建立自己的预警系统与平台，涌现了各具特色的冲击地压预警系统与软件平台。冲击地压灾害防控技术与装备的发展百花齐放，与冲击地压发生的复杂机理相对应，但最为先进适用的技术还是以应力控制理论为指导的井下一系列卸压技术，大孔径卸压技术以及顶板断顶卸压技术成为工程上最重要的手段。

4. 冲击地压危险性探测与评价技术

1）复杂地质模型快速构建技术

国家重点研发计划项目"深部煤矿煤岩动力灾害防控技术研究"课题三课题组，根据矿井区域地质钻孔资料和井下实际揭露地质资料，结合复杂矿区区域大构造展布形态、已采多水平煤层采空区分布以及煤柱留设情况，利用自主设计的转换算法及代码，实现复杂地质条件下煤层间及井间多工作面开采条件工程地质结构模型快速构建，为矿井工程应力环境数值分析提供基础，为后续透明矿井的实现提供支撑，为冲击地压危险性评价提供基础。

2）冲击危险区域地震CT原位快速评价技术

鉴于集中静载荷是冲击地压启动的内因，也是必不可少的基础载荷，具有较为明确的空间赋存状态，而集中动载荷在工作面没有推进、岩层没有活动时来源具有不确定性。因此，直接探测井下煤岩体中诱发冲击地压启动的静载荷集中度来评价冲击危险性，是靠地质、开采技术条件进行经验打分这些传统的、间接的方法无法比拟的。因此，基于冲击启动理论的认识，将波兰物探设备引进到冲击地压灾害治理中来，建立了专业的冲击危险性区域评价模型与指标体系，在国际范围开发了冲击地压危险区域地震CT原位快速评价技术，并迅速在全国推广。

3）基于区域划分与主控因素辨识的冲击危险性评价技术

冲击矿压机理复杂，影响因素众多，不同区域内冲击矿压影响因素种类及其权重往往存在差异。

为提高冲击危险性评价的准确性与针对性，提出一种基于区域划分与主控因素辨识的冲击危险性评价方法。以硯北煤矿250204工作面为研究对象，该工作面受特厚煤层、褶曲构造、采掘干扰、煤层倾角、开采深度等因素综合影响，存在严重冲击矿压威胁。煤层厚度、倾角及开采深度仅在局部区域对冲击危险性存在明显影响；向斜构造及采掘干扰与矿震事件分布的相关性最为密切，对冲击危险性影响强烈；依照各因素的影响范围与变化趋势，进行工作面区域划分，构建基于层次分析法（AHP）的冲击矿压影响因素权重评价体系，辨识各影响因素间的权重差异；构建基于因素权重差异的冲击危险指数，定量描述区域内冲击危险程度。经检验，250204工作面整体冲击危险性指数分布与矿震定位拟合程度高达92.6%，证明了评价结果的准确性。

4）冲击地压地质动力环境评价与预测方法

辽宁工程技术大学张宏伟教授科研团队建立了矿井冲击地压的地质动力环境评价体系，从地质动力学角度揭示了矿井冲击地压孕育的环境和能量积聚条件，阐明我国不同矿区/井田的地质动力力学环境的差异，为矿井冲击地压的发生条件、孕育环境、危险性评估与预测等提供了全新理论。提出了地质动力环境的概念，阐明了地质动力环境是矿井冲击地压发生的必要条件。通过对我国大量矿井冲击地压实例和矿井区域地质动力学方面的研究，揭示了影响矿井冲击地压发生的地质动力学因素，在此基础上构建了由构造凹地地貌、断块构造运动、断裂构造影响、构造应力、开采深度、覆岩结构等8类因素20项指标组成的地质动力环境评价体系，给出了各项指标的计算方法和地质动力环境综合评价方法，对矿井冲击地压发生区域的地质动力环境进行量化评价。基于矿井冲击地压影响因素多、各因素存在内在关联性并具有空间分布的特点，提出了矿井冲击地压模式识别概率预测理论，建立了矿井冲击地压模式识别方法，研发了基于GIS的矿井冲击地压预测系统。基于地质动力区划的研究结果精细化计算各单元矿井冲击地压主要影响因素量值，运用多因素模式识别技术进行综合智能分析，确定各单元的危险性概率值，根据各单元危险性，确定危险性概率临界值。

5. 冲击地压灾害监测预警技术与装备

1）冲击地压多参量预警平台

煤炭科学技术研究院有限公司冲击地压创新团队建立了集微震监测系统、Pasta-M便携式地音监测、应力在线和电磁辐射、钻屑法监测于一体的多参量综合监测预警体系，利用统计方法实现了对冲击地压不同类型监测数据预警标准的动态划分，强化了单项预警标准对具体现场的适用性，并结合监测数据本质是煤体应力状态反映的原则建立了冲击地压多类型数据的综合分析方法，开发构建了具有"井-地"信息联合分析功能的冲击地压多参量综合分析系统，提高了冲击地压现场预警防治水平和后期数据分析处理的效率，实现了采场覆岩结构运动与采场应力状态的精准感知，提高了冲击地压综合预警的准确率。

2）冲击矿压风险智能判识与监测预警云平台

中国矿业大学窦林名教授科研团队针对制约煤矿安全高效生产愈发严重的冲击矿压问题，为提高冲击矿压监测预警的准确性及针对性，紧跟监测预警技术朝着区域化、连续在线化、智能网络化的发展趋势，基于GIS技术、云技术、采矿地球物理等技术，搭建了集成微震、应力、钻屑等多种监测手段的冲击矿压风险智能判识与多参量监测预警云平台。该平台由硬件、平台支持软件及云技术3部分组成，采集并以标准化格式存储上传至云服务器，利用内嵌于平台的风险判识模式及危险等级预警准则，判定所评价区域危险状态，通过选取冲击变形能、时序集中度、时空扩散性等13个监测预警指标并利用 F-score 法对不同冲击危险程度的指标赋予动态权重，根据各指标与震动、应力、能量间的关系，建立了多场多参量综合预警体系，克服了单一监测指标预警效能较低弊端，实现了由点、局部、单参量监测至区域多场多参量综合预警的转变；同时通过监测数据的信息化与防治措施信息化的融合，将现场监测、防治信息通过"一张图"的形式实时预警，在预警冲击危险性的同时指导现场对高危区域加强卸压解危，同时根据解危效果反馈预警信息准确性，做到了监防互馈，该平台在山东古城煤矿等 13 个矿井成功运用。

3）冲击地压电磁辐射监测预警技术

中国矿业大学王恩元教授科研团队研究并揭示了煤岩动力过程的电磁辐射特性、规律及机理，与导师及团队成员共同创建了煤岩电磁辐射理论，提出了电磁辐射法监测煤岩动力灾害的技术方法；提出了临界值法与动态趋势法相结合的煤岩动力灾害危险性预警方法，基于实验测试结果和电磁辐射与应力、变形本构关系，确定了不同煤矿煤岩动力灾害电磁辐射值预警临界系数和动态变化预警临界系数，先后开发了 KBD5 便携式电磁辐射监测仪、KBD7 在线式电磁辐射监测传感器、YDD16 煤岩动力灾害声电监测仪、GDD12 双通道在线式煤岩动力灾害声电监测传感器和 KJ796 煤矿冲击地压监测系统，应用在全国 70 多个冲击地压矿井。电磁辐射对围岩应力分布及变化、矿压显现和冲击地压等动力现象或灾害的超前响应明显，超前探测响应率达到 100%，前兆特征明显，有利于冲击地压危险的局部预测和提前预警。电磁辐射法已成为我国冲击地压的主要监测预警手段之一，被科技部列入《国家科技成果重点推广计划》，被国家安全生产监督管理总局列入《安全生产科技成果重点推广项目》，纳入了国《煤矿安全规程》《防治煤矿冲击地压细则》等家部门规章，牵头制定了国家标准《冲击地压测定、监测与防治方法》（GB/T 25217）第 8 部分"电磁辐射监测方法"（已报批），参与制定了行业标准《煤岩动力灾害多元监测信息传输与集成系统技术要求》（NB/T 10246—2019）和《煤岩动力灾害远程监测平台通用技术要求》（NB/T 10247—2019），还被纳入企业内部的《冲击地压防治技术规范》，作为企业法规使用。

4）冲击启动载荷源分源实时监测预警技术体系与软件平台

中煤科工开采研究院潘俊锋研究员科研团队针对冲击地压监测预警存在的目标原理、时空差异、警情矛盾等三大问题，从冲击地压启动机理出发，以诱发冲击地压的载荷来源为监测目标，针对可以诱发冲击地压的不同载荷来源，采用不同监测范围的监测手段，实现载荷源分源监测，对各系统预警结果不一致的情况进行权重计算，最终做出综合预警，建立了冲击地压综合预警软件平台，已经升级为第三代。

6. 冲击地压灾害防控技术与装备

1）集中静载荷疏导的区域防范冲击地压理论与技术体系

针对我国鄂尔多斯、彬长矿区等大型在建矿井冲击地压灾害频发的问题，在国家重点基础研究计划（973）项目的支持下，首次建立了建设矿井区域防范冲击地压理论与技术体系。具体包括：研究指出井田区域范围的开拓、准备活动与后期局部冲击地压启动需要的集中静载荷密切相关，井田区域防范性研究是冲击地压防治的前瞻性工作，是从根源上开展冲击地压的预防；提出了基于防冲角度的巷道布路方向、厚煤层合理开采方法，并列入 2016 版《煤矿安全规程》；井田区域开拓性活动、准备性活动显著影响到后期煤岩层集中静载荷的迁移与集中，冲击地压井田区域防范性措施的原理是通过合理采掘活动，疏导覆岩演化过程中的高集中静载荷，避免或降低高集中应力的集中；提出基于大范围集中静载荷"疏导"的冲击地压区域防范理论，并进一步建立层层推进的冲击地压区域集中静载荷疏导体系，将冲击地压防治理念由治理为主转变为预防为主，为新建矿井设计阶段，生产矿井的新采区、新水平设计阶段提供了指导。成果已应用于彬长矿区高家堡、胡家河、孟村等煤矿，并在鄂尔多斯葫芦素等新建矿井推广应用。

2）煤矿冲击地压巷道三级支护理论与技术

冲击地压巷道支护与围岩之间的应力、让位、刚度、频率、速度和能量的不协调是支护面临的根本问题。尽管国内外有部分矿井采用了高强度液压支架与锚杆、锚索、U型钢等材料进行联合支护，但仍无法避免巷道在冲击地压中被严重破坏。该技术从冲击地压扰动响应失稳理论出发，对巷道围岩与支护6个方面的复杂关系进行了系统的开创性研究，主要贡献包括：

（1）首次建立了巷道防冲支护理论，明确了巷道支护的让位应力、让位应变、让位刚度、让位频率、让位速度、让位吸能六方面因素对围岩变形系统稳定性的影响，提出具有"抗-让-吸"特性的三级让位防冲支护设计原则和指标确定方法，为冲击地压危险巷道支护设计与装备研制提供可靠依据。

（2）创新巷道防冲支护装备与支护材料，成功研制了诱导式吸能防冲液压支架（系列）、稳构恒阻吸能"O"形棚（系列）和吸能锚杆索（系列），显著提高了矿井巷道支护的抗冲与防冲水平，保障了煤炭的安全顺利开采。

（3）提出了巷道围岩-支护多层复合调控防冲技术与方法，对于冲击危险性严重的巷道区域，提出采用"吸能锚杆索+稳构恒阻吸能'O'型棚+诱导式防冲液压支架"三层复合支护和降低围岩岩体应力、削弱冲击倾向性的围岩调控防冲方法增强支护-围岩系统稳定性，并提出"小冲可抗、中冲可让、大冲可降"的防冲设计目标，有效防止巷道冲击地压的严重显现。

3）冲击地压、煤与瓦斯突出复合灾害一体化监测与防治技术

煤矿进入深部开采后，冲击地压和煤与瓦斯突出孕灾条件彼此交错、灾变过程相互促进，灾害预测与防治难度加大。针对深部矿井复合灾害难题，首次构建囊括瓦斯内能与煤体弹性能的气-固两相介质全能量分析模型；首次提出能量划分复合灾害类型，建立了冲击地压复合灾害发生临界公式，探索复合灾害能量主体、孕灾转化条件和临界阈值，揭示了孕育致灾机理，为复合灾害的监测和防治奠定了理论基础；首次提出了钻屑过程多参量分类预测方法，研发了钻屑多指标监测设备，首创复合灾害一体化多参量自动监测分类分级系统，在平顶山等多个矿区成功应用，确定了应用矿井的复合灾害的类型和危险等级，大大提高了复合灾害监测的准确性；研发了复合灾害"保护层-预抽-预放-预驱""三维旋转水射流钻孔-扩孔-压裂-注水-抽气""高压脉冲空气致裂-气驱瓦斯"一体化防治技术，协调降低煤体冲击与突出危险性，大大提高了防治复合灾害的效率。研究成果在平顶山、鹤岗、抚顺等矿区推广应用。

4）冲击地压巷道强支护技术

冲击地压灾害多发生在巷道中，巷道在冲击地压事故中的损毁程度是决定事故中伤亡概率的关键，但往往此类巷道受瞬时动载荷的影响极不稳定，极易发生大变形甚至损毁，因此，冲击地压巷道支护一直是煤矿巷道支护的难题。在高能量冲击载荷作用下，锚杆、锚索发生大面积破断或失效，巷道失稳。冲击地压巷道主要通过爆破、压裂等进行卸压，但易对围岩造成破坏并诱发巷道大变形及煤岩体的扩容破坏。因此，冲击地压巷道支护技术提出了长、短孔分段水力压裂工艺，研发了配套的压

裂机具和设备，压裂压力达 70 MPa；研发了高冲击韧性锚杆（索），高冲击韧性锚杆屈服强度 780 MPa，冲击吸收功大于 145 J，高延伸率锚索抗拉强度 1790 MPa，伸长率 8%；研制了两柱八字形框架式防护支架（ZFC4200/26/42），支架高度 2600~4200 mm，宽度 430 mm，初撑力 3091 kN，工作阻力 4200 kN；提出了以钢棚、缓冲垫层及防护支架为一体的巷道复合防护结构，复合防护结构能有效吸收巷道围岩内的冲击动能，抑制围岩震动。研究成果在义马常村矿、耿村矿及蒙陕红庆河矿进行了应用，"卸压-支护-防护"协同防控技术改变了厚层坚硬岩层冲击能量释放形式，有效抵御了高动、静叠加载荷，减小了巷道围岩整体冲击变形，控制了深部冲击地压巷道围岩稳定。

5）冲击地压测定、监测与防治方法国家标准体系

"十三五"期间，煤炭科学技术研究院有限公司等 20 余家单位，开展了国家标准《冲击地压测定、监测与防治方法》（GB/T 25217）系列标准第 1 至第 14 部分标准的起草工作，初步建成了我国煤矿冲击地压国家标准体系，为我国煤矿冲击地压防控迈入"管理有法可依、执行有据可查"的科学轨道提供了有力支撑。

7. 未来研究方向

"十四五"时期，应充分考虑现场防控灾害需求和煤矿智能化发展要求，重点围绕冲击地压防控理论、冲击危险性评价、冲击地压的精确预警技术、冲击地压解危防控技术等开展深入研究，重新建立包括"理论-技术-装备-工程"的冲击地压全链条式技术体系。

1）冲击地压防控理论

建立服务于冲击地压防控的基本理论，在理论上说清楚冲击地压发生的机理，冲击地压的主控影响因素、冲击地压防控技术的理论基础，为冲击地压技术体系的建立奠定理论基础。

（1）深部矿井冲击地压孕育过程的机制与调控机理。深部高强度开采条件下，冲击地压的孕育过程已经与浅部开采不同，在高地压、强扰动的影响下，探讨冲击地压孕育过程的特征、规律和机制，从应力场和变形场探讨采场孕育冲击地压的过程，从应力控制与结构控制转化关系入手，探讨主控因素对冲击地压的控制作用，进一步明确应力调控与结构调控的作用机制，建立深部矿井冲击地压孕育过程图谱，为冲击地压防控技术体系的建立提供理论支撑。

（2）煤矿冲击地压分源防控理论。"十三五"期间初步形成了煤矿深部开采煤岩动力灾害多尺度分源防控理论架构，"十四五"期间应进一步丰富多尺度分源防控理论，实现矿区、矿井、工作面在多尺度、多主控因素下的灾害防控，建立尺度与主控因素之间的影响关系，探索主控因素对灾害控制的机制，建立冲击地压灾害防控的统一理论。

2）冲击地压危险性评价技术

（1）微震监测系统。进一步推进微震监测系统能量监测以及定位两大主要功能在冲击地压危险性监测以及预警技术中的合理应用，尤其是对定位精度的需求较迫切，如何提高微震事件的定位精度是未来重点关注的点。

（2）煤岩变形参数监测系统与评价技术。

煤岩介质的变形最能直观反映煤岩体的行为，变形与应力是对煤岩体力学行为监控的重要参数，与应力一样，还没有很好的方法对变形进行原位监测，但煤岩体变形的原位监测是危险性评价与预警技术发展的重要支撑。

（3）采动应力监测装备与评价技术。

采动应力是煤岩介质环境应力中最重要的部分，采动应力与地应力形成了采场应力环境，对不同尺度下应力场以及应力场演化过程的精准测试是未来透明矿井、智能开采的基础，因此，精准的、不同尺度下的采动应力监测装备与技术是未来冲击地压危险性评价必须解决的工程问题。

（4）快速地应力测试技术与装备。地应力越来越受到重视，尤其是煤矿动力灾害的防控必须考虑地应力的影响。地应力测试技术与装备发展较为成熟，但耗时长、成本高等不足限制了地应力测试的广泛开展，未来低成本的快速地应力测试技术与装备将会需求强劲。

（5）钻屑智能化装备与评价技术。

钻屑法作为一种监测与检验手段广泛应用于冲击地压、煤与瓦斯突出矿井，智能化的钻屑法监测装备满足了解放人力、精准称量、自动判别等现场需求，也是未来安全领域智能化的一部分。

3）冲击地压精确预警技术

（1）深井冲击地压"空-地-井"全时空监测预警技术与装备。突破现有的井下为主监测格局，开发冲击地压"空-地-井"全时空多场信息感知与预警技术及装备。主要包括：研究揭示深部复杂地层开采冲击地压灾害的多尺度多场耦合致灾模式、演化全过程及前兆机制，研发基于风险指数的冲击地压风险定量计算与智能识别方法及技术、冲击地压煤层采掘布置智能决策理论与技术；开发双源震动波信号采集和分析、短间隔连续波速反演的微震双源融合方法与反演技术，构建空间 InSar、地表岩移、钻孔光纤、井下力-震-声等"空-地-井"全空间监测网络，研发基于高效数值仿真与大数据驱动的冲击地压全时空多源前兆的精准感知、融合与综合预警关键技术，制定冲击地压智能预测与云服务标准体系。

（2）深部煤岩介质参数跨尺度转换预警技术。研究局部与非局部耦合的不平衡力计算理论；研究不平衡力动态演化全域可视化技术；研究冲击地压灾变与不平衡力的内在关联机制；研究不平衡力与微震、应力等现场监测数据的内在相关性；研发深部开采矿井冲击危险性数字化推演平台；融合推演结果与现场监测数据，构建集成化冲击地压预测预警新体系。研究深部岩体多尺度数字化技术，实现深部岩体物性参数、结构参数、力学参数的数字化表征；研究利用岩体局部参数精准推测全局参数的跨尺度转换技术；研究利用少量数据推测多维数据的跨维度推演技术；构建基于全局、多维参数的复合灾害预警体系。

4）冲击地压防控技术

（1）冲击地压主导型多灾害协同防控技术。研究深地煤岩结构场、应力场、裂隙场及流场等多物理场的基本性质及相互作用机制；研发一套基于表征指标体系的多物理场还原及状态评估算法，构建多物理场关键信息智能采集和海量数据稳定传输技术；研究深地多物理场状态的表征指标体系及典型致灾模式识别，揭示煤矿深部开采扰动的多场耦合灾变机理，研究深地多物理场多灾害协同干预原理及系列化防控技术体系。

（2）深地煤岩可控强/劣化及结构再塑防冲技术。研究深地煤岩内生结构对应力场-裂隙场-位移场的控制机理；建立表征深地高应力集中及卸荷失稳等典型力学行为的指标体系；研发一种具有自适应膨胀特性并实现煤岩强度可控强/劣化的注入式改性材料；研发兼容新型材料的施工装备及成套工艺体系。

（3）地面深孔压裂顶板弱化技术与装备。大范围卸压已经成为冲击地压解危的核心技术手段，地面深孔压裂顶板弱化技术与装备成为高效卸压的新手段，在地面压裂装备、地面压裂工艺、地面压裂对开采工艺的影响等方面还要进行系统性研究。

（4）井下智能遥控卸压钻车。井下卸压技术仍然是解决冲击地压危险的主要手段，在智能化的引领下，井下智能远程遥控卸压装备与技术应该是首先需要突破的技术壁垒。

3.5.7 职业危害

我国已进入中国特色社会主义新时代，人民健康已上升为国家优先发展战略。我国是人口大国，劳动就业人口规模庞大，2019年，我国就业人口7.74亿人，绝大多数劳动者职业生涯超过其生命周期的1/2，因工作环境接触各类职业危害引发的职业安全健康问题十分突出。2017年，国家安全生产监督管理总局发布了《职业病危害治理"十三五"规划》，为我国稳步推进职业卫生健康工作提供了明确的指导和方向。煤炭是特殊行业，除水、火、瓦斯、顶板和粉尘引起的安全生产事故外，井下高温、噪声振动和有毒有害气体等严重威胁着煤矿工人的健康。"十三五"期间，我国煤矿安全生产形势持续好转，安全生产事故数量大幅下降，但因职业危害造成的职业病发病率和死亡率仍呈现较高态势，不容乐观。

1. 有害气体防治

1）有害气体防治理论

（1）硫化氢气体。针对不同时空尺度条件下，硫化氢浓度场认知的缺乏导致对硫化氢灾害威胁程度评价存在片面性这一问题，"十三五"期间，在国家自然科学基金资助项目的支持下，瓦斯灾害监控与应急技术国家重点实验室、中煤科工集团重庆研究院等单位提出了构建不同时空尺度下的硫化氢浓度场理论，对煤矿井下煤层硫化氢含量的测定以及厘清有害气体分布规律具有重要作用。中煤科工集团沈阳研究院通过测定回采期间的硫化氢浓度，获取了割煤过程中工作面硫化氢扩散浓度分布规律，并确定了通过对回采面打分层钻孔，从纵向角度观测硫化氢浓度，从而判断硫化氢来源的方法。

（2）碳氧化物气体。中国矿业大学（北京）沈静教授于2016年对井下煤层赋存原生CO进行了解吸实验研究并得出解吸规律，通过程序升温实验得到CO生成浓度和CO生成速率的变化规律。建立煤层原生赋存CO扩散数学模型、爆破作业时CO气体运移规律数学模型以及适用于矿用防爆车在井下运行过程中排放CO运移的数学模型。

2）有害气体防治技术

（1）有害气体监测技术。吉林大学党敬民教授于2016年针对一氧化碳气体在中红外区域的吸收特征，利用中红外量子级联激光器，设计并搭建了一套基于直接吸收红外光谱检测技术的气体检测系统。分别建立了基于脉冲式量子级联激光器的CO检测系统的直接光谱吸收实验模型和基于连续式量子级联激光器的CO检测系统的波长调制和差分光谱吸收混合实验模型。中国矿业大学马西良教授在2018年对煤矿井下气体环境进行了分析，研究了井下气体环境的检测和数据处理，提出了基于FCE–ANP的煤矿井下气体环境的安全评估方法，并提出基于速度分解法的机器人主动避险算法，提高了煤矿井下气体监测机器人的自主避险能力。中国铁建重工集团结合某盾构法施工煤矿斜井工程与双模式盾构掘进特点，依据煤矿斜井盾构施工中的有害气体风险与处置规范和措施，对煤矿斜井盾构有害气体监测系统进行设计和参数匹配，并应用在盾构施工煤矿斜井工程项目中。

（2）有害气体防治与利用技术。河南理工大学邓奇根等根据H_2S在煤矿中的分布特征、赋存形式和涌出形态，建立了"除、排、堵、疏、抽"相结合的H_2S综合防治技术方案。中煤科工西安研究院在煤矿链条锅炉烟气SNCR脱硝工艺设计的基础上指出，煤矿链条锅炉由于氮氧化物初始值不高，排放指标要求相对较低，宜采用 SNCR 脱硝工艺，充分发挥设备简单、投资低、工期短的优点，未来还可作为超净排放的辅助手段。西安科技大学王建国等在 2019 年研制了一种煤矿井下酸性气体循环式吸收装置，不仅能有效吸收处理硫化氢气体，还能吸收处理一氧化碳、氮氧化物等酸性气体，该装置采用了循环式结构，还兼备了一定部分除尘功能；王建国以单一碳酸钠碱液为基本原料，通过添加表面活性剂十二烷基苯磺酸钠（SDBS）和氧化剂过氧化氢来改变碱液的吸收并分析了碳酸钠溶液中不同浓度的表面活性剂和氧化剂对硫化氢气体脱除的影响。

2. 井下热害防治

西安科技大学刘浪团队成功研发出一种基于蓄热充填体深井的吸附降温复合系统，该系统由空气处理系统、充填采热系统及矿井水系统 3 个子系统组成，可应用于采用充填法来控制地压的高温矿井。系统不需制冷机组，充分利用了充填热热源和地下矿井水冷源，大幅降低了矿井降温系统的能耗；该团队 2020 年提出了一种结合深井降温需求与充填采矿特点的载/蓄冷功能性充填降温方法，该载/蓄冷功能性充填体相变降温方式大大降低了敷设传统制冷系统的费用，传热效率较高，有助于降低自燃性矿床发生火灾的概率；为了提高对新型 PCM 充填体传热机理的认识以及对冷负荷蓄冷（CLS）功能水泥浆体充填体（CPB）深部冷却的设计，西安科技大学、教育部西部矿井开采及灾害防治重点实验室还提出了一种在 CPB 中添加相变材料（PCM）的新型冷却方法。中国矿业大学（北京）牛永胜以高温热害矿井为研究对象，设计了一套井下降温与热能利用的综合系统，该系统综合利用热泵与井下降温技术，在进行矿井降温的同时，实现了井下热能回收利用，一套系统解决了高温矿井井下降温和地面建筑供热的双重需求，同时极大地降低了设备投资和运行费用，实现了能源的循环利用。

2018 年，中国矿业大学、山东唐口煤业有限公司等单位根据山东唐口煤矿矿区多种余热资源的赋存情况，提出了矿山地热资源综合利用方案，构建了一种利用矿井原有井巷工程进行矿井地热水开采的模型，达到了节能减排和保护矿区环境的目的，为我国矿山地热发展和绿色矿山建设提供了新思路。针对我国深部煤矿开采过程中出现的热害问题，中国矿业大学、中煤科工集团重庆研究院联合研制了一台冷却能力为 400 kW 的 ZL400 矿用半封闭螺杆压缩机冷却机组，利用自行搭建的试验平台，对其运行工况的指示参数进行现场测试，测试结果表明，机组在地下试验工况下的制冷量为 420 kW，性能系数 COP 达到 3.4，运行稳定。2019 年，中南大学研究了通风管道布置对冷却效果的影响，在 ICEM-CFD 中建立了 6 个模型，利用 ANSYS Fluent 对矿井环境温度的影响进行了数值模拟。通过对巷道断面平均温度、巷道温度三维分布和全巷道速度流线的分析，评价了各模型的降温效果。

3. 井下噪声治理

随着现代工业的发展，机器的数量、功率和转速等增长迅速，产生的噪声也越来越强。噪声会严重损害人的生理功能，产生头痛、昏晕和全身乏力等多种症状，还会引起强迫、抑郁、焦虑、睡眠和饮食障碍等心理健康问题，同时直接影响矿井生产过程中的信息传递效果，从而增加了事故发生的可能性，危害井下生产安全。

"十三五"期间，国内一批学者从理论和技术等方面深入研究矿井噪声防治的前沿热点问题，克服了许多煤矿生产过程中的噪声危害难题。煤炭科学研究总院在分析有源降噪技术现状的基础上，结合煤矿井下噪声源及噪声特点，对煤矿井下低频噪声开展了基于 FXLMS 自适应降噪算法的有源降噪技术的研究。通过在稳态误差不同的阶段，选取不同的收敛系数，不仅提高了 FXLMS 算法的收敛速度，同时也降低了算法运算量和稳态误差，并经过实验验证了有源降噪控制系统的降噪效果。河南理工大学利用 COMSOL Multiphysics 软件对煤矿井下综采工作面的噪声场进行模拟研究，并结合现场噪声计权声压级实测进行对比分析，通过数值模拟获得了井下综采工作面内多组噪声场的分布云图。

4. 未来研究方向

职业病防治工作事关劳动者的身体健康和生命安全，事关经济发展和社会稳定的大局。《"健康中国 2030"规划纲要》明确提出，要强化行业自律和监督管理职责，推动企业落实主体责任，推进职业病危害源头治理，预防和控制职业病发生。《职业病防治法》实施以及《国家职业病防治规划（2015—2020 年）》出台以来，我国职业病防治体系逐步健全，监督执法力度不断加强，源头治理和专项整治力度持续加大，工作场所职业卫生条件得到改善，重大急性职业病危害事故明显减少。国内学者在"十三五"期间对煤炭行业职业病危害防治理论与技术方面进行了积极探索，取得了不少创新性成果。

新的职业病危害诱发因素不断出现，对我国职业病危害防治工作提出了新的挑战。我国煤矿赋存条件复杂多变，不同矿区的开采方式、技术装备和管理水平存在较大差异，煤炭行业职业病危害防治理论与技术的发展仍有较大提升空间。尤其是随着综采放顶煤技术、综采一次采全高技术、大断面岩巷综掘技术等现代化开采技术的普遍推广和矿井开采强度、开采深度的增加，作业场所引发的职业健康危害与我国煤炭安全、高效、绿色、智能开采的发展目标存在较大差距。因此，进一步加强矿煤矿职业病危害防治理论与技术研究，是推动"十四五"期间煤炭工业职业健康保障水平持续稳步提升的必然要求和必由之路。

3.6 煤矿智能化

煤炭是我国一次能源中最经济、可靠的资源，是我国能源安全的压舱石。煤矿智能化是煤炭工业高质量发展的核心技术支撑，是煤矿综合机械化发展的新阶段，是煤炭生产力和生方式革命的新方向。2020 年 3 月，国家发展改革委、能源局等八部委联合印发了《关于加快煤矿智能化发展的指导意见》，为煤炭生产企业指明了建设方向与发展目标，对促进我国煤炭工业发展具有十分重要意义的。加快推进煤矿智能化建设，构建智能+绿色煤炭工业新体系，实现煤炭资源的智能、安全、高效、绿色开发与低碳清洁利用是我国煤炭工业新时期高质量发展的战略任务。

3.6.1 智能地质保障技术

智能开采是一个系统工程，超前、精细查明开采工作面的地质条件是智能开采的基础和前提。为了实现这一目标，首先必须利用地面高密度三维地震勘探、三维地震资料、地质动态解释等先进的技术手段，超前、渐次查明煤矿采区的地质条件，以便在工作面的设计阶段就能够合理规避断层、陷落柱、煤层变薄带等不利因素，为智能开采工作面的设计优化扫平障碍；其次，在工作面形成后，需要采用槽波地震探测、顺层定向钻探、钻孔物探等技术，对工作面内部隐伏地质构造（如小褶曲、小断裂）、煤厚变化以及其他地质异常体（如陷落柱、岩浆岩等）进行精细探测；在工作面回采过程中，必须采用随采探测、实时监测、动态建模等技术，实现工作面三维地质透明化，实时、动态、连续的服务于智能化开采。

1. 透明工作面地质建模技术

工作面透明化是逐级和动态建模的过程。按照工作面数据产生的阶段和频度，将透明工作面的探测、监测和生产揭露数据分为静态数据、动态数据和实时数据。静态数据是指工作面巷道掘进前得到的数据，主要有地面钻探、物探等数据。动态数据是指工作面巷道掘进和工作面回采期间得到的更新数据，主要有井下钻探、物探和巷道揭露实测等数据，数据主要通过人工采集完成。实时数据是指在工作面回采过程中获得的监测数据，主要有随采地震、电磁法监测、微震监测等数据，数据实时生成、数据量大，数据接收、传输和处理通过采集系统、通信系统和处理中心自动完成。

常规钻探资料精度高，但数据空间密度有限。井下定向钻探主要在目标层位钻进，通过孔中测量可提高工作面模型数据密度。钻探成果主要为深度域的点、线数据，能够表征工作面的几何和属性特征。高密度三维地震，能够对煤层起伏、埋深、厚度和构造等进行高精度探测，通过属性提取和反演，预测地层属性参数。地震数据为时间域的体数据，其成果能够表征工作面的几何和属性特征。槽波探测与三维地震勘探相比，与目标体距离更近，能够探测出煤层内更小的异常体，是工作面内部小断层和陷落柱高精度探测的有效手段。槽波数据属于时间域的面数据，其成果能够表征工作面的几何特征和属性特征。地面和井下电磁探测，可获得煤层及顶底板的空间电阻率分布，预测可能存在的隐伏含水体，推测可能的含水构造。工作面电磁法可对回采影响下煤岩体的电性变化进行实时、动态监测。电磁法探测、监测数据属于时间域、频率域的面数据和体数据，其成果能够表征地层属性特征。钻孔雷达对钻孔周围的地质界面进行探测，其精度能够达到厘米级。钻孔雷达数据属于时间域的线数据，其成果能够表征工作面的几何特征。随采地震能够对回采过程中产生的震动信号进行实时监测，通过分析处理，反演回采工作面前方的地质模型。随采数据属于时间域的体数据，其成果能够表征工作面的几何特征和属性特征。

透明工作面多属性动态模型的构建是以三维地震数据体为基础框架，以钻探、采掘数据、钻孔雷达、随钻地震等为动态标定，以槽波探测和电磁法探测数据为构造、含水体和属性填充，以微震监测、电磁法监测和随采地震为同步实时映射依据的一体化综合建模流程，如图3-43所示。

动态建模基于静态、动态和实时数据的全程融合。以探测、监测和采掘数据为基础，进行数据空间配准，采用交叉验证和联合反演等方法，对多属性数据进行分析、验证、标定和属性参数反演，丰富地质数据，提高数据精度和密度。在数据融合的各个阶段，构建不同精度的地质模型，以煤层开采前数据构建初始模型，动态融合采煤中产生的动态和实时数据，采用自动搜索、内插和网格化等技术，实现开采前方模型局部快速更新和实时可视化。

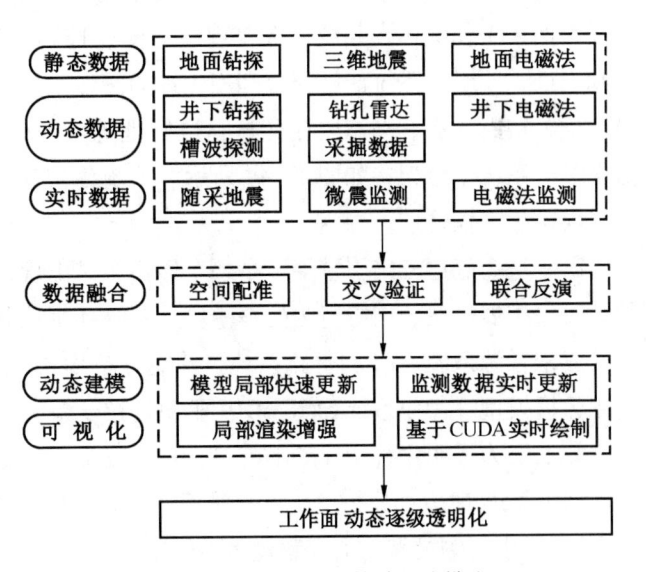

图3-43 工作面多属性动态建模流程

透明工作面动态三维可视化可实时准确刻画工作面的变化情况。通过更新线程和渲染线程，降低地质监测数据更新对模型渲染性能的影响，更新线程实现实时数据转换为渲染数据结构，渲染线程实现数据快速写入显存和计算。当构建模型的数据量较大时，模型整体更新耗时长，基于智能判断的局部自动更新机制，可实现模型任意局部更新，及整体模型的无缝合成。采用多层次细节（LevelofDetails，LOD）技术和模型显示范围裁剪处理技术优化渲染性能。当工作面模型在远处或快速移动时，通过减少图形管道阶段顶点转换的工作负载，控制像素复杂度，分级别显示模型细节，提高渲染效率。通过 CPU 内部的实时计算对显示区域外的模型进行预裁剪，降低 GPU 和 CPU 的负载，提高渲染速度和显示质量。为将模型的动态变化过程和演变趋势进行平滑表现，在模型的变化过程中对模型的空间位移和形态变化数据进行三次函数拟合平滑处理，在顶点着色器中对模型的状态改变进行插值，增加显示的帧数，将模型的动态变化过程进行平滑。透明工作面模型除了外部的几何形态的表面绘制，还包含内部的地层物理属性的反映，采用实时体绘制技术对属性模型进行实时绘制，可实现对多物理场数据的实时光线投射体绘制。

2. 4D-GIS 透明化矿山管控平台

煤矿生产环境复杂多变，为了实现安全生产的目标，需要地测、一通三防、机电、生产等业务部门紧密协同，实时处理，并结合井下人员定位、视频、轨道运输、皮带、提升、安全监测、瓦斯抽采、供电、排水、大型机电设备等大量监控系统来保证对井下信息的全方位掌控，以保证安全生产。运用先进的信息化技术、自动化技术，借助物联网、大数据和云计算等最新发展成果构建智能矿山，以信息化手段推进煤炭生产方式变革，是新常态时期降低安全事故、提升生产效益的必然举措，是煤炭企业在资源、安全、环保政策的强力约束下，应对严峻市场危机、促进企业转型升级的必然选择。目前，我国煤炭行业全面的智能矿山建设已经提上议事日程，其关键技术之一就是实现煤矿空间信息管理的一体化、协同化。

透明化矿山管控平台是在统一的网络环境下利用时态地理信息系统和虚拟现实等技术全面构建的矿井和回采工作面仿真系统，以实现"监测、控制、管理"的一体化、可视化，以及历史信息的回溯和查询。同时，系统能够充分利用先进的图形学技术，提供矿井、巷道和工作面的自动化建模、实时渲染、实时光影、动态内存（显存）管理等可视化技术支撑，支持远程控制、单人和多用户协同操作等。系统平台架构如图 3-44 所示。系统分为三层：底层三维引擎层、透明化智能煤矿平台层、智能煤矿生产操作层。

第一层为底层三维引擎层，是整个透明化矿山管控平台的基础，它包括启动核心控制模块、专业领域对象扩展模块、网络行为处理模块、系统环境控制模块、脚本语言、角色控制模块、后期处理特效、三维音源系统、AI 与寻路系统、性能分析模块、地形系统、材质系统、装备载具控制、点线面基础数据模型、操作系统 SDK、GUI 驱动、粒子系统、物理仿真系统和植被系统等。

第二层为透明化智能煤矿平台层，是在三维引擎之上开发的算法处理层，包括如下五大部分：

（1）数据建模：高精度矿区地质模型、高精度工作面地质模型、关键场所机电设备模型、巷道/采空区/积水区等模型、地表和地表工厂模型。

（2）数据存储：分布式文件存储、生产业务数据库存储、地测模型数据存储、综合自动化实时数据库存储和时空数据高性能检索。

（3）数据可视化：井上下基础漫游、自适应 UI 界面生成、三维空间查询、三维空间量测、历史数据回溯与三维数据更新。

（4）空间分析：三维通风实时解算、三维避灾路线生成、三维缓冲区分析与预警、监测设备布置与数据绑定、设备效能分析。

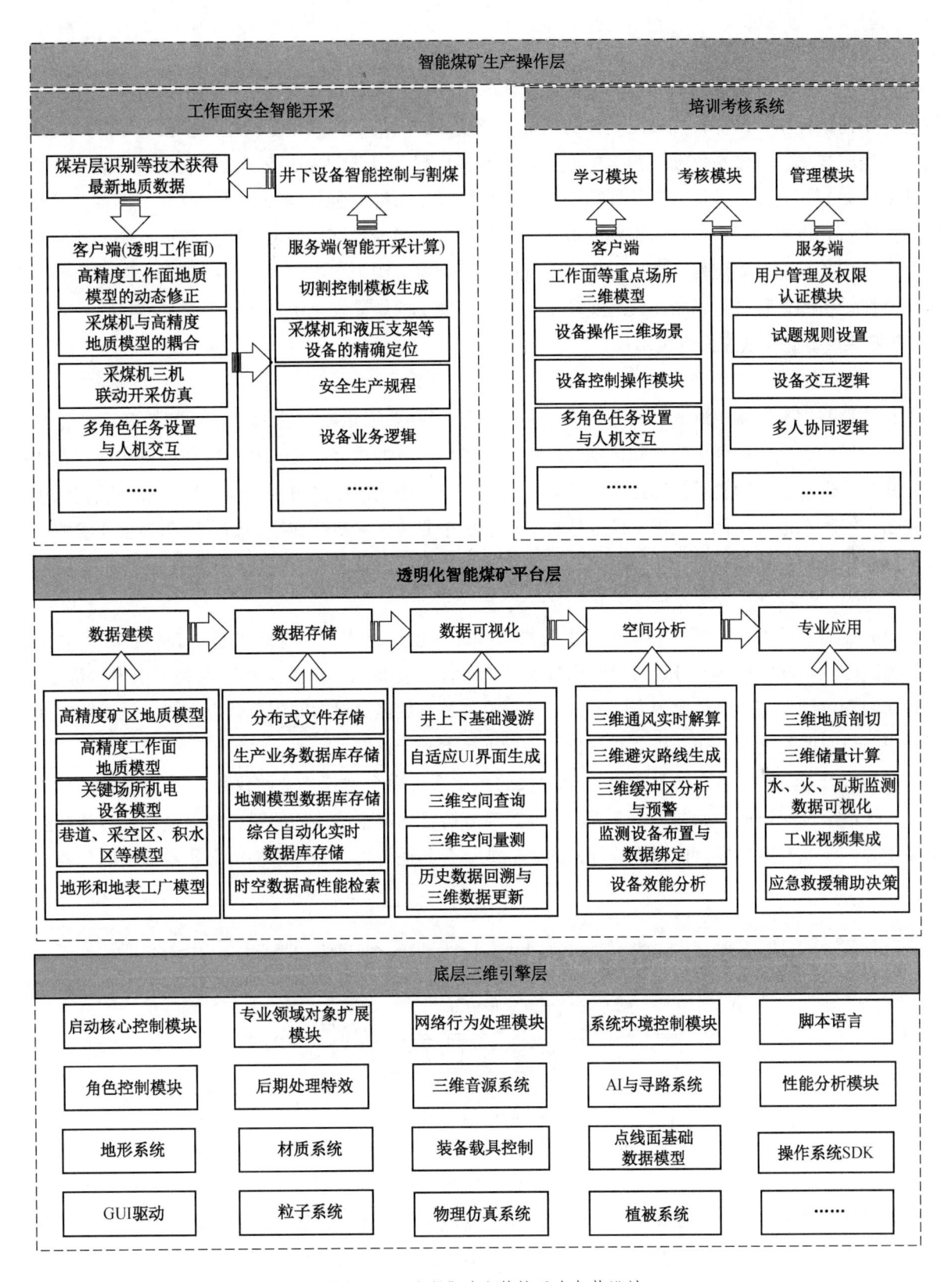

图 3-44 透明化矿山管控平台架构设计

(5) 专业应用：三维地质剖切、三维储量计算、水/火/瓦斯监测数据可视化、工业视频集成和应急救援辅助决策等。

第三层为智能煤矿生产操作层,包括工作面安全智能开采和培训考核系统两个部分。工作面安全智能开采的系统中,采煤机和液压支架的精确定位技术、三维工作面设备模型建模技术、三维高精度工作面生成技术、三维角色动作技术构成了系统的客户端,根据设备业务逻辑和安全生产规程,对智能开采的截割控制模板进行后端的计算和自动生成构成了系统的服务端。通过控制井下设备信号开展割煤工作,并得到煤岩层等技术识别的最新地质数据,将最新数据反馈给透明工作面系统,从而形成一个自适应的智能开采流程。在培训考核系统中,则重点应用了多人协同逻辑和设备交互逻辑,对多角色操控设备的过程进行判断,最终实现了基于虚拟现实的煤矿安全生产培训考核功能。

3.6.2 智能化快速掘进技术

1. 掘进机位姿检测与导航技术

巷道是截割断面累积形成的,巷道的质量标准不仅有巷道走向位置偏差,还包括断面的轮廓形状。巷道形状取决于截割头的空间位姿,最终由掘进机机身的位姿参数以及截割臂的机构运动参数决定。其中掘进机位姿的实时检测最为关键,在此基础上才能完成掘进机截割头精准定位、截割轨迹自主规划,实现掘进智能化。掘进机位姿包含了掘进机中心位置和机身在空间的姿态角等重要参数。通过传感器组获得掘进机位置和机身姿态相关的原始数据,对这些数据进行处理获得掘进机的位姿参数。

(1) 惯性导航技术。惯性导航系统由陀螺仪和加速度计组成,可以测量载体在惯性参考系下各轴的角速度和各向加速度,分别对时间积分后获得载体的姿态角和位置。其优点是不依赖外部信息,短时间内测量精度高,能够实现实时测量;缺点是位姿参数经过对时间积分计算获得,误差随时间逐渐累积,长时间精度差,初始校准时间长,且价格高不利于推广。

(2) 基于全站仪的测量方法。基于全站仪的测量系统由全站仪、全站仪后方的定位棱镜和若干个机载棱镜或标靶组成,如图 3-45 所示。通过后方棱镜确定全站仪的位置,然后全站仪自动搜索机载棱镜并确定其空间坐标,根据机载棱镜的坐标或结合其他传感器测量结果解算机身的空间位姿。

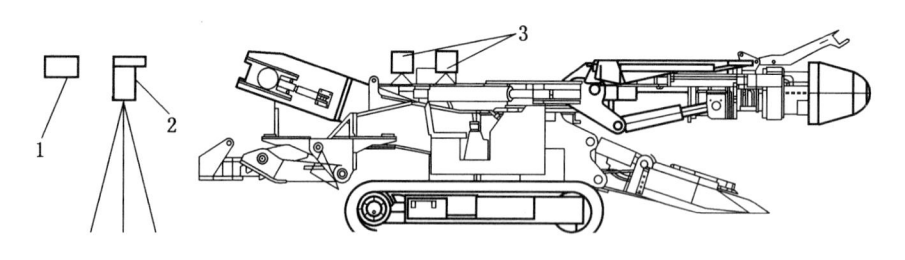

1—定位棱镜;2—全站仪;3—机载棱镜

图 3-45 基于全站仪的位姿检测系统

按照测量原理可分为两棱镜法、三棱镜法、多棱镜法和激光标靶法。两棱镜法是在掘进机机身上安装两个棱镜,使用全站仪测量两棱镜的位置,并结合倾角传感器获得的滚动角和俯仰角数据来解算掘进机位姿的方法。德国 VMT 公司研发了基于两棱镜法的 TUnIS 巷道掘进机导向系统,使用全站仪和传感器连续自动确定掘进机机身和截割头姿态,利用截割头实时数据生产虚拟煤巷形状数字模型,该系统在煤巷掘进的应用效果还有待实践检验。三棱镜法是利用三点定位原理,使用全站仪测量安装在机身上的三处棱镜的位置，解算获得掘进机位姿的方法。三棱镜法测量系统相对简单，成本低。

全站仪测量方法的主要问题是棱镜测量不同步。掘进机行进过程中前后测量的时间差导致两棱镜位置测量是在不同的机身坐标系下进行的，测量基准不统一引入计算误差。基于卡尔曼滤波理论，对棱镜位置进行预测补偿，可以降低测量不同步问题带来的误差。此外，掘进机工作状态下振动剧烈，与机载棱镜相比，全站仪激光校准困难，导致测量系统失效，是将全站仪位姿检测应用于煤巷掘进亟须解决的问题。

（3）激光引导法。该技术在巷道后方安装激光发射器作为基准，该装置能够在铅锤面内发射扇形激光束，指向掘进机机身上安装的激光接收器。激光接收器可以记录入射光斑的位置，当机身发射偏移时入射光斑的位置随之发生变化，对其进行解算可以获得掘进机的位姿。该方法通过了井下工业应用实验，但是目前还存在一些问题：第一，激光发射器的初始定位依赖点激光指向仪，施工效率低；第二，测量精度随着推进距离逐渐降低；第三，井下粉尘浓度高，激光发射器照射距离有限。

（4）机器视觉技术。机器视觉技术是使用工业相机采集目标图像，应用图像处理算法提取信息的技术。近年来机器视觉技术在各个领域得到快速的发展，基于机器视觉的掘进机位姿检测技术有多种不同实现的方法。一种方法是以掘进机截割臂上安装的红外标靶作为特征信息，利用相机采集激光束和光斑图像并进行特征提取，通过位姿模型解算，获得机身及截割头位姿测量。

（5）基于空间交汇测量技术的测量方法。测量系统由激光发射器、激光接收器、二维运动平台及高精密计时模块组成。激光发射器安装在悬臂式掘进机机身的不同位置，可以自主旋转发射激光平面。记录激光平面旋转的角度数据，当同一激光接收器接收到来自不同位置的激光平面后，对角度数据进行解算即可得到激光接收器三维坐标，最终解算出掘进机的空间位姿。

2. 掘进机断面成形自动控制技术

巷道的断面成形质量和精度对后期的巷道维护，综掘、综采装备的智能化、自动化控制具有重要的影响，巷道的成形精度由掘进机的运动精度所决定。在复杂的巷道工作环境中，掘进机运动控制的特殊性体现在以下几点：①巷道是截割断面累积形成的，巷道的成形质量取决于截割头在空间的位姿，最终由掘进机机身的位姿参数以及截割臂的运动参数决定；②在一个作业循环内，掘进机行走和截割断面不是同时进行的，机身的自主纠偏控制可以视为二维平面运动控制问题，截割头的运动控制可以看作在当前机身位姿下轨迹规划问题；③掘进机工作负载大，截割煤岩时甚至会发生掘进机机身偏转的现象，同时液压系统负载大响应缓慢，容易出现"死区"现象，这都增大了控制难度。

（1）掘进机自主纠偏控制。掘进机是一种履带式行走机构，此类机构广泛应用于多种场合。全液压推土机直线行驶纠偏系统采用基于"小量逼近"原理的纠偏方法，其控制原理为：控制器每一扫描周期，快速侧的泵排量减少一个小量，同时慢速侧的泵排量增加一个相同的小量，借助于控制器的高速处理能力，短时间就可以达到两侧速度的平衡，而且因为每次纠偏量很小，所以不会产生过调与振荡。小量纠偏方法比PID纠偏方法更为简单易行，实验效果良好，但是该控制方法基于速度偏差的控制，缺乏与位姿检测参数的结合，并不是一种定向控制策略，并不能完全满足掘进机自主纠偏的要求。深海采矿集矿机作业车行走控制系统通过"惯导+多普勒计程仪"的组合导航方法，以及声学定位系统实现采集作业车姿态、位置的检测和轨迹跟踪，为智能行走控制提供实时精确的姿态、位置数据反馈。采用分层控制方案，结合采集数据，采用增量型积分分离的PID控制算法进行履带速度控制，实现集矿作业车的自动定向行走。

（2）断面自动截割成形控制。断面自动截割成形控制是在掘进机位姿检测和机身自主纠偏基础上，对截割臂的运动进行控制，规划截割头的轨迹，实现巷道断面准确成形的技术。截割头空间行走轨迹由截割臂相对于掘进机机体的垂直摆动与水平摆动实现。由断面自动截割成形控制运动学分析，得出截割头空间位置坐标与油缸伸缩量及截割臂摆动角之间的几何关系式。控制截割头按设定工艺流程截割出规整断面，减少无用掘进量和充填量，提高掘进效率。

在截割过程中通过运动学分析建立截割臂与断面尺寸间的几何关系，设计计算程序和研究方案，结合传感器和自动检测装置，通过PLC编程控制截割臂带动截割头沿设定轨迹运动，获得规整断面量。选取合适的传感器采集截割臂垂直及水平摆角信号，经过A/D转换器输入PLC，通过PLC数据处理发出控制信号经D/A转换器驱动比例放大器控制截割头的摆动角度，控制其按设计路径准确截割，避免超挖和欠挖现象。

3. 掘进机自适应截割技术

煤、岩石硬度的变化使截割的工作载荷发生突变，导致截齿、油缸和截割电机等部件发生冲击损坏。为了使截割的过程平稳，掘进机的截割参数应该能够适应工作载荷的变化。煤岩硬度的变化会对截割功率造成影响，同时也会给系统带来冲击和振动。当煤岩硬度较大或者分布复杂交错时，操作人员会人为降低截割和进给速度。自适应截割控制是使截割臂摆动速度或截割速度与工况自适应匹配的技术，可以使截割过程更加稳定。

按照综掘的施工工艺，掘进深度在截割过程中不能随意调节，同时考虑掘进机自身结构的限制，一般靠控制截割臂的摆动速度以及截割头的转速来适应工作载荷的变化，使截割的功率保持恒定，达到所谓的自适应截割。当然，对上述两参数的控制是建立在煤岩界面准确和及时识别基础上的。截割头转速、截割臂摆动速度和工作载荷之间存在最优的参数匹配，对其优化求解是该领域研究的重点。

一般靠调整反馈电流的大小控制驱动油缸的流量，进而控制截割臂的摆动速度，截割电机的转速可以通过直流调速和变频调速等方式进行。为了使截割臂摆动速度或截割电动机转速与工况自适应匹配，国内外开始尝试采用模糊控制、神经网络等人工智能算法，使控制精度和性能得以提高。

4. 自动化锚护技术

锚杆钻机的钻进控制主要由人工手动控制，依赖操作人员的工作经验，费事费力，且不恰当的回转速度和推进力常导致钻杆别杆、断杆甚至钻机停机等故障，大大影响采掘过程的整体效率。自动化锚护技术是解决煤矿无人、少人开采的必然途径，国内外的现有锚杆钻机在钻头角度调整、钻孔深度控制等方面具备一定自动控制功能，但真正意义上的自动化锚杆钻机还是具有较大差距。

（1）锚护位置自动定位技术。给定巷道断面的几何形状，或根据其他测量方法收集获得作业巷道截面的几何位置数据，建立巷道截面的数学模型，计算出该巷道钻孔位姿与钻机间的坐标变换关系，再通过坐标逆变换，获取钻机分度机构的各控制参数值，按锚杆孔眼的设计参数要求，来定位各锚杆的施工安装方位，再进行打眼作业以保证锚杆支护的设计质量要求，从而提高锚杆支护的安全性能和工作效率。

（2）智能锚钻集中控制系统。锚护设备一般机载2~10台钻臂，在有限的巷道工作空间内，必须有合理的钻臂布局设计和运动轨迹规划与控制，才能在保证锚护效果的同时有效防止钻臂、钻架与障碍物之间的碰撞概率，避免钻臂与钻臂之间，钻臂与钻架之间，钻架与钻架之间的干涉。目前，锚护设备中每个钻臂都是单独通过工人操作完成施工作业，各钻臂之间没有运动约束，但在作业过程中存在作业空间重合，因而会发生碰撞干涉。在作业过程中，为避免钻臂之间发生碰撞干涉，需要建立集中的控制系统来合理分配作业任务，以及实时检测钻臂之间的位置关系。此外，通过集中控制系统还可记录每个锚杆孔的位置和锚杆编号，后期可通过锚杆编号查询锚杆的支护力和顶板状态信息。

（3）自动化药卷安装技术或自动锚固式锚杆。锚杆安装过程要求简便易行、迅速，现有锚杆安装过程前，先将药卷装入锚杆孔，再通过锚杆转动实现药卷的搅拌，药卷凝固后将锚杆粘牢在孔内壁上，实现锚杆的安装。因药卷与锚杆两者是分体的，如仍采用手动装药卷的工艺方式进行药卷的安装，会降低锚杆的安装效率和成功率，可采用自带药卷式锚杆或自动锚固式锚杆，减少锚杆的安装环节，实现锚杆自动安装效率的提高。

（4）自动铺网技术。研制锚网卷筒及锚网切断机构，使用前先将锚网缠绕在滚筒上，切断机构根据锚护工艺要求切出适合尺寸的锚网大小，再将锚网传送给全自动铺网装置，铺网装置与锚杆钻车配套使用，可实现片网的自动铺网功能，解决现有锚杆支护方式存在的铺网自动化程度及效率低、工人劳动强度大、工作环境恶劣、安全性差的问题。

5. 快速掘进成套装备的多机智能化联控技术

快速掘进装备的智能化对各设备的定位精度、运行平稳性、设备稳定性、容错能力、自适应性等提出了更高的要求，成套装备的协同控制也是以单机设备的智能化为基础，同时增加成套装备的感知、决策和智能化控制功能，并在高粉尘、湿度、背景噪声等环境下，完成信号的高精度采集、传输、控制，为了实现感知信号、测量数据的实时跟踪、准确记录、分析判断，在复杂的信息环境下，以往单目标、少目标的传统控制方法已经无法满足多机多性能指标的控制要求，控制系统需要智能化程度更高、实用性更强的多目标智能控制算法。需要建立快速掘进系统自动化专家决策系统，融合"人、机、环、管、控"过程的数据及信息，并进行深度数据融合与挖掘，从而建立起一套基于数据挖掘技术的综采综掘工作面自动化专家决策系统，提高快速掘进装备的智能决策水平。

（1）信息融合与通信技术。随着煤矿采深的增加和巷道长度、断面尺寸的不断增加，成套装备的协同工作环境日趋复杂。采用单一类型的传感器是无法完成设备–设备，设备–环境，设备–人间的感知的，从而必然需要数量众多的多种传感器相互协同工作。亟须实现掘进工作面的掘进、锚护、运输、破碎等生产过程，以及掘进设备整机在时间、空间、工艺、参数等实时状态信息的感知，做到不同传感器感知参数间的扬长避短、优势互补，提高整套设备对生产环境的适应能力。

为了实现掘进设备、锚护设备、输送设备间的协同，各设备之间应该共享一些信息，为了尽可能地满足协同的需要，各设备内部信息量非常丰富，如果将全部信息进行共享，会严重影响信息的传输速度，导致通信延迟和信息异步，所以完成各设备间的可靠协同通信，既要建立稳定健全的通信网络和接口协议，还要明确各设备之间应该如何交换信息、交换哪些信息、交换信息周期、信息的传递方向与顺序，不能把每台的所有信息与其他设备全部共享，以免影响网络通信的效率和可靠性，防止设备间协同工作过程中出现不必要卡顿或错误动作。

（2）协同感知与信息共享技术。快速掘进装备中各单机结构非常复杂，特别是锚固设备中机载的钻机数量多，钻机运动关节多，各设备之间及设备内部各机构之间还需要紧密的工序和动作连接，才能完成巷道的掘进工作。巷道空间狭小、管路繁多，为了保证工作过程中的安全性和可靠性，机构–机构、设备–设备、设备–环境及人–设备–环境之间的位置和运动感知是协同控制的基础，具体内容包括：运输设备协同控制、可弯曲带式输送机和迈步自移机尾协同控制、掘进设备与锚护设备的协同控制、锚护设备与可弯曲带式输送机协同控制等。

运输设备协同控制系统可以实现逆煤流启动、顺煤流停车和设备间的联动闭锁等功能。掘进设备与锚护设备的协同控制功能是通过传感器精确地感知两设备间的距离和相对状态，保证掘进设备输出的煤块落入锚护设备前面的料斗中，并且能够保证两设备保持同步工作。此外，还要注意掘进系统开设联络巷时，掘进设备与锚护设备改变了原有的正常工作状态，这时需要锚护设备的状态随之产生一定的改变。

锚护机与自移输送机协同控制，建立在两设备之间的无线通信网络基础之上，通过相互之间的信息传输，可以得知两设备间的相对信息和移动方向。当其中的任一设备向前或者向后移动时，另外一台设备也将随着一起向前或者向后移动，从而增加设备移动的牵引力，实现整套设备的快速移动，提高巷道的掘进速度。

设备－人－环境间的协同控制需要各设备能够对非工作区域内的人进行感知和预警，并对巷道的顶板状态信息、瓦斯、水等进行实时监测。当非工作区域有人员进入时或巷道顶板冒落、瓦斯和水突出时，各设备应开启紧急制动模式，保证巷道掘进过程中的安全。

成套装备中各设备间的感知信息要进行信息交换与共享，单一设备可能测量不到某目标。但可以通过其他设备的测量信息获取，保证了系统内信息的整体性和完备性。此外，成套装备的信息还要与其他系统的信息进行共享，如巷道地质信息、围岩状态信息、锚护信息及掘进辅助系统信息等。通过多系统间的信息共享，才能真正实现快速掘进系统的高效性和安全性。

（3）集中监控技术。掘进工作面的设备每天都会随着巷道的向前推移而移动，设备的系统比较庞大，控制的动作较多，设备间的协同控制功能较多。因此，需要在快速掘进工作面中设计一套集中控制中心。一方面通过控制中心可以监控整个快速掘进工作面设备的工作状态和动作参数，另一方面可以为工作面的所有设备提供配电功能，实时监控每台设备的用电情况。它应该是一个具备集供配电、设备状态监控、视频监测、无线数据网络管理和数据上传功能于一体的集中控制中心，并可在地面对工作面设备进行远程监控，逐步形成快速掘进工作面控制系统，实现以工作面自动控制为主，监控中心远程干预控制为辅的工作面自动化生产模式。

3.6.3 智能化开采技术

煤矿智能化是采用物联网、云计算、大数据、人工智能、自动控制、移动互联网、智能装备等技术，促使煤矿开拓设计、地测、采掘、运通、洗选、安全保障、生产管理等主要系统形成具有自主感知、智能分析与决策、精准控制与执行的能力。由于我国煤层赋存条件复杂多样，不同煤炭生产企业、矿区对煤矿智能化开采的要求、技术路径、发展水平、发展目标等存在较大差异，且受制于智能化开采技术与装备的发展水平，各类煤矿智能化开采模式并不是齐头并进同步完成，而是要针对不同煤层条件进行分层次、分阶段、分目标逐步推进，通过建设不同类型的煤矿智能化开采模式示范矿井，以点带面推进煤矿智能化建设向纵深发展。

1. 薄及中厚煤层智能化无人开采模式

对于煤层厚度小于1.0 m、赋存稳定、煤层硬度不大、顶底板条件较好的薄煤层，应优先采用刨煤机智能化无人开采模式，实现工作面智能化无人开采。对于煤层厚度大于1.0 m、赋存条件较优越的薄及中厚煤层，则应优先采用滚筒采煤机定位导航与智能化无人开采模式，与刨煤机智能化无人开采模式相比，主要是采用了基于LASC系统的采煤机定位导航与直线度自动调控技术、基于4D－GIS

煤层建模与随采辅助探测的采煤机定位导航与智能调高技术,实现采煤机对煤层厚度的自适应截割,如图3-46所示。

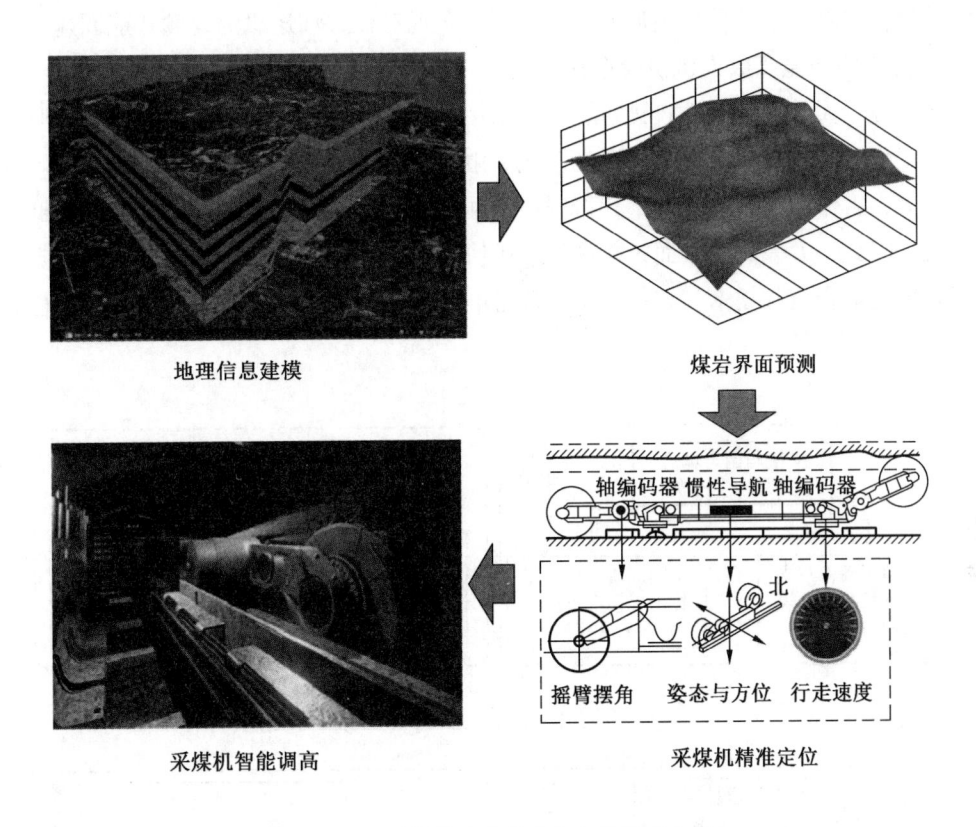

图3-46 采煤机定位导航与智能调高技术

为了适应薄煤层工作面狭小作业空间对采煤机尺寸的要求,采用扁平化设计,降低采煤机的机面高度,并采用扁平电缆装置,提高采煤机的适应性。基于矿井地质勘探信息建立待开采煤层的4D-GIS信息模型,并在巷道掘进过程中采用钻探、物探等技术对待开采煤层的煤岩分界面进行辅助探测,基于实际探测结果对4D-GIS信息模型进行修正,实现对煤岩分界面的预知预判;采用惯性导航技术对采煤机的行走位置及三维姿态进行实时监测,并利用轴编码器对采煤机的位置进行二次校验;基于上述煤岩界面预测结果对采煤机的截割路径进行规划,并根据采煤机的精准定位及煤岩界面预测结果对采煤机摇臂的摆动角度进行控制,满足工作面不同位置采煤机截割高度的变化,实现采煤机截割高度的智能调整。

针对顶底板赋存条件较好的薄及中厚煤层,提出了薄及中厚煤层半截深高速截割工艺,这种截割工艺采煤机的截深为正常截深的一半,通过降低采煤机的截割深度来提高采煤机的截割速度。采煤机采用半截深斜切进刀割煤方式,进刀完成后直接进行正常割煤,不返回截割三角煤;采煤机下行割煤时将上一刀的三角煤进行全截深截割,降低了采煤机往返截割三角煤的时间,可以大幅提高采煤机的截割速度与截割效率。为了实现液压支架快速跟机移架,液压支架采用间隔移架的方式,满足采煤机快速截割的要求。

工作面煤流运输采用基于煤量智能监测的智能调速技术,刮板输送机智能控制器通过对采煤机的截割速度、位置等信息，计算得出采煤机理论的瞬时落煤量及刮板输送机的煤流赋存量，并将计算结果与刮板输送机的输出转矩值对应的负载进行对比，从而对刮板输送机的转速进行智能调控。基于刮板输送机的煤流量监测结果，采用类似的方法，可以实现对带式输送机的变频智能调速。

2. 大采高工作面智能高效人机协同巡视模式

对于煤层厚度较大、赋存条件较优越、适宜采用大采高综采一次采全厚开采方法的厚煤层，则可以采用大采高工作面智能高效人机协同巡视模式。由于采煤机一次截割煤层厚度加大，导致工作面围岩控制难度增大，工作面极易发生煤壁片帮冒顶及强动载矿压等安全事故，且重型装备群的智能协同控制难度增大，因此，大采高工作面智能高效人机协同巡视模式的关键技术为基于液压支架与围岩耦合关系的围岩智能耦合控制技术与装备、重型装备群的分布式协同控制技术与装备，其控制逻辑如图3-47所示。

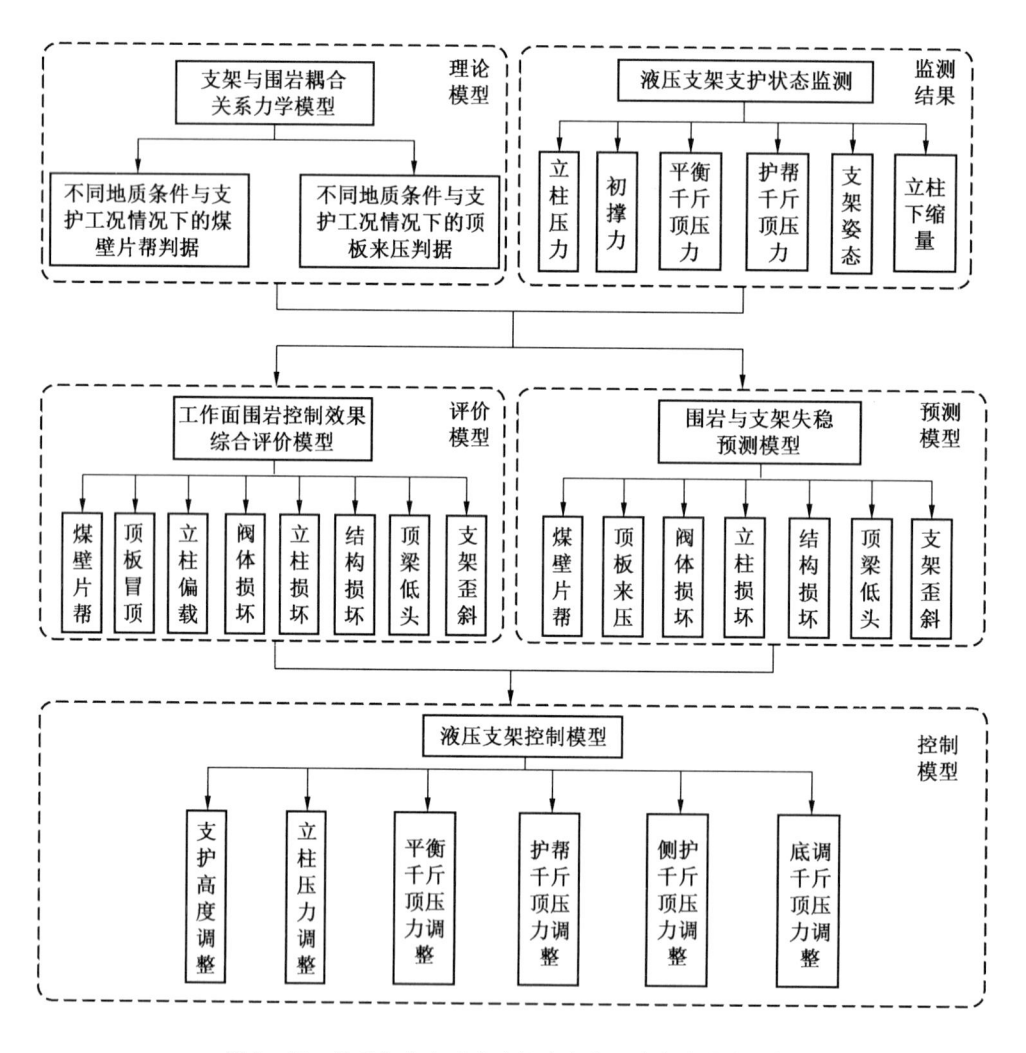

图 3-47 基于智能自适应液压支架的围岩智能控制逻辑

采用集成智能供液系统实现工作面供液要求，通过系统平台和网络传输技术将智能供液控制系统有机融合，实现一体化联动控制和按需供液；采用智能变频与电磁卸荷联动控制功能，解决工作面变流量恒压供液的难题；通过建立基于多级过滤体系的高清洁度供液保障机制，确保工作面液压系统用液安全。通过采用液压支架初撑力智能保持系统及高压升柱系统，保障液压支架初撑力的合格率，提高液压支架对超大采高工作面围岩控制的效果。

综采装备群分布式协同控制的基础是综采设备的位姿关系模型及运动学模型，需要对综采装备群的时空坐标进行统一，并对单台液压支架、液压支架群组、综采设备群组的位姿关系进行分层级建模与分析。基于综采设备群智能化开采控制目标，分析液压支架、采煤机、刮板输送机等主要开采设备之间的运行参数关系，进行综采设备群的速度匹配、功率匹配、位姿匹配、状态匹配等，实现综采装备群的智能协同推进。

3. 综放工作面智能化操控与人工干预辅助放煤模式

对于煤层厚度较大、赋存条件较优越、适宜采用综采放顶煤开采方法的厚煤层，可采用综放工作面智能化操控与人工干预辅助放煤模式。由于放顶煤工作面采煤机截割高度不受煤层厚度限制，因此不需要采用采煤机智能调高技术，但仍然需要根据煤层底板起伏变化对采煤机的下滚筒卧底量进行智能控制。

综放工作面智能化操控与人工干预辅助放煤模式的核心技术为放顶煤智能化控制工艺与装置，根据放顶煤智能控制原理的差异，可根据放煤工艺流程将其分为时序控制自动放煤工艺、自动记忆放煤工艺、煤矸识别智能放煤工艺，其中时序控制自动放煤工艺主要是通过放煤时间及放煤工艺工序对放煤过程进行智能控制，当放顶煤液压支架收到放煤信号时，将放煤信号发送至放煤时间控制器，对放煤时间进行记录，并将放煤执行信号发送至液压支架控制器，通过打开液压支架放煤机构的尾梁插板进行放煤。当达到预设的放煤时间时，则将停止放煤信号发送至液压支架控制器，通过关闭液压支架放煤机构的尾梁插板停止放煤。

由于煤层厚度、硬度、采煤机截割高度等的差异，放煤步距可以分为一刀一放、两刀一放、三刀一放等，放煤方式又可分为单轮顺序放煤、单轮间隔放煤、多轮顺序放煤、多轮间隔放煤、多轮多窗口放煤等，可以根据放煤步距、方式、工艺流程等选择上述智能化放顶煤工艺控制流程的一种或同时采用几种共同进行放煤工艺流程的智能控制。综放工作面智能化放顶煤工艺控制流程如图3-48所示，通过采煤机上的红外发射器与液压支架上的接收器实现采煤机与液压支架相对位置的确定，基于采煤机与液压支架的相对位置，在采煤机截割方向提前3~5架收回液压支架护帮板，并同时开启智能喷雾装置，采煤机后滚筒截割完成后及时打开液压支架护帮板，推移前部刮板输送机，并利用液压支架智能放煤装置进行放顶煤动作，待智能化放顶煤相关动作完成后，拉移液压支架，完成一个放煤工艺循环。

由于特厚煤层一般均存在多层夹矸，且煤层厚度一般赋存不稳定，采放平行作业工艺复杂、智能控制难度大，现有智能化开采技术与装备尚不具备进行无人化的条件，放煤过程仍然需要采取人工进行干预，即基于智能化操控与人工干预辅助的综放工作面智能化开采模式。

4. 复杂条件机械化+智能化开采模式

对于煤层赋存条件比较复杂的工作面，现有智能化开采技术与装备水平尚难以满足智能化、无人化开采要求，应采用机械化+智能化开采模式，即采用局部智能化的开采方式，最大程度的降低工人劳动强度，提高作业环境的安全水平。

针对倾斜煤层及存在仰俯角的煤层，刮板输送机极易发生啃底、漂溜、上窜、下滑等问题，在配套智能自适应液压支架、智能调高采煤机、智能变频刮板输送机等装备的同时,还应配套刮板输送机智能调斜系统,通过监测刮板输送机的三向姿态、刮板输送机与液压支架的相对位置等,以预防为主,通过对采煤机的截割工艺、工序控制实现对刮板输送机的智能调整。虽然智能自适应液压支架能够实现对液压支架的压力及三向倾角进行监测与控制,但当工作面倾斜角度较大时,仍然需要通过人工进行液压支架调斜。对于这类煤层条件,采用机械化+智能化开采模式,虽然仍然需要一定数量的井下作业人员进行操作,但采用部分智能化的开采技术与装备,可以大幅降低井下工人的劳动强度,提高开采效率和效益。

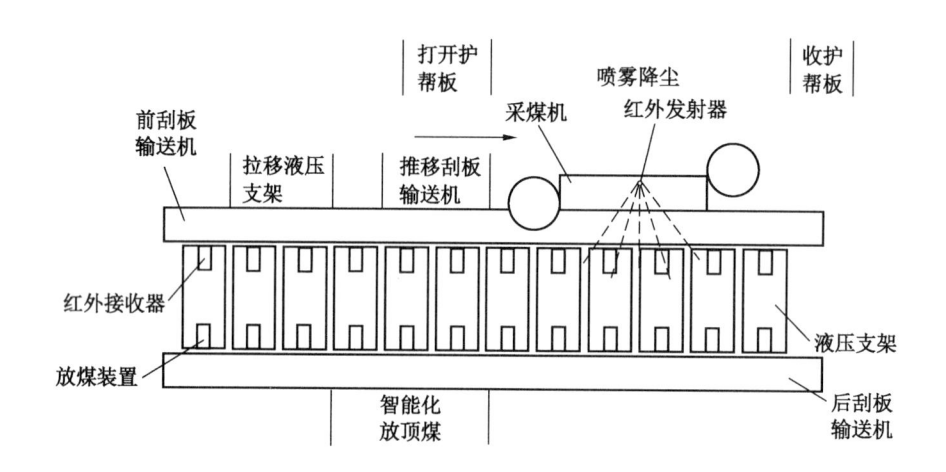

图 3-48 智能化放顶煤工艺控制流程

目前,基于液压支架电液控制系统的液压支架自动跟机移架、采煤机记忆截割、刮板输送机智能变频调速、三机集中控制、超前液压支架遥控及远控、智能供液、工作面装备状态监测与故障诊断等智能化开采相关技术与装备均已日益成熟,这些技术与装备虽然尚不足以实现复杂煤层条件的无人化开采,但仍然可以在一定程度上提高复杂煤层条件的智能化开采水平,并且随着智能化开采技术与装备的日益发展进步,复杂煤层条件的智能化开采水平也将逐步提高。

5. 综采自动化控制系统

综采自动化控制系统在综采装备单机自动化基础上,建立一套以监控中心为核心,以工作面视频、以太网、音频、远程控制为支持的集中自动化控制系统,实现工作面"有人巡视、无人操作"远程可视化干预模式,将人员从危险的工作面采场解放到相对安全的顺槽监控中心及地面调度指挥中心,降低了工人劳动强度的同时使工人劳动安全水平得到极大提升。该系统融合了工作面各类数据,以实现综采工作面的智能化控制,包括:直线度控制、伪斜控制、仰俯采控制、三机协同控制等,以及三维虚拟现实技术、视频监控技术、控制系统软件技术、手持终端软件、设备故障诊断、流媒体等各类技术,是一套较为复杂的综合自动化控制系统。

综采自动化控制系统在工作面原有采煤机、液压支架、刮板输送机等单机子系统的层级之上构建了统一开放的1000M工业以太网控制网络,辅以无线局域网、无线多跳自组网技术搭建综采工作面信息高速公路,实现有线、无线网络终端的即时快速接入,实现单机设备信息汇集到顺槽监控中心的隔爆服务器上,供其分析决策与控制;系统以组态软件为基础平台,将各种自动化系统和管理系统连接起来，从而打破信息孤岛，解决企业信息化建设中的信息集成存在的难题；系统采用统一开放的 Ethernet/IP 通信协议，将输送机、转载机、破碎机、泵站等各自独立的控制主机全部就近接入网络，接受监控中心的统一调度，所有设备只使用一个网络平台，提高了设备通信效率，实现在顺槽监控中心对工作面综采设备的远程操控，达到工作面"少人化"甚至"无人化"开采的目的。

3.6.4 智能供电技术

供电智能化建设是智能矿山的重要组成部分，供电智能化和无人值守必须以安全为前提，只有彻底消除煤矿供电存在的安全隐患，才能真正实现安全、可靠的无人值守。因此，煤矿供电智能化及无人值守建设首先应满足如下条件：

（1）全方位的防止越级跳闸，防越级可靠率 99% 以上，可有效防止短路越级、电压波动、开关拒跳越级等。

（2）高压接地故障精确选线，准确率 100%，选出接地线路后自动跳闸切除故障。

（3）低压漏电精确选漏，准确率 100%，选出漏电回路后自动跳闸切除故障。

（4）确保远程控制安全可靠，采用基于 Linux 操作系统的软件平台，以太网独立通信通道，监控分站冗余热备、监控主站冗余热备。

（5）确保备用电源可靠，监控主站、环网交换机、监控分站、微机保护装置以及摄像仪等均应配置备用电源，建议备用电源分布配置并与设备集成为一体。

（6）卫星同步校时全覆盖，卫星校时应覆盖井下高压、低压、照明综保等所有纳入监控的设备。

（7）低压漏电一键试验，应具备低压漏电保护远程一键试验功能，自动记录试验结果，自动输出试验报告，试验不合格即时报警。

（8）全面的防止误操作功能，如联席停送电、电子挂牌闭锁送电、三级以上操作授权等。

（9）完善的自检功能，如开关机构灵敏性自检、上下级定值不匹配自检、网络异常自检、保护装置异常自检、监控分站异常自检、监控主站异常自检等。

通过对全国 100 多对矿井的调研发现，煤矿供电智能化及无人值守也取得了很大进步，并取得了一定的减人提效的效果。但是，一些关系到供电安全的"痛点"问题仍未解决，主要体现在如下几个方面：

（1）供电越级跳闸问题未能彻底解决，平均每个矿每年的越级跳闸事故还在 6 次以上，因越级跳闸引起的大范围停电严重威胁着矿井生产安全。

（2）高压单相接地故障选线准确率不高，保护误跳闸或越级跳闸问题依然严重，由此而引起的停电范围扩大、电缆或设备绝缘被击穿等问题已经成为煤矿供电的"痛点"问题。

（3）防爆开关动作不灵敏，跳闸不及时或跳不开时有发生，加之缺乏"开关拒跳"预警手段，一旦发生短路事故，极易引起越级跳闸扩大停电范围，严重时可能导致风机、水泵等一类负荷停运，给矿井带来巨大的安全隐患。

（4）低压开关漏电误跳或越级到移变跳闸几乎成常态，由此引起的工人触电、局部通风机停风等事故也时有发生，给矿井的安全埋下了巨大的安全隐患。

（5）《煤矿安全规程》要求变电所低压漏电保护功能每天做试验，然而，试验情况却不容乐观，"漏试""不试""假试"现象比比皆是，这无疑又为矿井安全埋下了一颗"定时炸弹"。

3.6.5 煤流智能调速技术

目前带式输送机多采用人工巡检，不仅工人劳动强度大，而且由于井下设备工作范围大、跨度长，巷道内环境条件恶劣、照明差，不利于巡检人员巡视并发现问题，此外有些设备在运行时人工经常无法巡检。随着计算机和自动化技术的发展，远程监控系统已逐渐在煤矿井下应用。

1. 煤量检测技术

煤量检测技术是实现煤流系统智能调速的基础。带式输送机煤量检测方式可分为接触式检测和非接触式检测。接触式检测有胶带秤检测、核子秤检测等；非接触检测有视频检测、超声波测截面和激光仪器检测等。胶带秤检测维护量大，同时检测精度不能满足调速要求，核子秤检测由于有辐射，在煤矿不易推广。与其他方式相比，激光仪器检测方式可提高带式输送机瞬时煤量检测的实时性和准确性，实现带式输送机上散煤输送量的快速、准确、连续、稳定测量。近几年视频图像分析技术快速发展，在煤炭行业也有大量的应用，由于安装方便、维护量小、检测准确且直观，成为当前煤量检测技术最先进的方式。

基于视频图像分析技术的煤量检测无疑是代表了当前的发展方向，但是检测的内容也各有不同，其中基于激光扫描的带式输送机瞬时煤量检测是检测带式输送机上煤料的截面积，基于视频识别的带式输送机煤量检测是检测带式输送机上煤料的宽度，基于双目视觉的带式输送机煤料量检测是检测带式输送机上煤料的体积。

2. 智能控制策略

带式输送机系统启动的传统工艺为逆煤流启动，即所有带式输送机全部运转的状态下，才能开始给料。因此，流程中的带式输送机越长，转接胶带数量越多，各下游带式输送机处于无物料状态的空载运行时间就越长，系统机械损耗就越高，而运输量却没有增加，导致了单位产量能耗的上升，是严重的能源浪费。

在煤矿带式输送机上安装煤量检测装置和速度传感器，可以监测带式输送机上煤料信息。控制工艺是通过煤量检测装置检测后级带式输送机的煤量信息，测量到有煤量信息，前级带式输送机启动运转；如果出现后级带式输送机煤量已到机头，前级带式输送机还未运行，停后级带式输送机；如果检测前后级带式输送机均有煤量信息，则按逆煤流方式启动沿线带式输送机。

建立带式输送机调速模型能够根据煤流量对带式输送机进行智能调速，降低运行的能耗，节能减排，并减少设备磨损，增加设备的使用寿命，直接产生经济效益。根据产量，优化出带式输送机截面煤的最优高度，调节带式输送机速度，节能效果在20%左右，提高了带式输送机的运输效率，降低磨损延长寿命50%以上。控制工艺是采用分段节能的方式，即在80%运量不需要调速，运量在40%可调速节能，避免频繁调速，运量少或者没有就停下来。智能调速还能够改善物料均匀度，防止跑偏，减少打滑，对避开设备共振频率点也有作用。

煤矿输煤系统沿线带式输送机的搭接方式主要有四种：带式输送机串联式搭接、带式输送机汇集式搭接、带式输送机搭接煤仓和煤仓搭接带式输送机。为实现主输煤线最大运量，需要对沿线各条带式输送机及设备进行协同控制。协同控制策略即通过求解约束条件下贮运模型运量最大时各条带式输送机及设备的运量来实现对各条带式输送机及设备的控制。

带式输送机串联式搭接指多条带式输送机按首尾关系进行串联搭接，这种模式下运量最小的带式输送机的运量作为沿线带式输送机运量控制的基准。带式输送机汇集式搭接指多条带式输送机向中央带式输送机上运输物料，这种模式下要通过调速或者停掉某条带式输送机，来协调沿线各条带式输送机的运量，不能超过中央带式输送机的运量。带式输送机搭接煤仓的协同控制策略，带式输送机向煤仓运煤时，按照煤矿安全生产要求，煤仓不允许出现冒仓现象，因此煤仓物料存储容量为带式输送机运量的约束条件。协同控制策略为在满足约束条件情况下，实现煤仓上游所有搭接带式输送机总运量最大。煤仓搭接带式输送机的协同控制策略，煤仓向带式输送机放煤时，煤仓下游带式输送机运量是煤仓放煤量的约束条件，同时出于安全生产考虑，煤仓不能出现空仓现象。协同控制策略为在满足约束条件情况下，实现煤仓下游带式输送机运量最大。

3. 煤流系统大数据远程监控云平台

煤流系统大数据远程监控云平台是对煤流系统运行状态的监测、分析及智能控制平台。系统在大数据平台架构的基础上构建，实现对煤流系统的运行状态数据采集、存储、分析、展示。该平台主要监测对象为输送带、机架、托辊、驱动装置、清扫装置、拉紧装置、保护装置、视频监控等，解决了传统煤流系统作业过程中的依赖人工监视、巡查，煤流系统生产故障排查耗时，滞后等问题，实现了煤流系统生产作业过程中的少人化、数字化、远程实时监控，并智能化计算分析设备生产状态，提前做出预警及反馈控制，精准将故障原因、地点等信息推送至前端管理人员。

3.6.6 智能洗选技术

智能化选煤厂是将传感监测、大数据、人工智能、物联网、云计算等先进技术深度融合到复杂选煤工艺生产过程，打造全域感知、全局协同、全线智能的"选煤 AI 超脑平台"，大幅度推进煤企全面数字化、智能化转型，深入挖掘数据带来的价值，实现设备智能运行与运维、状态智能监测、过程智能控制、工艺参数智能设定、管理智能精细和决策智能调节，实现产品质量稳定、劳动强度低、经济效益高的目标。

1. 智能洗选基础系统

在选煤厂主厂区内的主厂房变电所、原煤仓变电所、浓缩车间配电室或相应配电室位置等处各设远程 I/O 站，远程 I/O 站与主 PLC 采用光纤网络进行通信，在主厂房、产品仓等处设置相关传感器，在它们的联合作用下，完成相关工艺设备的运行控制并实时监控生产状态和各设备的工况参数。

选煤厂工业视频系统可采用 WEB 方式浏览，可通过管理中心平台实时浏览，也可通过智能手机播放（RTSP 协议），录像文件可直接播放。

生产监测监控系统对厂内接入设备的报警或者生产参数类报警进行实时在线监测，辅助管理人员及时发现报警，及时处理，节省岗位巡检排查劳动，提高监测精度。统计功能能够帮助管理者了解报警情况的分布，针对报警对设备维保方式及时做出调整。达到控制系统、工业电视系统、调度电话系统无缝融合衔接，实现控制系统故障时自动语音播报以及对应监控画面自动弹出，并可同时推送至巡检人员的智能终端上。

智能浮选系统利用精准的浮选尾矿监测技术，根据浮选控制基础数据的分析、优化，建设浮选加药控制模型，通过浮选智能加药装置，精准添加药剂，确保浮精灰分合格，减少重介"背灰"，提高重介精煤回收率，实现浮选系统无人值守。

智能浓缩联动系统通过设置在浓缩机上 E+H 界面仪及浊度计，监测浓缩池澄清层厚度、清水浊度，根据浓缩机清水层浓度和底流浓度，自动设置絮凝剂自动加药装置及凝聚剂自动加药装置的加药量。生产过程中，根据历史经验数据，由系统自动给定一个初始加药量（前馈调整），随后根据界面仪和浊度计的检测结果，对浓缩机溢流情况进行动态跟踪，进而对加药量进行后馈调整。

智能压滤系统实现集控系统与压滤系统的对接，采集压滤系统的数据作为控制节点，通过压滤自动控制系统，实现联动控制，包括压滤机与刮板机、压滤机之间的联动控制；实现压滤机的整个行程控制的无人化进行，主要指注料结束自主判断、卸料的自主判断、卸料状态的监测。

智能选矸系统采用X射线或图像识别技术，可实现两种或多种物料的识别和分选。分选执行机构根据物料形态和重量可以选用机器人抓取或气动阵列喷嘴装置，利用机器深度学习技术不断优化分选过程，物料识别精度高达99%以上，分选精度可达95%以上。

智能加介系统与重介系统进行数据互通，通过动作系统、张力传感器等定量参数信息，自动精准重量的添加介质。通过智能分析决策软件，通过大数据积累之后，可实现数据分析，若煤质发生变化时，可通过智能重介系统参数变化，模拟介耗用量，并进行机器深度学习及自优化，可智能的连续补介或间隔定量补介。

智能配煤系统依据煤质变化和质量指标要求，实现带式输送机、给煤机智能启停和频率调整。针对来煤做好数量存储分析，构建来煤成分分析数据库，同时配置智能决策软件，根据客户预定订单及实时订单，通过来煤成分数据库的储量、质量进行综合计算通过控制带式输送机和给煤机智能启停频率，实现最优配煤。

智能采制样系统适用于化验室、汽车采样、火车采样等，承担煤炭的全自动制备任务。全自动制样系统针对同一个批次的煤样，可自动制备出多种煤样。制好的样品经自动标识封装后，样品依次送入气力输送全自动发送工作站，经气动传输系统自动传输到化验室。

2. 选煤智能一体化管控平台

选煤智能一体化管控平台是智能化选煤厂整体框架中的应用层，是选煤厂与底层智能设备、中间过程控制、上层决策管理的载体，可以基于不同的需求，逐步由厂级、矿级、局级不断叠加，构建选煤专业大数据系统，实现多维度全方位大数据汇集和无间隙融合共享。

物理层，系统覆盖全厂设备及框架、管线、地形及道路、建筑及绿化等工厂物理。感知层，有各类传感器、摄像头、移动巡检等，此层负责对设备、人员、作业活动等感知和数据采集。网络层，有覆盖全厂区有线网络、4G网络及物联网等。数据层，包括模型数据和业务数据，模型数据有基础地形、三维模型、GIS数据、设计图纸等，业务数据包括设备、生产和巡检数据。平台层，包括三维引擎和生产管理（MES）系统，三维引擎负责三维数据加载和渲染、计算和展示；生产管理（MES）系统实现业务模块开发和运行支撑。应用层，包括一键智能巡检、智能报警、兼容智能巡检机器人、生产管理、设备管理、指标分析、辅助决策、故障协同诊断等系统集成。展示层，系统功能包括有PC和移动应用，同时支持在大屏系统上展示。

3. 选煤支持服务系统

（1）专家诊断服务系统。规范并标准化设备故障库故障实例以及处理流程；通过沉淀下来的故障知识库指导、培训检修人员，标准化检修现场，真正做到现场5S管理；可以完全实现选煤厂、矿井内部的"设备故障知识库"和"技术人员能力"的充分共享。

（2）分布式控制（APP）系统。采用移动APP的形式，对接厂区各生产管理系统，获取各项维修计划、生产计划，对接选煤厂各集控系统，实现对生产各项参数的监测、视频查看，可随各项指令及参数变化对生产控制参数进行调整，稳定产品。可与各项管理系统进行对接，进行点巡检工作，实现人员定位等功能要求。

3.6.7 井下5G通信技术

5G是第五代移动通信系统的简称，既不是单一的无线接入技术，也不都是全新的无线接入技术，是新的无线接入技术和现有无线接入技术的高度融合。其主要特点是超高数据速率、超低延时和超大规模接入。5G在设计之初就确定了三大应用场景，即增强型移动宽带（Enhanced Mobile Broad Band，eMBB）、超可靠低时延（Ultra Reliable Low Latency Communications，urLLC）和海量机器通信（Massive Machine Type Communications，mMTC）。其对eMBB场景的技术支撑能力，能够有效适应煤矿中的超高清视频传输等大带宽的业务需求；对urLLC场景的技术支撑能力，能够有效满足无人采矿车、无人挖掘机等无人矿山智能设备间通信需求；对mMTC场景的技术支撑能力，能够更好地支持多种煤矿安全监测等传感数据采集需求。因此将5G通信技术应用于煤矿智能化开采中是未来煤矿开采的必由之路，也将有效推进煤矿智能化的进程，为全面开启煤矿智能化开采铺平"网络通信"之路。

1. 基于5G的高精实时定位与应用服务

目前煤矿井下定位系统多是基于传统的蓝牙、ZigBee、超宽带等无线传输技术，定位精度不高，且需要单独布设相关基础设施，实时性也难以保障。基于5G的低延时特性开发基于5G网络的井下定位与应用服务系统是未来的发展方向，将产生井下车辆管理、开采精准推进等应用，解决移动装备的实时控制和管理难题。

2. 基于5G的虚拟交互应用

虚拟现实（VR）与增强现实（AR）是能够彻底颠覆传统人机交互内容的变革性技术，在煤矿的应用未来可期。其应用可分为3个阶段：

（1）主要用于三维建模和虚拟展示，如现在的裸眼3D等技术，其基本需求为20 Mbps带宽+50 ms延时，现有的4G+WiFi基本可以满足。

（2）主要用于互动模拟和可视化设计等，如多人井下培训系统，其基本需求为40 Mbps带宽+20 ms延时，Pre5G基本可以满足。

（3）主要用于混合现实、云端实时渲染和虚实融合操控，如虚拟开采、协同运维等，其基本需求为100 Mbps~10 Gbps带宽+2 ms延时要求，需5G或更先进技术才可满足。

3. 生产远程实时控制

生产实时性控制一直是煤矿智能化开采的关键卡脖子难题。传统的远程控制系统需要经过多重路由和多种协议才能将所需的各种传感信息汇集到集控中心，直至传至远程控制中心，因此仅有部分对实时性要求不高的功能可以用远程控制实现，实时性要求高的功能出于安全考虑是不能用远程控制的。5G低延时的特性为这一难题的解决提供了基础支撑，基于5G的井上全功能的远程控制将会实现。

4. 井下远程协同运维

5G在井下的另一个重要应用场景是远程协同运维。未来井下装备的智能化程度会越来越高，系统也愈加复杂，传统的维修工人已难以独立完成维修工作，需借助远程专家协助完成。现场的音视频信息可通过5G网络传输至远端，相关的虚拟模型也可虚拟至现场设备上，通过虚拟现实技术可实现专家与现场工人同样的视场和操作，甚至还可以用机器人代替人在井下完成维修。

5. 井下巡检和安防

基于5G的定位、高速数据传输和端端物联将助力实现井下的高效巡检和安防。通过这一网络可实时定位井下的装备和人员，可实时传输和共享井下的安全信息，智能终端的主动推送功能自动识别其他移动终端设备并按需推送相关信息，实现井下信息的泛在感知和共享。相较于传统的数据上传下发的利用方式，5G模式下的数据利用更高效、延时更短、可靠性更高、经济性更好。

3.6.8 智能化综合管控平台

在"新基建"政策的牵引下，工业互联网及数据应用逐渐成为煤矿综合管控平台发展的新方向。5G技术及IPv6的普及，使全要素链接成为可能，综合管控平台正向工业物联网平台逐步发展，成为煤矿生产、安全管理全要素链接的载体。基于工业互联网架构，煤矿综合管控平台旨在构建全矿井统一、稳定、高效的信息管理模式，以原煤生产为主线，对"采、掘、机、运、通、洗"等主要安全生产环节，进行多要素全流程的集中、协同、优化控制与智能运行，以矿井全息一张图为依托，以大屏、PC和移动端为载体，服务于煤矿生产，建设成为具有立体化展示、协同工作、事先预控、智能报警与多系统联动、应急救援与指挥、智能决策与分析功能，面向企业安全、生产、调度的智能化综合管控平台。

1. 网络及边缘计算技术

以5G、4G、NB-IoT、TSN等技术为代表的新一代网络技术与煤炭传统行业的加速融合，采用新一代网络技术架构设计实现井工、露天煤矿基于新型网络技术的内外网网络化改造，为生产安全管理提供稳定可靠的数据支撑，改变一般无线技术存在覆盖半径小，稳定性、可靠性差，带宽小，支持业务单一等问题，逐步解决导致网络不畅，通信手段单一，无法有效支撑矿山开采生产过程的各类信息化、智能化应用的现状。建立必要的协议转换、数据转换以及数据格式标准，对工控网络中产生的数据进行稳定、可靠并相对标准化的采集、上传。

智能化矿山的基石是数据标准化的统一接入，目的是为了消除所有"烟囱"式的子系统架构，将矿山的业务数据以及安全监控数据进行统一采集，从而支撑"业务数据的应用""数据的联合融动""大数据分析"以及"人工智能"。众所周知，在当前的矿方与煤矿设备、产品提供厂商的合作模式下，不同厂商提供的设备、产品所产生的数据标准千差万别，各厂商研发的软件系统所使用的技术栈差异巨大，通信协议和数据格式缺乏统一标准，各子系统相互之间无法方便地实现互通，给各个子系统的数据接入工作带来极大的阻力。矿山数据标准化统一接入智能网关，通过标准化的统一接入技术以及标准化的模板规范，极大程度地简化了数据接入的这个"痛点"和"难点"。

2. 综合管控平台"全息一张图"应用技术

矿井"全息一张图"是利用地理信息系统、协同管理、数据库、即时通信、工作流、大数据分析等技术，构建基于统一数据标准，以空间地理位置为主线的矿井综合数据库，为智能化矿井建设提供二三维一体化的位置服务，同时提供生产专业协同设计、数据和信息集成融合、协同管理以及智能决策分析等专业应用。

3. 综合管控平台协同设计技术

煤矿业务部门包括地测、通风、采掘等生产技术部门，而这些技术部门通常需要通过专业的数据管理、制图成图等软件进行专业数据设计、图形设计、数据更新与交换等业务，更重要的是这些数据和图形经常需要在不同的业务部门间进行交换与共享。

为了解决图形、数据的动态更新与共享问题，需要借助协同设计技术，将空间数据、图形数据以统一数据标准、统一坐标标准、统一存储标准、统一定义标准、统一接口标准、统一安全标准进行统一管理，提供数据上传、数据更新、数据下载、数据更新提醒等服务，建立图形和数据以及业务的动态更新和协作共享模式。

4. 综合管控平台大规模数据处理框架技术

针对各实时环境监测数据、生产业务系统、安全监测系统以及生产管理系统的数据制定统一数据接入标准，将业务系统的数据导入到私有云存储系统，构建统一的数据仓库，以平台DW形式提供数据存储和管理服务，支持各类结构及非结构化数据存储；计算平台采用高度抽象的设计，提供可靠的高性能通用计算框架和科学计算标准库，满足当前和未来的各种数据统计、分析、挖掘的计算需求；不断完善煤炭行业环境专家知识库，结合知识库和数据分析价值，形成纵向的数据业务应用。框架支持 AI 计算、CV 分析，能够为智能视频分析、图片分析等应用提供平台支持。

5. 综合管控平台安全防护技术

综合管控平台深入工控网络，因此网络信息安全成为生产安全之外的重要安全管理内容。随着自动控制技术、信息技术在矿山开采过程中的广泛应用和深度融合，矿山生产网络从封闭走向开放，越来越多采用通用硬件、软件和协议。随之而来的是病毒木马、网络入侵、APT 攻击等网络安全威胁迅速向工业控制网络扩散，矿山工控网络安全问题日益突出。

为实现智慧矿山"一个中心三重防护"的安全等级保护，对智慧矿山工控系统中的工业主机和服务器等部署工业主机防护软件，可构建智慧矿山工控系统安全计算环境的防护；在各网络边界部署工控防火墙，可构建智慧矿山安全区域边界的防护；在网络区域交换机旁路部署工业安全监测设备，可构建智慧矿山安全通信网络的防护；通过部署工业安全管理与分析平台实现集中管控，构建智慧矿山安全管理中心的防护。

在智能化矿山场景中，工控网络安全是为了保障生产安全。"双S"安全管理，将生产安全与网络安全耦合进行管理，解决矿井工控网络安全隐患导致生产安全隐患的实际问题。Safety 是指功能/物理安全，在智慧矿山场景下即人、机、环、管各个方面安全。Security 是指信息安全，在智慧矿山场景下及智慧矿山工业互联网平台、信息中心及相关工控网络的安全。智慧矿山"双S"安全管理平台，把影响生产安全的人员精准定位及违章行为隐患、设备监测及预测性维护类型隐患、环境监测类隐患、网络工控系统安全隐患有机结合在统一平台上进行管理，配合不同权限、种类的工单管理和排查机制，对生产安全进行全方面的检测和管控。平台集成了 GIS 技术、BIM 技术、大数据分析技术、时序数据流集成技术、大规模数据处理框架技术、AI 图像分析视频分析技术等，通过 AI 技术对人员的行为进行识别，发现存在潜在隐患的违章行为或危险行为，再通过定位系统定位到个人及地点。同时，通过 GIS 平台以及统一的数据库，可对当前场景下的其他数据进行多维度分析，例如环境、设备、网络等，为生产安全提供全方位的监测和管控方案。系统从 Security 到 Safety 形成闭环，从技术架构上达到信息网络安全与生产功能安全联动的目的。

3.6.9 煤矿机器人共性关键技术

煤矿机器人是能依靠随身动力和自主控制能力来实现某种特定采矿功能的一种机器，可以通过受人指挥、预先编程、人工智能规划的方式，协助或替代人的采矿作业劳动或危险岗位的操作。

根据智能感控水平差别，煤矿机器人可分为3类：

（1）一般煤矿机器人，是指仅能按照预先编程完成简单自动操作任务的初级智能机器人。

（2）智能煤矿机器人，是指具备自感知、自学习、自决策、自运动的4个智能要素的高级智能机器人，例如巡检机器人、救援机器人、无人驾驶车辆。

（3）机器人化装备，是指对传统采掘机器赋予机器人的感知、学习、决策能力，能够实现智能协同作业、人机交互控制，从而无人操作完成采矿任务，也可以称作智能化装备，例如承担掘进、采煤、运输作业的机器人化装备。

1. 煤矿机器人轻量化结构设计与防爆长时供电技术

（1）机器人轻量化高可靠性结构设计技术。煤矿井下作业环境特殊，机器人技术应用到井下不仅要解决防爆、防尘、防潮、防水、抗腐蚀等问题，还要在保证续航能力的同时具备越障能力强、可靠性高的机械结构，这就对机器人的材料性能提出更高的要求。从技术上要研究井下轻质机身防爆材料以及动力材料制备工艺，探索抗高速冲击震动、动态应变强化、吸能降噪以及高温的行为与机理，研究各种合金元素的含量与分布、组织结构变化对煤矿井下环境轻质材料燃点、高速碰撞摩擦时火花生成能力的影响规律并开发出有效的阻燃防护技术，研究不同煤矿井下服役时间、服役环境、服役部位对轻质材料综合性能的影响规律等。

（2）大容量长时防爆供电与机器人低功耗技术。安全、高效的能源供给和驱动方式是保障煤矿机器人井下作业的关键，对于井下移动作业类机器人，拖缆式的有线供电模式会导致机器人的有效作业区域受限，而危险气体环境下采用大容量电池的供电方式将面临电池防爆设计、能量管理、充电安全等诸多难题。特别是目前《煤矿安全规程》对锂电池的井下使用有着严格的限制条件，其充电必须要求在专用的充电硐室中进行，极大地限制了煤矿机器人的普及应用。亟须研发适用于煤矿机器人的新型高能量密度蓄电池模块，突破基于新型防爆结构设计理论和超轻隔爆材料的煤矿机器人动力电池轻量化防爆技术，优化井下复杂环境下的动力电池管理系统，实现充放电过程的智能管理和安全监控，完善煤矿机器人井下专用充电硐室设计，研发煤矿机器人井下专用充电桩和智能充电系统，通过简化驱动模块传动链等方式提高煤矿机器人动力系统能效，并针对移动式煤矿机器人开展混合动力驱动等技术研究，实现煤矿机器人的安全高效驱动。

（3）机器人井下无线防爆充电技术。煤矿井下无线充电具有不需要专用充电硐室和机器人充电舱等优点，但不能大电流快速充电，充电功率小，充电时间长。煤矿井下无线充电必须满足本质安全防爆要求，充电功率受限。煤矿井下无线充电受发射功率、工作频率、天线效率、收发天线距离、方向性等影响。煤矿井下无线发射，不但会被接收天线接收，还会在支护、电缆、铁轨、水管、设备等金属物体上感生电动势，较高的感生电动势将会放电，会引起瓦斯爆炸和火灾。煤矿井下较大功率的无线发射，还会引爆电雷管。金属周边的所有无线发射，均会在金属上产生感生电动势，可能造成能量叠加。因此，单点小功率、多点分散无线充电，不但要考核单一充电点的本质安全防爆性能，还要考核邻近多点的功率和能量叠加。

2. 煤矿机器人高适应性运动控制技术

（1）针对煤矿恶劣环境的机器人高适应性行走机构设计。移动性能是移动机器人最为本质的特征。煤矿井下环境恶劣，底板起伏不平，障碍物繁多，机器人行走机构的性能决定了其能否顺利进入应用环境，因而煤矿机器人的行走机构应当具备环境适应性强、尺寸小、越障能力强、故障率低、便于操作等特点。此外，重心的位置、驱动功率的大小、行走机构的选择等都影响着机器人的移动性能。目前煤矿机器人移动方式发展的重点是轮式、腿式、轮腿式、履带式以及蛇形和蜈蚣式等。

（2）煤矿机器人自主避障路径规划技术。煤矿巷道、采掘工作面等作业区域具有典型的半结构化或非结构化环境特征，且GPS技术无法直接应用于井下，亟须构建适用于煤矿机器人的自主定位系统方案，解决井下机器人精确定位、姿态感知等问题。突破无线定位、惯导、激光、毫米波和视觉等多源信息融合的井下机器人感知与精确定位技术，实现井下机器人局部自主和协同调度。提出适用于多煤尘、低照度、场景退化条件下的多层次高精地图构建原理和方法，形成复杂地形特征感知方法以及越障和行走策略，实现典型地形环境的自主行走控制。探寻动力学与环境约束下的运动规划方法，实现对机器人能耗、稳定性、安全性的最优控制。

3. 煤矿机器人高可靠性通信及协同控制技术

（1）煤矿狭长、强干扰环境下机器群高速、可靠通信技术。煤矿井下有线通信可靠性高，但限制了机器人等智能移动装备的布置和活动区域，由于巷道走向变化的影响和巷道壁复杂反射的干扰，井下无线通信的有效传输距离有限，且井下通信具有数据量大、节点动态变化等特点，随着煤矿机器人和智能装备的大规模应用，需要构建具备自组网能力的分布式通讯平台，攻克非视距、多径条件下无线传感器网络的自组网络拓扑优化技术，解决煤矿受限环境下的多源无线通信信号的抗干扰问题。同时需要研究群体智能机器人通信技术，获得群体机器人大规模信息传输组网。

（2）适用于井下机器群串并联复合关系的多机协同控制方法。随着信息化、智能化技术的快速发展，煤矿井下复杂任务通过多机器人进行协同完成已成为重要发展方向。目前机器人协同控制体系结构主要包括集中式、分布式及混合式几种。多机器人系统协同控制集中式的体系结构是由中央处理单元集中控制整个系统，通过处理所有个体的数据，策划出系统的全局规划方案后发送命令给每个机器人，是一种自上而下的规划与决策的层次控制结构。分布式的体系结构是一种全局上各机器人平等的结构，机器人之间不存在主控与被控关系，每个机器人都可以依靠通信与其他机器人交换信息。混合式的体系结构集中了以上两种结构的优点，既能够让机器人自主地决策规划，又能保证在必要时全局规划进行控制，确保机器人之间的行为不发生冲突。

4. 煤矿机器人信息融合感知与大数据交互技术

（1）井下环境三维场景重构及SLAM导航技术。智慧矿山建设的基础是矿山数字化，获取矿山信息建立三维矿山模型是智慧矿山建设必需的过程。传统的GPS或全站仪测量，只能一次测量单个控制点或者特征点，有限的测量点很难准确描绘矿山的空间现状，而且单点测量耗时2 min以上，测量速度慢、效率非常低下，严重制约了矿山空间数据的采集密度、精度和效率。构造环境模型是移动机器人能实现智能化适应动作的前提条件。根据不同的功能要求将机器人控制系统划分为4个模块：环境感知模块、地图构建模块、行为决策模块、运动控制模块。其中，环境感知模块的功能是感知机器人周围的环境信息，并基于传感器数据为环境建立可靠和详细的描述；地图构建模块的任务是利用激光雷达采集到的实时距离信息，结合SLAM算法和基于粒子滤波的自适应蒙特卡罗（Adaptive Monte Carlo Localization，AMCL）算法构建环境栅格地图和定位；行为决策模块的任务是利用所有输入的原始数据计算得出行为层面的决策；运动控制模块的设计目标在于让机器人尽可能地按照行为决策规划的动作序列运动。

（2）煤矿复杂环境下机器人智能感知与险情识别技术。煤矿机器人的自主作业依赖于各类传感器对井下空间、环境、设备等信息的智能感知，当前的矿用传感器多是针对通用煤矿机械而研发，存在体积大、质量大、功能单一等问题，部分关键传感器如三维激光扫描仪等还没有取得防爆证书，不能直接用于煤矿机器人研制。因此需要突破现有矿用传感器设计原理，研发适用于煤矿机器人的各类防爆、高精度、高可靠性传感器，创新传感器高效防护手段，研究新型防爆、防水、智能除尘机制。通过煤矿作业机器人所携带的传感器全方位感知井下环境信息和深层次语义信息，探索煤矿灾害的特征前兆信息的深度智能感知方法，形成采煤工作面及巷道信息的机器人探测/监测技术，攻关基于大数据的多元信息挖掘及智能分析技术，提出煤矿重大灾害智能判识与预警模型及方法，构建瓦斯、煤尘、矿压、水、火和地质等灾害信息智能分析和预警平台。

（3）机器人自适应接触力跟踪与柔性控制技术。针对井下非结构环境下机器人易碰撞或冲击，对周围设备或人员造成安全隐患的问题，研究机器人与环境的接触阻力变化规律，分析机器人控制参数对接触阻力的作用机理，提出基于变阻力跟踪的非结构环境下的机器人自适应力跟踪控制方法，避免机器人在井下的碰撞和破坏，保障运行的安全及对周围设备和人员的无害。

（4）大规模复杂系统大数据分析与数据交互技术。目前针对煤矿应用场景仅故障类数据挖掘做得比较多，但依然深度和广度都不够，针对生产、运输、销售、采购等综合应用场景的大数据分析几乎没有，"数据沉睡"现象较为严重。而对于煤矿机器人，由于作业任务及环境复杂，因此实现区域化的大数据快速分析与数据交互成为机器人决策控制的基础。目前亟待突破的核心技术包括：①煤矿大数据的清洗方法研究；②多种类、多层次、多特征数据信息分析；③面向视频内容识别的大数据处理分析平台；④基于围岩监测、生产过程信息的数据融合与知识发现。

3.7 矿区生态环保与资源综合利用

3.7.1 矿区生态修复

1. 矿区土地复垦

中国矿业大学的刘英提出采用"自然恢复和人工修复并重、自然恢复为主、人工恢复为辅"的模式，首先对不同塌陷区位地面裂缝治理，然后以地下水位埋深、土壤含水量等关键限制性因素及相关阈值条件为根本出发点，并以限制因素是否达到阈值条件作为矿区植被引导恢复目标的合理程度判别的基本标准，进行重点、有针对性的引导恢复植被生长立地条件，最后依据不同立地条件下植被恢复重建丰度阈值以及乔木、灌木、草本植物配置差异性比例，采用"恢复初期灌草先行、恢复后期乔灌草搭配"模式对植被群落结构进行恢复。研究构建了半干旱矿区受损植被引导型恢复模式，解答了植被在哪种破坏程度下可以实现自恢复，当需要人工引导干预时，在什么地方干预、怎么干预、干预到何种程度等几个基本问题，从而为半干旱矿山植被恢复提供方法论基础和实践依据。山西大学的郝晓敬从土地利用变化的视角分析煤矿区的土地变化趋势以及其影响因子，建立模型并预测晋北矿区土地利用格局的总体趋势。

中国矿业大学的胡振琪教授再次将"边采边复"理论深化：煤矿生态环境是一个整体与系统，"边采边复"是贯彻和实施山水林田湖草生命共同体，实现整体保护、系统修复与综合治理的有效保障。"边采边复"需要考虑治理修复过程的动态性、系统要素的均衡性、整体价值的最大性。为了促进"边采边复"理念与技术的发展与进步，应对以下几个方面进行深入研究：①以系统思维的角度考虑自然资源要素的"边采边复"综合效益；②加强"边采边复"与资源开采的耦合与优化调整机制研究；③加强新材料、新技术和新方法与"边采边复"技术的融合。中国地质大学（武汉）的余霞针对呼伦贝尔矿区地境结构特征，总结并分析不同区域土壤的质量以及植物根系在各层片的发育特点与分布规律，提出草原区土地复垦的最佳覆土厚度和植被恢复的生态意义。

中国地质大学（北京）的白中科教授团队针对露天煤矿低碳土地利用途径问题进行研究，提出通过地貌重塑、土壤重构、植被重建等土地复垦工程的实施，将矿区生态系统内"碳源型"用地逐渐向"碳汇型"用地转变。从土地利用空间布局、方式进行重新规划与重组，使结构合理、功能高效、时空安排有序。在煤炭开采、土地复垦工程实施过程中，通过采取相关措施减少能源消耗、降低碳排放强度、提高土地复垦率、提升矿区碳汇功能。苏州大学的李缓提出煤矿废弃地可以再生为生态产业用地、公园绿地、商服用地、住宅用地等功能置换，解决矿区生态安全问题，实现"精明性转型"。

东北大学的李帆针对草原露天矿区碳储量变化研究中采用遥感监测的方法，并证实遥感技术可用于受采矿等人类活动影响造成的矿区土地利用/覆盖与碳储量变化特征实时、动态监测与分析，为采取合理的环境保护措施提供了一定的理论依据；北京科技大学针对露天煤矿土地复垦系统分析及考核评价方法研究中建立了较为完善的露天煤矿土地复垦评价综合指标体系与方法，提出了基于遥感的复垦土地生产力测算方法，采用博弈论理论，分析了中央政府、地方政府、露天煤矿经营者以及露天煤矿所处社区居民4个相关利益主体的策略行为。中国矿业大学的巴音将生命周期理论应用于矿区的土地生态质量演变研究中，对干旱区露天矿内采空区扩展和土地扰动过程进行系统分析，同时揭示露天矿区土地生态质量时空演变特征，并提出土地生态质量保护的建议。

2. 采煤沉陷区土地复垦

中国矿业大学（北京）的毕银丽教授主要在微生物复垦方面进行研究，尤其是接种AM真菌对采煤沉陷区土地复垦的影响取得较大进展。针对接种菌根对采煤沉陷区苜蓿生长及土壤改良影响研究中的结果表明：复垦4年后，与未接菌处理相比，接种菌根处理显著提高了植物株高、SPAD值、生物量，分别提高了18.2%、8.3%、10.4%。紫花苜蓿可以与丛枝菌根真菌形成良好共生关系，接种菌根真菌4年后接菌处理植物菌根侵染率和菌丝密度显著高于未接菌处理，菌根侵染率和菌丝密度较未接菌处理分别提高了35%、34.1%。接种菌根改善了根际土壤性状，有效提高了土壤含水量，较对照分别提高7.5%，同时土壤碱解氮、速效磷、有机质、磷酸酶活性较对照分别显著提高了21.4%、20.7%、22.5%、36.9%。相关性分析表明，菌根侵染率与株高、生物量、磷酸酶、速效磷含量呈显著正相关，菌丝密度与SPAD值、有机质呈显著正相关，与株高、生物量呈极显著正相关。复垦4年后，接种菌根真菌可显著促进紫花苜蓿生长，提高了植株生物量，同时有效改善了根际土壤质量，具有较好的生态效应。针对西部采煤沉陷地微生物复垦植被种群自我演变规律的结果表明：接菌提高樟子松人工林灌木层物种多样性，而降低草本层物种多样性；接菌提高沙棘和文冠果人工林的草本植物群落稳定性和物种多样性及其均匀度，抑制灌木层物种多样性增加。3种人工林微生物复垦4年后多年生草本占优势地位。接菌组进入多年生草本+灌木的生态组成结构阶段，而对照组则相对滞后，处于一年生草本+多年生草本+灌木的组成结构阶段，接菌促进了生态的演变进程。综合分析植物分布特征，发现植物的最优拟合模型以高斯模型居多，阿尔泰狗娃花、地肤、猪毛蒿、白花草木樨、牛心朴子、野樱桃、油蒿及柠条的预测值精度较好。接菌可促进地稍瓜、阿尔泰狗娃花、牛心朴子、达乌里胡枝子和柠条频度和数量的增加，可能使绳虫实、糙隐子草、苦荬菜和花棒的频度和数量下降。针对接种AM真菌对采煤沉陷区复垦植物生长及土壤化学生物性状影响的研究结果表明：接种

AM 真菌的野樱桃、文冠果、欧李和山杏苗木根系形成了典型的菌根结构，侵染率为 47%～52%，菌丝密度均达到 4 m/g 以上，植物地上部和根系干质量均显著高于未接种处理；同样地，植物成活率、株高、地径和叶色值均显著高于未接种处理；接种 AM 真菌处理的土壤碱解氮、有机质、总球囊霉素含量、酸性磷酸酶、蔗糖酶、脲酶和硝酸还原酶活性显著增加，土壤速效磷、速效钾含量显著降低。因此，接种 AM 真菌显著改善了极端干旱贫瘠的神东采煤沉陷区复垦植物的生长、土壤化学和生物学性状。

中国矿业大学针对采煤沉陷区裂缝对于土壤表层含水量的影响进行研究，指出了土体裂缝对含水量的影响范围以及影响周期，并找出了裂缝对土壤表层含水量的影响规律，土壤可以自我恢复。中国矿业大学（北京）的毕银丽教授采用 HYDRUS 模拟了采煤沉陷区裂缝区的水盐运移状况，揭示了裂缝区水分与土壤盐运移规律基本一致，并指出裂缝区具有减轻次生盐碱化发生的潜力。中国矿业大学（北京）的雷少刚教授针对采煤沉陷裂缝区土壤含水量变化对柠条叶片叶绿素的影响中指出，土体裂缝严重影响土壤水分，导致土壤干旱，干旱胁迫严重损害了柠条叶片光合机构的正常功能。内蒙古农业大学的王健针对毛乌素沙地采煤沉陷区生态受损特征进行研究指出，沉陷仅对 0～20 cm 层黏粒含量有影响，风沙区沉陷地适宜造林树种为沙柳、沙枣和樟子松，沙柳适应性最强，黄土丘陵区沉陷地造林适宜树种为长柄扁桃、油松和柠条锦鸡儿，长柄扁桃适应性最强，陷区土壤改良可采用保水剂、有机肥和覆盖等措施。河南理工大学的李卉针对土地利用与裂缝对采煤沉陷土壤养分的影响，指出裂缝加剧了沉陷区耕地与林地的土壤 C、N、P 库损失，尤其是 C 库损失。在有裂缝情况下，沉陷耕地－林地转变降低土壤 C 库损失，但在无裂缝情况下，该转变加剧土壤 C 库损失。哈尔滨工业大学针对井工煤矿地表沉陷的研究中引入概率积分法，并预测出地表沉陷程度，此法可适用于我国西北部产煤大省。

3. 露天煤矿土地复垦

中国地质大学（北京）的曹银贵教授团队针对黄土露天矿区排土场重构土壤质地空间特征进行研究，研究表明：土壤各粒级含量与土层深度相关性较小，各土层中土壤砂粒、粉粒和黏粒含量比例大致为 2∶2∶1，浅土层中砂粒含量由中心向南北两侧或四周递增、粉粒则递减，深土层中砂粒、粉粒含量多呈由西向东递减，各土层黏粒均由西向东递增。该团队基于安太堡露天煤矿南排土场 1 hm² "刺槐×榆树×臭椿" 配置模式动态监测样地复垦 17 年和 22 年的调查数据，结果表明：复垦 17 年后，人工林下草本层以菊科植物优势地位明显；复垦 22 年后，禾本科植物的重要值逐渐增加。5 年间，优势成分由大籽蒿变为鹅观草。与原地貌自然植被相似，人工林下多年生和中生植物在两次调查中均占优势。随着复垦年限的增加，人工林下 1 年生或 1、2 年生及中生植物重要值下降，多年生和旱生、中旱生植物的重要值有所增加。复垦 17 年后，人工林下草本层植物物种丰富度已超过原地貌自然植被。该团队同样是针对露天矿区不同复垦年限，对微生物数量和酶进行检测，指出：从微生物数量及酶活性特征来看，无论复垦年限的时间长短，细菌数量在 3 类微生物中占有绝对优势，占微生物总数的 99.20% 以上，其次是放线菌，真菌的数量最少；脲酶活性在 3 种酶中活性最大，其次是蔗糖酶，磷酸酶活性最低。从微生物数量和酶活性的变化状况来看，3 类微生物数量和 3 种酶活性在 0～20 cm 土层随复垦年限的变化趋势相一致，均随复垦年限的变化先增长后降低，而后又随着复垦年限的增长不断增加。在 0～20 cm 土层，复垦 27 年的南排土场的土壤细菌、放线菌和真菌数量在复垦后达到了原地貌 3 类土壤微生物数量的 65.88%、66.46% 和 67.74%；蔗糖酶、脲酶和磷酸酶活性分别达到原地貌83.40%、86.30%和86.85%。针对草原露天矿区复垦地与未损毁地土壤物理性质差异，该团队以神华北电胜利露天煤矿南、北排土场复垦地和原地貌为研究对象，对土壤物理指标进行测定，结果表明：复垦8年的北排土场与复垦4年的南排土场土壤容重、土壤含水率和土壤砾石含量均高于未损毁地土壤，而南排土场与未损毁地均为砂质壤土，北排土场为砂质黏壤土，拟合分析发现土壤砾石含量与土壤质地影响土壤容重和土壤含水率；随着复垦年限延长，重构土壤容重、土壤砾石含量和砂粒含量呈现降低趋势，而土壤含水率、粉粒和黏粒含量呈现升高趋势；随着土层深度的增加，重构土壤容重、土壤含水率、粉粒和黏粒含量呈现升高趋势，而土壤砾石含量和砂粒含量呈现降低趋势；总的来说，复垦8年的北排土场土壤物理性质优于复垦4年的南排土场，与未损毁地更为接近，其大于20~40 cm土层土壤含水率明显高于0~20 cm土层，这可能是因为煤矸石具有良好保水性能，利用表土和煤矸石分层构建土壤剖面可能是表土稀缺的草原矿区土地复垦较理想的土壤重构模式。

中国地质大学（北京）白中科教授的团队针对新疆荒漠露天矿区生态受损及砾幕层重构方法进行研究，选取西北荒漠区7座典型露天煤矿，采用实地调研与实证研究法、遥感影像法、比较研究法等从地貌重塑、砾幕层重构、荒漠植被重建三方面进行研究。研究结果表明：新疆7座露天煤矿均有不同的土地扰动情况，白石湖矿区土地压占情况最严重，达到1190.3 hm^2；五彩湾矿区土地占用面积最大，为2251.0 hm^2；将军戈壁土地挖损面积最严重，达到1007.3 hm^2；大南湖矿区裸地面积最多，达到20164.2 hm^2；伊犁露天煤矿周边植被较多，达到343.3 hm^2；西黑山矿区周边交通用地最多，达到194.3 hm^2。选择最具有代表性的五彩湾露天矿区进行砾幕层研究，其砾幕层面积由2000年的60.12%下降到2010年的31.28%，再上升至2017年的42.75%；五彩湾矿区生物量为12.53 $g/(m^2·a)$，景观多样性指数为0.2193，景观优势度为1.7807，景观均匀度为0.1097，其生态承载能力较弱，生态体系阻抗干扰能力较差，且区域的生态完整性较低；五彩湾矿区植被覆盖率在2000年至2005年呈现上升趋势，2005年达7.72%，2005—2015年呈现下降趋势，2015年降至3.89%。西北荒漠露天矿区生态受损程度较为严重，应以砾幕层重构为主，采取人工支持引导提高自然生态修复的速率与效果，使受损环境通过自身主动反馈，自发走向恢复与良性循环。针对露天煤矿低碳土地利用途径问题，该团队提出通过地貌重塑、土壤重构、植被重建等土地复垦工程的实施，将矿区生态系统内"碳源型"用地逐渐向"碳汇型"用地转变。从土地利用空间布局、方式进行重新规划与重组，使结构合理、功能高效、时空安排有序。在煤炭开采、土地复垦工程实施过程中，通过采取相关措施减少能源消耗、降低碳排放强度、提高土地复垦率、提升矿区碳汇功能。

中国地质大学（北京）赵冰清针对半干旱区露天煤矿复垦土地人工植被2010—2015年间群落动态进行研究，结果表明：群落的物种组成变化不大，1个树种因死亡而消失，新增1个树种；刺槐的重要值大幅下降，而榆树的重要值增长较快，群落优势种由刺槐变为榆树；样地中树木胸径（DBH）≥1 cm的独立个体数由2125株增至3531株，其中死亡768株，新增2174株；每年死亡率和增补率分别为8.97%和19.13%；死亡量最大的树种是刺槐，增补量最大的是榆树；群落总的胸高断面积由6.92 m^2/hm^2增至8.63 m^2/hm^2，其中刺槐的损失量和新增量均最大；树木的胸径年平均生长速率随着径级的增加呈增加的趋势；群落整体的径级结构没有发生较大变化，小径级个体死亡量较大；大径级个体死亡量较小，不同树种死亡个体的径级分布基本类似于2010年该树种的径级分布；3个主要树种的种群大小变化率都超过5%，均属于快速变动的种群，其中以刺槐的降幅最大（-10.36%），榆树的增幅最大（39.39%）。针对黄土区露天煤矿排土场刺槐+油松复垦模式群落生长动态，该团队基于2010年和2015年对安太堡露天煤矿排土场0.8 hm² "刺槐+油松"复垦模式动态监测样地的两次调查数据，从物种组成、数量特征、径级结构等方面分析了人工植被复垦5年间群落生长动态特征。结果表明：5年间，群落的树种组成较为稳定，优势种仍为刺槐，但其重要值大幅下降，入侵种榆树的重要值增长较快；草本层植物由44种减少到35种，在优势成分上呈现出由1年生或1年生向多年生、旱中生向中生演替的趋势；样地内胸径≥1cm的独立个体数由1530株增加到2854株，其中死亡194株，新增1518株，每年死亡率和每年增补率分别为2.71%和15.18%；死亡量最大的树种是刺槐，增补量最大的是榆树；群落总的胸高断面积由10.99 m²/hm²增加到14.19 m²/hm²，其中因死亡而减少的胸高断面积为0.65 m²/hm²，新增的胸高断面积为3.85 m²/hm²，以刺槐的损失量和新增量为最多；刺槐和油松的平均胸径增加，榆树的平均胸径减少；小径级个体死亡量较大，大径级个体死亡量较小；不同树种的死亡个体径级分布基本类似于2010年该树种的径级分布；刺槐和油松的种群大小变化率分别为－2.88%和－0.24%，均呈小幅度负增长，榆树的种群大小变化率（33.37%）在5%以上，属于快速增长的种群。从群落5年间的物种组成和结构变化来看，不同树种的死亡率和增补率各异，群落的物种成分和结构变化较大，复垦生态结构尚不稳定。

辽宁工程技术大学的吕刚副教授团队为了探究不同植被复垦模式对排土场土壤抗冲性的影响，以辽宁省阜新市海州露天煤矿排土场复垦区内灌木林地（紫穗槐）、榆树林地、刺槐林地、混交林地（刺槐和榆树混交）、荒草地和耕地6种复垦模式为研究对象，采用野外采样和室内改进土壤抗冲槽的方法获取了径流含沙量、抗冲性指数、根系指标和根系对土壤抗冲性的强化值等评价指标。结果表明：土壤冲刷过程中，不同复垦模式下的径流含沙量在冲刷6 min内变化幅度较大，伴随着冲刷时间的延长，6 min后含沙量相对稳固；不同复垦模式土壤冲刷过程累积径流含沙量表现为耕地较大，荒草地、榆树树林地、混交林地和刺槐林地次之，灌木林地较小；土壤抗冲性变化与土壤冲刷过程含沙量呈反比，随土壤冲刷时间延长，土壤抗冲性增强。平均抗冲性指数趋势表现为灌木林地较大，刺槐林地、混交林地、榆树林地次之，荒草地和耕地较小。针对海州露天煤矿排土场，该团队对不同复垦模式下土壤质量进行评价，结果表明：排土场复垦区土壤容重在1.19~1.28 g/cm³之间，刺槐和火炬树土壤容重较小；排土场毛管孔隙度表现为紫穗槐（40.29%）＞刺槐（39.45%）＞火炬树（38.67%）＞榆树（36.56%），土壤含水率在9.85%~11.73%之间；排土场不同样地初始入渗率表现为刺槐＞火炬树＞榆树＞紫穗槐，稳定入渗率表现为刺槐＞榆树＞火炬树＞紫穗槐；全氮含量在0.54~0.69 g/kg之间，有效磷含量在4.73~6.13 mg/kg之间，速效钾含量在102.15~137.13 g/kg之间；排土场各样地根重密度表现为刺槐＞火炬树＞榆树＞紫穗槐，根长密度为紫穗槐＞火炬树＞刺槐＞榆树，根表面积密度为刺槐＞榆树＞火炬树＞紫穗槐；筛选13个指标来评价排土场土壤质量，排土场土壤质量综合指数表现为刺槐（0.637）＞火炬树（0.426）＞榆树（0.416）＞紫穗槐（0.369），刺槐林地土壤质量最佳。同样是海州露天煤矿排土场，该团队又对不同复垦模式下土壤大孔隙特征进行研究，结果表明：不同样地土壤水分穿透曲线存在差异，6个样地0~5 cm土层稳定出流速率在0.0193~0.0315 mm/s，表现为乔木＞灌木＞草本；土壤水分穿透曲线呈现先快速增大后稳定的趋势，砾石和植被根系是造成土壤穿透曲线波动的主要原因；土壤稳定出流速率随土层深度的增加而减小；排土场不同复垦植被土壤大孔隙半径介于0.03~4.71 mm，土壤大孔隙率为0.03%~16.58%，决定稳定出流速率65%的变异和饱和导水率42%的变异。同时该团队还对该排土场不同复垦模式下土壤优先流特征、持水能力特征、水文效应等进行研究。

4. 高光谱遥感监测技术

与传统方法相比，遥感技术快速、实时、宏观的特点为植被生长和土壤状况的监测提供了新方法，与传统的多光谱遥感比，高光谱遥感不仅能比较全面地反映各类植被、土壤的光谱特征及差异，还能实现对某些植物生化参数和土壤理化性质的定量测定。

5. 资源枯竭型城市生态环境综合治理与整合利用关键技术

"十三五"期间，以中国煤炭科工集团为代表的矿区生态修复研发团队围绕资源枯竭型城市面临的生态问题，开展了开采对土地和环境的监测与诊断技术、露天矿山生态修复技术、废弃采坑回填治理技术、废弃矿坑积水污染防治与再利用技术、废弃露天矿资源再利用模式、高陡岩质边坡生态修复技术、废弃采坑生态修复效果评价技术等方面的研究与应用，主要成果如下。

（1）开采对土地和环境的监测与诊断技术。矿区土地与环境监测是有效地进行土地复垦与生态修复的前提条件和基本要求。由于矿区土地与生态环境监测对象、指标复杂多样，具有综合性、动态性、不确定性、隐性显性共存等特征，必须以地下采矿地质信息为先导，利用宏观、微观监测，空天地监测等多种技术手段。经过一段时间的发展，矿区土地与环境监测从传统地面监测手段发展到"星—空—地—井"一体化监测；从对土地损毁信息的监测发展到土地与环境损毁信息的综合监测，且关注隐性信息的监测；从对矿区土地与环境的损毁监测发展到损毁—治理等全过程的监测，逐步建立了矿区土地质量监测与评价的指标体系，相应的监测手段更加完善，智能化程度和监测精度进一步提高。生态环境监测系统如图3-49所示。

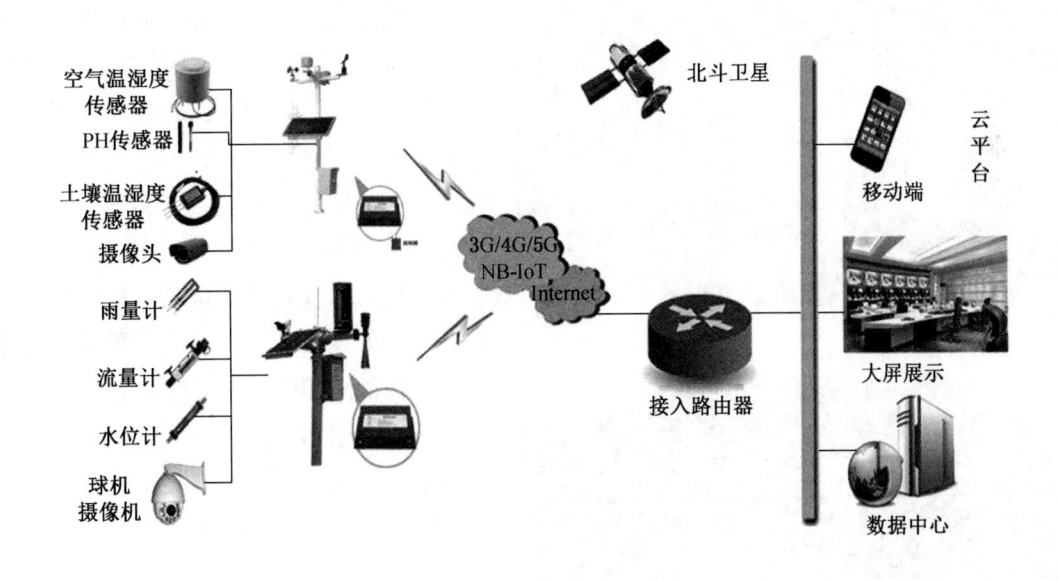

图3-49 生态环境监测系统

（2）露天矿山生态修复技术。随着复垦规划的不断完善，露天矿的复垦从过去的以外排土场复垦为主，发展为采矿—复垦—体化的治理技术。该技术实现了采矿过程的各个工序有序结合，同时结合GPS、GIS及三维可视化技术，对露天矿采场、排土场复垦前后情况进行虚拟展示，实现边开采、边复垦、边预控的目的。随着对复垦土壤质量要求的不断提高，相关研究采用植被修复与微生物修复的方式来改良排土场复垦土壤质量。目前我国露天矿复垦已经达到了国际先进水平,尤其是我国独特的黄土高原大型露天煤矿土地复垦与生态修复技术与实践,取得了显著的成效。

图3-50 抚顺西露天矿生态修复效果

（3）高陡岩质边坡生态修复技术。岩质边坡坡面因立地条件极为恶劣而成为露天矿山生态修复的难点与重点区域,同时其生态修复质量的好坏关系到整个矿山生态修复工作的成败。"十三五"期间,在岩质边坡植生基材-根系生长协同耦合调控机制、植生基材、根系复合体-岩体界面黏结强度劣化模型、边坡表层裂隙化岩体-植物根系-植生基材整体稳定机理、生态修复效果评价长效机制与动态监测技术等方面开展了相关研究,形成了基于岩体质量分区的高陡岩质边坡生态修复技术,保证了岩质坡面生态修复的长效性。高陡岩质边坡复绿效果图如图3-51所示。

6. 高原高寒低氧低温矿区生态环境治理修复技术

我国高原高寒地区处在寒冷、干旱、强风、强辐射、氧缺乏、低压等特殊生态环境下,表土稀缺,生态环境极其脆弱,破坏后治

图3-51 高陡岩质边坡复绿效果

理修复难度极大,治理修复工作涉及资源勘查开发与保护、冻土与湿地保护、水资源协调、土壤重构、植被重建等多方面交叉任务。"十三五"期间,我国研究人员在高原高寒低氧低温矿区开展了多项研究,主要包括基于遥感等多源手段监测与评价矿区土地与环境、矿区景观格局脆弱性响应与优

化、排土场边坡稳定性与地形地貌重塑、水资源保护利用、高寒矿区表土稀缺区土壤重构与改良、适生植被筛选与快速建植及不同措施下土壤与植被变化特征等研究。

青海省木里煤田区位于祁连山南麓腹地，为典型的高原高寒生态脆弱矿区，经过十几年的开采矿区生态环境受到严重破坏。2020年，中国煤炭科工集团矿区生态修复技术研发团队在木里煤田江仓矿区开展了高原高寒煤矿区生态修复技术研究及治理工程，主要成果如下：

（1）针对高原高寒矿区露井复合开采扰动造成的生态环境破坏问题，基于区域生态环境损伤调查与评估，研究了生态环境破坏影响因素及其作用机制，揭示了高原高寒生态脆弱矿区渣山整治植被复绿退化机理。

（2）针对高原高寒矿区天然表土缺乏、客土成本高、植被生境差等治理技术难题，进行了立地条件治理分区，基于可利用的原位土、剥离土、人工土，提出了"腐熟羊板粪增容-商品有机肥优化提升"为核心的土壤改良方法，研发了"当地适生植物筛选配比-植被种子萌发促进-无纺布覆盖保护-渐进式植被抗逆能力锻炼-植被系统自我更新功能提升"为一体的高效植被恢复技术，形成了高原高寒表土稀缺矿区土壤改良与植被生态重建技术体系。

（3）针对露天采坑底部井巷工程埋深浅，易受回填工程动静载荷扰动破坏的技术难题。对采坑回填体、车辆动载荷、水头压力等对井工巷道稳定性的影响进行了综合评估，确定了井上回填安全边界和井下巷道加强支护范围，提出了井上分区施工-双向回填-缓坡推覆和井下锚注加强支护相结合的回填施工工艺与巷道保护技术。

（4）提出了"最大限度揭露原地表、最大限度利用现状地表土、最大限度出露采坑上部岩质坡面"的地质地貌工程修复理念，构建了江仓矿区"渣山削坡整形+采坑回填缓坡（高原湖泊）+井巷保护+岩壁整治+微地形地貌重塑+土壤重构与植被复绿"综合治理模式，打造了近自然、免维护、可持续的高原高寒矿区生态景观。

江仓矿区治理前后对比图如图3-52所示。

图3-52 江仓矿区治理前后对比图

7. 固废资源化利用技术研究与应用

1）技术进展情况

矿山开采活动以及城市化进程的推进，每年都会有大量的固体废物产生。在国家绿色发展理念及绿色矿山战略要求下，矿山固废的综合利用以及其他行业固废的矿山治理应用均具有广阔的应用前景。目前，煤矸石、粉煤灰、煤气化等煤基固废在填充处理、热量回收、化工开发、生态环保应用等方面得到大量关注和研究；我国建筑固废处理及资源化产业已初具规模，相应的各类技术均得到了有效发展。

总体来看国内相关企业或研究机构已开展的相关研究工作，主要集中于末端处理技术环节，缺乏前端精细分选技术与装备，且研究成果转化率低，已建成项目运营率不足50%，达产率极低；国外发达国家智能分选处置技术与装备在一些场景下已有实际应用，但我国固废存在产量大、分类不到位、处置难度大等问题，国外技术无法直接应用。

固废的前端处理对相应固体废物的深度加工和资源化利用具有重要的作用，目前已形成了以破碎解离、分类筛选、重力分选等技术为核心的综合处理方法体系。然而，从相关行业领域的技术研发方面看，绝大多数的技术开发工作主要集中在低复杂度的均匀可控物料的分选分离，以及已分离的再生物料的复用等方面，不仅对具有重要作用的固废前端处理技术研发方面重视不足，而且在实际生产过程中仍存在一些问题亟待解决。

中国煤炭科工集团通过自立"工业固体废弃物处理及循环利用关键技术研究""煤系高岭土大型干法分选关键技术与装备研究""城市建筑固废资源化利用高效前置处理技术及装备开发"等多项研究课题，在固废精准筛分、分拣以及充填复垦与充填减沉、注浆填充等固废资源利用方面开展了深入研究，形成了固废图像数据库及料群质量评价方法，构建原料组成特性智能识别与分选分离可行性工艺智能判断策略，开发异形结构组分智能识别、定位与分拣系统，实现固废料群评估与处理工艺智能判断推荐，以及异形结构物料的智能识别、选别及高效处理，综合形成多组分固废精细化定向选别及处理过程稳定化技术、装备及工程应用技术体系。其中，高效固废智能识别技术，识别准确率达到95%以上；具有精准定位、精准抓取功能的固废人工智能化分选技术，分选成功率达到90%以上；可提供防盘绕、高效剪切解离机构设计和齿辊结构原则设计；形成一套集筛选、破碎、搅拌于一体的建筑固废制充一体化生产线，可为采煤沉陷区充填治理工程提供关键技术支撑。相关综合技术装备成果已于2020年完成行业成果鉴定，达到国际先进水平。

2）应用情况

（1）上海城市建筑固废高效分选（图3-53）。基于固废一体化分选设备，解决了城市固废来源广泛、组成各异、性质复杂等问题，实现城市复杂固废的精细化分选，为建筑固废的分级、分类资源化利用提供基础条件。

（2）内蒙古煤系高岭土的分选和利用（图3-54）。由煤矸石中分选高岭土岩具有广阔的市场前景。常用的跳汰分选和重介分选等重力分选方法存在工艺复杂、运行成本高等问题，不适用于煤系高岭土分选处理。开发的基于风力分选方法成套技术设备，具有工艺简单、运行成本低的优点，可有效满足进一步的煅烧工艺和深加工需求。

（3）山东任城采煤沉陷区治理。针对采煤沉陷区综合治理工程项目，研制了一套集筛选、破碎、搅拌于一体的制充一体化生产线，可将城市棚户区改造遗留的建筑固料再生加工为注浆充填料，用于采煤沉陷区充填治理工程，环保生态效益显著。

图 3-53 上海城市建筑固废高效分选

图 3-54　内蒙古煤系高岭土的分选和利用

8. 未来研究方向

（1）矿区土地复垦适宜性评价。矿区的土地复垦需要以土地的适宜性评价为基础，而土地评价单元的划分在土地适宜性评价过程中起着重要的作用。在进行矿区土地复垦时，首先需要根据当地矿区的情况，采用适宜的评价单元，进行相关的土地适宜性评价。进行土地复垦方向指标评价时，要遵循代表性、科学性和可操作性的原则，评价指标的确定需要从研究区内的自然、经济和社会各个方面进行综合的评价。采用多种方法，如多指标决策法、人工智能以及基于 GIS 的神经网络与人工算法相结合的方式对土地进行适宜性评价，确定矿区土地复垦的方向。随着地理信息技术和遥感技术的迅速发展，今后的土地复垦适宜性评价采用 GIS 和 AL 相结合的方法，将是矿区土地复垦适宜性评价的必然的发展趋势。

（2）矿区土地复垦技术。当前土地复垦的关键技术，主要包括地貌重建、植被重建、土壤重构、景观重现以及生物多样性的恢复，并取得了相应的成果。今后的矿区土地复垦技术，应当遵循整体保护、系统修复和综合治理的原则，以自然恢复为主，人工恢复为辅，建立"山水林田湖草"生命共同体，进行系统修复，注重修复技术的可持续性。微生物复垦技术，作为一项绿色、低耗能、可持续的修复技术，可以继续进行深入的研究。对不同的矿区，因地适宜地选择适宜的植被，并根据植物的特征和当地的土壤养分状况、水分状况以及承载力，筛选适宜的土壤微生物，调控土壤的微环境。同时，注重不同微生物之间的相互作用，对微生物组的功能进行研究，注重土壤生态系统的多功能性和土壤生态系统的健康，培育健康、高生产力的土壤。并将高光谱遥感监测技术、无人机飞播技术与实地监测技术相结合，建立遥感技术与微生物复垦技术的联合复垦技术。对我国的各项复垦技术进行相应的整合，建立相应的细化的技术标准，施工规范，并进一步挖掘新的技术，进行多种技术综合应用，建立完备的设计、施工和技术标准。

（3）土地复垦模式。以往的土地复垦大多集中在复垦为耕地、林地等，土地复垦的模式较为单一。随着我国土地复垦的发展，不同的矿区，根据自身矿区的特点，提出了不同的复垦方式，如生态农林渔业、旅游、建设用地等，总体而言，土地复垦后利用模式的研究相比较而言不全面，创新型实力较低。今后的土地复垦模式需要根据不同的矿区条件，如露天矿区和采煤沉陷地不同的位置条件、用地需求以及不同的限制条件，进行因地制宜的规划，打破单一复垦模式的束缚，采取不同的复垦方案。

矿区土地复垦对中国耕地、林地以及建设用地的增加，坚守18亿亩的耕地红线，实现节约集约用地的目标，以及社会主义生态文明建设具有重要的意义。矿区土地复垦方向确定的科学化、复垦技术的生态化以及复垦模式的综合化将是今后矿区土地复垦的研究重点。

（4）黄河流域煤矿区生态环境修复关键技术。黄河流域是我国重要经济地带，也是我国重要的生态屏障和能源流域，上游地区是水资源涵养地，水能资源比较丰富；中游煤炭资源丰富，是我国最重要的煤炭生产基地；下游富含石油和天然气资源。目前，黄河流域的煤炭资源经济可采量和煤炭产量均居全国首位，因此，促进煤炭生产与环境保护的协调发展，是黄河流域生态环境保护与高质量发展的重大要求。

我国14个大型煤炭基地中有9个煤炭基地分布在黄河流域。必须基于区域环境与生态承载力和煤炭开采损伤特征，采取科学的环境与生态修复措施，实现开采与生态修复的同步，以保障区域社会经济和生态环境的协调发展。要以采矿工程学、开采沉陷学、地质学、水文学、土壤学、生态学环境学和地球物理勘探技术等交叉学科为基础，针对黄河流域环境和生态修复中的关键问题开展多学科联合攻关，形成不同矿区、不同类型环境生态修复模式与关键技术体系。重点从以下几个方面开展研究：黄河流域生态脆弱区煤岩层结构及采动裂隙演化规律；煤炭规模开采地下水系统变化及其对生态环境影响；煤－水协调开发的水资源保护理论与方法；黄河流域煤炭开发对地表变形损伤机理和沉陷规律；黄河流域煤炭开发的生态修复机制与关键技术；黄河流域煤炭开发的生态安全评价及调控模式。

3.7.2 煤矸石综合利用

据不完全统计，2019年底，我国煤矿固体废弃物综合利用率在70%左右。截至目前，煤矿煤矸石、煤泥等固体废弃物的综合利用方式主要包括：井下充填、提取有用矿物、燃烧发电、空心砖、环保砖、混凝土骨料等方式。特别是煤矸石的综合利用是"煤－电－热－建"等循环经济模式的重要环节。"十三五"时期，在煤矸石综合利用的具体方面，发展煤矸石井下充填不升井、提取有用矿物、生物质掺烧发电、生产环保砖等方面取得长足进展。

1. 煤矸石井下利用

煤矸石井下处理是针对矸石不升井问题和"三下"压煤问题而研发出的矸石处理方法，是实现煤矿绿色开采的关键技术之一。充填开采是从源头防止地表沉陷，实现以最小的生态扰动获取煤炭资源，把对生态环境、水土资源和基础设施等影响限制在生态环境可容许范围内的有效方法。

（1）抛矸充填采煤技术。该技术利用高速动力抛矸机将原生矸石以较快的冲击速度抛投至采空区，达到废弃矸石井下处理和岩层移动控制的目的。

（2）"三下"压煤开采技术。为解决我国存在的"三下"压煤问题，研发了以综合机械化固体充填采煤技术与胶结充填采煤技术为核心的"三下"压煤开采技术，该技术实现密实充填，既减少煤矿固体废弃物地面排放，又可以减轻开采沉陷灾害，提高资源回收率，达到安全开采和保护矿区生态环境的目的。

（3）煤矸石井下充填置换煤成套技术。井工开采通常会造成对应区域上方地表沉陷，使土地及地面建筑遭受不同程度的破坏，一般对建筑物下压煤的开采需留设保护煤柱或部分煤柱，采用条带开采技术或充填开采技术。同时，煤炭开采造成大量煤矸石在地面堆积，占用土地，污染环境。煤矸石井下充填置换煤炭技术在煤矿井下对煤矸石进行分选，并回填至采煤工作面采空区，既控制"三下"采煤引起的地表急剧沉陷，又减少工业废弃物——煤矸石的排放及占用土地。主要技术指标：普采矸石充填开采可实现充填与采煤并行作业，并可实现无煤柱开采，普采系统生产能力达 600 t/d，提高了矿井生产能力。该技术已在山东新汶矿业集团、河北金牛能源集团、山东淄博矿业集团、兖矿集团的 19 座煤矿进行了大规模推广应用。山东新汶矿业集团经过 8 年的探索和实践，在 14 个矿井，81 个工作面推广应用充填开采工艺，建成 5 个"井下洗选厂"，完成以矸换煤量 10 Mt。近年来，山东、河北等地的矿区应用此技术累计从"三下"呆滞煤柱资源中安全采出煤炭 5.49 Mt，减少向地面排矸 6.60 Mt，新增产值 30 多亿元，取得直接经济效益达 9.45 亿元，同时保证了地面各类设施的安全，大大减轻了固体废弃物的排放，社会效益和环境效益非常显著。

2. 煤矸石地面利用

1）发电技术

煤矸石内含有一定量的碳，可用于燃烧发电。一般认为，发热量大于 1500 kcal/kg 的煤矸石可直接用作锅炉的燃料，发热量在 1000～1500 kcal/kg 的煤矸石则需要混杂一定比例发热量较高的煤泥、中煤等才能进入锅炉。破碎后的煤矸石颗粒在炉内进行多次往复的循环燃烧和反应，能够实现充分燃烧，产生的热量可用于发电。统计表明，我国各地煤矸石发热量普遍较低且差别很大，发热量超过 1000 kcal/kg 的不足总量的 30%。国外利用煤矸石发电起步较早，如德国、荷兰等，从 20 世纪 70 年代起，就有将煤矿电厂和选煤厂建在一起以利用煤矸石发电的案例，但由于一些发达国家对煤炭的依赖性逐渐减少，煤矸石发电项目逐渐停滞。

国内煤矸石发电项目虽然起步较晚，但近年迅速发展，据统计，我国至少有 140 Mt/a 的煤矸石被用于发电，其效果相当于节约 38 Mt/a 标准煤，根据《煤矸石综合利用技术政策要点》，煤矸石发电多采用循环流化床锅炉，同时煤矸石发电厂技术逐渐完善，取得了较大的进步。

2）生产建筑材料

（1）煤矸石生产水泥。煤矸石中的 SiO_2、Al_2O_3 及 Fe_2O_3 总含量一般在 80% 以上，它是一种天然黏土质原料，可以代替黏土配料烧制普通硅酸盐水泥、特种水泥和无熟料水泥等。生产煤矸石普通硅酸盐水泥的主要过程是将石灰石、煤矸石、铁粉混合磨成生料与煤混拌均匀加水制成生料球，在 1400～1450 ℃ 的温度下得到以硅酸三钙为主要成分的熟料，然后将烧成的熟料与石膏一起磨细。在生产过程中，应对煤矸石进行破碎和预均化处理。用煤矸石生产的普通硅酸盐水泥熟料，硅酸钙含量在 10% 以上，硅酸二钙含量在 10% 以上，铝酸三钙含量在 5% 以上，铁铝酸钙含量在 20% 以上。这种水泥凝结硬化快，各项性能指标均符合国家有关标准。

利用煤矸石中 Al_2O_3 含量高的特点，应用中、高铝煤矸石代替黏土和部分矾土，可为水泥熟料提供足够的 Al_2O_3，制造出具有不同凝结时间、快硬、早强的特种水泥，以及普通水泥的早强掺和料和膨胀剂。这种速凝早强特种水泥 28 d 抗压强度可达 49～69 MPa，并具有微膨胀特性和良好的抗渗性能，在土建工程上应用能够缩短施工周期，提高水泥制品生产效率，尤其可有效用于地下铁道、隧道、井巷工程，并可应用于墙面喷复材料及抢修工程。

煤矸石无熟料水泥是以自燃煤矸石或经过 800 ℃ 温度煅烧的煤矸石为主要原料，与石灰、石膏共同混合磨细制成，亦可加入少量的硅酸盐水泥熟料或高炉矿渣。这种水泥无须生料磨细和熟料煅烧，而是直接将活性材料和激发剂按比例混合磨细。此种水泥的水化热较低，适宜作各种建筑砌块、大型板材及其预制构件的胶凝材料。

（2）煤矸石制砖。煤矸石烧结砖是一种新型建筑砌体材料，以煤矸石为主要原料，一般占坯料量的 80% 以上，有的甚至全部以煤矸石为原料，有的外掺少量黏土。运用制砖工艺对地面堆积的煤矸石进行充分利用，缓解煤矸石对地面环境造成的影响，按其生产工艺过程可分为原料选择、原料处理、成型、干燥和焙烧 5 个环节。

煤矸石烧结砖质量较好，颜色均匀，密度一般为 1400～1700 kg/m³，抗压强度为 4.8～14.7 MPa，抗折强度为 2.94～5 MPa，抗冻、耐火、耐酸、耐碱等性能均较好，可用来代替黏土砖，是利废、节能、保护土地和绿色环保的工业产品。煤矸石制砖不但节约能源，而且有效利用工业废渣，实现变废为宝，减少环境污染，产生良好的经济效益和社会效益；但对煤矸石要求较高，工艺复杂，同样由于运输成本及用户需求问题，只能在一定范围和一定程度上消耗矸石，处理量较小。

（3）煤矸石生产混凝土轻骨料。用煤矸石生产轻骨料的工艺大致可分为两类：用烧结剂生产烧结型的煤矸石多孔烧结料和用回转窑生产膨胀型的煤矸石陶粒。

用煤矸石生产的轻骨料性能良好，用该种轻骨料可配制高性能混凝土。用煤矸石生产的轻骨料所配制的轻质混凝土具有密度小、强度高、吸水率低的特点，适于制作各种建筑的预制件。煤矸石陶粒是大有发展前途的轻骨料，它不仅为处理煤炭工业废料、减少环境污染找到了新途径，还为发展优质、轻质建筑材料提供了新资源，是煤矸石综合利用的一条途径，但是处理量小，相对于煤矸石现存储量来说作用有限。

（4）煤矸石微晶玻璃。煤矸石微晶玻璃主要是用煤矸石等矿物原料和化工原料，经过配制、熔融、成型、切割和抛光后形成的一种高档工业用材料，具有玻璃和陶瓷的双重特性。微晶玻璃装饰材料已经是当今国际上开始流行的高级建筑装饰新材料，它结构致密、晶粒分布均匀、高强、耐磨、耐蚀、外观纹理清晰、色彩鲜艳、无色差、不褪色，较天然花岗石、陶瓷更具有灵活的装饰设计和更佳的装饰效果，而且利用工业废渣为原料，有利于环境治理，被认为是 21 世纪现代建筑群理想的高级绿色建材。但该建筑材料只能少量使用煤矸石，其引领意义大于其现实意义，对于大规模处理矸石远远不够。

3. 煤矸石化工业应用

煤矸石中除含有碳外，一般以氧化物为主，如 SiO_2、Fe_2O_3、CaO、MgO、K_2O 等，此外还有少量稀有元素，如矾、硼、镍、铍等微量元素。大部分矸石材料中 Si、C、Al 等元素含量丰富，可直接作为化工原料生产相应的化工产品。20 世纪 90 年代起，国内开始了对煤矸石的深加工，加快了煤矸石化学品开发。由于煤矸石中 Al_2O_3 和 SiO_2 成分较高，因此开发研制的化学产品主要为铝盐系列化学品和硅盐系列化学品。

（1）铝系列化学品。Al_2O_3 作为矸石的主要组成物质之一，在矸石中占很高的比重，是生产铝盐系列化学品的良好原料。利用高铝煤矸石为原料开发的铝盐系列产品有硫酸铝、结晶氯化铝、聚合氯化铝、氢氧化铝和三氧化铝等 20 多种。

硫酸铝广泛用于造纸、水处理、石油除臭脱色及合成其他铝盐等方面。聚合氯化铝是一种无机高分子化合物，在水质混凝处理中做混凝剂。氧化铝是一种重要的化工原料，在电子制造、橡胶及陶瓷材料补强、制造催化剂、人造宝石等方面具有广泛的应用。氢氧化铝是一种良好的硝烟阻燃材料，在电解制铝和有机高分子材料等领域也有着良好的应用，但我国生产氧化铝和氢氧化铝的铝土资源相对稀缺。煤矸石作为一种铝含量较高的固体废弃物资源，可作为制备氧化铝和氢氧化铝的资源，但要求所用煤矸石氧化铝含量达 20% 以上。

利用矸石制备铝系化学品具有价格便宜、原材料易得的特点；但需对矸石进行灼烧磨碎处理，在去除内部的碳质还原剂的同时，保证矸石可以与化学试剂充分反应，工艺比较复杂，对煤矸石成分要求较高。

（2）硅系列化学品。煤矸石中还有大量的二氧化硅，利用这些硅元素可以生产碳化硅、硅合金和硅酸钠等多种硅系化工产品。

碳化硅是一种理想的高温结构材料，作为烧结体原料有较好的活性，并具有硬度大及良好的导热、导电和高温抗氧化等特性。利用煤矸石合成碳化硅在处理煤矿废料的同时，减少了原来碳化硅在生产过程中产生的废气、废液对环境的污染。

Al-Si-Fe 合金目前已被较多钢铁厂用作炼钢的脱氧剂。以煤矸石为原料生产硅合金的方法具有生产流程短、能耗低、成本低、无工业废料等优点。

（3）碳系化工产品。利用煤矸石制备的主要碳系产品有白炭黑和硅铝炭黑两大类。白炭黑是一种白色、无定形、质轻、多孔的细粉状无机化工产品，常被用作橡胶、塑料、合成树脂等材料的填充剂以及纸张的上胶剂和强化剂，还可以用作润滑剂和绝缘材料。制取白炭黑的主要原理是用碱液反应煤矸石酸浸后的滤渣，用水调整其密度，连续通入二氧化碳和空气混合气体，冷却抽滤，即得白炭黑。硅铝炭黑是一种由无机化合物和有机化合物组合而成的复合材料，在橡胶制品及塑料制品中应用广泛。以煤矸石为原料生产硅铝炭黑的主要工艺流程为烘干、粗破碎、细粉碎、高温热处理、研磨、混配、造粒、包装。

（4）橡胶补强填料。煤矸石经过磨碎、焙烧和表面活性处理后可作为环氧化天然橡胶（ENR）的补强填充剂，大大增强橡胶的强度和耐磨性。这种以煤矸石为主原料生产有机高分子聚合物的填料，可取代或部分取代昂贵的炭黑和陶土粉，从而降低橡胶制品的生产成本，取得良好的经济效益。

（5）生产 4A 分子筛。4A 分子筛是一种人工合成的 NaA 型沸石，在我国石油、化工、冶金、电子技术和医疗卫生等部门有着广泛的应用，尤其在合成洗涤剂领域的应用日益受到人们重视，需求量不断增加。通过对高岭石含量较多、全碱（$K_2O + Na_2O$）含量较少的煤矸石进行磨粉、灼烧和烘焙等活化处理后，经过加碱成胶、陈化、晶化合成、过滤和干燥等步骤合成4A分子筛，大大降低了4A分子筛的合成成本，既有效推广了沸石分子筛材料的应用，又提高煤矸石的综合利用水平。

以上煤矸石化工领域的应用对煤矸石的综合利用有重要意义，但由于化工原料生成过程和工艺十分复杂，有些技术条件不是很成熟，因而对于煤矸石的限制较多，造成其消耗量有限，不能从根本上解决煤矸石处理问题。

4. 农业应用

煤矸石中有机质含量15%～20%，且其中还含有植物生长所需的Zn、Cu、Mn等微量元素，将煤矸石磨碎并按比例与过磷酸钙混合，加入活化剂和水，搅匀充分反应后，形成实用新型肥料用于农业生产。此外，煤矸石还可做固氮等微生物的基质和载体，做微生物肥料。但是，农业应用对矸石的品质要求很高，也只能消耗很少一部分煤矸石。

3.7.3 矿井水利用

煤矿矿井水主要来自于受到开采影响而进入巷道的地下水，相关研究统计，我国吨煤开采约产生2 t矿井水。矿井水水质主要取决于地下水原生水质，并且受到巷道内的煤粉、岩粉和开采活动中排放的油脂、乳化液、废弃物和人类排泄物的影响。矿井水按照水质主要划分为洁净矿井水、高悬浮物矿井水、高矿化度矿井水、含特殊组分矿井水和酸性矿井水，受污染矿井水的外排、渗漏会造成地表水和地下水污染以及矿区生态破坏等问题。解决矿井水污染问题的最有效路径就是加强矿井水的处理与利用。

随着我国煤炭产业技术水平的不断提升，我国矿井水处理利用技术与装备也经历了近20年的高速发展，由最早的简单沉淀处理，到深度处理，到成功应用"零排放"技术，我国矿井水处理技术与装备上与发达国家的差距正在缩小，在矿井水产生机理、水质特征、处理工艺和材料研制上进行了大量的研究，并开展了一系列工程示范。

但目前我国煤矿矿井水利用率明显偏低。中国工程院"2035我国矿井水保护利用战略与工程科技"重点战略咨询项目，对11个省、自治区的近300座煤矿开展了调研。根据研究结果，2018年我国煤矿矿井水资源总量约$68.9 \times 10^8 \text{ m}^3$，但平均利用率仅为35%。影响煤矿矿井水利用率的重要因素是利用渠道不畅、处理成本高、处理后的水质与用户需求不匹配。

近年来，矿井水处理与利用问题得到了国家高度重视。2013年国家发改委出台了《矿井水利用发展规划》；2014年国务院发布的《水污染防治行动计划》（水十条），明确指出："推进矿井水综合利用，煤炭矿区的补充用水、周边地区生产和生态用水应优先使用矿井水"；2017年，财政部、国家税务总局、水利部联合发布了《扩大水资源税改革试点实施办法》，在试点地区将矿井水纳入了征收范围；2020年7月公开的《煤炭法》修订征求意见稿中，增加了鼓励矿井水利用的专门条款；2020年11月，生态环境部、国家发改委和国家能源局联合发布的《关于进一步加强煤炭资源开发环境影响评价管理的通知》中，规定了矿井水在充分利用后确需外排的，水质应满足或优于受纳水体环境功能区划规定的地表水环境质量对应值，且含盐量不得超过1000 mg/L。这些政策对矿井水处理利用提出了更高的要求。

1. 高悬浮物矿井水的澄清处理

图3-55 常规矿井水处理工艺

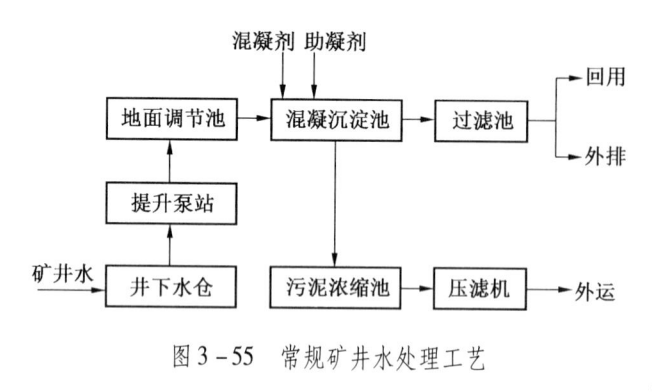

经过长期的发展，我国高悬浮物矿井水处理技术已较为成熟，尤其煤矿地下水库净化技术的发展和应用，实现了矿井水的大规模低成本自净化。

常规处理技术以去除矿井水中细小悬浮物（Suspended solids，SS）颗粒和胶体污染物质为主，处理工艺可满足简单回用要求，同时又是矿井水深度处理和零排放处理的预处理技术，是目前煤矿企业处理矿井水应用最多的工艺技术，处理过程中需要投加混凝剂和助凝剂，最常用的混凝剂和助凝剂分别为聚合氯化铝（poly aluminium chloride，PAC）和聚丙烯酰胺（polyacrylic amide，PAM）。工艺流程如图3-55所示。

超磁分离水技术和常规处理技术相比，除了投加PAC和PAM之外，还向水中投加了以铁为主要成分的"磁种"，在絮凝过程中絮体和磁种结合，使本来不带磁性的絮体获得磁性，当絮体进入超磁分离机产生的磁力场后，絮体被吸附快速沉降从水中分离，该技术加快了整体处理速度，磁种通过回收系统循环反复使用。

高密度沉降技术（重介速沉）和常规处理技术相比，除了投加PAC和PAM之外，还向水中投加了高密度介质（一般以微砂较为常见）。水中SS以高密度介质为"核"聚集形成较大的絮团，密度和体积都比常规处理技术的絮团大，因此絮团沉降的速率也相应地变快，沉淀池体积能够缩小为常规处理的20%~25%，占地大幅度减小，特别适合用于井下处理。

煤矿地下水库净化技术充分利用采空区冒落岩体的空隙、裂隙与离层空间对矿井水进行储存，并利用采空区中的冒落岩体、残煤对矿井水进行过滤、沉淀、吸附和离子交换，实现矿井水的储存与净化（图3-56）。

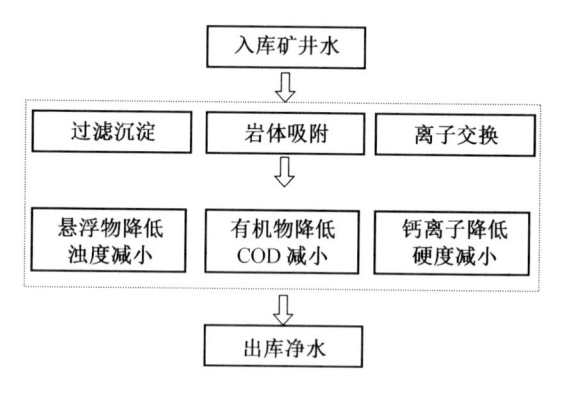

图3-56 煤矿地下水库对矿井水的净化作用

一般仅需利用水泵将矿井水从相对高处注入煤矿地下水库，在低处设置出水口，让矿井水在重力作用下库内自流，即可实现对矿井水的净化，库内净化过程无须任何能耗，也不需要其他处理设施和处理药剂，处理难度和成本大幅降低。煤矿地下水库建设之前需要进行规划，包括水文地质勘探和矿井涌水分析方面，主要任务是查明地下水系统的结构、边界、水动力系统和水化学系统的特征等情况，为水库建设提供基础数据支持；分析井田布局及矿井开拓系统对地下水库建设的影响；对影响地下水库库容的因素（包括上覆岩层性质、开采方法以及工作面尺寸等）进行分析，计算并确定库容。

通过大量的实地调研和资料分析，几种常见的高悬浮物矿井水处理技术主要技术参数对比见表3-3。

2. 高矿化度矿井水处理

高矿化度矿井水按照处理工艺顺序主要分为预处理、脱盐浓缩和蒸发结晶3个工艺段。高矿化度矿井水处理工艺相对复杂造成处理成本较高，是目前矿井水处理中的难点和研究热点。尤其在近年来大量煤矿按照环保要求利用结晶蒸发技术实现对高矿化度矿井水的"零排放",造成处理工程投资巨大,处理成本居高不下。

表3-3 几种常见的高悬浮物矿井水处理技术主要技术参数对比

技术内容	传统絮凝沉淀	超磁分离	高密度沉降	煤矿地下水库
投资及运行费用	投资较低,药剂及人工费用较高	投资较高,药剂及人工费用中等	投资较高,药剂及人工费用相对较低	投资低,无须药剂
占地面积	占地面积大,不适合用于井下处理	占地面积中等,可用于井下处理	占地面积小,适合用于井下处理	利用了井下采空区,无须占地
进水要求	SS≤600 mg/L,抗水质波动冲击能力较低	SS≤1000 mg/L,抗水质波动冲击能力一般	SS≤1500 mg/L,抗水质波动冲击能力较强	无限制
产水质量/(mg·L^{-1})	SS≤80	SS≤20	SS≤20	SS≤20
加药量	PAC=100~120,PAM=2	PAC=70~80,PAM=4,磁粉=15	PAC=50~60,PAM=3,重介质=5	无须任何药剂
处理成本/(元·m^{-3})	1.3~2.0	0.9~1.5	0.7~1.2	0.1~0.3

1) 高矿化度矿井水预处理工艺

高矿化度矿井水首先要进行预处理,去除悬浮物和硬度,避免后续脱盐工艺的堵塞和结垢等问题。因此,通常采用混凝沉淀和软化工艺对高矿化度矿井水进行预处理。混凝沉淀工艺与高悬浮矿井水处理相同。软化工艺是为了去除矿井水中的钙、镁离子,避免结垢,主要采用药剂软化法或者离子交换法。

2) 高矿化度矿井水的脱盐浓缩技术

脱盐浓缩工艺目的是降低矿井水中超标的溶解性固体总量(total dissolved solids,TDS),从而达到回用要求。高矿化度矿井水浓缩处理主要有膜法和热法两大技术类别。其中膜法常见的包括反渗透(Reverse Osmosis,RO)、纳滤(Nanofiltration,NF)和电渗析(Electrodialysis,ED),热法主要包括多效蒸发(Multiple Effect Distillation,MED)、多级闪蒸(Multistage Flashing,MSF)等技术。

(1) 反渗透通过压力迫使水分子透过膜逆向流动到低浓度侧,处理后低浓度侧为淡水,而另一侧则为高浓度盐水,最终实现盐分的脱除。反渗透技术工艺成熟,采用苦咸水淡化膜(Brackish Water Reverse Osmosis,BWRO)、海水淡化膜(Seawater Reverse Osmosis,SWRO)和碟管式反渗透(Disk Tube Reverse Osmosis,DTRO)等卷式膜元件为主,目前是高矿化度矿井水处理应用最广泛的技术,典型的工艺包括BWRO+SWRO和BWRO/SWRO+DTRO等。

(2) 纳滤膜元件构造与处理原理都与反渗透类似,但过滤精度低于反渗透,又比超滤技术高,对Cl^-、F^-等一价离子的过滤能力较弱,优势是需要的操作压力低。

(3) 电渗析使用的离子膜,具有选择透过性。外加直流电场会产生电位差力,推动离子透过离子膜实现从水中分离。

(4) 多效蒸发是指将多个蒸发器串联起来,形成连续的蒸发操作,蒸汽获得多次利用,热能利用率提升。多效蒸发处理成本中蒸汽成本占比较高,由于各个项目获取蒸汽的价格不同,造成处理成本差异较大。

以上几种技术目前已成为到高矿化度矿井水脱盐浓缩处理的主流技术,具体的技术经济对比见表3-4。

表3-4 常见高矿化度矿井水脱盐浓缩处理技术对比

技术名称	操作温度	耗电量/$(kW \cdot h \cdot m^{-3})$	蒸汽消耗量/$(t \cdot m^{-3})$	一般进水 TDS/$(mg \cdot L^{-1})$	回收率/%	产水 TDS/$(mg \cdot L^{-1})$	处理成本/$(元 \cdot m^{-3})$
SWRO	常温	3~5	—	10 000~30 000	60~75	<200	3~5
DTRO	常温	4~8	—	30 000~60 000	40~50	<700	4~8
ED	常温	6~10	—	60 000~100 000	30~50	<900	6~10
MED	<70 ℃	1~2	0.06~0.15	5 000~20 000	50~75	<10	5~20

3)高矿化度矿井水的蒸发结晶技术

蒸发结晶的目的是彻底将高盐水进行水盐分离,最终实现零排放,用在高矿化度矿井水的处理上的常见技术有蒸汽机械再压缩(Mechanical Vapor Recompression,MVR)、多效蒸发和蒸发塘。

处理高矿化度矿井水时,通常将MVR与膜技术联用,具有能耗低的优点,但单套设备处理能力小。MVR和MED技术的选择主要依据蒸汽的价格,由于MVR使用蒸汽比MED少,当蒸汽价格较高时,MVR处理成本低;当蒸汽价格低时,MED就比MVR成本低。

蒸发塘技术简单易行,除占地成本外,运行维护成本极低,是早期高矿化度矿井水处理的主流技术,但根据国内多年的运行经验,存在以下问题:①占地面积大;②受季节影响,在冬天结冰天气蒸发塘无法正常运行;③存在渗漏问题,对地下水有污染风险。目前,受到相关环境政策的制约,一般不再应用蒸发塘的工艺。

3. 含特殊组分的矿井水的处理

含特殊组分煤矿矿井水主要是含氟和含铁、锰矿井水,以及少量的含重金属矿井水。近年来,随着环保政策的趋严,对含特殊组分矿井水的处理利用越来越受到重视,但目前常见的处理技术都存在明显的技术缺陷,还需要通过科技创新和工程实践提高处理水平。

1)含氟矿井水处理技术

目前含氟矿井水处理技术主要有传统的化学沉淀法、吸附法以及近年逐步发展应用的膜法等。

(1)化学沉淀法除氟是将石灰等沉淀剂投加到含氟矿井水中与氟离子反应形成氟化物沉淀,然后通过沉降或过滤等固液分离方法将氟化物沉淀从矿井水中去除。化学沉淀技术简单、处理方便、容量大,但受氟化物沉淀溶解度限制难以达到排放标准。

(2)吸附法除氟是利用了吸附剂的物理和化学吸附以及离子交换等作用,将含氟矿井水中的氟离子去除,常用的吸附剂主要包括活性金属氧化物(活性氧化铝、稀土金属氧化物等)、天然矿物(沸石、黏土、蒙脱石等)、天然生物质(褐煤吸附剂、壳聚糖等)。

(3)膜分离技术已在含氟废水处理中展现了较好的应用效果,主要有反渗透技术、电渗析技术,对氟离子去除率能达到90%以上,但反渗透和电渗析浓水中富集的高浓度氟化物在蒸发结晶前需结合其他除氟技术去除，另外处理成本也相对较高。

2）含铁、锰矿井水处理技术

铁、锰是煤矿矿井水中常见的污染物，一般为低价 Fe^{2+}、Mn^{2+} 共存，处理技术主要有自然氧化法、化学试剂氧化法、接触氧化法、吸附法等。其中各类氧化法的原理都是将水中溶解性低价铁锰离子氧化成高价铁锰固体悬浮物，再通过沉淀过滤等方法进行分离。吸附除铁、锰与吸附除氟类似，吸附剂通过物理吸附、离子交换、络合或化学沉淀等作用吸附去除 Fe^{2+}、Mn^{2+} 离子。总体上含铁、锰矿井水处理技术已较为成熟，成本较低。

3.7.4 煤层气（煤矿瓦斯）开发与利用

煤层气又名煤矿瓦斯，是成煤过程中由有机质演化生成并赋存于煤系地层内的烃类气体，它兼具优质清洁能源、主要温室气体和矿井致灾气体三重属性。我国仅埋深在 2000 m 以浅的煤层气地质资源储量就有 36.81×10^{12} m^3，其中可采资源量为 10.87×10^{12} m^3（约占 30%）。作为主要温室气体之一，煤层气的主要成分是甲烷（CH_4），甲烷的温室效应是二氧化碳（CO_2）的 21 倍。作为矿井主要致灾气体，瓦斯是瓦斯爆炸、煤与瓦斯突出和瓦斯燃烧等事故的主要诱因之一，且瓦斯事故往往具有发生突然、破坏强度大、范围广等特点。

我国煤矿瓦斯（煤层气）的赋存条件具有"三低一高"（低饱和度、低渗透性、低储层压力、高变质程度）的特点，此类条件下的瓦斯抽采属于世界性难题，传统的技术难以支撑该产业持续快速发展，直接移植国内外其他地区的成功经验也难以奏效。"十三五"期间，进一步丰富了煤炭采空区、采动区煤层气赋存理论、资源量评估方法和目标选区评价方法，深化了低渗煤层顶板水平井高效抽采、地面井下联合开采及低渗煤层井下高效抽采煤层气的多种创新技术理论，提出了山西和两淮煤矿区采煤采气一体化协调开发模式优化方法。

1. 煤层气抽采技术与装备

（1）采动区煤层气地面井高效抽采技术与装备。该成果由中煤科工集团重庆研究院有限公司牵头完成。形成了以采动活跃区、穿越采空区（下组煤）、采动稳定区不同抽采对象的煤层气高效抽采技术，同时建立了多波场探测体系，完善了煤层气富集区优选技术。具体技术包括：①采动活跃区煤层气地面井群抽采关键技术；②穿越采空区钻进技术与装备；③山地模块化地面钻井工艺与装备；④采动稳定区范围多波场联合探测关键技术；⑤采动稳定区储层裂隙结构分区表征及储气体积计算技术；⑥采动稳定区煤层气参数测试及富集片区优选技术；⑦采动稳定区破碎带地面一体化钻井工艺与装备。

（2）碎软低渗煤层地面煤层气抽采技术与装备。成果形成了煤矿区碎软低渗煤层评价指标、煤层含气量密闭测试技术，完善煤层气分段压裂理论及技术、开发出一套煤层气增产技术、开发一套适合多煤层煤层气排采技术。该成果由中煤科工西安研究院牵头完成，具体技术包括：①碎软低渗煤层煤层气开发地质条件评价及工程部署优化；②地面钻井煤层密闭取心气含量测试技术及装置；③碎软煤层煤层气分段压裂水平井抽采技术；④煤层气井大直径（$\phi 60$ mm）极小曲率侧钻增产技术与装备；⑤碎软低渗煤层群分层控压排采技术及装备研发；⑥井上下联合抽采技术方法及适用性研究；⑦地面井碎软煤体结构参数探测及量化判识技术装备；⑧碎软低渗煤层群分层控压排采工程试验及应用。

（3）煤矿井下煤层气高效抽采技术与装备。由中煤科工西安研究院牵头完成，该成果形成了煤矿井下智能钻探设备钻进技术，对井下煤层气抽采实现四维演化技术。具体技术包括：①煤矿井下智能化钻探装备及高效快速钻进技术；②碎软煤层双动力头双管定向钻进技术与装备的研究；③智能化顶管快速钻进技术及装备；④大直径高位长钻孔钻进技术及装备；⑤井下单巷道侧帮地质条件探测技术与钻孔抽采效果监测仪器；⑥煤层气赋存岩体裂隙场四维演化规律及抽采钻孔四维布局设计；⑦煤层气储层赋存地应力环境测试与反演技术研究。

（4）难抽煤层井下增渗关键技术及应用。由重庆大学牵头完成，该课题形成了井下煤层钻孔增渗控制技术以及高能气体爆裂技术。具体技术包括：①水射流定向预置缝槽控制压裂技术与装备；②井下顺煤层钻孔水力增渗技术与装备；③小曲率自进式拐弯钻孔增渗技术及装备；④高能气体爆破智能控制技术与装备；⑤液态二氧化碳多管联爆致裂技术与装备；⑥井下液氮冻胀致裂增渗技术与装备；⑦井下致裂效果范围测定技术与装备；⑧井下增渗效果评价及工程设计方法；⑨井下致裂增渗现场应用技术。

2. 煤层气利用

（1）低浓度煤层气短流程提质关键技术及装备。成果由煤炭科学研究总院牵头完成，形成了低浓度煤层气提质、分级利用成套技术。主要技术包括：①短流程提质工艺技术及装备；②提质与分级利用工艺集成研究；③原料气预处理与提质过程安全技术与装备；④低浓度煤层气提质与利用工程示范。

（2）煤矿区煤层气梯级利用技术与装备。由中煤科工集团重庆研究院牵头完成，该课题形成了煤层气高效发电技术。主要技术包括：①低浓度煤层气发电提效技术与装备；②低浓度煤层气蓄热氧化利用技术与装备；③煤层气智能混配技术与装备；④煤层气物理溶剂萃取富集技术与装备

（3）煤与煤层气协调开发模式及技术的优化集成应用。由煤炭科学研究总院牵头完成，建立了煤矿区煤层气开发利用全生命周期平台。主要技术包括：①煤矿区煤层气开发利用大数据平台建设；②煤矿区煤层气开发利用大数据关键软件开发；③矿井"抽建掘采"系统接替设计与评价技术；④煤与煤层气协调开发模式优化决策研究；⑤煤与煤层气协调开发动态模拟与辅助设计技术研究；⑥煤矿区煤层气开发利用全生命周期综合评价；⑦煤与煤层气协调开发技术集成应用及效果评估。

"十三五"期间，在山西和"两淮"地区2个煤矿区建设煤层气示范工程，重点示范过采空区抽采下组煤煤层气技术、采动区煤层气高效抽采、井上下联合抽采及井下二氧化碳压裂、水力脉冲等碎软低渗煤层关键增产技术。

3. 未来研究方向

煤矿区煤层气井上下开发技术装备的快速发展和不同浓度范围煤层气利用技术装备性能的提高为我国煤层气产业的发展奠定了坚实的基础。但是，煤与煤层气耦合伴生，煤矿区煤层气开发与煤炭资源的开采紧密相关，煤与煤层气的协调开发逐渐成为煤矿区煤层气技术发展的必然选择。目前，煤炭生产集中度日益提高，我国80%以上的煤炭产能集中在了晋陕蒙新的大型矿井，千万吨级矿井将成为煤炭供应的主体，这对煤层气井上下开发的区域化、高效化提出了更高的要求；东部区域煤炭开采深度日益提高，深部开采中面临的高地应力、高煤层气压力、高地温等现象日益明显，井下煤层气开发的难度和面临的风险日益提高；南及西南部区域的小煤矿逐渐淘汰，未来关停范围将进一步扩大，废弃矿井数量急剧增加，废弃矿井赋存了巨量的优质煤层气资源，其高效开发利用已经成为煤矿区煤层气开发利用的重要一环；另外，煤矿区煤层气开发分布范围广泛，产气点分散、产气量变化大成为其核心特点，如何使得煤层气利用技术装备适应这一需求，成为亟待研究的方向。

因此，在未来5年，我国煤矿区煤层气开发面临的主要问题是煤炭生产方式变革条件下的煤层气高效开发和利用问题，应重点从以下6个方面进行技术突破：①待建矿井碎软突出煤层煤层气地面区域化高效排采；②煤矿采动区煤层气分区联动地面井连续抽采；③废弃（关闭）矿井煤层气"甜点"资源区评判及高效抽采；④井下长钻孔分段高效压裂增渗；⑤井下钻孔机器人自适应钻进及封孔抽采；⑥低浓度煤层气资源化高效利用。

同时，经济性是煤层气开发利用的重要指标，我国煤层气赋存条件复杂多样，导致煤层气常规排采效果长期维持在单井 $1000\ m^3/d$ 左右，这与煤层气发展的需求是不相适应的；而我国煤炭基础能源的地位又决定了煤炭开采在国家能源供给中的决定性作用。随着我国煤炭开采向着深部化、大型化、集约化的快速推进和淘汰落后产能、关闭落后小煤矿的持续实施，难抽煤层的井上下区域化增渗和排采技术、废弃矿井煤层气资源的准确评估和高效开发技术、井下钻孔机器人自适应钻进及封孔技术、低浓度煤层气资源化高效利用技术等将是未来的重大技术需求。煤矿区煤层气与煤炭协调开发及煤炭开采＋煤层气开发联合规划将是未来煤矿区煤层气发展的主要方向。

据新一轮资源评价，全国煤层气总资源量为 $30.1\times10^{12}\ m^3$，资源丰富，开发潜力巨大。经过三十年的发展，我国煤层气勘探选区评价理论日益成熟，煤层气低密度水泥浆钻井/套管完井技术体系、增产改造主体技术—活性水携砂压裂技术体系等不断完善，基于储层保护的钻进技术、增产改造技术不断涌现，建立了煤层气井"稳定、连续、缓慢、长期"的排采生产原则，构建了煤层气、液、固三相渗流数学模型并尝试煤层气开发数值模拟软件国产化，探索试验了无井下压力传感器自动化生产控制技术。目前，我国已形成沁水盆地和鄂尔多斯盆地东缘两个千亿方储量的煤层气产业基地。尽管如此，但距国家规划的煤层气产量目标和煤层气产业化仍存在一定差距，主要存在以下问题：

第一，我国95%以上煤层属于低透气性煤层，为较难抽采或勉强抽采煤层，普遍存在低压、低渗、不饱和、构造煤发育问题，如何实现碎软低渗煤层井上下气体高效抽采将是我国煤层气产业发展和煤矿瓦斯治理面临的重大难题。

第二，目前国内仅三分之一煤层气井能够实现商业达产，大部分气井产气量低，除了少数资源条件不利于开发外，大部分气井存在改造不彻底、排采过程中发生储层伤害等问题。需要对低产煤层气井进行二次改造，目前煤层气二次改造技术主要包括二次压裂技术、高功率脉冲技术、小井眼水平钻进增产技术等。气井储层二次改造市场巨大，目前基本处于理论研究和初期试验阶段。

第三，研究表明，我国废弃矿井中赋存 42 Gt 煤炭资源、$5\times10^{11}\ m^3$ 天然气和大量水、地热、可再生能源、土地、生态及工业旅游资源，此外关闭煤矿存在着重大安全隐患和生态环境破坏问题。"十二五"期间进行了废弃矿井采空区地面煤层气抽采技术研究及示范研究，取得明显成效。目前我国在关闭矿井煤层气抽采方面的优势主要体现在对煤矿的地质认识较深、抽采相关技术齐全。短板主要体现在现有关闭矿井煤层气资源评价技术不能满足需要、现有成熟抽采技术不能适应关闭矿井的实际条件，尚未形成成套的安全高效抽采技术。

综上所述，目前简单地质条件下的煤层气开发已实现商业化，直井水力压裂技术和多分支水平井分段压裂技术已得到广泛应用。但是，我国煤矿区碎软低渗煤层普遍发育，抽采效果差，亟须研发碎软低渗煤层煤层气高效抽采技术；煤层气低产井增产改造技术是煤层气抽采的难点；关闭/废弃矿井和深部煤层气抽采技术亟待研究；目前煤炭地下气化尚处于试验阶段，亟待研发。"十四五"期间，应重点围绕煤层气高效抽采开展技术攻关。

（1）煤层气开发过程储层动态变化规律与评价方法。研究储层增产改造过程中煤岩裂缝扩展机理；研究煤储层压裂裂缝高精度实时识别方法；研究煤层气开发过程中储层渗透率动态变化规律；研究适宜不同资源条件的量化排采制度。揭示煤层气开发过程"增产改造"和"排采生产"关键环节储层动态变化和量化评价。

（2）碎软低渗煤层的煤层气水平井高效抽采地质条件评价及产能预测技术。研究碎软低渗煤层区煤层气水平井高效抽采区域地质适应性及构造煤判识；开展碎软低渗煤层水平井开发的储层条件和工程力学条件评价研究，建立"甜点"区优选评价体系；碎软低渗煤层区煤层气水平井钻井及压裂层位整体设计方法；开展顶板分段压裂水平井渗流数学模型研究，研发产能预测软件；开展水平井产量递减特征与流动阶段划分研究，分析生产特征的影响因素；开展工程应用，检验模型效果。

（3）长钻孔定向可控水力压裂煤层气抽采技术。研究煤层气地面井下长钻孔联合抽采技术；研发井下长钻孔定向可控水力压裂整套核心装备；研究煤矿井下水力压裂裂缝扩展控制技术；研究煤矿井下长钻孔水力压裂裂缝实时识别技术；研究定向长钻孔分段加砂高效致裂技术与装备；研究煤矿井下水力压裂工程设计与监测管理系统。

（4）煤层气井低产诊断及其二次改造增产技术。研究煤层气多产层（段）产气监测及诊断技术；研究基于老井潜力储层的选井选层方法研究；研究径向多分支钻进改造增产工艺技术及先导性试验；研究煤层低产气井二次增产技术（功率超声波、电脉冲可控冲击波等）；研究压裂改造裂缝监测及实施效果评价方法。

（5）关闭矿井和煤矿采空区的煤层气抽采利用技术。研发关闭矿井煤层气赋存条件地球物理精细探测技术；研究关闭矿井资源开发利用评估及方案设计技术；研究关闭矿井煤层气封闭井筒、地面钻孔抽采技术；研制关闭矿井和煤矿采空区井口低浓度煤层气发电装备；研究关闭矿井残余煤煤气化技术；研究关闭矿井地热资源开发利用技术；研究关闭矿井绿色闭坑标准体系；研究关闭矿井资源开发利用标准体系；研究关闭矿井煤层气抽采利用先导性试验。

（6）复杂储层增产改造及煤层气高效立体抽采技术。研究碎软低渗煤层水平井工厂化井上下高效抽采技术；研究煤层群多台阶水平井煤层气高效抽采技术；研究薄煤层高效压裂及煤层群同步高效抽采技术；研制地面煤层气井多层控压合层抽采技术及装备；突出矿井"先抽后建"煤层气抽采及瓦斯治理示范；研究低渗储层高压水射流切缝、高能气体压裂改造、功率超声波、脉冲致裂、注热促解等增产改造新技术。

（7）煤炭地下原位气化产业化技术。研究适宜煤炭地下气化资源评价与战略规划；煤炭地下气化选区地质风险因素评价方法；研究适应于不同地质条件的煤层地下气化工艺技术，含建炉方式、点火方式、气化方法、安全性评价等；研究煤层地下气化动态地质环境监测与诊断。

（8）突出矿井"先抽后建"煤层气抽采及瓦斯治理示范。破解突出矿井煤炭开采与煤层气（瓦斯）抽采的"时间-空间-安全"高效衔接生产问题，攻关复杂储层增产改造技术难题，研究突出煤层井筒（巷道）快速揭煤煤层气（瓦斯）抽采技术；研究工作面（首采区）碎软低渗煤层水平井工厂化井上下高效抽采技术；搭建突出矿井"抽、揭、掘、采"平衡联动的区域、高效、经济的立体抽采模式。

3.7.5 矿井余热资源利用

煤矿余热包括矿井水余热、乏风余热、工业余热等。"十三五"期间，随着矿区清洁取暖政策的推进，不少矿区充分利用矿区余热，采用水源热泵、地源热泵等技术，充分利用相关余热资源替代燃煤锅炉实现了矿区的清洁取暖改造。

1. 水源热泵技术

水源热泵技术是利用地表浅层水所蕴含的太阳能和地热能等低品位热能资源，采用热泵原理实现低品位热能向高品位热能转换的技术。水源热泵可实现冬季供暖、夏季制冷、提供生活热水，可替换"锅炉+空调"两套装置或系统。其能效比很高，COP值理论计算值可达到7，实际运行时为4~6。水源热泵系统对水源的原则要求为：水量充足、水温适度、水质适宜，供水稳定。当前水源热泵品牌包括清华同方、台佳、美意等。

水源热泵技术原理与普通压缩式空调机原理相同，为逆卡诺循环原理，夏季工况下，矿井水与热泵系统冷凝器相连，矿井水系统作为热泵的冷却水系统，吸收工质放热，通过热量交换实现蒸发器制冷，蒸发器制得的冷冻水送往空调用户，供末端使用；冬季工况下，矿井水与热泵系统蒸发器相连，矿井水系统作为热泵的热水系统，工质吸收矿井水热量，通过热交换实现冷凝器制热，冷凝器制得的热水送往需要供热的用户，实现供热。以制热为例，整个系统共分为四个主要部件，即蒸发器、冷凝器、压缩器、膨胀阀，有三个能量转化过程：一是机组将水源热量进行回收的过程；二是机组将得到的热量压缩转换到冷凝器的过程；三是机组冷凝器将热量释放传输给末端用户。热泵工质被冷凝后以低温低压状态通过膨胀节流阀再回到蒸发器进行第一过程，往复循环，实现将蒸发器内吸收的热量和输入的电能的总和输出给采暖系统的过程。水源热泵原理如图3-57所示。

目前，国内的清华大学、天津大学、中国科学院广州能源研究所等多家大学和研究机构都在对水源热泵进行研究。其中，多工况水源热泵已经形成产业化，并已经建成数个示范工程。美国和国内的科研机构关于深井水源热泵应用工程的研究，主要集中于地面以上部分，即热泵机组运行效率分析、循环系统的优化设计以及长年运行分析等。M. J. Hatten提出水源热泵系统设计中应注意的方面，包括必要的地下含水层的地质分析、系统设计应满足未来增长的负荷需求，应考虑井的供水与回灌能力在长时间运行后的下降。水源热泵系统运行中可能遇到的问题：井壁出现结垢现象，需定期清洗；换热器亦出现结垢，需定期清洗；设计中没有考虑系统运行损耗。

"十三五"以来，随着水源热泵技术的普及，矿井水低品位热能的利用在国内发展越来越快，已经有很多煤矿企业将此技术应用于矿区办公楼、洗浴中心、职工宿舍和食堂等建筑物的供暖与热水，以替代传统的燃煤燃气锅炉，降低能耗，减少污染。比如，河南能源化工集团鹤煤九矿于2016年淘汰了原有的2台6t热水锅炉，采用矿井余热综合利用系统经运行1年多，各系统运行正常，经济效益显著，年可节约成本600余万元，达到了预期的效果。

2. 地源热泵技术

地源热泵技术是利用地球表面浅层土壤及地下水中吸收的太阳能和地热能而形成低品位热源，并采用热泵原理，通过少量的高位电能输入，实现低位热能向高位热能转型的一种技术。

地源热泵技术是利用地球综合平衡层中的水和土壤所储藏的太阳能资源作为冷、热源，进行转换的空调技术，但主要应用于人们的冬季供暖和夏季制冷。地源热泵包括地表水热泵、地下水热泵、土壤源热泵等技术。其工作原理为：利用地下土壤常年恒温的特点，以地下埋管作为与土壤热交换器，以管内充注的循环液体为能量载体，通过输入少量电能，在冬季，将地热提取出来，提高温度至40~50℃后，用于末端采暖或供热；夏季，热泵机组把室内的热量提取出来，释放到地下储存起来，从而

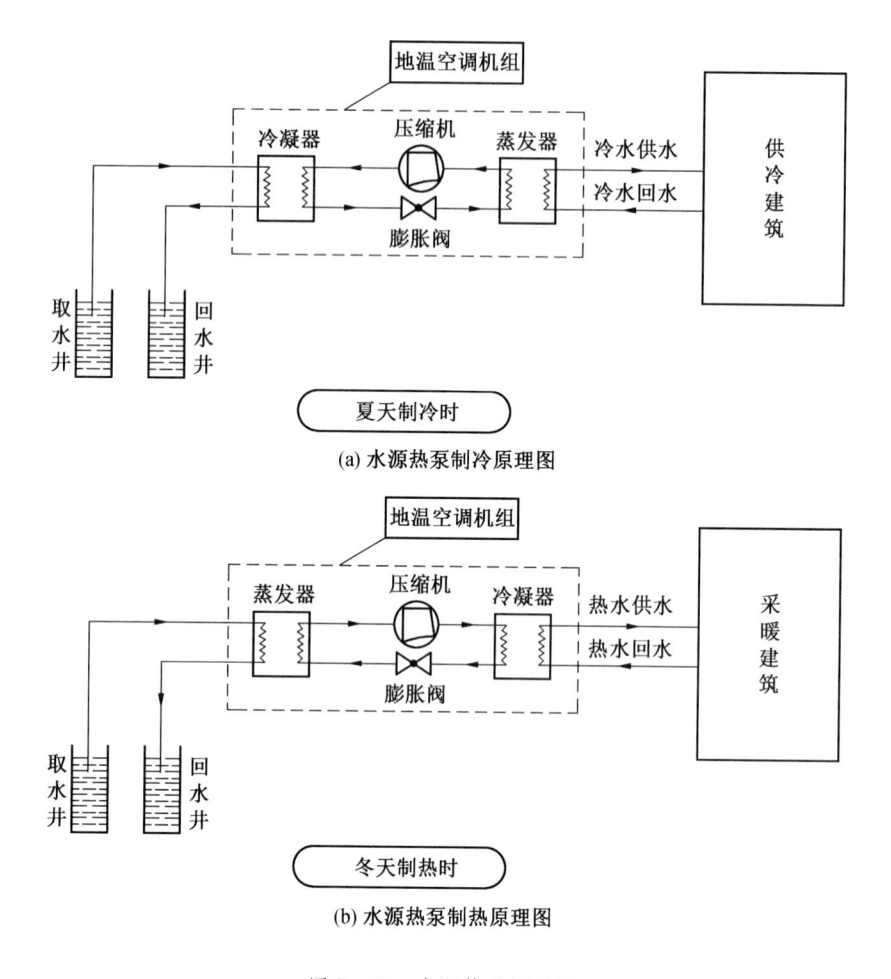

图 3-57 水源热泵原理图

实现夏季制冷、冬季供暖的功能。

地埋管换热器的性能对土壤源热泵的运行效果有着较大影响。相关研究主要从计算模型及工程实际应用两个方面来分析挖掘强化传热的潜力，探索提高地埋管换热器能量采集率的方法和措施，基于对现有地埋管换热器能量采集率提升的研究，开发新型的高效土壤源热泵换热器。除换热器外，不同地质条件下的土壤源热泵地埋管换热器回填施工工艺也是研究重点之一。中国建筑科学研究院开展土壤源热泵换热器的回填密实度测试进行研究通过对不同回填材料及回填工艺，对地埋管换热器的能量采集率差别进行分析，并编写了相关技术要求；在以上研究基础上开发了土壤源热泵系统工程应用计算分析软件，针对不同地质条件、不同气候区域以及不同建筑物的负荷特点，优化匹配高效的地源侧换热器、热泵主机以及用户末端形式，以提高土壤源热泵系统的能效。

在工程应用方面，有研究土壤源热泵，地下水源热泵、地表水源热泵在节能 75% 的居住建筑和节能 65% 的公共建筑中的贡献率，确定地源热泵在低能耗居住建筑中最佳贡献率的优化方法，并对不同地源热泵类型的成本进行对比分析，研究不同地源热泵类型在不同气候区、不同建筑类型的最佳贡献率。

"十三五"期间，地源热泵应用广泛，一般按照换热方式的不同分为三种类型：垂直埋管式地源热泵系统、水平埋管式地源热泵系统和地下水源热泵系统。垂直埋管式地源热泵把换热器垂直埋入地下土壤中，进而与土壤进行换热；水平埋管式地源热泵系统通常埋设于浅层土壤，也属于土壤源地源热泵系统形式的一种，分为单管和多管两种形式；地下水源热泵系统以地下水为热源，地下水和建筑物内循环水通常用板式换热器隔开，包括取水井和回灌井，其技术原理与矿井水水源热泵类似，但是，地下水源热泵在运行过程中如果管理不善可能会引起地下水温升高，工程面积如果过大容易导致地面沉降。

随着对地源热泵技术的不断深入研究，我国已具备了比较完善的地源热泵工程技术，在浅层地热能勘查评价技术规范、高效地下热交换井技术、钻孔热反应原位测试技术以及地源热泵与太阳能结合技术方面，都取得了新的进展。总体而言，地源热泵系统发展存在以下发展趋势：①由于地下水的严格管控，地下水源热泵数量逐渐减少，而土壤源热泵、地表水源热泵及工业余热等热泵系统数量逐渐增加；②地源热泵系统数量稳步发展，但更注重其运行效果从而实现从数量到效果的跨越；③新型地源热泵系统出现，未来的发展过程中，新型换热器以及室外机组的研发从而提高地源热泵系统整体能效及运行效果。

3. 回风源余热利用技术

回风源余热利用技术是热泵技术的一个分支，是以矿井回风为低位热源，通过采用热泵将低位热能转变为高温热能的技术。

通过热泵技术回收矿井总回风、矿井排水中蕴藏的低位热能，与循环水进行换热，制取高位热能，冬季为采暖、井筒防冻、洗浴热水提供热能，夏季为中央空调提供冷源。利用矿井回风源热泵系统的新型的供热制冷技术替代传统的燃煤锅炉加分体空调系统，实现全矿的冬季供暖、副井口加热、夏季空调以及全年的生活热水加热。矿井回风源热泵技术，没有任何污染（可以取代燃烧锅炉带来的有害气体排放）、并且运行效率很高，是一项绿色环保、高效节能的实用新技术，这项技术利用能有效降低矿区生产耗煤量，实现产煤不用煤的低碳运行目标。其工作原理如图3-58所示。

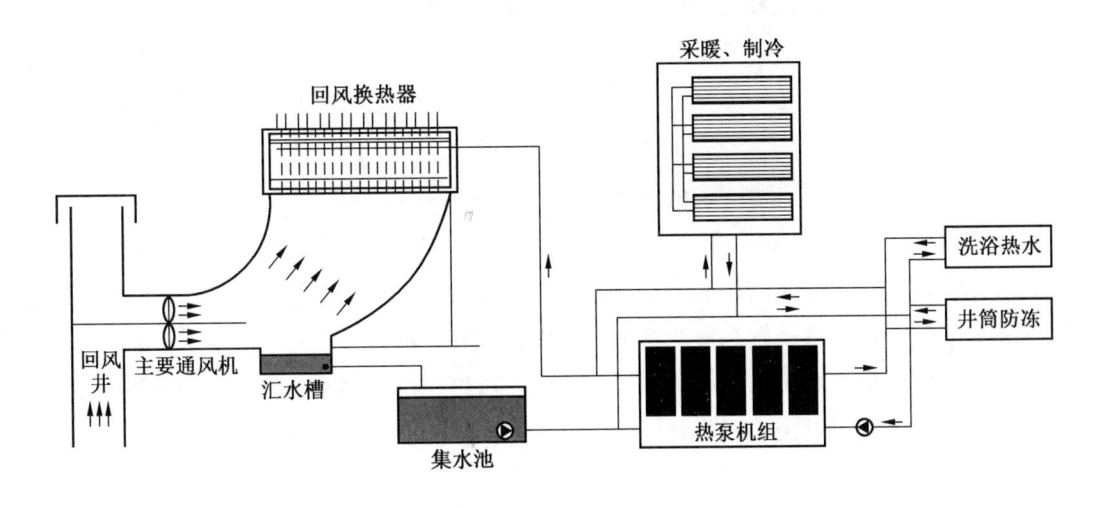

图3-58 回风源热泵原理图

近几年来，矿井回风余热利用技术在我国发展迅速，国内许多煤矿企业已经开始使用此项技术用于减少煤矿的煤炭消耗，减少污染物排放。矿井回风余热利用技术主要是矿井回风余热的提取装置与水源热泵的耦合技术，而其中矿井回风余热的提取装置即矿井回风换热器是这项技术的关键环节，也是技术最困难环节，针对这个问题，"十三五"期间，相关的研究和专利陆续出现，比如2017年发布了实用新型专利《一种高效低阻力矿井回风换热器》，2018年有《矿井回风余热回收用热管换热器的优化设计》等相关研究。

4. 低热值煤电厂余热利用技术

低热值煤电厂余热利用技术是采用热泵技术，将低热值煤电厂余热进行充分利用的技术。重点分析低热值煤电厂余热综合利用技术成熟度等、综合利用实现矿区供热供暖项目设计方案、工程技术方案。

低热值电厂余热利用技术原理为：通过热泵技术回收矿井总回风、矿井排水中蕴藏的低位热能，与循环水进行换热，制取高位热能，冬季为采暖、井筒防冻、洗浴热水提供热能，夏季为中央空调提供冷源。其工作原理如图3-59所示。

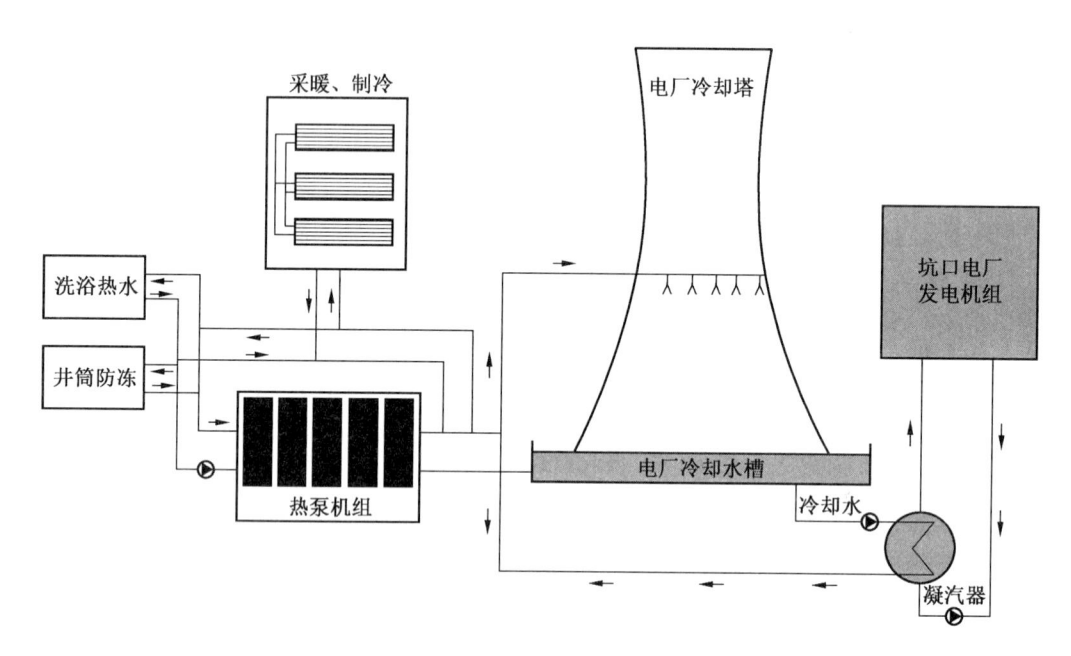

图3-59　低热值煤电厂余热利用原理图

目前该技术的应用并不非常广泛，但有相关锅炉余热利用循环系统的专利，并已经得到成功应用，该系统锅炉设置有燃烧室，燃烧室两侧位置分别设置有进料管和烟道，烟道和进料管都和燃烧室相连通等。相关技术的余热利用循环系统利用烟气余热对煤泥进行烘干，使得煤泥应用于锅炉，降低了资源浪费；同时，烟气通过余热回收利用后，烟气的排放温度大大降低，提高了锅炉热效率，达到节能环保效果。

5. 乏风瓦斯提浓技术

煤矿抽采出来的各个浓度的瓦斯均有利用途径，乏风瓦斯的利用主要有热氧化和催化氧化等。

乏风瓦斯氧化取热的工作原理——热逆流氧化工作原理。反应器两端是石英砂或陶瓷颗粒构成的热交换介质层，热交换介质层中心装有电热元件，反应器周围有较好的绝热层。操作过程中首先将蓄热陶瓷氧化床加热到甲烷的氧化温度（1000 ℃），煤矿乏风瓦斯以一个方向流入氧化床，气体被蓄热陶瓷加热，温度不断提高，直至甲烷氧化、放热。氧化后的热气体继续向前移动，把热量传递给蓄热陶瓷而逐渐降温。随着乏风气体的不断进入，氧化床入口侧温度逐渐降低，出口侧温度逐渐升高，直至气体流动在控制系统下自动换向。在热逆流氧化装置中，气体与固体在反应区进行热交换，气体受热达到瓦斯燃烧所需温度，发生氧化反应（燃烧），放出热量。一个循环包括两次风流转向，每一次转向成为半循环。在第一个半循环中，风流从反应器底部流向顶部。经过一段时间，风流从顶部流向底部，完成另一半循环。开始运行时，电热元件对热交换介质进行预热，使之达到反应所需温度。在第一个半循环中，回风流以常温通过反应器，由于热交换介质层中心温度达到引燃瓦斯所需温度，发生氧化反应。将换热器布置在氧化床高温区附近，通过换热器，将甲烷氧化产生的热量用于生产饱和蒸汽或过热蒸汽，进而可以用于发电、供热、制冷等。若乏风甲烷浓度低至0.1%，可以运转而不需要补充额外的能量，若甲烷浓度高于0.1%，可以从系统中回收热量并产生诸如热水、过热蒸汽等，利用蒸汽来推动汽轮机发电。该系统的氧化甲烷的效率高达98%。

煤矿乏风中所含甲烷浓度极低，无法直接利用，且总量巨大，产生的温室效应显著，煤矿企业面临巨大的减排压力。乏风所含甲烷虽然浓度极低，无法直接利用，但其总量特别巨大，提高乏风瓦斯浓度并进行能源化利用具有重要意义。

现有的乏风瓦斯提浓技术主要集中在吸附分离技术上。但乏风瓦斯提浓技术与已有的煤层气提浓技术亦有所区别，因乏风流量大、甲烷浓度极低，如使用现有的变压吸附技术，无论是系统设计还是能耗指标的优化均需面临严峻的挑战。乏风瓦斯提浓技术的研究方向包括吸附工艺技术的研究及吸附剂的制备两个方面，且这些研究均以实验室研究为主，尚没有工业化应用的研究见诸文献。吸附工艺技术研究，主要包括吸附器结构的设计、吸附/脱附流程的切换控制及系统运行能耗指标优化等方面。目前，针对乏风瓦斯吸附浓缩工艺的研究，主要有真空变压吸附（VPSA）技术、变压吸附（PSA）技术、真空变温吸附（TVSA）技术及变温吸附技术等，大多集中于吸附剂材料的试制、性能测试及工艺试验等方面。

乏风瓦斯利用方法主要有三种：一是将乏风瓦斯浓度通过某种途径提高至约1%，作为主要燃料利用；二是辅助燃料利用方法，对乏风瓦斯浓度无要求，技术应用难度较小，仅适用于燃烧点距离煤矿通风井较近的情况；三是生物过滤器方法，现阶段该技术存在CH_4溶解度小、空床停留时间长等问题，处于实验室研究阶段。

目前，可用于乏风瓦斯提浓的技术途径主要有深冷分离法、吸附分离法、吸收法、膜分离法、水合物合成分离法等。

（1）深冷分离技术具有产品气甲烷纯度高、操作稳定可靠等优点，是我国煤层气分离、提浓的重要发展方向之一，但同时该技术的应用条件较高，如低温条件、高能耗、高投资、高运行成本以及高的操作要求等，只有在大规模生产时采用该技术途径才能实现经济效益。

（2）吸附分离法包括变压吸附分离法和变温吸附分离法。目前，在提浓煤矿乏风瓦斯领域取得较多研究成果的是变压吸附技术和真空吸附技术，因为该技术在其他领域已有较多成熟应用，且运行稳定，操作可靠，安全性有一定保证。然而，变压吸附法或真空吸附法的技术原理决定了升压吸附这一过程无法避免巨大的加压能耗，使提浓乏风瓦斯获得的能量无法平衡其消耗的电能，因此，尽管已开展了相当多的提浓乏风瓦斯的研究，但始终无法解决项目经济性这一瓶颈问题。而且乏风瓦斯变压吸附或乏风瓦斯真空吸附技术尚处于研究初级阶段，没有工业化试验的应用案例。变温吸附法是指通过改变气体在不同温度时吸附容量的差异实现瓦斯提浓的方法。该提浓技术具有加热、冷却时间较长，且吸附剂在频繁热冲击条件下寿命较短的弊端，但其相对能耗低、脱附用的热能品位较低，易从相关联工艺系统获得，进而可降低系统整体能耗指标。

（3）吸收法是利用气体混合物中不同组分在同种溶剂中溶解度不同，从而实现不同气体组分分离的方法。吸收法分离提纯 CO_2 在工业中已得到广泛的应用，技术已十分成熟，但在 CH_4 分离提纯方面，虽已有相关的研究，却未见有很成功的报道，研究认为该技术途径用于提浓乏风瓦斯的适用度非常有限。

（4）气体膜分离技术是在压力驱动下，利用混合气体中不同组分在膜表面渗透速率差进行分离。近年来，在工业领域，膜法富氧及膜法富氮等技术陆续被成功应用，使膜分离技术分离 CH_4/N_2 成为可能。但该技术用于分离提浓乏风瓦斯具有一定的难度：乏风瓦斯中的主要组分 N_2、O_2 和 CH_4 的分子动力学半径接近，各组分对膜的渗透能力接近，较难实现分离，且膜两侧组分的分压差、渗透膜的面积、渗透系数等会影响渗透量，解吸气的损失也会产生安全问题。该技术用于乏风瓦斯提浓尚处于初级研究阶段。

"十三五"期间，煤炭矿区已经在积极探索并推进矿区"零排放"示范工程，随着国家碳达峰碳中和目标的提出，"十四五"期间对乏风瓦斯的利用力度将会有所加强，较有应用可行性的研究方向为真空吸附技术与变温吸附技术，尤其是变温吸附技术。当采用变温吸附技术用于乏风瓦斯提浓时，其脱附工艺流程消耗的热能可由后端的乏风蓄热氧化/催化氧化装置，或者贫燃催化燃气轮机系统的废热烟气提供，能量容易获得，在提高后端系统余热能源利用效率的同时，可显著降低吸附系统的能耗指标，实现整体项目的经济效益最大化的目标。因此，从经济性的角度考虑，变温吸附浓缩工艺的优越性是显而易见的。但目前已有的吸附剂材料对乏风瓦斯的选择吸附容量均较小，变温吸附设备的尺寸势必会比较庞大，短期内设备运行的经济性仍然较差有待开发出选择吸附容量更大、耐热稳定性更佳的吸附剂。

从长远来看，乏风瓦斯作为煤炭行业最大的甲烷排放源，通过吸附分离方式提升乏风中甲烷浓度，使提浓后的乏风瓦斯浓度适合蓄热氧化/催化氧化装置或贫燃催化燃气轮机利用，可解决乏风瓦斯利用的瓶颈问题，为乏风瓦斯利用系统提供稳定气源，助力煤炭行业更好地实现碳达峰碳中和目标。

3.8 煤炭洗选与现代煤化工

3.8.1 煤炭洗选

"十三五"期间，我国原煤入选率逐年增长，已从 2016 年的 68.9% 增长到 2019 年的 73.2%，其中炼焦用煤 100% 入洗，动力用煤也超过 60% 洗选提质，年处理能力 4 Mt 的选煤成套技术与装备已实现国产化。为了适应选煤产业的发展，千万吨选煤厂成套技术装备也取得了长足进展，分级破碎机、振动筛、浅槽重介质分选机、重介质旋流器、跳汰机、浮选机、压滤机已在大型选煤厂得到应用，基本具备替代进口技术装备的条件。具有自主知识产权的三产品重介质选煤工艺及设备、浮选成套技术装备、干法选煤成套技术装备、大型全自动快开压滤机等已出口到矿业发达的国家。为进一步提高分选精度、资源回收率和全员效率，还需要在大型设备的可靠性、分选设备的智能化、分选工艺的自动化以及全厂的信息化管理等方面进行开发与完善。

1. 煤炭分选技术

重介选煤工艺是选煤行业的主流,主要包括原煤不脱泥无压三产品重介旋流器、煤泥重介简化工艺,以及脱泥分级重介旋流器分选工艺等。跳汰选煤工艺流程简单,技术成熟,生产成本低,对于易选煤是合理、经济的选择。浮选工艺以常规一次浮选工艺为主流,一次粗选—二次精选工艺、一次精矿沉降离心脱水—离心液精选压滤脱水工艺日益增多,煤泥分级浮选工艺有应用。干法选煤工艺具有不用水、工艺简单、建设周期短、投资少等特点,除用于炼焦煤原煤排矸外,尤其适用于高寒干旱缺水地区动力煤入选。

2. 煤炭分选技术装备

近年来,我国的选煤技术和装备取得了长足进步,年处理原煤 4 Mt 选煤系统的工艺、技术和装备已经立足国内。研发成功具有自主知识产权的三产品重介质选煤工艺及主选设备、多供介三产品重介质旋流器、大型全自动快速隔膜压滤机、干法选煤成套技术,并达到国际领先水平,已经得到大规模推广应用;跳汰机、搅拌式浮选机、微泡浮选柱、加压过滤机,总体技术达到国际先进水平;研发成功接近国际先进水平的各种离心脱水机、分级破碎机、振动筛、磁选机、干扰床分选机等开始得到推广应用。

1) 重介质选煤技术装备

应用计算流体力学模拟技术以及高速摄像、激光多普勒测速仪等手段,研制成功了国际首创、节能、高效的多供介无压给料三产品重介质旋流器,最大直径达到 1500 mm,并在选煤厂用一套低密度悬浮液实现了 80(100)~0 mm 原煤的分级分选和全部粗煤泥的重介质旋流器分选,使按"等基元灰分"分选成为可能,解决了既保持重介质选煤高效、先进性又降低基本建设投资和运行费用的国际性难题,使我国的重介质选煤技术跃居国际领先水平,成果已在多座选煤厂推广应用。在此基础上,开发了高效节能双锥型三产品重介质旋流器,应用于高密度矿物的分选,取得了良好的经济效益和社会效益。期间,为了适应大型、特大型选煤厂生产的急需,通过对结构形式和结构参数的优化,加大旋流器内的剪切力以降低结构化黏度,降低旋流器内的阻力以使物料畅通,确保原料煤中高、低密度物料以更准确和更快捷的路线分别进入旋流器内各自的密度区,打破了一般重介质旋流器处理能力与直径 $D2.2$ 的比值 k 为 200 的传统,成功研发了超强处理能力和排矸能力的超级无压给料双段重介质旋流器,达到同规格无压(有压)给料重介质旋流器的 1.5 倍以上。

利用粒子成像测速系统和数值模拟软件对浅槽重介质分选机内的流场特性进行了分析和数值模拟,对重介质浅槽分选机的参数进行了优化设计,研制了大型浅槽重介质分选机,并在神华集团、陕煤集团、大同煤矿集团、淮南煤业集团、陕西彬县煤炭公司、华亭煤业集团、山西晋神公司、神华准格尔公司、天地科技公司、贵州松河煤业公司、阳泉煤业集团、平朔煤炭公司、兖州煤炭集团的近40个选煤厂广泛应用。同时,重介浅槽分选机也采用先进合理的检测和控制技术,可实现洗选工艺中重介质悬浮液密度的自动跟踪控制及分流量的自动调节,提高了分选精度和稳定性,降低了重介质的损耗及生产成本,降低了工人巡视的劳动强度。

2) 跳汰选煤技术装备

在 SKT 跳汰机技术的基础上,通过采用自主创新的无背压软接触数控盖板风阀,具有打开无背压、关闭无撞击、运动无磨损、省力、节能、不易损坏等特性;开发了多频脉动跳汰技术,实现了研石段和中煤段脉动频率和振幅的调节；采用多室共用风阀，降低了高压风耗量和动力消耗；采用单格室漏斗形组合式机体专利技术，减少了机体质量和厂房载荷；采用无溢流堰漏斗仓式稳静排料，保证了连续、稳定、准确的产品分离；采用可编程控制器+触摸屏人机界面组成的检测与控制系统，实现了跳汰机风阀参数、排料量及给料量自动控制和总风量、总水量的自动调整，保证了产品指标并提高了分选效率。开发的 27~36 m^2 系列产品已广泛应用于生产现场，取得了良好的经济效益和社会效益。同时，将跳汰机推广应用到了矿井和垃圾的分选领域，并取得了预期的效果。

3）浮选技术装备

（1）机械搅拌式浮选机。在已有 XJM-KS28 系列浮选机技术的基础上，自主创新，研制成功了 XJM-KS45 型机械搅拌式浮选机，其单槽容积为 45 m^3。该机以独创的矿浆预矿化器取代了常规浮选流程中单独设置的矿浆准备作业，通过管道扩径稳压、射流吸气与微泡选择性释出、空气弥散、微泡矿化预选和浮选机分选等作用，不仅简化了矿浆预处理环节，节省了厂房面积和容积，而且强化了后续分选，提高了浮选机的处理能力。与同类设备相比，单机处理能力提高 30%，电耗降低 60%，单位面积节省 80%。之后，又开发成功 60 m^3 同类型浮选机广泛应用于生产现场。同时在 XJM-KS 系列浮选机基础上，开发了单槽最大容积为 90 m^3、矿浆处理能力达 1200~2500 m^3/(h·组)、升级版 XJM-KS 型浮选机，在简化浮选工艺和强化浮选效果方面达到国际先进水平。同时，开发出低阶煤浮选技术与大型浮选机，实现了千万吨级特大型长焰煤选煤厂煤泥的单机浮选提质，突破了低阶煤全粒级洗选提质技术瓶颈。

（2）喷射式浮选机。在 XPM-8 型喷射式浮选机的基础上，开发了 FJC 和 FJCA 型喷射式浮选机。"十三五"期间设备大型化是发展的必然趋势，喷射式浮选机通过结构和工艺参数的优化，形成了容积为 24 m^3、28 m^3、36 m^3、46 m^3 的系列 FJCA 型浮选机。

（3）浮选柱。"十三五"期间，在静态微泡浮选柱的研究基础上，开发了旋流-静态微泡浮选柱，并在制药工艺废水处理中得到应用。之后，矿用旋流-静态微泡浮选柱形成系列产品，最大规格达 6000 mm，相继在贫杂难选矿（有色矿、黑色矿、非金属矿）分选、高灰难选煤泥分选、粉煤灰脱碳、二次资源分选、油水分离、废水处理等领域得到推广应用。

4）干法选煤技术装备

（1）干选机。在原有干选机基础上，通过深入开展干法分选、分离规律研究，找出影响分选效果的主要因素，研制成功了大型干选机，最大规格达 50 m^2，振幅达到 30 mm，筛板开孔率提高 10%，有效分选粒度范围为 6~120 mm，外水<15% 时能够稳定、高效地分选入料原煤。配套除尘设备除尘效率≥99%，外排含尘量≤50 mg/m^3。同时，将 FX 大型干选机拓展到了非煤领域，回收含煤岩系中储存着大量的共伴生煤系高岭土矿产资源。

（2）智能干选机。采用智能识别方法，针对不同的煤质特征建立与之相适应的分析模型，通过大数据分析，对煤与矸石进行数字化识别，最终通过智能排矸系统将矸石排出。TDS 智能干选系统包括给料、布料、识别、执行几大主要系统，以及供风、除尘、配电、控制等辅助系统。智能干选机不仅应用在选煤厂，而且还应用于煤矿井下块煤分选，在煤矿主井提升能力不变的情况下，工作面毛煤产量得到提升，出井毛煤质量得到相应改善。目前，三产品智能干选机和移动智能干选机也相继应用于煤矿及选煤厂。

（3）空气重介质流化床分选机。空气重介干法选煤是由中国工程院院士、中国矿业大学教授陈清如主持研究，突破了传统的选煤理论，发明了空气重介质流化床选煤方法和设备，创立了气固浓相高密度稳态流化的选煤理论。空气重介质流化床分选机是实现干法流态化分选的核心设备。该机由空气室、气体分布器、分选室和产品运输刮板等部件组成，经筛分后的块状物料和加重质分别加入分选机中，来自风包的有压气体经底部空气室均匀通过气体分布器，以一定速度作用于加重质使之流化，形成具有一定密度的均匀稳定"气－固"两相流化床，物料在流化床层中按密度分层，小于床层密度的物料上浮，从右端排料口排出。"十三五"期间，对分选刮板、布风装置、循环系统等技术环节做了进一步完善和创新，研制了KZX－40型空气重介质流化床，并在神华集团新疆煤业集团宽沟煤矿正式投运。

5) 破碎技术装备

为了实现露天矿煤炭的中碎破碎作业，缩小分级破碎设备同外国同类设备的差距，满足我国市场需要，研制了大型中碎分级破碎装备。该破碎机具有高可靠性、高耐磨性、可更换破碎齿板等特点。对分级破碎机运动状态进行实时监测，通过监测负载情况，避免瞬时过载，降低堵转概率。采集轴承温度和工作环境温度信号，及时进行自动润滑，实现无人值守，安全运行。采用主、被动智能保护方案，有效解决大运输能力下对异物的处理，实现自动保护及清理，以确保破碎系统连续正常运转。

同时，针对双驱动破碎机两齿辊的同步性较差，尤其是对大块的物料咬合能力较弱，破碎齿辊的磨损加剧等问题。研制出具有大处理能力、高效破碎的大型单驱动分级破碎装备。通过对分级破碎机运行状态进行实时在线状态监控和故障诊断，实时调节设备入料量，降低无料空转电能损耗，避免瞬时过载，把设备故障消灭在萌芽状态，减少因设备停机而产生的重大损失，实现无人值守、减员增效的目的。在目前润滑控制系统之上进行优化改进，采集轴承温度和工作环境温度信号，对轴承自动进行润滑冷却，保证均匀、连续地对轴承供应润滑剂，并可按需调节，节能节油，提高运行的可靠性。

6) 筛分技术装备

通过对箱式激振器和高可靠性筛体结构的研究，采用先进的结构分析软件对振动系统的可靠性和稳定性进行计算机模拟和分析，实现了筛机振动参数的优化。在此基础上研发成功的SXJ系列香蕉筛、ZK系列直线振动筛、YK系列圆运动筛、QZK系列高频振动筛以及高频振网筛等广泛应用于选煤厂分级、脱水、脱介和脱泥作业。特别是新开发的SXJ4261香蕉筛、ZK3642直线振动筛和QZK2041高频振动筛均达到了国际先进水平。

7) 脱水技术装备

(1) 离心脱水技术装备。在已有卧式振动离心机技术和经验的基础上，采用双质体二次激振原理，应用理论推导和振动模态分析技术，建立了装备结构参数与脱水效果及处理能力的关系模型，确定了最佳结构参数；研究惯性振动的远共振线性振动方式及其理论，设计了合理的振动系统及结构；采用振动模态分析技术，优化了整机结构及各种参数，在此基础上，开发出的1.6 m大型卧式振动卸料离心脱水机，与国内外现有卧式振动离心机相比具有结构简单、拆装方便、主振弹簧易更换等特点，经过调试、试验和生产实践表明：在入料浓度≥30%，入料粒度0.5～50 mm的条件下，产品的处理量高达300 t/h，产品水分保持在9%以下，已达到国内外同类设备先进水平。

同时，针对洗煤厂运营中出现的易损件多、易损件消耗量大等问题，研制立式离心机，可单独更换易磨损部位的刮刀、钟形罩，并保证易损件的动平衡，实现刮刀、钟形罩易磨损部位单独更换，使立式离心机使用成本进一步降低。同时，通过对卧式振动卸料离心机进行智能监控技术研究，提高了国产卧式振动卸料离心机整体智能化水平。

（2）沉降过滤式离心脱水机。沉降过滤式离心脱水机是一种连续生产的固液分离设备，煤浆在离心机内分别经历了离心沉降和离心过滤两个过程。沉降过滤式离心脱水机用于-0.5 mm细煤泥脱水，处理浮选精煤和尾煤的脱水。沉降过滤式离心脱水机与加压过滤机、板框压滤机等粉煤脱水设备相比，具有处理能力大、产品水分低、连续排料、自动化程度高等优点，但固体回收率相对于其他设备较低。"十三五"期间，对其传动系统进行了改进，并对部分规格离心机的离心强度进行了调整，同时多处采用人性化设计结构，使整机性能进一步优化。同时，成功研制了WLG1600×2400大型卧式沉降过滤式离心机，标志着我国沉降离心机的大型化技术水平迈上了新台阶。

3. 选煤智能控制技术

我国选煤自动化领域大而不强，处于"工业2.0"和"工业3.0"并行发展阶段，自动化程度低下，只有集散型控制系统、重介分选过程智能控制系统、煤泥水及浮选控制系统等部分子系统实现了应用，很大一部分煤炭企业甚至还处于人工操作状态。

目前，我国新建的选煤厂绝大部分都设置了集控系统，其配置标准根据选煤厂的建厂时间和选煤厂的规模大小有所不同，集控系统主要分为两个层面：第一个是PLC控制层，它包括PLC本地站、远程站以及现场信息检测控制装置，其主要功能是控制设备的参数和监测设备的运行状态。第二个层面是工控机监控层，其主要功能是将PLC采集到的现场信息用人们容易理解和接受的方式显示出来，将调度人员发布的操作命令传送给PLC执行，对现场设备出现的故障进行原因分析，并可打印故障报表。随着集散型控制系统在其他行业的广泛应用，在煤炭行业也得到初步应用。2017年9月26日，斜沟煤矿选煤厂智能化建设项目，进行从原煤仓下开始至铁路快速装车站及至矸石仓为止的准备、主洗、运销系统的智能化建设工作。涵盖智能经营、智能生产、智能资产三大功能，拟构建全方位的智慧决策体系，效益最优的智能执行体系以及全过程的精细化管理体系。2018年1月16日，亚洲最大的炼焦煤智能化选煤厂全面开工建设，淮北临涣选煤厂计划分步实现原煤系统、重介系统、浮选系统、压滤系统、储装运系统五大模块的智能化，以及设备管理、人员定位系统等。所有选煤厂实践应用过程中都不够理想，其中一个主要的原因是我国的检测水平没有跟上时代的发展，传感器无法很好地反映现场的真实情况。

总之，智能化技术与装备在安全性、高效性方面给了现场很大的提升空间，使生产、管理迈向新台阶。但发展空间依然巨大，还需不断的探索与升级。

4. 未来研究方向

目前，我国自主研制的浮选机、旋流器、破碎机、干选机、压滤机等产品已经实现了大型化和自动化，但整体选煤技术距离世界一流水平还有一定的差距。应在选煤大国的基础上，经过选煤工作者的共同努力，迈向选煤强国。为实现这一目标，未来的选煤厂应以高效高精度分选为目标，在块煤、末煤、粗煤泥、细煤泥均需配套高精度、高可靠性、智能化的分选设备。

（1）炼焦煤精细化深度分离与高效提质技术。炼焦煤洗选一直以生产优质一级冶金焦和铸造焦为主要目标，应进一步研究提高精煤产品质量和回收率的技术。主要研究中煤破碎后煤与矸石的解离情况；研究破碎后中煤的分选工艺、分选设备；研究浮选尾煤的再选技术、分选设备应用；研究超低灰分选工艺、分选设备的应用。

（2）低阶动力煤煤泥提质技术。目前我国低阶动力煤洗选主要是选块不选末，分选下限一般在

13 mm，入选率56%，商品煤平均灰分为28.6%，平均硫分＞1%。若将商品煤灰分降至20%以下，甚至12%以下，硫分＜1%，原煤几乎需要全粒级洗选。由于低阶煤表面含氧官能团多、疏水性差，需要突破低阶煤泥表面改质浮选技术、细煤泥脱水回收等关键技术，开发适于低阶煤洗选废水处理的大型高效浮选机、加压过滤机、沉降离心脱水机等成套技术装备。

（3）选煤厂智能化技术。通过将全厂各系统融合统一，实现选煤生产过程监控、调度自动、决策管理智能，可使选煤的生产管理理念、运行方式方法和手段产生由传统向现代化的新飞跃，是选煤厂高效发展的必由之路。重点研究工艺参数智能化检测技术（特别是基于机器视觉的现代检测技术），设备状态智能化诊断以及基于物联网的选煤装备在线监控服务技术，智能化安全监控技术和基于大数据分析的选煤厂智能化管理技术，构建基于入料和产品组成在线检测结果的重介生产过程智能化控制，基于煤泥水特性（浓度、细度、离子度等）及浮选泡沫特性（气含率、泡沫大小、泡沫黏度等）在线检测结果的浮选过程智能化控制，甚至以市场需求为约束条件、以最大经济效益为目标的智能控制系统等。

（4）煤共伴生矿物综合利用技术。煤共伴生矿物资源化综合利用一直是个薄弱环节，需要研究矸石组分分析技术、硫铁矿的高效回收和利用技术、煤系高岭土的分选提纯技术、煤系有价金属的提取技术。

（5）有害元素脱除技术。随着环境保护的严格，煤中微量元素对环境和人体造成的危害日益引起人们的广泛关注，对商品煤中的汞、砷、磷、氯、氟等有害元素含量也提出了限值，需要研究有害元素的赋存状态与洗选迁移规律，探索和研究煤中有害元素的脱除技术。

3.8.2 现代煤化工

1. 煤基有机固废分布式清洁燃烧

国内高温似流态化技术相较目前流化床燃烧技术具有能耗低的优势，同时可以达到流化床燃烧的效果；较机械炉排燃烧技术，具有结构紧凑，燃烧效率高，污染物排放低的优势。因此，该技术的开发将会为煤基有机固废清洁燃烧开辟一条引领行业的创新型燃烧技术。

近几年，随着低碳环保的趋势发展，国内燃烧技术发展迅速，行业学者通过超低氮燃烧技术和碳基材料低温污染物协同处理等方面的研究，现已经运行锅炉最大达到80 MW的容量、多种烟气污染物均实现超低排放，自主技术实际已达到世界领先水平。如在循环流化床燃烧技术方面，清华大学提出了流化床流态重构技术，以降低氮氧化物初始排放，技术发展迅速；中科院工程热物理所提出了低氧补燃技术及超低氮技术；煤炭科学研究总院提出了富氧着火半煤气化煤粉低氮燃烧技术理念，可大大降低NO_x初始排放。但随着跨界燃烧技术的发展，如上燃烧技术系统已不能满足多样化的市场需求，同时也面临巨大的市场竞争压力，技术优势已不明显。

2. 煤气化

煤气化是指煤在一定温度和压力条件下与气化剂反应，转化为气态产物的工艺过程。煤气化技术是现代煤化工的龙头技术，无论是以生产油品为主的煤液化，还是以生产化工产品为主的其他煤化工，选择合适的煤气化技术都是决定项目全流程生产装置连续稳定运行和煤化工生产企业经济效益的关键。

目前，已形成具有自主知识产权的大型加压煤气化新技术主要有：多喷嘴对置式水煤浆气流床加压气化技术、航天干煤粉气流床加压气化技术、水煤浆水冷壁废锅流程气流床加压气化技术（晋华炉)、干煤粉气流床加压气化技术（神宁炉)、干煤粉气流床加压气化技术（东方炉）等。目前，在煤化工项目中应用最多的是前两种煤气化技术。

经过1000 t级、2000 t级和3000 t级多喷嘴对置式水煤浆气化工业示范装置的建设运行，"十三五"期间开发了4000 t级气化炉。2019年10月29日，兖州煤业鄂尔多斯能化荣信化工有限公司4000 t/d多喷嘴气化炉投料成功。该装置由华东理工大学和兖矿集团共同开发，日处理煤4000 t级，气化压力6.5 MPa，单炉有效气量210000 Nm^3/h，该装置是目前全球首台单系列处理煤最大的气化炉，标志着我国大型煤气化技术又向前迈开一大步。2016年，该团队与韩国TENT公司签订多喷嘴对置式水煤浆气化技术许可合同，多喷嘴煤气化技术出口至韩国。截至2020年10月底，该技术已经推广应用于国内外61家企业，在建和运行气化炉182台，气化装置煤处理能力位列世界第一。

由航天长征化学工程股份有限公司开发的干煤粉气化技术也取得了重要进展，2006年开始，航天长征化学工程股份有限公司开发航天（HTL）粉煤加压气化技术。2017年6月，单炉投煤量3000t/d级气化炉工业示范列入国家重点研发计划项目，依托山东瑞星集团建设示范工程，该装置计划于2021年初投产。截至2020年9月，该技术已推广应用于国内51家企业，在建和运行气化炉117台。

3. 煤液化

煤直接液化是指煤在一定温度和压力条件下催化加氢裂解转化为液态产物的工艺过程。20世纪初，神华集团和煤炭科学研究总院等单位联合，成功开发出神华煤直接液化成套技术及装备。依托具有自主知识产权的神华煤直接液化技术建设的当今世界上首套百万吨级产品的煤直接液化工业化示范项目，于2008年12月在内蒙古自治区鄂尔多斯建成投运。2011年，该项目正式转入商业化运营，持续维持85%左右负荷运行，主要装置运行良好，达到了安全、稳定、长周期运行。2011—2018年累计加工洗精煤13.91 Mt，累计生产油品6.6 Mt，生产持续维持85%左右负荷运行。经过技术攻关优化完善，"十三五"期间已实现了装置的安全平稳运行，最长单周期运行时间超过设计310天，达到420天。装备自主化率达90%以上，实现了世界上直径和重量最大的高温高压临氢反应器、世界上最大容量的增安型无刷励磁同步电机、煤直接液化高差压减压阀等关键设备的自主化；项目产品特点明显，生产的柴油环烷烃含量高、体积热值高、氧化安定性好、低硫、低氮、低凝点，其生产的油品在一些特殊领域有很好的应用前景。

煤间接液化实质上是煤气化后接合成气费托合成。费托合成是以合成气（H_2和CO按一定比例混合的气体）为原料在适当条件下催化合成液态烃类产物的工艺过程。按照反应温度的不同，费托合成可分为高温（310~350 ℃）、中温（260~280 ℃）和低温（190~230 ℃）费托合成。中国科学院山西煤炭化学研究所和山东兖矿集团分别成功开发出各自的煤间接液化成套技术及装备。依托具有自主知识产权的中科合成油费托合成技术建设的世界上单厂生产能力最大的煤间接液化工业化示范项目，于2016年12月在宁夏回族自治区宁东煤化工基地建成投运，煤间接制油产品总规模为4 Mt/a。该项目分油品A、B两条线，承担完成了37项重大技术、装备及材料自主国产化任务，国产化率达到98%。重点开展中科合成油公司费托合成及加工成套技术的百万吨级工业化示范，2200 t级"神宁炉"干粉煤加压气化炉技术和100000 Nm^3/h空分成套技术等重大技术、设备和关键材料国产化任务。油品A、B线于2017年12月17日达到满负荷运行，最高负荷106%。项目通过选择先进节水技术，最大化使用空冷器，循环冷却水系统采用节水消雾型冷却塔，年可节水500多万立方米。山西潞安

1.8 Mt/a 高硫煤清洁利用油化电热一体化示范项目以当地高硫煤为主要原料，采用中科合成油公司费托合成技术生产粗油品，并通过延伸加工、能量梯级利用等实现油品、高端化学品及余热发电联合生产。该项目于 2013 年 3 月开工建设，2017 年 10 月建设完成，2017 年 12 月 29 日产出合格产品。2019 年 1 月至 6 月生产油品总计 491200 t，其中柴油 275700 t、石脑油 162900 t、LPG 37400 t、混醇 15200 t。

4. 煤制烯烃

煤制烯烃技术是指先用煤气化生产合成原料气制甲醇，然后用甲醇作为原料制乙烯和丙烯。甲醇制烯烃技术是以甲醇为原料在催化剂作用下生产低碳烯烃（以乙烯和丙烯为主）产品的工艺过程。中国科学院大连化学物理研究所成功开发出甲醇制烯烃（DMTO）成套技术及装备。依托具有自主知识产权的中国科学院大连化学物理研究所 DMTO 技术建设的世界上首套神华包头煤制 0.6 Mt/a 烯烃工业化示范项目，于 2010 年 8 月在内蒙古包头建成投运。"十三五"期间，多项技术投入示范运行。

中天合创鄂尔多斯 1.8 Mt MTO 项目是目前世界上最大的煤制甲醇转制烯烃项目，是国家现代煤化工工业化升级示范项目和内蒙古自治区煤化工产业发展的重点工程。项目主要包括建设煤炭总产能 25 Mt/a 的两座配套煤矿，煤制 360 t/a 甲醇转制 1.37 Mt/a 烯烃生产装置、0.67 Mt/a 聚乙烯装置、0.70 Mt/a 聚丙烯装置等多项工程，以及为项目配套的铁路、输水等辅助设施。项目采用中国石油化工股份有限公司自行开发的 S-MTO 技术，两套聚丙烯装置分别采用中国石化第二代环管法聚丙烯技术和引进的气相法聚丙烯技术，三套聚乙烯装置分别采用釜式法高压聚乙烯技术、管式法聚乙烯技术和气相法聚乙烯技术。项目大力推进重大装备国产化，实现了气化装置高压煤浆泵，甲醇装置合成水冷甲醇反应器、气冷甲醇反应器、合成气压缩机机组、SMTO 装置产品气压缩机机组、丙烯制冷压缩机组、烟气轮机、急冷塔底泵，LLDPE 装置挤出机，全厂 DCS 系统等一大批重大装备国产化。项目于 2016 年 7 月建成并投入试运行，2017 年 9 月开始全面商业运行。

神华新疆 1.8 Mt MTO 项目采用神华自主甲醇制烯烃 SHMTO 技术，建设 1.8 Mt 甲醇制烯烃装置，2016 年下半年完成项目中交。2016 年 9 月，装置投入运行，标志着 SHMTO 技术的首次工业化获得成功。2017 年 6 月，装置达到 100% 负荷。

5. 煤制天然气

煤制天然气可拓宽天然气多元化供应渠道，保障天然气的供应安全，是我国天然气市场的重要补充之一，也是缓解季节性缺口的有效手段。已核准示范项目 7 个、合计产能 2.51×10^{10} Nm^3/a；已建成投产项目 4 个、合计产能 5.1×10^9 Nm^3/a。

大唐克旗煤制天然气及其配套输气管线项目于 2009 年 8 月 20 日获得国家发改委核准，是第一个由国家发改委核准的大型煤制天然气示范项目。项目规划分三期建设，总产能 4×10^9 Nm^3/a，单期设计产能为 1.33×10^9 Nm^3/a。同时产出 0 号焦油、1 号煤焦油、2 号煤焦油、粗酚、硫黄、硫铵等副产品。项目一期装置于 2013 年 12 月 24 日生产天然气经中石油输气管道并入北京燃气管网。截至 2018 年年底，一期装置累计运行 1572 天，总产气量 3.798×10^9 m^3。国产率超过 95%，大唐化工院自主甲烷催化剂已在克旗项目实现工业化应用。主要技术指标接近或优于设计值，千标方煤制气单耗（2019 年上半年）：能源综合利用效率 55.4%；原料煤 1.84 t；水 5.77 t。

伊犁新天煤制气项目是列入国家《煤炭深加工产业示范"十三五"规划》的重点示范项目，也是产业援疆重点项目。项目 2017 年从气化炉投料点火到产出合格天然气并入中石油西气东输管线，两系列分别用时 14 天和 4 天，创造了全球煤制气行业投料产出合格天然气用时最短纪录，是目前世界一次性建成的单体最大的煤制天然气项目。项目 2017 年 6 月正式投入试生产，设备运行良好，具备足量生产、稳定供应合格天然气产品的能力。

6. 煤制乙二醇

煤制乙二醇是指 CO 气相催化羰基化合成草酸二甲酯和草酸二甲酯催化加氢合成乙二醇的工艺过程。即首先是煤气化生产 CO 和 H_2，然后用甲醇生产亚硝酸甲酯，再用亚硝酸甲酯经 CO 羰基化生成草酸二甲酯，草酸二甲酯加 H_2 生成乙二醇，这种工艺也被称为"草酸酯法"。中国科学院福建物质结构研究所成功开发出煤制乙二醇成套技术及装备。依托具有自主知识产权的中国科学院福建物质结构研究所煤制乙二醇技术建设的世界上首套煤制 2 Mt/a 乙二醇工业化示范项目，于 2009 年 12 月在内蒙古通辽建成投运。中国科学院福建物质结构研究所新一代煤制 1000 t/a 乙二醇中间试验装置于 2018 年初在贵州兴仁建成投运，新一代煤制乙二醇中试装置上得到的试验数据和研究结果将用于拟在位于中试装置附近煤化工园区建设的新一代煤制 6 Mt/a 乙二醇工业化示范项目的可行性研究和工程设计。其新一代技术的特点是：①CO 脱氢、草酸二甲酯合成、乙二醇合成 3 种催化剂高效稳定，贵金属含量更低，性能更好，制备成本可下降 60%；②采用独特的氧化酯化技术和稀硝酸还原技术，可实现氮氧化物等物料的高效利用；③采用特殊分离技术有效提高了中间产物及乙二醇产品分离效率；④工艺流程更合理，反应物料可充分利用，能实现较大幅度的节能降耗，从而使得乙二醇的产品成本大幅度下降。中国石油和化学工业联合会于 2018 年 9 月组织专家对该试验项目进行了 72 h 现场考核。

7. 煤制芳烃

煤制芳烃技术先是煤气化制甲醇，然后以甲醇为原料，在双功能（酸性和脱氢）活性催化剂作用下，通过脱氢、环化等步骤生产芳烃。以煤为原料生产芳烃的技术路线包含 3 大关键技术，即煤制甲醇、甲醇芳构化和芳烃分离转化。煤制甲醇和芳烃分离转化在国内外均已有成熟技术，但甲醇制芳烃技术到目前为止在国内外尚未得到商业化项目验证。国内中科院山西煤化所和赛鼎工程公司合作开发的固定床甲醇制芳烃技术、清华大学的循环流化床甲醇制芳烃技术（FMTA）都在积极推进工业化示范。此外，河南煤化集团研究院与北京化工大学也在合作开展甲醇制芳烃技术研发。其中，清华大学自 2000 年起开始开发煤基甲醇制芳烃技术，形成了甲醇制芳烃小试核心技术。自 2011 年起，中国华电集团与清华大学合作，在清华大学实验室研究的基础上，开展甲醇制芳烃工业化开发，2013 年建成世界首套万吨级甲醇制芳烃工业试验装置，成功完成 30000 t/a 甲醇进料的工业性试验。试验结果表明：原料甲醇转化率高于 99.99%，吨芳烃耗原料甲醇 3.07 t，油相产物中甲基苯（主要指甲苯、二甲苯和三甲苯）的总含量达 90% 以上。

8. 低阶煤分质利用

低阶煤主要包括褐煤、长焰煤、不黏煤、弱黏煤等。煤中低温热解技术方面，煤炭科学研究总院开发了多段回转炉温和气化工艺（MRF），建设了 167 t/a 工业示范装置。大连理工大学利用自主开发的褐煤固体热载体法干馏技术，于 1992 年在平庄建成了一套处理量 150 t/a 的工业性试验装置，已经在陕西神木建成 0.6 Mt 工业化装置。中国科学院过程工程研究所先后建立了煤处理量 8 kg/h 和 30 kg/h 的耦合提升管燃烧的下行床热解拔头实验装置，并建立了与 75 t/h 循环流化床锅炉耦合的煤处理量为 5 t/h 的中试装置。河南龙成集团有限公司研发出低阶煤旋转床干馏技术，于 2011 年在河南西峡建成年干馏原煤 0.3 Mt 的生产线，稳定运行两年后，于 2014 年 3 月在河北曹妃甸建成 10 Mt/a 规模生产线。神雾集团通过集成已工业化的蓄热式旋转床专利技术和蓄热式辐射管燃烧器等多项专利技术，于 2010 年 3 月建成了一座年处理褐煤 30000 t 的蓄热式旋转床低温干馏炉。煤焦油加工利用技术方面，国内煤焦油加氢技术主要有气化馏分油加氢、神木天元延迟焦化加氢、神木富油全馏分加氢、煤科总院悬浮床加氢等技术。陕西煤业化工集团相继开发了部分加氢及全馏分加氢两项工艺技术，在陕北地区相继建成了 0.5 Mt/a 煤焦油部分加氢和 0.12 Mt/a 煤焦油全馏分加氢示范装置。其中 0.5 Mt/a 的煤焦油轻质化生产装置是国内单套规模最大的煤焦油轻质化生产装置。

9. 未来研究方向

"十三五"期间，煤制油、煤制天然气、煤制烯烃、煤制乙二醇等煤炭深加工等工艺技术流程均已打通，具备规模化发展基础。但在国产化 10^9 Nm^3/a 甲烷化工艺及催化剂、煤制芳烃等方面，尚未有成熟稳定的示范业绩，需要加快相关技术攻关。在共性关键技术方面，也存在一些制约"瓶颈"，需要加强技术突破。如各系统工程整合、节水、环保、水平衡、能效、CCUS 等。特别是在环保排放方面，几个项目曾出现了较为严重的环保负面事件，随着环保政策日加严苛和"近零排放"的刚性要求，煤炭深加工高浓度污水、浓盐水、水系统处理技术需要改进和优化，蒸发塘底泥无害化、结晶盐、分盐技术需要加快探索。长远来看，如煤炭深加工产业被征收碳税，会明显加重企业负担，为此，需加快技术及工程突破，实现技术上连续、成本上可承受的 CCUS。在关键装备材料国产化方面，我国煤炭深加工项目装备国产化水平程度总体较高，神华鄂尔多斯、神华宁煤等示范项目的装备国产化率均超过 98%，但在关键核心装备材料等方面，如大型压缩机和关键泵阀等仍需进口。由于现有项目的主要产品多为比较普通的低端或初级产品，而高端化、精细化、差异化、专用化的下游产品开发不足，造成现代煤化工产业的比较优势不明显，总体竞争力还不强。

"十四五"期间，我国现代煤化工科技创新需要在共性关键技术、前沿引领技术、现代工程技术、"卡脖子"技术上实现新突破，同时还需要在部分重大装备、重要材料上实现新突破；石油替代和醇、醚、醛、酸、芳烃、烯烃下游含氧化合物是高质量现代煤化工主要产品的合理选择；以"现代化、大型化、标准化和智能化"的理念，"能源发展替代互补与化工产品高效高值"的思路，以"高效利用、耦合替代、多能互补、规模应用"的路线，通过科技创新实现全产业的高质量提升，大力发展中国能源体系下的现代煤化工。

（1）煤气化。加强基础研究，掌握煤气化过程中污染物的迁移转化机理；继续推动煤气化技术向更大规模方向发展；拓宽对高灰熔点等难气化原料煤的适应性；继续完善煤气化工艺，优化大型煤气化系统，进一步提高煤气化过程效率。

（2）煤液化。直接液化技术。进一步优化和完善技术，继续进行煤直接液化技术升级，开发新产品，提升煤制油产品价值，重点是生产高密度、高稳定性、高热容、低凝点、低硫氮的特种油品〔包括低硫、低氮汽、柴油，军用柴油、低凝柴油、航空煤油（喷气燃料）、火箭燃料等〕和高端化学品（包括苯类芳烃及其他下游高端、高附加值产品等）。

间接液化技术。按照差异化、高附加值化的原则延伸煤间接液化产业链，通过精馏等提纯技术及精细加工，生产多种高附加值的差异化产品，包括戊烷、正庚烷、正己烷、异庚烷、异己烷、轻质白油以及高端润滑油基础油和用于塑料、色母粒以及蜡烛等行业的费托制蜡深加工产品。进一步提高煤间接液化的能效，降低能耗、水资源消耗和污染物排放。

（3）煤制烯烃技术。聚乙烯发展高档聚乙烯牌号产品（包括茂金属聚乙烯、乙烯高压共聚物、聚烯烃弹性体与塑性体、双向拉伸聚乙烯、聚乙烯三元共聚物等）及乙烯下游产品（包括碳酸二甲酯、甲基丙烯酸甲酯、丙醛/正丙醇等）；聚丙烯发展高档聚丙烯牌号产品（包括低 VOCs、高流动性、高模量、高冲击性能的汽车料，三元共聚聚丙烯，医用聚丙烯，超高橡胶含量聚丙烯，低收缩率聚丙烯，高熔体强度聚丙烯，茂金属聚丙烯，丙丁无规共聚物，电工膜等）及丙烯下游产品（包括环氧丙烷等）；副产品发展下游高端、高附加值产品（包括己二腈、烷基化油等）。

（4）煤制乙二醇技术。优化完善煤制乙二醇工艺技术，开发新一代技术，进一步降低项目能耗、水耗，提高竞争力，提升催化剂、反应器等关键技术。继续加强技术拓展和产品链延伸，生产高附加值大宗化学品和精细化学品（包括聚乙醇酸等）。

（5）煤制天然气技术。继续加大具有自主知识产权的甲烷化技术开发，对具备条件的国产甲烷化工艺技术开展 1 GNm³/a 及以上规模的工业化示范，在催化剂材料与合成方法上实现有效突破，替代国外催化剂。

（6）煤制芳烃技术。开展 1 Mt/a 级产品规模的工业化示范，验证产品方案与工艺流程的合理性、核心技术与关键设备的可靠性，获得项目投资和产品成本等经济数据。

（7）合成气短流程制化学品技术。一步法合成气制二甲醚技术、一步法合成气制乙醇技术、合成气制低碳混合醇技术、合成气制高碳混合醇技术等。加大力度开发一步法合成气制烯烃技术、一步法合成气制芳烃技术、甲烷直接制烯烃技术等。

（8）三废处理技术。由于资源性和能源性的属性，中国现代煤化工产业的"三废"排放量在国民经济各工业领域中排在前列。要以环保标准为优先考虑因素，建立绿色化现代煤化工产业体系。同时，发展高效污染物脱除技术、多污染物协同控制技术、废水零排放技术以及"三废"资源化利用技术。

（9）CCUS 技术。用煤基能源化工过程中副产高浓度 CO_2 的优势积极探索 CCUS 技术，超前部署高效 CCS 以及 CO_2 驱油、CO_2 制烯烃等 CCUS 技术的前沿性研发，拓展 CO_2 资源化利用途径。开发 CH_4 和 CO_2 自热重整制合成气（H_2+CO）技术（该过程可实现 CO_2 和 CH_4 两种温室气体的同时高效利用）和 CO_2 催化转化制高值化学品和燃料技术（可利用太阳能等可再生能源，通过光催化、光电催化或电解水制氢，进行 CO_2 加氢制甲醇等燃料及化学品）等。

3.8.3 煤粉工业锅炉

1. 煤粉供料技术

煤粉供料技术是煤粉工业锅炉是否稳定运行的核心因素，其主要作用为连续稳定地将煤粉送入锅炉。相比电站锅炉，煤粉工业锅炉容量小且供料器数量远小于电站锅炉，因此对单个供料器的供料精度提出了更高的要求。煤粉工业锅炉的供料方式分为两类：被动式供料和主动式供料。其中被动式供料主要有螺旋（齿轮）供料器和锁气阀供料器两种形式，主动式供料主要指高精度圆盘供料器。其中螺旋（齿轮）供料器价格低廉，但有密闭性和抗干扰能力差以及混合器易积料的问题，设备可靠性差，存在发生卸料冲击引起锅炉爆燃事故风险。相比螺旋供料器，锁气阀供料器的抗干扰能力和稳定性均有显著提高且价格适中，是目前煤粉工业锅炉最常用的供料方式。相比螺旋供料器和锁气阀供料器，高精度圆盘供料器属于主动供料范畴，该技术供料精度很高，且适用于煤粉、生物质等多种复杂燃料的供料，但存在设备体积大和运行成本高的问题，并未在煤粉工业锅炉领域得到大面积推广，仍处于工业性试验阶段。随着客户对煤粉工业锅炉燃料多样性、运行稳定性要求越来越高，高精度圆盘供料器也是煤粉工业锅炉领域供料发展方向之一。目前开发的多款锁气阀供料器和圆盘供料器可满足不同燃料、不同用户的需求。

2. 煤粉燃烧器

煤粉燃烧器是煤粉锅炉燃烧系统中的关键设备，燃烧器的性能对煤粉燃烧设备运行的可靠性和经济性起到主要的作用。煤粉工业锅炉煤粉燃烧器的设计多参照国内外电站锅炉燃烧器的设计经验。目前，应用于煤粉工业锅炉的燃烧器可主要分为四类，分别为旋流燃烧器、直流燃烧器、钝体燃烧器和预燃室燃烧器，通过合理组织多股射流的流动及混合促进煤粉的着火、稳燃及燃尽。钝体燃烧器通过在来流方向增设钝体，从而在钝体后方构建低压高温回流区，实现煤粉着火及稳燃。预燃室燃烧器最初是为了解决煤粉锅炉的低负荷稳燃问题，合理地组织着火以及防止壁面结渣和烧坏是预燃室燃烧器需重点关注的问题。预燃室燃烧器的壁面常采用耐火材料或耐热钢加工，利用钝体绕流或旋转射流，在预燃室内形成强回流和其他有利条件，保证煤粉的稳定着火和燃烧。增强燃烧稳定性、提高燃烧效率及降低污染物排放是工业煤粉燃烧器的核心问题，而实现煤粉浓淡燃烧、构建高温烟气回流及空气分级燃烧是解决上述问题的重要燃烧组织方式。

煤科院节能技术有限公司经过数年的发展，首次将旋转射流、逆喷射流、预燃室、钝体4种稳燃因素集于一体，由此设计的多款煤粉工业锅炉燃烧器具有迅速点火的特点，且在煤种适应性、燃烬、低氮方面均有上佳的表现。

3. 烟气超低排放净化技术

烟气超低排放净化技术主要涵括烟气的除尘技术、脱硫技术和脱硝技术。关于除尘技术，常采用三类除尘设备，即布袋除尘器、湿式电除尘器和电袋除尘器。面对愈发严格的排放标准，布袋除尘器已不能满足环保要求；而湿式电除尘器虽能满足环保要求，但需设置预除尘设备，存在整个工艺复杂、造价高、占地面积大的问题。电袋除尘器具有可靠性好、结构紧凑、占地面积小、运行成本低的优点，出口排放浓度可低于 5 mg/m³ 或 10 mg/m³，达到超低排放标准，且能够协同脱除 SO_3、汞和重金属，上述优点将使其在煤粉工业锅炉领域拥有广泛的应用前景。

关于脱硫技术，常采用湿法脱硫、半干法脱硫和干法脱硫 3 种形式。其中湿法脱硫效率最高，但存在废水二次污染和石膏雨等问题；干法脱硫效率低，因而不满足目前环保的要求；而半干法脱硫利用炉内煅烧煤粉中原生钙质碳酸盐生成活性 CaO 脱硫，如炉内固硫耦合高倍率灰钙循环烟气脱硫技术（NGD, No Gap Desulfurization）具有脱除效率高、占地面积小、工艺流程简单、建设及运行成本低等优点，另外 NGD 避免了湿法脱硫废水二次污染和石膏雨现象，极大地减少了用水量，具有较大的应用前景。

烟气脱硝技术主要包括 SNCR 脱硝技术和 SCR 脱硝技术，该两种技术为直接移植的电站锅炉脱硝技术，相对较为成熟。针对煤粉工业锅炉的特点进一步研发臭氧脱硝技术，烟气经除尘器净化后进入臭氧脱硝装置，将烟气中的 NO_x 氧化生成更容易吸收的 NO_2 和 N_2O_5，生成产物进入到 NGD 中与富含 $Ca(OH)_2$ 的增湿搅拌灰吸收，可有效降低烟气中的 NO_x，从而达到超低排放的目的。

目前煤粉工业锅炉还处于高速发展阶段，烟气超低排放净化技术有多种组合方式。煤科院节能技术有限公司经过多年的技术研发，形成了具有特色的工业锅炉烟气污染物控制工艺，即"分级低氮燃烧 + SNCR + NGD + 旋风分离器 + 布袋除尘器/电袋除尘器 + 臭氧脱硝"。该方法具有投资和运行成本低、占地面积小、运行稳定的特点，且能够避免脱硫废水二次污染和有色烟雨等问题，在煤粉工业锅炉领域将有较好的应用前景。

4. 测控技术

煤粉工业锅炉测控技术为决定锅炉系统自动化水平的核心要素，其控制着煤粉工业锅炉系统的运行，即大体可将测控技术分为3个发展阶段。第1阶段：触摸屏结合S7200系列的小型PLC控制系统，此测控系统实现了传感器数据的远程回传、锅炉相关动力设备的启停控制等智能控制基本功能，是煤粉工业锅炉自动控制的初级阶段。第2阶段：上位机电脑结合S7300系列的中型PLC控制系统，此阶段除了第1阶段的基本功能外加入了测点报警、设备连锁保护、数据历史记录、负压自动、恒压补水等功能。第3阶段：DCS大型控制系统，此测控技术将大数据分析、移动网络等新技术应用于煤粉工业锅炉领域，实现锅炉的远程监控、故障自诊断等功能。随着煤粉工业锅炉容量增大、市场对锅炉自动化程度提出更高的要求，提出了智慧煤粉炉的概念，即在煤粉工业锅炉运行生产过程中可自主优化，相关系统能够采集、分析、判断和规划自身行为，智能地在线动态优化配置设备及其参数。"智慧煤粉炉"等概念的提出使DCS测控技术在煤粉工业锅炉领域有很好的应用前景。煤科院节能技术有限公司在DCS测控技术的支持下，初步达到了无人值守的效果。

我国煤粉工业锅炉从锅炉形式来说，已形成适应我国国家和满足国内市场需求的较完整的产品规格体系。锅炉本体型式早已成熟，煤粉工业锅炉行业今后的变化、发展，主要随着燃料品质的变化、环保要求的提高以及科学技术发展而带来供料方式、燃烧方式以及检测和自动控制水平的提高和完善。煤粉工业锅炉技术未来将面临精耕细作的过程，着眼于从有到优、从整体到细节、从单机到系统、全生命周期的优化提升，并着重于对现有经验的理论提升和实证研究。

3.8.4 燃煤发电

1. 大容量高参数燃煤发电

大容量高参数燃煤发电机组已成为我国燃煤发电的主力机组。我国已投运600 MW等级及百万千瓦等级超超临界机组超过300台，其中百万机组超过100台。截至2019年，600MW及以上容量燃煤机组容量占比接近50%，其中百万超超临界机组占比为12%。燃煤机组的大容量高参数发展，推动我国火电平均供电煤耗从"十二五"末的315 g/(kW·h)下降到2019年的307 g/(kW·h)。

"十三五"期间，大容量超超临界发电机组已成为我国煤电主力机组，极大促进了燃煤机组的结构优化、效率提高及污染物减排。我国目前已完全具备包括1000MW超超临界参数在内的所有大容量高参数燃煤机组独立设计制造能力，目前我国大容量高参数燃煤机组的技术水平、装机规模均处于世界领先地位。

随着我国燃煤机组节煤降耗要求的不断提高，燃煤机组从早期的25~26.25 MPa/600 ℃/600 ℃一次再热超超临界机组发展到目前主流的28 MPa/600 ℃/620 ℃高效超超临界一次再热技术及28 MPa/600 ℃/620 ℃/620 ℃高效超超临界二次再热技术，同时已开始进行630 ℃及更高参数的燃煤机组技术及相关材料研发示范工作。

目前，我国正在进行650 ℃/700 ℃更高参数的燃煤发电机组的研发工作，开展了基础性研究，整合国内科研和生产力量，针对700 ℃超超临界发电相关材料、设计、工艺制造等关键技术，开展了总体方案设计、关键材料、关键技术、关键部件验证试验平台与电站建设的工程可行性等研究。2017年我国首个700 ℃超超临界发电关键部件验证试验平台在华能南京热电厂建成并投运，目前正开展相关材料和高温热部件的长时间验证试验。

2015年我国首台660 MW及1000 MW超超临界二次再热机组建成投产。目前我国已建成国电泰州二期、华能莱芜、华电句容、国电宿迁等一批高效超超临界二次再热机组。2017年9月，大唐郓城630 ℃超超临界二次再热1000 MW机组项目被列为国家电力示范项目，蒸汽参数为36.75 MPa/620 ℃/633 ℃/633 ℃，设计发电标准煤耗率约244.3 g/(kW·h)，设计发电效率为50.36%，该项目应用国内自主研发的耐高温材料，集箱和大管道高温材料选用G115耐热钢。申能安徽平山电厂二期工程是目前全球单机容量最大（1350 MW）的燃煤机组，采用了国际首创高低位布置方式的双轴二次中间再热技术，同时采用弹性回热、广义回热及广义变频等一系列创新技术，预期供电煤耗251 g/(kW·h)。国华锦界电厂三期机组是世界首例汽轮机高位布置的燃煤机组，大幅减少高温蒸汽管道和排气管道的长度，降低了供电煤耗。

"十三五"期间，我国煤电机组的总体发展趋势是高效、绿色、安全、智慧、灵活，超低背压、烟气提水、深度调峰、深度余热利用、脱硫废水处理等技术均得到了快速发展，已广泛应用于我国煤电机组中。

2. 循环流化床发电

循环流化床发电机组具有燃料适应性广、污染物控制成本低等优点，数十年来已在我国得到了广泛应用。我国循环流化床（CFB）发电技术在理论研究、装备制造、集成设计、运行维护等领域已处于世界领先水平。目前中国是世界上CFB机组及超临界CFB机组投运台数最多的国家。

"十三五"期间，CFB发电技术在向高参数大容量及节能降耗方向快速发展，我国在役循环流化床发电机组已达到100 GW左右，其中超临界参数CFB机组数量从"十二五"末期的6台发展到49台，其中多数为350 MW等级超临界机组。目前世界最大的超临界CFB机组中煤平朔煤矸石660 MW机组于2020年9月正式投产。2019年2月，陕西彬长660 MW超超临界循环流化床燃用低热值煤发电项目和贵州威赫660 MW超超临界循环流化床锅炉发电项目被列为国家电力示范项目，均采用28 MPa/600 ℃/620 ℃参数，两个项目均已进入实施阶段。

CFB机组因其床料流态化的特点，风机电耗较高，清华大学提出的流态重构节能型CFB锅炉，风机可节电30%，同时可减少磨损。该技术已成功应用于中小型CFB锅炉，对风机选型及相关系统设计、厂用电率等指标产生了重要影响。

为了满足超低排放要求，CFB锅炉炉内烟气污染物控制技术也在迅速发展：对于部分锅炉，通过减小石灰石粒度、扩展还原性气氛高度等手段，炉膛出口SO_2及NO_x排放浓度能够满足超低排放要求。清华大学提出的适应超低排放要求的低成本污染物控制CFB技术均已完成了工程验证，并在超临界机组中得到初步应用。

3. 现役机组升级改造

据统计，我国现役煤电机组中约350 GW为亚临界机组（主要为300 MW和600 MW等级），该类机组的煤耗显著高于超临界和超超临界机组。亚临界机组的煤耗偏高将成为制约我国火力发电机组进一步降低能耗的主要因素。通过对现役亚临界机组的提效改造，实现煤耗接近超临界或超超临界水平，大幅提升我国燃煤机组的发电效率、降低能耗，为我国现役亚临界机组的发展提供了有力支撑。

《煤电节能减排升级与改造行动计划（2014—2020）》提出，现役燃煤发电机组改造后平均供电煤耗低于310 g/(kW·h)，其中现役600 MW及以上机组（除空冷机组外）改造后平均供电煤耗低于

300 g/(kW·h)。《全面实施燃煤电厂超低排放和节能改造工作方案》《电力发展"十三五"规划》中均强调了"十三五"期间全国实施煤电节能改造约 340 GW，到 2020 年全国现役煤电机组平均供电煤耗降低到 310 g/(kW·h) 的目标。截至 2019 年底，全国煤电机组节能改造规模已超过 700 GW，提前完成规划目标。

对于机组效率较低，需要大幅提高效率的煤电机组，提高蒸汽初参数是升级改造的重要手段。可以不提高蒸汽压力仅提高蒸汽温度，如蒸汽参数从 16.7 MPa/538 ℃/538 ℃ 提高至 16.7 MPa/596 ℃/596 ℃，可降低机组供电煤耗约 9 g/(kW·h)，主机本体改动及基础改动小；也可同时提高蒸汽压力和蒸汽温度，如机组参数从 16.7 MPa/538 ℃/538 ℃ 提高至 28 MPa/600 ℃/620 ℃ 超超临界参数，机组供电煤耗下降约 15 g/(kW·h)。汽机本体通流改造对于降低机组煤耗具有显著效果。汽封改造、冷端优化、供热改造、锅炉受热面改造、变频改造等也是现役机组升级改造的常用手段。

华润徐州电厂、京能岱海电厂在保持汽轮机进口压力 16.7 MPa 不变的条件下，把汽机进口水蒸气汽温从 537 ℃ 提升至 600 ℃，大大降低了机组煤耗。岱海电厂同时将湿冷改为空冷，总耗水量从 1.2×10^7 m³ 减少至 2.8×10^6 m³，极大减少了水耗。

随着可再生能源发电的快速发展，煤电机组正在逐渐由主力电源向调节电源转型，我国在"十三五"期间大力推进煤电灵活性改造工作，截至 2019 年底，全国煤电灵活性改造已完成近 60 GW。煤电机组灵活性改造旨在加大深度调峰能力、提高负荷变化速率和提高快速启停能力。通过近年来的大量研究和工程实践，形成了不同的灵活性改造技术路线，包括低负荷稳燃、水动力安全、防止受热面超温等锅炉稳定运行技术，氮氧化物排放控制等锅炉辅机低负荷稳定运行技术，汽机热膨胀与涨差控制等汽机及其辅机低负荷稳定运行技术等。对于热电联产机组，形成了低压缸零出力、高背压供热、储热、热泵供热、高参数蒸汽减温减压供热等技术路线。新建煤电机组也已开始将灵活性作为机组性能考核的重要指标。

机组寿命方面，我国煤电机组设计寿命为 30 年。根据初步统计，目前在运机组在 2023 年之前设计寿命达到或超过 30 年的总容量约为 45 GW。计划超期服役的机组，应先进行安全评估和延寿改造，而后将证明材料提交给能监机构，获得批准后方可延续运行。因此延寿及升级改造技术也在"十三五"期间开始应用。国华电力盘山电厂已开始进行升级及延寿改造工作，在延寿的同时提高机组效率。

4. 煤电碳减排

碳减排是煤电行业的焦点，"十三五"期间煤电单位发电量碳排放强度缓慢下降，2019 年达到约 838 g/(kW·h)。受到碳减排技术高昂成本的制约，目前煤电机组碳排放强度降低主要是机组效率提高的贡献。

煤电碳减排主要包括碳捕集（燃烧前脱碳、富氧燃烧、燃烧后脱碳）、煤与其他能源耦合等技术路线。在碳捕集方面，围绕低能耗吸收剂、不同技术路线碳捕集工艺等关键技术环节开展系列研究，并且已完成各种捕集工艺的中试，具备 1 Mt 级装置的设计能力。基于富氧燃烧的超临界 CO_2 动力循环发电技术目前也在开发中，包括上海电气等企业正在研发相关关键设备。265 MW 的华能天津 IGCC 电厂已投入运行，相配的 0.1 Mt 级捕集装置已建成。截至 2018 年，全国已建成或运营的万吨级以上 CCUS 示范项目约 13 个。目前国内已建成的最大燃烧后脱碳项目规模为 0.12 Mt/a，再生热耗 2.8 GJ/tCO_2。国家能源集团国华锦界电厂正在建设 0.12 Mt/aCO_2 捕集装置，预计再生能耗不大于 2.4 GJ/tCO_2，将于近期投运。富氧燃烧方面，2018 年由华中科技大学牵头开展科技部国家重点研发计划项目"富氧燃烧高效低成本运行关键技术与示范"研究工作，项目中试验各项参数达到预期水平。

在碳利用和封存方面，围绕 CO_2 生物转化、化工合成、CO_2 驱油和驱煤层气等不同利用途径开展了理论与关键技术研究，建成了微藻制生物柴油中试和小规模的 CO_2 制可降解塑料生产线。在碳封存方面，完成了全国 CO_2 地质储存潜力评价，全国煤田储存 CO_2 地质储存潜力评价、油气田储存 CO_2 地质储存适宜性评价，以及驱油技术 EOR、咸水层、驱煤层气现场试验，并建设多个万吨级以上的封存和利用工业试点和示范工程。

煤电机组与其他能源耦合也是其低碳化发展的重要方向：煤电机组掺烧农林生物质、污泥等不仅可以实现固体废弃物减量化、资源化利用，而且利用煤电机组效率较高等特点，实现了固废利用的节能减排；部分电厂结合自身特点，在厂区或附近地区建设风电、光伏等可再生能源发电，将其接入厂用电系统，同样可有效减少碳排放。

5. 未来研究方向

（1）650 ℃超超临界燃煤发电技术。掌握 650 ℃超超临界机组高温材料生产及关键高温部件的制造技术，完成 650 ℃超超临界燃煤发电机组关键部件及系统验证实验，开展耐热钢涂层抗蒸汽氧化研究，研发 650 ℃超超临界发电机组锅炉、汽轮机设备及关键辅机和阀门国产化制造技术，掌握 650 ℃超超临界机组设计核心技术，推动具有自主知识产权的 650 ℃超超临界燃煤发电机组示范工程落地。

（2）大规模低能耗低成本 CO_2 捕集利用技术。研发新一代低能耗低成本的 CO_2 捕集材料，开发高性能、低成本吸收剂及吸收塔填料，掌握大规模低能耗、低成本 CO_2 捕集关键技术，完成 CO_2 吸收、分离、压缩等设备自主设计，完成大规模低能耗、低成本 CO_2 捕集整体工艺设计开发，实现装备国产化，开发大规模低成本 CO_2 利用技术，建设百万吨级大型 CO_2 捕集利用示范工程。

（3）大中型燃煤电厂高比例掺烧/纯烧生物质发电技术。研究大中型燃煤电厂高比例掺烧/纯烧生物质发电技术，实现生物质磨等关键设备国产化，完成长时间无人值守全自动化掺烧/纯烧生物质发电系统开发，掌握生物质在线精确计量技术，掌握大中型燃煤电厂高比例生物质掺烧/纯烧方案的核心设计技术，建设大中型燃煤电厂高比例掺烧/纯烧生物质示范工程。

（4）超临界 CO_2 发电技术。开展超临界 CO_2 动力循环参数范围内特别是近临界点附近的 CO_2 纯工质关键物性参数实验测量和理论计算研究，进行不同热源与超临界 CO_2 循环耦合机理与集成优化研究；进行超临界 CO_2 电站设计技术研究，针对超临界 CO_2 闭式循环系统在控制系统研制、调试和运行方面的技术研究开展技术攻关；搭建试验验证平台，研制基础物性、获取关键设备试验数据，完善机理研究和设计制造技术，验证运行调试技术，开展规模化应用的可行性研究。

3.8.5 煤电污染物控制

"十三五"以来，按照国家大气污染物治理相关要求，煤电行业开展了大规模的超低排放技术改造，截至 2020 年底，全国超低排放煤电机组累计达 950 GW，占煤电机组的 87.96%，二氧化硫、氮氧化物、颗粒物控制技术水平大幅度提升，污染物控制效率不断提高，废水治理工作不断深化，我国已建成全球最大的清洁煤电供应体系。"燃煤机组超低排放关键技术研究及应用"项目获得 2017 年度国家技术发明奖一等奖；"燃煤电站硫氮污染物超低排放全流程协同控制技术及工程应用""新型多温区 SCR 脱硝催化剂与低能耗脱硝技术及应用"获得 2019 年度国家科学技术进步奖二等奖。

1. 二氧化硫控制技术

自 20 世纪 80 年代后期，中国开始研究烟气脱硫技术。20 世纪 90 年代，先后从国外引进了各种类型的烟气脱硫技术，开展了示范工程建设，为大规模开展烟气脱硫奠定技术基础。进入 21 世纪，煤电二氧化硫控制步入以烟气脱硫为主的控制阶段。"十一五"以来，我国燃煤电厂开展了大规模的脱硫改造，二氧化硫控制主要采用高效石灰石-石膏湿法烟气脱硫技术（容量占比超过 90%），部分电厂采用海水法、氨法、烟气循环流化床技术。"十三五"期间，针对二氧化硫超低排放新要求，燃煤电厂采取了单/双塔双循环、单塔双区脱硫等提效改造技术，绝大部分燃煤电厂脱硫装置脱硫效率大于 97%，部分电厂脱硫效率超过 99% 以上。2019 年，火电二氧化硫排放降至 0.89 Mt，比 2015 年的 2 Mt 减少 55.5%。

二氧化硫实现超低排放的技术途径如图 3-60 所示。

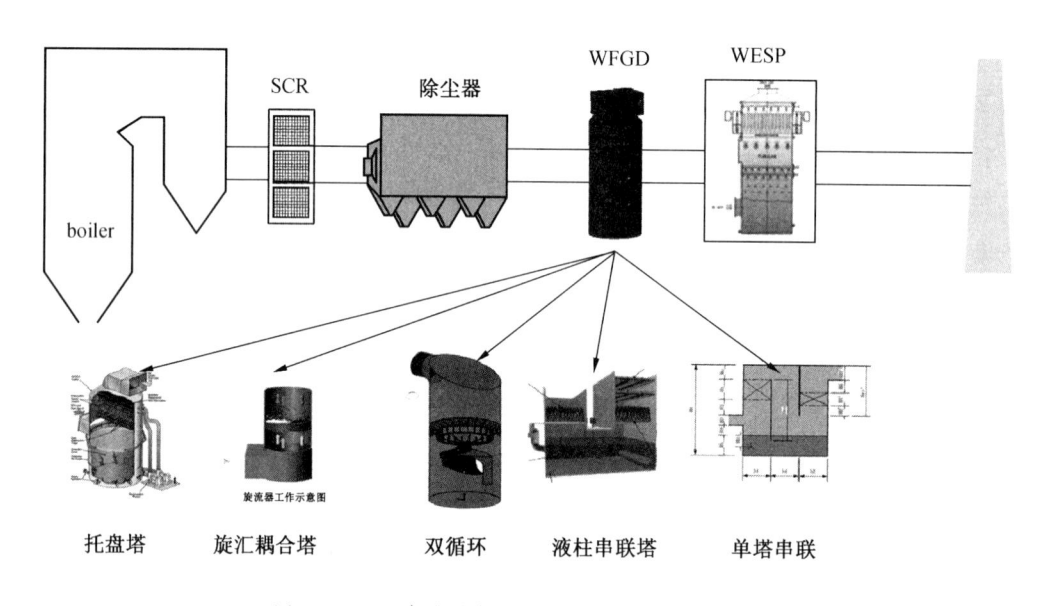

图 5-60 二氧化硫超低排放改造的主要技术途径

1）单/双塔双循环石灰石-石膏脱硫技术

单塔双循环技术通过烟气两次喷淋进行二氧化硫脱除实现高脱硫效率，与常规石灰石-石膏湿法烟气脱硫工艺相比，主要差别在于吸收塔系统，其他系统的配置基本相同。该技术原理为烟气首先经过一级循环（脱硫效率一般在 30%~70%，循环浆液 pH 控制在 4.5~5.3，浆液停留时间约 4 min），保证亚硫酸钙的氧化效果和充足的石膏结晶时间；烟气再进入二级循环，实现主要的洗涤吸收过程，由于不需考虑氧化结晶的问题，所以 pH 可以控制在 5.8~6.2 的水平，在降低循环浆液量的同时达到较高的脱硫效率。国内首台单塔双循环机组于 2014 年 7 月在广州恒运电厂实现投产；2015 年 8 月在浙江北仑电厂 1 GW 机组应用，"十三五"期间大量机组采用该技术实现了二氧化硫的超低排放，如滨海、乐清等电厂。

双塔双循环技术采用了两塔串联工艺，对于改造工程，可充分利用原有的脱硫设备设施，该技术可有效提高二氧化硫脱除能力，但对两个吸收塔控制要求较高，适用于场地充裕、中高硫煤电项目，华电十里泉等电厂采用了双塔双循环技术。北京国电龙源环保工程有限公司提出的耦合双塔双循环多孔烟气整流的 pH 值分区调控工艺，开发了多级洗涤高效脱硫技术，已在都匀电厂、恒泰电厂等电厂应用，鉴定认为该成果整体达到国际先进水平，在稳定运行与能耗经济性方面达到国际领先水平。

2）单塔双区石灰石-石膏脱硫技术

单塔双区技术通过在吸收塔浆池中设置分区调节器，结合射流搅拌技术控制浆液的混合，通过石灰石供浆加入点的合理布置，可在单一吸收塔的浆池内形成上下部两个不同的pH分区：上部低值区有利于氧化结晶，下部高值区有利于喷淋吸收，但没有采用如双循环技术等一样的物理隔离强制分区的形式。同时，在喷淋吸收区设置多孔性分布器（均流筛板），使烟气均流，达到强化传质、进一步提高脱硫效率的效果。单塔双区技术可以较大提高二氧化硫脱除能力，无须额外增加塔外浆池或二级吸收塔的布置场地，且无串联塔技术中水平衡控制难的问题。

双托盘脱硫。双托盘脱硫技术是在脱硫塔内配套喷淋层及对应的循环泵条件下，在吸收塔喷淋层的下部设置两层托盘，在托盘上形成二次持液层，当烟气通过托盘时气液充分接触，托盘上方湍流激烈，强化了二氧化硫向浆液的传质和颗粒物的洗涤捕捉，托盘上部喷淋层通过调整喷淋密度及雾化效果，完成浆液对二氧化硫的高效吸收脱除。嘉华、长兴等电厂脱硫改造、新建机组等数个项目采用该技术。

旋汇耦合脱硫。该技术利用气体动力学原理，通过特制的旋汇耦合装置（湍流器）产生气液旋转翻腾的湍流空间，利于气液固三相充分接触，降低气液膜传质阻力，提高传质速率，从而达到提高脱硫效率、洗涤脱除颗粒物的目的，随后烟气经过高效喷淋吸收区完成二氧化硫吸收脱除。旋汇耦合技术配合使用管束式除尘除雾器，利用凝聚、捕悉等原理，在烟气高速湍流、剧烈混合、旋转运动的过程中，能够将烟气中携带的雾滴和粉尘颗粒有效脱除，一定条件下实现吸收塔出口颗粒物低于5 mg/m^3，雾滴排放值不大于25 mg/m^3。托克托、石柱（脱硫装置入口二氧化硫设计浓度为11627 mg/m^3）等煤电机组采用了该技术，全国应用该技术的机组超过百台。

3）烟气循环流化床法脱硫技术

烟气循环流化床脱硫工艺利用循环流化床反应器，通过吸收塔内与塔外吸收剂的多次循环，增加吸收剂与烟气接触时间，提高脱硫效率和吸收剂的利用率。"十三五"期间，烟气循环流化床脱硫工艺主要是通过提高钙硫摩尔比、加强气流均布、延长反应时间、改进工艺水系统和提高吸收剂消化等措施对原工艺系统进行改进，以实现超低排放要求。山西国金、华电永安、郑州荣齐等电厂采用了该技术。

4）氨法脱硫技术

氨法脱硫技术是溶解于水中的氨与烟气中的二氧化硫发生反应，最终副产品为硫酸铵。针对超低排放，主要是通过增加喷淋层以提高液气比、加装塔盘强化气流均布传质等措施进行改进。氨法脱硫对吸收剂来源距离、周围环境等有较严格的要求，部分化工企业（有氨源）的自备电厂多采用该技术。宁波万华化工自备热电、辽阳国成热电等项目上采用该技术实现了二氧化硫的超低排放。

2. 氮氧化物控制技术

火电厂氮氧化物控制技术主要分为两类：一是控制燃烧过程中氮氧化物的生成，即低氮燃烧技术；二是对生成的氮氧化物进行处理，即烟气脱硝技术。烟气脱硝技术主要有选择性催化还原法（SCR）、选择性非催化还原法（SNCR）和SNCR+SCR联合脱硝技术等。20世纪80年代中后期，中国在引进先进大容量燃煤发电机组的同时，引进了锅炉低氮燃烧器的制造技术。从"八五"开始，新建的0.3 MKW及以上火电机组基本都采用了低氮燃烧技术，氮氧化物排放的总体水平已有较为明显的降低。"十五"以来，新建燃煤机组全部按要求同步采用了低氮燃烧技术，一批现有机组结合技术改造也加装了低氮燃烧器。"十五"后期，部分新建 0.6 MKW 机组采用了国外引进的烟气脱硝技术；在"十一五"时期进行大规模脱硫实施改造的同时，部分环保公司开始研发或者从国外引进并消化吸收烟气脱硝技术。随着《火电厂大气污染物排放标准》（GB 13223—2011）的修订颁布以及"十二五"相关规划的实施，燃煤电厂开始大规模建设烟气脱硝设施。"十三五"期间，现有燃煤电厂多在采用低氮燃烧技术的基础上，提高脱硝装置效率，以实现氮氧化物超低排放。2019 年，火电氮氧化物排放降至 0.93 Mt，比 2015 年的 1.8 Mt 减少 48.3%。

对于燃用烟煤或褐煤的常规煤粉锅炉（切圆、墙式燃烧），"十三五"期间，机组在应用低氮燃烧技术、优化燃烧等基础工作条件下，确保锅炉出口氮氧化物浓度小于 550 mg/m^3，炉后采用 SCR 烟气脱硝技术，通过增加催化剂层数、优化流场分布、精准喷氨等措施提高 SCR 脱硝效率，实现氮氧化物超低排放，当前大部分电厂均采用该方式。部分电厂采用低氮燃烧 + SNCR + SCR 工艺，如伊敏、西固、湘潭、灞桥等电厂。对于循环流化床锅炉，通过燃烧调整，降低氮氧化物生成浓度，个别电厂通过该方式实现超低排放；如仅采用低氮燃烧无法实现超低排放，则通过加装 SNCR 装置实现要求，如蒙西、济宁、白杨河等 CFB 机组均加装了 SNCR 装置。对于燃用无烟煤的 W 型火焰锅炉，在"十三五"期间也相应进行了低氮燃烧改造，改造后氮氧化物浓度可控制在 900 mg/m^3 以下，炉后通过 SCR 或者 SNCR + SCR 方式（通常催化剂层为 3 + 1 或 4 + 1），实现超低排放，如岳阳、珞璜、九江、安顺等电厂采用低氮燃烧 + SCR 技术；阳城、金竹山等电厂采用低氮燃烧 + SNCR + SCR 技术。

从脱硝还原剂的使用看，按照国家能源局推进燃煤电厂液氨改尿素要求，"十三五"以来，已有多个煤电项目改用尿素水解方式。在催化剂技术方面，"十三五"期间，我国在催化剂原料生产、配方开发、工况适应性等方面均取得了很大进步，如高灰分耐磨催化剂技术、无钒催化剂、反应器流场优化技术等均得到成功应用和推广；同时对硝汞协同控制催化剂功能拓展、失活催化剂再生和回收等方面也取得了一定突破。我国废催化剂回收工作起步较晚，近年来随着废催化剂量的快速增加，陆续有多家从事固废处理的企业或单位，通过技术创新和实践，探究废脱硝催化剂资源化利用技术。

3. 颗粒物控制技术

20 世纪 90 年代初，中国主要以机械除尘和湿式除尘为主，文丘里除尘器占 27%、水膜除尘器占 12%、电除尘器占 30%，行业平均除尘效率在 94.2% 左右。90 年代后，中国开始推广高效的电除尘器，到 2000 年电除尘器占比达到 80%，其他为文丘里、水膜除尘器等，行业平均除尘效率达到 98%；2005 年电除尘器占比提高至 95%，其他为文丘里除尘器等，行业平均除尘率达到 98.5%；到 2010 年电除尘器占比仍为 95%，其他 5% 升级为更为高效的袋式、电袋复合式除尘器，行业平均除尘效率达到 99.2%；"十二五"以来，袋式、电袋复合式除尘器快速发展，行业平均除尘效率达到 99.9% 以上。"十三五"以来，我国除尘器行业在技术创新方面成效显著，低低温电除尘、高频电源、湿式电除尘、电袋复合除尘、袋式除尘等技术也得到快速发展和广泛应用。其中，配置电除尘器的煤电机组容量占比超过 60%，其他为袋式或者电袋复合式除尘器。2019 年，火电烟尘（颗粒物）排放降至 0.18 Mt，比 2015 年的 0.4 Mt 减少 55%。

（1）电除尘技术。低低温电除尘、旋转电极式电除尘、电凝聚电除尘、化学团聚电除尘、导电滤槽高效收尘装置、机电多复式双区电除尘、离线振打电除尘、径流式电除尘、离子风电除尘、电膜除尘、新型高压电源等高效电除尘技术，不断地丰富电除尘技术，在实际工程中均有应用，推动电除尘技术的发展进步。其中，低低温电除尘在"十三五"期间大规模应用，该技术在电除尘前增设热回收器，降低除尘器入口温度，利用了烟气体积流量随温度降低而变小和粉尘比电阻随温度降低而下降的特性。随着温度的降低，烟尘比电阻减少至$10^{11}\ \Omega\cdot cm$以下使烟尘更容易被捕集；同时，随着烟气温度降低烟气体积流量下降，在电除尘通流面积不变的情况下，流速明显降低，从而增加了烟气在电除尘器内部的停留时间，除尘效率明显提高。福建宁德电厂是国内首个采用低低温电除尘技术进行改造的电厂，低低温电除尘技术在电厂已广泛采用。

2020年，世界单机容量最大的申能安徽平山电厂1350 MW机组投运，由菲达环保承建的五电场低低温电除尘器和浙江佳环电子提供的高频电源、脉冲电源，除尘效率>99.9%，协同脱汞效率>70%，机组实现超低排放。神华国能宁夏鸳鸯湖2×1000 MW超超临界机组电除尘器采用前后小分区供电技术、宽极距技术和混合极线技术、大容量的硅整流变压器等多种技术，提高了电控效能，提升了运行电晕功率，保证了运行效率；低温省煤器投运时，除尘器出口排放浓度≤6 mg/m³；低温省煤器未投运时，出口排放浓度≤8.1 mg/m³。

（2）袋式除尘器。利用过滤元件（滤料）将含尘气体中固态、液态微粒或有害气体阻留分离或吸附的高效除尘设备。袋式除尘器具有高效率低排放、运行维护简单、煤种适用范围广的优点，出口烟尘浓度可达10 mg/m³以下。煤电常用的袋式除尘器按清灰方式可分为低压回转脉冲喷吹袋式除尘器和中压脉冲喷吹袋式除尘器。近年来，袋式除尘器在滤料、清灰方式等方面均有改进，尤其是滤料在强度、耐温、耐磨以及耐腐蚀等方面综合性能有大幅度提高。

（3）电袋复合式除尘器。电袋复合式除尘器有机结合了静电除尘和布袋除尘的特点，通过前级电场的预收尘、荷电作用和后级滤区过滤除尘的一种高效除尘器，它充分发挥电除尘器和布袋除尘器各自的除尘优势，以及两者相结合产生新的性能优点，弥补了电除尘器和布袋除尘器的除尘缺点。当前，应用电袋复合除尘器的机组已经近400台，新密电厂1 MKW机组是世界上首台投运的最大型电袋复合除尘器。

（4）湿式电除尘。湿式电除尘器和与干式电除尘器的收尘原理相同，都是靠高压电晕放电使得粉尘荷电，荷电后的粉尘在电场力的作用下到达集尘板/管，沉积在极板上的粉尘可以通过水将其冲洗下来。湿式清灰可以避免已捕集粉尘的再飞扬，达到较高的除尘效率。因无振打装置，烟尘没有二次飞扬。从2014年以来，国内燃煤电厂加快了脱硫后湿式除尘器（WESP）的应用步伐。上海外高桥第三发电公司1000 MW机组、国电常州发电公司630 MW机组采用了国电科学技术研究院的湿式除尘器，试验结果表明：可溶性盐脱除率>75%，SO_3排放浓度为1.6 mg/m³，雾滴排放浓度13~17 mg/m³、颗粒物排放浓度为<1 mg/m³。

（5）脱硫装置协同除尘。颗粒物控制不仅取决于除尘设施，还受到湿法脱硫对烟尘洗涤及烟气携带含石膏颗粒的浆液影响。液滴携浆与烟气流速、除雾器、塔内流场、喷淋液滴粒径等都密切相关，如携带严重时，即便是电除尘改为布袋或电袋复合式除尘器，也有可能因脱硫后烟气携浆而无法实现烟尘的达标排放。"十一五"以来，脱硫除雾器多选用两级除雾器，部分项目为降低造价，且当时对液滴携带无严格控制要求，采用除雾效果较差的平板式除雾器。近年来，部分机组采用脱硫塔加装托盘，平板式除雾器改为屋脊式除雾器并加装一层管式除雾器（或设三层屋脊式除雾器）等方式增加除尘效果。如，长兴电厂采用低低温电除尘器+高效除尘脱硫吸收塔，电除尘器出口浓度不大于15~20 mg/m³，采用高效除尘脱硫吸收塔后，烟尘排放可达到5 mg/m³；云冈电厂采用高效管束除尘除雾装置，代替常规除雾器，使烟尘排放由原来的20 mg/m³降至5 mg/m³。

4. 废水控制技术

我国在火电厂用水优化设计、循环水高浓缩倍率处理技术、超滤反渗透水处理工艺的应用等方面走在世界前列，整体上，煤电的节水、废水控制技术水平达到了世界先进水平。"十三五"以来，煤电主要针对以脱硫废水为代表的高盐废水开展了大量的技术研究与应用工作。脱硫废水具有悬浮物高、含盐量高且含有重金属等特点，是当前火电厂废水治理的热点、难点。长期以来，脱硫废水多采用三联箱常规处理工艺，流程为：脱硫废水→缓冲水池→预沉设施→混凝反应器（加碱性药剂、有机硫等）→澄清器（加酸等）→过滤器→清水池→一般去捞渣机、灰场或排入其他水体。部分项目按照地方环保政府部门要求，在新建电厂时就考虑了脱硫废水等高盐废水的零排放问题。如河源电厂，于 2009 年投运，是中国首例真正实现全厂废水零排放的电厂，该厂距离深圳和香港等城市的供水水源地东江约 500 m，根据环评审批规定，不设置废水排放口。河源电厂的技术流程为：常规预处理→石灰澄清池→碳酸钠澄清池→一级预热→二级预热→三级预热→四级预热→五级预热→一效蒸发→二效蒸发→三效蒸发→四效蒸发→离心机→干燥→包装外运。

2016 年以来，三水恒益电厂、长兴电厂、汉川电厂、华电包头电厂等采用蒸发结晶方式实现脱硫废水不外排。如国电汉川发电厂引入北京朗新明环保科技有限公司的"预处理软化 + 膜分盐 + 膜浓缩减量 + 蒸发结晶"技术，实现了百万机组废水的"零排放"和环保综合利用。除蒸发结晶技术方式外，部分电厂采用烟道气蒸发方式实现脱硫废水的不外排，如焦作万方、黄台等电厂。

5. 未来研究方向

（1）氮氧化物控制技术。实际运行过程中，SCR 脱硝系统受上游炉膛燃烧情况、烟气流场、流速、温度等影响，造成烟气偏流或烟气中 NO_x 浓度不均匀。传统 PID 喷氨控制技术不能针对 NO_x 浓度分布不均匀情况进行精准喷氨，使得 NH_3 与 NO_x 混合均匀性较差，导致脱硝效率降低、氨逃逸升高。针对传统的 SCR 出口 NO_x 单点取样测量、测量迟滞等问题，在 SCR 出口装设多点 NO_x 测量系统，根据测量反馈调节各区域的喷氨量。SCR 分区喷氨智能控制技术通过实时测量 SCR 出口 NO_x 平均浓度来控制喷氨总阀；通过定时巡检检测各个分区的 NO_x 浓度来控制分区调平阀，通过喷氨优化调整使各支管的氨流量分配更加合理，NO_x 浓度分布偏差减少，氨逃逸浓度降低，氨耗量有一定程度的节约，同时也可以减小下游空气预热器堵塞风险，如图 3－61 所示。

（2）颗粒物控制技术。我国燃煤电厂炉型和容量多样、煤质和工况多变，常规除尘检测技术对细颗粒物的检测精度较低，因此亟须开发燃煤电厂新型高效除尘及低浓度颗粒物高精度在线监测的技术和装备。现有颗粒物超低浓度测量中，光散射法测量精度较低和 β 射线法实时特性较差，结合激光散射法与 β 射线法颗粒测量优势，实现低浓度颗粒物高精度在线监测的技术和装备。通过 β 射线衰减法测量结果的校准，克服光散射法测量精度的问题，提高其预测精度；依据 β 射线衰减法测量结果先验判定烟尘特征，建立多模式光散射法的自寻优动态高精度测量。形成的应用于燃煤电厂细颗粒物排放在线检测技术，能有效提供电厂实时排放数据，为电厂运行和颗粒物排放控制提供参考。

（3）废水控制技术。国内脱硫废水处理为传统废水三联箱工艺，但该工艺系统较为复杂，运行成本较高，尤其是不能有效去除废水中的可溶盐离子，使得处理出水不能进行回用，并且存在污泥的二次污染等问题。近年来国内外提出了多种高盐废水处理新技术，大多采用高品位能源实现废水的蒸发利用、盐的回收，以实现废水零排放。这些技术皆具有投资、运行成本高昂、回收的低品位盐利用价值不大等问题。针对以上问题，出现了利用锅炉低品位烟气余热对脱硫废水进行蒸发，达到废水零排放的目的,该技术具有低成本、低投资等优势。进一步,利用锅炉烟气余热梯级干燥的脱硫废水,通过低温烟气浓缩、中高温烟气蒸发干燥,可以实现更低成本、能耗的废水零排放,具有广阔的市场推广价值。

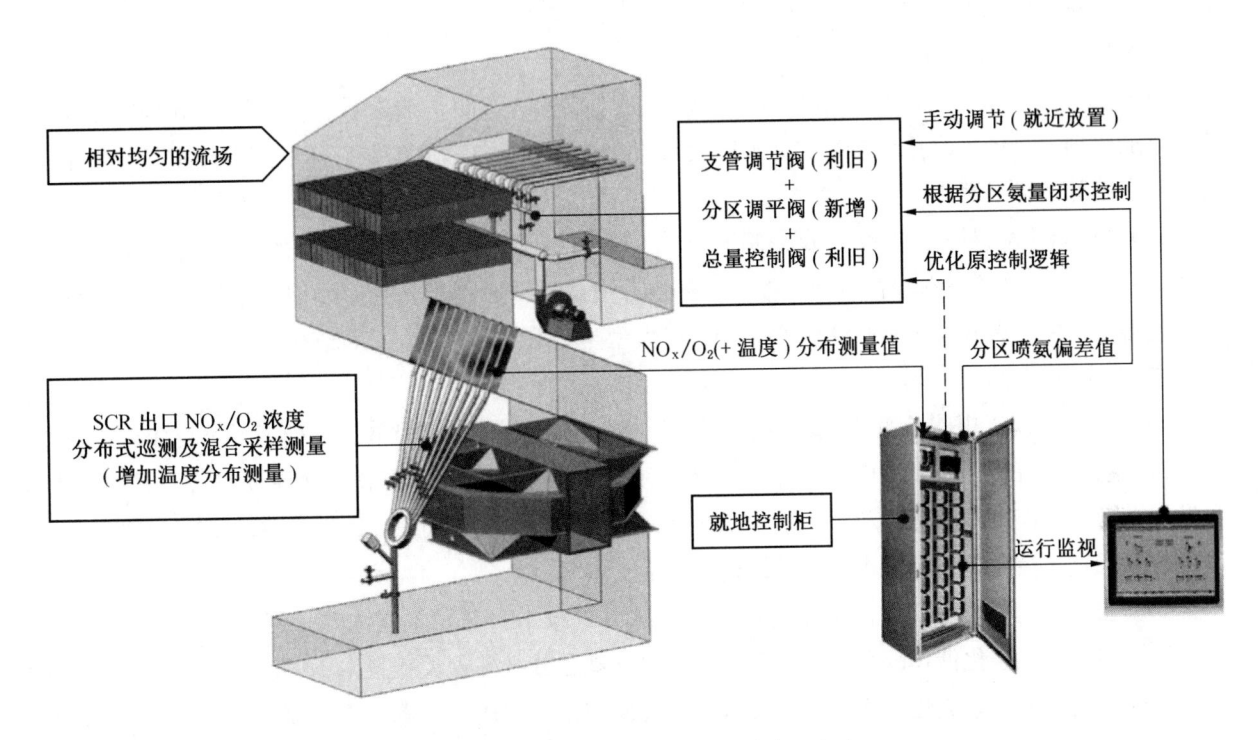

图 3-61 分区优化喷氨系统整体布置方案

(4)环保设施精细化运行技术。精细化、节能化、高效化、智能化、低成本化是煤电环保技术永恒的发展方向。提高环保装置的精细化管理,实现环保设施的可靠性和稳定性;提高环保装置的能效水平,降低能耗和成本;提高环保装置的效率,使环保设施满足各项环保要求;提高环保装置的智能化水平,运用大数据技术进行数据采集、处理、存储、建模分析、机器学习和辅助决策,对设备运行工况、能耗及排放指标进行实时监控,实现精细化管理;通过精细管理和技术提升,不断实现环保设施的低成本。

3.9 行业重大科技创新成果

3.9.1 重大技术突破与应用示范

1. 煤制油品/烯烃大型现代煤化工成套技术开发及应用

我国的能源结构是富煤缺油,2015年,我国石油对外依存度60.6%,乙烯当量自给率49.6%,煤炭占化石能源基础储量的94%,因此,加快煤直接液化、煤制烯烃为代表的大型现代煤化工技术是我国经济发展的重大需求,对我国经济发展和国防安全具有重大战略意义,可以应对地缘政治对进口石油和烯烃的影响。

该成果以国家"863"相关课题为支撑,由神华集团等21家单位共同完成,成果开发了煤直接液化核心工艺；攻克了煤直接液化和煤制烯烃工程放大、关键装备与超大超厚设备制造、系统集成的稳定性和可靠性、装置安全稳定长周期运行等系列世界性难题，形成自主知识产权的百万吨级煤直接液化、0.6 Mt 级煤制烯烃成套技术，标志着我国成为全球率先掌握煤制油品/烯烃为代表的大型现代煤化工成套技术的国家。成果获 2017 年国家科技进步一等奖。

主要创新成果：

（1）首创了高效大型现代煤制油品和烯烃工程化技术。发明了纳米级、高分散零距离接触煤直接液化催化剂，首创了避免产物二次分解的直接液化工艺和低气含率的浆态床反应器技术，开发了薄层流化床甲醇制烯烃技术。

（2）突破超大超厚装备设计及制造技术，实现了现代煤化工核心装备的中国创造。开发了 2.25Cr－1Mo－0.25V 材料窄范围成分控制与多包合浇技术，研制了超大超厚锻焊结构高压临氢煤液化反应器。国内首次开发了 60000 Nm^3/h（O_2）大型空分和煤制氢能力 280000 Nm^3/h（H_2）变压吸附（PSA）成套装置。

（3）首创了现代煤化工系统集成与运行技术。对煤直接液化 54 个单元进行了系统集成，攻克了高固含量物流主流程操作、反应器结焦和矿物质沉积等难题。对煤制烯烃 46 个单元进行了系统集成，开发了煤制烯烃能量匹配与原料气高效分配等系统集成技术，实现了 MTO 反应热的高效利用。实现世界首个煤直接液化和煤制烯烃工程长周期稳定运行。

（4）突破西部缺水区煤化工节水与高难度废水处理技术。开发了高浓难降解高生物毒性有机废水选择性多元协同强化催化降解新技术及生物与化学耦合分级处理关键技术、煤矿矿井水高效利用技术、现代煤化工大型集成化空冷节水与废水再生可调控分质回用技术等，为西部煤炭主产区发展现代煤化工产业提供了节水技术支撑。

（5）首创了煤化工 CO_2 捕集、咸水层封存与监测成套技术，建成世界首个 100000 t 级煤化工 CCS 示范工程。通过压裂增渗、分层统注攻克了鄂尔多斯盆地陆相低渗储层规模化实施 CO_2 封存的世界难题，已累计注入 302600 tCO_2，提高了我国在国际气候战略博弈的话语权。

该项目攻克了核心技术首次工程放大、关键超大超厚设备研制、系统集成稳定性及可靠性、安全稳定长周期运行等一系列世界性技术难题。整体技术达到国际领先水平，引领和支撑了我国现代煤化工产业的发展，已在内蒙古、陕西、新疆、宁夏等煤炭主产区推广应用，使我国成为世界现代煤化工产业规模最大、技术最先进的国家，抢占了现代煤化工技术制高点。

2. 大型高效水煤浆气化过程关键技术创新及应用

气化技术是煤洁净利用技术的重要环节，以气化为基础的煤转化技术把煤转化成燃料和化学品，能够降低煤炭常规排放量和对于进口石油和天然气的依赖度。长期以来，大型煤气化技术一直被国外公司垄断，开发具有自主知识产权的大型煤气化技术是中国煤化工界几代人的愿望。在国家"973""863"等科技计划的支持下，兖矿集团等单位在多喷嘴对置式水煤浆气化技术方面开展了联合攻关，历经 10 余年，突破了水煤浆气化大型化、高效率、长周期稳定运行等关键技术瓶颈，形成了国际领先的大型高效水煤浆气化成套技术，打破了国际上 GE、Shell 等大型跨国公司对煤气化技术的垄断，成为我国煤气化技术发展史上具有里程碑意义的技术。成果总体技术达国际领先水平，获 2016 年度国家科技进步二等奖。

主要创新成果：

（1）首次揭示了水煤浆气化炉内三维温度场及火焰结构，揭示了大型水煤浆气化炉的流场特征和撞击流驻点偏移规律，确立了基于速度场、温度场和停留时间分布等多目标耦合的气化炉放大准则，发明了大型高效水煤浆气化炉。

（2）发明了分段支撑的气化炉耐火衬里结构，开发了一种"薄端部、低回流"的高效长寿命气化喷嘴，独创了大型水煤浆气化炉在线无波动切换技术。

（3）建立了多喷嘴气化炉数学模型，开发了气化过程模拟软件，通过优化集成，对大型水煤浆气化成套工艺进行了系统创新，发明了高温气体洗涤冷却工艺，解决了高温合成气高效洗涤的技术难题。

（4）揭示了高温、高压下煤中矿物质熔融特性和灰渣黏度变化规律，发明了低阶煤成浆技术。

与国际先进技术相比，该技术有效气成分提高 3 个百分点，碳转化率提高约 4 个百分点，比氧耗降低 10.2%，比煤耗降低 2.1%。国内单炉处理能力 2000 t/d 以上的水煤浆气化装置全部采用该技术；多喷嘴气化技术已向国内外 57 家用户实施了技术许可转让，共 158 台（套）气化炉，产生了良好的经济、环保和社会效益，提升了我国现代煤化工行业的技术水平和国际竞争力。

3. 急倾斜厚煤层走向长壁综放开采关键理论与技术

急倾斜厚煤层占我国煤炭储量约 25%，而产量不足 10%，我国西部和一些老矿区有大量该类煤层，实现 20 m 以下急倾斜厚煤层安全高效开采是一个世界性技术难题。因此，中国矿业大学（北京）、冀中能源峰峰集团等 4 家单位开展联合攻关，研发了 20 m 以下急倾斜（≤60°）厚煤层走向长壁综放开采和围岩控制的关键理论与技术，解决了我国 60° 以下急倾斜厚煤层安全高效开采的技术难题，实现了急倾斜厚煤层走向长壁综放开采年产百万吨的目标。该研究成果对提高我国急倾斜煤层的高效安全开采水平和推动行业科技进步具有重要意义，技术达到国际领先水平，成果获 2016 年度国家科技进步二等奖。

主要创新成果：

（1）创建了急倾斜厚煤层综放开采顶煤放出的 BBR 理论和工艺技术。首次将煤岩分界面、顶煤放出体和顶煤回收率与含矸率进行了统一研究，获得了急倾斜厚煤层顶煤放出体的理论方程，揭示了急倾斜厚煤层顶煤放出的内在规律；首次开发了"下行分段、段内上行，多口放煤"的急倾斜厚煤层采放工艺，工作面年产量提高 1 倍。

（2）研制了急倾斜厚煤层综放开采的专用支架与采场围岩控制新技术。发现了急倾斜厚煤层综放采场覆岩"三段式"非对称移动规律，创立了急倾斜综放采场顶板冲击载荷的计算方法；建立了工作面设备稳定的判别准则，研制了急倾斜厚煤层综放开采的专用支架；开发了适用于大变形煤壁加固的棕绳注浆等采场围岩控制成套技术。

（3）首创了巷道围岩"蝶形"破坏理论与层次支护技术。发现了急倾斜厚煤层综放开采采动应力场非均匀演化规律，建立了急倾斜厚煤层综放开采巷道围岩"蝶形"破坏区的理论模型；发明了巷道围岩"蝶形"破坏区的专用探测设备；研发了控制巷道围岩"蝶形"破坏的接长锚杆，首创了巷道围岩"蝶形"破坏的层次支护技术，攻克了急倾斜厚煤层巷道围岩控制的难题。

成果已在冀中能源集团、靖远煤电股份公司、鹤壁煤业集团等全国 20 余个矿井进行推广应用，实现了急倾斜厚煤层的安全高效开采，最大限度地提高了煤炭资源回收率，经济与社会效益显著。

4. 煤层瓦斯安全高效抽采关键技术体系及工程应用

长期以来，煤矿井下瓦斯抽采工程一直存在工程设计依赖经验，产出投入比低，钻孔"钻不深、留不住、封不严"，抽采管网"易堵塞、联不畅、能耗高"等重大共性难题。中国矿业大学等单位，从瓦斯流动与致灾机理、钻护封联一体化技术、成套装备及工程示范等开展联合科技攻关，形成了瓦斯抽采"钻－护－封（堵）－联"一体化关键技术体系，为攻克松软煤层安全高效抽采这一世界难题提供了基础理论、技术体系和工程示范。研究成果获2016年度国家科技进步二等奖。

主要创新成果：

（1）首次定义了瓦斯抽采效率准则和安全准则，考虑实际煤层瓦斯抽采漏风引起的煤自热效应，发展了煤体应力场、裂隙场、瓦斯－空气混流场和能量传输场的多场耦合模型，定量揭示了煤（岩）裂隙场中瓦斯与煤自燃耦合致灾机制，开发了瓦斯抽采工程设计方案优选计算软件，实现了瓦斯抽采效率、安全度和达标时间的定量计算与评价。

（2）提出了双动力排渣和涡流松透钻进技术，开发了系列高效排渣钻杆；发明了护孔管与钻杆协同钻进－护孔方法，研发了钻进时依靠磁吸闭合、通管时借助护管推力弹开的牙片式钻头，设计了杆内无变径、不卡管的内衬导向管式通管钻杆和匹配瓦斯流量的阶梯式护孔管，大幅延长了软煤钻进深度，增加了钻孔瓦斯抽采流量。

（3）研发了高压注浆密封钻孔近孔漏气裂隙和固相颗粒体密封远孔漏气裂隙技术，开发了系列高压注浆封孔装置和粉料颗粒输送装置，研制了封堵裂隙的微细膨胀粉料，实现了孔内空间和孔外漏气裂隙的区域性密封，提升了钻孔密封质量，大幅提高了瓦斯抽采浓度。

（4）建立了瓦斯抽采管网的多目标约束优化模型，确定了最低能耗工况下管网的最优布局；发明了联管标准件，消除了建设过程中漏气和堵管隐患；建立了抽采管网运行期间的负压动态调配系统。从布局－建设－运行系统降低了管网能耗，提升了抽采效率。

项目成果在安徽、山西、贵州、宁夏、河北等省区的100多座煤矿开展推广应用，应用后软煤钻进深度延长30%～100%，软煤钻孔稳定性大幅提高，瓦斯抽采浓度提高25%～50%，平均单孔瓦斯抽采纯流量提高30%以上。抽采管网的能耗降低20%以上，管网瓦斯抽采效率提高35%以上，取得了显著的应用效果。

5. 智能煤矿建设关键技术与示范工程

为解决我国煤矿用人多、事故多发、效益差的问题，达到减少作业人员、提高安全水平、降低生产成本的目标，神华集团等单位开展联合攻关，研究实现了三个层次的智能化，首创无人操作的智能采煤工作面，创建了一体化控制智能矿井，创建了亿吨级协同控制智能矿井群。该成果在智能矿山建设方面取得重大突破，总体水平达到国际领先水平；形成了全球首套智能矿山标准体系；获授权发明专利20项，实用新型专利16项，软件著作权20项，荣获2016年度国家科技进步二等奖和2014年度中国煤炭工业协会科学技术特等奖。

主要创新成果：

（1）首创了"智能＋远程干预"的采煤新模式，研制了国内首套煤炭综采成套装备智能系统。

（2）创建了智能矿山体系结构，构建了生产综合监控与生产管理一体化平台，实现了闭环智能调速运煤；首次完成20 Mt大型智能矿山示范工程建设。

（3）研发了煤矿智能生产管理系统，实现生产接续、设备配套、搬家倒面等智能排程。

（4）建成世界最大的亿吨级智能大型矿井群，实现了矿井群资源的智能配置。

项目成果已在国内数十个煤矿推广应用，有效推动了"两化"融合，大幅减少了煤矿作业人员，提高了煤矿安全生产水平，为我国煤矿智能化建设夯实了基础，其相关技术成果被列入《煤矿安全规程》。

6. 矿井灾害源超深探测地质雷达装备及技术

针对矿井地质构造和隐伏灾害源导致煤矿安全事故频发、现有矿井物探仪器装备探测深度浅、探测精度低等问题，在国家重大科学仪器设备开发专项、国家自然科学基金等科技项目的支持下，杨峰、彭苏萍、许献磊、郑晶、崔凡、白崇文等科研人员，历经十余年的联合攻关，开发了矿井灾害源超深探测地质雷达装备及技术方法，研制出大功率低频组合矿用系列地质雷达天线，提出基于反射和透射工作方式的灾害源识别算法。研究成果达到国际领先水平，荣获2017年度国家技术发明二等奖。

成果先进性：

（1）在国内外首次实现了80 m 范围内的地质构造和灾害源的精细探测，探测距离提高1.6倍以上。

（2）开发了矿井低频地质雷达探测系统及CT透视反演软件，首次实现了透射法300 m 跨度工作面的地质构造和灾害源的精细探测，探测精度提高30%以上。

（3）提出了基于维纳预测和二维小波变换的干扰信号滤波算法和基于现代滚动谱技术的病害识别算法，实现地质灾害源的智能化解释。

（4）建立了灾害源信息管理系统，可实现灾害源动态跟踪。

成果先后在神华集团、中煤集团、山西晋煤集团、河南能化集团等十几家大型煤矿企业和高校推广应用，实现了矿井地质构造和隐伏灾害源的空间属性信息的准确获取，为我国煤矿安全生产提供了一种先进的地质保障技术，对提高我国矿井地质保障能力水平和推动行业科技进步具有重要的意义。

7. 矿山超大功率提升机全系列变频智能控制技术与装备

矿井提升机是矿山生产的核心技术装备，大功率、大载荷、自动化、智能化是矿井提升设备的发展方向。中国矿业大学、中国平煤神马集团、开滦（集团）有限责任公司等8家单位针对国内矿井提升设备电力驱动和控制系统存在的功率小、效率低、振动大、谐波重和自动化水平低等问题，产学研结合研发具有自主知识产权的"矿山超大功率提升机全系列变频智能控制技术与装备"，性能超越国外同类产品，降低了矿山提升机控制系统采购成本，振兴和发展了民族工业，对贯彻中国制造2025、互联网＋的发展战略，推动矿山重大装备与电气控制系统的技术进步具有重要作用。成果各项技术指标均达到国际先进水平，部分指标处于国际领先，荣获2017年度国家科技进步二等奖。

主要创新成果：

（1）提出了变频驱动的大功率同步电机、鼠笼电机、绕线电机模型预测、非线性控制等关键控制算法，提高了电机控制的动、静态性能，实现了提升机全系列电机重载平稳起动、宽范围精确调速，控制精度、定位精度、噪声和振动抑制优于国外同类产品。

（2）提出了整流器无网侧电动势传感器电网优化接入、低开关频率整流器柔性启动、无损耗抑制谐波最优控制等关键控制算法，解决了系统势能负载电网回馈和快速电气制动问题，具有网侧高功率因数、低谐波的优良性能，消除了系统对电网的无功冲击，满足"绿色"变频要求。

（3）提出了超大功率多电平变换器本体安全架构，研究了变流器全局热源均衡控制、叠层母线设计、电磁兼容设计和电气闭锁保护及单元化、模块化功率增容方案，研制出中压超大功率三电平高功率密度系列变频器，并联容量可达 24 MW。

（4）提出了提升机容器悬停及钢丝绳张力控制算法，解决了起停车的冲击蠕动、重载倒转和钢丝绳弹性变形引起的容器回弹等安全隐患。

（5）研发了基于物联网的 4 M 远程故障预测诊断系统，形成了一整套提升机控制系统安全保护及解决方案，为智能矿山和提升机无人化运行提供了技术保障。

该项成果获得国家发明专利 29 件（含 PCT 专利 3 件），获软件著作权 10 件，已推广应用到河南、河北、山东、山西、宁夏、安徽、贵州、黑龙江等产煤大省的数十个矿区，装备于数百台提升机，取得了显著的经济和社会效益，具有广阔的推广应用前景。

8. 煤矿深部开采突水动力灾害预测与防治关键技术

我国华北、华东地区煤矿水文地质条件复杂，随开采深度增加底板高承压水突出威胁日趋严重，近 10 年来发生重特大突水事故 52 起，直接经济损失 30 多亿元，突水已成为煤矿安全生产重大隐患。山东科技大学、中国矿业大学（北京）等单位通过联合攻关、自主创新，在深部开采突水动力灾害预测与防治关键技术方面取得理论研究、实验方法、监测技术、装备和应用的创新链成果，形成了深部突水灾害综合防治技术体系，并成功应用于煤矿深部开采重大水害防治领域。总体技术达到国际先进水平，荣获 2017 年度国家科技进步二等奖。

主要创新成果：

（1）建立了基于采动应力场转移的深部岩体结构形变演化突水致灾动力学模型，揭示了深部采动损伤岩体突水通道时空演化规律。

（2）研制了大比例数控机械动压模拟实验系统、三维柔性加载相似材料实验系统、真三轴流固耦合实验系统和采动底板突水实验系统。

（3）建立了承压渗流场－应力场－地电场多场联合约束反演地球物理探测模型，研发了矿井构造等薄弱带水力性质判识预报信息系统和钻孔物探的井下随钻超前探放水、基于物联网的微震与激发极化高密度电法耦合监测预警的新技术与装备，实现了地质超前探测、采动过程监测及突出危险预测突水动力灾害综合预警。

（4）提出了防水煤柱性能提升为核心的控制断层滑剪、散面裂隙扩展诱发突水为目标的新型采方法，建立了深部突水灾害综合防治技术体系并形成了相应规范。

该成果获授权发明专利 48 项，发表论文 116 篇，著作 7 部，先后在开滦集团、冀中能源集团、兖矿集团、山东能源集团等四十多对矿井进行了推广应用，实现了安全采出煤炭 17.5 Mt、新增产值 65.4 亿元、新增利润 1.7 亿元的骄人成绩，避免了煤矿深部开采重大水害的发生，减少了煤矿防灾救灾的投入，有效改善了煤矿生产的安全环境，保证了施工人员和设备安全，促进了煤矿开采和安全技术领域的科技进步。同时，相关研发仪器装备已在国内外矿山和科研院所得到应用，经济社会效益巨大。

9. 煤层气储层开发地质动态评价关键技术与探测装备

我国煤层气资源丰富，预测储量和常规天然气相当，但储层透气性差，地面抽采难度大。目前仅沁水、鄂尔多斯盆地布井开发成功，但单井产气量亟待提高，地面井规模也亟待突破"两盆之见"，建设新的开发基地。为此，中国矿业大学等 9 家单位在国家重大科技专项等课题支持下，产学研联合攻关，取得了煤层气有利建产区综合评价、叠置含气系统开发工艺优化设计、煤储层开发地质动态数值模拟、物理模拟和现场探测关键装备等原创性技术成果。成果总体技术达到国际领先水平，荣获2017年度国家科技进步二等奖。

主要创新成果：

（1）构建了煤储层动态地质评价与预测技术基础。建立了煤层气高产井区地质模式，建立了煤储层渗流及煤层气开发地质动态数学模型，创立了叠置煤层气系统理论，为开发动态评价技术创新与装备研发提供了关键基础。

（2）首创了煤层气有利建产区（"甜点"区）综合评价技术。包括以模糊隶属度为核心的高阶煤储层"甜点"区以及以构造分析为核心的中阶煤储层"甜点"区综合评价方法，形成具有原位现场适用性、储层动态变化适用性的精细评价技术体系。

（3）创建了叠置煤层气系统合采兼容性评价技术。揭示了不同产层组合条件下合采地质动态规律以及合采干扰机理，建立了叠置含煤层气系统合采最佳匹配条件分析技术及优化设计流程，研发成功"五步法"合采兼容性评价技术。

（4）研制成功煤储层开发地质动态数值模拟技术。创建了以"三孔两渗"数学模型为核心的煤储层开发地质动态模型组，建立了开发动态数值分析方法体系，成功研发了煤储层开发动态地质评价软件系统（CBMDPSV11.0）。

（5）发明了煤储层开发动态物理模拟和现场探测关键装备。主要包括叠置煤层气藏开采层间干扰模拟等2套装置、煤储层物性低场核磁共振检测仪，以及煤层气直井流体参数探测仪。

该成果获国内授权发明专利25项、实用新型9项、软件著作权9项，已在沁水、鄂尔多斯、西南、准噶尔等盆地或地区30余个区块进行应用，相关区块布井成功率、单井日均产气量大幅度提高，为难抽采煤层气资源开发利用做出了成功技术示范。

10. 煤矿岩石井巷安全高效精细化爆破技术及装备

针对煤矿岩石井巷爆破中存在"周边成型差、炮孔利用率低、围岩损伤严重"等关键难题，杨仁树、岳中文、李清、李杨、郭东明、杨国梁等主要完成人围绕合理利用炸药能量和有效控制爆生裂纹扩展等问题开展研究。发明了研究岩石爆破机理的新方法，揭示了爆炸应力波与运动裂纹相互作用机理（图3-62），发明了定向断裂控制爆破技术，揭示了切缝药包能量释放原理（图3-63），研发了深孔掏槽爆破技术和爆破减振技术，开发出井巷爆破掘进智能设计系统，发明了液压凿岩控制的钻装锚一体机，实现了"精准、高效、安全"的精细化控制爆破，保障了煤矿岩石井巷安全快速掘进。荣获2018年度国家技术发明二等奖。

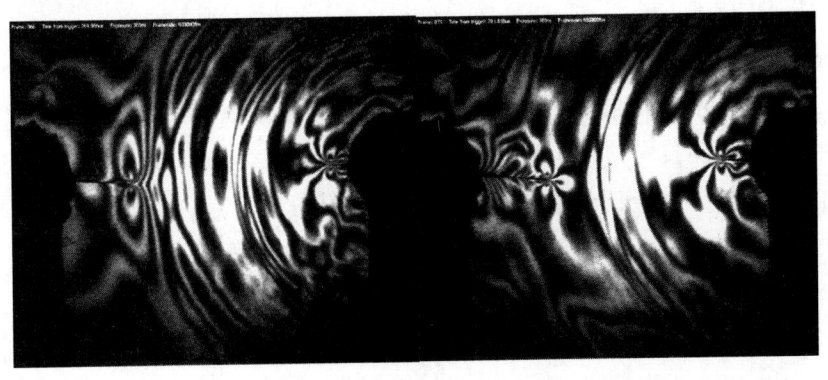

图3-62 爆炸应力波与运动裂纹相互作用动光弹性实验

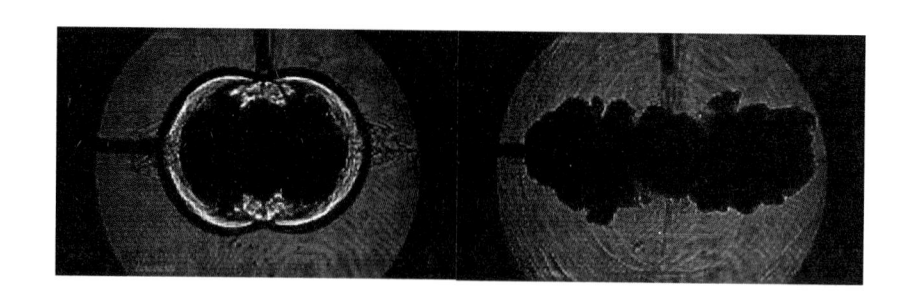

图 3-63 切缝药包爆炸高速纹影实验

研发的煤矿用岩巷钻装（锚）机组在江西能源集团曲江煤矿试用后，2017年5月，第二代"二臂四钻型"煤矿用岩巷钻装（锚）机组在平煤集团首山一矿试用，试用结果达到了精细化爆破各项考核指标。此后，陆续在皖北煤电、淮北、永煤、神华宁煤、阳煤、同煤、平煤等16个集团30多个矿区的井巷工程推广应用，经济效益显著。

11. 煤矿柔模复合材料支护安全高回收开采成套技术与装备

我国每年因留设区段煤柱损失煤炭300 Mt以上，大量的"三下"压煤和复杂地层煤炭不能有效开采。西安科技大学通过与神东、潞安等单位合作，经过10余年产学研联合攻关，发明了三维纺织结构柔性模板（简称柔模）；研制出以柔模为增强体，矿用自密实混凝土为基体的三维纺织结构混凝土复合材料，利用该材料支护巷道、巷旁和采空区等开采空间，实现了煤炭安全高回收开采技术的重大突破。成果荣获2018年度国家科技进步二等奖。

主要创新成果：

（1）发明了煤矿柔模复合材料，构建了巷道、巷旁和采空区柔模复合材料支护结构，研发了柔模复合材料制备、输送、成型装备和工艺，制订了相关标准，建立了柔模复合材料支护体系。

（2）发明了柔模混凝土巷旁支护无煤柱开采技术，研制了具有躲避锚头和架尾自动铺网功能的端头围护支架，发明了具有挡矸切顶和遥控自移功能的采空区围护支架，实现了千万吨工作面沿空留巷无煤柱开采。

（3）开发出条带碹、双层可缩碹、管棚碹等不同结构的柔模锚碹支护技术，破解了松软地层、破碎围岩、高地压大变形等复杂条件巷道支护难题。

（4）研发出综采条带、巷采条带和综采完全充填等柔模复合材料采空区支护技术，为回收"三下"压煤提供了系列化技术手段。

12. 煤炭高效干法分选关键技术及应用

我国2/3以上的煤炭分布在西部干旱缺水地区，难以采用湿法选煤技术，迫切需要高效的干法选煤技术。针对高效干法选煤技术这一世界性难题，中国矿业大学等单位历经近20年科研攻关，在"863"计划和国家自然科学基金创新群体、重点项目等资助下，创立了气固流态化干法分选理论，发明了大型复合式干法分选技术和干法重介质流化床分选技术，开发了模块式高效法选煤工艺与装备，形成了煤炭高效干法分选关键技术，解决了长期影响干法选煤工程化的技术难题，实现了煤炭大规模干法分选提质。研究成果获国内发明专利30项，国外专利15项，荣获2018年度国家科技进步二等奖。成果被列入国家发改委《能源技术革命创新行动计划》能源技术革命重点创新行动路线。

主要创新成果：

（1）创立了气固流态化干法分选理论。揭示了浓相高密度气固分选流态化的形成与调控机理，提出了大压降低流化数稳压布风方法和分选流态化质量的压降准数判别准则，建立了床层密度的定量调控模型；揭示了煤炭在振动与气流复合力场中的分选机制，建立了分选流态化中多组分、多尺度颗粒的动力学模型。为煤炭高效干法分选关键技术与装备提供了理论支撑。

（2）研发了大型复合式干法分选技术提出了大型复合式干法分选床的梯级布风方法，解决了不规则大床面和大处理能力的稳定布风问题；优化了床面格条拓扑结构，提高了分选精度；提出了大型复合式干法分选机不规则床体的结构设计，提高了分选机床体可靠性；开发了细粒煤的复合式法分选技术，实现了<6 mm 细粒煤的干法分选，研制了大型复合式干法分选机，处理能力达 480 t/h。

（3）发明了干法重介质流化床分选技术提出装配式耐磨抗堵布风技术，解决了长期以来布风板堵塞的技术难题；开发了宽粒级二元加重质的级配技术，主导粒级拓宽 2.5 倍；发明了加重质内循环技术，分选机外加重质循环量减少 80%；研制了独立双驱动产品输送装置，单位面积处理能力提高 70%。研制了干法重介质流化床分选系统，分选精度 E 值为 0.05~0.08，吨煤介耗<0.5 kg。

（4）开发了模块式高效干法选煤工艺与装备，由原煤准备、水分控制、粗选和精选模块组成。煤炭高效干法分选工艺粗选模块采用大型复合式干法分选技术，精选模块采用干法重介质流化床分选技术。研发了模块式高效干法分选装备和专用辅助设备，将筛分、干燥、分选、介质回收、产品输送、供风和除尘等优化集成。具有不用水、工艺简单、适应性强、分选精度高、成本低等特点，分选效率>90%，分选密度 1.3~2.2 g/cm³，吨煤加工成本降低 50%。

该项目具有不用水、工艺简单、适应性强、分选精度高、成本低等特点，技术水平居国际领先，引领了世界干法选煤技术的发展，是世界选煤技术的重大突破。已在我国 29 个省（市）、自治区推广应用 1275 套，年分选煤炭近 200 Mt，并出口美国等 21 个国家。

13. 西北地区煤与煤层气协同勘查与开发的地质关键技术及应用

针对制约我国西北地区煤炭煤层气勘查与开发各个环节的地质关键技术难题，中国煤炭地质总局、神华新疆能源公司等单位开展技术攻关，发现西北地区主要含煤盆地盆缘地质条件复杂而盆内地质条件简单，煤炭资源量巨大，适宜建设大型整装煤炭基地，取得了煤炭、煤层气及地下水资源与煤矿开发的隐蔽致灾因素精细勘查的重要突破，建成了煤层气开发示范工程，为我国第十四个大型煤炭基地建设提供了有力支撑。成果总体达到国际领先水平，荣获 2018 年度国家科技进步二等奖。

主要创新成果：

（1）首创了陆相层序地层格架下的聚煤作用理论，揭示了富煤带、含水层的展布规律。重新认识了煤田构造条件复杂程度，构建了典型构造样式的控煤控气控水模式。为煤、气、水资源评价技术创新和快速勘查、精准开发提供了理论支撑。

（2）创建了煤、气、水资源与矿井隐蔽地质致灾因素的绿色协同勘查与评价技术体系，研发了针对戈壁沙漠及雪域冻土地区包括遥感地质填图、高精度地震勘探、精准钻探、小口径数控测井等系列技术，实现了复杂条件下煤、气、水资源与隐蔽致灾地质因素的快速精准勘查评价。

（3）创立了低煤阶储层吸附气、游离气、水溶气三相态含气量预测理论与富集区预测优选技术，构建了煤储层三元结构和三相介质组成的系统地质模型，实现了我国低煤阶煤层气勘查技术突破与富集开发区块精准优选。

（4）建立了以浅埋松散沙砾层和高孔隙度砂岩两种典型含水结构模式，概化了含水层和煤与煤层气的赋存关系。发现侏罗系弱胶结含水层对地下水的赋存及运移有重要的控制作用。在干旱缺水矿区发现了具有开发潜力的水源地。

（5）研发了针对急倾斜、多煤层、厚煤层高效低成本钻完井和储层改造、采气关键技术，率先突破了低煤阶煤层气的开发难题。成功建设了煤层气开发示范工程。构建了构造与地下水相互作用条件下的5类9型煤与煤层气资源开发模式。建立了煤矿区勘查与开发的地质环境评价技术。

该研究成果在西北地区煤炭勘查、煤炭开发生产单位得到广泛应用，项目效益显著。评价2000 m以浅煤炭资源1784 Gt，煤层气的资源总量约为 7.8×10^{12} m³；1000 m以浅新发现并探明煤炭资源132.5 Gt；建成了年产能 3×10^{7} m³ 的煤层气开发示范区，取得了低阶煤层气开发突破；发现了多处可供开发的地下水源地。对保障我国煤炭能源安全，推动西部经济和社会发展具有重要意义。

14. 矿井人员与车辆精确定位关键技术与系统

矿井人员和车辆精确定位是矿井安全生产和应急救援等工作的需要。矿井无线电信号传输衰减严重、无线电传输衰减模型复杂多变、卫星定位信号无法穿透煤层和岩层到达井下等制约着地面定位技术直接在矿井应用。孙继平、刘毅、严春、樊荣、喻川、包建军等主要完成人开展联合攻关，发明了无须时钟同步与距离无关的高精度矿井人员定位方法；发明了基于信号到达时间和信号衰减的非视距信号判别方法和双向抵消非视距定位误差方法；成功研制第1个矿井人员精确定位系统；首次提出煤矿井下人员定位系统主要技术要求及测试方法。研究成果总体达到国际先进水平，部分达到国际领先水平，获授权发明专利62项、实用新型108项；荣获2019年度国家技术发明二等奖。

主要创新成果：

（1）发明了无须时钟同步与距离无关的高精度矿井人员定位方法，将定位精度提高到0.3 m［分站/读卡器（以下统称分站）间距400 m时］，优于国内外现有矿井人员精确定位方法；发明了基于信号到达时间和信号衰减的非视距信号判别方法和双向抵消非视距定位误差方法。

（2）首次提出煤矿井下人员定位系统主要技术要求及测试方法，制定了我国第1个矿井人员定位系统标准，研究制定5项中华人民共和国安全生产行业标准和煤炭行业标准。

（3）研制成功第1个矿井人员精确定位系统，形成了系列系统及产品；研制系统、定位卡、分站等产品39种，取得矿用安全标志证和防爆合格证70项，并推广应用。

该成果解决了矿井人员和车辆精确定位共性和关键性技术难题，市场竞争力强，成果转化程度高，已在3000多个煤矿和非煤矿山推广应用，新增销售额12余亿元，近3年生产销售系统1308套，新增销售额3.78亿元；取得了显著的经济和社会效益，对行业技术进步具有很大的推动作用。

15. 煤矸石山自燃污染控制与生态修复关键技术及应用

煤矸石的堆放不仅占用大量的土地、破坏区域生态平衡，而且富含硫的煤矸石自燃会释放 SO_2、H_2S、CO_2、粉尘等大气污染物，是亟须破解的环境保护难题。中国矿业大学等单位针对这一难题和环境管理需求，在国家"863"计划、自然基金等支持下，基于"自燃监测—灭火—防火—植被恢复"的思路，历经十余年的研究与实践，形成了集材料、工法、装备一体化的综合治理技术，填补了多项技术空白。研究成果总体达到国际先进水平，获授权发明专利18项，荣获2019年度国家科技进步二等奖。

主要创新成果：

（1）研发了自燃监测诊断技术。针对煤矸石山自燃位置监测中温度信息与空间信息耦合难、内部自燃位置点无法确定的问题，发明了热红外与近景摄影测量、三维激光扫描等相耦合的表面自燃位置监测定位技术，构建了基于表面自燃温度和修正热传导模型的内部自燃位置点解算模型，在国内外首次实现矸石山自燃立体监测定位及预警，表面自燃位置定位精度为 0.15 cm，温度偏差 ±3 ℃，内部自燃位置点预计偏差 0.15~0.5 m，解决了煤矸石山自燃的精准定位难题。

（2）发明了煤矸石山浅层喷浆与钻孔注浆相结合的灭火技术、材料及大流量可变压力专用装备。针对煤矸石山灭火难的问题，发明了一机双泵的远距离（30~50 m）、大流量（80 m^3/h）浅层喷浆快速控火技术和变浓度、变流量（1~15 m^3/h）的间隔交替式防爆阻燃型深部注浆灭火技术；配套发明了以阻燃剂为核心、混配灵活、入渗封闭性强、持久控火的阻燃材料和变流量、变浓度的多功能控火阻燃设备；灭火效率提高近 3 倍；解决了控火阻燃、防爆炸的难题。

（3）创立了煤矸石山抑制氧化和隔氧防火技术。针对缺乏有效防火措施复燃率高的难题，发明了杀菌剂和还原菌耦合的抑制氧化防火技术及专用材料以及粉煤灰与黄土混合覆盖碾压隔氧防火材料及技术，形成了抑氧隔氧耦合防火技术，并将该技术应用于新排矸石山，形成了分层碾压、燃区隔离、格室堆储的防止自燃的新排矸石山堆放新方法。

（4）研发了生态防燃型植被恢复技术及材料。针对煤矸石山缺土的问题，发明了以植物胶黏合剂为核心的喷播植被生长基质；发明了防火层与植被根系相共生的土工格室结构、三维网结构等植被恢复方法；植被恢复后覆盖率在 90% 以上，养护工作量减少 30%。

该项目经在山西省、河南省 20 多个矿区的推广应用，治理矸石山 30 余座，未发生复燃现象，经济社会生态效益显著，引领了矿区污染控制与生态修复事业发展。

16. 复杂地形下长距离大运力带式输送系统关键技术

带式输送是煤炭、金属与非金属等矿山物料运输的主要方式。传统带式输送系统难以适应复杂地形下的长距离大运力物料输送的要求，多采用接力运输方式，转载次数多、故障点多、污染大；在大坡度大转弯地形条件下甚至采用车辆运输方式，增加了运输距离和道路建设投资，生态环境破坏严重，安全问题频出，不能满足国家发展大型现代化矿山的战略需求。中国矿业大学等单位开展联合攻关，攻克了复杂地形长距离大运力带式输送系统永磁电机直驱、沿线张力控制空间转弯和安全保障等共性关键技术难题，实现了我国大型带式输送系统的跨越式发展。研究成果获国外发明专利 4 项，国内发明专利 32 项，软件著作权 9 项，荣获 2019 年度国家科技进步二等奖。

主要创新成果：

（1）发明了长距离大运力带式输送系统永磁电机直驱、分布式张力调节、空间转弯等本体关键技术，解决了传统大型带式输送系统起动力矩小、冲击大、张力波动大等问题，增强了对复杂地形的适应能力。

（2）研发了长距离大运力带式输送系统控制与监测技术，实现了带式输送系统的自适应控制、实时自主巡检和事故超前预警，输送带张力波动幅度显著减小，提高了带式输送系统运行的可靠性。

（3）发明了长距离大运力带式输送系统安全保障技术，解决了输送带反弹控制、物料防滚滑、断带抓捕保护等难题，为带式输送系统的重载高速运行提供了安全保障。

研制的复杂地形长距离大运力带式输送系统，支撑了国家"十一五"重点建设千万吨矿井斜沟煤矿、国家"西电东送"重点工程黄登水电站的建设，在山西焦煤集团、新汶矿业集团、华能集团、中建材集团等企业推广应用。产品出口到俄罗斯、澳大利亚、印度等国家。

17. 百万吨级煤间接液化关键及系统集成技术开发与工业示范

我国化石能源资源呈"富煤、贫油、少气"的自然赋存特征。煤炭液化是煤炭清洁高效绿色利用和保障我国能源安全的重要技术途径。兖矿集团等单位在国家"863""973"等科技计划支持下，历经十多年持续研发，创造性地开发了百万吨级煤间接液化关键技术和系统集成成套技术。研究成果总体达到国际领先水平，获授权发明专利22项，中国专利银奖1项、优秀奖1项。获2017年度中国煤炭工业协会科学技术奖特等奖。

主要创新成果：

（1）首创了高效铁基低温费托合成催化剂制备技术及其工业化生产成套技术。自主开发了低温费托合成铁基催化剂制备技术及工业化生产关键技术与成套技术，建设了国内首套3000 t/a低温费托合成催化剂工业生产装置，催化剂活性、选择性、寿命、机械性能等各项指标均优于国内外同类催化剂。

（2）首创了百万吨级费托合成工艺和费托合成油品加工工艺技术。首创了两级反应器串联的百万吨级低温费托合成工艺，有效提高了费托合成系统的原料气利用率、反应器转化率和生产能力。与并联工艺相比，反应器体积和催化剂装填量减少10%、循环气压缩功耗降低20%；首创了由原料预处理、稳定加氢、异构加氢裂化/降凝等过程构成的百万吨级费托合成油品加工工艺技术。

（3）首创了百万吨级煤间接液化系统集成技术与优化集成设计平台。首次提出了段间带返混多级串联反应器动态数学模型，实现了浆态床费托合成反应器动态模拟；创造性地开发了百万吨级煤间接液化系统集成技术、优化集成设计平台和操作员培训系统，并成功应用于生产实践。

（4）首创了大型低温浆态床费托合成反应器内构件技术和反应器整体技术，实现了超大型工业反应器放大设计制造的重大突破。创造性地开发了大型低温浆态床费托合成反应器液固分离装置、移热装置、气体分布装置、固体浓度均布装置、气液（固）分离装置等内构件技术和反应器整体技术。建设了直径9.8 m、高52 m、重量2560 t、产能0.75 Mt/a的超大型浆态床低温费托合成反应器，尺寸、重量和生产能力均为世界第一。

（5）成功建设并高效长周期运行了国内首套百万吨级煤间接液化工业示范装置。首次创造性地集成了大型空分、煤气化及净化、费托合成、油品加工、整体尾气循环发电（IGCC）及公用工程等工艺系统，建成并高效长周期运行了国内首套百万吨级煤间接液化工业示范装置；产品中柴油选择性 $>75\ \omega t\%$，十六烷值>75，无硫、无氮，优质清洁；系统总能效≥42.4%、煤耗≤3.59 tce/toe、水耗≤6.5 t/toe、催化剂消耗≤1.5 kg/t液体产品，废水近零排放，生产工艺绿色清洁。

该项目成果在国内首套百万吨级煤间接液化工业示范装置和3000 t/a低温费托合成催化剂生产装置上成功应用，经济和社会效益显著。

18. 水煤浆水冷壁废锅气化炉（晋华炉）

水煤浆水冷壁废锅气化炉（晋华炉）由山西阳煤化工机械（集团）联合清华大学山西清洁能源研究院、阳煤丰喜肥业（集团）等单位组成的"产、学、研、制、用"联盟。通过热能工程、煤化工技术、装备制造和智能控制技术的跨学科结合，创新使用型"水煤浆+膜式水冷壁+辐射式蒸汽发生器+激冷"流程气化工艺，为全国"三高煤"综合利用找到了途径，为煤气化技术走出国门、服务世界提供了中国方案。研究成果总体技术达到国际领先水平，荣获2018年度中国煤炭工业协会科技进步特等奖。

主要创新成果：

（1）气化炉气化室、辐射废锅、激冷室采用直连的方式，共用一个整体外壳，结构简单。

（2）气化室采用水冷壁结构，可以使用高灰熔点、高灰分、高硫、高碱金属、低挥发分煤以及半焦、石油焦作为气化原料，拓宽了气化用原料范围。

（3）采用辐射废锅回收热量，提高了煤的能量利用率，为高灰熔点煤和褐煤的洁净利用提供了一种解决方案。

（4）气化炉气化室和激冷室之间取消了激冷环，结构简单、故障率低、维修费用低。

（5）废锅副产的高品质蒸汽可以作为工艺和动力用汽，可以实现化工、电力、燃气、供热综合利用。

（6）采用废锅回收热量后进入激冷室的粗煤气温度大幅降低，激冷水冷减少，灰水循环量减少，灰水处理系统投资减少，能耗降低。

水煤浆水冷壁废锅气化炉具有煤种适应性广、能量利用率高、污染排放少、系统运行安全平稳等特点，以日投煤量为500 t的气化炉计算，每千标准立方米有效气（$CO+H_2$）可以副产0.79 t蒸汽，每年可副产233200 t 5.4 MPa高品位蒸汽，折标煤22270 t/a，创造直接经济效益2000多万元，同时还降低了CO_2排放量56500 t/a，具有明显的经济效益和社会效益。

19. 掘支运一体化快速掘进关键技术与装备

中煤科工集团太原研究院与山西天地煤机等单位联合完成的"掘支运一体化快速掘进关键技术与装备"，开创了掘支运"三位一体"、分段支护、连续运输快速掘进新模式，攻克了全宽截割、自动支护、柔性运输、协同控制等核心技术，研制出掘锚一体机、锚杆转载机、柔性连续运输系统等核心装备，形成具有自主知识产权的快掘成套系统。研究成果总体技术达国际先进水平，获授权发明专利20项，形成各类标准12项。荣获2019年度中国煤炭工业协会科技进步特等奖。

掘支运一体化快速掘进系统已形成覆盖简单－中等围岩条件的系列化产品，成果在神东、陕煤、国电等集团下属20多个煤矿成功应用，掘进效率提高2~3倍以上，多次创煤巷掘进的纪录。

（1）简单围岩条件应用情况。在神东大柳塔煤矿累计掘进49718 m，班最高进尺132 m，日最高进尺158 m，自然月最高进尺3088 m。

（2）中等稳定围岩条件应用情况。在神木汇森凉水井矿业井下连续应用20个月，累计掘进进尺近20000 m，班最高进尺50 m，日最高进尺91 m，自然月最高进尺1506 m。

（3）中等复杂围岩条件应用情况。在国家能源集团察哈素煤矿单班最高进尺18 m，圆班最大进尺31 m，月最大进尺635 m，已具有完成月进尺800 m的能力；在黄陵二号矿，日最高进尺24 m，月最高进尺624.7 m，提前6个月完成长度3840 m的303胶带巷，缓解了采掘接续。

20. 孟加拉国巴拉普库利亚矿强富水含水层下特厚煤层安全高效开采关键技术

由徐州矿务集团、西安科技大学等单位联合完成的孟加拉国巴拉普库利亚矿强富水含水层下特厚煤层安全高效开采关键技术项目，建立了"防强疏弱、分段波及、精准预测、可控疏排"的水害防控技术体系，形成了强含水体下厚煤层分层"上保下疏"开采模式。研究成果达到国际领先水平，荣获2020年度中国煤炭工业协会科学技术特等奖。

该成果首次定义了"厚煤层多分层协调减损开采"的科学含义，建成了孟加拉国唯一一处综合机械化矿井和坑口电厂，成为我国企业实施"走出去"战略，服务"一带一路"国家经济社会发展的样板，同时，弥补了孟加拉国煤炭能源结构缺陷，推动了孟北经济发展，带动了中国煤电产业的国际产能合作和产能转移，丰富了强富水含水层下特厚煤层安全高效开采技术体系，取得了显著的社会经济效果。

21. 西部特厚硬煤层超大采高智能化综放开采成套技术与装备

厚煤层是我国千万吨级矿井的主采煤层。兖矿集团、天地科技等单位，针对山东能源集团金鸡滩煤矿地质赋存条件，提出了以增大机采高度、改善冒放性和高强度支护为基础，以控制煤壁稳定和顶煤破碎度为约束，以营造采放空间协调为核心的超大采高综放开采理论，研发了坚硬特厚煤层 7 m 超大采高综放开采成套装备，解决了鄂尔多斯—榆林地区特厚、顶煤坚硬、完整性好的煤层一次性采全厚难题。研究成果达到国际领先水平，荣获 2020 年度中国煤炭工业协会科学技术奖特等奖。

该项目是落实原国家煤监局"四化建设"要求的具体行动，实现了煤炭开采领域的重大突破与技术变革，丰富了我国综放开采核心技术体系，最大限度提高了资源回采率，对实现矿井安全高效生产，引领了厚煤层开采技术发展方向具有重大意义。

3.9.2 行业年度科技事件

"科学技术是第一生产力"。煤炭工业实现高质量发展，更需要依靠科技创新实现从"量的崛起"到"质的繁荣"。为使"科技兴煤"的理念更加深入人心，"十三五"期间，中国煤炭工业协会、中国煤炭报共同对年度煤炭科技重要事件进行梳理，评选出年度煤炭科技十大新闻。

2016 年度

事件一：神华宁煤煤制油示范项目正式投产

2016 年 12 月 28 日，全球单套规模最大煤制油项目——神华宁煤集团年产 4 Mt 煤炭间接液化示范项目正式投产。该项目承担着 37 项重大技术、装备以及材料的国产化任务，打破了国外对煤制油化工核心技术的长期垄断，探索出了科技含量高、附加值高、产业链长的煤炭深加工产业发展模式。该项目国产化率达 98.5%，每年可转化煤炭 20.46 Mt，年产油品 4.05 Mt。

作为全球单套规模最大煤制油项目，神华宁煤煤制油示范项目的建成投产具有重大意义，习近平总书记对此做出重要指示，代表党中央对项目建成投产表示热烈祝贺。习近平总书记指出，这一重大项目建成投产，对我国增强能源自主保障能力、推动煤炭清洁高效利用、促进民族地区发展具有重大意义，是对能源安全高效清洁低碳发展方式的有益探索，是实施创新驱动发展战略的重要成果。该项目生产的清洁油品对于解决城市汽车尾气污染、雾霾治理等问题具有重要的现实意义。

事件二：中国煤炭企业科学产能排行榜首次发布

2016 年 7 月 17 日，《中国煤炭科学产能评测研究报告》（以下简称《报告》）发布。该研究由谢和平院士领衔，中国煤炭科工集团煤炭科学研究总院战略规划研究院联合中国矿业大学（北京）、四川大学、神华集团、中国煤地、国家发展改革委能源研究所、天地科技等单位共同完成。《报告》首次对我国煤炭企业科学产能进行了测评和年度排名。根据科学产能对"资源、人力、科技与装备"的要求，科学产能的评价指标主要包括 3 个方面：生产安全度、生产绿色度、生产机械化程度。科学产能的计算评测，目的是用科学产能的理念、指标、标准倒逼煤炭企业不断升级科学技术装备，提高管理水平，提升员工素质。

明确划分和摸清我国煤炭科学产能的界限和数量，对于煤炭行业淘汰落后产能，实现行业长远发展有重要的理论和实践意义。实施科学开采,可以全面提升煤炭行业整体科学技术水平,实现煤炭安全、高效、绿色开采,实现从"量的崛起"到"质的繁荣"。这已成为时代发展对于煤炭行业发展的必然要求。

事件三:110工法、N00工法开始全面推广

2016年2月,无煤柱自成巷开采技术——110工法,被写入《国务院关于煤炭行业化解过剩产能实现脱困发展的意见》,成为国家层面主推的项目之一。110工法以切顶短臂梁理论为指导,采用恒阻锚索对巷道顶板加强支护,通过切顶卸压自动形成一条回采巷道,把采煤与掘进统一起来,做到回采一个工作面只需掘进一条回采巷道,将传统的一面双巷变成一面单巷,取消了区段煤柱,实现了无煤柱开采。N00工法在110工法的基础上,把采煤与掘进两套工序彻底统一起来,由掘进一条回采巷道变为不需要掘进回采巷道,结束了要出煤必须先掘进回采巷道的历史。

110工法、N00工法被称为我国矿业技术变革的第三次探索。少掘进或不掘进回采巷道就可采煤,是无数矿工的梦想。110工法、N00工法改变了传统的与矿山压力做斗争的形式,借力打力,利用矿山压力自动切顶形成回采巷道,把采煤与掘进两套工序统一起来,使每个采煤工作面少掘进或不掘进回采巷道。N00工法及关键装备已被写入《中国制造2025——能源装备实施方案》,成为未来10年进行技术攻关的煤炭采掘装备之一。

事件四:世界首例煤田火区热能发电试验成功

2016年11月,分布式煤田火区热能提取发电技术在新疆大泉湖火区发电成功。该技术由中国矿业大学研究团队首次提出,通过提取煤田火区地热,利用热电材料的Seebeck效应将热能直接转换为清洁的电能,热电转换过程无污染、无噪声、安全可靠。

该技术可回收利用原本浪费了的热能源,所产生电不仅能用于距离市区较近区域的供电,还可用于荒滩、戈壁等偏远火区灭火工程现场供电。这项先导性试验的成功,标志着煤田火区高品质废弃热能将得以有效回收利用。

事件五:低耗水煤制烯烃技术实现重大突破

2016年3月4日,美国《科学》杂志发表了中国专家团队的一项研究成果。这项研究成果直接采用煤气化产生的合成气,在一种新型复合催化剂的作用下,高选择性地仅一步反应就获得低碳烯烃。该成果被同行誉为"煤转化领域里程碑式的重大突破"。

耗水量大一直制约着煤化工的发展,临水办厂的情况很多。但我国的煤炭资源主要集中在干旱、半干旱的中西部地区,水资源匮乏,不少煤化工企业受缺水的困扰,常常出现煤化工企业与农业或其他工业争水的现象。该技术破解了传统催化反应中活性与选择性此消彼长的"跷跷板"难题,开创了低耗水进行煤转化的新途径。

事件六:沉陷区黄河泥沙充填技术及示范项目通过验收

2016年6月,"十二五"国家科技支撑计划课题"大型煤炭基地沉陷区黄河泥沙充填修复技术及示范"项目通过验收。中国矿业大学(北京)研究团队第一次将黄河泥沙作为充填复垦材料,通过取沙、输沙、沉沙排水等技术,构建像五花肉一样的夹心式土壤结构,复垦采煤沉陷区。

在普通人眼里,黄河泥沙、采煤沉陷区复垦,本来风马牛不相及,但中国矿业大学(北京)研究团队利用新型复垦技术,将两者完美结合起来,一举两得,既能复垦采煤沉陷区,又利于黄河调沙调水、治理黄河淤泥。保守估计,黄河70 km范围内采煤沉陷区约有1200万亩(1亩=666.6 m^2)。

未来，该技术在黄河两岸矿区将大有用武之地。

事件七：煤炭上太空实验"冷焰燃烧"

2016年4月6日，搭载着19个"特殊乘客"的"实践十号"返回式科学实验卫星开始了为期15天的太空之旅。这19个"特殊乘客"就是装载在卫星内部的19个实验载荷，它们会在太空利用地球上没有的微重力实验环境完成19个创新实验。"煤燃烧及其污染物生成实验"是19个实验之一。实验选择多种我国典型煤种，在实验装置中点燃，观测不同炉温、不同煤种、不同粒径和环境气体成分条件下的单个球形煤颗粒和煤粉颗粒群的燃烧全过程，记录下单个球形煤颗粒火焰形状、颗粒表面变化、挥发和释放现象等。

煤炭是我国一次能源的主体，其直接燃烧带来的污染较大。在地球上，受浮力、热对流等因素影响，煤燃烧的系数无法准确测得。而在微重力环境下进行煤燃烧实验，则可以避免这些干扰，有望获得地面无法得到的基础数据。这对完善煤燃烧理论和模型，帮助人类更好地利用煤炭资源具有重要意义。

事件八：8.2 m超大采高综采装备试验成功

2016年6月，中国煤炭科工集团与山东兖矿集团联合研制的8.2 m超大采高综采装备，在兖矿集团金鸡滩煤矿井下试验，取得成功。8.2 m超大采高综采装备可对6~8 m厚煤层实现一次采全厚，是目前世界采高最大的综采装备。

煤层厚度6~8 m的煤炭要不要全厚开采？若是掏心开采，采5 m左右，浪费资源；分层开采，工艺复杂、效率极低；放顶煤开采，受制于煤质硬、顶煤冒放性差等因素，不适宜西部矿区6~8 m厚坚硬煤层。既想多回收资源，又想提高开采效率，有了8.2 m超大采高综采成套技术与装备，这个问题不再纠结。

事件九：同忻煤矿用上智能化高效综采装备

2013年8月，山西同煤集团承担了国家发改委"同忻煤矿千万吨级高效综采关键技术创新及产业化示范工程"项目。2016年7月，同煤集团和中国煤炭科工集团北京天地玛珂公司选定同忻煤矿8202综采工作面作为试点，对智能化综采装备进行安装调试并试运行。该项目主要是通过研发和配置高可靠性成套综放装备和自动化控制系统，建立矿井远程信息化、自动化控制和视频通信系统，以及工作面自动化、信息化集中控制中心，实现矿井的安全、高效、低碳开采。

以前，工作面综采装备不用人操作是不敢想象的。而今，井下工人在工作面巷道监控中心远程操控就能完成。该项目的实施，可使采煤装备替代工人进行井下开采，在降低工人劳动强度的同时，将工人从危险的工作面解放到相对安全的工作面巷道监控中心，不仅可以减人提效，还能提升安全保障能力。

事件十：能吃"三高"煤的晋华炉试验成功

2016年4月，能吃"三高"（高硫、高灰、高灰熔点）煤的晋华炉在山西阳煤集团试验成功。晋华炉集"水煤浆+膜式壁+辐射式蒸汽发生器+激冷流程"于一体，为"三高"煤气化装备实现本土化提供了新手段，破解了"三高"煤气化难题，可使吨氨醇成本降低到900~1100元。

在山西，"三高"煤资源量占煤炭资源总量的30%以上。长期以来，由于缺乏高效清洁大型气化技术和装备，导致大量煤炭资源浪费。有了晋华炉，"三高"煤的高效利用将不再是梦。

2017年度

事件一：煤制油品/烯烃大型现代化煤化工成套技术开发及应用项目获大奖

2017年12月，国家科学技术奖励工作办公室发布消息，由神华集团等21家单位共同完成的"煤制油品/烯烃大型现代煤化工成套技术开发及应用"项目获2017年度国家科技进步一等奖。该项目以国家"863"相关课题为支撑，形成具有自主知识产权的百万吨级煤直接液化、0.6 Mt级煤制烯烃成套技术。首创了高效大型现代煤制油品和烯烃工程化技术；突破了超大超厚大型化工装备设计及制造技术，实现了现代煤化工核心装备的中国创造；首创了现代煤化工系统集成与运行技术；突破了西部缺水区煤化工节水与高难度废水处理技术；首创了煤化工二氧化碳捕集、咸水层封存与监测成套技术，建成了世界首个0.1 Mt级煤化工CCS示范工程。

该项目攻克了核心技术首次工程放大、关键超大超厚设备研制、系统集成稳定性及可靠性、安全稳定长周期运行等一系列世界性技术难题。整体技术达到国际领先水平，引领和支撑了我国现代煤化工产业的发展，已在内蒙古、陕西、新疆、宁夏等煤炭主产区推广应用，使我国成为世界现代煤化工产业规模最大、技术最先进的国家，抢占了现代煤化工技术制高点。

事件二：旋流干煤粉气化炉获专利金奖

2017年12月13日，第十九届中国专利奖颁奖大会在北京举行。由神华集团、神华宁夏煤业集团发明的具有自主知识产权的"一种旋流干煤粉气化炉"获中国专利金奖，这也是煤炭行业第4项获中国专利金奖的专利。

旋流干煤粉气化炉攻克了大型单喷嘴干煤粉加压气化技术、关键装备、材料及系统集成等难题，提高了气化效率及碳转化率，对保障国家能源安全、推动煤炭清洁转化和高效利用、实现煤气化装置大型化、降低投资和生产运行成本，具有重要的战略和经济意义。

事件三：我国创造性开发百万吨级煤间接液化技术

2017年12月，中国煤炭工业协会科学技术奖奖励办公室发布《2017年度中国煤炭工业协会科学技术奖获奖名单》，其中特等奖1项，一等奖30项，二等奖100项，三等奖136项。由兖矿集团、上海兖矿能源科技研发有限公司、煤液化及煤化工国家重点实验室、陕西未来能源化工有限公司共同完成的"百万吨级煤炭间接液化关键及系统集成技术开发与工业示范"项目获特等奖。该项目首创了高效铁基低温费托合成催化剂及其工业化生产成套技术；首创了大型低温浆态床费托合成反应器及其内构件技术；首创了百万吨级反应器串联费托合成工艺技术；首创了百万吨级费托合成油品加工催化剂和加工工艺技术；首创了煤间接液化优化集成设计平台、动态模拟系统和操作员培训系统；首创了百万吨级煤间接液化系统集成技术，建成并高效运行了国内首套百万吨级煤间接液化工业示范装置。

煤间接液化技术是将我国储量丰富的煤炭资源转化为清洁液体燃料，解决我国石油供应短缺、保障能源供应安全的重要战略措施。该项目攻克了煤间接液化催化剂、反应器等关键与核心设备、系统工艺集成、设计建设、安全长周期运行等世界性难题，创造性地开发了百万吨级煤间接液化关键与系统集成成套技术。

事件四：潞安高硫煤清洁利用示范项目打通全流程

2017年12月31日，潞安集团举行年产1.8 Mt高硫煤清洁利用油化电热一体化示范项目产出合格产品汇报会，宣布这一山西省转型综改重大标杆工程项目全系统成功试运行。该项目以潞安自产高硫煤为原料，采用国际先进技术集成耦合，实现煤炭的清洁高效利用，生产高端蜡、无芳溶剂、特种燃料、高档润滑油、专属化学品五大类49种高端精细化学品以及115 MW余热发电。

该项目担负着国家"三高"煤的大规模气化技术示范、煤基费托合成生产高端化学品的示范、带动甲醇等传统煤化工升级改造示范和国家现代煤化工环保高标准的示范。该项目先后开发出5大类、29种产品、48个规格、180个型号的煤基精细化学品产品系列，开创了新型高端煤化工系列化产品的先河，为培育具有全球竞争力的世界一流新型高端化工企业奠定基础。该项目开创了三个模式：高端煤化工一体化运营模式，股权多元化合作模式，产学研用一体化协同创新发展模式。

事件五：全球首套煤基乙醇工业化示范装置产出合格产品

2017年1月11日，采用中国科学院大连化学物理研究所和陕西延长石油集团共同研发的、具有我国自主知识产权技术的煤基乙醇工业化项目——陕西延长石油集团0.1 Mt/a 合成气制乙醇工业示范项目打通全流程，生产出合格的无水乙醇。

这是继煤制油、煤制乙二醇等技术之后，我国煤化工领域取得的又一世界级成果，对于缓解我国石油供应不足、石油化工原料替代、油品清洁化及煤炭清洁高效利用等大有裨益。为今后大规模工业化装置建设、生产和运行提供了关键技术数据和宝贵的经验，标志着我国将率先拥有设计和建设百万吨级大型煤基乙醇工厂的能力，使我国大范围推广乙醇汽油成为可能。

事件六：我国首座TBM施工长距离煤矿斜井建成

2017年1月，我国首座TBM施工长距离煤矿斜井——神东煤炭集团补连塔煤矿2号辅运斜井建成启用。这填补了TBM在我国长距离煤矿斜井建设领域的技术空白，验证了TBM施工煤矿斜井的关键技术和理论，开创了煤矿建井施工新模式。

这一大胆的工业性试验，验证了TBM不仅可以广泛应用于铁道、水电、交通、矿山、市政等隧洞工程，在煤矿井下同样可以应用，开创了煤矿建井新模式。

事件七：中美联合研究发现中国个别地区粉煤灰富铀

2017年11月8日，环境学领域国际顶级期刊《环境科学与技术》，在线发表中国矿业大学（北京）教授代世峰、美国杜克大学教授AvnerVengosh团队联合研究成果：中国个别地区的粉煤灰样品，其辐射等级是联合国原子辐射效应科学委员会对住宅建材辐射等级最高安全限度的43倍以上；中国南方等地区个别煤中富含铀，其燃烧产物（主要是粉煤灰）富含放射性物质，不适合用作建材。

建材与每个老百姓紧密相关。上述发现是保障人民群众生命健康、践行以人为本的生动体现。鉴于人们"谈铀色变"，上述发现，在一定程度上也有助人们理性面对、科学应对。

事件八：我国首台矿用TBM研制成功

2017年9月8日，我国首台直径为2.8 m的矿用全断面硬岩快速掘进机（矿用TBM），在辽宁铁法能源通用重机公司正式下线。目前，这台矿用TBM正在重庆能源集团松藻煤矿投入试用。矿用TBM，成功融合了工程TBM、煤矿防爆、自动测量控制等先进技术，可实现圆形巷道一次成巷、掘锚同步作业和巷道快速掘进，一举解决了煤巷、岩巷掘进效率低的难题。

他山之石，可以攻玉，合理吸纳其他行业先进技术，对提高煤矿机械化、自动化、信息化、智能化水平，大有裨益。

事件九：煤电/煤化工废物协同处置与循环利用技术获突破

2017年6月29日，由神华集团北京低碳清洁能源研究所催化技术研发平台技术总监、国家"千人计划"特聘专家孙琦牵头承担的国家"863计划"——"煤电/煤化工废物协同处置与循环利用技术及示范"课题通过验收。该技术不仅可以大规模消纳燃煤电厂粉煤灰，而且可以解决高铝粉煤灰提取氧化铝高能耗、二次污染的问题，实现高效、低能耗捕集二氧化碳和处理煤化工污水，形成系列高价值大宗产品。

目前，全国有超过 4 Gt 粉煤灰，并且以每年 500 Mt 的速度增长。这些粉煤灰堆积如山，既占用大量土地资源，又可能导致空气、地表水以及地下水污染。该技术的突破，可谓"一石三鸟"：治理污染＋缓解氧化铝资源紧张状况＋集成效益。

事件十：中国国际卓越煤矿瓦斯治理中心挂牌成立

2017 年 9 月 24 日，中国国际卓越煤矿瓦斯治理中心正式挂牌成立。该中心系联合国经济委员会依托山西焦煤集团设立，是在联合国欧洲经济委员会授权下，由企业主导的甲烷管理机构。该中心由山西焦煤集团、北京辛迪克清洁能源技术服务公司等 15 家理事单位自愿结成，拟定于 2018 年启动运营。该中心主席由中国工程院院士、山西焦煤集团总经理金智新担任。

该中心致力于成为瓦斯治理利用新技术推广平台，瓦斯治理利用资金、技术、人才共享平台，瓦斯利用与碳金融及新型商业模式联动开发平台，对将瓦斯变害为利，保障煤矿安全生产乃至支持中国政府碳减排，意义重大。

2018 年度

事件一：破解地下煤火防治难题获得新突破

2018 年 1 月 11 日，中国矿业大学召开国家"111 计划"（高等学校学科创新引智计划）国际地下煤火防治与利用进展交流会。会议介绍了中国矿业大学教授周福宝团队将煤田火区热能转变为电能等清洁能源的关键技术。如今，该技术已在新疆乌鲁木齐大泉湖煤田火区实现工程应用，单个钻孔发电功率超过 2 kW。据统计，以 100 个钻孔核算，每年可产生电能 1.40 M（kW·h）以上。

全世界每年约有 1 Gt 煤炭被地下煤火烧毁。我国是煤火灾害严重的国家，尤其在新疆地区。据不完全统计，我国每年因煤火燃烧直接损失煤炭资源 13.6 Mt，间接损失约 200 Mt。该技术将有助于煤田火区节约水资源，并将地下煤炭资源重新利用。英国皇家工程院院士、国际火灾安全科学学会副主席卡伦将这项新技术评价为"全球原创性技术"，是世界煤火防治利用领域的突破。

事件二：世界首批纯水介质液压支架在神东入井

2018 年 8 月 14 日，世界首批纯水介质液压支架在国家能源集团神东煤炭集团设备维修中心二厂组装调试完毕，发往神东煤炭集团锦界煤矿入井。其中，首批发出的 5 台纯水介质液压支架包括 4 台端头架及 1 台过渡架，其余 147 台纯水介质液压支架将陆续出厂。

目前，国内外综采工作面液压系统主要采用高水基乳化液介质，而大量的乳化液介质会污染水源，且成本较高。此项目是神东煤炭集团解决综采工作面使用乳化液污染水源难题取得的一项重大科研成果，填补了国内外综采工作面使用纯水介质的空白。该设备的投运，是神东煤炭集团解决综采工作面地下水污染问题、降低生产成本、实现绿色开采的一项重要举措。

事件三：我国首套煤基固体氧化物燃料电池系统运行

2018 年 8 月，我国首套以煤为原料的 15 kW 固体氧化物燃料电池（SOFC）发电系统在晋煤集团天溪煤制油分公司打通全流程。该公司建成了煤经气化再通过 SOFC 发电的示范工程，实现了以气化煤气（合成气）为燃料的 SOFC 发电系统的示范运行。

燃料电池是一种将储存在燃料与氧化剂中的化学能直接转化为电能的高效发电装置。传统燃煤电厂必须经过燃料燃烧，实现化学能—内能—机械能—电能的能量转换，在每个能量转换环节，都会存在能量损失。该项目首次实现了以煤基合成气为燃料的 15 kWSOFC 发电系统工业化运行，标志着我国在 SOFC 技术领域迈进了一大步，为未来建设 SOFC 百万瓦级、兆瓦级发电站奠定了基础。

事件四：全球首套煤基乙醇工业示范项目投产成功

2018 年 1 月 17 日，采用中国科学院大连化学物理研究所具有我国自主知识产权技术的全球首套煤基乙醇工业化项目——陕西延长集团 0.1 Mt/a 合成气制乙醇工业示范项目打通全流程，并生产出合格的无水乙醇。该工业示范装置平稳运行数月，标志着全球首套煤经二甲醚羰基化制乙醇工业示范项目一次投产成功。

这是我国新型煤化工产业化技术应用的又一次重大突破，表明我国在该技术领域达到国际领先水平，使我国率先具有了设计和建设百万吨级煤基乙醇大型工业装置的能力，对保障我国能源安全和粮食安全、煤炭清洁化利用以及缓解大气污染等具有重要的战略意义。

事件五：世界最大气化炉亮相兖矿集团

2018 年 12 月，运载两台世界最大（4000 t 级）气化炉——单炉日处理煤 4000 t 级多喷嘴对置式水煤浆气化炉的车辆缓缓驶入兖州煤业鄂尔多斯能化荣信化工有限公司二期现场。自此，荣信化工二期项目核心大型设备安装拉开序幕。

该气化炉拥有兖矿集团自主知识产权，日处理煤 4000 t，是荣信二期项目的核心技术。该气化炉为气流床，工艺目标是进行煤气化反应，同时实现优良的比氧耗、比煤耗等技术经济指标，为目前世界单炉日处理煤量最大的水煤浆气化炉，被列入 2017 年国家重点研发计划。

单炉日处理煤 4000 t 级多喷嘴对置式水煤浆气化炉建成后，不仅对推动具有自主知识产权的超大型气化系统集成示范和技术优化具有重要意义，形成超大规模水煤浆气化成套技术，促进煤化工行业转型升级，带动成套装备制造业的发展，而且为我国能源结构优化和战略调整提供技术支撑，也为我国现代煤化工行业培养了一批高水平的基础研究、技术开发和工程化创新人才。

事件六：8.8 m 超大采高综采智能装备投用

2018 年 3 月 2 日，世界首套 8.8 m 超大采高综采智能装备在神东煤炭集团上湾煤矿顺利投用。该套装备中的采煤机、液压支架等设备的技术水平均处于行业领先地位，其配套设备的运输车辆、辅运平硐等均创多个国内、世界首例。

该套装备应用于上湾煤矿 12 个 8.8 m 超大采高综采工作面，在提高煤炭回采率的同时，打造出世界单井单面产量最高、效率最高的 16 Mt/a 特级安全高效矿井。

上湾煤矿 8.8 m 超大采高综采工作面投产以后，进一步带动了国内外超大采高成套装备的发展，为其他类似赋存条件下井工煤矿特厚煤层安全高效掘进、回采提供了技术依据和经验参考，填补了国内乃至世界特厚煤层综采工作面一次性采全高的技术空白。

事件七：陕煤集团布局碳纤维全产业链

2018 年 12 月，陕煤集团和江苏恒神股份公司各方完成重组协议签订。2018 年 12 月 28 日，恒神股份公司召开董事会并向资本市场正式发布了重组相关公告。恒神股份公司是一家布局碳纤维全产业链的高新技术企业，于 2015 年 5 月在新三板挂牌，入选科技部发布的《2017 中国独角兽企业发展报告》，是新材料领域唯一上榜企业。本次并购创新采取了"增资＋债转股＋战略合作伙伴跟投"的重组架构，引进了业绩承诺和股权激励等创新机制，将提升陕煤集团整体科技实力、强化竞争资源要素、促进产业升级。

本次重组跳出了传统国有大型煤企较为传统的化工业务布局，跨越到最高端、精细化的细分领域，借助恒神股份公司长期在碳纤维领域的市场深耕和技术储备，陕煤集团的化工技术有望全面升级。本次并购有利于陕煤集团未来跟踪经济最发达、科技最前沿的长三角地区产业发展动态，服务全集团转型发展。

事件八：阳煤水煤浆水冷壁废锅气化炉（晋华炉）项目获特等奖

2018年12月，2018年度"中国煤炭工业协会科学技术奖"揭晓，阳煤集团参评的水煤浆水冷壁废锅气化炉（晋华炉）项目获特等奖。该气化炉通过气化炉气化室、辐射式蒸汽发生器、激冷室直连共用一个整体外壳，不仅可以副产高品质蒸汽，提高系统热效率，还可以使用具有高熔点、高硫、高灰分的半焦、石油焦等作为气化原料，煤种适应性好，节能环保。阳煤丰喜集团临猗分公司采用该技术建成了首台日处理煤量500 t的气化炉示范装置，于2016年4月1日一次投料成功，并连续稳定运行至今。

该气化炉可以提高系统热效率，煤种适应性强，节能环保，经济效益和社会效益明显。中国工程院院士谢克昌点评该技术时，称该技术是高校科技成果走向示范应用的典型案例，为我国科研成果迅速转化为生产力树立了榜样。

事件九：中荷研究人员取得煤间接液化技术新突破

2018年10月，国家能源集团北京低碳清洁能源研究院与荷兰埃因霍芬理工大学等机构的研究人员合作开发出一种新型催化剂，可大幅降低煤间接液化成本，为捕集与利用煤液化过程中产生的二氧化碳打开了新的大门。2018年10月12日发表在美国《科学进展》杂志上的研究文章显示，这种活性物质纯度为100%、工业合成条件下可稳定催化400 h以上的新型铁基催化剂，可使在"费托合成"步骤中煤的液化几乎不产生二氧化碳。

"费托合成"技术是煤间接液化的核心技术之一，一般采用铁基催化剂。传统铁基催化剂在这一阶段会将约30%的一氧化碳转化为二氧化碳，不仅难以捕获利用，还会消耗大量能源。使用新型铁基催化剂，一个年产油4 Mt的煤液化厂每年可在压缩加热能源消耗和二氧化碳分离等方面节约成本约8亿元。

事件十：煤炭地下气化技术取得阶段性成果

2018年10月25日，由项目首席科学家、中国矿业大学教授王作棠主持的煤炭地下气化重大科技专项取得阶段性成果，首次实现点火成功。贵州盘江精煤股份有限公司联手中国矿业大学和煤炭资源与安全开采国家重点实验室开展了煤层地下气采技术攻关，4年来，科研团队先后攻克了地下气化炉的新型结构和导向钻孔建炉新工艺、火焰工作面的定向推进燃烧导控新工艺及其组合装置等重大关键技术难题，变物理采煤为化学开采。

该技术解决了煤层地下气采产业化的诸多技术难题，形成了一套适应西南矿区类似地质条件的产业化技术体系。此外，兖矿集团贵州能化公司发耳煤矿31004智能化采煤工作面成为目前我国西南地区四省一市中唯一一个通过省级验收且正常生产的智能化采煤工作面，推动了贵州省内煤矿智能化进程。

2019年度

事件一：世界首台纯燃超低挥发分碳基燃料煤粉锅炉实现连续稳定运行

2019年12月6日，多名专家对陕煤集团新型能源有限公司咸阳新型热能公司1号锅炉进行评审。该项目是国家重点研发项目"超低挥发分碳基燃料清洁燃烧关键技术"的子课题，由中国科学院工程热物理研究所将研究成果——纯燃超低挥发分碳基燃料的预热燃烧技术应用于咸阳新型热能公司的1号锅炉中，进行工程试验。

1号锅炉是世界首台纯燃超低挥发分半焦和气化残炭实现长时间连续稳定运行的煤粉锅炉。新技术的应用，不仅提高了锅炉的燃烧效率，减少了氮氧化物排放，而且使锅炉燃烧稳定、负荷调节能力增强，保证了锅炉燃料挥发分低。

事件二：煤炭港口无人化作业的世界性难题被攻克

2019年6月，国家能源集团黄骅港务公司宣布，黄骅港装船机远程操作系统全面投入使用，打通了煤炭港口无人化作业的最后一个环节，成为全国首个全流程实现远程作业的散杂货港口。

如今，黄骅港已实现翻、堆、取的远程自动作业和装船机的远程作业，同时实现了全流程现场无人化作业。这证明未来的煤炭港口将会变得更"智慧"，在保障国家能源供应、服务经济发展方面发挥重要作用。

事件三：3353 m！我国井下定向钻进再创世界新纪录

2019年10月，中国煤炭科工集团西安研究院应用自主研发的定向钻进技术及装备在国家能源神东煤炭集团保德煤矿进行钻孔工程示范，完成了主孔深3353 m的沿煤层超长贯通定向钻孔，再次创造了我国井下定向钻进孔深新的世界纪录。

该钻孔孔深打破了2019年初西安研究院在保德煤矿创造的2570 m超长定向钻孔孔深的世界纪录，对促进煤层大区域瓦斯超前治理、以孔代巷、水害防治等技术进步具有重要意义。

事件四：世界首个660 MW超超临界CFB发电项目落户彬长

2019年2月，世界首个660 MW超超临界CFB（循环流化床）发电项目落户陕西省彬长地区。该项目由国家能源集团与陕煤集团彬长矿业公司按照51%：49%的股权比例投资建设，总投资约25亿元。

该项目属于科技部确定的煤炭清洁高效利用和新型节能技术科技示范项目，其"三超"CFB发电理论、技术攻关成果以及项目示范建设工程将有效巩固我国在CFB发电技术领域的世界领先地位。

事件五：我国首座"一站式"高低浓度瓦斯发电站全面运行

2019年3月30日，山西晋煤集团胡底瓦斯发电项目二期10.4 MW工程8台机组正式投入运行。"一站式"高低浓度瓦斯发电项目分别由一期高浓度分布式瓦斯发电项目和二期低浓度瓦斯发电项目在同一矿井同一厂区组成。

这是我国首个正式运行的"一站式"高低浓度瓦斯发电项目，有利于进一步提高我国对井下瓦斯的利用率。目前，晋煤集团已经运行的瓦斯发电总装机容量达298 MW，继续保持国内最大的瓦斯发电集群。

事件六：国内首台大直径煤矿岩巷全断面掘进机下线

2019年4月18日，国内首台自主研发的直径为6.33 m煤矿岩巷全断面掘进机"新矿一号"在内蒙古北方重工集团隧道掘进装备事业部盾构机制造基地正式验收下线。该设备集掘进、出砟、支护、除尘、通风、防爆等技术于一体，是高度机械化、自动化的煤矿岩巷施工设备，实现了我国煤矿岩巷掘进机在大直径、大埋深、复杂地质条件下施工。

该掘进机解决了支护锚杆必须通过隧道截面中心线的施工难题、支护速度跟不上掘进速度的难题和施工过程中粉尘多的难题。这是我国具有自主知识产权的敞开式煤矿岩巷全断面掘进机，也是我国第一次引领世界煤矿岩巷施工重大技术变革的新装备。

事件七：中国"航天方案"破解褐煤利用难题

2019年9月3日，航天长征化学工程股份有限公司发布了航天炉褐煤清洁高效转化技术鉴定成果。该技术为国内首套自主研发，适用于褐煤的粉煤水冷壁加压气化技术。截至2019年7月底，相关项目共运行199天，气化碳转化率达98.8%，有效气含量达88.7%。

我国已探明的褐煤储量约130 Gt，占我国煤炭资源储量的13%。基于运输的安全性和经济性，褐煤的使用与其有效利用半径密切相关。此技术有利于实现褐煤的安全、清洁、高效转化及装置的长周期稳定运行。

事件八：兖矿集团向"化学采煤"探路

2019年1月31日，山东兖矿集团鲁西发电项目2×600000 kW级煤炭地下气化发电工程正式开工建设。这是山东省内首个大型煤炭地下气化发电工程，建设规模为2×600000 kW级高效超超临界燃煤抽凝式发电机组，同时配套建设运煤铁路专用线和煤炭地下气化发电掺烧工程。

煤炭地下气化技术，不仅可以回收矿井遗弃的煤炭资源，还可用于开采井工难以开采或开采经济性和安全性较差的薄煤层、深部煤层等。工程建成投产后，可承担山东省济宁市东部城区2.3×10^7 m^2的供热，将成为济宁市规划重点城市集中供热的热源。

事件九：世界首台8.8 m超大采高智能化采煤机成功运行

2019年8月2日，由西安煤矿机械有限公司和国家能源神东煤炭集团联合研制且拥有自主知识产权的8.8 m超大采高智能化采煤机通过出厂评议，并在神东煤炭集团上湾煤矿12402综采工作面实现了连续平稳运行。

8.8 m超大采高智能化采煤机是西煤机公司继7 m、8 m进口采煤机替代改造项目后的又一重大突破，填补了国内外8.8 m特厚煤层一次采全高的技术空白。

事件十：我国深层煤层气勘探首现"万方井"

2019年3月，中国石油天然气集团发布消息称，该集团华北油田分公司在大城区块1950~2045 m深部煤层设计的大平7井日产量自3月7日首上10000 m^3后，最高日产量达11000 m^3。

这是国内煤层气井首次在这一深度取得突破，填补了世界1800 m以深煤层气经济开采的空白。大平7井获成功预示着我国煤层气可开发范围已经由800 m以浅增至2000 m左右，对我国煤层气开采具有里程碑意义。

2020年度

事件一：我国形成具有完全自主知识产权的煤基合成油成套技术

国家能源集团宁夏煤业公司4 Mt/a煤炭间接液化示范项目是"十二五"期间由国家发改委核准建设的煤制油产业化示范项目。其核心技术采用中科合成油技术有限公司的铁基高温浆态床费托合成集成技术和宁夏煤业公司研发的"神宁炉"干煤粉加压气化技术，通过技术集成和再创新，实现了工业大型化和产业示范，形成了具有完全自主知识产权的煤基合成油成套技术。该项目于2016年12月28日一次性试车成功，打通全流程，产出合格油品。2020年，该项目拟获国家科技进步奖一等奖。

事件二：恒阻大变形缆索及其恒阻装置获国家专利金奖

2020年7月15日，国家知识产权局公布了第二十一届中国专利奖。由中国矿业大学（北京）申报的"恒阻大变形缆索及其恒阻装置"荣获中国专利金奖。该专利突破了岩体非线性大变形灾害控制受制于材料变形能力不足的技术瓶颈，具有高恒阻、大变形、吸收能量和多次冲击而不断的超常力学特性，开发了"NPR+"灾害控制综合技术，有效解决了岩爆、动压巷道、滑坡等重大灾害控制的难题。该专利已被200余家地质灾害防治中心、地震局、文物保护管委会、矿业集团在矿山、西气东输、高速公路、水利、文物遗址保护等工程中大量使用。中国地质灾害监测预警领域利用该专利相关技术建成了543个牛顿力监测点，先后成功预报滑坡16次，撤出240人，挽救了数以亿计的财产损失。

事件三：孟加拉国巴拉普库利亚矿强富水含水层下特厚煤层实现安全高效开采

江苏徐州矿务集团的孟加拉国巴拉普库利亚煤矿强富水含水层下特厚煤层安全高效开采关键技术项目建立了"防强疏弱、分段波及、精准预测、可控疏排"的水害防控技术体系，形成了强含水体下厚煤层分层"上保下疏"开采模式，首次定义了"厚煤层多分层协调减损开采"的科学含义，建成了孟加拉国唯一一处综合机械化矿井和坑口电厂，成为我国企业实施"走出去"战略，服务"一带一路"国家经济社会发展的样板。该项目弥补了孟加拉国煤炭能源结构缺陷，推动了孟北经济发展，带动了中国煤电产业的国际产能合作和产能转移，丰富了强富水含水层下特厚煤层安全高效开采技术体系。2020年，该项目荣获中国煤炭工业协会科学技术奖特等奖。

事件四：西部特厚硬煤层超大采高智能化综放开采成套技术与装备项目投用

西部特厚硬煤层超大采高智能化综放开采成套技术与装备项目主要针对山东能源集团陕西未来能源化工有限公司金鸡滩煤矿地质赋存条件，提出了以增大机采高度、改善冒放性和高强度支护为基础，以控制煤壁稳定和顶煤破碎度为约束，以营造采放空间协调为核心的超大采高综放开采理论，研发了坚硬特厚煤层7 m超大采高综放开采成套装备，解决了鄂尔多斯—榆林地区特厚、顶煤坚硬、完整性好的煤层一次性采全厚难题。厚煤层是我国千万吨级矿井的主采煤层。该项目成果实现了煤炭开采领域的重大突破与技术变革，引领了厚煤层开采技术发展方向。2020年，该项目荣获中国煤炭工业协会科学技术奖特等奖。

事件五：我国煤矿5G技术研发与应用取得突破

2020年4月29日，山西阳泉煤业集团（现更名为华阳新材料科技集团）新元公司井上井下5G网络开通并完成全部优化工作，建成了全国首个5G煤矿专网，创新研发了3∶1时隙配比的5G网络。2020年10月17日，山东能源集团发布了首套矿用高可靠5G专网系统，该系统获得国家矿用产品安全标志证书，在多处煤矿开展了5G成套装备规模化应用。同年10月14日，中国煤炭工业协会、中国煤炭学会联合阳煤集团、国家能源集团、中国移动、中国联通、华为公司等共同发布了《5G+煤矿智能化白皮书》，倡议建设煤矿5G应用生态，引导煤矿科学有序开展5G网络建设。

事件六：我国首套智能掘进机器人系统下线

2020年6月23日，陕煤集团西安煤矿机械有限公司自主研发的首套智能掘进机器人系统下线，成为目前国内智能化水平最高的智能掘进机器人系统。同年9月底，该机器人系统在陕煤集团渝北煤业小保当一号煤矿112204掘进工作面完成了井下安装及各系统调试，实现了一键启停和远程监控。该机器人集探、掘、支、锚、运、破、通风、除尘等于一体，具备智能截割、自动运网、自动钻锚、定向掘进、掘锚平行等功能，适应于顶板中等稳定的近水平煤层和片帮与夹矸共存的大断面煤巷掘进，填补了行业空白，可有效解决复杂地质条件下大断面巷道掘进难题和井下采掘失衡导致生产接续紧张的难题，助力煤矿井下巷道实现安全、智能、快速掘进。

事件七：露天煤矿极寒工况无人驾驶卡车编组试运行

2020年10月末，在国家能源集团神宝能源露天煤矿生产现场，5台无人驾驶矿用自卸卡车逐一自动与挖掘机对位装车，实现了装运排一体化运行作业，标志着世界首个极寒工况5G+220 t无人驾驶矿用自卸卡车编组项目成功运行。中国自动化学会组织的安全评审组专家一致认为，该项目作为世界煤矿第一个极寒环境、5G网络下大型无人驾驶矿用自卸卡车改造并编组运行项目，已具备与挖掘机、遥控推土机、洒水车、平路机、指挥车等作业设备平行运行的能力，从本质上提升作业安全性，有助于实现露天煤矿智能、安全、高效生产，可以开展工业性试运行。评审后，该项目进入满载工业性试运行阶段。

事件八：国内首台竖井掘进机投入使用

2020年9月20日，由中国煤科北京中煤自主研发、天地奔牛参与制造的国内首台竖井掘进机在云南以礼河四级电站复建工程竖井投入使用。为打破国外技术垄断，依托国家"863"计划和中国煤科重点项目，中国煤科北京中煤充分利用其在机械破岩装备及技术上的优势，根据破岩、材料、机械、电气、液压、测控、数字控制等多学科理论，结合多年井筒掘进施工经验，历经十年艰苦攻关，成功研发了"金沙江1号"竖井掘进机及配套机械破岩工艺。该装备及工艺能够完全实现机械破岩钻进。

事件九：我国首创兰炭粉无助燃稳定燃烧技术

中国煤科科工节能通过煤质分析及热重实验数据了解了兰炭煤质特性及燃烧特性，完成了68组数值模拟计算，并在7 MW台架和14 MW锅炉系统中进行了20多个小时的热态实验，最终成功获得了兰炭粉燃烧系统的优化结构及运行参数，成功研制出兰炭粉无助燃稳定燃烧新技术。2020年，该技术在济南市热力集团70 MW锅炉系统中进行了40个小时的兰炭粉试烧试验。试验期间，该70 MW锅炉最高负荷出力为74 MW（106%），测算系统热效率为91.2%，满负荷工况下，氮氧化物初始超低排放值可达到250~350 mg/Nm³。该技术为国内首创，成功实现了兰炭粉无助燃高效、清洁、稳定燃烧，填补了国内技术空白。

事件十：综合治理技术破解采煤沉陷区土地利用难题

2020年7月25日，中国煤科承担的济宁任城采煤沉陷区综合治理项目（一期南区）采空区治理工程通过了由中国工程院院士、全国工程勘察设计大师组成的专家组评审验收，标志着全国首个条带式采煤沉陷区综合治理与利用项目完成竣工验收。该项目本着政府主导、企业主体、市场运作、社会参与的原则，采用"技术研究+资本投入"的运作方式，融合"平台+运营+技术"三要素，开创了采煤沉陷区综合治理与土地开发一体化的"任城模式"，为我国矿业城市生态建设和城市经济转型做出贡献。

4 先进适用技术及装备

4.1 国家部委推广的先进适用技术及装备

4.1.1 技术及装备推广目录

"十三五"期间,国家有关部委进一步加大了先进适用技术的推广力度。2018年2月,国家发改委发布《国家重点节能低碳技术推广目录(2017年本)》,"综采工作面高效机械化矸石充填技术"等14项技术列入该目录(表4-1)。2020年,国家发展改革委、科技部、工业和信息化部、自然资源部等共同编制《绿色技术推广目录(2020年)》,"深部煤层底板奥灰水保水探查与治理技术""燃煤电站金属板卧式湿式电除尘技术""基于干态气化分相燃烧煤粉工业锅炉技术""大型燃煤电站低成本脱硫废水零排放技术"等4项技术入选。

表4-1 煤炭相关的国家重点节能低碳技术目录

序号	技术名称	研发单位
1	矿井乏风和排水热能综合利用技术	山东新雪矿井降温科技有限公司
2	新型高效煤粉锅炉系统技术	山西蓝天环保设备有限公司
3	综采工作面高效机械化矸石充填技术	新汶矿业集团有限责任公司
4	煤矿矿井水超磁分离井下处理技术	四川环能德美科技股份有限公司
5	超低浓度煤矿乏风瓦斯氧化利用技术	淄博淄柴新能源有限公司
6	皮带机变频能效系统技术	中煤科创节能技术有限公司
7	全粒级干法选煤节能技术	唐山市神州机械有限公司
8	大容量高参数褐煤煤粉锅炉技术	哈尔滨锅炉厂有限责任公司
9	高效利用超低热值煤矸石的循环流化床锅炉技术	湘潭锅炉有限责任公司
10	粉煤加压气化技术	航天长征化学工程股份有限公司
11	非熔渣-熔渣水煤浆分级气化技术	清华大学
12	多喷嘴对置式水煤浆气化技术	兖矿集团有限公司
13	模块化梯级回热式清洁燃煤气化技术	安徽科达洁能股份有限公司
14	煤气化多联产燃气轮机发电技术	兖矿集团有限公司

2017年10月,工业和信息化部发布《国家工业资源综合利用先进适用技术装备目录》,其中"低阶煤干馏粉煤回收利用技术""超细粉煤灰机械活化球磨

机""粉煤灰超细粉研磨技术""煤矸石烧结砖隧道窑辐射换热式余热利用技术与装备"4项先进适用技术装备入选该目录。2017年至2020年，工业和信息化部共发布4批《国家工业节能技术装备推荐目录》，其中，"高效大型水煤浆气化技术"等12项技术入选；"煤炭气化燃烧技术"等6项技术入选《国家鼓励发展的重大环保技术装备目录》；"煤矿矿井水超磁分离技术"列入《国家鼓励的工业节水工艺、技术和装备目录（2019年）》，详见表4-2。

表4-2 工业和信息化先进适用技术推广目录（煤炭领域）

国家工业资源综合利用先进适用技术装备目录		
序号	技术名称	技术简介
1	煤矸石烧结砖隧道窑辐射换热式余热利用技术与装备	采用反渗透+混合离子交换的水处理、分段梯级换热、过热蒸汽恒温、热工检测等技术，对煤矸石烧结砖隧道窑冷却带余热进行梯级利用。煤矸石烧结砖隧道窑余热锅炉产生蒸汽的参数2.45~3.82 MPa、400~450 ℃，每生产10000块烧结砖可产汽3~5 t
2	低阶煤干馏粉煤回收利用技术	采用在线利用高温提质煤粉技术，实现300~450 ℃高温提质煤粉的高效利用。工业分析指标为水分含量0.3%~1.5%，挥发分含量10%~18%，灰分含量10%~20%，固定碳含量65%~78%，提质煤粉粒度100目筛下物的质量百分比大于98%
3	超细粉煤灰机械活化球磨机	通过DCS操作系统进行控制，运用超细粉煤灰磨机实现对粉煤灰的机械活化，可生产比表面积大于600 m^2/kg 以上的超细粉煤灰，产量为110 t/h。桶体转速12.48~16.38 rad/min，最大装载量295 t，配套电机4200 kW
4	粉煤灰超细粉研磨技术	通过优化传统管磨内部结构与研磨体级配，与高效选粉机形成闭路磨粉系统，通过磨细和选粉加工生产超细粉煤灰。粉煤灰比表面积不低于650 m^3/kg

国家工业节能技术装备推荐目录		
序号	技术名称	技术提供单位
1	工业锅炉高效低 NO_x 煤粉清洁燃烧技术	上海题桥煤清洁燃烧科技有限公司
2	煤气透平与电动机同轴驱动的高炉鼓风能量回收技术（BPRT）	西安陕鼓动力股份有限公司
3	高效大型水煤浆气化技术	兖矿水煤浆气化及煤化工国家工程研究中心有限公司
4	水煤浆高效洁净燃烧技术	青岛特利尔环保股份有限公司
5	煤矸石固废制备超细煅烧高岭土技术与装备	内蒙古超牌建材科技有限公司
6	水煤浆气化节能技术	北京清创晋华科技有限公司
7	高加载力中速磨煤机应用于燃煤电站百万机组的技术	中国电建集团长春发电设备有限公司
8	工业煤粉锅炉高效低氮煤粉燃烧技术	哈尔滨工业大学
9	井下磁分离矿井水处理技术	山东环能环保科技有限公司
10	气化炉湿煤灰掺烧系统设备	安徽恒宇环保设备制造股份有限公司
11	大型清洁高效水煤浆气化技术	兖州煤业股份有限公司
12	工业燃煤机组烟气低品位余热回收利用技术	新疆天富能源股份有限公司

表 4-2（续）

国家鼓励发展的重大环保技术装备目录		
序号	技术名称	技术支撑单位
1	燃煤锅炉烟气三氧化硫脱除技术装备	浙江中泰环保股份有限公司
2	燃煤锅炉烟气氨法脱硫液平推流强制氧化技术设备	浙江中泰环保股份有限公司
3	湿法脱硫系统除尘-雾技术装备	辽宁工程技术大学
4	耦合增强电袋复合除尘器	福建龙净环保股份有限公司
5	煤炭气化燃烧技术	山西海通新材料科技发展有限公司、浙江菲达环保科技股份有限公司
6	煤泥常温干化成套设备	厦门厦工重工有限公司

国家鼓励的工业节水工艺、技术和装备目录（2019年）		
序号	技术名称	研发单位
1	煤矿矿井水超磁分离技术	四川环能德美科技股份有限公司

2017年，国家安全监管总局（现应急管理部）发布了《安全生产先进适用技术与产品目录》（第一批），其中，"采煤机无人化自动截割控制技术"等16项技术入选，详见表4-3。

表4-3 煤炭相关的安全生产先进适用技术目录（第一批）

序号	技术与产品名称	主要功能特点
1	采煤机无人化自动截割控制技术	采用位置自主定位、姿态自主识别、远程控制、自动导航、自动截割等技术，实现采煤机全工作面自动化运行截割。主要技术指标：①采煤机截割高度控制最大误差<4 mm；②采煤机水平姿态检测最大误差<0.1°；③采煤机行走位置控制最大误差<32 mm；④中央控制单元总响应时间<1 s
2	煤矿无人化智能开采技术	采用采煤机记忆截割、液压支架自动跟机及可视化远程监控等技术，以生产系统智能化控制为核心，实现在地面（巷道）综合监控中心对综采设备的运行监测与远程控制，确保工作面割煤、推溜、移架、运输、消尘等智能化运行（包括"一键"启停、视频监视、数据监测、智能采高调整、斜切进刀、连续推进等功能），达到智能化采煤作业目的
3	分体式履带钻机及瓦斯抽采钻进技术	采用分体结构，配套外平钻杆、螺旋钻杆和圆弧形三棱钻杆，适用于软、中、硬三种煤层条件。操作人员可远离孔口及主机对钻孔施工过程进行控制，有效降低对操作人员人身安全及对钻机电器设备产生的危害。钻机具有外形尺寸小（宽度仅为0.85 m），井下移动灵活，仰俯角、方位角和水平开孔高度调节范围大，工艺适应范围广等特点，钻机最大扭矩为4300 Nm，具有在本煤层施工300 m深瓦斯抽采钻孔的能力
4	煤矿采动区地面井瓦斯抽采成套技术	集采动区瓦斯资源评估、地面井布井位置优选、井型结构优化设计、钻井高危位置判识及工程防护、钻完井施工控制和安全抽采等技术于一体，通过在采煤工作面前方提前施工地面井或直接在老采空区地表施工钻井，并安设配套的地面井负压抽采系统，实现煤层采动卸压区、工作面上隅角和采空区的瓦斯抽采。可提高采动区地面井抽采运行周期，地面井抽采成功率不低于80%，具有抽采煤层采动卸压区、工作面上隅角和采空区瓦斯的"一井多用"功能

表 4-3（续）

序号	技术与产品名称	主要功能特点
5	煤矿井下瞬变电磁探测技术	采用具有本安条件下的稳压稳流大功率（最高采样频率 2 MHz；最高电流可达 4.5 A）瞬变电磁发射机、能提升矿井瞬变电磁信号分辨率的磁探头（接收等效面积达 450 m²）、多参数对比分析及空间多角度全面立体成图等，可探测范围覆盖巷道正前、侧前、斜上、斜下等多个方位，有效消除井下瞬变电磁超前探测的浅部盲区，提高异常定位精度和多层异常分辨能力，探测距离可达 150~220 m，探头的最长工作时间可达 60 h
6	动水通道钻孔控制高效注浆封堵成套技术	采用具有自主知识产权的钻孔控制注浆专利技术，实现动水通道的快速封堵，并可配合高效定向钻进技术使用。主要技术指标：①单次有效注浆量 ≥ 10 m³，可形成大断面封堵体，固结体凝胶过程呈受控柔性状态，可依受注体形状凝胶，封堵能力、抗冲击能力强；②凝胶及养护条件良好，固结体强度 > 5 MPa
7	自震式微震监测技术	采用可调频自激震源，融合地震定位和层析成像技术，对监测区域内波速场进行实时反演与解算，可提高煤岩体破裂定位精度，形成融合采动岩体破裂和采动应力两类指标于一体的煤岩动力灾害监测预警技术。主要技术指标：①同步授时精度为 10~6 s；②采样频率 < 35 kHz；③配备自激震源，定位精度 5~10 m
8	冲击地压声电实时监测预警技术	通过对电磁辐射、声发射等信号的分布式实时监测，自动对监测数据进行趋势分析，采用区域性临界值法和动态趋势法实时判定危险性，实现对冲击地压灾害的分级预警。主要技术指标：①电磁辐射传感器监测范围为 7~22 m，最大监测 50 m；②声发射传感器监测范围为 10-100 m；③微震传感器监测范围为 10 m~3 km
9	井工矿坚硬顶煤顶板水力致裂控制成套技术	采用具有定向与均匀致裂等特点的水力致裂方法，实现对采煤工作面坚硬顶煤顶板的放顶控制，为解决坚硬顶板综放工作面坚硬顶煤冒放性等问题提供新的技术手段。主要技术指标：①致裂钻孔最小孔径达 32 mm；②单水路高水压专用胶囊封孔器的效率高，能重复利用；③单孔控制范围 30 m 以上，钻孔致裂封孔深度可达 80 m 以上；④与爆破相比，顶板控制距离更远、安全性高、管理简单，且成本不到其 1/10
10	煤矿巷道综掘与锚喷作业区域控除尘技术	通过改进典型水雾捕尘机理，基于单一雾场雾滴粒径-速度分布及尘雾耦合规律，形成综掘工作面高效喷雾降尘技术及附壁风筒旋流风幕封闭式控除尘系统，实现对煤矿巷道综掘与锚喷作业区域的有效除尘。主要技术指标：①综掘面综合降尘率平均达到 93%；②综掘面人员作业区域粉尘控制在 20 mg/m³；③锚喷作业地点粉尘浓度控制在 10 mg/m³ 以下
11	基于无线通信的矿用救灾监测系统	采用井下无线宽带通信、音视频数据同步传输、骨传导听说等技术，实现救护队员体征参数、安全信息参数、现场视频等信息的无线传输，以及指挥人员、救护基地和救护队员之间的无线语音集群通话。主要技术指标：①救护队员生命体征监测指标：体温、心率、姿态、活动度等；②安全信息监测指标：温度监测范围 -20~100 ℃，CH_4 监测范围 0~100%，CO 监测范围 0~5000 ppm，O_2 监测范围 0~30% 等；③中继器之间的传输距离不小于 1000 m，中继器与采集仪之间的传输半径不小于 150 m
12	煤矿四维灾害模拟与预警系统	通过建立精细的瓦斯、水文、应力、地温分布、矿压分布等地质模型，采用四维地理信息技术，开发了煤矿灾害模拟与预警分析系统，实现矿井危险源自动辨识，以及矿山顶板、煤与瓦斯突出、突水透水、冲击地压、煤层自燃等灾害的超前预测和安全预警。当煤矿发生灾害事故（事件）时，系统自动匹配并启动数字应急预案，实现应急单位、部门、机构间快速联动和协同救灾

表4-3（续）

序号	技术与产品名称	主要功能特点
13	自动隔绝式压缩氧气自救器	采用先进的机械、电子、无线高频传输技术和新型环保材料，借用煤矿现有的压缩氧气和监测预警系统，自动为佩戴者提供氧气，实现自救。主要技术指标：①具有自动和手动等启动方式，安全冗余度高，自动启动响应时间3 s，手动启动时间5 s，手动开启时间7 s；②采用硅胶半面罩连接供氧，接颜密合性好；③防爆等级达到Exia I Ma级；④供氧时间：≥45 min；⑤体积：225.5 mm×187.3 mm×96.5 mm；⑥质量：2.35 kg
14	井下孔底马达钻孔钻进技术	采用高压水驱动孔底马达进行孔底钻进施工，配合随钻测量装置实现钻孔轨迹可控的定向钻进。主要技术指标：①钻机输出转速50~240 r/min，最大钻孔深度可达1500 m；②钻机定向钻孔直径最大120 mm，扩孔直径最大300 mm；③随钻测量系统测量方位角0°~360°（精度±1.5°），工具面向角0°~360°（精度±1.5°），工具倾角-90°~+90°（精度±0.2°）
15	矿用钻孔测井分析系统	采用高分辨率视频、自然伽马测井（简称GR）、连续轨迹测斜等集成化硬件设计技术，实现视频、GR、孔斜、孔深等技术参数的实时监测与综合分析。主要技术指标：①可探测任意倾斜度的孔深150 m以上；②可利用视频分析孔径变化、岩层裂隙、离层情况、出水点特征等信息；③可自动绘制孔斜轨迹平面图、孔斜轨迹剖面图，并生成钻孔地质剖面图，各类图件可以CAD格式导出
16	矿用本安型电磁波无线随钻测量技术	采用电偶极子原理在地层和钻柱上激发出低频电磁波的方法进行数据传输，通过配套高精度、高稳定性测量探管，在定向钻孔施工时，可实时调整钻进姿态，指导钻进；可配套井下伽马测井探管、井下电阻率测井探管，实现多参数无缆测井；可实时测量、显示钻孔轨迹。主要技术指标：①传输距离不小于500 m；②传输速率可达50 bps；③测量精度：倾角±0.2°，方位角±1.2°，工具面向角±1.2°

为进一步加大煤矿安全生产先进适用技术装备推广，提升煤矿安全生产水平，"十三五"期间，原国家安全监管总局、原国家煤矿安全监察局发布《煤矿安全生产先进适用技术推广目录》，共3批。包括煤矿重大灾害防治、机械化自动化开采、监测监控、煤矿井下安全避险和应急逃生、煤矿风险防控和智能管理、煤矿"四化"和煤矿机器人等方面的技术装备，共153项，详见表4-4。

表4-4 煤矿安全生产先进适用技术推广目录

煤矿安全生产先进适用技术推广目录（2016）		
序号	专业类别	技术名称
1	矿井通风与瓦斯防治	基于"两个四位一体"的煤与瓦斯突出监控预警技术
2		煤矿井下深孔原位取样测定瓦斯含量技术
3		基于GIS的瓦斯地质及瓦斯动态预测可视化系统
4		矿用分布式激光甲烷监测装置
5		煤层瓦斯突出参数测试仪
6		煤与瓦斯突出声电瓦斯综合化监测预警技术与装备
7		具有动态自修正功能的瓦斯抽采量在线计量装置
8		电磁波无线随钻轨迹测量技术

表4-4（续）

煤矿安全生产先进适用技术推广目录（2016）

序号	专业类别	技术名称
9	矿井通风与瓦斯防治	高瓦斯突出煤层巷道快速卸压增透及瓦斯高效抽采关键技术
10		梳状钻孔井下抽采瓦斯技术
11		贵州中小煤矿瓦斯抽采技术体系
12		可控冲击波预裂增透煤层技术
13		导向槽定向水力压穿防突技术
14		低频高压脉动注水防治煤与瓦斯突出技术及装备
15		松软突出厚煤层巷道沿顶布骼安全高效掘进和回采技术
16		煤矿井下远距离自动控制钻机
17		贵州中小煤矿防突技术管理体系
18		矿井通风智能决策与远程控制系统
19	地质保障与水害防治	小窑采掘活动微震监测预警技术
20		地面抛袋堵巷快速截流技术及工艺
21		基于水平定向钻进工艺的灰岩含水层高效超前区域治理技术
22		垂向导水通道井下三维电磁法探测技术与装备
23		矿用高压软管快速排水管路
24	防灭火与降温	矿用光谱束管监测系统
25		煤矿液态二氧化碳防灭火技术
26		环保新型矿用钢丝绳阻燃输送带
27		矿用全封闭螺杆双螺旋对流换热装备
28	顶板与冲击地压防治	自震式微震监测系统
29		基于地震波CT探测的冲击危险性原位预评价技术
30		煤矿冲击地压危险性综合评价及预警技术
31		冲击地压灾害的微震远程在线监测预警平台及应用技术
32		微震监测三维切片数据处理分析及预测技术
33		松散承压含水层下采煤大面积冒顶压架灾害防治技术
34		巨厚火成岩下采动应力演化规律及隔离注浆充填减灾技术
35		"采充留"无煤柱开采一体化技术
36		动压失稳巷道网壳锚喷支护技术
37		综采面中等稳定顶板运输巷超前支护技术
38	粉尘防治	掘进面控风稳压协同增效除尘技术
39		煤矿新型泡沫混凝土自动化湿喷成套技术
40		矿用气动湿式孔口除尘技术
41		煤层注水监控系统
42		粉尘设限喷雾降尘技术
43	煤矿机械化	小断面岩巷掘进机
44		煤巷高效快速掘进成套装备
45		煤矿用多功能巷道修复机

表4-4（续）

煤矿安全生产先进适用技术推广目录（2016）

序号	专业类别	技术名称
46	煤矿机械化	全液压锚杆锚索钻车
47		急倾斜薄煤层无人化综采刨运机组
48	煤矿信息化、自动化、智能化	千万吨级综采工作面智能型输送系统
49		薄及中厚煤层自动化开采技术
50		基于物联网技术的井下交通管理系统
51		一线式矿山监控定位广播信息系统
52	通信联络、紧急避险、人员定位	本质安全型多功能矿灯
53		长时自救器及中继技术装备
54		煤矿重大事故三维模拟与逃生演练培训系统
55		煤矿安全生产三维可视化综合平台系统

煤矿安全生产先进适用技术推广目录（第三批）

序号	专业类别	技术名称
1	煤矿重大灾害防治技术装备	煤矿复杂地质构造槽波地震探测技术
2		煤矿隐蔽致灾地质因素瞬变电磁精细探测技术
3		露天煤矿边坡稳定自动化监测及预警系统
4		低渗煤层脉冲水力切槽致裂增透瓦斯高效抽采技术装备
5		顶板高位大直径定向钻孔采动瓦斯抽采技术与高效快速成孔技术装备
6		基于实时精确测风的通风监测分析系统
7		可变径造穴卸压增透一体化装备与技术
8		煤矿巷道下向深孔钻机成套装备
9		深部矿井地应力主导型动力灾害声发射监测预警技术
10		地面采动区L型井抽采技术
11		ZYBH型矿用巷道抑爆装置
12		深厚表土层高地应力条件地面钻井卸压瓦斯抽采成套技术装备
13		煤矿井下碎软煤层瓦斯抽采孔筛管护孔技术
14		KJ918矿用煤与瓦斯突出预测参数监测系统
15		煤层瓦斯压力动态监测分析系统及应用技术
16		煤矿井下瓦斯抽采组合式孔口扩孔钻头
17		矿井水害微震监测预警技术
18		煤矿束管正压输气火情监测技术及装备
19		井下灾区远距离自动封闭技术
20		矿井综合防尘达标关键技术及装备
21		矿用干式过滤除尘系统
22		矿用水动力降尘器
23		千米深井柔模沿空留巷无煤柱开采技术
24		煤矿深部围岩结构与应力场探测分析及控制成套技术装备
25		冲击地压电荷感应监测预测技术
26		吸能液压支架防治巷道冲击地压技术

表 4-4（续）

煤矿安全生产先进适用技术推广目录（第三批）

序号	专业类别	技术名称
27	机械化自动化开采技术装备	多变幅系列钻机
28		煤矿用侧卸装煤机
29		大功率气动锚杆钻机
30		煤矿用深孔钻车
31		煤矿用巷道修复机
32		矿用液压起吊装置
33		矿井自动清仓煤泥脱水装备
34		自动化综采工作面超前支护装备
35	监测监控技术装备	激光甲烷检测报警仪、激光甲烷传感器
36		矿山应急救援指挥管理信息化平台
37		基于 UWB 定位技术的新型煤矿人员（车辆）定位系统
38		GCG1000（A）激光粉尘浓度传感器
39		基于物联网技术的矿用分布式激光火情监测系统
40		灾区远距离环境侦测系统
41		井筒无线视频监控系统
42		车辆运行安全预警系统（卡车防碰撞系统）
43		KJD127 矿用隔爆兼本安型计算机
44		矿山精确定位监视监控多功能管控系统
45		基于 LORA 技术的矿井人员定位管理系统
46		LTE 行业应用终端（DATANGT98）
47		POC 调度管理平台
48	安全避险技术装备	煤矿应急救援虚拟演练培训系统
49		煤矿多网融合通信联络系统

煤矿安全生产先进适用技术推广目录（第四批）

序号	专业类别	技术名称
1	煤矿重大灾害防治技术装备	突出煤层回采工作面松动爆破注水一体化技术及装备
2		煤矿井下水力压裂控制技术及装备
3		煤矿用履带式全液压坑道钻机
4		钻孔轨迹（参数）智能校验仪
5		煤与瓦斯突出实时诊断系统
6		引射式瓦斯稀释器及引射部件
7		环保型相变凝胶钻孔密封技术
8		矿用本安双频激电探测仪
9		煤矿综掘面智能化、模块化除尘技术装备
10		煤矿高位顶板巨厚岩层定向长钻孔分段水力压裂、矿震综合防治技术
11		高瓦斯矿井综放柔模无煤柱煤与瓦斯共采技术
12		深部软岩巷道强力锚注材料与关键工艺技术

表4-4（续）

煤矿安全生产先进适用技术推广目录（第四批）

序号	专业类别	技术名称
13	煤矿重大灾害防治技术装备	全负压短壁联采密实充填分步置换"三下"采煤法
14		矿用地震仪
15		露天煤矿边坡合成孔径雷达监测预警系统
16		高温矿井采区大焓差集中降温关键技术装备
17		采场围岩破裂三维应力动态监测与智能预警系统
18		矿井通风智能决策与远程控制系统
19		煤矿地面用抽出式动叶可调轴流式节能主通风机
20	煤矿井下安全避险和应急逃生技术装备	煤矿安全生产及灾害救援虚拟培训系统
21		矿井（救援）钻孔通信装备
22		矿用本安型广播报警扩播电话
23		基于4G通信技术的矿用隔爆兼本安型通信网络系统
24		矿井车辆/人员精确定位与管理系统
25	煤矿风险防控和智能管理技术装备	煤矿"一张图"安全生产智能管控平台
26		基于视频自动验钻的打钻管理系统成套装备
27		基于低功耗广域网的高精度全无线定位信息传输管理系统
28		矿用光纤微地震监测装置
29		矿用分布式光纤测温装置
30		露天煤矿矿用卡车安全行车系统
31		煤矿事故风险分析平台
32		煤矿OTS安全管控平台
33		全矿井多网融合通信系统
34		泵送矸石充填开采成套技术与装备
35		煤矿井下一体化通信成套装备
36		安全生产运营管理平台
37	煤矿"四化"技术装备和煤矿机器人	大型矿井提升系统关键技术及装备
38		千万吨级矿井大型提升容器
39		巷道快速掘进与高效支护、远距离喷浆成套技术装备
40		矿用隔爆兼本质安全型永磁同步变频调速一体机
41		多参数报警信息矿灯
42		矿用工作面通信控制装置
43		自适应永磁电机直驱胶带运输系统关键技术
44		矿山超大功率提升机全系列变频智能控制技术与装备
45		矿用隔爆型永磁同步变频智能驱动系统
46		煤矿供电分布式网络保护防越级跳闸技术
47		矿用隔爆兼本安型摄像仪
48		智慧胶轮车管理系统
49		煤矿用锚杆转载机组

2020年，国家能源局启动能源领域首（台）套重大技术装备评定工作，在首批公布的26个项目中，淮北矿业集团、上海山源公司共同研发的煤矿物联网平台与单兵装备，合肥工大高科研发的KJZ21型矿井轨道电机车无人驾驶系统，2个项目入选。

4.1.2 部分技术及装备介绍

4.1.2.1 煤矿复杂质地构造槽波地震探测技术

该技术由煤炭科学技术研究院有限公司研发，列入《煤矿安全生产先进适用技术装备推广目录》。煤矿复杂地质构造槽波地震探测技术可对具有不同落差的断层以及大小各异的陷落柱，同时伴随有煤岩破碎带、煤厚和夹矸变化等复杂地质构造的工作面进行精细探测，可获得地质条件、观测系统参数等因素对槽波地震响应特征的影响规律，基本查清隐伏地质构造的分布状态。特别适用于探测落差大于1/3煤厚的断层和直径大于20 m的陷落柱，对指导全国地质条件复杂煤矿的隐伏地质构造探测，确保工作面安全开采具有典型的示范作用。

1. 技术特点及创新性

该技术建立了槽波地震勘探设计—现场施工与数据采集—数据精细化处理的技术体系，形成了复杂地质构造槽波地震勘探的成套技术；构建了不同地质条件、观测系统参数及数据后处理参数对槽波地震响应特征的影响技术与理论，解决了槽波地震勘探异常区精准识别与解译的技术难题；开发了槽波数据高信噪比、高分辨率和高保真度"三高"数据处理模块，提高了槽波地震勘探准确度，解决了槽波地震勘探分辨率偏低、异常范围模糊等问题。

2. 关键技术指标

（1）通过探测区资料分析与现场调查，详细了解勘探区地质特征、采矿条件，根据工作面巷道施工情况，选择合适的槽波地震勘探观测系统布置方法，针对现场条件设计合理的炮间距、道间距、炮数、道数及药量等观测系统参数。

（2）根据槽波地震勘探设计进行现场施工，对工作面内部的隐伏地质构造进行探测，采集槽波地震探测数据。

（3）以能量衰减系数法、频散分析法等技术与理论为基础，通过槽波数据高信噪比、高分辨率和高保真度"三高"精细化处理模块，对槽波数据进行精细化处理，圈定复杂地质构造异常区，并对其进行推断与解释。

3. 应用情况

该项技术已应用于山西晋城无烟煤矿业集团赵庄二号井、成庄矿、长平矿，山西大平煤业有限公司，山西霍尔辛赫煤业公司等。该技术体系对晋煤矿区消除地质构造灾害隐患、加强矿山安全管理水平起到了重要作用。以晋煤矿区为例，2016年槽波地震勘探产值为1000万元，2017年预计的产值达到1500万元。预计未来我国煤炭企业槽波地震勘探市场将实现快速增长。我国华北、华中及东北等矿区的断层、陷落柱等地质构造复杂，矿井采掘过程中揭露时极易发生煤与瓦斯突出、顶板冒落、突水等灾害事故，将引发一系列环境、社会和安全问题，威胁煤矿的正常生产。建立精细探测技术体系，可以查明煤矿复杂地质构造的分布状态，进一步确保采掘设计、煤与瓦斯突出及水害防治等决策正确可靠，可有效地促进当地经济、社会及环境的和谐发展，保障矿工的生命安全和矿井的安全生产。

4.1.2.2 煤矿隐蔽致灾地质因素瞬变电磁精细探测技术

该技术由煤炭科学技术研究院有限公司、山西晋煤集团技术研究院有限责任公司共同研发。该技术适用于煤矿隐蔽地质灾害瞬变电磁精细探测，可解决瞬变电磁法受矿井地质条件、井下人文、数据处理技术及仪器硬件水平等因素的影响导致的探测精度较低、分辨率较差等问题。可适用于各类受隐蔽致灾地质异常体威胁的煤矿的隐蔽地质灾害瞬变电磁精细探测，形成了一套完整的煤矿隐蔽致灾地质因素瞬变电磁精细探测技术体系，此项技术可对煤矿安全生产工作起到较为明显的推动作用。

1. 技术特点及创新性

构建了隐蔽致灾地质异常体三维模型，发展了异常体及井下干扰源的响应特征及识别技术；提出了电性界面信息的提取方法，形成了基于拟地震成像的瞬变电磁法精细数据处理理论体系；研发了高精度矿井瞬变电磁探测系统装备与配套软件，实现了三维坐标参数、背景场的实时反馈及视电阻率阻值的精确计算。

2. 关键技术指标

（1）通过进行系统性的已知隐蔽灾害异常条件下的异常体响应特征实验及多种矿井人文干扰源响应特征实验，得到了各类隐蔽致灾地质异常体的响应特征及多种井下人文干扰源的响应特征和识别技术，分析了去噪及相应干扰源的应对措施，提出了隐蔽地质灾害异常体的解释与识别依据。

（2）提出了矿井瞬变电磁数据电性界面信息提取技术和基于波场变换的矿井瞬变电磁精细数据处理技术，形成了一套基于拟地震成像的矿井瞬变电磁法精细数据处理理论体系，并同传统数据处理方法进行了对比分析。

（3）研发了高精度矿井瞬变电磁探测系统仪器装备与配套软件，装备在保证质量不到 6 kg 的同时实现了常规条件下 150 m 左右的探测深度，配套软件能够实现视电阻率阻值的精确计算。

（4）研发了高精度传感响应线圈，能够对井下线圈摆放的角度进行实时测量，实现了矿井瞬变电磁法三维直角坐标以及极坐标参数的实时反馈，具备实时电磁场测量功能。

3. 应用情况

该技术在山西省、内蒙古自治区、宁夏回族自治区等多地开展了研究工作，并作为重要的技术性及工业实验场地。研究对国内具有代表性的大型矿区的煤矿矿井隐蔽致灾地质因素的防治工作提供了科学指导，促进了矿区煤炭资源的安全开采，对全国类似矿区存在的隐蔽致灾地质因素探测技术推广具有代表性的借鉴意义，研究成果已经在山西省等矿区开展了全面的推广应用，降低煤矿钻探成本达到亿元以上，因此项目的研究成果对于保障煤矿安全生产工作具有较为明显的推广价值。

4.1.2.3 巷道快速掘进与高效支护、远距离喷浆成套技术及装备

该成套技术及装备由山东天河科技股份有限公司研发，列入《煤矿安全生产先进适用技术装备推广目录》。

技术及装备一：巷道快速掘进与高效支护成套技术及装备

适用于煤矿井下煤巷、岩巷、半煤岩巷，矩形、梯形或拱形等各种不同巷道形状的快速掘进施工；适用于公路、铁路、隧道交通、桥梁建设、水利工程等领域。

1. 主要核心技术

（1）掘进、锚固、除尘、临时支护有机结合于一体，实现了掘进与锚固的高效自动化平行作业，效率提高30%以上。

（2）自动化钻锚系统可实现钻孔快速定位，四臂锚杆钻机顶帮。平行作业，施工人数可减少4

人，劳动强度大幅降低；采用多级纵移结构，一次停机完成两排锚固作业，开机率提高50%；

（3）独特的机身内嵌式吸尘风道布置，配合智能化模块化高效控尘、除尘、水循环系统，除尘效率达到97%以上。

（4）机载多功能临时支护装置以及瓦斯灾害预警系统，创造安全可靠的工作环境。

2. 应用情况

该产品在兖矿集团兴隆庄煤矿以及中煤新集口孜东煤矿进行现场工业性试验，应用过程中设备运行稳定，每班掘进、锚固、支护等工序可减少4人作业。显著提高锚杆作业效率降低劳动强度。

技术及装备二：煤矿全机械化远距离喷浆成套技术装备

适用于煤矿井下各种不同区域的快速混凝土喷射作业；适用于公路、铁路、隧道交通、桥梁建设、水利工程等领域，尤其适用于工程量大，斜巷或井下自然发火区存在施工安全隐患的，现场条件复杂苛刻、物料和设备运输不便情况下导致的喷浆困难或者无法喷浆的地点。

1. 主要核心技术

（1）煤矿全机械化远距离喷浆成套技术装备，实现了混凝土喷浆料的机械化提取、超远距离输送以及取代人工的遥控自动化喷射作业，每班减少作业人数4人，平均回弹率为11.9%，粉尘浓度实测小于3.5 mg/m^3。

（2）新型PYC6Z型远距离喷射机采用独特设计的锥形给料密封装置于多料杯叶片轮结构，能在0.6 MPa风压下，实际喷浆量达到5~15 m^3/h，输送距离达到500 m以上，无脉冲、不堵管，生产效率高，实现了远距离、连续稳定、高质高效喷浆施工。

2. 应用情况

井下高效全机械化远距离喷浆作业线在济宁三号煤矿应用实施，设备运行安全可靠，较传统喷浆工艺降低回弹率10%以上，喷浆作业（运输、搅拌、上料人员）减少4~5人/班，使用该技术后显著改善掘进面作业环境，大幅度提高了巷道掘进速度，保证了采掘顺利接替，增加了煤炭产量。

4.1.2.4 深部软岩巷道强力锚注材料与关键工艺技术

该项技术由中国平煤神马能源化工集团、平顶山天安煤业公司、山东安科矿山支护技术有限公司等单位共同研发，列入《煤矿安全生产先进适用技术装备推广目录》。该技术适用于沿空留巷、沿空掘巷、巷道修复等复杂困难条件下的支护或加固；适用于矿区埋深大、应力高、围岩松软、支护成本高、稳定性差、复修频繁等支护困难巷道。

1. 核心技术概况

（1）根据深井高应力软岩巷道变形破坏规律，采用初喷—锚—喷—注分阶段支护技术和工艺，在围岩应力充分释放的基础上，采用浅部锚注与深部锚注相结合，实现了锚杆/锚索的全长锚固和围岩的注浆加固，有效控制了深部软岩巷道的蠕变效应，设备配套、工艺简单，技术经济效益显著。

（2）依据软岩大断面硐室围岩破坏范围大、整体性差的特点，采取浅部与深部高强锚注支护材料与工艺全断面补强加固巷道，提高了破碎围岩的整体性和强度，强化了锚杆/锚索对巷道围岩的约束效应，降低了支护和维护成本。

（3）针对深部高应力软岩环境，开发了系列高强锚注支护材料和注浆材料，形成了高强度、高预紧力、高注浆压力和大范围注浆加固的"三高一大"锚注支护技术体系。

（4）提出了适用于平顶山矿区复杂困难条件下的锚注支护技术规范，为锚注支护技术的推广应用和规范化施工提供了依据，在国内尚属首次。

2. 应用情况

技术装备成果在平煤一矿和十矿进行了现场工业性试验，并在平煤一矿、四矿、六矿、十矿得到了进一步推广应用，有效控制深部软岩巷道剧烈变形，提高成巷速度和支护强度，取得了良好的技术和经济效益。

4.1.2.5 全负压短壁联采密实充填分步置换"三下"采煤法

该采煤法由新汶矿业集团研发，列入《煤矿安全生产先进适用技术目录》。研究成果适用于"三下"压煤地区，特别是一些可采煤炭资源开采殆尽的矿区；适用于部分非煤矿山中，如置换高品位、价值高的矿体开采，以及其他的一些地压显著的矿体开采。

1. 核心技术概况

（1）"长壁布置、短壁开采、势能充填、巷式胶结"。

（2）由两套独立的采煤及充填系统构成且平行作业，实现"下采上充""以充保采"。

（3）工作面由进风巷、回风巷、回风联巷形成全负压通风；工作面长 50~100 m，划分为数个支巷和煤柱巷，支巷和煤柱巷宽度为 5 m，回采时先采支巷并充填，采用连采机采煤，胶轮车运输，顶板及两帮采用"锚网带"支护。

（4）充填系统中矸石和胶结浆料通过各自输送系统在支巷上端口利用煤层倾角自溜充填，实现全势能自充式胶结充填。

2. 应用情况

该技术首先在内蒙古裕兴矿业有限公司得到成功应用与推广，目前已实现全矿井充填开采，2016年至2018年取得直接经济效益12576.6万元；工作面月产量在85000~102000 t 之间，达到了年产百万吨充填开采水平；相关成果已推广应用到新汶矿业集团老区的孙村煤矿、山东泰山能源有限责任公司翟镇煤矿等单位，取得了良好的工程应用效果；有效解决了环境破坏、工广井筒压覆煤柱回收等问题，验证了对新汶矿区孤岛煤柱充填开采的可行性，经济社会效益显著，年可产生效益约12600万元。

4.1.2.6 泵送矸石充填开采成套技术及装备

该技术及装备由山东恒驰矿业装备科技有限公司研发，列入《煤矿安全生产先进适用技术目录》。研究成果适用于各类开采矿井，各种采煤工艺均可搭配适用，可以就地消化井下矸石，实现矸石不升井；还适用于通过立式钻孔管道达到回填地面矸石山的目的，可广泛应用到各类型煤矿企业。

1. 核心技术概况

（1）技术特点：工艺先进、实用性强，系统可靠、操作性强，设备独创、适用性强，技术领先、借鉴性强。

（2）创新性：所有装备均为自主设计研发，具有自主知识产权，所有充填装备均取得了煤安标志，在国内诸多煤矿具有成功使用案例。

（3）主要创新技术：井下煤矸分离技术、泵送矸石充填采空区技术、泵送矸石沿空留巷技术、泵送矸石充填成套装备、泵送充填防止堵管技术等。

（4）沈阳焦煤股份有限公司西马煤矿，200 m^3/h 泵送矸石充填系统用于"村下"压煤区密实充填开采，完成回收煤炭量150余万吨，100 m^3/h 泵送矸石充填系统用于另一采区的沿空留巷，完成留巷 4000 余米。

2. 应用情况

泵送矸石充填开采成套技术与装备已在山东能源新矿集团华恒矿业、协庄煤矿和枣矿集团滨湖煤矿、山西省长治县雄山煤炭有限公司二矿和五矿、辽宁省沈阳焦煤股份有限公司西马煤矿、黑龙江龙煤集团七台河煤业有限公司龙湖煤矿、贵州众一金彩黔矿业有限公司兴发煤矿等多家煤矿企业得到了推广应用。

4.1.2.7 高瓦斯矿井综放柔模无煤柱开采成套装备

该技术及装备由山西高河能源有限公司、西安科技大学、陕西开拓建筑科技有限公司共同研发完成，列入《煤矿安全生产先进适用技术目录》。研究成果适应于大埋深、自燃煤层、不自燃煤层、高瓦斯矿、突出矿井，煤层厚度在 4.00～6.94 m，煤层倾角 0°～19°。

1. 核心技术概况

该技术创造性地将外部纤维布和内部结构筋织造而成的三维纺织结构柔模增强体，作为支护体的预成型体，具有复杂结构的自成型能力，重量仅为钢模的 1/50；创造性地将三维纺织结构柔模增强体与矿用自密实混凝土基体进行复合，形成柔模混凝土复合材料，简称柔模复合材料或柔模混凝土。该材料具有预成型、自成型、大水灰比输送和小水灰比硬化特性。该材料成型时混凝土的自重及泵压不仅使纺织结构产生预应力，而且将混凝土内多余水分挤出，形成密实的复合材料结构体，实测初凝前承载力达 0.8 MPa，解决了即时承载难题；预应力纺织结构约束了混凝土变形破坏过程中裂隙的产生和扩展，自愈合能力提高 10%，峰值强度提高了 17%～23%，残余强度提高了 57%～71%。

2. 应用情况

该成果已在全国 60 座矿井 200 多个工作面进行了应用，覆盖了内蒙古、山西、宁夏、陕西、河南、山东、四川、河北、贵州等煤炭主产省区。

4.1.2.8 大型矿井提升系统关键技术及装备

该技术及装备由徐州市工大三森科技有限公司研发完成，并列入《煤矿安全生产先进适用技术目录》。

技术及装备一：大型矿井首绳自动更换技术及换绳车

适用于立井摩擦提升矿井的提升首绳更换，其沿提升容器长度方向或宽度方向均可布置，完全满足我国矿井井口布置现状。

1. 核心技术概况

（1）研发了具有独立知识产权的钢丝绳直线连续收放绳技术，实现钢丝绳直线连续快速收放，适合绳径范围大，改变了国外双滚筒送绳的模式，提高了换绳效率。

（2）研发了超静定无损夹持技术，通过特殊双螺旋加持体超静定夹持首绳，在不损伤首绳的前提下，有效延长首绳使用寿命。

（3）开发了恒张力换绳车与提升机同步收放技术，实现换绳车收放绳速度与提升机运行速度适配同步，并对新首绳有综合预拉伸，大大减少了换绳后调绳次数。

2. 应用情况

该技术及装备已在淮河能源集团（原淮南矿业）、冀中能源、山东能源新汶矿业集团、陕西彬长矿业集团、中煤新集能源、阳煤集团、伊泰集团、金川集团、铜陵有色金属集团、山东招金集团、马钢集团矿业有限公司、云南驰宏锌锗股份有限公司等下属200多个矿井推广应用，其中千米以上矿井16个、钢丝绳直径50 mm以上矿井38个。换绳车已成功应用到国内最深矿井——云南会泽铅锌矿，提升高度1526 m，绳径55 mm，提升绳数6绳，传统方式换绳用时150多小时，换绳车换绳用时48 h；换绳车已应用到绳径最大矿井——陕西彬长矿业集团有限公司胡家河煤矿，提升高度538 m，绳径60 mm，提升绳数4绳，传统人工专业队伍换绳用时56 h，换绳车换绳用时16 h。

技术及装备二：双码择绳调换智能保护装置

该装置适用于立井多绳摩擦式矿井提升系统，已成为摩擦提升机必备装置，可根据具体矿井的安装位置及提升参数单独设计。

1. 核心技术概况

（1）研发了感力机械手无损夹持绳制动技术，创新实现提升系统异常状态对首绳安全制动，在滑绳或溜车状态下，通过绳滑差量及绳速智能判定事故状态并声光报警，经绞车司机确认后，实现在3 s响应时间内对首绳限力制动抓捕，不损伤首绳，保证提升系统安全停车。

（2）开发了双码择绳调整技术，通过上机械手组与任一侧下机械手组组合，实现一码连续步进举升、另一码自动卡固绳，解除原来人工烦琐又危险的工作，可安全快捷地完成提升系统调绳、换绳辅助、更换部件等辅助作业。

（3）集滑绳、溜车保护与提升系统辅助调整功能于一体，节省井架安装空间。

2. 应用情况

该装备已在淮河能源（原淮南矿业）、中煤新集能源、阳煤集团、平顶山天安煤业、伊泰集团、潞安矿业（集团）、陕西彬长矿业集团、陕西金源招贤矿业、安徽省亳州煤业等下属100多个矿井应用，并出口至南非巴库蓬布铂金矿，取得显著效果，为摩擦提升矿井安全、高效生产提供了重要保障，具备较大的推广应用价值。

技术及装备三：大型矿井水平运输与垂直运输安全转换装置

该装置适用于立井提升系统的井口、井底及中间水平，实现对罐笼（尤其是多层罐笼）承接、锁定，确保水平与垂直运输安全转换。

1. 核心技术概况

（1）研发了限力下补偿、随罐上补偿的双向补偿技术，确保在-450~150 mm范围内均为有效停罐，实现了物件及重载上、下罐笼稳定，进出车辆平稳、高效。

（2）首创移块锁定技术，实现了下大件时罐笼锁定，解锁安全方便，提高了罐笼上、下大件时的安全可靠性。

（3）双补偿功能与锁定功能独立操作，既保证了正常提升时的高效率，又满足下大件的安全，锁定力清晰显示。

2. 应用情况

该装备已在中煤能源、中天合创能源、山东能源新汶矿业集团、神华宁煤集团、神华杭锦能源、陕西金源招贤矿业、淮河能源（原淮南矿业集团）等大型煤业集团或煤炭企业进行了应用，其中千万吨以上矿井10多个。该装备可双向补偿提升绳弹性伸长量，保证进出矿车平稳、畅通，锁定功能稳定锁罐，确保上下大件安全平稳，解决了大型矿井、深井重载时提升容器的反弹难题，具有显著的经济和社会效益，市场推广前景广阔。

4.1.2.9 矿山超大功率提升机全系列变频智能控制技术及装备

该技术由徐州中矿大传动与自动化有限公司、中国矿业大学共同研发。适用于现有矿山提升、运输、采掘中使用的大功率电力传动设备进行性能提升、安全提升和系统整合优化；可易于推广到钢企轧机、风力发电、高速电梯及舰船推进等领域。

1. 核心技术概况

（1）通过变频驱动大功率同步电机、鼠笼电机、绕线电机非线性控制等关键控制算法，实现提升机全系列电机重载平稳启动、宽范围精确调速。

（2）通过整流器电网优化接入、无损耗抑制谐波最优控制等关键控制算法，解决网荷间能量快速、高效双向流动问题。

（3）建立超大功率多电平变流器本体安全架构，开发出中压超大功率三电平系列变频器，容量达 24 MW。

（4）通过提升机容器零速悬停及钢丝绳张力释放控制方法，杜绝起停车冲击蠕动、重载倒转和钢丝绳弹性形变引起容器回弹等安全隐患。

（5）建立基于物联网 4 M 远程故障预测诊断系统，为智能矿山和提升机无人化运行提供技术保障。

2. 应用情况

已推广到河南、河北、山东、山西、宁夏、安徽、贵州、黑龙江等产煤大省数十个矿区及铜陵有色等非煤矿山的 260 多台提升机，产品应用覆盖国内 80% 的大型煤炭企业，现场应用装机容量超过 300 MW（最大单机容量为 5400 kW）。该技术装备在河南龙宇能源应用改造并替代了两台进口提升机变频电控系统，改造后节约电能 10%，提升能力增加 11%。现场运行及测试表明：系统运行稳定可靠，功率因数为 0.99（原系统 0.6），电网谐波指标满足国标要求；彻底消除原系统启动时无功冲击大，运行过程中振动等问题。

4.1.2.10 智慧胶轮车管理系统

该系统由辽宁瑞华实业集团高新科技有限公司研发，列入《煤矿安全生产先进适用技术目录》。研究成果适合所有使用无轨胶轮车作为辅助运输的煤矿或者相关企事业单位。

1. 核心技术概况

（1）车辆标识卡，配合定位读卡器可实现 30 cm 以内高精度定位，解决车辆精确定位问题。

（2）矿用本安型车载终端不仅可以实现司机与后台双向信息交互以及视频通话交互，还具备导航和避障提示等功能，较为彻底地解决了车辆信息化问题。

（3）矿用本安型交通信号灯不仅可以实现井下传统交通信号指示功能，还能够依据车辆精确位置，智能控制路口通行状态，避免车辆拥堵，明显提升井下无轨胶轮车交通智能化水平。

（4）用车申请 APP，手机申请用车后，系统统一汇总协调调度，改变手工记录派车方式，同时方便月末、年末汇总各类用车派车数据。

2. 应用情况

该装备在山西大同塔山煤矿部署运行并且实现了优化车辆运力的目标，满足了预期需求，实现了胶轮车智能调度管理。

4.1.2.11 露天煤矿矿用卡车安全行车系统

该系统由清华大学苏州汽车研究院、沈阳国智环保科技有限公司共同研制完成，列入《煤矿安全生产先进适用技术目录》。研究成果适用于露天开采的大型卡车、中型卡车、工程机械等车型；满足高纬度、高寒等特殊使用条件。

1. 核心技术概况

（1）智能驾驶安全辅助系统最多支持4路AHD摄像头，可同时实现基于机器视觉与人工智能的驾驶员疲劳、注意力分散、吸烟、打电话等不良行为检测。

（2）采用非接触式提醒，解决了实际使用中的各项难题。

（3）智能驾驶安全辅助系统，融合GPS定位技术、4G无线通信技术，WIFI无线网络通信技术为一体，主控制器内置4G模块和GPS模块，可将定位信息和报警信息同步上传至后端服务器平台，为车辆管理部门提供了多种车辆管理功能。

（4）在实际使用的过程中，各单位累计使用1600 h，共监测危险驾驶行为7万多次，极度危险130余次，有效避免了相关事故。

2. 应用情况

该技术装备在国家电投内蒙古公司下属的南露天煤矿、扎哈淖尔露天煤业、白音华2号矿、伊敏河露天矿应用，应用期间装备运行稳定，性能可靠。

4.1.2.12 露天煤矿边坡合成孔径雷达监测预警系统

该系统由中国安全生产科学研究院研发完成，列入《煤矿安全生产先进适用技术目录》。研究成果适用于我国露天煤矿采场边坡、排土场边坡的安全监测预警，采用合成孔径雷达监测技术，可对边坡进行大范围、远距离、高精度遥感监测，发现滑坡隐患，提前预警，不受边坡高度、地质条件变化等情况影响，不受雨、雾等恶劣天气干扰，能有效防范露天煤矿重大滑坡事故。

1. 核心技术概况

（1）采用合成孔径雷达零基线差分干涉原理，监测边坡位移速度变化趋势，并据此触发滑坡预警。

（2）通过遥感非接触监测方式快速获取数据，最大监测距离5 km，数据采集间隔短。

（3）具有高精度和高分辨率，精度0.1 mm，距离向分辨率30 cm，对边坡面域进行网格化，获取百万量级监测数据。

（4）满足IP65防护要求，实现全天时、全天候无人值守持续稳定监测。

（5）采用点和面相结合方式进行分级预警，滑坡预测准确率提高20%以上。

（6）融合全站仪、GNSS等多传感器数据，开发云平台系统，支持远程专家会诊和实景三维展示，可自动生成变形曲线和数据报表。

2. 应用情况

2016年以来，在全国部署40余台设备，累积运行超过60000 h，已在神华准能集团黑岱沟露天煤矿、中煤平朔集团安家岭露天煤矿、广东省大宝山矿业有限公司露天矿、首钢矿业公司水厂铁矿、包钢集团白云鄂博铁矿等10多家露天矿山应用。该系统为露天煤矿安全开采提供了技术支撑，提高了开采效率，减轻了露天煤矿边坡监测工作量，解放地测部门人力。

4.1.2.13 矿用隔爆兼本质安全型永磁同步变频调速一体机

该装备由华夏天信智能物联股份有限公司完成研发，列入《煤矿先进适用技术推广目录》。研究成果主要应用于具有甲烷和煤尘爆炸性气体混合物的煤矿井下，以及带式输送机、刮板输送机、转载机等运输系统。

1. 核心技术概况

（1）集合"变频调速、永磁、散热、电气、防爆和节能"等技术为一体，采用集成化、模块化和可拆分式设计，启动转矩达到 2.5 倍额定转矩，有效控制了温升，提升了整个运输系统的使用效率，提高了对运输系统复杂工况下的适应性。

（2）变频部分采用高功率密度的三电平拓扑结构设计，功率器件连接采用优化无感母排方式。有效降低逆变器调制输出时对电机的高次谐波，减少对电网的冲击，提高电能质量。

（3）采用中点平衡控制算法、矢量闭环控制，具备速度环、电流环、转矩环三层控制策略，保证变频一体机在全调速范围内的精准控制。

2. 应用情况

该技术装备在平煤四矿、新汶集团长城二矿、乌海天誉矿等进行应用，应用期间在负载波动大的情况下，装备依然运行稳定，未出现异常，操作安全可靠，运输系统节能效果显著。

4.1.2.14　自适应永磁电机直驱胶带运输系统关键技术

该技术由河北乾顺节能科技有限公司、冀中能源峰峰集团有限公司、河北天择重型机械有限公司、河北工程大学共同研发完成，列入《煤矿安全生产先进适用技术目录》。研究成果适用于我国大部分煤矿及非煤矿上的胶带输送机系统。

1. 核心技术概况

（1）利用永磁电动滚筒进行驱动，简化了传统胶带输送机驱动单元，省掉了减速机和液力耦合器等中间部件，具有无齿轮传动、无过渡连接、结构更简单、无磨损、免维护、效率高、可靠性高等优点，实现了胶带运输机的高效高可靠运行。

（2）皮带煤量精准计量技术：使用灰度化方法对采集到的图像进行预处理，然后使用中值滤波去除图像噪声，最后计算目标体积，实现煤量的计量，使带式输送机上煤量计量更加精准。

（3）自适应调速系统：根据上级皮带上煤的计量值，调节本皮带的速度，实现了"重载高速，轻载低速，无载停车"的功能。

（4）自清煤滚筒技术：通过外部螺旋和内部锥体、均布螺旋叶片的联合旋转动作，将输送带残留余煤自动旋出。

2. 应用情况

该技术装备在冀中能源峰峰集团有限公司梧桐庄矿、辛安矿、大淑村矿、万年矿、新屯矿、大社矿、羊东矿、新三矿、九龙矿等实现了推广应用，装备运行稳定，未出现异常情况，节能效果显著。

4.1.2.15　矿用隔爆型永磁同步变频智能驱动系统

该系统由山东欧瑞安电气有限公司研制完成，列入《煤矿安全生产先进适用技术推广目录》。适用于井下或者地面的带式输送机、提升机、刮板机、乳化液泵站、瓦斯抽放泵等矿山设备。

1. 核心技术概况

（1）该装备采用永磁同步电动机代替传统的异步电机＋减速机、液力耦合器等多级驱动模式，实现直接驱动负载，提高传动效率约 20%，降低维护量约 80%，高效节能，可靠性高。

（2）装备采用无传感器矢量控制技术变频启动，避免启动瞬间的大电流和机械冲击，降低电网故障和装备机械故障,实现起动转矩达到2.2倍额定转矩,过载转矩达到2倍额定转矩。

(3)装备多机驱动时,通过主从控制,实现功率平衡,不平衡率≤备多。

(4)装备具备多种控制方式可选择,采用物联网技术,可实现无人值守、远程控制、在线监控、故障诊断等,智能化程度高。

2. 应用情况

该技术装备产品先后为神华集团、兖矿集团、同煤集团、焦煤集团、山东能源集团、国家电投集团、平煤集团、淮矿集团、伊泰集团等50余家煤矿集团公司应用,并出口到越南、塞拉利昂、刚果金等"一带一路"沿线国家,获得很多用户的好评,累计销售1000余台套产品,为用户节电3.87亿余度,节省维护费用近1亿元,减少大量二氧化碳、二氧化硫排放,推动了国家矿产资源绿色开采和产业升级。

4.1.2.16 矿井通风智能决策与远程控制系统

该系统由煤炭科学技术研究院有限公司研制,适用于井工开采煤矿通风系统正常通风时期风速准确监测、控风方案智能决策与风量调节设施远程精确控制;适用于井工开采煤矿通风系统灾变时期井下调控烟流,地面风井防爆门卸压保护风机后迅速复位,快速恢复通风系统正常通风秩序,最大限度降低火灾、爆炸、煤岩动力灾害对通风系统的破坏,遏制重大事故发生。

1. 核心技术概况

(1)通风系统三维建模,运用多目标计算技术,120 s内快速决策控风方案,主要井巷控风准确率>95%。

(2)远程定量调节风窗以0.4~0.8 MPa压缩空气驱动,过风面积控制精度0.02 m^2,单窗调控响应时间<10 s。

(3)多点移动测风装置能够在60 s内在测风平面上完成9点测风运动,加权求取平均风速,误差<5%。

(4)火灾时期,自动风门远程解除闭锁,10 s内同时打开两道风门,快速引导烟流流入回风巷;瓦斯爆炸时,风井防爆门卸压保护风机后,5 s内快速复位,防止风流短路。

(5)在晋城、大同矿区开展工业实验中,控风决策响应时间为108 s,主要井巷控风准确率达96.1%。

2. 应用情况

该系统在王坡煤矿、寺河煤矿、保德煤矿、蒋家河煤矿、双柳煤矿、板石煤矿开展了工业实验,实验期间风速监测准确,控风方案决策快速、科学、可靠,远程调风高效准确,大幅度提高通风系统稳定性与自动化水平。

4.1.2.17 煤矿地面用抽出式动叶可调轴流式节能主通风机

该装置由诺文科风机(北京)有限公司研发,列入《煤矿安全生产先进适用技术推广目录》。

1. 核心技术概况

(1)调节灵活、自动化程度高,利用动叶可调轴流风机实现对现有的矿用对旋风机进行改造,彻底解决叶片角度调节难等问题。

(2)节能高效,可根据需要随时同步无极调节,不需配备变频器或者软启动装置即可直接启动,风机可在叶片最小的情况下零负荷启动,等风机运转到额定转速后,叶片角度再打开到工作角度运行即可，降低设备成本和启动电能消耗。

（3）安全可靠，将矿用对旋风机由双级改为单级，改造后风机结构简单、安全高效，同时在矿用对旋风机叶轮和电机之间增加一专门用于克服叶轮径向力和轴向力的轴承箱，让电机轴承不再承受径向力和轴向力，有效解决矿用对旋风机电机轴承发热、磨损和烧电机等问题，保证电机轴承及电机的安全可靠运行，保障煤矿的安全生产。

2. 应用情况

该装置在山西柳林兴无煤矿有限责任公司、山西汾西矿业（集团）有限责任公司双柳煤矿郭家山风井、榆林汇森煤矿建设运营有限公司冯家塔分公司、山西柳林寨崖底煤业有限公司、陕西煤业化工集团孙家岔龙华矿业有限公司、陕西煤业物资有限责任公司黄陵分公司1号矿、陕西煤业物资有限责任公司黄陵分公司2号矿等矿井运行稳定。

4.1.2.18　矿井水害微震监测预警技术

该技术由河北煤炭科学研究院研发，研究成果适用于开采煤层受顶板水或底板高承压含水层水威胁，存在突水危险的矿井。

1. 核心技术概况

（1）技术特点及创新性：该技术具有实时、连续、全空间动态监测、主动扰动探测等特点，通过注浆、放水等人工扰动，高压浆液在含水层原有裂隙内产生劈裂、破岩、真空吸蚀等作用，人工诱发一系列微震事件发生，监测、分析这些微震事件的时空变化规律，可以确定注浆浆液扩散范围、路径及含水层储水结构形态、集中导水通道、突水口位置、工作面周边构造活化监测等，为预防和避免煤矿突水事故发生及突水事故快速治理、注浆工程效果评价、水资源保护提供技术依据。

（2）关键技术指标：利用高精度微震监测系统，通过感知导水通道形成过程中的岩石破裂，精细定位处理解释，以对导水通道形成过程进行监测。创建了运用微震监测技术探测煤矿井下导水通道形成过程的技术体系，研究了方差法微震事件初至拾取方法，建立了精确速度模型，实现了微震事件的准确定位；研究了微震事件频度、能量及其变化率，通过聚类分析，总结其时空演变规律，确定导水通道形成过程及空间位置；提出了煤矿井下运用人工干扰方法的主动式微震探测技术，采用干扰方法主动检测含水层及构造缺陷，可提前查明地下水强径流带位置，监测注浆浆液扩散范围及路径，评价构造导水性；建立了分布式微震水害监测预报网；实现了对矿井水害"全空间覆盖、全过程监测"，创成了华北型煤田矿井水害微震监测预警及水害防治技术。

2. 应用情况

该技术已在石家庄瑞丰煤业公司、邢东矿、邢台矿、峰峰九龙矿得到应用，成功预测2处突水，指导瑞丰煤业"9·20"突水点治理，减少水量3.5 m^3/min，解放受水威胁的煤炭资源929000 t，新增产值24989万元，新增利税5533万元，实现了煤炭开采过程中对地下水资源的主动保护，取得了良好的经济和社会效益。

4.1.2.19　基于物联网技术的矿用分布式激光火情监测系统

该系统由郑州光力科技股份有限公司完成研制，列入《煤矿安全生产先进适用技术目录》。研究成果可对矿山火灾、危险区域火灾进行预测预报。在工作面回采过程中，可对工作面进风巷、回风巷及切眼位置进行温度监测，及时发现温度异常。具体适用条件：①温度：（20±5）℃；②相对湿度：45%~75%；③大气压力：86~116 kPa；④无显著震动和冲击的场合；⑤含有瓦斯或煤尘爆炸危险的煤矿井下；⑥周围无腐蚀性气体；⑦存储温度：（-40～+60）℃。

1. 核心技术概况

（1）技术特点及创新性：

①主机安装在井下，提高测量精度，减少维护成本；

②气体测量周期短、操作简单；

③基于特征气体与采空区温度的多侧驱动火情分析预警，实现火灾隐患的提前感知；

④位置标签与采空区三带关联分析预警，实现采空区全周期特征位置火情态势的监测预警；

⑤发现异常自动制定取气采样策略，出现故障自动启动反吹功能，对故障进行及时排除；

⑥可视化中央集中控制，实现了对异常和设备故障的人工对比验证和人工处置。

（2）关键技术指标：

①测量原理：DTS光纤分布式测温和WMAS激光调制吸收光谱；

②采样方法：现场、连续、实时测量（拥有快速抽气取样的发明专利）；

③监测项目：CH_4、CO、CO_2、O_2、C_2H_4、温度（具备空间定位功能）；

④响应时间：仅取决于仪表响应时间，小于10 s；

⑤准确性：实地测量，气体信息不失真，不受背景气体、粉尘及气体参数影响；

⑥运行成本：一次性投入，维护成本低；

⑦可靠性：无运动器件、可靠性高；

⑧分析功能：集成不同煤质的自然发火模型，预测准确度高。

2. 应用情况

该系统分别在平煤十三矿和平煤十一矿进行了示范性试用，试用以来，整个系统监测数据准确可靠、上传正常。实现了从矿山通风系统防火设计到矿山防灭火技术方案实施的防灭火系统动态分析与控制，可用于多个行业领域。维护便捷，减少故障修复、系统扩展和变更时的宕机时间，提供友好、全面的监控工具。针对煤矿束管火灾监测普遍存在的实时性差、自动化程度低等缺点，可有效减少或避免火灾事故及其带来的损失，显著提升火灾防治与监测监控技术水平。

4.1.2.20 煤矿束管正压输气火情监测技术及装备

该技术装备由淄博祥龙测控技术有限公司研发，列入《煤矿安全生产先进适用技术目录》。适用于具有自然发火倾向的煤矿。

1. 核心技术概况

（1）技术特点及创新性：

①解决了负压输气易被环境气体污染的技术难题，保证被测样气的纯正，确保检测结果的准确；

②输气时间较负压减少了80%，监测数据更加及时，提高了输气动力和速度；

③具有多级除尘除水、断电重启保护、断电气体旁路等功能，系统运行稳定。

（2）关键技术指标：

①煤矿束管正压输气监测系统采用正压输送样气，从根本上杜绝了被测样气在输送过程中因漏气而造成的污染问题；

②具有自动除水除尘功能，煤矿井下输气泵站自带三级粉尘过滤、两级水过滤，确保样气清洁、干燥，解决了井下束管易水堵的技术难题；

③样气输送速度快，因采用正压方式输送被测样气，比负压方式输送样气的速度提高 5~10 倍。

2. 应用情况

该装备于 2017 年 6 月在淄博矿业集团新河矿应用，2016 年 10 月项目产品在神木县隆德矿业有限责任公司应用，2016 年 11 月项目产品在黑龙江十台河矿业有限责任公司应用。通过应用，各项技术指标完全达到技术要求，运行效果良好。为我国煤矿安全生产提供了保障，具有较大的推广价值。

4.1.2.21 突出煤层回采工作面松动爆破注水一体化技术及装备

该装备由中国平煤神马能源化工集团有限责任公司、中国矿业大学共同研发完成。研究成果适用在区域瓦斯治理之后，采面生产、打钻过程中仍然存在喷孔、夹钻等瓦斯突出动力现象的工作面。

1. 核心技术概况

（1）水力耦合爆破+注水关键参数：结合采面煤体及顶底板力学性质，通过现场试验及数值模拟确定水力耦合松爆的关键参数（最佳孔间距、孔深等）。

（2）水力耦合爆破+注水卸压成套技术及装备：首先根据现场实际操作，将传统注水封孔胶囊进行重新设计以满足水耦合爆破和爆破后注水需要；其次对传统的送药与装药工艺进行改进以提高松爆工艺的安全性；最后在对先前作业模式进行改变的同时，规范该工艺作业流程。

2. 应用情况

在平顶山天安煤业股份公司十矿实施爆注一体化技术后，根据装屑量现场实测表明：采面松爆后采面卸压带增加 5 m 左右。据统计，爆破后瓦斯涌出量由 $0 \sim 19.3 \ m^3$ 增至 $10.3 \sim 38.52 \ m^3$，平均松爆涌出量由 $3.38 \ m^3$ 增至 $20.19 \ m^3$，增幅 497%。

4.1.2.22 煤矿井下水力压裂控制技术及装备

该装备由重庆市能源投资集团科技有限责任公司、重庆能投渝新能源有限公司、重庆水泵厂有限责任公司等共同研发完成，列入《煤矿安全生产先进适用技术装备》。适用于煤体透气性差、瓦斯含量高且压力大、瓦斯抽采难度大及瓦斯灾害危险程度高等特殊条件下的煤层增透和瓦斯抽采。

1. 核心技术概况

（1）在深入研究煤矿井下水力压裂机理的基础上，分析了影响压裂裂缝产生及形态变化的因素，掌握了裂缝的起裂机理及延展规律。

（2）通过理论计算及数值模拟，构建了水力压裂的力学安全边界模型，提出了水力压裂的控制机制及关键参数。

（3）基于煤层顶底板基本力学参数、水力压裂影响范围和安全边界研究，对水力压裂影响效果进行了数值模拟，建立了压裂安全边界及薄弱区域边界的模型。

（4）研制了可实现水力压裂泵组数据监控及远程智能精细化控制的系统，实现了施工压力在 $16 \sim 78$ MPa、施工流量在 $12 \sim 70.5 \ m^3/h$ 范围内的 5 级精细化控制。

2. 应用情况

在重庆能源 11 个突出矿井推广应用后，瓦斯抽采工程量减少约 35%；在四川、贵州、山西等地区煤矿推广应用后，煤层瓦斯抽采效果明显，其中在山西阳泉新元煤矿顶板长钻孔实施控制水力压裂后，平均抽采纯量提高了 50 倍。

4.1.2.23 顶板高位大直径定向钻孔采动瓦斯抽采技术与高效快速成孔技术装备

该技术及装备由中煤科工集团西安研究院有限公司研发。主要用于采动瓦斯抽采利用和顶板高位大直径定向钻孔高效快速钻探施工，还可应用于矿井水害治理领域。适用于布置在普氏硬度系数 $f \leqslant 8$ 的顶板岩层内的顶板高位大直径定向钻孔钻探施工，应避免布置在裂隙发育带或炭质泥岩、铝质泥岩等遇水膨胀性岩层内。技术成果推广应用时应注意对矿方技术人员的培养，降低项目推广的技术风险。

1. 核心技术概况

（1）技术特点及创新性：

①首次提出井下顶板高位大直径定向钻孔工作面采动瓦斯抽采技术；

②开发了由双驱动复合定向钻进技术和定向钻孔大直径回转扩孔技术组成的顶板高位大直径定向钻孔成孔工艺技术，实现了高效快速成孔；

③创建了涵盖钻孔结构、平面和空间布置方案及轨迹参数计算等方面的顶板高位大直径定向钻孔设计方法；

④配套形成了适合于顶板高位大直径定向钻孔施工的大功率定向钻进装备。

（2）关键技术指标：

①在山西省晋煤集团寺河煤矿进行了现场工业性试验，共施工钻孔 17 个，总进尺达到 9474 m，成孔直径均达到 153 mm，创造了我国岩层定向钻孔 1026 m 的最深记录；

②工业性试验最大日进尺达到 159 m，单班最大进尺达到 60 m，平均钻进效率大于 40 m/班，在相同地层条件下，钻进效率较现有技术与装备提高 40% 以上；

③工业性试验工作面回采时，单孔最大抽采量为 42.09 m^3/min，钻孔抽采介入前回风巷上隅角各采集点的瓦斯浓度最高达到 0.65，介入后下降至不高于 0.4，降幅达到 38% 以上，瓦斯治理效果明显。

2. 应用情况

该技术利用顶板高位大直径定向钻孔对矿井工作面采动影响区和采空区进行瓦斯抽采，实现了工作面回采期间回风巷及上隅角瓦斯有效治理，具有钻孔轨迹长、钻孔数量和工程量少，生产成本低等优点，瓦斯抽采效果和经济效益远高于现有方法。该技术目前已在山西晋煤集团、山西兰花煤业集团、陕西长武亭南煤业有限责任公司、山西中煤华晋能源有限责任公司等大型煤业集团或煤炭企业进行了应用，效果显著，并可推广于类似矿井，具备广阔的推广应用前景。

4.1.2.24 煤矿综掘面智能化、模块化除尘技术及装备

该技术及装备由山东天河科技股份有限公司完成研制。适用于煤矿井下煤巷（高瓦斯或瓦斯突出矿井煤巷除外）、岩巷、半煤岩巷道掘进迎头、喷浆面等主要产尘作业区域的粉尘处理。

1. 核心技术概况

（1）"长压短抽式"混合通风降尘模式，设计了一种"气动可调式控尘风筒"总粉尘降尘效率大于 97%，呼吸性粉尘降尘效率大于 80%，大大提高了综掘工作面能见度，减少了粉尘对生产工人的危害，降低了尘肺病的发病率，为煤矿安全生产带来巨大贡献。

（2）系统所有动作均用 PLC 实现逻辑化控制，可靠性高，减少了工人的劳动强度，使设备达到真正的智能化。

（3）高效免结垢水质处理装置与水循环水系统的研发，使该系统在治理粉尘的同时不会给巷道带来二次污染，循环水箱和除尘箱即治理了粉尘也对除尘过程中产生的废水进行了收集治理。

2. 应用情况

综掘工作面智能化模块化粉尘防治技术在兖矿集团兴隆庄煤矿、鲍店煤矿、东滩煤矿，阳煤集团阳煤二矿、阳煤五矿、新景矿，神华宁煤集团梅花井矿，中煤新集能源口孜东煤矿，淮南矿业集团张集煤矿、谢桥煤矿、顾桥煤矿等地推广应用，总粉尘降尘率达到97%以上，呼吸性粉尘降尘率达到85%以上，为井下矿工创造了一个良好的工作环境，有效提升了劳动生产效率，保护了矿工的安全健康。

4.1.2.25 矿用隔爆兼本安型摄像仪

该摄像仪由山西科达自控股份有限公司研制，列入《煤矿安全生产先进适用技术推广目录》。适用于煤矿井下低照度、粉尘、悬浮微粒密度大、水汽浓度大等恶劣环境，为煤矿生产调度指挥系统提供现场实地、实时、清晰的视频图像；解决了现有技术中摄像机镜头前端的玻璃镜面在粉尘、水汽浓度较大的特殊环境中易被污染、难清洗、采集图像模糊、采集质量低的问题。

1. 核心技术概况

（1）采用镜面自旋转无痕除尘结构，除尘过程不遮挡，水力与机械动力旋转相结合，镜面内外双清洁，具有自清洁特性，根据粉尘大小，清洁频度自由可控，保证了设备的使用寿命和现场适应性。

（2）采用纳米耐磨材料处理的摄像机镜面，在大颗粒粉尘环境下表面耐划痕，保证了图像的清晰。

（3）摄像仪采用低转速防潮气密封结构，起到防尘防水的作用。

2. 应用情况

该摄像仪已经在神华神东煤矿，潞安集团五阳煤矿，西山煤电马兰矿、镇城底矿，山西焦煤官地煤矿等矿区进行了示范性应用，根据客户反馈该装备运行期间性能稳定，摄像机除尘效果良好，采集图像清晰，有效解决了普通摄像机镜头污染严重，采集图像模糊的问题，提高了监控系统的可靠性。

4.1.2.26 采场围岩破裂三维应力动态监测与智能预警系统

该系统由中国科学院武汉岩土力学研究所研制，列入《煤矿安全生产先进适用技术目录》。适用于煤矿采区冲击地压的区域性监测预警及工作面冲击地压的局部监测预警；适用于冲击地压危险程度较高区域卸压解危措施的效果评价。

1. 核心技术概况

（1）研发的光纤光栅三维应力传感器，解决了传统应力传感器测量时间短、监测频率低、易受电磁干扰、耐腐蚀性差等缺陷，提高了井下复杂环境下采场岩体三维应力的测量精度。

（2）构建的采场围岩应力监测系统，实现了井下复杂环境下采场围岩三维应力的长期、动态监测。

（3）运用岩体强度理论与能量理论，提出了基于岩层三维应力的冲击地压预警方法，提高了冲击地压预警准确性，实现了冲击地压灾害的"关口前移、提前预警"。

2. 应用情况

该系统在兖矿集团东滩煤矿、济三煤矿、鲍店煤矿等矿井进行了试验，试验期间装备运行稳定、数据可靠。该装备较传统方法在冲击地压预警时间与准确率方面具有优势，对冲击地压的监测预警具有良好的指导作用。

4.1.2.27 吸能液压支架防治巷道冲击地压技术

该技术由辽宁工程技术大学研发,列入《煤矿安全生产先进适用技术推广目录》。主要用于冲击地压矿井的具有冲击危险的掘进巷道或回采巷道中。支护密度一般为 1.5 m 一架(可根据巷道支护需求进行调整),支护范围(回采巷道)为采煤工作面前方 30~200 m(对于冲击危险性较高的巷道,支护范围需扩大到 300~400 m 处,同时支护密度也需加大)。该支架可用于圆形巷道、椭圆形巷道或拱形巷道中,全煤巷、半煤巷或岩巷都可使用。巷道中除支架支护以外,还需有其他常用支护材料或设备的辅助支护,例如锚杆、锚索支护,锚网支护,U 型钢支护等。

1. 核心技术概况

(1)技术特点及创新性:

①增加支护强度,从而增大冲击地压发生的临界塑性区半径和临界载荷,降低冲击地压发生的危险性;

②支架自行调节支护刚度,即高静压时,静压低刚度、动压高刚度,高动压时,动压低刚度、静压高刚度,从而达到静动让位,既可调控围岩流变速率又能瞬时吸收冲击地压释放的能量;

③提高支护体系的整体防冲性能,即在支架的主导支护作用下,其他辅助支护设备都能够最大限度发挥各自的优点,通过联合支护作用改善巷道围岩性质,使支护体系与围岩能够形成一个有机整体,从而增强支护系统的稳定性与抗冲击能力。

(2)关键技术指标:

该支架在防冲支柱上设计了吸能构件,在冲击地压动载作用下,支架让位吸能的启动值为 1.25~1.5 倍工作阻力(让压速率为 1~5 m/s),让压位移≤0.3 m,抗冲击能力≥3 倍工作阻力。支架的设防目标为 60 MJ 能量级(ML3.0 级)的冲击地压,对于高于支架设防目标的冲击地压,可通过对围岩-支护体系统的支护层、破碎层、塑性层和弹性层采取"抗、让、防、降"的围岩与支护体协同吸能的方法,保障围岩-支护体系的完整性和稳定性,最终达到"微冲不坏、小冲可修、中冲可换、大冲不垮"的防冲目标。

2. 应用情况

该支架在义马常村矿和耿村矿试用,期间常村煤矿安装支架的巷道附近发生矿震事件 1805 次(能量为 10^2~10^3 J 的 600 次、能量为 10^3~10^4 J 的 700 次、能量为 10^4~10^5 J 的 500 次、能量为 10^5~10^6 J 的 5 次),支架支护巷道未发生冲击地压;耿村煤矿安装支架巷道附近发生矿震事件 1052 次(能量为 10^2~10^3 J 的 350 次、能量为 10^3~10^4 J 的 400 次、能量为 10^4~10^5 J 的 250 次、能量为 10^5~10^6 J 的 50 次、能量 10^6~10^7 J 的 2 次),支护期间发生两次大能量冲击事件,支架起到了快速让位吸能防冲的作用,但未发生损坏,自安装至今,试验采面上下工作面巷道未有发生灾害性冲击地压。实践证明,采用该项技术后,从根本上减少甚至避免了冲击地压发生时巷道内部人员伤亡和设备损毁。该技术应用效果明显,能够解决矿井安全生产的实际问题,不仅可以直接指导义马矿区其他矿井的冲击地压防治,而且对国内同类冲击地压矿井灾害防治也具有借鉴作用,具有广阔的推广应用前景。

4.1.2.28 自动化综采工作面超前支护装备

该支护装备由陕西陕煤黄陵矿业有限公司研发,列入《煤矿安全生产先进适用技术推广目录》。可对采区工作面巷道的压力进行观测、分析、研究,收集数据,根据采区巷道的尺寸和设备布置情况和采煤工艺,设计回采期间的巷道超前支护支架。研究成果进行工业实验的矿井条件:煤层平均厚度

2.02 m（纯煤），岩性多为灰色泥岩、炭质泥岩、粉砂岩，区内地层平缓，走向北东东，倾向北北西，倾角2°~3°，且构造简单、活动微弱，中厚层状至薄层状，水平层理发育，易风化破碎，属中等稳定－不稳定易冒落顶板。

1. 核心技术概况

1）技术特点及创新性

（1）代替了传统的单体液压支柱和金属铰接顶梁的超前支护方式，实现了综采工作面超前支护的机械化和自动化，加强了巷道顶板的支护管理。

（2）实现超前支架多级移动，延长单次移架时间（一个生产班仅需移架一次），完全满足本班推进速度，避免了反复支撑，确保顶板完整。

（3）应用综采工作面超前支护技术装备的安全程度高，且降低了巷道的维护成本，支架的架型结构设计合理，可满足工作面巷道的超前支护要求。

（4）引入成熟的支架电液控系统，实现设备的就地控制、遥控控制及单架自动控制。

（5）研制了以"视频＋模型＋控制"为控制方式的智能控制系统，研发符合超前支架连续动作的组态平台，实现了超前支架地面远程控制及地面"一键自移"控制。

（6）创新研发了超前支架与转载机协同联动控制系统，实现互相自动推拉、协同联动功能。

（7）设计了船型防钻底结构的支架底座，有效解决了复杂条件下超前支架易钻底的难题，提高了超前支架的适应能力。

（8）设计了顶梁防火装置，有效解决了超前支架移架过程中与原有支护材料刚性接触摩擦产生火花的安全隐患，推动工作面安全管理。

2）关键技术指标

（1）提高了矿井机械化程度、改进了超前支护工艺，增强了工作面整体支护质量，避免了端头压力造成的巷道片帮、矸石冒落及底鼓等不安全因素。

（2）该超前支护项目实施后，实现了安全快速移架，在确保安全生产的同时，提高了综采工作面的推进速度，进而提高了原煤产量，黄陵一号煤矿1002综采工作面超前支架自使用以来，单班(8 h)生产能力最大达8刀30架，月生产能力到170000 t，实现了安全高效。

（3）传统的超前液压单体支护工序全过程依靠人力完成，搬运距离50余米，劳动强度大，安全隐患多，生产班每个班需要16名超前支护人员，使用超前端头支架后，每个生产小班只需4人（进回风各2人，主要负责回收帮锚及锚索梁），可节约支护材料费用60万余元，全年累计可节省人工成本300余万元。

（4）符合国家《能源技术革命创新行动计划（2016—2030年）》要求，能够有效推动我国能源产业与生态环境协调可持续发展。

2. 应用情况

该项装备已经成功应用于陕西陕煤集团黄陵矿业有限公司一号煤矿1002、1003、802、621工作面，达到了预期效果。综采工作面超前支架的支护方式提高了矿井机械化程度，对提高综采生产效率、减少人员、降低工人劳动强度具有重大意义，可以在其他条件适宜的矿区进一步推广应用，具有广阔的市场推广前景。

4.1.2.29 深部矿井地应力主导型动力灾害声发射监测预警技术

该技术由中国平煤神马集团、中煤科工集团重庆研究院有限公司等单位共同研发。可用于矿井采掘工作面煤岩瓦斯动力灾害的非接触式实时连续监测预警，也可应用于隧道、边坡等岩土工程领域的围岩稳定性监测。应用时，系统需要信息传输通道，一般借助矿井工业环网即可传输；对使用人员技术水平有一定要求，在应用该技术时需进行专业培训。

1. 核心技术概况

1）技术特点及创新性

（1）明确了煤岩体破坏时声发射信号特征，确定了声发射传感器的有效频带参数。

（2）优化了传感器接收性能，提高了传感器与煤岩体耦合的时效性和稳定性，确保了声发射信号的持续无损接收，简化了安装工艺，提高了传感器安装成功率。

（3）建立了声发射传感器之间的布置原则，保证了声发射信号接收在空间上的衔接性及监测预警的敏感性。

（4）确定了声发射振铃计数、能量指标关联预警临界值，建立了深部矿井应力主导型动力灾害的声发射预警判识准则。

2）关键技术指标

（1）非接触式面预测方法，可实现采掘作业过程的连续监测预警，占用作业时间少，影响因素较小。

（2）传感器频率范围 0~3000 Hz。

（3）传感器测量精度误差 ±5% FS。

（4）传感器到采集仪的传输距离不低于 2 km。

2. 应用情况

该技术已在平顶山矿区得到成功推广应用，在平煤股份十矿己 15-24080 工作面进行了声发射监测预警技术的扩大应用。应用期间，该采面先后发生两次动力现象。工作面常规检验指标 q（最大 1.7 L/min）、S（最大 3.5 kg/m）均未出现超标现象。动力现象发生前存在明显的声发射前兆特征：在动力灾害发生前，声发射振铃计数和能量指标均呈现出逐渐升高的趋势，且动力现象均发生在指标下降阶段，即声发射前兆模式为指标"先上升后下降"的前兆模式。通过与现场实际发生的动力现象对比，验证了声发射振铃计数和能量指标的临界值是合理的，三级趋势预警判识方法是可靠的；并且声发射可提前 1 个班到 1 天左右发出预警信息，具有超前性，应用效果较为明显。该技术装备进一步完善了声发射监测预警技术体系，为深部矿井煤岩动力灾害监测向非接触式预测及信息化、智能化预警方向发展奠定了强有力的基础，同时也可推广应用于隧道、边坡等岩土工程领域的围岩稳定性监测。

4.1.2.30 高温矿井采区大焓差集中降温关键技术及装备

该技术及装备由中国矿业大学、冀中能源峰峰集团有限公司、冀中能源峰峰集团有限公司梧桐庄矿等单位共同研发。研究成果适用于高温矿井降温；高温采区、工作面局部降温。

1. 核心技术概况

（1）矿井采区大焓差可控风阻集中降温除湿技术，地面集中制取低温冷水输送至井下高低压换热设备，冷量交换后经二次冷水输送至集中降温空调硐室实施降温。

(2) 采区集中降温空调系统自适应降压补水排污技术。采区集中降温中矿井空调降温除湿系统与送风流直接热质交换，送风流在空调器内与冷冻水充分热质交换，同时井巷空气风流粉尘被有效捕捉得到净化，而冷冻水内污物浓度增大、其浊度（粉尘含量）增大、腐蚀性增强，实现了无水泵自适应补水、排污。

2. 应用情况

该技术及装备在冀中能源峰峰集团公司梧桐庄矿进行了试验应用。试验期间装备运行稳定，能源利用率高、运行费用低、降温效果好。

4.1.2.31 矿山应急救援指挥管理信息化平台

该平台由中煤科工集团重庆研究院有限公司研制完成。平台适用于煤矿企业的应急管理、矿山救护队的管理、安监部门的应急管理。理想状态是三类用户同时使用，可以达到协同管理、高效联动的效果。也可以满足单类用户、任意两类用户的使用，但可能会出现信息缺失的情况。不排除使用方在某些管理的细节上与系统的预设逻辑存在偏差，可以经一定程度的定制开发来解决。

1. 核心技术概况

(1) 技术特点及创新性。矿山应急救援信息化整体技术：针对矿山应急管理，融合了互联网、移动互联网、物联网、大数据、地理信息、卫星定位、虚拟现实、实时音视频、穿戴设备等多种信息化技术，使各类用户协同联动，形成一套整体技术。整体技术具有先进性、适用性、实用性。

(2) 关键技术指标。矿山应急救援指挥管理信息化平台采用"平战结合"理念，实现"预防－准备－响应－恢复"全生命周期管理，立足于平时"生产安全信息－应急救援备战信息"高效衔接，实现战时"救援单位－救援现场－救援指挥中心"互联互通。平台开发融合了互联网、移动互联网、物联网、大数据、地理信息、卫星定位、虚拟现实、实时音视频、穿戴设备等多种技术，是一套完整的矿山应急救援综合信息化解决方案。

2. 应用情况

该平台应用于神华新疆能源有限责任公司（神新公司）救护大队矿山应急救援指挥管理信息系统项目，项目产值288.69万元，有效提高了神新公司、神华集团对新疆区域的应急管理效率，减少了相关管理成本，起到了示范作用。平台面向神华集团新疆区域的安全生产应急管理工作，以救护大队为业务核心来落实应急管理。可以实时监控救护队员的救援准备、训练状态，完整记录矿井的风险管理情况，实时监督矿井的安全生产态势，同时高级管理人员可以对区域内整体的应急管理指标实时监控。

4.1.2.32 基于LoRa技术的矿井人员定位管理系统

该系统由重庆菲莫科技有限公司设计研发，列入《煤矿安全生产先进适用技术装备推广目录》。适用于矿山等需要人员定位的领域，可在安全生产的评估、预警和事后救援中发挥作用。

1. 核心技术概况

1) 技术特点及创新性

由于LoRa传输采用扩频方式，绕射能力和传输性能更强，在地面实测，LoRa传输方式在地下车库（负一楼）可穿8层楼以上的距离。在煤矿井下实测，在125 k的调制带宽，扩频因子为9，前向纠错为4的情况下，LoRa可以在井下达到2 km的传输距离（对巷道分支不敏感），因此在煤矿井下有着很大的应用空间。根据矿山现有的人员定位系统情况，对"丢卡""漏卡"现象，有了明显的解决方案，保证了入井人员的实时性，防止了下井人员在井下而无数据上传到地面主机的情况，并在"功耗"方面领先。

2）关键技术指标

（1）系统接收灵敏度高，功耗低，解决了"漏卡""丢卡"问题，高达157 db的链路预算使其通信距离可达15 km（与环境有关），其接收电流仅10 mA，睡眠电流200 nA，大大延长了电池的使用寿命。

（2）基于该技术的网关/集中器支持多信道多数据速率的并行处理，系统容量大。

（3）基于终端和集中器/网关的系统可以支持测距和定位；LoRa对距离的测量是基于信号的空中传输时间而非传统的RSSI，而定位则基于多点（网关）对一点（节点）的空中传输时间差的测量，其定位精度可达5 m（假设10 km的范围）。

（4）多功能的无线网关（Zigbee基站）实现全矿无线设备互联。

2. 应用情况

针对西南地区小型矿井，选择了巫山县兴营煤矿有限责任公司作为试点，并于2015年通过了重庆煤矿安监局的项目验收。针对北方大型矿井，选择了陕煤集团神木张家峁矿业有限公司作为试点，已完成人员精确定位及车辆定位测速，已于2016年正式运行。该成果具有较大的推广价值。

4.1.2.33 矿井乏风和排水热能综合利用技术

该技术由山东新雪矿井降温科技有限公司研发，适用于煤矿中央并列式通风系统，达到国内领先水平，列入《国家重点节能低碳技术目录》。目前，年产1.5 Mt的矿井，年供暖及工艺用热消耗近10000 t原煤。应用该技术可实现更好地利用地热资源提供供热或制冷，降低煤耗。目前该技术可实现节能量0.18 Mtce/a，减排约0.48 $MtCO_2$/a。

1. 核心技术概况

（1）技术原理：为了充分利用地热，选用水源热泵机组取代传统的燃煤锅炉。冬季，利用水处理设施提供的20 ℃左右的矿井排水和乏风作为热能介质，通过热泵机组提取矿井水中蕴含的巨大热量，提供45~55 ℃的高温水为井口供暖。夏季，利用同样的水源通过热泵机组制冷，通过整体降低进风流的温度来解决矿井高温热害问题。系统主要包括水处理、热量提取及换热系统、热泵系统和进口换热部分。

（2）主要技术指标：①提取热源不低于15 ℃；②供暖温度为40~50 ℃。

2. 推广前景

全国煤矿80%分布在北方地区，副井都需要供暖，否则影响安全生产。目前基本都采用锅炉供暖，直接消耗一次能源，采用该技术可有效利用矿井乏风和排水的热能，降低一次能源消耗。预计未来5年，该技术可推广到全国30%的煤矿，建设约540个此类项目，实现年节能约0.55 Mtce，减排量1.45 $MtCO_2$。

3. 典型应用案例

案例1：孙村煤矿

建设规模：4200 kW矿井乏风和排水系统。主要技改内容：3台10 t的热力锅炉改造为3台热泵机组，增加热量提取装置。减少燃料排放，净化乏风，处理排水。节能技改投资额750万元，建设期1年。每年可节能1984 tce，年节能经济效益321万元，投资回收期2年。

案例2：新巨龙公司

建设规模：2600 kW矿井乏风和排水系统。主要技改内容：1台20 t的热力锅炉改造为2台热泵机组，增加热量提取装置。减少燃料排放，净化乏风，处理排水。节能技改投资额550万元，建设期1年。每年可节能1224 tce，年节能经济效益200万元，投资回收期2.7年。

案例3：华恒公司

建设规模：4000 kW矿井乏风热能系统。主要建设内容：3台热泵机组、井筒换热器及相应配套设备。与用燃煤锅炉相比减少排放，净化乏风。建设投资额926万元，建设期1年。每年可节能1855.1 tce，年节能经济效益310万元，投资回收期3年。

4.1.2.34 煤矿矿井水超磁分离井下处理技术

全国矿井水综合利用率仅为59%，不仅造成水中煤泥资源浪费，而且对环境造成污染。我国矿井水处理普遍采用井下沉淀、提升污水上井二次处理工艺技术。矿井水在提升过程中需消耗电能，按照设计要求，吨水百米电耗一般约为0.50 kWh/(t·hm)，实际运行常高于此值。由于电耗与所提升矿井水的密度直接相关，因此降低矿井水的密度即可节约提升能耗。四川环能德美科技股份有限公司研发了煤矿矿井水超磁分离井下处理技术，应用后实现节能量80000 tce/a，减排约210000 tCO_2/a。该项技术列入《国家重点节能低碳技术目录》。

1. 核心技术概况

1）技术原理

该技术利用永磁技术实现快速分离。首先将不带磁性的含煤悬浮物赋予磁性，通过超磁分离机进行快速固液分离，净化矿井水；分离出来的煤泥渣，通过磁种回收循环系统产生低含水率煤泥，经压滤系统得到的煤泥饼直接升井。

2）关键技术

（1）磁种材料选择。根据粒径、分散性、比重、比表面积、磁性能、絮凝性能、价格等选择合适的磁性材料作为磁种，用于非磁性悬浮物的分离。

（2）混凝系统的工艺参数确定。通过投加混凝与絮凝药剂，使磁种能与非磁性悬浮物紧密结合，便于磁分离。在保证混凝效果的基础上，获得最短的混凝时间与絮凝时间，从而使设备小型化。

（3）磁种制备投加回收装置的研制。该装置能将磁种定量地、高分散性地投加到混凝箱中，参与反应；同时，又能从超磁分离机中分离出的煤泥渣中提取磁种，将磁粉尽可能地回收重复使用。

（4）超磁分离机设计。该分离机的分离性能优于冶金行业用的磁盘机，使分离后出水的悬浮物小于25 mg/L，以便达到高的水质要求，并能处理大流量污水，体积紧凑。

（5）合理的井下处理成套工艺设计。包括磁絮凝系统、磁分离系统、药剂制备投加系统和污泥压滤系统，具有短流程、大流量泥水分离特点，可直接将污染后的矿井水处理成为洁净的矿井水和煤泥饼。

2. 主要技术指标

该技术适用于直径为0.2~0.3 mm以下煤粉的提取和回收，具体指标有：$SS \leqslant 25$ mg/L；$COD \leqslant 50$ mg/L；石油类油$\leqslant 5$ mg/L；pH：6~9；煤泥含水率$\leqslant 30\%$。

3. 应用案例

在山东新汶矿业协庄煤矿应用，节能改造前，分别由井下四个水仓向地面排放，漳村煤矿井下四个水仓，每年至少清挖一次，每个水仓清挖需 45 天左右，人工清挖水仓效率低且存在一定安全隐患，同时需要大量人员、材料的投入。排水泵百米吨水电耗为 0.506（kW·h）。节能改造情况：取消井下沉淀池，直接将矿井水引入超磁分离处理系统，实现泥水分离，清水上井，泥饼直接随原煤皮带输送系统升井。主要设备为超磁分离机、磁种循环回收设备、污泥脱水设备。

节能效果：工程运行后，矿井水抽出地面的吨水电耗明显降低，节约了电费；产生的洁净矿井水可直接回用，节约水资源开采费；减少了污水排放，节约了排污费；由于矿井水质提高，减少了对井下排水泵的腐蚀，节约了水泵维修、更换费用；煤泥水经处理后进入水仓，基本没有污泥沉淀，水质清澈；煤泥高效回收产生收入并节约了井下沉淀池清仓所需的人力物力。节能 2280 tce/a。

经济效益：节能技改投资额 600 万元，建设期 1 年，年产生经济效益 401.21 万元。投资回收期 1.5 年。

4.1.2.35 超低浓度煤矿乏风瓦斯氧化利用技术

该技术由淄博淄柴新能源有限公司完成研发，列入《国家重点节能低碳技术目录》。煤矿通风瓦斯所含甲烷浓度在 0.75% 以下。据统计，我国煤矿每年排放的甲烷中，矿井乏风占 80% 左右，约为 15 Gm^3，其产生的温室气体效应约为 0.2 $GtCO_2$ 当量。乏风回收利用技术问题一直没有得到很好的解决，大量乏风直接排放不仅浪费了能源，而且对环境也会产生不容忽视的影响。目前该技术可实现节能量 30000 tce/a，减排约 80000 tCO_2/a。

1. 核心技术概况

1）技术原理

该技术采用逆流氧化反应技术（不添加催化剂）对煤矿乏风中的甲烷进行氧化反应处理，也可将低浓度抽排瓦斯兑入乏风中一并氧化处理，提高乏风的利用效率。氧化装置主要由固定式逆流氧化床和控制系统两部分构成。通过排气蓄热、进气预热、进排气交换逆循环，实现通风瓦斯周期性自热氧化反应。同时，通过采用适合在周期性双向逆流冷、热交变状态下稳定可靠提取氧化床内氧化热量的蒸汽锅炉系统，产生饱和蒸汽用于制热或产生过热蒸汽发电。

2）关键技术

（1）蜂窝陶瓷组合式大尺度立式氧化床技术。
（2）乏风流量分配技术。
（3）加热启动技术。
（4）大通径整体式角行程乏风气体换向技术。
（5）瓦斯氧化热量提取技术。
（6）乏风瓦斯浓度调节技术。
（7）氧化床温度场准稳态控制技术。

2. 主要技术指标

持续功率 800 kW；稳定运行的最低瓦斯浓度 ≤0.3%；甲烷氧化率 ≥97%；进出口气体温差 ≤40 ℃；进出口气体阻力损失 ≤4000 Pa；换向阀切换耗时 ≤3 s；连续工作 3 个月；故障低于 2 次。

3. 典型应用案例

邯郸矿业集团聚隆煤矿：

节能改造情况：项目建设以 1 台 40000 m^3/h 乏风氧化装置为核心设备的乏风瓦斯氧化利用示范

工程，项目工程总占地面积约 1500 m²，其中建设厂房 500 m²。

节能效果：1 台 40000 m³/h 乏风氧化装置实现每小时销毁乏风 40000 m³，生产蒸汽 3 t，发电 510 kW，设备年运行 7200 h，每年节约 812.7 tce。

经济效益：项目投资约 1100 万元，每年收益 150.9 万元，投资回收期约 6.6 年。

4.1.2.36 全粒级干法选煤节能技术

该技术由唐山市神州机械公司完成研发，该技术分别采用复合式干法选煤、X 射线智能分选、振动混流煤炭脱水和粉煤无黏结剂成型等技术，实现井口一次净选分级加工，可应用于矿井煤炭一次性全粒级分选加工。列入《国家重点节能低碳技术推广目录》。

1. 核心技术概况

1）技术原理

采用 X 射线智能物理识别技术，对 ≥80 mm 以上的大粒煤炭实施智能分选；对 ≤80 mm 的煤炭采用复合式干法选煤技术；同时，集成煤粉成型工艺，实现煤泥及粉煤在无任何黏结剂条件下压块成型，提高粉煤的热效率。通过设备集成，可实现井口混煤全粒级一次净选，吨煤节电可达 2.17（kW·h）。

2）关键技术

（1）利用 X 射线对煤与矸石的精确识别技术，实现 80 mm 以上大粒径煤炭智能分选。

（2）细粒粉煤无任何黏结剂条件下的成型工艺设计，使型煤落下强度 >50%。

（3）复合式干法选煤设备处理能力单机达到 500 t/h 时，通过床面及整机抗应力计算，实施整体去应力退火，提高其强度和刚度，实现稳定运行。

（4）全粒级分选机集成设计，实现原煤全粒级一次净选。

2. 主要技术指标

入料粒度范围较宽，300~0 mm 全粒级入选；单机处理能力达 500 t/h；分选精度 $E_p > 0.13 \sim 0.23$，数量效率 >95%；无黏结剂煤粉成型机成型率 >90%，落下强度 >50%。

3. 典型应用案例

案例1：鄂尔多斯市转龙湾煤炭有限公司 600 型全粒级干法选煤项目

建设规模：600 型全粒级干法选煤系统，处理能力 3 Mt/a。建设条件：新建 3 Mt/a 干法选煤厂，占地面积 8000 m²，项目为露天生产，无须基建设施，配电利用原 5 Mt/a 淘汰选煤厂电力系统。主要技改内容：新建全粒级干法选煤厂，处理能力 3 Mt/a。主要设备：全粒级干法选煤系统。节能技改投资额 2430 万元，建设期 3 个月。项目可实现年节能量 2275 tce，碳减排量 5332 tCO_2。年节能经济效益为 597 万元，投资回收期约 6 个月。

案例2：徐矿集团新疆天山矿业有限公司全粒级干法选煤项目

建设规模：新建 150 型全粒级干法选煤系统和 400 型全粒级干法选煤系统，处理能力分别为 0.6 Mt/a 和 2 Mt/a。建设条件：新建 2.6 Mt/a 干法选煤厂，占地面积 5200 m²，项目为露天生产，无须基建设施。主要技改内容：新建全粒级干法选煤厂，处理能力 2.6 Mt/a。主要设备：150 型和 400 型全粒级干法选煤系统。节能技改投资额 2236 万元，建设期 3 个月。项目可实现年节能量 1800 tce，碳减排量 4200 tCO_2。年节能经济效益为 471.7 万元，投资回收期约 8 个月。

日处理煤量 3000 t，综合能耗低、碳转化率高。

4.2 行业重点推广的先进适用技术及装备

4.2.1 煤矿采掘与机电技术及装备

4.2.1.1 煤矿掘支运一体化快速掘进成套技术及装备

煤矿掘支运一体化快速掘进成套技术及装备由中煤科工太原研究院、山西天地煤机装备公司共同研发完成。项目针对煤矿井下传统掘进工艺采用掘进和支护交替间歇作业，存在速度慢、用人多、安全性差，掘进设备功能单一、相互协同性差、效率低等问题，首创了煤矿掘支运一体化快速掘进成套技术与装备，创建了全流程机械化快速掘进作业线，实现了掘进技术与装备的重大突破。项目成果具有完全自主知识产权，获授权发明专利25项，成果达国际领先水平，获中国煤炭工业协会科学技术奖特等奖1项、一等奖1项、二等奖1项，获中国机械工业协会科技进步奖三等奖1项。

1. 技术内容与创新点

（1）创建了煤巷掘支运一体化平行作业新工艺，实现了煤巷掘进由掘支运交替间断作业向掘进全工序一体化平行作业的技术跨越，掘支运平行作业时间由25%~35%增至50%~70%。

（2）成功研制掘锚一体机、锚杆转载机、跨骑式锚杆钻车和柔性连续运输系统等装备，代替单一功能的掘进机、单体钻机、桥式转载机等设备，实现了煤巷掘进由半机械化向完全机械化和自动化的技术跨越。针对进口掘锚一体机截割能力不足、适应性差等难题，研制了双驱动高速合流重型截割减速器，截割功率同比增至原来的1.4倍；研制了前探式临时支护，将临时支护空顶距由1 m减至0.4 m；研制了宽型履带底盘，整机接地比压由0.28 MPa降至0.2 MPa；研制了锚杆转载机和跨骑式锚杆钻车等设备，通过多组钻机实现多排多臂分段平行支护，迎头采用低密度强力锚杆支护控制顶板，后部同步实施增强永久支护，形成"前疏后密，快速推进"协同支护体系；攻克了多钎杆钻孔自动接续技术，钎杆由机械手自动续装、由钎杆仓存储，解决了锚索钻装不连续的技术难题；针对输送带长距离搭接的难题，研制出柔性连续运输系统，设计了位姿锁定的蛇形关节架体、偏置摆动式油气悬挂、具有减摩降阻机构的迈步式自移机尾、穿梭动力站等核心部件，实现小半径90°转弯和150 m往复搭接、连续转载；开发了中央自动化控制平台，实现了成套装备协同控制和地面调度室远程控制。

（3）针对高效掘进粉尘防治的难题，提出了固液气三幕组合控尘方法，将粉尘控制在迎头并形成粉尘池，防止粉尘扩散；研制了可随主机设备移动的除尘装置，实现除尘装置与掘进设备同步移动；攻克了小体积无龙骨自承式菱形滤袋过滤技术，研制了矿用全自动紧凑型袋式除尘器，总尘除尘率达99.7%；攻克了滤网表面超疏水改性、双面两级流线型气液分离等技术，研制了矿用机载湿式负压除尘器。

2. 关键参数

该设备关键参数见表4-5。

表4-5 关键参数

项目	技术参数
适应巷道宽度/m	4.6~6.5
适应巷道高度/m	2.2~5.5
系统总长/m	50~150
截割功率/kW	340
适应煤层倾角/(°)	≤17
生产能力/(t·min^{-1})	20
钻机台数	≥6
总装机功率/kW	800~1400

3. 典型应用案例及使用效果

项目成果在全国 20 多个矿区广泛应用，在神东大柳塔矿创造了月进尺 3088 m 的世界纪录。与原有掘进方法相比，掘进速度提高 1~3 倍，有效缓解了采掘失衡，社会经济效益显著。

案例 1：神木汇森凉水井矿业有限责任公司，该矿属中等稳定围岩条件。煤层结构较简单，平均厚度为 3.14 m，普氏硬度 $f=3.5$，工作面倾角为 0°~3°；煤层基本顶为粉砂岩，厚约 8.53 m；煤层底板为粉砂岩，厚约 8.85 m，于 2018 年 6 月投产，累计掘进超 $2.4×10^4$ m，完成 8 条顺槽、2 条开切眼、30 余联络巷、50 余硐室，日最高进尺 91 m，月最高进尺 1506 m，掘进效率提高了 2 倍（原综掘月进尺 500 m），单个掘进队由 60 人减少至 45 人。

案例 2：陕煤集团黄陵二号煤矿，该矿属复杂围岩条件。煤层呈条带状结构，层状构造，内生裂隙发育，煤层厚度为 5.0~5.5 m；煤层直接顶板为黑灰粉砂岩和深灰色细粒砂岩，厚度为 2~8 m。直接底板为黑灰色泥岩，团块状，含炭屑，厚度为 1.5~2.0 m。2019 年 2 月投产使用，率先实现锚索支护机器人和地面掘进远程监控技术的井下应用，累计掘进 6000 m，日最高进尺 34 m，月最高进尺 680 m，掘进效率提高了 1.5 倍（原综掘队月进尺约 270 m）。煤矿掘支运一体化快速掘进成套技术与装备如图 4-1 所示。

图 4-1 煤矿掘支运一体化快速掘进成套技术与装备

4.2.1.2 EBH315 型悬臂式掘进机

EBH315 型悬臂式掘进机成功解决了岩石单向抗压强度达到 100 MPa 的大断面全岩巷综合机械化掘进技术问题，进一步提高了掘进机的综合自动化程度。该装备是具有自主知识产权的特重型悬臂式岩巷掘进机。

1. 技术内容与创新点

EBH315 型悬臂式掘进机适用于大断面煤/岩石巷道的掘进，也可用于公路、铁路、水利工程隧道等条件类似巷道的掘进。该装备可经济截割单向抗压强度不大于 100 MPa（局部不大于 120 MPa）的煤岩，定位可掘最大宽度 6.7 m、最大高度 5.5 m 的任意断面形状的巷道，适应巷道坡度横向 8°、纵向 16°。经山西省科技厅鉴定，达到了国际领先水平，并获山西省科技进步二等奖，装备核心技术获得山西省专利一等奖。该装备技术特征如下：

（1）采用左右对称横轴式截割方式，提高了整机工作稳定性。

（2）冲击重载工况下大功率、小体积截割减速器。在充分考虑了配齿、轮齿根切、齿宽、重合度、强度、传动比、径向尺寸等多个约束条件前提下，运用粒子算法对截割减速器进行优化设计，减小了减速器质量及体积。

(3) 截割减速器强制冷却润滑系统。通过在减速器内部布置合理的强制冷却润滑回路的流道，保证了减速器在任何位置内部的零部件均能得到润滑和冷却，攻克了局部温度过高或无润滑而导致的减速器损坏难题。

(4) 新型伸缩机构。新研制的伸缩机构以截割电机为伸缩体，与截割减速器连接，内藏于伸缩筒内，解决了伸缩所需电缆、液压管路内藏随动技术问题。新研制的伸缩机构结构简单，刚性强。

(5) 抗冲击、大载荷新型回转机构

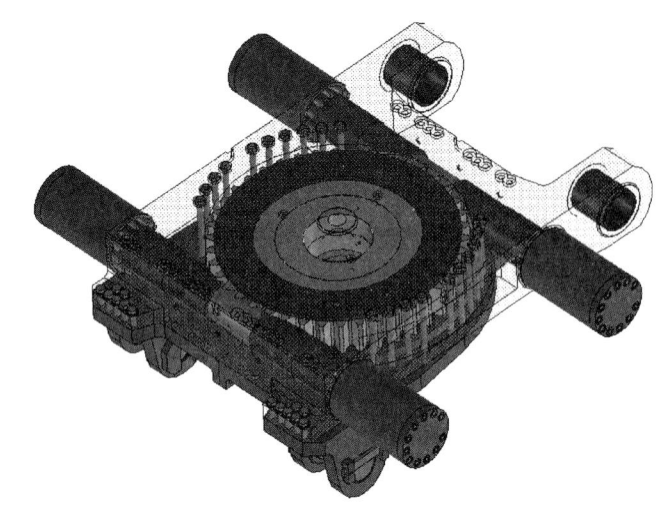

图4-2 新型回转机构

（图4-2）。双齿条齿轮式回转机构采用较小的径向滚动轴承和大型平面支承相结合的方式，将回转齿轮和平面支承盘设计为一个整体结构。采用非金属材质平面支承，避免了回转支承随承载能力增大而不断加大的矛盾，降低整机截割振动。同时，双齿条齿轮式回转机构还可提供恒定的截割牵引力，使得截割的稳定性和破岩能力大幅提高。该机构已授权发明专利，专利号为：ZL 2008 1 0054738.0。

(6) 掘进自动控制技术。通过掘进机断面显示控制系统、掘进机的运行姿态控制系统和掘进机运行方向定向系统，实现了巷道断面轮廓和掘进机相对位置、方向的检测、控制，使掘进机按照设定断面进行施工，保证了截割精度和表面质量，避免对顶、底板的破坏。

2. 关键参数

EBH315型悬臂式掘进机主要参数见表4-6。

表4-6 EBH315型悬臂式掘进机主要参数

参数	数值	参数	数值
外形尺寸($L \times W \times H$)/(m×m×m)	13.6×3.08×2.50	地隙/mm	300
截割卧底深度/mm	225	接地比压/MPa	0.22
机重/t	130	总功率/kW	515
可经济截割硬度/MPa	≤100，局部≤120	可掘巷道断面/m²	14～36.8
最大可掘高度/m	5.5	最大可掘宽度/m	6.7
适应巷道坡度/(°)	±16	机器供电电压/V	1140
截割电机功率/kW	315	液压系统压力/MPa	25

3. 典型应用案例及使用效果

EBH315型悬臂式掘进机目前已成功应用30余台，并出口到加拿大、俄罗斯等国家。

案例一：神东煤炭集团大柳塔煤矿5-2煤井底中央水仓巷道断面为拱形，巷道断面积为21.28 m³，煤岩硬度 $f=6\sim10$。采用半连续掘进作业方式，EBH315型悬臂式掘进机截割，无轨胶轮车运输。在2009年12月15日至2010年4月27日试验期间，共掘进571.3 m，截齿消耗1097把，平均截齿消耗 0.09 把/m³。平均日进尺 5.2 m，最高日进尺 10.3 m，最高月进尺 175 m。

案例二：2014 年 1 月，EBH315 型悬臂式掘进机在加拿大 BC 省墨玉河煤矿主斜井投入使用。该巷道为全岩石巷道，岩石以细砂岩、粉砂岩为主，岩石硬度 $f = 5 \sim 18$，局部地段为中砂岩和粗砂岩，巷道掘进断面积为 22.2 m²。截至同年 6 月 20 日，已掘进 540 m。2015 年 12 月完成巷道掘进施工，整机性能稳定，未出现因掘进机问题影响生产的情况（图 4 - 3）。

图 4 - 3　EBH315 型悬臂式掘进机在加拿大 BC 省墨玉河煤矿应用

4.2.1.3　导井式立井掘进机

针对矿产资源开采和地下构筑物的"咽喉"井筒工程需要以钻爆为基础进行施工，存在爆破施工机械化程度低，下井人员多，作业环境较差，安全事故多有发生等问题，北京中煤矿山工程公司自主研发、天地奔牛参与，研发了硬岩全断面立井掘进机钻井新工艺及成套装备，实现了可控的机械破岩。采用立井掘进机凿井法，能够减少约 2/3 下井作业人员，通过远程控制提高了凿井安全；有效减少普通凿井粉尘、高分贝噪声、高强度劳动等职业伤害；杜绝爆破对环境产生污染，机械破岩产生岩渣可以用于骨料等，减少了废物排放；机械破岩减轻对围岩的损伤，减少了支护材料消耗，为智能化

图 4 - 4　"金沙江 1 号"立井掘进机主机入井始发

和绿色施工打下基础；凿井速度的提高，促进了井筒等地下工程建设的发展。该装备具有完全自主知识产权，授权发明专利 16 项，实用新型专利 8 项。金沙江 1 号立井掘进机主机入井始发如图 4 - 4 所示。

1. 技术内容与创新点

（1）研制出国内首台硬岩立井掘进机，创新形成四柱式整体框架、径向双层油缸支撑、四油缸推进、四台变频电机行星减速驱动结构，钻头及支撑协调的移位方式，手动和自动远程控制。

（2）在破岩机理理论和试验研究的基础上，改变传统的盘形滚刀破岩模式，研制出适合大轴向承载能力、复合密封、适合45°大锥度钻头布置的新型硬质合金镶齿滚刀，在最大150 MPa玄武岩地层钻进，滚刀寿命达到300 m。优化六翼锥形钻头结构、渐开线滚刀布置和超前钻头，实现钻进过程实时纠偏。

（3）在工业性试验与工程应用中，针对复杂地质条件和工程条件，实践了立井掘进机与反井钻机联合钻井工艺，达到钻进和临时支护平行作业、减少钻井辅助设备和悬吊设备目的，并安全穿过多层不稳定破碎地层。

2. 关键参数

（1）立井掘进机技术性能参数见表4-7。

表4-7 立井掘进机技术性能参数

项目名称	参数
导井直径/m	1.4
掘进直径/m	5.8
掘进深度/m	800~1000
掘进推力/kN	6000
掘进扭矩/(kN·m)	1000
掘进转速/(r·min^{-1})	0~5
设备功率/kW	550
最大外形尺寸/(m×m×m)	5100×5100×4700
总重量/t	185

（2）立井掘进机凿井工艺。对于矿山具有下部巷道或隧道生产系统的井筒，在井筒中心位置利用其他钻进设备形成了小直径导井后，可利用立井掘进机进行扩孔钻进。钻井工艺为：①采用反井钻机（或其他钻孔设备）钻进溜渣导井（图4-5a）；②利用立井掘进机由上向下进行扩大导井钻进，利用下部巷道和导井（图4-5b），实现立井掘进机钻进过程破碎的岩渣、地层涌水、有害气体涌出的排除，实现破岩和排渣相对独立作业，同时完成对井筒的必要支护，最终形成立井井筒结构，满足井筒功能要求（图4-5c）。

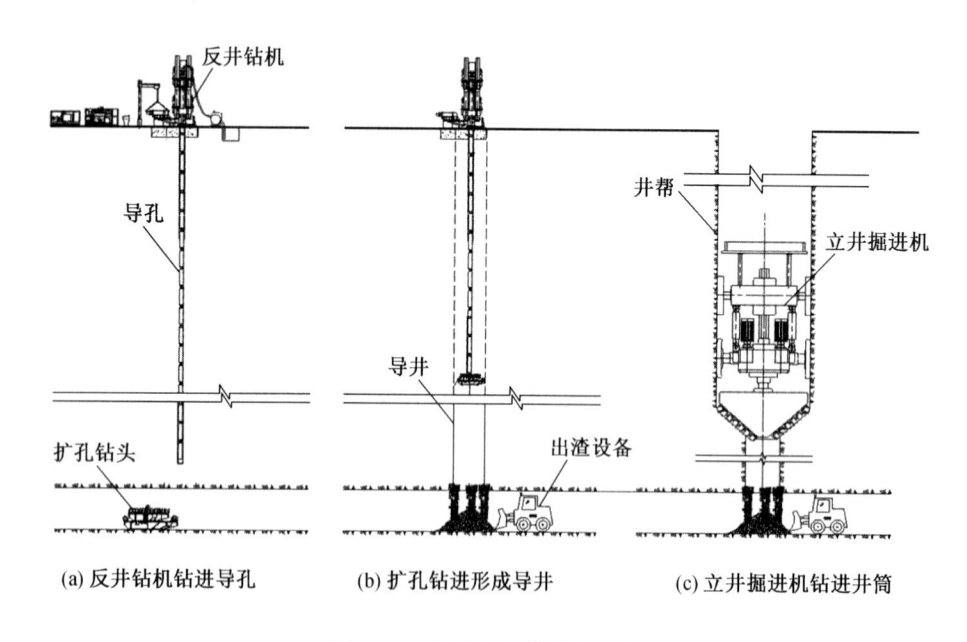

(a) 反井钻机钻进导孔　　(b) 扩孔钻进形成导井　　(c) 立井掘进机钻进井筒

图4-5 立井掘进机凿井工艺

3. 典型应用案例及使用效果

云南以礼河四级电站复建工程出线兼交通立井导井工程，导井直径为5.8 m，深度为282.5 m，采用 MSJ5.8/1000/1000 型立井掘进机施工，从开始钻进到顺利贯通，总计施工用时 90 天，除去外部因素影响，纯钻进时间为 44 天，平均进尺达到 6.29 m/d，最大日进尺达到 10.3 m，连续 30 天钻进进尺 150.97 m，是国内首个利用立井掘进机成功施工的井筒（图 4-6）。

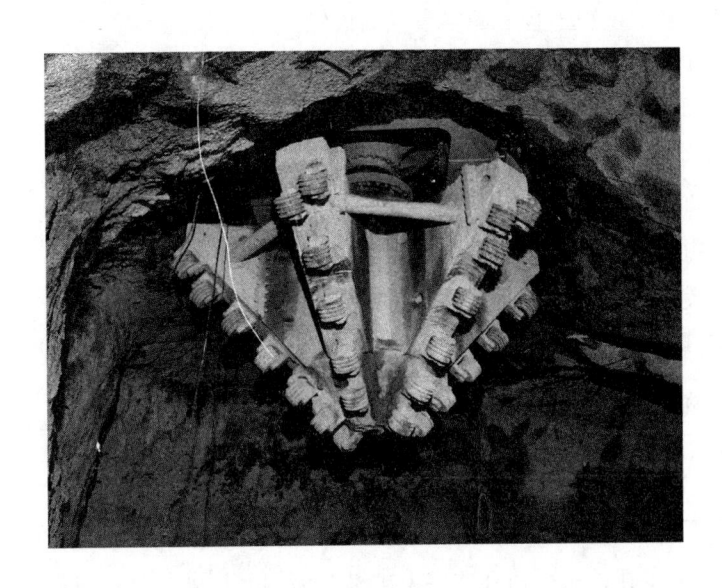

图 4-6　国内首条立井掘进机施工井筒（φ5.8 m）顺利贯通

长期以来，立井掘进机作为井筒机械化、智能化施工的高端装备，一直被主要发达国家垄断。"金沙江 1 号"立井掘进机凿井工艺充分满足了现代矿井建设机械化、自动化、智能化的要求，其凿井技术及装备向着高端智能化发展取得了重大技术进步。其形成的掘、排、支相结合的全新凿井工艺，避免了传统钻爆法对岩石的扰动，将人员从恶劣的环境中解放出来，大大提高了井筒凿井成井速度，扩大了立井掘进机施工的竞争力和应用范围。

4.2.1.4　掘进锚机截割部传动系统

该系统由宁夏天地奔牛实业集团研发，具有自主知识产权。掘锚机为快速掘进装备中使用最为广泛的设备，其截割部为掘锚机截割岩石和煤炭最主要的零部件，国内全断面快速掘进装备主要以进口为主。该系统突破了国外技术壁垒，打破了国内掘锚机截割减速器长期依赖进口设备的现状，可适用于（4900～6000）mm 巷道掘进，制造精度高，使用寿命长、可靠性高，性能优异，可完全替代进口产品。同时，对公司转型升级、拓展减速器产品品种，以及神东高端元件开发具有良好的促进作用。

1. 技术内容与创新点

1）技术内容

对掘锚机截割齿轮箱进行逆向设计研究，主要包括：掘锚机使用工况，掘锚机掘进、维保特点研究，多轴输出齿轮箱功率流分配研究等，最终掌握掘锚机截割齿轮传动系统的设计方法、制造及性能检验方法。

（1）掘锚机截割齿轮箱整体测量。拆解掘锚机截割齿轮箱，标记相对位置，打开箱盖观察内部结构，测量减速器的输出轴轴承、输入轴轴承、齿轮部相对壳体的位置等尺寸，对所有零件按照封闭尺寸测量原则进行。

（2）掘锚机截割齿轮箱传动系统。掘锚机截割齿轮箱为四级传动、多轴输出齿轮箱，内部有四个行星轮传动，采用了太阳轮和齿圈同时浮动、行星架浮动等不同的均载方式。

（3）润滑系统。润滑系统为齿轮箱高速轴提供强制润滑油，保证高速轴轴承润滑充分。润滑系统采用少齿差齿轮泵。多次模拟啮合，确定最佳的齿轮齿形。

（4）轴承布置。确定轴承布置形式研究，锥尺寸采用球轴承（固定端）+NJ（浮动端），二级行星轮采用球面轴承（固定端）+NJ（浮动端）的布置形式。

2）创新点

（1）研制的 MB670 掘锚机截割齿轮箱是行业内首台 1∶1 国产化的齿轮箱。

（2）研究出一种掘锚机截割齿轮箱效率检验方法。

（3）研制了少齿差齿轮泵，适用于齿轮箱的强制润滑。

（4）掌握了双支撑锥齿轮切齿时轴伸与刀片发生干涉的设计和加工方法。

（5）提出了一种圆周多销孔定位销孔加工方法。

2. 关键参数

掘锚机截割齿轮箱关键参数见表 4-8。

表 4-8　掘锚机截割齿轮箱关键参数

额定功率	速比	额定扭矩/(N·m)
270	58	2×50000

3. 典型应用案例及使用效果

2017 年 11 月，该设备在神东公司补连塔煤矿投入使用（图 4-7），项目组成立专项服务小组进行跟踪服务 3 个月，无故障发生。截至 2019 年，已无故障运行近 2 年，掘进巷道 12000 余米。

图 4-7　齿轮箱在神东公司与主机试车

4.2.1.5　复合水体下控水安全开采技术

我国煤矿地质采矿条件及水文地质条件千差万别、复杂多变，水体类型千奇百态，水体压煤现状错综复杂。随着煤炭基地开发力度的增加，煤炭开采深度、厚度和规模的逐渐增大，大采高、快速推进及综放等高强度开采技术的发展，采动破坏程度明显加剧，煤炭资源开发面临的水害威胁由单一的地表水体或者地下含水层，逐步发展为地表水体、松散含水层水体和基岩含水层水体等多重复合水体。同时，随着社会对生态环境保护的重视，急需开发一种多重水害威胁条件下，以满足安全开采和经济合理双重要求为前提的最大限度地开采水体下压煤的技术方法，实现水体下压覆煤炭资源的安全、高效和绿色开采。

复合水体下安全控水开采技术，实现了多个矿区顶板弱固结砂岩、浅埋薄基岩松散砂岩等含水层下安全开采，形成了集"评价、设计、预测、超前治理、监测预警"为一体的控水开采成套技术体系，各项核心技术均具有自主知识产权。

1. 技术内容与创新点

1）技术内容

复合水体下控水安全开采技术依据不同水体与主采煤层的空间关系，基于覆岩破坏规律和含水层的富水特性，综合考虑煤矿安全和经济合理双重因素，针对不同类型充水能力与补给条件的水体，结合具体的地质采矿条件和相应的采煤工艺，通过"顶水开采与疏干或疏降开采相结合、钻孔先疏后采与边采边疏相结合、钻孔疏干或疏降与回采疏干或疏降相结合、覆岩控制与含水层疏降程度相结合"技术，将允许工作面出水但不形成灾害作为平衡点，控制工作面的涌水量大小及涌水形式，实现水体下压覆煤炭资源的安全、高效和绿色开采。

2）创新点

针对当前近水体采煤技术的现状和工程实践，基于覆岩采动裂缝垂向导水性的差异和滞后压实的特性，创新发展了控水采煤的理念，解决了传统的水体下留设不同类型防水煤岩柱技术而造成煤炭资源的大量损失，或者单一采用含水层疏降技术不仅容易形成人为导水通道，而且过量的钻孔对含水层的疏放会增加矿井涌水量及排水费用，同时导致地下水水位大幅度下降，使矿区生态环境遭到严重破坏等问题。

2. 关键参数

（1）顶水开采技术：对于主采煤层与水体之间的安全煤岩柱厚度大于导水裂缝带高度的水体，则对水体不作任何处理，采用顶水采煤方案

（2）先疏后采技术：采用疏水钻孔预先疏放含水层的静储量，降低回采初期含水层压力和瞬时水量，避免工作面瞬间涌水量超限，限制工作面涌水量在可承受的范围内。

（3）回采疏降技术：覆岩采动裂隙存在垂向分区特征，导水裂缝从下而上分为垮落区、严重断裂区、一般开裂区、微小开裂区，尤其是微小开裂区部分可以起到既能实现安全开采又能限制涌水量大小的双重作用。通过控制不同分区进入含水层的范围，控制涌水量。借助回采裂缝的导水性差异实现对含水层的逐步疏降。通过一定的开采技术措施，调整采动破坏影响程度，使之与控制工作面涌水量和实现边疏边采相适应。

（4）覆岩控制与疏水相协调技术：通过一定的开采技术措施，调整采动破坏影响程度，使之与控制工作面涌水量和实现边疏边采相适应，即在工作面正上方和后方采空区形成疏降漏斗，对含水层水位起到疏降作用，控制在安全水量范围之内。

3. 典型应用案例及使用效果

案例一：蒙东矿区半固结砂岩含水层下综放控水开采实践

蒙东地区中生代的白垩纪和新生代的古近纪、新近纪地层中，赋存多层半固结砂岩含水层，岩性以粗砂岩、中砂岩、细砂岩、粉砂岩为主，固结性差（半固结）、分选不好、具有流动性，该类砂岩处于煤层顶板以上并靠近开采煤层时，垮落带有可能直接进入该层位而造成突水溃砂危害。研究相适应的采煤工艺方法，防止突水溃砂灾害的同时，安全高效合理的开采整个煤层厚度是铁北矿需要解决的重要问题。根据铁北煤矿Ⅱ2a煤层顶板砂岩含水层的赋存状态与富水程度、不同采厚情况下垮落带与导水裂缝带高度预计的结果，结合Ⅱ2a煤层开采受顶板以上多层含水层水威胁的特征，基于控

水开采采前预疏与边采边疏相结合的技术原则，利用综放开采采场沿设计开采厚度的底部布置，放煤厚度灵活调整可控的特点，提出"顶水开采与疏干或疏降开采相结合、先疏后采与边采边疏相结合、钻孔疏干或疏降与回采疏干或疏降相结合、分段控制放顶煤开采厚度与含水层疏降程度相结合"的控水采煤总体方案，实现了 3～8 m 阶梯形采高的安全开采，工作面开采期间未出现任何涌水量增大和溃砂等异常情况，实现了工作面安全回采（图 4-8）。

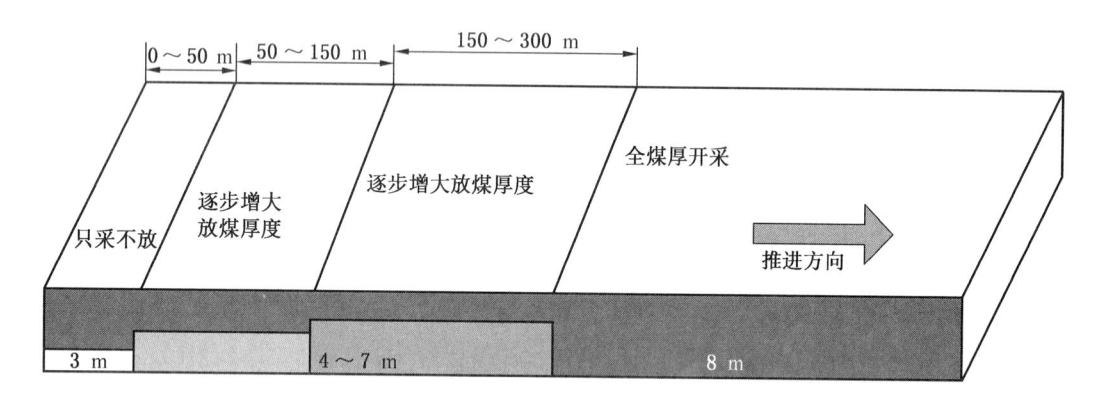

图 4-8 分段控制放顶煤开采厚度示意

案例二：蒙陕深部矿区多重高承压含水层下厚煤层控水开采实践

纳林河二号矿井位于东胜煤田南部，主采侏罗系 3-1 煤，埋深 530～590 m，上覆含水层主要有萨拉乌苏组含水层、白垩系洛河组含水层、直罗组含水层、延安组煤系地层含水层。覆岩岩层组合以砂岩为主，上硬下软，属中硬偏坚硬类型，综合隔水性能一般。研究区域开采主要防治水问题是如何在高承压多重含水层威胁下实现厚煤层安全开采，同时尽可能地减少对环境和水资源的破坏。

纳林河二号井 31101 工作面针对导水裂缝带范围内的含水层采用全覆盖大量深孔高强度疏降方案，工程量大幅增加，而且全工作面施工终孔至直罗组的疏放水钻孔，势必形成人为导水通道，将采动裂缝原来无法导通直罗组地层的区域人为疏降，导致总放水量大，给矿井造成不必要的排水负担。31102 工作面采用疏控水开采方案可以显著降低工作面疏放水工程投入，优化了疏放水方案，避免过量钻孔和钻孔深度太大成为导通顶板直罗组含水层的人为通道，弱化了采掘活动对地下水流场的扰动，减少了采前疏放水工程量，缩短了采前疏放水时间，大幅降低了工作面总排水量（图 4-9）。

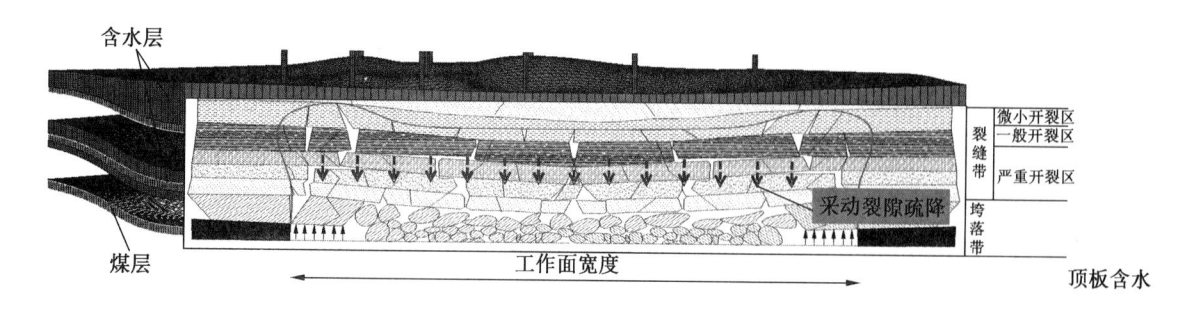

图 4-9 顶板含水层控水开采技术

4.2.1.6 采煤机电缆自动拖拽系统

采煤机电缆自动拖拽系统由北京天地玛珂电液控制系统有限公司研发，具有自主知识产权。

1. 技术内容与创新点

（1）该系统采用适应于长距离传动的矿用高强度圆环链传动系统，采用轨道浮动对中技术适应刮板输送机前后上下弯曲状态，实现了全流程采煤工艺适应刮板输送机中部槽节与节之间上下弯曲±3°，前后弯曲±1°的情况，确保轨道的一致连续性，保障拖缆小车拖动电缆夹在轨道内能无卡阻地顺利通行。

（2）拖缆小车采用快速装拆设计，实现拖缆小车滚筒与电缆夹受力过程的自适应对中。

（3）开发了采煤机电缆拖拽系统自适应控制技术，实现了拖缆小车自适应跟随采煤机，电缆始终处于适度张紧的状态，确保电缆夹板在电缆槽中始终处于最多只有两层叠加的平铺状态，避免了电缆的挤压、掉道、堆叠和憋卡等异常情况的发生，降低了工人劳动强度，达到了减人增效的目的。

2. 关键参数

（1）电缆拖拽系统设备最大长度190 m。

（2）拖缆最大跟机速度：17.86 m/min（对应煤机速度35.72 m/min）。

（3）拖缆系统变频电机功率15 kW，电压660 V。

（4）拖缆系统采用圆环链传动，链条规格为18×64，符合GB/T 12718—2001标准。

（5）拖缆系统自适应跟机，跟机误差小于0.5 m。

（6）拖缆系统上位机软件实现监测数据实时显示。

（7）拖缆系统具有与采煤机联动的机械与电气闭锁装置。

（8）拖缆系统在端头要有可靠的限位停止保护装置。

3. 典型应用案例及使用效果

2020年11月22日，该系统在张家峁煤矿14301薄煤层工作面开始常态化运行，达到了减人提效的理想效果，为薄煤层工作面实现无人化开采扫清了障碍。该系统基于圆环链传动系统，引入浮动加自适应对中的圆环链轨道结构形式，极大地适应了工作面的推刮板输送机和拉架，高低起伏等复杂工况，同时控制系统以煤机运行方向、位置、速度为基础，采用变频自适应控制模式跟机，实现了拖拽装置与采煤机的随动控制（图4-10）。

图4-10 采煤机牛头拖缆小车

4.2.1.7 大块煤预破碎装置

大块煤预破碎装置是宁夏天地奔牛实业集团公司在吸取国内外工作面输送设备使用经验的基础上结合国内煤矿的具体条件而自行研发的，具有自主知识产权。

1. 技术内容与创新点

1）技术内容

大块煤预破碎装置是通过研究工作面输送设备上堵塞大块煤的高效破碎技术，研制出的大块煤破碎设备，设备安装在转载机入料口溜槽上，与转载机配套使用，并与配套的带式输送机、工作面刮板输送机、采煤机及液压支架配套作业，把工作面刮板输送机卸载到转载机上的大块煤及矸石进行首次破碎，随后再经转载机运输进入破碎机进行二次破碎，破碎后的块煤经转载机提升并卸载到巷道带式输送机上运走，实现综合机械化采煤、运输及破碎工作。设备产品能够适应不同的使用工况条件，成功解决了厚及特厚煤层工作面转载机入料口大块煤阻塞而带来的生产停滞问题，提高了用户生产效率，同时降低了人工处理大块煤的安全风险。

2）创新点

（1）大块煤预破碎装置减速传动装置与破碎滚筒为一体式的结构形式。

（2）采用稀油与脂润滑相结合的润滑方式，润滑效果良好。

（3）采用双输出轴结构，在两侧安装破碎滚筒，结构可靠。

（4）箱体采用了带角度的整体箱式铸造结构，降低了破碎轴安装高度，提高了箱体的结构强度。

（5）根据大块煤破碎特点，破碎刀齿结构改进，将方形破碎锤头改为楔形结构，增加单位面积破碎压强，提高破碎效率。

（6）破碎装置的调高实现远程控制，操作方便。

2. 关键参数

大块煤预破碎装置技术参数见表 4-9。

表 4-9 大块煤预破碎装置技术参数

项目	技术参数
破碎能力/(t·h^{-1})	6000
最大输入块度/(mm×mm)	2200×11100
排出粒度/mm	900（以下）
功率/kW	160
破碎轴转速/(r·min^{-1})	314

3. 典型应用案例及使用效果

大块煤预破碎装置（图 4-11）目前已在神东、陕煤、宁煤、神木乌兰色太等煤矿应用 10 余台（套）。PLM6000 大块煤预破碎装置于 2019 年 10 月至 2020 年 5 月应用于陕煤曹家滩矿业，累计过煤量 20 Mt，使用期间对大块煤的破碎效果良好，大幅度降低了煤矿用户采用人工清理阻塞大块煤的劳动强度和安全风险，提高了生产效率，相比传统人工风镐或爆破破碎作业，累计作业时长 70% 以上，对煤矿安全、高产高效开采起到推动作用。

4.2.1.8 全寿命周期高可靠性刮板输送机

全寿命周期高可靠性刮板输送机由宁夏天地奔牛实业集团公司研发，具有自主知识产权。

1. 技术内容与创新点

1）技术内容

全寿命周期高可靠性刮板输送机，通过对传统刮板输送机使用情况调研，了解、分析刮板输送机各个部位磨损损坏情况及原因，并针对各情况提出提高寿命的解决方案，同时利用模拟仿真技术对中部槽的受力状况、结构强度进行分析、改进，提高设备的可靠性，在输送机局部磨损后，更换、修复

图 4-11 大块煤预破碎装置

磨损部位,使输送机可以重复使用,实现刮板输送机寿命达到全寿命周期的目的,设备的使用寿命周期可提高 2~3 倍,大大降低煤矿采煤设备采购成本,大幅度提高刮板输送机的利用率。

2）创新点

（1）全寿命周期高可靠性刮板输送机中部槽（图 4-12）。包括：下链道采用悬链结构；分段式可更换下沿结构；双中板 C 型槽结构；可更换铲板结构；锻造齿轨座；槽帮下链道镶嵌式耐磨层结构；新型大节距强力销排。

图 4-12 全寿命周期高可靠性刮板输送机中部槽

(2) 模块化全寿命周期过渡槽（图 4-13）。

(3) 剖分式链轮轴组。

(4) 高可靠性动力部（图 4-14）。

图 4-13　模块化全寿命周期过渡槽

图 4-14　高可靠性动力部 - 减速器

2. 关键参数

全寿命周期高可靠性刮板输送机，设备的使用寿命周期可提高 2~3 倍，降低煤矿采煤设备采购成本 50% 以上，大幅度提高刮板输送机的利用率，提高使用寿命。使用全寿命周期高可靠性刮板输送机，不仅可以提高生产效率，减少设备采购投入，还可节省大量设备采购、安装、调试等人员成本及时间，极大提高经济效益，而且对整个煤炭行业的贡献巨大。

3. 典型应用案例及使用效果

首套全寿命周期高可靠性刮板输送机已于 2020 年 1 月投入兖矿集团东滩矿 14320 综采工作面使用，经实际检验，设备可靠性较同规格普通刮板输送机有明显提升，设备投入运行期间，平均连续无故障时间较同规格普通刮板输送机增长 35% 左右。根据东滩矿 14320 综采工作面设备使用情况，按输送机中部槽等可更换部位可以更换 1 次，输送机主要零部件价格为 800 万元，寿命提高到 2 倍计算，使用现有设备成本为 1600 万元，使用全寿命周期高可靠性刮板输送机为 800 万元 + 300 万元（更换费用）= 1100 万元，可节省 500 万元，经济效益良好。

4.2.1.9　新型监测装置设计

该设计成功研究出一种适用于刮板数据监测收集的装置，并通过配置 ErtherNET/IP 工业以太网通信接口，使系统在与工作面成套装备组合时满足控制信号通信响应的要求并简化工作面通信电缆的数量。提升成套装备的可靠性和协调控制上的一致性、及时性，提升矿井采煤工作面专业自动化水平，解决了目前刮板输送机井下监测系统的通信标准不统一，可靠性较差的问题，促进了刮板输送机监测技术的进步与发展。具有自主知识产权。

1. 技术内容与创新点

1）技术内容

（1）新型监测装置重新配置软硬件，实现独立数据处理能力，使其成为一个独立的检测站，简化了数据传输的过程。新配置 ErtherNET/IP 工业以太网通信接口，使系统在与工作面成套装备组合时满足控制信号通信响应的要求并简化工作面通信电缆的数量，实现超大数据量传输的同时提高了各类信号传输的准确性、可靠性和响应的及时性。

（2）设计开发矿用本安型监测电路板，扩展通信功能，并增加无源控制功能。

（3）设计开发本安型电源电路板，结构紧凑，满足矿用设备的供电抗干扰要求。

2）创新点

（1）成功研究开发一套新型监测装置。研究了本安嵌入式结构的刮板输送机监测装置，丰富监测功能，扩展了控制功能。

（2）成功开发了基于 ErtherNET/IP 工业以太网接口电路。本研究创新使监测装置满足煤矿统一的 ErtherNET/IP 工业以太网标准，无转换、低延迟地无缝接入煤矿井下统一环网。

（3）开发了具备前端数据处理的计算方法设计。针对监测数据，设计开发前期数据过滤、中期数据处理、后期数据分析的嵌入式软件控制策略。

2. 关键参数

新型监测装置技术参数见表 4-10。

表 4-10 新型监测装置技术参数

项目	技术参数
额定电压/V	127
额定电流/A	1.5
模拟量通道/路	24
数字量通道/路	18
通信时效/ms	20
通信距离/km	1

3. 典型应用案例及使用效果

首套监测装置设计开发后，在神华宁煤羊场湾煤矿进行应用，监测装置井下无故障运行时间达 86400 h，采集精准率达 99%，为该矿自动化、智能化工作面提供了精准数据保障。

自 2017 年设计开发和配套以来，销售量平均每年 80 套，年产值 800 万元，利润率达 30% 以上。通过监测装置的配套带动公司主机产值约 9000 万元/a，提高了公司主机产品的智能化水平，增加了竞争力。

紧凑安全的本安采集器，具备通信、监测、控制计算的一体化设计。隔爆本安电源的设计，降低功耗的同时具备安全可靠的供电保障。

该新型监测装置在陕煤、神东、兖矿、神华等多个集团矿井广泛应用，得到用户的一致认可，该监测装置稳定可靠，功能丰富，通信可靠，极大地满足了采煤工作面自动化、智能化自动化需求（图 4-15）。

4.2.1.10 刮板输送机故障诊断及寿命预估专家数据库

刮板输送机故障诊断及寿命预估专家数据库以矿用防爆计算机作为硬件平台，开发设计了前端界面和后台数据库管理软件，构建了适用于刮板输送设备的专家系统。系统将工作面刮板输送设备的设计、制造及使用过程中积累的典型故障诊断和关键零部件状态分析的经验规则进行了归纳、总结和量化处理，并结合现场使用条件对经验规则和现场工况数据进行了后台数据分析和前端的可视化呈现。

图4-15 新型监测装置安装位置

具有自主知识产权。

系统投入使用后，可协助用户提前发现故障隐患，有效降低故障发生率，保证工作面设备运转连续性，提高生产效率；向现场设备维护人员提供各类故障的处理策略和建议，降低对现场人员经验能力的要求；通过设备关键零部件的健康状态的预判，用户可视情况提前安排设备维保计划，实时调整备件库存管理，减少缺件造成的设备故障停机时间，提高设备使用效率。同时，系统可以记录和存储刮板输送设备不同工况下的矢量数据，完成设备现场层的数据收集和积累，通过系统的广泛应用，可以收集到不同使用条件下同类关键零部件的特性参数，可以作为产品设计的理论依据，修正和完善产品设计的开发过程，进一步提高设备的设计和制造水平。

1. 技术内容与创新点

1）技术内容

（1）研究刮板输送设备故障诊断及寿命预估的基础内容。

①编制《刮板输送设备运行中典型故障统计表》及《刮板输送设备关键部件性能退化信息统计表》；

②建立刮板输送机典型故障的故障树和关键零部件的寿命树；

③编制各类故障的诊断推理规则、诊断结果及报警提示信息内容；

④结合刮板输送机关键零部件特性及可采集的工况参数情况，确定寿命预估的主要对象；

⑤研究各个对象的寿命测算影响因数、各因数权重系数和等效寿命测算方法。

（2）系统软件的设计开发。

①根据刮板输送设备的基础信息数据，分析系统功能需求，确定系统的基本功能模块；

②建立系统后台数据库的数据结构；

③建立数据库核心功能逻辑。

（3）系统测试。在实验室环境下，通过软、硬件模拟，进行了系统的可用性测试和功能性测试，测试结果满足设计需求。

2）创新点

总结归纳了刮板输送机典型故障的种类、特征、诊断推理方法以及关键零部件等效寿命测算方法等内容；系统进一步延展和补充了现有的刮板输送设备的在线监测技术的功能，丰富和提升了企业现有产品类别和智能化程度，提高了刮板输送机类产品的市场竞争力。其主要创新内容如下：

（1）建立了刮板输送机典型故障诊断推理机制。对刮板输送机工况监测数据及典型故障进行了分类整理和分析，结合经验数据和实验数据，建立了刮板输送机典型故障诊断推理规则。

（2）设计了刮板输送机关键零部件等效寿命测算方法。结合刮板输送机关键零部件自身特性和性能退化影响因素分析，建立了刮板机关键零部件寿命测算模型，可对关键零部件状态寿命进行量化分析和数据化呈现。

2. 关键参数

设备关键参数见表4-11。

表4-11 设备关键参数

项目	技术参数
防爆型式	矿用隔爆兼本质安全型
防爆标志	Exd［ib］I Mb
输入电压/V	AC127
输入频率/Hz	50
显示器/英寸	19
分辨率	1024×768
通信接口	RS422/485 可设置

3. 典型应用案例及使用效果

自2017年以来，项目成果已经在新能矿业王家塔煤矿、山东新巨龙能源有限责任公司、陕煤集团张家峁矿业公司等20余个煤矿用户现场进行了应用，提升了煤矿井下工作面输送设备的整体智能化水平。

在使用过程中，用户根据系统的故障提示信息，简化了故障判断分析流程，提高了故障处理效率。与未配置该系统的设备相比，设备故障停机时间减少15%~20%，对应故障维修用时降低10%以上，设备检修效率提高20%以上。目前高端智能化刮板输送设备，已经100%配置了刮板输送设备的专家系统。

4.2.1.11 KJ436矿用带式输送机温度无线监测系统

KJ436矿用带式输送机温度无线监测系统是具有自主知识产权的皮带火灾预警系统，该产品针对我国带式输送机火灾监测系统高温点定位不准确、信息反馈周期长、预警信号发出后灭火动作延迟导致高温点没有得到有效处理等缺点，将测温模块、动力模块及无线发射模块进行了融合，形成一款基于MEMS技术的新型低功耗、微体积、高可靠无线温度传感器；同时通过分析不同工况条件下，皮带火灾灾变前后温度分布规律，获得了最优测点位置；最终形成了一套集无线测温、无线传输于一体的皮带火灾监测系统。研究成果授权发明专利1项，实用新型专利1项，形成行业标准1项。

1. 技术内容与创新点

系统由无线温度传感器（图4-16）、井下无线基站、网络服务器和地面软件监测系统组成，系统安装使用方便、管理集中，对带式输送机正常运行和维护无影响，可实现矿井全线皮带火灾早期预测预报和火源定位，为有效可靠地监控皮带火灾提供技术手段。

2. 关键参数

（1）将无线热敏温度传感器直接安装到托辊端部直接测定托辊的温度变化，然后通过无线方式，每隔2 min将前端传感器采集的温度数据以无线的方式接入到基站上，井下无线接入基站可以根据预定义的阈值进行相应的智能控制。当温度超出阈值后，无线基站自动进行井下声光报警，同时将数据传送至地面工控机内，地面报警，当温度超过设定控制值时，系统启动控制部分，直接降温或灭火。

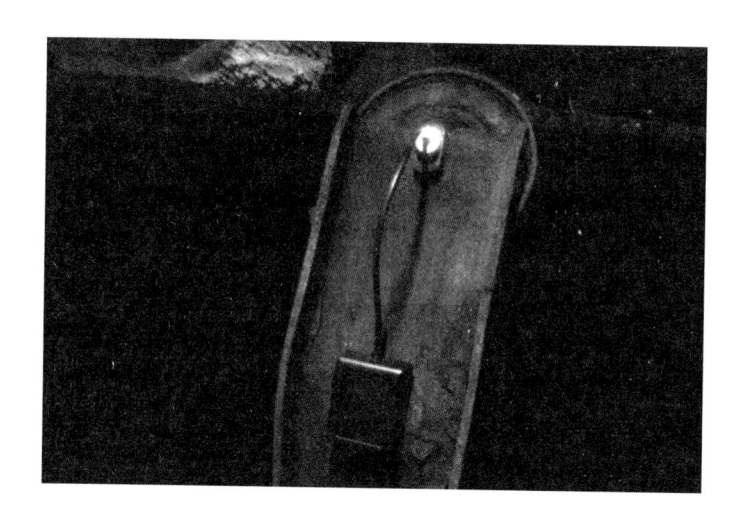

图 4-16 无线温度传感器

（2）井下无线基站通过 TCP/IP 总线与工控机相连，构成电气监控管理上位机系统，上位机在无线测温软件平台上进行数据存储，实时监控，智能分析，实施在线监测，在事故隐患产生时提前预警，有效避免事故的发生。无线测温软件可远程定点控制降温系统的运行状态，做到对每一个降温点可单独控制运行。

（3）无线传输模块将所测得的温度数据传输给显示控制终端，显示控制终端以图形的方式显示各点检测的问题，对超过设定值的点发出警报，并与自动灭火控制系统相结合，可避免值班人员疏忽造成皮带火灾。

该系统显著提升带式输送机皮带预警的有效性，在国内尚属首创，属于应用创新和结构创新。系统的主要技术指标和参数如下：

（1）无线温度传感器：误差 ±2 ℃；测量范围（0~400）℃；无线接入距离大于 100 m；平均无故障时间（MTBF）25000 h。

（2）无线接入基站：最大监控无线温度传感器容量大于 8000 个；传输误差小于 1%；电源波动适应能力，（-25~+10）%；平均无故障时间（MTBF）25000 h。

（3）系统指标：可监测皮带长度大于 10 km；具有双机热备、远程控制功能；数据存储容量大于 2 个月；具有实时显示、报表、查询、曲线和历史回顾功能。

3. 典型应用案例及使用效果

系统研发成功后，分别销售到黑龙江鸡西矿业有限公司、双鸭山矿业集团有限公司、山西中新唐山沟煤业有限公司、神东煤炭集团有限公司等共计 7 套，并且销售到澳大利亚 CMA 公司 1 套，经现场实际应用，该系统测量精度高、响应周期短、定位准确、质量优良、体积小、维修方便、性能卓越；应用过程中死角少，信号传输稳定。对井下带式输送机主动轮卡死、从动轮及输送带打滑引起火灾事故隐患及时发现与预警，实现了全矿井带式输送机火灾的智能化监测。

4.2.1.12 80 吨级防爆蓄电池重型铲板式搬运车

该装备实现了煤矿 80 吨级大采高综采工作面设备的一次性运输和搬运，解决了煤矿井下以防爆柴油机为动力源的传统重型无轨辅运装备排放污染问题，填补了国内大采高电驱搬运装备的空白，提高了煤矿无轨辅运装备的智能化水平,并在铰接重载三段式车体、电子差速、防打滑控制等布局了相关知识产权。

1. 技术内容与创新点

1)技术内容

(1)三段回转—铰接式底盘技术。煤矿井下车辆运行空间窄小,而且弯道多,前、中机架采用上、下销轴铰接式,油缸转向,可使整车更加机动灵活,提高设备井下空间适应性。中、后机架采用重型回转轴承连接,可以使安装在前机架和后机架上的轮胎同时着地,适应煤矿井下坑洼不平的路面状况,在保证车辆运行稳定性的同时,保证了整车驱动力。

(2)矿用大吨位四轮驱动电机牵引逆变交流变频调速技术。该装备电牵引驱动系统采用防爆低压大转矩 DC/AC 牵引逆变器,配备了闭环转矩矢量控制的控制策略,在车辆行驶过程中,可以根据外接传感器数据控制电机扭矩分配输出,减小寄生功率,提高续航里程。同时交流变频电机具有制造工艺简单、可靠、成本低、便于维护的特点。

(3)四轮四电机转矩协同控制策略。整车控制原则以主控制器为核心,根据实时工况进行判断,确定最佳控制策略。如果四个驱动电机不同步运转会产生寄生功率,大大降低整车的效率,影响整车续航里程。而铲板式搬运车由于前后载荷分配不一致,要保证前后电机的转速一致,整车控制器根据前后电机载荷的不同实时调整电机的输出扭矩,达到负载的合理分配,解决前后电机的速度控制和力矩均衡问题。

(4)矿用纯电动防爆车辆主动安防控制技术。煤矿井下的空间受限,空气质量差,视线差,给井下作业人员带来极大的安全隐患。为保证司机及周边作业人员的人身安全,增加了主动安防系统,主要包括视频监控系统、人员接近预警系统、自动灭火系统。

2)创新点

(1)首次将分布式交流变频调速系统应用于矿用大吨位重型搬运装备。在逆变变频器矢量控制策略的基础上增加弱磁扩速技术,既能保证空载车速,又能在过载工况下减小控制器发热量,可满足煤矿井下恶劣复杂的运行工况。

(2)提出了四轮四电机驱动的整车牵引力自适应控制策略,增加了电子差速控制和防打滑控制策略,最大限度地改善了驱动效率,明显提升了整车续航里程。

(3)实现了电液联合制动。研制了大扭矩轮边减速制动一体装置,兼具行车和驻车制动功能。采用复合式制动阀,整车控制器实时采集制动踏板信号,实现了制动踏板前 1/3 行程电回馈制动,后程电液联合制动,减小了机械制动磨损,提高了制动器使用寿命。

(4)首次研制了具有全自动智能充电、常规充电、均衡充电、脱硫等多种充电方式的大容量智能充电装置,保障了设备的可靠运行。

2. 关键参数

WX80J 铲板式搬运车关键参数见表 4-12。

表 4-12 WX80J 铲板式搬运车关键参数

项目	技术参数
型号	WX80J
结构类型	三段铰接—回转式机架
驱动方式	4×4 分布式驱动
最高车速/(km·h^{-1})	≤8
电机额定总功率/kW	355
额定承载/kg	80000
续航里程/km	35

3. 典型应用案例及使用效果

2020 年 9 月,该技术装备在神东公司参与 7 m 大采高综采工作面设备回撤，在回撤任务工期紧、搬运设备重量大、运距长等条件下，整车运行稳定，仅用7天就顺利完成了以往需要近两个月的设备搬运升井任务（图4-17），同时完成110 t采煤机抬运升井工作（图4-18），充分展现了装备性能可靠、故障率低、续航里程长的特点。目前该车已在神东公司多个矿井参与大采高综采工作面的安装回撤任务，大幅度降低了煤矿工人的劳动强度，综采工作面设备搬运效率提升80%以上。截至目前累计运行2000多小时，其中重载运行时间1200 h。

图4-17 WX80J铲板式搬运车产品图

图4-18 110吨采煤机抬运升井

4.2.1.13 矿用防爆锂离子蓄电池无轨胶轮车

矿用防爆锂离子蓄电池无轨胶轮车以防爆锂离子蓄电池为动力源，防爆永磁同步电机驱动的无轨胶轮车，主要用于煤矿井下人员运输。现有电驱动车辆普遍存在整机重量大、行驶里程短、充电时间长、效率低等"卡脖子"问题。该装备具有清洁高效、安全智能优势，能够缓解传统防爆柴油机车辆暴露出的"四高一低"问题，同时为无轨辅助运输装备智能化提供新架构。目前，在防爆薄壁蓄电池箱、防爆电驱动动力总成等方面完成相关知识产权布局。

1. 技术内容与创新点

1）技术内容

（1）防爆蓄电池非承载式底盘轻量化技术。为降低车身重量，提升车辆续航里程，结合底盘构成三要素，采用重量管控方法、新材料、新工艺设计车身、车架，并进行优化分析和轻量化技术研究，保证强度及舒适性。

（2）车辆传动系统动力匹配技术。通过模拟实际工况，不同电池组质量对应的滚动阻力和空气阻力，以续航里程为目标，测试车辆在不同电源装置质量下所需要的能量，对矿用隔爆型锂离子蓄电池电源进行优化匹配。

(3) 复杂路面的车辆驱动控制技术。整车控制系统采用基于 CAN 总线控制技术，通过控制策略优化、供电匹配技术等实时监控整车参数并自动响应，实现系统控制器设计及其控制算法的开发。

(4) 防爆蓄电池组安全控制技术。防爆蓄电池组采用集中式管理系统，总线通信的方式，集中管理电池组，实现对多块串接电池中的每个电池电压进行精确监视。在集中式管理系统基础上，系统采用主动均衡技术，增加电池间充放电能量转移功能。提高电池单体性能一致性，消除电池组在使用过程中产生的不均衡。

2）创新点

（1）创新开发矿用新型高效电驱动运人车辆，集高比能电源主动均衡技术、车身工艺轻量化技术、复杂路面适应性控制技术为一体，安全舒适。

（2）提出了基于 CAN 总线通信架构的防爆锂离子蓄电池车辆控制策略，实现了能量系统、驱动系统与整机的交互控制，使整车能够适应井下复杂工况运行要求。

（3）研制了具有级联分腔结构的防爆高比能动力电池装置，开发了具有均衡充电、故障定位、自动保护等功能的智能电池管理系统，提升整车续航里程。

2. 关键参数

矿用防爆锂离子蓄电池无轨胶轮车关键参数见表 4-13。

表 4-13 矿用防暴型锂离子蓄电池无轨胶轮车关键参数

项目	技术参数
型号	WLR-19/WLR-19（A）
结构型式	整体车架、封闭驾驶室
驱动方式	4×2 后双轮驱动
最高车速/(km·h^{-1})	≤25
电机额定总功率/kW	55
最大允许乘坐人数/人	19
续航里程/km	90

3. 典型应用案例及使用效果

该无轨胶轮车主要在内蒙古鄂尔多斯永煤矿业、陕西富源煤业、新汶矿业投入使用，并出口印度印煤集团。

该车辆具有纯电动、零排放、低噪声、低故障率、使用成本低等特点，配备倒车影像、4G/5G 通信等，各种新技术的应用使车辆从外观视觉到主观驾驶，均给人与众不同的冲击感。整车采用纯电动防爆车专用车身及底盘，强化定制了驾驶操纵系统，使车辆操控性能可与地面车辆相媲美，为用户提供更加完美、舒适的驾驶乐趣（图 4-19）。

图 4-19 车辆升井充电

该车辆在陕西富源煤业连续无故障运行 8 个多月，累计运行 8600 km，得到了客户的认可，充分验证了车辆的高性能和高可靠性。有效地改善了煤矿巷道环境，车辆视野开阔，驾驶舒适，在井下恶劣环境中运行时安全可靠（图 4-20）。

图 4-20　车辆入罐笼下井

4.2.1.14　剥离岩石高效快速定量装车成套技术及装备

装车物料为剥离岩石，具有高密度、高硬度、粒度不均的物料特点，根据剥离岩石的特性及铁路站场工况，着重针对剥离岩石的高硬度、粒度不均及冲击大等因素对装车站使用的影响进行了分析，对快速定量装车站的可靠性、环境适应性进行研究，具有自主知识产权，其中授权发明专利 5 项、实用新型 4 项、软件著作权 1 项（表 4-14）。

表 4-14　剥离岩石高效快速定量装车成套技术与装备所获专利

类型	专利号	专利名称
发明专利	ZL201010109531.6	一种岩土矿石定量装车站
	ZL201410070962.4	一种全自动主动式平料装置和方法
	ZL201410398150.2	一种板式定量输送机的快速传输装置
	ZL201410398189.4	一种板式快速定量输送机的称重方法和装置
	ZL201410398224.2	一种板式快速定量装载系统和方法
实用新型	ZL200920107308.0	摆动伸缩式装车溜槽
	ZL200920271226.X	一种用于散装物料的环保型除尘式装车溜槽
	ZL201420583110.0	一种矿石煤炭两用装车站
	ZL201720915253.0	一种用于无尘闸门的自补偿式密封装置
软件著作权	2011SR057770	岩土装车控制软件 V1.0

1. 技术内容与创新点

1) 技术内容

(1) 剥离岩石快速定量装车工艺研究。

(2) 剥离岩石装车站钢结构抗冲击性和稳定性技术研究。

(3) 缓冲仓和定量仓仓壁及溜槽通道抗冲击和耐磨技术研究。

(4) 基于物料流动分析的流量控制和抗偏载技术研究。

(5) 全封闭式物料流动通道和综合降尘技术研究。

(6) 剥离岩石高效快速定量装车关键装备的研制。

2) 创新点

(1) 针对剥离岩石高密度、高硬度、粒度不均的物料特点，研制了首套剥离岩石快速定量铁路运输装车成套装备，实现了剥离岩石等特殊散料的快速定量装车，满足了每年 60 Mt 的超大量装车需求。

(2) 研发了物料自缓冲格栅式料仓内壁结构，解决了料仓强冲击、易磨损和寿命短的难题，并研制了首台大流量防卡阻梳齿状弧形闸门，可有效截断粒度不均的硬岩物料，实现精确定量给料。

(3) 研制出首台可精确调节流量的缓冲弧形装车溜槽，根据列车车速适时调节溜槽开度实现了均匀布料装车，有效控制了装车偏载和物料对车厢的直接冲击，实现了快捷、均衡装车。

2. 关键参数

设备关键参数见表 4-15。

表 4-15　设备关键参数

项目	技术参数
剥离岩石年发运量/(万吨·套$^{-1}$)	2000
最大一次装车量/t	100 t
装车能力/(t·h^{-1})	6000 t/h
适应装车的列车车皮型号	C80，C70，C64、C63、C62、C61、C60 等目前国内在用各类车型
装车速度	单节车皮≤42 s (62 T)，整列车≤75 min (106 节，62 T)
称重精度/‰	1
控制方式	自动/半自动/手动
物料	剥离岩石等粒度大、硬度高的物料

3. 典型应用案例及使用效果

该装备应用于唐山钢铁集团司家营铁矿，铁矿位于唐山市滦县境内，唐山钢铁集团在滦县新建司家营铁矿，露天开采将产生大量剥出的岩石，作为曹妃甸新港工业区的填海造地用土，是一项循环经济工程（图 4-21、图 4-22）。

项目成果的应用，实现了剥离岩石等特殊散料的快速定量装车，极大地提高了装车能力和效率。截至目前，该系统为唐山司曹铁路有限公司增加了 4.9 亿元的收益。土地平整已完成 6.8 万亩，按每亩 5 万元的收益计算，增加收益 34 亿元。

4.2.1.15　大宗散料多式联运集装箱双仓协同快速定量装载成套技术及装备

该技术及装备重点解决了传统装车方式无法实现一个底盘车上连续放置两个敞顶集装箱情况下连

续、快速、定量装车问题，同时解决了铁路集装箱装车精度低、速度慢、人员设备多、劳动强度大、污染严重等问题，实现了大宗散料多式联运集装箱的连续快速定量装载，提高了铁路集装箱的装车效率。具有自主知识产权，包括发明专利1项，受理发明专利2项；实用新型专利1项。

图4-21 剥离岩土装车站全景

图4-22 剥离岩土装车站设备

1. 技术内容与创新点

1）技术内容：

（1）集装箱快速定量装载工艺研究。

（2）双仓协同大流量快速精确配仓技术研究。

（3）集装箱装载自动化智能控制技术研究。

（4）基于物料流动分析的流量控制和抗偏载技术研究。

（5）全封闭式物料流动和综合降尘技术研究。

（6）装车站连体钢结构稳定性技术研究。

2）创新点

（1）首次提出了双仓协同敞顶集装箱连续快速定量装载新工艺，研发了首台套双仓协同敞顶集装箱快速定量装载成套技术与装备，具有称重精度高、装载速度快、自动化和智能化程度高、投资少、环保等优点，最大装车能力为6500 t/h，装载速度为20 s/箱，装载精度为0.1%。

（2）研发了双仓协同智能快速定量装载控制系统，采用双仓协同和智能控制技术解决了单车双集装箱编组因箱距太小而无法连续配仓的问题，实现了单车双集装箱列车编组的连续、快速和定量装载。

（3）研制了高效精确配仓闸门，集机械、伺服液压、位置检测与控制于一体，闸板开闭速度快且具有无级调节功能，保障了配仓精度和效率。

（4）研制了大行程宽范围摆动式装车溜槽，装载均匀，布料满足防偏载需求。

（5）研发了敞顶集装箱装载专用除尘设备，解决了装载过车扬尘问题，实现了绿色环保装车。

（6）采用离散单元技术，有限元技术对大流量物料冲击以及连体钢结构进行耦合分析优化，大大节约了项目成本。

2. 关键参数

设备关键参数见表4-16。

3. 典型应用案例及使用效果

该装备成果应用于神华新疆奇台能源红沙泉煤矿和新疆天池能源将军戈壁二号露天煤矿，解决了传统集装箱装载方式速度慢、污染大、人员设备多、劳动强度大等问题，实现了铁路集装箱的连续快速定量装载（图4-23、图4-24）。装车计量精度高，误差在1‰以内；装车能力大，单通道可达6500 t/h；装车装置可自动平煤，省去了人工平车作业且不偏载漏料；日最高装车能力达到50000 t以上，年集装箱外运煤炭可达到10 Mt以上，为"一带一路"建设采用集装箱集中高效运输起到了良好的社会示范效应。

表4-16 设备关键参数

项目	技术参数
最大装车能力/(t·h^{-1})	6500
单个集装箱装车时间/s	≤20
静态称量准确度/%	0.1
装车平均误差/%	±0.1
最大误差/%	±0.25
物料	煤炭、矿石、砂石、粮食、碱粉
物料粒度/mm	≤300
控制方式	智能控制

图4-23 集装箱快速定量装车站装车全景

4.2.1.16 全自动非连续累计散粮动态连续装车系统

针对散粮物流运输系统，天地科技股份有限公司研发了具有自主知识产权的全自动非连续累计散粮动态连续装车系统。申请发明专利1项（201911092384.3 一种铁路装车站抛洒式卸料的防偏载系统和方法）。

1. 技术内容及创新点

1）技术内容

（1）非连续累计动态连续装车工艺。公铁车遥控牵引空车到发放塔料斗秤下方装车位，散粮车厢运行到位后，装车系统根据车型、粮食品种、容重、载重量等有关参数，计算装车伸缩管下探高度，伸缩管自动下降至设定高度后开启闸门开始装粮作业，装车过程中车辆无须停留，管内始终保持满料状态，车辆运行过程中伸缩管底部兼具粮面刮平功能，装载到设定吨位后，散粮排空，在车皮接触到伸缩管之前自动提升至车厢外，准备下一节车皮的装车作业。装车完毕后粮面应实现基本平整，避免出现偏载现象。

图 4-24 集装箱快速定量装车效果

（2）基于 DEM 的非连续累计动态配仓策略。散粮在装车过程中呈现出散体特征，其物理性质介于固体和液体之间，是典型的散体物料，采用离散单元法（DEM）建立颗粒粮食配仓过程的堆积模型，确定合理的配仓策略和装车时序，保证物料在车厢内的平整均匀。多次使用该方法进行仿真分析和物料实验对比，结果表明在以颗粒状物料为主体的粮食、硫黄、球团等装车时分析效果与实际非常贴近。以某型粮食专用车装大豆物料为例建立了 DEM 分析模型，确定了最佳装车策略（图 4-25）。

图 4-25 颗粒型物料流动 DEM 模型

（3）高精度散粮秤自动计量技术。为了实现大量程高精度的称量需求，通过基于 DEM 分析的散料料流特性，研制了符合参数要求的进出料闸门、称量斗。闸门流量大小直接关系着散粮秤的工作效率，而流量的大小取决于开口形式、开口大小等多种因素。称量斗即秤体，秤斗为焊接的碳钢结构，可承受施加于其上的荷载。应用双秤互校技术、自动校秤技术，研发了一套全自动定量控制系统，保证称量的准确度。

（4）双翼滑动式全密闭气动闸门技术。研发了一种双翼对开式气动闸门，采用气动作为动力元件，气动相较于液动更加环保，除此之外，通过闸门的全密封技术研究，保证散粮流动过程中，粉尘密闭在闸门内部不溢出，减少了闸门所在设备空间的粉尘含量，提高了安全系数。

(5) 防碰撞伸缩溜管自动控制技术。装车溜管安装在缓冲斗下平板闸门的下方，通过装车溜管支撑结构与散装楼主体结构刚性连接，由内固定溜管、外伸缩溜管等组成，溜管下部设置行程开关保证溜管与车厢的安全距离，防止碰撞。通过调整溜管高度，可适应不同车型装车作业。装车溜管采用垂直伸缩的方式，伸缩距离按照所装车型确定，同时具有平车功能，使装到火车上的物料尽可能平整。通过伸缩溜管双回路驱动方式，保证了溜管能快速伸缩到位，无卡阻现象。为避免移车过程中装车溜管与车厢箱体的硬性碰撞、拖拉，装车溜管设置了防撞开关。

2) 创新点

(1) 本项目首次实现以小斗多次计量方式实现的非连续累计散粮动态连续装车系统的工艺研究。

(2) 首次实现散粮物流快速定量装车站自动伸缩中部槽平料布置形式及结构的系统研究。

(3) 首次基于 DEM 方式分析了非连续累计装车方式及车内物料堆积类型。

2. 关键参数

(1) 装车能力为 1000 t/h。

(2) 单节车厢装车时间小于 2 min。

(3) 高精度散粮计量秤，准确度等级为 0.2 级。

(4) 密闭双翼滑动式气动闸门，开闭相应时间为 0.5 s。

(5) 配套全自动控制伸缩中部槽，升降高度可精确控制，误差范围 ±5 mm。

3. 应用成果

装备具有很高的成果转化显示度，直接应用于实际工程项目"中储粮（盘锦）物流有限公司火车发放系统采购安装项目"。通过研究开发本装备中各项新产品，极大地增强了合作各部门进行散粮快速装车产品研究开发的技术能力，为企业在散粮铁路物流行业奠定了坚实基础。同时，还培养了一批重要的技术骨干（图 4-26、图 4-27）。

图 4-26 缓冲斗及双翼滑动无尘闸门现场图　　图 4-27 控制室操作台现场图

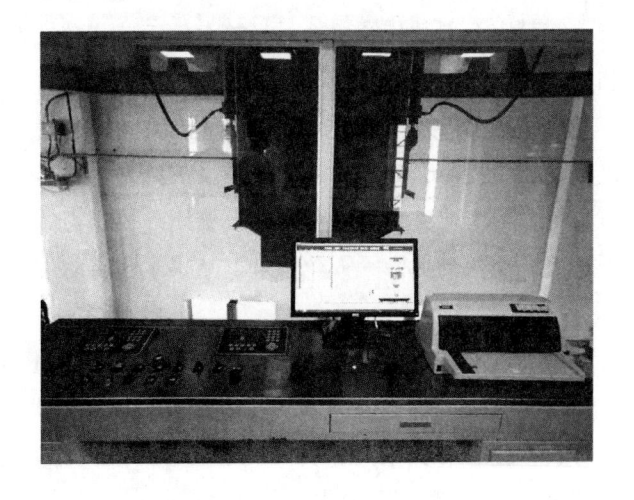

4.2.1.17 KDYZ40-40/2000型矿用电控液压移动列车组

该列车组首次研制出集列车自移、行走调偏、管缆随动等功能于一体的矿用电控液压移动列车组，形成设备列车与工作面巷道超前液压支架、转载机等多设备协同控制的新工艺，解决了设备列车与综采设备高效移动匹配问题；解决了大倾角、长距离设备列车自适应牵引问题，实现设备列车组牵引能力达到承载400 t、爬坡角度20°以上；研制了能够满足50 m以上大容绳量的电缆自动存储轮式车，实现相邻车辆自主循迹、自行伸缩调节等功能，解决了大容绳量伸缩承载系统电缆存储、吊挂、牵引问题，长距离大坡度电液控制及遥控问题，实现列车组成套装备姿态、运行状态以及空间位置检测，无线数据传输及远程操控。具有完全自主知识产权，获授权发明专利3项、实用新型专利5项；受理发明专利2项、实用新型专利2项。

1. 技术内容与创新点

1）技术内容

（1）设备列车与综采设备高效匹配、空间位置确定及快速移动技术研究。煤矿井下综采工作面巷道内往往布置较多的设备。在工作面采煤机回采的过程中，超前支架、转载机、设备列车等均会沿着顺槽巷道前移。顺槽设备的配套联动，可以有效减少辅助作业时间，提高采煤效率。因此，设备列车与综采设备高效匹配、空间位置确定及快速移动技术研究具有重要意义。

（2）基于大倾角、长距离设备列车自适应牵引技术研究。针对矿井地质及配套条件确定合理的结构，满足不同工作面设备列车的自移要求，提高工效和安全系数。自移式设备列车不需要配制绞车和安装锚固点。车身配有专用轨道和轨道提升推移装置，无须在巷道中铺设轨道；专用轨道间通过连接段铰接，适应上下坡道，实现智能化设备列车的迈步自移。管缆伸缩承载系统取替了传统巷道顶板悬挂工字钢，利用单轨吊伸缩存储电缆形式，安全效率更高。大倾角设备列车采用分组牵引技术，配备多组锚固牵引装置。

（3）大容绳量伸缩承载系统电缆存储、吊挂、牵引技术研究。在综采工作面巷道内，设备列车尾端到巷道超前支架、转载机自移机尾处的悬空电缆，井下一般采用巷道顶板铺设工字钢悬挂单轨吊的结构形式，往往耗费大量的人力铺设、拆卸、回收工字钢轨道。在综采工作面采煤机回采过程中，能够保证悬空段50~80 m大容绳量线（管）路自动存储，移动过程中整套装备具有线性防跑偏功能。实现完全取替传统单轨吊悬挂存储工艺，减轻人员劳动强度，缩短辅助作业时间，提升工作效率和安全性。

（4）长距离大坡度电液控设备列车组控制及遥控技术研究。矿用电控液压移动列车组进行环形供液、分组控制，实现列车的自移及防跑车等功能，进行远程遥控；选取典型设备进行列车结构、液压系统设计，研究使用多传感器反馈闭环控制方式，实现列车同步平稳提升、降落；减少操作人员，推进综采面自动化、无人化管理，从根本上将对设备列车工作方式进行彻底革新。

2）创新点

（1）实现与工作面巷道超前液压支架、转载机等多设备协同控制，改变了传统绞车牵引工艺，采煤效率提高3%。

（2）以液压为动力，自带轨道，高度集成列车自移、管缆随动，实现了设备列车牵引能力达到承载400 t、爬坡角度20°以上。

（3）首次研制了能够满足50 m以上大容绳量电缆自动存储轮式车，实现相邻车辆自主循迹、自行伸缩调节等功能。

（4）首次实现列车组成套装备姿态、运行状态以及空间位置检测，无线数据传输及远程操控。

2. 关键参数

整机采用环形供液、多组主阀集中控制、多架分组遥控等技术，牵引力不小于1400 kN，最大适应坡度为0°~20°，平板车车身高度为450 mm，轨距为1100 mm，单节平板车载重40 t，移动步距2 m，单个步距循环时间不大于4 min。

3. 典型应用案例及使用效果

列车组已在神华郭家湾矿、大唐集团龙王沟矿、淮南矿业张集矿、陕煤张家峁矿等地推广应用，设备列车操作配套人员从过去的15人减至现有的4人，采煤效率提高10%以上，枕木等耗材消耗量节省约70%，明显减轻了工人劳动强度（图4-28、图4-29）。

图4-28 车间装配照片　　图4-29 井下设备现场图片

4.2.1.18　通用减速器

通用减速器不仅能应用在煤炭行业，还能广泛地应用在冶金、建材、船舶、水利、电力、工程机械及石化等行业。针对目前国内制造厂商通用减速器市场份额较小的情况，在充分吸收国外落地式通用减速设计理念的基础上，研发了具有自主知识产权的落地式输送机用圆锥圆柱齿轮减速器，并进行通用减速器的零部件通用化和模块化设计研究。通用减速器可与进口弗兰德的减速器相互替换。

1. 技术内容与创新点

1）技术内容

根据对通用减速器的基本情况和历年来对弗兰德通用减速器的测绘数据分析，按弗兰德样本上进行速比分配和齿轮参数设计，分析研究FLENDER的7-17号、速比范围25~90之间的通用减速器，以此为基础完成通用减速器的具体参数和结构方案设计，形成可以完成替换FLENDER通用减速器的技术文件。

（1）通用减速器规格。按弗兰德样本上进行速比分配和齿轮参数设计，分析研FLENDER的7-17号、速比范围25~90之间的通用减速器，通过测绘的通用减速器的基础参数，确定通用减速器的产品范围。

（2）通用减速器速比。对通用减速器速比结构进行研究，确定减速器速比构成，通过对比分析研究，得出减速器的具体传动参数，完成通用齿轮副在不同功率下的强度校核各齿轮。

（3）模块化设计。减速器模块化设计，通用减速器的模块化就是在中心距一致的情况下，齿轮副的参数基本不变（同中心距的情况下固定几种齿轮副参数进行速比调整）。

（4）减速器的内部齿轮润滑系统和冷却系统。通用减速器的润滑冷却有齿轮箱润滑和油冷却装置两大部分。润滑主要有浸油润滑和强制润滑两种，参考弗兰德样本上的润滑要求，在满足最大输入转速和允许最高油温（热功率）的要求下，卧式安装时一般都选用浸油润滑，只有在立式时选用强制润滑。

2）创新点

（1）完成了通用减速器速比构成参数以及模块化研究。

（2）齿轮副参数的通用化，保证在相同的中心距的情况下，采用标准的齿轮副。

（3）皮带机减速器采用外置冷却润滑油站，采用电机齿轮泵和电机冷却风扇的方式，可以实现启停控制。

（4）在减速器一轴上采用轴流风扇，实现自吹风冷却。

（5）完成了通用减速器产品的参数表和外形尺寸图册。

2. 典型应用案例及使用效果

2017年为宁夏天地西北煤机有限公司的新疆呼图壁西沟煤矿主斜井上部带式输送机研制配套通用减速器（图4-30），2018年交付矿方使用，至今使用良好。

图4-30 通用减速器

4.2.1.19 1600 kW 减速器

1600 kW 减速器采用三级圆柱圆锥行星齿轮传动结构，整体式箱体结构，空间尺寸紧凑，刚性好、精度高。通过项目的实施，促进我国煤机装备的发展，使煤机装备的设计制造跃上一个新台阶，提升国产煤矿井工输送装备技术水平。具有自主知识产权。

1. 技术内容与创新点

1) 技术内容

利用先进三维分析软件等研究1600 kW减速器圆锥圆柱齿轮减速器高强度线体整体铸造结构、传动结构、工作热平衡、锥齿轮精密制造、装配等关键技术，并进行样机试制和完成井下工业性试验。

(1) 紧凑型齿轮传动系统。项目组对国内外其他品牌的矿用减速器齿轮参数进行分析和对比，按照齿轮的接触强度安全系数 $S>1.2$，弯曲强度安全系数 $S>1.4$ 的设计原则，进行齿轮参数设计。

(2) 减速器冷却。1600 kW减速器采用模块化设计，减速器为单独的油腔，采用减速器箱体冷却分开设计的方案。将耦合器浸泡在油中，通过水套结构进行冷却。

表4–17 圆锥圆柱行星齿轮减速器技术参数

项目	技术参数
型号	圆锥圆柱行星齿轮减速器
输入转速/(r·min^{-1})	1485
额定功率/kW	1600
传动比	36.15:1
效率/%	95
润滑方式	飞溅润滑+强制润滑
冷却方式	水冷
水压/MPa	≤1.5
入口水温/℃	≤30

2) 创新点

联轴器采用双轴承支撑结构，减速器轴伸端和电机轴伸端不承受弯矩，只传递扭矩，解决减速器轴伸端和电机轴伸端因悬臂问题造成的断轴问题。

2. 关键参数

圆锥圆柱行星齿轮减速器技术参数见表4–17。

3. 典型应用案例及使用效果

2018年10月，小保当煤矿采用1600 kW减速器替换进口减速器，至2020年3月升井检修，过煤量约13 Mt，未出现漏油等质量问题（图4–31）。

图4–31 1600 kW减速器展览样件

4.2.1.20 新型自动紧链制动装置的研究与应用

该装置成功研究了一种电驱自动紧链技术和相应的新型紧链装置，可以完全替代传统闸盘紧链器和液压紧链器，简化动力部结构，优化减速器轴的受力状态，并创新研究出电液控制系统，通过电控箱远程即可实现紧链操作，具有自动和手动两种操作模式。通过项目的实施，解决传动紧链装置操作烦琐，故障频发的问题，创新地研究出新的紧链方法，是紧链技术的一次变革，有力促进了行业技术的进步与发展。具有自主知识产权。

1. 技术内容与创新点

1）技术内容

（1）紧链装置位于电机与减速器之间，装置主要包括罩筒、联轴器组、液压制动器、离合装置和控制系统等。电机与紧链装置分体式结构动力部示意图如图4-32所示。

图4-32 动力部结构示意图

（2）驱动电机与紧链装置分体式结构工作原理：正常工作时，通过离合装置将制动器与电机轴脱开；需要紧链时，通过离合装置使制动器与电机轴啮合，通过控制系统控制制动器的打开和闭合。减速器端联轴器与制动器内摩擦片连接，制动器外摩擦片与制动器外壳和罩筒相连，通过离合油缸组推移离合花键套，实现工作状态与紧链状态的切换（减速器端联轴器与制动器内摩擦片的离合）。

（3）制动器的制动离合采用花键套的滑动来实现的，采用小模数多齿数增加花键的强度，并使得花键的离合相对容易，另外设计了调整拨盘，当离合不顺畅时，通过拨盘调整。花键套的滑动采用三组油缸的伸缩控制，即在花键套外圆上安装轴承，油缸和轴承安装座固定，轴承座与轴承外圈固定。

（4）需要紧链时，控制离合油缸组使制动器与减速器轴啮合，系统通过一个离合油缸中的位移传感器判断是否啮合；启动电机同时打开制动器，电机通过减速器将扭矩传递给链轮轴组，链轮轴组带动刮板链运行，随着刮板链的张紧，负载扭矩越来越大，速度越来越慢，电驱紧链系统通过变频器获取电机输出扭矩值，通过计算得出链条的张紧力，当张紧力大于设定张紧力值，控制系统发出信号控制制动器将减速器轴制动；随后，即可进行掐链操作。完成掐链操作后，反转电机释放链轮周围的张紧力，控制离合油缸组使制动器与减速器轴脱开，系统通过一个离合油缸中的位移传感器判断是否脱开；紧链结束后，调节变频器的频率至工频。

2）创新点

（1）成功研究出一种自动紧链新方法。研究出主电机为动力源的电驱紧链技术，可以完全代替传统闸盘紧链器和液压紧链器，简化动力部结构，优化减速器轴的受力状态。

（2）成功研究出自动电驱紧链装置。创新地设计出新型紧链装置，其位于电机与减速器之间，装置主要包括罩筒、联轴器组、液压制动器、离合装置和控制系统等，具有可靠性高、寿命长等特点。

（3）成功研究出紧链装置电液控制系统。创新地研究出电液控制系统，通过电控箱远程即可实现紧链操作，具有自动和手动两种操作模式。所有液压系统中的液压阀组进行了阀组叠加集成设计，装置对外只有进液口和回液口，通过控制系统控制制动器在设计的时间节点上打开和闭合，控制变频电机的启停，具有链条张紧力可控、紧链操作自动化等特点。

表4-18 新型紧链装置的技术参数

项目	技术参数
制动开启最小压力/MPa	3~5
承受最高压力/MPa	40
输入转速/(r·min^{-1})	0~300
介质	液压油
制动力矩/(N·m)	8000~3000
适用功率/kW	315~1200

2. 关键参数

该装置的技术参数见表4-18。

3. 典型应用案例及使用效果

在新能王家塔矿的工业性试验，得到矿方的认可，经过现场实际的操作使用，用户认为该项目的产品整体性能优于液压马达紧链器，该产品结构紧凑，不占用多余的空间，成本低，操作简单，后续可以电控，制动力矩大，安全可靠（图4-33、图4-34）。

图4-33 自动电驱紧链装置实物，紧链器处于电机与减速器之间

图4-34 新型自动紧链制动装置集成阀组，管路接口集中

4.2.1.21 矿用机电一体化程控阀门电动装置

矿用机电一体化程控阀门电动装置由天地（常州）自动化股份有限公司研发，具有自主知识产权，目前已取得一种矿用本安智能电动球阀等专利2项，获得天地自动化矿用本安型电动球阀嵌入式软件等软件著作权2项。

1. 技术内容与创新点

1）技术内容

（1）高精度阀位检测技术。传统电动球阀的行程位置控制是采用机械接触式计数器，其测量精度不高，随着机械磨损加剧，导致测量精度逐步降低，阀门密封性降低，使得关闭后阀门存在渗漏问题。21世纪以来，出现了以光电霍尔传感器作为电动球阀的行程控制元件，后期通过加强工艺设计，减少位置误差，控制阀门开闭精度。阀门位置检测采用单圈式绝对型旋转位置编码器，因其每一个位置绝对唯一、抗干扰、无须掉电记忆，已经越来越广泛地应用于各种工业系统中的角度、长度测量和定位控制。旋转单圈绝对式编码器，以转动中测量码盘各道刻线，以获取唯一的编码，当转动超过360°时，编码又回到原点。

（2）大扭矩、高效率输出减速机设计。本产品设计一款大扭矩、高效率输出减速机，为满足设计需要，项目计划采用蜗轮蜗杆加齿轮箱复合设计方法，不仅满足输出扭矩的要求，也能提供电机传动输出效率。

（3）电机驱动与控制。阀门的驱动主要是靠电机进行驱动控制，电机的可靠性和完善的保护功能，对于整个阀门电动装置都显得非常重要，因此设计出一项完善的电机保护功能，将有利于提高电机驱动的可靠性，提高产品的运行稳定性。

2）创新点

（1）一体化设计。电动执行器集成了各种保护、检测、电机控制、输入输出接口等，一体化程度高。

（2）数字总线通信控制。项目的阀门电动装置可直接通过RS485数字总线进行阀门开闭控制，并可实时监测阀门的各种状态参数信息。

（3）阀门开度可比例调节。项目开发的系列化阀门电动装置都可实现开度的比例调节，适合煤矿对流量具有控制的应用场合。

（4）采用高精度数字式编码阀位检测技术，阀门角度控制精度高。

（5）在小口径阀门电动装置中采用了齿轮箱与蜗轮蜗杆的复合设计方法，不仅保证了输出扭矩，而且提高了电机效率。

（6）故障自诊断技术，本项目智能阀门电动装置中采用了故障自诊断设计，可对阀门的多种故障状态进行检测和识别，如过流、过压、通信异常、过力矩等多种故障信息识别，并通过显示器显示故障码，方便日常维护人员快速查找问题和定位故障点。

（7）研制的智能阀门电动装置带传感器输入接口，可实现阀门与多传感器间的区域智能控制，填补了国内阀门电动执行器在区域领域智能控制的空白。

2. 关键参数

（1）矿用小口径阀门电动装置技术指标：

①扭矩：不小于90 N·m；

②供电电源：AC127 V；

③具有阀门开闭状态显示功能；

④具有手动操作阀门开闭功能；

⑤具有开关量信号控制阀门开闭功能；

⑥具有RS485总线远程通信功能。

（2）ZJK30-24多回转电动执行器技术指标见表4-19。

表4-19　ZJK30-24多回转电动执行器技术指标

项目	技术参数
供电电压/V	660
电机功率及转速	0.75 kW、1380 r/min
输出转速/(r·min^{-1})	24
输出转矩/(N·m)	300
工作制/(次·h^{-1})	≤600
控制精度/(°)	≤1
保护功能	过载、断相、短路、欠压、主电路漏电闭锁
控制方式	就地控制及远程控制，远程控制可通过RS485总线，Modbus RTU协议，或者通过干接点及4~20 mA反馈进行控制
人机交互	128×64点阵液晶显示，红外遥控器参数设置
其他	智能相序鉴别；手动-电动切换

（3）ZJK60-24多回转电动执行器技术指标见表4-20。

表4-20　ZJK60-24多回转电动执行器技术指标

项目	技术参数
供电电压/V	660
电机功率及转速	1.5 kW、1370 r/min
输出转速/(r·min^{-1})	24
输出转矩/(N·m)	600
工作制/(次·h^{-1})	≤600
控制精度/(°)	≤1
保护功能	过载、断相、短路、欠压、主电路漏电闭锁
控制方式	就地控制及远程控制，远程控制可通过RS485总线，Modbus RTU协议，或者通过干接点及4~20 mA反馈进行控制
人机交互	128×64点阵液晶显示，红外遥控器参数设置
其他	智能相序鉴别；手动-电动切换

（4）ZJK120-24多回转电动执行器技术指标见表4-21。

表 4-21　ZJK120-24 多回转电动执行器技术指标

项目	技术参数
供电电压/V	660
电机功率及转速	3 kW、1380 r/min
输出转速/(r·min^{-1})	24
输出转矩/(N·m)	1200
工作制/(次·h^{-1})	≤600
控制精度/(°)	≤1
保护功能	过载、断相、短路、欠压、主电路漏电闭锁
控制方式	就地控制及远程控制，远程控制可通过 RS485 总线，Modbus RTU 协议，或者通过干接点及 4~20 mA 反馈进行控制
人机交互	128×64 点阵液晶显示，红外遥控器参数设置
其他	智能相序鉴别；手动-电动切换

3. 典型应用案例及使用效果

产品已在国内多个煤矿现场进行了推广应用，如贵州土城煤矿、松河煤矿，陕西黄陵二号煤矿，山西阳泉矿务局等多地使用，通过现场应用取得了良好的应用效果。

4.2.1.22　国三排放的防爆电喷柴油机

国三排放的防爆电喷柴油机包括 TDE4105DZLQFB、TDE6105DZLQFB、TDE6116DZLQFB、TDE6V132DZLQFB 四款防爆柴油机，取得了 13 个由国家矿用产品安全标志中心所颁发的"矿用产品安全标志证书"，功率范围覆盖 65 kW 至 265 kW，整机防爆后排放达到非道路国三（GB20891—2014）排放标准，可满足各类煤矿辅助运输车辆的动力要求，实现煤矿辅助运输的节能减排、提高职工的身心健康，保障煤矿井下的安全、高效、清洁生产。具有自主知识产权，包括一种矿用防爆机车的电控系统（ZL20182109788.3），一种矿用防爆电控 EGR 系统（ZL201510608495.0）。

1. 技术内容与创新点

（1）电控燃油喷射控制系统防爆技术。电控燃油喷射系统防爆技术重点解决关键元件——高速电磁阀的本安型防爆问题，还要解决电控 ECU 单元的隔爆问题，在解决防爆技术时，还要保证原先电控系统中电磁阀的高速动态响应特性不能有任何变化。在设计时，ECU 采用地面发动机的通用控制系统，对电控系统的各传感器信号进行隔离后进入 ECU，通过 ECU 计算发动机的工况后控制本安型电磁阀进行工作。

（2）防爆电控单体泵技术。防爆电控单体泵是一种脉动式时间控制燃油喷射装置，其喷油定时、喷油量与喷油压力由电磁阀的通电时刻与通电时间长短控制。喷油定时与喷油量是成功匹配柴油机动力特性的决定因素，喷射压力决定了喷油量和燃油雾化的质量，影响柴油机的经济性与排放特性。通过数值模拟建立仿真模型，匹配计算电控单体泵燃油系统关键特性参数，包括泵单元供油流量匹配设计，喷油器流量控制，以及高压油管长度与内径的传输管道的优化匹配，准确预测系统各工况的喷射特性参数并通过试验验证与优化电控单体泵燃油系统，得出电控单体泵喷油系统的性能机理：包括喷油定时特性 MAP、喷油量特性 MAP、喷射压力特性 MAP 等。

（3）高速电磁阀驱动技术。电控单体泵系统以电磁阀为执行器控制燃油喷射，电磁阀的动态响应特性直接影响到系统的工作特性。电磁阀关闭速度影响高压油管内柴油喷射压力的建立，影响燃油喷射的速度及雾化性能和随后的燃烧，最终影响发动机的经济和排放性能。电磁阀开启速度越快，高压油管内的压力卸载速度也越快，燃油喷射可以快速切断，减少后喷油量，降低发动机的有害排放，提高经济性能，所以喷射系统要求电磁阀具有极快的响应速度。

2. 关键参数

防爆电喷柴油机的技术参数见表 4-22。

表 4-22 防爆电喷柴油机的技术参数

项目	技术参数			
型号	TDE6V132DZLQFB	TDE6116DZLQFB	TDE6105DZLQFB	TDE4105DZLQFB
类型	V型、四冲程、增压中冷、强制水冷	直列、四冲程、增压中冷、强制水冷	直列、六缸、水冷、四冲程、电控直喷	直列、四缸、水冷、四冲程、电控直喷
保护方式	隔爆兼本质安全型电保护	隔爆兼本质安全型电保护	隔爆兼本质安全型电保护	隔爆兼本质安全型电保护
启动方式	压缩空气启动	压缩空气启动	压缩空气启动	压缩空气启动
缸径×行程/(mm×mm)	132×145	116×148	105×124	105×124
缸数	6	6	6	4
活塞总排量/L	11.9	9.5	6.5	4.3
燃油喷射方式	电控单体泵直接喷射	电控单体泵直接喷射	电控单体泵直接喷射	电控单体泵直接喷射
进气方式	增压中冷	增压中冷	增压中冷	增压中冷
额定功率/kW	260	245	129.5/110/90	90/74.8/65
额定转速/(r·min^{-1})	2100	2000	2200	2200
最大扭矩/(N·m)	1460	1450	680/570/500	500/390/330
最大扭矩点转速/(r·min^{-1})	1400~1600	1600	1600	1400~1600
排气最高温度/℃	≤70（废气处理箱）	≤70（废气处理箱）	≤70（废气处理箱）	≤70（废气处理箱）
机体表面最高温度/℃	≤150（任一表面温度）	≤150（任一表面温度）	≤150（任一表面温度）	≤150（任一表面温度）
排放指标	满足非道路国三	满足非道路国三	满足非道路国三	满足非道路国三
净质量/kg	1020	750	700	450

3. 典型应用案例及使用效果

TDE4105DZLQFB 主要应用于 WC20R（E）、WC3J（E）等各类轻型车，已使用约 1000 余台，使用效果良好。

TDE6V132DZLQFB 主要应用于 WC40E、WC55E、WC75E、WC50Y、WC55Y、WC80Y 等重型车辆。

2017 年 11 月，WC55Y（C）支架搬运车在山西西山晋兴能源进行工业性试验。在 3 个多月的工业性试验过程中，该车主要承担综采工作面液压支架的运输任务，搬家期间，平均每班运输支架 3~5 趟，每天工作 15~18 h，共运输液压支架 302 架次，所运输支架重量为 35~47 t，运行里程达到 2416 km，运输量达到 12000 t。矿方认为整车设计合理，性能可靠，排放好，噪声小，驾驶舒适性良好。使用过程中，该车排放指标稳定，电控系统运行可靠，尤其在排放和爬坡性能方面相较于其他55 t支架搬运车有明显提高，可满足现场使用要求。

4.2.1.23 柴油机车监控保护装置

针对无轨胶轮车的行业标准，采用单片机控制技术，研制了具有自主知识产权的适合国内无轨胶轮车使用的自动保护装置。通过此设备实现对无轨胶轮车的发动机表面温度、补水箱温度、排气温度、机油压力、补水箱水位以及周围瓦斯浓度等参数的监测，并通过安装在驾驶室的液晶显示器实时显示监测参数。目前已形成矿用本安型操控键盘、一种矿用节点式物位测量装置等专利3项，获得天地自动化矿用柴油机车保护监控仪主机嵌入式软件等软件著作权7项。

1. 技术内容与创新点

1）技术内容

（1）研究无轨胶轮车的主要运行参数，以及参数测量方法，设计高效高精度的传感器元件。

（2）研究胶轮车参数可配置模式的方式，可以针对不同厂家的车辆，采用不同的配置方式，实现单一产品在多种无轨胶轮车上使用，提高产品的兼容性。

（3）采用更高精度的采集电路，确保机车参数测量的准确度。

（4）甲烷采用无线射频通道，将车辆运行参数上传到地面调度室实时监控。

2）创新点

（1）自主研发矿用机车保护监控仪、模块化的采集模块和浇封电源模块，研制出适合无轨胶轮车上使用的浇封一体式传感器件。

（2）研制出尺寸小、功能强大的液晶显示屏，并具有统计运行时间和行驶里程功能，具有红外遥控设置参数功能。

（3）监控仪主机采用浇封兼本质安全型的防爆形式，采用集中采集控制的方式，所有传感器选用简单元器件，并采用浇封一体的结构形式。

（4）监控仪具有RFID射频通道，可纳入胶轮车运输监控系统，将车辆运行参数传至地面实现实时监控。

（5）研制出带有无线射频通道的甲烷变送器，结构小巧，安装方便。

2. 关键参数

（1）四路温度监测功能：产品具有四路温度传感器的接入端口，可以监测机车的补水箱温度、发动机表面温度、排气温度等。

（2）两路液位监测功能：产品具有两路液位传感器的接入端口，可以监测机车的水箱水位和油箱油位。

（3）两路速度监测功能：产品具有两路转速传感器的接入端口，可以监测机车的发动机转速和行驶速度，并根据此参数统计发动机运行时间以及累计行驶里程。

（4）一路甲烷传感器接口：产品可以外接一台甲烷变送器，监测机车周围环境的甲烷浓度。

（5）液晶显示功能：显示机车所有监测参数以及运行时间和行驶里程统计，具有红外遥控器接收功能，方便设置参数。

（6）有两路非安继电器输出触点，方便控制机车的熄火装置，在监测参数超限时，停止发动机运转。

(7) 具有 2.4G 无线射频通信功能，可以随时将被监测机车的参数上传到地面上的无轨胶轮车监控系统。

(8) 具备接入倒车视频和倒车雷达的功能。

3. 典型应用案例及使用效果

开发的柴油机车监控保护装置大量配套在常州科试中心、山西（天地）煤机股份有限公司的无轨胶轮车上（图 4-35）。

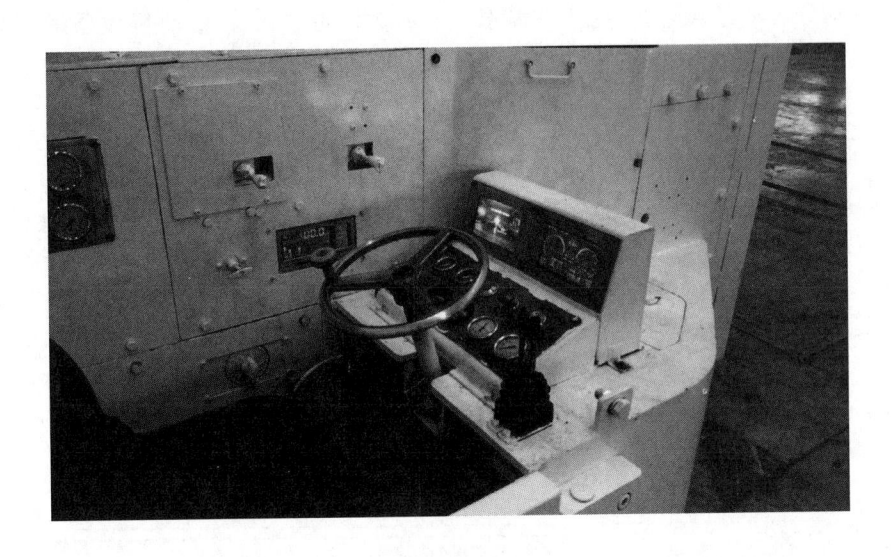

图 4-35　特种车辆配套

4.2.1.24　KJ894 煤矿大型机电设备状态监测及故障诊断系统

煤矿大型机电设备（如：带式输送机、提升机、通风机、带式输送机、水泵等）是生产运行的关键设备，也是保证煤矿安全、高效生产的前提，然而，由于井下环境恶劣导致大型机电设备故障频发，据统计，设备 70% 的故障是由振动引起；振动故障中的近 70% 是由齿轮和轴承引起，因齿轮和轴承故障所造成的整台设备损坏、引发灾难性故障、造成重大经济损失的事例不胜枚举。

据欧美及日本等工业发达国家有关权威部门的统计，利用故障诊断技术进行检测设备，企业可以减少 50% 的重大安全事故，设备停机时间减少 40%~60%，设备维修费用降低 10%~25%，整体投资收益率达 1∶17。然而，目前国内机电设备的状态监测技术并不成熟，还存在诸多的"瓶颈"问题：

一是轴承故障特征非线性变化，故障诊断困难。轴承在不同的故障阶段、不同的工况下（如高负载、低转速，变转速、变负载等）呈现的故障特征信号也大不相同，从而导致轴承故障诊断困难、故障预警更难。

二是齿轮箱内部结构复杂，"病患"确诊困难。齿轮箱是煤矿机械设备的变速传动部件，内部结构复杂，且工况条件具有多样性变化的特点（如高负载、低转速，变转速、变负载等），同样的机械损伤在不同的工况条件下呈现不同的特征信号，从而导致齿轮箱故障确诊困难，故障预警更是难上加难。

三是缺乏故障诊断专家库，故障检修决策困难。机械设备故障诊断的专家知识库很缺乏，很多的诊断实例难以表达成通用的知识规则，所以导致设备故障诊断困难，是否需要对设备进行停机检修更是难以决策。

针对上述问题，北京国力矿安科技有限公司研发了具有自主知识产权的 KJ894 煤矿大型机电设备状态监测及故障诊断系统，该系统主要针对煤矿大型机电设备的特点，在线智能分析设备轴承部件以及旋转部件的健康状态，准确预测部件可能出现的故障，减少部件维护和保养周期，避免重大生产事故的发生。系统具有"故障诊断智能化、分析预警自动化以及故障定位精确化"等优势，同时由通过国际认证的振动分析师团队提供远程诊断服务，在线为设备"体检"，保障设备运行安全，是智能矿井首选的机电设备状态监测及故障诊断系统，系统结构如图4-36所示。

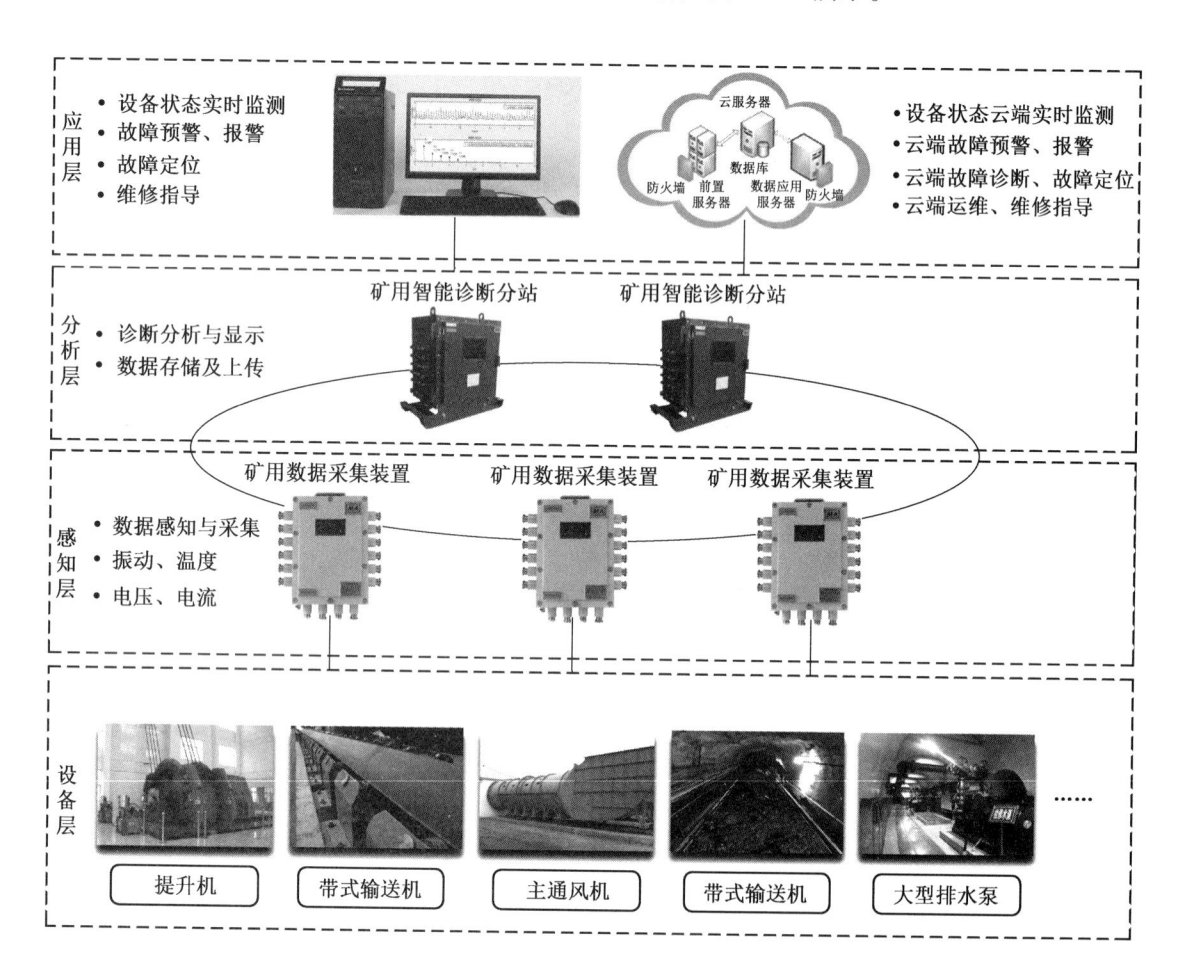

图4-36 KJ894大型机电设备状态监测及故障诊断系统结构图

1. 技术内容与创新点

1)"工况跟踪、全过程探伤"轴承故障诊断技术

（1）技术原理。如图4-37所示，滚动轴承损坏过程分为早、中、晚期，不同阶段呈现的信号特征也各不相同。为此，系统针对轴承损坏的不同阶段建立相应的诊断模型，对轴承损坏的不同阶段进行全过程探伤扫描。系统自动跟踪设备运行工况，同步采集设备振动加速度、温度以及电流信号，智能诊断分站根据采集的信号和诊断模型算法，综合诊断轴承状态，发现故障隐患自动报警。

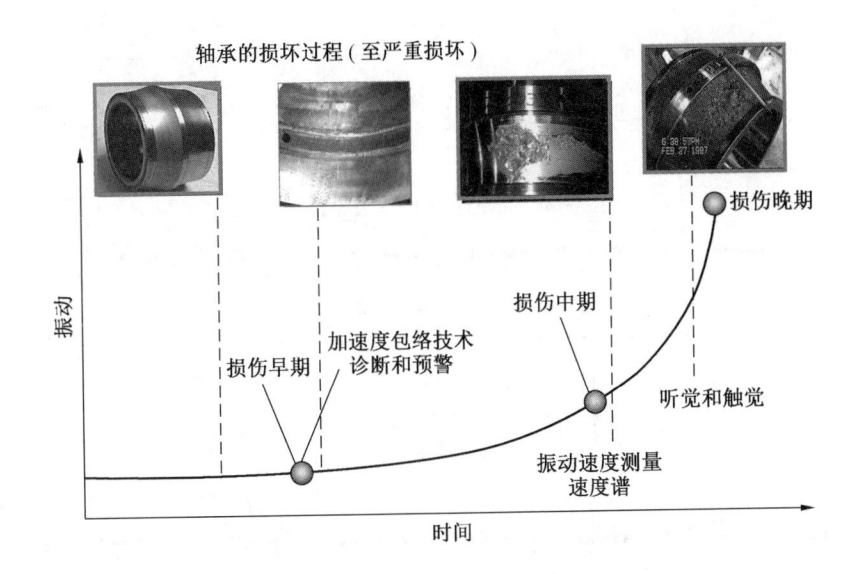

图 4-37 轴承损伤变化趋势图

（2）技术优势：

①工况跟踪同步采集数据，排除变工况的干扰，可极大提高轴承故障诊断的准确性。

②独有的滚动轴承故障诊断模型算法，可对轴承损坏的各个阶段进行全面诊断，实践应用证明，轴承故障诊断准确率可提高80%以上。

2)"工况跟踪、多变量评估"齿轮箱故障诊断技术

（1）技术原理。系统根据设定的工况模型，自动识别设备运行工况（如高负载、低转速，变转速、变负载等），根据工况模型分类，同步采集设备振动加速度、温度以及电流信号，智能诊断分站就地分析采集的振动加速度、温度以及电流信号，综合诊断齿轮箱状态，发现故障隐患自动报警。

（2）技术优势：

①工况跟踪同步采集数据，排除变工况的干扰，可极大提高齿轮箱故障诊断的准确性。

②独有的齿轮箱故障诊断专用算法，信号特征更清晰（图4-38），诊断更准确，实践应用证明，齿轮箱故障诊断准确率可提高70%以上。

3)"机器人医生"辅助诊断技术

（1）技术原理。煤矿机电设备种类繁多、机械结构复杂，加之工作条件各不相同，机电设备运行中产生的故障隐患也不尽相同，这给设备的健康诊断和预警带来很大的困难。为此，系统对大量的煤矿机电设备故障案例进行大数据分析，同时聘请多名机电设备故障诊断的权威专家，将案例大数据分析结果和专家多年的诊断经验相结合，自主研发了机电设备数字化故障诊断模型，机器人医生可依据故障诊断模型对不同类型的机电设备、不同工况、不同故障进行快速诊断。

（2）技术优势：

①机器人医生依据的是大量煤矿机电设备故障案例的大数据分析和高水平专家的经验，诊断准确率高，可极大缓解煤矿机电设备故障诊断专业人员紧缺的难题。

②机器人医生拥有比人工诊断更加娴熟的技术，庞大的专家知识库会节省更多的诊断时间，及时性好，避免设备"小疾变大病"造成更大的损失。

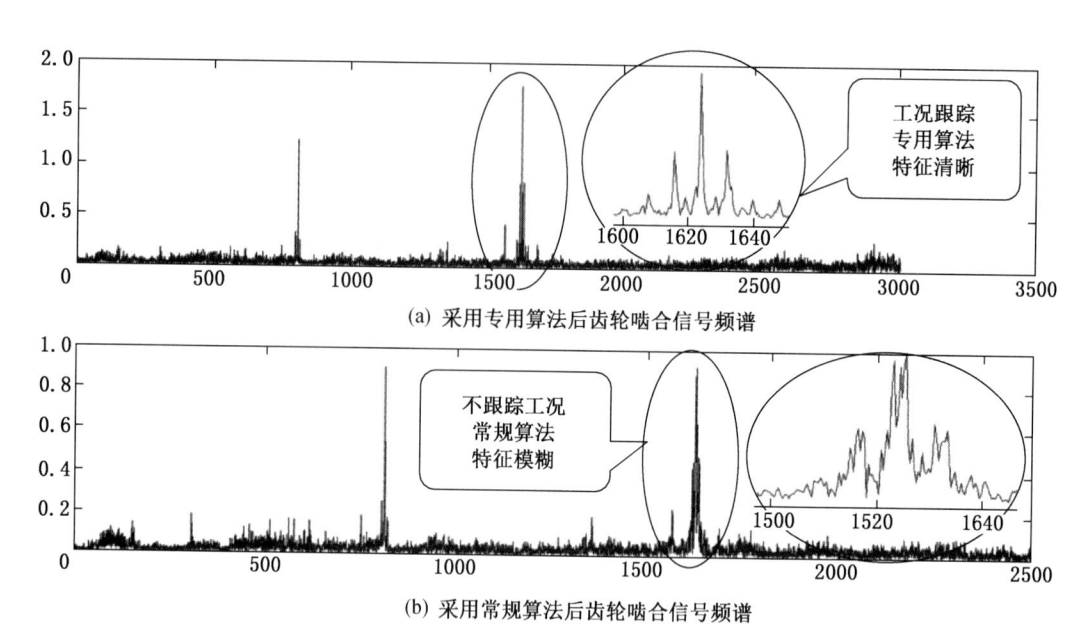

(a) 采用专用算法后齿轮啮合信号频谱

(b) 采用常规算法后齿轮啮合信号频谱

图 4-38　工况跟踪信号分析结果对比

表 4-23　矿用本安型振动温度复合传感器技术指标

项目	技术参数
防爆形式	矿用本质安全型
测量范围（峰值）/g	±50
灵敏度（20±5℃）/(mV·g^{-1})	100±5%
供电电压/VDC	18~28（恒流源）
恒流源激励/mA	2~10
频率响应范围（±10%）/Hz	2~9000
温度信号	Pt100
温度测量范围/℃	-50~+300
工作温度/℃	-40~+120℃
输出方式	整体5芯蓝色矿用屏蔽线缆
防护等级	IP65

2. 关键参数

(1) 系统指标如下：

①故障诊断准确率90%以上；

②系统平均无故障时间 MTBF＞50000 h；

③主机平均无故障时间＞50000 h；

④画面调用实时响应时间＜1 s；

⑤设备状态诊断周期＜5 min；

⑥历史数据存储时间不少于5年。

(2) 矿用本安型振动温度复合传感器技术指标见表4-23。

(3) 矿用隔爆兼本安型数据采集分站技术指标如下：

①防爆形式：矿用隔爆兼本质安全型；

②16路振动加速度输入信号接口；

③5路Pt100温度信号输入接口；

④数据采集方式：同步采集；

⑤数据采集频率：10 Hz~200 kHz；

⑥频率范围：2~9000 Hz；

⑦工作电源：AC127 V±5%；

⑧工作电流：0.1 A；

⑨工作环境温度：-20~70℃。

(4) 矿用隔爆兼本安型状态智能分析分站技术指标见表4-24。

表4-24 矿用隔爆兼本安型状态智能分析分站技术指标

项目	技术参数
处理器性能	Cortex™-A9 处理器 i.MX6Q 系列，工作频率1GHz
内存	1GByte DDR3 SDRAM
操作系统	Linux 3.14
显示	8.4寸真彩色液晶显示器
以太网速率	10/100M 及 10/100/1000M 自适应光纤以太网
最大接入数据采集分站/台	8
工作电源/V	AC127±5%
工作电流/mA	0.5
工作环境温度/℃	-20~70
工作环境湿度/%	5~85，无凝结

3. 典型应用案例及使用效果

黑龙江龙煤集团东保卫煤矿运人带式减速机，根据齿轮箱二级行星齿轮大齿圈径向加速度传感器采集的振动加速度信号，"机器人医生"根据行星齿诊断模型进行分析，诊断齿轮箱为报警状态，应尽快停机检修（注：报警后人工分析确认，加速度包络时域信号和阶次谱如图4-39所示，从图中可以看到，明显的输入轴阶次信号及其多次谐波，包络时域信号冲击现象明显，诊断齿轮箱为报警状态）。

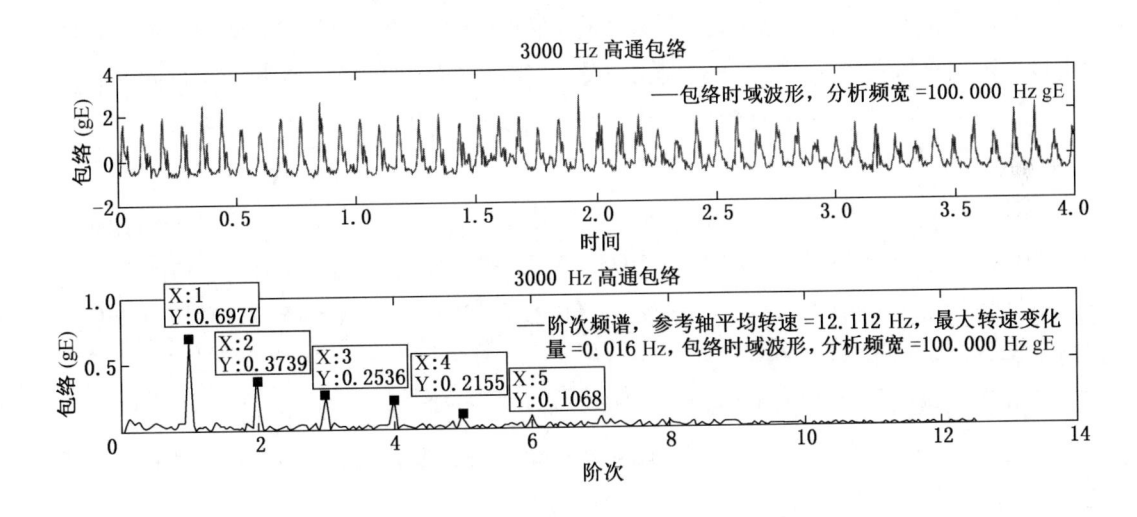

图4-39 齿轮箱加速度包络时域信号及阶次分析谱

依据诊断结果对减速机齿轮箱进行拆解检查，发现高速端空心轴严重磨损，轴承滚珠严重碎裂，滑道严重磨损，拆解照片如图4-40所示，诊断完全正确。

4.2.1.25 大容量隔爆型锂离子蓄电池电源不间断供电技术及装备

大容量隔爆型锂离子蓄电池电源不间断供电技术及装备由煤炭科学技术研究院有限公司研发，具有自主知识产权，申请相关发明专利10余项，登记软件著作权8项。技术装备于2019年11月经中国煤炭工业协会组织专家鉴定，整体达到国际先进水平。

图 4-40 减速机拆解

1. 技术内容与创新点

1) 技术内容

针对目前井下锂离子蓄电池电源单机储备能量少、智能化程度低等问题，本技术装备通过研究锂离子蓄电池复合均衡、区域电源自动组网智能调度、煤矿井下复杂电磁环境下远程固件批量在线更新等技术，研发了 DXJL1440/127、DXJL4608/220J 矿用锂离子蓄电池电源，为人员定位系统、监测监控系统、通信系统和紧急避险系统提供大容量不间断后备电源；研发了 DXJL15360/153.6C、DXJL30720/307.2C 矿用锂离子蓄电池电源，用于矿用无轨胶轮车、铰接车、自卸车等矿用电动车辆的动力电源；研发了电源智能管理平台，实现了全矿井锂离子蓄电池电源参数集中展示、故障自动诊断、历史运行数据分析和统一调度管理。本技术装备提高了煤矿应急后备电源的单机储备能量，提高了其可靠性、稳定性和可维护性，同时提升了煤矿智能化管理水平和安全生产水平。

2) 创新点

（1）发明了矿用大容量锂离子蓄电池复合均衡技术方法。本技术装备发明了一种集能耗电路、DC-DC 变压器恒流充电电路及多组大电流 MOSFET 开关电路相结合的高能效复合均衡装置，解决了主动均衡不易收敛且均衡精度差、被动均衡效率低的技术难题，兼顾了均衡效率和均衡精度，使均衡效率提高了 5%，均衡误差小于 0.2%。

（2）构建了区域电源自动组网调度技术体系。提出了总线自动仲裁及竞争方法，首次构建了区域电源主机遴选及多机并联机制，实现了区域电源多机热备、多机冗余、多机并联输出，提高了锂离子蓄电池电源输出功率、续航时间和不间断供电能力。

（3）提出了煤矿井下锂离子蓄电池电源集中供电及智能管理维护技术。开发了锂离子蓄电池电源集中供电智能管理平台，通过管理多机设备，提高了设备管理能力；通过学习历史数据，实现个性化智能维护；根据电源的充放电次数、电池电压、温度及续航时间等，实现电池使用寿命的预测。

2. 关键参数

该装备包括 DXJL1440/127、DXJL4608/220J、DXJL15360/153.6C、DXJL30720/307.2C 等矿用锂离子蓄电池电源。

（1）DXJL1440/127 矿用隔爆型锂离子蓄电池电源（图 4-41）：

①具备采集和显示单体锂电池电压、充放电电流、温度、电池组电压和 SOC、电池箱输出电压、

电流等功能；

②输入电压范围：AC127 V，AC380 V，AC660 V；

③额定输出功率：500 W，输出电压：AC127 V；

④交流输入断电时，20 ms 内自动切换至后备电池对外供电，切换过程不断电；

⑤多机联网自适应智能调度供电；

⑥基于数据总线固件在线更新维护功能。

（2）DXJL4608/220J 矿用隔爆型锂离子蓄电池电源（图4-42）：

图4-41 DXJL1440/127 矿用隔爆型锂离子蓄电池电源

图4-42 DXJL4608/220J 矿用隔爆型锂离子蓄电池电源

①具备采集和显示单体锂电池电压、充放电电流、温度、电池组电压和SOC、电池箱输出电压、电流等功能；

②输入电压范围：AC127 V，AC380 V；

③额定输出功率：2500 W，输出电压：AC127 V、AC220 V、AC660 V；

④交流输入断电时，20 ms 内自动切换至后备电池对外供电，切换过程不断电；

⑤多机联网自适应智能调度供电；

⑥基于数据总线固件在线更新维护功能。

（3）锂离子蓄电池电源智能管理平台：实现了对电池充电容量、电池放电容量、电池荷电状态、电池故障原因等方面数据收集和分析，可实现锂离子蓄电池电源的在线监测、故障诊断、维护保养等功能，还可定制电池维护周期，按规定时间自动维护保养。

3. 典型应用案例及使用效果

该装备已在神东煤炭集团公司、内蒙古伊泰集团、冀中能源集团、永城煤电集团、大同煤矿集团、开滦集团、山东兖矿集团、龙煤集团等煤矿推广应用。自2018年5月起，项目成果在"世界第一综采工作面"神东公司上湾矿8.8 m 超大采高智能综采工作面推广应用，该工作面配置矿用大容量锂离子蓄电池电源，为4G无线通信、万兆交换机、视频监控、人员定位等系统和配套装备提供后备电力保障，在交流电网断电后，续航时间达到8 h。运行至今，年均设备无故障时间提高了60 d。

4.2.1.26 分布式模块化矿用组合开关

分布式模块化矿用组合开关由天地（常州）自动化股份有限公司研发，具有自主知识产权。获得了矿用隔爆兼本安型多回路真空电磁起动器、矿用隔爆兼本安型多回路真空电磁起动器的闭锁装置、一种煤矿井下电机漏电闭锁装置、重介速沉水处理控制电路等专利7项；获得了天地自动化组合电控箱嵌入式软件、天地自动化QJZX-A组合开关网关控制器嵌入式软件、天地自动化QJZX-B组合开关驱动控制器嵌入式软件、天地自动化QJZX-E组合开关组态屏嵌入式软件等软件著作权7项，获得中国煤炭工业协会科学技术二等奖1项。

1. 技术内容与创新点

1）技术内容

（1）隔爆箱体模块化结构：根据市场定制化需求特点，设计标准的主箱体、副箱体、侧端板，通过不同部件组序、数量选配，采用法兰拼接成不同回路、配置的组合开关隔爆箱体，可快速响应客户定制化配置需求，大幅降低公司制造成本、提高市场响应能力。

（2）分腔闭锁和中央门锁相结合的内置全闭锁：分腔闭锁和中央门锁是内置闭锁，违规解锁更困难；中央门锁，采用把手形式，解锁更迅速，开门更迅速；内置闭锁，外观简洁。

（3）分布式保护控制抽屉式驱动单元技术：采用分布式总线控制架构、标准化功能部件，实现了驱动单元一体化、标准化，系统功能自由选配组合。每回路独立运行或自由组合，其可靠性、操作性、互换性和扩展性很强，满足不同定制化配置需求。

（4）自适应保护技术：采用电流信号高精度检测和信号增益自适应技术，保证了宽幅电流采样精度，自适应宽范围负载的运行和保护；采用交流采样、数字化保护，设计了过欠压、三段过流、堵转、热积累、相敏等多种保护，根据负载特性选配自动生成保护特性，解决了组合开关驱动单元的保护特性的标准化和适用性。

2）创新点

（1）采用标准化结构设计、分布式控制技术实现的组合开关，满足煤矿多场景、多种控制工艺应用的定制化需求，提高设备的标准化水平，降低生产成本。

（2）采用分布式控制和自适应保护技术，减少设备部件和内部布线，简化控制系统复杂度，提高系统可靠性，降低现场应用和维护难度。

（3）采用智能控制技术设计控制器，实现了组合开关的多种控制功能智能集成、故障自诊断和运维决策辅助，提升了设备适应性、可维护性，提高生产效率。

2. 关键参数

分布式模块化矿用组合开关额定电压为3300/1140/660 V，额定电流为2400 A/1600 A/800 A，回路数为2、4、6、7、8、9、10、11、12、14。

3. 典型应用案例及使用效果

产品采用分布式总线控制架构、标准化功能部件，实现了驱动单元一体化、标准化，系统功能自由选配组合。每回路独立运行或自由组合，其可靠性、操作性、互换性和扩展性很强，满足不同定制化配置需求。已广泛应用于山西、内蒙古、宁夏、贵州等地的煤矿企业。

4.2.2 煤矿智能化技术及装备

4.2.2.1 掘进机智能化控制系统

掘进机智能化控制系统由山西天地煤机装备有限公司研发，具有自主知识产权。

1. 技术内容与创新点

系统以掘进工作面设备、环境和人三者之间的多耦合控制模型为基础，实现了不同地质条件的掘进机大数据存储、分析及智能管控。该系统具有设备自主感知和健康诊断、多信息融合的掘进机远程可视化及远程集中控制等功能。设备自主感知和健康诊断实现了掘进机全工况参数监测、主动防护、人员安全管控及关键元部件寿命预测等；多信息融合的掘进机远程可视化实现了设备自主导航可视化，掘进设备多点音视频监控等，利用实时通信网络并通过协同控制策略实现了远程智能控制。创新点主要有：采用外置传感器的悬臂相对机身姿态的检测方法；应用惯导实现机身位姿自主检测。

2. 关键参数

（1）传感器信号同时采集路数：≤20 路。

（2）视频信号同时传输路数：≤9 路。

（3）掘进巷道断面自动成形控制精度：≤±15 cm/20 m。

（4）无线传输距离：≥50 m。

（5）远程控制信号响应时间：≤300 ms。

3. 典型应用案例及使用效果

2019 年 9 月至今，该系统在山东能源新矿集团孙村煤矿使用，实现了掘进机定位截割、记忆截割、防碰撞及人员接近安全预警，掘进机远程可视化监控及智能控制等，系统运行稳定可靠。具体如图 4-43、图 4-44 所示。图 4-43 所示为孙村矿地面调度室，图 4-44 所示为掘进工作面智能监控系统的上位机界面。

图 4-43　孙村矿地面调度室

4.2.2.2　大功率自动化高效钻进技术及装备

依托"十三五"国家科技重大专项课题《煤矿井下智能化钻探装备及高效快速钻进技术》的要求，研制了具有完全自主知识产权的新型大功率智能化定向钻进技术装备。ZDY25000LDK 型煤矿井下智能化定向钻进装备（图 4-45）、防爆地质导向随钻测量系统和旋转导向钻进系统（图 4-46），以及配套钻进技术，解决了现有大功率定向钻进装备机械化程度低、参数监测和事故预防技术落后、滑动定向钻进方式施工的钻孔轨迹平滑性差、起伏大煤层钻遇率和成孔效率低、硬岩中定向钻进困难、顶板定向长钻孔直径小、成孔效率低等技术难题，实现煤矿井下智能高效快速钻进。

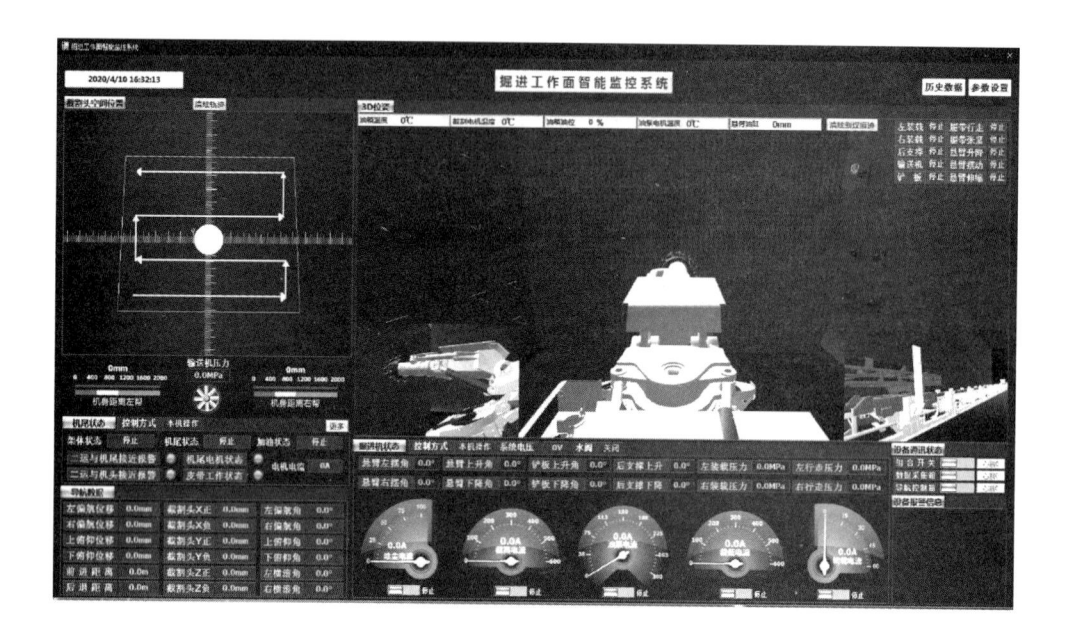

图4-44 掘进工作面智能监控系统的上位机界面

图4-45 ZDY25000LDK型煤矿井下智能化定向钻进装备

图4-46 旋转导向钻进系统

1. 技术内容与创新点

1）煤矿井下智能化定向钻进装备

基于防爆电液控制、闭式恒功率液压控制、遥控远程控制等技术，研制了电液控制智能化钻机和配套高压大流量泥浆泵车，为定向钻进过程智能控制提供了装备保障，钻机的额定扭矩达到25000 N·m，给进起拔力不小于300 kN，可实时测量钻进参数和钻机状态参数，并对10余种孔内工况和钻机故障进行实时诊断报警，单根钻杆自动上卸时间不超过1 min，极大地提高了定向钻进安全性。关键技术创新如下：

(1) 大能力输出与紧凑型结构设计。
(2) 高效机械化钻杆自动装卸与执行部件协同控制技术。
(3) 电液复合控制定向钻机液压系统设计。

该项技术获发明专利见表4-25。

表4-25 煤矿井下智能化定向钻进装备获发明专利情况

专利号	发明专利名称
ZL201610072829.1	具有自动换杆功能的履带式全液压坑道钻机
ZL201811238047.6	一种适用于煤矿井下钻机的自动加卸杆装置
ZL201810338762.0	基于定向钻进孔内负载模拟的泵车性能检测装置及方法
ZL201811238010.3	搓杆头、煤矿井下动力头钻机用搓杆装置及起下钻方法

2）基于自然伽马的矿用有线地质导向随钻测量装置

针对井下目前均采用几何导向钻进技术进行定向钻孔施工，即以钻孔轨迹几何参数为轨迹调控依据，不具备地层辨识功能，侧钻工作量大，钻进效率和煤层钻遇率偏低等实际问题，研制的基于自然伽马的矿用有线地质导向随钻测量装置，配套开发了地质导向钻进技术，初步实现地质导向钻进。关键技术创新如下：

(1) 复合供电与信号有线传输技术。
(2) 自然伽马测量技术。
(3) 小直径方位伽马开窗结构与整体隔爆结构设计。
(4) 煤矿井下地质导向钻进技术。

该项技术获专利见表4-26。

表4-26 基于自然伽马的矿用有线地质导向随钻测量装置获专利情况

类型	专利号	专利名称
发明专利	ZL201610466157.2	基于地层岩性识别的井下定向孔顺层导向钻进系统及方法
软件著作权	2017SR504790	随钻伽马测井煤岩界面识别软件
	2020SR0568123	8扇区随钻方位伽马测量操作软件

3）矿用小直径本安型液驱推靠式旋转导向钻进系统

针对当前煤矿井下几何导向钻进工艺技术与装备存在的不足及定向钻进的新需求，开发了矿用小直径本安型液驱推靠式旋转导向钻进系统，关键技术创新如下：

（1）复合供电与复合信号通信技术。

（2）机电液一体化推靠矢量闭环控制。

（3）动态高精度孔内工程参数精确测量技术。

该项技术获专利见表4-27。

表4-27 矿用小直径本安型液驱推靠式旋转导向钻进系统获发明专利情况

类型	专利号	专利名称
发明专利	ZL201810061857.2	煤矿井下近水平钻进用指向式旋转定向钻进工具及方法
	ZL201810593501.3	一种煤矿井下涡轮发电机系统及其工控方法
软件著作权	2020SR0548246	矿用本安型随钻轨迹测量（CAN通信）探管控制软件

2. 关键参数

大功率自动化高效钻进技术与装备关键技术参数见表4-28。

表4-28 大功率自动化高效钻进技术与装备关键技术参数

技术参数		数值
钻机单元	额定转矩/(N·m)	25000~4000
	主轴制动扭矩/Nm	4000
	额定转速/(r·min^{-1})	40~180
	主轴通孔直径/mm	135
	配套钻杆直径/mm	114
	最大给进/起拔力/kN	300/350
	给进/起拔行程/mm	2200
	主轴倾角/(°)	0~20
	电机功率/kW	160
	外形尺寸（长×宽×高）/(mm×mm×mm)	5300×1600×2150
	重量/kg	15000
泵车单元	泥浆泵量/(L·min^{-1})	800
	泥浆泵压/MPa	12
	电机功率/kW	315
	外形尺寸（长×宽×高）/(mm×mm×mm)	5100×1600×1950
	重量/kg	11000
地质导向系统	自然伽马测量范围 API	0~350
	测量精度/%	±4
	探测半径/m	0.5
	成像扇区数量	≥8
旋转导向系统	外径/mm	140
	造斜率/(°)/m	20/100
	转速范围/(r·min^{-1})	80~200

表 4-28（续）

技术参数		数值
旋转导向系统	最大工作压力/MPa	20
	最高工作温度/℃	70
	驱动介质（清水）流量/(L·min^{-1})	300~800
	抗振动/冲击/g	5/50

3. 典型应用案例及使用效果

该装备先后进行多次现场工业性试验与示范应用。其中，在晋煤集团寺河煤矿采用地质导向钻进系统施工钻孔 2 个，累计进尺 2217 m，最大主孔深度达到 1209 m，共施工分支孔 5 个，减少了探顶及开分支工作量，施工效率提高 25%，提高了钻进效率和有效进尺比例，保证钻孔轨迹在目标地层中延伸，施工的试验钻孔实钻轨迹如图 4-47 所示。在焦作赵固二矿采用地质导向钻进系统进行顺煤层瓦斯抽采钻孔钻进试验，实钻孔深 606 m，总进尺 1875 m，共施工分支孔 8 个，显著减少了分支孔数量，提高了钻进效率和煤层孔段进尺比例，钻孔轨迹平滑，有利于深孔钻进和瓦斯抽采。

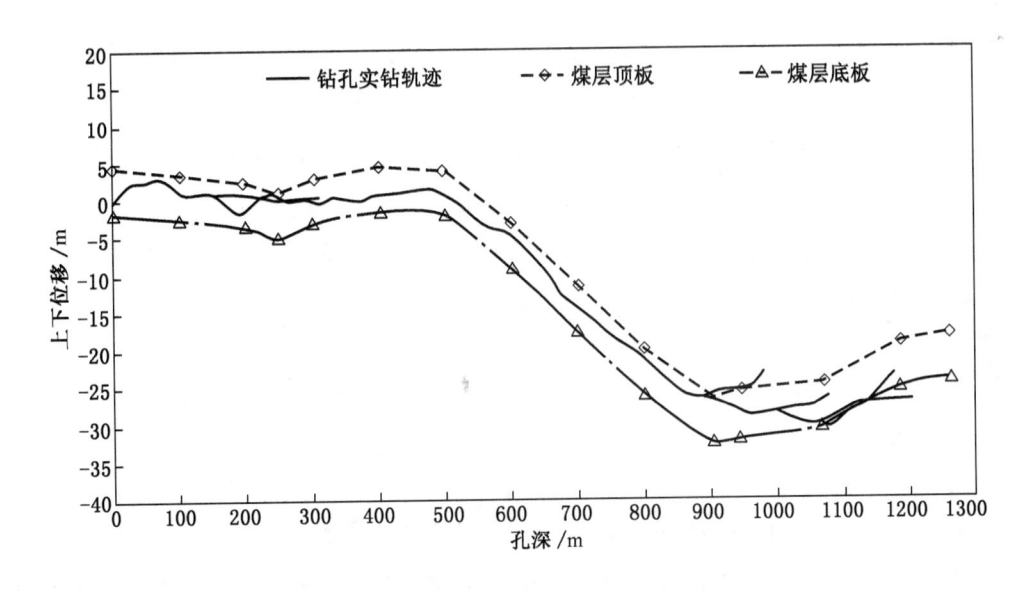

图 4-47 寺河煤矿地质导向试验钻孔实钻轨迹图

通过两轮试验结果表明煤系地层自然伽马可用于评估钻头位置的地层信息，结合钻孔轨迹参数测量，控制钻孔沿着预定方向在目的地层中延伸，降低了分支孔施工数量，提高了钻进效率和目的地层有效进尺比例，保证钻孔轨迹在目的煤层中延伸，钻孔轨迹平滑，有利于深孔钻进和瓦斯抽采。同时在地层识别的基础上，采用复合钻进和滑动定向钻进交替施工，钻进系统给进压力、回转压力远低于滑动定向钻进时的数值，钻进系统压力富余量充分，保障了钻进施工安全。

大功率自动化高效钻进技术与装备整体在鄂尔多斯市唐家会煤矿进行现场工业性试验，对煤矿井下智能化定向钻进装备、旋转导向钻进系统及配套钻进工艺等研究成果进行现场检验。第一阶段试验钻孔总进尺 822 m，其中主孔深度为 806 m，施工分支孔 1 个，钻进过程中复合钻进钻速 2~4 m/min，

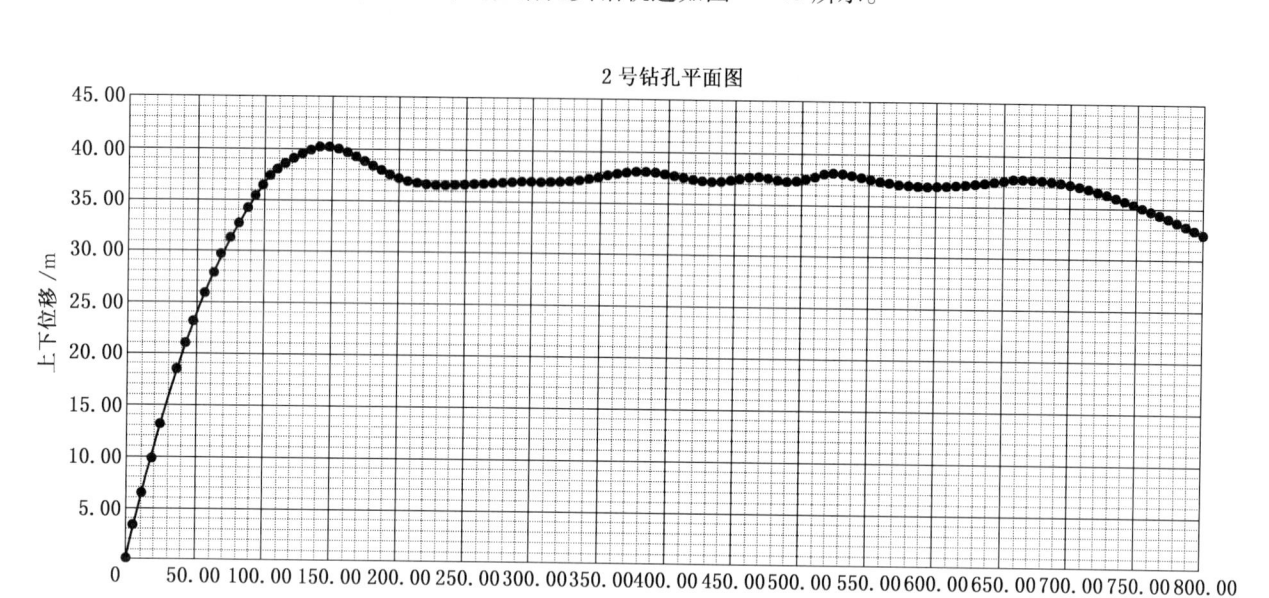

定向钻进钻速 2~5 m/min，施工的试验钻孔实钻轨迹如图 4-48 所示。

图 4-48 唐家会煤矿地质导向试验钻孔实钻轨迹图

通过现场试验表明，旋转导向钻进技术可在回转钻进的同时实现定向钻进，结合钻孔轨迹参数和地质参数测量结果，控制钻孔沿着预定轨迹在煤层中延伸，可解决钻孔轨迹不平滑、长钻孔排渣困难、成孔率低和硬岩定向钻进困难等问题，提高钻探施工效率和钻探施工安全性，实现从"滑动定向钻进"到"旋转定向钻进"的跨越。

4.2.2.3 煤炭综采成套装备智能系统

煤炭综采成套装备智能系统由北京天地玛珂电液控制系统有限公司研发，具有自主知识产权。研究成果达国际领先水平。

1. 技术内容与创新点

（1）系统提出了综采工作面智能化生产模式，攻克了综采成套装备感知、信息传输、动态决策、协调执行、可靠性等关键技术，实现了综采成套装备顺槽控制的智能化开采（顺槽 2 人控制，工作面内 1 人巡检）。

（2）首创了智能+远程干预的采煤新模式。攻克了工作面开采场景实时再现技术，发明了基于陀螺仪三维定位的工作面智能矫直技术，创新研制了国内首套煤炭综采成套装备智能系统，解决了煤矿复杂地质条件下超百台百吨级重型设备阵列连续推进的自动控制难题，实现了工作面内无人操作（仅 1 人巡视）的智能采煤常态化运行。

（3）首创了以采煤机记忆截割、液压支架自动跟机及顺槽可视化远程遥控为基础，以成套装备控制系统为支撑，以自适应采煤工艺、融合"人、机、环、管"过程数据的控制为核心，实现智能采高调整、斜切进刀、连续推进等功能的智能化煤炭开采模式。

（4）发明了以工作面工业以太环网为平台的具有分析处理功能的环境及装备智能感知系统。创新研制了本安型角度传感器、综合接入器、摄像仪、监视器等装备，实现了煤壁片帮、液压支架姿态与采高的感知，具有视频拼接、跟机推送功能的全工作面视频监视和数据驱动三维虚拟现实展现。

（5）创新研发了以高性能工业计算机为控制核心，以工作面环境、人员、设备智能感知为基础，以煤流系统负荷为决策依据的采煤机、液压支架、刮板输送机动态分析、智能决策联动控制系统。

（6）首创人机交互界面友好的顺槽可视化远程遥控一体化监控中心，采用高速现场总线内部控制专线，实现了采煤机远程实时控制、液压支架远程实时控制功能，并能在顺槽监控中心"一键"启停成套装备。

（7）研制了采煤机与液压支架安全防碰撞装置，解决了采煤机滚筒与顶梁、护帮干涉与碰撞的问题；研制了工作面内人员安全定位装置，自动闭锁工作人员所在支架。

2. 关键参数

在顺槽监控中心远程遥控最远的支架控制信号传输延迟不大于 300 ms。

3. 典型应用案例及使用效果

在陕煤红柳林煤矿 7.2 m 大采高工作面完成了工程示范，年产量为 1009.72×10^4 t，工作面减至 5 人，并在神华宁煤、阳煤等复杂条件中厚煤层，冀中能源、陕煤黄陵、同煤薄煤层、中煤平朔放顶煤等 15 个工作面应用。其中，黄陵一矿较薄煤层 1001 工作面创造了连续 9 个工作循环采场无人操作的纪录；阳煤新元矿 310205 工作面首次应用采煤机牵引速度与瓦斯浓度联动控制，大幅提升了工作面安全系数和生产效率；宁煤梅花井煤矿复杂条件 1102206 工作面实现了单日推进 24 个工作循环，打破了宁煤单日推进循环纪录。本技术装备创造产值 2 亿元以上，产生经济效益 16 亿元，经济和社会效益十分显著。图 4-49、图 4-50 所示为该设备在黄陵一矿的使用情况。

图 4-49　黄陵一矿地面调度指挥中心　　　　图 4-50　黄陵一矿井下顺槽监控中心

4.2.2.4　3~4 m 煤层千万吨级智能化综采装备关键技术研究

3~4 m 煤层千万吨级智能化综采装备关键技术研究在兖州煤业鄂尔多斯能化公司转龙湾煤矿进行工程示范，具有自主知识产权，成果达国际领先水平。获国家专利共计 16 项，其中发明专利 13 项，实用新型专利 3 项。

1. 技术内容与创新点

（1）通过创新突破了恶劣环境条件下工作面直线度精确检测与智能控制、采煤机记忆截割控制、刮板输送机智能控制、工作面集中远程智能控制等多个关键技术问题。形成一套集检测、控制、通信、视频于一体的国产综采成套装备。实现了综采装备整体技术突破，大幅减少了工作面操作工人数量，实现了整个采煤过程中少人值守的智能化安全高效生产。

（2）研发了大功率、高可靠、智能化高效工作面成套装备及生产工艺，国内首次在 3~4 m 煤层条件下达到年产千万吨的水平。

（3）国内首次研发出基于惯性导航的高速、重载智能化采煤机，实现了全作业循环自动化。

（4）国际首次研制出中心距 2.05 m、工作阻力 16000 kN、高 4.3 m 强力液压支架；两巷采用超前支架，遥控和自动控制，与工作面整体协同推进；设备列车实现了快速自移。

（5）国内首次研制出大运量、高可靠、超重型刮板输送机，采用智能柔性变频调速系统，使链速调控范围缩小 20%，链速匹配控制精度提高了 60%，正常采煤班刮板输送机链条的行程降低了 32.9%，能源消耗降低了 17.3%。

（6）国内首创基于惯导的综采设备三维空间定位和运行轨迹检测，实现了复杂条件下的工作面自动化生产模式常态化运行。

（7）国际首创研制了基于 Ethernet/IP 的"千兆以太网主干、无线 WiFi 多级跳传辅助"的工作面智能控制综合通信平台，解决惯导数据及控制信息的高速、可靠稳定传输。

2. 关键参数

（1）位置控制精度 ±3 cm，截割高度稳态重复精度 ±4 cm，最高重载牵引速度达到 17 m/min。

（2）输送机平直度测量偏差小于 50 mm；基于高精度行程传感器和双速逻辑阈实现拉架推刮板输送机精确控制，误差小于 20 mm，全工作面直线度偏差不超过 500 mm。

3. 典型应用案例及使用效果

该技术将转龙湾煤矿智能化工作面的操作工人数量从 13 人降低至 8 人，实现了工作面无人跟机操作的智能化安全高效生产。2016 年 2 月—2017 年 3 月，在转龙湾煤矿 23303 工作面安装调试，克服了工作面地质条件差、煤层局部具有高应力显现的困难，每班可开采 8 刀以上，最高日产达到 37800 t，最高月产达到 901300 t，工作面达到了年产千万吨水平。成果突破了综采成套装备智能化控制系统核心技术，提高了我国高端煤机装备的研制能力和水平，满足了国家提升制造业国际竞争力的战略需要。成果首次采用了人机智能融合控制的生产模式，大幅提升了综采成套装备的智能化水平，带动了我国在煤机装备自动化、智能化方面的整体技术进步，为建设大型现代化矿井提供了保障，有力地推动了我国煤炭工业的转型升级。图 4-51 所示为综采面找直后整体效果图。

4.2.2.5　7 m 超大采高综放开采成套技术及装备

"7 m 超大采高综放开采成套技术与装备"是在大采高综放开采和超大采高一次采全厚开采科研和实践经验积累的基础上，进行的具有自主知识产权的技术与装备的创新和突破，由中煤科工开采研究院有限公司与兖矿集团联合研发。

1. 技术内容与创新点

针对陕蒙地区埋深较浅的 8~14 m 特厚坚硬煤层采用普通大采高综放开采（机采割煤高度为 3.5~5.0 m）存在的顶煤冒放性差和采出率低等问题，采用超大采高小采放比开采理念，通过适当地增大机采割煤高度，选择合理的液压支架架型结构和工作阻力，优化放煤工艺和放煤参数等方式，在保证支架－围岩耦合支护系统稳定可靠的前提下，提升坚硬顶煤冒放性、资源回收率和开采效率，实现综放工作面"架前煤壁稳定易维护，架后顶煤破碎易放出"的良好状态。

研发了以两柱掩护式超大采高强力放顶煤液压支架支护群组为核心，以高可靠性自适应超大运量运输系统和多级破碎系统为保障的超大采高综放开采成套技术与装备、应用了超大采高综放工作面端

图 4-51　综采面找直后整体效果图

头大梯度过渡配套模式和前部端卸、后部交叉侧卸的卸载模式发明了基于高精度国产化惯性导航系统的装备群组自组织协同控制方法；创新研发液压支架状态精确感知系统，发明了放顶煤液压支架智能控制放煤方法，实现以时序控制为主、人工干预为辅的常态化自动放煤，实现了超大采高综放工作面"采-运-支-放"成套装备协同控制。

2. 关键参数

7 m 超大采高综放工作面主要配套设备参数见表 4-29。

3. 典型应用案例及使用效果

金鸡滩煤矿超大采高综放开采工业性生产实践表明：超大采高综放工作面实际机采高度为

表 4-29　7 m 超大采高综放工作面主要配套设备

名称	型号	数量
采煤机	MG1000/2650-GWD	1
中间支架	ZFY21000/35.5/70D	142
大梯度过渡支架	ZFY21000/35.5/70D	2
机头/尾过渡支架	ZFG22000/31/55D	6
巷尾支架	ZYD17000/27/55D	2
带式输送机巷超前支架	ZCZ45500/29/55D	2
辅运巷超前支架	ZCZ39000/29/55D	2
前部刮板输送机	SGZ1250/2×2000	1
后部刮板输送机	SGZ1400/3×1600	1
转载机	SZZ1800/1200	1
破碎机	PCM1200	1
破碎机自移机尾	DWZY-1800/1600	1

6.3~6.5 m，支架-围岩耦合支护系统稳定，局部煤壁发生可控片帮，顶煤冒放性好；大运量自适应运输系统运行可靠，多级大块煤破碎系统（含刮板输送机初级破碎、破碎机入料口预破碎、破碎机破碎和破碎自移机尾破碎）能有效破碎工作面前部煤壁在周期来压期间片落的板状大块煤和工作面后部在非周期来压期间冒落的块状大块煤，确保工作面运输系统出煤粒度小于 300 mm，保证工作面运输系统持续高效运行；工作面最高日产 7.9×10^4 t，最高月产 2.02 Mt，资源回收率达 92%，具备年产 18~20 Mt 生产能力。

超大采高综放开采成套技术与装备为西部煤炭基地 8~14 m 特厚硬煤的高产、高效、高回收率和高品质开采提供了新的技术途径。项目成果实现了煤炭开采领域的重大突破与技术变革，引领了厚煤层开采技术发展方向，应用前景广阔。

4.2.2.6 煤矿主运输协同控制系统

煤矿主运输协同控制系统由天地（常州）自动化股份有限公司研发，具有完全自主知识产权。先后取得基于带式输送机载荷分布的设备协同自动控制方法、煤矿主运煤流运输线的协同控制方法、自疏通矿用转载溜槽等发明专利6项；天地自动化煤矿井下主运输控制系统应用软件、天地自动化带式输送机载荷分布检测仪嵌入式软件、天地自动化矿用智能视频料流传感器嵌入式软件、天地自动化速度检测传感器嵌入式软件等软件著作权7项。

1. 技术内容与创新点

1）技术内容

控制系统运用煤流运输设备高效运行控制策略，建立煤流运输系统智能控制整体解决方案，可对单条或多条带式输送机组成的运输系统及其相关设备进行集中监测和控制。系统构成有多种方案可选，满足各种不同带式输送机的控制要求。系统集成了带式输送机保护、控制、语音通信、视频监控等功能，实现煤流运输系统的自动控制，提高煤矿自动化生产水平，降低设备空转率，综合节电率达到10%；建立远程维护平台，提高设备维护效率，降低设备故障停机率。

同时，为了提高主运输系统故障检测准确率，研发了基于机器视觉的多传感融合平台，该平台包括矿用本安型工业相机、矿用本安型结构光发射器、矿用本安型多传感融合计算盒等产品，具备图像采集、图像分析、视频存储、视频发布等基本功能，通过特定的产品组合以及加载特定的视觉分析算法和多传感融合算法，可实现对主运输系统多种关键参数或故障进行检测，如带式输送机载荷分布检测、带式输送机带面损伤检测、带式输送机转载点卡堵检测等。

2）创新点

（1）基于载荷分布检测的带式输送机协同控制策略采用分布式控制技术和模糊控制算法，控制运量和带式输送机速度，根据煤流运输线实际运量控制各机电设备运转，降低设备空转率和带式输送机能耗，同时也减少了设备损耗。

（2）基于机器视觉的多传感融合平台，采用组合方式灵活构建特定应用检测装置，具有产品标准化、架构轻量化、功能多样化的技术优势。平台包含单目/多目相机、结构光、超声波、速度等本安型产品，多种传感器采用即插即用的组合方式接入本安型融合计算盒，由此来灵活构建特定应用检测装置。

（3）研发了能效管理产品，对节能效果实现了闭环管理，同时采用设备远程维护等技术，降低了运行维护费用。

2. 关键参数

智能主运输控制系统关键参数：

（1）煤仓煤位检测精度为±1%。

（2）带面载荷分布精度为3 m，载荷定性测量准确性大于99%。

（3）系统故障检出率不低于90%。

（4）主运系统空载率降低60%，过载停机故障发生率为0。

（5）综合节电率达到10%。

3. 典型应用案例及使用效果

山东临矿集团鲁西煤矿有限公司从 2018 年开始正式使用绿色智能煤矿主运输协同控制系统，实现了井下 6 条带式输送机的协同控制，节省原来固定岗位员工约 30%，提升了运输效率（图 4-52、图 4-53）。

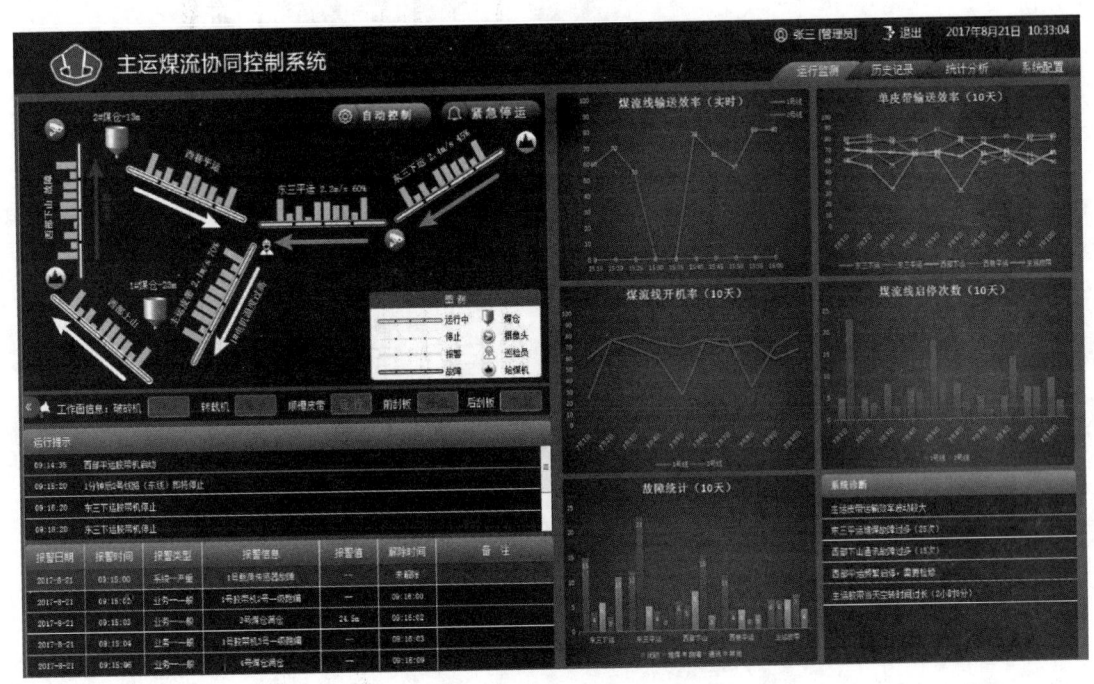

图 4-52 鲁西煤矿协同控制系统展示

4.2.2.7 大型矿井提升系统全自动化智能控制系统

大型矿井提升系统全自动化智能控制系统是国家"863"计划课题"特大型矿井提升系统关键设备的研制"的子课题，由天地科技股份有限公司联合浙江大学、冀中能源峰峰集团梧桐庄煤矿共同研发，具有自主知识产权。其取得专利情况见表 4-30。

表 4-30 大型矿井提升系统全自动化智能控制系统取得专利情况

类型	专利号	专利名称
发明专利	ZL201210556253.8	一种大型双腔箕斗的设计方法和双腔箕斗
	ZL201410749652.5	一种提高立井摩擦式提升系统提升能力的方法和装置
实用新型	ZL201420771778.8	一种提高立井摩擦式提升系统提升能力的装置
软件著作权	2013SR114161	提升机分布式数据通信软件
	2014SR163595	异步电机调速控制软件

1. 技术内容与创新点

本系统针对现有大型矿井提升系统电控设备存在控制性能较差、网络化自动化智能化程度不高、故障诊断能力不强等问题，在重点研究大型矿井提升机调速控制技术、位置闭环控制技术、机电液协调控制技术、提升机安全可靠性技术、无人值守全自动化智能集控技术、提升机电控故障诊断及健

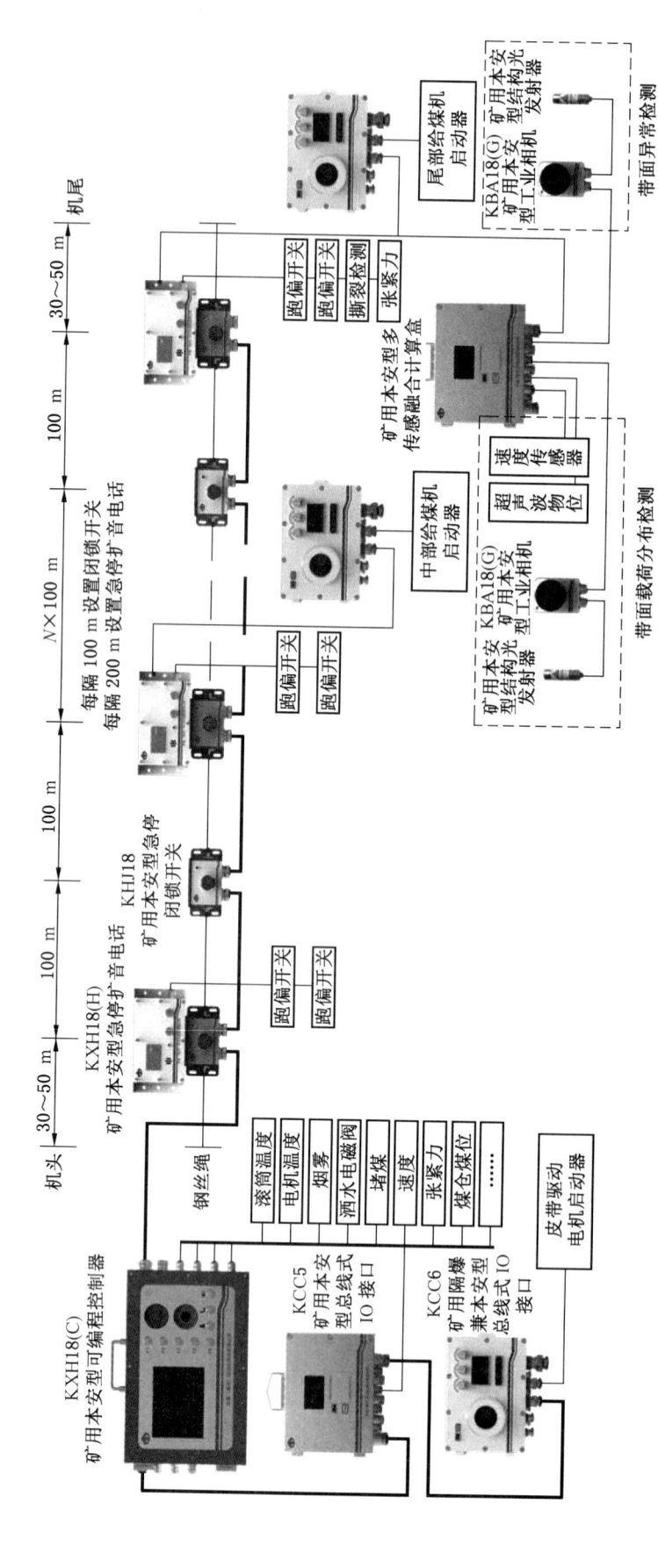

图 4-53 主运输系统架构

管理技术等关键技术基础上，研制大型矿井提升系统全自动化智能控制装置，开发矿井提升系统的故障诊断及健康管理系统，形成大型矿井提升系统全自动化智能控制系统的成套技术和装备，提高了我国提升机电控系统设备的技术水平和装备水平。

1）技术内容

（1）研究开发大型矿井提升系统最优运行特性与智能控制技术。

（2）研究开发大型矿井提升系统提升位置准确控制技术。

（3）研究开发大型矿井提升全自动化智能控制系统安全工作可靠性技术。

（4）研究开发大型矿井提升系统远程自动启停智能控制技术。

（5）研究开发大型矿井提升系统远程集中控制技术。

（6）研究开发大型矿井提升系统关键部件及装置性能退化在线监测技术和故障诊断及健康管理技术。

（7）开发大型矿井提升系统全自动化智能控制系统和试验研究。

2）创新点

（1）研发了适应国内大型矿井的提升系统全自动化智能控制系统，满足大容量、稳定、可靠、无人值守的主井提升系统全自动运行的需求。

（2）针对提升系统严格按照设计速度图准确运行的要求，研发集位置、速度、转矩于一体的闭环控制系统，结合制动系统模糊控制，实现提升机系统的快速动态响应、调速平稳及位置准确控制。

（3）研制适合于煤矿提升系统运行工艺的智能协调控制器，提出基于增强式学习的非线性自适应协调控制策略和基于模糊 PID 控制的协调控制策略，该策略相比传统控制方式具有动态响应曲线好、响应时间短、超调量小、稳态精度高的特点。

（4）研究基于状态识别的提升系统远程自动启停智能控制技术，实现了提升系统设备的自启停智能控制和远程视频监视下的无人值守提升系统全自动化运行。

（5）提出了提升系统关键部件及装置的典型退化故障变化趋势的表征指标和诊断方法，为实现提升系统关键部件典型性退化故障的在线检测和故障预警奠定了相应的基础。

（6）开发了基于智能专家知识库的提升系统故障智能诊断及健康管理系统，实现提升系统故障快速诊断处理以及设备维护优化决策，提高了系统的安全可靠性。

2. 关键参数

大型矿井提升系统全自动化智能控制系统参数见表 4-31。

表 4-31 大型矿井提升系统全自动化智能控制系统参数

项 目	技术参数
调速范围	100∶1
动态调速精度/%	0.1
超调量/%	<2
行程控制精度/m	0.01
控制方式	全自动/半自动/手动，具有提升系统无人值守自动运行功能
故障诊断误报率/%	<5

表 4-31（续）

项　目	技术参数
成败型故障检测成功率/%	100
提升系统关键部件性能退化早期检测成功率/%	>90

3. 典型应用案例及使用效果

该系统已应用于冀中能源梧桐庄煤矿 2 号主井提升系统改造项目，实现了提升系统运行特性的最优化以及全自动智能化控制，在远程视频监视和启停控制下的无人值守提升了系统全自动化运行，建立了提升系统设备互联网保障服务体系，确保提升系统高效稳定运行，提高了矿井提升效率，达到减人增效的目的，解决了该矿主井原提升系统提升能力不足的问题，保障矿井提升的安全高效生产。项目成果在河北、安徽等地进行成功推广。

（1）大型矿井提升系统全自动化智能控制系统自动化智能控制装置如图 4-54 所示。

图 4-54　大型矿井提升系统全自动化智能控制系统自动化智能控制装置

（2）大型矿井提升系统全自动化智能控制系统故障诊断及健康管理如图 4-55 所示。

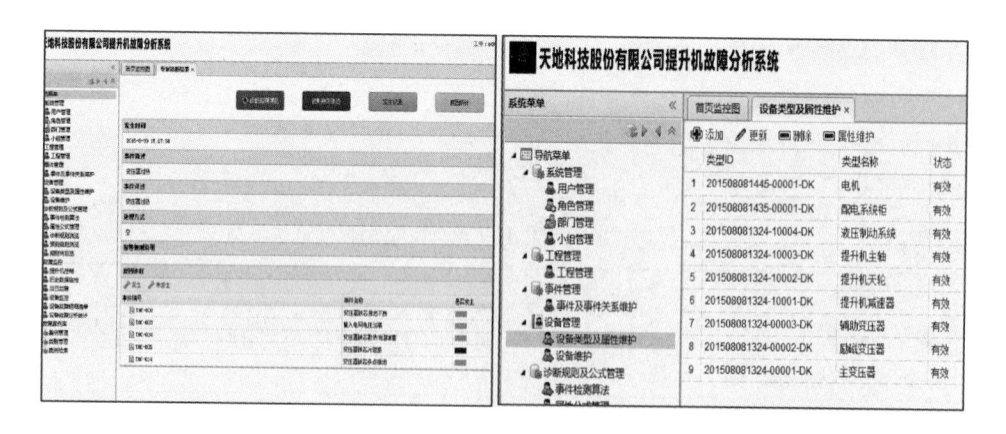

图 4-55　大型矿井提升系统全自动化智能控制系统故障诊断及健康管理

（3）实际效果：采用提升系统运行性能优化智能控制技术，现场应用表明高速（14 m/s）运行平稳、加减速平滑、超调小（≤2%）、停车位置准确（精度达0.01 m），启停平稳。

4.2.2.8 综采智能高效大流量集成供液系统

综采智能高效大流量集成供液系统提出了适用于智能化开采工艺的自适应供液方法，建立了一套完整的智能集成供液体系，攻克了高压泵脉动控制、智能联动、电磁卸荷、浓度在线检测、可靠性等关键技术，研制出我国首套具有自主知识产权的综采智能高效集成大流量供液系统，解决了供液质量差和无法与工作面用液需求自适应的难题。具有自主知识产权。

1. 技术内容与创新点

（1）首创了一种以工作面用液需求为目标的压力窄幅波动大流量供液模式，创新提出了一种自适应采煤工艺的乳化液均衡输出控制方法并研制出首套智能供液控制系统，实现系统的闭环智能联动控制。

（2）创新提出了以大偏心距重载曲轴为基础的高效率乳化液泵的设计方法，解决了乳化液泵耐久性低、可靠性不高的难题，研制出国内首套三柱塞结构的400 L/min、37.5 MPa乳化液泵。

（3）发明了电液双控自动切换本安型电磁卸载阀，填补了国际空白，解决了泵站压力无法实现远程自动控制的难题，保障了供液的稳定性。

（4）发明了一套可靠的综采工作面乳化液质量保障系统，解决了制约行业多年乳化液浓度在线检测、清洁度控制和适应不同水质条件下的乳化液稳定性难题，实现了供液系统的清洁、稳定、高效，保障了工作面采煤的连续运行。

（5）独创了全方位多层级工作面供液安全保证体系，建立了故障诊断和应急保护快速响应机制，保障了综采智能高效集成大流量供液系统的安全运行。

2. 关键参数

（1）泵站恢复压力达到调定压力的90%以上。

（2）高品质乳化液自动配比误差不大于±0.5%。

（3）建立系统过滤体系：精度为25 μm，过滤效率不低于95%。

3. 典型应用案例及使用效果

该系统在伊泰京粤酸刺沟煤矿 $6_{上}111$ 工作面进行了工业性试验，实现了供液系统的一键启停控制，系统工作压力为36 MPa（国内工作面供液系统最高压力），连续运行时间6个月，年过煤量11 Mt，总节能30%，用液系统相关故障率降低40%（图4-56）。

图4-56 综采智能高效大流量集成供液系统

4.2.2.9 高水基高压大流量柱塞泵及液压阀

高水基高压大流量柱塞泵及液压阀由北京天地玛珂电液控制系统有限公司研发,具有自主知识产权。

1. 技术内容与创新点

(1) 本成果攻克了高压大流量乳化液泵的可靠液力传动技术和超大流量液压阀硬密封可靠性等技术,研制了乳化液泵和液压阀系列成套产品,研发了核心产品智能制造工艺及自动检测技术。

(2) 首创了具有电控、液控双卸荷功能的高水基高压大流量乳化液泵(流量630 L/min、压力40 MPa),创新了以大偏心距重载曲轴为基础的高效率乳化液泵的设计方法,解决了可靠性和耐久性关键技术难题,实现了进口产品替代,打破了国外垄断。

(3) 发明了大采高液压支架平稳、抗冲击快速升降柱阀组控制系统,首创了1000 L/min、40 MPa本安型高压大通径可靠密封结构的电液控换向阀;发明了三级分时卸荷、单进双回快速回液1000 L/min、50 MPa液控单向阀,解决了大采高液压支架 $\phi 500$ mm 以上大缸径立柱抗卸载冲击及快速移架难题。

(4) 创建了气动弹簧高压大流量安全阀动态响应传递函数和理论模型,攻克了阀芯大流量开启瞬态液动力补偿技术,发明了2000 L/min、50 MPa可靠密封结构的充气式安全阀和大流量安全阀测试系统,安全阀开启响应时间为20 ms,解决了超大采高综采工作面顶板来压时高工作阻力液压支架快速泄压难题。

(5) 创新了 $\phi 1$ mm 内孔过液套O形密封圈组件无人化装配工艺,攻克了 $\phi 2.5$ mm 孔内O形密封圈过交叉孔无损自动精准装配技术,研制了智能装配系统,解决了核心产品电磁先导阀的关键工序的自动化装配瓶颈问题。

(6) 该成果获授权国家发明专利10项,实用新型专利5项,申请发明专利2项;编制发布了国家标准1项;发表论文27篇(EI收录4篇)。经中国煤炭工业协会组织的成果鉴定,该项目整体技术创新水平达到国际领先,引领了行业发展。

2. 关键参数

(1) 高水基高压大流量柱塞泵额定流量630 L/min,额定压力为40 MPa,容积效率为90%以上。

(2) 电磁卸荷阀额定压力为40 MPa,泵站电磁先导阀启闭响应时间为100 ms,使用寿命达20万次。

(3) 1000 L/min、40 MPa电磁先导式电液控换向阀耐久性为30000次,达到欧洲标准。

(4) 安全阀流量达到2000 L/min,额定工作压力达到50 MPa。

(5) 液控单向阀额定流量达到1000 L/min,额定工作压力达到50 MPa,各项性能指标均达到欧标要求,通过国标25974.3中A类阀的要求。

3. 典型应用案例及使用效果

630 L/min成套智能供液系统在2017年4月在大柳塔煤矿大采高工作面正式投入使用。BRW630/40R型乳化液泵在神东集团大柳塔煤矿52301大采高工作面为期近6个月的工业性试验过程中,总体性能表现良好,主要传动结构稳定可靠,泵头、吸排液阀、柱塞等关键液压元部件强度高、耐久性好,盘根、油封等密封件、易损件的平均寿命均达到进口泵站同类水平,泵组热平衡后油温不高于55 ℃,油压不低于0.9 MPa,各处密封无渗漏情况。经井下近6个月的工业性试验验证,天玛公司

BRW630/40R型乳化液泵站实现了高产高效千万吨工作面进口泵站系统的完全国产化替代，满足了神东大采高高工作阻力工作面快速推进的供液需求，填补了国产高压大流量泵站的空白（图4-57）。

4.2.2.10　8.8 m大采高成套智能输送装备

为满足8.8 m特厚煤层一次采全高配套要求的大功率、高运量、长运距、高可靠性成套智能输送装备，研制了具有自主知识产权的8.8 m大采高成套智能输送装备，解决了8 m以上特厚煤层大采高的技术装备和采煤工艺等关键技术，性能指标达到国际领先水平。

1. 技术内容与创新点

图4-57　大柳塔煤矿采用高压大流量乳化液泵

该装备主要研制开发了高强度、高可靠性、高耐磨性的2.4 m中部槽组件，172 mm节距凹齿面销排牵引系统，$\phi 60$ mm×181/197 mm规格链条刮板组件，链轮组件等大采高输送装备零部件，同时配套先进的智能"软启动"技术。

（1）中部槽组件。采用2.4 m支架及相应长度的中部槽，中部槽满足较大推刮板输送机力和拉移支架力、大采高采煤机的重力和割煤反力，同时满足大输送量耐磨性以及水平垂直弯曲状态哑铃连接的可靠性等要求。从槽帮材料性能、高强耐磨板材选用、焊接制造工艺及热处理特殊工序等方面进行深入分析研究，研制了高强度、高耐磨、高可靠性的2.4 m中部槽组件。

（2）销排牵引系统。7 m采高的采煤机牵引系统采用过147 mm和172 mm节距凸齿面销排牵引系统，8.8 m大采高采煤机的截割能力、牵引力和采煤机重量进一步增加，为保证牵引系统可靠性，满足采煤机的牵引速度和截割效率以及采煤机大牵引力的要求，研制了高强度、高可靠性的172 mm节距凹齿面销排牵引系统。

（3）刮板链自动张紧装置。刮板输送机配置大规格$\phi 60$ mm×181/197 mm链条，大驱动功率、长运距和大规格链条带来的是链条张力增大，刮板链在合理的张紧状态工作是保证刮板输送机链条传动系统和槽体的磨损量少、使用寿命长的首要条件，1000 mm行程的自动伸缩机尾由于行程大，液压油缸长度长，张力大，因此油缸的使用强度和控制系统的可靠性是刮板链自动张紧技术稳定可靠的关键，从控制逻辑优化、硬件优选以及高可靠性液压油缸选用等方面入手，研制1000 mm行程刮板链自动张紧装置。

（4）链传动系统。链传动系统包括刮板链组件和链轮组件，槽宽和链条规格加大，刮板和链轮组件的宽度增加，刮板链组件的强度和耐磨性、链轮的耐磨性和组件密封性严重影响着工作面的正常推进，对链轮链条啮合技术、链轮的高耐磨、刮板的高强度和耐磨性、大规格链条的紧固、链轮组件的密封性、紧链装置等方面进行针对性研究，从结构、材料选用、加工、热处理等方面进行研制。

（5）"软启动"技术。采高加大，由于煤流的不均匀性和片帮压刮板输送机现象发生概率增大，刮板输送机存在瞬时载荷加大或超载，造成启动困难、链条冲击过大等问题，会对刮板输送机的使用可靠性造成严重影响，对刮板输送机的"软启动"以及链条保护技术进行针对性研究。

（6）驱动系统。驱动系统是刮板输送机、转载机、破碎机的动力源，通过理论计算、强度校核及应用实践，对驱动系统关键部件进行设计选型研究，合理选用高效、高可靠性的驱动元件，以满足

8.8 m 大采高工作面刮板输送机动力的可靠性要求。

2. 关键参数

（1）SGZ1400/4800 型刮板输送机主要技术参数见表 4-32。

表 4-32 SGZ1400/4800 型刮板输送机主要技术参数

类　型	技术参数
铺设长度/m	360
输送量/(t·h^{-1})	6000
总装功率/kW	3×1600
刮板链速/(m·s^{-1})	1.68
中部槽规格/(mm×mm×mm)	2400（长）×1388（宽）×545（高）
双链中心距/mm	330
链条规格/(mm×mm×mm)	60/135×181/197
链条破断负荷/kN	4500
电动机/kW	1600 变频一体机
电动机电压/V	3300
减速器/kW	1600 平行、1600 垂直
销排节距/mm	172
紧链方式	液压紧链+自动伸缩机尾

（2）SZZ1600/700 工作面巷道用刮板转载机主要技术参数见表 4-33。

表 4-33 SZZ1600/700 工作面巷道用刮板转载机主要技术参数

类　型	技术参数
铺设长度/m	37
输送量/(t·h^{-1})	6500
总装功率/kW	700
刮板链速/(m·s^{-1})	2.35
中部槽规格/(mm×mm×mm)	悬空段中部槽规格 2300×1588×1306 落地段中部槽规格 750×1588×1920
双链中心距/mm	330
链条规格/(mm×mm)	38×126
链条破断负荷/kN	1820
电动机/kW	700 变频一体机
电动机电压/V	3300
减速器/kW	700

（3）PLM6000 工作面巷道用破碎机主要技术参数见表 4-34。

3. 典型应用案例及使用效果

装备于2019年9月在神东上湾矿12402工作面投入使用（图4-58），截至2021年1月底，累计过煤量达19.07 Mt，日最高过煤量65500 t，设备投入工作面总长5272 m，最大采高8.8 m工作面，平均采高7.8 m，达到了预期目标。经实际检验，产品装备技术性能先进、功能完备、信息化程度高，具备高效率、高可靠性、长寿命、低损耗、易维护等优点，具有显著的经济效益和安全效益，使用效果良好。

表4-34 PLM6000工作面巷道用破碎机主要技术参数

类型	技术参数
破碎能力/(t·h^{-1})	7000
总装机功率/kW	700
刮板链速/(m·s^{-1})	2.35
最大入口粒度（宽×高）/(mm×mm)	2200×2200
出口粒度/mm	375以下
减速器/kW	700
电动机/kW	700
电动机电压/V	3300

图4-58 在神东上湾煤矿井下使用

4.2.2.11 智能控制刮板输送机

该装备采用中电压、大功率防爆变频调速技术，具有机头尾动态功率协调、链速实时调整、链条张紧力动态控制等特性，关键零部件的监控及可靠性评估系统，以及输送机、采煤机、转载机和带式输送机的双向协同控制等功能。解决了传统刮板输送机为满足启动或特殊情况使用，通常工作面设备选型配置能力偏大，造成一定程度的资源浪费且总体工作效能低、空耗磨损严重等问题。具有自主知识产权。

1. 技术内容与创新点

1）技术内容

（1）监测及专家系统。监测及专家系统可以显示/记录关键零部件的运行状态，基于数据库的可靠性分析，给出维护或更换建议，指导进行预防性维护。

（2）工作面设备联动控制。主控系统结合智能控制需求采用DP通信技术，对工作面及顺槽设备（刮板输送机、转载机、破碎机、乳化液泵站、冷却水泵站）进行连锁控制，并能兼容采煤机、带式输送机连锁信号，实现采煤工作面设备的联动协调运行。

（3）变频调速与驱动控制。主控系统通过DP/DP coupler模块，与变频控制器实现双向通信控制，以实现变频调速与驱动控制，并通过该模块实现数据的共享。通过程序编程实现刮板输送机调速及逻辑控制，并能通过友好的人机操作界面显示实时运行姿态与运行数据，使操作一目了然。

（4）链条自动张紧与保护。刮板链设有工作和保护两种模式，保护模式可以在输送机长时间停机时收缩机尾，使链条处于松弛状态。

当刮板输送机接到启动指令后，开启机尾自动伸缩装置，将刮板链张紧到合适的预紧力，进入到工作模式状态。

链条的自动张紧与保护功能，在系统开机时自动调整开机时候的链条预紧力，在设备工作运行中根据工况实时调整链条工作张力，系统采用主控器及自动张紧系统分控器（兼容该动力部数据监测）两地操作、双屏显示功能，在主控及分控器上都能方便地实现自动张紧功能，都能清晰地显示链条张紧的实时数据与参数。通过自身设定功能，可以方便地设定多项参数数据，适应性强。

（5）功率协调。功率协调可以使得头部和尾部的多台电机间随负载变化准确地分配扭矩，机头电机和机尾电机的功率是可以按照设定的控制方案进行调节，当设备处于空载状态，机头电机承担牵引的负载较小，而机尾电机需要承担张紧底链的功能，所以机尾电机的功率要略高于机头电机。当然随着负载的增加，机头电机的功率会随之增加，实现机头机尾按照功能分别控制，满足设备运行的需要。

2）创新点

"智能控制刮板输送机"除具备其他变频刮板输送机的基本功能外，还具有机头尾动态功率协调、运行时的链速实时调整、链条张紧力动态控制等驱动控制特性，关键零部件的监控及可靠性评估系统，以及输送机与采煤机、转载机和带式输送机的双向协同控制等功能。

（1）本项目研制的智能驱动刮板输送机是行业内首台基于多参数逻辑控制、连续变频调速的高可靠井工运输设备。

（2）本项目智能刮板输送机具有基于直接转矩控制的动态功率协调功能。

（3）首次开发了较完善的刮板输送机智能控制软件，能综合采煤工作面状况、采煤机姿态，以及后端转载机、破碎机、带式输送机等多个信息进行分析和决策，使刮板输送机始终以较高的效能运行。

（4）首次实现了输送机刮板链启动前张紧，停机后释放张紧力，对链条进行保护。

（5）基于冲击与最大扭矩联合控制的主动防护功能，对作用于链条的冲击载荷和极限扭矩进行限制，避免或减少断链故障发生。

（6）研制出新型耐磨链轮材料、长寿命中部槽和刮板、大节距无链牵引系统、高效低噪减速器，提高了设备的基础可靠性。

2. 关键参数

智能控制刮板输送机主要技术参数见表4-35。

表4-35 智能控制刮板输送机主要技术参数

类型	技术参数
设计长度/m	400
总装机功率/kW	3×1000
运输能力/(t·h^{-1})	3000（近水平）
紧链方式	液压马达+齿轮副+液压伸缩机尾
传动方式	电机+半联轴器+减速器
减速器规格/kW	1000 三级圆柱行星减速器
中部槽结构形式	铸焊封底
链条布置类型	中双链
链条规格/mm	$\phi 48 \times 152$
适用采高/m	1.2~2.5

3. 典型应用案例及使用效果

该装备在神华宁煤集团梅花井矿1110204工作面进行3个月的井下工业性试验，累计过煤量达到1.428 Mt。其间，最高日产2.42×10^4 t，平均日产1.6×10^4 t；最高月产51.1×10^4 t，平均月产47.6×10^4 t；最高工效436 t/工，平均工效354 t/工；累计回收率为86.84%。根据工业性试验预测，工作面单产已具备了年产5 Mt的水平。在整个工业性试验期间，输送机刮板、接链环等易损件没有更换。链轮轴组、中部槽和伸缩机尾的上沿及中板没有明显的磨损，达到了延长设备寿命的要求。通过工业性试验证明该技术和装备可在全国煤矿推广应用，具有广泛的市场前景。

4.2.2.12 年产 15 Mt 智能高效输送装备

年产 15 Mt 智能高效输送装备是由宁夏天地奔牛集团有限公司自主研发的具有自主知识产权的大采高工作面的成套输送设备。

1. 技术内容与创新点

1）技术内容

年产 15 Mt 智能高效输送装备（图 4-59），突破了刮板输送机精确调速智能控制、机头卸煤口清煤、转载机凸凹槽磨损、紧链装置和链轮轴组可靠性、破碎槽强度、带式输送机自移机尾自动化调平和调偏、大煤块高效分离等技术瓶颈，满足综采工作面年产 15 Mt 大运量、高效率、高可靠、智能安全连续生产要求。设备将厚煤层综采工作面产量由原来的年产 12 Mt 提高至 15 Mt，运输能力提高了 25%。

图 4-59　年产 15 Mt 刮板输送成套装备

2）创新点

（1）具有 90°变向高效卸煤的交叉侧卸机头架。

（2）交叉侧卸机头架卸煤口大煤块连续机械预破碎清煤装置（图 4-60）。

（3）刮板输送机柔性智能控制，具有以采煤机切割速度、切割深度、位置、煤层切割高度为主，刮板输送机实时负载、煤量监测数据为辅的多参数混合智能调速功能。

（4）中部槽球型榫头结构，基于 3D 定位的球形榫头，溜槽拉开不降低定位精度。

（5）双层盒状转载机自动伸缩机头，双层盒状的结构设计，强度高、刚性好，拥有完整的下链道，既能防止动力部偏沉，又能避免刮板链磕碰。

图 4-60 高效煤流变向交叉侧卸机头架

(6) 半包围式转载机机头入链结构，解决了转载机链条松弛时机头刮板链入链不顺畅的问题，能够让转载机刮板链入链顺畅，避免刮卡。

(7) 短跨距转载机机尾链轮轴组，轴承内置式设计，嵌入链轮轴组内部，减小轴承跨距，将传统的长链轮转动轴设计成短固定轴，提高链轮轴的强度。

(8) 转载机动力部快拆联轴器：采用快拆结构，可以实现在不拆卸罩筒的情况下进行弹性块的更换，有效降低了工人的劳动轻度。

(9) 内置式变频驱动紧链装置。

(10) 大采高电缆槽：采用插装—螺栓复合连接设计，便于拆装。电缆槽设计可翻转观察踏板，可踩在其上对设备的运行情况随时进行观察。

(11) 高强度整体铸造无焊接破碎槽。

(12) 具有自动调平和纠偏功能，自动控制分布式新型带式输送机自移机尾。

(13) 大煤块高效分离顺槽接驳破碎集成装置，提高原煤煤块率。

2. 关键参数

年产 15 Mt 智能高效输送装备，具备单工作面年产 15 Mt 的能力。刮板输送机年输送能力 15 Mt，装机功率 3×1600 kW、槽宽 1400 mm 新型智能控制刮板输送机。刮板转载机年输送能力 18 Mt，装机功率 1000 kW、槽宽 1600 mm。新型锤式破碎机配套整体铸造无焊接破碎槽、具有传动安全闭锁功能、永磁传动与减速器一体式结构、破碎能力达 6000 t/h。

3. 典型应用案例及使用效果

2018 年 9 月，在陕煤小保当煤矿投入使用，截至 2020 年 10 月，累计输送过煤量 18 Mt，成功实现了小保当煤矿连续生产 15 Mt 原煤的目标，极大地提高了工作面采出率和资源回收率，经实际检验，产品符合国家绿色环保和安全高效生产的相关政策和产业模式要求，装备技术领先、功能完备、信息化程度高，设备运输能力较传统产品提高了 25%，具备高效率、高可靠性、长寿命、低损耗、易维护等优点，为煤矿高端用户带来显著的经济效益和安全效益，使用效果良好。

4.2.2.13 智能化全永磁式驱动传动及诊断预警一体化技术

智能化全永磁式驱动传动及诊断预警一体化技术，通过低速直驱永磁同步电机、永磁滚筒、永磁耦合器及智能感知诊断技术实现电机系统智能全永磁化建设，保障电机系统高效、可靠、节能运行。低速直驱永磁电机搭配同步型永磁耦合器实现电机大扭矩低速直驱，取消减速器等部分，缩减传动链长度，提高传动效率及可靠性。永磁滚筒将永磁电机与带式输送机的滚筒合为一体，取消传动链，结构紧凑、效率高。三相异步电机搭配限矩型/调速型永磁耦合器可实现高效非接触式传动，克服传统液力耦合器、变频器等缺陷。驱动传动智能诊断技术通过实时采集振动、温度、音频等数据，进行电机系统运行状态监测、故障预警及报警，降低人力成本并提高运行可靠性。永磁变频调速电机实物如图4-61所示，永磁滚筒实物如图4-62所示。

图4-61 永磁变频调速电机

图4-62 永磁滚筒

该技术具有自主知识产权,其中,拥有发明专利 5 项、实用新型专利 20 余项、登记软件著作权 10 余项,发布行业标准 4 项,整体技术处于国际先进水平,部分技术处于国际领先水平。

1. 技术内容与创新点

1)技术内容

基于煤机装备驱动传动高效、可靠、节能运行需求,以全永磁化电机驱动传动系统为技术依托,辅以智能调控、感知、诊断及预警等健康管理系统,实现现场电机系统智能化高效运行。主要攻克了永磁同步低速直驱、永磁滚筒直驱、永磁耦合传动、大传动比永磁减速等关键技术,构建了全永磁电机系统智能感知、诊断、预警及基于故障专家库的电机远程动态运维管理云平台系统,实现煤机装备驱动传动系统安全可靠、高效节能运行,全面提升了电机系统健康状态监测无人化、智能化水平,真正做到减人增效,为煤机装备动力系统端提供全永磁化、智能化解决方案。

2)创新点

(1)揭示永磁驱动传动"磁-机-热"多物理场耦合作用机制,创新性提出多软件环境下面向多目标优化的"磁-机-热"耦合模型多参量协同计算策略,实现各物理场精准表征及描述,从根源上解决大功率永磁驱动传动性能衰变诱因及精准调控难题。

(2)首次提出基于多传感器冗杂数据融合、权重机制运行状态精确表征及特征湮没下运行状态预测补偿结合的智能感知诊断方法,建立了基于大数据专家库的智能化诊断预警系统,解决全永磁电机系统时变特性强,人为调控效率低、精度低、可靠性低导致运行故障的难题。

(3)创新性提出全永磁驱动传动及智能诊断一体化技术,以低速直驱永磁同步电机、智能化永磁耦合传动技术及电机系统故障诊断一体化技术三位一体,建立智能化永磁式煤机装备动力系统,实现煤机装备电机系统高效、可靠、节能运行。

2. 关键参数

(1)低速直驱永磁同步电机驱动功率:800 kW;永磁滚筒直驱功率:315 kW。

(2)永磁传动功率:矿用至 500 kW,非矿用油冷型至 1600 kW,非矿用水冷型至 3500 kW。

(3)驱动效率不低于 95%,传动效率不低于 97%,过载倍数为 2。

(4)节能率不低于 15%。

(5)故障诊断精度不低于 3%;故障率降低不低于 20%。

(6)可靠运行时间不低于 10000 h,整体振动不超过 85 μm,噪声不超过 90 dB。

3. 典型应用案例及使用效果

400 kW 矿用永磁耦合传动装备应用于神华宝日希勒煤矿,在重载冲击时永磁体与铜盘可靠及时脱开实现电机空载运行,解决了 -50 ℃ 超低温工况下液力耦合器过载保护不及时导致电机烧毁问题。

450 kW 矿用永磁传动装备应用于陕西煤矿长距离、大运量斜坡带式输送机,通过不停电机启停负载方式攻克了电机频繁直起直停导致的减速器断轴、带式输送机滚筒磨损难题。同时,应用于山西煤矿的 3 台电机驱动长距离带式输送机,通过调速控制多电机分时空载启动并确保电机按需出力,避免了负载分布不均导致的单台电机过载及输送带断裂等故障。另外,应用于安徽电厂水泵,通过精准调速控制流量,大幅降低泵轴功率,相对于原有阀控式流量调节节能效果显著,近三年节电金额约 300 万元。

4.2.2.14 井下变电所智能巡检机器人

井下变电所智能巡检机器人由中国煤科集团沈阳研究院有限公司机器人研究所自主研发，具有自主知识产权。针对井下电力设备巡检难题，制定了专项解决方案，通过采用室内巡检机器人能够完成大覆盖范围、多电控房、变电站的高效巡检，通过搭载红外摄像头、可见光传感器及相关其他传感器，能够实现对电控设备的实时监测。该智能巡检机器人能对室内设备进行实时监测，该系统融合了多种智能巡检分析技术，实现煤矿井下综合巡检任务。

1. 技术内容与创新点

1）技术内容

（1）拖扫装置的防爆巡检机器人本体结构设计。

（2）基于二维码识别的巡检机器人导航及规划方式设计。

（3）基于4G/WIFI的机器人混合式通信设计。

（4）基于机器学习的多传感器信息分析与预判。

（5）基于自主/远程遥控相结合的机器人控制方法设计。

（6）机器人定点观测与自主上报系统研发。

（7）机器人环境风险预测及决策系统研发。

（8）基于信息互联的人机交互系统研发。

（9）机器人多传感器信息采集与处理系统研发。

2）创新点

（1）针对煤矿井下机电房任务多样性及复杂性，创新地提出扫拖一体的轮式移动机器人平台。分析防爆扫拖装置及防爆结构对机器人质心分布及动态性能影响，既保证其具有良好的清洁能力，又能降低对机器人运动性能的影响。

（2）针对机器人在煤矿井下巡检任务多样性、复杂性及潜在的风险性，机器人需要具备一定的计算分析及风险预测能力，该机器人对关键处理器模块进行防爆设计，满足其计算能力的要求。同时对关键元部件如升降装置、环境感知模块以及驱动模块进行防爆研发，提高该类型机器人的环境适应性及运动能力。

（3）该巡检机器人不仅具备常规巡检方式，当某一设备出现问题时，机器人能够选择最优路径，快速到达指定地点，极大地缩短路径长度，为第一时间获取故障设备信息提供保障。此外对该机器人调度机制进行优化，通过对导航信息的交互及整合，实现机器人导航方式最佳。

2. 关键参数

井下变电所智能巡检机器人主要技术参数见表4-36。

表4-36 井下变电所智能巡检机器人主要技术参数

类　型	技术参数
机器人最大行走速度/(m·s^{-1})	1
机器人最大爬坡角度/(°)	15
机器人连续工作时间/h	3
机器人防护等级	IP43
其他	温度检测、火灾报警、气体检测、声音采集和清洁功能

3. 典型应用案例及使用效果

该机器人主要用于多电控房、变电站的机电设备的巡检，代替人工对设备仪表读数是否正常、开关闭合情况以及设备发热情况等进行检查。目前该机器人在张家峁煤矿已得到实际应用，并取得较好的使用效果。图4-63所示为智能巡检机器人在现场的使用场景。

图4-63 井下变电所智能巡检机器人

4.2.2.15 回风巷道智能巡检机器人

回风巷道是煤矿的重要的巡检巷道之一，新鲜风流流经采掘工作面、机电硐室之后，稀释冲淡了采掘面的有害气体，带走飞扬的煤尘及爆破产生的热量，导致回风巷道瓦斯等有害气体含量增高，氧含量相对降低，人体舒适度降低，因此需要对回风巷道进行巡检，目前采用的人工巡检存在劳动强度大、经济效益低、危险程度高等问题，为此，中煤科工沈阳研究院研发了具有自主知识产权的回风巷道智能巡检机器人，对降低煤矿工人劳动强度，促进智能矿山建设具有重要的意义。

1. 技术内容与创新点

1）技术内容

（1）基于钢丝绳牵引的机器人本体结构设计。

（2）具备感知能力的回风巷道自动风门研发。

（3）回风巷道机器人精准定位方法研究。

（4）基于三维点云的机器人化巷道形变检测系统研发。

（5）基于AI算法的机器人巷道积水检测系统研发。

（6）机器人化巷道多点风速检测系统研发。

（7）无线/有线相结合的机器人复合式充电系统研发。

（8）风流扰动条件下机器人混摆防抖动装置研发。

（9）基于混合方式的机器人通信技术研发。

（10）具有主动避碰风门装置的机器人控制系统设计。

2）创新点

（1）提出适用于煤矿巷道长距离巡检的钢丝绳悬挂牵引式巡检机器人的整机结构设计方法，研发高机动能力、高续航性能的巡检机器人系统。

(2) 研究低光度、高扰动环境的图像识别关键技术，解决煤矿井下积水区域识别难题。

(3) 提出基于激光扫描原理的移动式巷道断面建模方法，研发适用于巡检机器人搭载的低功耗巷道断面监测系统。

2. 关键参数

回风巷道智能巡检机器人主要技术参数见表4-37。

表4-37 回风巷道智能巡检机器人主要技术参数

类型	技术参数
行走机构	挂索式行走
速度/(m·s^{-1})	≥0.5
爬坡能力/(°)	30 斜坡
工作温度/℃	-20~60
防护等级	IP65
连续工作时间/h	≥5
电池容量/(W·h)	100

3. 典型应用案例及使用效果

针对张家峁煤矿回风巷道巡检难题，制定了专项解决方案，通过采用钢丝绳牵引型巡检机器人的方案，能够完成回风巷道的高效巡检，通过搭载气体传感器、可见光传感器、风速传感器及相关其他传感器,能够实现对巷道变形状态、积水状态及气体信息的监测和巡检。目前该机器人在张家峁煤矿已得到实际应用，并取得较好的使用效果（图4-64）。

图4-64 回风巷道智能巡检机器人

4.2.2.16 井工矿井斜井智能交通安全管控系统及方法统及方法

井下运输是煤矿生产的一个关键环节，随着国家对煤矿生产的日益重视和监管力度的不断加强，及煤矿生产企业、管理部门自身现代化管理的需求。从技术和管理的角度出发，煤矿企业通过网络对井下交通实时监测已是必然趋势。

随着无轨胶轮车运输方式的普遍应用，胶轮车在井下的运行安全问题也日趋突出。井下交通事故的频繁发生不仅严重制约了我国煤矿的高效安全开采，而且造成了重大的人员伤亡和财产损失。由于井下巷道狭窄、视线受阻，行车状况复杂，为保证车辆运行安全，提高效率，有必要对井下辅助运输车辆进行监测和调度控制，进而进行交通管制以保证运行畅通。国内外在矿井安全运输方面都存在着较大的问题：

(1) 传统的胶轮车运输管理，在车辆入井前由人员对车辆外观、完好及装车、捆绑进行检查。由于靠人为检查，存在检查不严肃、思想麻痹、视觉听觉的感官检查，流于形式，不能实现检查的数字化、自动化。

(2) 车辆在井下巷道内行驶时，在岔路口会车时易发生交通阻塞甚至发生车辆碰撞。系统无法完成"行车不行人、行人不行车"的自动识别，司机无法提前预知前方运输道路上的人、车、物、环情况。

(3) 无法通过系统实时监控车辆行驶速度，造成管理漏洞。

(4) 车辆在斜巷行驶中，由于制动失效而导致的跑车现象，无法对跑车进行有效的阻拦、制动，极易酿成重大人员伤害的事故。

内蒙古智能煤炭有限责任公司打造一套智能交通安全管控系统，对车辆入井前、行驶中、故障时3个状态全面地通过智能化手段进行控制。

1. 技术内容与创新点

1）门禁系统

（1）副井井口房车辆门禁。基于车辆定位与胶轮车性能检测系统，实现胶轮车制动性能检测不合格、胶轮车侧滑性能不合格、胶轮车未安装入井许可卡无法进入井口房。

（2）副井井口车辆门禁。基于井口"四超"检测系统，实现胶轮车"四超"（长、宽、高、重）检测不合格无法入井。

（3）人员门禁。入井人员实现：入井签到、酒精测试、人脸识别、矿灯唯一性识别，四项检测合格后允许人员入井。

2）红绿灯及声光报警装置系统

合理的安装红绿灯及声光报警装置是保证运输安全运行的关键因素，在井下各联络巷口及重要地点安装了红绿灯及声光报警装置，实现：

（1）车辆进入斜巷前，对车辆行驶路线内的有安全威胁的行人进行管控，实现有行人时，亮红灯，警示车辆严禁入内，系统自动播报"马上行车、请撤离"的撤离信号。2 min内若人员未撤离，系统自动记录该人员的违章信息。

（2）在车辆即将驶入联络巷口时，联络巷口内的红绿灯亮红灯，根据车辆定位系统及"先入为主"原则，对方车辆显示红灯，避免弯道处车辆会车、堵车甚至碰撞。

（3）基于车辆精确定位系统，在车辆行驶中，对车辆下方各联巷内的人员发出声光报警信号，提示有车辆正在行驶，避免行车期间行人的不安全行为。

（4）由于顺槽煤层起伏不定，在井下工作面巷道内局部地区的坡度较大地点安装行车预警装置，当车辆即将行驶到大坡段内，会进行语音报警，同时沿途亮起红灯，提示来往车辆及行人在此坡段内有车辆行驶，禁止行人行车，实现行车不行人的安全管控。

3）车辆监控、定位系统

由于煤矿井下的环境特殊，车辆在巷道中行驶时司机的视野比较狭窄。对井下车辆的远程监控就显得十分必要了。因此，对入井车辆及人员配备定位卡，依据井下布置的检测基站和控制系统共同构成了人车定位监控系统，该系统基于人车精确定位技术实时显示人员、车辆的位置及速度，通过边缘计算、分析，自动记录违章运行的车辆及人员。

通过智能车载终端实现在矿井GIS一张图上实时显示车辆运行前方人、车、物、环的情况。通过WiFi传输至矿井工业环网，在系统中对矿井车辆的运行参数（各类温度、液位、发动机转动、瓦斯、里程等）进行实时监控、故障报警、自动生成历史曲线，异常情况推送给驾驶人员，并能对车辆的检修、运行进行把控，同时可有效地避免驾驶员违章驾驶不完好车辆带来的安全隐患。

4）车辆失速抓捕系统

基于车辆精确定位技术，皖北煤电麻地梁煤矿现已在井下安装了4组胶轮车自动跑车防护装置，在胶轮车失速时，定位系统监测出胶轮车行驶速度、加速度异常，控制胶轮车自动跑车防护装置动作，并对失速车辆进行制动。或者通过司机手动按下急停按钮，亦可控制胶轮车自动跑车防护装置弹出、制动。加速计算原理叙述一下。

麻地梁矿井斜巷坡度为7°，车辆在行驶期间（20 km/h）失速时：

加速度 $a = \sin7° \cdot g \cdot f = 1.17 \text{ m/s}^2$。其中：$g$ 为重力加速度取 9.8 m/s²；f 为轮胎滚动摩擦损失 = $1 - 0.02$（沥青、混凝土路面滚动阻力）= 0.98；滑行100 m后的速度 $V^2 = 2as + V_0^2$ 算出 $V = 58.6$ km/h。

因此，麻地梁矿井选用此胶轮车自动跑车防护装置，在监控出车辆加速度异常达 5 s 以上时进行自动动作，并在撞击速度为 58.6 km/h 时，可在 30 m 内对车辆进行有效制动（图 4-65）。

皖北煤电麻地梁煤矿现已在井下每隔 300 m 安装了一种防撞吸能装置，当车辆失速时，驾驶员就近撞击吸能装置，能有效地对失速车辆进行缓冲、制动。

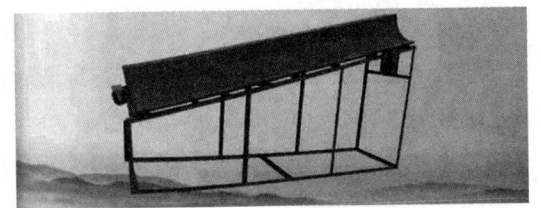

图 4-65 跑车自动防护装置

设车辆撞击时速度为 60 km/h，车辆撞击能量约 1.05 MJ，选用单位体积吸能率为 1.2 MJ/m^3 的吸能装置，考虑碰撞难以实现完全碰撞，按 70% 安全系数计算吸能装置单位体积吸能率为 0.84 MJ/m^3。按最大减速度 8g 计算缓冲距离需要 1.4 m。按 80% 压缩率推算吸能装置厚度为 1.8 m，算出吸能装置体积为 1.25 m^3。选用厚度为 1.8~2 m、截面积约 0.7 m^3 的防撞吸能装置，满足该矿车辆失速时的缓冲制动要求。

在井下每隔 100 m 安装了一种泡沫铝刨蹭吸能墙，刨蹭吸能墙尺寸为 2 m×1 m，厚度为 25 cm。嵌入墙壁厚度为 4~5 cm，凸出墙面部分约为 20 cm。单个阻拦块有效防撞体积为 0.4 m^3，预期吸能 0.336 MJ，当车辆失速时，驾驶员就近撞击巷道帮部设置的刨蹭吸能墙，对车辆进行缓冲、减速。

2. 应用效果

（1）在车辆入井前第一道门禁系统可对入井车辆进行身份及完好性的确认，确保入井车辆是安全性能合格的防爆车辆，第二道门禁系统可以对车辆及所带物料尺寸进行严格地把控，避免因物料超重造成超速或失速发生安全事故。第三道门禁可杜绝人员违规入井。第四道门禁从本质上避免了行车行人及弯道会车现象。

（2）在车辆行驶中可以通过红绿灯管控车辆有序地在井下作业，通过监控系统显示车辆行驶轨迹同时可监测胶轮车的运行参数，避免车辆存在安全隐患。

（3）通过胶轮车监测监控系统自动记录违章运行的车辆及人员。对矿井车辆的运行参数进行实时监控，不仅能对车辆的检修、运行进行把控，同时可有效地避免驾驶员违章驾驶不完好车辆带来的安全隐患。

（4）在胶轮车失速时经监控系统的判定可对胶轮车失速抓捕、制动系统下达车辆制动命令，对失速或者加速异常的胶轮车进行制动。失速车辆还可以通过撞击在井下安装的防撞吸能墙对失速车辆进行缓冲。

4.2.2.17 矿用智能车载终端装置在矿井胶轮车系统中的应用

车辆在经过矿井巷道的转弯处时，由于人员视线受阻，不易观察前方情况，当发现前方有异常情况时，司机的紧急判断会影响车辆的安全行驶，易造成车辆撞击到矿井的侧壁上，车头变形后与侧壁发生挤压而对驾驶人员造成生命危险。鉴于此，内蒙古智能煤炭有限责任公司发明了一种矿用车辆智能车载终端装置，提高了车辆和人员的安全性。

1. 关键技术

针对现有技术的不足，发明提供了一种矿用车辆智能车载终端装置，其能够实现 4G 语音通话、车距报警（提前错车）、定位导航地图、车辆运行数据上传监测，有利于提高车辆和人员的安全性及更全面掌握车辆井下行驶状况，以解决上述项目背景中提出的问题。

为实现上述目的，研究人员提供以下技术方案：矿用智能车载终端装置中安装有 4G 通信卡，可在井下进行 4G 语音通话，实现井下胶轮车与调度无线通信，方便调度管理，如遇紧急情况可直接联系矿调度及外线电话，缩短了紧急情况响应时间。

胶轮车所携带的智能车载终端装置内部放置有定位标识卡，定位标识卡用于车辆井下实时监测位置，智能车载终端内部设置有语音提示模块，语音提示模块用于定位标识卡在一定距离所识别到的其他车辆位置进行语音车距报警，定位标识卡通过 ZigBee 无线技术、数据处理技术、GIS 地理信息系统等技术手段，及时、准确地将井下各巷道内的车辆情况反映到智能车载终端装置上，以便司机随时掌握下井车辆的分布和运动轨迹，便于进行更加合理安全的行车。

智能车载终端中安装定位标识卡，车辆信息通过 GIS 技术实时在 ZigBee 模块的作用下与矿井调度室进行车辆位置的获知；车辆定位系统采用的是基于 Zigbee 的精确定位技术、Zigbee 通信技术及 GIS 地理信息技术。车载终端内置一个固定的定位标识卡，车载终端的后台数据取自于车辆定位系统，实时监测胶轮车的实时速度，如果定位标识卡在一定时段内移动的距离过大，系统会及时提示车辆驾驶人员，发现超速后，语音提示模块会自动提示。矿井信息基于 GIS 一张图的基础导入，实时显示井下车辆信息。

智能车载终端与胶轮车仪表盘数据相互连接，可通过智能车载终端显示，也可通过井下无线网络进行传输，实现车辆运行数据监测。

2. 应用效果

该公司所有入井胶轮均有安装智能车载终端，实现了对车辆的实时情况进行精确定位，提高了井下复杂情况的车辆运行环境，为矿井辅助运输本质安全提供了重要保障。

4.2.2.18 火车智能化无人高效定量装车系统

针对现有快速定量装车系统智能化水平不高、装车过程依赖装车员经验的现状，本项目对铁路快速定量装车系统实现无人化的关键技术进行研究，通过对基于多传感器信息融合的装车信息多维感知技术、自适应连续装车控制技术、基于机器学习的装车参数自适应调节技术、车辆调度技术等进行研究，建立了高稳定性、高可靠性、兼容性强的智能化控制系统，实现从高精度定重称量配料到向火车车厢卸料全系列工艺流程的智能化控制过程，达到快速定量装车过程"无人操作"的目标，提高了我国快速定量装车的技术水平。该系统具有自主知识产权，目前已申请发明专利 4 项、实用新型专利 1 项，软件著作权 2 项。火车智能化无人高效定量装车系统取得专利情况见表 4-38。

1. 技术内容与创新点

1）技术内容

（1）基于多传感器融合的装车信息多维感知技术。采用光栅检测技术、多维激光雷达检测技术、机器视觉技术、RFID 技术等对装车相关的信息进行检测，包括车位、车速、车号、车型、物料形态等，将这些来自多传感器的信息和数据进行分析和综合，实现多传感器信息融合的装车信息动态跟踪测量，为完成装车过程所需要的决策提供支持。

（2）自适应连续装车控制技术。当前铁路货运车型新老并存，外形尺寸有所差异，这就给列车换节空挡自动识别及自动连续装车带来了挑战。本项目采用传感器检测代替人眼观测，对车位进行实时检测和反馈，以便准确把握卸料时机，避免人工观测反应延迟造成的疏漏。采用精确位移传感器和伺服液压油缸技术，实现自动准确控制溜槽升降高度。另外通过行程开关和激光测距仪实时检测装车

表4-38 火车智能化无人高效定量装车系统取得专利情况

类型	专利号	专利名称
发明专利	ZL201610152141.4	基于装载车定位装载系统及APP控制的无线装车操作方法
	ZL201610152376.3	一种煤炭列车装车非连续累计装载系统及方法
	ZL202010317009.0	一种装车站列车远程自动调度指挥系统和方法
	ZL202010339761.5	基于多线激光雷达的散料无人装车控制方法
实用新型	ZL201821162596.5	一种铁路货运列车全自动连续定量装车系统
软件著作权	2020SR0722747	激光雷达铁路装车动态跟踪系统V1.0
	2019SR1128660	青岛港董家口矿全自动矿石装车控制系统V1.0

溜槽与车厢之间的距离，确保符合安全距离要求，防止装车溜槽与车厢相撞。在对车厢位置进行实时准确判别的基础上，结合火车车速的实时检测以及装车溜槽自动升降及防碰撞技术、自适应高精度配料控制技术等实现火车车厢的连续装车，并在车速异常的时候报警停车。

（3）基于机器学习的装车参数智能调节技术。快速定量装车系统是一个多变量非线性的复杂控制系统，控制对象的非时变性和不确定性会给控制过程带来不利影响。本系统通过机器学习，对已完成的装车历史数据进行实时分析，用于不断调整完善中部槽落料方案，从而改进后续车厢装车物料分布的均匀性。

（4）车辆智能调度技术。在装车过程中，通过配备给司机的提示用终端设备对车辆进行调度，实现司机合理控制车辆，配合装车顺利完成。终端设备通过安装的软件给司机发送信息，以数字、声音、图像形式展现给司机，包括车辆位置、速度、装车的情况、控制的要求、声音报警等情况。

2）创新点

（1）研发了国内首套火车无人化高效定量装车系统，适应铁路不同车型及其混编装载。

（2）研发了基于激光雷达、多普勒雷达、组合光栅、视频捕捉等的多维感知系统，结合智能融合算法，解决了低速条件下车辆编组位移和速度高精度测量的难题，位移测量精度达到3 cm，速度测量精度达到0.03 km/h。

（3）开发了火车无人装车控制系统，通过机器学习建立了智能控制模型，实现了物料特性和车辆状态自适应的无人装车控制。

2. 关键参数

国内首套铁路无人化高效定量装车系统，能够进行煤炭、矿石等多种散料的装车。该系统适应铁路不同车型及其混编装载，列车运行速度为0～1.2 km/h，装车能力为6000 t/h，装车速度为45 s/节，装车精度为0.1%。

3. 典型应用案例及使用效果

案例一：煤炭装车

系统于2020年9—10月在陕煤柠条塔煤矿投产并稳定运行至今，实现了煤炭的火车智能化无人装车。系统的投用，在避免装车撒煤、偏载等问题出现的同时，提高了装车效率与精度，减轻了工人的劳动强度，达到了减员增效的目的。图4-66所示为远程监测控制室。

案例二：港口矿石装车

2020年8月该装车系统在青岛市黄岛区董家口矿石码头装车站投产并稳定运行至今，实现了港口矿石快速定量装车的无人化，不仅将操作工从繁重的装车操作中解放出来，且具有适应性强、装车效率高、设备维护量小、运行成本低的显著优势（图4-67）。

图4-66 远程监测控制室

图4-67 无人自动化装车现场

4.2.2.19 汽车智能化无人高效定量装车系统

相比火车装车，汽车装车实现智能化、无人化面临的困难更多，主要表现在：汽车车厢型号及尺寸不一，装车工艺需要即时调整；汽车司机开车习惯迥异，车速调节与装车流程衔接困难；公路运输对偏载、超堆（堆料高度）、超吨控制要求较高；车厢里装有加强筋板，难以平料，装车（均匀布料）效果严重依赖装车员经验等问题。针对上述问题，开展了变频+液压驱动高精度伺服控制、基于闭环控制的均匀布料、车厢多维度智能感知、车辆智能调度指挥、基于4G/5G的装车站远程监控与运维等技术研究，并在此基础上开发出一套汽车智能化无人高效定量装车系统。本系统具有自主知识产权，已申请发明专利4项、实用新型专利1项、软件著作权1项（表4-39）。

表4-39 汽车智能化无人高效定量装车系统取得专利情况

类型	专利号	专利名称
发明专利	ZL201710628612.9	一种矿用货运汽车自动识别装车配煤系统及方法
	ZL202010823478.X	一种快速定量装车站全自动供料的方法
	ZL202010823241.1	一种汽车全自动装车站卸料的方法
	ZL202011002174.9	一种智能煤炭储运装载系统及其协调控制方法
实用新型	ZL201822084007.2	一种模块化的汽车快速定量装车站
软件著作权	2017SR384693	快速定量装车站诊断与分析云服务系统V1.0

1. 技术内容与创新点

1）技术内容

（1）变频+液压驱动高精度伺服控制。上料皮带和给料机采用变频驱动，能够满足给料流量实时调节的需求，在节约电能和降低机械磨损等方面效果突出。上料控制以缓冲仓料位值作为反馈量，由智能控制系统进行闭环控制，保证缓冲仓料位达到"充盈"。卸料设备采用变频甲带给料机，卸料控制以车厢实时装载量（地磅实时重量减去皮重）作为闭环控制的反馈值，实时调节卸料流量从而保障车厢的均匀布料。

(2) 车厢三维智能感知技术。通过激光雷达获取的三维空间点云数据，让装车系统"看到"车厢的三维数据，为智能化装车等提供有力的保障。激光雷达通过以太网以 UDP 通信方式向后台 AI 服务器发送数据。AI 服务器根据点云数据建立实时车厢三维数据模型，识别出车厢长度、宽度、高度、速度、位置和车厢物料堆积形态等信息。

(3) 基于闭环控制的均匀布料方法。由于偏载影响货运汽车的安全，所以装车过程中的均匀布料非常重要。影响均匀布料的参数包括预装量、已装量（或待装量）、车厢长度、车厢高度、堆料高度、卸料速度、行车速度等。预装量从车辆信息管理信息中读取，已装量由地磅磅面数据减去车辆皮重得出，卸料速度由已装量求导得出（即装载量的变化率）。智能装车系统对影响布料效果的几个变量进行数学建模，计算出需要的卸料速度，通过变频给料设备实时调节给料速度。

(4) 车辆智能调度指挥。智能调度指挥系统通过数据模型推演出车辆应该调整的位置，并利用多媒体技术，用语音播放、装车图像、数字进度、文字信息的形式将装车信息/指令传送给汽车司机，司机通过视觉和听觉接收信息，并自主进行车辆操控调整。语音引导内容涵盖从车辆入场引导到车辆出场的全过程。装车图像、数字进度、文字信息采用室外工业 LED 显示屏实时显示的方式传达给司机。

(5) 快速定量装车系统远程监控与运维技术。在装车站所处的局域网中连接入工业智能网关，利用宽带或 4G/5G 网络将 PLC 的设备信息发送至装车站设备云中。部署在云平台上的应用服务为互联网设备提供接口，实现装车站设备的远程监控与运维。

2) 创新点

(1) 首次实现了汽车无人化快速定量装车成套装备的示范性应用。

(2) 通过自主研发的 AI 算法，对车厢点云数据进行建模，利用特征值抓取和模型训练，获取车厢长度、宽度、高度、速度、位置，及物料实时形态等信息。

(3) 开发了汽车装车车辆智能调度系统，该系统以智能调度算法为核心，以现场大屏为人机交互界面，实现对司机的人性化指挥，引导车辆完成整个装车过程，减少了作业时长，提高了运营效率。

2. 关键参数

(1) 适应汽车车型范围：20~50 t。

(2) 装车速度：70 s/辆。

(3) 装车能力：1500 t/h。

(4) 装车精度：0.1%。

3. 典型应用案例及使用效果

2020 年 8 月，该系统在鄂尔多斯国源矿业王沟煤矿投产并稳定运行至今。系统通过智能调度系统引导车辆进行自动装车。系统功能完善，结构精简，操作方便，运行稳定；安全保护动作可靠；通信实时性好，可远程操作和维护；满足"无人操作"的生产要求，达到了减人增效的目标（图 4-68）。

图 4-68 智能化无人装车

4.2.2.20 基于物联网技术的矿山智能仓储快递服务系统及方法

基于物联网+智能仓储快递配送系统，实现了仓储货位的精确管理，提高了仓储容量、库房利运率和物资进出库速度,并可对煤矿物资的配送、运输、回收全过程进行闭环管理,进一步提高了物资流转和利用效率,降低了企业运营维护成本。

1. 技术内容与创新点

智能仓储快递配送系统的核心是物联网,物联网是在互联网基础上延伸和扩展的网络,将功能延伸和扩展到物与物之间,实现了人与人、人与物、物与物之间的互联并能进行信息交换和通信。根据物联网技术和车辆定位技术实现了 AGV 小车运用于仓储的基本操作和车辆与物资的实时监控。通过这种方式可以大幅度减少物资配送交接环节,增加运输区运输能力和提高运输效率,达到减人增效的目的。

智能仓储管理系统主要体现在位置管理功能上:当物资扫码入库时,系统会根据入库单的物资信息,自动查找物资可存放的最佳货位,并自动通知 AGV 小车将物资存放到相应的位置上;当物资扫码出库时,系统根据出库单的物资信息,自动查找物资存放的位置,并自动通知 AGV 小车将物资从相关货位上取下来。快递配送流程包括任务申请→生成任务→选择车辆→装载卸料→快递配送→到站卸货→任务反馈→空车返回 8 个环节,实现物资运输的闭环管理。

该系统实现了从需求计划、采购流程、仓储管理和快递配送的一条龙服务,基于一个系统实现所有功能,达到了数据共享,采购流程透明化、仓库管理少人高效、AGV 小车自动入库、发货、快递运输集中配送,有效地提升了物料配送效率。利用物联网建立起的智能一体化网络,在满足货物供给需求的前提下,尽可能地减少货物的库存量,以达到零库存、少库存的仓储管理,降低储存成本,提升了效益。

2. 应用效果

麻地梁煤矿物联网 + 智能仓储快递配送系统与 2019 年 8 月初步建成运行至今,仓库货位预计增容至 1000 余位,平均每天配送物料 30 余次,系统稳定正常,物料从出库配送实现 1h 物流圈。该系统基于物联网 + 与现代信息技术精确定位实现智慧矿山经营管理系统与物资供应运输相结合,使得煤矿企业智能仓储管理和快递配送服务更加智能化和自动化。大大提高了智能仓储的存储能力和运作效率,是煤矿智能仓储 + 运输的跨时代进步。

按照传统 5Mt 矿井库管员、装卸工约配备 20 余人为例,各生产单位均需配备 3~4 人的物料配送、运输人员。智能仓储系统基于一体化的物料仓储管理,仅需 1~2 名库管员,一体化的物料配送运输管理,仅需配备 10 人便可满足物料配送、运输需求。系统整体减少了岗位人员约 40 余人,降低了煤矿企业对人力成本的投入。目前,麻地梁矿已区域实现设备备配件零库存,材料储备资金平均约 600 余万元,吨煤材料储备资金 1.26 元/t;同等规模的传统矿井材料储备资金平均约 4000 余万元,吨煤材料储备资金 8.27 元/t。

4.2.2.21 智能化矿山基础信息平台

智能化矿山基础信息平台具备环境监测、生产过程控制和移动目标位置监测等一体化协同处理功能,具有完全自主知识产权。先后取得一种数据库身份验证方法及系统、矿用瓦斯传感器监测数据中标校实验伪数据的识别方法等授权发明专利 2 项,获得天地自动化监控类软件框架软件、天地自动化 SCADA 图形组件软件、天地自动化软件许可授权功能组件软件、天地自动化矿用机车运输管理系统软件(ios 版)等软件著作权 8 项。

1. 技术内容与创新点

1）技术内容

（1）数据采集、处理和存储、控制功能。平台内嵌多种常用 PLC 和监控类系统驱动，可接入子系统上位机、PLC、智能仪表或智能设备，通过标准的数据交换方式采集数据，并将各子系统的信息进行融合处理和存储。除了工业自动化系统常用的 OPC、Modbus、CAN 等通信协议外，还支持工业物联网中使用的 MQTT 等协议，以及矿山行业中的多种特有数据传输方式和定制化数据协议，支持控制台、协同控制等系列控制命令的自动生成和执行。

（2）基于 Web 的一张图图形组态。基于 Web 的矢量图和 GIS 图的一张图图形组态实现了各类数据可视化配置功能，支持拖拽式的操作和自由布局，内置矿山常用图元和模型库，协助用户无门槛开发数据动态展示界面。

（3）数据分权限分角色管理。通过设定不同角色权限，实现安全监测信息、设备运行状态、移动目标位置及其他信息的分类显示，保证不同权限用户可以查看为自己定制的数据看板。

（4）实时数据和异常报警定制发布。平台通过虚拟数据总线为用户提供各类实时监测数据和异常报警数据的发布功能，实时数据包含环境监测数据、生产过程数据和移动目标位置数据等，用户根据管理需要选择定制数据展示模式，对于报警可根据用户自定义的等级严重性排序，按照自定义颜色和声音提示。

（5）报表功能。平台具有专业的报表设计功能，可以按照企业管理的要求由用户自定义开发报表，报表数据来源可通过虚拟数据总线进行选择，支持数据计算、数据导出和打印功能。

（6）工作流表单定义功能。平台内嵌工作流，支持可视化流程定义，可对需要经过层级审核的数据表单进行流程化定制。

（7）数据中台服务功能。平台提供了专业的数据中台，支持结构化数据、半结构化数据和非结构化数据的统一存储、数据治理和分析处理功能，并将数据以服务的形式对外开放。

（8）二次开发功能。平台基于容器技术和微服务架构开发，同时通过数据中台对外提供数据服务，用户可在平台上进行二次应用和安全生产指标分析功能的开发，并将成果加载到容器中运行，实现数据的增值利用。

（9）平台故障自诊断。平台带有独立自检模块，可以实时监测内部各服务组件模组的运行状态，当服务组件运行异常时根据预置策略自动处理，同时通知运维人员。

2）创新点

（1）对象建模。除了常规的设备建模和过程数据建模外，平台还支持自定义对象模型，适用于带有自定义标签属性、空间位置属性的数据对象。内置移动目标的运动轨迹数据处理和存储，适用于井下人员、车辆的监测。由于矿山行业的特殊性，大量的监控对象要随着采掘过程不断变化，平台内置了运行时自动生成对象的机制，以克服传统 SCADA 系统在运行时态更改对象较为困难或烦琐的弊端，当监测数据有增、减等变动时，可自动反映到系统中，减轻了系统运维压力。

（2）数据融合。平台支持结构化数据、半结构化数据和非结构化数据的统一处理，由于各类数据消息和 API 在虚拟总线上共享，支持发布/订阅模式，因此数据融合和系统联动可以直接实现，无须定制开发各种联动接口，也可避免子系统之间形成蜘蛛网状的调用关系。

平台内部采用了虚拟总线的相关技术对各类数据处理模块进行解耦合，一方面使得系统功能和计算资源分配的动态调整变得更加灵活，另一方面由于模块与模块之间互不影响，也提高了可靠性。

(3) 平台基于云原生（CloudNative）技术开发。平台从技术体系上采取模块化开发方式，内部组件可复用、可替换，支持直接在微服务框架和容器（Docker）运行环境中部署，平台整体支持计算资源的横向扩展和冗余。

2. 关键参数

(1) 支持10万点或以上的数据采集、处理和存储。

(2) 控制信号在软件系统内部的延迟不超过100 ms（包括局域网内前后端之间的网络延迟）。

(3) 单台服务器支持500用户同时在线，Web API TPS 在30以上，页面日PV支持100万以上。

3. 典型应用案例及使用效果

智能化矿山基础信息平台研发完成后，先后在皖北煤电煤矿风险预警与防控系统对接平台、陕煤集团榆北小保当公司煤矿安全生产管控平台、神东智能大采高综采成套技术与装备集成安全工程项目中进行了推广和应用，均达到了项目预期的建设目标。以陕煤榆北小保当公司安全生产管控平台为例，该系统以工作面自动化、主煤流运输、辅助运输、供配电、安全保障、生产辅控、动目标运维、调度通信等八大环节为纽带，协同控制，实现整个矿井生产过程"远程控制、无人值守"。

平台的决策中心实现了煤矿井下水、火、瓦斯、顶板等重大危险源检测、识别及预测预警，并基于WebGIS统一展示，对于提升煤矿重大危险源预警能力、降低重大危险源事故发生率具有重大意义。

小保当煤矿主煤流系统不仅可以实现整个矿井主煤流系统的集中控制，而且可以实现电力、通信、视频、环境、人员等因素的协同智能联动，实现主煤流系统所有环节的无人值守。图4-69所示为生产运营管控展示图，图4-70所示为手机端展现图。

图4-69　生产运营管控展示图　　　　图4-70　手机端展现图

4.2.2.22　新一代网络型智能控制系统

新一代网络型智能控制系统实现了SAC型电液控制系统、SAM型综采自动化控制系统的有机融合，有效解决了现有系统通信链路复杂、速率低、实时性不足的问题。该系统为构建多信息融合的"透明工作面"奠定了基石，也标志着国内首次成功研制了基于实时以太网的液压支架智能控制系统，将井下液压支架控制纳入工业互联网体系，实现了"一网到底"。研究成果具有自主知识产权，填补了国内该领域技术空白，整体达到国际先进水平。

1. 技术内容与创新点

(1) 高度集成。实现了SAC、SAC&SAM二网融合，系统简化，产品种类减少，安装维护工作量减少；增加无线功能、人员接近感知功能，支持数字型传感器接入，内置红外、姿态等多种传感器。

（2）兼容性。与原有外设兼容：传感器、驱动器等产品均可接入；与原有控制系统兼容：与电控系统、自动化系统实现无缝对接。

（3）故障诊断及分析。支持控制器自身以及连接的传感器状态监测，故障预警。

（4）通用可编程。支持跨平台开发，支持图形化在线编程、功能块丰富，实时下载。

2. 关键参数

（1）"一网到底"。架间采用工业实时以太网，带宽 100 Mbps，高清摄像仪直接接入控制器，传输延迟小于 100 ms，网络通信符合 EIP 标准。

（2）采用轻量化壳体，防护等级 IP68。

3. 典型应用案例及使用效果

首套系统在阳煤新元煤矿 31004 工作面完成全工作面应用，稳定运行 14 个月，工作面原煤生产 150 余万吨。同时系统实现了 5G 网络接入，在国内首次通过 5G 网络实现液压支架远程实时控制，初步尝试了 5G 技术在综采工作面应用。目前，该系统已在临矿郭屯煤矿、国家能源上湾煤矿推广应用，并与东义鑫岩煤矿、霍州煤电庞庞塔煤矿开展融合 5G 技术的综采工作面网络型智能控制系统建设规划，后续将实现智能巡检、采煤机 5G 远程控制的应用、融合大数据分析、边缘计算、云技术，提升综采工作面自动化水平，助力无人化开采技术和煤矿智能化发展。图 4-71 所示为新一代网络型智能控制系统。

图 4-71 新一代网络型智能控制系统

4.2.2.23 煤矿工业互联网 ICMP 智能管控平台

北京中电拓方科技股份有限公司基于自身煤炭行业近十五年的经验积累，加快推动工业互联网先行先试，基于工业互联网技术，打造了煤矿工业互联网 ICMP 智能管控平台。平台专注煤矿领域，助力煤矿降本增效，形成云化核心能力，推动传统煤炭企业实现数据化、网络化、智能化转型。

1. 技术内容与创新点

（1）打通数据链。在煤矿企业中，区队现场基本没有信息化系统，生产价值链中的主要成本未被反映出来。上层的管理系统与底层生产之间存在的数据鸿沟，造成了低效率与附加成本。最终达到将数据真正地应用到业务之中而使其增加效能和效益。

（2）区队级应用。在煤矿信息化进程中，区队级信息化是薄弱环节。在煤矿数字化转型过程中研发面向煤矿生产过程管理和运营数据分析的 ICMP 煤矿工业互联网平台，实现规划、设计、生产、技术、安全、运营多个工业 APP 应用，促进了企业信息化进程向生产执行层拓展。

（3）数据可视化。平台支持多种异构数据协议，可轻松接入生产系统、安全监测、设备工况各种煤矿工业数据；矿用移动智能终端，随时随地采集现场管理、执行信息。实现了煤矿生产信息集成化、生产过程透明化和生产管控智能化，生产管理流程逐步优化再造，人员、物料等生产要素高效配置，智能矿山迈向新高度。

（4）智能化管理。ICMP 平台能够满足煤矿生产管理、设备管理、安全风险管控等关键需求；实时掌控生产进度与监控异常；可实现智能化矿山蓝图的规划，并根据煤矿企业不同的管理方式与生产模式进行弹性选择或扩充。

（5）智能生产协同。通过ICMP平台整体解决方案，实现企业经营管理层、生产执行层和现场控制层各个业务环节之间的信息交互，达到生产协同最优化。平台打通了政府、集团等上层管理系统，实现了生产计划与生产执行信息的上下贯通，生产计划信息可以向下分解，生产执行数据自动上传，改变了传统的计划制定方式（图4–72）。

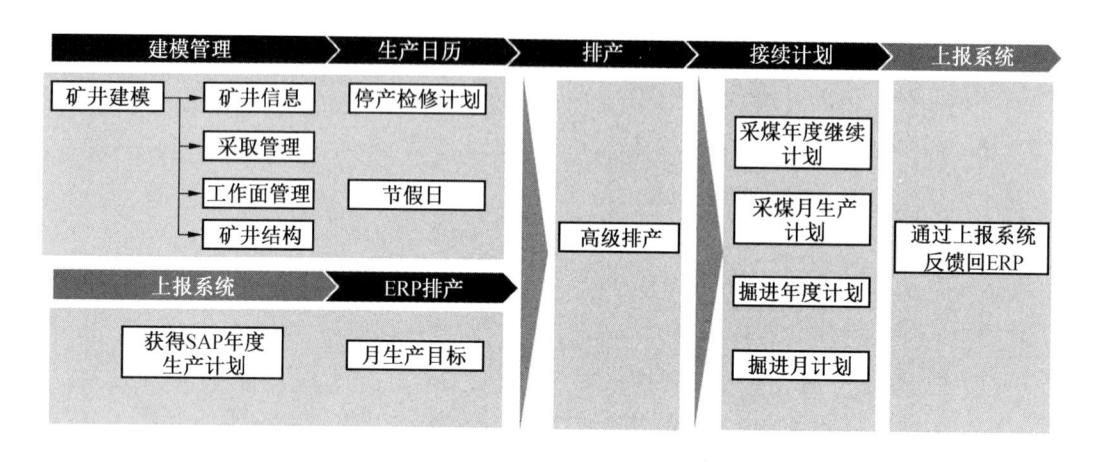

图4–72 高级排产界面

（6）敏捷业务创新。通过ICMP提供的工业APP应用，煤矿企业能够快速实现业务上云。通过对矿井信息、生产工艺和组织信息进行建模，可将人员、组织和工艺之间的信息交叉互联，实现高效协同。

（7）煤矿智能终端APP。通过智能终端的数据采集、自动推送和报警提醒，实现了设备巡检、维护保养工作的规范化、信息化、智能化。平台支持移动应用，为各级管理者提供决策分析、智能审批、作业执行等功能，可实现随时随地办公，促进精准管理（图4–73）。

2. 关键参数

煤矿工业互联网ICMP智能管控平台主要技术参数见表4–40。

3. 典型应用案例

ICMP平台已经在晋能控股集团、淮南集团、山煤集团等矿井进行了设计规划与试点应用。矿井建设完善的ICMP平台，将采掘机运通等专业中人机料法环安等数据集中在一个平台；它承接各个子系统的运行和监控数据，完成信息的综合接入和集成功能。能够对生产系统与管理系统的数据进行有效融合，通过数据分析与模型构建进行矿井智能排产、分选、运输等的智能调度；建立智能决策支持系统，实现市场分析、煤质管理、生产调度管理、材料与设备综合管理、能源消耗管理、综合成本核算等的智能化运行。通过配置显示生产经营数据分析、安全生产数据分析、产运销数据分析等，最终为领导呈现出针对各自需求的信息与科学决策。最终实现信息共享、工作协同、精益化管理、人机料法环安有机结合，达到减人增安降本提效的目标。

4.2.2.24 煤矿智能安全风险管控及预警平台

煤矿智能安全风险管控及预警平台具有完全自主知识产权。先后取得一种矿井气体巡检装置、矿井逃生信息引导系统、煤矿多媒体综合信息发布系统、一种数据库身份验证方法及系统、利用瓦斯浓

图 4-73　煤矿智能终端 APP 界面

表 4-40　煤矿工业互联网 ICMP 智能管控平台主要技术参数

项目	技术参数
用户并发数	系统支持并发用户数大于 300 人
数据量级	单表数据量上亿，总数据库容量 TB 级，每日数据量以十万为单位
响应时间	客户端页面检索响应时间不超过 3 s
平均故障间隔时间	系统无故障运行时间大于 5000 h
恢复时间	系统恢复时间小于 4 h
承载数据量	导入（导出）临时或核心数据库每批次能承载百万条以上，记录数据信息不发生错误
吞吐量	系统支持访问请求数大于 100 个/s
性能计数器	系统建成后，系统 CPU 平均使用率小于 80%
其他	因特殊原因导致的性能问题，最后性能的验收由用户的可接受度为标准
数据采集、展示和异常告警延迟	1 min 之内
资源利用率指标	平台资源利用率能够达到 95%
浏览器版本	支持 IE10 及以上版本、谷歌、火狐、国产 360、腾讯浏览器等
应用服务器	支持 IIS 或 Tomcat、Jboss、Weblogic、Websphere 等 JAVA web 应用服务器

度时间序列识别矿井工作面生产工序的方法等专利 15 项；形成了天地自动化安全风险分级管控及事故隐患排查治理系统软件、天地自动化环境风险监测及预警分析系统软件、天地自动化水文风险监测及预警分析系统软件、天地自动化 VR 实训系统（采煤工）系统软件、天地自动化烟火智能视频识别系统软件等软件著作权 82 项。

1. 技术内容与创新点

1) 技术内容

（1）重点区域安全风险管控及预警。针对煤矿灾害监测预警智能化提升的需求，以综采工作面区域水害、火灾、瓦斯、矿压和粉尘五大灾害监测预警为主线，提出了综采工作面网格化安全等级实时分析方法，建立五大灾害融合分析预警模型，实现综采工作面五大灾害的分区预防管控。

（2）煤矿安全风险管控及预警。围绕煤矿安全风险辨识、措施落实、风险监视、异常处置等煤矿安全工作关键过程的开展，对应煤矿安全生产标准化管理体系基本要求及评分办法，结合国内煤矿特有的安全生产体系，实现了煤矿安全风险分级管控工作信息化、一体化、智能化。

（3）大型煤炭集团安全监管预警。针对大型煤炭集团下属煤矿分布广泛，安全监管效率低等问题，建设大型煤炭集团与煤矿互联互通的集团安全监管预警平台，实现集团安全管控体系的标准化和信息化，安全监管的实时化和可视化，提升集团安全生产协同效能和监管水平，促进安全隐患标本兼治。

（4）政府安全生产风险监测预警。针对各级监管监察部门对企业安全生产监管需求，应用云计算、大数据、移动互联、人工智能等技术，实现围绕安全风险的数据实时在线监测、专题风险分析研判及分级预警等监管监察，实现风险研判"智能化"、应用系统"平台化"，数据交换"标准化"，监察执法"精准化"。

2) 创新点

（1）针对煤矿风险管控级别及职责不同，构建了自上而下统一的智能安全风险管控及预警平台。

（2）提出了基于循环作业流程的综采工作面网格化安全分区方法，建立了分区模型，提出了网格化安全等级实时分析方法，建立了顶板、火灾、瓦斯、水害和粉尘等灾害融合分析预警模型。

（3）围绕煤矿安全风险辨识、措施落实、风险监视、异常处置等煤矿安全工作关键过程实现煤矿风险一体化管控。

2. 关键参数

（1）支持10万点或以上的数据采集、处理和存储。

（2）异常分析预警延迟时间不大于5 s。

（3）支持500用户在线，页面日PV支持100万以上。

3. 典型应用案例及使用效果

平台在江苏省应急管理厅及各煤矿、非煤矿山进行了应用，为日常监管监察、远程巡查、执法检查和应急救援等工作提供可靠的技术支撑手段；在盘江精煤集团、重庆能投、华亭煤业、中煤科工等集团及下属煤矿的应用，将安全生产关口前移，增强了煤矿各层级人员风险防范意识，保障了风险管控措施落实到位，实现了煤矿—集团公司一体化的风险管控；在神东综采工作面进行了应用，实现了重点区域安全风险管控及预警，实现了综采工作面五大灾害的分区智能化防控（图4-74、图4-75）。

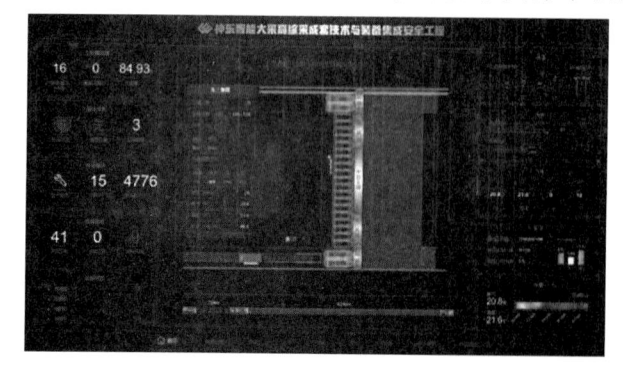

图4-74 神东智能大采高综采成套技术与装备集成安全工程

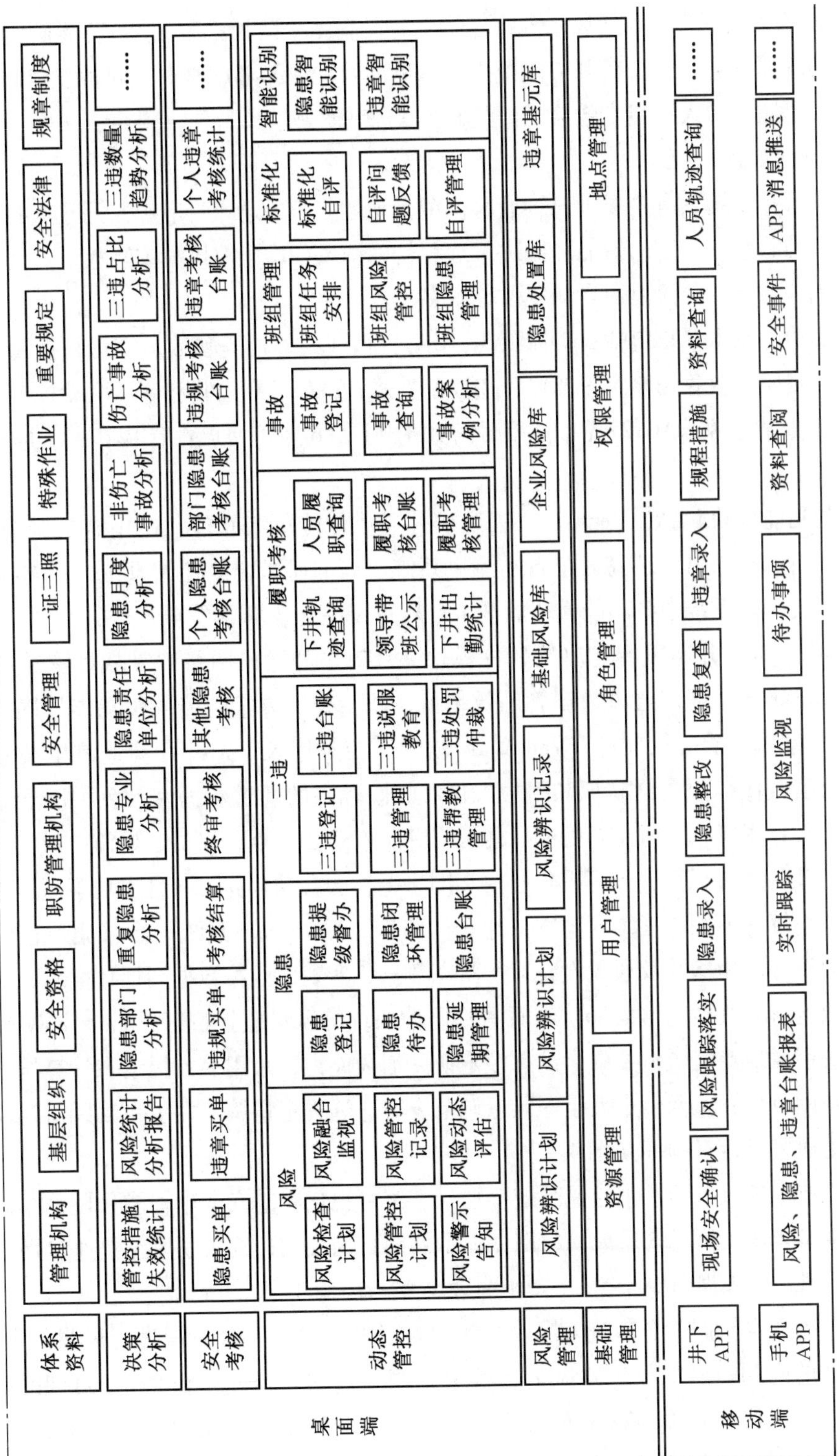

桌面端
体系资料
管理机构
基层组织
安全资格
职防管理机构
安全管理
一证三照
特殊作业
重要规定
安全法律
规章制度
决策分析
管控措施失效统计
风险统计分析报告
隐患部门分析
重复隐患分析
隐患专业分析
隐患责任单位分析
隐患月度分析
非伤亡事故分析
伤亡事故分析
三违占比分析
三违数量趋势分析
……
安全考核
隐患买单
违章买单
违规买单
考核结算
终审考核
其他隐患考核
个人隐患考核台账
部门隐患考核台账
违规考核台账
违章考核台账
个人违章考核统计
……
动态管控
风险
风险检查计划
风险融合监视
风险管控计划
风险管控记录
风险警示告知
风险动态评估
隐患
隐患登记
隐患提级督办
隐患待办
隐患闭环管理
隐患延期管理
隐患台账
三违
三违登记
三违台账
三违管理
三违说服教育
三违帮整管理
三违处罚仲裁
履职考核
下井轨迹查询
人员履职查询
领导带班公示
履职考核台账
下井出勤统计
履职考核管理
事故
事故登记
事故查询
事故案例分析
班组管理
班组任务安排
班组风险管控
班组隐患管理
标准化
标准化自评
自评问题反馈
自评管理
智能识别
隐患智能识别
违章智能识别
风险管理
风险辨识计划
风险辨识计划
风险辨识记录
基础风险库
企业风险库
隐患处置库
违章基元库
基础管理
资源管理
用户管理
角色管理
权限管理
地点管理
移动端
井下APP
现场安全确认
风险跟踪落实
隐患录入
隐患整改
隐患复查
违章录入
规程措施
资料查询
人员轨迹查询
……
手机APP
风险、隐患、违章台账报表
实时跟踪
风险监视
待办事项
资料查阅
安全事件
APP 消息推送
……

图 4－75 整体功能架构

4.2.2.25 矿井智能通风管控系统

该系统的研发在行业内率先形成"风流准确监测—控风智能决策—风量定量调节—灾变应急控制"一体化技术装备系统,为矿井通风系统构建了全时段立体"防护武装",是智能矿山建设和智能化开采安全保障的重要内容,符合矿井节能减排、绿色高效发展的必然要求,同时智能通风也是灾变应急控风的基础,是防灾减灾的最有效途径。具有自主知识产权。

1. 技术内容与创新点

矿井智能通风管控系统具有全场景三维通风模型自动建立、风速风量准确监测且兼容现有监控数据、实时网络解算消除监控盲区、智能辅助决策远程精确调风、均压控风火灾防控、灾变区域隔离和烟流快速疏导、风井防爆门分流泄爆自动复位等众多功能。

该系统的主要功能技术参数包括:①监测 V、CH_4、T、CO 等环境参数;②远程控制通风机、风窗、风门、全断面测风、应急隔离门等装置;③控制方式:PLC 可靠控制和区域联动控制;④配套软件:VentAnaly;⑤分站电源:AC127 V,备用时间大于 4 h;⑥通信协议:TCP/IP;⑦巡检周期不超过 30 s。

目前该系统的功能模块包括:VentAnaly 三维矿井通风智能决策软件、矿用定量调节自动风窗、多功能可变形远程自动平衡风门、高效全自动测风系统、局部通风智能控制系统、KFM 系列抗冲击自动复位风井防爆门,该系统中各功能模块的技术创新点及关键技术参数如下:

(1) VentAnaly 三维矿井通风智能决策软件模块。针对矿井通风网络解算软件三维交互性能不足、实时风网解算准确性不高、通风数据管理效率低、缺少控风方案智能决策功能等问题,开发了 VentAnaly 三维矿井通风智能决策软件。VentAnaly 软件平台利用粒子追踪和高速渲染技术实现了风流、烟流、有毒有害气体扩散动画模拟和阻力三区/风速/标高的巷道数据 - 颜色梯度展示,运用模型 - 视图 - 投影矩阵技术实现人机交互功能,能够对井下巷道、节点、风机、风筒、风门、密闭、传感器等通风设施以及各类传感器进行可视化建模和网络拓扑的自动建立,并且实现了通风电子图纸管理,自动生成通风系统平面图、三维立体图、通风网络图;VentAnaly 系统平台采集、存储、管理通风风速、温度、湿度等环境参数及通风设备运行状态数据,实现了监控数据图形化显示,并以实时监测数据为基准,快速解算其他巷道风量,进而消除监控系统的风量监控盲区;VentAnaly 软件平台能够根据矿井采掘等用风地点需风量要求,动态核定矿井通风能力,采用多目标动态计算技术,智能分析给出各通风设施调节位置及调节量大小等风量调节方案,远程定量调节井下自动风窗通风面积、局部通风机和地面主通风机运行频率(图 4 - 76)。

该软件的关键技术参数包括:①通风系统全场景三维可视化;②安全性智能分析;③监测数据动态解算;④按需供风智能决策;⑤通风网络图立体示意图自动绘制;⑥角联风路快速识别;⑦通风数据信息化管理;⑧风量模拟误差小于 5%;⑨智能决策响应时间小于 120 s。

(2) 矿井风量远程定量调节自动风窗模块。针对人工手动调节风窗面积进行风量控制,存在调节周期长、精度低的问题,研发了矿井风量远程定量调节自动风窗。该设备采用百叶式结构安装于巷道内,能够通过上位机软件远程发布命令或者就地手动控制,以压缩空气为动力完成过风断面的快速精确调节。每个窗体配备一个气阀箱,气阀箱内部封装了矿用防爆电磁阀,控制自动风窗压缩空气的接通与关闭。电控柜以 TCP/IP 协议接入井下环网与上位机软件通信,实现了自动风窗的远程就地精确控制(图 4 - 77)。

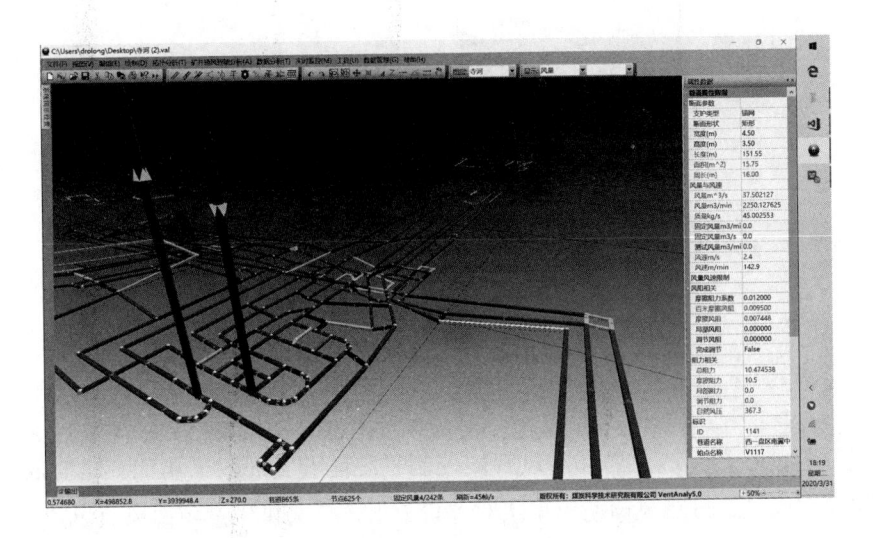

图4-76 VentAnaly三维矿井通风智能决策软件平台

该设备的关键技术参数包括：①断面远程调控误差：<1% fs；②断面调控时间：<10 s；③风量控制误差：<5%；④工作气源压力：>0.3 MPa；⑤标准配置数量：2道；⑥可用于均压控风和按需控风；⑦远程自动和应急手动调控。

（3）多功能可变形远程自动平衡风门模块。针对自动风门要适应巷道变形、快速安装、可靠控制及正常生产通风与灾变控风自动化等多功能需求，研发了多功能可变形远程自动平衡风门。该设备具有自适应巷道变形、多重可靠闭锁、远程自动控制、防夹车、防夹人、耐锈蚀等特点。针对行车过人自动化要求，具有光控、红外感知、气动机械电控三重闭锁和夜视摄像等功能。针对大断面巷道风门过重难以安装问题，设计了新型高强度轻质门体，具有门体重量轻、机械强度高、门轴三向调节、设备快速安装等功能。针对矿压大巷道变形风门易损坏问题，设计了新型可适应变形门框，采用双门框可变形连接结构和柔性折叠密封带，保证风门稳定、可变形和不漏风。针对灾变控风的要求，设计了火灾监测感知和风门远程控制系统，具有闭锁远程解锁、开关远程可靠控制等功能。

图4-77 矿井风量远程定量调节自动风窗巷道安装效果图

该设备的关键技术参数包括：①气动/液压两种动力形式；②感光自动开启；③防夹车、防夹人；④电气、气动/液压、机械三重闭锁；⑤远程解锁，5 s内打开风门；⑥适应巷道变形能力≥200 mm。

（4）高效全自动测风系统功能模块。针对定点悬挂风速传感器监测巷道平均风速不准确问题，研发了全断面运动式风量准确监测仪，使风速传感器运动起来，多点测风求取平均值，提高了测风精度。该设备安装在井下测风站内，三个高精度风速传感器能够在整个测风站断面内沿着程序预设的轨迹进行移动，测量多点风速，求取巷道风速平均值。该设备使用电磁阀和接近开关控制气动马达来控制风速传感器的移动，架设垂直轨道和传动装备控制测风杆在竖直方向上的精确运动，通过测风杆固定风速传感器，通过编程控制测风断面内风量测试点位置和测试时间（图4-78）。

该设备的关键技术参数包括：①风速精度：0.1 m/s；②传感器自清洗：1次/h；③传感器数量：3个；④气动压力：>0.3 MPa；⑤适应巷道断面积：<30 m²；⑥远程控制测风时间间隔：>5 min。

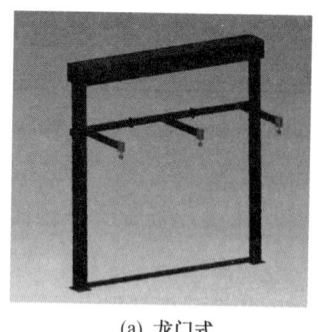

(a) 龙门式　　(b) 折叠式

图 4-78　高效全自动测风系统

(5) 局部通风智能控制系统。局部通风智能控制系统能够实现以下功能：①实时监测风筒风速计算掘进工作面有效风量，进行风筒漏风率实时评价、掘进迎头供风量与回风流风速评价；②实时监测风筒出口风量，利用风机变频技术实时调整风机供风量，解决掘进工作面长距离供风难的问题；③实时监测风筒出口风量和回风流瓦斯浓度，利用过风机变频技术实时调整风机供风量，避免掘进工作面"一风吹"瓦斯超限排放问题。

该设备的关键技术参数包括：①智能控风误差不超过 5%；②噪声不大于 80 db；③主备风机自动切换时间小于 60 s。

(6) KFM 系列抗冲击自动复位风井防爆门功能模块。针对矿井发生煤尘瓦斯爆炸之后传统风井防爆门在爆炸冲击波作用下被炸飞，不能及时复位，导致矿井通风系统风流短路，井下出现风流紊乱甚至出现无风状况，造成大量井下人员窒息伤亡的问题，研发了 KFM 系列抗冲击自动复位风井防爆门。该系统利用机械结构设计原理实现了爆炸冲击波自动泄压与泄压后自动快速复位。图 4-79 所示为 KFM 系列抗冲击自动复位风井防爆门结构图。

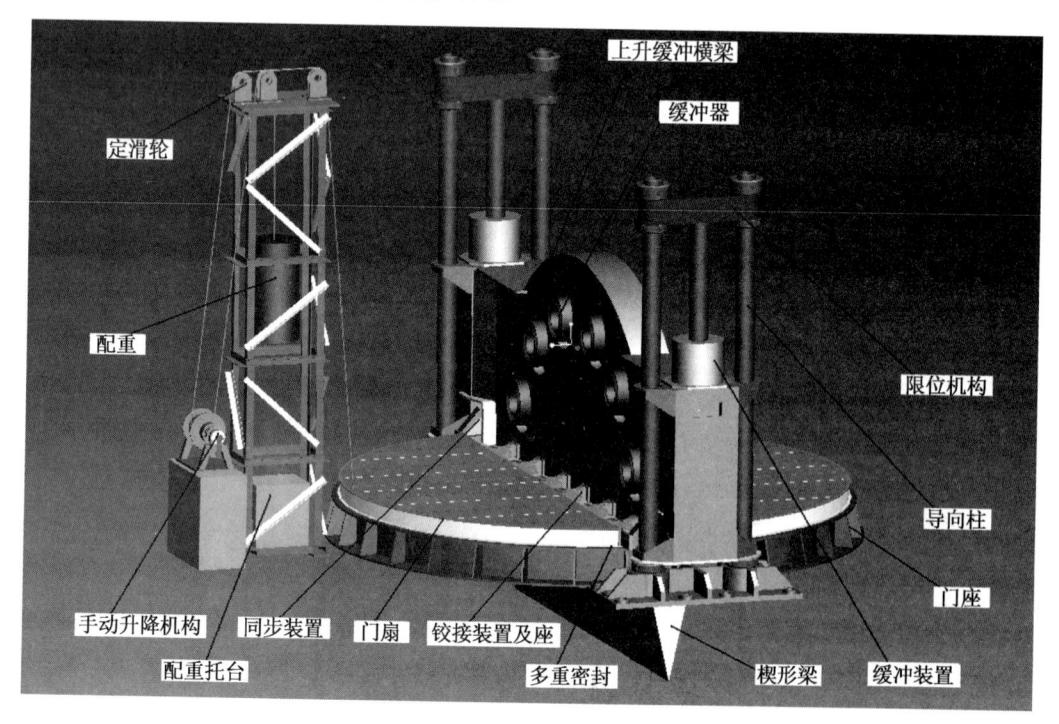

图 4-79　KFM 系列抗冲击自动复位风井防爆门结构图

该设备的关键技术参数包括：①抗超压强度：1.0~1.5 MPa；②抗冲击次数：>2次；③复位时间：<2 s；④漏风率：正常漏风率小于5%，爆炸后小于15%；⑤自动开启时间：<5 s、反风锁紧时间：<1 min。

2. 典型应用案例及使用效果

矿井智能通风管控系统适用于高产高效集约化矿井、高瓦斯矿井、易自燃煤层开采矿井，目前该系统已在陕煤陕北矿业张家峁煤矿和国家能源神东保德煤矿进行了推广建设。

案例一：张家峁煤矿应用情况

围绕通风智能感知监测、智能决策分析、智能控制三方面内容进行，根据张家峁煤矿通风系统实际情况，煤科院为张家峁煤矿建设了矿井通风实时监控系统、矿井风量远程调节系统、风门自动化及远程控制系统、矿井全自动测风系统、矿井通风智能分析软件系统、局部通风机智能控制系统，形成了张家峁煤矿智能通风管控系统。在矿井通风智能感知监测方面，为了实现全矿井通风环境参数的实时在线监测，在融合监控系统的前提下，在全矿井布置了47台双向风速传感器、10台温湿度大气压多参数传感器、23套全自动测风站，形成张家峁煤矿通风实时监测系统，对矿井通风系统状态进行全方位、快速、准确监测，实现全矿井所有巷道风量快速监测反演，实现主要井巷风量的同步准确测试，实现通过实时监测主要井巷风阻和阻力三区分布参数、矿井自然风压参数，为井下通风系统智能决策分析提供基础数据。矿井通风智能决策分析方面，建立了张家峁煤矿智能通风管理系统平台，系统平台涉及智能通风关键核心技术包括基于通风参数监测的矿井实时网络解算技术、矿井通风系统三维可视化技术、矿井通风监测数据图形化显示管理技术、矿井通风系统优化模拟技术、井风量定量调节与风流应急控制联动控制技术。矿井通风智能控制方面，建立了张家峁煤矿22202采煤工作面智能通风系统、2-2煤主运带式输送机巷灾变应急控风系统、22203辅运巷掘进工作面智能通风调控系统，具体安装的智能通风设备包括2套风量定量调节风窗、9套远程自动控制风门、1套局部通风机智能控制系统。

张家峁煤矿智能通风管控系统实现了全矿井风速风量实时准确监测；实现了局部通风机智能调控、静音运行，按需供风；实现了矿井通风系统实时监测-控风方案智能决策-通风设施远程自动调控一体化；实现了灾变风流应急调控，该系统在张家峁煤矿进行了现场应用，开展了"一键测风""一键调风""一键反风"、掘进工作面按需供风等一系列工业实验，风量调节控制准确度大于95%，全矿井多点运动测风耗时2分17秒，有效地提高了矿井通风管理的信息化水平，保证矿井通风系统安全可靠。图4-80所示为张家峁煤矿智能通风管控系统建设效果图。

案例二：神东保德煤矿应用情况

立足保德煤矿实际条件和需求，煤科院为保德煤矿建成了保德煤矿智能通风管控系统，该系统包括5套高效测风装置、1套抗火灾自动平衡风门、5套远程定量条件自动风窗，该平台实现了数百米井下的局部风量远程测控、通风设施远程精确控制、矿井通风系统三维可视化快速建模以及矿井通风网络解算等功能，该平台的投入使用为保德煤矿建设世界一流通风及灾害预警智能化矿井奠定了坚实的基础，该系统显著提高了矿井通风自动化、信息化和智能化水平，适应新时代智能化矿山建设发展的需求（图4-81）。

4.2.2.26 矿用装备润滑安全监控与智能运维云平台

该平台由广州机械科学研究院有限公司研发，具有发明专利3项，实用新型专利2项，软件著作

(a) 龙门式全自动测风系统　(b) 折叠式全自动测风系统　(c) 风量远程定量调节自动风窗

(d) 多功能可变形远程自动平衡风门　(e) 局部通风机智能控制系统

图 4-80　张家峁煤矿智能通风管控系统建设效果图

全自动测风系统　　　　　　　风量远程定量调节自动风窗

多功能可变形远程自动平衡风门

图 4-81　保德煤矿智能通风管控系统建设效果图

权 3 项。

1. 技术内容与创新性

1）技术内容

重点围绕突破煤炭行业重大装备智能运维工程化应用的核心关键问题开展研究与技术攻关，应用工业互联网、人工智能、大数据、云计算等前沿技术，开发了"煤炭行业重大装备润滑安全监控与智能运维云平台"，创建了基于多源信息融合的润滑故障预警技术体系，解决了重大装备润滑安全运维中数据采集与传输、故障诊断与溯源、健康寿命评估与预测等关键技术难题，打通了从理论分析到工程应用的技术瓶颈；通过对煤炭企业润滑油品选型优化、寿命延长、润滑管理评估与优化、润滑大数据分析等，构建了大型煤炭企业润滑安全可靠性管理技术体系，解决了企业全系统、全寿命润滑安全管理实施过程中的多环节工艺难题。

2）创新性

（1）项目研制和应用过程中，将属于在国内首次创建远程在线油液监测和离线油液监测异构数据融合的润滑早期故障预警体系，与阿里云全面合作积极开发基于大数据的煤炭行业重大装备润滑磨损状态监测预警云平台。广州机械院的核心人才团队，通过自主开发基于局域网的实验室信息化管理系统，实现从监测分析、故障诊断、报告生成、结论推送等全过程的网络化、智能化。

（2）项目团队已经发明了基于励磁吸附的三维数字磨损颗粒图像生成装置及方法，将积极搭建和升级基于工业互联网云平台的机械装备油液在线监测技术系统，为煤炭行业机械装备磨损状态动态监测提供了量化数据支撑。

（3）项目通过创建远程在线油液监测和离线油液监测信息融合的润滑安全大数据决策、远程运维技术及其标准体系等，能够为保障影响国民经济的重大工程和设备安全做出重大贡献，将获得显著的经济效益和社会效益。

2. 关键参数

重大装备润滑安全远程监控与智能运维云平台能实时监测装备在用油液的劣化、污染及部件的磨损状态变化，有效预防装备的重大润滑磨损事故。该系统主要由硬件系统和软件系统等组成，硬件系统包括主传感器（黏度传感器、水分传感器、污染颗粒传感器、铁磁传感器、密度传感器、油品品质传感器、温度传感器）、传感器接口模块、数据采集卡、电源、工控机、通信系统等，软件分为工控机版本、局域网版本、互联网版本。

3. 典型应用案例及使用效果

在山东招金矿业设备的润滑安全智能监控技术应用，成功实现了22台大型关键设备的状态监测与智能诊断运维云平台的运行使用。其中，使用了广州机械院的设备油液在线监测系统和软硬件技术，相关的设备监测信息等能够实现远程监测、诊断、运维等。①现代信息传感技术和云平台技术的快速发展，为大型装备运行状态的实时监控创造了条件，可实现监测数据的即时获取和实时传递；②大型黄金矿山企业的海量监测数据和大型设备信息的融合分析可迅速确定故障来源并发出预警；③人工智能与专家系统的结合，可实时准确对设备健康状态以及其未来状态做出判断预测，能够提升企业安全运行水平。

矿用装备润滑安全监控与智能运维云平台已广泛应用于煤炭行业关键设备，如国家能源集团神东煤矿大型齿轮箱在线油液监测，陕西煤业化工集团神木天元化工有限公司车间空压机油液监测，铜辉矿业安装润滑在线智能监控系统等，实现了润滑油监测数据即时采集、实时远程传输、智能诊断与决策等服务。相关技术产品："矿用隔爆兼本安型油液质量监测仪"在2020年取得了防爆合格证书，具备实施安全生产安装的资质。

4.2.2.27 分布式智能速断防越级跳闸及诊断信号法漏电保护系统

电力系统的安全性和运行状态直接影响着煤矿的生产和安全。煤矿井下是一个由级联变电所和配电点等构成的网状的复杂的配电网，环境潮湿、地形复杂。这些往往造成短路引起井下越级跳闸，漏电造成系统乱跳等严重事故。为此，上海山源电子科技股份有限公司研发了具有自主知识产权的分布式智能速断防越级跳闸及诊断信号法漏电保护系统。其中，"一种供电网的防越级跳闸的方法"取得发明专利;"一种矿井配电网漏电保护系统"取得实用新型专利;"山源漏电保护装置控制软件V1.0、山源级联纵差综合保护器软件V4.0"取得软件著作权。相关成果"激励式漏电与防越级保护系统研究与应用"项目获2018年度中国煤炭工业科学技术奖三等奖。

1. 技术介绍

（1）研发的基于基因图谱原理的分布式智能速断保护，利用开关间的拓扑关系自主交换故障信息进行协商，自主判断故障区段，实现全网零秒速断，以达到防越级跳闸的目的。

（2）利用诊断信号法原理，在系统出现漏电（单相接地）时，向系统注入一个诊断信号，该信号流经接地点并通过大地回到信号发生器，从而准确地判定出接地线路，保护予以跳闸，切断接地线路，保护了其他未接地系统的安全。

2. 关键技术与创新点

1）关键技术

（1）信号注入方法和注入信号的分离漏电算法。诊断信号注入方式以及正确分离出诊断信号是本系统的关键技术。把信号发生器产生的诊断信号耦合到由接地保护出来的中性点和地之间，使注入的信号与接地点构成回路，分散安装在开关中的漏电保护器在系统发生单相接地后，开始从采集到的零序电流信号中通过算法分离出施加的诊断信号，保护器以此来判断自己是否为接地线路，达到正确选线跳闸的目的。

（2）分布智能自主协商的协议与算法。为实现煤矿供电电网联络开关间的保护动作信息自主协商机制，设计了一套完整的防越级跳闸通信协议和逻辑算法。物理通道采用平衡对等传输模式，快速完成协商，再利用上下级联络保护的故障信息做逻辑运算，从而判断出故障区段和故障线路，实现靠近故障最近的开关跳闸，避免越级跳闸的目的。

2）创新点

（1）诊断信号原理成功应用到煤矿电网，实现精准的漏电保护。煤矿电网漏电事故对电网造成的影像非常严重，提高漏电保护正确动作率低也是煤矿电网长期的难题。利用系统单相接地时，向系统注入一个诊断信号，用诊断信号的流经路径来判断接地线路的方法，大大提高了漏电保护动作的正确性，大大提高了煤矿电网的可靠性。

（2）分布智能自主协商的防越级保护方法。在国内率先采用分布智能自主协商的防越级保护方法，实现了煤矿电网的防越级保护。该方法把通信协商范围限定在具备上下级供电关系的保护器上，无须建立复杂的电网拓扑关系，而实现更全面的短线路保护、母线保护，从而快速切断故障。

3. 典型应用案例及使用效果

案例一：鲁西矿建设了上海山源的智能分布式防越级保护系统和诊断信号法漏电保护系统（图4-82）。该项目实施以后，解决了井下越级跳闸问题，提高了供电系统可靠性，减少了井下跳闸次数。每天生产原煤按1000 t计算，原来大面积停电影响范围至少为一个采区，故障查出及送电时间至少2 h，直接影响产量800 t以上，该系统投入后可以在故障点外切除故障，并能够及时将信息传达到供电管理人员处，可以将处理故障时间、送电时间缩短至1 h之内，影响产量能控制在400 t以内，可为企业挽回经济损失约20万元（每吨按500元计算）。按历年停电次数统计，平均每年大面积停电5次，则每年可为企业减少100万元的经济损失。

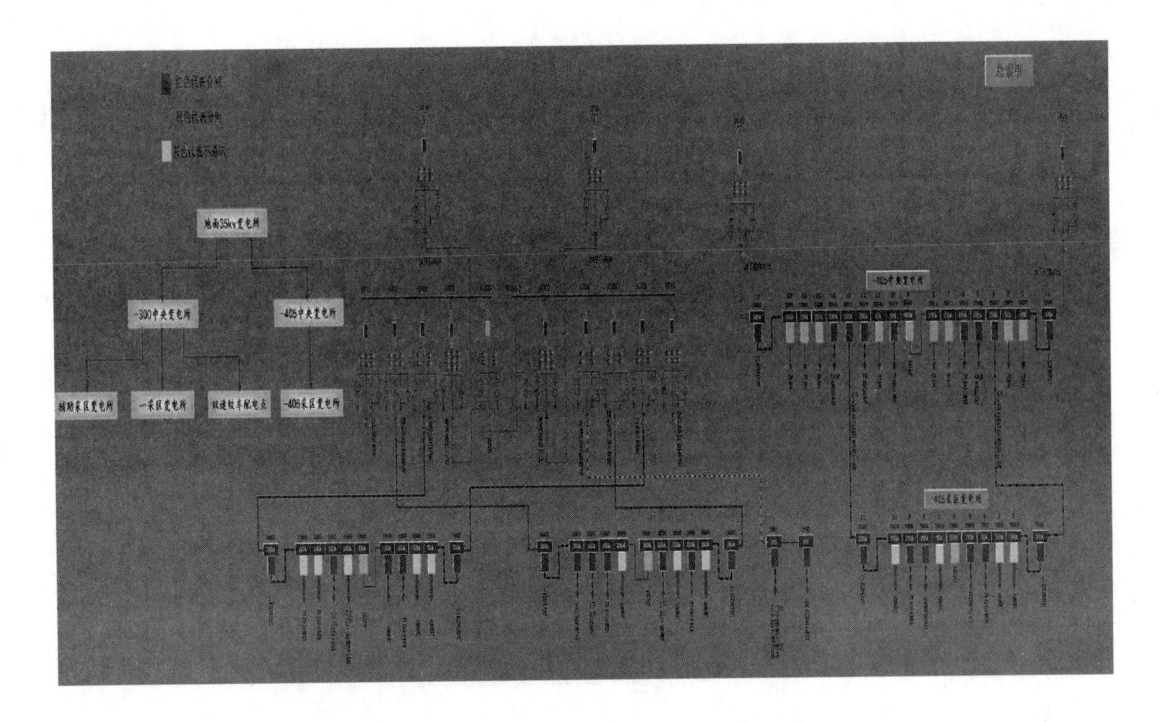

图4-82 鲁西煤矿供电防越级跳闸系统图

在减人提效方面,安装该系统的配电点可以实现远程控制,可以减少21个配电室岗位工,每工按7万元每年计算,一年可以节约工资费用147万元。

案例二:山东东山古城煤矿有限公司

激励式漏电与防越级保护系统自2017年10月改造完成,投入运行以来,性能稳定可靠,能够满足现场安全生产需要。具备可靠的漏电选择性和短路防越级跳闸功能,避免无故跳闸、越级跳闸的严重事件发生,有效降低了岗位人员的劳动强度,受到职工好评。

4.2.2.28 基于计算机视觉的智能分拣技术及装备

该技术及装备由中国矿业大学(北京)研发,具有自主知识产权。成果获得2020年中国煤炭工业协会科技进步二等奖。

1. 技术内容与创新点

(1) 成果基于深度学习和机器视觉理论研究了煤、矸、杂的智能识别、定位技术与装备。开发了基于深度神经网络算法模型的机器学习和识别软件,能够高效准确识别煤、矸及杂物的种类、形状和空间位置,同时提取了抓取和分拣所需数据信息。实现了对煤、矸及杂物类别的监测、统计和分析。

(2) 研究了智能分拣机器人技术及最优抓持路径规划。针对该机器人需具备运动速度高、适应恶劣工作环境、可靠性强等特点,研究机器人分拣不同类别、质量、形状、尺寸杂物的分拣策略,开发机器人流水线抓取最优轨迹规划算法以及多机器人协同操作最优抓取策略。

(3) 基于多传感器信息融合的机器人末端执行器开发。开发能适应各种不规则形状的机器人末端抓持器,集成抓持力感知、位移检测、气缸压力检测和碰撞检测等多种传感器,研究多传感器信息融合策略,实现对被抓持物的稳定抓持以及对末端抓持器的工作状态监测。

（4）智能分拣机器人系统技术及装备。开发集成基于信息融合与视觉感知技术搭建智能识别系统平台，研发高速分拣机器人系统、智能机器人末端抓持器、智能物料输送系统的煤炭杂物智能分拣机器人系统装备，完成对设备整体的结构、电气、软件开发和测试，以及相关装备样机的试运行测试。

2. 关键参数

智能分拣装备对杂物的识别准确率不低于95%，煤矸识别准确率不低于90%，系统分拣率不低于90%。

3. 典型应用案例和使用效果

该装备于2019年底在淮北矿业集团涡北选煤厂成功应用，检测准确率96.6%，机械手分拣成功率94.7%，系统分拣率91.6%（图4-83、图4-84）。

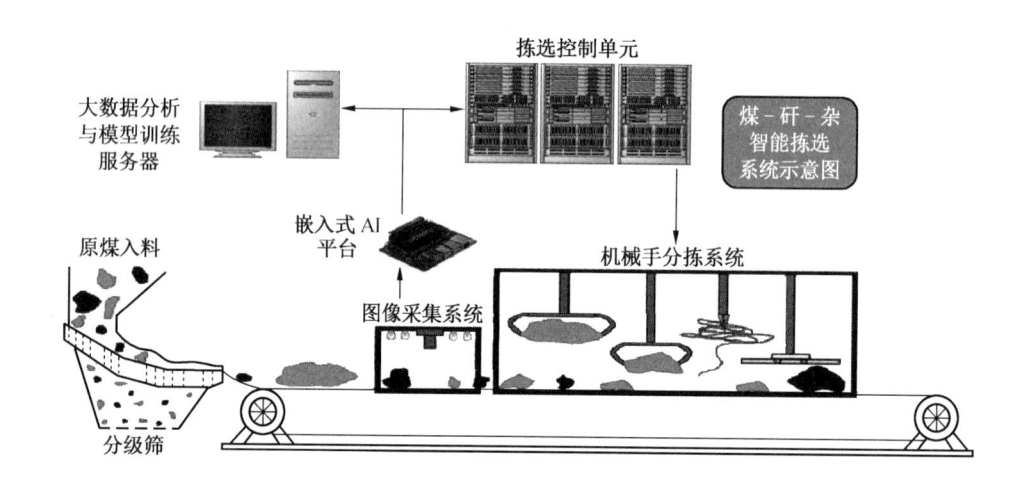

图4-83 成果的工艺流程

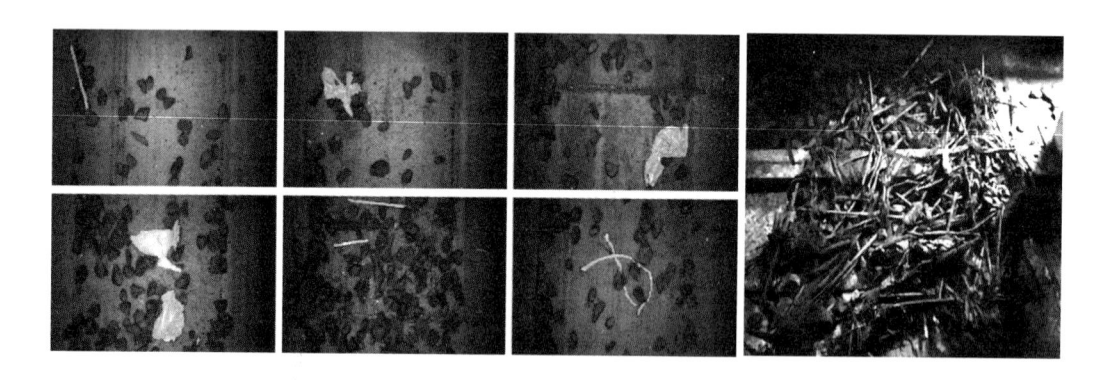

图4-84 识别与分拣效果

4.2.3 煤矿安全保障与应急救援技术及装备

4.2.3.1 煤矿井下槽波探测技术及装备

槽波地震探测技术与装备一直被国外公司垄断。中煤科工集团西安研究院经过8年的科技攻关，成功研发出具有自主知识产权的新一代槽波探测技术与装备，其中基于节点式设计的无缆槽波地震仪，实现了对国外同类设备的"跨代超越"，自主开发的 GeoCoal 槽波处理软件成功实现了"弯道超车"。该技术利用煤层内传播的透射槽波、反射槽波及其他地震波波场探测采煤工作面内、巷道两侧帮以及独头巷道迎头前方存在的地质异常体，为可能发生的地质灾害防治、煤矿开采方案提供地质信息支持，是超前查明煤层中断层、陷落柱、采空区、煤厚变薄、岩浆岩侵入以及局部应力集中区等有效的探测手段。

1. 技术内容与创新点

（1）研制出国内首套本安型矿用无缆节点自记式槽波地震仪，该设备以独立采集、集中处理和时间同步的方法，克服了原有井下地震仪庞大、笨重、带道能力少的问题。

（2）研发了煤矿井下含巷道模型的三维弹性波数值模拟软件，并在 GPUs 平台上利用 CUDA 将计算效率提高了两个数量级。

（3）独特的 Z 分量接收以及工作面全覆盖、孔巷联合等采集方式，既减轻了井下施工负担，提高了施工效率，又通过增加射线覆盖密度和方位分布，极大地提高了槽波探测准确度，降低了误报率。

（4）研发出矿井透射、反射槽波数据的关键处理技术，从去噪、波场分离、极化滤波、初至拾取、信号增强、频散校正、高精度层析和多种反射波成像等方面，有效提高了数据成像质量和探测精度。

（5）研发出透射、反射槽波数据处理软件 GeoCoal 和 ISSTSP，软件界面友好，功能齐全，易于操作，研发了小波域槽波波场分离、频率域多窗谱极化滤波、L 型槽波频域压缩、基于频散相似度的反射槽波成像、槽波特征函数变换、三分量反射槽波极化偏移成像和反射槽波增强等 7 项关键处理技术，极大提高了反射槽波超前探测数据成像精度。

2. 关键参数

（1）探测精度：可探测 1/3 煤厚以上的小断层，直径 20 m 以上的陷落柱，有效探测距离超过 200 m。

（2）探测准确率：该技术已在全国 9 个煤矿区完成了 100 多项探测，圈定的 12 个迎头前方异常构造已揭露验证 10 个（2 个尚未采掘揭露，待验证），准确率超过 83%。

3. 典型应用案例及使用效果

案例一：煤矿井下槽波探测技术在王坡煤矿工作面开展了精细探查，用透射的观测方式查明工作面内陷落柱的产状与分布情况，得到的振幅衰减系数 CT 成像结果如图 4-85 所示。

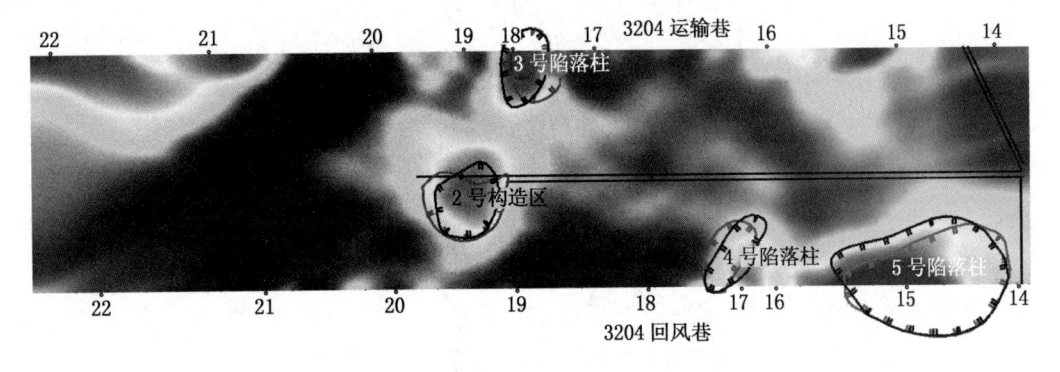

图 4-85 王坡煤矿透射槽波探测成果

振幅衰减系数 CT 成像结果基本可以确定陷落柱的大体形态和边界,高衰减区域基本与钻探推测的陷落柱能够相互对应,且槽波振幅衰减系数对陷落柱的反映表现出了较强的敏感度。最终,该结果也在后续的揭露中得以验证,为煤矿开采工作提供了很好的指导作用。

案例二:宁煤红柳煤矿采用本项目成果在 203 工作面运输巷开展侧帮反射探测:在巷道下方探测出两条断层,根据槽波能量推测第一条断层断距小于半煤厚,第二条大于煤厚。在开切眼贯通时揭露了 1.5 m 和 12 m 断距的两条断层,结合钻孔验证了探测结果。在 203 工作面回风巷掘进时提前对大断层进行了规避。在 203 运输巷上方也探测到一条断距大于煤厚的断层,在 204 运输巷掘进过程中揭露了 7 m 断距的断层,揭露位置与预测位置误差 8 m(图 4-86)。

案例三:在窑街煤矿采用孔巷联合的方式进行槽波超前探测,根据成像结果在下巷距迎头横向 210 m 处显示异常强能量,推断为与巷道相交的断层;上巷正前方存在的异常强能量,推断为工作面前方的预测断层,后续揭露都得以验证(图 4-87)。

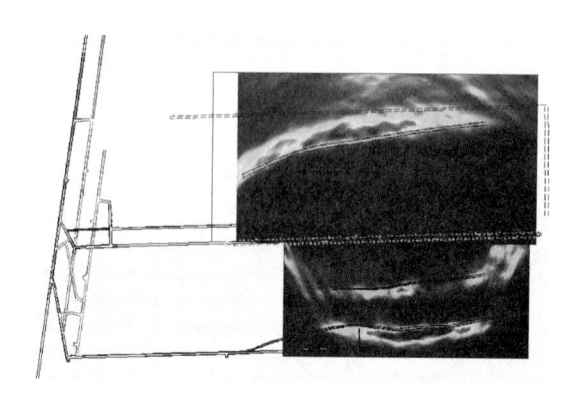

图 4-86 宁煤红柳煤矿反射槽波探测成果

图 4-87 甘肃窑街煤矿反射槽波超前探测成果

图 4-88 巷-孔瞬变电磁探测技术原理示意图

4.2.3.2 煤矿井下巷-孔瞬变电磁探测技术与装备

煤矿井下巷-孔瞬变电磁探测技术与装备适用于煤矿井下隐蔽致灾水体超前探查、水力压裂效果检测、钻孔旁未知水体探测。技术总体达到国际领先水平,具有多项自主知识产权,其中,发明专利申报 11 项,授权 6 项,软件著作权获得 4 项;取得煤安证书及防爆合格证书 9 项。图 4-88 所示为巷-孔瞬变电磁探测技术原理示意图。

1. 技术内容与创新点

1)技术内容

(1)研发了巷道多匝小线框发射、孔中三分量探头接收的钻孔全方位探测方法。研发的煤矿井下巷-孔瞬变电磁钻孔径向探测方法,可对 200 m 以内钻孔径向 30 m 范围内的地质电性情况进行无干扰高精度探测;研发的煤矿井下巷-孔瞬变电磁钻孔超前探测方法,可对 40 m 以内浅钻孔孔底前方 60 m 距离、120°夹角范围内的地质电性情况进行无扰广域超前探测。

(2)研制了煤矿井下巷-孔瞬变电磁合成大功率三分量探测装备及数据采集软件。研制了基于多源并行发射原理实现电流叠加效果的大功率孔口发射机,可在防爆本安要求下将等效电流增大至常规情况下的 4 倍;研制了集成钻孔轨迹测量功能的基于单一磁芯线圈三轴异构绕制的孔中探头,实现了孔中瞬变电磁三分量数据和探头姿态数据的同点、同时测量。

(3) 研发了巷-孔瞬变电磁探测资料智能精准数据立体处理解释方法及配套软件。针对巷-孔瞬变电磁探测数据特征,研发了滑动时窗波场反变换算法、二维虚拟波场动校正算法、拟声波介质的全波形反演算法、水平分量曲线形态无监督机器学习分类算法,孔旁电性信息工具面角计算方法、基于趋势面的异常场提取算法和基于向量合成的巷-孔超前探测数据处理等 7 项关键处理方法,实现了巷-孔瞬变电磁径向探测资料立体成像和超前探测资料叠加成像。并将这些模块集成为一套配套的数据处理软件。图 4-89 所示为矿用巷-孔瞬变电磁装备实物图。

图 4-89　矿用巷-孔瞬变电磁装备

2) 创新点

表 4-41　煤矿井下巷-孔瞬变电磁探测技术与装备技术参数

类型	技术参数
产品规格	长度 1.5 m,直径 40 mm
工作时间	6 h
发射频率	25 Hz、12.5 Hz、6.25 Hz、2.5 Hz
采样频率	125 kHz、250 kHz、500 kHz、1 MHz、2 MHz
最大发射电流	4.5~18 A
接收动态范围	不低于 130 dB
适用孔径	成孔孔径大于 55 mm 的各用途钻孔
进孔方式	手推杆推送
适用孔深	不大于 200 m
探测距离	钻孔径向 30 m,全方位

(1) 巷孔瞬变电磁钻孔全方位观测系统。

(2) 巷孔瞬变电磁二维虚拟波场反演成像方法。

(3) 基于三分量探测和机器学习算法的立体成像方法。

(4) 矿用合成大功率瞬变电磁发射系统。

(5) 能测量探头姿态的孔中一体化三分量接收探头。

2. 关键参数

煤矿井下巷-孔瞬变电磁探测技术与装备见表 4-41。

3. 典型应用案例及使用效果

山西阳泉某煤矿回风巷道掘进前方为一已关闭煤矿。经调查该矿存在越界开采行为,且采空区存在大量积水。由于越界开采具体范围无法摸清,采空区积水成为该回风巷道掘进过程中的重要安全隐患。通过巷-孔瞬变电磁探测数据的虚拟波场反演,可得到如图 4-90 所示的积水采空巷道平面解释结果图。相比调查结果,积水采空巷道位置距离掘进工作面距离比预计的 60 m 小一半,仅有 30 m。矿方立即采取措施,停止掘进,根据物探成果重新设计了开切眼和工作面。

在陕北某矿开展了钻孔瞬变电磁探测工作,测区地处鄂尔多斯地台向斜东翼的陕北斜坡北部,属典型的侏罗纪煤田。矿井的主要充水水源为主采煤层上覆基岩砂岩裂隙水、局部地段的第四系松散岩类潜水。该矿井早期主要采用以掘代采的采煤方法,留下大量巷采式采空区,并且由于上覆含水层的补给,当煤层开采后普遍形成了积水采空区,威胁煤矿安全生产。通过巷-孔瞬变电磁探测数据的反演立体成像,得到积水采空异常区立体成像结果图(图 4-91)。矿方后期设计了钻孔对该异常进行勘查，在进尺 98 m 附近出现掉钻和出水现象，最终推断该异常为上组煤遗留的小煤窑采空区。

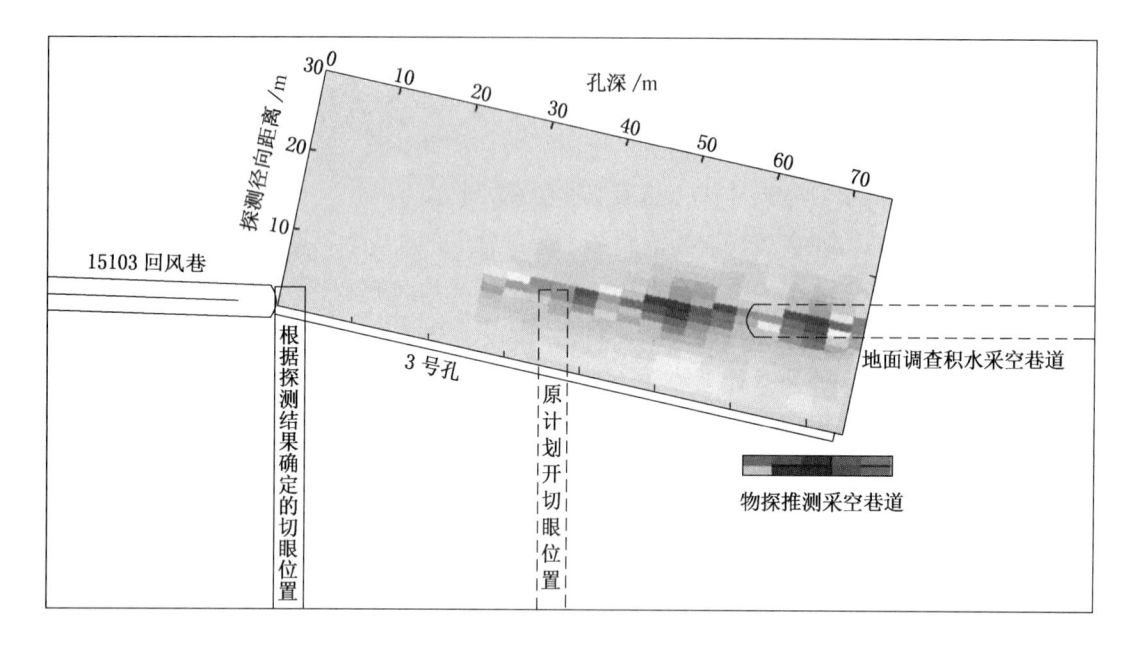

图 4-90 巷-孔瞬变电磁探测结果平面示意图

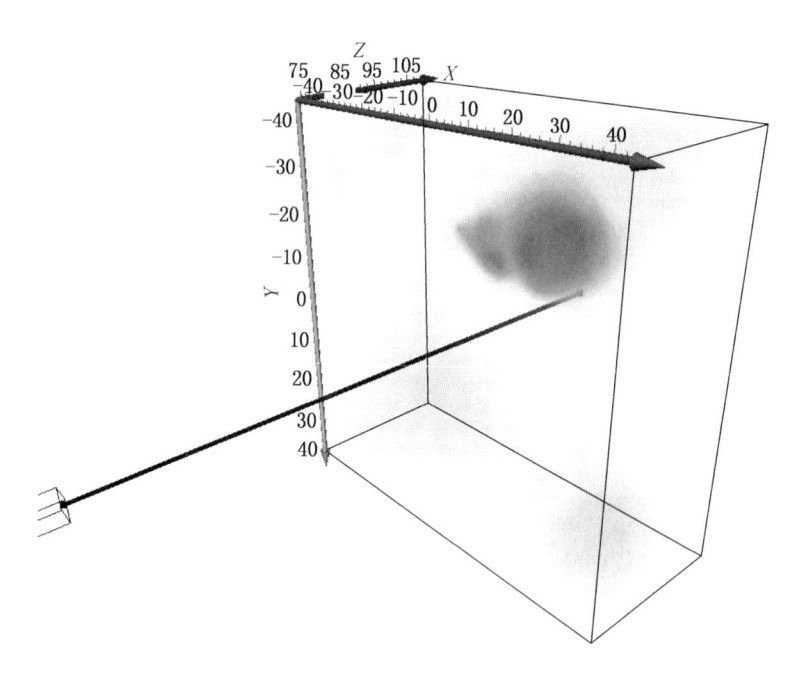

图 4-91 巷-孔瞬变电磁探测结果立体成像图

4.2.3.3 YCS625 矿井瞬变电磁探测系统

YCS625 矿井瞬变电磁探测系统是专门运用于矿井隐蔽灾害勘查的物探仪器，在目前矿井地质灾害防治形势严峻的情况下研发的用于煤矿井下采空区、陷落柱、断层、岩层裂隙等地质异常体及其富水性探测的高精度物探装备，其可为加强煤矿安全生产和矿井水害防治工作提供准确可靠的依据，为有效地做好煤矿防水治水、安全生产工作提供保障。具有自主知识产权。

1. 技术内容与创新点

1）技术内容

（1）探测煤层顶底板岩层富水性。

（2）探测采空区、陷落柱、断层及其富水性。

（3）探测掘进巷道前方和采煤工作面区域隐伏含水构造及空间位置。

（4）探测其他煤矿井下常见富水异常体。

（5）配套 WeTEM 数据处理软件可直观显示原始数据的曲线，便于评价数据质量；观测系统建立方式灵活，适应井下不同的施工方式的需要；具有最小二乘平滑滤波、卡尔曼滤波、人机交互滤波等多种滤波功能。

2）创新点

（1）实现了矿井瞬变电磁法三维直角坐标以及极坐标参数的实时反馈，定向精准，具备实时电磁场测量功能，对低阻体反应敏感，探测精度高。

（2）仪器硬件系统集成化程度高，装备主机在保证重量不到 8 kg 的同时实现了正常条件下不小于 100 m 的探测深度，仪器轻便，施工效率高。

（3）产品软硬件内置了多种抗干扰模块，对井下常见的金属、电力等干扰有较强的抗干扰能力。

（4）数据处理软件具有界面友好、功能强大灵活、自动化程度高、精度高、操作简便等优点。

（5）数据处理软件采用改进的反演算法，与传统算法相比，盲区小（减小约30%），分辨率高、体积效应小（减小约40%）。

2. 关键参数

（1）数据处理软件系统主要性能指标如下：

①实现了关断效应校正、多种滤波组合，可减小盲区，降低干扰对探测结果的不利影响。

②实现了全空间瞬变电磁反演方法，可进行视电阻率精确计算，提高分辨率和精度。

③实现了数据中电性界面信息的提取，实现了矿井瞬变电磁数据的精细处理。

④实现了波场变换数据拟地震处理，降低体积效应，可分辨含水异常体边界电性界面。

（2）探测硬件系统主要性能指标见表 4-42。

表 4-42 探测硬件系统主要性能指标

项目	技术参数
尺寸/(mm×mm×mm)	340×280×70
操作系统	WinCE
显示屏	7寸触控屏
探测定向	有，定向误差<0.1°
背景场反馈	有
A/D 转换	24 位
发射电流/A	≤4
RAM/ROM	512 M/8G
采样率/μs	1.6
供电系统	叠加次数 1~9999 可选

3. 典型应用案例及使用效果

应用案例一：巷道掘进超前探测

在某煤矿 9101 轨道回风巷 218 m 处开展超前物探工作，图 4-92 所示为顺层正前方视电阻率等值线扇形图件，在图中巷道掘进前方 30~60 m 范围可以发现一处明显的低阻异常区域，经过打钻验证为采空区积水，异常反应明显，探测结果准确。

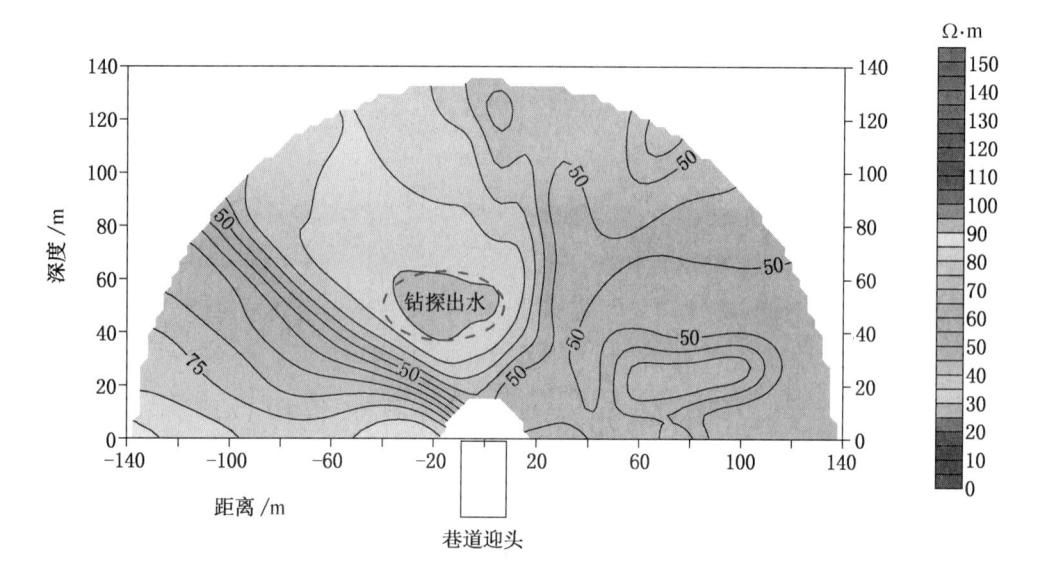

图4-92 巷道超前探测视电阻率等值线断面图

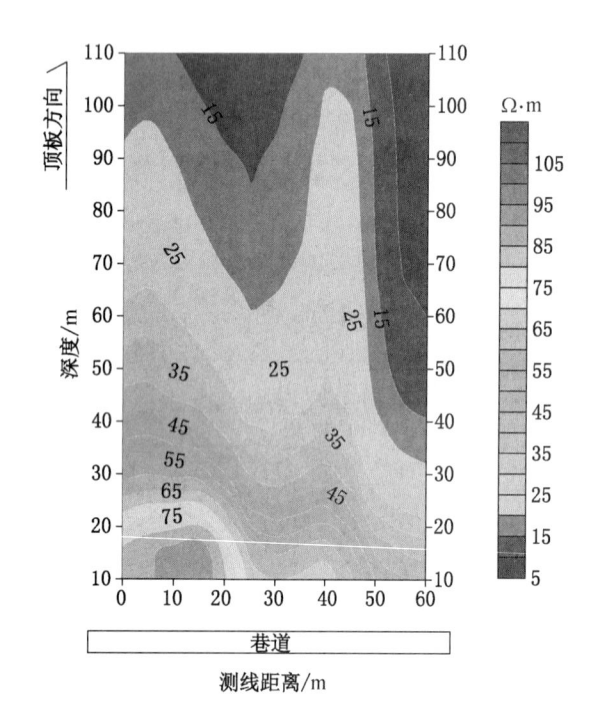

图4-93 工作面区域探测视电阻率等值线断面图

应用案例二：工作面区域探测

在某矿151206巷道0~60 m区段出现了不同程度的顶板出水、淋水现象，在巷道0~60 m区段布置了一条工作面顶板45°方向的测线，现场具体情况如下：

10 m：地表积水；

20 m：顶板开始出现淋水；

30~40 m：顶板淋水逐渐加大；

50~60 m：顶板大量淋水。

在巷道0~60 m区段出水量逐渐增大，成果图中0~40 m、50~60 m区段低阻异常区域逐渐增大，图4-93可以直观反映151206巷0~60 m范围的区段富水性强弱变化，探测结果与打钻情况吻合。

本装备在山西省晋城矿区开展了全面的推广应用，对晋煤集团所属矿井基本实现了应用全覆盖，经过数年的工业性试验与研究工作，多次成功探测、预防了较大的突水灾害，截至2020年底，累计进行巷道掘进超前探测6874次，完成采煤工作面测线总长度674960 m。产生了不可估量安全效益，保证了矿井安全生产、高产高效，促进了和谐矿区建设。

4.2.3.4 煤矿井下超长定向钻孔高效钻进技术装备

煤矿井下超长定向钻孔高效钻进技术装备，结合井下钻孔施工及市场系列化需求成功研制的具有完全自主知识产权的大功率深孔定向装备，主要包括ZDY15000LD型煤矿用履带式全液压坑道钻机

（图4-94）和BLY460/13型泥浆泵车（图4-95），可用于煤矿瓦斯抽采、井下探放水、地质构造和煤层厚度探测等各类高精度定向钻孔的施工，也可用于顺煤层长距离定向钻孔和顶板高位长距离定向钻孔施工，创造了定向钻孔3353 m的孔深新纪录，为煤矿井下煤层气区域抽采及走向长钻孔替代高抽巷提供了可靠的装备保证。截至目前，定向装备已累计销售34套，实现销售金额超过2.5亿元，为公司的经济持续增长奠定了坚实基础。

图4-94 ZDY15000LD型煤矿用履带式全液压坑道钻机

图4-95 BLY460/13型泥浆泵车

1. 技术内容与创新点

1）技术内容

（1）定向钻机的结构设计及液压系统设计。为了提高定向钻机的整体结构优化设计水平，对关键结构与部件进行了必要的仿真分析。在液压油路优化设计方面，在分析总结常规钻机液压油路中出现的问题的基础上，研制出了功能更全、故障率更低的定向钻机液压系统。

（2）定向钻机回转器的结构设计。回转器的变速箱采用行星齿轮和圆柱斜齿轮两级减速结构对油马达进行减速，并采用液控变量马达，实现对输出转矩和转速的大范围无极调节。

（3）钻机配套泥浆泵的选型与设计。通过对比测试与性能参数的匹配设计，确定泥浆泵型号，对其输入单元及输出单元进行优化设计，提高了泥浆泵工作的平稳性。

2. 创新点

（1）开发了适合于超深孔定向钻进施工的大通孔回转器。回转器采用了湿式摩擦片结构的制动装置设计，解决了大扭矩动力头在大直径孔、超深孔钻进过程中的强力制动难题；设计了胶筒式液压卡盘用卡瓦组件，解决了胶筒与卡瓦之间的严重磨损问题。

（2）开发了新型大开口复合式夹持器。设计了顶部开放式的大开口复合式夹持器，解决煤矿井下巷道空间受限条件下大直径孔口管、粗径钻具、螺杆马达下入难题，满足大扭矩拧卸钻具需要。

（3）开发了多逻辑保护功能的液压系统。设计了定向钻机用多逻辑功能保护的新型液压系统，增强了钻机分别进行回转钻进和定向钻进的功能适应性；设计了拧卸钻杆时的油缸主动浮动功能，解决了定向钻进方位角精确调整与钻具丝扣保护难题，满足常规回转钻进、受控定向钻进与复合钻进施工需要。

2. 关键参数

煤矿井下超长定向钻孔高效钻进技术装备参数见表4-43。

表4-43 煤矿井下超长定向钻孔高效钻进技术装备参数

钻机部件	主要性能	参数
回转器	额定转矩/(N·m)	15000～3500
	最大转矩/(N·m)	17500
	额定转速/(r·min^{-1})	40～135
	主轴制动转矩/(N·m)	3000
	主轴通孔直径/mm	135
	配套钻杆直径/mm	89
给进装置	主轴倾角/(°)	-10～20
	最大给进/起拔力/kN	300
	给进/起拔行程/mm	1200
泥浆泵单元	额定流量/(L·min^{-1})	460
	额定压力/MPa	13.0
	吸水口直径/mm	65
	排水口直径/mm	35

3. 典型应用案例及使用效果

2019年9月，煤矿井下超长定向钻孔高效钻进技术装备在神东保德煤矿进行钻孔工程示范，完成了主孔深度3353 m的沿煤层超长贯通定向钻孔，创造了我国井下定向钻进新的世界纪录。钻孔施工从保德煤矿五盘区一号进风大巷27联巷开钻，钻进用时21天，贯穿了二盘区工作面，与对侧三下盘区二号回风大巷成功贯通，主孔深度为3353 m，总进尺4428 m，孔径为120 mm，探顶、探底分支13次，钻孔贯穿巷道，中靶坐标误差小于0.15%，日均瓦斯抽采量超过5000 m^3。3353 m沿煤层超长贯通定向孔成功做到了钻孔深度大幅度提高和实现超远距离高精度中靶，是井下定向钻进技术与装备发展新的里程碑，标志着我国在井下定向钻进领域达到了国际领先水平，对促进煤层大区域瓦斯超前治理、以孔代巷工程、水害防治及地质勘探等技术进步具有重要意义。图4-96所示为钻孔轨迹示意图。

4.2.3.5 煤矿井下碎软煤层气动定向钻进技术及装备

碎软煤层在我国煤矿区广泛分布，具有瓦斯含量高、压力大、吸附强、透气性差等特征，在碎软煤层中施工瓦斯抽采钻孔难度大。主要表现在：以"瓦斯抽采专用巷+常规钻孔"为主的碎软煤层瓦斯治理模式周期长、成本高，采用常规回转钻进方式成孔深度浅、轨迹不可控，易出现抽采盲区；以清水为钻井液的定向钻进方式对孔壁的冲刷扰动大，不利于瓦斯的解吸释放，容易造成塌孔、喷孔、卡钻等事故，成孔率低。因此，碎软煤层矿井普遍存在采掘衔接紧张矛盾的突出问题，瓦斯治理一直是制约矿井安全生产的主要瓶颈。

研发的煤矿井下碎软煤层气动定向钻进关键装备，利用矿用空压机作为动力源，以气动定向钻具作为孔底核心动力钻具，由气体驱动气动螺杆钻具旋转做功，带动定向钻头回转切削碎岩，配套随钻

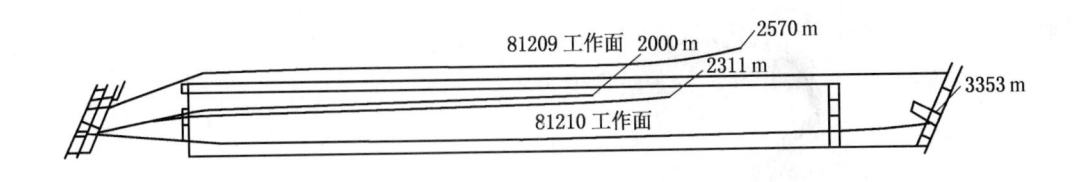

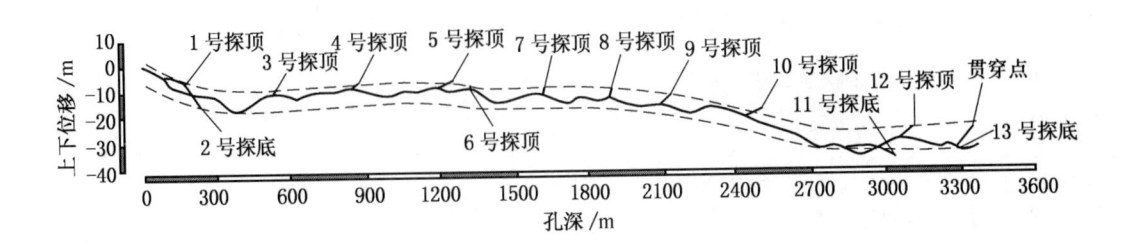

图 4-96 钻孔轨迹示意图

测量系统以复合定向钻进工艺对钻孔轨迹进行测控,同时利用孔口除尘装置对钻渣和返风进行分级处理、高效除尘,利用随钻测量监控系统进行孔底动力钻具的冷却润滑和气体参数的实时监控,实现碎软煤层高效定向钻进,成孔深度、成孔率大幅提高,为碎软煤层瓦斯区域高效抽采提供了技术装备支撑。项目成果申请发明专利12项,已授权9项。

1. 技术内容与创新点

(1) 发明了顺槽"T"形窄体定向钻机(图4-97)及配套钻渣分离转运系统,解决了狭窄受限巷道空间内垂直工作面多角度、跨带式输送机定向钻孔钻进施工难题。

图 4-97 顺槽"T"形窄体定向钻机

(2) 首创了煤矿井下碎软煤层钻进用气动螺杆钻具及润滑装置,突破了低压启动、长寿命工作、强排渣防卡钻等技术瓶颈。

(3) 开发了气动定向钻进随钻测量监控系统,解决了气体钻进钻孔轨迹随钻测量和施工安全控制保障难题。

（4）开发了井下近水平气动定向钻进工艺与筛管完孔技术，实现了碎软煤层顺层长距离精准成孔与可靠护孔，创新了碎软煤层瓦斯抽采治理模式。

2. 关键参数

（1）矿用气动螺杆钻具参数：外径73 mm，长度为4 m，额定扭矩不小于200 N·m，转速为180~200 r/min，压降为0.4 MPa。

（2）矿用空压机参数：工作压力不小于1.25 MPa，排气量不小于17 m³/min。

（3）定向钻机参数：额定转矩为4000~1050 N·m，开孔倾角调节范围为±90°，开孔高度调节范围为0.78~1.5 m。

（4）适用地层范围：普氏硬度系数为0.3~0.8。

3. 典型应用案例及使用效果

案例一：在贵州青龙煤矿完成碎软煤层定向钻孔27个，累计总进尺11467 m，300 m以上钻孔成孔率达到75%，200 m以上钻孔成孔率达到94%，最大成孔深度达到406 m，下斜孔最大垂距达到-34.2 m。定向孔单孔瓦斯抽采纯量是常规钻孔的5~10倍，抽采浓度提高50%左右，3个试验钻场累计抽采瓦斯4 Mm³以上，其中21608运输巷北段钻场连续476天瓦斯抽采总量在3000 m³以上。目前，青龙煤矿已推广应用煤矿井下气动定向钻进技术与装备进行煤巷条带煤层瓦斯工作面区域瓦斯预抽，替代原有的"底抽巷+穿层钻孔+顺层钻孔"的瓦斯治理方案，累计进尺近10×10^4 m。

通过现场工业性试验和示范应用形成了较为完备的碎软煤层空气螺杆马达定向钻进技术与装备，为碎软煤层钻孔抽采瓦斯提供新的技术途径，对于革新碎软煤层瓦斯抽采与治理模式，促进煤矿企业降本增效起到积极的推动作用。

案例二：在安徽淮南潘三煤矿进行试验，试验钻孔30个，最大孔深300 m，平均见煤率为92.9%，并全孔段安设筛管；钻孔抽采瓦斯纯量为32×10^4 m³，试验区域煤巷平均掘进效率为9.3 m/d，实现覆盖区域煤层安全高效回采。2021年1月，通过对气动定向钻进技术装备的完善，钻成孔深423 m顺煤层定向钻孔，创造碎软煤层气动定向钻进最大成孔深度纪录。钻进结果表明：碎软煤层气动定向钻进技术和筛管护孔工艺可行，配套钻探装备可靠性高，满足碎软煤层瓦斯高效治理需要。图4-98所示为可遥控窄体定向钻机，图4-99所示为采煤工作面瓦斯区域递进式抽采示意图。

图4-98 可遥控窄体定向钻机

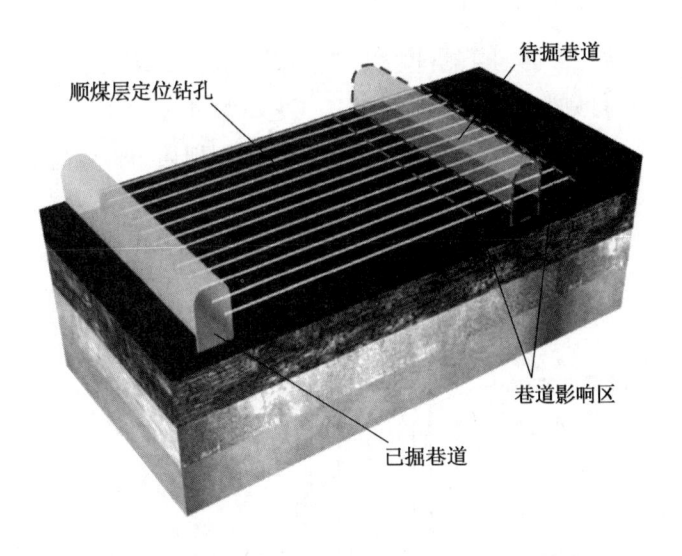

图 4-99 采煤工作面瓦斯区域递进式抽采示意图

4.2.3.6 采煤沉陷区"空天地深"协同监测技术

该技术包含高分辨率 InSAR 遥感影像处理（空）、无人机航拍及大比例尺测绘（天）、传统地表移动变形监测（地）、深部岩土体"一孔多用"监测（深）、数据集成展示平台研发等先进手段，形成了完善的施工、设备安装、后期监测及数据集成展示体系。对采煤沉陷区残余变形监测、沉陷区灾害防治及沉陷区综合利用等提供数据及理论基础，有重大实用意义，各项核心技术均具有自主知识产权，已在北票采煤沉陷区得到成功应用，未来将在郝家梁、曹家滩煤矿推广使用。

1. 技术内容与创新点

1）技术内容

根据沉陷区地质采矿条件、开采沉陷现状以及灾害防治与防控相对薄弱的客观情况，提出了采煤沉陷区残余变形"空天地深"协同监测技术。在完善基础地理信息的基础上，布设常规地表移动变形控制网和监测网，获取 2~5 年的地表残余变形数据，同时借助深部岩土体移动变形、水位及应力等数据，深入探究残余变形与地层构造、地下水位之间的相关性，应用 InSAR 技术监测沉陷区大面域的地表移动变形情况，并与常规测量手段监测结果相比对，总结整个沉陷区域内的地表残余变形趋势。

2）创新点

应用地面监测、钻探及深部监测、遥感数据多种手段，从深部岩层移动变形、应力、水位、地面残余变形监测以及星载雷达影像等多个角度（空天地深）全方位高精度对沉陷区域的残余变形的规律、影响范围、延续时间等进行研究，能够全面掌握采煤沉陷区残余变形现状，并对今后变化情况做出准确分析预测。

2. 关键参数

(1) 一孔多用技术。为对采煤沉陷区覆岩内应力、残余变形、水位等变化情况等进行监测，并为沉陷区综合利用中的地基空间稳定性提供技术支撑，开展了深部覆岩"一孔多用"监测技术研究与应用。

目前对于移动变形、应力、水位三种类型监测，多为专孔专用技术。这种方式对于浅孔影响不大，但是对于深部岩土的监测，钻孔工程量较大、费用高、施工工期长。本技术实现了一个孔内覆岩移动变形、应力、水位三种监测类型同时兼容的施工工艺（图4-100），该技术既大幅度节约了钻探成本，又达到了对特定位置进行多类型监测的目的，减少了因地质条件变化而产生的变量。

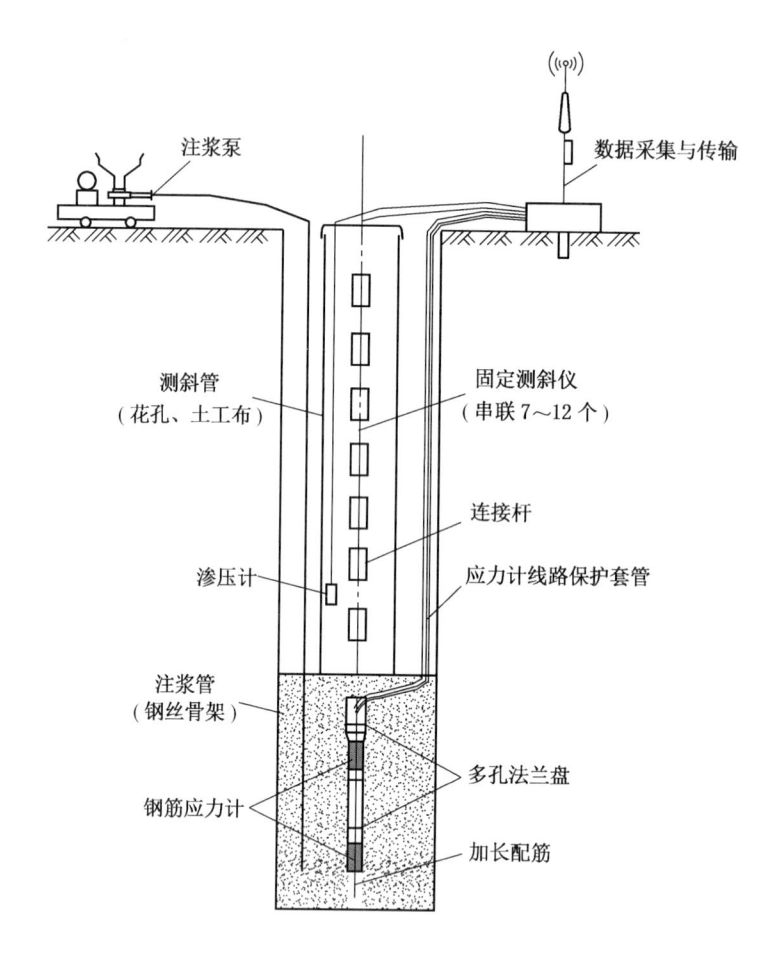

图4-100 一孔三用监测技术及设备安装工艺示意图

（2）采煤沉陷区复杂环境下的时序InSAR形变精确监测技术。在传统时序InSAR技术的基础上结合DS-InSAR（分布式散射体InSAR）技术，显著提高测量点覆盖采样密度，弥补了传统时序InSAR技术高相干点数量和空间分布不均等不足，为采煤沉陷区时空演化规律分析奠定基础。除此之外，根据大气在时空维度的不同分布特征，构建观测误差矩阵，通过估计大气垂直分层结构，研究采煤沉陷区大气延迟矫正方法，提高InSAR形变监测精度。

（3）数据集成展示平台研发。将InSAR形变监测结果、地表监测数据、钻孔内覆岩应力、应变和水位监测数据进行直观展示，平台搭建在网页端，能够实现线上实时浏览、查询等功能如图4-101所示，平台具有较强的拓展性，能够根据使用人员的不同需求定制相应的数据分析模块。

（4）基于"空天地深"监测数据的采煤沉陷区地表移动变形分析及预测技术。现有研究大都基于单一数据源（比如离散的水准观测），因而对其规律的认识不深入，且构建的模型不够完善。本技术以"空天地"监测的地表高精度、高时空分辨率沉降监测值为基础，联合钻孔（"深"）获得的地

图4-101　北票市采煤沉陷区"空天地深"协同监测平台

层岩性特征、老采空区状态、实时孔内水位、应力、应变数据等资料全方位了解采煤沉陷区残余移动变形现状及变化趋势，揭示采煤沉陷区地表沉降时空演化规律，解译地表移动变形机理并构建更为完善的物理模型。

3. 典型应用案例及使用效果

老采空区残留空隙的活化机理还不清楚，受影响的因素较多，地表残余变形规律预测难度很大，老采空区残留空隙和煤柱在地下水、荷载等的影响下有可能失稳，在地表产生较大的移动变形甚至非连续变形，地表的建筑物受其影响，对居民的生命和财产安全构成威胁；由于地表的不均匀下沉，沉陷范围内的道路、桥梁、给排水管路、供电、通信线路等将产生拉、压、弯曲等变形，市政设施受残余变形的影响将会出现损坏，对居民日常生活产生极大的影响；沉陷区内农田受残余变形影响会出现塌陷坑、地裂缝等现象，不利于农作物生长。

针对上述问题在北票采煤沉陷区开展了灾害防治监测，前期完成了沉陷区 40 km² 范围的 1:500 比例地形图绘制，在此基础上设计了 15 个钻探施工地点及多条水准观测路线，与此同时申请了编程遥感数据并进行数据处理。通过对监测数据的分析充分了解了北票采煤沉陷区残余移动变形现状及变化趋势，达到了为沉陷区防控提供决策依据的目的。

4.2.3.7　移动式上向反井钻机

移动式上向反井钻机由天地奔牛集团和北京中煤矿山公司联合研发，具有自主知识产权。该装置借鉴下向反井钻井设备的结构特点，研制出由主机机械结构、液压控制系统和电气控制系统、履带式行走机构、钻具系统等组成的移动式上向反井钻机。钻机由下向上快速钻进直径 1.1 m 钻孔，解决井下工程施工和崩落法采矿的技术难题。项目拓展了反井钻机技术应用范围，为上部无巷道井孔钻进、矿山紧急救援、急倾斜煤炭开采等方面提供了新的装备。

1. 技术内容与创新点

1) 技术内容

为解决矿山工作面普通反井钻机无法向上钻井的问题，实现在开采工作面向上快速钻盲井，提高采煤工作面开采工作效率，收集国内外钻机主要技术参数，并结合公司多年来在反井钻机结构设计方面的经验数据，确定反井钻机主要技术参数、主要机构、外形尺寸等；通过三维模型设计，实现产品图纸设计及工艺组装，动力头、主机架通过强度计算和有限元分析，进行了精细化设计，完成了主机机械结构、液压控制系统和电气控制系统、履带式行走机构、钻具系统等方面的研究；整机技术水平达到国际先进水平，填补国内空白，使我国钻井装备的设计制造跃上一个新台阶。

（1）主机系统。研究上向型钻进所需的主机结构，动力执行系统，辅助机械手、钻机保护装置、动力头浮动装置，上向型接卸扣插板装置等。

（2）液压控制及电气系统。研究上向型钻机配套的动力源及控制系统。包括防爆的液压泵站、电器柜、控制箱、操作台等。

（3）复杂钻具系统。研制满足上向型反井钻井工艺的配套钻具系统，包括钻杆、稳定器、钻头、新型刀座等。

（4）环形空间稳定器。不同于传统下向型反井钻机工艺，向上钻进后形成远大于钻杆外径，根据压杆受力原理，钻杆受轴向推力、扭转力及自重的影响，在一定长度时将发生失稳变形，导致钻杆断裂。在危险长度内使用稳定器，可以有效避免这个问题。本项目研究以稳定器受力、结构、耐磨性为主。

（5）新型斜装防掉落刀座及配套滚刀。新型刀座能够满足上向型钻进工程中破岩滚刀的支撑。区别于现有反井钻机刀座结构，在可靠支撑滚刀的基础上，研究在刀座适度磨损后，依然保持滚刀不掉落的新型刀座支撑及紧固结构。研究相配套的新型滚刀。

2）创新点

（1）创新研究形成上向钻进先导后扩和直接扩孔的上向反井钻井工艺，研制出首台套上向反井钻机，实现上向大直径一次钻进完成。

（2）主机液压管路、控制阀组模块化设计。

（3）创造了精度高，体积小，重量轻的多自由度钻杆输送装置，以及能够输送钻头体的重型机械手。

（4）研制出减少摩擦力的五翼未定器结构形式，形成上向反井钻进偏斜及钻进安全控制的新型上向钻进钻具结构。

2. 关键参数

移动式上向反井钻机参数见表4-44。

表4-44 移动式上向反井钻机参数

项目	参数
钻进直径/m	1.1
额定扭矩/(kN·m)	25
转速/(r·min^{-1})	2~20
破岩推力/kN	800
推进行程/m	1.6
钻进深度/m	60
钻井倾角/(°)	60~90

3. 典型应用案例及使用效果

（1）研制的第一台移动式上向反井钻机样机于2016年10月交付俄罗斯阿尔萨管理股份有限公司好运矿使用。10月底开始将地面的钻机装备按模块拆分，运输至井下，随后开始井下组装。11月上旬，钻机组装及联调完成。开始安装大钻头进行试钻。11月中旬，井下水、电调试完成，钻机具备运行条件（图4-102）。随后进行正式钻孔，截至2018年6月底，该钻机保持正常运行，共完成直径1.1m向上井孔43口，累计钻进1571m，单月最快钻井152m，钻井4口。

（2）研制的自驱移动式上向反井钻机于2019年4月完成出厂验收，并取得煤安认证和海关认证。2019 年 9 月开始在井下组装、调试，2019 年 10 月初，钻机具备运行条件，进行正式钻孔。

图 4-102　钻机井下运行

4.2.3.8　煤矿井下全自动钻机

该装备主要用于瓦斯抽放孔、探放水孔、防冲卸压孔等煤矿井下工程孔施工，解决上下钻杆、移机锚固、开孔定位等环节，全依靠人工操作，劳动强度大、辅助时间长，存在较大安全隐患等问题，在钻机瓦斯抽采孔施工过程中达到"机械化换人，自动化减人"等目的。由中煤科工重庆研究院研发，具有自主知识产权，并取得专利，包括：ZL201310124825.X《煤矿钻机配套用大倾角钻杆输送装置》、ZL200810070038.0《防突远距离控制钻机及其控制方法》、ZL201010234399.1《远程控制的井下瓦斯抽采钻机》、ZL201410386375.6《液压钻机自动上下钻杆控制系统、输送装置及控制方法》、ZL201410618071.8《井下瓦斯抽采钻机》、ZL201410766919.1《一种矿用陀螺姿态测量仪》、ZL201510070079.X《煤矿钻机钻孔姿态自动调整装置》。

1. 技术内容与创新点

1）技术内容

（1）煤矿钻机远距离控制技术：开发有线、无线结合的远距离控制系统，实现钻机地面远控和井下 50m 无线遥控。

（2）煤矿钻机全自动钻进技术：开发高效钻进流程及自动控制程序，结合压力、转速等传感器实现一键全自动施工；提出智能防卡钻原理，建立智能钻进数据库，开发仿人工自适应控制与自学习算法，使钻机能根据负载实时调整钻进参数。

（3）大倾角自动上下钻杆技术：研发复合关节机械手和钻杆箱组成的自动上下钻杆系统及其传感器精确定位系统，实现 -40°~+90° 自动上下钻杆。

（4）钻孔姿态自动调节技术：姿态仪对机架姿态进行实时测量，精确控制全方位姿态调节装置，实现角度自动调整及补偿。

（5）钻孔数据自动采集及处理技术：自动采集钻孔角度、压力等参数，自动计算钻孔深度，并对采集数据进行处理用于优化钻进控制参数。

2）创新点

（1）基于多自由度钻杆机械手的自动上下钻杆系统。采用刚柔耦合的动力学模型的关节式复合结构机械手具有动态强度和控制性能；位置传感器的定位系统保证机械手定位准确、安全。

（2）煤矿钻机地面井下双模式远距离控制技术。操作人员可通过地面远控站或在井下采用无线遥控器控制钻机。两者均可监控钻机实时参数与视频画面。

（3）基于自适应参数调节的全自动钻进技术。多种传感器监测钻机实时工况，结合经验数据库实时求解卡钻系数数学模型，判断卡钻可能性，并进行控制参数自适应调整，降低卡钻概率。

（4）多工况钻孔姿态智能调节技术。自动程序控制调姿装置执行指令，通过闭环反馈，提高调节精度；钻孔姿态独立驱动的调姿装置调节范围大，适用工况广。

2. 关键参数

（1）遥控距离50 m，钻孔倾角 -40°~+90°，方位角0°~360°。

（2）额定输出转矩具有2000/3200/4000/6000 N·m等多种规格。

（3）适用钻杆直径73 mm、89 mm。

3. 典型应用案例及效果

全自动钻机主要用于瓦斯抽放孔、探放水孔、防冲卸压孔等煤矿井下工程孔施工，已在淮南矿业（集团）有限责任公司、淄博矿业集团有限责任公司、神东煤炭集团、兖煤菏泽能化有限公司、平顶山天安煤业股份有限公司等国内大型煤企推广应用。2016年至今，累计销售近50台套，收入近1.2亿元，创造了良好的经济效益，也为煤矿节省了可观的人力成本，带来了巨大的安全效益。其自动化功能、减人增效及安全提升效果深受一线操作者和煤矿管理者好评。

根据淮北、平煤、兖煤等现场应用情况统计，全自动钻机钻孔施工只需1~2人/班，而传统钻机需要4人/班，按每天3班计算，单机可减少人员需求至少6人，可为煤矿节省大量的人工成本；全自动钻机施工瓦斯抽放孔可提高综合台效至少20%，施工防冲卸压孔可提高单班进尺25%。淮南已建立第三条全自动钻机作业线，采用三台一组的形式，首个施工地点位于张集北矿14146巷道，机组每班排定施工人员4人，与普通钻机相比，机组人员减少一半；与单台自动钻机相比，人均效率提高30%以上。

全自动钻机的应用从本质上提升了煤矿钻孔装备的技术水平和自动化程度，是对"机械化换人，自动化减人"、《煤炭工业发展"十三五"规划》等政策的积极响应。可推动煤矿灾害防治工程由劳动密集型向技术密集型转变，有助于实现煤矿安全、智能、高效的生产，促进智慧矿山的建设，从而为煤矿行业树立良好的行业口碑与社会形象（图4-103、图4-104）。

4.2.3.9 ZYWL-23000DS煤矿用双履带式大直径定向钻机

ZYWL-23000DS大直径定向钻机以"十三五"国家科技重大专项任务"大直径高位长钻孔钻进技术及装备"（2016ZX05045003-004）为依托研发的最新研究成果，主要用于煤矿井下顺煤层长钻孔及顶、底板长钻孔的施工，尤其适用于煤矿顶板高位大直径定向钻孔施工，能够解决高抽巷成本高、采掘接替紧张的难题，实现煤矿井下采煤工作面采动区瓦斯高效治理，达到以孔代巷的目的。具有自主知识产权，获得"一种多级混联精确调速液压系统（ZL201910286243.9）""液压注浆泵（ZL201810035682.8）""基于逻辑控制的定向钻机动力头与刹车液压系统（ZL201810035682.8）""一种液压驱动的双泥浆泵并联控制装置（ZL201920263433.4）""一种定向钻机用辅助上钻杆装置（ZL201820834174.1）"等5项专利。

1. 技术内容与创新点

1）技术内容

图 4-103 常规整体式全自动钻机

图 4-104 淮南谢桥矿现场

ZYWL-23000DS 煤矿用双履带式大直径定向钻机主要由定向钻机主机（图 4-105）、泥浆泵车、防爆型随钻测量系统、定向钻杆、螺杆马达、定向钻头等组成，能够依靠随钻测量系统实现造斜钻进，从而精确控制钻孔轨迹。该装备具备一次钻孔直径 150 mm、扩孔直径 300 mm 钻孔施工能力，钻进能力达到1000 m以上，适用于定向钻进、回转钻进、复合钻进等多种钻进工艺。

图4-105 ZYWL-23000DS定向钻机主机

2) 创新点

(1) 双驱动大扭矩动力头及"刹车优先"逻辑控制技术。动力头采用双马达驱动，有效提高了动力头输出扭矩，最大扭矩23000 N·m；采用"刹车优先"逻辑控制系统，解决了定向钻孔动力头刹车"打滑"、螺杆马达弯头方向改变等难题。

(2) 大直径超长定向钻杆辅助拧紧技术。开发了基于摩擦轮的辅助上钻杆机构，将钻杆置于从动轮上，主动轮压紧，正向旋转，即可实现ϕ102/127 mm大直径钻杆预拧紧，大幅减少工人劳动强度。

(3) 高强度大扭矩复合定向钻杆。采用"整体外平内镦粗式"复合定向钻杆，钻杆螺纹采用渡镍磷热处理技术，钻杆整体抗弯抗扭性能优越、抗疲劳能力强。

2. 关键参数

ZYWL-23000DS定向钻机主要技术参数见表4-45。

表4-45 ZYWL-23000DS定向钻机主要技术参数

最大钻进深度/m	≥1000
一次成孔直径/mm	153/193
钻杆直径/mm	102
输出转矩/(N·m)	23000~5000
输出转速/(r·min^{-1})	45~150
推进力/kN	400
给进行程/mm	1200
制动转矩/(N·m)	4000
泥浆泵压力/MPa	10
泥浆泵流量/(L·min^{-1})	800
行走速度/(m·min^{-1})	22
外形尺寸/(mm×mm×mm)	主机：5570×1600×2330 泵车：3550×1450×1860
电机功率/kW	主机：200；泵车：200
重量/kg	主机：13500；泵车：5500
ZSZ1500随钻测量系统	方位角：0°~360°（±1.0°） 工具面向角：0°~360°（±1.0°） 倾角：-90°~+90°（±0.1°）

3. 典型应用案例及使用效果

2020年4—7月在鹤煤三矿进行了工业性试验，采用直径高位定向长钻孔成孔工艺技术，实施了一次定向成孔153 mm，一组5个，其中超过1000 m钻孔2个，分别达到了1053 m和1071 m；采用大直径定向扩孔成孔工艺技术，实现了1053 m和1071 m定向孔全孔段扩孔，扩孔直径ϕ300 m。其中一次成孔直径ϕ153 mm、扩孔孔径300 mm和成孔深度1071 m

均为目前最大成孔孔径和深度。截至 2020 年 10 月 16 日：定向钻孔平均日抽混量 38.03 m³/min，平均日抽纯量 2.27 m³/min，总纯量为 137499.42 m³，巷道上隅角瓦斯控制在 0.4~0.5 之间，与传统高抽巷抽采效果相当，满足井下安全生产要求（图 4-106、图 4-107）。

图 4-106 试验现场照片

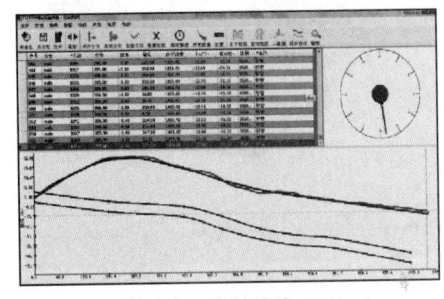

(a) 1号孔上下实钻轨迹(1071 m)　　(b) 2号孔上下实钻轨迹(1053 m)

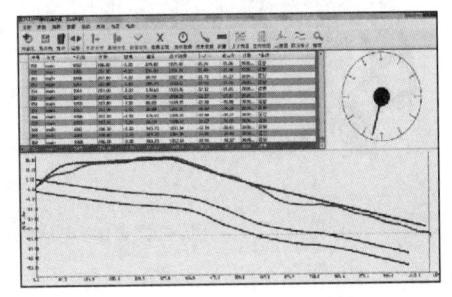

图 4-107 实钻轨迹图

4.2.3.10　煤矿用小型多方位定向钻机

该系列定向钻机主要针对巷道断面小、通过能力较差的中小煤矿，进行煤矿井下瓦斯抽（排）放、探放水、注浆防灭火、煤层注水、防突卸压、地质勘探等各类定向钻孔施工，尤其适用于中小型矿井中巷道断面、掘进面和运输巷跨带式输送机的施工面等定向钻孔施工。具有自主知识产权，获发明专利 3 项，包括"煤矿用钻机高位升降锚固机构（ZL201510125610.9）""一种煤矿用钻机机架多方位全工况调节机构（ZL201910213243.6）""往复式液压驱动装置（201710307692.8）"等。

1. 技术内容与创新点

1) 技术内容

煤矿用小型多方位系列定向钻机主要包括 ZYWL-4500/6500D（整体式）（图 4-108）、ZYWL-4500/6500DS（分体式）（图 4-109）等 4 种机型，整体式定向钻机主机与泥浆泵设计为一体，分体式为主机与泵车为双履带车结构，适用于煤矿井下狭窄巷道精确定向钻进施工。

2) 创新点

图 4-108　ZYWL-4500/6500D（整体式）定向钻机

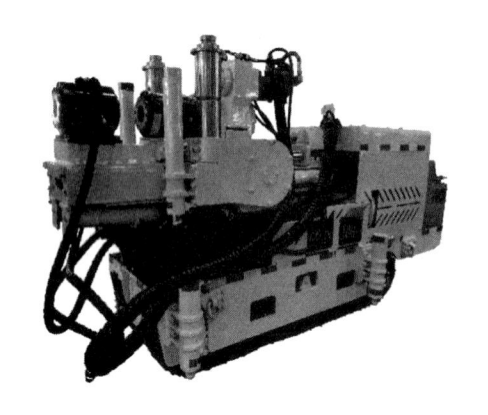

图 4-109　ZYWL-4500/6500DS（分体式）定向钻机

（1）新型多方位机架结构。首创"操作台+机架"双回转支撑机构，集成水平方位旋转、上下提升、倾角调整、锚固于一体，窄车体设计，可以在狭小的钻场进行迎面、巷道全断面钻孔施工，并且可以快速调节开孔高度和倾角。

（2）快拆式卡盘。只需取下定位盖，便可通过工装快速取出卡瓦组件更换卡瓦，不需要拆除胶套、无液压油渗出，大幅提高工作效率，解决了常规卡盘结构拆卸困难、耗时耗力的问题。

（3）凹槽螺旋定向钻杆。针对松软煤层地层，可采用凹槽螺旋通缆钻杆，降低钻杆对钻孔孔壁的摩擦扰动，维护孔壁稳定性，提高钻孔成孔率及钻进效率。

2. 关键参数

煤矿用小型多方位系列定向钻机主要技术参数见表4-46。

表 4-46　煤矿用小型多方位系列定向钻机主要技术参数

项目	ZYWL-6500DS（分体式）	ZYWL-4500DS（分体式）	ZYWL-6500D（整体式）	ZYWL-4500D（整体式）
最大钻进深度/m	≥500	≥300	≥500	≥300
终孔直径/mm	96	96	96	96
钻杆直径/mm	73	73	73	73

表4-46（续）

项目	ZYWL-6500DS（分体式）	ZYWL-4500DS（分体式）	ZYWL-6500D（整体式）	ZYWL-4500D（整体式）
输出转矩/(N·m)	6500~1700	4500~1050	6500~1700	4500~1050
输出转速/(r·min⁻¹)	70~200	50~240	70~200	60~240
推进力/kN	210	160	210	160
给进行程/mm	600/800	600/800	600/800	600/800
制动转矩/(N·m)	2000	2000	2000	2000
旋转方位角/(°)	0~180°	0~180°	0~180°	0~180°
钻孔倾角/(°)	-30°~90°	-30°~90°	-90°~90°	-90°~90°
最大供水/MPa	10	10	10	10
最大输/(L·min⁻¹)	280	280	280	280
行走速/(m·min⁻¹)	22	22	22	22
外形尺寸/(mm×mm×mm)	主机：3900×1080×2130；泵车：2240×1170×1500	主机：3800×950×2100；泵车：2240×1150×1500	5050×1100×1770	5000×1100×1750
重量/kg	主机：8500；泵车：2700	主机：8000；泵车：2700	1160	11000

3. 典型应用案例及使用效果

2019年4月，ZWYL-6500D小型多方位定向钻机在河南能源化工集团焦煤公司中马村煤矿实施定向穿层钻孔，进行底抽巷条带区域瓦斯治理，共施工钻孔5个，其中穿层钻孔4个，超前探定向钻孔1个，累计进尺945 m，取得了良好应用效果，成功解决该煤矿煤层条带区域预抽采瓦斯的技术难题，并在中国煤炭网进行了新闻报道。2019—2020年，该系列定向钻机累计销售60余台套，产值2亿余元。

4.2.3.11 系列化车载钻机

系列化车载钻机针对我国地面煤层气抽采井及应急救援井施工的需求研发，钻机的整体设计和关键技术全部自主研发，具有完全自主知识产权，主要包括ZMK5530TZJ60型车载钻机、ZMK5530TZJ100型车载钻机和ZMK5550TZJF100分体车载钻机三款机型（图4-110）。

(a) ZMK5530TZJ60型车载钻机　　(b) ZMK5530TZJ100型车载钻机　　(c) ZMK5530TZJF100型车载钻机

图4-110 三种机型的系列化车载钻机

1. 技术内容与创新点

（1）创新研制了一体式和分体式两种不同能力的三款全液压电控车载钻机，可以满足矿山快速救援井和地面煤层气抽采井的施工。

（2）创新研制了适应多种钻进工艺的回转器和直线导轨伸缩桅杆、具有钻具保护功能的液压卸扣大钳和换杆装置、系列配套钻杆和PDC钻头等钻具。

（3）创新研制了具有多种保护功能和多冗余度的车载钻机控制系统，能有效防止误操作带来的安全隐患和防止元件故障造成孔内事故，开发了相配套的数据记录仪，能实时对柴油机以及整个钻进系统在后台实时监测和保存，能有效判别事故原因以及责任划分。

（4）采用研制的钻机具和形成的地面水平井钻进工艺技术完成了1口煤层气地面L型抽采井和3口穿越3号煤采空区钻井，并首次利用国产车载钻机完成了地面煤层气对接井施工，首次利用国产车载钻机完成了地面大直径井施工。

2. 关键参数

根据我国煤层埋深、地质条件以及开采技术等因素，煤矿区地面煤层气抽采的理想垂直深度是1200 m以浅，水平段钻井长度多在1000 m以内。中煤科工集团西安研究院有限公司研制的两种不同能力的车载钻机，一种钻深能力为1500 m（配套114 mm钻杆），主要用于施工垂直井；另一种钻深能力设定为2500 m（配套114 mm钻杆）在车辆底盘长度13.6 m的基础上，使动力头最大行程设计达到15 m，能够满足Ⅲ型套管下放的行程要求；最大给进力设定为180 kN，在造斜、水平井段施工中效率高。钻机主要性能参数见表4-47。

表4-47 车载钻机技术参数表

项目	物理量	ZMK5530TZJ60	ZMK5530TZJ100
整机	名义钻井深度/m	1500（114钻杆）	2500（114钻杆）
	钻机质量/t	53	53
	运输状态尺寸（长×宽×高）/(m×m×m)	13.6×2.85×4.3	13.63×2.85×4.19
动力头	最大转矩/(N·m)	12500	30000
	最高转速/(r·min^{-1})	150	120
给进装置	最大起拔力/kN	600	1000
	最大给进力/kN	180	180
	给进起拔行程/m	15	15
	起拔速度/(m·min^{-1})	32	26
上装柴油机	额定功率/kW	496	496
	额定转速/(r·min^{-1})	1800	1800

3. 典型应用案例及使用效果

中煤科工集团西安研究院有限公司研制的车载钻机先后在全国各地施工多项工程，其中包含新疆、陕西、山西、湖南等地。可施工垂直井、L型井、水平对接井等多种井型。

应用案例一：ZMK5530TZJ60型车载钻机在亭南煤业公司采用泥浆定向钻进方法施工了一个大直径垂直电缆孔，先导孔采用ϕ311钻头钻至井深665 m，一开扩孔分别使用ϕ550、ϕ770钻头，二开使

用 ϕ550 钻头扩孔至 665 m 下入 ϕ426 套管至 640 m，三开采用 ϕ311 钻头钻至 699 m 透巷，透巷点距离靶心距 0.9 m，实现一次性精准透巷，满足应急救援钻孔施工的需求，并为国家安监总局 8 个矿山救援队进行了配套，为我国矿山应急救援队伍的建设做出了贡献。

应用案例二：ZMK5530TZJ100 型车载钻机在山西寺河煤矿施工完成了一口地面煤层气 L 煤层气井（SHH06-01 井）（图 4-111），井深 1859.82 m，沿本煤层延伸 1100 m，井眼轨迹位于 W3315 工作面西侧顺槽巷道保护的煤柱内，在 3 号煤层中平行巷道向北延伸，从而实现最大限度降低瓦斯含量、保障煤层安全开采的目的。在山西晋城施工完成了 1 个煤层气地面开发远端对接井组，包含 1 口垂直井（2013ZX-SH-UM15V 井）和 1 口水平井（2013ZX-SH-UM15H 井），其中最大孔深 1356.72 m，煤层段总进尺 2074.63 m，采用国产全液压车载钻机完成的首例地面煤层气远端对接井。验证了该套装备在地面煤层气开发领域的适用性，打破了进口全液压车载钻机在国内煤层气定向井施工市场的垄断地位（图 4-112）。

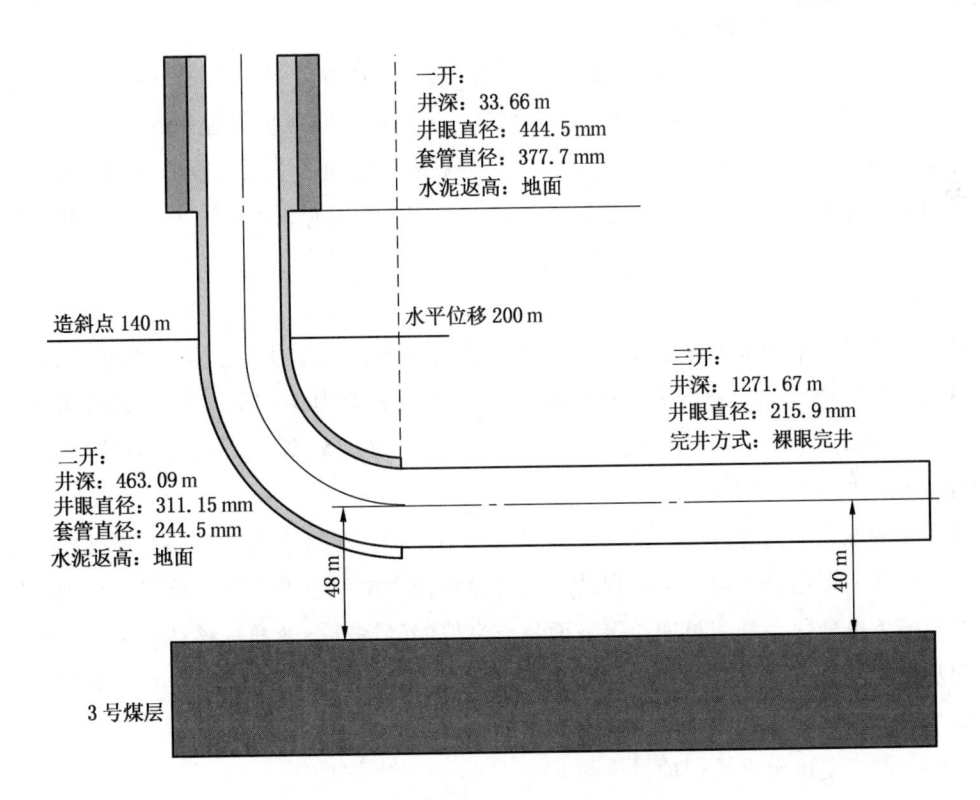

图 4-111 SHH06-01 井井身结构图

4.2.3.12 TD2000/800 型液压顶驱式钻机

TD2000/800 型液压顶驱式钻机可适用于在煤矿、水电、隧道及其他地下工程领域应用，已施工煤矿底板治理、巷道围岩加固施工、大直径钻孔施工、立井井筒地面预注浆钻孔施工、反井导孔钻孔施工、地质勘探钻孔施工项目多项。具有自主知识产权，获授权专利 11 项，其中发明专利 6 项。

该钻机采用顶部驱动结构，将钻机动力部分由下边的转盘移动到钻机上部的水龙头处。其可以实现在井架内部上部空间直接连接钻杆，直接旋转钻柱，并沿专用导轨向下送钻，完成以立根为单元的旋转钻进、循环钻井液、进行倒划眼等操作。在井架内沿着轨道的任何位置，动力头可以连接钻杆，可以及时接通泥浆管路进行泥浆循环。

1. 技术内容与创新点

本机采用顶部驱动结构，顶部驱动钻井装置是当今钻井的前沿技术与装备。本钻机采用顶驱方式，钻进、提升均为液压驱动。本钻机由液压顶驱装置、液压绞车系统、井架及底座系统、操作控制系统、液压泵站系统5个模块式结构组成。

将钻机动力部分由下边的转盘移动到钻机上部的水龙头处，可以实现在井架内上部空间直接连接钻杆，直接旋转钻柱，并沿专用导轨向下送钻，完成以立根为单元的旋转钻进、循环钻井液、进行倒划眼等操作。在井架内沿着轨道的任何位置，动力头可以连接钻杆，可以及时接通泥浆管路进行泥浆循环。具有自动起放钻塔与辅助安装钻杆功能，配有液压盘刹车装置。

相比转盘钻机，具有处理事故能力强、立根（18 m）钻进、加尺方便、扭矩和转速易于调节、定向钻进精度更易控制的特点。

图 4-112 钻机在山西晋城现场施工图

创新方面，本机采用专用液压顶部驱动结构，顶驱钻机传动箱采用双围堰润滑密封结构提高了传动箱的可靠性，顶驱冲管部分采用轴向密封，配套有专用下套管循环装置，适合快速拼装及野外工作环境。

2. 关键参数

液压顶驱式钻机，采用双变量液压系统，实现液压油的由需定供，整机电机功率为150 kW，绞车最大单绳钩载100 kN，最大提升力可达800 kN·m，主轴转速为0~180 r/min（无级调速），额定钻井深度2500 m（ϕ89 mm 钻杆、钻探口径 ϕ152 mm），最大卸扣扭矩35 kN·m，最大加尺长度18.6 m。

3. 典型应用案例及使用效果

钻机已在安徽淮北、河北峰峰、新疆库尔勒、河南赵固等矿区水害治理、巷道加固钻孔工程中得到推广应用，此外还在南美洲厄瓜多尔保特-索普拉多拉水电站电缆孔导孔施工中得到应用，在提高煤矿水害治理施工机械化率、减员增效等方面具有良好的经济社会效益。该钻机适用于煤矿底板水治理、页岩气及煤层气等水平钻孔施工、快速救援抢险大直径钻孔施工、立井井筒地面预注浆钻孔施工、地面反井导孔钻孔施工、地质勘探钻孔施工。

应用案例一：辛安矿水害治理项目

2015年6月开始，该钻机应用于冀中能源峰峰集团有限公司辛安矿水害治理项目。该项目以大青灰岩含水层为目的层，在地面施工定向多分支水平注浆钻孔，进行区域水文地质探查与全面预注浆加固治理，完成查明水文地质情况、封堵奥灰水导水通道的基本任务。

本项目用该钻机施工1个主孔、20个分支孔，累计完成钻孔工程量22711.22 m，其中直孔段367 m，造斜段7826.13 m，水平段14518.09 m，配合注浆的水泥用量为13507.325 t。分支水平钻孔轨迹在指定层位中控制在85%以上（顺层率），满足《冀中能源峰峰集团有限公司区域治理管理暂行办法》要求，同时也超过了设计要求。单孔水平段最长达1045 m，最深孔深2186 m。

应用案例二：厄瓜多尔水电站反井导孔项目

钻机应用在厄瓜多尔索普拉多拉水电站电缆立井反井导孔工程。岩石强度为40~60 MPa，上部约有 50 m 的表土、风化岩。岩石等级主要为Ⅱ、Ⅲ类，地层坚固，岩层倾角非常大。施工要求成孔直径为 190 mm，钻进深度为 366 m，钻孔偏斜率不大于 1%。钻机结合定向技术进行钻进后，实际施工钻孔偏距 1.21 m，偏斜率为 3.3‰（图 4 – 113、图 4 – 114）。

图 4 – 113　TD2000/800 型顶部驱动钻机

图 4 – 114　顶部驱动装置

4.2.3.13　ZDY4300LK 型中深孔遥控自动化钻机

ZDY4300LK 型中深孔遥控自动化钻机具备钻进过程自动控制、自动装卸钻杆、状态实时监测、远程数据传输等功能。装备实现了煤矿井下瓦斯抽采、探放水等钻孔施工的远程遥控操作与程序控制自动化钻进施工，有效解决了煤矿井下钻孔施工劳动强度大、操作技术依赖性高、辅助作业人员多等问题，同时极大提高了施工人员的安全性。该装置具有自主知识产权（图 4 – 115）。

图 4 – 115　ZDY4300LK 型中深孔遥控自动化钻机

1. 技术内容与创新点

（1）研制了具备一键自动钻进功能的 ZDY4300LK 型中深孔遥控自动化钻机。

设计了窄体布局与多工艺需求兼容的整体式结构，在保证装备整体在狭窄巷道通过性的前提下，布局了满足大倾角施工的主机结构，兼顾了钻机的多种施工工艺需求；创新了多关节液驱换杆机械手及其协同控制技术，设计了液驱回转支撑、旋转油缸及伸缩油缸结构的多关节液驱换杆机械手，建立机械手轨迹控制模型，融合多传感器信息保证各关节的协同精准控制，最终实现钻杆运动轨迹的精确控制；开发了功能冗余的液控操纵台，采用液控和电控双路集成式控制功能回路设计，实现电/液双控控制模式的灵活切换，提高系统整体可靠性。最终形成了具备一键自动钻进功能的 ZDY4300LK 型中深孔遥控自动化钻机。

（2）研发了煤矿井下通用型智能化钻机防爆电液控制系统（图 4-116）。

搭建了井下钻进施工多参数实时监测系统，实现钻进施工过程中钻机运行参数与钻进施工参数的实时监测与预警；突破了控制参数可定制的通用化井下防爆无线遥控技术，通过本安型无线遥控器实现人机交互，摆脱了液压手柄固定操作位视线容易遮挡的弊端，提高现场施工的安全性；开发了基于液压高冲击大惯量的通用型控制系统建模技术，融合位置闭环控制、速度闭环控制、压力闭环控制等技术实现钻机参数的精准调控；梳理井下钻进施工自动化作业流程，构建基于控制流的机构协同控制模型，实现钻机各施工工序的自动化实施。基于各项技术开发，形成了煤矿井下通用型自动化钻机防爆电液控制系统（图 4-116）。

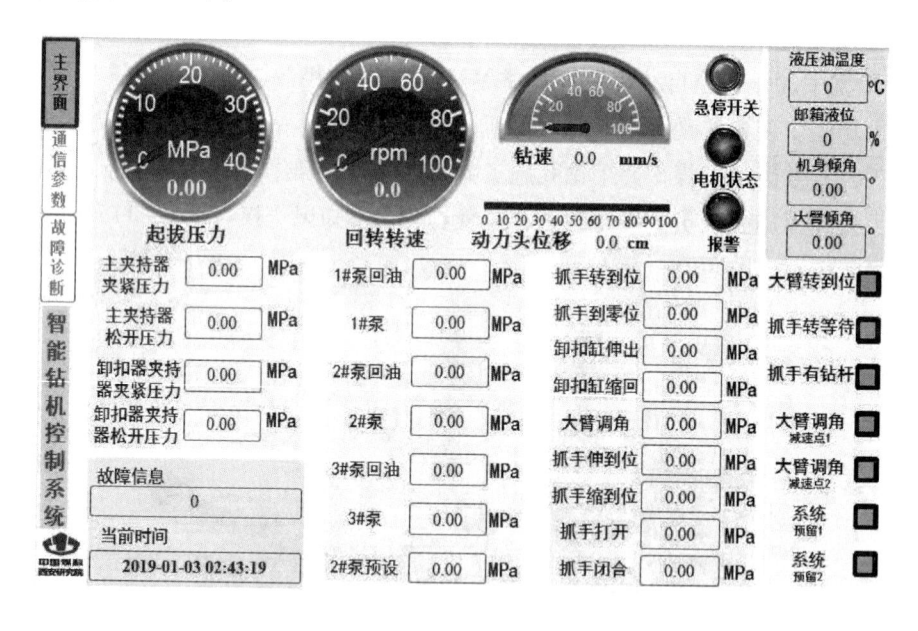

图 4-116 智能化钻机防爆电液控制系统界面

2. 关键参数

钻机最高额定转矩 4300 N·m，施工倾角调节范围为 0°~60°，方位角调节范围为 -90°~+90°，可满足煤矿井下 200 m 以内绝大多数瓦斯抽采、探放水等钻孔的自动化施工。装备实现了井下钻进操作安全距离外的遥控操作，最远操作距离可达 50 m。单根钻杆自动装卸时间小于 45 s，减少人员辅助劳动的同时极大提升了整体钻进工作的施工效率。具体参数见表 4-48。

3. 典型应用案例及使用效果

装备在陕西彬长大佛寺煤矿 4 号煤 40111 工作面回顺巷道进行了工业性试验，累计施工瓦斯抽采与探放水钻孔 14 个，总进尺 1379.75 m，单孔最大孔深 172.5 m，最大孔径 ϕ193 mm。钻孔施工全部采用自动钻进方式，正常综合钻进效率达到 25~35 m/h。装备自动化施工可靠性高，圆满完成矿方生产任务，取得良好的应用效果。为煤矿井下钻孔的安全、高效施工提供了有力的技术支撑。

4.2.3.14 ZDY6500LQ 型全断面电液遥控钻机

ZDY6500LQ 型全断面电液遥控钻机具备施工直径 ϕ133 mm 和孔深 500 m 钻孔的能力，可施工顺层低位钻孔及穿层全断面钻孔。该装置填补了国内煤矿矮巷道、薄煤层瓦斯抽采履带钻机市场空白，促进了煤矿井下履带式坑道钻机的智能化技术水平的进步。钻机整体结构、关键部件及集成式液压系统的开发，在同类产品中具有一定的创新性，综合技术性能应用效果显著，满足了近年国内各大矿区提出的低位开孔、全断面施工和大转矩的需求，促进了钻探装备智能化发展。具有自主知识产权，其中已授权发明专利 1 项：ZL201910354604.9《一种钻机用大立柱稳固滑轨油缸、油路系统及支柱》。

表 4-48 ZDY4300Lk 型中深孔遥控自动化钻机参数

钻机部件	主要性能	参数
回转器	额定转矩/(N·m)	4300~1050
	额定转速/(r·min^{-1})	60~200
给进装置	主轴倾角/(°)	0~60
	主轴方位角/(°)	-90~+90
	开孔高度调节范围/m	1.6~2.0
	最大给进/起拔力/kN	90/150
	给进/起拔行程/mm	900
行走装置	最大行走速度/(km·h^{-1})	2.2
	爬坡能力/(°)	15
电动机	额定功率/kW	55
遥控器	最大遥控距离/m	50
整机	配套钻杆直径/mm	73
	配套钻杆长度/mm	750
	整机重量/kg	9000
	运输状态外形尺寸(长×宽×高)/(mm×mm×mm)	4000×1350×1980

1. 技术内容与创新点

钻机在开发过程中解决了满足低位开孔全断面施工的变幅装置、适应整体布局的车体平台、电液控操作系统及遥控器等关键技术，ZDY6500LQ 型全断面电液遥控钻机具有以下创新点：

(1) 研制了可折叠式的低位开孔、全断面施工的新型变幅装置。实现了卧式行走、立式钻进的结构，提升了履带式钻机的巷道适应性，提高了钻机施工时的稳定性，实现了低位开孔和全断面施工，最低水平开孔高度达到 730 mm。

(2) 研制了滑轨式多级稳固立柱装置。该滑轨式多级稳固立柱装置采用立柱管路集中内部布置结构，单次稳固高度可达 4200 mm，无须人工加长上顶杆。解决了现有钻机稳固多次接杆变形的问题，省力可靠。

(3) 开发了具备煤安认证、安全可靠的电液双控系统，实现了远程操控，解决了低位孔及全断面施工时视线遮挡问题，保证操作人员的操作视线和安全距离，并可灵活变位操作钻机，提高了操作安全性。

(4) 开发了集成式钻进功能阀组系统。具备联动操作及防下滑等多种控制功能，减少了管路连接及泄漏点，提高了系统可靠性。

2. 关键参数

表4-49 ZDY6500LQ型全断面电液遥控钻机主要性能参数

技术参数	参考钻孔深度/m	500
	配套钻杆直径/mm	73/89
	额定转矩/(N·m)	6500~1750
	额定转速/(r·min⁻¹)	60~200
	主轴倾角/(°)	-180~+180
	开孔高度/m	730~1630
	最大给进/起拔力/kN	200/112
	给进起拔行程/mm	900/600
	电机功率/kW	90
	最大行走速度/(km·h⁻¹)	0.5
	最大爬坡能力/(°)	15
	无线遥控距离/m	30
	钻机质量/kg	9500
	钻机运输状态外形尺寸(长×宽×高)/(mm×mm×mm)	4600×1100×2000

ZDY6500LQ型全断面电液遥控钻机主要性能参数见表4-49。

3. 典型应用案例及使用效果

ZDY6500LQ型全断面电液遥控钻机已在淮南5个矿区全面推广应用20台,在淮北3个矿区全面推广应用10台,其单班最高进尺为154m,最大角度为90°,成孔率达100%,能够完成两淮矿区不同地质条件下顺层孔、穿层孔的施工,具备防动力头下滑功能,仰角施工可靠性高。钻机移动灵活、开孔位置低、调角方便、主机稳固效果好,一次稳固可施工一列孔,施工效率高;钻机电控部分稳定可靠,操作遥控器方便灵活,保证工人安全性,便于多方位观察孔口情况。该钻机是一款灵活、可靠、高效、遥控操控的瓦斯抽采钻机,降低工人的劳动强度,保障了工人的生命安全,为减少煤矿安全事故,创造安全生产环境提供一份保障,响应智能化矿井的建设号召,向"机械化换人,自动化减人"的目标更进一步,创造了良好的社会效益(图4-117)。

(a) 正面结构 　　(b) 侧面结构

图4-117 ZDY6500LQ型全断面电液遥控钻机图

4.2.3.15 YZG4.8(A)矿用钻孔轨迹测量装置

YZG4.8(A)矿用钻孔轨迹测量装置由北京合康科技发展有限责任公司研发,该装置能够在煤矿井下常规回转钻孔施工中,在钻进或起钻过程中连续记录钻孔轨迹测量数据,并可通过防爆手机在井下显示测量结果和钻孔质量评价结果,从而为优化钻孔施工方案、完善钻孔施工工艺、评价钻孔质量及安全性提供依据,用"钻孔质量评价结果"作为钻孔施工验收标准,改变了传统模式的"孔深"验收标准,将安全生产真正落地。还可将测量数据导入地面计算机,通过对钻孔群轨迹的分析,及时调整设计方案和施工方案,消除盲区,降低安全生产隐患,提高生产效率。该装置具有多项自主知识产权,包括发明专利2项、实用新型专利1项和软件著作权多项。

1. 技术内容与创新点

1）技术内容

YZG4.8（A）矿用钻孔轨迹测量装置主要由孔内仪器、防爆手机以及地面计算机软件组成。

孔内仪器包括核心产品－YZG4.8（A）-T矿用本安型钻孔轨迹测量探管以及配套的专用钻杆，能够在钻进或起钻过程中连续测量和保存钻孔轨迹数据。

防爆手机用于控制YZG4.8（A）-T矿用本安型钻孔轨迹测量探管完成钻孔轨迹测量，并能显示钻孔轨迹测量结果，形成钻孔轨迹变化曲线，完成钻孔轨迹质量评价。

地面计算机软件为"煤矿井下钻孔群轨迹显示评价系统软件"，不但能完成钻孔群的轨迹显示和质量评价，还能实现数据共享和信息交互，方便煤矿和各级单位之间的管理，提高工作效率。

2）创新点

（1）通过预先设计参数，实现钻孔质量评价。通过预先设置的设计参数、评价参数完成钻孔轨迹的处理、显示及质量评价，为优化钻孔施工方案、完善钻孔施工工艺、评价钻孔质量及安全性提供依据。

（2）自动剔除异常点，真实反映钻孔轨迹。通过算法和数据处理，剔除异常点数据，保证测量结果接近钻孔实钻轨迹，解决由于异常点干扰测量结果造成"纠结"。

（3）配置不同的固定组件，可满足多种规格钻具需要。同一根探管，根据钻具规格选择配套的固定组件，可适用于42及以上整体性外平钻具、螺旋钻具、刻槽钻具，还可配套各种规格复测装置，提高了产品的适用范围，降低了用户的采购成本。

（4）存储数据量大，无须等待测量。存储的数据量达到21000组数据，间隔时间最小可达2 s，无须额外增加测量时间，不改变现有的钻孔工艺，提高工作效率。

（5）可在钻进过程中实时测量，无须重新下钻测量。安装在无磁钻杆中，与钻具一同入井，并在钻孔过程中实时测量钻孔轨迹，无须钻完孔后再下钻进行测量，不额外增加钻孔轨迹测量时间，提高工作效率。

（6）具有多种测量方式，满足不同需求。既可以在钻进中测量，也可以在钻孔结束后在起钻过程中测量，还可以通过钻孔复测装置对裸眼孔进行钻孔轨迹复测。

（7）一次钻孔，可获得钻进和起钻两组测量数据。一次钻孔，可以获得钻进和起钻两组测量数据，通过两组数据比对消除测量误差，避免多次测量，节省时间。

（8）无线传输，安全可靠。手机与探管之间的通信实现无线蓝牙传输，无须外接电缆，安全可靠。

（9）工作时间长，无须频繁更换电池筒。探管连续工作时间可达7 d，更换钻孔无须更换充电电池筒，可满足长钻孔、复杂钻孔的测量要求。

（10）安装/操作简便。通过螺纹连接即可实现测量探管的电气连接，通过钻具的连接即可实现对探管的固定，安装、操作简便。

2. 关键参数

测量精度：倾角 ±0.1°；方位角正负1.0°。

耐水压力：≥12 MPa。

适用钻具：42 mm 及以上钻具。

连续工作时间：≥7 d。

最高工作温度：≥60 ℃。

防爆型式：Ex ib I Mb 煤矿用本质安全性。

3. 典型应用案例及使用效果

该装置已累计销售超过 200 套，成功应用在山西、陕西、河南、贵州、安徽、重庆等省市的国有大中型煤矿，取得了良好的应用效果，获得了煤矿用户的好评。

其中，在永煤集团陈四楼煤矿累计使用近 20 套仪器，主要应用在煤矿探放水钻孔测斜工作中。利用该产品提供的全新的"钻孔群评价标准"，能够有效监测钻孔轨迹，减少透水事故隐患，将安全生产真正落地。产品使用过程中，普遍反映如下：

（1）仪器工作时间长，可连续工作超过一周，降低工作强度。

（2）测量结果准确，能够真实反映钻孔轨迹走势，以及与设计的偏差，便于及时调整施工方案。

（3）软件功能强大，能够对钻孔群轨迹走势和趋势进行分析和评价，能够及时采取措施消除盲区；同时，通过数据共享和信息交互，让相关部门和人员及时了解钻孔进度和质量，及时协调各方面的工作，提高工作效率。孔内仪器组装图片如图 4-118 所示。

由图 4-118 可知：

图 4-118　孔内仪器组装图片

①测量探管通过不同的固定装置，可以适用于不同规格的钻具。

②钻杆表面有箭头和圆圈标识，反映连接方向和连接顺序，防止连接错误。

③通过有效的无磁钻杆长度，可以避免钻头和常规钻杆中含有的铁磁物质对测量探管测量精度的影响，保证测量结果的准确性。

④两端的钻头转接头和钻杆转接头的扣型，与煤矿常规钻具相同，无须改变煤矿现有的作业方式和施工工艺。

图 4-119～图 4-121 反映了钻孔轨迹与设计轨迹的偏差，通过图可以看到：

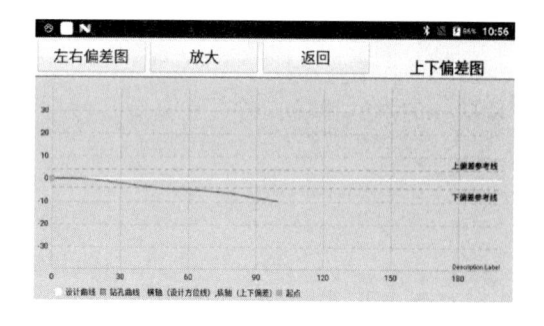

图 4-119　钻孔轨迹上下偏差图 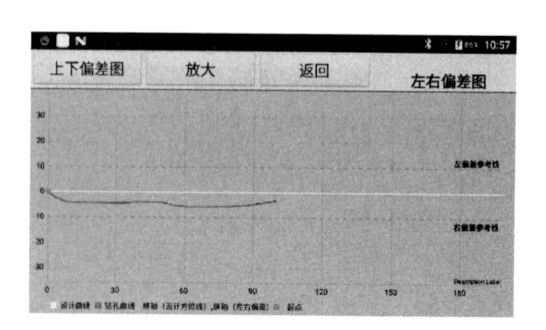　　　　图 4-120　钻孔轨迹左右偏差图

（1）钻孔轨迹在钻孔施工到一定深度后倾角开始下降。

（2）可以判定偏差值是否在规定的允许偏差范围内。

（3）可以分析造成倾角下降的原因，是地层变化还是施工工艺不合适，从而为下一个钻孔的有效钻进提供方案。

4.2.3.16 KJ1165煤矿"井-地"一体多参数实时水文动态监测系统

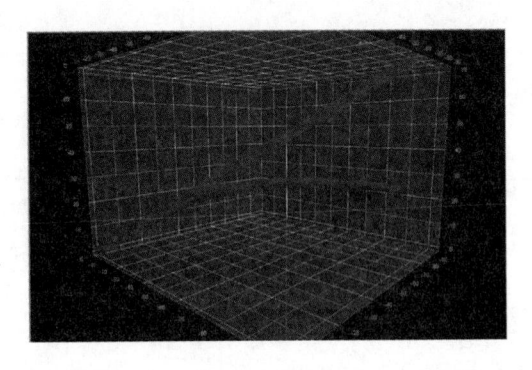

图 4-121 钻孔轨迹与设计轨迹的三维比较图

KJ1165煤矿"井-地"一体多参数实时水文动态监测系统由煤炭科学技术研究院有限公司研发，具有自主知识产权。本系统能够实现及时、快速、高效地获取矿井水文动态监测，能够保证高精度、自动化实时长期数据采集，能够动态地、全面地掌握矿区内，特别是容易发生水害区域的水文变化情况，对矿井水害因素进行及时主动报警，通过实时监测，能及时反映当前矿区不同地点的水文参数动态变化情况，为加强煤矿安全生产和防治水工作提供准确可靠的依据，为有效地做好煤矿防水治水、安全生产提供保障。

1. 技术内容与创新点

系统实现了地面—井下的全方位多指标的实时水况监测，可实时在线监测井下水位、水温、水压、水量、采空区密闭墙位移、应力及地面水位、水温、水质、气象（雨量、气压、风速、湿度等）多个指标，系统具有指标超限自报警、双机热备自动切换、人机对话、自诊断、软件容错、实时多任务等功能，其监测数据可自采集、自分析、自划分、自备份，以图表、曲线等模式将数据以数字化、图像化形式动态显示与输出；该产品适用于所有井工或露天煤矿水文监测及预警。系统结构图如图4-122所示。

2. 关键参数

KJ1165煤矿"井-地"一体多参数实时水文动态监测系统技术参数见表4-50。

表4-50 KJ1165煤矿"井-地"一体多参数实时水文动态监测系统技术参数

类型	技术参数
无线智能水位水温监测仪	水位量程0~500 m，分辨率0.01 m； 精度：≤1‰F.S（探头线长800 m）； 温度量程0~80 ℃，精度0.1 ℃，基本误差：±1 ℃； NB-LOT无线传输
矿用水位传感器	量程：0~10 m，分辨率0.01 m，精度：≤2‰； 输出：CAN； 测量时间间隔：1 min~24 h任意设置，实现自动存储
矿用本安型压力温度传感器	水压测量程：0~10 MPa，分辨率0.01 MPa，精度：≤1‰F.S； 温度量程：0~80 ℃，精度0.1 ℃，基本误差：±1 ℃； CAN传输，5 kbps

表 4-50（续）

类型	技术参数
矿用本安型应力传感器	应力量程 0~60 MPa，分辨率 0.01 MPa，精度：≤5‰； CAN 传输，5 kbps
矿用本安型位移传感器	量程 0~4000 m，分辨率 1 mm，精度：≤1%； CAN 传输，5 kbps
管道流量传感器	适用管径 50~2000 mm，流速 0.3~10 m/s，精度≤5‰； 测量时间间隔：1 min~24 h 任意设置，实现自动存储； CAN 传输，5 kbps

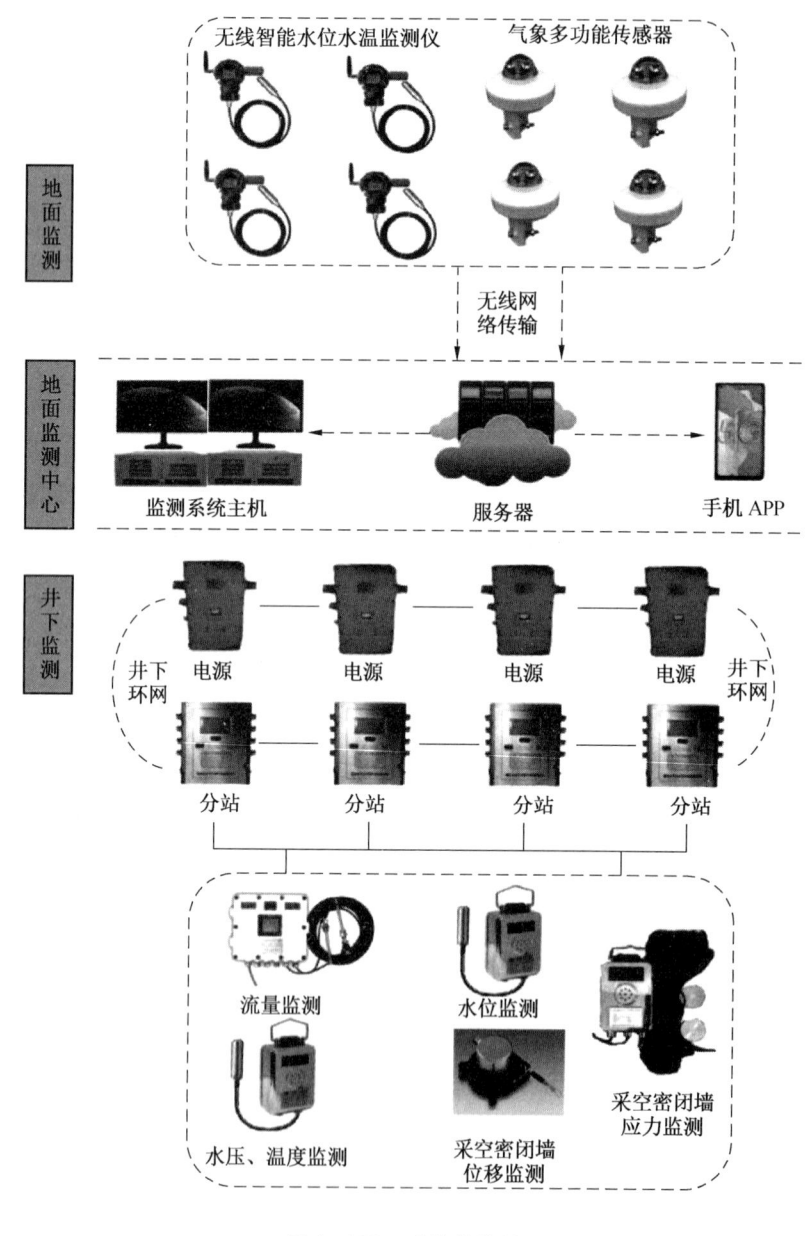

图 4-122 系统结构图

3. 典型应用案例及使用效果

板石煤矿位于吉林省珲春市境内珲春煤田河北区的西部，井田内主要含水层为第四系冲积洪积含水层、风化裂隙带含水层及煤系层间承压含水层。其中煤系层间承压含水层富水性弱，且与上部风化裂隙含水层之间的水力联系较差，对煤层开采基本不产生影响，第四系冲积洪积含水层及风化裂隙带含水层富水性较强，在大断层构造影响下，可能对煤矿安全开采产生影响。

在建设数字化矿山的基础上，采用水文远程监测系统对板石煤矿矿井水文进行监测。考虑井田水文地质、采矿条件及可能水害情况，对矿井主要进行以下几方面监测：①第四系含水层水位及温度变化规律；②风化裂隙带含水层水位及温度变化规律；③井下三处水仓（－170 m 水平水仓、－480 m 水平主水仓及－585 m 水平水仓）排水管路流量监测，掌握矿井涌水量变化。

通过水文监测系统现场应用的监测数据及曲线分析，可以全面了解矿井水文地质动态，掌握矿区的水文变化规律，及时获得井下可能的突水原因，通过数字化手段实现对煤矿生产过程水害因素的有效监测预警（图 4 - 123）。

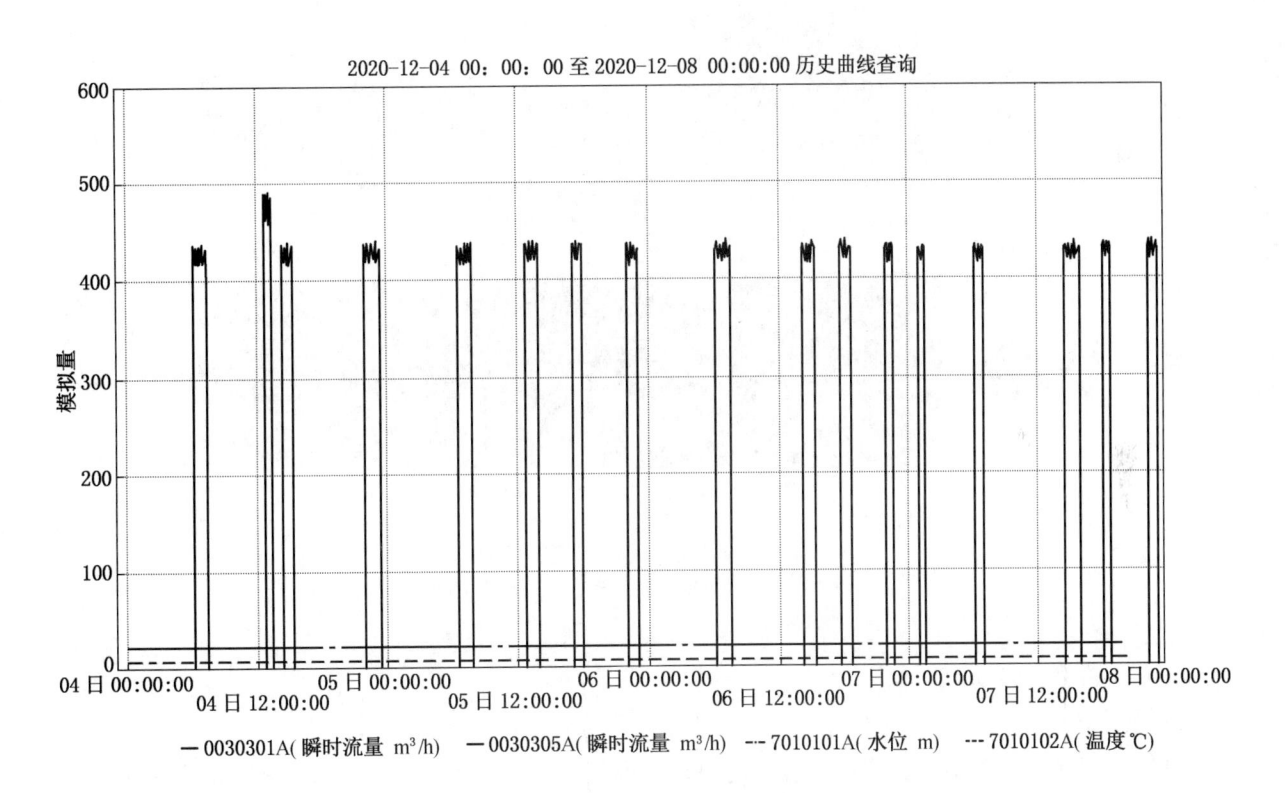

图 4 - 123 含水层水位、水温及瞬时流量变化曲线对比图

4.2.3.17 矿井电法监测技术及装备

矿井电法监测技术及装备是基于岩石裂隙及含水性与电阻率的变化关系，实现对采动过程中动态发育的导水通道进行动态监测。监测设备布置于工作面两侧巷道中，利用局部光纤和井下工业环网，通过地面服务器远程监测采煤工作面顶、底板破坏情况以及水害发育过程，采用大数据分析对工作面水害进行智能化预警，实现了矿井水害监测预警的自动化和智能化。该装备具有自主知识产权，其中，获授权发明专利 4 项、实用新型专利 1 项，软件著作权 6 项（图 4 - 124）。

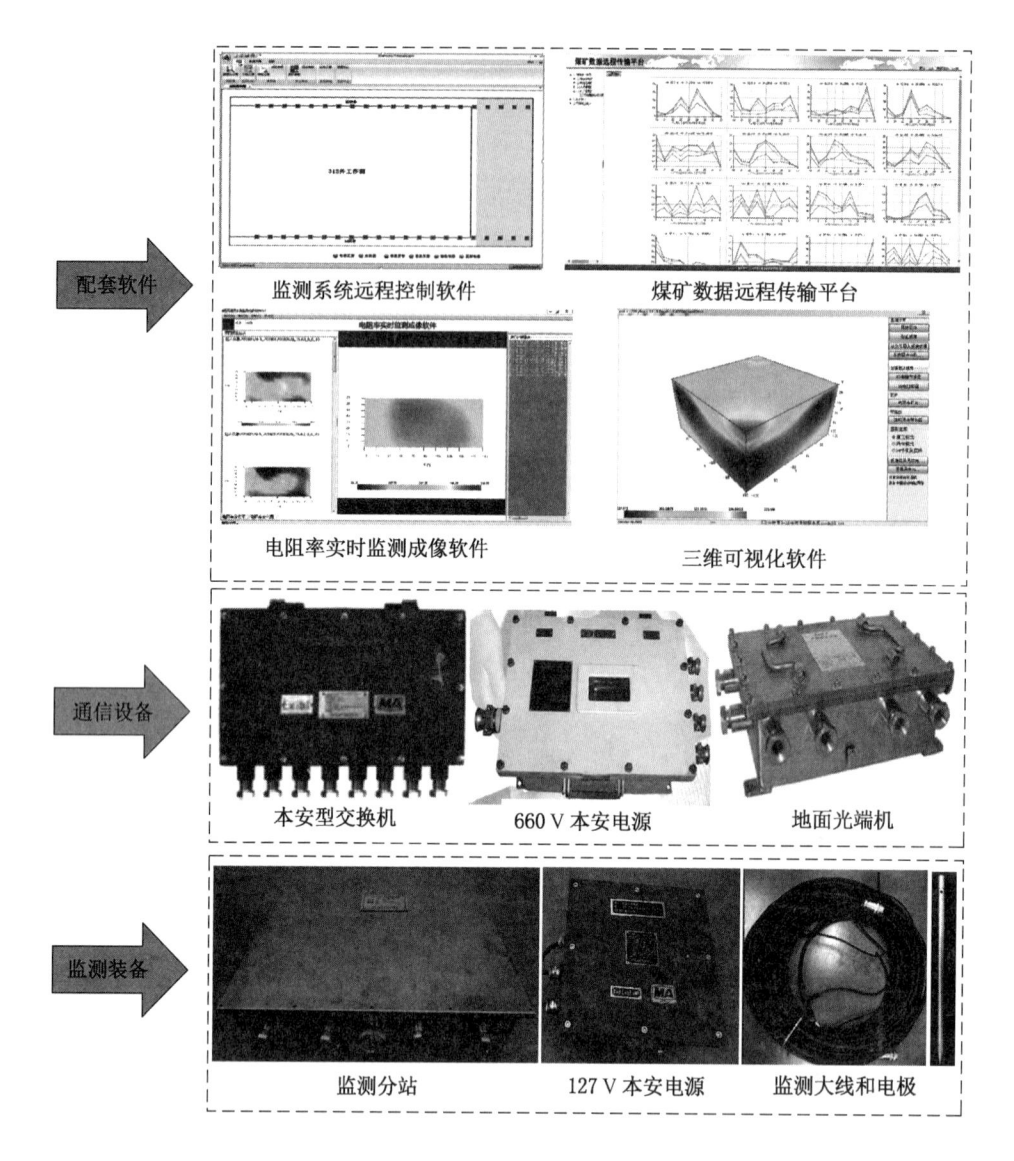

图 4-124 矿井电法监测技术与装备组成图

1. 技术内容与创新点

1) 技术内容

(1) 矿用伪随机电法监测装备。通过伪随机序列发射、全波形数据采集以及相关辨识算法,实现了多频率信号同步发射和同步接收,提高了探测效率;通过控制命令设置电极为发射还是接收,实现了电极功能的智能切换;通过继电器切换实现电极切换,可进行单、偶极发射和单、偶极接收等多种观测模式的智能切换;采用光纤通信和井下工业环网供电,实现了井下无人值守、地面远程控制监测;监测装备获得 MA 认证。

(2) 远程系统控制和数据管理技术。通过监测系统远程采集控制软件,实现了信号发射和数据采集的远程控制;建立数据库,对监测数据进行自动存储和管理;建立了远程数据传输平台,利用光纤和互联网进行远程数据传输,实现监测数据的异地访问和查询。

(3) 电阻率动态反演成像技术。开发了与数据库自动交互的数据实时处理软件,采用监测数据时间序列相关性分析和一致性校正技术对不同频率的电压信号进行数据预处理，应用拟高斯-牛顿法对预处理后的数据进行全空间三维电阻率反演，对矿井水害时空演化过程进行时移电阻率成像，软件自动对反演结果进行二维切片、三维等值面提取和立体成像等可视化操作，实现了井下隐蔽赋水区域变化过程的实时动态成像。

（4）井下施工方法和施工工艺。采用顺巷单极-偶极或偶极-偶极装置进行监测数据采集；对于走向距离较大的监测区域，为了提高时效，可进行分段式滚动监测；使用耐压套管进行线缆和电极保护；设计了孔中一体式监测线缆，对井下孔中电阻率监测的施工工艺进行了探索，采用钻机推送或水力输送的方式将带电极的监测线缆送进钻孔，通过注浆封孔保证电极与孔壁的良好耦合。

2）创新点
（1）伪随机信号相关辨识技术。
（2）监测数据时间序列相关性分析和一致性校正技术。
（3）矿井水害时空演化过程时移电阻率成像方法。

2. 关键参数

矿井电流监测技术与装备主要技术参数见表4-51。

表4-51 矿井电流监测技术与装备主要技术参数

类型	项目	技术参数
发射参数	发射信号类型	单频方波或伪随机序列组合频率方波
	最大发射电压/V	≤105
	最大发射电流/mA	≤60
	发射频率/Hz	128、64、32、16、8、4、2、1、0.48、0.24、0.12
接收参数	输入阻抗/MΩ	≥20
	最大输入信号/mV	500
	最小输入信号/μV	5
	接收信号幅值重复测量误差/%	≤5
通信接口	通信方式	全双工，TCP/IP以太网光信号传输，波长为1310 nm的单模光纤
	传输速率/Mbps	100
	光发射功率/dBm	-30~0
	光接收灵敏度/dBm	-35
	可接入电极数量	61

3. 典型应用案例及使用效果

底板破坏监测：为探测某工作面的底板破坏情况，在工作面运输巷和中间巷道各布置监测电极21个，对沿工作面走向200 m长的范围进行电阻率监测。监测过程中，对监测数据进行实时动态成像，成像结果显示如图4-125所示：随工作面推进，底板10 m以浅电阻率变化剧烈，10 m以下电阻率变化较缓慢；采空区在成像结果中表现为显著的低阻异常，随工作面推进该低阻异常范围逐渐扩大。监测发现，该工作面底板破坏深度不超过10 m，水害风险较小。监测结果反映的底板破坏情况与底板真实的破坏情况基本吻合，为工作面回采过程中的防治水决策提供了参考依据。

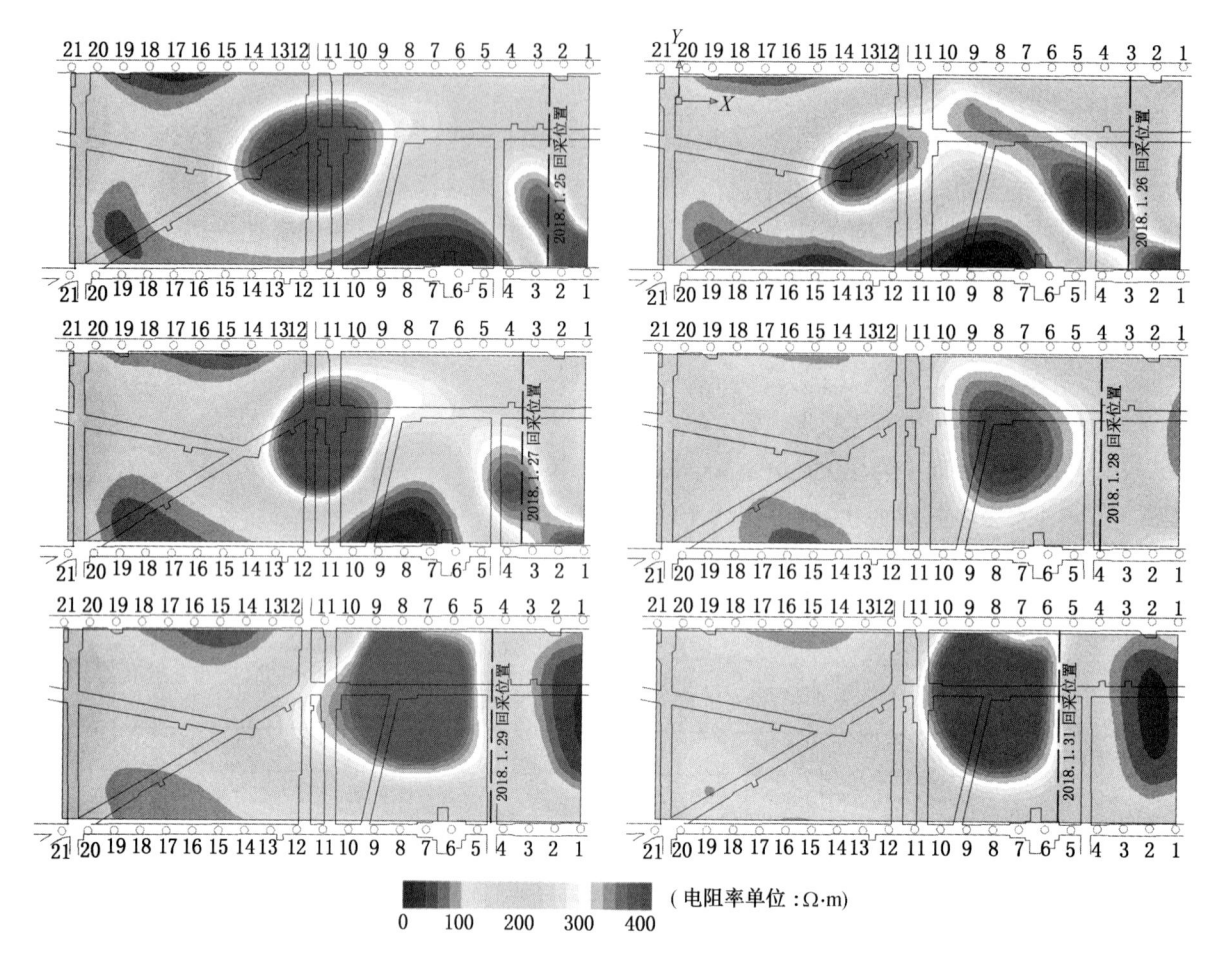

图 4-125 底板破坏过程监测结果

导水通道发育过程监测：某矿 11916 工作面煤层底板至奥陶系灰岩含水层顶界面平均间距为 40 m，其相邻工作面有一处已探明的陷落柱，陷落柱经注浆改造，但仍存在突水风险。针对该突水隐患，在该工作面部署矿井电法监测系统，采用三维电阻率反演对监测数据进行实时处理分析，监测结果显示工作面底板电阻率整体呈高阻（>200 Ω·m），且随时间推移无明显变化，仅在 2019 年 9 月 8—15 日出现过 1 次低阻异常（<200 Ω·m），异常变化过程如图 4-126 所示，低阻异常区随工作面推进先增大后减小，揭示工作面底板岩层在采动破坏的影响下有导水通道发育。据矿井水文观测台账显示，9 月 10—12 日工作面涌水量有所增加，与煤层底板电阻率发生显著变化的时间段基本吻合。矿井电法监测结果捕捉到了该次出水过程，且电阻率出现异常变化的时间早于工作面实际出水时间，表明该方法可作为工作面水害预警的一种有效手段。

4.2.3.18 煤矿工作面涌水量动态预测与顶板水控制疏放技术

煤矿工作面涌水量动态预测与顶板水控制疏放技术，重点解决煤矿水害防治领域面临的涌水量预测精度不高和顶板疏放水工程优化程度不足的问题。研究成果在我国西部侏罗纪煤田顶板水害防控，

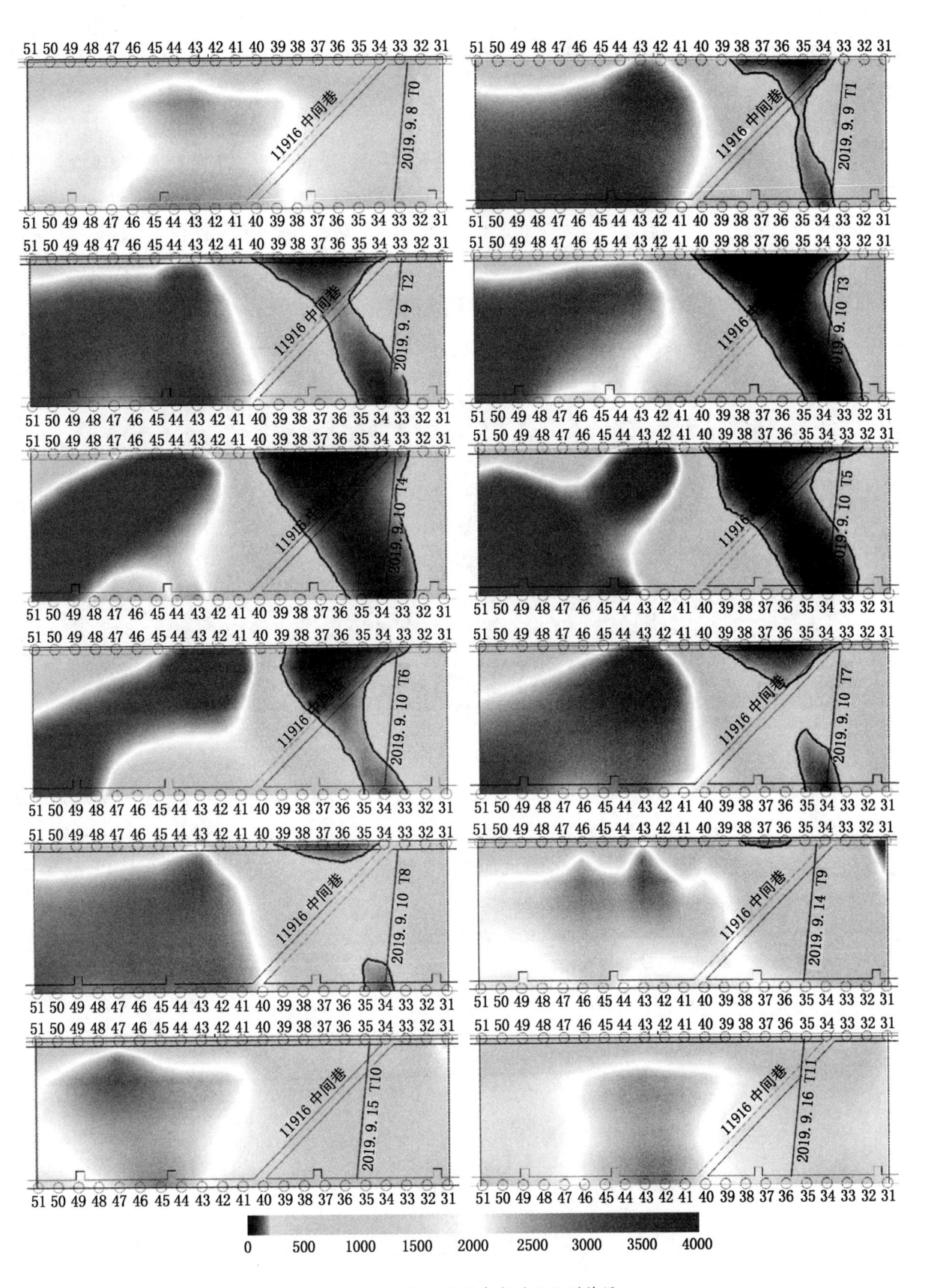

图 4-126 导水通道发育过程监测结果

特别是在长工作面水害防治方面具有普遍适用性。相关成果获授权发明专利 2 项，成果达到国际领先水平。

1. 技术内容与创新点

（1）煤层顶板含水层卸压涌水过程的动力学机制。创新性利用系统动力学能量衰减理论，创建了钻孔疏放水和煤层采动涌水动力系统模型，定量刻画了采前钻孔主动卸压涌水的时变过程，以及采中被动卸压涌水随采动态变化过程。创新了涌水量预测理论方法，为涌水量动态预测与顶板水控制疏放技术研发建立了理论基础（图 4-127）。

图 4-127　煤层顶板含水层被动卸压涌水动力学过程

（2）采煤工作面涌水量多阶动力学动态预测技术。发明了工作面涌水量采前快速预测与采中动态校正方法，开发了涌水量动态预测软件，实现了工作面推采过程采空区峰值涌水量、动态稳定涌水量及发生位置的精细预测，将应用矿井工作面涌水量预测精度从 70% 以下，提高到 85% 以上，完善了矿井涌水量预测技术体系（图 4-128）。

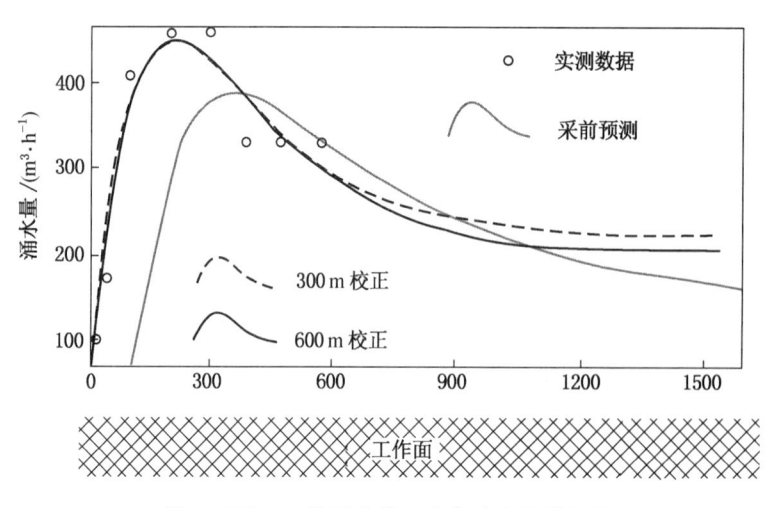

图 4-128　工作面采前—采中动态预测方法

（3）基于多目标非线性模型的顶板水控制疏放技术。构建了顶板最优安全残余水头优化模型，提出了疏放水量和疏放时间优化确定方法，以及钻孔空间布置和钻场间距优化确定方法，在应用矿井有效减少工作面钻探工程量超过 65%，缩短了约 30% 的疏放水工期，实现了以安全、高效、经济为目标的顶板水控制疏放治理（图 4-129）。

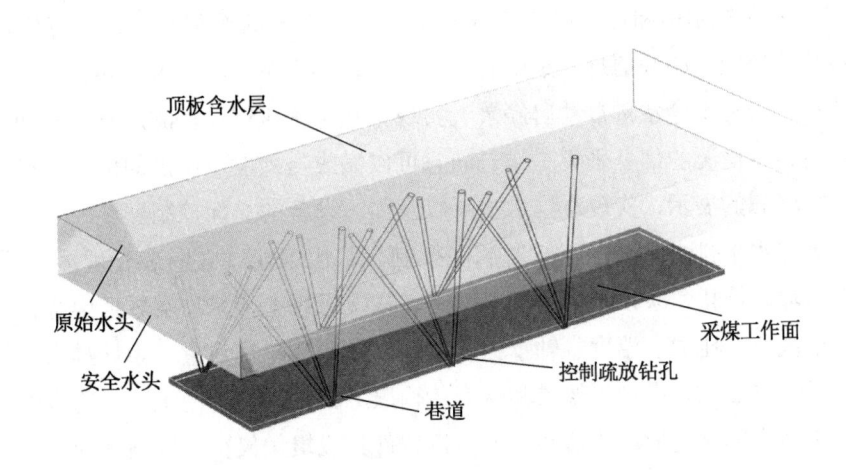

图 4-129 工作面顶板水控制疏放工程布置

2. 典型应用案例及使用效果

2018 年，在宁夏红柳煤矿 040205 工作面进行了应用，工作面涌水量预测精度近 88%，与以往的顶板疏放水方案相比，顶板疏放水工程量显著减少，钻场数量、钻孔数量以及钻探进尺优化程度达到 62% 以上，减少钻探工程量达到 6000 m 左右，同时，减少了近 70000 m^3 顶板疏放水量，缩短了近 1 个月疏放水工期。

2018—2019 年，技术成果在神东、宁东、上海庙和积家井 4 个矿区 7 个大型煤矿推广应用，指导现场 300 余个钻场疏放水水量预测、19 个工作面采动涌水量预测和防排水系统设计，将应用工作面涌水量预测精度从 70% 以下，提高至 85% 以上，大幅节约了排水投入的人工费用，有效指导了矿井水害预测预报工作；累计节省超过 150000 m 钻探工程量，缩短了超过 350 天的疏放水工期，减少矿井外排水量 70 多万立方米，解放受顶板水害威胁煤炭资源量超过 15 Mt，应用矿井和西安研究院新增产值超过 13 亿元。该成果推动了煤矿顶板水害防控理论与技术的进步，保障了我国西部矿区煤炭资源安全高效开发。

4.2.3.19 多水平排水系统

"矿井多水平排水智能监控技术与装备"由煤炭科学技术研究院有限公司研发，具有自主知识产权。

1. 技术内容与创新点

1）技术内容

井下多水平排水系统采用现场层（远程 IO）、控制层（PLC）和管理层（远程工业计算机）组成的三级控制系统来实现排水系统的自动控制。

现场层主要由中央水泵房和采区水泵房组成，每个水泵房有就地控制箱、控制柜以及所控装置，能够实现排水泵、真空泵、阀门等设备的就地手动和自动控制，使煤矿井下的涌水按照排水控制要求排出。系统采用分布式控制，单台水泵控制系统故障不影响其他水泵的正常运行，同时减少现场线缆的铺设，以及降低后期的维护和故障排查难度。现场还有泵房语音和文字同步报警功能，以保证生产活动的安全。

控制层通过 PLC 防爆控制柜和控制屏来实现多水平排水系统的控制和展示。PLC 防爆控制柜作为排水自动控制系统的控制核心和信息收集中心，可以实现排水泵远程的单控和自动控制、水泵工作自动轮换、避峰填谷、依据水仓水量自动启停泵、实现排水系统执行设备的远程控制和负载均衡，以及排水泵及周边设备运转情况的信息采集工作，同时可以完成与顶层上位机的信息交换。控制屏可以完成主要设备的运行状态的展示，实现对排水水泵以及周边设备的立即控制。

管理层能够实现多水平排水系统的在线监测和控制。采用工业以太网来实现多水平的 PLC 控制柜与上位机的数据传输，使水泵以及周边设备的运转情况可以上传至顶层数据中心，可在上位机组态软件内显示泵房的液位、压力、温度、轴承振动、涌水量、实时排水量、累计排水量的统计等，并可自动生成报表。井下作业的防爆型摄像仪和视频传输服务器的信息借助于以太网也能够进行数据的上传，完成多个水泵房实际状况的在线监测。上位机软件集成摄像仪影音视频画面，可根据水泵启停和设备故障情况，自动调整镜头和焦距，并实现地面对水泵房运行工况的远程监听。系统还具备网络发布功能，用户通过浏览器可以远程查看水泵的运行情况及相关的数据信息。

2）创新点

改进的"避峰填谷"控制策略。在煤矿开采的过程中，井下排水系统电能消耗较大，因此煤矿以节约能源和多水平协同排水为目的，提出了一种改进的"避峰填谷"的排水控制策略。但传统的"避峰填谷"策略水位线的划分过于简单和粗糙，因此在传统的控制逻辑基础上细分水位线，调整相应的启泵数量，并在水位细分的基础上加入水位变化率，并设置了缓冲调整控制逻辑，防止水泵频繁启停，通过水位变化率的不同来控制水泵的启停数量。该控制策略可使水仓水位在用电谷段达到最低水位线附近，并且在用电峰段时，水泵能在使用最少时长的情况下，保证水仓水位不超过设定的警戒水位。针对煤矿多级排水系统存在的问题，还设计了一种基于动态规划算法的多水平协同排水控制策略，以全局的角度协调各水平泵房的排水工作，对传统动态规划算法进行改进，并在约束条件中加入裕量参数，在安全高效地完成多水平排水任务的前提下，使用最少的电量以保证能源的节约。

2. 关键参数

多水平排水系统主要技术参数见表 4-52。

表 4-52 多水平排水系统主要技术参数

类型	技术参数
模拟量输入传输处理误差	模拟量输入传输处理误差应不大于 1.0%
累计量输入传输处理误差	累计量输入传输处理误差应不大于 1.0%
系统巡检周期	系统巡检周期不大于 30 s
系统控制响应时间	远程控制响应时间应不大于系统巡检周期，就地控制响应时间应不大于 2 s
传输误码率	传输误码率不大于 10^{-8}
备用电源工作时间	电网断电后，备用电源能保证系统连续监控时间不小于 2 h

表 4-52（续）

类型	技术参数
统计值时间	模拟量统计值是 5 min 的统计值
累计量时间间隔	累计量时间间隔不大于系统巡检周期
供电距离	向传感器及执行器远程本安供电距离不小于 2 km

图 4-130 所示为矿井多水平排水智能监控系统界面图。

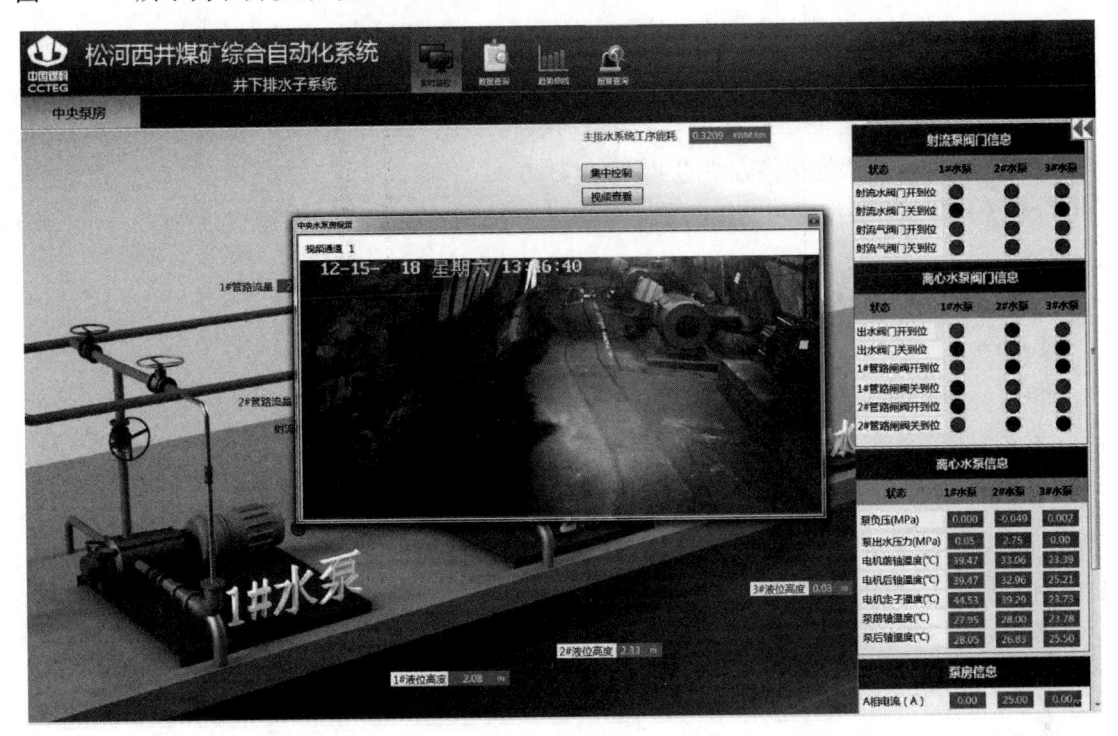

图 4-130 矿井多水平排水智能监控系统界面图

4.2.3.20 JSG6（N）煤矿自然发火束管监测系统

JSG6（N）煤矿自然发火束管监测系统由中煤科工集团沈阳研究院有限公司研发，具有自主知识产权。JSG6（N）煤矿自然发火束管监测系统应用于煤矿井下采空区、工作面、密闭区及各种具有自然发火危险的区域，可实时在线对甲烷、一氧化碳、二氧化碳、氧气、乙烯、乙炔和氮气 7 种气体进行定量分析。

1. 技术内容与创新点

1）技术内容

JSG6（N）煤矿自然发火束管监测系统是中煤科工集团沈阳研究院有限公司研发的第二代束管监测系统，和第一代产品都采用光谱技术，其技术上更加完善，运行更加稳定，与第一代产品相互兼容。JSG6（N）煤矿自然发火束管监测系统克服了煤矿现有束管监测系统束管管路长、测量误差大和检测结果严重滞后的实际应用问题，做到了就地取样、原位检测、实时分析，分析结果高速上传，可用于煤矿井下自然发火在线监测预警和灾后救援期间矿井灾变环境快速检测，是煤矿现有束管监测系统的换代产品。

2）创新点

（1）对 CO、CO_2、CH_4、O_2、C_2H_4、C_2H_2 进行 24 h 实时监测。

（2）自动循环分析或单路分析，分析周期可根据用户需求设置。

（3）系统运行参数、监测模式可通过地面远程设置。

（4）采用激光、光谱分析技术，分析精度高、稳定性好、维护周期长。

（5）井下主分析设备、传输设备为矿用本质安全型。

（6）井下气体采样泵可由地面远程启、停控制，抽气距离不小于 5000 m。

（7）具有气体预处理功能，气体流量控制和显示功能，二级除尘、除湿功能。

（8）具备数据保存、自动报警等功能，可以报表、曲线、爆炸三角图等形式查询。

（9）提供的气体爆炸危险趋势四方图，用于判断混合气体在成分变化的过程中爆炸危险性的趋势。从而为判断其爆炸危险性提供方便的工具。

（10）系统具备如下数据分析功能：爆炸三角图、爆炸趋势四方图、特里克特比率 Tr、Graham's Ration 指数。

（11）指标气体报警临界点可设置。

2. 关键参数

（1）系统类型：井下监测型。

（2）系统容量：8 路、16 路、24 路（每台监测分站，监测分站可根据需要随意设置）。

（3）运行方式：24 h 自动分析或人工设定、井下设备可独立显示。

（4）井下分析气体：CO、CO_2、CH_4、O_2、C_2H_4、C_2H_2、N_2。

（5）响应时间：≤60 s。

（6）检测范围及误差见表 4-53。

表 4-53 检测范围及误差

气体种类、单位	测量范围	允许误差	
甲烷/%	0.00~100.00	0.00~1.00	±0.06
		1.00~100.00	真值的 ±6.0%
一氧化碳（10^{-6}）	0~10000	0~100	±4
		>100~500	真值的 ±5%
		>500~1000	真值的 ±6%
		>1000~10000	真值的 ±10%
二氧化碳/%	0.00~20.00	0.00~0.50	±0.02
		>0.50~20.00	±（0.05+）真值的 5%
氧气/%	0.00~25.00	0~25.0	±3F.S
乙烯（10^{-6}）	0.00~100.00	0.00~2.00	±0.5
		>2.00~100.00	±（0.5+真值的 ±10）
乙炔（10^{-6}）	0.00~100.00	0.00~2.00	±0.5
		>2.00~100.00	±（0.5+真值的 ±10）
氮气/%	0.00~100.00	0.00~100.00	±3F.S

(7) 供电电源：660 V/1140 V（井下）。

(8) 采样距离：有效距离不小于 5 km。

(9) 通信接口：RS485、网口、光口。

(10) 工作环境：

①海拔高度不超过 3000 m；

②环境大气压 80~110 kPa；

③环境温度 -20~+40 ℃；

④周围空气相对湿度不大于95%（25 ℃时）；

⑤具有甲烷混合物及煤尘爆炸危险的煤矿井下。

3. 典型应用案例及使用效果

2019 年 4 月在山西朔州平鲁区华美奥兴陶煤业有限公司安装 JSG6（N）煤矿自然发火束管监测系统一套，5 月投入使用。2020 年 9 月，与兴陶煤业有限公司处于同一煤田的另一个煤矿发生火灾，一氧化碳、甲烷等有毒有害气体沿着采空区进入兴陶煤业有限公司大巷，被 JSG6（N）煤矿自然发火束管监测系统监测到数据异常，化验员遂将情况上报给公司领导，当时一氧化碳浓度高达 9000×10^{-6} 以上，情况相当危险。公司领导第一时间安排相关人员对问题进行了紧急处理，经过几天的处理，一氧化碳、甲烷各项数据恢复正常，避免了过火事故。

JSG6（N）煤矿自然发火束管监测系统由矿用本安型分析仪、矿用本安型束管监测气体预处理控制箱、矿用本安型 PLC 控制箱、矿用隔爆兼本安型直流稳压电源、矿用隔爆兼本安型电磁起动器、煤矿井下束管监测用气体采样泵等组成（图 4-131）。

图 4-131 JSG6（N）煤矿自然发火束管监测系统组成

图 4-132 所示为 JSG6（N）煤矿自然发火束管监测系统现场图，图 4-133 所示为 JSG6（N）煤矿自然发火束管监测系统软件界面。

图 4-132　JSG6（N）煤矿自然发火束管监测系统现场图

4.2.3.21　液态惰气（CO_2、N_2）防灭火技术及装备

液态惰气（CO_2、N_2）防灭火技术及装备已广泛应用于矿井火灾快速应急灭火，在众多火区治理过程中，取得了显著的效果，具有效果佳、见效快、成本相对低等特点，国内一些矿业集团也已将液态惰气（CO_2、N_2）防灭火技术及装备作为矿井日常常备自燃防治技术手段。具有自主知识产权。

1. 技术内容与创新点

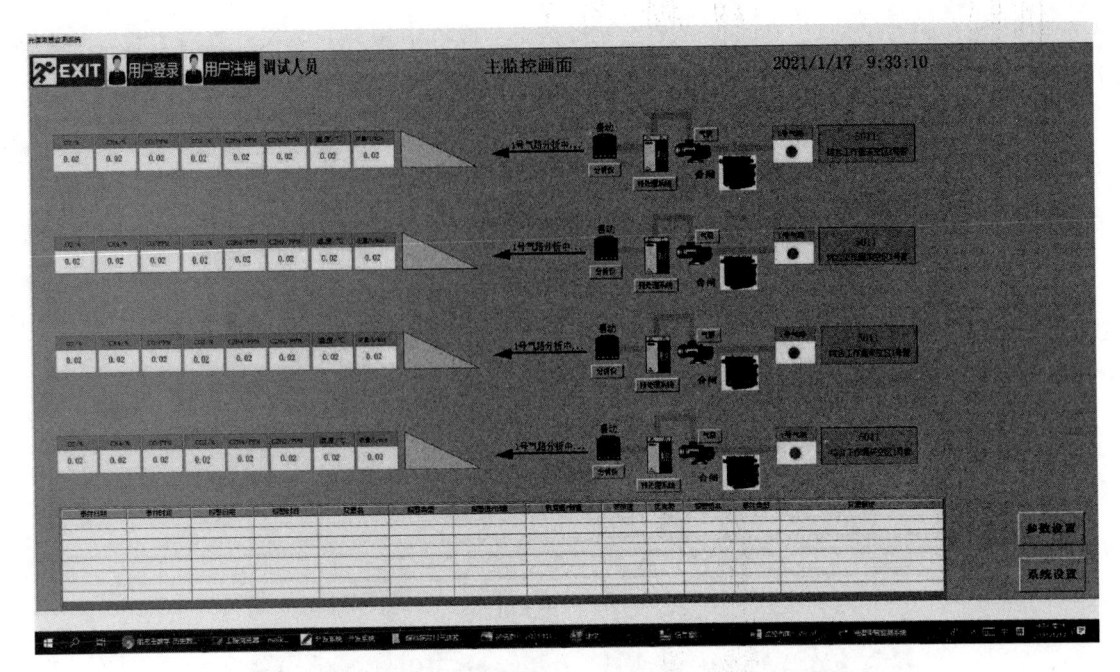

图4-133 JSG6（N）煤矿自然发火束管监测系统软件界面

（1）随着综放开采的大量应用，超长工作面越来越越多，矿井工作面产量越来越高，越来越多的矿井实行一矿一面生产。大型现代化矿井高产高效工作面规模大，发生严重火灾后损失大，长期封闭导致灭火和启封难度加大、成本增加，生产集约化对快速灭火提出了新的要求。液态惰气（CO_2、N_2）可快速充满封闭空间，不损坏井巷设施，灭火后恢复工作量少，能够对采空区高效灭火。液态惰气（CO_2、N_2）防灭火技术及装备适用于煤矿日常防火和应急灭火，分为液态惰气汽化和直注两大类。

（2）液态惰气汽化器一般用于日常防火，与制氮机相比具有投资少、维护方便的特点。根据煤矿气候与环境条件，液态惰气汽化装置可采用空浴汽化、电加热汽化或两种方式的组合。液态惰气地面直注技术，是指通过地面钻孔灌注高分子材料或无机固化材料快速封堵井下火区，并通过低温控制、增压和保压装置将液态二氧化碳或液氮直接灌注到火区的灭火技术。该技术具有液态惰气流量大、火区降温与惰化效果明显的特点，适用于应急灭火。

（3）降温和窒息是现代液态惰气防灭火技术的两个关键点。液态惰气（CO_2、N_2）进入火区后，从周围环境中吸收热量，从而起到降温的作用。液态惰气（CO_2、N_2）的窒息作用主要体现在汽化成气态惰性介质来降低防灭火区域的氧浓度。

2. 关键参数

空浴汽化器汽化能力为 $1000 \sim 5000 \ m^3/h$，电加热汽化器汽化能力为 $500 \sim 2000 \ m^3/h$。液氮直注管路处于垂直状态时，直注能力为 $0 \sim 25 \ t/h$。液态二氧化碳直注管路处于垂直状态时，直注能力为 $0 \sim 20 \ t/h$。

3. 典型应用案例及使用效果

液态惰气（CO_2、N_2）防灭火技术及装备已在中煤晋中能化白羊岭煤矿、山西潞安集团一缘煤矿、陕西神木王才伙盘煤矿等煤矿进行了推广应用，对较大火区进行了有效治理，克服了灭火时间长、不能熄灭高位火区的缺点，在众多火区治理过程中，取得了显著的效果，具有效果佳、见效快、成本相对低等特点，取得了良好的经济社会效益（图4-134）。

(a) 储罐和汽化器
(b) 自动调压装置 
(c) 液氮直注现场 
(d) 液态二氧化碳直注现场 

图4-134　液态惰气（CO_2、N_2）防灭火技术及装备

4.2.3.22　ZHJ-50/7煤矿用注浆防灭火装置

ZHJ-50/7煤矿用注浆装置由中煤科工集团沈阳研究院有限公司研发，具有自主知识产权（实用新型专利号：ZL 2013 2 0737363.4）。其作为煤矿常备的一种防灭火装备，既可用于建立地面注浆站、煤矿井下移动式注浆防灭火，也可用于矿井灾区密闭墙的快速构筑、煤矿井下巷道支护及泵房等的混凝土施工，整机采取模块化设计，具有流量大、出口压力高等特点。产品实物如图4-135所示。

1. 技术内容与创新点

（1）整机采用模块化设计，结构紧凑，集搅拌与泵送功能于一体，适用于井下狭窄空间。

（2）流量大，压力高，适用于高强度、远距离浆液输送。

2. 关键参数

ZHJ50/7煤矿用防灭火注浆装置出口压力可达7 MPa，浆液输送能力可达50 m^3/h；浆液骨料粒径满足卵石不大于50 mm，碎石不大于40 mm；水平输送距离可达400 m；垂直输送距离可达80 m。

3. 典型应用案例及使用效果

该装置已在大同矿区等多个矿井小窑火治理工程中推广应用，在井下连续注浆灭火作业、降低井下工人劳动强度等方面具有良好的实用价值和经济社会效益。

4.2.3.23　矿用区域自动喷气灭火装置

ZQM30/40矿用区域自动喷气灭火装置主要用于煤矿、非煤矿、加油站、加气站、石油冶炼厂等

图 4-135 产品实物

有潜在火灾隐患的场所，该装置在火灾发生的初期阶段及时检测到火焰或烟雾信号，并及时将火源扑灭，以此防止由此引起的更大范围更严重事故。具有自主知识产权。

1. 技术内容与创新点

（1）ZQM30/40 矿用区域自动喷气灭火装置可用于有气体和粉尘爆炸危险的场所进行火灾监测与自动控制，在火灾发生初期时，灭火装置中的传感器会监测到火焰或烟雾信号，经灭火控制器采集分析后立即发出声光报警提醒相关人员撤离现场，同时灭火装置进行灭火倒计时，在倒计时完成后灭火装置控制灭火器喷洒七氟丙烷气体扑灭火焰，以此在火灾的初期阶段将其扑灭。

（2）机电硐室自动灭火装置由矿用本安型火焰传感器、烟雾传感器、矿用隔爆兼本安直流电源、矿用本安型声光报警器、井下远程馈电断电器、灭火器以及矿用本安型区域自动喷气灭火装置控制器等组成。灭火装置中的火焰传感器针对矿山井下环境做了大量防干扰设计，该传感器只会对火焰信号做出反应，对矿山井下的白炽灯的灯光、日光灯的灯光、矿灯的灯光能进行很好过滤，能有效防止误报。

（3）ZQM30/40 矿用区域自动喷气灭火装置可以进行火灾监测与自动控制，在火灾发生初期，灭火装置中的传感器会监测到火焰或烟雾信号，经灭火控制器采集分析后立即发出声光报警，提醒相关人员撤离现场，同时灭火装置进行灭火倒计时，在倒计时完成后灭火装置控制灭火器喷洒七氟丙烷气体扑灭火焰，以此在火灾的初期阶段将其扑灭。系统可以设置报警延时自动或手动喷洒，满足灭火时人员安全要求；传感器信息可传至地面监控平台，满足报警时地面能够及时收到信息要求；报警和灭火喷射控制可分离，在报警后，可延时自动或手动喷洒灭火剂灭火；可以将硐室分为多个防区，满足某区某处报警时，可单区定点喷气灭火；若单区定点灭火无效，还可以打开所有防区的喷洒开关，进行全局灭火。

2. 关键参数

灭火容积：基本配置时 1 瓶 40 kg 气瓶的灭火面积：30 m^3。工作电压：7~15 V DC。工作电流：

≤50 mA DC。传感器响应时间：≤5 ms。火焰检测输出信号：1路。触发时高电平（≥4.0 V DC）；不触发时低电平（≤0.1 V DC）。火焰判别输出信号：1路。

3. 典型应用案例及使用效果

该装置已在陕煤红柳林煤矿井下硐室进行了推广应用，具有良好的经济社会效益。该设备在陕煤红柳林煤矿井下硐室安装完成后，有效地提高了井下硐室的外因火灾防治能力，提升了矿井自动化管理水平（图4-136、图4-137）。

图4-136 整体安装图（陕煤红柳林煤矿井下硐室）　　图4-137 灭火控制器及电源

4.2.3.24 煤矿火区快速隔离密闭与大流量惰气治灾应急处置系统及技术

煤矿火区快速隔离密闭与大流量惰气治灾应急处置系统及技术由中煤科工沈阳研究院、淮北矿业（集团）公司联合研发。具有自主知识产权13项，其中授权发明专利1项、实用新型专利3项，受理发明专利6项，软件著作权3项。

1. 技术内容与创新点

1）技术内容

该系统是基于易自燃发火煤层的矿井、高瓦斯矿井、煤与瓦斯突出矿井，在矿井各生产区域之间，为防止某一区域发生意外重大事故而设计的具有灾害环境监测与远程控制以及大流量惰气治灾应急处置的抗冲击快速密闭系统，实现最大限度地快速控制灾害扩大。通过对煤矿井下快速隔离密闭、通风防灭火理论、瓦斯爆炸防治、多系统联动控制、灾区环境可视化监测、应急灭火治理等关键技术研究，解决灾害预防、抢险救援与灾害治理中存在的灾区密闭时间长，施工人员安全受威胁，易发生二次事故的问题。研究与建立矿井工作面正常生产期间的灾害预防及发生灾变时的快速应急处置防控减灾体系，提升煤矿应急管理能力。

以淮北矿区作为研究对象，通过对采煤工作面自燃"三带"空间分布特征及瓦斯爆炸区域破坏效应的分析研究，构建了密闭系统受冲击压力的数据模型，提出了密闭系统所承受冲击强度的计算方法；提出了以密闭门结构形式为支撑的多装备环境巷道快速密闭技术，实现了巷道内跨轨道、带式输送机、单轨吊等设施的快速密闭；通过对灾害环境及可视化监测数据的采集，得到密闭系统智能控制的算法，以电控+气控+手动控制为基础，提出远程智能化联控的方法；快速隔离密闭灾害区域后，联动5000 m³/h大流量惰气进行有效治灾，形成了一套大流量惰气治灾应急处置技术；提出了煤矿井下主动有效地控灾减灾，快速隔离密闭灾区，防止与控制灾害及次生灾害发生的新方法；最终，形成煤矿火区智能远程快速隔离密闭与大流量惰气治灾应急处置的煤矿灾害主动防控减灾体系。

2）创新点

（1）多种环境条件下巷道快速抗冲击密闭技术及装备。构建了密闭系统受冲击压力的数据模型，提出了密闭系统所承受冲击强度的计算方法，通过实验室瓦斯爆炸试验、有限元仿真分析验证了装置抗冲击强度，研制出一套适用于煤矿火灾、瓦斯等灾害的适应巷道内跨轨道、带式输送机、单轨吊等设施的快速抗冲击密闭装备（图4-138）。

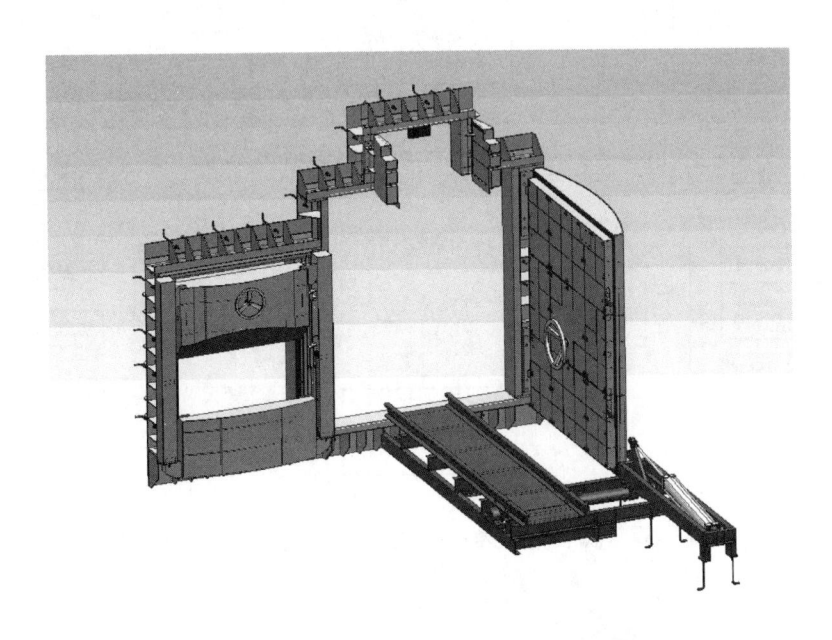

图4-138 巷道快速抗冲击密闭装备模型

（2）密闭系统远程/就地多种控制方式联控技术及装备。通过对灾害环境及可视化监测数据的采集分析，得到密闭系统智能控制的算法，提出了以"电控+气控+手动控制"为基础的多系统远程智能化联动控制技术，形成一套集视频监控、多参数气体监测、密闭系统远程控制功能于一体的多功能软件平台，实现密闭系统地面/井下一键控制、单独控制等功能，保障矿井灾害应急救援工作及时有效地进行（图4-139）。

（3）灾害环境可视化监测技术及装备。提出了可视化环境监测与智能控制相结合的封闭灾区环境监测技术，实现了远程监控、超限报警、智能控制等功能。可实时监测封闭区域内外视频、温度、氧气、甲烷和一氧化碳等参数特征指标，集传输、接收、分析、判断、存储功能于一体，提供环境气体参数变化趋势分析，同时可根据火区判断综合算法自动执行密闭程序命令，全面及时掌控矿井密闭区域环境及装备动作情况。提高了矿井灾害区域监测监控系统的总体管理水平，有力地保证了井下密闭装备的可靠运行，为开展科学救援提供可靠决策依据（图4-140）。

（4）煤矿火区快速隔离密闭与大流量惰气治灾应急处置主动防控减灾体系。提出了以多种环境条件下巷道快速抗冲击密闭技术、智能化多系统远程联动控制技术、灾害环境可视化监测技术为基础、联动5000 m^3/h 以上大流量惰气治灾应急处置的矿井火灾应急管理新理念，构建了矿井工作面正常生产期间的灾害预防及发生灾变时的快速应急处置防治体系。

2. 关键参数

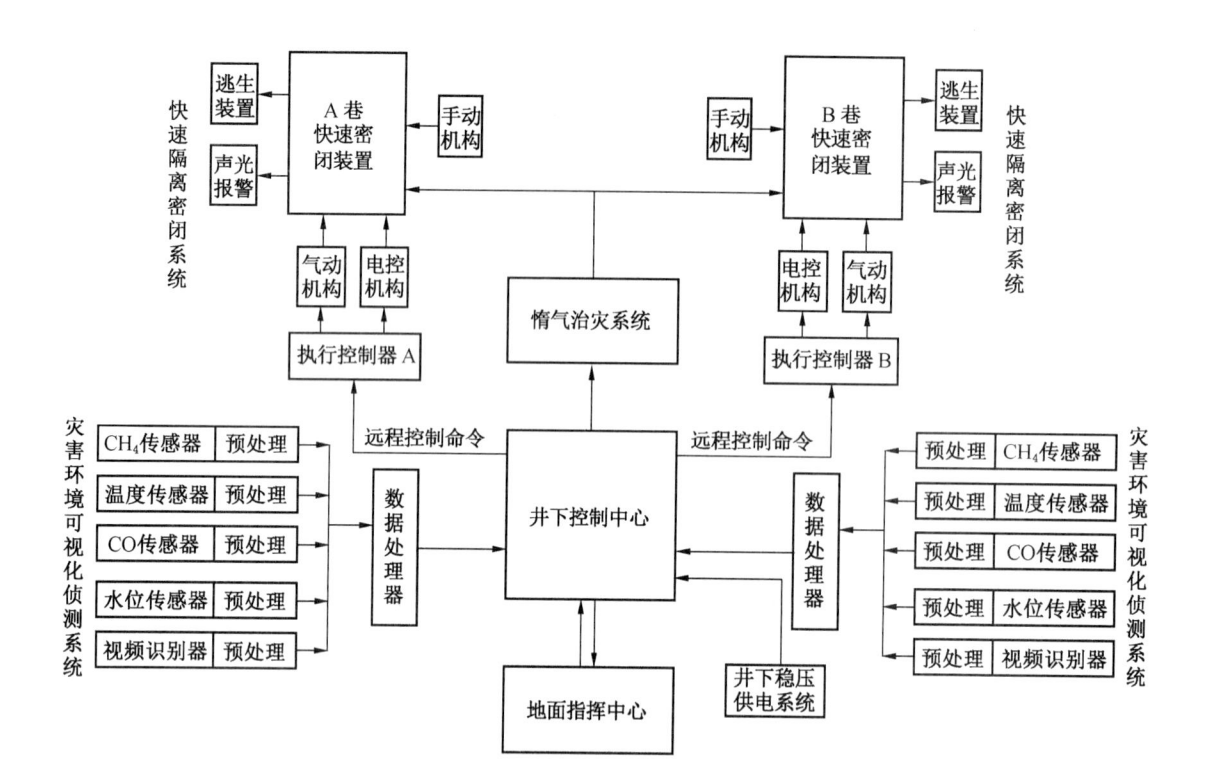

图4-139 密闭系统远程/就地控制方式联控技术装备结构图

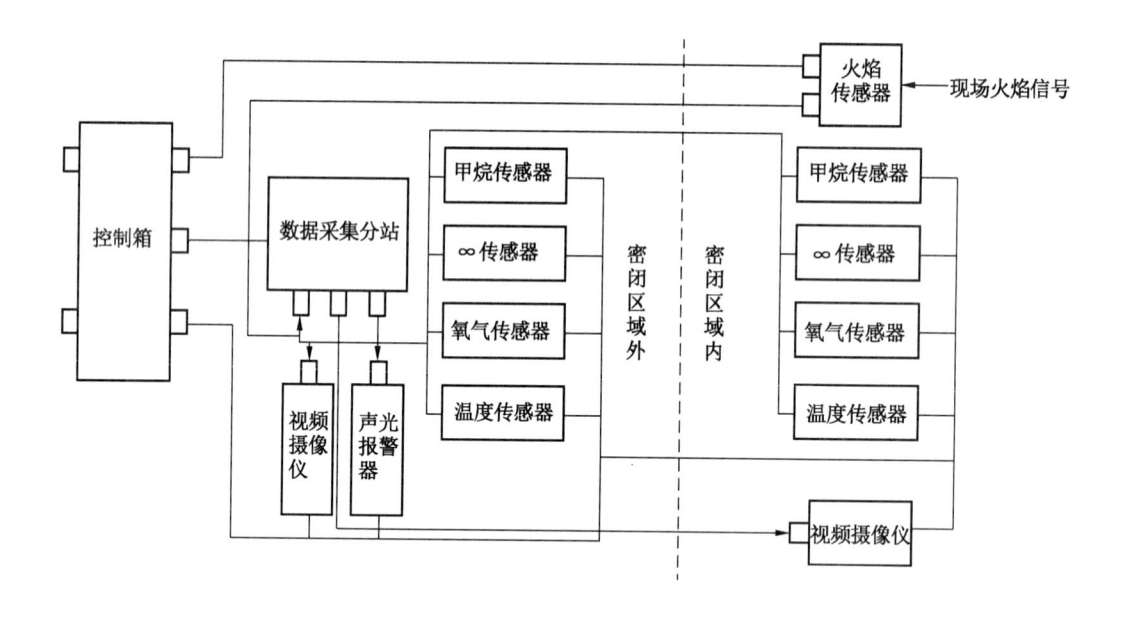

图4-140 灾害环境可视化监测技术装备结构图

（1）密闭装置组成：跨轨道密闭装置、跨带式输送机密闭装置、跨单轨吊密闭装置、提升轨道、联动控制装置。

（2）密闭装置抗冲击强度：0.6 MPa。

（3）密闭系统关闭时间不大于5 min。

(4) 密闭系统打开时间不大于 5 min。

(5) 紧急急停自恢复时间：5 min（可调整）。

(6) 控制系统方式：地面控制、井下远程/就地控制、气动控制、手动控制。

(7) 电控系统参数：

额定电压：交流 127 V；额定功率：150 W；电源额定频率：50 Hz；本安输出：12 V。

(8) 气控系统参数：

工作气压：0.5~0.8 MPa；工作制：长期工作制；主管路规格：$\phi 8$ mm；副管路规格：$\phi 6$ mm。

(9) 声光报警：4 路。

(10) 视频影像监控：2 路。

(11) 气体参数监测：CH_4、CO、O_2、T 等。

(12) 大流量惰气治灾系统：

氮气产量：5000 m^3/h；管径：DN200；注氮方式：双 100 m；控制方式：联动/手动控制。

3. 典型应用案例及使用效果

该系统在淮北矿业股份有限公司祁南、芦岭、涡北等煤矿成功推广应用，填补煤矿灾害防治及快速处置技术领域的空白，建立了矿井工作面正常生产期间的灾害预防及发生灾变时的快速应急处置防治体系，解决了煤矿井下多装备复杂巷道抗冲击快速密闭技术及装备的难题，为全国其他矿区封闭火区治理提供了先进的装备支撑和技术理论指导，使矿井综合灾害的治理更具合理性和针对性，为矿井安全生产提供有力的保障措施，提高矿井应急管理能力。

4.2.3.25 矿用大骨料堆积隔离充填材料

矿用大骨料堆积隔离充填材料（图 4-141）主要针对我国神东矿区、大同矿区、乌海矿区、川南矿区等受小窑开采严重破坏井田、空巷掘进及自燃隐患治理过程面临的巷道全断面隔离及高大冒顶（冒落）空间充填等特殊状况，克服有机高分子材料放热高及材料成型后强度低，不抗压无法有效充填等弊端而研发。具有自主知识产权（发明专利已受理，受理号：202011384332.6）。

左侧为A料；右侧为B料

图 4-141 产品实物照片

1. 技术内容与创新点

（1）该材料是用于矿井巷道全断面隔离及高大冒顶（冒落）空间充填需要的新型防灭火专用材料，为解决火区隔离尤其是平直巷道全断面充填隔离及大空间接顶堆积隔离难题创造了技术条件。

（2）抗压强度高，短距充填性能强，克服了现有漏风封堵材料抗压强度低等弊端。

2. 关键参数

（1）由固体双组分水溶性无机组分构成，即 A、B 双组分。

（2）具有良好的平巷/大空间短距接顶堆积性能，成型后体积不收缩，切实满足全断面充填隔离要求；产品 2 h 后抗压强度不小于 1.5 MPa。

（3）材料具有一定的溶胀性，灰水比为 1∶5 条件下，1 t 材料成型后可形成 4.5 m^3/t，成型后，抗压强度为 1.7 MPa。

（4）材料初凝时间为 3~30 min 可调。

3. 典型应用案例及使用效果

自 2019 年以来，该产品先后在川煤集团攀煤公司花山矿、山西辛安矿等矿井成功应用，前者重点解决了平直空巷的火区隔离难题，成功应用于花山矿 +1030 m 水平四采火区治理；后者重点解决了小窑巷道的充填难题，成功应用于辛安矿 9 号煤层小窑火区隔离治理。

4.2.3.26 多源信息融合的煤与瓦斯突出智能预警技术及系统

多源信息融合的煤与瓦斯突出智能预警技术及系统解决了当前煤与瓦斯突出灾害预警的预警信息自动监测能力不足、预警指标不完善、预警模型信息协同处理能力弱、预警系统智能化程度低、预警准确率不高等问题。本技术由中煤科工重庆研究院研发，具有自主知识产权，获发明专利 19 项、软件著作权 4 项。

1. 技术内容与创新点

该技术及系统在"十三五"国家重点研发计划支持下，对突出智能预警进行了技术攻关，突破了预警模型自学习、自修正等难题，建立了跨尺度、多层次、多要素突出预警指标体系和多源信息融合突出动态预警模型，研究了多源防突安全信息自动采集手段，开发了包括预警数据库、预警分析服务、预警网站和移动终端 APP 程序突出智能预警系统，实现了数据采集与分析自动化、风险判识与预警决策智能化、信息发布与查询远程化和移动化，全面提升了突出预警的智能化水平。具有如下创新点：

（1）跨尺度、多层次、多要素的突出预警指标体系，首次将生产系统缺陷纳入预警范畴，空间上涵盖了工作面、区域、生产系统 3 个尺度，实现了煤矿生产过程全链条突出风险因素的全覆盖；时间上将指标体系划分为短、中、远期 3 个尺度，满足了煤矿不同时期突出预警的时效性要求。

（2）关联规则和证据理论相结合的突出多源信息融合动态预警模型，实现了突出多指标自动融合分析与决策，以及模型的自修正、自调优，预警原因可追溯，解决了传统预警模型对多源、多样、复杂信息协同处理能力弱、融合度不高、相对固化、自分析能力不足的问题，提升了预警智能化水平，提高了预警准确率。

（3）基于服务架构，采用"云－端"联合部署模式，具有跨平台能力的突出智能预警系统，实现了采集、分析、查询及运维等全流程的服务资源化管理，以及多终端和多操作系统场景下预警信息的多渠道联动发布和远程查询，系统运维更加便捷，可靠性更高，信息对外共享更加安全、可靠。

2. 关键参数

（1）从工作面风险、区域风险和生产系统风险 3 个层面、13 个角度进行突出预警指标设计和选取，实现了端、中、远期 3 个时间尺度的突出主要影响因素的全覆盖。

（2）建立了关联规则和证据理论算法相结合的突出多源信息融合预警模型（图 4-142），实现了模型自修正和自调优，预警总准确率达 90% 以上，无突出危险误报率在 10% 以下，无漏报现象。

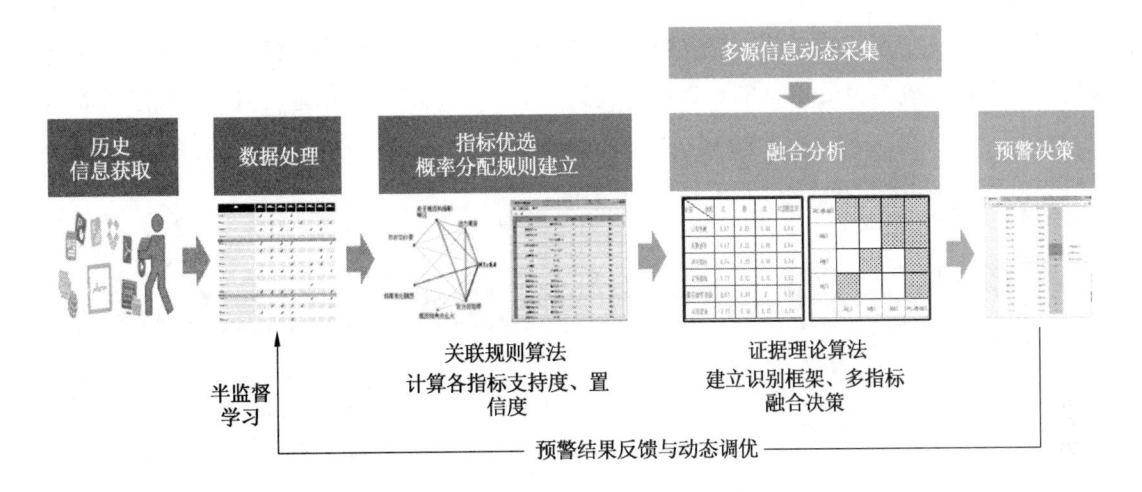

图 4-142　关联规则和证据理论算法相结合的突出多源信息融合预警模型

（3）煤与瓦斯突出智能预警系统采用服务架构模式，由预警分析服务、预警网站和移动终端 APP 等模块构成，能够跨客户端 Web 网站、Android、IOS 等 3 个平台，能够通过电脑、手机、Pad 等多终端、多场景进行预警查询和统计，系统无故障运行率在 99% 以上（图 4-143）。

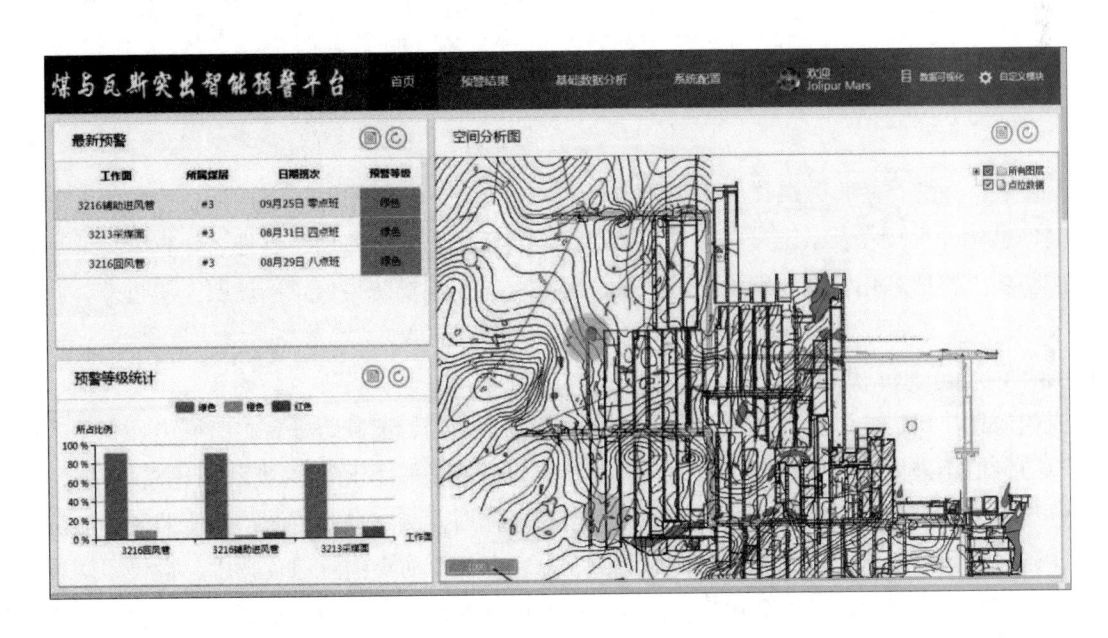

图 4-143　智能预警系统平台

3. 典型应用案例及使用效果

山西新景矿煤业有限责任公司属典型高产高效突出矿井，突出灾害十分严重，应用了多源信息融合的煤与瓦斯突智能预警技术及系统。系统构建完成后，对预警模型进行初始化和动态调优，过程为：在初始化阶段，应用预警系统对矿井瓦斯动力现象和典型工作面防突历史数据进行自动分析，对预警模型进行了初始化；动态调优阶段，按照正常预警流程，预警系统自动采集各类安全信息，并根据初始化预警模型，对矿井突出危险进行跟踪预警；同时，基于专家知识，考察矿井实际突出危险，对预警结果准确性进行评估和反馈，系统每15天对更新的信息进行自动分析，对预警模型进行改进。通过应用，预警总准确率由最初的82%逐渐升高到91%以上，并趋于稳定；只在开始阶段漏报1次，之后没有漏报；无突出危险误报率从开始的18%逐渐降低到了10%以下，并稳定在8%~9%之间，系统具有良好的自适应性和应用效果（图4-144）。

图4-144 现场实例应用预警因素统计

4.2.3.27 防突信息化关键技术及系统

防突信息化关键技术及系统具有自主知识产权，授权发明专利8项、软件著作权登记4项。该技术为煤矿防突工作信息化管理提供了技术手段，解决了煤矿现场防突信息不透明、质量差，防突管理效能低下等问题。

1. 技术内容与创新点

将当代信息技术、先进管理理念和煤矿防突业务充分融合，突破跨平台、跨网络环境下多源、异构、异质防突信息采集、处理、存储、管理、发布、可视化等一系列技术难题，建立了基于BPM的防突业务流程管控模型，开发了瓦斯含量、防突预测、瓦斯监测、抽采监测、矿压监测等防突信息采集接口，研究了数据甄别、信息溯源、表单防伪、加密存储等防突信息保真技术，设计了防突信息数据库，开发了防突信息集成云平台和防突信息移动查询APP，实现了防突全链条信息自动采集、集中存储、高效管理、透明共享、集成展示和联动发布，推动了煤矿防突信息化、网络化、过程化管理，促进了传统"重结果"的防突管理模式向"重过程""重质量"管理模式的转变，确保了防突工作

"质量可靠、过程可溯、来源可追、去向可查",为突出防治质量管控和科学决策提供了有力支撑。具有以下创新点:

(1) 防突全过程关键信息的自动采集、多网融合传输、集中加密存储、即时处理与整合、多渠道多终端联动发布,实现了防突关键环节信息的跨平台、跨网络、跨区域、跨部门高效管理和透明共享,打破了部门之间、专业之间、上下级之间的"信息孤岛"。

(2) 防突表单自动填报、网络审批、移动查询和防突关键参数的综合分析与趋势判断,解决了防突报表人工填报工作量大、时效性差、可靠性低、受限因素多等问题,大幅提升了矿井防突管理效能。

(3) 异常数据自动甄别、信息自主溯源、表单综合防伪、数据加密存储等多策略防突信息综合保真,有效避免防突信息的人为恶意篡改,保障了防突信息的准确性和可靠性,为矿井突出态势准确把控、防突科学决策和监管监察提供了可靠数据支撑。

2. 关键参数

(1) 构建的防突信息数据库,具备瓦斯地质、保护层开采、钻孔施工、防突预测、防突措施、瓦斯监测、抽采监测、矿压监测等海量异构防突信息集中存储能力,并具有双机热备功能,主备切换时间不大于 5 min。

(2) 开发的防突信息集成云平台,能够跨 Windows、Android、IOS 平台运行,具备防突表单自动生成及网络审批、防突信息"一张图"展示等功能,系统用户最大并发数不小于 100 个,在百兆带宽局域网环境下系统操作响应延迟时间不大于 5 s。

3. 典型应用案例及使用效果

该技术在贵州盘江精煤股份有限公司响水煤矿进行了现场应用。基于矿井环网、地面局域网和互联网,构建了响水煤矿防突信息系统,具有瓦斯参数、突出参数等关键防突参数井下现场或实验室联网自动上传、瓦斯含量测试报告、抽采钻孔施工信息表、防突预测表单、局部防突措施施工信息表等防突报表的自动生成、网络审批和底纹及二维码综合防伪、区域措施、区域效检、区域验证、局部预测、局部措施、局部效检等环节防突信息的集中管理和移动查询等功能,实现了两个"四位一体"综合防突措施各环节业务流程的闭环管控和防突信息的集中管理、有效整合和透明共享,提升了矿井防突信息的准确性、及时性和可靠性,确保了防突措施"质量可靠、过程可塑",防突管理人均效能提高了 60%,防突隐患数量平均下降了 40% 以上,显著提升了矿井的防突管理水平。图 4 - 145、图 4 - 146 所示分别为掘进工作面和采煤工作面防突报表自动生成界面。

4.2.3.28 激光甲烷传感器

激光甲烷传感器系列产品攻克了"激光光源国产化、低功耗温控驱动匹配设计、超长寿命铟镓砷(InGaAs)参考光路探测器、智能化线性校正"等多项关键技术,获发明专利 8 项、软件著作权 5 项。其中,相关技术成果"煤矿安全监控系统关键技术研究及应用"获得重庆市科技进步一等奖;"全矿井瓦斯抽放监测关键技术及装备研究"获得中国煤炭工业科学技术奖三等奖;"全矿井瓦斯抽放监测关键技术及装备研究"获得安全科技进步奖二等奖。

1. 技术内容与创新点

(1) 发明了一种具有自动线性校正功能的激光气体检测方法。采用双闭环 PID 控制算法实现激光器恒温控制,通过光路复用和谐波解调算法获得测量、参考气室浓度数据;MCU 实时对比参考值和

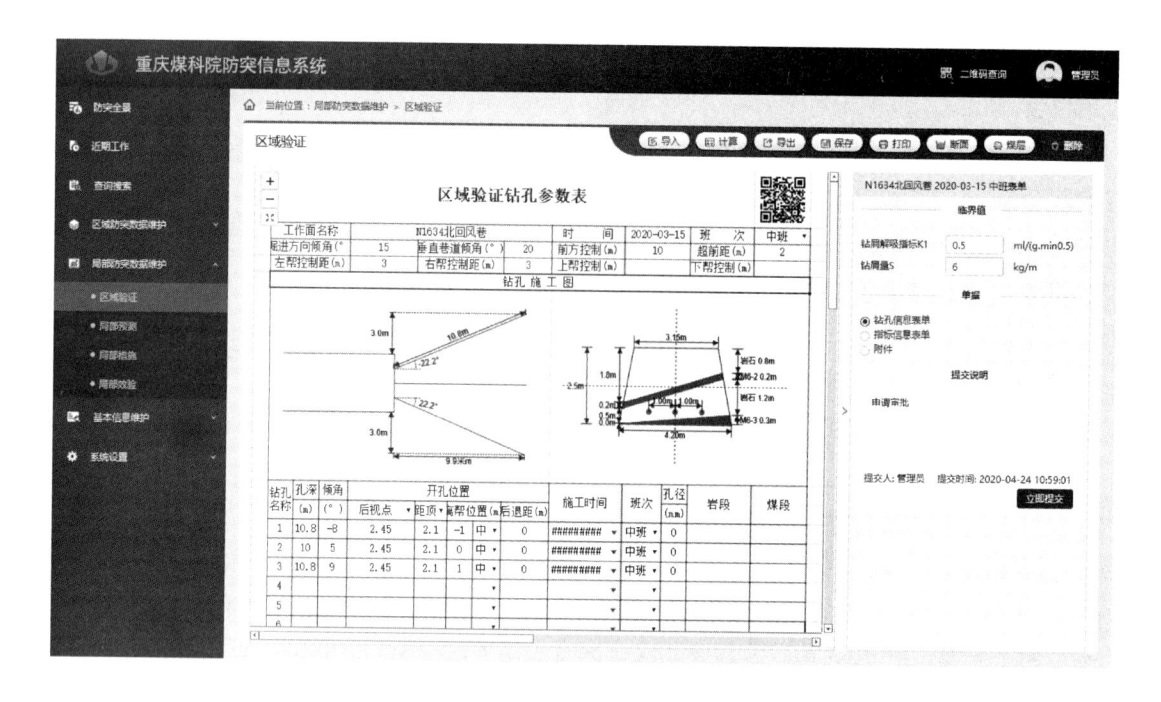

图 4-145 掘进工作面防突报表自动生成

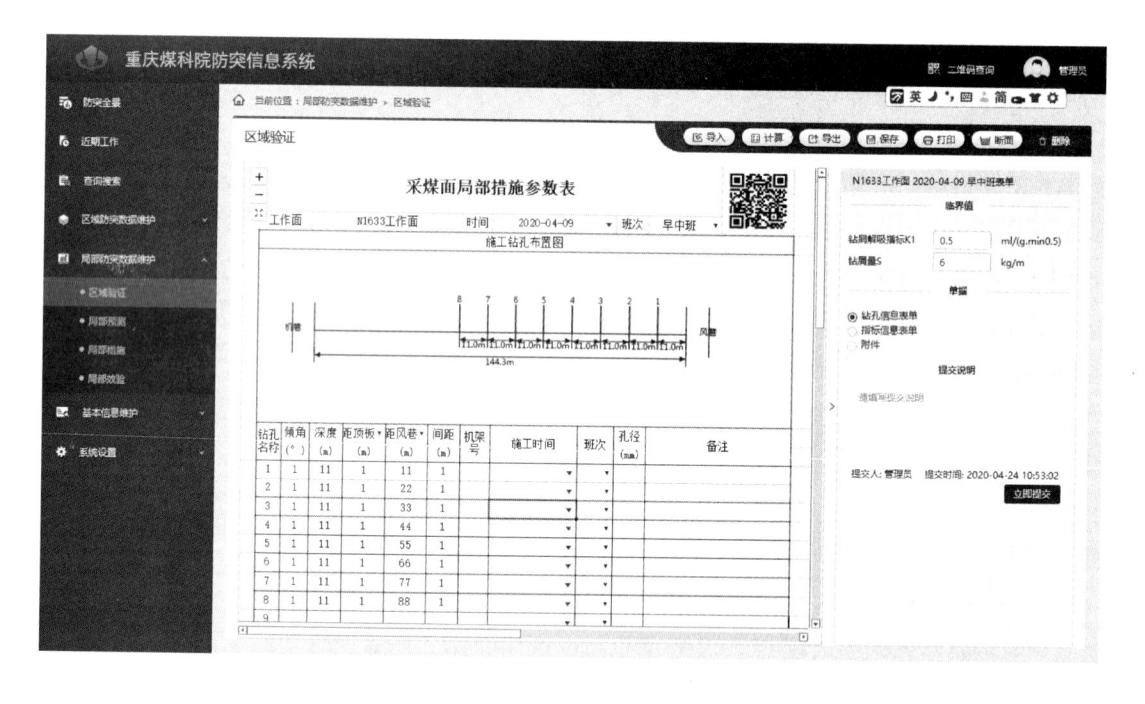

图 4-146 采煤工作面防突报表自动生成

激光器中心波长,结合线性校正算法实现测量气室浓度校正。

(2)提出一种基于分段插值和重心插值的自适应融合的迭代补偿算法。在 -20~60 ℃、50~200 kPa 的环境条件下,传感器测量误差为 ±4% F.S。

(3)提出通过优化国产化定制加工的 TO 封装半导体激光器结合低功耗温控驱动电路匹配设计技

术，实现低功耗激光器波长的高稳定性控制；建立了简化的谐波快速解调算法，实现低频 MCU 高精度甲烷浓度解调，工作电流 30 mA（24 VDC），本安带载距离突破 6 km，测量误差达到 ±4% F.S.。

（4）通过对铟镓砷（InGaAs）探测器元件内置甲烷吸收池工艺技术研究，研制了光电探测器内置参考气室核心器件，用于锁住目标气体吸收峰，实时校正检测气体浓度，工作稳定性时间不少于 180 d。

2. 关键参数

（1）工作条件：

温度：0~40 ℃；压力：环境型 80~116 kPa，管道型 50~200 kPa。

（2）电压 9~24 V，工作电流 30 mA（24 VDC）。

（3）测量范围：0~100% 的 CH_4。

（4）测量误差：0~1.00% 范围内，误差为 ±0.04%；1.00%~100.0% 范围内，误差为真实值的 ±4%。

（5）显示稳定性：0~10.0% 范围内，小于 0.04%；10.0%~100.0% 范围内，小于 0.4%。

（6）气体响应时间：≤10 s。

（7）本安带载距离突破 6 km。

（8）工作稳定性时间 ≥180 d。

（9）抗干扰等级：3 级。

3. 典型应用案例及使用效果

激光甲烷传感器采用谐波检测算法，结合自适应温度和压强补偿算法，具有测量精度高、环境适应强等特点。内置标准参考气体，可实现仪器的自标校功能，从而保证了传感器的长期工作稳定性。激光甲烷传感器系列产品自投产以来，推广应用覆盖国家能源集团、中煤能源集团、山东能源集团、陕西煤业化工集团、兖矿集团、阳泉煤业集团、山西晋煤集团、淮北矿业集团、川煤集团等，超过 980 余座煤矿应用，2017—2019 年累计 11058 台套数推广应用。

2016 年 5 月在袁一煤矿瓦斯发电站安装 3 台管道激光甲烷传感器，用于实时监测瓦斯发电站瓦斯输送管道内浓度的动态变化，保证瓦斯发电机的安全、高效运行。传感器安装在瓦斯混配装置之后，输送管道内为典型高温、高湿度环境，温度在 35 ℃ 左右，存在大量水雾，且管道内压力受发电机组的影响存在较大的动态变化。管道激光甲烷传感器测量数据对比见表 4-54。

表 4-54 管道激光甲烷传感器测量数据对比

参数	管道激光甲烷传感器值/%	光瓦测定仪测量值/%
第1周	12.1	12.3
第2周	11.8	11.9
第3周	13.2	13.0
第4周	12.6	12.4
第5周	11.4	11.3
第6周	13.5	13.4
第7周	11.0	11.4
第8周	12.2	12.4
第9周	10.2	10.5
第10周	12.2	12.3

在连续两个多月的实时甲烷浓度监测过程中，现场工作人员每周用光干涉瓦检仪进行一次对比测试，光瓦测量数据与激光传感器的测量数据是非常接近的，理论上偏差小于 2%，测量值非常准确稳定。经现场应用证明，该传感器测量精度高、测量值准确稳定、现场环境适应能力强、安装维护方便（图 4-147、图 4-148）。

4.2.3.29 CSH1000 煤矿用六氟化硫测定器

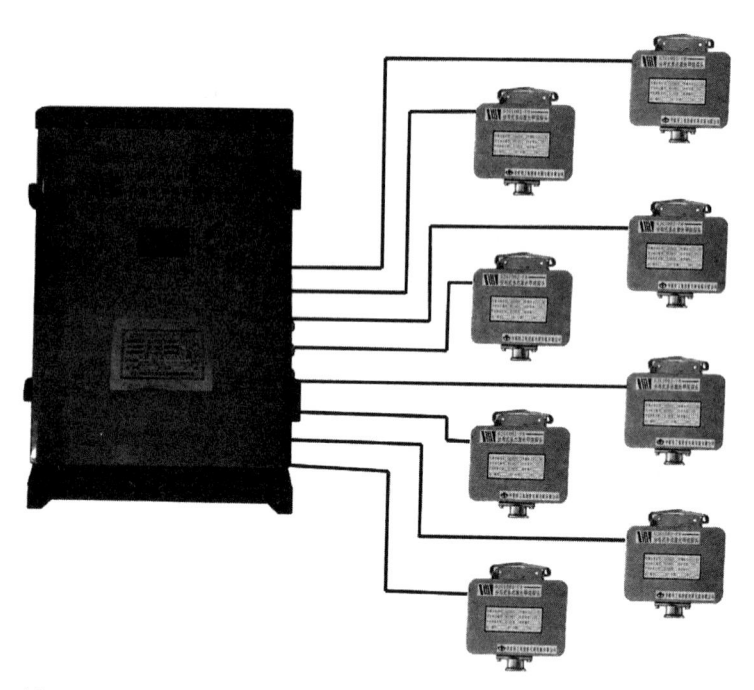

图 4-147 YJG100X（8）型分布式光纤甲烷测定仪（8 路同步测量）

图 4-148 YJG100X（8）型分布式光纤甲烷测定仪现场安装图

煤矿用六氟化硫测定器由中煤科工集团沈阳研究院有限公司研发，具有自主知识产权。

1. 技术内容与创新点

1）技术内容

针对煤矿井下没有专用漏风测试仪器现状，以红外光谱气体分析技术为依托，以 SF_6 气体和煤矿井下空气中背景气体谱图特性为研究对象，提取、描述与选择 SF_6 气体的特征变量，解决谱图交叠及背景干扰气体影响定量结果的难题，以特征变量为输入，比选化学计量学方法，建立 SF_6 气体分析模型，并确定所需样本及其分布。同时开展红外光谱煤矿漏风分析仪的本安防爆、煤矿井下综合防护技术攻关，实现煤矿漏风综合分析仪井下原位检测，并编制了相应的定量分析软件。

2）创新点

煤矿用六氟化硫测定器首次将红外光谱技术应用到煤矿井下漏风测试，提出 SF_6 示踪气体的红外光谱定量分析方法，攻克本安防爆技术，实现煤矿井下漏风的原位检测；攻克了基于红外光谱技术的宽量程、低检出限定量分析技术，检出限达 10^{-6} 级，量程浓度范围为 $0\sim1000\times10^{-6}$；煤矿用六氟化硫测定器具有 SF_6 定量分析、漏风量自动解算、数据自动采集并存储等功能，实现煤矿漏风量计算、漏风通道查找。

2. 关键参数

(1) 浓度范围：$(0\sim1000)\times10^{-6}$。

(2) 分析周期：小于 60 s。

(3) 误差：① $(0\sim10)\times10^{-6}$：$\leqslant\pm1\times10^{-6}$；② $(10\sim1000)\times10^{-6}$：$\leqslant\pm$ 真值的 10%。

3. 典型应用案例及使用效果

煤矿用六氟化硫测定器为煤矿企业提供了一种全新的漏风测试、煤岩体裂隙测量方法及仪器，有效地避免因漏风造成采空区、密闭区自然发火，解决了瓦斯抽采半径、煤岩体裂隙发育特性等问题。项目开发的基于红外光谱技术的煤矿漏风分析仪，自取得矿用产品安全标志证书和产品防爆合格证（MA）以来，已成功推广应用于国家能源集团神新公司、开滦集团、龙煤集团、同煤集团、阳煤集团、山东能源等煤矿。

在山东能源集团淄博分公司进行现场测试期间，为煤矿确定了漏风通道和漏风量，并提出了具有较强针对性的堵漏及刷帮扩巷措施和巷道煤壁喷涂堵漏措施，保障了工作面用风量及回采作业安全，得到了矿方的充分肯定和一致好评。

在阳煤集团进行现场测试期间，为其确定了瓦斯带宽度、煤岩体裂隙发育高度、采煤工作面巷道预排瓦斯带宽度，使瓦斯抽采更具有针对性，提高了瓦斯抽采效率和钻孔施工精度，保障了工作面回采作业安全，得到了矿方的充分肯定和好评。图 4-149 所示为煤矿用六氟化硫测定器的实物图片。

图 4-149　仪器图片

4.2.3.30　威力巴型瓦斯抽采多参数传感器

威力巴型瓦斯抽采多参数传感器攻克了多点线式测流、差压零点动态自校准等关键技术。成果获重庆市科学技术一等奖、中国煤炭工业协会科学技术三等奖、中国安全生产协会科学技术二等奖等；取得发明专利 3 项、软件著作权 1 项。

1. 技术内容与创新点

(1) 提出了微差压在线零点自校正方法，实现了管道在线流量计的零点自修正，流速测量下限低至 0.3 m/s，人工维护量大大降低。

(2) 采用对数线性法截面积多点测量技术，提高了抽放管道因直管段长度不够造成流场不稳定条件下测量的精度，提升了流量监测结果的准确性和稳定性。

(3) 综合应用短时自供电技术、隔离接地技术和频率信号抗干扰技术，有效提升了设备的抗干扰能力。

2. 关键参数

(1) 流速测量范围：0.3~35 m/s，在 10∶1 量程比范围内，精度等级达 1.5 级。

(2) 压力测量：20~200 kPa，基本误差：±1.5%。

(3) 温度测量：-10~60℃，基本误差：±1℃。

(4) 同时测量管道介质工况流量、管道介质标况流量、管道瓦斯纯流量、标况流速、管道绝对压力、管道相对压力、环境大气压的功能。

(5) 同时显示、传输测量管道介质工况流量、管道介质标况流量、管道瓦斯纯流量、混合流量累积量、纯瓦斯流量累积量、管道绝对压力、管道相对压力、环境大气压、管道浓度的功能。

(6) 具有实时瓦斯密度测量、显示功能；具有485信号传输功能；具有故障自诊断指示功能；具有人机对话功能等。

3. 典型应用案例及使用效果

该传感器在国内煤矿进行了大面积推广应用，"十三五"期间总销量超过4000台，经现场应用证明，该设备具有如下优点：①装置采用截面线式测量（非点式测量）方式，流量测量精度高，可靠性好，设备反复安装后测量结果重复性高；②装置采用插入式安装，活动丝口卡套式接口设计，现场安装拆卸方便快捷；③设备采用子弹头流线型测量结构，产生的永久性压损微小，不会对煤矿抽放效果产生不良影响；④设备具有本质防堵特性，不宜堵塞，适应恶劣管道环境，设备长期工作稳定性好，维护量小；⑤设备测量下限较低，可以实现评价单元、钻场、钻孔等流速高于0.3 m/s的流体流量测量，适用范围更宽；⑥设备可同时测量、显示和传输瓦斯抽采管道的多个参数，简化了现场设备安装和布线。本装备契合了市场瓦斯抽采技术需求现状，在降低流量测量下限、提升流量测量精度和稳定性、减小设备维护量方面均有了质的改进，有效提升了煤矿瓦斯抽采计量监测的技术水平。图4-150、图4-151所示分别为该仪器的实物图和现场应用图。

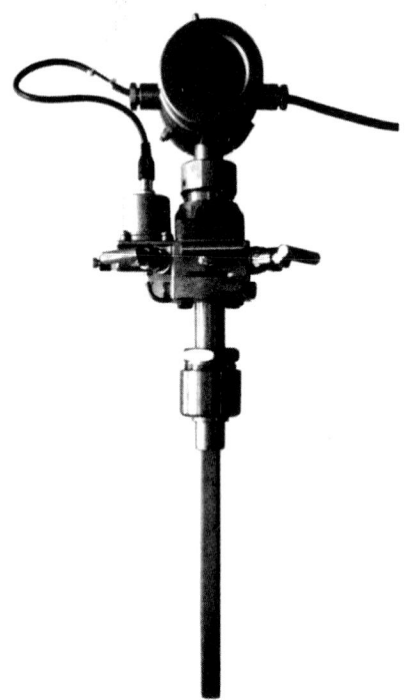

图4-150　威力巴型瓦斯抽采多参数传感器实物

图4-151　威力巴型瓦斯抽采多参数传感器现场应用

4.2.3.31 CWH200 煤层瓦斯含量测定仪

"CWH200 煤层瓦斯含量测定仪"（以下简称"测定仪"）主要用于煤矿井下原始煤层瓦斯含量、瓦斯压力及连续解吸量等瓦斯相关参数的现场快速测定和记录。可为煤矿安全生产提供瓦斯基础数据，是实现矿山智慧安全的支撑性装备。具有自主知识产权，并取得"矿用产品安全证书""防爆电气设备防爆合格证"。

产品型号及符号说明如图4-152所示，基本组成结构图如图4-153所示，数据上传界面如图4-154所示。

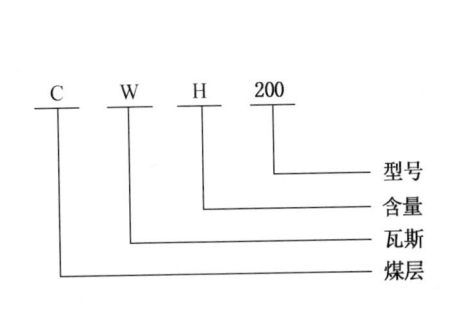

图4-152 产品型号及符号说明图　　　　图4-153 基本组成结构图

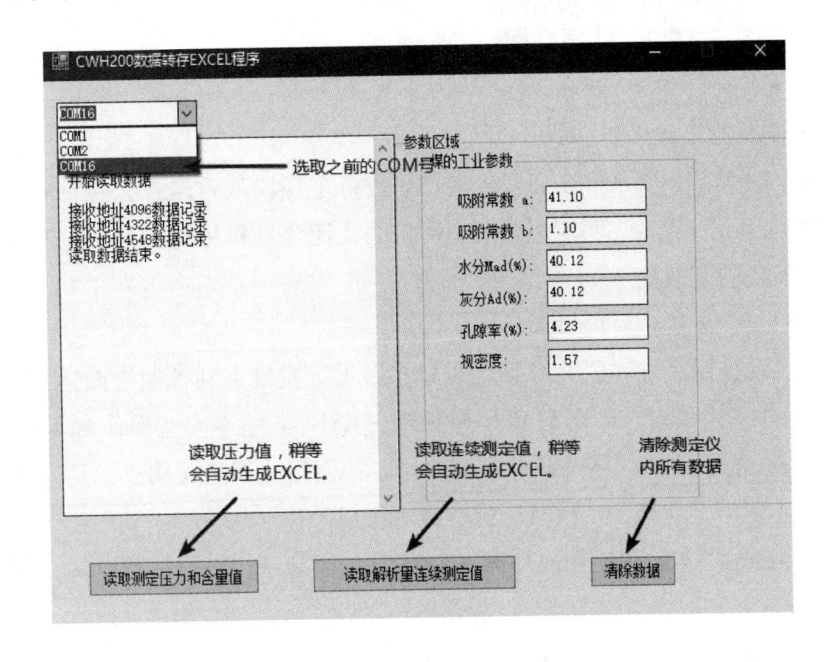

图4-154 数据上传界面

1. 技术内容与创新点

测定仪适用于煤矿井下采掘工作面，能够在现场快速、准确测定煤的瓦斯解吸量，计算煤层瓦斯含量及瓦斯压力，及时掌握工作环境煤层中瓦斯含量和压力分布情况、变化规律，从而实现瓦斯赋存条件的及时准确预测。本装备的主要创新点在于它是根据瓦斯含量（瓦斯压力）与煤样瓦斯解吸特征参数的关系，由测得的瓦斯解吸特征参数来间接计算瓦斯含量（瓦斯压力）值。通过设置不同量程流量传感器，分别满足井上下不同体积煤样罐、不同瓦斯流量条件下的瓦斯解吸量测定，可实现数据自动间隔读取、计算、存储、显示、查看及打印等功能，可实现瓦斯解吸量的自动测定和分析，极大降低了利用传统排水法瓦斯解吸速度测定仪测定瓦斯解吸量的人工读数工作量及读数误差。此外，本测定仪还具有携带方便、操作简便、测定准确、高效快捷等优点，满足煤矿井下煤层瓦斯赋存参数的快速获取，为矿井安全生产、瓦斯灾害预测、安全措施制定、瓦斯资源合理开发等提供可靠的数据支撑和便捷的技术手段。

2. 关键参数

CWH200煤层瓦斯含量测定仪主要功能及参数见表4-55。

表4-55 CWH200煤层瓦斯含量测定仪主要功能及参数

测量范围及精度	测量范围：左：0~30 SCCM；右：0~100 SCCM（标准毫升每分钟） 精度等级：1.0级
主要功能	充电功能；数据显示、储存和传输功能；电池电量和实时时钟显示等功能；计时功能；电池供电连续工作时间不小于8 h
技术参数	（1）由额定容量为3 A·h的矿用锰酸锂电池，与双重电压电流保护板组成。电池盒内用环氧树脂灌封，灌封厚度不小于1 mm （2）最高输出电压 U_0：4.2 V；最大输出电流 I_0：2 A （3）额定电压：3.7 V；工作电流：≤200 mA

3. 典型应用案例及使用效果

该仪器先后在马兰煤矿、长平煤矿和登茂通煤矿进行了现场试验，测定结果与煤层瓦斯含量及瓦斯压力直接测定法进行了对比，表明使用该装备测得的瓦斯含量和瓦斯压力与直接测定法所得结果比较接近，验证了该装备的有效性。

4.2.3.32 瓦斯抽采泵站自动控制系统

瓦斯抽采泵站自动控制系统利用PLC通信现场多台设备实现自动控制进而达到无人值守的目的。该系统主要由KXJ660矿用隔爆兼本安型PLC控制箱、TH12矿用本安型操作台等设备组成，具有自主知识产权且均取得安标证书。系统构成包括监控层、控制层、现场层构成，具体如下：

（1）监控层：主要由上位机、交换机、操作台等组成。

（2）控制层：主要由KXJ660矿用隔爆兼本安型PLC控制箱、矿用启停设备、隔离装置、控制电源等组成。

（3）现场层：由测量仪表、变送装置、TH12矿用本安型操作台等组成。

1. 技术内容与创新点

1）技术内容

（1）控制系统采用西门子SMART S7-200PLC控制，控制系统与上位机之间采用TCP/IP总线通信方式，支持 OPC 通信方式，可以方便地进行分布式自动化组态，并与其他的控制系统进行通信。

（2）系统设有远控、就地两种工作方式，并能够实现多台泵的联动控制。工作方式可在操作台上方便设定，当瓦斯浓度到达低限时，自动停泵，当瓦斯浓度到达高限时，自动启动瓦斯泵，当瓦斯浓度到达高高限时，自动启动下一台泵。

（3）实现对电机的控制：正常状态下就地/远程启动一台瓦斯抽放泵，当一台瓦斯抽放泵不能满足要求时，再启动一台。

（4）通过现场本安操作台及电力监控系统，实现与上位机系统的冗余控制，增加系统的可靠性。

（5）系统能够实现对抽放泵的轮换工作控制，当一台瓦斯抽放泵有故障时，自动切换到另一台，并能根据每台电机的运行时间，实现对每台电机的平均利用。

（7）系统采用西门子 SMART S7 – 200PLC 做控制器，从而达到更可靠的控制功能，即使一台 PLC 故障，电脑及现场一体化操作台仍可以独立操作设备进行开停控制。

（8）瓦斯抽放泵运行按照一对一主从备用方式进行控制，并可通过系统组态运行监控功能，当一台设备运行时间达到 500 h，在下次启动时会提示操作人员是否启动另一台泵，实现主从抽放泵的轮换工作，杜绝设备由于长期闲置造成的损坏。

（9）系统具有自检功能，在每次启动前，对每台设备进行自检，只有条件允许的情况下才能启动，杜绝设备带病运行。

2）创新点

（1）系统能监测瓦斯抽防管道和冷却水管道瓦斯、压力、温度、水位、轴温、水温、环境 CH_4 浓度等，具有瓦斯浓度和瓦斯纯量累计功能。

（2）具有轴温、水温、瓦斯超限、停电报警功能，停水断电功能。

（3）通过现场总线实时将瓦斯浓度、管道温度、管道压力、管道流量、真空泵的开停状态、轴温等参数传送到就地和远程上位机。

（4）具有完备的视频监控、传输、储存、回放等功能。

（5）具有强大的网络功能，预留有多个以太网接口，可直接与全矿综合自动化网络相连。

（6）具有系统显示、报表、打印功能。

（7）系统可在上位机电脑上实时显示各设备的运行状态，实时显示曲线，可显示各时间段的历史曲线。

（8）可显示现场当前的报警信息以及保存的历史报警记录。

（9）现场配置视频监控设备和 IP 扩播终端，实现对设备及现场的音视频监视功能和各岗位及沿线语音通话功能。

2. 关键参数

采用西门子 S7 – 200 双 CPU 结构。

最大模拟量输入点数：60 路。

最大模拟量输出点数：16 路。

最大数字量输入点数：188 路。

最大数字量输出点数：180 路。

输入电压：127 V/660 V。

通信接口：RS485/以太网/profibus。

机械结构：前后开门，前速开门。

本安电源：提供 2 路 5 V 或 12 V 或 24 V 本安电源。

3. 典型应用案例及使用效果

甘肃陈家沟煤矿上位机及现场图如图 4-155、图 4-156 所示。

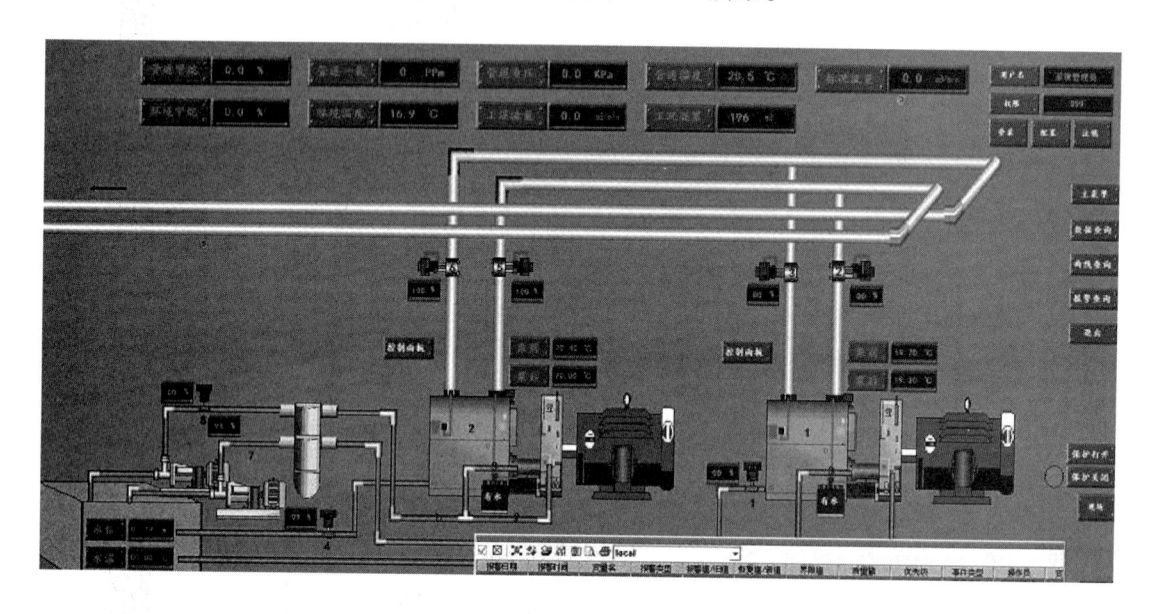

图 4-155　甘肃陈家沟煤矿上位机

图 4-156　陈家沟煤矿瓦斯抽采泵站自动控制系统现场图

4.2.3.33　二氧化碳多管联爆技术与装备

该技术及装备针对我国煤矿区煤层透气性差、瓦斯抽采难度大的问题，在二氧化碳致裂器煤层增透试验成功的基础上，深入开展致裂器控制起爆技术研究，提高致裂器在煤层增透领域应用的安全性和可靠性，并在示范矿井开展现场试验研究，形成二氧化碳致裂器预裂爆破增透工艺，为实现井下安全、低成本、高效开发煤层气提供成套增渗技术与装备。具有自主知识产权。

1. 技术内容与创新点

通过研究二氧化碳致裂器储液管加工工艺、二氧化碳致裂器安全控制技术、深孔预裂爆破装置送入与取出技术、液态二氧化碳快速充装技术等关键技术，拥有二氧化碳致裂器成套技术装备，包括二氧化碳致裂器（图4-158）、致裂器安全性检测装置、深孔预裂爆破连线装置、二氧化碳快速充装机（图4-159）、无损快速组装器、中型液态二氧化碳储罐、封孔器、膨胀摩擦式止飞器等，形成成套二氧化碳深孔预裂增透工艺。

主要创新点是基于本安微差起爆控制技术、致裂器爆破能量分级调控技术，开发了二氧化碳多管联爆致裂技术与装备并形成二氧化碳多管联爆致裂技术工艺。

2. 关键技术参数

（1）可实现远程控制低压起爆，起爆距离达400 m，瞬时电压不高于10 V，启动点火电极的最大电流9 mA，最小微差间隔时间2 ms。

（2）致裂器多管联爆参数：顺煤层爆破时致裂器串联个数可达50根；深孔预裂爆破深度达120 m；并联同时起爆钻孔数量达5个。

（3）相对普通顺层抽采钻孔，二氧化碳多管联爆煤层致裂后：预裂影响半径可达6 m；月抽采瓦斯量提高2倍；抽采达标时间缩短30%。

3. 典型应用案例及使用效果

2018年6—10月，该技术装备在贵州贝勒煤矿开展现场试验，试验开展了20~100 m不同钻孔深度预裂爆破增透试验，试验效果分析结果如图4-157所示。

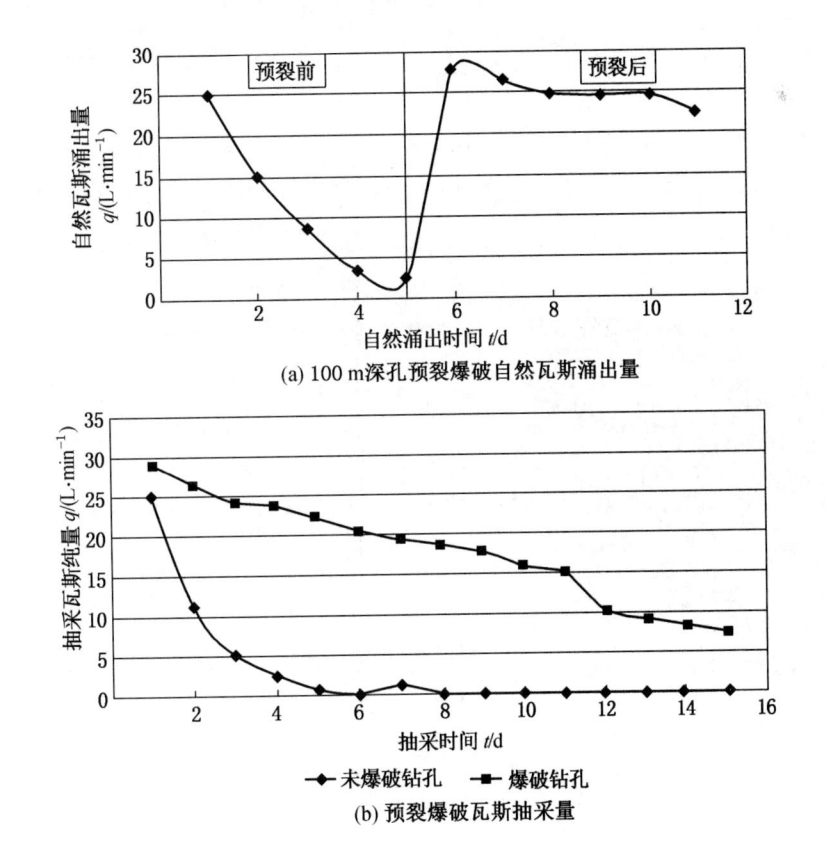

(a) 100 m深孔预裂爆破自然瓦斯涌出量

(b) 预裂爆破瓦斯抽采量

(c) 爆破前巷道CO浓度变化

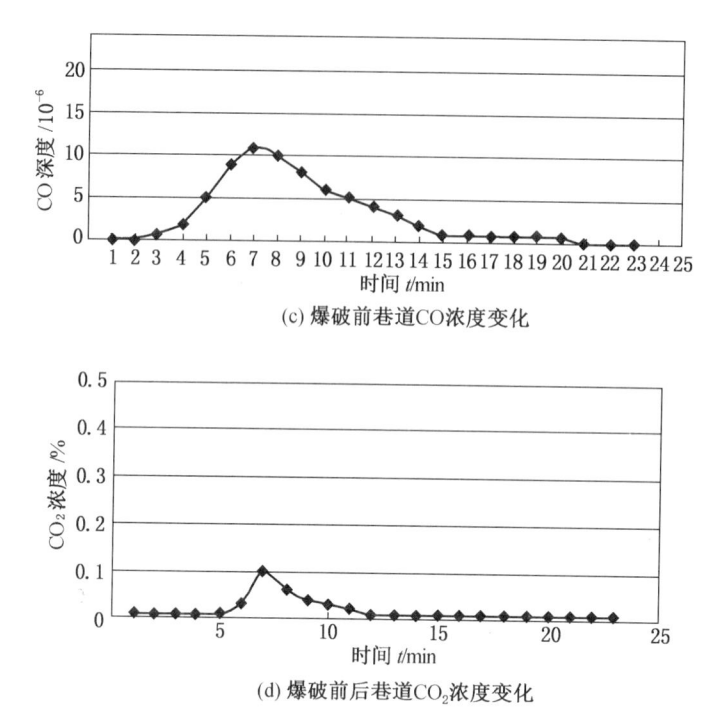

(d) 爆破前后巷道CO_2浓度变化

图 4-157 深孔预裂爆破增透试验效果分析结果

试验开展了井下深孔预裂爆破增透试验，试验煤层为松软的突出煤层，先后开展了多类型钻孔、多钻孔倾角以及不同爆破压力试验，试验累计钻孔量约 2745 m，最大爆破深度达 101 m。

试验表明：在试验矿井条件下，爆破后透气性系数提高了 26 倍以上，钻孔瓦斯流量提高了 4.2～6.9 倍，预抽率提高了约 3.87 倍，钻孔抽采影响半径提高了 5.6～7.1 倍。爆破后巷道一氧化碳和二氧化碳气体未出现超标现象。

二氧化碳深孔预裂爆破增透技术在国内多个煤矿进行了推广应用，包括贝勒煤矿、林华煤矿、桂箐煤矿等多个煤矿开展了低渗煤层的深孔预裂爆破增透试验，均取得了较好的增透效果。

二氧化碳致裂器为我国低渗煤层提高瓦斯抽采效果提供了技术支持，可有效增加煤层透气性、提高瓦斯抽采效果的二氧化碳致裂器逐渐成为煤矿治理瓦斯的关键装备，随着该增透技术的不断推广应用，市场对该产品的需求会越来越大，为满足煤矿区的应用需要，煤科院采育基地机械加工中心建立了二氧化碳致裂器生产车间，配备专业的管理、加工人员，现已形成具备年产二氧化碳致裂器 5000 根和年产致裂器辅助装置 50 套的生产能力，并配套二氧化碳致裂器出场检验和试验研究支撑的二氧化碳致裂器专业产品检测实验室。二氧化碳致裂器及配套设备如图 4-158～图 4-160 所示，爆破前后对比如图 4-161、图 4-162 所示。

图 4-158 二氧化碳致裂器

图 4-159 充装机及充装台

图 4-160 拧管机

图 4-161 露天爆破前后对比

图 4-162 井工煤矿爆破前后对比

4.2.3.34 煤矿坚硬顶板水力压裂控制技术

煤矿坚硬顶板水力压裂控制技术从研发到成熟应用到各个领域，历时十余年，获得多项发明专利和中国专利奖，具有自主知识产权。目前在工作面初次放顶、工作面来压控制、采动高应力巷道卸压、三角区悬顶、末采期顶板控制、大范围区域超前矿压治理等诸多领域进行了应用。

1. 技术内容与创新点

（1）水力压裂原理。采用理论分析、实验室试验等手段，研究了煤岩体中水力压裂裂缝起裂、扩展、交汇的规律；分析了地应力场类型、大小及差值对裂缝分布、扩展及转向的影响；研究了煤岩体中原生结构面（节理、裂隙、层理等）力学性质与水力裂缝扩展的关系；分析了压裂参数，如注水压力、注水速率等与原生裂缝开启、新裂缝产生、裂缝交叉及裂缝网络形成等的关系。这些理论研究成果对水力压裂工程设计，具有重要的指导意义。

（2）水力压裂方法。按压裂地点与规模的不同，煤矿已形成3种水力压裂方法：地面水力压裂、井下区域水力压裂及井下局部水力压裂。地面水力压裂方法与石油行业类似，从地面向目标层钻进垂直或水平井，对坚硬岩层进行分段压裂，降低岩体的完整性与整体强度，改变岩层结构与失稳条件，降低坚硬岩层引起的矿压作用。井下区域水力压裂是在采区或采煤工作面尺度上，开采前在煤层上方坚硬或完整顶板钻进长水平钻孔，实施覆盖全采区或工作面的压裂，从而减弱开采过程中坚硬顶板引起的矿压显现程度。井下局部水力压裂是在巷道、开切眼等局部地点实施的，弱化坚硬顶板或切顶卸压的方法。这3种水力压裂方法各有优势，已推广应用于不同条件的矿井。

（3）水力压裂工艺。水力压裂可分为常规压裂与定向压裂。常规压裂选择合适的孔段后直接进行压裂，不进行切槽、射孔等导向，初始裂缝方向大多接近钻孔轴线方向。为了使裂缝能按照设计的方向扩展，开发了多种定向水力压裂工艺，包括在被压裂孔段设置横向切槽，水力割缝及射孔等，诱导裂缝向工程所需的方向扩展。但是，水力裂缝的扩展主要受地应力、岩层结构等天然因素影响，定向压裂的适用性及合理参数还需要进一步深入研究。

（4）水力压裂机具与设备。包括定向切槽、切缝装置、封孔装置及注水设备等。煤炭科学研究总院开采研究分院开发出横向切槽定向压裂成套装置，包括横向切槽钻头，可在单轴抗压强度50～100 MPa的岩层中切出横向锐槽；跨式膨胀型封孔器及高压注水泵等，可在同一钻孔实现分段、多次、快速压裂。

（5）水力压裂效果检测。水力压裂工程实施过程中及完成后，应对压裂效果进行检测。检测方法包括：检测孔法，距离压裂孔不同位置钻进检测孔，检测裂缝扩展半径；压裂曲线分析法，根据水压、注水量等参数在压裂过程中的变化，分析裂缝扩展特征；物探法，采用微震、电法等手段监测压裂裂纹的扩展形态；应力监测法，监测围岩压裂前、后应力变化，评价压裂效果。另外还有一些间接方法，如通过分析采空区顶板垮落状况、巷道围岩变形量、采煤工作面支架及巷道支护受力变化等，间接评价水力压裂卸压效果。

2. 关键参数

（1）横向切槽钻头。钻头外径为54 mm，可在单轴抗压强度50～150 MPa的岩层中预制横向切槽。

（2）高压注水泵。注水泵的压力与流量应能保证钻孔被压裂，而且裂缝能扩展一定的距离（一般为20～50 m）。目前小范围局部压裂高压泵的最大泵压在60 MPa以上，流量最大达160 L/min左右；井下区域压裂的泵组压力可达60 MPa以上，流量最大达1.5 m³/min，能够满足绝大多数压裂条件的要求。

(3) 巷道中局部压裂直孔的最大深度可达 200 m 以上,井下区域压裂水平钻孔的长度可以达到 300～800 m。

3. 典型应用案例及使用效果

案例一:神东补连塔煤矿工作面初次放顶

神东补连塔煤矿 22309 工作面埋深为 190 m,工作面倾向长度为 311.4 m,采高 6.7 m,直接顶为砂质泥岩,厚度为 6.15 m,基本顶为粉砂岩,厚度为 25.8 m。由于埋深浅,顶板岩层比较完整稳定,不采取放顶措施,顶板采后很难及时垮落。

水力压裂初次放顶钻孔布置方案如下:钻孔直径为 58 mm,钻孔主要在开切眼工作面推进方向垂直布置,间距为 10 m,倾角大、小孔间隔布置,大倾角孔长度为 41 m,倾角为 50°,小倾角孔长度为 40 m,倾角为 25°。为保证工作面两端头及时垮落,在超前开切眼的 2 条巷道中各布置 3 个大倾角钻孔,钻孔长度为 41 m,倾角为 50°。采用上述初次放顶方案后,工作面初次来压步距仅为 32 m,采后顶板能及时垮落,保证了安全生产。

案例二:晋城王台铺煤矿工作面坚硬顶板压裂

晋城王台铺煤矿 15 号煤层 XV1306 综采工作面,长度为 85.5 m,埋深 140 m。煤层直接顶为石灰岩,厚度平均为 9 m,坚硬致密,平均单轴抗压强度为 127 MPa,整体性、稳定性好。在工作面巷道和开切眼进行定向水力压裂弱化顶板,使顶板能随工作面推进及时垮落。回采巷道中的压裂钻孔布置如下:钻孔长度为 50 m,与工作面巷道轴线成 70°,仰角 10°,钻孔间距为 25 m。采用 KX-81 型空心包体应变计对水力压裂前后钻孔周围煤体应力变化,及随工作面推进前方煤体中应力变化进行了监测。

顶板压裂后,随着工作面推进,煤层垂直应力有所增加,水平应力降低,但变化幅度不大。顶板压裂后来压强度降低,工作面超前支承压力影响减弱。另外,类似的工作面不采取水力压裂,顶板周期来压步距为 10～15 m;实施水力压裂后,顶板能随工作面推进及时垮落,周期来压变得不明显,水力压裂取得良好效果。

案例三:神东布尔台煤矿回风巷水力压裂卸压

神东布尔台煤矿 42 号煤层工作面回风巷受相邻工作面和本工作面回采及上覆采空区煤柱集中应力(平均层间距 70 m)影响,工作面来压期间回风巷矿压显现剧烈。顶板掉渣、冲击现象频发,煤帮鼓出 1.6 m,底鼓量达 1.5～2.5 m,导致超前支架拉架和工作面推带式输送机、拉架困难,严重影响正常生产。造成回风巷变形严重的主要原因是:工作面巷道受到上个工作面开采后煤柱上方侧向悬顶,本工作面后方不能及时垮落的顶板,及上部 22 号煤层采空区遗留煤柱集中应力的"三重"应力叠加作用。因此,巷道卸压的有效方法是在煤柱侧切断悬顶,在工作面侧压裂顶板,使其在采后能及时垮落(图 4-163)。

根据这种卸压原理,设计回风巷压裂钻孔布置如下:钻孔直径为 58 mm,位于工作面侧,钻孔垂直于巷道轴线布置,钻孔长度为 40.5 m,倾角为 50°,间距为 10、15 m;煤柱侧,钻孔与工作面巷道轴线成 10°夹角,钻孔长度为 40.5 m,倾角为 50°,间距为 15 m。采用上述压裂方案后,工作面来压步距显著减小。工作面巷道底鼓量大幅减小至 200 mm 左右,两帮移近量降低 60% 左右,保证了工作面安全生产。

案例四:伊泰红庆河煤矿强采动巷道压裂卸压

红庆河煤矿 3-1101 带式输送机运输巷与 3-1103 辅助运输巷之间的煤柱宽度为 30 m。当 3-1101

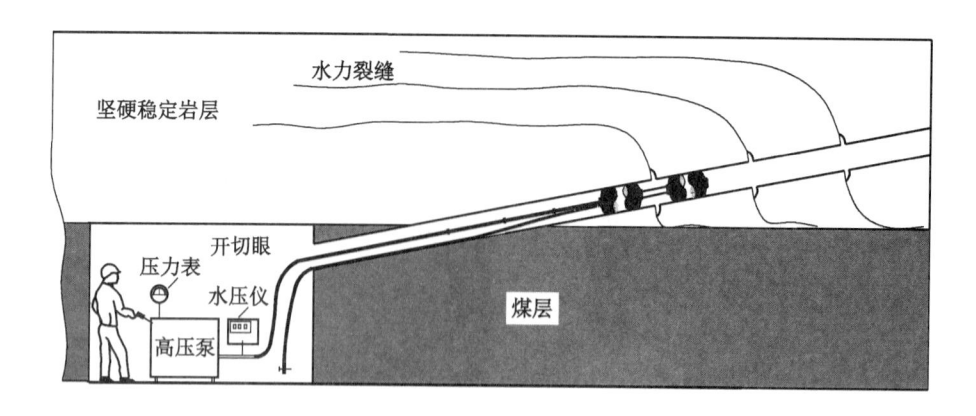

图 4-163 水力压裂原理示意图

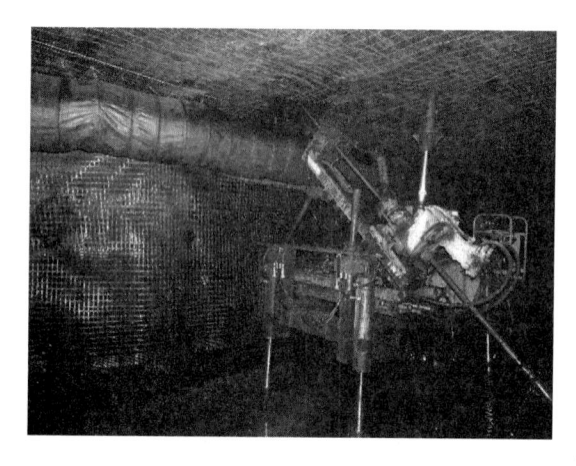

图 4-164 井下压裂施工

工作面回采后，处于工作面后方的 3-1103 辅助运输巷将受到强烈采动影响，巷道维护困难。为此，在临近 3-1103 辅助运输巷的 3-1101 带式输送机运输巷靠煤柱侧实施水力压裂卸压。

钻孔长度为 50 m，与巷道轴线呈 5°，向上倾角为 50°深入到顶板，钻孔直径为 56 mm，间距为 10 m。每个钻孔分 14 段进行压裂。压裂后，煤柱的垂直应力集中系数从未压裂的 2.9 降低至 2.3；巷道顶板下沉从 295 mm 降低到 190 mm；两帮移近量从 725 mm 降低到 475 mm；底鼓量下降最为明显，从 1200 mm 降到 300 mm。水力压裂控制围岩变形的效果非常明显。图 4-164 所示为井下压裂施工图。

4.2.3.35 紧邻碎软低渗煤层顶板岩层水平井分段压裂煤层气抽采技术

紧邻碎软低渗煤层顶板岩层水平井分段压裂煤层气抽采技术由中煤科工集团西安研究院有限公司研发，具有自主知识产权(发明专利：一种煤层气分段压裂水平井强化抽采方法，ZL201410225854.X)。

1. 技术内容与创新点

1) 技术内容

碎软低渗煤层的煤层气高效抽采一直是制约我国煤层气产业化发展和煤矿瓦斯灾害防治的技术瓶颈。地面压裂直井和常规水平井抽采是超前预抽治理瓦斯的重要途径，但对碎软煤层适用性差，单井产气量低。

针对碎软低渗煤层煤层气抽采难度大、增产改造效果差等技术难题，提出将水平井布置在煤层顶板或底板岩层，下套管后实施分段压裂的煤层气高效抽采技术。综合对比煤层顶底板的岩性特征以及在煤层顶板和底板布置水平段对瓦斯抽采的影响，最终形成了碎软低渗煤层顶板岩层水平井分段压裂煤层气高效抽采模式，即：井型采用远端水平对接井的 U 型井组，水平井段层位选择在距离煤层合理距离的顶板岩层中；水平井段下套管固井，采用泵送桥塞+定向射孔联作的分段压裂工艺，实施大液量、大排量、高强度压裂作业；直井（或与生产井同时）排水采气。

与常规煤层气分段压裂水平井相比，其技术优势体现在：①将水平井布置在煤层顶界以上的顶板岩层中，能够避免在煤层中水平钻进时成孔性差、易埋钻等问题；②在顶板岩层中下套管，固井质量高，并且能够避免直接在煤层中下钢制套管对后期采煤活动产生的不利影响；③构造软煤塑性强，直接在煤层中压裂裂缝延伸不长，而将水平井布置在顶板岩层中可利用顶板岩层相对较强的脆性，水力压裂时造长缝，提高压裂改造效果。

2）创新点

（1）首次提出了碎软低渗煤层顶板岩层水平井分段压裂煤层气抽采模式（图4-165），实现了碎软低渗煤层煤层气高效抽采技术突破和产气量突破。

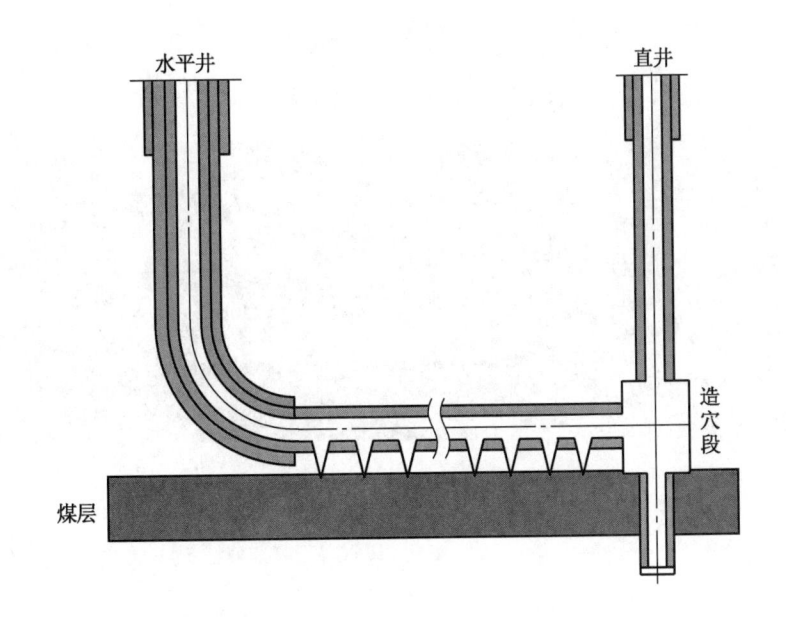

图4-165 煤层气顶板岩层水平井分段压裂高效抽采技术模式

（2）揭示了紧邻煤层顶板岩层水平井水力压裂裂缝的扩展延伸规律及控制机理，查明了煤岩界面处裂缝穿层扩展主控因素及分段穿层压裂缝间干扰规律。

（3）构建了紧邻煤层顶板岩层水平井分段压裂抽采技术的成套开发工艺流程，形成了紧邻煤层顶板岩层水平井分段压裂高效抽采瓦斯的成套工艺技术。

2. 关键参数

（1）水平井水平段长度：大于500 m。

（2）施工排量：大于8 m^3/min。

（3）总液量：大于5000 m^3。

（4）总砂量：大于500 m^3。

（5）平均砂比：10%~15%。

（6）分段压裂段间距：小于100 m。

3. 典型应用案例及使用效果

案例一：2014年在淮北芦岭煤矿进行了煤层气顶板水平井工程应用（图4-166）。井组包括1口直井和1口对接水平井，目标煤层8号煤埋深744 m，煤层厚度约10 m，586 m水平段分7段进行水力压裂，累计注入压裂液6627 m³、石英砂542 m³；最高日产气量10760 m³、连续512天平均日产量高达7075 m³。截至2019年12月31日，累计产气超过690万立方米，创造了我国碎软低渗煤层的煤层气水平井水力压裂加砂量和气产量的新纪录（图4-167）。产量历史拟合和抽采效果评价表明，随着水平井排采，水平井井组周围剩余气含量和储层压力逐渐降低，预测水平井抽采5a，井筒控制范围内瓦斯气含量平均可降低50.6%。储层压力平均可降低66.2%，煤层气开发和瓦斯抽采效益显著。

图4-166 水力压裂施工现场

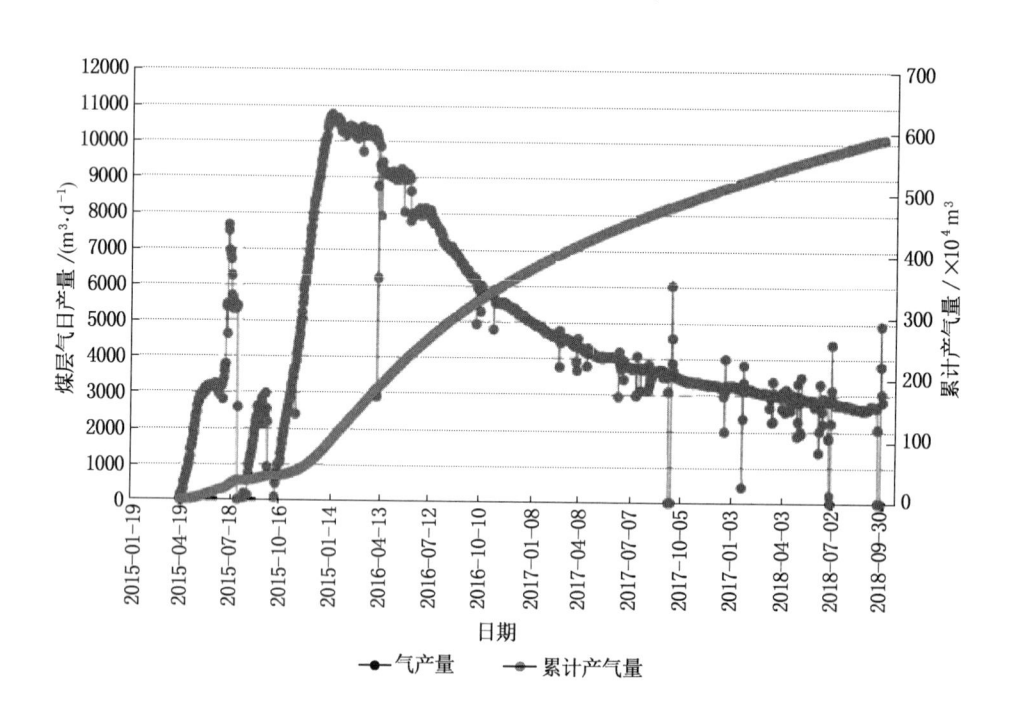

图4-167 淮北芦岭煤层气分段压裂水平井排采曲线

案例二：2018 年在山西沁水盆地赵庄井田进行了煤层气顶板水平井工程应用，目标煤层 3 号煤，煤层厚度约 6.0 m，水平井水平段长 746.86 m，分 8 段进行施工，累计加砂 457.93 m^3，累计用液 8821 m^3，平均加砂强度达到 11 m^3/m，创造了松软煤层水平井压裂加砂强度新纪录。工程试验取得了良好的产气效果，截至 2020 年 12 月底，累计产气 3.25 Mm^3，最高日产气量达到 11500 m^3，稳定产量 6000~8000 m^3/d。创造了我国松软低渗煤层水平井最高日产气量新纪录，示范效果显著，井底流压还有 0.2 MPa，仍还有高产稳产潜力（图 4-168）。

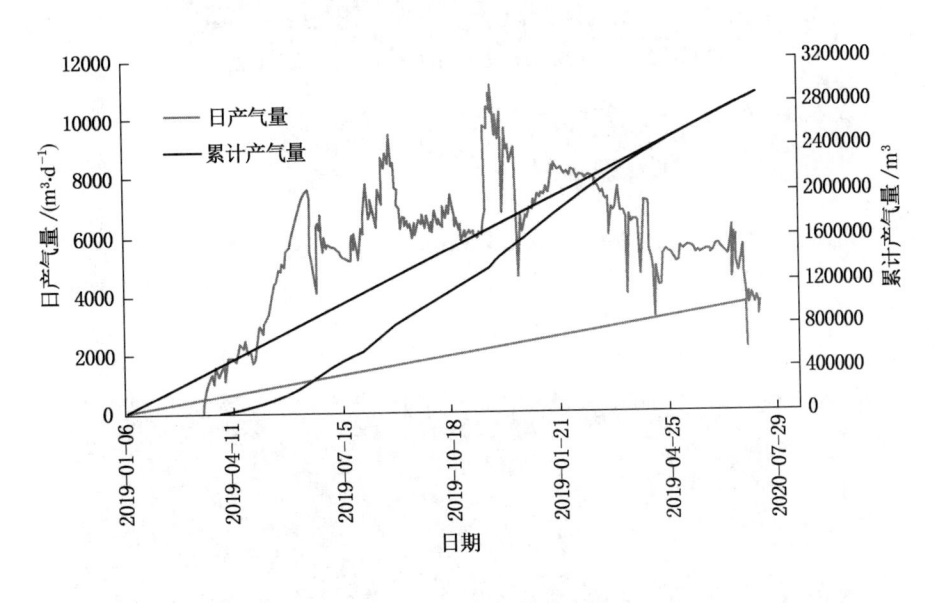

图 4-168　产气量曲线图

4.2.3.36　超高压水力割缝卸压增透技术及装备

超高压水力割缝卸压增透技术及装备工作压力可达 100 MPa，实现了钻-冲-割一体化功能，避免了二次进钻；解决了高压水传输及动密封等技术难题，保障了操作人员安全；构建的水力割缝预测模型，为割缝工艺参数研究奠定了理论基础；揭示的水射流环形割缝层间流动卸压机制，解决了割缝卸压增透机制不明确的问题；研究并形成的超高压水力割缝成套工艺技术体系，解决了割缝钻孔成功率低的问题。该技术装备具有自主知识产权，达到国际领先水平，并取得超高压产品矿用安标证书，可广泛应用于高地应力、高瓦斯、低透气性煤层（煤层硬度 $f>0.4$）工作面顺层钻孔、穿层钻孔及石门揭煤卸压增透、冲击地压防治等，为煤矿井下瓦斯及应力主导灾害防治提供了高效、可靠的防治手段。

1. 技术内容与创新点

超高压水力割缝卸压增透技术是以高压水为动力，在高压水射流的切割作用下，使钻孔煤孔段人为再造裂隙，增大煤体的暴露面积，有效改善了煤层中的瓦斯流动状态，为瓦斯排放创造有利条件，改变了煤体的原应力，煤体得到充分卸压，提高了煤层的透气性和瓦斯释放能力（图 4-169）。

超高压水力割缝装置主要由金刚石复合片钻头、水力割缝浅螺旋整体钻杆、超高压旋转水尾、超高压清水泵、高低压转换割缝器、超高压软管等组成，成套装备集钻进、割缝一体化，工作压力达 100 MPa，可实现 100 m 以上远程操控，装备连接处均设有安全防护，成套装备承压 150 MPa，配有履带行走机构，可实现履带自行走功能。超高压水力割缝成套装置如图4－170所示。

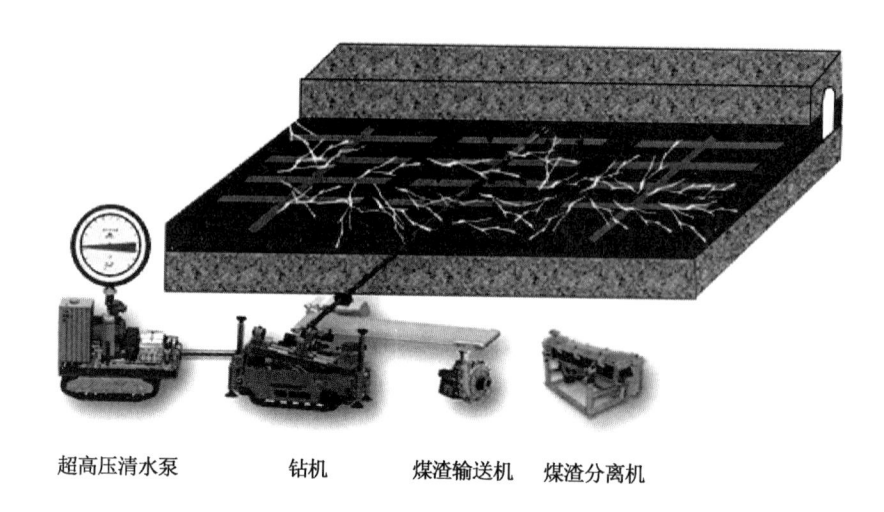

图4－169　超高压水力割缝工艺示意图

图4－170　超高压水力割缝成套装置

该技术及装备创新研发了安全可靠、操作简便、工作压力达100 MPa（煤矿领域国内最高）的水力割缝系列化成套装备，实现了钻－冲－割一体化功能；首创了动力源头、传输通道、传输连接、割缝操作四重安全防护技术及装置，确保了装置的安全、可靠，保障了人员操作安全；首次构建了适用于不同煤层条件的超高压水射流割缝深度预测模型，明确了不同煤层硬度、压力条件下割缝时间、极限割缝半径关系，为超高压水力割缝参数设计和操作提供依据；创新建立了超高压水力割缝成套工艺技术体系，形成了精准割缝控制技术、顺层钻孔环空固液两相流协调排渣技术等不同条件下的割缝工艺技术，提出了顺层长钻孔割缝封孔方法。

2. 关键参数

（1）工作压力100 MPa。

（2）割缝3～10 min、割缝半径为1.5～2.5 m。

(3) 顺层钻孔割缝孔深 80~120 m，穿层钻孔割缝孔深 80~140 m。

3. 典型应用案例及使用效果

超高压水力割缝装置已在安徽、山西、贵州、河南等 9 省市 50 对矿井推广应用，可显著提高钻孔瓦斯抽采效果。现场应用情况表明，采用超高压水力割缝技术及装备可提高钻孔瓦斯抽采纯量 2~3 倍，减少钻孔工程量 40% 以上，缩短抽采达标时间 30% 以上。

案例一：丁集煤矿煤巷条带穿层钻孔卸压增透

丁集煤矿东二南采区 1351（1）工作面运输巷 11-2 煤层厚度为 2.13 m，瓦斯压力为 1.43 MPa，瓦斯含量为 8.1 m^3/t，坚固性系数为 0.3~0.4。采用底板穿层钻孔预抽 11-2 煤层，并结合煤巷迎头顺层钻孔预抽煤巷条带，穿层钻孔采用超高压水力割缝增透措施。采用水力割缝措施后，煤层透气性系数提高 26.5 倍，对比水力掏穴措施，割缝等效半径提高 10 倍，抽采纯量提高 1.5 倍，迎头顺层钻孔工程量节省 50%，煤巷掘进速度提高 1 倍（图 4-171）。

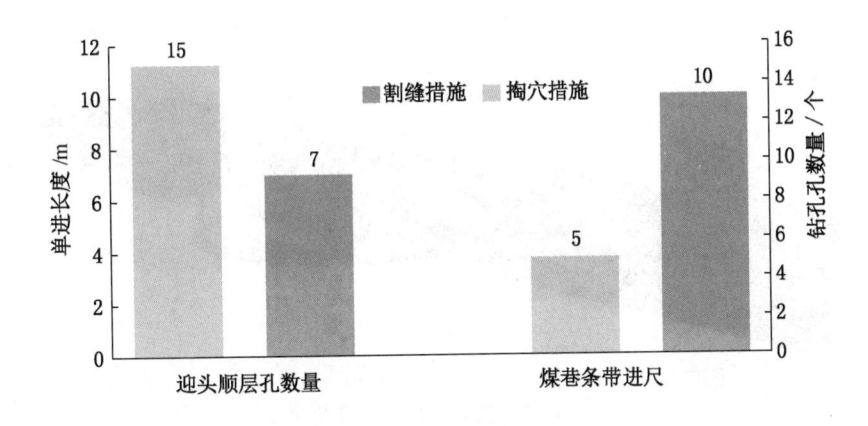

图 4-171 工程量及进尺对比图

案例二：余吾煤矿工作面顺层钻孔卸压增透

余吾煤矿 N1103 工作面煤层厚度为 6 m，坚固性系数为 0.5~0.8，瓦斯含量为 10.5 m^3/t，采用顺层割缝钻孔卸压增透。采用水力割缝措施后，抽采浓度提高 1.3 倍，抽采纯量提高 3.6 倍，钻孔工程量减少 42%（图 4-172）。

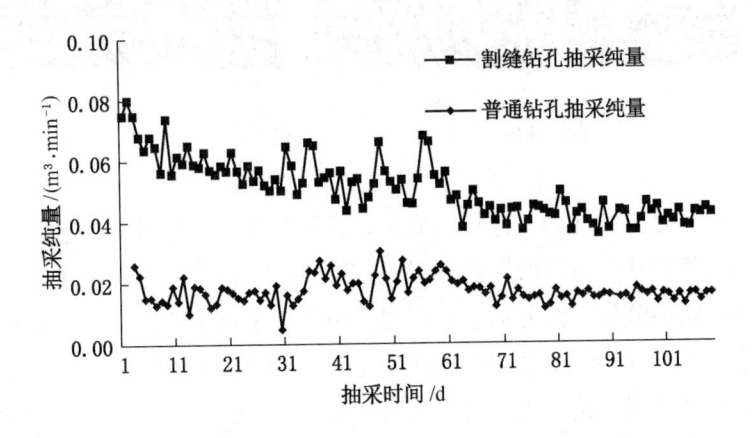

图 4-172 割缝钻孔与普通钻孔抽采纯流量对比

4.2.3.37 多孔同步自动控制分段水力压裂装备

多孔同步自动控制分段水力压裂装备是"十三五"国家科技重大专项的研究成果，具有独立自主知识产权。装备可针对低透气性煤层实现多组钻孔的同步压裂，同时采用分段压裂技术，使水压作用点集中，降低多孔压裂时的渗失水量，使装备能够通过较小的水流量达到较高的输出压力。装备在所有压裂钻孔设备安装到位的情况下通过自动控制系统控制整个压裂过程，实现煤层多孔压裂的自动化协同作业。

1. 技术内容与创新点

1) 技术内容

多孔同步自动控制分段水力压裂装备主要包括高压泵站系统（图4-173）、分段压裂装置及多孔同步压裂控制系统。高压泵站系统包括高压注水泵、液箱及启动开关；分段压裂装置包括高压封孔胶囊、减压阀注水器、高压密封推杆等；多孔同步压裂控制系统包括高压分水箱及PLC控制箱（图4-174）。

图4-173 高压泵站系统

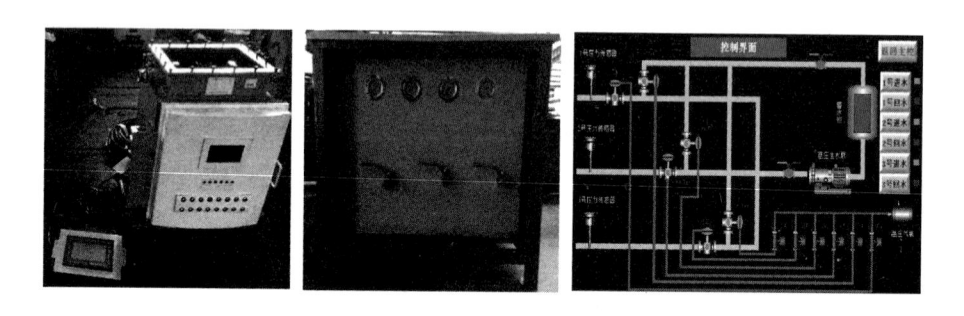

图4-174 PLC控制箱、分水箱及控制系统

多孔同步自动控制分段压裂现场工艺相对复杂，首先在煤层中按设计要求施工3组压裂钻孔，同时在压裂钻孔之间施工控制孔。将分段压裂装置通过钻机送入指定位置并将系统连接完成后，开启高压泵，高压水进入分水箱中分成3路分别进入压裂孔中，分水箱中各个分路中的传感器将监测到的实时数据传输至PLC控制箱，控制箱依据数据变化情况对分水箱中的阀门进行控制，直至三个钻孔的第一压裂段全部与控制孔导通。第一压裂段完成后，利用钻机将分段压裂装备后撤指定距离，再次进行第二压裂段的压裂，整个钻孔依据现场情况设置3~5个压裂段，全部压裂完成后，撤出压裂装置，

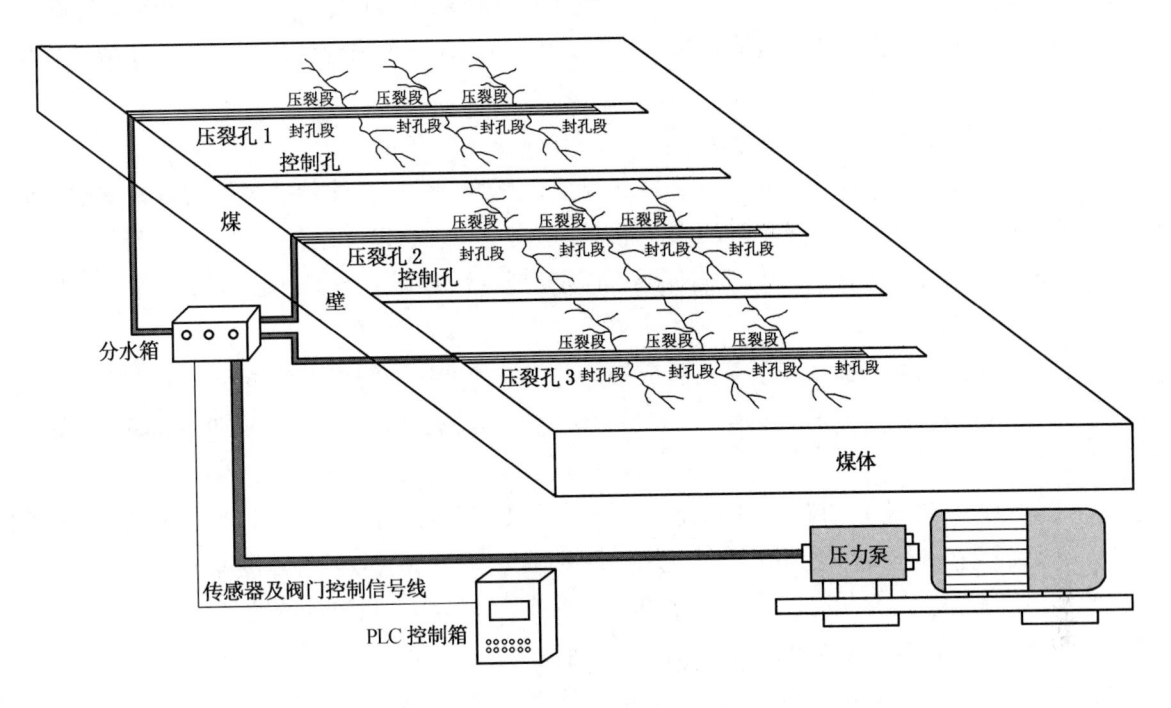

压裂孔与控制孔同步接入抽采系统，可显著提高瓦斯的抽采效率（图4-175）。

图4-175 多孔同步分段压裂系统结构示意图

2）创新点

多孔同步自动控制分段压裂装备采用分段压裂技术解决了目前全孔段多孔同步压裂时渗失水流较大，压裂时间较长的缺点，同时引入自动控制系统，实现3个钻孔压裂过程的自动化控制，极大提高了压裂效率。

2. 关键参数

多孔同步自动控制分段水力压裂装备技术参数见表4-56。

3. 典型应用案例及使用效果

多孔同步自动控制水力压裂装备在安徽淮南矿业集团潘四东煤矿以及山西长治三元煤业进行现场实验，取得了良好的压裂效果。在淮南潘四东矿，施工压裂孔直径为94 mm，压裂孔与控制孔间距为10 m（压裂范围为10 m），进行分段压裂，结果显示，压裂范围为10 m时，单点压裂时间约70 min，单点压裂耗水量约10 t。钻孔进行多点压裂后平均瓦斯浓度提高1.72~3.04倍，平均混合流量提高2.00~4.04倍，平均日抽采量为2.94~10.87倍。在山西长治三元煤矿，施工压裂孔直径

表4-56 多孔同步自动控制分段水力压裂装备技术参数

项目	技术参数
适用钻孔类型	穿层钻孔、顺层钻孔
泵站供水量/(L·min^{-1})	>200
泵站额定压力/MPa	31.5
适用孔径/mm	ϕ94
同步压裂钻孔数	3组
封孔胶囊耐压/MPa	30
控制系统数据传输距离/m	>500
压裂影响范围/m	>10（根据煤层情况决定）

为 94 mm，压裂孔与控制孔间距为 5 m（压裂范围为 5 m），进行多孔同步自动控制分段压裂，结果显示单点压裂时间为 40 min，单点耗水量约 7 t，压裂后瓦斯抽采浓度压裂后相比压裂前平均提高 1.12 倍，瓦斯抽采混合流量压裂后相比压裂前平均提高 2.17 倍，瓦斯抽采纯量压裂后相比压裂前平均提高 2.44 倍。

4.2.3.38 井下机械式自动隔爆装置

结合煤矿井下巷道内的特殊环境，以瓦斯（煤尘）爆炸特性、爆炸传播规律为理论基础，结合传统被动式隔爆技术及装备、电子原理的隔抑爆技术装备应用现状以及存在的优缺点，研发出纯机械原理的自动隔爆装置。具有自主知识产权，授权实用新型专利 1 项，受理发明专利 1 项。该装置解决的问题如下：

（1）通过机械原理的方式实现了超前感应爆炸冲击波的方法，解决了电子原理类隔抑爆装置在煤矿井下存在的电磁干扰、可靠性等问题，机械式装置动作灵敏可靠，可以有效抑制隔断瓦斯煤尘爆炸的传播。

（2）通过爆炸传播测试、技术参数测试，得出了高压储存喷撒机构与超前冲击波感应装置之间的关系，确保装置在爆炸火焰达到前启动，快速喷撒抑爆介质形成有效隔抑爆屏障。

（3）研制了能够大容量储存抑爆介质并快速喷撒的筒体结构，利用过渡腔的限流结构、喷口结构可以形成抑爆介质高效快速喷撒及长时间持续作用技术。

（4）研制的大容量储存结构和装置远距离喷撒技术，扩大了隔抑爆屏障的保护范围，提高了产品的隔爆性能，可以有效防止二次爆炸的发生。

（5）形成一系列煤矿井下用机械式自动隔爆装置的安装方法、安装方式，装置集成度高、安装方便，可用于复杂巷道、不规则巷道、安装单轨机车的巷道及各种倾斜巷道，适合煤矿井下潮湿、复杂的生产环境。

1. 技术内容与创新点

机械式隔爆装置采用纯机械结构设计，无任何电气部分，机械触发，不需要任何化学成分，产品性能更加稳定可靠，不易损坏，维护费用低，无额外电气费用。抑爆剂密封保存，维护、检修周期长，节约了维护成本和工人的劳动量。隔爆装置结构简单，无任何电气部件，降低了加工、封装难度和对材料、防爆的要求，极大地减少了加工成本，造价低廉。

机械式隔爆装置无电气元部件，相对于电气原理隔抑爆产品性能可靠，不受光、波、电、磁的干扰，避免了因电器元件导致的误动作或因停电导致设备无法动作的问题。也更加适合煤矿井下潮湿、复杂的生产环境。装置各组成部分集成度高，外形小巧，安装方便，可用于复杂巷道、不规则巷道、安装单轨机车的巷道及各种倾斜巷道，可根据顶板具体情况选取吊挂方式，尤其采用锚杆支护的巷道，可直接吊挂，简单方便。

从新技术方面说，机械式装置集中了隔爆领域同类型产品的优点而避免了缺点，至少为煤炭企业提供了可供选择的途径。该装置失效情形少，动作灵敏，抑爆剂抑爆效果可靠，是煤炭企业装得起、用得上的安全技术装备。适用于从弱爆炸到强爆炸的各种爆炸危险性，适用范围广，从技术装备上克服了传统隔爆装置仅适用于均衡爆炸的弱点。机械式隔爆装置的喷撒距离可以达到 30 m 以上，抑爆介质粒度小、介质悬浮时间大于 400 s，启动时间小于 15 ms，形成有效雾面时间小于 120 ms，消除了保护盲区，确保煤矿井下任何地点发生爆炸事故均可受到有效的保护。

井下机械式自动隔爆装置的研制成功，丰富了我国煤矿井下隔抑爆技术装备的类型，改变了传统隔爆装备单一的局面，解决了我国煤矿井下安全领域长期存在的诸多难题，对煤矿安全技术装备的发展具有重要的意义。

2. 关键参数

井下机械式自动隔爆装置主要技术参数见表4-57。

表4-57 井下机械式自动隔爆装置主要技术参数

项目	技术参数
最低开启压力/MPa	≥0.02
喷洒滞后时间（开启时间）/ms	14
高压气腔压力/MPa	10±1
高压气腔容积/L	3.29
灭火粉重量/kg	≥25
喷撒有效距离/m	≥30
喷撒持续时间/ms	>1100
喷撒效率/%	>96
成雾时间/ms	<120
雾面持续（介质悬浮）/s	≥360
装置总体尺寸（长×宽×高）/（mm×mm×mm）	7250×371×480.6
装置总重/kg	89±1
介质	ABC超细干粉

3. 典型应用案例及使用效果

井下机械式自动隔爆装置已在安徽恒源煤电股份有限公司等煤矿进行了推广应用，有效促进了重点矿区安全标准化建设，减少了安全生产风险。隔爆装置在重庆煤矿，乃至全国矿区的应用和推广，可以保障经济、社会平稳较快发展，提高发展质量和效益。

4.2.3.39 GCD1000（A）电荷感应法粉尘浓度传感器

GCD1000（A）型电荷感应法粉尘浓度传感器主要是对煤矿等作业场所的粉尘浓度进行在线检测，并且将检测结果上传到煤矿安全监控系统，解决了传统粉尘浓度传感器管路堵塞、探测器污染、难以高精度持续检测、维护工作量大、维护频繁的缺点。该装置具有自主知识产权，获授权发明专利3项、实用新型专利1项及软件著作权等，形成了从结构工艺、外观、方法等一体化的知识产权保护。经鉴定，GCD1000（A）型电荷感应法粉尘浓度传感器的抗污染、免维护性能达到国际领先水平。

1. 技术内容与创新点

1）技术内容

静电感应粉尘探测原理基础上，深入研究了在煤矿典型粉尘场所感应式粉尘浓度定量精确检测技术。从感应电荷之间对应规律理论分析、现场环境应用感应探头结构工艺、弱信号拾取电路设计、信号增强处理及算法、粉尘浓度与静电感应信号标定方法等方面开展了研究。从根本上解决了煤矿环境连续在线检测精度和适应性协调的问题，实现了免维护煤矿粉尘浓度的连续在线检测。

2）创新点

（1）首次建立了电荷感应粉尘检测模型，通过建立的电荷感应信号量与粉尘浓度数学模型，将国外（美国、芬兰、澳大利亚等）采用该原理只能实现定性化粉尘浓度检测提升到定量化检测，突破了技术瓶颈。

（2）首次建立了通过探测电极来检测电荷感应空间的空间灵敏度，确立了基于棒状感应电极与螺旋环状感应电极粉尘电荷检测的理论基础。

（3）首次采用基于曼哈顿法的风速检测技术，实现了粉尘检测过程中的风速补偿，提高传感器的检测精度与稳定性。

(4) 创新性设计了独特的 fA 级微弱电流信号处理及信号放大电路,攻克了极微弱信号的有效拾取和放大技术难题,并且具有很高的抗干扰性。

2. 关键参数

(1) GCD1000(A)型电荷感应法粉尘浓度传感器的最大创新点是克服了光学式粉尘浓度传感器的缺点,具有使用中免维护、精度高、体积小、重量轻等优点。

(2) 粉尘浓度检测范围:$0.1 \sim 1000 \text{ mg/m}^3$,误差≤15%。

(3) 成功研发了 fA 级微小信号的静电放大器,有效捕捉放大了 fA 级电流信号。

(4) 制定了独特的粉尘浓度传感器的现场分段标定方案,通过实验室验证,其检测误差最大为 9%。

经查新,该成果为国内外首先采用静电感应粉尘探测技术实现粉尘作业现场的粉尘浓度定量检测的产品。在国外采用该技术进行粉尘定性探测、趋势监测基础上,在结构工艺、检测处理算法上取得了较大的突破。

3. 典型应用案例及使用效果

在淮南、淮北、神东、阳煤、枣矿、兖州矿业、川煤集团、贵州水城煤矿等单位推广应用,该产品以其质量轻、体积小、检测精度高、灵敏度好、价格低,尤其是其免维护的优点,赢得客户的好评,迅速赢得客户的青睐与广阔的市场空间,占据了 50% 以上的市场。近五年销售产值已达 1.5 亿元,带动超限喷雾、粉尘监测系统等其他产品产值 5000 万元左右。

4.2.3.40 综掘工作面高效除尘系统

综掘高效除尘系统主要用于煤矿井下综掘工作面及隧道工程的高效控尘和除尘,具有自主知识产权,拥有 6 项发明专利,并形成《矿用除尘器通用技术条件》等行业标准,技术水平达到国际先进水平。

1. 技术内容与创新点

该系统通过改变供风风流方向,使风流沿巷道周壁运动,保证巷道断面风速分布更加均匀,既有利于冲刷巷道顶部瓦斯,又有利于控制迎头粉尘的无序扩散,将粉尘集中在迎头一定区域内,可使掘进工作面除尘系统收尘效率提高 20%~30%;在此基础上配套高效除尘系统,可使掘进工作面粉尘浓度降低 95% 以上。

该系统可实现控、除尘与掘进机同步运行;系统配套的除尘器已形成系列化,可满足不同供风风量下的除尘需求,且研发了基于呼吸性粉尘高效控制的湿式除尘器(图 4-176),呼吸性粉尘降尘效率可达 95% 以上,可更好地保护操作工人的职业健康;实时监测压抽风量、瓦斯浓度、降尘效率、除尘设备运行状态等参数,自动调节除尘器抽出风量的综掘面通风除尘风量监控装置(图 4-177),实现了通风除尘系统压抽风量比始终处于合理区间,风量监测误差不超过 5%;系统具有高效控尘、高效集尘、高效除尘、配套方式灵活(机载式、机尾跟随式、单轨吊式、控除尘一体化式等)等特点,既能够高效降尘又不影响生产,可适应高效快速的掘进要求。

2. 关键参数

(1) 处理风量:$120 \sim 650 \text{ m}^3/\text{min}$。

(2) 总粉尘降尘效率:≥90%。

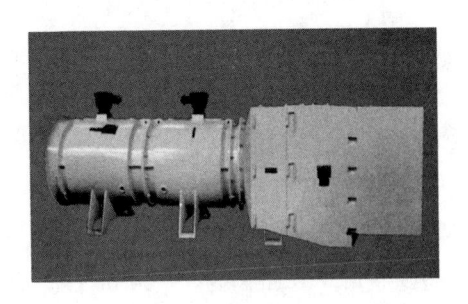

图 4-176 矿用湿式过滤除尘器　　图 4-177 煤矿机掘面通风除尘系统监控装置

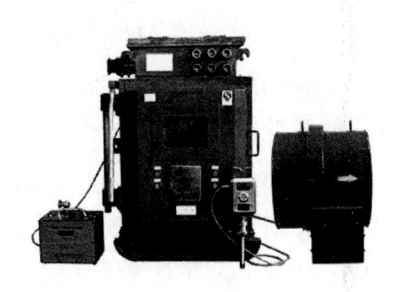

(3) 呼吸性粉尘降尘效率：≥85%。

3. 典型应用案例及使用效果

案例一：陕西小保当矿业有限公司一号煤矿 2-2 煤回风大巷（二）东段综掘工作面粉尘治理

陕西小保当矿业有限公司一号煤矿 2-2 煤回风大巷（二）掘进巷道设计为半圆拱断面，宽度为 6100 mm，掘进高度为 5000 mm，巷道采用国产 EBZ-260 型综掘机分层掘进，为了与反掘段快速贯通，确定先施工上分层，贯通后施工下分层；上分层高度为 3.7 m，下分层高度为 1.3 vm。工作面局部通风机选用 2 套 FBD-No6.3/2×30 局部通风机，采用 φ1000 供风风筒，迎头供风量约 550~600 m³/min。

为解决工作面粉尘污染问题，采用长压短抽的综掘工作面高效除尘系统，系统主要由 KCS-550D-II 型湿式除尘器、除尘器支撑架（带水箱）、附壁风筒、抽尘风筒等组成，为了便于除尘器的移动同时最大限度降低工人的劳动强度，除尘器采用机尾跟随式配套，具体系统工艺配套如图 4-178 所示。

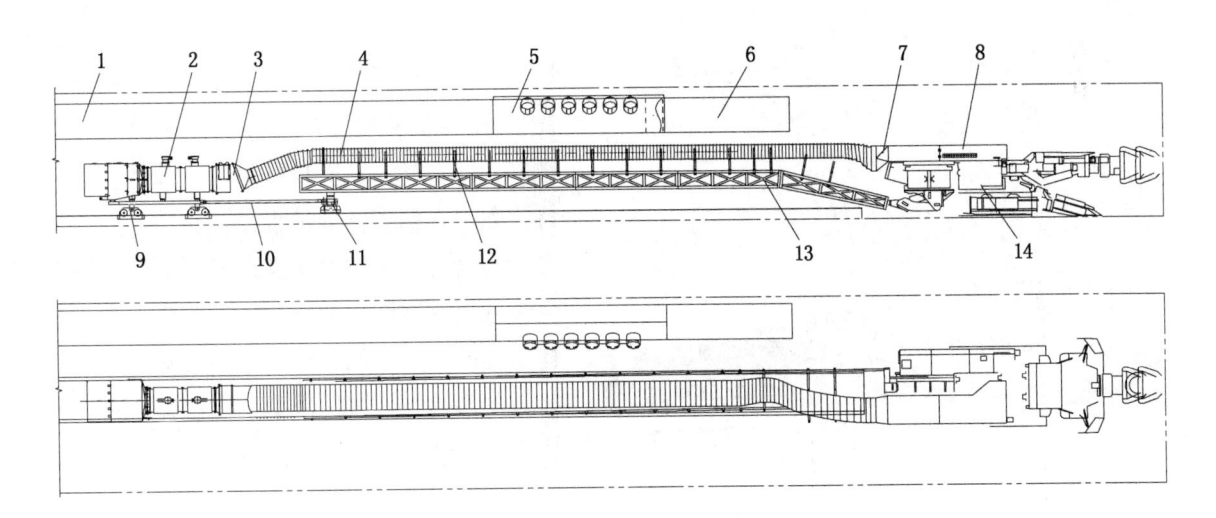

1—供风风筒；2—湿式除尘器；3—除尘器转接头；4—负压风筒接头；5—附壁风筒；6—整流风筒；7—集尘罩接头；
8—集尘罩；9—承载小车；10—牵引杆；11—夹板；12—风筒支架；13—二运；14—掘进机

图 4-178 陕西小保当矿业有限公司岩巷综掘面除尘系统工艺配套示意图

采用该除尘系统后，在除尘系统开启后掘进机司机处总粉尘平均浓度由 170.5 mg/m³ 下降至 8.3

mg/m³,降尘效率为 95.12%,呼吸性粉尘平均浓度由 64.5 mg/m³ 下降至 6.9 mg/m³,降尘效率为 89.30%;风筒对帮距工作面 10~15 m 处总粉尘平均浓度由 151.2 mg/m³ 下降至 6.7 mg/m³,降尘效率为 95.56%;呼吸性粉尘平均浓度由 62.1 mg/m³ 下降至 5.6 mg/m³,降尘效率为 90.98%。

案例二:中煤华晋王家岭煤矿 20106 运输巷综掘面粉尘治理

20106 回风巷综掘工作面采用综合机械化掘进机全断面施工,选用了 EBZ-220 型悬臂式掘进机,沿巷道底板掘进。巷道为矩形断面,毛宽 5.6 m,毛高 3.4 m,毛面积为 19.04 m²,净面积为 17.28 m²,支护方式为锚网索加钢筋梁联合支护。掘进面配备两台 FBDNo7.5/2×45 kW 型对旋轴流式局部通风机,风筒直径均为 φ1000 mm。

为保证吸尘罩对粉尘的捕集效果,并对掘进工作面迎头区域产生的粉尘进行均匀地捕集,提出了分体式吸尘罩的布置方式,以提高长压短抽通风除尘系统对迎头尘源的捕集能力,除尘器选用 KCS-550D-II 型湿式除尘器,同时为提高降尘效果,还有综掘机外喷雾降尘系统片。

采用该系统后,中煤华晋王家岭煤矿 20106 运输巷综掘面掘进机司机处总粉尘浓度从 2153.2 mg/m³ 降低到 35.0 mg/m³,降尘效率为 98.4%;呼吸性粉尘浓度从 341.4 mg/m³ 降低到 8.9 mg/m³,降尘效率为 97.4%。

4.2.3.41 液压支架收尘控尘系统

液压支架收尘控尘系统由中煤科工集团重庆研究院研发,具有自主知识产权。

1. 技术内容与创新点

1)技术内容

液压支架降柱或前移的过程中,大量的破碎岩体或煤体被挤压,顺着液压支架架间缝隙掉落,随着液压支架降柱移架过程结束而逐渐结束。液压支架降柱移架产尘过程短,落尘集中,落尘点多,直接影响作业人员区域。

液压支架收尘控尘系统在相邻两支架侧护板处安装可以捕集落矸的装置(类别有多种形式),避免破碎矸石或煤体从支架侧缝处向下撒落,减少产尘;降柱移架前,液压支架导尘装置固定在两支架侧护板处静止不动,当液压支架移动时,一侧液压支架向前迈步,收尘控尘装置能够跟随支架动作进行调整,保证对架缝落尘的收集,从而减少了落矸对支架行人侧区域的影响,极大地减少了支架行人侧内的粉尘量(图 4-179)。

图 4-179 液压支架封闭控尘收尘装置示意图

2)创新点

(1)发明了一种自动液压支架移架除尘装置。利用联动喷雾,在液压支架前梁缝隙落煤粉尘还没有扩散时就将其沉降下来,同时利用接尘槽对落下的煤水混合物进行收集、排放,避免了粉尘的扩散,对该尘源的呼吸尘的降尘效率可达 92.6%。

(2)首次提出并研制了一种滑移式闭尘导尘装置。利用吊滑轨克服了支架移架的影响,解决了大采高综采面支架掩护梁缝隙落尘、污染人行作业区域的问题,呼吸尘的降尘效率可达 92.0%

以上。

（3）首次提出并研制了一种液控伸缩式导尘装置。能够利用工作面乳化液控制油缸的伸缩，实现移架前接尘槽伸出和移架后接尘槽回位，同时与降柱移架的联动喷雾还可实现接尘槽内粉尘的快速清除，呼吸尘的降尘效率达97.8%以上。

2. 关键参数

（1）收尘装置长度：1.5~3 m。
（2）适应工作面采高：3~8 m。
（3）落尘收集率：≥90%。
（4）液压范围：≤31.5 MPa。
（5）安装形式：机械式。

3. 典型应用案例及使用效果

案例一：补连塔煤矿12514综采面属于大采高综采工作面，平均采高为7.26 m，支架间安装了一种封闭控尘收尘装置（图4-180），对比临近支架，在进行支架降架和移架进行单一设备操作时，在支架下风侧10~15 m位置进行粉尘浓度测定，结果表明总粉尘浓度下降率为92.66%，呼吸性粉尘下降率为89.77%，收尘装置效果显著，检测结果详见表4-58。

表4-58 液压支架收尘装置效果检测

工作场所	工种	检测点位	检测状态	检测结果	
				总尘/(mg·m^{-3})	呼尘/(mg·m^{-3})
12514综采工作面	支架工	动作支架下风侧10~15m	无支架收尘装置	121.3	34.2
			有支架收尘装置	8.9	3.5

图4-180 液压支架封闭控尘收尘装置在补连塔使用照片

案例二：陕西陕煤曹家滩矿业有限公司132209综采工作面属于大采高工作面，平均采高为5.8 m，现场采用了一种避让式接尘导尘装置，对比临近支架采取临近支架进行降架、移架单一操作时下风侧10~15 m位置粉尘浓度，总粉尘浓度下降90.2%，呼吸性粉尘浓度下降82.6%。

4.2.3.42 矿用采煤机尘源跟踪喷雾降尘系统

矿用采煤机尘源跟踪喷雾降尘系统，由中煤科工集团重庆研究院有限公司研发，具有自主知识产权。

1. 技术内容与创新点

1）技术内容

该系统是通过将高压喷嘴布置在液压支架顶梁等位置，利用传感器探测采煤机运行位置，自动打开系统设定数量和位置的电磁阀，并开启电磁阀对应的喷雾，使雾流始终包络采煤机前、后滚筒，达到快速湿润破碎煤体抑制滚筒割煤产尘的目的，同时对采煤机下风流悬浮粉尘进一步捕集。根据该技术研发的尘源跟踪喷雾降尘系统主要由主控制箱、分控制箱，红外发射器、发射器电源箱、红外接收器、电磁阀、喷雾装置、电源电缆、通信电缆、高压胶管及其他附件设备组成。具体如图 4 - 181 所示。

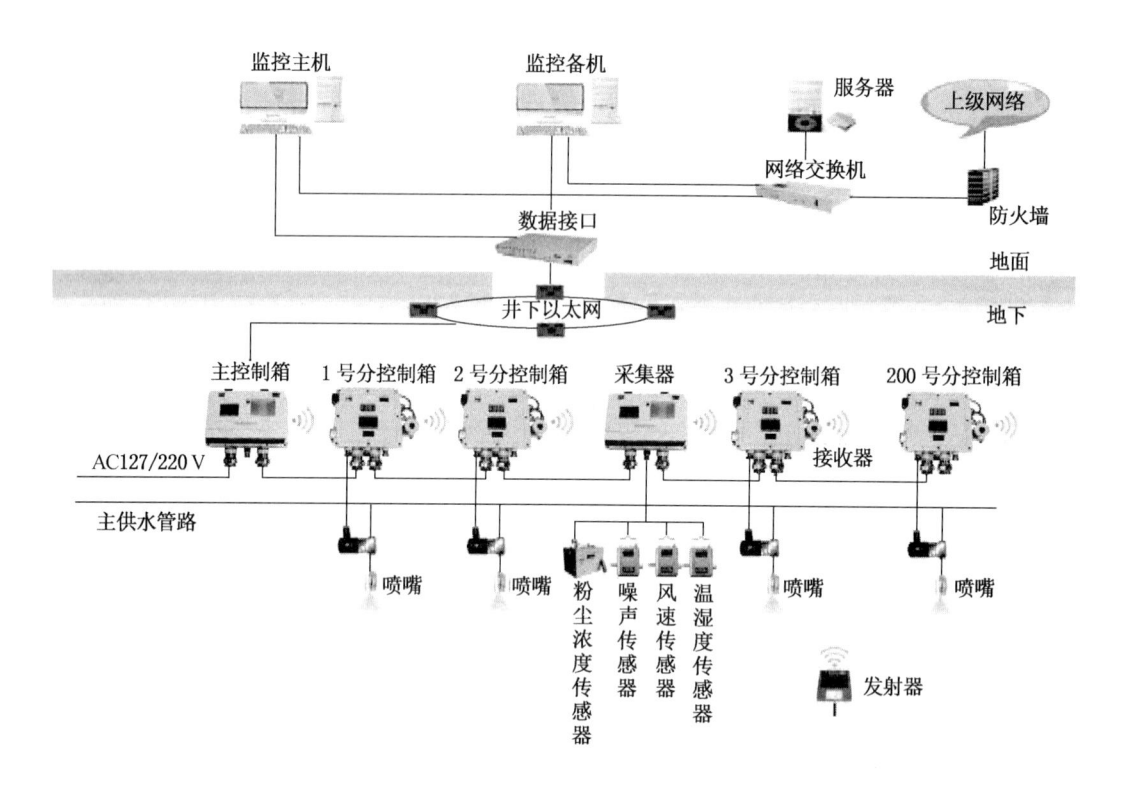

图 4 - 181 矿用采煤机尘源跟踪喷雾降尘系统组成示意图

2）创新点

（1）研制出高达 10 MPa 的矿用高压电磁阀，在此基础上，系统实现了 10 MPa 的高压喷雾降尘，降尘效率大大提高。针对有些煤矿综采面配风量大、产尘量高等特点，通过最新研制出的矿用高压电磁阀，增加系统喷雾压力（最高工作压力可达 10 MPa），实现了高效降尘，降尘效率可高达 90% 以上。

（2）系统的喷雾降尘智能化程度高。系统分机通过通信线将采煤机位置的实时信息发送给系统主机和其余分机，各分机根据控制程序自动判断是否需要开启降尘装置或延时功能，从真正意义上实现了采煤机尘源智能跟踪喷雾降尘的功能。

（3）系统具有自动巡检和故障自动诊断功能。采煤机尘源智能跟踪降尘系统通过联机通信网络，可在主控制箱与分控制箱之间自动巡检，实现了系统故障自动诊断功能，系统运行的可靠性高。

2. 关键参数

矿用采煤机尘源跟踪喷雾降尘系统技术指标见表4-59。

表4-59 矿用采煤机尘源跟踪喷雾降尘系统技术指标

项目	技术参数
电源电压	127 V AC/220 V. AC 50 Hz
系统容量	系统最大可级联（串联）83台控制箱，可配接249个电磁阀，适用工作面长度最大可达420 m
喷雾控制执行时间	控制电磁阀打开喷雾或关闭喷雾的执行时间不大于2 s；
喷雾延时时间误差	在喷雾延时时间为（1~999）s范围内，设定的延时误差为+2 s
采煤机上、下风同时打开的电磁阀数量	0~249个（根据需要调整）
最大喷雾压力	10 MPa
发射器/接收器的发射/接收距离	≥10 m

3. 典型应用案例及使用效果

案例一：陕西柠条塔矿业有限公司S12008综采工作面进行试验（采高6 m），并邀请陕西立方环保科技服务有限公司对采煤工作面的除尘效果进行检测，在系统开启后，S12008综采工作面司机位置总粉尘浓度下降了84.8%，呼吸性粉尘浓度下降了71.7%，降尘效果显著，检测结果详见表4-60，现场效果图如图4-182所示。

表4-60 矿用采煤机尘源跟踪喷雾降尘系统除尘效果检测

工作场所	工种	检测点位	检测状态	检测结果	
				总尘/(mg·m^{-3})	呼尘/(mg·m^{-3})
S12008综采工作面	采煤机司机	采煤机司机位置	防护措施关闭	38.8	15.33
			防护措施开启	5.9	4.34

案例二：宁夏煤业有限责任公司羊场湾煤矿150201工作面进行试验，经过现场检测，人员作业区域呼吸性粉尘浓度可降低91.5%以上。

4.2.3.43 KJ21煤矿顶板动态监测系统

KJ21煤矿顶板动态监测系统主要用于煤矿冲击地压在线监测及实时预警，具有监测变量多、监测精度高、实时性强、可靠性好、安装方便等特点。可实时、在线监测液压支架工作阻力、煤柱体应力、锚杆（索）工作载荷、顶板下沉量以及巷道变形等。具有自主知识产权。

1. 技术内容与创新点

图4-182 柠条塔矿用采煤机尘源跟踪喷雾降尘系统现场效果图

运用物联网技术和云平台技术，利用有线+无线相结合的传输方式，实现矿压数据的精确采集以及远程数据分析和预警等功能。同时通过在煤矿安装 KJ21 矿压监测系统，研究顶板来压规律，可实现预测、预报顶板来压，有利于更好地指导生产和及时采取有效措施，防患于未然。

2. 关键参数

KJ21 煤矿顶板动态监测系统监测内容、传感器名称及量程见表 4-61。

表 4-61　KJ21 煤矿动态监测系统监测内容、传感器名称及量程

监测内容	传感器名称	量程
综采工作面液压支架工作阻力	支架压力记录仪	0~60 MPa
液压支架推进度及活柱伸缩量	工作面激光测距仪	0~40 m
液压支架姿态变化	倾角传感器	-90°~+90°
巷道顶板移近量	围岩移动传感器	0~500 mm
巷道变形量	巷道激光测距仪	0~4 m
锚杆（索）应力载荷	锚杆（索）应力计	0~400 kN（600 kN）
煤体应力	钻孔应力计	0~60 MPa

系统功能及特点如下：

（1）网络融合技术。传感器与分站之间采用有线传输和无线传输相结合的方式，增加系统安装的灵活性。

（2）超大容量。传感器采用主动上传的方式将监测数据传输至分站，可极大地拓展传感器的容量，降低使用成本。

（3）低功耗技术。传感器应用了低功耗技术，可极大降低有线传感器的功耗至小于 10 mA@12 V，无线传感器的功耗至 0.5 mA@7 V 供电、3 min 上传。可减少系统内的电源数量，降低使用成本。

（4）网络自恢复。传感器与分站间的通信分别采用 CAN 通信和分布式自组网方式，可充分利用网络中的冗余路由，某个节点的损坏不会影响其余节点的通信链路，具有网络自恢复、稳定性高的特点。

（5）断电续传功能。传感器、分站均内置了 RTC 和存储装置，可实时存储采集数据。可在系统通信故障时，将采集时间和采集数据进行存储，待网络恢复后自动上传，保证数据的准确性、完整性。

（6）IP65 防护。传感器、分站均采用了 304 不锈钢材质进行设计，可达到 IP65 防护等级，具有防水、防砸、抗腐蚀的特点，因此传感器、分站可循环利用，降低使用成本。

（7）维护成本低。无线传感器采用外接电池盒的形式进行供电，具有易于更换的特点，可降低维护成本。

（8）自适应采集周期。传感器按照设计的采集周期进行数据采集，在采集变量发生变化时，将缩短采集周期并上传，从而保证数据的完整性、及时性。

（9）云平台。系统具有云平台，可将数据通过云平台及云平台管理软件发送至北京数据中心，通过开采研究院独有的专家优势进行数据分析，提前预警。

（10）显示终端多样化。系统软件不仅可运行于常规的 Windows 平台上，也可显示在手持端，便于实时了解井下监测数据，方便快捷。

（11）自动分析采掘状态。系统软件可自动绘制整个工作面支架历史工作阻力分布云图，自动分析周期来压结果，并在云图上标记来压起始位置、来压步距及来压持续时间等。同时也可通过相关数据的检测对液压支架工作阻力和适应性进行评价，并对今后生产、设计中类似工作面选择液压支架选型提供指导意见。

3. 典型应用案例及使用效果

该套系统目前已成功应用于神东矿区，应用效果如图4-183所示。

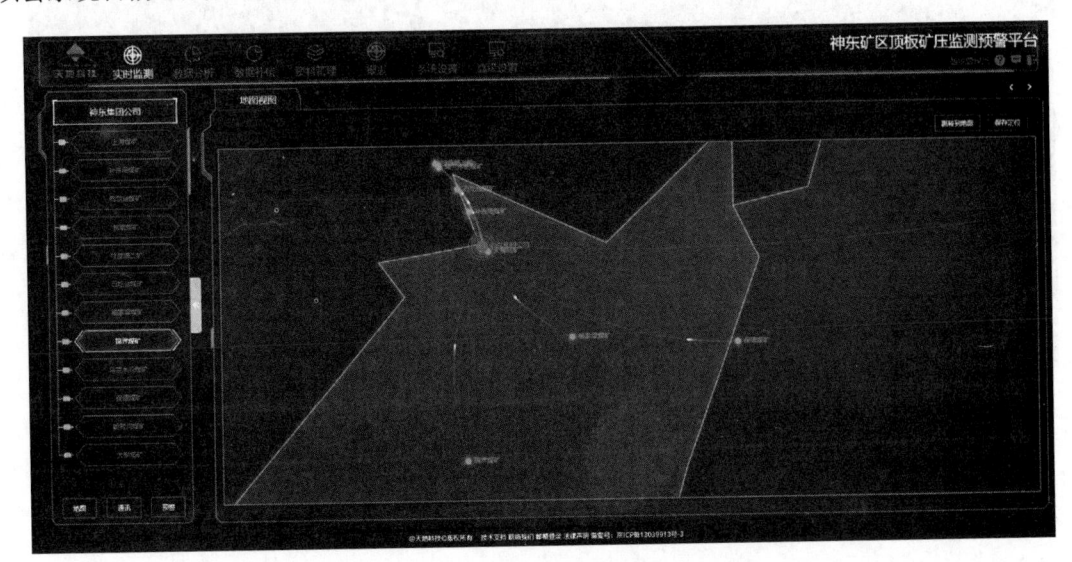

图4-183 神东集团的监测煤矿分布图

为神东集团的监测煤矿分布图，在软件上，可选择某一煤矿进行监测数据的查看，实现集团对矿压监测数据的统一管理。

如图4-184所示，软件可根据监测数据自动绘制支架压力云图，自动分析来压步距及来压等级，同时也可判断工作面支架的工作状态。

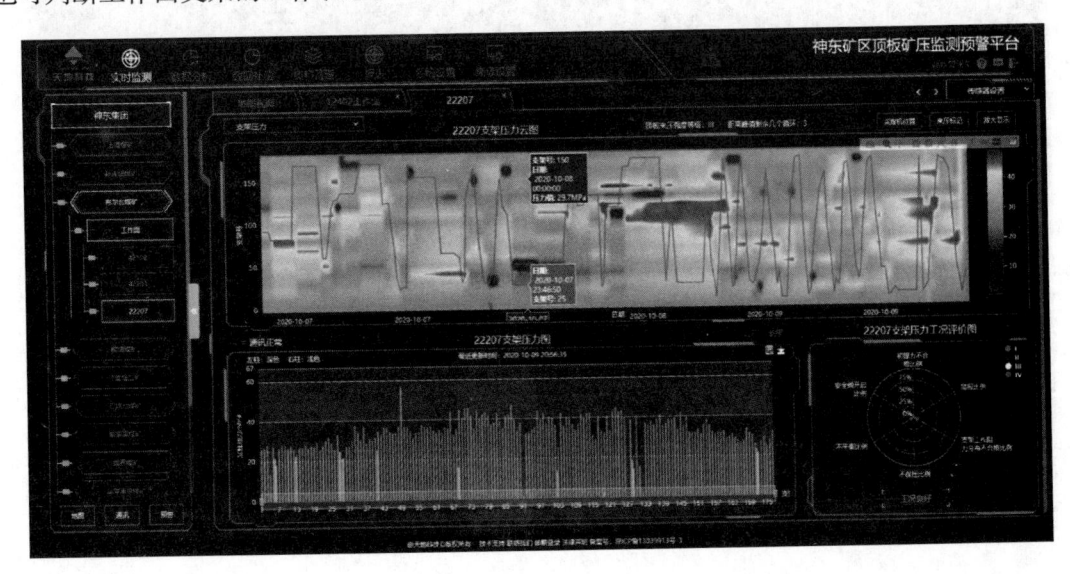

图4-184 支架压力云图

系统可自动存储监测数据，并可自动选择时间节点进行历史数据的查询并可生成趋势曲线（图4-185），便于对数据进行分析总结。

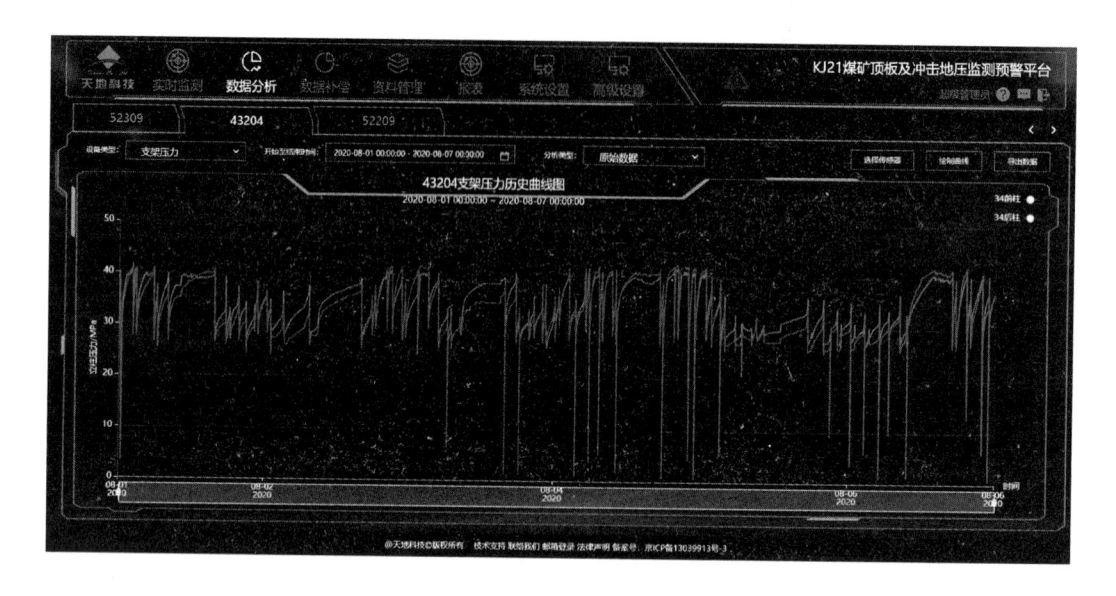

图4-185 系统自动生成的趋势曲线

4.2.3.44 微震监测与冲击地压预警成套技术及装备

以国家国际科技合作专项项目和国家重大科技专项为依托，研发了具有自主知识产权的微震监测与冲击地压预警成套技术及装备，相关成果鉴定为国际领先/先进水平，获国家授权专利和软件著作权6项。在国家能源、中煤能源、晋煤、同煤、河南能化、河南能化新疆公司、新疆焦煤、龙煤等矿区到推广应用（图4-186）。

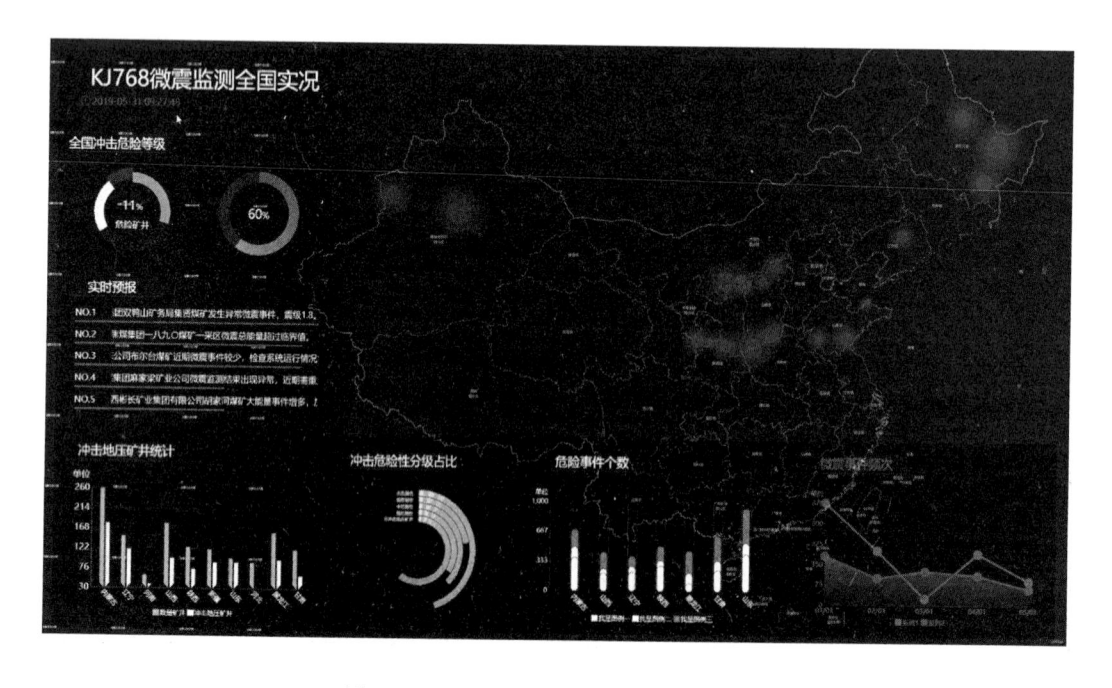

图4-186 KJ768微震监测系统全国实况

1. 技术内容与创新点

该系统采用新型传感器、电子技术、光电技术、PTP 协议、信号处理技术、网络通信等新技术，通过动态数据库、光传输通信网络、数据自动采集和实时自动存储等关键技术，与研发的软件系统，通过拾震器、监测分站和自激震源等形成集成创新，实现了岩体破裂震动信号的远距离、实时、动态、自动监测，记录微震信号的完整波形及信息。采用数据分析计算机和软件，通过采矿工程师的分析处理，可精确计算能力大于 100 J、动态范围 110 dB 的震动事件，计算出精确的大地坐标，并可在采掘工程平面图上显示出来。

该技术突破了已有微震监测系统只能被动接收微震信号且震源定位过程中假定岩体中传播速度固定的不足，研发了人工可控自激震源，以震动电机为起震体，研发了输出频率可调、震动周期可控的自激式震源并开发嵌入式软件远程控制起振频率；利用多次实测反演波速进行震源定位，有效震动事件和定位精度大幅提高，定位误差最小可达 XY：5 m，Z：10 m。

2. 关键参数

（1）监测分站为矿用本质安全型 "Exib I"，重量约为 5 kg，发射功率不小于 -10 dBm；接收灵敏度不大于 -15 dBm，A/D 转换位数为 24 位；工作电压：DC12 V，工作电流：≤400 mA；系统采集记录微震信号的动态范围不大于 110 dB。

（2）监测分站可接入 8 个通道的拾震器，系统可扩展为 10 个分站 80 个通道拾震器；分站可直接显示各拾震器工作状况，可实现远程遥控管理，可以远程控制现场采集数据的增益调整。

（3）拾震器频域范围 0.1~1500 Hz，不需供电，安装在锚杆上，可回收，耐振动加速度为 50 m/s^2，耐冲击峰值加速度为 500 m/s^2；六种不同主频，分别为 4.5 Hz、10 Hz、14 Hz、40 Hz、60 Hz、100 Hz，监测矿井不同范围的微震活动。

（4）KJ768 微震监测系统采用高精度 GPS 授时时钟，确保了多个分站时间上的精度，GPS 时间同步精度必须小于 1 μs，优于同类系统。

（5）KJ768 微震分析软件可实现微震信号波形的微分、积分和频谱分析等操作，可得到精确的微震波信号位移和加速度信息，简洁的一键式操作；定位精度可达 5~10 m。

3. 典型应用案例及使用效果

该技术在北京某矿轴 10 槽冲击地压防治中成功应用，2016 年 4 月 19 日该矿发生冲击地压显现事故，经北京地震台网测定为 2.7 级地震，工作面上巷道自工作面向外巷道破坏 90 m；工作面运输巷自工作面向外巷道破坏 15 m；工作面整体煤壁片帮，730 刮板输送机和采煤机抬起。

利用微震监测技术确定了经初次来压前后，轴 10 槽西一面冲击危险严重区域分别为西一石门和 F28-A3 断层附近，成功预测了 "8·23" 冲击地压事件，及时组织人员撤离，并给出了在回采过程中避免工作面互扰为主、高压注水为辅的针对性力源控制措施，使顶板的破断规律总体趋于平稳。

该矿冲击地压灾害防治经验得到了国家矿山安全监察局的认可，组织全国冲击地压矿井防治人员参观考察、技术交流，把成功经验向全国推广。

4.2.3.45 KJ1160 矿用高精度微震监测系统

KJ1160 矿用高精度微震监测系统适用于煤矿和金属矿山的矿震、冲击地压（岩爆）、煤与瓦斯突出、底板突水、顶板溃水、矿柱破裂和违法盗采等矿山灾害的监测和预警，特点为高灵敏宽频采集、高保真抗干扰数据传输和高精度震源定位等。该系统具有自主知识产权，受理发明专利 3 项，获批软件著作权 1 项。

1. 技术内容与创新点

1）技术内容

（1）系统主要由检波器、采集仪、电源、时钟同步系统、数据记录服务器、数据处理服务器等组成。采用光纤传输，井下供电。利用磁电式宽频带速度传感器接收井下微震波形，多通道模拟数据传输至 32 位 AD 转换的采集仪，采集仪对数据进行数模转换，转化为数字信号并传输到地面。地面 GPS 接收卫星信号，实时将时钟数据发送至井下采集仪内的时钟同步卡，确保多个采集仪之间的时钟精确同步。

（2）微震波形采集与事件拾取软件可以实现有效的事件拾取，震源定位软件实现了对震源的精确定位和能量计算。微震后处理软件可以实现对微震数据的统计分析、微震事件的平剖面图制作、日报表等功能。

表 4-62 KJ1160 矿用高精度微震监测系统技术参数

项目	技术参数
传输通道个数	12 通道，根据监测要求可扩展至 108 通道
检波器灵敏度	25～120 V/m/s 等（根据监测要求可选）
检波器频带宽度	0.1～600 Hz
信号传输形式	数字传输
非线性误差	测点同步误差小于 10～6 s
记录处理的动态范围	136 dB
采样频率	1 kHz，最大 10 kHz
震源定位精度	平面：5 m（X，Y）、垂直：11 m
震源定位最小震动能量	10^2 J

2）创新点

（1）采用 32 位 A/D 转换数据采集分站，数据转换速度和转换精度大幅提高。

（2）采用高精度微震事件拾取算法，优化了波形起始点和结束点的拾取效率和准确度，为震源自动定位奠定基础。

（3）研发顶底板微震事件分布的静态分析算法，可以有效分析由于煤炭开采导致的工作面超前影响范围、工作面侧向影响范围和顶底板破裂高度等重要参数。

2. 关键参数

KJ1160 矿用高精度微震监测系统技术参数见表 4-62。

3. 典型应用案例及使用效果

微震事件定位软件显示波形图像（图 4-187），可以对微震事件进行三维高精度定位和震源释放能量计算。

微震事件的平面与剖面投影图（图 4-188、图 4-189），显示微震事件在平面和剖面上的分布情况，可以得出微震事件的空间分布和发展演化规律。

由图 4-188、图 4-189 可知，微震事件很好地反映了工作面围岩的震动破裂情况，大能量微震事件主要集中在临空巷道一侧，表明侧向支承压力和本工作面超前支承压力的叠加作用导致临空巷顶板受力较大，运动较为剧烈，表现为能量的集中释放。

微震事件在垂直层位中，主要分布在顶板上方 70～80 m 范围内，结合微震事件剖面图得出工作面上覆岩层中垮落带和裂隙带高度可达到煤层上方 70～80 m，弯曲下沉带可达到煤层上方 170～190 m，与理论计算基本一致。

4.2.3.46 冲击地压钻屑法智能检测技术及装备

开发的基于钻屑法检测数据和现场动力现象的冲击危险实时预警软件，能够实现随钻自动称量、

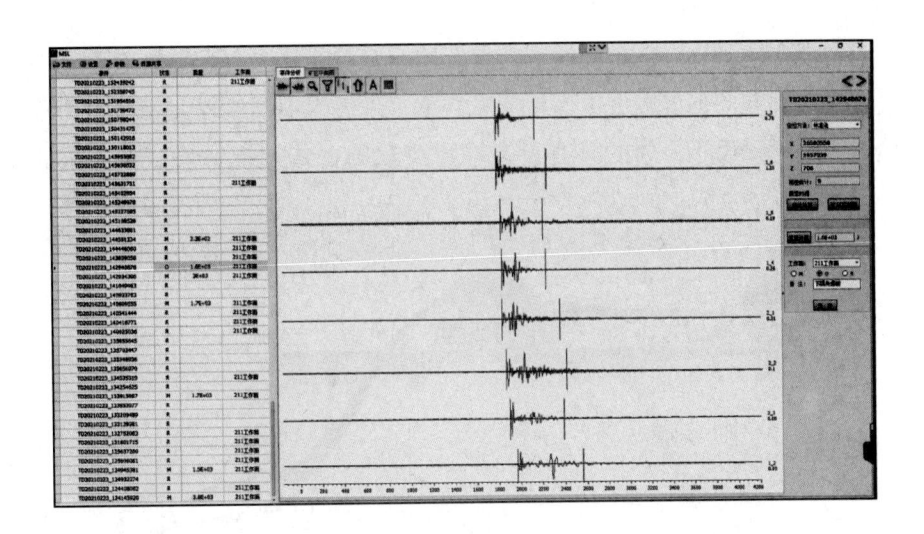

图 4-187 微震事件波形图

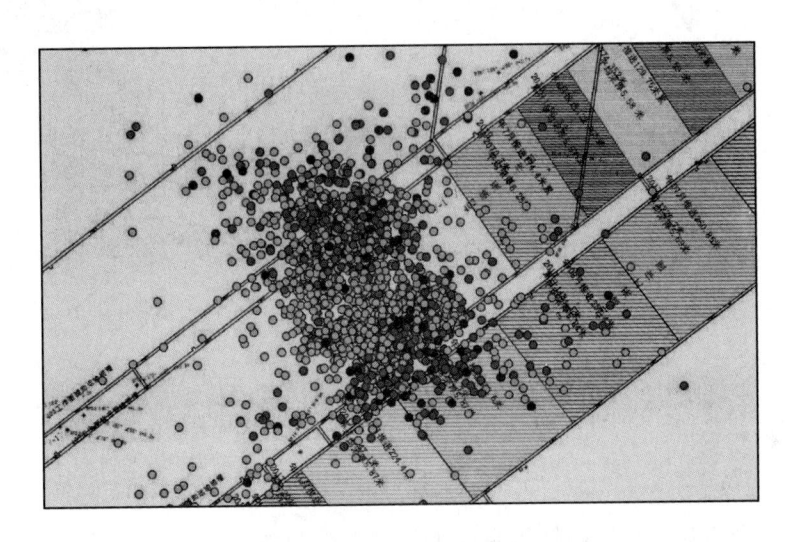

图 4-188 微震事件平面投影图

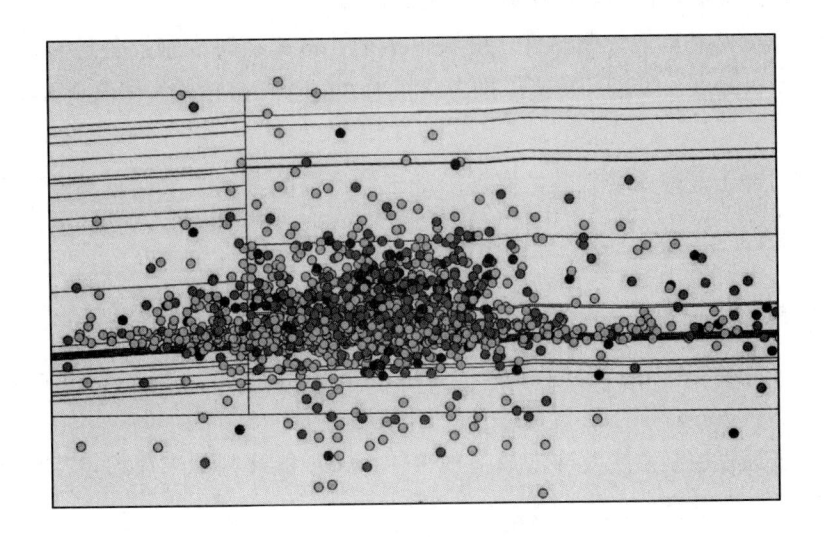

图 4-189 微震事件剖面投影图

温湿度监测、动力现象智能判别、远程操控、数据存储显示等功能，有效解决了常规钻屑法施工过程中存在的风险系数较高、劳动强度较大、煤粉流失严重、人力判别误差较大等问题，形成了一套集快速施工、高效检测、实时预警于一体的具有自主知识产权的冲击地压钻屑法智能检测系统（图4-190）。

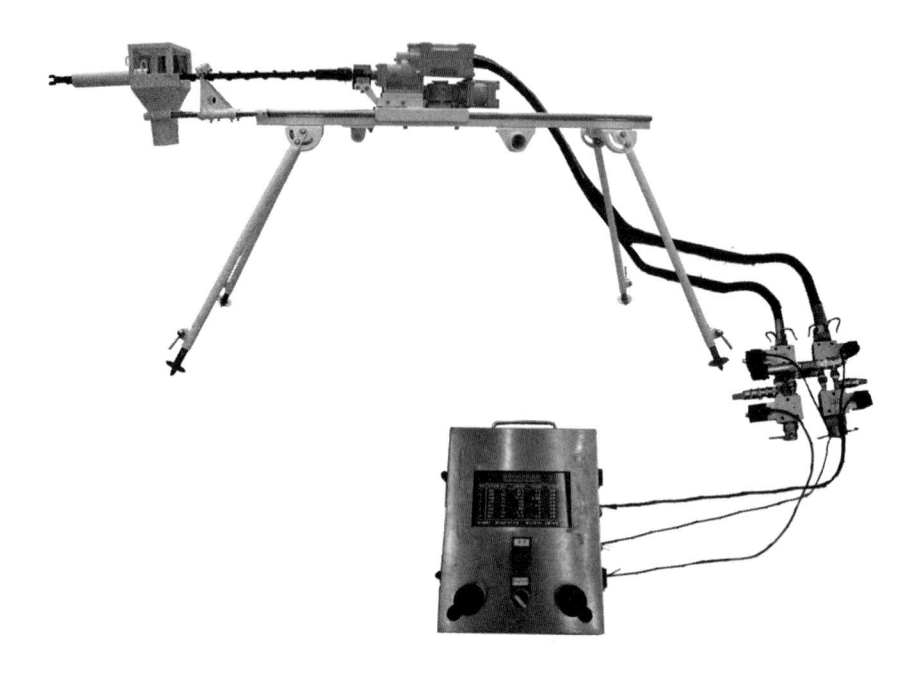

图4-190　冲击地压钻屑法智能检测装备实物

1. 技术内容与创新点

1）技术内容

（1）采用高强度合金材料加工的钻机主体重量轻、结构强、扭矩大，配套远程操控系统，实现了远程作业与实时影像传输，智能风险判别，一键急停。

（2）研发的采集分站和智能控制软件，能够根据钻孔情况实时控制设备运转，实现煤粉自动采集、称量，以及温度、湿度、风压、转速、推力、扭力、位移、音频、气体流量等指标的实时动态监测（图4-191）。

（3）研发的实时冲击危险预警软件，实现了基于钻屑检测数据、卡钻吸钻动力现象的冲击危险实时分析和分级预警。

2）创新点

（1）装备将煤粉自动称量、温湿度监测、位移监控、扭矩监测、风压风量监控等融入钻屑检测之中，突破了传统检测技术人工作业、机械称量等的弊端，实现了钻、采、录的智能化与一体化，精准高效作业。

（2）装备建立了远程控制系统及冲击危险预警体系，智能评判单米煤粉量指标及卡钻、吸钻等动力现象，发现异常声光预警，安全检测。

2. 关键参数

冲击地压钻屑法智能检测技术装备技术参数见表4-63。

3. 典型应用案例及使用效果

该装备在内蒙古巴彦高勒煤矿311202工作面进行了成功应用，设备运行稳定、灵敏度高，煤粉收集率90%以上，能够第一时间掌握现场煤粉量及动力效应状态，及时预警，效率提升30%以上。

4.2.3.47 煤层一次性超大直径钻护孔技术及装备

煤层一次性超大直径钻护孔技术及装备，解决了回采期瓦斯超限治理难题。具有钻孔直径大、成孔效率高、经济效益显著等优点，适用于煤矿采空区上隅角瓦斯抽放领域，为类似条件下瓦斯综合治理提供了新的施工工艺。同时，还可应用在解决快速掘进逃生通道，可快速机动到达巷道坍塌段，运用护管钻进作业技术快速形成超大直径钻孔，快速搭建安全救援通道。该技术装备具有自主知识产权，获授权实用新型专利1项，受理发明专利1项。

表4-63 冲击地压钻屑法智能检测技术装备技术参数

项　目	技术参数
工作压力/MPa	0.5
额定转矩/(N·m)	260
额定转速/(r·min^{-1})	220
额定输出功率/kW	6
负荷耗气量/(m^3·min^{-1})	6.1
空载转速/(r·min^{-1})	660
钻孔直径/mm	ϕ38~150
导轨长度/mm	1600
推进力/kN	8
推进行程/mm	1150

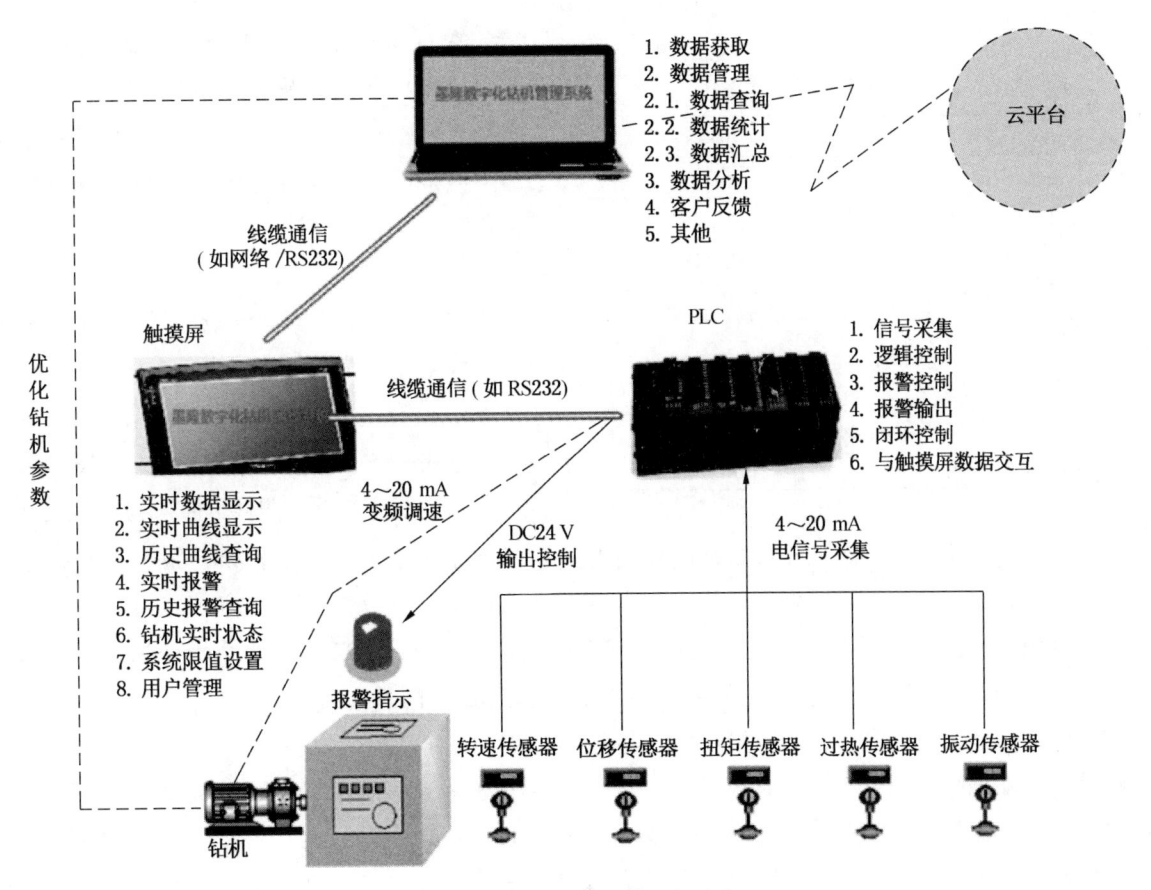

图4-191 数据传输分析系统

1. 技术内容与创新点

1）技术内容

煤层一次性超大直径钻护成孔技术及装备，应用于煤矿井下"U"形通风及临巷以孔代川的瓦斯抽放环境。主要结构包括双马达驱动回转装置、浮动顶驱机构、360°回转吊臂、负载平衡阀泵等部分。技术原理是旋转部带动螺旋钻杆切削钻进的同时护管顶推同步给进。可伸缩钻头切削造穴的同时，螺旋钻杆旋转排出煤渣，护管随即跟进护孔，防止孔壁垮塌而导致的"卡钻""抱钻"等事故的发生。护管兼具防止钻进轨迹向螺旋向偏移的功能。具有成孔率高、成孔直径大等特点，能够解决松软破碎煤层钻进困难的问题。该工艺不必再掘联络川，也不需要打密闭墙，从而也省去了巷道维护等工作，其成本远低于传统施工方式。

2）创新点

（1）揭示了松软破碎煤层钻进成孔规律，提出了一种护管顶推与螺旋钻具同步有机配合钻进的新方法，首创研制了煤层一次性超大直径钻护孔技术及装备，攻克了松软煤层传统钻进方法成孔孔径小、成孔率低等技术难题，实现了松软破碎煤层地质的超大直径一次性钻护快速成孔。

（2）基于煤层一次性超大直径钻护孔技术及装备，提出并验证了矿井采空区上隅角"U"形通风及临巷以孔代川瓦斯抽放工艺，解决了回采期瓦斯超限治理难题。该技术及装备在首钢福山金家庄煤矿、寨崖底煤矿、西山煤电杜儿坪等煤矿成功应用，具有钻孔直径大、成孔效率高、经济效益显著等优点，为类似条件下瓦斯综合治理提供了新的施工工艺。

2. 关键参数

煤层一次性超大直径钻护孔技术装备技术参数见表4-64。

表4-64 煤层一次性大直径钻护孔技术装备技术参数

项目	技术参数
额定转矩/(N·m)	14000
额定转速/(r·min^{-1})	38
回转额定压力/MPa	26
给进力/kN	1000
起拔力/kN	500
钻孔倾角/(°)	±10
钻孔直径/mm	350~650
额定功率/kW	132
主机外形尺寸（长×宽×高）/(mm×mm×mm)	4400×1770×2210
泵车外形尺寸（长×宽×高）/(mm×mm×mm)	4000×1480×1930

3. 典型应用案例及使用效果

煤层一次性超大直径钻护成孔技术装备在金家庄煤矿三采区9303抽采巷投入使用。在三采区回采过程中，利用采取直接从措施巷向采空区打超大直径（直径大于400 mm）一次性钻护成孔进行瓦斯抽采，利用大直径钻孔，取代联络川，同时也不需要打密闭墙，从而省去了巷道维护等工作，而且由于其成本远低于传统施工方式，经济效益极好。图4-192所示为金家庄煤矿井下施工图，图4-193所示为岩石孔成孔图，图4-194所示为煤孔成孔图。

直接经济效益体现在利用采取直接从措施巷向采空区打超大直径（直径大于400 mm）一次性钻护成孔进行瓦斯抽采，预钻孔回采面长度达800 m，煤柱为35 m，设计布置间隔每25 m一个钻孔，合计32个钻孔。煤巷掘进费用平均0.8万元/m，按巷道设计预估费用为：35×32×0.8=896万元；大直径钻孔费用平均0.2万元/m，按大直径钻孔设计预估费用为：35×32×0.2=245万元。该采煤工作面采用大直径钻孔替代巷道，进行瓦斯治理节省施工成本651万元，此成果不仅施工速度大大加快,且经济效益大大提高,而且由于其成本远低于传统施工方式,经济效益极好,且对于采掘交替紧张的煤矿,可以增加瓦斯预抽的施工,节省抽放成本,重要的是可以保证足够的预抽时间,大大减少煤与瓦斯突出事故的发生,对保障煤矿的安全生产,减少重大矿难事故的发生,具有十分重要的意义。

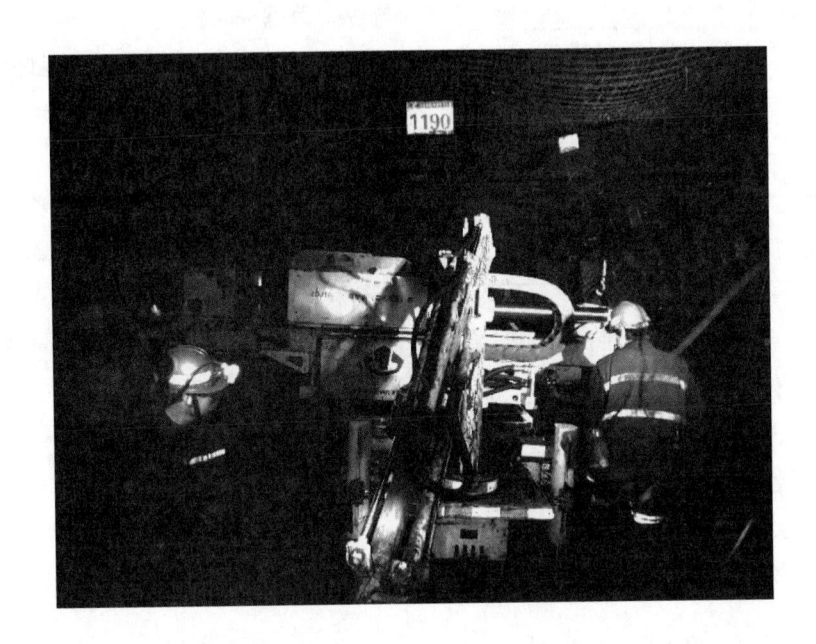

图 4-192 金家庄煤矿井下施工图

图 4-193 岩石孔成孔图   图 4-194 煤孔成孔图

4.2.3.48 锚杆综合力学性能试验台

该试验台可针对锚杆从支护施工开始到变形破坏全生命周期的受力过程进行反演,研究锚杆在锚固和安装预紧、围岩碎胀变形、层间滑移以及冲击破坏作用下的力学响应特征。对预紧后处于扭转、弯曲受力状态的锚杆施加拉伸、剪切、冲击等单一或多种载荷。该试验台也是世界首套用于测试锚杆在拉伸、弯曲、扭转、剪切、冲击五类复杂工况下力学性能的高精尖测试仪器。由中煤科工开采研究院研发,具有自主知识产权。

1. 技术内容与创新点

(1)所研发试验台具备锚杆锚固、安装预紧和支护工况模拟的弯曲、扭转、拉伸、剪切、冲击

表 4-65 锚杆综合力学性能试验台关键参数表

项目	技术参数
锚杆锚固时锚杆的推进速度/(mm·s^{-1})	8~80
锚杆锚固时锚杆的推进力/kN	0~15
锚杆锚固时锚杆的转速/(r·min^{-1})	80~600
锚杆锚固时搅拌锚固剂的扭矩/(N·m)	0~200
锚杆安装拧紧时螺母的扭矩/(N·m)	0~750
锚杆轴向拉力/kN	0~610
锚杆径向剪切力/kN	0~1100
孔口斜垫板法线与钻孔轴线夹角/(°)	0~30
轴向冲击能量/J	0~11000

等加载测试功能，经过试验验证各系统功能动作稳定可靠。

（2）与试验台功能动作配套的控制与数据采集测试系统硬件（传感器）齐全，满足系统控制与试验数据采集需要。

（3）开发的计算机控制和数据采集软件系统软件运行稳定，试验过程控制系统运行可靠，数据采集齐全。

（4）全方位的安全防护措施，为试验过程的设备和人员安全提供了有力保障。试验台除了采用行程开关、限位开关、急停开关等硬件，对系统运行位置和运行状态进行安全防护以外，计算机控制系统软件专门开发了关联功能闭锁系统，充分保证了试验的安全条件。

2. 关键参数

锚杆综合力学性能试验台配备的五类加载功能关键参数见表 4-65。

3. 典型应用案例及使用效果

以下介绍的两类典型案例中所用材料参数及型号见表 4-66。

表 4-66 试验材料参数表

试验材料类别	规格型号	试验材料生产厂
锚杆杆体螺纹钢	Y55（500 号）	山东石横特钢集团有限公司
锚杆杆尾螺纹段	M24	晋城市万瑞贸易有限公司
热轧高强度左旋无纵筋螺纹钢锚杆	MSGLW-500/22/2400	晋城市万瑞贸易有限公司
热轧高强度左旋无纵筋螺纹钢锚杆	MSGLW-500/22/3000	晋城市万瑞贸易有限公司
树脂锚固剂	Z2360	晋城市万瑞贸易有限公司
		潞安漳村恒达工贸有限公司
树脂锚固剂	Z2335	晋城市万瑞贸易有限公司
		潞安漳村恒达工贸有限公司
锚杆托盘及配套调心球垫	150×150×10	晋城市万瑞贸易有限公司
高性能水泥基灌浆料	CGM-1	奥泰利新技术集团有限公司

案例 1："扭转-弯曲-拉伸"复杂工况下锚杆力学响应特征试验研究

对锚杆在倾斜角度 20°，螺母扭矩分别为 250 N·m、350 N·m 和 450 N·m 条件下进行拉伸试验，试验结果如图 4-195~图 4-197 所示。

(a)

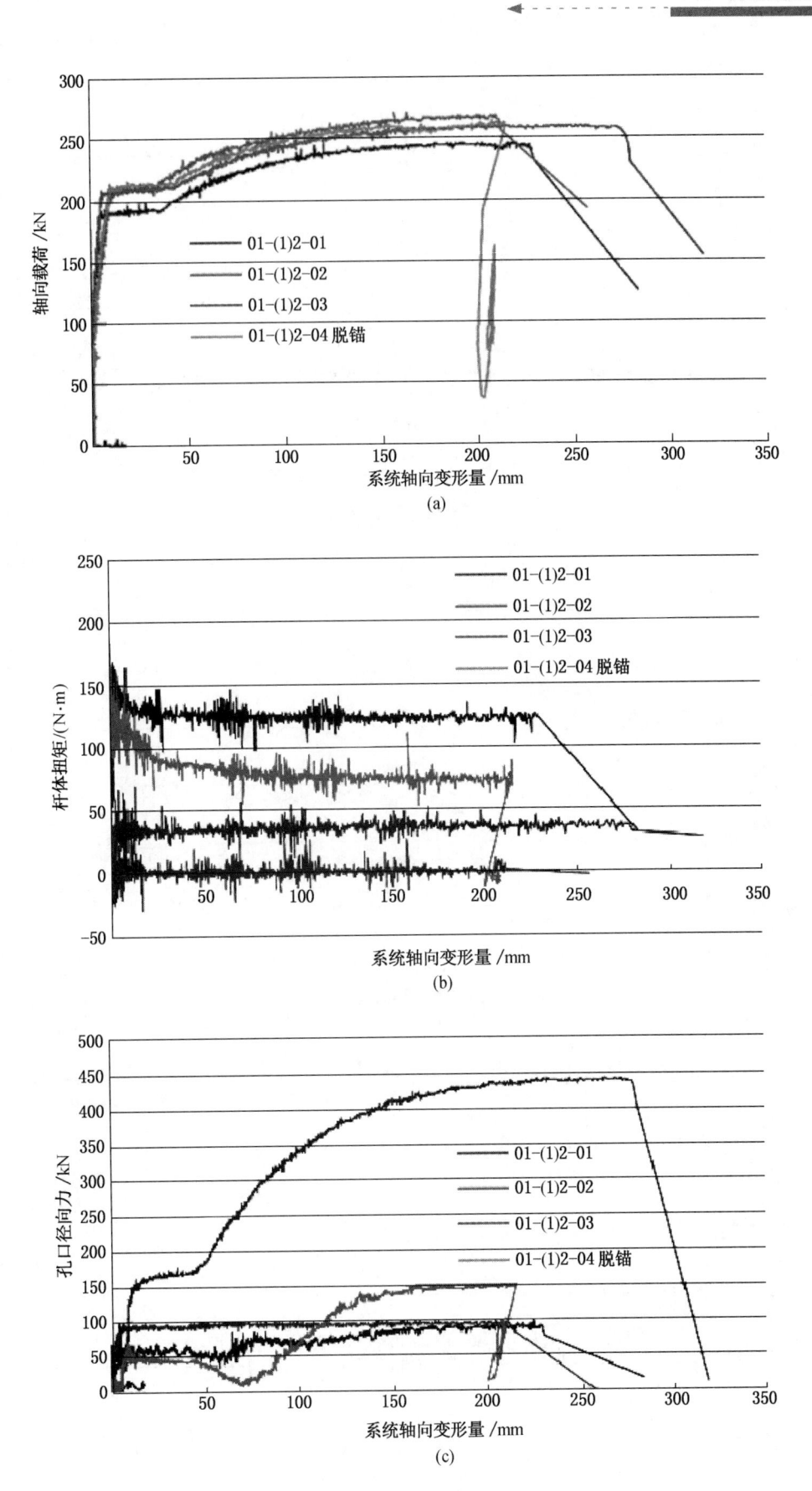

(b)

(c)

(d)

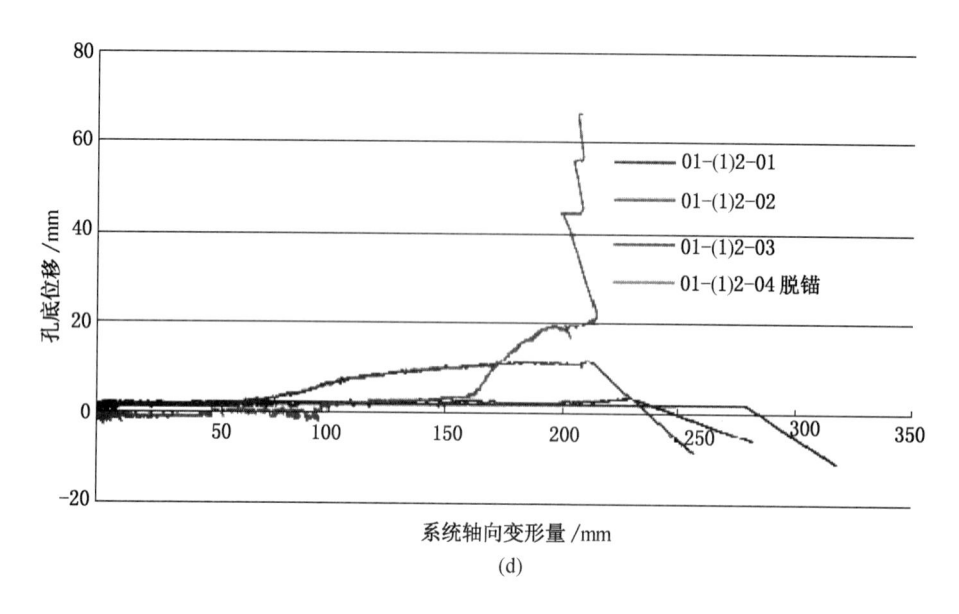

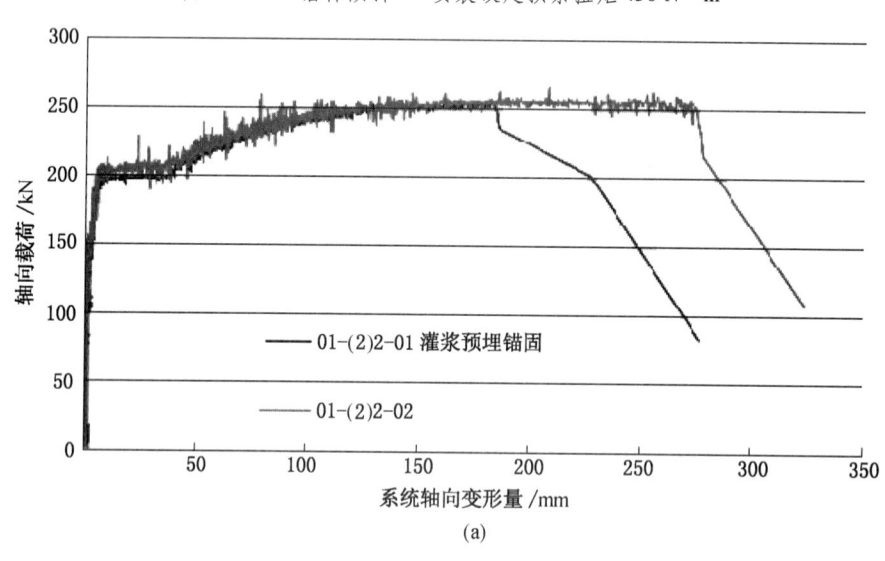

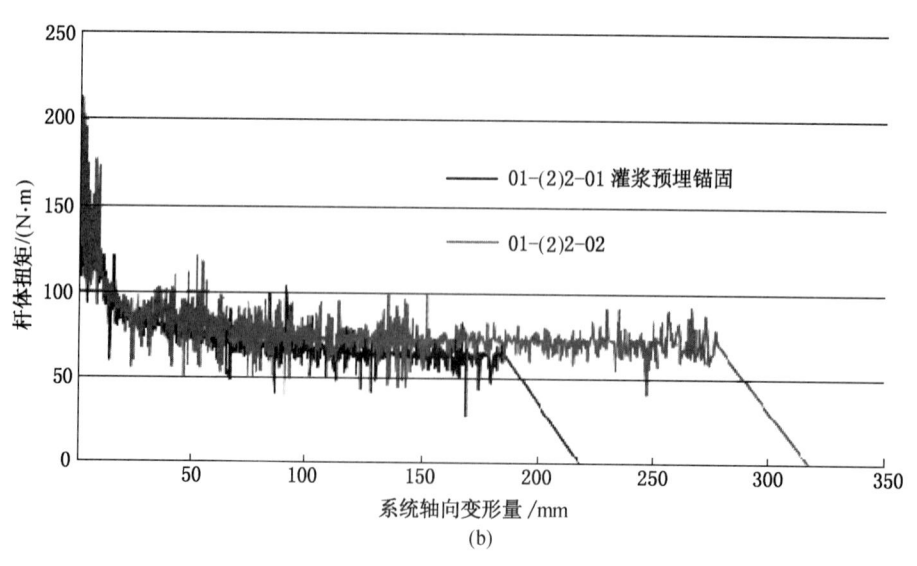

图 4-195 锚杆倾斜 20°安装设定预紧扭矩 450 N·m

(a)

(b)

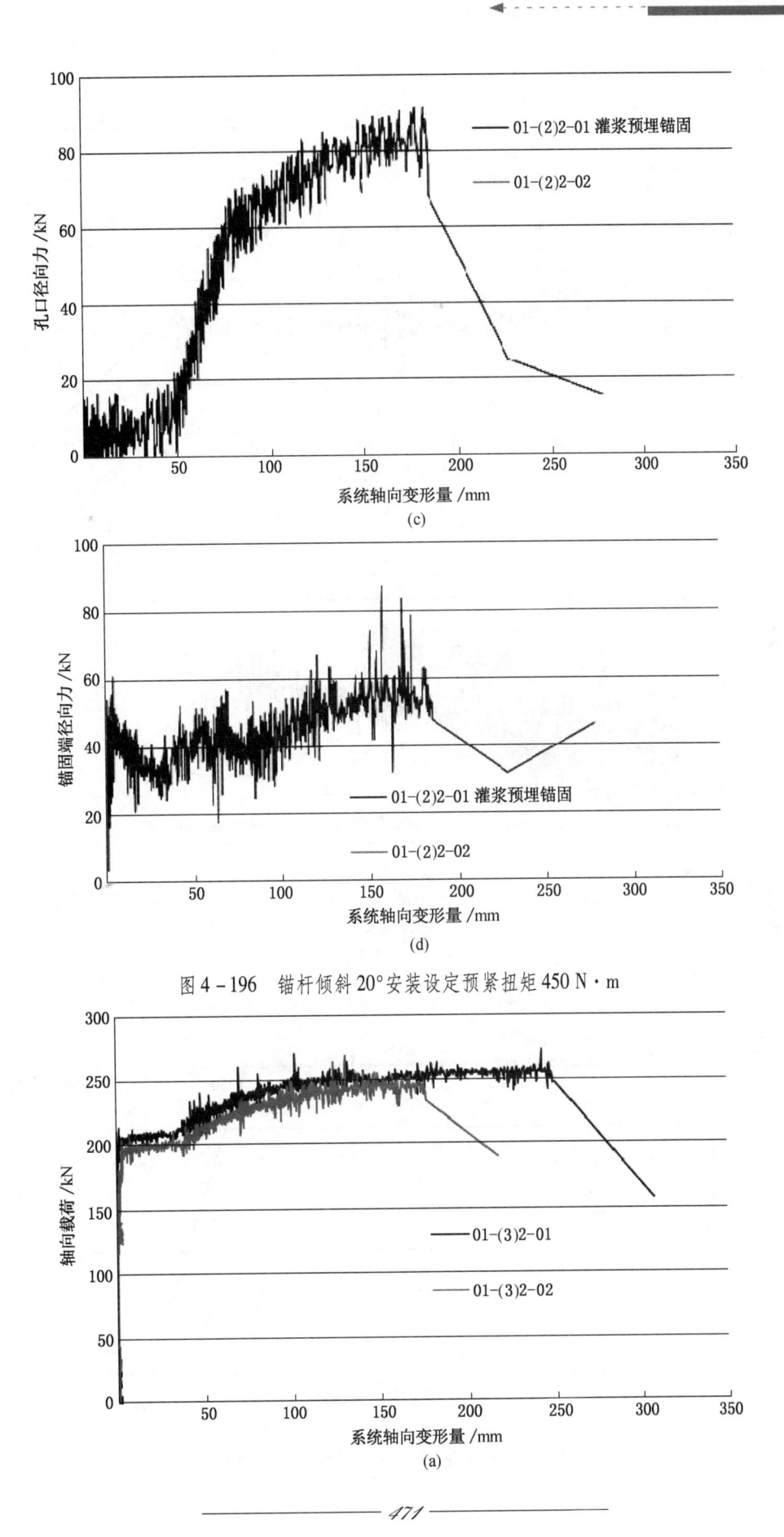

图 4-196　锚杆倾斜 20°安装设定预紧扭矩 450 N·m

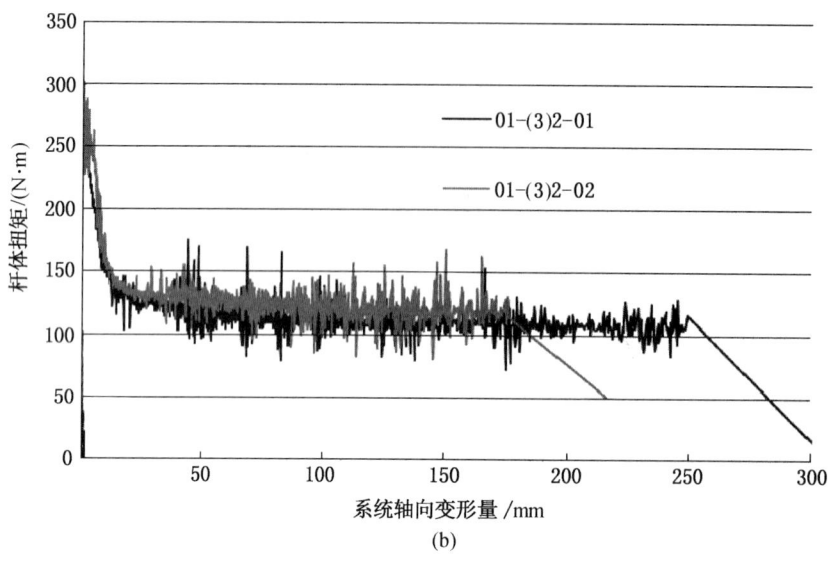

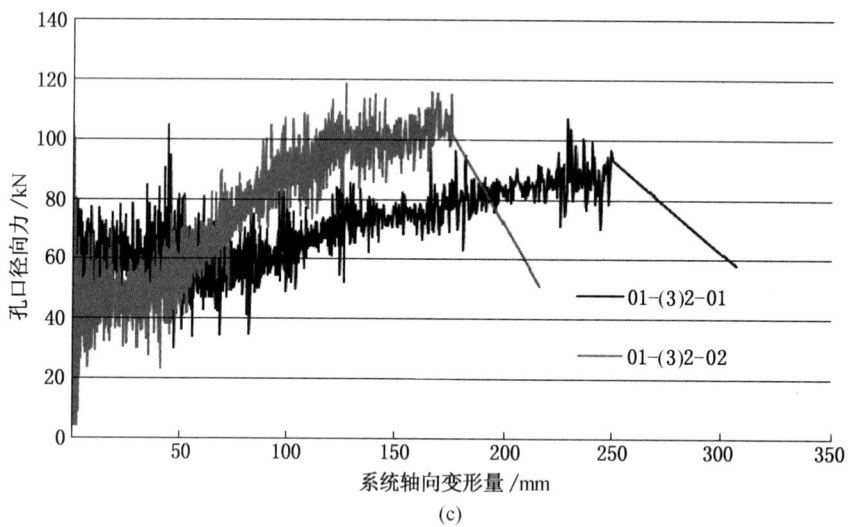

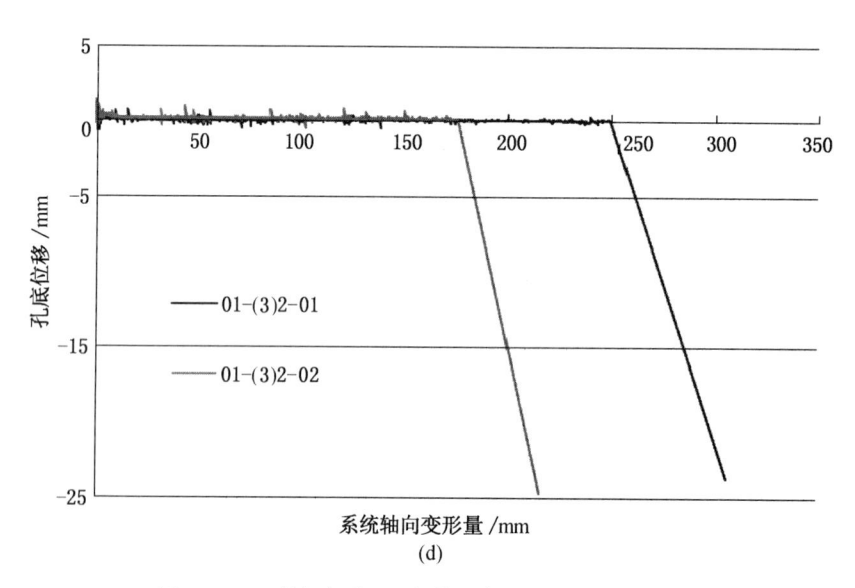

图 4-197　锚杆倾斜 20°安装设定预紧扭矩 450 N·m

案例2:"弯曲-扭转-拉伸-冲击"复杂工况下锚杆力学响应特征试验研究

对锚杆在倾斜角度为10°,安装扭矩为120 N·m,预紧拉伸载荷为50 kN条件下的冲击力学性能进行测试,冲击能量为10 kJ,试验结果如图4-198所示。

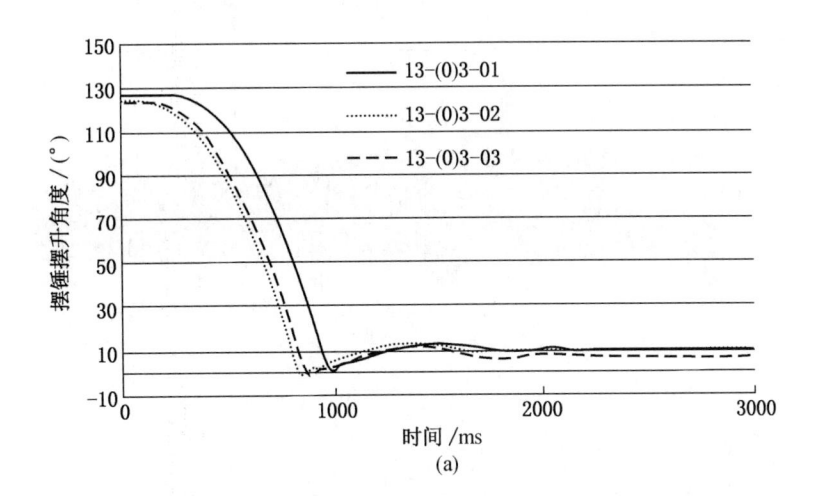

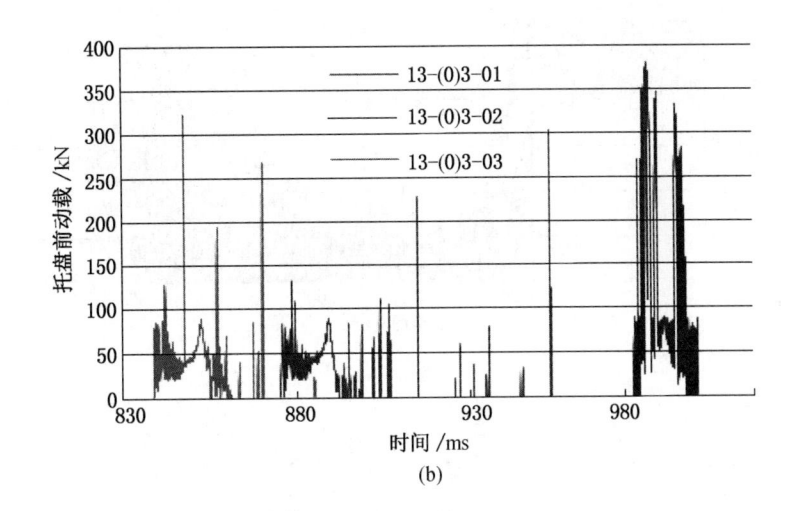

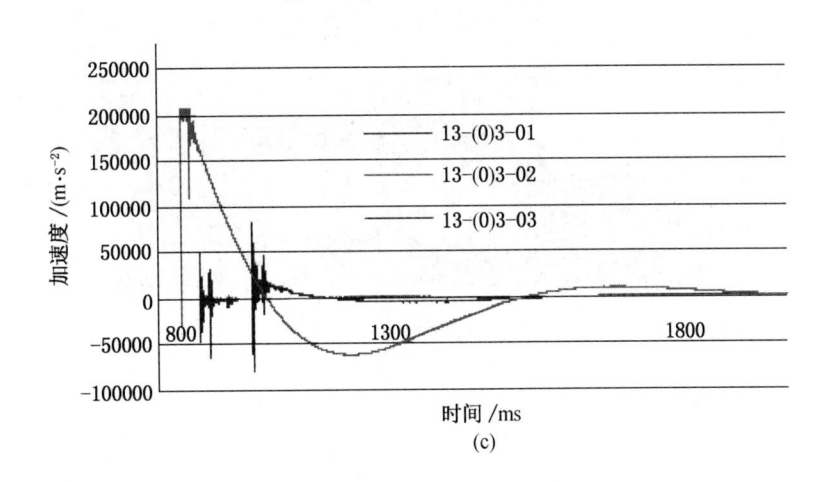

(d)

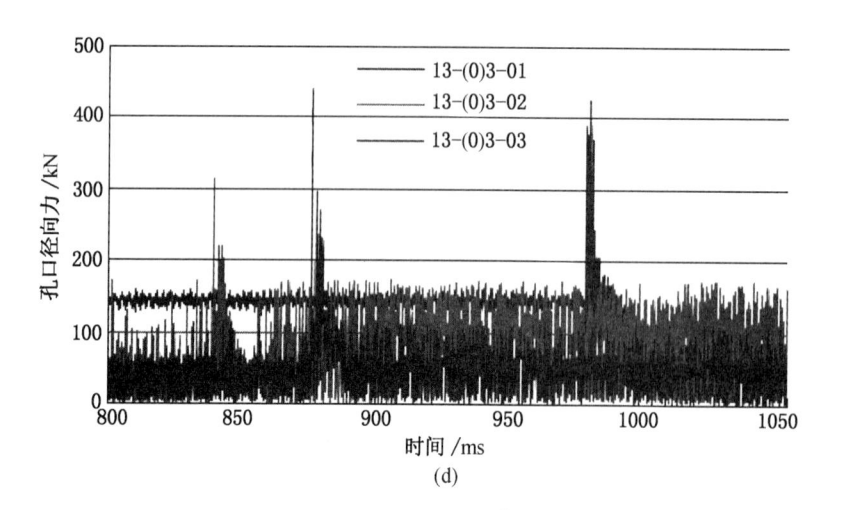

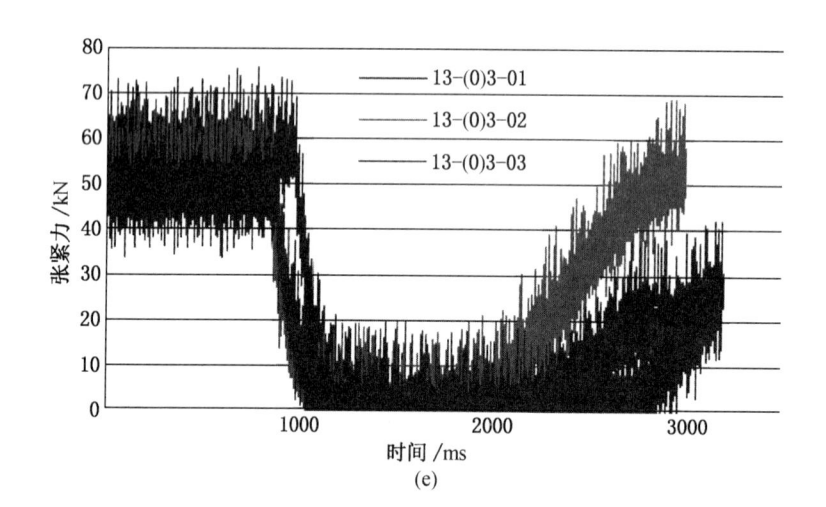

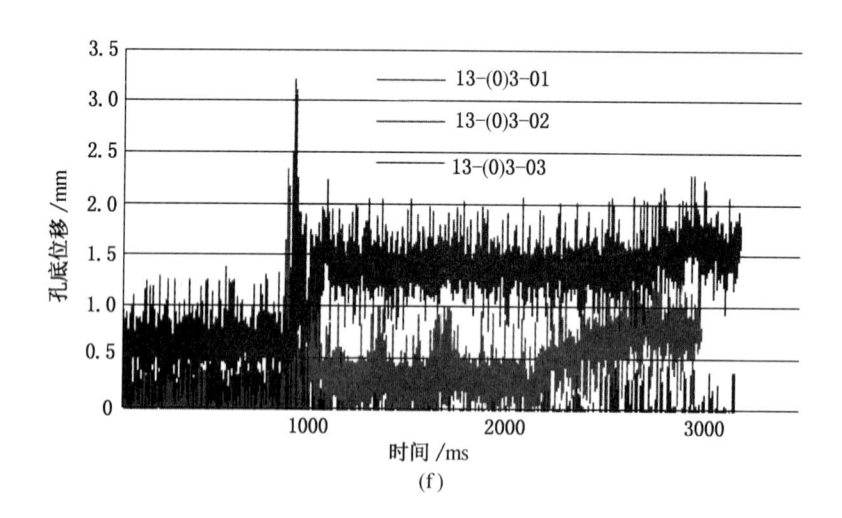

(e)

(f)

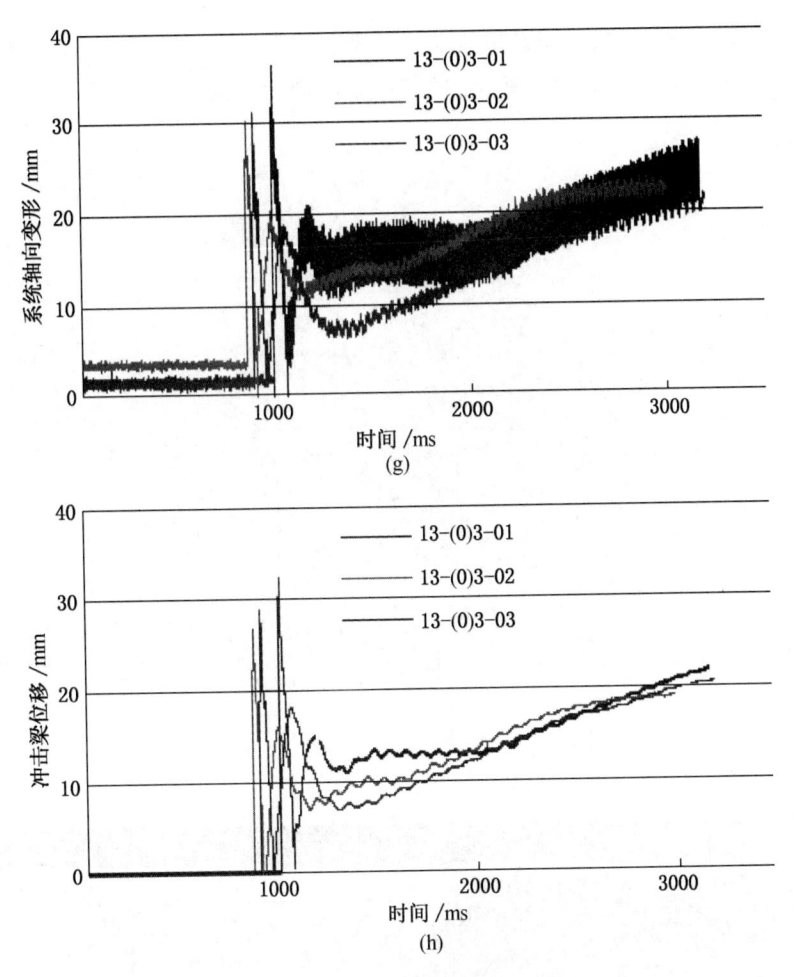

图4-198 锚杆冲击过程力学响应特征曲线

由两类典型案例测试结果可知,锚杆综合力学性能试验台整体运行情况较为稳定,其特有的复杂工况力学性能测试功能可有效还原锚杆在井下的真实受力状态,其测试结果对指导巷道支护设计、锚杆支护机理研究具有重要的意义。

4.2.3.49 煤矿安全监管监察信息化平台

煤矿安全监管监察信息化平台攻克了矿井多源信息可靠采集与融合处理、典型隐患自动识别、矿井综合风险安全量化评价、风险监测数据一张图展现与交互分析等关键技术,具有自主知识产权。

1. 技术内容与创新点

(1) 行业内首次集成实现 OPC-UA、OPC-DA、SIP、ONVIF、MQTT、VOIP 等协议标准的监测数据统一采集适配,实现监测监控类数据标准化采集,自主构建大数据存储系统,实现采集处理能力每秒不少于6万条。

(2) 基于煤矿安全规程、重大机电设备检验检测规范、AQ1029-2019等相关规范标准,从安装、配置、运行、维护、检测检验等方面建立了包含监控系统、主通风机、提升机、水泵、综保开关等设备系统的运维合规性巡查指标体系及评判模型,实现系统运行健康状态动态诊断(图4-199、图4-200)。

(3) 基于海量监测历史数据,构建了瓦斯浓度时空变化特征图谱,有效揭示了关键区域瓦斯浓度变化趋势；基于时序模型，分析了煤矿事故关联关系，构建了事故关系图谱；提出了基于中性参照对象的煤矿风险量化评价指标体系及模型，实现了煤矿风险动态量化评价。

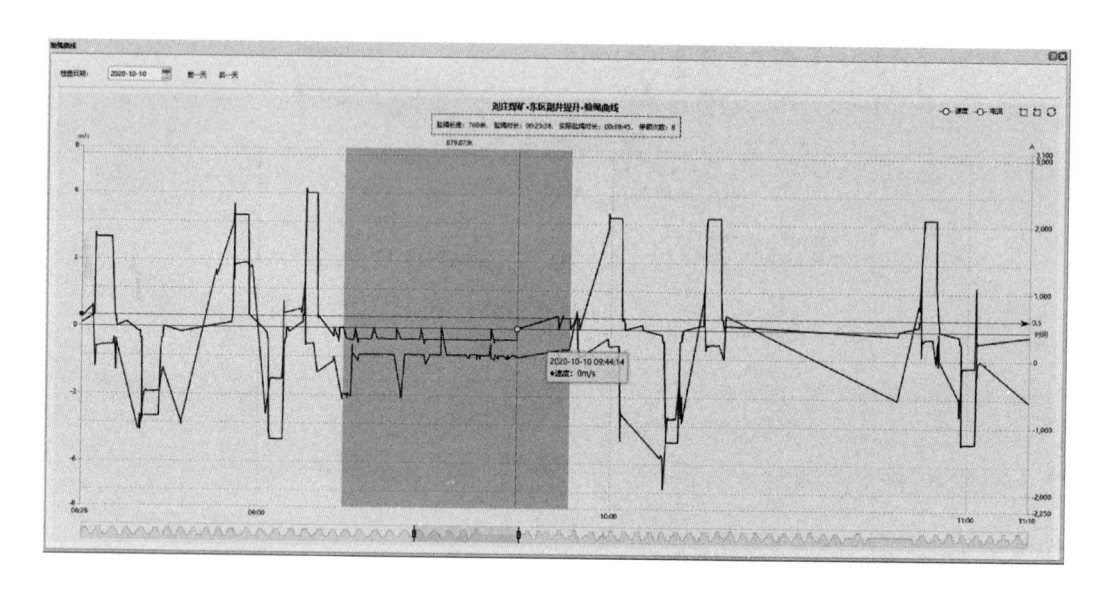

图 4-199　提升机钢丝绳验绳在线评判

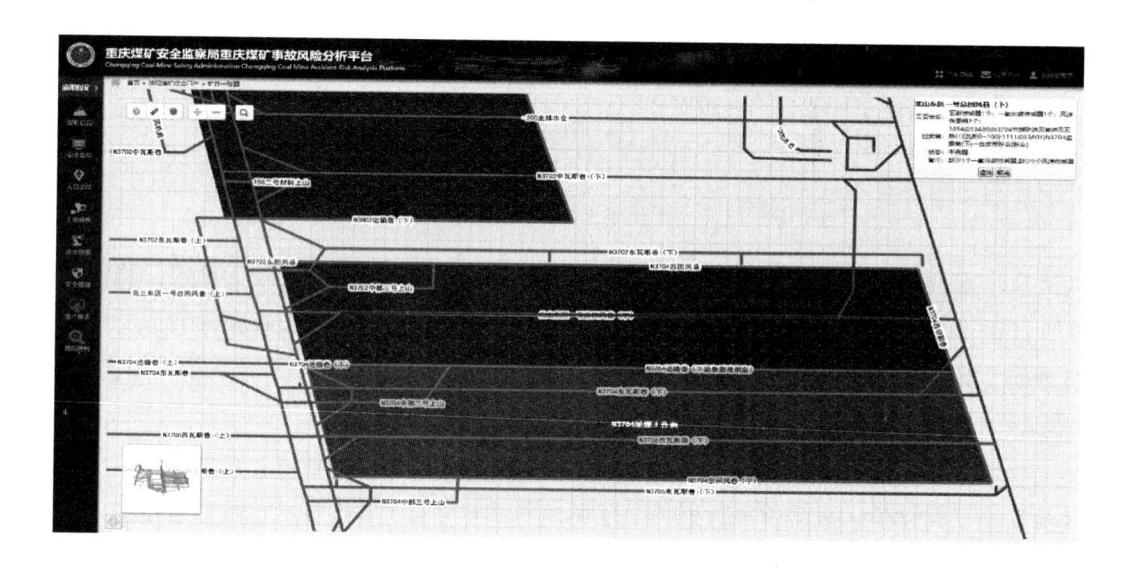

图 4-200　安全监控系统合规性在线评判

（4）运用基于虚拟现实的三维建模技术，研发了矿井二三维 GIS 一张图可视化服务，采用矢量数据发布和 WCF 数据交互技术，集成展示矿井巷道、设备、人员、生产系统等空间对象位置关系和实时监测参数，支持关键场景自主漫游，旋转、放大、缩小等操作，并通过关联各系统设备之间的逻辑关系，实现 20 余个子系统的一张图可视化集成监测与聚合钻取。

（5）基于数据和流程双重驱动模式，开发了煤矿安全监管监察信息化软件，构建煤矿、集团、政府监管监察部门多方协同安全管控新模式，实现传统煤矿管理向数据驱动、目标导向模式的升级。

2. 关键参数

（1）矿井多源信息采集标准22项，包含OPC-UA、OPC-DA、SIP、ONVIF、MQTT、VOIP等协议数据适配器15种，能够实现安全监控、人员定位、提升、水泵、电力、广播、视频等22类系统数据的采集，包含662项核心元数据描述规范与71个标准代码集、66项校验规则。

（2）矿井多源异构流式处理系统数据采集点数不小少6万点/s，最小采集间隔不大于5 s，数据解析处理时延不大于500 ms，数据回溯分析时间不大于5 s。

（3）能远程自动识别监控系统安装到位、门限配置、报警断电控馈一致、传感器量程范围等19项监控系统合规性评判项，自动识别包括主通风倒机时间、电力设备备用电源运行启动、提升机钢丝绳检查、空压机排气压力、水泵振动等25项重大机电设备运维合规隐患，评判准确率大于95%。

（4）平台支持并发不小于5000客户端，画面时延不大于3 s。

3. 典型应用案例及使用效果

该平台已在重庆煤矿安全监察局、安徽煤矿安全监察局、青海煤矿安全监察局，以及内蒙古、宁夏、山西、四川等市县级政府监管部门、煤矿集团公司、煤炭企业进行了大量应用，推广相关产品超过200余台（套），实现销售合同7000余万元，利润3900余万元。经现场应用证明，系统运行稳定可靠，有效提升了煤矿安全保障水平和政府监管监察能力。应用成果获得了国家有关部委、多个省市煤炭主管部门、煤炭企业的认可，以及中国煤炭网、国家煤炭工业网、东方财富网、网易等主流媒体或网站的关注与报道。

特别是在2020年疫情期间，平台产品有效支撑了煤矿企业集团公司和省市县等各级煤矿监察监管部门远程在线监察与管理。据不完全统计，包括重庆煤监局、青海煤监局、川煤集团公司等借助平台发现瓦斯及CO超限、设备故障报警等隐患超过4500多次（条），借此开展现场监察20余次，达到了循数管控、精准监察的目的。图4-201所示为青海煤监局煤矿事故风险分析平台。

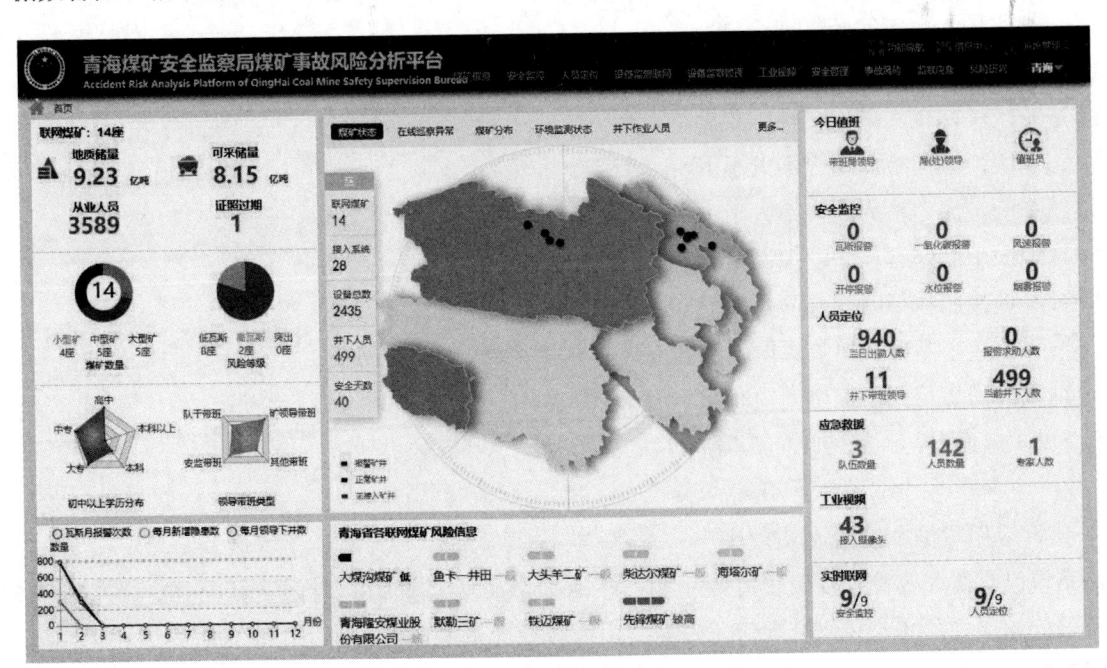

图4-201 青海煤监局煤矿事故风险分析平台

4.2.3.50 KJ90X 煤矿安全监控系统

KJ90X 煤矿安全监控系统包括矿用本安分站、激光甲烷传感器、双向风速传感器、威力巴和点式流量计、隔爆及本安电源、基于数据融合及多系统应急联动的煤矿安全监控系统软件等产品，总体技术达到国内领先水平，系统可靠性指标达到国际先进水平。其中，依托该系统制定了行业标准"煤矿安全监控系统通用技术要求"1 项；获授权发明专利 13 项，受理发明专利 17 项；获得省部级奖励 3 项，其中获重庆市科技进步奖一等奖 1 项；获得名牌产品和高新技术产品荣誉称号 4 项。

1. 技术内容与创新点

系统突破了传感器自校正、电源强带载和故障智能识别、多制式信号透明传输环网、Ⅰ类防爆抗干扰、瓦斯异常识别算法、系统联动控制六大技术难题，可实现煤矿安全环境参数实时显示、多级分级预警、区域报警断电等功能，具有以下创新点：

（1）提出具有自校正功能的激光气体检测、双向风速风向测量及瓦斯抽放管道参数测量方法，发明检测装置防堵引压探头和均速管流量计探头，研制多种高精度宽量程甲烷、风速、流量传感器，主导制定多项国家行业标准。

（2）提出一种提高本安电源带载能力和多路隔离本安型电源输出故障识别的实现方法，发明分级启动式矿用本安电源，研制了兼容多种制式信号的远距离高速环网传输设备，实现即插即用的总线传输。

（3）提出基于安全监控系统数据的瓦斯突出和瓦斯异常识别方法，综合应用数据融合、联动控制、数据库等技术，研制成功 KJ90 N 高可靠高稳定的煤矿安全监控系统软件，实现与人员定位、应急广播、电力监控等多系统的应急联动。

（4）综合应用多种干扰抑制技术，KJ90 N 高可靠高稳定煤矿安全监控系统国内首家通过整体抗干扰认证。

2. 关键参数

（1）系统接入最大分站数量：256 台。

（2）系统分站最大接入节点数量：10000 个。

（3）系统环网接入最大交换机数量：64 台。

（4）系统最大巡检周期应不大于 10 s。

（5）系统最大巡检周期应不大于 10 s。

（6）地面中心站远程手动控制执行时间不大于 10 s。

（7）异地控制执行时间（不同分站、不同网段）不大于 20 s。

（8）甲烷超限断电及甲烷风电闭锁的就地控制执行时间不大于 2 s。

（9）掘进面煤与瓦斯突出闭锁时间不大于 20 s。

（10）采煤面煤与瓦斯突出闭锁时间不大于 20 s。

（11）应急联动时间不大于 20 s。

3. 典型应用案例及使用效果

该系统已在贵州盘江精煤股份有限公司、陕西淮南矿业（集团）有限责任公司、冀中能源峰峰集团有限公司、山西华宁焦煤有限责任公司、山西晋城无烟煤矿业集团有限公司、山西潞安环保能源开发股份有限公司、山西平舒煤业有限公司、山西西山煤电贸易有限公司、山西新景矿煤业有限责任公司、山西新元煤炭有限公司、山西阳泉寺家庄煤业有限公司、陕西彬长孟村矿业有限公司、陕西思宇信息技术股份有限公司、沈阳焦煤股份有限公司、四川省古叙煤田开发股份有限公司、西山煤电（集团）有限责任公司、重庆能投渝新能源有限公司等上千家国内大中型煤矿企业成功应用，应用行业覆盖了煤矿、公路隧道、金矿、铝矿、钢铁等领域。长期运行以来，系统运行稳定，报警及时准确，保证了煤矿井下生产环境的安全。截止到2020年项目研发的成果，国内市场占有率达到了33%左右，成为国内煤矿监控系统领域的领头羊，引领行业的发展。图4-202所示为山东能源临矿集团王楼煤矿安全监控系统效果图，图4-203所示为KJ90X煤矿安全监控系统融合界面局部效果图。

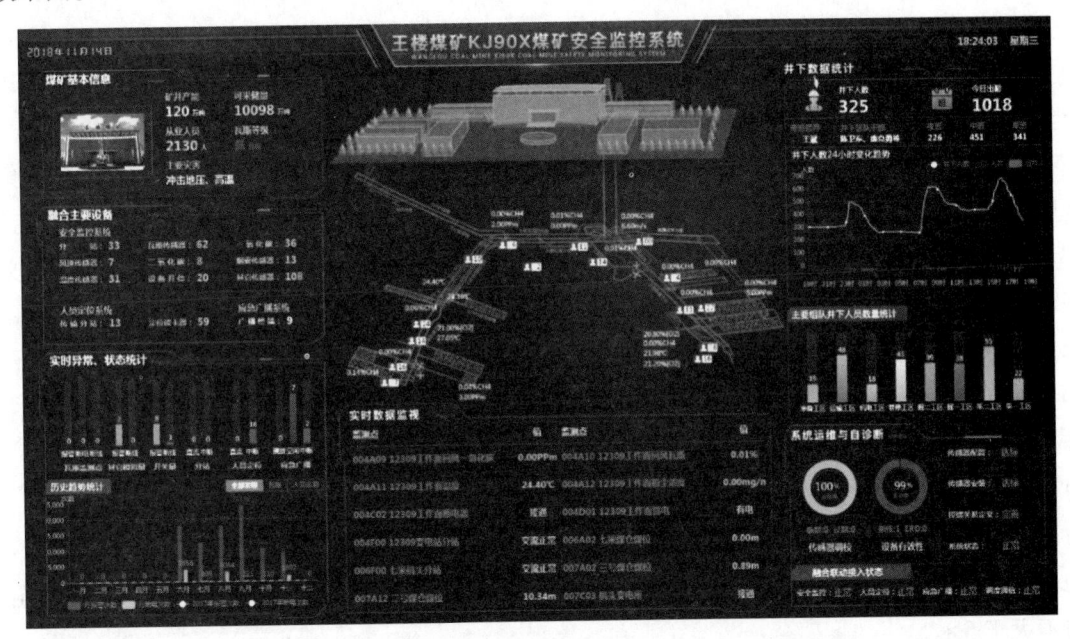

图4-202　山东能源临矿集团王楼煤矿安全监控系统效果图

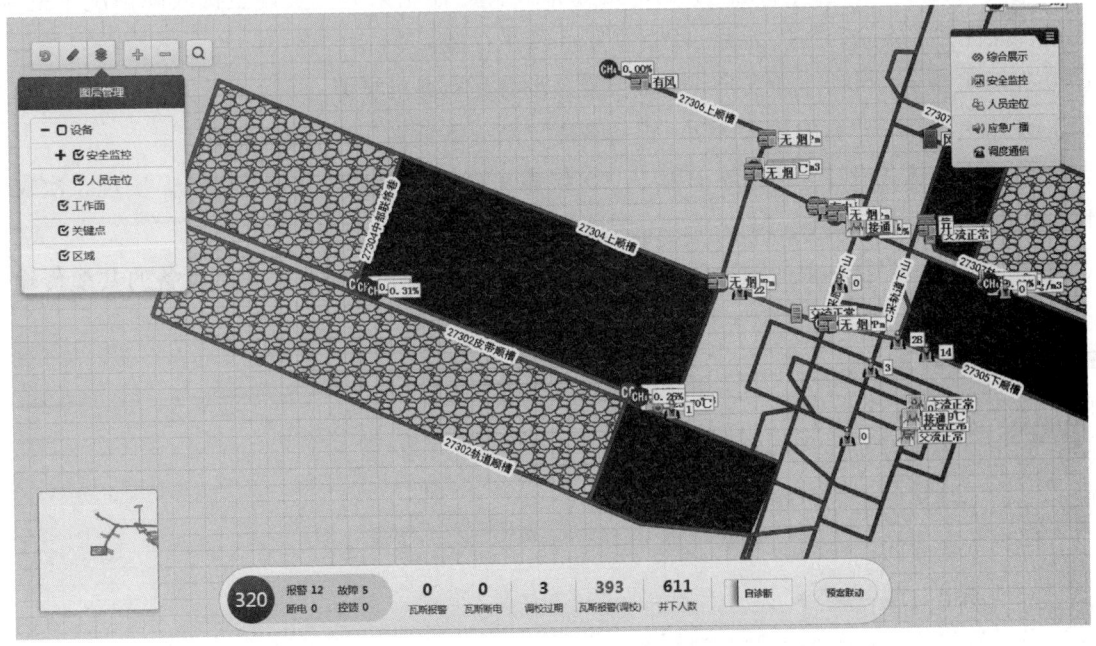

图4-203　KJ90X煤矿安全监控系统融合界面局部效果图

4.2.3.51 KJ95X煤矿安全监控系统

KJ95X煤矿安全监控系统由天地（常州）自动化股份有限公司进行研发，具有完全自主知识产权。先后取得矿井安全监控用传感器的电源模块、一种数据库身份验证方法及系统、煤矿井下综合数据采集分站等授权专利7项；获得天地自动化煤矿电源管理系统软件、天地自动化矿用环网接入器嵌入式软件、天地自动化矿用本安型光端机嵌入式软件、天地自动化管道用一氧化碳传感器嵌入式软件等软件著作权20项；形成矿用瓦斯传感器、煤矿综合监控系统、通用监控分站等高新产品6项。

1. 技术内容与创新点

1）技术内容

（1）分布式控制。系统采用分布式智能控制策略，实现主机故障情况下的本地、异地断电，保证井下安全。

（2）主动上传机制。系统采用监测数据主动上传通信机制，提高传输效率和系统响应速度，减少异地断电时间。

（3）分体式传感器设计。传感器采用"二次仪表+变送器"模块化设计方法，实现二次仪表重复利用，降低传感器维护成本，减少维护工作量。

（4）系统设备的即插即用智能识别技术，实现了设备智能接入，减少了矿工的维护。

（5）自诊断、自评估技术，自动检测并提示系统运行中设备出现的异常信息及处理方法，通知系统维护人员及时处理，保证系统可靠运行。

2）创新点

（1）系统容量更大：支持255台分站，7000个测点。

（2）速度更快：采用监测数据主动上传通信机制，提高传输效率，巡检时间不大于10 s，异地断电时间不大于5 s。

（3）运行更稳定：分布式控制，系统采用分布式智能控制策略，实现主机故障情况下的本地、异地断电，保证井下安全，强抗干扰、IP65防护、密采存储。

（4）保障更安全。ia级本质安全、分级报警、没有瓦斯突出报警。

（5）使用更容易。丰富的故障诊断、设备智能识别（即插即用）、设备溯源。

（6）传感器分体式设计。传感器采用"二次仪表+变送器"模块化设计方法，实现二次仪表重复利用，降低传感器维护成本，减少维护工作量。

（7）融合功能更丰富：地面融合广、井下融合深，实现井下不同业务系统设备的共缆传输，并将采集的数据进行统一处理、控制、打包上传至地面主机。

2. 关键参数

（1）系统容量：255台分站。

（2）系统最大测点数量：7000。

（3）系统巡检周期指标：≤10 s。

（4）本地断电时间：≤2 s。

（5）异地断电时间：≤5 s。

（6）分站存储能力：不小于24 h数据量。

（7）抗干扰能力：

①通过3级静电抗扰度试验（评价A）；

②通过2级电磁辐射抗扰度试验（评价A）；

③通过3级脉冲群抗扰度试验（评价A）；

④通过3级浪涌（冲击）抗扰度试验（评价A）。

（8）监控主机、传感器均具有分级报警功能，根据报警级别通知相关部门及负责人，实现报警信息分级响应。

（9）具有自定义报表功能，具有Web发布功能，可查看实时及历史数据、报警、曲线等信息。

（10）具有附属设备的即插即用功能，系统自动识别所接设备类型，仅需配置设备安装地点及断电关系即可投入使用。

（11）具有在线标校功能，记录传感器标校状态，减少标校窗口时间，缩短监控时段盲区。

（12）具有电源管理功能，实现智能电源实时在线监测和管理。

（13）具有监控系统达标检测功能，检测传感器漏装、报警、断电、复电门限设置错误等异常问题，并进行报警。

（14）具有地面多系统融合功能，实现多系统联动。

3. 典型应用案例及使用效果

系统在兖矿集团兴隆庄煤矿和济宁二号煤矿建立了"全国示范性矿井"，并先后召开了全国现场会，取得了一致好评。其中济宁二号煤矿系统应用整体效果实现了"三个减少"和"三个提升"。

1）"三个减少"

一是减少了设备消耗。通过多参数传感器、多系统融合，新系统减少各类传感器20台、分站26台，节约费用约40万元。

二是减少了系统维护人员。系统融合后多套系统可由一组人员进行巡检维护，且系统维护周期增长，维护人员由原来的30人缩减至15人，年节约人工成本约150万元。

三是减少了各类线缆投入。多系统井下融合实现了各类传感器共线共缆，年可节约各类线缆约20000 m。

2）"三个提升"

一是提升了工作效率。各类设备接入实现即插即用、故障自诊断，维护方便快捷，初步统计可提高效率约60%。

二是提升了系统准确性。各类新型传感器的接入及系统数据采集方式的改变，数据采集由原来秒级提升至毫秒级，显著提高了监测数据的准确性。

三是提升了系统稳定性。系统升级改造后各类传感器防护能力提升、抗干扰能力增强、系统备用电源升级，大幅提升了系统稳定性。图4-204所示为新型安全监控系统简介示意图，图4-205所示为现场设备及系统展示图片。

4.2.3.52　KJ999X煤矿安全监控系统

KJ999X煤矿安全监控系统采用以太网+CAN现场总线通信方式，取代设备级的模拟量和开关量信号，抗干扰能力强，监测数据准确，真实地反映了煤矿井下各测点的真实状况，完全满足智慧矿山安全生产需要。该项目具有自主知识产权。研究成果授权发明专利1项，实用新型专利4项，发表学术论文9篇，其中核心期刊7篇。

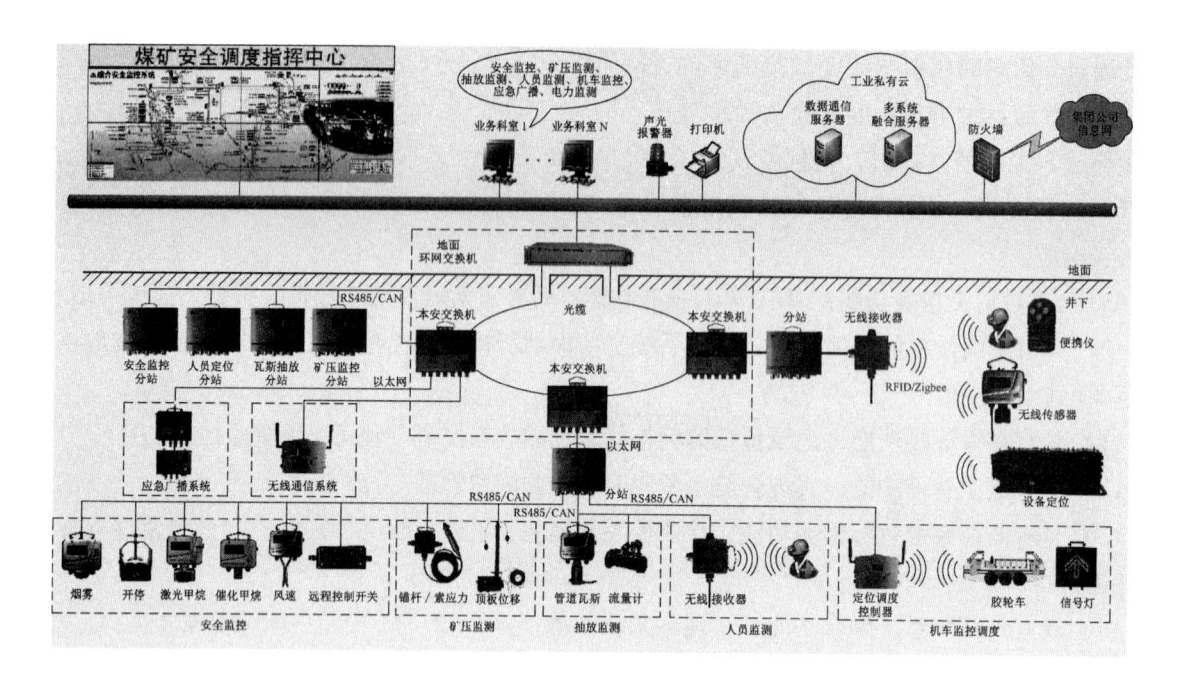

图 4-204 新型安全监控系统简介示意图

图 4-205 现场设备及系统展示图片

研究先进的电磁干扰抑制吸收技术，使安全生产监控设备在恶劣环境下依然能够稳定可靠工作，使其满足《煤矿安全监控系统升级改造技术方案》的要求，适于大、中、小各类矿井使用。

1. 技术内容与创新点

1）技术内容

系统以研究模拟电子、数字电子、嵌入式软件及计算机软件等技术，煤矿安全监控系统及其配套设备为主线，从硬件和软件两个方面研究升级改造的智慧矿山安全生产智能综合监管系统。形成了传感器低功耗及缓启动技术、无主数字化通信技术、无主多端口多线程数据采集技术、外壳防尘防水防护技术、抗电磁干扰技术、UCOSII 操作系统应用技术、STM32 系列 ARM 芯片应用技术、多网融合统一平台技术。

在硬件方面研制了基于 CAN 总线通信方式的符合煤矿井下要求的高可靠性安全监测监控系统分站、各类型传感器、通信接口、断电器、人员定位分站、识别卡、语音广播分站等硬件设备。

在软件方面通过自主创新，开发了具有自主知识产权的、符合国家煤矿安全监察局印发的《煤矿安全监控系统升级改造技术方案》的安全监控系统及其三网融合网络化的综合软件系统平台。

2）创新点

（1）选择目前应用广泛的通信方式，即 CAN 总线通信方式。确定统一的通信速率，相同的通信协议。

（2）综合能力强、融众系统于一体，实现井下传输信道合一，首次实现安全监控系统与全矿范围内各类监控系统组网管理，大幅度减少信道与设备投资。

（3）系统可实现 3 种组网方式：①采用工业以太网 + 现场总线方式；②采用骨干光纤网 + 现场总线方式；③采用传输电缆网 + 现场总线方式。

（4）首次实现分站层异地断电控制功能。

（5）具有大数据分析和处理功能。结合沈阳研究院在瓦斯治理、防灭火治理方面几十年的理论研究和实践经验，实现了瓦斯涌出预警、报警，火灾预警报警功能。

（6）具有井下瓦斯抽采管路诊断优化功能。实现了瓦斯抽采管路关键参数的准确采集、综合分析和诊断处理功能。

2. 关键参数

（1）数字信号（分站输入端）：无主式、CAN 总线；传输速率：5 kbps。

（2）存储时间实时监测值存盘记录应保存 3 个月以上。设备故障记录应保存 2 年以上。

（3）画面响应时间：调出整幅画面 85% 的响应时间应不大于 2 s，其余画面应不大于 5 s。

（4）误码率：误码率应不大于 10^{-9}。

（5）系统最大监控容量：系统最多可接入 80 台分站（以太网光纤分站），最多支持 8 个以太网光口通道，每个通道最多可接入 10 台分站（以太网光纤分站），系统最大接入测点容量为 1920 个点（包括模拟量、开关量、控制量）。

（6）分站最大监控容量：3 路 CAN 数字量信号通道（16 台数字信号设备）；8 路无源接点控制量输出。

3. 典型应用案例及使用效果

系统已在沈阳煤业集团、龙煤集团新疆分公司、龙煤集团鸡西分公司、龙煤集团双鸭山分公司、龙煤集团七台河分公司、宝泰隆公司、神华集团等国内骨干煤炭企业成功应用。

现场一致反映该项目运行稳定，性能良好，符合国家和行业标准要求，满足智慧矿山安全生产需要。监测功能齐全，适用于井下各种参数的有效监测，采用 CAN 总线的通信方式，抗干扰能力强，监测数据准确，真实地反映了煤矿井下各测点的真实状况，系统控制功能齐全，能够按照断电值、复电值准确实施控制，并能够实现危险区域报警，分区断电功能。

采用矿井工业以太环网＋现场总线技术的智慧矿山安全生产智能综合监管系统为系统平台，并将矿井各类监控子系统集成到综合自动化控制网络平台中，与企业信息管理系统实现无缝连接。将生产、安全、管理等方面的信息有机地整合到一起，进行分析处理、统计、优化、发布，从而实现了矿井"管、控、监"一体化及减员增效的目标（图 4-206）。

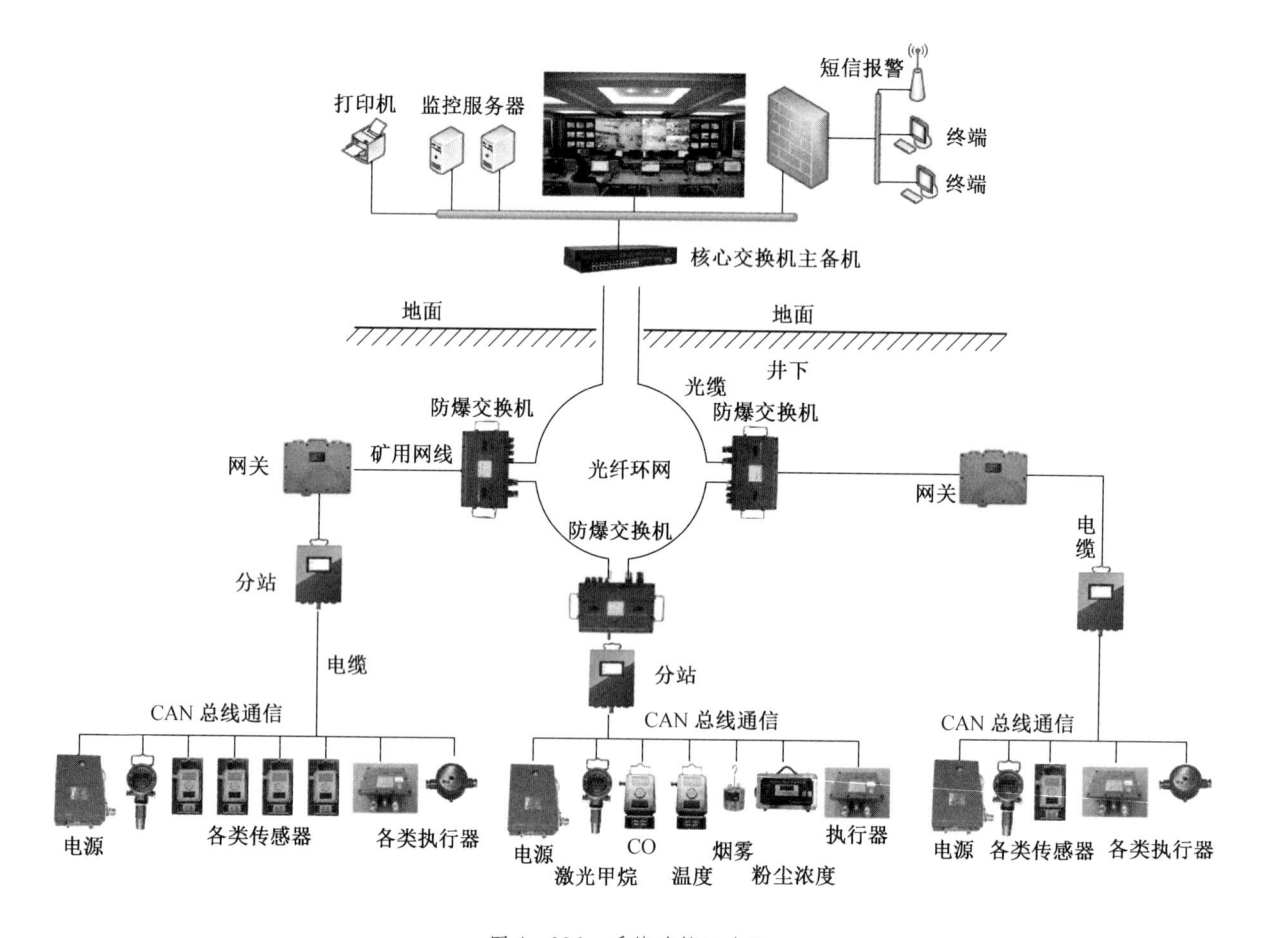

图 4-206 系统连接示意图

4.2.3.53 多级煤矿安全监测联网及移动监控平台

国家煤矿安全监察局《关于加快推进煤矿安全风险监测预警系统建设的指导意见》（煤安监〔2019〕42 号）提出，要求统一数据传输格式，规范数据传输标准，提升数据传输性能和完整性。为此，研发了具有自主知识产权的多级煤矿安全监测联网及移动监控平台，该系统在纵向上采用多级数据传输架构，可满足煤矿及相关管理部门的多级联网监测需求，实现断点续传，保证数据完整性、一致性。

1. 技术内容与创新点

1）技术内容

（1）基于 ionic、h5、Cordova 的混合式开发技术。

（2）基于 echars 的图形可视化技术。

（3）基于 json 前后台数据交互规范。

（4）基于 java、spring 后台服务开发技术。

（5）基于多线程的高并发数据处理技术。

（6）基于 FTP 的数据传输技术。

2）创新点

实现了移动 APP 与煤矿安全监测相结合的应用创新，实现了随时随地对井下环境参数的移动监测。

实现了联网平台多级联网自适应，满足不同级别的用户联网监测需求，不同级别的用户可监测、查询所管辖的煤矿安全信息情况。

2. 关键参数

1）实时监测

（1）多级用户监测数据定时轮询显示与定位显示。

（2）根据传感器类型、报警类型进行报警提醒设置。

（3）报警原因、措施的跟踪管理。

（4）重点区域进行集中重点监测。

（5）煤矿通信中断状态的实时滚动显示。

2）报表统计

（1）基于模板的报表设计，可自定义显示内容与样式。

（2）丰富的报表类型，满足各类统计查询需求。

（3）灵活的查询条件设置，可根据需求进行查询展示。

（4）强大的报表下载与在线打印功能，满足归档需求。

3）曲线分析

（1）灵活的测点列表选择和查询条件筛选。

（2）模拟量、数字量双坐标体系的设计与展示。

（3）多条曲线同屏显示与对比分析。

（4）灵活的曲线图放大、缩小功能设计，曲线图形保存与打印功能设计。

4）移动监测

（1）分站列表的方式综合展示煤矿所有分站的状态信息、报警数、故障数等，点击分站进入到该分站下挂接的所有传感器实时信息列表。

（2）传感器列表的方式综合展示所有传感器实时信息，根据传感器显示设置，显示指定类型的设备实时信息。

（3）报警数据的集中实时展示，根据报警类型、报警设备类型灵活地进行报警显示设置。

（4）故障数据的集中实时展示，根据故障类型、故障设备类型灵活地进行故障显示设置。

（5）丰富的报表、曲线统计查询分析，灵活的查询条件选择，快速的统计查询结果展示。

3. 典型应用案例及使用效果

该多级联网及移动监控平台首先在龙煤集团及所属分公司进行安装部署，形成示范基地。系统架构采用煤矿、分公司、龙煤集团三级架构，在鸡西、双鸭山、七台河、鹤岗4个分公司分别建设了分布式数据中心，在龙煤公司总部建立了报警数据中心、数据发布中心，实现对龙煤集团下属所有煤矿安全监测系统数据的联网上传、分布式存储、统一发布、移动监测等功能。

以图形化的方式，直观展示各分公司当日报警情况，便于整体对所属矿井进行集中监测、管控。

4.2.3.54 基于图像识别的井下动目标监测系统

基于图像识别的井下动目标监测系统主要适用于煤矿井下动目标视频监测、图像分析识别，实现动目标的有效管控。该系统所有产品均为自主研发，具有完全自主知识产权。研制矿用产品6种，申请发明专利8项，授权实用新型专利3项，软件著作权7项，研究成果达到国际先进水平。其中UWB和视频融合的人员识别定位方法达到国际领先水平。研究成果应用于20多家煤矿企业，应用效果良好，推动井下动目标智能监管技术的进步，对我国煤炭行业智慧矿山的建设发展起到积极作用，经济和社会效益显著。

1. 技术内容与创新点

1）技术内容

基于图像识别的井下动目标监测系统针对现有煤矿安全监控系统对工作环境及设备监控，未对人员等动目标实时有效监控，存在监控不全面、不及时等隐患，尤其是存在对危险源辨识不到位、人员不安全行为导致事故发生等问题，将智能视频技术与煤矿井下动目标安全管理紧密结合，并与人体检测与跟踪、人的行为分析与识别、煤量识别等技术深入融合，研究基于多特征融合的井下人员识别及实时跟踪技术，煤矿井下动目标的异常状况检测技术，煤矿井下复杂背景图像增强技术；研制基于黑光、云台和热成像智能终端的矿用摄像仪产品，包括KBA127矿用隔爆型摄像仪、SBGY127矿用隔爆光纤摄像仪、SB127矿用隔爆摄像仪、KBA12矿用本安型摄像仪、KBA12（A）矿用本安型热成像摄像仪、KBA12（B）矿用本安型云台摄像仪，研发井下动目标监测软件平台，形成一套基于图像识别的煤矿智能视频分析系统，具有生产期间人员"三违"预警、告警，人脸识别，片帮告警，堆煤检测，大块煤检测，煤量估算，火灾/烟雾检测等智能视频识别功能。经过现场试验应用和改进，实现了多路并发视频在线识别与分析，多系统联动报警等功能，为井下动目标管理和安全生产提供决策支持。

2）创新点

（1）研究了基于多特征融合的井下人员识别及实时跟踪技术：基于特征信息的模板匹配方式进行结构化的模板匹配，研究井下人体目标跟踪算法，将提取到的特征与模板图像之间的特征进行匹配，为动目标异常状况检测提供研究基础。

（2）首次实现基于视频与UWB融合技术的井下动目标异常状况检测：人员检测通过SIFT算法、时域空域特征，同时融合UWB定位技术对人员异常行为进行分析；煤量采用基于聚类和图割算法进行场景分割，实现井下动目标异常状况检测。

（3）研发了煤矿黑光夜视成像与井下复杂背景图像增强技术及装备：提出双图像传感器构架和彩色夜视图像融合方法，改进双边滤波的融合Retinex算法，提升图像的亮度、对比度，解决图像边缘模糊和色彩失真等问题。研制矿用摄像仪，解决井下因尘雾和低照度产生的图像模糊问题。

（4）建立了井下图像识别软件处理平台：通过 Python 实现视觉算法设计，OpenCV 对视频图像进行分析处理，开发出矿山智能视频分析软件平台，实现生产期间人员"三违"预警，人脸识别，片帮告警，堆煤检测，大块煤检测，煤量估算，火灾、烟雾检测等智能视频识别功能。

2. 关键参数

（1）识别场景主要包括生产期间人员"三违"预警、告警，井下人脸识别，片帮告警，堆煤检测，大块煤检测，煤量估算，火灾/烟雾检测。

（2）摄像仪照度：0.0001 Lux，水平清晰度：900 TVL，灰阶等级：11 级。

（3）结合 UWB 超带宽测距和视频检测融合的方法，建立了一种高效、准确的人员识别检测算法，该算法对动目标识别的成功率可达到 99.3%，响应时间缩短到 1 s 以内，在满足日常井下视频检测分析准确率的同时，响应时间大大缩短。

（4）系统图像增强：图像增强信噪比提高 10% 以上。

（5）联动报警：与井下声光报警系统（广播系统）、安全监控系统、智能综采控制系统进行联动融合和报警。

3. 典型应用案例及使用效果

该系统应用市场覆盖范围主要是全国大、中型煤矿和非煤矿山，可应用于矿山井下动目标的智能监测分析和预警。基于图像识别的煤矿智能视频分析系统可以实现基于煤矿监控视频的智能化动目标分析与预警的功能，形成风险预控的知识库，对保证煤矿井下动目标监管和安全生产起到极为巨大的作用。目前，本系统已在神东集团公司、淮南矿业集团、黑龙江龙煤集团等 20 多个煤炭企业推广应用，总合同额达 8270.9 万元。

系统也可用于矿山安全生产、煤炭行业综合信息化等多个场景，不仅能够有效提高煤矿的安全生产管理水平，而且能够从实际意义上改善煤矿智能化水平，将智能视觉技术与煤矿井下动目标安全监测管理紧密结合，井下采掘工作面、变电所、带式输送机运输巷等危险区域和重要区域进行可视化实时监控，在很大程度上提升了矿区的自动化、信息化生产能力，是"两化"融合的典范，是智慧矿山建设的重要基础。因此，其应用前景广阔，有很大的市场容量。

系统在神东公司上湾煤矿 12401、12402 综采工作面进行了现场试验，实现了人员异常行为检测、综采面人脸识别、皮带堆煤、刮板输送机大块煤、采面片帮和煤量估算等场景的分析与预警。系统设备运行稳定，可靠，效果良好，系统总体识别率不低于 98%，系统各项功能的实时分析响应时间小于 2s。该系统能够有效减少煤矿安全生产事故，做到"事前预防，事中控制，事后分析"，对煤矿的高效安全生产管理，具有重要意义。图 4-207 所示为系统平台架构图，图 4-208 所示为系统软件平台界面图。

4.2.3.55 KJ251（A）煤矿人员管理系统

KJ251（A）煤矿人员管理系统采用 RFID、ZigBee、UWB 等无线通信定位技术，通过在矿山关键位置安装读卡器或基站，实时精确地定位人员、车辆、资产与材料等目标，快速地将人、车、物的位置信息在监控中心进行二/三维图形显示，并进行实时跟踪与轨迹回放。系统由监控主机、定位软件、唯一性检测装置、人员管理分站及电源、定位读卡器、标识卡、手持读卡器和矿用交换机等设备组成。依托该系统，取得发明专利 16 项，软件著作权 11 项；获中国煤炭工业协会科学技术一等奖。

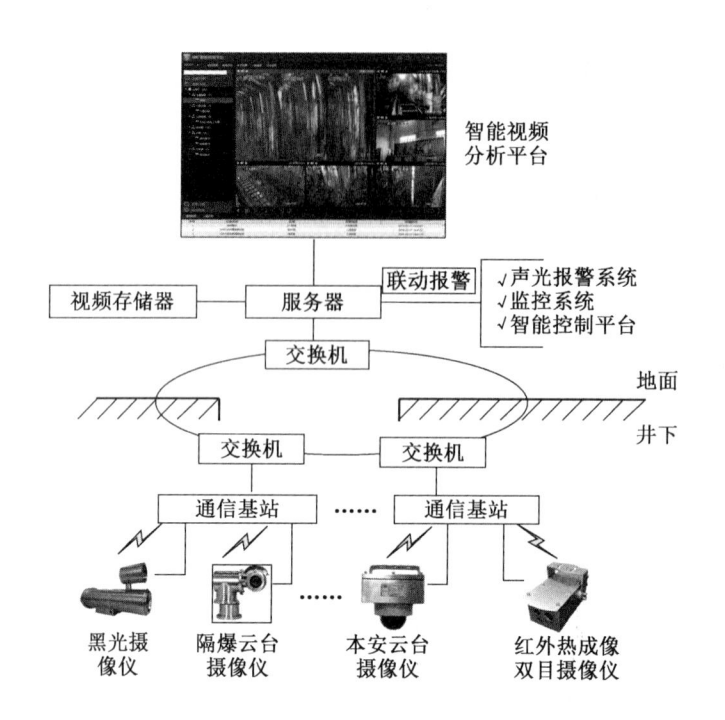

图 4-207 系统平台架构图

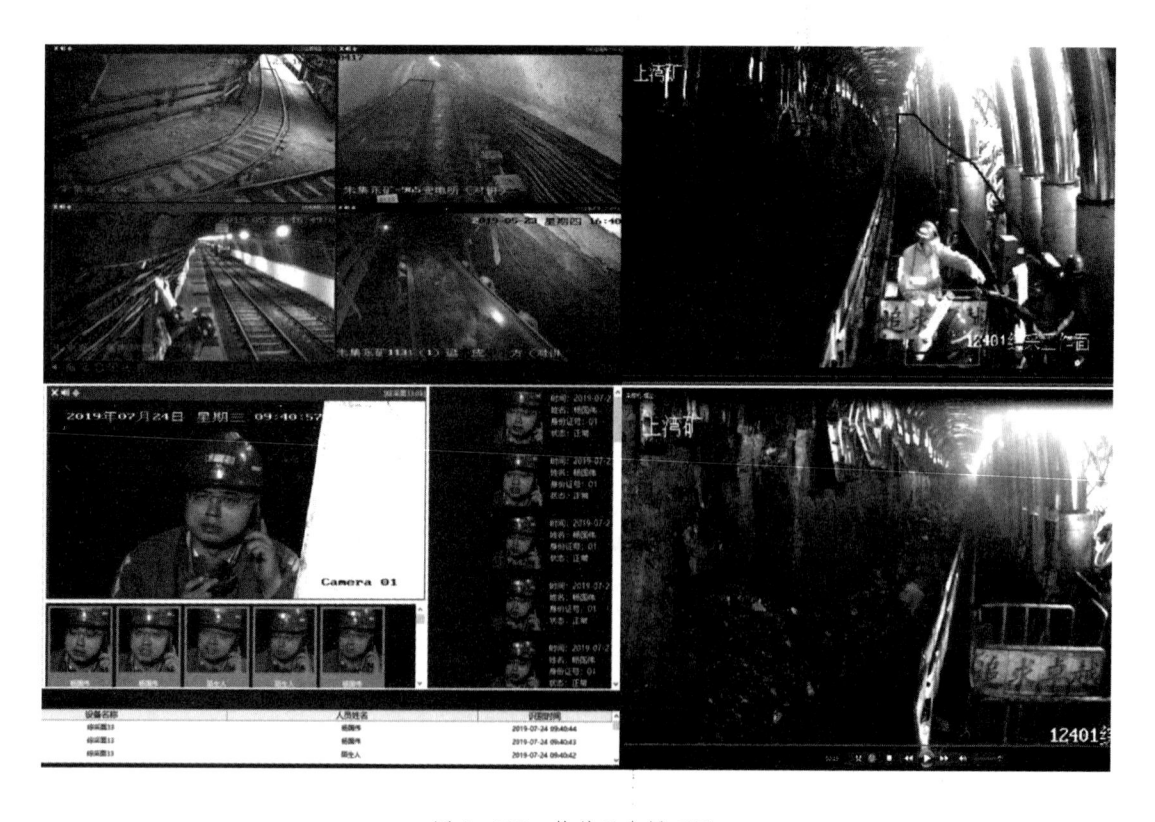

图 4-208 软件平台界面图

1. 技术内容与创新点

系统攻克了多种定位技术，包括 UWB 高精度定位、RFID 区域定位、Zigbee 精确定位技术；多卡并发防碰撞调度通信；信息矿灯实现 WiFi 语音分组对讲；电力载波远距离传输等关键技术。具有如下创新点：

（1）构建"测距+时序控制"无线双通道机制，保障了 1 s 内 200 张目标实时并发测距定位，定位精度达到 0.3 m；在分站上开发软件无线电算法，通过远程集中控制实现参数配置、程序升级和数据交互共享管理，增加了系统内存和计算能力。基于软件的系统，在不需要昂贵的硬件升级的情况下迅速地调整升级系统。

（2）将 WiFi 无线通信技术、语音对讲技术及精确定位技术集成应用于矿灯，使信息矿灯具有照明、精确定位、语音对讲的功能。井下工作人员可通过矿灯进行语音对讲或与监控中心管理人员的语音对讲。解决现场多个设备不易管理、维护量大，井下工作人员不易沟通的问题。井下工作人员可通过矿灯进行语音对讲或与监控中心管理人员的语音对讲。

（3）采用时分多址处理算法，使多个标识卡在不同的时间段进行通信测距，解决了单基站下多张标识卡测距时由于时间相同或相近导致通信失败丢卡、漏卡的问题，实现了多张标识卡统一调度，不存在由于多卡碰撞导致的丢卡漏卡的问题。

（4）将电力载波通信技术应用于系统中分站与读卡器通信，采用普通电缆线即可达到 2 km 通信距离下 20 Mbit/s 的通信速率，大大降低系统的巡检周期，解决特殊工作场景采用光纤维护工作量大，采用普通总线式通信精确定位数据量大易拥塞的问题。

2. 关键参数

（1）最大监控容量：允许接入的读卡器（基站）数量为 512 台；标识卡（含信息矿灯）数量为 65534 个。

（2）UWB 静态定位误差：≤0.3 m。

（3）并发识别数量：200。

（4）最大巡检周期：≤3 s。

3. 典型应用案例及使用效果

系统已在山西、安徽、重庆、内蒙古、黑龙江、河南、山东、贵州、云南、江苏、河北、青海、新疆等全国各大煤矿集团广泛推广应用。系统及产品现场运行稳定，性能可靠，在遏制矿井和采掘工作面等重点区域超定员生产，遏制重特大事故发生，防止违章乘坐带式输送机，防止车辆伤人，防止人员进入盲巷等限制区域，控制作业人员超时下井，加强特种作业人员管理，加强领导下井带班管理，加强考勤管理和应急救援等方面发挥着重要作用，为安全生产提供了重要的技术支撑。图 4-209 所示为系统结构图，图 4-210 所示为 KJ251（A）煤矿人员管理系统界面局部效果图。

4.2.3.56　KJ 405T 煤矿人员精确定位系统

KJ405T 煤矿人员精确定位系统适用于煤矿及非煤矿山的人员、车辆进行管理及位置监测；适用于有爆炸性气体混合物，但无显著振动和冲击、无破坏绝缘的腐蚀性气体环境中，具有矿山入井人员考勤管理、井下人员的位置、轨迹等信息的采集和统计、报警及报表查询和打印等功能。成果具有完全自主知识产权。

1. 技术内容与创新点

1）技术内容

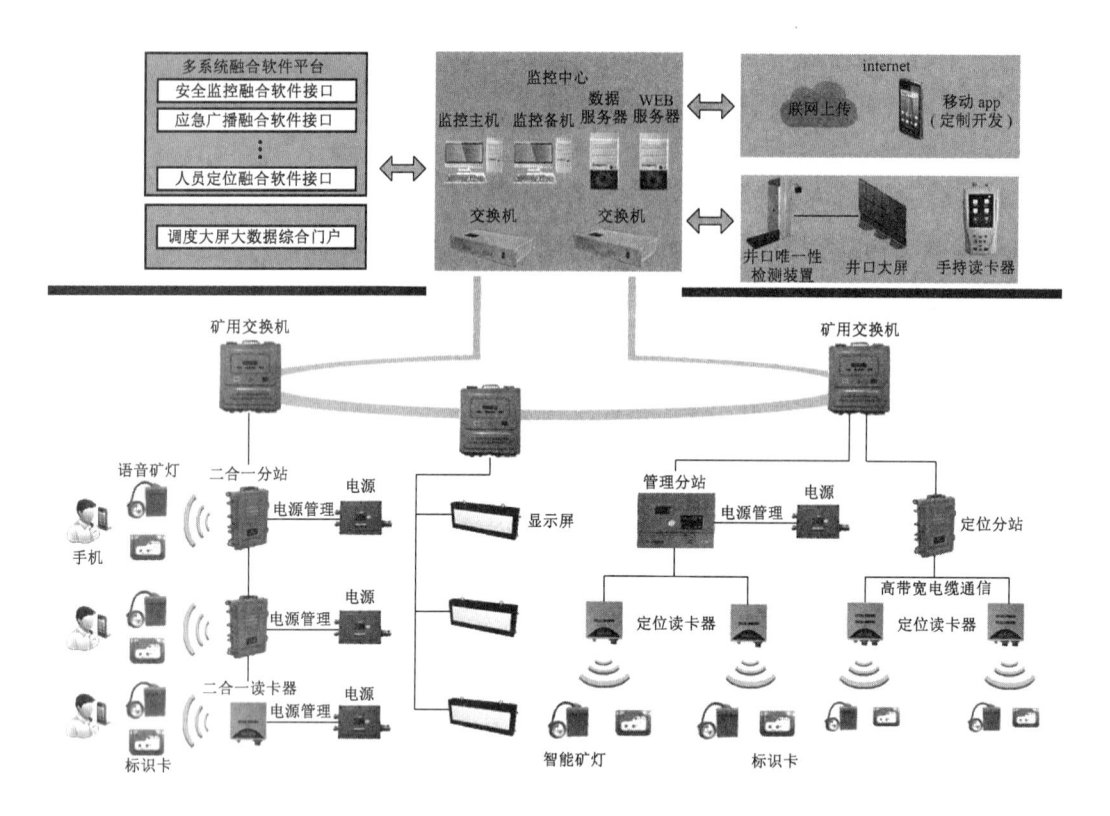

图 4-209　系统结构图

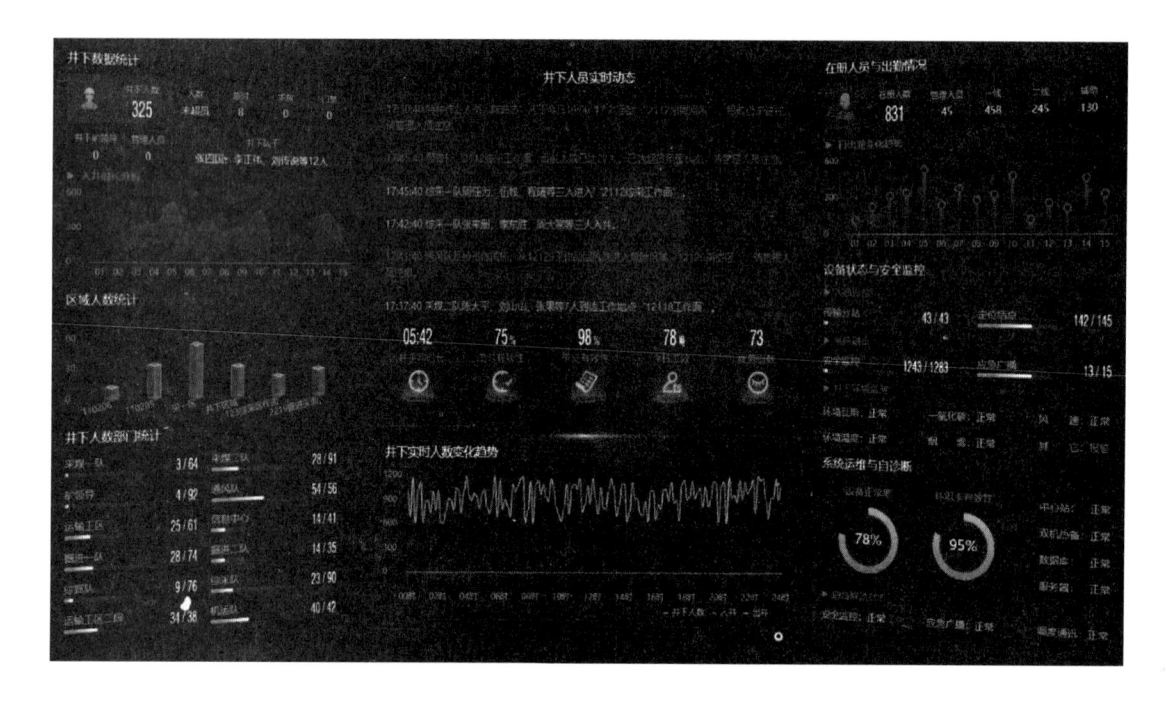

图 4-210　KJ251（A）煤矿人员管理系统界面局部效果图

系统采用先进的 UWB 技术，融合 ZigBee 定位技术、以太网及 CAN 现场总线通信技术，以千兆光纤网络为骨干，分支高速电缆通信网络以及无线网络为延伸，在井下设立若干定位分站及读卡器，实现厘米级的人车定位、生产调度管理及无线通信等功能。

2）创新点

(1) 无线射频模块集成先进的功放电路及低噪声放大电路，无线传输距离最高达 1000 m。

(2) 定位分站内置 2 个无线射频模块，单分站配合软件即可定位，安装及维护成本低。

(3) 定位分站及定位卡进行了独特的电路设计，达到 ia 防爆等级。

(4) 系统架构简单，不超过 3 层。

2. 关键参数

(1) 系统容量：定位分站 512 台，读卡器 1024 台，定位卡 65000 张。

(2) 系统漏读率不大于 10^{-4}。

(3) 误码率不大于 10^{-8}。

(4) 巡检周期小于 5 s。

(5) 定位分站与定位卡之间无线传输距离最大 1000 m（无遮挡）。

3. 典型应用案例及使用效果

系统在龙煤矿业集团鸡西分公司、扎来诺尔煤业有限责任公司等多家煤矿企业广泛应用。该系统对井下人员位置信息自动采集、存储、统计。该技术的应用，通过精确定位功能提高安全生产效率；具有超员报警、超时报警、低电压报警等功能，及时对违规作业行为监测并报警，生成考勤日报表、月报表等报表，实现查询及打印等功能；本系统定位精度最高可达 30 cm，可有效提升紧急救援效率（图 4-211）。

系统无漏读，定位精度高，并通过严格的出入井唯一性监测功能，对带班领导及入井人员进行监督，杜绝超员现象，产生了良好的经济效益和社会效益。

4.2.3.57 矿井位置服务系统

矿井位置服务系统具有自主知识产权。目前已取得一种矿用人员定位标识卡、矿用嵌入式无线测距模块、煤矿采煤巷道内快速掘进设备精确定位装置、基于 UWB 的终端定位调度方法、本安型信息化矿灯、矿井下位置信息传递与应急调度通信融合方法、矿井移动采掘设备人员接近监测预警装置及其工作方法等专利 7 项；形成了天地自动化人脸识别入井唯一性检测系统软件、天地自动化掘进工作面人机安全监测系统软件、天地自动化门禁唯一性监测系统软件、天地自动化信息矿灯嵌入式软件、天地自动化矿用人员监测联网接口软件等软件著作权 25 项；获得国家技术发明奖二等奖、中国煤炭工业协会科学技术奖一等奖、中国黄金协会科学技术奖特等奖等科技奖励 7 项。

1. 技术内容与创新点

1）技术内容

(1) 井下位置服务关键模块、核心算法、网络架构与协议标准研究，包括：

①超宽带无线定位方法、时钟同步方法、研制关键模块；

②无线测距、二维定位、三维定位与优化算法；

③大容量无线节点通信定位机制、协议与标准。

(2) 分布式位置服务基站研制，关键技术包括：

①分布式位置服务基站高精度网络时钟同步方法；

②分布式位置服务基站大容量并发访问控制协议；

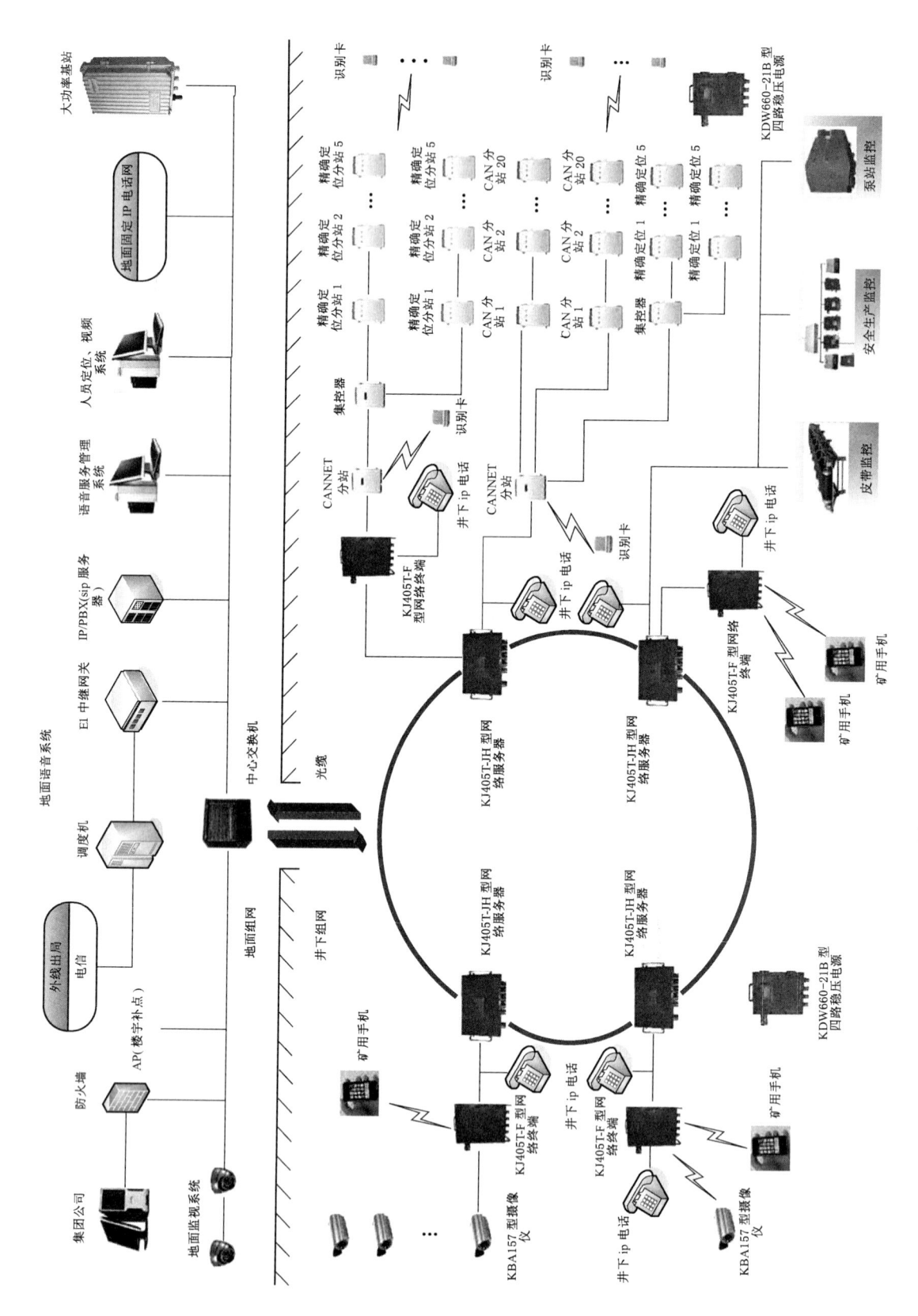

图 4-211 KJ405T 煤矿人员精确定位系统

③位置服务基站自组织无线冗余通信实现方法。

（3）多源混合定位方法与定位终端模组研究，包括：

①地磁与惯性导航自主定位方法；

②多源定位数据融合与定位误差校准补偿方法；

③定位终端模块智能功耗管理方法；

④设计实现支持多源定位系统的低功耗定位终端及模组。

2）创新点

（1）超宽带技术实现井下高精度测距与通信。超宽带信号占用较大的带宽，且功率谱密度低，采用持续时间极短的脉冲信号，通过该技术实现的高精度定位具有信道容量大、传输速率高、功耗低、抗干扰能力强等优点。

（2）多频时分实现大容量位置服务测距与通信。本项目定位和通信采用多频正交复用信道技术，避免同频干扰，同时使用了时分多路存取技术实现大容量数据传输。

（3）最小二乘与扩展的卡尔曼滤波实现定位优化。项目采用扩展卡尔曼滤波算法，通过对非线性函数的泰勒展开式进行一阶线性化截断，实现对最小二乘定位结果进行优化，提高了定位计算精度。

2. 关键参数

分布式基站和定位终端与定位模组主要参数指标如下：

（1）分布式基站：可视范围内定位覆盖距离达到500 m，时钟同步精度小于0.3 ns。

（2）定位终端与定位模组：多源定位欧氏距离误差小于0.2 m，定位频度达到5次/s。

3. 典型应用案例及使用效果

本项目在单县张集煤矿实现了典型应用案例，在该系统测试现场，这一煤矿信息化"黑科技"向现场观摩人员施展了令人惊叹的精确"定位精度"。定位服务系统较准确地定位下井人员的位置及自主式导航，有效提高救灾效率、降低矿井事故的人员伤亡率，对涉及民生的遇难人员健康、安全有着重要的现实意义和社会意义。图4-212所示为煤矿井下位置服务分布式基站及定位天线，图4-213所示为矿井人员位置标签卡。

4.2.3.58　KT508矿用无线通信系统

KT508矿用无线通信系统主要研究煤矿井下多网融合通信技术和系统。系统结合通信技术发展趋势，基于4G技术，针对井下各个分站设备箱体多、井下分站多系统独立运行、无线数据传输带宽不足等问题进行改进，并根据区域自动化项目的要求增加串口网关设备，完善综合分站内部结构设计，满足工控PLC的接入要求，实现统一数据接入、统一共网回传的功能，以及共网管控和共同维护平台，为安全生产提供更有效的技术支撑。该系统具有自主知识产权，成果达国际先进水平，其中多功能一体化通信终端达到国际领先水平。获受理发明专利2项，授权实用新型专利2项，软件著作权2项，发表论文5篇，其中EI收录1篇。

1. 技术内容与创新点

1）技术内容

该系统主要研究和解决了综合基站多系统融合抗干扰技术、4G基站本安型电源缓启保护技术、井下各类协议通信设备的统一接入标准，以及异构网络接入技术和装置、多网融合通信装备统一管控

图 4-212 煤矿井下位置服务分布式基站及定位天线

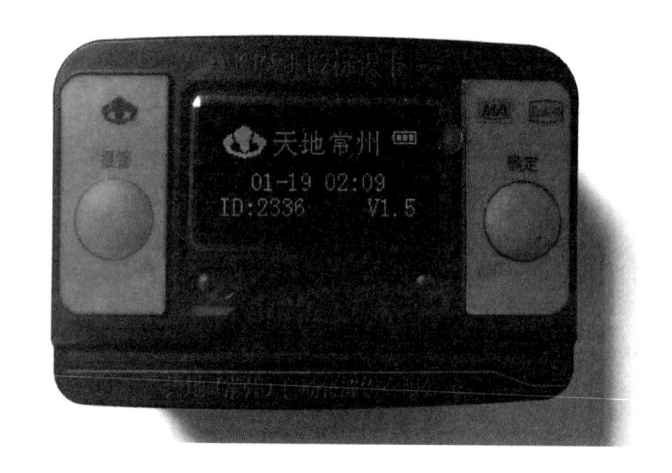

图 4-213 矿井人员位置标签卡

平台技术,研制了 KT508-F 矿用本安型基站、KT508-S2 矿用本安型手机、KJJ83(B)矿用隔爆兼本安型网络交换机、KLWX10LM(A)多参数报警信息矿灯等装备,研发了多网融合通信智能管理平台,形成一套覆盖全矿井的多网融合综合通信业务系统,首次在煤矿实现了 4G 专网与运营商公网无缝对接,首次完成了集 4G 通信、精确定位、多参数监测、视频于一体的多功能一体化通信终端的研制,并解决了受限空间内多系统间的抗干扰问题和煤矿井下多网融合综合通信业务宽带传输技术,实现具有多系统融合的数据共享及调用系统,提供通用的数据接口和平台,并能和现有的业务支撑系统无缝对接,为现有的决策分析和流程改进提供支撑,全面落实煤矿安全生产一体化管控。

2）创新点

（1）综合基站多系统融合抗干扰技术。针对多网融合导致的多系统共存而形成的干扰建立干扰源模型，对干扰源分析及分布规律建模技术、多系统近址共建共电源防护及空间布设技术、多网融合中各系统自身抗电磁干扰等关键技术进行研究和分析，形成通信系统的抗干扰保护技术和装置，解决井下受限空间中多网融合系统间干扰、多系统近址共建的优化布设、多系统自身抗扰度等问题。

（2）井下各类协议通信设备的统一接入标准，及异构网络接入技术和装置。通过煤矿井下4G平台的SIP协议统一接入，实现不同的用户定位、建立会话、会话管理等方面的功能。研制具有异构系统接入、多冗余、高带宽、高QoS的"一网"式矿用多环冗余万兆通信设备。

（3）多网融合通信装备统一管控平台技术。提供数据共享和调用系统、通用的数据接口和平台，能与现有的业务支撑系统实现无缝对接，实现煤矿实时安全信息数据的汇总、分析、预警、调度、监控，移动智能终端远程浏览该数据中心平台，并根据智能终端的权限对系统进行预警、调度及监控等操作，实现远程智能管控。

2. 关键参数

（1）系统包括KT508-F矿用本安型基站、KT508-S1矿用本安型手机、KT508-S2矿用本安型手机、KT508-S3矿用本安型手机、KJJ83（B）矿用隔爆兼本安型网络交换机、KLWX10LM（A）多参数报警信息矿灯等产品。采用Internet/Intranet、GIS等技术，VC++开发设计了煤矿多网融合通信智能管理平台。

（2）系统支持无线通信、安全监测、视频监控、自动控制等通过4G无线通信模块接入并传输。

（3）系统实现一机、一卡、一号可以在公网和专网中任意使用，支持专网手机井上井下、公网专网同一个长号，支持专网手机和公网用户以及专网用户互通。

（4）基站采用模块化设计，包括4G无线基站、接入交换机、定位基站、IP电话和串口网关，共电源和共传输，定位基站与4G无线基站信号共用天线覆盖。

（5）基站覆盖范围800~1000 m距离，频段采用公网4G-LTE频段，无线数据传输速度上行峰值可达50 Mbps，下行峰值可达150 Mbps，能根据实际需要配置，满足井上下手机终端能共用。

（6）在满足覆盖距离的条件下，基站天线增益11 dBi，接收灵敏度不大于-105 dBm，基站信号交叉最远处信号强度不低于-105 db，基站间无线通信切换时间17 ms。

（7）单基站最大并发用户数400。

3. 典型应用案例及使用效果

系统可用于煤矿（露天、井下）安全生产、煤炭局、煤炭行业综合信息化，可对井下电力系统、煤仓、选煤厂、矿区煤运带式输送机、水仓、变电站等各个生产相关设备及器械系统的数据采集和控制，能在很大程度上提升矿区的自动化生产能力。该项目成果已在伊泰红庆河煤矿、伊泰宝山煤矿、新能王家塔煤矿、神东补连塔煤矿、神东公司等单位推广应用，累计实现销售合同5644万元，销售收入4832.4万元，新增利润1208.1万元，税收457.164万元。

红庆河煤矿于2017年开始应用KT508矿用无线通信系统，包括基站控制器、井下无线基站、网络交换机、手机和智能终端等产品（图4-214）。在井下应用中，电话呼通率、掉话率、信号质量、实时通话质量等指标均与检验单位的结果一致。系统设备运行稳定，可靠，效果良好，两个基站之间的距离达到800 m，手机与基站之间的通信距离达到400 m，能够保证通信的可靠性，实现地面和井下的无线的调度指挥通信功能。KT508 矿用无线通信系统可以实现煤矿安全信息任意时间、任意地点的在线实时监测和多业务信息综合预警，同时通过直观的 3D GIS 矿区展示，全面实现煤矿安全一体化。系统面向煤矿安全生产的重大需求，在很大程度上提升了矿区的自动化生产能力，是"两化"融合的典范，推广应用前景广阔，具有良好的社会经济和环境效益。

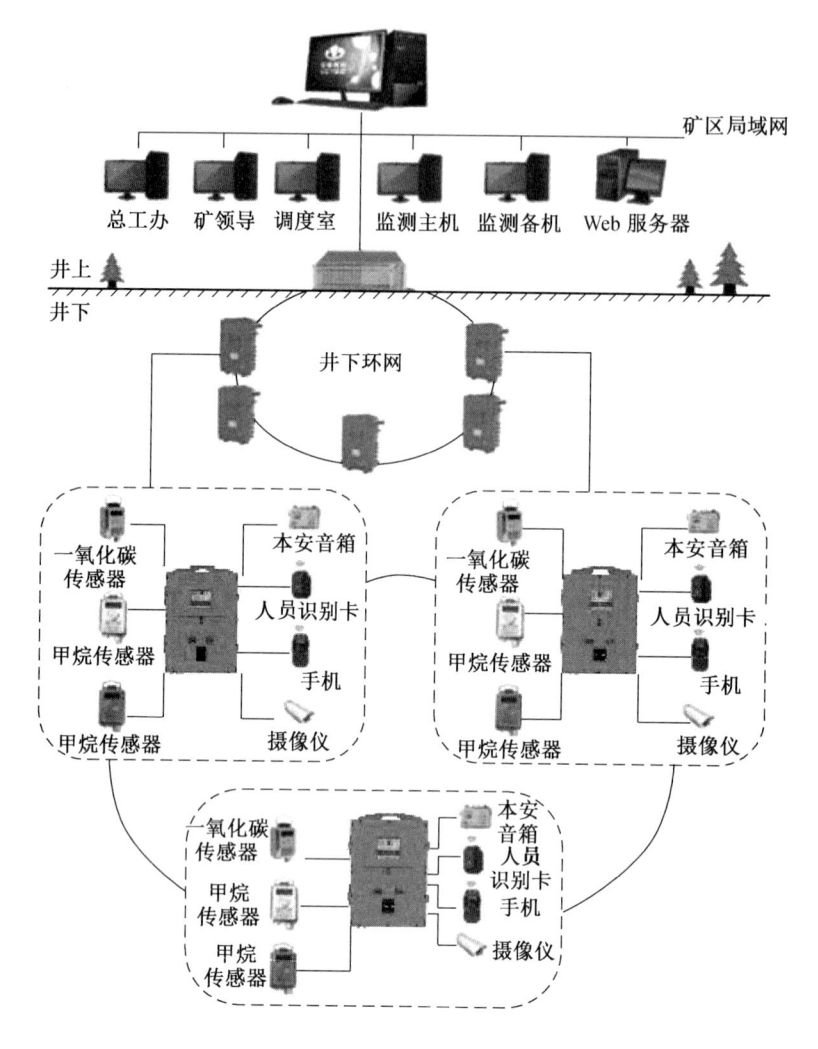

图 4-214 KT508 矿用无线通信系统框图

4.2.3.59 KT28E（5G）矿用无线通信系统

KT28E（5G）矿用无线通信系统主要研究 5G 移动通信技术及其在煤矿井下的应用，研究煤矿特殊环境条件下 5G 通信网络建设中承载网的需求，研究矿用 5G 通信设备，包括 5G 基站、5G 终端、5G 通信模块及天线，研究矿用 5G 语音通信、调度及数据传输技术，构建煤矿 5G 专网通信平台。具有完全自主知识产权。先后申请了本安保护电路及具备该本安保护电路的矿用设备、通信线缆和数据通信方法等发明专利。

1. 技术内容与创新点

1）技术内容

(1) 研究矿用 5G 通信网络中承载网的需求。
(2) 研究 5G 天线及终端矿用化技术。
(3) 参照地面 5G 基站技术研制矿用 5G 基站。
(4) 研制高可靠、低时延、高带宽矿用 5G 通信模块。
(5) 构建煤矿 5G 专网通信平台。

2）创新点

(1) 利用光纤直连、PTN 网络等技术实现矿用 5G 无线通信系统承载网。
(2) 采用小型化 5G 核心网等设备实现矿用 5G SA 无线通信系统的建设方案。
(3) 支持有线和无线融合的多功能 5G 融合通信系统业务平台。

2. 关键参数

(1) 通信类别及制式：5G SA 组网模式。
(2) 通信距离：终端到基站天线之间的无线通信距离应不小于 150 m；基站至 BBU 之间的有线通信距离应不小于 10 km。
(3) 核心网吞吐量 10 Gbps，用户数不小于 1000。
(4) 用户峰值传输速率 1 Gbps。
(5) 井下设备符合相关煤矿标准要求，煤安证、防爆证齐全。

3. 典型应用案例及使用效果

矿用 5G 系统的安装应用为矿井提供了大宽带、低时延、广连接的移动通信平台，解决了煤矿井上下流动作业人员移动通信要求，也为矿井物联网提供了技术支撑，实现了煤矿井下万物互联，有效提高了煤矿的通信技术水平，提高了地面与井下的通信的及时性与可靠性，提高了工作效率及安全管理水平。同时，在矿用 5G 无线通信网络的基础上，结合手机、PAD 等多媒体终端，开发了移动办公、移动视频监控、手机定位、安全隐患管理等行业应用软件，实现了一套数字化、智能化的矿山管理系统，提高了矿井信息化管理水平及安全生产能力。图 4-215 所示为 KT28E（5G）矿用无线通信系统应用示意图，图 4-216 所示为系统汇聚站。

4.2.3.60 矿山救援多人协同演练系统

矿山救援多人协同演练系统首次实现了将多人在线协同模拟演练、救援竞赛比武相结合。该系统的开发成功解决了多名救援指战员无法同时进行仿真演练的难题，可提高指战员的救援演练频次，为优化演练方案提供了一条捷径，同时增强队员日常训练效率和效果，降低培训成本。成果具有自主知识产权。

1. 技术内容与创新点

1）技术内容

该系统采用虚拟现实开发平台，通过三维建模技术和动画制作技术，建立煤矿救援现场环境，模拟煤矿井下三维灾变场景，具有较高的逼真度。首次将 MMOG 技术应用到矿山救援培训演练模拟中，实现了多名救援指战员同时登录系统，并在模拟的同一灾区环境下开展救援协同演练，演练中救援指战员按照各自的任务分工进行操作，与系统进行互动，进而完成包括地面接警、救援队出动、灾区侦察、矿图标注、医疗急救、灾害处置在内的全部协同救援演练任务。系统可生成协同救援演练报告，供专家分析查看演练情况，以不断试验和优化协同演练方案。

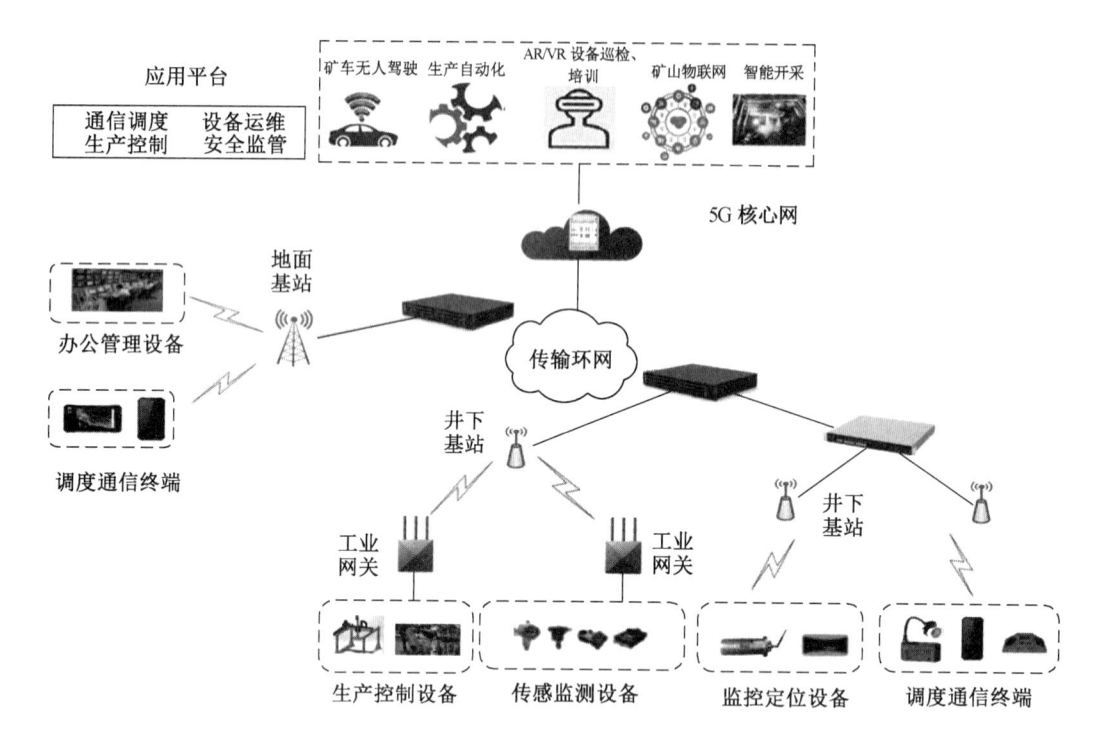

图4-215 系统应用示意图

图4-216 系统汇聚站

2）创新点

（1）首次实现了将多人在线协同模拟演练、救援竞赛比武相结合。

（2）首次实现仿真培训演练与救援队指挥调度的LED拼接屏、环幕投影系统的融合，便于开展日常训练、考核和竞赛活动。

（3）首次实现指挥员和救援小队的协同培训演练。

2. 关键参数

（1）不少于7人同时登录。

（2）具有地面接警、选取装备、建立井下基地、灾区侦察（气体、环境等数据检查）、矿图标注、医疗急救（窒息、昏迷、烧伤、骨折等）、灾害处置（排水、直接灭火、巷道支护、打板闭、挂风障等）的任务模块。

（3）具有实时语音交流功能。

（4）具有人物行走、弯腰、拾取装备、使用装备的交互功能。

3. 典型应用案例及使用效果

矿山救援多人协同演练系统（图4-217）已在国家矿山应急救援淮南队、平庄队、铜川队、六枝队和新疆生产建设兵团等多个救援基地推广使用，培训效果良好，获得一致好评，加强队员之间配合默契，提升救援小队协同作战能力。

典型应用案例：国家矿山应急救援淮南队将矿山救援多人协同演练系统纳入了第十二届全国矿山应急救援竞赛比武项目。

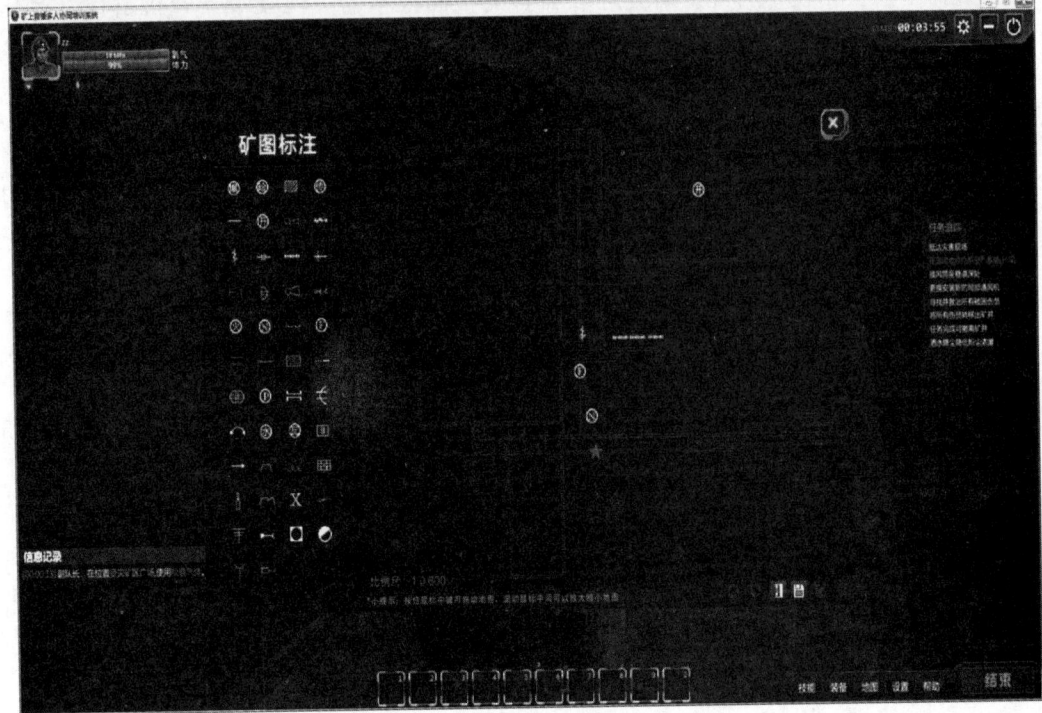

图 4-217 矿山救援多人协同演练系统

4.2.3.61 HYZ4（T）隔绝式正压氧气呼吸器

HYZ4（T）隔绝式正压氧气呼吸器（图 4-218）是由中煤科工集团重庆研究院有限公司研发，

具有自主知识产权的智能通信型正压氧气呼吸器,可实现氧气呼吸器开机自检(高、低压检测,制冷剂有无检测)、报警(身体姿态报警、余压报警、欠压报警和环境温度超温报警)、温度检测(环境、冰盒)、自动计算剩余时间、多人快速自组网语音通信等功能,适用于矿山、消防、危化、隧道等领域应急救援人员佩戴防护。

通过气瓶储存高压氧气、减压节流、仓式低压储氧、储冰降温、CO_2净化、智能检测以及队内无线语音通信等技术,实现正压、供氧稳定、闭路循环、降温、开机检测、运行工况监测和语音通信等功能,解决了安全性低、舒适性差、无自动检测、无工况监测以及协同作战困难等问题。

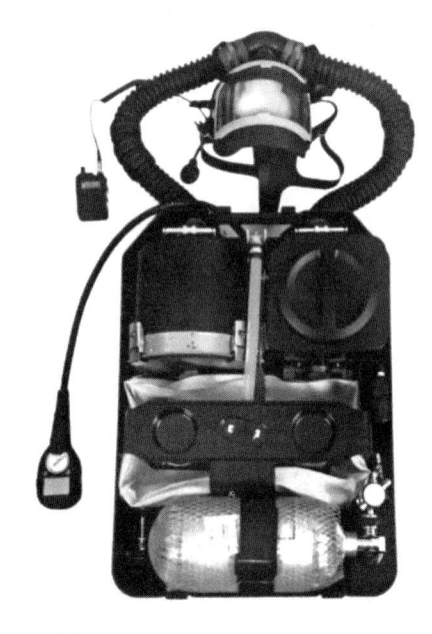

图 4-218 HYZ4(T)隔绝式正压氧气呼吸器

1. 技术内容与创新点

1)技术内容

(1)呼吸器信息采集技术研究。研究呼吸器指标参数(气源压力、高低压气密性等)、救援环境参数(环境温度)的数据采集,实现各类参数信息实时采集。

(2)呼吸器智能检测技术研究。研究呼吸器智能检测技术,实现呼吸器开机自检(高压气密、低压泄漏)、冷却剂自动识别,余压报警、呼吸器故障自动报警,自动/手动呼救等智能检测报警功能。

(3)呼吸器本地互联技术研究。研究短距离无线交互技术,实现呼吸器智能主机与其显示终端的无线数据通信、队员间的无线语音通信。

(4)氧气呼吸器结构优化和布局研究。研究呼吸器智能化改造对整机性能指标的影响;研究呼吸器整机与信息采集、智能检测、通信等电子部分的匹配性,对机械结构进行优化,完成呼吸器智能主机、显示终端等模块的布局。

2)创新点

(1)集开机自检、智能电子警报、手动/自动呼救、队内无线语音通信等功能于一体的智能氧气呼吸器,技术国内领先。

(2)外置式轴向开启自动补给阀,开启灵活可靠。

(3)矿用队内无线语音通信距离达到150 m,队内6人互联双通。

(4)多种冷却剂选用,冷却剂更换快速(无须开启外盖)。

2. 关键参数

(1)防护时间:4 h。

(2)呼吸阻力:≤520 Pa。

(3)自补阀开启压力:≥50 Pa。

(4)定量供氧:≥1.5 L/min。

(5)氧气瓶储氧量:480 L。

(6)开机自检功能:高压气密与低压泄漏检测、冷却剂有无自动识别。

（7）报警功能：余压报警、手动/自动呼救、欠压报警、电量报警、超温报警、开关机报警等。

（8）互联通信功能：队内6人无线语音互联双通，通信距离达到150 m。

3. 典型应用案例及使用效果

2020年11月18、19日，在重庆能投渝新能源有限公司南桐管理中心矿山救护大队进行现场佩戴HYZ4（T）隔绝式正压氧气呼吸器，由一中队三小队4名队员佩戴，11月18日进行万米配机试验，19日做高温浓烟试验。

通过实际佩戴试验，参加试验的全体指战员认为：HYZ4（T）隔绝式正压氧气呼吸器具有呼吸器开机自检、电子报警、温度检测、自动显示剩余时间和队内无线语音通信等功能；性能稳定，自补灵活、供氧充足、呼吸阻力小、吸气温度低、呼吸舒适、结构简单、维护方便、着装快速等优点，在中等劳动强度抢险救灾工作中，防护时间能满足4 h要求，符合我国矿山救援救护工作的实战需要，是国内技术领先的4 h智能型正压氧气呼吸器。

HYZ4（T）隔绝式正压氧气呼吸器采用闭路循环呼吸原理，整个呼吸系统处于正压状态，有效隔绝外界有毒有害气体。电子报警器集成多种传感器，实现呼吸器开机自检与运行工况监测。矿用通信面罩集成了本安型通信装置，安装于面罩框架外部，6人双通，多个通信信道，处于同一信道的设备能够不需要基站即可实现快速自动组成网络，极其适合救援小队队内无线语音通信。

4.2.3.62 矿用滤尘送风式防尘口罩

矿用滤尘送风式防尘口罩（图4-219）由中煤科工集团沈阳研究院有限公司研发，用于解决高粉尘颗粒及高油性颗粒环境下，劳动者呼吸防护问题，适用于煤炭、金属矿山、石化、水泥、钢铁冶炼、特种作业及食品加工等具有粉尘颗粒和油性颗粒物等恶劣工况环境。沈阳研究院拥有该产品独立知识产权，授权国内实用新型专利3项，授权国内外观设计专利2项，受理国内发明专利3项，获得国家安标证书2项。

1. 技术内容与创新点

1）技术内容

矿用滤尘送风式防尘口罩是一款全新主动送风式防尘过滤口罩，集防护主机、呼吸面罩于一体的轻量化脖颈佩戴式防护口罩，配置高效低噪风机系统，高效吸入外界空气，经多级过滤后传送至呼吸面罩，在面罩内产生正压，智能感知佩戴者呼吸阻力自主调节送风量，缓解不同呼吸强度，佩戴舒适性高，实现长期可靠呼吸防护。

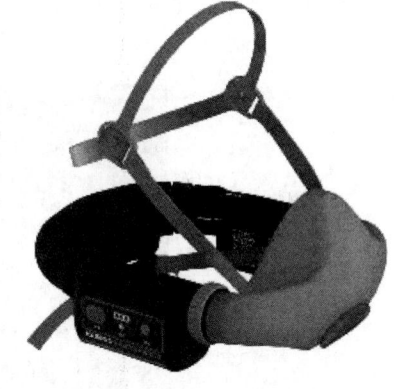

图4-219 矿用滤尘送风式防尘口罩

2）创新点

（1）提出减震、轻量一体化的个体呼吸防护设计方案，解决市面上采用电池分离式设计、佩戴不方便且影响作业的问题，通过对脖颈式轻量一体化佩戴进行研究，实现煤矿工人佩戴舒适且不影响正常作业，提高作业效率的同时有效预防煤矿尘肺病。

（2）提出一种基于风量与呼吸压力自适应的呼吸感应式直流风机控制策略，降低系统运行功耗，增加电池利用率，解决常规动力送风口罩固定风量送风、呼吸体验不佳和续航能力差的问题。

（3）提出一种佩戴面罩与防护主机快速装拆的接口设计方法，防护系统简洁模块化，增强整套防护系统易佩戴性，解决传统呼吸防护装备供电及供气导致佩戴烦琐，工人佩戴作业负担重、体验差的技术难题。

（4）提出一种基于微型风机的流量可调节送风结构设计，采用高速直流无刷微型电机搭配定制化叶片结构的风机为防护装置提供稳定风量，风机体积小、重量轻、高效且低噪运行，有效解决脖颈佩戴模式下风机重量及噪声对工人颈部负担重、听觉影响大的技术难题。

2. 关键参数

（1）最大送风量：200 L/min。

（2）阻尘率：99.97%。

（3）整机重量：≤450 g。

（4）风量控制：呼吸感应式。

（5）佩戴方式：脖颈佩戴。

（6）续航时间：≥8 h。

（7）供电方式：锂电子蓄电池。

（8）防爆标志：Ex ia I Ma。

3. 典型应用案例及使用效果

矿用滤尘送风式防尘口罩于2019年底完成整机研制和矿用产品安标认证，产品已在神华集团、阳泉煤业、淮南矿业、华夏煤业等多个大型煤炭企业推广应用，过滤效果和佩戴舒适性得到煤矿现场工人高度认可，典型案例如下：

案例一：煤矿井下钻孔作业场合

图4-220 煤矿井下钻孔作业场合

图4-220所示为煤矿井下钻孔作业人员佩戴矿用滤尘送风式防尘口罩，脖颈佩戴方式负重小，不影响灵活作业，呼吸感应式送风有效缓解作业人员不同劳动强度下呼吸负荷，无憋闷感，续航时间满足单班制工作时长需求，该口罩在煤矿井下高粉尘环境下，滤尘防护效率高且长期佩戴舒适性好，

全面提升煤矿井下作业人员个体呼吸防护装备水平。

案例二：特种作业焊接场合

图4-221所示为焊接工人佩戴矿用滤尘送风式防尘口罩，呼吸面罩与工人面部完美贴合且三级过滤结构有效过滤焊接过程中产生的烟尘，避免烟尘对焊接人员身体健康造成危害。在口罩呼吸感应送风模式下，呼吸面罩内部产生微正压，能够有效缓解焊接工人呼吸压力，释放长期作业负荷，解决原有焊接工人长期佩戴自吸式防尘口罩所带来持久憋闷感的呼吸防护难题，为工人带来持久高效且舒适的呼吸防护。

4.2.3.63 矿用分布式光纤温度、应变检测系统

图4-221 焊接场合应用

安全是煤炭行业的重中之重，瓦斯爆炸、冒顶、透水、火灾和冲击地压是煤矿的主要灾害，严重威胁着煤矿的生产和工人的生命。因此对矿井中涉及安全的各项指标进行监测是保障煤矿安全生产的一个重要环节。光纤传感技术是利用外界因素使光在光纤中传播时光强、相位、偏振态以及波长（或频率）等特征参量发生变化，从而对外界因素进行检测和信号传输的技术，与传统传感器相比具有体积小、灵敏度高、频带宽、耐高温、耐腐蚀、抗电磁干扰、可远距离传输等优点，在易燃、易爆环境下工作安全可靠，在航天和核工业领域以及安全监测方面有着极好的应用前景。为此，西安邮电大学研发了具有自主知识产权的矿用分布式光纤温度、应变检测系统。

1. 技术内容与创新点

分布式光纤传感技术是利用一根光纤作为传感元件，光纤上任意一段既是元件又是其信息传输通道，因而可获得被测量沿此光纤在空间和时间上变化的信息。它消除了传统传感器存在的"盲区"，从根本上突破了传统的单点测量限制，是真正意义上的分布式传感器，如图4-222所示。

在光纤两端分别入射两束激光，激光在光纤中发生受激布里渊散射效应，连续光持续被放大，通过扫描两束光之间的频率差测量布里渊增益谱，增益最大时两激光器的频率差为布里渊频移。由于布里渊频移与温度和应变信息成正比，因此可以通过测量布里渊频移实现对外界温度和应变的测量，其原理如图4-223所示。

2. 关键参数

该系统依据光纤布里渊散射原理而设计，采用煤矿用阻燃通信光缆作为温度和应变传感器，一根光纤即可实现20 km的测量长度，测量空间分辨率为20 cm，温度测量精度为1 ℃，应变测量精度为20 $\mu\varepsilon$，并且提供布里渊频移、增益谱等原始数据，提供温度应变分布式测量结果，具有断纤检测定位报警功能。该系统可应用于煤矿采空区自然发火、煤矿带式输送机运输沿线火灾、煤矿动力电缆热点分布、井下机电设备健康状态监测、巷道顶板应力、应变监测等煤矿重点监测领域，具有测量距离长、覆盖范围广、测量精度高、本质安全等特点，有效解决了采空区内部无法探知温度/应变场分布

的难题，可实现采空区内部火情感知、火点的定位，为煤矿采空区火灾预警提供科学依据。同时也为煤矿带式输送机、电缆等分布范围广的外因火灾监测提供更加科学、有效、全面的技术手段。

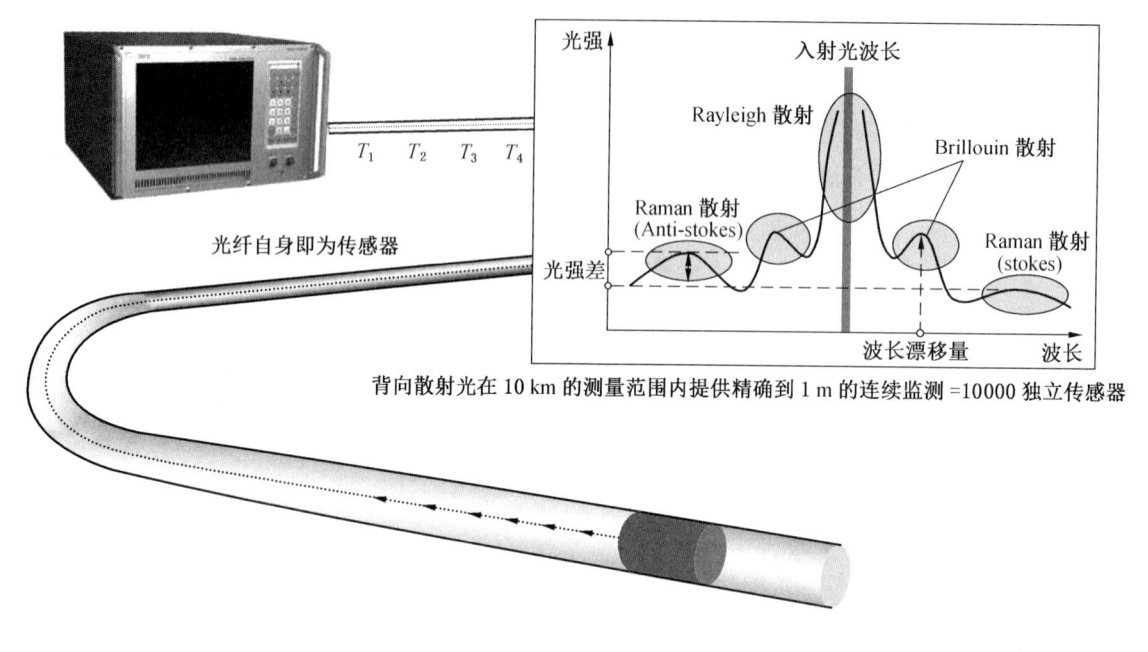

图 4-222 分布式光纤传感器原理

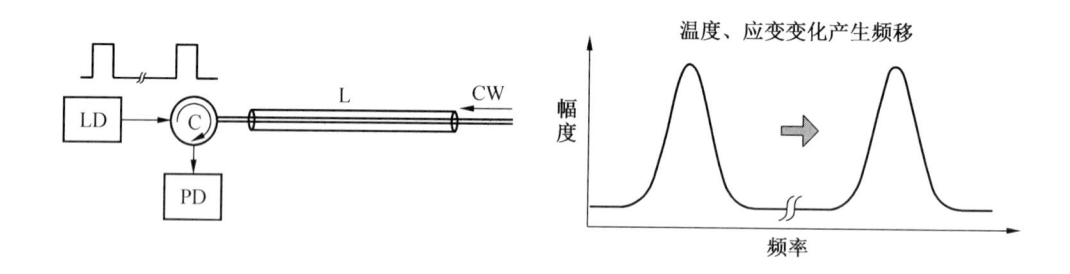

图 4-223 受激布里渊散射效应与外界物理量关系

3. 典型应用案例及使用效果

案例一：机电设备状态光纤传感在线监测预警系统

在煤矿中，对机电设备安全状态进行全方位的精细检测是非常重要的一环。光纤传感技术以其抗电磁干扰能力强、体积小、灵敏度高、易于组网、传输距离远、本质安全等独特优势，越来越多地被煤炭行业用于监测机电设备的安全状态。在兴隆庄煤矿、王家岭煤矿等师范工程中，已经成功应用该技术给煤矿压风机、提升机、带式输送机、水泵等关键机电设备进行在线状态监测及故障诊断。

案例二：矿用光纤顶板动态监测系统

"矿用光纤顶板动态监测系统"是针对矿井深部开采遇到的难题，结合矿井实际情况，分析研究矿井深部围岩破碎机理，通过理论分析、实践应用探讨，研制的新一代光纤应力应变动态监测系统。

矿用光纤顶板动态监测系统主要包括实时监测、数据查询与分析、灾害报警等功能，通过对顶板位移情况的检测、顶板及两帮锚固状态、工作面超前支撑压力等信息的实时采集与分析,实现巷道安全性的自动识别判定、超前支压力分布及转移特征的分析,实现对煤矿顶板动力灾害动态监测,实时掌握顶板的变化规律,准确预报早期隐患点的位置,对预防顶板事故,确保安全生产具有重要意义。

4.2.3.64 非接触式矿用设备温度成像系统

非接触式矿用设备温度成像系统由上位机软件和热成像设备组成,系统最多可同时接入256台热成像设备,同时显示4台设备热成像图(图4-224)。采用OpenCV、H264流媒体、ffmpeg等关键技术,实现热成像图像分析处理、远程视频监测、自动报警等功能。具有自主知识产权。

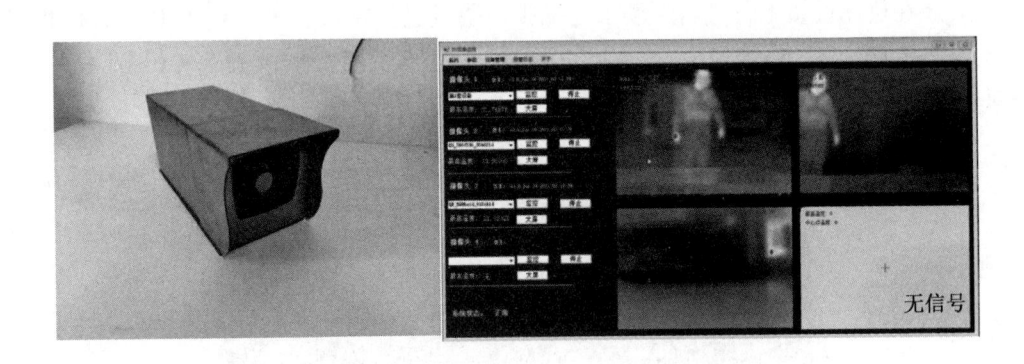

图4-224 非接触式矿用设备温度成像系统

1. 技术内容与创新点

热成像设备使用ARM Cortex-A7内核的Imx6q芯片作为主控制器,采用可探测目标温度而成像的非制冷红外探测器,不依赖光线成像,在黑夜、雨雪、烟雾等各种恶劣气候下,均可正常工作。通过红外光学系统、电子处理系统及图像处理软件等系统,将测量目标的红外辐射转换为可视的热图像,并且定量显示出目标表面温度,是一种快速、准确、非接触检测煤矿井下热故障的先进测量仪器。

本系统主要功能如下:

(1) 具有红外热成像功能,自动温度补偿。

(2) 具有测量物体表面温度功能,能分析温度最大值、最小值,平均值。

(3) 系统具备人体识别功能。

(4) 具有温度超限设置功能,当监测区域内温度超过报警上限值或低于报警下限值时,输出常开接点闭合。

(5) 热成像设备支持CAN、RJ45、光纤、RS485接口,可以灵活地接入到井下其他系统。同时,热成像设备符合矿用隔爆兼本安设计。

2. 关键参数

非接触式矿用设备温度成像系统主要技术参数见表4-67。

3. 典型应用案例及使用效果

为有效解决煤矿工人进入危险区域不能有效被发现和制止的痛点,本系统将热成像技术与视觉识别技术结合,利用热成像可工作在暗光、无光的环境,搭配四核高性能ARM处理器,配合人体识别算法,可识别出图像中人体以及距离,同时可以明显区分人和其他物体的不同信号,避免了误动作;

表 4-67 非接触式矿用设备温度成像系统主要技术参数

项目	参数
红外分辨率	不小于 384×288
视场角/(°)	水平 51.3，垂直 39.6
测温范围/℃	-20~300

本装置监测迅速准确全面，可靠性高，能够从整体上提高煤矿的安全生产可靠性。

系统可通过上位机进行预警边界线划定。当人体脚步跟地面接触点进入报警线以内时，设备发出相应的报警；当人体进入停机线时，设备停机，同时人物标识框显示为红色（图 4-225）。

将系统安装在机床设备上，进行现场工业试验，通过上位机设置警戒线为 15 m，停机线为 5 m。当工作人员进入机床设备 15 m 以内，系统发出警报；当工作人员进入机床设备 5 m 以内，设备停机，符合技术要求。

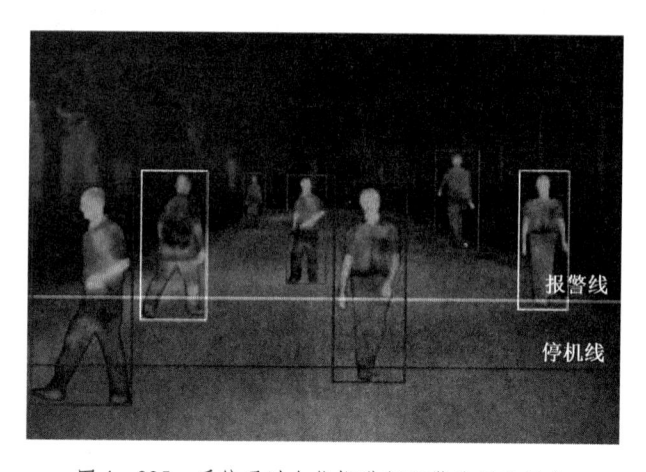

图 4-225 系统通过上位机进行预警边界线划定

4.2.4 煤炭清洁利用与生态环保技术及装备

4.2.4.1 千万吨级炼焦煤选煤厂的应用研究

该技术及装备由北京国华科技集团有限公司、唐山国华科技国际工程有限公司、淮南矿业（集团）有限责任公司选煤分公司共同研发，具有自主知识产权 23 项，其中发明 9 项，实用新型 14 项。2019 年 8 月国华科技选煤工艺包经中国煤炭工业协会技术鉴定，成果达国际领先水平。获 2020 年度中国煤炭工业协会科学技术奖一等奖。

1. 技术内容与创新点

1）技术内容

（1）原料煤不预排矸、不分级、不脱泥无压给料三产品重介质旋流器主选。

（2）粗煤泥重介质旋流器选。

（3）"一种确保煤泥重介质旋流器高分选精度的方法"发明专利。

（4）细煤泥脱泥池脱泥喷射式浮选机粗精选。

（5）精煤泥两段脱水、尾煤泥水两段浓缩两段回收（即"2+2"技术）。

（6）生产集控、工艺参数自动测控智能化技术。

2）创新点

(1) 突破 1 kg/t 的第二道门槛,将不脱泥重介选介耗降至 0.8 kg/t 以下。
(2) 突破大型旋流器有效分选下限 1 mm 难点,降至 0.25 mm 以下。
(3) 突破三产品重介旋流器 25% 的排矸瓶颈。
(4) 三产品重介旋流器分选精度首赛两产品。
(5) 首创煤泥重介旋流器"傻瓜"稳压系统。
(6) 发明简单高效的浮选入料脱泥池。
(7) 首创成倍减少压滤尾煤量技术。

2. 关键参数

(1) 无压给料三产品重介旋流器分选下限不大于 0.25 mm。煤泥重介旋流器有效分选下限不大于 0.1 mm。
(2) 不脱泥重介选介耗不大于 0.8 kg/t。

3. 典型应用案例及使用效果

国华科技选煤工艺包是我国目前首选的选煤工艺,构成我国选煤技术主体框架,引领了我国特大型选煤厂设计发展方向。已在国内外(如土耳其、蒙古国、印度等)600 余座选煤厂推广应用。

以采用该工艺包的 12.0 Mt/a 淮南潘集选煤厂为例,全部原煤均经过最高效可靠的重介旋流器分选,有效分选下限不大于 0.1 mm。

潘集选煤厂吨煤介耗为 0.4~0.8 kg,吨煤电耗为 7.26 kW·h,比《选煤电力消耗限额》(GB 29446—2012)低 19.6%。吨煤水耗为 0.07 m^3,比 GB/T18916《取水定额》标准定额 0.115 m^3 低 39.1%。经财务统计,潘集选煤厂 2019 年至 2020 年 8 月增效 20.24 亿元,实现净利润 15.17 亿元(图 4-226)。

图 4-226 淮南潘集 12.0 Mt/a 选煤厂

4.2.4.2 S-3GHMC 系列超级无压给料重介质旋流器

该旋流器基于国家重点新产品 3GHMC 系列无压给料三产品重介质旋流器,优化结构形式和结构参数,降低旋流器内的阻力,让不同密度物料以更快捷的速度分别进入旋流器内的高、低密度区。提高旋流器内重悬浮液的径向速度梯度，降低结构化黏度，以增加固液比。大幅度调整两段旋流器直径比和二段旋流器锥比，以突破三产品旋流器对排矸量的限制。具有自主知识产权。经中国煤炭工业协会鉴定，成果达国际领先水平。

1. 技术内容与创新点

（1）超大处理能力：处理能力成倍提高，单机可满足年处理5.0Mt选煤生产系统的需要。

（2）超强排矸能力：为了提高对高含矸率原料煤的适应能力，突破了一二段的直径比和二段锥比，成倍提高了排矸能力，达到了原料煤量的70%。

（3）超高入料粒度上限：超级旋流器突破了传统理论，使入料粒度上限成倍提高。对入料粒度较小的选煤厂，则大幅度降低，甚至消除了堵塞率。

（4）超低电耗：较传统重介质旋流器电耗降低了20%~40%。

2. 关键参数

处理能力、排矸能力、入料粒度上限均成倍提高，电耗降低20%~40%。

3. 典型应用案例及使用效果

以采用型号为 S-3GHMC870/410 型超级无压给料重介质旋流器（图4-227）的临涣选煤厂为例，超级旋流器的最大处理能力达870 t/h、最大排矸能力达410 t/h，平均处理能力为810 t/h，同规格无压给料重介质旋流器的处理能力为350~400 t/h，最大排矸量为200 t/h。临涣选煤厂超级旋流器吨煤电耗0.96 kW·h，有效分选下限小于0.25 mm，数量效率为98.74%，可能偏差 E_{pm_1} = 0.033 kg/L、E_{pm_2} = 0.027 kg/L。

该项目成果已在我国50余座新建、技改湿法选煤厂推广应用。

图4-227 S-3GHMC型超级无压给料重介质旋流器

4.2.4.3 高泥化极难浮选煤泥水处理关键技术及智能化研究与应用

淮南煤炭主产区（潘谢矿区）煤种以气煤和1/3焦煤为主，其中气煤具有强黏结性，煤质优良，燃烧性能和焦化指标均较为优异，属于稀缺煤种，但由于原煤泥化严重且为极难选而难以生产出高附加值的低灰炼焦精煤。针对这一技术难题，淮河能源、安徽理工大学、唐山国华科技国际工程公司等单位联合开展了高泥化极难浮选煤水处理关键技术及智能研究，具有自主知识产权。

1. 技术内容与创新点

项目系统地开展了淮南矿区原煤泥化特性、煤泥颗粒界面特性、水化特性及界面疏水调控、脱泥浮选、多段浓缩等基础理论及工艺研究，开发了预先脱泥二段浮选、三段浓缩、浮选过程智能控制、疏水聚团沉降脱水等技术和装备。研究发现，淮南矿区高泥化煤泥中以高岭石等黏土矿物为主，煤泥中小于0.045mm的微细颗粒多数占60%以上，灰分基本大于60%，淮南矿区高泥化煤泥水具有近似胶体特性、高稳态分散特性。水分子主要通过氢键在煤泥颗粒表面形成具有三层水分子结构的水化膜，煤泥颗粒表面的水化膜会导致颗粒间的斥力增加，造成微细煤泥沉降及脱水更加困难。基于不同粒度煤泥颗粒在上升水流中干扰沉降速度差异设计了煤泥脱泥池，实现了煤泥中部分高灰分细泥的预先脱除，最高脱泥率为36.64%，减少了浮选入料中的高灰分细泥。

设计采用了"一段粗选＋二段精选"的二段浮选工艺，解决了浮选药耗高和精煤产品灰分高的难题。基于流量和密度前馈控制以及浮选精煤快灰反馈控制原理，构建了煤泥特性和浮选药剂制度模型，实现了浮选捕收剂和起泡剂加药过程的智能化。设计开发了"一段自沉降浓缩＋二段絮凝沉降浓缩＋三段净化浓缩"的三段浓缩工艺（图4－228），实现了高泥化难沉降煤泥水的快速沉降和药耗的降低。基于对煤泥颗粒表面水化特性及机理的认知，提出了煤泥颗粒表面水化膜破解、弱化促进煤泥颗粒聚团、脱水方法，形成了高泥化煤泥水疏水聚团沉降及脱水新技术。

2. 关键参数

（1）脱泥率和降灰率分别达到36.67%和11.09%。

（2）药剂耗量降低10%左右。

（3）吨原煤介耗降低了约0.07 kg。

（4）循环水浓度降低，浓度小于1 g/L。

（5）浮选精煤产率提高4.79%。

（6）浓缩机处理能力提高15%~30%，同时可以节约水资源。

3. 典型应用案例及使用效果

基于该技术，淮河能源股份有限公司在淮南潘集区建设一座处理能力为12 Mt/a的特大型炼焦煤选煤厂，改变了潘谢矿区没有炼焦煤选煤厂的历史，目前潘集选煤厂已成功投入生产，生产的低灰分精煤（灰分小于7%）非常畅销，获得了巨大的经济和社会效益。2012年以来，煤泥水聚团沉降技术、脱泥二段浮选技术以及浮选智能精准控制系统等项目成果先后在潘一选煤厂、望峰岗选煤厂、张集选煤厂、顾北选煤厂推广应用，解决了高灰细泥浮选效果差、循环水浓度高、煤泥水沉降脱水效率低等问题，并实现了潘谢矿区产品结构的优化，提高了产品竞争力，取得很好的经济社会效益。项目开发的浮选智能精准控制系统（图4－229）自2012年在望峰岗选煤厂应用以来，每年可节省柴油63.2 t、杂醇49.6 t。按照市场价格，捕收剂-10号柴油8元/kg，起泡剂102为6.14元/kg，每年可为选煤厂节约成本约81万元。浮选预脱泥工艺在年入选原煤3 Mt的潘一东选煤厂应用，年可增收2043.3万元。新建潘集选煤厂自2018年3月试生产至2019年12月以来，潘集选煤厂共入选原煤量12.3668 Mt，按当期市场价测算，共计实现利润150308万元。

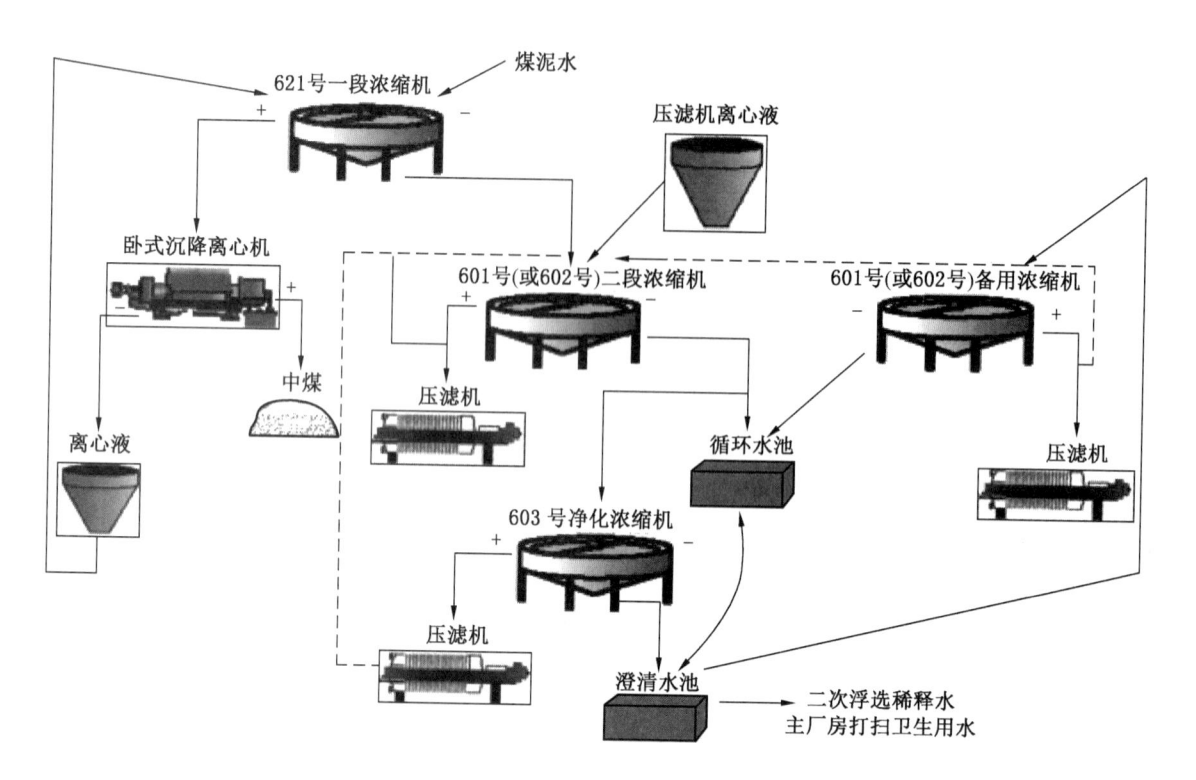

图 4-228 煤泥水三段浓缩工艺

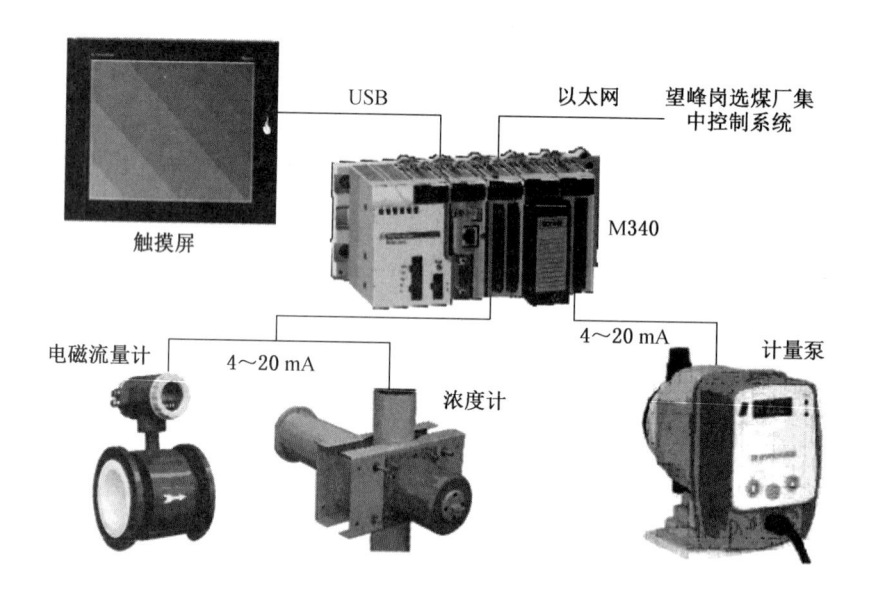

图 4-229 浮选自动精准加药系统构成图

4.2.4.4 难沉降煤泥水特性及治理新技术

难沉降煤泥水是一种近似胶体的多相稳定分散体系，给煤泥水的处理带来极大困难，是我国煤炭洗选加工行业面临的技术难题。该技术在系统地研究并掌握难沉降煤泥水特性及煤泥矿物颗粒表面水化理论基础上，开发了破膜聚沉技术、破膜脱水技术、加电减膜辅助沉降技术，针对高灰细泥污染浮选精煤的难题，开发了选煤专用脱泥池及脱泥浮选技术工艺。具有自主知识产权。

1. 技术内容与创新点

（1）在对煤泥水中主要黏土矿物颗粒表面水化特性及机理研究认知的基础上，从煤泥水中细颗粒表面存在水化膜的特点出发，提出通过破解煤泥颗粒表面水化膜，使煤泥颗粒间由水化斥力转化为疏水引力以促进颗粒聚团沉降的思路，开发了基于水化膜破解疏水聚团沉降煤泥水新技术，解决了难沉降煤泥水高效沉降技术难题。

（2）基于煤泥颗粒表面电荷特性，开发了外加电场辅助煤泥水沉降新技术。从煤泥颗粒荷电的特点出发，开发了外加电场辅助进行煤泥水沉降澄清处理技术，从而达到不用或少用药剂实现煤泥水净化处理的目的。另外，在电场的作用下，水化膜中的水分子会发生扰动及转动，其排列的乱序程度增强，降低水分子的缔合作用，从而弱化煤泥颗粒表面的水化膜厚度及强度，使得颗粒容易发生团聚沉降。

（3）开发了基于水化膜破解煤泥助滤脱水新技术，解决了煤泥脱水效率低、滤饼水分高的难题。微细煤泥颗粒表面水化膜中的水分子通过氢键等吸附方式紧密吸附在煤泥颗粒表面，与自由水相比，水化膜中的水通过压（过）滤方法难以脱除，现有技术难以解决这一问题。新技术通过量子化学模拟计算优化选择设计煤泥颗粒界面疏水调控改性药剂以保证其助滤效果，疏水改性药剂对煤泥的压滤脱水具有很好的促进作用。

（4）研制开发了高效脱泥池等煤泥水处理设施和脱泥浮选技术，解决了高灰细泥对浮选精煤的污染的问题，提高了浮选精煤产率。煤泥水中的高灰细泥在煤泥浮选过程通过夹带、黏附等方式污染精煤，从而导致浮选精煤灰分高，整体精煤产率低。本成果针对这一难题研发了专用浮选入料脱泥池，煤泥浮选前预先脱除煤泥水中的部分高灰细泥，开辟了脱泥浮选新途径，有效地解决了高灰细泥污染精煤的技术难题。

2. 关键参数

（1）提高精煤产率 0.5%～1.0%。

（2）每吨煤泥减少药剂用量约 17.5%。

（3）介耗降低了约 0.065 kg/t 原煤。

（4）循环水浓度降低，浓度小于 1 g/L。

（5）煤泥压滤滤饼水分降低 3%～5%，压滤循环周期降低 30%～50%。

（6）浓缩机处理能力提高 15%～30%，同时可以节约水资源。

3. 典型应用案例及使用效果

淮河能源选煤分公司现有炼焦煤选煤厂三座，动力煤选煤厂九座，年入选原煤近 60 Mt。入选原煤中矸石含量大、易泥化，在洗选过程中产生大量难以处理的高泥化煤泥水，给选煤厂的正常生产带来很大困难。在项目研究成果的指导下，对公司的潘一选煤厂、张集矿选煤厂、望峰岗选煤厂等选煤厂的煤泥水特性进行了系统的分析，并进行了相关系统改造和药剂的优化选择。脱泥浮选技术的应用，浮选效果得到明显改善，精煤总产率提高 0.8%。疏水聚团技术应用后煤泥水沉降效果明显改善，压滤脱水循环周期缩短 30% 以上，滤饼水分下降 3.2 个百分点，取得了显著的效果（图 4 - 230）。生产情况表明：煤泥水处理药剂成本下降，清水用量减少，分选效率提高，介质消耗降低，精煤产率增加，取得了良好的经济效益。项目研究成果在公司的推广应用，使淮南矿业集团选煤厂煤泥水得到了高效处理，实现了选煤厂一级洗水闭路循环，既避免了废水对环境的污染又节约了药剂及

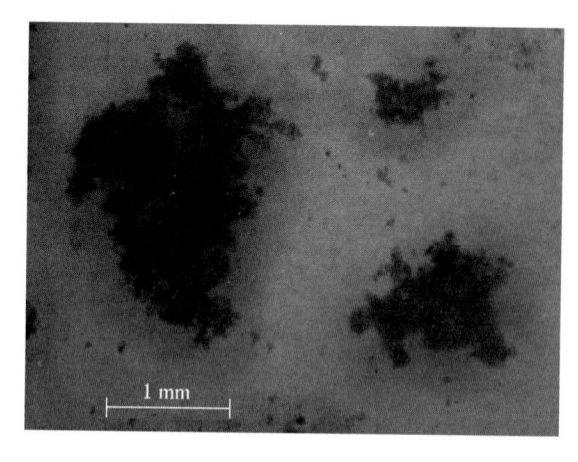

图 4-230 微细难沉降煤泥水疏水聚团效果图

水资源,同时循环水质量的改善有利于提高分选效果,改善产品质量,提高资源的利用率,节约资源,具有很好的经济社会效益。

4.2.4.5 超净排放煤粉工业锅炉系统

超净排放煤粉工业锅炉系统工艺路线较为成熟,经大量工程验证,系统可稳定运行,并达到预期指标。各子系统设备已基本实现标准化、系统集成完善程度高,2015年经煤炭工业协会鉴定,技术达到世界先进水平。通过对超低氮燃烧技术和碳基材料低温污染物协同处理等方面的研究,现已经运行锅炉最大达到80MW的容量,烟气污染物实现超低排放,与国外技术相比,自主技术实际已达到世界领先水平。具有自主知识产权,现有专利共42项,其中发明专利23项,现有软件著作权共64项。

1. 技术内容与创新点

超净排放煤粉工业锅炉系统包括十三个集成子系统(站):煤粉储存系统、供料系统、燃烧系统、换热系统、除尘系统、脱硫系统、脱硝系统、热力系统、点火油气站、压缩空气站、惰性气体保护站、飞灰储存系统和测控系统。煤粉经过高效低氮燃烧,产生的烟气经脱硫、脱硝、除尘系统净化后,整个锅炉系统实现煤炭的清洁高效利用(图4-231)。

超净排放煤粉工业锅炉具有与天然气锅炉等同的操控、热工和环境效果(图4-232),概况有以下六个方面的特点:一是方便快捷。能够实现全自动"即开即停"和"宽调节比"运行,也可以实现无人值守。二是安全可靠。煤粉储罐安全保障措施冗余,无预料不到的"着火"或"爆炸"风险。三是干净卫生。煤粉加注、供喂料及飞灰输送全密闭作业,工作环境友好。四是高效节能。锅炉热效率与天然气、电站锅炉相当,通常达到92%以上。五是清洁环保。低氮燃烧装置耦合烟气污染物协同脱除装置,可以较容易地实现达标排放或超低排放;六是经济实用。运行费用低廉,只有天然气锅炉的40%~50%。

2. 关键参数

以100t/h超低排放煤粉工业锅炉系统为例,关键技术参数见表4-68。

3. 典型应用案例及使用效果

超净排放煤粉工业锅炉系统在成果转化过程中,通过天津5×58 MW、济南浆水泉一期3×80 MW和济南浆水泉二期1×70 MW气粉两用锅炉等市政供热项目的实施,以及神东矿区专业化运营服务,近三年来煤粉工业锅炉系统产业化实现合同额10.6亿元、收入7.54亿元,新增利润2.26亿元,新增税收6324.1万元。

示范工程:济南热力集团有限公司浆水泉热源厂供热项目:2016年由煤科院节能技术有限公司承建4台超低排放煤粉工业锅炉系统建设工程,项目分两期建设,一期建成三台80 MW超低排放煤粉锅炉系统,并于2016年运行供暖,2017年完成工程验收;二期一台70 MW天然气煤粉双燃料锅炉系统,于2018年开工建设,当年供暖。运行情况表明,系统平均热效率达92%以上,大气污染物烟尘、二氧化硫、氮氧化物排放浓度在基准氧含量6%条件下,分别不高于5 mg/m³、35 mg/m³、

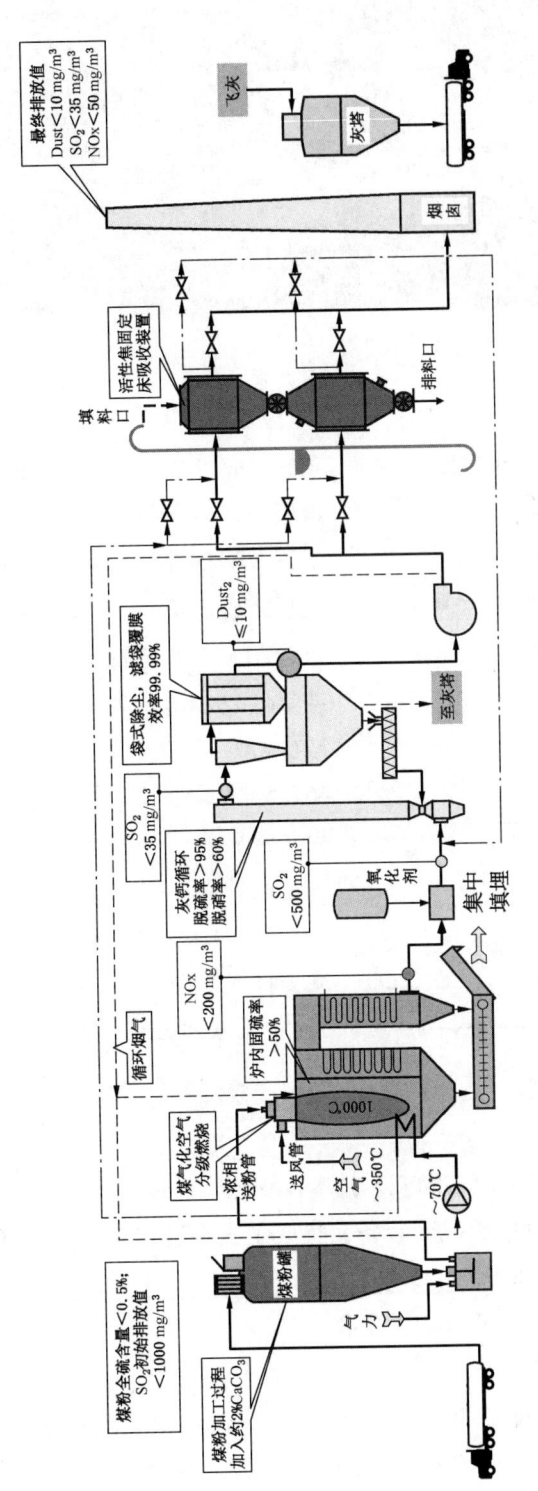

图 4-231 煤粉工业锅炉技术系统工艺流程图

图 4-232 煤粉工业锅炉房三维效果图

表 4-68 超净排放煤粉工业锅炉系统技术参数

项目内容	技术参数
锅炉名称	煤粉高效洁净燃烧锅炉
锅炉型号	QXS80-1.6/130/70-AⅢ
额定热功率/MW	80
额定压力/MPa	1.6
出水温度/℃	130
回水温度/℃	70
设计热效率/%	90
负荷调节范围/%	25~110
排烟温度/℃	120
烟尘排放/(mg·m^{-3})	≤5
SO_2 排放/(mg·m^{-3})	≤35
NO_x 排放/(mg·m^{-3})	≤50

$50\ mg/m^3$，满足电厂超低排放的环保要求。本项目建成后锅炉热效率较原来链条炉提高了近20%，供热面积增加近 $1\times10^6\ m^2$，一期工程完成后第一个采暖季较上一采暖季耗煤减少61578 t，节煤率53.23%，供热标煤耗同期降低29.22%。污染物方面，仅节煤每年可减少 CO_2 排放量144100 t，减少 SO_2 排放量467.5 t，减少 NO_x 排放量407 t，节能减排效果非常显著。图4-233所示为超净排放煤粉工业锅炉锅炉房实景。

4.2.4.6 低浓度煤层气除氧浓缩工业化成套技术装备

"低浓度煤层气除氧浓缩工业化成套技术装备"由煤炭科学技术研究院有限公司研发，具有自主知识产权。

1. 技术内容与创新点

（1）低浓度煤层气除氧及变压吸附集成浓缩工艺技术及工艺软件包。

（2）低浓度煤层气除氧及变压吸附集成成套装备，集成了安全输送、压缩净化和除氧浓缩三个技术单元形成低浓度煤层气除氧浓缩工业化成套装备。

（3）低浓度煤层气浓缩专用煤基碳分子筛制备技术。

2. 关键参数

低浓度煤层气经三级浓缩后甲烷浓度从30%提高至90%以上，氧气浓度从10%降低到0.5%以下，达到常规天然气质量指标标准，实现低浓度煤层气的高品质、高价值、高安全利用。

3. 典型应用案例及使用效果

2019年5月，与阳煤集团在阳泉神堂嘴建成了低浓度煤层气变压吸附除氧浓缩制 $1.8\times10^7\ Nm^3/a$ 压缩天然气（CNG）示范工程项目。该项目集成安全输送、压缩净化和除氧浓缩三个工艺单元，形成了低浓度煤层气除氧浓缩工业化成套技术和装备，可将低浓度煤层气经三级浓缩后甲烷浓度从30%提高至90%以上、氧气浓度从10%降低到0.5%以下，实现低浓度煤层气的高品质、高价值、高安全利用。自2019年5月开始调试，先后完成了单机调试和空气调试，2019年10月中旬开始煤层气进料调试，到2020年11月为止，先后解决了14项技术和设备问题，完成了系统72 h连续调试，验证了主工艺装置能够安全、快速、平稳地运行调节，生产出了合格的CNG产品，目前项目已进入调试收尾和验收移交阶段。利用该成果可提供煤层气利用的评价、技术开发、项目开发、工程设计等四项服务。

图4-233 超净排放煤粉工业锅炉锅炉房实景

4.2.4.7 BRICC-M型煤岩自动测试系统

"BRICC-M型煤岩自动测试系统"是基于数字图像处理技术的新型煤岩自动测试系统（图4-234）。系统可实现煤、焦、地质领域的全部岩相学测试项目，同时服务于检测、配煤、运销、管理等多个环节和部门，具有自主知识产权。

1. 技术内容与创新点

（1）自动调焦技术：X、Y、Z三轴电动平台精密度高。BRICC SCAN自动载物台（图4-235）行程大（X、Y行程均为50 mm），采用直线步进电机+集成式消隙螺母，可有效消除机械耦合间隙；Triangle滚珠轴承导轨及精密丝杆双控制，定位准确且运动平滑，X、Y轴自动移动精度为0.5 μm；精密步进电机步长优于10 nm；光栅尺反馈信号，实现Z轴自动调焦精度为0.02 μm。

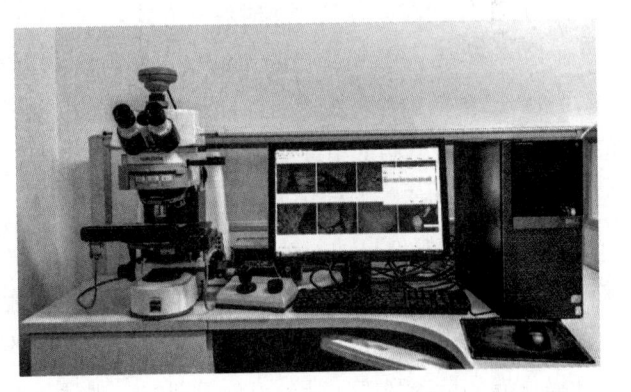

图4-234 BRICC-M型煤岩自动测试系统

（2）镜质体反射率全自动测试关键技术：开发了煤岩自动测试软件，对所有图像自动识别符合测试条件的镜质体并测定反射率，测试全过程小于5 min，核心过程小于2 min，测试速度快。无须人工干预，自动生成反射率测试报告。可输出所有测点的原始数据，可筛选出每个反射率范围对应的典型图片附在测试报告中，增强测试报告的权威性，测试结果与人工测试结果可比性强。测试过程可追溯，测试结果审核方便。

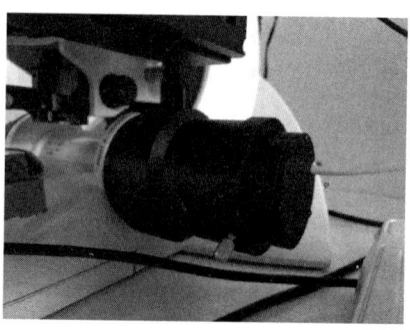

图 4-235　BRICC SCAN 自动载物台

（3）测试流程灵活合理。一套煤光片的图像可解决镜质体反射率、显微组分定量、显微煤岩类型三个测试项目。各个操作模块的测试数据可以互相调用，如配煤模块可调入反射率测试数据和组分定量的测试数据；反射率传统法测试可链接显微组分含量测试结果，避免二次组分鉴定。单样品多项目测试的效率显著高于原方法。既可将图像采集与处理过程集成，也可在图像采集后进行离线（脱离显微镜）图像处理，在计算机上完成煤岩测试过程，大大解放了人力及对设备的依赖，提高了测试效率。

2. 关键参数

（1）30 min 以内完成 1000 幅左右图像采集，图像清晰率达到 95% 以上。

（2）自动物台 X、Y 行程为 50 mm，X、Y 最小步进精度为 0.5 μm，Z 轴精度为 0.02 μm。

（3）工作线建立方式为实时建立方式。

（4）1000 幅图像的组分识别和反射率自动测定在 5 min 内完成。

（5）基于图像分析技术，自动识别镜质体并测试其反射率，自动形成反射率测试报告，且过程可追溯、可审核，测试精度满足现行国家标准。

3. 典型应用案例及使用效果

BRICC-M 煤岩自动测试系统受到煤炭、冶金行业科研机构及焦化企业的广泛认可，在煤炭资源高效开采与洁净利用国家重点实验室、黑龙江科技大学等科研机构以及太原煤炭气化公司焦化厂、山西鹏飞焦化等国有大型焦化厂、独立焦化厂等企业均有应用，大大提高了煤岩测试人员的测试效率，降低操作者的劳动强度，减少组分识别的主观性，取得了不错的反响。

4.2.4.8　新型炼焦煤吉氏流动度测定仪

"新型炼焦煤吉氏流动度测定仪"，旨在解决国产吉氏流动度设备扭力矩调节、搅拌桨连接同轴等核心问题。主要应用于炼焦煤黏结特性评价。是具有自主知识产权的分析设备（图 4-236）。

1. 技术内容与创新点

（1）开发了吉氏流动度测定仪专用的电磁场调控恒定扭力矩自整定系统（图 4-237）、蓄热-加热一体化炉体（图 4-238）、微正压荒煤气导出系统等三项关键技术。

图 4-236　新型炼焦煤吉氏流动度测定仪

图 4-237　恒定扭力矩系统设计图

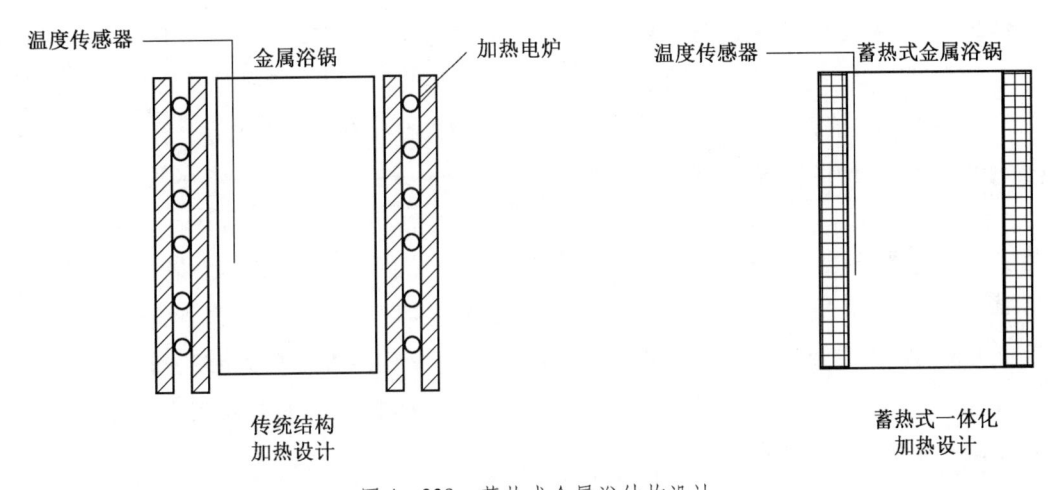

图 4-238　蓄热式金属浴结构设计

（2）与国内外同类技术对比实现了控温精度更加准确、搅拌桨系统阻力更低、操作更加方便等优异特性；经第三方检测，该仪器测试结果精密度、准确度及相对误差均符合要求，整体测试结果优于进口同类型设备。利用此设备进行配煤方案优化，在焦炭质量保持不变的前提下，可降低主焦煤配比、提高气煤和 1/3 焦煤等较低变质程度炼焦用煤的配比，使得配煤成本降低，获取更大的经济效益。此外，亦可利用吉氏流动度的测定监督企业来煤质量，及时通过配比调整，确保焦炭质量稳定。

2. 关键参数

（1）控温精度：(3 ± 0.1) ℃/min。
（2）控温范围：0~800 ℃，分辨率为 0.1 ℃。
（3）使用温度：≤600 ℃。

（4）加热炉体：功率为 2000 W。

（5）电机：最大转速可达 3000 r/min，可任意设定转速，转速精度 1000 ± 0.2 r/min。

（6）输出扭力矩：（101.6 ± 5.1）g·cm。

（7）流动度测试范围：0～100000 dd/min，检测精度为 1 dd/min。

3. 典型应用案例及使用效果

该测定仪推向市场以来，已应用于太原市梗阳实业集团、山西兴高能源、唐山达丰焦化、迁安中化煤化工、新汶矿业、孝义华盛鹏飞、云南曲煤、山西亚鑫、河北中煤旭阳等30余家单位。据以上成果应用企业反馈，本项目所研发的吉氏流动度设备实际运行稳定、测试精度高、操作方便，实验研究结果对于精确指导配煤、新一代配煤炼焦方法构建起到了至关重要作用，对于实际应用企业降低生产成本起到了直接、显著作用。

4.2.4.9 煤科炉（MEKL）气化技术装备

"煤科炉（MEKL）气化技术装备"是一种连续液态排渣的加压固定床气化技术，具有自主知识产权。

1. 技术内容与创新点

成功开发了气化剂喷嘴、环形烧嘴、渣池等核心部件，建设了 5 t/d 连续液态排渣固定床气化中试装置。与传统固定床固态排渣 Lurgi 气化技术相比，煤科炉具有气化强度高、碳转化率高、有效气含量高、冷煤气效率高、废水产量低、有效气生产成本低等优势，有效提高了气化效率，并降低污染物排放带来的环境压力。与传统固定床液态排渣 BGL 气化技术相比，煤科炉具有投资低、不添加助熔剂、排渣热损失低、排渣控制简单、不析铁、高温区耐火材料寿命长等优势，有效提高了气化装置的运行稳定性并降低助熔剂投资成本。

2. 关键参数

中试装置炉膛内径：500 mm；炉膛内设计温度：2000 ℃；设计压力：5.0 MPa；操作压力：4.0 MPa。并于 2019 年 11 月进行了第三方专家 72 h 现场考核，第三方专家经过总结和审核，考核结果为操作压力 2.0 MPa、加煤量 5.1 t/d、耗煤 kg/1000 Nm^3（$H_2 + CO + CH_4$）为 492、耗氧 Nm^3/1000 Nm^3（$H_2 + CO + CH_4$）为 208、有效气（$H_2 + CO + CH_4$）含量为 88.82%、低位热值为 11.51 MJ/Nm^3。

4.2.4.10 环保无氯煤炭防冻剂

该防冻剂的研发依托中国煤炭科工集团科技创新基金，采用双效协同降凝和增稠稳定技术，经实验室模拟及工业性对比试验验证，产品具有优异的防冻、缓蚀、低温稳定及挂壁性能，充分保证列车侧壁的防冻，产品不引入额外的氯元素，符合煤炭清洁化利用理念。具有完全自主知识产权。

1. 技术内容与创新点

采用离子键的强作用力与分子间氢键的弱作用力的双效协同降凝技术，实现无氯降凝剂的高效降凝。开发了适合煤炭运输防冻剂的复合增稠稳定添加剂，添加剂骨架含有羟基及氨基等活性位点，在增稠的同时有机降凝可以通过分子间氢键等弱作用力与添加剂骨架上的活性位点相互作用，缓减由于降凝剂自身重力引起的降凝剂沉降团聚，解决了常规水性增稠剂在高盐体系中的析出和团聚问题，有效地提升环保无氯煤炭防冻剂的低温稳定性及挂壁性能。

2. 关键参数

环保无氯煤炭防冻剂的质控指标主要参照铁路行业标准 TB/T 3208—2008《散装颗粒货物运输用

防冻液技术条件》的规定，为了避免氯元素对煤质指标的影响，增加了氯含量控制指标；为了合理控制环保无氯煤炭防冻剂的挂壁性能及现场工况，对环保无氯煤炭防冻剂黏度的质控指标进行了提升，调整为 2.0~50.0 mPa·s，详见表4-69。

表4-69 环保无氯煤炭防冻剂性能指标

项目		指标要求		产品性能指标	
		固体	液体	固体	液体
性状		固体粉末或颗粒	均一流体	固体粉末或颗粒	均一流体
气味		无明显刺激性气味	无明显刺激性气味	无明显刺激性气味	无明显刺激性气味
水不溶物/%		≤5	≤5	≤5	≤5
冰点/℃		≤-46		-52	
密度/(g·cm^{-3})		1.10~1.60		1.195	
黏度/(mPa·s 20℃)		2.0~50.0		双方约定	
pH		6.5~10.5		9.5	
沸点/℃		≥100		114	
闪点/℃		>120		144	
氯含量/(mg·kg^{-1})		≤200		86	
金属腐蚀性/(mm·a^{-1})	钢	≤0.05		0	
	铜	≤0.05		0	
	铝	≤0.05		2.55×10^{-3}	
重金属含量/(mg·kg^{-1})	总汞	≤0.05		0.05	
	总镉	≤0.1		0.04	
	总铅	≤1.0		0.10	
	总铬	≤1.5		0.20	
	总砷	≤0.5		0.02	

注：环保无氯煤炭防冻剂与水以质量比1:1配液测试。

3. 典型应用案例及使用效果

自2018年开始已连续三年在神东煤炭集团洗选中心榆家梁与哈拉沟选煤厂出口煤防冻实现了商业化应用，使用效果良好，防冻性能优异，有效避免了防冻剂对煤质氯元素的影响，煤质满足客户使用要求，累计实现合同额1000余万元，取得了良好经济和社会效益，出口煤示范效应以初步体现，相信在化工煤及电煤防冻领域应用前景良好。环保无氯煤炭防冻剂的开发填补了无氯煤炭防冻剂的国内外空白，2020年9月，该研究成果经煤炭学会鉴定达到了国际领先水平（图4-239）。

环保煤炭防冻剂现为国家能源神东公司出口煤配套产品，通过港口统计分析表明，环保无氯防冻剂很好地保障了煤质氯含量符合出口煤指标要求，同时冻煤量降低10%以上，较传统防冻剂更加优异。图4-240所示为氯化钙防冻剂与环保无氯防冻剂的工业性对比实验结果。

4.2.4.11 低放热结构增强型注浆加固材料

低放热结构增强型注浆加固材料采用降温和增强改性技术，成功研制了低放热结构增强型注浆加

(a) 固态防冻剂　　　　　　　　(b) 液态防冻剂

图 4-239　环保无氯煤炭防冻剂

注：卸煤后车厢情况（左）氯化钙防冻液　（右）环保无氯防冻液。

图 4-240　氯化钙防冻剂与环保无氯防冻剂的工业性对比实验结果

固材料，具有完全自主知识产权。经实验室研究、注浆模拟及工业性试验验证，产品具有反应温度低、力学强度高、体系稳定、本身不燃等优点，为煤矿采掘工作面施工安全提供有力保障。

1. 技术内容与创新点

采用多尺度解析手段，全面掌握了影响体系稳定性的因素，通过引入高效稳定剂，使得无机改性加固材料具有超高稳定性。矿用材料分院为透彻掌握该体系加固材料结构与性能间的构效关系，在行业内首次深度剖析了改性加固材料的微观结构，研究固结体中聚合硅酸盐和聚氨酯网络填充结构及相分布规律，找出限制固结体力学强度的关键因素，进行增强改性。通过研究异氰酸酯和聚醚多元醇主剂、催化剂、新型功能添加剂等对高分子聚合度、交联度、分子量分布、聚集状态的影响，以及对体系稳定性、反应温度和力学强度的影响，重新设计了产品配方，产品性能大幅提升，为煤矿安全提供强有力技术支撑。

2. 关键参数

低放热结构增强型注浆加固材料质控指标主要参照《煤矿井下反应型高分子材料补充安全技术要求（试行）》和《煤矿井下反应型高分子材料安全标志管理方案（试行）》的规定，其关键参数见表 4-70。

表4-70 产品关键参数

项目		标准要求	产品性能参数
最高反应温度/℃		≤100	88
膨胀倍数/倍		≥1	1.1
氧指数/%		≥28	35
酒精喷灯燃烧实验	有焰燃烧时间平均值/s	≤3	0.9
	有焰燃烧时间最大值/s	≤10	1.02
	无焰燃烧时间平均值/s	≤10	3.27
	无焰燃烧时间最大值/s	≤30	4.18
	最大火焰扩展长度/mm	≤280	32
酒精灯燃烧实验	有焰燃烧时间平均值/s	≤6	0.81
	有焰燃烧时间最大值/s	≤12	0.85
	无焰燃烧时间平均值/s	≤20	2.63
	无焰燃烧时间最大值/s	≤60	3.10
	最大火焰扩展长度/mm	≤250	25
抗压强度/MPa		≥40	59
抗拉强度/MPa		≥5	10
抗剪强度/MPa		≥15	17
燃烧后有毒有害物质释放量/(mg·g^{-1})	卤酸气体总量	≤5	0.0005
	HCN	<400	0.0012
	CO	<100	0.0043

3. 应用案例与使用效果

2020年在中煤华晋王家岭煤矿投入应用，主要用在综采工作面和掘进回风巷。王家岭煤矿12313矿综采工作面为新工作面，开采长度为1250 m，煤层厚度为6 m，开采4 m，放顶2 m。开采初期采面揭露的断层落差增大，多断层且存在交叉，内部裂隙发育复杂，断层断裂面两侧煤层出现顶板破碎、煤壁片帮现象，严重影响着工作面的正常推进和生产安全。12316回风巷道设计服务年限30个月，巷道600~700 m段顶板破碎，矿压显现明显。根据矿方安排，需要对600~700 m区域西临侧煤柱进行注浆加固。

该矿受地质构造影响，顶板破碎严重，多次出现漏顶现象，存在极大安全隐患，严重影响到采面正常生产。为此，采用煤炭科学技术研究院有限公司矿用材料分院自主研发的超稳结构增强型无机改性矿用注浆加固材料（图4-241），对采煤工作面顶板和煤柱破碎区域进行注浆加固。应用期间，煤科院技术人员根据采煤工作面实际情况，设计注浆方案，并指导施工，采用打孔注浆方式对煤帮和顶板破碎区域进行了超前加固，材料注后反应较好，无出水、发泡等不稳定现象，注后煤岩体固化为一个整体，顶板完整性及承载力都得到了提高，为工作面正常生产、推进创造了有利条件。

4.2.4.12 绿色高效液压支架传动介质

绿色高效液压支架传动介质，突破传统防锈体系，以绿色、多功能的水基助剂（对天然的植物油或氨基酸进行化学改性）为基础，合成高效多功能防锈防腐剂添加剂，通过润滑剂、防锈剂和稳

注：左图为注浆材料固化后试样，右图为加固材料与煤体黏结后试样。

图 4-241　超稳结构增强型无机改性矿用注浆加固材料

定剂的复配和协同，形成具有增溶作用的热力学稳定体系（体系平均粒径为纳米级）。通过现场的工业性试验，表明产品能够为电液控制阀和智能工作面提供有效的保障作用；具有良好的生物降解性，可通过常规的水解酸化+A/O 处理工艺，将 COD 降至 200 mg/L 以下，可有效降低排放；产品的推广使用符合节能减排、低碳环保的要求。具有完全自主知识产权。

1. 技术内容与创新点

针对液压支架常用的黑色金属和有色金属，采用有机酸和无机酸联合与有机碱进行化学反应，制备出高效复合缓蚀剂（ZL201510536058.2，一种用于液压支架液压液的高效复合缓蚀剂及应用），该缓蚀剂在液压支架液压液中稳定性优良，且长期有效；采用分子设计理论，对天然植物油和氨基酸进行化学改性合成高效多功能添加剂，通过润滑剂、防锈剂和稳定剂的复配和协同，自主开发了工作液 COD 低于 7000 mg/L 的液压支架传动介质（ZL201710510463.6，一种用于液压支架系统的绿色高效浓缩液及其制备方法），液压液产品有优异的防锈蚀性能，适应聚氨酯、丁腈橡胶等各种密封材料，实现了传统产品的升级换代，针对支架电液控制系统对传动介质更稳定、更清洁、高过滤精度（25 μm）的要求，设计开发了超稳定纳米体系产品，产品平均粒径小于 100 nm。

2. 关键参数

绿色高效液压支架用传动介质在常规性能满足 MT/T 76—2011《液压支架用乳化油、浓缩液及其高含水液压液》的基础上，增加了化学需氧量（COD）和平均粒径的检测；其关键技术指标见表 4-71。

表 4-71　绿色高效液压支架传动介质技术指标

项目	标准要求	检验结果
防锈性	铸铁无锈迹色变	无锈迹、无色变
防腐蚀性	15 号钢无锈蚀	无锈蚀
	62 号黄铜无色变	无色变
热稳定性	析出物≤0.1%	无油皂析出
室温稳定性	析出物≤0.1%	无油皂析出
振荡稳定性	无析出物	无析出物
CODcr/(mg·L^{-1})	—	6040
平均粒径/nm	—	20.6

注：其他技术指标均符合 MT/T 76。

3. 典型应用案例与使用效果

该传动介质成功在郑煤机水处理厂进行了应用，并开展了工作液后处理降解试验。工作液化学需氧量仅为 6040 mg/L，工作废液经"水解酸化+A/O"处理工艺，各段工艺能够高效运行且保持稳定，化学需氧量指标逐步降低，低 COD 液压液能够利用"水解酸化+A/O"处理工艺有效降解，避免环境污染,为绿色矿山建设助力。

该传动介质可根据矿井水质为客户实现"个性化"定制,适应水硬度范围 0~2000 mg/L 矿井水,无油皂析出,不堵塞滤芯、过滤器和先导阀等。针对神东上湾煤矿超大采高智能综采工作面设备的高压力、大流量、高过滤精度的需求,煤科院材料分院针对矿井水质特点,利用全合成技术开发了"上湾矿专用"浓缩液配方。现场实行个性化服务,定期、定点下井跟踪,监测配液浓度并取样化验。产品应用至今,稳定性优异,与密封材料适应性良好,为设备提供了良好的防锈和润滑,充分满足了上湾矿智能大采高设备的应用需求,保证了综采设备的稳定运行,受到矿方一致认可。

产品通过了 TUV 莱茵测试,成果已达国际领先水平,引领着矿用油品向"安全、环保、高效"方向发展,在全国 150 多个煤矿推广应用,累计实现合同额超 4 亿元,助力煤矿综采支架向自动化、信息化和智能化发展。图 4-242 所示为工作面滤芯情况对比图。

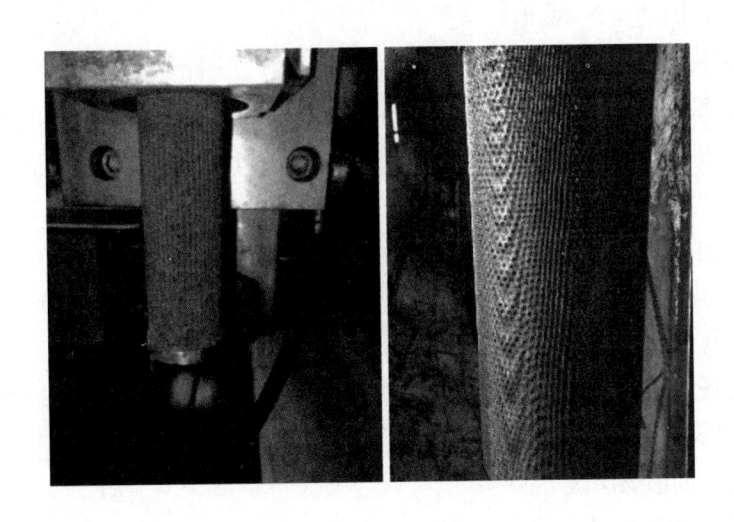

图 4-242 工作面滤芯情况对比图(左侧为其他产品效果;右侧为该产品效果)

4.2.4.13 环保降解型相变凝胶钻孔密封材料

"环保降解型相变凝胶(Phase Change Gel,简称 PCG)钻孔密封材料"主要解决了目前我国煤矿井下瓦斯抽采钻孔密封材料普遍存在煤层条件自适应性差、密封效果参差不齐、密封成本持高不下、密封材料耗费量大、环保性差且不可降解等问题。具有完全自主知识产权。

1. 技术内容与创新点

环保降解型相变凝胶钻孔密封材料是一种以绿色、环保、可降解的水溶性高分子为基料的复配型钻孔密封材料。通过利用悬浮剂、保水剂、改性剂、稳定剂等绿色辅料的物理化学性质精准控制材料水溶液的凝胶化相变过程,使其在可不同的时间段内发生不同的物理相变反应,进而适应不同煤层钻孔密封全过程中低阻注浆、低黏渗透、高黏胶结、动态密封及绿色降解的材料性能需求,在满足瓦斯抽采钻孔高质量密封的同时,通过对密封材料降解还可实现瓦斯抽采钻孔孔内抽采设备的回收,从根本上降低单孔密封成本,为煤矿井下钻孔瓦斯抽采的"降本增效"提供了良好的物质基础。

环保降解型相变凝胶钻孔密封技术主要从密封材料的相变精准控制原理出发,以高效低耗、绿色环保为开发宗旨,以钻孔密封全过程中对材料的可注性、密封性、环保型、降解性、便携性和低成本等需求为实现目标,通过利用类固态环保可降解型凝胶形成过程的相变特性、高黏结性、钻孔自适应性、可降解性和低量化使用来实现瓦斯抽采钻孔科学、高效、低耗、绿色、环保和自动化密封。

2. 关键参数

环保降解型相变凝胶钻孔密封材料主要性能指标如下:

(1) 胶凝点:20~30 min 内动态可调。

(2) 凝胶点前黏度:<30 MPa·s。

(3) 最终黏度(2%):$\geq 30 \times 10^4$ MPa·s。

(4) 凝胶化时间:50~90 min。

(5) 凝胶材料料水比:0.02~0.04。

(6) 凝胶材料保质期:≥ 2 a。

(7) 凝胶材料降解周期:5~30 d。

3. 典型应用案例及使用效果

本材料主要在山西高河能源有限公司和山西长平煤业有限责任公司等井下进行试验和使用。其中,山西高河能源有限公司井田内分别具有不饱和低渗煤层和构造松软低渗煤层两类难抽采煤层,为此同时开展了环保降解型相变凝胶钻孔密封材料的应用试验。具体应用案例如下:

应用案例一:不饱和低渗煤层区

煤层条件:瓦斯含量小于 8 m^3/t,瓦斯压力小于 0.5 MPa,透气性系数小于 0.01 $m^2/(MPa^2·d)$,采用膨胀水泥材料密封的钻孔平均抽采瓦斯浓度普遍低于 10%。

应用效果:采用环保型相变凝胶(PCG)钻孔密封材料后,相同抽采时间内平均组孔抽采瓦斯浓度及纯量分别提高 4 倍和 1.5 倍,抽采瓦斯浓度长期保持在 30% 以上。

应用案例二:松软低渗煤层区

煤层条件:瓦斯含量大于 10 m^3/t,瓦斯压力大于 0.7 MPa,透气性系数小于 0.09 $m^2/(MPa^2·d)$,坚固性系数小于 0.5,且小构造发育,采用膨胀水泥材料密封的钻孔抽采瓦斯浓度普遍低于 30%,且衰减周期短。

应用情况:采用环保型相变凝胶(PCG)钻孔密封材料后,相同抽采时间内平均组孔抽采瓦斯浓度及纯量分别增加 2 倍和 1.5 倍,抽采瓦斯浓度长期保持在 50%~70% 以上,抽采 8 个月后平均抽采浓度仍能保持在 30% 以上。此外,在山西高河能源有限公司 3 号煤层钻孔密封试验过程中,平均钻孔密封长度为 16 m。其中,环保型相变凝胶(PCG)钻孔密封材料平均单孔耗费量为 3 kg,合计成本约 240 元整,膨胀水泥材料平均单孔耗费量为 125 kg,合计成本约 350 元整,极大降低现场施工人员的劳动强度的同时,平均单孔密封成本同比可降低 30% 以上,具有良好的性价比。

5 煤炭工业"十四五"科技发展方向

"十四五"是我国全面建成小康社会、实现第一个百年奋斗目标之后，乘势而上开启全面建设社会主义现代化国家新征程、向第二个百年奋斗目标进军的第一个五年，是深入贯彻"四个革命、一个合作"能源安全新战略、着力构建清洁低碳、安全高效现代化能源体系的攻坚期，也是煤炭工业应对新一轮工业革命的机遇和挑战、实现高质量发展的关键时期。

科技创新是煤炭工业高质量发展的根本动力，是建设现代化煤炭经济体系的核心支撑。面对煤炭工业高质量发展新要求，必须以系统思维来谋划煤炭科技创新发展，需从发展历史、现实、未来、地理、国际等多个角度综合考虑。从发展历史角度看，新中国成立70年来煤炭工业的发展，尤其是改革开放以来的跨越式发展离不开煤炭科技的有力支撑；从现实角度看，煤炭行业面临高质量供给和发展不平衡不充分的矛盾，应对新矛盾，更需要煤炭科技创新，在发展动力上提供支撑；从未来角度看，煤炭科技发展要顺应未来能源发展趋势，要着力推动煤炭从传统能源向清洁能源转变；从地理角度看，煤炭科技发展要充分考虑我国煤炭资源地理空间分布；从国际角度看，要密切关注世界经济和能源格局调整带来的机遇与挑战，坚持开放合作。

为此，按照新时代煤炭工业高质量发展要求，系统谋划了"十四五"煤炭科技创新发展的布局和路径，提出了"十四五"煤炭科技发展的指导思想、基本原则和主要目标，明确了"31110"科技创新主要任务，包括三大基础理论研究、十大重点领域核心技术攻关、十项重大技术创新示范、百项先进适用技术推广应用，为"十四五"煤炭科技创新发展指明了方向。

5.1 发展环境

当前，能源安全形势严峻复杂。从国际看，能源领域战略博弈持续深化，能源秩序深刻变化。新冠肺炎疫情在全球传播蔓延，人员流动、跨境商贸活动受阻，世界经济深度衰退、国际油价低位震荡运行，未来能源安全面临的风险因素将进一步增加。从国内看，我国面临能源需求压力较大、能源供给制约较多、能源生产和消费对生态环境损害较严重、能源技术水平总体落后等挑战，疫情叠加产生的阶段性挑战进一步加剧。

我国煤炭资源受地质条件的制约，井工开采占据了主导地位，露天开采仅占煤炭产量的20%左右。煤炭资源开发面临着地质条件复杂、采深逐年增加、灾害多发等多重压力，资源采出率有待提高，智能化水平亟须进一步提升。动力煤入洗率低，褐煤转化利用率低，废弃矿井空间、矿井水、地热等伴生资源利用率低。煤炭开发造成的土地塌陷面积大，且产生大量的煤矸石等固废，矿区环境破坏严重。煤矿职业危害问题突出，累计职业病发病人数占全国总数的一半左右。

煤炭行业基础研究难度较大，研究力度不够，方向较为分散，关键技术原创性突破、颠覆性创新仍然较少，一些关键技术亟须突破，能源技术革命涉及的材料、工艺、核心元器件、工业软件、高端设备等未能完全满足应用需求，自主创新能力较弱，面临多个"卡脖子"难题，创新体系及平台建设不完善，科技创新领军人才、复合型人才和高技能人才大量缺乏，研发经费投入强度达不到全社会平均水平，知识产权保护运用和标准引领水平滞后，科技创新能力尚无法满足行业高质量发展要求。

当前，全球新一轮科技革命和产业变革孕育兴起，科技创新呈现出新的发展态势和特征。学科交叉融合加速，新兴学科不断涌现，前沿领域不断延伸。信息技术、生物技术、新材料技术、新能源技术广泛渗透，带动各个领域发生了以绿色、智能、泛在为特征的群体性技术革命，为煤炭科技创新提供了广阔的空间。党的十九届五中全会明确提出："坚持创新在我国现代化建设全局中的核心地位，把科技自立自强作为国家发展的战略支撑。"

因此，煤炭行业必须以新发展理念为引领，主动适应新一轮科技革命与产业变革的发展趋势，推动科技与产业深度融合，加强交流合作，加快构建现代化煤炭安全绿色智能开发和清洁高效低碳利用技术体系，引领煤炭行业步入具有高科技特点的高质量发展道路。

5.2 发展思路

5.2.1 指导思想

以习近平新时代中国特色社会主义思想为指导，贯彻落实党的十九大和十九届二中、三中、四中、五中全会精神，深入贯彻创新驱动发展战略和能源安全新战略，践行新发展理念，以引领现代化煤炭经济体系建设为目标，加强科技自立自强，大力提升自主创新能力，强化煤炭基础理论研究和新一代信息技术与煤炭开发利用深度融合，聚焦"31110"科技创新重点任务，突破煤炭安全绿色智能化开发和清洁高效低碳化利用关键核心技术，强化重大技术创新示范引领，推广先进适用技术，培养科技创新人才队伍，构建开放型合作创新生态，支撑煤炭工业高质量发展。

5.2.2 基本原则

——自主创新、安全可控。坚持自主创新支撑引领行业发展，加大煤炭基础理论研究力度，聚焦完善现代化煤炭开发利用技术体系，在重点领域开展核心技术攻关，突破带动作用强的关键技术，实现关键核心技术与装备的安全可控。

——企业主体、开放合作。坚持企业为技术创新主体，联合科研院所和高等院校，完善产学研深度融合和协同创新机制，构建开放合作的创新生态体系，集聚各类创新要素和社会资源，形成合力推动行业科技创新。

——立足当前、着眼长远。加快新一代信息技术与煤炭开发利用深度融合，开展重大技术创新示范，持续提升煤炭产业基础能力，遵循能源发展规律，探索煤炭资源绿色低碳循环发展新路径，顺应全球能源低碳发展新趋势。

——健全机制、人才保障。创新行业科技管理与服务模式，积极培育新技术、新工艺、新装备、新材料，引导企业加快科技成果规模化推广应用，完善人才培育机制，优化科技人才结构，加强科技人才队伍建设，提升人才效能。

5.2.3 主要目标

到2025年，行业自主创新能力大幅提升，煤炭产业重点领域关键技术实现自主可控，现代化煤炭开发利用理论与技术体系明显完善，科技创新人才队伍建设取得显著成效，建成特色鲜明、产学研深度融合的行业科技创新体系，推动一批煤炭企业成为高新技术企业，支撑煤炭工业高质量发展。

——行业科技贡献率达到65%左右，规模以上企业研究与试验发展（R&D）经费支出占主营收入比重达到2.5%；积极培育建设国家实验室，建成包括国家、省部、行业级科研平台和企业技术创新基地布局优化的研发体系，开展行业重点联合实验室建设，培育一支知识型、技能型的科技人才队伍，形成开放型合作创新生态。

——煤炭绿色智能开采、煤矿重大灾害防控、煤炭清洁高效转化基础理论研究取得突破，完善形成生态环境低扰动绿色开采技术体系、深部煤炭资源安全高效开采技术体系、煤矿智能化技术体系、煤炭智能化洗选加工技术体系、煤炭清洁高效减碳转化技术体系、煤系共伴生资源开发利用技术体系、废弃矿井空间资源综合利用技术体系。

——煤矿智能化与机器人关键技术取得突破，因地制宜、有序推进智能化煤矿建设。大型煤矿和灾害严重煤矿基本实现智能化，实现井下重点岗位机器人作业，露天煤矿智能连续作业和无人化运输；建立煤矿智能化技术规范与标准体系。

——煤矿安全管理和技术装备水平大幅提高。冒顶、火灾、爆炸、冲击地压、水害、煤与瓦斯突出等灾害防治能力进一步提升，工作面粉尘防治取得明显成效，煤矿作业人员安全防护与职业健康保障更加完备，矿山应急救援体系与技术更加完善。

——大型煤机装备、露天开采装备、煤炭洗选装备与煤化工装备的智能化和可靠性水平大幅提升，关键零部件、核心元器件、控制系统与软件实现自主化。

——现代煤化工实现高效、环保、低耗发展。突破煤油共转化制清洁燃料与化学品、煤制芳烃、煤制乙醇等关键工艺技术；煤转化有机固废和污废水、矿井水低成本资源化利用技术，千万吨级煤炭分质分级利用技术取得积极进展。

——矿区生态环境显著改善。采煤沉陷区土体整治与生态修复技术不断完善，矿区大宗固废资源利用取得明显成效；减碳减量可行先进技术取得突破，实现矿区生态与碳汇减排协同发展。

5.3 主要任务

组织开展"31110"科技创新主要任务，包括三大基础理论研究，十大重点领域核心技术攻关，十项重大技术创新示范和百项先进适用技术推广应用。

5.3.1 煤炭基础理论研究

在煤炭绿色智能开采、煤矿重大灾害防控、煤炭清洁高效转化等领域开展基础理论研究，为我国煤炭资源的安全绿色智能开发和清洁高效低碳利用提供基础支撑。

（1）煤炭绿色智能开采。重点研究煤系矿产资源精细勘查与生态地质理论，时空变化条件下的矿井地质精准探测及建模理论，面向矿井复杂环境的自适应感知理论，矿山多源异构数据融合及信息动态关联理论，复杂条件下采掘设备群的协同控制理论，面向复杂矿井环境的动态协同控制与数据驱动决策理论，黄河流域等重点区域煤炭开发生态大尺度演变规律与生态修复方法等；探索深部原位流态化开采的采动岩体力学理论和采矿方法。

（2）煤矿重大灾害防控。重点研究深部矿井多灾种一体化智能防控理论，煤岩瓦斯复合动力灾害发生机制，煤矿冲击地压主控地质因素及发生机理，冲击地压风险判识理论与防控方法，复杂地质条件下顶板水害形成机理，大采深矿井煤层底板岩溶发育规律，高地应力及高水压条件下深部煤层底板突水机理，采空区遗煤自燃引爆机理，露天开采与生态环境动态响应耦合机理，露天矿滑坡灾害精准化预警理论，矿井粉尘产生机理，风流—水雾—粉尘多相流多场耦合机理，职业危害接触限值与致病机制等。

（3）煤炭清洁高效转化。重点研究原煤多尺度精细化深度分离与高效提质基础理论，微细粒难选煤分选过程强化基础理论，煤系稀贵矿产和关键元素、有毒有害物质资源高效分选加工理论，煤炭智能分选加工基础理论，煤基原料协同制备功能化材料基础理论，煤制大宗清洁燃料与化学品新工艺及催化基础理论，煤炭气化、液化在原料、工艺过程匹配和产品灵活性的调控理论，煤炭利用过程多点源、多污染物协同控制理论与方法等；探索煤制氢能源大规模制备理论与方法。

5.3.2 重点领域核心技术攻关

开展煤炭资源勘查与地质保障、大型现代化矿井建设、煤炭与共伴生资源协调开采、煤矿灾害防治、煤矿智能化与机器人、煤炭清洁高效加工、煤炭高效转化利用、煤矿职业危害防治、煤矿应急救援、资源综合利用与生态保护10个重点领域的核心技术攻关。

（1）煤炭资源勘查与地质保障。研究煤系资源与生态环境的空天地一体化协同勘查方法，侏罗纪煤田地层沉积相与构造控水机理，华北型煤田深部煤层底板岩溶水精准探查与防控方法，西南地区岩溶复杂地形条件下高分辨率地球物理探测方法等；研发全数字高密度三维三分量地震技术、矿区地质灾害精准监测预警技术、水文地质三维高精度动态表征技术、采掘工作面地质异常体高精度超前探查技术等。

（2）大型现代化矿井建设。研发千米深井地层冻结及地面预注浆改性技术，大型矿井井巷工程机械破岩全断面钻进技术，超长定向钻孔为基础的斜井沿轴线冻结技术，复杂地层大断面斜井盾构机掘进技术，基于韧性材料的地层加固和薄喷支护技术等；研制千米竖井掘进机、千米反井钻机、变径巷道全断面掘进机及掘进机机器人；构建矿井构筑物智能建设及全生命周期智能检测控制体系。

（3）煤炭与共伴生资源协调开采。深入研究充填开采、无煤柱开采、保水开采、采动围岩大范围超前控制等绿色安全开采技术；研发遗留煤炭资源安全复采技术，复杂难采煤层高效综采技术，煤炭地下气化开采技术，流态化开采技术，大型露天煤矿强化内排开采技术，煤与油、气、稀贵关键元素等共伴生资源协调开采技术，碎软低渗煤层区地质条件和煤层次产能预测评价方法，地面水平井工厂化煤层气抽采技术，复杂储层煤层气高效立体抽采技术，深部煤系气一体化共采技术。

(4）煤矿灾害防治。研发矿井通风系统灾变状态识别及控制技术，突出矿井分级预警及高效防控减灾技术，高瓦斯矿井低透气性煤层瓦斯高效抽采技术，采空区自燃诱发瓦斯爆炸灾害预测预警预控技术，近距离煤层群防灭火技术，矿井爆炸灾区残存火源、顶板垮塌或突出瓦斯逆流等继发性灾害特征识别技术，火区惰化短期有效性判别技术，火灾、突出、冒顶、冲击地压、瓦斯（煤尘）爆炸等多灾害协同防治技术，冲击地压智能预警与共性关键因素防控技术，采掘工作面顶板水害精细控制疏水治理技术，全空间水情水害智能精准监测预警技术，烧变岩区等特殊区域水害防治技术，滑坡灾害智能感知与早期识别技术，千米深井强采动巷道围岩大变形与破坏机理及长期稳定性控制技术等。

(5）煤矿智能化与机器人。研发复杂地质条件的工作面智能开采技术，4D-GIS 透明地质技术，煤矿 5G 无线通信技术，井下视频高效处理及 AR/VR 技术，井下精确定位与设备导航技术，辅助运输系统连续化和无人化技术，智能化无人快速掘进技术，重大危险源智能感知与预警预报技术，高可靠性智能装备（终端）技术，煤矿机器人路径规划与长时供电技术，露天开采无人化连续作业技术，煤炭智能化采样检测技术，矿井机电设备在线监测与诊断维护技术等。

(6）煤炭清洁高效加工。研发高硫、高氯、高氟煤分选新技术与新工艺，湿法全重介选煤设备智能控制技术，干法选煤智能化工艺技术，微细粒难选煤泥强化重力场高效分级分选技术，煤岩深度解离与高效富集技术装备，煤矿井下大型智能分选排矸装备，大型智能选煤厂关键传感、闭环控制和辅助决策技术与系统等。

(7）煤炭高效转化利用。研发低阶煤大型分质分级转化技术及装备，超临界煤气化、加氢煤气化、催化气化等新型煤气化技术，煤炭温和加氢直接液化和间接液化耦合新工艺及催化剂技术，煤炭液化制取特种油品、富氧油品添加剂技术，高可靠性余热回收技术，高温煤气深度除尘净化技术，液化残渣综合利用技术，煤耦合甲烷等离子体合成乙烯、乙炔技术，高效高选择性乙烯丙烯灵活调控的甲醇制烯烃催化剂、反应器及工艺，多污染物联合精确控制和脱除技术，低能耗 CO_2 捕集、封存及碳循环利用技术。

(8）煤矿职业危害防治。研发粉尘在线高精度感知技术，高通量气水两相流云雾产生与喷嘴布控技术，采掘工作面产尘源有效控制技术，矿井高温热害高性价比防治技术及个人防护装备，作业现场噪声消除技术，职业危害研判与快速筛查技术，职业危害分级防护技术，职业病危害信息化监管云平台技术等。

(9）煤矿应急救援。研发矿山灾害救援信息化技术与智能决策系统，矿山应急救援通信技术装备，灾后救援快速自组网技术装备，矿灾应急救援智能专业服务机器人，复杂环境水陆两栖侦检机器人，灾后多维度生命保障技术装备，井下坍塌松散体快速构建救援通道技术，地面快速构建救援通道技术，矿山应急救援综合培训演练系统等。

(10）资源综合利用与生态保护。研发矿区水环境保护与水资源一体化利用技术，高矿化度矿井水净化和利用技术，矿区煤矸石等固废资源化利用与污染防治技术，矸石山综合治理技术，采煤沉陷区治理及土地利用技术，矿区土壤改良技术，低浓度瓦斯高效提浓技术，超低浓度乏风瓦斯销毁和余热利用技术，闭坑矿井地下空间资源开发与维护技术，共伴生矿产资源和稀贵关键元素无害化利用技术，矿区生态环境管理信息化技术等。

5.3.3 重大技术创新示范

积极培育技术创新示范企业，重点推进煤矿井巷全断面快速掘进、复杂地质条件煤层智能综采、智能化煤矿建设、智能精细高效洗选、煤炭分质利用、煤炭液化及高端化工品制备、废弃矿井地下空间资源综合利用、矿区大宗固废资源利用、大型矿区生态修复、煤炭产品质量精准调控等10项重大技术创新示范。

（1）煤矿井巷全断面快速掘进示范。针对特大型矿井竖井、斜井和巷道的快速非爆破建设，研制煤矿防爆型竖井掘进机、竖井钻机、全断面岩巷掘进机与后配套运输及支护装备，形成井巷结构设计方法和技术标准体系，开发远程可视化掘锚支监控平台，满足掘进直径5.0～10.0 m竖井、斜井、巷道需求，达到综合掘进速度200～300 m/月、作业人员减少40%的目标，构建煤矿硬岩井巷智能快速掘进示范工程。

（2）复杂地质条件煤层智能综采示范。针对复杂地质条件煤层（大倾角、薄煤层、高瓦斯、多构造），因地制宜研发配套智能综采技术及成套装备，建设智能综采示范工程；针对西部矿区特厚硬煤层资源不宜采用放顶煤开采方式，研发特厚煤层一次采全高智能化综采技术与成套装备，设计生产能力5000 t/h，倾角≤15°，年产能力10 Mt。

（3）智能化煤矿建设示范。建设以采掘生产为核心，融人员、设备、环境为一体的智能化井工煤矿，实现不同地质条件的智能综采和快速掘进、智能主运输和连续化辅助运输、智能供配电、安全生产监测监控、矿井综合管控和大数据分析等；建设高效开采智能化露天煤矿，研制大运量带式输送机组、自移式破碎站、自动穿孔爆破设备、大容量轮斗挖掘机、柴油发动机重型运输卡车、矿用卡车无人驾驶系统和智能生产调度系统等。

（4）智能精细高效洗选示范。研制千万吨级特大型湿法智能选煤厂的关键设备和在线检测仪器，包括大型破碎机、跳汰机、旋流器、振动筛、浮选机、渣浆泵和高效脱介、脱水设备，原煤和产品质量在线检测仪器等；研发重介、浮选分选过程大数据平台，建立煤炭洗选工艺智能化控制平台；研制千万吨级干法分选智能化装备，研究干湿混合流程新工艺，建立千万吨级智能选煤厂示范工程。

（5）煤炭分质利用技术示范。研发单炉50万t级块煤热解新技术，完善中/低温煤焦油全馏分加氢多产中间馏分油（FTH）、中低温煤焦油制取轻质化燃料工艺，以及煤气无变换提浓制氢、煤化工多联产废水分质利用处理、煤焦油加氢废气回收利用等关键技术，建成200万t级兰炭示范厂和千万吨级粉煤热解低阶煤（富油长焰煤）煤炭分质利用工业化示范工程。

（6）煤炭液化及高端化工品制备示范。完善日投煤量3000～4000 t/d的大型高效气化炉和大型高效空分装置、大型甲醇合成塔、甲烷化反应器、大型高压压缩机等关键技术装备，建立百万吨级及以上煤炭间接液化及高端化工产品（如α-烯烃、高档润滑油、茂金属聚乙烯等）工业化生产示范工程。

（7）废弃矿井地下空间资源综合利用示范。系统评价井工煤矿地下空间开展地质存储的适应性和可改造性，开展关闭矿井地下空间资源定量评估；选择地热资源丰富的废弃矿井，研究地热资源反季节循环利用技术和关键装备，设计智能监控系统，实现地热资源利用；推进废弃矿井地下仓储、煤层气抽采等其他综合利用技术的应用，建设废弃矿井地下空间资源利用示范工程。

（8）矿区大宗固废资源利用示范。以煤矸石、尾煤、粉煤灰等大宗固废资源多元化利用为对象，建设矿区固废资源利用示范工程。主要研究矿区大宗固废资源化及协同处置技术，高效低成本煤矸石充填置换技术，高渗量高强度粉煤灰水泥制备技术，煤矸石和粉煤灰制备陶粒、加气混凝土技术，粉煤灰中有价元素提取技术等，推动建筑垃圾、尾矿等大宗固废与矿井充填协同处置技术发展，扩大矿井充填材料来源，拓宽其他大宗固废的处置途径。

（9）大型矿区生态修复示范。以华北、华东、西北等大型矿区采煤沉陷区土地损毁与生态修复为主，创建大型矿区生态修复示范工程。研究应用采煤沉陷区建筑群建设技术，复垦土壤重构与区域农业、景观、林果、养殖、光伏协同技术，人工湿地构建及城市功能开发技术等，形成东部矿区以土地复垦、沉陷地建筑利用和人工湿地构建为主，西部生态环境薄弱矿区以水资源保护、植被恢复、绿化固沙抑尘、特色无公害绿色林果产业和荒漠化治理为主的生态修复模式。

（10）煤炭产品质量精准调控示范。以满足动力煤、化工用煤、炼焦煤等消费端不同用户的定制需求为主，创建生产端的煤炭产品质量精准调控示范工程。研究用户需求驱动的煤炭定制生产技术，包括精益生产、精准配煤及数据分析平台，贯通生产端和消费端的数据链条，推动煤炭生产过程的智能调控和节能，通过精准供给为生产端低碳化提供更有力的支撑。

5.3.4 先进适用技术推广

"十四五"期间，大力加强先进适用技术推广，促进科技成果规模化转化应用。

煤矿地质保障方面，重点推广高精度高密度全数字三维地震勘探、复杂地质构造槽波地震探测、地理信息系统与遥感遥测资源勘测、掘进巷道超前定向长钻孔探查等先进适用技术。

现代化矿井建设方面，重点推广"一扩成井"软岩地层钻井法凿井、导井竖井掘进机凿井、定向控斜大直径反井钻井凿井、多圈孔深厚冲积层控制冻结等先进适用技术。

煤炭绿色高效开采方面，重点推广掘支运一体化全断面岩巷掘进，无煤柱自成巷110/N00工法、直角拐弯大功率重型刮板输送机、矿用新能源防爆无轨胶轮辅助运输等先进适用技术。

煤层气开发利用方面，重点推广煤层气抽采地面远距离自动控制钻进、煤矿井下大功率定向钻进、煤矿井下水力压裂增透、低浓度瓦斯发电等先进适用技术。

煤矿安全方面，重点推广煤矿水害区域治理地面超前注浆加固、矿井通风智能决策与远程控制、煤层可变径造穴卸压增透一体化、露天煤矿边坡合成孔径雷达监测预警等先进适用技术。

煤炭加工与清洁利用方面，重点推广干法矿物高效分离、高硫煤矸石高密度重介分选硫精砂、煤泥循环流化床洁净燃烧利用、工业和民用兰炭清洁替代等先进适用技术。

资源综合利用与生态保护方面，重点推广采煤沉陷区土地复垦与农业生态再塑、西部干旱半干旱煤矿区土地微生物修复、煤矿矿井水深度处理、矿井乏风源和矿井水源余热综合利用等先进适用技术。

煤矿智能化与机器人方面，重点推广智能无人综采工作面、井下智能巡检机器人、智能煤矸分选机器人、基于UWB的井下精确定位等先进适用技术。

5.4 保障措施

5.4.1 完善科技创新体系

强化企业创新主体地位，持续推动煤炭企业科技创新机制改革，加速产学研深度融合，优化行业技术创新基地和科研设施布局。积极推进具有国际竞争力的创新型领军企业建设，培育行业"独角兽""瞪羚"企业，发展面向市场的多模式新型研发机构，构建专业化和网络化的技术创新服务平台。引导大中型企业增加研发投入，研究设立"联合基金"加强基础理论和共性关键技术研究，拓宽科技投入渠道，利用好国家和政府专项资金，用足创新优惠政策。

5.4.2 强化标准规范引领

推进煤炭领域新型标准体系建设，加快煤矿智能化、生态矿山等重点领域关键标准研制，强化基础性、关键技术标准和管理标准的制修订，推动行业优势技术与标准转化为国际标准。积极推进煤炭领域团体标准制定，快速满足市场需求和创新需要，增加标准有效供给。建立煤炭标准一致性、符合性检测体系和行业标准资源服务平台，形成标准制修订、宣贯应用、咨询服务和执行监督的闭环管理体系。

5.4.3 加强科技创新服务

推进创业孵化、知识产权服务、第三方检验检测认证等科技专业化服务，引导行业科技中介机构向服务专业化、组织网络化、运行规范化方向发展。积极推广新型研发组织模式和创业创新模式，加快发展"互联网＋"创业网络体系。搭建煤矿总工程师论坛等技术交流平台，组织新兴技术行业应用论坛，促进技术转化应用落地。

5.4.4 加强知识产权保护

健全行业知识转移和技术扩散机制，推动建立行业知识产权信息共享平台，培育行业技术交易市场。加强行业知识产权专业服务机构能力建设，加快知识产权示范企业和领军人才培养，定期发布行业知识产权发展报告。鼓励和支持企业运用知识产权参与市场竞争，培育一批具备知识产权优势的煤炭企业。

5.4.5 健全人才发展机制

继续实施行业高素质人才培养工程，推进战略科技人才、科技创新领军人才和高技能人才队伍建设，加强一线创新人才和青年科技人才的培养。推动高校和企业合作创新人才培养模式，共建新工科示范基地和实习实践基地，面向产业急需共建现代产业学院。积极开展在职人员培训，优化知识型、技能型、管理型人才发展体系。建立以能力和贡献为导向的人才评价和激励机制，推动科技人员分类评价。

5.4.6 营造优良创新环境

加强煤炭工业技术委员会建设，组织开展技术咨询，加大新技术、新工艺、新材料、新装备的推广应用。建立行业科技创新调查机制，完善科技创新综合评价体系，定期开展行业科技创新评估。大力弘扬科学精神和工匠精神，宣传行业科技创新进展成效和先进经验，形成崇尚创新、尊重知识、鼓励创新、宽容失败的创新文化，打造行业一流创新生态，营造有利于科技创新的良好氛围。

附录一 煤炭行业获国家科技奖励目录（2016—2020）

（一）国家科学技术奖获奖项目

序号	项目名称	主要完成人	主要完成单位	奖励等级
	2016年（4项）			
1	大型高效水煤浆气化过程关键技术创新及应用	王辅臣 张鸣林 于广锁 祝庆瑞 刘海峰 郭宝贵 李伟锋 韩 梅 代正华 路文学	兖矿集团有限公司、华东理工大学、中国科学院山西煤炭化学研究所、灵谷化工有限公司、兖矿水煤浆气化及煤化工国家工程研究中心有限公司、中国天辰工程有限公司	科技进步二等奖
2	急倾斜厚煤层走向长壁综放开采关键理论与技术	王家臣 马念杰 赵兵文 赵鹏飞 杨胜利 赵志强 杨发文 安建华 江志义 李 杨	中国矿业大学（北京）、冀中能源峰峰集团有限公司、甘肃靖远煤电股份有限公司、湖南科技大学	科技进步二等奖
3	煤层瓦斯安全高效抽采关键技术体系及工程应用	周福宝 孙玉宁 高 峰 余国锋 刘应科 贺志宏 刘 春 王永龙 夏同强 宋小林	中国矿业大学、河南理工大学、平安煤矿瓦斯治理国家工程研究中心有限责任公司、淮南矿业（集团）有限责任公司、西山煤电（集团）有限责任公司	科技进步二等奖
4	智能煤矿建设关键技术与示范工程	韩建国 李首滨 杨汉宏 张 良 王金华 王继生 王海军 黄乐亭 丁 涛 黄曾华	神华集团有限责任公司、天地科技股份有限公司、神华和利时信息技术有限公司、北京天地玛珂电液控制系统有限公司、神华神东煤炭集团有限责任公司、陕西煤业化工集团有限公司、阳泉煤业（集团）有限责任公司	科技进步二等奖
	2017年（5项）			
1	煤制油品/烯烃大型现代煤化工成套技术开发及应用	张玉卓 吴秀章 舒歌平 张继明 闫国春 张传江 梁仕普 杨占军 刘中民 王鹤鸣 陈茂山 崔民利 范传宏 王国良 史士东	神华集团有限责任公司、中国神华煤制油化工有限公司、煤炭科学技术研究院有限公司、中国石化工程建设有限公司、中国科学院大连化学物理研究所、中石化洛阳工程有限公司、中国第一重型机械集团有限公司、中国科学院武汉岩土力学研究所、新兴能源科技有限公司、天津大学	科技进步一等奖
2	矿井灾害源超深探测地质雷达装备及技术	杨 峰 彭苏萍 许献磊 郑 晶 崔 凡 白崇文	中国矿业大学（北京）、中矿华安能源科技（北京）有限公司	技术发明二等奖

(续)

序号	项目名称	主要完成人	主要完成单位	奖励等级
3	矿山超大功率提升机全系列变频智能控制技术与装备	谭国俊 涂兴子 孟国营 付贵祥 李 浩 马正兰 陶建平 王 宝 张 晓 秦邦振	中国矿业大学、中国平煤神马能源化工集团有限责任公司、开滦（集团）有限责任公司、中国矿业大学（北京）、徐州中矿大传动与自动化有限公司、冀中能源邯郸矿业集团有限公司、郑州煤炭工业（集团）有限责任公司	科技进步二等奖
4	煤矿深部开采突水动力灾害预测与防治关键技术	武 强 刘伟韬 陈绍杰 程久龙 刘春生 郭惟嘉 尹尚先 魏久传 张新国 张希平	山东科技大学、中国矿业大学（北京）、肥城矿业集团有限责任公司、武汉长盛煤安科技有限公司、兖矿集团有限公司、新汶矿业集团有限责任公司、华北科技学院	科技进步二等奖
5	煤层气储层开发地质动态评价关键技术与探测装备	秦 勇 汤达祯 李国富 朱庆忠 刘大锰 韦重韬 王生维 张遂安 吴财芳 许 江	中国矿业大学、中国地质大学（北京）、山西晋城无烟煤矿业集团有限责任公司、中国石油大学（北京）、中国石油天然气股份有限公司华北油田分公司、中国地质大学（武汉）、重庆大学	科技进步二等奖
2018 年（4 项）					
1	煤矿岩石井巷安全高效精细化爆破技术及装备	杨仁树 岳中文 李 清 李 杨 郭东明 杨国梁	中国矿业大学（北京）、江西蓝翔重工有限公司	技术发明二等奖
2	煤矿柔模复合材料支护安全高回收开采成套技术与装备	王晓利 杨俊哲 李晋平 张金锁 翟 红 严永胜 贺安民 吴群英 唐军华 张敬军	西安科技大学、神华神东煤炭集团有限责任公司、山西潞安矿业（集团）有限责任公司、神华宁夏煤业集团有限责任公司、陕西煤业化工集团有限责任公司、陕西开拓建筑科技有限公司、中煤科工集团武汉设计研究院有限公司	科技进步二等奖
3	煤炭高效干法分选关键技术及应用	赵跃民 李功民 骆振福 段晨龙 陈建强 夏云凯 陈增强 张 博 董 良 赵南方	中国矿业大学、唐山市神州机械有限公司、神华新疆能源有限责任公司	科技进步二等奖
4	西北地区煤与煤层气协同勘查与开发的地质关键技术及应用	王 佟 王宁波 傅雪海 韦 波 唐书恒 孙亚军 李 辉 谢志清 芦 俊 潘 军	中国煤炭地质总局、神华新疆能源有限责任公司、新疆维吾尔自治区煤田地质局、中国矿业大学、中国中煤能源股份有限公司新疆分公司、中国地质大学（北京）、北京万普隆能源技术有限公司	科技进步二等奖
2019 年（3 项）					
1	矿井人员与车辆精确定位关键技术与系统	孙继平 刘 毅 严 春 樊 荣 喻 川 包建军	中国矿业大学（北京）、江苏三恒科技股份有限公司、中煤科工集团重庆研究院有限公司、深圳市翌日科技有限公司、天地（常州）自动化股份有限公司	技术发明二等奖
2	煤矸石山自燃污染控制与生态修复关键技术及应用	胡振琪 汪云甲 赵 平 赵艳玲 张成梁 肖亚宁 李海东 谷明川 冯国宝 李美生	中国矿业大学（北京）、中国矿业大学、生态环境部南京环境科学研究所、山西潞安矿业（集团）有限责任公司、北京东方园林环境股份有限公司、中国平煤神马能源化工集团有限责任公司、阳泉煤业（集团）股份有限公司	科技进步二等奖

序号	项目名称	主要完成人	主要完成单位	奖励等级
3	复杂地形下长距离大运力带式输送系统关键技术	朱真才 张 媛 周满山 李 伟 张兆宇 周公博 江 帆 李学军 岳彦博 谷明霞	中国矿业大学、山东科技大学、力博重工科技股份有限公司、山东欧瑞安电气有限公司、湖南科技大学、泰安英迪利机电科技有限公司	科技进步二等奖
	2020年（初评结果）			
1	4 Mt/a煤间接液化成套技术创新开发及产业化	姚 敏 李永旺 杨 勇 邵俊杰 张来勇 焦洪桥 汪创华 刘尚利 邓建军 刘俊义 张延丰 郭中山 曹立仁 蔡力宏 马玉山 徐才福 黄 斌 刘万洲 吴艳阳 吴俊伟 金浩军 罗 静 张玉柱 刘旭军 温晓东 王 强 谭 蓓 王 洪 赵建宁 李晓东 朱荣挺 张劲松 白 亮 崔振军 乔付军 杨丽坤 金政伟 张 立 李 虎 郝 栩 杨建荣 朱国强 张自明 匡建平 孙华山 郑海滨 高军虎 张安贵 庄 壮 吴 蒙	国家能源集团宁夏煤业有限责任公司、中国科学院山西煤炭化学研究所、中科合成油技术有限公司、中国寰球工程有限公司、沈阳透平机械股份有限公司、内蒙古伊泰集团有限公司、舞阳钢铁有限责任公司、山西潞安矿业（集团）有限责任公司、甘肃蓝科石化高新装备股份有限公司、中国五环工程有限公司、宁夏神耀科技有限责任公司、吴忠仪表有限责任公司、杭州制氧机集团股份有限公司、江苏新世纪江南环保股份有限公司、苏州安特威阀门有限公司、烟台金泰美林科技股份有限公司	科技进步一等奖
2	煤矿巷道抗冲击预应力支护关键技术	康红普 吴拥政 林 健 冯地报 高富强 姜鹏飞	天地科技股份有限公司、安阳龙腾热处理材料有限公司	技术发明二等奖
3	煤矿井下智能化采运关键技术	葛世荣 王忠宾 王世博 李 威 王军祥 张 林	中国矿业大学、天津威尔朗科技有限公司、宁夏天地奔牛实业集团有限公司	技术发明二等奖
4	深部煤矿冲击地压巷道防冲吸能支护关键技术与装备	潘一山 齐庆新 张 伟 赵善坤 王爱文 肖永惠 王洪英 曹树祥 李宏艳 刘 军	煤炭科学技术研究院有限公司、辽宁大学、辽宁工程技术大学、沈阳天安科技股份有限公司、北京诚田恒业煤矿设备有限公司、北京昊华能源股份有限公司、河南大有能源股份有限公司	科技进步二等奖
5	煤与油型气共生矿区安全智能开采关键技术与工程示范	范京道 雷贵生 唐恩贤 任怀伟 刘 清 马 英 徐建军 孙四清 毛明仓 袁建平	陕西陕煤黄陵矿业有限公司、天地科技股份有限公司、北京天地玛珂电液控制系统有限公司、中煤科工集团西安研究院有限公司、西安煤矿机械有限公司、西安科技大学	科技进步二等奖
6	复杂地质条件储层煤层气高效开发关键技术及其应用	CAO, YUN XING 高德利 朱庆忠 鲜保安 李贵川 刁斌斌 柴学周 黄文君 李丰亮 王 力	河南理工大学、中国石油大学（北京）、中联煤层气有限责任公司、中国石油天然气股份有限公司华北油田分公司、山西潞安矿业（集团）有限责任公司、河南方舟新能源股份有限公司	科技进步二等奖

(二) 中国专利奖获奖项目

第18届 (2016年, 11项)

序号	专利号	专利名称	专利权人	发明人	奖项
1	ZL01135221.3	利用煤矸石制造硅酸铝陶瓷纤维的方法及其应用	山东鲁阳股份有限公司	鹿成洪 鹿成会 任大贵 苗海波 李京友	优秀奖
2	ZL03151108.2	一种微球状费托合成铁基催化剂及其制备方法	上海兖矿能源科技研发有限公司	孙启文 耿加怀 王 信 张高博 杨文书 周 标	优秀奖
3	ZL200810230940.4	煤矿井下钻孔水力压裂增透抽采瓦斯工艺	河南理工大学	苏现波 刘 晓 倪小明 郭红玉 林晓英 宋金星	优秀奖
4	ZL200910033721.1	一种采煤固体物充填方法	中国矿业大学, 江苏中矿立兴能源科技有限公司	缪协兴 张吉雄 周 楠 巨 峰 黄艳利	优秀奖
5	ZL201010107217.4	一种磁悬浮陀螺全站仪	长安大学	杨志强 杨建华 石 震 杨 帅	优秀奖
6	ZL201210070767.2	一种巷道超静定防冲四维支护装置及其支护方法	中国矿业大学	马占国 张 帆 马云靖	优秀奖
7	ZL201210291852.1	正负压联合栓流定点取样装置	中煤科工集团重庆研究院有限公司	胡千庭 文光才 隆清明 王艺树 康建宁 刘 胜 李秋林 吴教锟 吕贵春 马代辉 张淑同 刘志伟 黄长国 李建功 张 睿	优秀奖
8	ZL201310001976.6	二氧化碳开采器	煤炭科学技术研究院有限公司	霍中刚 温 良 倪 昊 黄圆月 孙小明 尹岚岚	优秀奖
9	ZL201310051688.1	改性HZSM-5分子筛催化剂的制备方法及该催化剂	神华集团有限责任公司, 神华宁夏煤业集团有限责任公司	姚 敏 刘万州 王 峰 焦洪桥 罗春桃 张建寿 艾宇廉 雍晓静	优秀奖
10	ZL201310202102.7	一种矿区分布式煤矿抽采瓦斯热电冷多联产能源系统	中国矿业大学	林柏泉 李庆钊	优秀奖
11	ZL201210359641.7	深部软岩巷道三维预应力钢绞线壁后充填支架支护体系	山东大学	李术才 王 琦 李为腾 王富奇 苗素军 王德超 王洪涛 张 波 李 智	优秀奖

第19届 (2017年, 14项)

序号	专利号	专利名称	专利权人	发明人	奖项
1	ZL201310556488.1	一种旋流干煤粉气化炉	神华集团有限责任公司, 神华宁夏煤业集团有限责任公司	姚 敏 马银剑 罗春桃 黄 斌 井云环 徐才福 张志华 杨巍巍 赵 涛	金奖

(续)

序号	专利号	专利名称	专利权人	发明人	奖项
2	ZOL201310598737.3	一种大吨位窄长外动力式曲轨卸载箕斗	徐州煤矿安全设备制造有限公司，中国矿业大学	朱真才 胡长华 周公博 曹国华 李伟 陈国安 彭玉兴 杜庆永	优秀奖
3	L201310052598.4	煤矿机电设备数据采集解析网关	中国矿业大学	夏士雄 陈朋朋 肖硕	优秀奖
4	L201410526314.5	一种固体充填与综采混合式工作面开采方法	中国矿业大学，徐州中矿贝壳迈宁矿业科技有限公司	张吉雄 张强 巨峰 李剑 殷伟 赵叙	优秀奖
5	L201510106828.X	巨厚坚硬顶板高瓦斯厚煤层顶板控制和提高瓦斯抽放效率的方法及钻孔机具	中国矿业大学（北京）	岳中文 许鹏 杨仁树 宋俊生 胡少银 张继兵 魏廷双 李清	优秀奖
6	L201010268446.4	地面钻井套管变形破坏安全性分析方法及分析系统	中煤科工集团重庆研究院有限公司	林府进 孙海涛 陈金华 李日富 孙炳兴	优秀奖
7	L201010234399.1	远程控制的井下瓦斯抽采钻机	中煤科工集团重庆研究院有限公司	刁文庆 王清峰 陈松林 鲁远祥 辛德忠 万军 李文树 肖玉清 黄昌文 陈久福 罗明华 王宇 蒲剑 陶勇 陈小平 杨燕鸽 薛彦波	优秀奖
8	L201410245594.2	一种在线/离线煤层瓦斯压力监测分析系统	煤炭科学技术研究院有限公司	常未斌 张浪 张辉 汪东 安赛 孙晓军 潘多伟 季文博	优秀奖
9	L200810157532.0	一种醋酸脱碘精制方法	兖矿鲁南化工有限公司，兖矿集团有限公司	张志伟 李志远 裴学成 孙永奎 李智 吴旭 李涛	优秀奖
10	L200910187607.4	油页岩干馏回收工艺	抚顺矿业集团有限责任公司	韩放 鲍明福 高健 星大松 陈胜中 许辉 曲羡 李柏 魏永臣 张晶 陈维思	优秀奖
11	L201210348378.1	深长非线性钻孔孔内远距离封孔分段注浆系统及工艺	山东能源集团有限公司	翟明华 李术才 卜昌森 孙春江 李伟 郭信山 刘人太	优秀奖
12	L201410531367.6	一种用于气流床气化炉的粉煤燃烧器	科林未来能源技术（北京）有限公司	单育兵 张亚红	优秀奖
13	L201210518327.9	一种费托合成废水在煤炭间接液化生产中循环利用系统及方法	内蒙古伊泰煤制油有限责任公司	何银宝 毕冬冬 徐延鹏	优秀奖
14	L201310429644.8	矿山井下导水构造带的探测定位方法	中国华冶科工集团有限公司	何磊 张连恒 马银	优秀奖

第20届（2018年，13项）

序号	专利号	专利名称	专利权人	发明人	奖项
1	ZL201310178987.1	采集时间控制模式下的多线程数据采集系统同步控制方法	中国矿业大学（北京）	彭苏萍 许献磊 杨 峰 杜 翠 彭 猛	金奖
2	ZL03151109.0	一种连续操作的气液固三相浆态床工业反应器	上海兖矿能源科技研发有限公司	孙启文 朱继承 耿加怀 王 信 韩 晖	银奖
3	ZL200810106373.1	一种超大采高液压支架	天地科技股份有限公司	王国法 曾明胜 马端志 袁晓东 张银亮 宋智鹰 牛艳奇 孟传明	优秀奖
4	ZL201210096577.8	煤矿巷道卸压水力压裂方法及装置	天地科技股份有限公司	康红普 冯彦军 吴拥政	优秀奖
5	ZL201310701594.4	无底柱分段崩落法采矿中段平稳转换方法	中国华冶科工集团有限公司	李海亮 吕 保 李振林 杜兴光	优秀奖
6	ZL201410051006.1	瓦斯预抽钻孔煤屑回填封孔方法	河南理工大学	李 辉 魏建平	优秀奖
7	ZL201410334414.8	一种高瓦斯煤层冲割压抽一体化的卸压增透瓦斯抽采方法	中国矿业大学	林柏泉 杨 威 李 贺	优秀奖
8	ZL201410784028.9	一种基于地基合成孔径雷达的边坡安全监测预警方法	中国安全生产科学研究院	王彦平 王云海 马海涛 谭维贤 张兴凯 洪 文 于正兴 杨晓琳 岳 康 谢旭阳 梅国栋	优秀奖
9	ZL201510812138.6	雾化喷嘴及固定床	神华集团有限责任公司，神华宁夏煤业集团有限责任公司，中国船舶重工集团公司第七一一研究所	庄 壮 匡建平 雍晓静 梁 健 罗春桃 张世程 苏 慧 江永军 王 峰 张 伟	优秀奖
10	ZL201310158624.1	煤层气专用的基于甲醇气态回收的恒温露点控制橇装装置	中国石油天然气股份有限公司，中石油煤层气有限责任公司，北京迪威尔石油天然气技术开发有限公司	王予新 刘世泽 张 莹 綦晓东 胡成勇 王亚彬 周 岩	优秀奖
11	ZL201410252808.9	一种以炼焦用煤镜质组反射率为主要指标的煤岩配煤方法	鞍钢股份有限公司	庞克亮 王明国 赵恒波 郑晓蕾 栗 红 刘冬杰	优秀奖
12	ZL201410294510.4	掘采设备	三一重型装备有限公司	侯宝革 牛建强 吴海岭	优秀奖
13	ZL201510124952.9	活性焦/炭烟气脱硫及解吸集成系统	中冶华天工程技术有限公司，中冶华天（安徽）	王 浩 詹茂华 陆培兴	优秀奖

第 21 届（2020 年，13 项）

序号	专利号	专利名称	专利权人	发明人	奖项
1	ZL201110157137.4	恒阻大变形缆索及其恒阻装置	中国矿业大学（北京）	何满潮　陶志刚　张　斌	金奖
2	ZL201510856571.X	一种脱硝催化剂的再生方法和一种再生脱硝催化剂及其应用	国家能源投资集团有限责任公司，北京低碳清洁能源研究所	王宝冬　何发泉　林德海　马少丹　马子然　马　静　孙　琦	银奖
3	ZL201510965171.2	一种气化炉用煤的配煤方法	神华集团有限责任公司，神华宁夏煤业集团有限责任公司	杨　磊　井云环　焦洪桥　罗春桃　马乐波　夏支文　杨　英	优秀奖
4	ZL201510535353.6	一种纯水介质综采工作面支护系统	三一重型装备有限公司，中国神华能源股份有限公司神东煤炭分公司	李　东　王海军　李　勇　陈　锷　刘文东	优秀奖
5	ZL201410307419.1	一种用于测试锚杆综合力学性能的试验台及测试方法	天地科技股份有限公司	康红普　杨景贺　林　健　吕华文　吴拥政　高富强　邵培森	优秀奖
6	ZL201110026900.X	一种煤层底板注浆加固水平定向钻孔的施工方法	中煤科工集团西安研究院有限公司	董书宁　李泉新　石智军　张壮路　史海岐　张宏钧	优秀奖
7	ZL201510178701.9	大坡度顺槽迈步自移设备列车	中国煤炭科工集团太原研究院有限公司，山西天地煤机装备有限公司	李　刚　宋　涛　宋德军　张银星　闫殿华　周　凯　赵建武　赵　帅　朱天龙　李　莉　杨晓明　郭文孝　郭振兴　陈明程	优秀奖
8	ZL201510819633.X	一种煤炭全粒级干法分选洁净工艺及系统	中国矿业大学	赵跃民　张　博　段晨龙　骆振福　周恩会　杨旭亮　宋树磊	优秀奖
9	ZL201410236421.4	累积变形加载真三轴试验箱	山东科技大学	陈绍杰　王怀远　闵　瑞　刘小岩　尹大伟　朱　彦	优秀奖
10	ZL201510116512.9	一种柱旁双侧部分充填上行复采蹬空煤层的方法	太原理工大学	冯国瑞　白锦文　李　振　张玉江　戚庭野　郭　军　张钰亭　康立勋	优秀奖
11	ZL201710099225.0	一种矿用全断面硬岩掘进机及其循环掘进方法	淮南矿业（集团）有限责任公司	唐永志　曹承平　温福平　张继兵　王传兵　唐　彬　陈元新　王要平　王成博　赵先发　张俊卿　程　志　侯俊领	优秀奖

(续)

序号	专利号	专利名称	专利权人	发明人	奖项
12	ZL200610048298.9	一种甲醇一步法制取烃类产品的工艺	中国科学院山西煤炭化学研究所，赛鼎工程有限公司，云南煤化工集团有限公司	李文怀 张庆庚 胡津仙 潘国平 程建斌 袁斌 杨 挺 张 侃 张建得 方 勇	优秀奖
13	ZL200610068517.X	矿用智能型乳化液泵站	山东名盾防爆装备科技有限公司	冯宝令 李金宝 李柏林 王志涛	优秀奖

附录二　中国煤炭工业协会科学技术奖获奖项目目录(2016—2020)

(一) 2016 年度中国煤炭工业协会科学技术奖获奖项目

一等奖 (30项)

序号	项目名称	第一完成单位
1	鄂尔多斯盆地侏罗纪煤田顶板水害形成机理及防治关键技术研究	神华集团有限责任公司
2	华北型煤田深部煤层开采区域防治水理论与成套技术研究	冀中能源集团有限责任公司
3	煤层气储层开发地质动态评价关键技术与探测装备	中国矿业大学
4	中硬煤层 1800m 定向钻进技术与装备	中煤科工集团西安研究院有限公司
5	矿井水害微震监测预警及防治技术	河北煤炭科学研究院
6	1600 米超深立井新型凿井装备与关键技术	中国矿业大学(北京)
7	深井软岩巷道钢管混凝土支架支护成套技术研究及应用	中国矿业大学(北京)
8	深厚冲积层冻结法凿井高强高性能混凝土关键技术	中国建筑材料科学研究总院
9	地铁工程复杂工况下高渗透性砂层冻结关键技术研究	北京市轨道交通建设管理有限公司
10	山东矿区冲击地压类型、发生机理与治理关键技术	山东能源集团有限公司
11	平朔矿区特大型露井协同开采模式与实践	中煤平朔集团有限公司
12	高瓦斯矿井综放柔模无煤柱化与瓦斯共采技术应用研究	山西潞安矿业(集团)有限责任公司
13	大同双系特厚煤层强矿压发生机理及综合治理技术研究	大同煤矿集团有限责任公司
14	采选抽充防集成型煤与瓦斯共采技术研究	平顶山天安煤业股份有限公司
15	千万吨级综采工作面智能型输送系统开发与示范应用	山西煤矿机械制造股份有限公司
16	千米矿井双箕斗双罐笼柔性罐道混合提升系统研究与应用	中国平煤神马能源化工集团有限责任公司
17	智能控制刮板输送机	宁夏天地奔牛实业集团有限公司
18	千万吨级矿井生产系统保障集成技术研究与应用	大同煤矿集团有限责任公司
19	矿山大功率提升机变频控制技术与装备	中国矿业大学
20	突出煤层复杂构造带地面直井压裂抽采瓦斯试验研究	阳泉煤业(集团)有限公司
21	易自燃煤层综放工作面瓦斯异常涌出快速治理关键技术及应用	陕西建新煤化有限公司
22	煤自燃危险区域无线监测预警技术研究	兖州煤业股份有限公司
23	深部矿井复合动力灾害卸压增透关键技术研究与应用	中国平煤神马能源化工集团有限责任公司
24	特厚煤层沿空掘巷千万吨综放面安全保障关键技术研究与应用	大同煤矿集团有限责任公司
25	井下松软低透煤层水力压裂增透工艺及配套装备研究	中煤科工集团重庆研究院有限公司
26	阳泉矿区煤与瓦斯突出综合防治技术研究	阳泉煤业(集团)有限公司
27	高效干法选煤成套技术与装备	中国矿业大学
28	铁基浆态床费托合成催化剂开发研究与工业应用	上海兖矿能源科技研发有限公司
29	高效低排放煤粉工业锅炉系统	煤炭科学技术研究院有限公司
30	世界一流示范煤矿(井工)建设标准及评价方法	神华神东煤炭集团有限责任公司

二等奖（107项）

序号	项目名称	第一完成单位
1	薄煤层采矿技术及成套装备	中国中煤能源集团有限公司
2	煤矿多网融合通信及应急广播系统研究与应用	中国平煤神马能源化工集团有限责任公司
3	特大型煤炭集团战略资源远程监管信息系统研发及应用	神华集团有限责任公司
4	ZDY3500LP型多变幅履带式钻机	中煤科工集团西安研究院有限公司
5	天空地一体化矿区地质灾害监测及生态重建技术与应用	河南理工大学
6	煤矿井下电磁波无线随钻测量技术与装备	中煤科工集团西安研究院有限公司
7	多源信息融合的矿区大比例尺地形图实时更新技术	兖州煤业股份有限公司
8	奥灰顶部充填带地质结构及阻水性能研究	兖州煤业股份有限公司
9	巨厚煤层开采顶底板水害防治技术研究	中国矿业大学
10	煤层底板灰岩水害防治的减排节能示范技术与工程	平顶山天安煤业股份有限公司
11	水－煤系沉积岩作用基础研究及应用	中国矿业大学
12	老空水致灾机理与综合监测预警关键技术研究	中煤集团山西华昱能源有限公司
13	煤炭井震联合三维地震勘探技术研究与应用	山西煤炭进出口集团科技发展有限公司
14	峰峰矿区深部大型矿井水灾快速复产关键技术	冀中能源峰峰集团有限公司
15	富水破碎岩体水泥基复合注浆材料研发及治理关键技术	山东能源集团有限公司
16	深部特厚煤层多次采动巷道围岩综合应力场演化及支护技术	大同煤矿集团有限责任公司
17	深井高应力巷道底板预应力锚注加固关键技术及应用	河南理工大学
18	深部地质异常带极破碎软弱富水巷道围岩稳定控制技术与应用	淮南矿业（集团）有限责任公司
19	潞安矿区深部矿井困难巷道变形机理及综合控制技术研究	天地科技股份有限公司
20	高瓦斯煤层松软围岩沿空留巷及瓦斯治理技术研究	阳泉煤业（集团）有限责任公司
21	深部大采高充填开采沿空留巷围岩活动规律及控制	中国矿业大学（北京）
22	郑州矿区"三软"煤巷协同支护研究与应用	中国矿业大学
23	特厚坚硬煤层分层放顶煤开采冲击机理及防治技术	陕西彬长矿业集团有限公司
24	京西矿区煤层开采应力集中动力灾害防治理论与技术	北京昊华能源股份有限公司
25	多煤层复杂顶板开采技术研究	大同煤矿集团有限责任公司
26	复采区巷道破碎围岩压实规律及修复加固技术	河南理工大学
27	综放工作面过风氧化带顶板控制研究与应用	华北科技学院
28	采掘工程覆岩稳定性分析及控制对策	河南理工大学
29	彬长矿区近距离煤层群协同开采与矿井合理规模研究	西安科技大学
30	中厚煤层超长综采面双采煤机开采关键技术研究	兖州煤业股份有限公司
31	深埋厚煤层成孔卸压防冲关键技术	山东华坤地质工程有限公司
32	两硬复杂条件残留煤柱短壁综放开采关键技术研究	大同煤矿集团有限责任公司
33	复杂条件下薄基岩煤层安全开采关键技术研究	华北科技学院
34	近距浅埋煤层柱式采空区下重复采动覆岩结构破坏及控制	西安科技大学
35	资源整合矿井残采区域空巷充填复采技术研究	河南理工大学
36	动压影响下松软煤层留巷巷道破坏机理及稳定性控制与应用	山西晋城无烟煤矿业集团有限责任公司
37	特厚煤层综放开采近距离多关键层覆岩运动规律与安全保障技术研究	煤炭科学技术研究院有限公司

（续）

序号	项目名称	第一完成单位
38	采空区薄夹矸下回采巷道支护与防漏风技术	兖州煤业股份有限公司
39	深井条带开采冲击地压发生机理与防治研究	山东能源集团有限公司
40	神新矿区急倾斜煤层冲击地压的地质动力区划	神华新疆能源有限责任公司
41	永陇矿区厚含水层下综放工作面切顶压架机理及防治技术	陕西永陇能源开发建设有限责任公司
42	软岩矿井近距离煤层群开采矿压显现规律与巷道支护技术	开滦（集团）有限责任公司
43	基于锚杆无损检测的采动矿压监测与预警技术	中国矿业大学
44	巨厚砾岩层下开采沉陷规律与地表变形控制技术及应用	河南理工大学
45	急倾斜（55°~74°）特厚易燃煤层长壁综放开采技术研究	华亭煤业集团有限责任公司
46	高瓦斯矿井综采自动化工作面记忆截割三角煤自动化技术的研究与应用	阳泉煤业（集团）有限责任公司
47	煤矿用防爆指挥车	中国煤炭科工集团太原研究院有限公司
48	高强韧煤矿掘进机履带板生产技术研究及产品开发	河南理工大学
49	煤矿立井提升机钢丝绳张力及超载监测系统的研究应用	霍州煤电集团有限公司
50	煤矿综采工作面无轨胶轮快速搬家工艺及成套装备	中国煤炭科工集团太原研究院有限公司
51	煤矿巷道下向深孔钻机成套装备研究	阳泉煤业（集团）有限责任公司
52	多功能永磁直驱胶带输送机	冀中能源峰峰集团有限公司
53	基于煤流量监测的胶带机自动调控系统	兖州煤业股份有限公司
54	国家矿山应急救援队管理指挥系统研究与开发	开滦（集团）有限责任公司
55	矿井胶轮车辅助运输调度指挥系统及在线视频监控研究应用	霍州煤电集团有限公司
56	基于物联网感知的煤矿设备主动管理系统	安徽理工大学
57	摩擦式提升机安全保障系统关键技术研究	枣庄矿业（集团）有限责任公司蒋庄煤矿
58	双绳牵引无极绳连续牵引系统	常州科研试制中心有限公司
59	基于物联网的煤矿物资储运智能安全管控系统	天地（常州）自动化股份有限公司
60	DTC160/180/3×1400S型大倾角带式输送机	中煤科工集团上海有限公司
61	带式输送机运行工况架空巡检和火灾预警技术及应用	中煤平朔集团有限公司
62	阳泉矿区高瓦斯矿井综采工作面智能化控制关键技术	阳泉煤业（集团）股份有限公司
63	神东煤矿通信一网一站研究	神华神东煤炭集团有限责任公司
64	煤矿安全管控体系支撑平台	天地（常州）自动化股份有限公司
65	多信息融合的煤矿采掘衔接计划编制系统研究与应用	山西晋城无烟煤矿业集团有限责任公司
66	公铁两用散装物料快速定量装车系统	山东泰安煤矿机械有限公司
67	中煤集团生产运营管理信息系统设计、研究与应用	中煤电气有限公司
68	破碎围岩软煤层掘巷先注后冲区域综合防突及保障通风关键技术研究	河南理工大学
69	强冲击大构造空间煤柱条件下综放开采防冲技术研究	黑龙江龙煤鹤岗矿业有限责任公司
70	本煤层顺层长钻孔预抽采瓦斯关键理论与技术	中国矿业大学（北京）
71	自震式微震监测技术研究及应用	煤炭科学技术研究院有限公司
72	采煤工作面CO生成规律及安全临界指标研究与应用	西安科技大学
73	煤层群煤与瓦斯共采时空协同机制及技术优化方法	煤炭科学技术研究院有限公司

（续）

序号	项目名称	第一完成单位
74	蠕变－渗流耦合作用下水力冲孔瓦斯综合防治关键技术研究	河南理工大学
75	瓦斯异常区瓦斯与煤自燃耦合规律及协同预控技术	兖州煤业股份有限公司
76	煤矿采动区地面L型井抽采技术	山西晋城无烟煤矿业集团有限责任公司
77	近距离煤层群底板穿层钻孔多用途防灾技术研究	黑龙江龙煤鹤岗矿业有限责任公司
78	近水平特厚煤层分层开采瓦斯治理关键技术研究	神华集团有限责任公司
79	煤矿采空区自然发火的数值模拟方法及上隅角CO定量预测研究	中国矿业大学（北京）
80	深部开采复合型动力灾害防治关键技术及装备	河南理工大学
81	高瓦斯极近距离煤层开采复合采空区自然发火综合防治技术	神华集团有限责任公司
82	急倾斜厚煤层瓦斯高效抽采成套技术研究	神华新疆能源有限责任公司
83	大采深高突煤层复杂构造带安全快速揭煤关键技术	河南理工大学
84	煤矿井下活性磁化水高效降尘关键技术	山东鲁泰控股集团有限公司鹿洼煤矿
85	突出煤层群近距离联合保护层开采瓦斯综合治理成套技术研究	神华宁夏煤业集团有限责任公司
86	煤矿废热循环利用关键技术及装备研究	山西煤炭进出口集团科技发展有限公司
87	高效蜗壳双分离室两产品重介质旋流器的研制	中煤科工集团唐山研究院有限公司
88	低质矿物燃料气－固错流床热解技术研究	中国矿业大学（北京）
89	矿区绿色生态调控关键技术研究	山西潞安集团司马煤业有限公司
90	现代煤化工产业发展问题研究	神华科学技术研究院有限责任公司
91	固定床气化废水处理"零排放"工艺系统开发与应用	中煤鄂尔多斯能源化工有限公司
92	提高精煤产率和经济效益的洗选工艺研究	山西汾西矿业（集团）有限责任公司
93	低成本动力煤洗选关键技术开发与应用	神华神东煤炭集团有限责任公司洗选中心
94	汾西矿业集团全面预算内部市场化管理与实践	山西汾西矿业（集团）有限责任公司
95	煤矿采矿技术文件用图形符号	西安科技大学
96	煤炭洗选加工及新型煤化工行业能耗限额基础研究及标准研制	煤炭科学技术研究院有限公司
97	资源开发管理创新模式研究	西山煤电（集团）有限责任公司
98	"互联网＋"下的煤矿价值链成本管控体系	兖州煤业股份有限公司
99	基于煤炭消费总量控制的煤炭行业可持续发展研究	煤炭科学研究总院
100	皖北煤电集团标准体系构建与应用	皖北煤电集团有限责任公司
101	血脂与纤维蛋白原Bβ链基因多态性和功能表达及脑梗死的关系	开滦总医院
102	老年人脑白质病变的MRI进展和认知心理学特征研究	煤炭总医院
103	难治性感染临床药学监护模式及抗感染微生态思维决策的研究	山西晋城无烟煤矿业集团有限责任公司总医院
104	射频消融联合生物免疫细胞治疗晚期肺癌的疗效观察	西山煤电（集团）有限责任公司职工总医院
105	Topo－Ⅱ、GST－π在矿区人群胃癌组织中的表达及意义	山西晋城无烟煤矿业集团有限责任公司总医院
106	冠心病患者氯吡格雷抗血小板治疗疗效相关因素分析	煤炭总医院
107	煤矿企业非致死性职业伤害影响因素与职业紧张特点的研究	大同煤矿集团有限责任公司总医院

三等奖（136 项）

序号	项 目 名 称	第一完成单位
1	淮北矿区矿山地质环境治理与土地高效利用研究	淮北矿业股份有限公司
2	湖下深部煤层复杂地质条件下顶板水害防治综合技术研究	枣庄矿业集团高庄煤业有限公司
3	地震勘探技术对庄头富水性探测研究	河南理工大学
4	陕北黄土沟壑径流下采动水害评价及防治技术研究	陕西省煤田地质局一八五队
5	煤矿塌陷区地基稳定性与沉降变形控制技术及应用	河南理工大学
6	厚松散层薄基岩开采条件下覆岩运动与地表移动规律研究	安徽理工大学
7	相邻矿井闭坑后老空水监测监控及治理技术的探索与应用	徐州矿务集团有限公司夹河煤矿
8	采动覆岩分区隔离注浆充填开采地下水环境影响研究	淮北矿业（集团）有限责任公司
9	沙地矿区深井软岩巷道两井贯通实践	新矿内蒙古能源有限责任公司沙章图矿井筹建处
10	钻孔轨迹随钻测量技术研究与应用	霍州煤电集团有限责任公司
11	地应力集中区软岩钻孔成孔技术研究与应用	山东新河矿业有限公司
12	西山矿区沉陷监测与地表重复采动规律研究	西山煤电（集团）有限责任公司
13	兖州煤田下组煤底板隔水层阻渗性及突渗临界条件研究与应用	兖州煤业股份有限公司
14	湿法喷浆工艺整体解决方案及关键技术研究与应用	淄博矿业集团有限责任公司
15	煤矿巷道喷涂薄层封闭材料及联合支护技术研究	北京昊华能源股份有限公司
16	湿式喷浆机优化设计研究	冀中能源峰峰集团有限公司大社矿
17	富水软岩地层冻结井筒马头门施工关键技术研究	北京昊华能源股份有限公司
18	六家煤矿极近距离煤层群开采软岩巷道支护技术研究与应用	中国矿业大学（北京）
19	深部煤岩非连续大变形与能量演化机制的研究与实践	中国矿业大学
20	煤矿大型地下井巷工程贯通测量关键技术与应用	河南理工大学
21	混凝土支柱技术研发及在预掘回撤通道中的应用研究	天地科技股份有限公司
22	复杂结构大断面硐室围岩控制技术研究	山西煤炭进出口集团左权鑫顺煤业有限公司
23	大孔径深孔爆破炮眼快速封孔技术及环保型间隔器的研究	大同煤矿集团有限责任公司
24	采动破裂围岩锚固支护机理及控制研究	山东科技大学
25	深部高地压双倾斜工作面大角度顺槽巷道稳定性控制关键技术	淄博矿业集团有限公司葛亭煤矿
26	复杂条件下回采巷道软化变形机理与控制关键技术	江苏省能源国际有限公司
27	厚层软岩顶板断顶自行充填无煤柱快速留巷关键技术	中国矿业大学
28	综采工作面回采巷道合理煤柱与锚网支护参数优化研究	中国矿业大学
29	弱胶结膨胀性软岩回采巷道围岩控制技术及应用	临沂矿业集团有限责任公司
30	多重采动影响下区段煤柱稳定性及回采巷道围岩控制技术研究	徐州矿务（集团）新疆天山矿业有限公司
31	大倾角双坡向"三软"煤层综放开采技术研究与应用	山西霍尔辛赫煤业有限公司
32	基于采空区环境动态监测的"两硬"近距煤层沿空留巷研究	大同煤矿集团有限责任公司
33	千米深井巨厚岩浆岩下冲击地压规律及防控技术研究	山东东山王楼煤矿有限公司
34	深井综放开采沿空支护工艺与围岩控制技术	山东新巨龙能源有限责任公司
35	复杂条件下上行工作面安全高效开采技术研究	河南能源化工集团有限公司
36	强冲击煤层不规则孤岛工作面防冲技术研究	肥城矿业集团梁宝寺能源有限责任公司
37	倾斜巨厚煤层露天矿横采内排安全增效关键技术研究与应用	神华新疆能源有限责任公司

（续）

序号	项目名称	第一完成单位
38	矿井微震台网分级优化技术及微震监测在冲击地压防治中的应用实践	天地科技股份有限公司
39	潞安矿区高瓦斯低透单一厚煤层工作面巷道布置模式研究及应用	山西潞安环保能源开发股份有限公司
40	大跨度巷道低密度高强度支护关键技术研究	山西潞安环保能源开发股份有限公司五阳煤矿
41	综放工作面沿空留巷安全高效开采技术研究	山西晋城无烟煤矿业集团有限责任公司
42	复杂地质条件下综放工作面75°旋转开采技术的研究与应用	冀中能源峰峰集团有限公司大淑村矿
43	主动承载引导卸压沿空留巷技术研究与应用	枣庄矿业（集团）有限责任公司滨湖煤矿
44	深部煤矿顶板灾害危险源识别及网络预警系统示范	开滦（集团）有限责任公司唐山矿业分公司
45	上覆高位岩浆岩下开采动力灾害防控技术研究及应用	淮北矿业（集团）有限责任公司
46	石炭系特厚煤层坚硬顶板高压水致裂理论与工程应用研究	大同煤矿集团有限责任公司
47	边角煤安全、高效回采工艺及配套设备技术研究与应用	陕煤集团神木张家峁矿业有限公司
48	深部复杂构造强冲击危险巷道冲击地压综合防控技术研究	吉林省龙家堡矿业有限责任公司
49	多场应力作用下"顶板-煤层"结构体冲击失稳机制与防冲实践研究	河南大有能源股份有限公司
50	震动场、应力场联合监测冲击地压的理论与应用	华北科技学院
51	浅埋煤层群工作面覆岩破断结构演化规律及其压力调控技术	山东科技大学
52	特厚煤层分层工作面冲击地压事故后复产及安全回采研究	北京科技大学
53	倾斜煤层露天矿深部控制开采关键技术研究及应用	内蒙古平庄能源股份有限公司西露天煤矿
54	深井流变软岩大断面巷硐群支护技术研究	开滦（集团）有限责任公司
55	EBZ260W型小断面岩巷掘进机	中国煤炭科工集团太原研究院有限公司
56	含硬结核薄煤层机械化高效开采关键技术及装备	中国矿业大学
57	极薄煤层机载或非机载变频调速远距离控制交流电牵引采煤机的开发	西安煤矿机械有限公司
58	巷道快速掘进支护平台关键技术及装备研发	安徽理工大学
59	倾斜厚煤层MG750/1920-WD系列电牵引采煤机研制与推广	天地科技股份有限公司上海分公司
60	充填开采工作面端头液压支架的研究与设计	冀中能源股份有限公司
61	煤矿用全液压定向钻机操作模拟培训系统	中煤科工集团西安研究院有限公司
62	综采工作面扇形区自移式回撤特种液压支架的研究及应用	神华宁夏煤业集团有限责任公司矿山机械制造维修分公司
63	斜巷架空乘人装置飞车、断绳安全保护装置研究	中国矿业大学
64	MG1100/2860-WD大功率大采高电牵引采煤机的研究与应用	太原重型机械集团煤机有限公司
65	三相四开关容错型电力有源滤波器的研制	河南理工大学
66	煤矿高压电网运行状态检修决策与继电保护整定校验系统	河南理工大学
67	煤矿高压开关带电超前预警技术与装置	开滦（集团）有限责任公司林南仓矿业分公司
68	基于TD-LTE的无线智能高容错4G通信系统及网络平台的技术研究	大同煤矿集团有限责任公司
69	采煤机自动化及配套三机集控系统应用研究	阳泉煤业（集团）股份有限公司
70	井下无轨胶轮车辅助运输安全高效综合管理系统研究	大同煤矿集团有限责任公司

(续)

序号	项 目 名 称	第一完成单位
71	煤矿井上下电网电能质量综合治理技术与装置	淄博矿业集团有限责任公司
72	矿井巷道水监测、预警及自动控制系统研究	山西晋城无烟煤矿业集团有限责任公司
73	基于两化融合的露天煤矿汽车装运管控系统	锡林郭勒盟乌兰图嘎煤炭有限责任公司
74	基于云计算的E矿山智慧管理平台系统	霍州煤电集团有限责任公司
75	大型矿井提升设备远程监测与故障诊断系统	西山煤电（集团）有限责任公司
76	物料仓清堵用两自由度直驱电机关键技术及应用	河南理工大学
77	深井矿山矸石回填及分选自动化技术研究与应用	开滦（集团）有限责任公司唐山矿业分公司
78	煤矿关键能耗设施智能监管及调度指挥系统	开滦（集团）有限责任公司东欢坨矿业分公司
79	煤岩层应力自动监测及预警系统	兖州煤业股份有限公司
80	矿用本安LED智能接线盒研究与应用	阳泉煤业（集团）股份有限公司
81	煤矿安全生产井下移动调度指挥平台的研究及应用	淮北矿业股份有限公司
82	矿井水害超前探测及多元信息融合处理预警系统研究	大同煤矿集团有限责任公司
83	煤层气井排砂排煤粉采气装置研制及煤粉管控技术应用	中国矿业大学（北京）
84	本煤层瓦斯抽采封孔与钻孔瓦斯涌出预测突出危险技术	华北科技学院
85	深井高瓦斯煤层群首采层开采卸压瓦斯高效抽采模式与关键技术	安徽建筑大学
86	矿井火灾灾变气体分析方法与实践	中国矿业大学（北京）
87	煤矿安全高效钻凿瓦斯抽放孔的ZDY-750型全液压钻机研制与应用	重庆工程职业技术学院
88	复合泡沫充填防灭火技术研究	神华神东煤炭集团有限责任公司
89	挖潜矿井复采煤层巷道防灭火技术研究与应用	开滦（集团）有限责任公司
90	深部综放工作面瓦斯与火耦合灾害协同防控技术研究	山东科技大学
91	高瓦斯矿井黄泥基长效防灭火材料研发与应用	阳泉煤业（集团）股份有限公司
92	顺层瓦斯抽采钻孔裂隙带宽度测试技术与装备研究	河南理工大学
93	中厚低渗透性煤层瓦斯高效预抽成套技术研究	霍州煤电集团有限责任公司
94	高产尘强度煤矿粉尘治理关键技术研究与应用示范	山西中煤华晋能源有限责任公司
95	主要大巷和辅助巷道粉尘监测及综合防尘系统研究	大同煤矿集团有限责任公司
96	煤与瓦斯突出危险性敏感指标及临界值确定方法与应用	中国矿业大学
97	神东矿区房采采空区安全隐患评估与治理技术研究	神华神东煤炭集团有限责任公司
98	沿空留巷开采采空区防灭火技术	兖州煤业股份有限公司
99	基于云计算的企业集团安全生产风险管控平台	国家安全生产监督管理总局信息研究院
100	掘进工作面抽出式通风除尘新技术研究	兖州煤业股份有限公司
101	采动作用下低透气性本煤层瓦斯超前卸压机理及抽采技术研究	阳泉煤业（集团）有限公司
102	综采（放）工作面煤层注水防尘防冲技术	兖州煤业股份有限公司
103	综采智能降尘系统研发	天地科技股份有限公司
104	低渗煤层覆岩裂隙精准探测与瓦斯立体协同抽采技术及装备	河南理工大学
105	巨厚火成岩下复合型煤与瓦斯动力灾害防治技术研究	淮北矿业股份有限公司
106	二氧化碳超高速相变致裂成套技术装备与应用研究	河南省煤炭科学研究院有限公司
107	大型旋流化解聚煤泥热风干燥工艺及成套设备开发	云南中翼鼎东能源科技开发有限公司

（续）

序号	项 目 名 称	第一完成单位
108	1.6 m 大型卧式振动卸料离心机的研究	天地（唐山）矿业科技有限公司
109	露天煤矿采矿工程对区域水资源及生态环境影响评价及恢复治理研究	神华宝日希勒能源有限公司
110	斯列普活化炉尾气回收综合利用的研究	神华宁夏煤业集团太西炭基工业有限公司
111	10 Mt/a 高温煤焦油馏分油（蒽油）制清洁燃料油技术	华电重工股份有限公司
112	粗煤泥分选设备与工艺成套技术开发	山东科技大学
113	陕西煤业化工集团产品结构优化方案研究	中国煤炭加工利用协会
114	XJM-S45 煤用高效机械搅拌式浮选机	中煤科工集团唐山研究院有限公司
115	水煤浆气化炉长周期稳定运行技术研究	兖州煤业榆林能化有限公司甲醇厂
116	生态文明煤矿建设标准化研究	中国煤炭加工利用协会
117	王家岭综合利用电厂洗中煤干燥系统的研究与应用	山西中煤华晋能源有限责任公司
118	大风量矿井乏风热回收蓄热井筒防冻技术研究	山西晋城无烟煤矿业集团有限责任公司
119	"十三五"煤炭清洁高效发展若干重大问题研究	煤炭科学研究总院
120	提升煤矿安全监察层次	国家安全生产监督管理总局信息研究院
121	霍州煤电集团矿井防治水产研合作模式及技术示范	霍州煤电集团有限责任公司
122	郑煤集团风险预控管理体系建设研究	郑州煤炭工业（集团）有限责任公司
123	千万吨矿井建设项目后评价研究	大同煤矿集团有限责任公司
124	商品煤质量评价与控制技术指南	煤炭科学技术研究院有限公司
125	矿井巷道掘进工序优化与流程再造技术研究与应用	新汶矿业集团有限责任公司孙村煤矿
126	商品煤混煤类型的判别方法	中煤科工集团西安研究院有限公司
127	DB37/T 2533—2014 煤矿井下巷道矸石填充机	兖矿东华重工有限公司
128	DB37/T 1809.1—2011 至 DB37/T 1809.8—2011《资源综合利用火力发电厂安全生产规范》（第 1 部分—第 8 部分）	山东华聚能源股份有限公司
129	手术后认知功能障碍的研究	煤炭总医院
130	开通玄府法治疗老年性痴呆的作用机制研究	煤炭总医院
131	中老年人群颈动脉、锁骨下动脉粥样硬化的特点及影响因素	开滦总医院
132	食管静脉曲张患者内镜下硬化治疗后再出血的危险因素研究	山西晋城无烟煤矿业集团有限责任公司总医院
133	瑞舒伐他汀对不同年龄组高血压合并高脂血症患者血管内皮功能的影响	煤炭总医院
134	影响老年慢性阻塞性肺疾病患者记忆障碍的危险因素分析及干预疗效	华北理工大学
135	55 岁以上煤工尘肺患者骨密度特点及其与肺功能指标相关性研究	山西晋城无烟煤矿业集团有限责任公司总医院
136	煤矿工与非煤矿工冠心病筛查冠脉成像结果分析及临床意义	冀中能源峰峰集团有限公司总医院

(二) 2017 年度中国煤炭工业协会科学技术奖获奖项目

特等奖（1 项）

序号	项　目　名　称	第一完成单位
1	百万吨级煤间接液化关键及系统集成技术开发与工业示范	兖矿集团有限公司 上海兖矿能源科技研发有限公司 煤液化及煤化工国家重点实验室 陕西未来能源化工有限公司

一等奖（30 项）

序号	项　目　名　称	第一完成单位
1	特大型深井环境友好型建设模式研究与实践	山东新巨龙能源有限责任公司
2	阜康大倾角厚煤层煤层气开发关键技术研发与应用	河南理工大学
3	平顶山煤田矿井充水条件探查和矿井水防治技术工程与利用综合研究	平顶山天安煤业股份有限公司
4	西北生态脆弱区煤与煤系气资源勘查开发研究	神华新疆能源有限责任公司
5	深井高应力软岩巷道围岩锚注卸综合控制技术	开滦（集团）有限责任公司
6	锚固复合承载体承载特性及潞安矿区巷道支护技术研究与应用	山西潞安矿业（集团）有限公司
7	大型立井凿井井架的研究与应用	中国中煤能源集团有限公司
8	矿用混凝土湿式喷射关键技术及成套装备的研发与应用	山东科技大学
9	深井煤层群煤与瓦斯共采理论与关键技术及工程应用	淮南矿业（集团）有限责任公司
10	强突出煤层软岩保护层开采关键技术研究	安徽理工大学
11	厚煤层无煤柱自成巷 110 工法技术研究及工程应用	陕西煤业化工集团有限责任公司
12	特厚煤层综放开采远场关键层破断型式及失稳机制	大同煤矿集团有限责任公司
13	急倾斜薄煤层俯伪斜综合机械化开采研究及应用	重庆松藻煤电有限责任公司
14	8.2 m 超大采高综采成套技术与装备研制	兖矿集团有限公司
15	千万吨级综放工作面智能控制关键技术及示范工程	大同煤矿集团有限责任公司
16	高效全断面掘进机研制——快速掘进后配套装备研发	神华神东煤炭集团有限责任公司
17	煤矿井下高精度定位技术与接近探测系统研究	神华神东煤炭集团有限责任公司
18	基于机器视觉的煤矿运输节能与安全智能控制关键技术研究	宁夏广天夏电子科技有限公司
19	矿用新能源防爆无轨胶轮辅助运输装备与关键技术	神华集团有限责任公司
20	矿用带式输送机低速大扭矩永磁直驱电机系统关键技术研究与应用	山东科技大学
21	煤矿瓦斯爆炸抑爆减灾关键技术与装备	河南理工大学
22	低浓度瓦斯蓄热氧化井筒加热技术研究与应用	阳泉煤业（集团）有限责任公司
23	碎软低渗煤层顶板岩层水平井分段压裂煤层气高效抽采技术	淮北矿业（集团）有限责任公司
24	松软低透气性煤层瓦斯抽采增效理论与关键技术体系	中国平煤神马能源化工集团有限责任公司
25	瓦斯含量法预测突出危险及检验卸压效果技术装备研究	安徽理工大学
26	浅埋藏近距离煤层群开采煤自燃防治关键技术研究	中国矿业大学

（续）

序号	项目名称	第一完成单位
27	采煤沉陷湿地城市生态景观与服务功能开发及应用	中煤科工集团唐山研究院有限公司
28	鲁南资源枯竭型矿区绿色清洁转型发展关键技术研发和工程应用	枣庄矿业（集团）有限责任公司
29	脱硝催化剂再生技术	北京低碳清洁能源研究所
30	首套国产化 10 Mt/a 直接酯化法生产 PBT 装置	河南开祥精细化工有限公司

二等奖（100 项）

序号	项目名称	第一完成单位
1	沁水盆地南部高阶煤煤层气高效开发技术及产业化应用	中联煤层气有限责任公司
2	三软煤巷锚网支护理论及关键技术研究	郑州煤炭工业（集团）有限责任公司
3	连采连充分步回采"三下"采煤技术研究	新汶矿业集团有限责任公司
4	井下水力压裂裂缝控制及强化裂缝导流工艺应用研究	河南理工大学
5	充水采空区上部三软煤层突水机理及安全开采技术研究	天地科技股份有限公司
6	超薄隔水层煤层开采奥灰水害防治关键技术研究	陕西陕煤韩城矿业有限公司
7	峰峰矿区深部矿井奥灰水害防治一体化关键技术	冀中能源峰峰集团有限公司
8	霍西煤田 9－11 号煤层采动导水裂隙演化诱发顶板水致灾机理及防治技术研究	山西煤炭进出口集团蒲县豹子沟煤业有限公司
9	复杂充水条件特厚煤层开采水害评价与防治技术研究	陕西未来能源化工有限公司金鸡滩煤矿
10	王家岭矿区充水条件和水害预评价及立体防控关键技术综合研究	山西中煤华晋能源有限公司
11	煤矿区开采沉陷监测、预测与灾害集成防控技术及应用	河南理工大学
12	采动与承压水协同作用下断裂活化效应特征及突水预测研究	山东科技大学
13	陷落柱变质量渗流动力学特性及突水防治技术	河南理工大学
14	深部软岩巷道强力锚注材料与关键工艺技术研发应用	中国平煤神马能源化工集团有限责任公司
15	特厚煤层综放工作面大变形回采巷道离层监测及超前支护技术	大同煤矿集团有限责任公司
16	禾草沟煤矿顺槽复合顶板预裂卸压围岩变形控制技术研究	延安市禾草沟煤业有限公司
17	深厚含水岩层中新型单层冻结井壁关键技术研究与应用	中天合创能源有限责任公司
18	软弱破碎顶板煤巷高预紧力锚固机理与技术研究	湖南科技大学
19	机械手湿喷混凝土关键技术研究	新汶矿业集团有限责任公司
20	煤矿巷道矿压监测系统的研发与应用	天地科技股份有限公司
21	煤巷强帮强角支护技术研究与应用	中国矿业大学（北京）
22	采动巷道围岩破坏形态与冒顶控制技术研究	中国矿业大学（北京）
23	强动压影响下破碎围岩巷道大变形机理及控制关键技术研究	河南理工大学
24	皖北矿区巷道支护智能决策系统研发与工程应用	安徽省皖北煤电集团有限责任公司
25	松软破碎煤岩体巷道锚固力衰减机理与控制关键技术及应用	河南理工大学
26	5000 万吨级矿区巷道支护技术创新体系及应用	西山煤电（集团）有限责任公司
27	抗冲击恒阻大变形锚杆支护技术研究与应用	兖州煤业股份有限公司
28	西部特厚煤层采场结构安全高效控制技术	中国矿业大学
29	浅埋近距煤层群坚硬顶板冲击地压发生机理及防治技术研究与应用	神华新疆能源有限责任公司

(续)

序号	项目名称	第一完成单位
30	全矿井近距煤层无煤柱协调开采技术体系	冀中能源邢台矿业集团有限责任公司
31	瓦斯抽采钻孔蝶形增透机制与布置优化方法	中国矿业大学（北京）
32	双系煤层开采覆岩结构演化致灾机理	大同煤矿集团有限责任公司
33	"三软"极不稳定巷道破坏控制机理及锚注耦合支护体系研究	龙口煤电有限公司梁家煤矿
34	复杂地质条件倾斜厚煤层大采高综放开采技术研究	兖州煤业股份有限公司
35	资源整合矿井残采区域围岩变形破坏规律及安全回采技术	河南理工大学
36	复杂条件下综放工作面过陷落柱安全开采关键技术研究	山西潞安环保能源开发股份有限公司王庄煤矿
37	薄煤层M形工作面连续旋转综采关键技术研究与应用	冀中能源峰峰集团有限公司大社矿
38	煤矿冲击地压递进监测预警技术及应用	山东能源集团有限公司
39	千米深井奥灰水上野青工作面安全开采关键技术研究	冀中能源峰峰集团邯郸宝峰矿业有限公司九龙矿
40	过小煤矿破坏区开采关键技术及软岩底板围岩控制研究	中国矿业大学（北京）
41	多场耦合效应诱发断层活化特性及安全防水煤柱留应用研究	山东科技大学
42	坚硬顶板条件下极软特厚高瓦斯煤层综放开采技术研究	淮北矿业股份有限公司
43	固体充填开采无煤柱沿空留巷技术与应用	中国矿业大学
44	大断面采空区巷道柔模混凝土管棚碹支护技术研究及应用	陕西双龙煤业开发有限责任公司
45	大倾角复合灾害煤层综放工作面安全高效开采保障技术研究	兖矿新疆矿业公司硫磺沟煤矿
46	深井大倾角破碎顶板软煤大采高开采关键技术研究	肥城矿业集团单县能源有限公司
47	重载刮板输送机新型高强耐磨钢板研究与应用	中煤张家口煤矿机械有限责任公司
48	φ52～56 mm矿用高强度链条开发研制	中煤张家口煤矿机械有限责任公司
49	薄煤层半煤岩掘进机关键技术研究	中国矿业大学
50	综采工作面自开通道的有轨运输快速搬家工艺及配套设备的研究与实践	神华乌海能源有限责任公司
51	矿用4G无线通信、精确定位及智能广播一体化系统研究与应用	中煤电气有限公司
52	矿区区域电网4GMcLTE无线通信技术的研究与应用	大同煤矿集团有限责任公司
53	基于永磁电机直驱的智能高效高可靠胶带运输系统	兖州煤业股份有限公司
54	矿山4G智能通信平台研发与应用	开滦（集团）有限公司
55	单轨吊一次性运输大吨位综采支架的研究与应用	新汶矿业集团有限公司
56	山西焦煤资源信息智能动态管理系统	山西焦煤集团有限责任公司
57	基于云平台的智慧兖矿服务体系构建与应用实践	兖矿集团有限公司
58	基于物联网技术和多信息融合的煤炭生产计量监控系统	安徽理工大学
59	矿用永磁同步电机关键技术及应用	河南理工大学
60	煤矿综掘工作面动态视频融合与分析技术研究与应用	中国矿业大学
61	黄陵矿区安全监控多元数据智能在线分析预警平台的研究与应用	陕西陕煤黄陵矿业有限公司
62	矿井危险区域人员监测与通讯联络技术研究	淮北矿业股份有限公司
63	瓦斯抽采钻孔分体组合式囊袋无管封孔技术材料及装备研究	西山煤电（集团）有限公司
64	高瓦斯强冲击无煤柱综放开采防火技术研究	黑龙江龙煤鹤岗矿业有限公司
65	近水平复杂煤层群复合动力灾害防治技术研究	陕西陕煤韩城矿业有限公司
66	高瓦斯易自燃煤层冲击矿压条件下防灭火技术研究	陕西彬长矿业集团有限公司

（续）

序号	项　目　名　称	第一完成单位
67	地表线性构筑物下伏采空区安全防护技术	河南理工大学
68	单一低渗煤层多级水力冲孔技术与装备研究	河南理工大学
69	阳泉矿区突出煤层底抽巷水力压裂关键技术研究	阳泉煤业（集团）有限责任公司
70	低透气性单一厚煤层综采工作面"U+3"布置瓦斯治理及通风系统优化	山西晋城无烟煤矿业集团有限责任公司
71	鸳鸯湖、马家滩矿区煤自燃规律及控制技术研究	西安科技大学
72	煤矿乏风氧化热电联供关键技术及示范应用	山西潞安矿业（集团）有限责任公司
73	煤矿液态CO_2保压直注高效防灭火技术的研究与应用	神华宁夏煤业集团有限责任公司
74	黄陵矿区矿井火灾防控技术研究	陕西陕煤黄陵矿业有限公司
75	矿井综合机械化采掘工作面高效控除尘技术与装备研究	山东科技大学
76	碎软低透突出煤层大直径穿层定向长钻孔水力压裂增透技术研究	阳泉煤业（集团）有限责任公司
77	煤层CO产生规律及自燃预警研究	北华航天工业学院
78	鹤岗矿区煤层自然发火防治技术及管理体系	黑龙江龙煤鹤岗矿业有限公司
79	大柳塔煤矿白家渠风井回风源热泵项目	神华神东煤炭集团有限责任公司
80	采煤塌陷地煤矸石充填复垦质量控制关键技术研究	中国矿业大学
81	平朔露天矿区绿色生态环境重构关键技术与工程实践	中煤平朔集团有限公司
82	小颗粒油页岩百页窗干馏炉中试装置研发	抚顺矿业集团有限责任公司工程技术研究中心
83	衰老矿区节能减排再深化研究及实践	徐州矿务集团有限公司
84	焦炉加热系统优化与脱硝技术研究与应用	山东兖矿国际焦化有限公司
85	重介选煤过程专家调控系统的关键技术研究	神华宁夏煤业集团有限公司
86	难选粗煤泥重选回收精煤关键技术与装备	山东科技大学
87	新疆炼焦煤生产一级冶金焦研究应用	拜城县众泰煤焦化有限公司
88	动力煤3 mm干法脱粉技术的研究和应用	朔州中煤平朔能源有限公司
89	高含矸煤一体化智能干法选煤技术（IDS）研究与应用	陕西陕煤韩城矿业有限公司
90	宽负荷、超低排放350 MW超临界循环流化床锅炉应用技术研究	江苏华美热电有限公司
91	陕西煤业化工集团煤炭产品标准及质量管控体系建设研究	中国煤炭加工利用协会
92	生态文明矿区标准与政策研究	神华科学技术研究院有限公司
93	中国煤炭产业国际竞争力研究	神华科学技术研究院有限公司
94	煤炭行业化解产能过剩过程中就业与职工安置问题研究	煤炭科学研究总院
95	煤与非煤清洁发电竞争力与节能减排比较研究	煤炭科学研究总院
96	陕北特大型煤炭基地智慧煤矿建设研究	陕西煤业化工集团有限责任公司
97	脑白质变性的演变和认知进展的纵向前瞻性研究	煤炭总医院
98	3D打印技术基于双柱结构治疗股骨远端A3C2C3骨折的临床研究	山西晋城无烟煤矿业集团有限责任公司总医院
99	基于脑创伤执行障碍病理特点的芹菜籽提取物丁基苯酞的救治机理	华北理工大学
100	完全胸腔镜下射频消融治疗单纯性房颤的应用与研究	煤炭总医院

三等奖（136项）

序号	项 目 名 称	第一完成单位
1	兖州矿区下组煤底板构造破碎带阻渗性及其安全承压条件研究与应用	兖州煤业股份有限公司
2	面向矿区地表监测的光学与雷达遥感协同处理技术及应用	河南理工大学
3	突出煤层掘进巷道瓦斯超前探测技术研究	阳泉煤业（集团）有限责任公司
4	徐州矿区闭坑矿山水害防治关键技术与应用研究	徐州矿务集团有限公司
5	肥城矿区奥灰顶部注浆改造治水技术	肥城矿业集团有限责任公司
6	矿山井下钻孔测井与数据分析技术	西安科技大学
7	徐灰奥灰压突补给突水机理研究	肥城矿业集团有限责任公司
8	倾斜煤层浅部开采断层活化机理及监测治理	淄博矿业集团有限责任公司许厂煤矿
9	"双薄双高"底板双水害煤层开采的防治水关键技术	焦作煤业（集团）新乡能源有限公司
10	哈密煤田隐伏古湖床控水机制及防治水关键技术研究	徐州矿务集团有限公司
11	底板高压岩溶水"疏降－导引"模式及突水防治关键技术	河南龙宇能源股份有限公司
12	基于多物探信息的煤矿富水区综合预测技术研究	山西煤炭进出口集团科技发展有限公司
13	利用煤矸石制备新型绿色奥灰含水层注浆改造材料及关键技术	肥城白庄煤矿有限公司
14	张集矿第二副井井底车场及连接硐室群围岩动态响应规律及控制技术研究	安徽理工大学
15	高应力破碎围岩锚杆锚索协同支护机理及应用	湖南科技大学
16	大断面高应力软岩巷道变形机理与控制技术	山东科技大学
17	千万吨级矿井特厚煤层预掘回撤通道围岩控制技术研究	山西西山晋兴能源有限责任公司
18	红庆梁矿软岩大硐室围岩变形机理及支护技术研究	北京昊华能源股份有限公司
19	煤矿超深立井施工关键技术研究	北京科技大学
20	高家堡煤矿冻结法凿井关键技术研究	陕西正通煤业有限责任公司
21	高瓦斯矿井巷道群合理布置及围岩控制技术研究	山西晋城无烟煤矿业集团有限公司
22	富水松散地层"之"字形大断面主斜井施工关键技术研究	冀中能源峰峰集团有限公司羊东矿
23	采空区下近距离煤层巷道支护关键技术研究	山西煤炭进出口集团科技发展有限公司
24	断层破碎带软岩巷道施工技术及动态安全监测技术研究	北京昊华能源股份有限公司
25	异形钢混复合材料巷道支架研发与工程应用	山东科技大学
26	复杂条件厚煤层大断面煤巷快速掘进与支护技术研究	兖州煤业股份有限公司
27	坚硬顶板软煤层小煤柱留设及围岩控制技术研究	天地科技股份有限公司
28	徐矿哈密能源大南湖矿弱胶结富水顶板巷道围岩控制技术研究	徐矿集团哈密能源公司
29	团柏矿大水条件采空区下近距离煤巷支护技术研究应用	霍州煤电集团有限责任公司
30	预应力锚索锚固效果控制与实时监测技术	山东科技大学
31	96 m² 超大断面软岩硐室底板变形控制技术研究	河南理工大学
32	大变形巷硐围岩再造承载层控制机理及支护技术	河南理工大学
33	大采高综采面增渗注水与高效雾化融合防尘技术工艺研究	枣庄矿业（集团）付村煤业有限公司
34	深部综放开采顶板破断结构及沿空巷道围岩协调控制机理	山东新河矿业有限公司
35	中厚煤层智能化综采工作面超前支护装备技术研究与应用	陕西陕煤黄陵矿业有限公司
36	深井近距离煤层群安全开采新模式与关键技术	平顶山天安煤业股份有限公司

（续）

序号	项目名称	第一完成单位
37	大采高工作面屈服煤柱留设与巷道围岩协同控制技术研究	河南理工大学
38	3-1煤层含矸开采技术方案及经济分析	西安科技大学
39	浅埋煤层房氏采空区下综采工作面动载矿压机理及其防治技术研究	中国神华能源股份有限公司神东煤炭分公司
40	煤矿陷落柱空间探测与其邻近巷道围岩控制技术	中国矿业大学（北京）
41	承压水上穿断层组巷道稳定机理及控制技术研究	中国矿业大学
42	深部围岩应力瓦斯脉动卸压协调支护机理及技术研究	山西潞安矿业（集团）有限责任公司王庄煤矿
43	大采高厚顶板侧向强矿压控制技术研究	国电建投内蒙古能源有限公司
44	盛源煤矿生产系统优化研究与应用	徐矿集团新疆塔城铁煤能源有限公司
45	急倾斜特厚煤层水平分段综放巷道矿压显现规律及灾变控制研究	天地科技股份有限公司
46	向斜盆底区煤层群开采冲击地压防治成套技术	黑龙江龙煤鹤岗矿业有限责任公司
47	突出煤层掘进水力化高效防突技术及应用研究	河南理工大学
48	神东浅埋坚硬特厚煤层开采技术研究	神华神东煤炭集团有限公司
49	豫西北矿区综放采场沿空留巷关键技术及装备	河南理工大学
50	长治矿区坚硬顶板大采高工作面岩层控制及安全开采保障技术研究	山西凌志达煤业有限公司
51	薄基岩厚表土条件局部限厚充填开采技术研究	山西潞安集团司马煤业有限公司
52	安全高效卸压工艺研究与应用	徐州矿务集团有限公司生产技术部
53	厚煤层孤岛掘进工作面冲击地压综合监测预警技术研究	彬县水帘洞煤炭有限责任公司
54	深部矿井地应力主导型动力灾害声发射监测预警技术研究及应用	中国平煤神马能源化工集团有限公司
55	残采高应力区底板型冲击矿压防治技术研究	徐州矿务集团有限公司旗山煤矿
56	岩浆岩侵入区巷道冲击地压机理及防治关键技术	天地科技股份有限公司
57	老矿深井井筒煤柱安全高效开采技术研究与应用	新汶矿业集团有限责任公司孙村煤矿
58	适应大采高大倾角煤层的新型MG550/1380-WD交流电牵引采煤机	天地科技股份有限公司上海分公司
59	大采高综采工作面轻型钻机研制	阳泉煤业（集团）有限责任公司
60	薄及中厚超急倾斜煤层综合机械化回采工艺研究	黑龙江科技大学
61	MG900/2360-WD型采煤机国产化关键技术研究与应用	大同煤矿集团有限责任公司
62	大坡度四/六驱框架式支架搬运车关键技术与工程应用	连云港天明装备有限公司
63	煤矿井下变电硐室及中央泵房神经网络预判维护及远程智能控制技术	霍州煤电集团有限责任公司
64	地表移动自动化监测系统研究	淮南矿业（集团）有限责任公司
65	矿区空压机群远程智能监测监管平台与无人巡检系统	开滦（集团）有限责任公司
66	煤电关口电能计量装置运行准确性优化保证技术研究与应用	国网江苏省电力公司电力科学研究院
67	数字煤矿安全生产综合管理信息系统关键技术的研究与应用	内蒙古伊泰煤炭股份有限公司
68	矿用WIFI线缆系统研究与应用	大同煤矿集团有限责任公司
69	矿井大型储煤场智能管控与销售系统	兖州煤业股份有限公司
70	新矿集团ERP系统技术研究与实施	新汶矿业集团有限责任公司通讯信息中心

(续)

序号	项目名称	第一完成单位
71	大运力煤矿顺槽超长胶带输送机变频调速系统	兖州东方机电有限公司
72	基于兆瓦级储能系统的煤矿应急电源研究与示范	神华乌海能源有限责任公司
73	似神经网络系统采集及监控技术	中油辽河工程有限公司
74	矿区铁路道口远程集中控制与智能预警一体化系统	淄博矿业集团有限责任公司济宁北矿区铁路运销处
75	煤矿高压供电网络绝缘预警与故障定位系统的研究	平顶山天安煤业股份有限公司
76	企业安健环管控体系平台	中煤科工集团常州研究院有限公司
77	煤矿电机车专用变频调速器	河南理工大学
78	基于物联网的多功能信息矿灯的研究与应用	霍州煤电集团有限责任公司
79	单绳缠绕式提升机载荷实时监测及报警系统	枣庄矿业集团高庄煤业有限公司
80	晋城矿区9号、15号煤无线电波透视技术应用研究	山西晋城无烟煤矿业集团有限责任公司
81	主井提升机及卸载系统智能化控制技术	兖州煤业股份有限公司
82	新型高效矿用多级深井泵关键技术研究与应用	江苏大学
83	BRW500/37.5K矿用高效高压智能乳化液泵站成套装备	山东名盾防爆装备科技有限公司
84	火成岩侵入矿井瓦斯地质规律与分区瓦斯综合治理研究	山东新矿集团赵官能源有限责任公司
85	基于多场耦合松软煤层卸压抽采关键技术及装备研究	河南理工大学
86	易自燃综放工作面发火规律及回撤期间灭火技术研究与应用	西山煤电（集团）有限责任公司
87	煤矿隐蔽致灾地质因素瞬变电磁精细探测技术研究	煤炭科学技术研究院有限公司
88	风力扩展除尘技术研究与应用	兖州煤业股份有限公司
89	全矿井瓦斯抽放监测关键技术及装备研究	中煤科工集团重庆研究院有限公司
90	基于"四维"的综采（放）工作面回撤期间煤自燃防控技术体系的研究与应用	徐州矿务集团有限公司
91	平朔露天矿大型复合火区延烧特征及立体化治理关键技术研究与应用	中煤平朔集团有限公司
92	阳煤集团松软煤层顶板顺层岩石长钻孔多泵协调压裂增透关键技术研究	阳泉煤业（集团）有限责任公司
93	瓦斯抽采计量装置试验研究及钻孔单孔综合实时在线自动监测系统研究	西山煤电（集团）有限责任公司
94	煤矿硫化氢气体成因机理及关键控制技术研究	河南理工大学
95	基于孔隙-裂隙双重介质的煤体瓦斯抽采钻孔渗流场演化特性研究	河南理工大学
96	矿井综合防尘达标关键技术及装备研究	陕西陕煤黄陵矿业有限公司
97	煤矿瓦斯抽采系统评估与优化技术研究	辽宁工程技术大学
98	矿井风温预测技术研究	兖州煤业股份有限公司
99	感应式粉尘浓度检测技术及传感器的研究	中煤科工集团重庆研究院有限公司
100	掘进面控风稳压协同增效除尘技术研究	煤炭科学技术研究院有限公司
101	大倾角煤层负煤柱开采自燃监测及防控技术研究	新汶矿业集团有限责任公司华丰煤矿
102	工作面前方煤体采动卸压规律及瓦斯抽采技术研究	河南省正龙煤业有限公司
103	采动覆岩离散裂隙网络渗流特征及其在瓦斯抽采中的应用	中国矿业大学（北京）

(续)

序号	项 目 名 称	第 一 完 成 单 位
104	矿井通风智能决策与远程控制系统研究	大同煤矿集团有限责任公司
105	近距离突出煤层群资源安全高效开采及利用技术集成与示范	华晋焦煤有限责任公司
106	煤与瓦斯突出矿井安全高效生产集成技术研究与实践	中国平煤神马能源化工集团有限责任公司
107	粉尘扩散规律和通风阻力测定风压调平模拟及防尘技术研究	阳泉煤业（集团）股份有限公司
108	高热害矿井能源循环综合利用及热害深度防治技术	陕西正通煤业有限责任公司
109	矿井水资源化成套设备技术的研究应用	山东东山王楼煤矿有限公司
110	神东矿区基于中水灌溉的树种长期适应性筛选与驯化技术研究	神华神东煤炭集团有限责任公司
111	近红外光谱煤质在线监测系统研究	山西汾西矿业（集团）有限责任公司
112	基于电磁加热技术的粗煤泥脱水系统的开发与应用	山东东山新驿煤矿有限公司
113	低阶煤微波热解工艺及连续热解装置研发	河南理工大学
114	煤矿矿井水高效处理及资源化利用关键技术	肥城矿业集团梁宝寺能源有限责任公司
115	蒸汽管回转干燥超高水分褐煤关键技术研究及应用	中国神华能源股份有限公司国华电力分公司
116	苯加氢装置配焦油轻油新工艺	山西焦化股份有限公司
117	末煤脱粉入洗工艺技术研究与应用	北京昊华能源股份有限公司
118	地源热泵与冰蓄冷协同冷暖系统关键技术	淮北矿业（集团）有限责任公司
119	适用于高含矸率原料煤 3GHMC1300/1100B 型无压给料三产品重介质旋流器的开发研究	开滦（集团）有限责任公司
120	智控分段式煤泥水控制的研究与应用	枣庄矿业集团高庄煤业有限公司
121	长焰煤煤泥直接浮选技术研究与应用	朔州中煤平朔能源有限公司
122	7.63米超大容积顶装焦炉改捣固技术	中国平煤神马能源化工集团有限责任公司
123	铁煤大兴砖厂隧道窑余热利用工程研究与建设	铁法煤业（集团）有限责任公司
124	水煤浆气化合成气除灰技术研究	兖矿国宏化工有限责任公司
125	商品煤质量褐煤	煤炭科学技术研究院有限公司煤化工分院
126	蒙陕甘宁能源"金三角"煤炭发展潜力研究	神华科学技术研究院有限责任公司
127	作业群理念下煤矿一般作业人员培训模式研究	中澳煤矿安全培训示范中心
128	中国动力煤产需平衡指数构建的研究	中国矿业大学（北京）
129	高温矿井职业危害防治管理体系研究	兖州煤业股份有限公司
130	"十三五"及中长期能源和煤炭消费总量控制目标及对策措施研究	煤炭工业规划设计研究院有限公司
131	脂肪基质细胞源性神经元的生理功能与分化中死亡信号转导通路研究	开滦总医院
132	宫颈病变的进展与高危人乳头瘤病毒载量的相关性研究	山西晋城无烟煤矿业集团有限责任公司总医院
133	阻塞性睡眠呼吸暂停低通气综合征司机驾驶中脑电特征的探索	煤炭总医院
134	腐殖酸治疗外阴白色病变的基因变化研究	煤炭总医院
135	椎间孔镜下椎间盘摘除术相关性研究	西山煤电（集团）有限责任公司职工总医院
136	血浆脑钠肽水平对慢性心力衰竭患者的诊断价值和治疗评估	华北理工大学

(三) 2018 年度中国煤炭工业协会科学技术奖获奖项目

特等奖（1 项）

序号	项目名称	全部完成单位
1	水煤浆水冷壁废锅气化炉（晋华炉）	山西阳煤化工机械（集团）有限公司 清华大学山西清洁能源研究院 阳煤丰喜肥业（集团）有限责任公司 北京清创晋华科技有限公司

一等奖（33 项）

序号	项目名称	第一完成单位
1	陕蒙能源基地矿井水害模式及防治关键技术	兖矿集团有限公司
2	复杂顶板岩层大直径高位定向钻孔成孔技术与配套机具	中煤科工集团西安研究院有限公司
3	基于径向射流造孔的隐伏构造治理与灰岩含水层改造技术研究	中煤科工集团西安研究院有限公司
4	盾构法建设煤矿长距离斜井成套技术、装备及示范	国家能源投资集团有限责任公司
5	义马矿区特厚煤层特大断面强动压巷道围岩控制技术及应用	义马煤业集团股份有限公司
6	长斜大直径定向反井钻井工艺与装备研究	北京中煤矿山工程有限公司
7	富水浅覆土层大断面隧道微扰动冻结关键技术与示范应用	天地科技股份有限公司
8	深厚富水软岩大直径立井及毗邻硐室冻结法开凿关键技术	兖州煤业鄂尔多斯能化有限公司
9	厚松散层薄基岩千米深井软岩巷道锚架充耦合协同支护理论与成套技术研究	中煤新集能源股份有限公司
10	利用热管技术提升矿井回风低温热能交换技术的研究与应用	阳泉煤业（集团）股份有限公司
11	准格尔特大型露天矿区绿色开采关键技术及应用	神华准格尔能源有限责任公司
12	复杂条件下遗弃煤炭资源开采岩层控制基础理论与关键技术研究	太原理工大学
13	大同矿区煤层群组不对称开发理论与关键技术	大同煤矿集团有限责任公司
14	煤矿坚硬顶板地面压裂控制技术	大同煤矿集团有限责任公司
15	浅埋煤层岩层控制理论与技术	西安科技大学
16	淮南矿区巨厚坚硬顶板松动预裂控制爆破关键技术研究	中国矿业大学（北京）
17	3～4m 煤层千万吨级智能化综采装备关键技术研究	兖州煤业股份有限公司
18	主要部件整体铸造重型刮板输送机研究与制造	冀凯河北机电科技有限公司
19	6000 米超长运距低阻智能机头集中驱动矿用顺槽胶带机研究与应用	神华神东煤炭集团有限责任公司
20	煤矿综采成套装备绿色再制造设计、关键技术及产业化应用	山东能源重型装备制造集团有限责任公司
21	千万吨级综采工作面高压型大流量乳化液泵站系统	浙江中煤机械科技有限公司
22	煤矿大功率永磁直驱芳纶胶带输送系统研究与应用	平顶山天安煤业股份有限公司
23	煤矿空间信息服务与管理关键技术研究及产业化应用	阳泉煤业（集团）有限责任公司
24	矿井动目标精确定位关键技术研究与应用	山西高河能源有限公司
25	易自燃煤层群开采矿井火灾防控关键技术研究	中国神华能源股份有限公司
26	矿井一氧化碳溯源定量分析及分源治理关键技术与装备	中国矿业大学（北京）

(续)

序号	项目名称	第一完成单位
27	巷道防冲液压支架	辽宁工程技术大学
28	黄陵矿区煤油气共生矿井油型气（瓦斯）防治技术研究	陕西陕煤黄陵矿业有限公司
29	防治煤炭自燃的绿色高效防灭火材料的研发与工程应用	山东科技大学
30	高压旋转射流钻扩造穴卸压增透机制及在瓦斯高效抽采中的应用	阳泉煤业（集团）有限责任公司
31	煤矿瓦斯高效抽采精细地质与缝网改造技术及应用	河南能源化工集团研究总院有限公司
32	千万吨级露天破碎系统关键技术研究	天地（唐山）矿业科技有限公司
33	煤基能源产业规模化碳减排关键技术开发	北京低碳清洁能源研究所

二等奖（126项）

序号	项目名称	第一完成单位
1	深煤层煤层气开发关键技术研究及应用	中联煤层气有限责任公司
2	煤矿冲击地压防治"七模块"技术体系与装备及其应用	北京科技大学
3	智能化超重型岩巷掘进机研制	山西天地煤机装备有限公司
4	印尼超高水分褐煤干燥发电一体化关键技术研究及示范	中国神华能源股份有限公司
5	防治煤炭自燃的泡沫凝胶技术及成套装备研究及应用	徐州吉安矿业科技有限公司
6	未来世界煤炭工业发展趋势研究	神华科学技术研究院有限责任公司
7	两淮矿区采煤沉陷区水循环机制及水资源综合利用关键技术研究	平安煤炭开采工程技术研究院有限公司
8	顶板巨厚含水层涌水机理及主动防控关键技术研究	陕西长武亭南煤业有限公司
9	低压低渗煤层气水平井钻完井与多簇压裂高效开发关键技术与应用	河南理工大学
10	复杂地质条件三维地震可视化解释技术及软件研发	大同煤矿集团有限责任公司
11	固体充填开采覆岩移动监测、预测与控制技术及工程应用	河南理工大学
12	宁武煤田北部地质构造规律与煤层对比研究及应用	大同煤矿集团有限责任公司
13	平朔矿区露井协同开采地测防治水管理系统的开发与应用	中煤平朔集团有限公司
14	煤矿突水的微破裂前兆信息微震监测预警技术研究	陕西煤业化工集团有限责任公司
15	开采沉陷异常损害规律及防控研究	冀中能源峰峰集团有限公司
16	基于三维激光扫描技术的矿区地表形变信息获取与应用	河南理工大学
17	煤层底板灰岩水地震探测关键技术研究	冀中能源峰峰集团有限公司
18	高承压含水层水压力变化与采动应力响应机制研究及其应用	冀中能源峰峰集团有限公司
19	北票市采煤沉陷区抗采动影响建筑物规模化应用技术研究	天地科技股份有限公司
20	煤体结构对煤与瓦斯延期突出影响的研究	安徽理工大学
21	复杂破碎围岩巷道稳定机理与控制技术研究	山东里能鲁西矿业有限公司
22	淮南矿区底板超长孔预应力锚索注浆加固技术	中国矿业大学（北京）
23	千米立井井筒建设构造带塌滑治理关键技术与工程实践	黑龙江龙煤鹤岗矿业有限责任公司
24	神东矿区工作面顶板岩层水力压裂控制技术研究及应用	天地科技股份有限公司
25	深部巷道高强锚固完整性控制理论与分阶段支护技术研究	兖州煤业股份有限公司
26	深部矿井复杂应力缓释和加固支护技术	兖州煤业股份有限公司
27	平顶山矿区复杂地层大直径深立井建井技术研究与应用	中国平煤神马能源化工集团有限责任公司

(续)

序号	项目名称	第一完成单位
28	陕北浅埋薄基岩煤层综采面矿压显现规律与岩层控制技术研究	神木汇森凉水井矿业有限责任公司
29	高应力厚煤层动压巷道底鼓机理及锚注技术研究	山西潞安环保能源开发股份有限公司五阳煤矿
30	高地应力厚煤层分层开采沿空留巷关键技术研究	河南焦煤能源有限公司古汉山矿
31	厚煤厚顶软岩回采巷道围岩控制机理与关键技术	河南理工大学
32	深部矿区近距离煤层群松软极破碎巷道围岩稳定控制关键技术	中国平煤神马能源化工集团有限责任公司
33	深部巷道围岩钻孔卸压与锚注支护协同控制技术研究	河南理工大学
34	特厚煤层大断面煤巷推引锚固与复向支护系统	大同煤矿集团有限责任公司
35	综采工作面内小煤柱沿空留巷技术研究与应用	山西寿阳段王集团友众煤业有限公司
36	基于定向水压预裂卸压和强力支护的卸-支协同巷道支护技术研究	山西潞安环保能源开发股份有限公司漳村煤矿
37	铁路隧道下综放面覆岩隔离注浆充填开采试验研究	阳泉煤业（集团）有限责任公司
38	特厚煤层冲击地压发生机理及治理技术	兖矿集团有限公司
39	新汶矿区深部冲击性煤层群安全高效高回收率开采技术及工程应用	新汶矿业集团有限责任公司
40	智能安全高效开采技术在高瓦斯矿井综采工作面的应用	山西新元煤炭有限公司
41	忻州窑矿高集中应力区域冲击地压防治技术研究	大同煤矿集团有限责任公司
42	煤层巷道蝶型冲击地压机理与解危方法研究	中国矿业大学（北京）
43	采空区上构建大型建筑群关键技术及工程示范	山东科技大学
44	软弱顶底板条件下小煤柱开采及半煤岩巷支护技术	湖南科技大学
45	大采深不稳定煤层开采沉陷规律研究与应用	河南理工大学
46	深部急倾斜煤层开采与微震监测技术应用	黑龙江科技大学
47	三软煤层大采高大倾角仰俯斜综采关键技术研究	淮北矿业（集团）有限责任公司
48	大采高工作面超前支承压力区深孔预注浆片帮防治技术研究	山西晋煤集团技术研究院有限公司
49	大倾角煤层变角度综放工作面安全高效开采集成技术研究	西安科技大学
50	冲沟发育地貌浅埋煤层非充分垮落采空区下安全高效开采技术研究	中国矿业大学
51	湿陷黄土区厚煤层综放开采岩层移动规律与三下采煤技术研究	中煤科工集团唐山研究院有限公司
52	纳林河矿区深部大采高开采强矿压机理及覆岩破坏特征研究	中国中煤能源集团有限公司
53	煤矿富水泥化巷道锚固失效致灾机理与局部失稳判据研究	华北科技学院
54	构造应力下矿井不规则块段采动覆岩结构运动诱冲机理及防治技术	山东科技大学
55	厚松散层薄基岩高强度开采压架突水机理及控制技术研究	河南理工大学
56	煤层巷道冒顶隐患分级方法与控制技术	中国矿业大学（北京）
57	智能控制钻进技术及装备的研究	中煤科工集团重庆研究院有限公司
58	双面溜槽超重型刮板输送机研究与应用	阳泉煤业（集团）有限责任公司
59	综采工作面折叠式可伸缩带式输送机研制与应用	兖矿集团有限公司
60	变流压冷金属熔焊表面改性技术的研究	河南省煤科院耐磨技术有限公司
61	高水基高压大流量柱塞泵及液压阀	北京天地玛珂电液控制系统有限公司

（续）

序号	项　目　名　称	第一完成单位
62	长运距上运大倾角下运安全智能型四象限变频带式输送机研究与应用	山西晋城无烟煤矿业集团有限责任公司
63	矿用防爆新能源无轨胶轮车关键技术研究及装备研制	中国煤矿机械装备有限责任公司
64	掘进工作面全程综合机械化掘进工艺及技术研究	山西汾河焦煤股份有限公司回坡底煤矿
65	矿区电网输电防护及应急救援虚拟现实技术研究与应用	永煤集团股份有限公司
66	阳煤电网广域后备保护全网参数录波及智能防误监控系统研发与应用	阳泉煤业（集团）股份有限公司
67	新型堆栈式三电平提升机变频驱动系统与成套装备	徐州中矿大传动与自动化有限公司
68	复杂地质条件下综采智能化开采技术在枣泉矿的应用与研究	神华宁夏煤业集团枣泉煤矿
69	神南矿区数字化矿山多网融合系统优化设计与应用	陕西煤业股份有限公司神南矿业公司
70	矿井提升安全运行的核心技术研发	中煤科工集团北京华宇工程有限公司
71	煤矿井下一体化通信、定位、监视与监控系统	陕煤集团神木柠条塔矿业有限公司
72	山西中煤华晋集团综合信息化系统研究与实践	山西中煤华晋能源有限责任公司
73	煤矿虚拟工作面构建与综采设备操控技术研究及应用	西安科技大学
74	煤矿典型灾害应急救援三维全景模拟演练平台的研究与应用	煤炭科学技术研究院有限公司
75	基于分布式技术的煤矿快速智能安全监控系统	兖州煤业股份有限公司
76	基于传统片阀的手自一体式自动化电液控制系统	兖州煤业股份有限公司
77	煤矿变电站智能移动机器人巡检系统	阳泉煤业（集团）股份有限公司
78	煤矿井下示踪气体测定技术及成套设备研究	阳泉煤业（集团）股份有限公司
79	超高压水力钻割一体化成套卸压增透技术研究与应用	中煤新集能源股份有限公司
80	高瓦斯厚煤层三位立体卸压增透瓦斯高效抽采技术研究	山西潞安集团余吾煤业有限责任公司
81	不同赋存深度煤岩采动力学行为及瓦斯高效抽采关键技术	中国平煤神马能源化工集团有限责任公司 四川大学
82	多源混合瓦斯来源定量识别技术研究	山西晋城无烟煤矿业集团有限责任公司
83	复杂风网通风系统优化关键技术研究	山西晋城无烟煤矿业集团有限责任公司
84	基于瓦斯地质的薛湖煤矿瓦斯综合治理关键技术研究	河南理工大学
85	煤自然发火多尺度特征参数及预测方法研究	西安科技大学
86	水力扩孔作用下煤层渗透特性及瓦斯抽采应用研究	中国矿业大学（北京）
87	高位定向长钻孔钻进技术及装备研究（ZYWL–13000DS型）	中煤科工集团重庆研究院有限公司
88	基于煤自燃非线性动力学特性的高效阻化防灭火技术研究与应用	西安科技大学
89	衰老矿井煤自燃火灾综合治理关键技术	河南理工大学
90	含黄铁矿坚硬厚砂岩顶板冒落引燃采空区瓦斯机理研究	中煤新集能源股份有限公司
91	黄陵矿区高效瓦斯抽采关键技术及评价研究	陕西陕煤黄陵矿业有限公司
92	松软突出煤层顺层钻孔瓦斯高效抽采技术	淮北矿业股份有限公司
93	基于煤体变形与渗透率动态响应特性的瓦斯治理技术研究	河南理工大学
94	矿井皮带火灾联动控风应急救灾决策技术	山西中煤华晋能源有限责任公司
95	基于尘源分区局部封闭雾化理论的综采面除尘技术装备与实践	山东科技大学
96	新疆众维低解吸多夹矸厚煤层瓦斯综合治理技术	中国矿业大学
97	高应力低透气性厚煤层高产工作面瓦斯治理关键技术及应用研究	徐州矿务集团有限公司

(续)

序号	项目名称	第一完成单位
98	基于无轨运输的井下喷浆机械化作业线研发及降尘减弹体系研究	山东科技大学
99	超大容积捣固焦炉成套技术与装备	中国平煤神马能源化工集团有限责任公司
100	TDS块煤排矸技术研究与应用	山西晋城无烟煤矿业集团有限责任公司
101	多组分微细颗粒旋流分离技术在中矸磁尾回收精煤中的应用	山东科技大学
102	煤炭全粒级分选产品结构优化决策支持系统开发	开滦（集团）有限责任公司
103	低阶易泥化动力煤煤泥水快速处理调控技术及应用	神华神东煤炭集团有限责任公司
104	旋流分选分级一体化技术研究与应用	大同煤矿集团有限责任公司
105	尾煤泥分级重-浮联合分选技术研究与实践	霍州煤电集团有限责任公司
106	大型煤制甲醇、醋酸联合装置二氧化碳减排与综合利用技术研究	河南龙宇煤化工有限公司
107	城郊选煤厂节能降耗技术研究与应用	河南省正龙煤业有限公司城郊选煤厂
108	大型CFB劣质燃料配煤混烧技术研究与应用	兖煤菏泽能化有限公司
109	煤炭地下气化地下水污染防治技术体系及应用	中国矿业大学（北京）
110	新一代油页岩干馏工艺及系统集成技术	抚顺矿业集团有限责任公司
111	块煤与末煤重介质回收净化系统共用的分选技术	天地科技股份有限公司
112	绿色煤炭知识产权创新工程	中国神华能源股份有限公司
113	煤炭高效清洁利用方式综合评价研究	煤炭科学研究总院
114	大型煤炭基地矿业组合服务模式与技术研究及应用示范	神华神东煤炭集团有限责任公司
115	GB/T 23249—2009《地勘时期煤层瓦斯含量测定方法》等瓦斯系列标准	煤科集团沈阳研究院有限公司
116	AQ 1025—2006、AQ 1024—2006《矿井瓦斯等级鉴定规范》等两个标准	中煤科工集团重庆研究院有限公司
117	民用散煤与民用型煤强制性国家标准研制	煤炭科学技术研究院有限公司
118	国标制定项目《煤基合成气中硫化氢、羰基硫、甲硫醇和甲硫醚的测定气相色谱法》	神华宁夏煤业集团有限责任公司
119	安全高效现代化矿井技术规范	中国中煤能源集团有限公司
120	煤炭矿区循环经济评价指标及计算方法	中国矿业大学（北京）
121	GB 7958—2014《煤矿用电容式发爆器》	煤科集团沈阳研究院有限公司
122	不同降糖药物对绝经后2型糖尿病患者骨密度及相关指标的影响	山西晋城无烟煤矿业集团有限责任公司总医院
123	OSAHS患者血压升高与血清NO、ET-1、HCY、CRP水平的相关性研究	开滦总医院
124	血尿酸升高在动脉硬化和2型糖尿病并慢性肾脏病中的意义	开滦总医院
125	术中埋置植入式静脉输液港（PORT）在恶性肿瘤患者中的应用	华北理工大学
126	纳米药物传递系统跨膜运转的动力学研究	煤炭总医院

三等奖（162项）

序号	项目名称	第一完成单位
1	湖下-深部下组煤开采水情探测及水灾害防治关键技术研究	枣庄矿业（集团）有限责任公司滨湖煤矿
2	煤炭地质钻孔封闭质量评价方法研究	黑龙江省煤田地质勘查院

（续）

序号	项目名称	第一完成单位
3	厚松散含水层下提高上限安全开采关键技术研究	兖州煤业股份有限公司
4	煤矿井下溃水溃沙灾害封堵体建造技术研究	中煤科工集团西安研究院有限公司
5	近距离煤层重复开采覆岩破坏与地表移动模型研究	枣庄矿业（集团）有限责任公司蒋庄煤矿
6	肥城煤田深部开采降低采动破坏深度技术研究	肥城白庄煤矿有限公司
7	孟加拉国巴拉普库利亚煤矿地表沉陷规律研究	徐矿集团孟加拉巴拉普库利亚煤矿项目部
8	滑移变幅式分体履带钻机研发与应用	中煤科工集团西安研究院有限公司
9	徐州矿区"绿色闭坑"系列关键技术研究与实践	徐州矿务集团有限公司
10	巴彦高勒煤矿高承压强富水含水层下采煤顶板水防控技术研究	内蒙古黄陶勒盖煤炭有限责任公司
11	采煤塌陷区地基稳定性评价与建筑技术研究及应用	中煤科工集团唐山研究院有限公司
12	徐灰奥灰压突补给突水机理研究	山东科技大学
13	深埋厚煤层开采侧向高承压强含水层水害防治技术研究	山东新河矿业有限公司
14	城郊煤矿二水平太灰高承压水动态演化规律及控制技术研究	河南省正龙煤业有限公司
15	黄陇煤田煤层气地质与钻井关键技术研究	陕西省煤田地质集团有限公司
16	井下槽波精细探测煤层构造研究	霍州煤电集团有限责任公司
17	浅埋深大断面弱胶结软岩煤巷一体化支护技术研究	中国矿业大学（北京）
18	含软弱夹层极近距离特厚煤层开采巷道围岩稳定控制关键技术	大同煤矿集团有限责任公司
19	煤柱工作面大变形回采巷道围岩控制技术研究	山西潞安环保能源开发股份有限公司王庄煤矿
20	厚表土薄基岩柔模混凝土沿空留巷技术应用研究	河南省正龙煤业有限公司
21	孤岛煤柱采动影响下的大巷围岩破坏及支护技术研究	开滦（集团）有限责任公司
22	千米埋深巷道围岩时效损伤演化定量评价与控制技术研究	淮北矿业（集团）有限责任公司
23	塔然高勒矿井井巷围岩控制关键技术与工程实践	神华杭锦能源有限责任公司
24	复杂地质条件下软岩穿层巷道围岩控制关键技术研究	河南理工大学
25	深井巷道围岩破坏演化特征与支护优化设计研究	兖州煤业股份有限公司
26	煤矿沿空留巷围岩支护理论及其应用	山东科技大学
27	小柱网无梁楼盖在人防地下室项目中的应用及推广	徐州华美房地产开发有限公司
28	深厚煤壁与复合顶板失稳机理及深孔注浆控制技术研究	中国矿业大学
29	深部综放端头顶板稳定性原理及沿空巷道围岩锚固技术	山东科技大学
30	矿井基建期煤风井临时混合提升系统优化设计研究与应用	内蒙古银宏能源开发有限公司
31	煤矿巷道聚能水压光面爆破技术研究及应用	河南神火煤电股份有限公司
32	煤矿超大断面软岩硐室圈层耦合控制技术研究	河南理工大学
33	综采工作面过大落差断层深孔预裂爆破技术研究	山东新巨龙能源有限责任公司
34	动压作用大巷围岩稳定机理及修复技术研究	山西潞安集团蒲县黑龙煤业有限公司
35	综掘面巷道快速掘锚工艺与支护技术研究	大同煤矿集团有限责任公司
36	突出矿井长距离输送柔模水泥砂浆支护沿空留巷技术应用研究	河南神火煤电股份有限公司
37	三软厚煤层综放工作面极窄煤柱沿空掘巷关键技术及工程应用	河南理工大学
38	煤矿可缩自适应沿空留巷技术研究与应用	冀中能源峰峰集团有限公司
39	5.5米超高巷帮松软煤层回采巷道围岩控制技术研究	山西新元煤炭有限公司
40	二水平顶板支护研究	陕西南梁矿业有限公司

(续)

序号	项 目 名 称	第一完成单位
41	深埋覆岩地层结构特征及安全开采关键技术研究	山东新巨龙能源有限责任公司
42	超长工作面综放开采矿压规律及支护技术研究	河南理工大学
43	安全高效综采工作面过空巷关键技术研究	山西晋煤集团技术研究院有限责任公司
44	神南矿区综采工作面顶板岩层水力压裂控制技术	陕煤集团神木柠条塔矿业有限公司
45	基于区域应力预调控的冲击地压防控技术研究与应用	徐州矿务集团有限公司
46	单一突出厚煤层软煤岩复合保护层开采技术研究	鹤壁中泰矿业有限公司
47	厚煤层采空区复采技术研究与应用	山东科技大学
48	采空区高泡充填密闭防冲技术	兖州煤业股份有限公司
49	千米深井柔模沿空留巷无煤柱开采技术研究	济宁矿业集团有限公司安居煤矿
50	深部长工作面安全高效关键技术研究与实施	上海大屯能源股份有限公司
51	大同矿区动力灾害控制技术研究	大同煤矿集团有限责任公司
52	复合顶板深部大采高超长工作面综采技术研究	天地科技股份有限公司
53	褶皱构造区特厚煤层冲击矿压防治技术及应用研究	中国矿业大学
54	沿断层类孤岛综采工作面动态加架安全高效开采关键技术研究	山西吕梁离石金晖荣泰煤业有限公司
55	近距离中厚－厚煤层协调开采应力场特征与高效支护关键技术研究	中煤集团山西华昱能源公司
56	冲沟地貌下浅埋松软围岩煤层采动致灾机理及关键防控技术	大同煤矿集团有限责任公司
57	厚煤层不同采动程度下覆岩破坏及地表移动变形规律研究	河南理工大学
58	深井动力灾害致灾机理及预控关键技术研究	山东科技大学
59	近距离煤层群开采复合煤柱下巷道围岩控制技术研究及应用	贵州理工学院
60	流变扰动效应引起深部软岩巷道失稳破坏机理及其控制技术研究	华北科技学院
61	甘庄近距煤层上行蹬空开采安全技术研究	西安科技大学
62	充填开采岩层运动全过程监测及采动空间控制研究	开滦（集团）有限责任公司
63	5 m 大采高柔模混凝土沿空留墙无煤柱开采技术	山西长治王庄煤业有限公司
64	厚煤层开采提高煤炭资源回收率的系统研究与应用	枣庄矿业（集团）付村煤业有限公司
65	极近距离特厚煤层大采高综放开采关键技术研究	中煤大同能源有限公司
66	霍西煤田近距离煤层开采围岩失稳机理及安全保障技术	山西汾河焦煤股份有限公司三交河煤矿
67	特厚煤层综放开采顶板与顶煤耦合作用及破坏运移规律研究	大同煤矿集团有限责任公司
68	高端液压支架智能化焊接的研究与应用	山东能源重型装备制造集团有限公司
69	综采液压支架成套维修设备研制与应用	焦作欣扬程煤矿设备有限公司
70	高强度 MG620/1660－WD 型交流电牵引采煤机关键技术研究与应用	西安煤矿机械有限公司
71	高速高可靠性电牵引采煤机	天地科技股份有限公司上海分公司
72	厚煤层综采工作面智能化装备与技术的研究	枣庄矿业（集团）付村煤业有限公司
73	大断面岩巷掘进机远程控制及除尘技术研究与应用	山东新巨龙能源有限责任公司
74	常规钻进装备定向化改造及钻进技术研究	山西晋城无烟煤矿业集团有限责任公司
75	可移动外置液压动力源	山西晋城无烟煤矿业集团有限责任公司
76	垛式支架在大采高综采工作面超前支护中的应用研究	山东科技大学

（续）

序号	项 目 名 称	第一完成单位
77	同煤集团不同类型带式输送机关键技术研究与应用	大同煤矿集团有限责任公司
78	SGZ730/264平机头薄煤层刮板机研制	兖矿集团大陆机械有限公司
79	大断面多功能四臂液压锚杆钻车的研究	山西晋城无烟煤矿业集团有限责任公司
80	掘锚护一体机快速掘进技术研究与应用	霍州煤电集团吕梁山煤电有限公司方山店坪煤矿
81	液压支架支护质量综合监测保障系统	天地科技股份有限公司开采设计事业部
82	高可靠数字式煤矿安全监控系统	煤炭科学技术研究院有限公司
83	综采工作面采煤运输集成控制和智能作业的研究与应用	阳泉煤业（集团）有限责任公司
84	全矿井多网融合通信技术及装备	煤炭科学技术研究院有限公司
85	矿用高可靠性高压交流真空接触器关键技术研究与应用	大同煤矿集团有限责任公司
86	提升机闸控系统可靠性及恒减速补偿装置的研究	大同煤矿集团有限责任公司
87	基于矿井地理信息云基础的智能矿山系统的构建	河南平宝煤业有限公司
88	煤矿井下可靠无线通信与精确定位关键技术研究及产品开发	中国矿业大学
89	煤矿机械设备磨损状况实时监测及油液品质在线诊断系统	中国平煤神马能源化工集团有限责任公司
90	激励式漏电与防越级保护系统研究与应用	临沂矿业集团有限责任公司
91	大型矿井提升系统全自动化智能控制系统	天地科技股份有限公司
92	顺槽下运带式输送机分布式可控阻尼制动系统的研究与应用	山东许厂煤矿有限公司
93	大型低热值燃料CFB火电厂仿真培训系统开发与应用	兖煤菏泽能化有限公司
94	煤矿水仓机械式水深水位和煤泥厚度监测系统	河南理工大学
95	特大直径井工矿井重载装备连续运输关键技术研究	北京昊华能源股份有限公司
96	基于云平台下的集团企业预算智能管控系统	冀中能源峰峰集团有限公司
97	烟气再循环降氧低氮燃烧技术	淄博矿业集团有限责任公司岱庄煤矿
98	综掘工作面粉尘污染高效控制技术及装备研究	山东科技大学
99	含添加剂双流体惰化细水雾抑制瓦斯爆炸关键技术与装备	河南理工大学
100	大直径钻孔替代联络巷埋管抽采技术研究与应用	西山煤电（集团）有限公司
101	晋城矿区低透性软煤水射流增透瓦斯抽采技术研究	河南理工大学
102	低渗透煤层水力冲孔治理瓦斯关键技术研究与实践	冀中能源峰峰集团有限公司
103	阳泉矿区突出危险快速辨识方法研究及应用	阳泉煤业（集团）有限责任公司
104	高压模块化井下集中制冷装置研制及工程示范	中煤科工集团重庆研究院有限公司
105	深井条件下冲击地压与瓦斯异常涌出一体化防治技术研究及应用	煤科集团沈阳研究院有限公司
106	新疆地区煤火热动力特性与环境影响研究	新疆大学
107	高瓦斯特厚煤层综放开采瓦斯抽采技术研究	煤科集团沈阳研究院有限公司
108	煤矿井下控制压裂强化增透抽采关键技术及装备	重庆市能源投资集团科技有限责任公司
109	松软煤层高效螺旋钻进完孔下筛管技术与装备研究	阳泉煤业（集团）股份有限公司
110	阳煤集团各矿井及工作面瓦斯抽采达标监测与监管技术研究	阳泉煤业（集团）股份有限公司
111	单一低渗透煤层水力增渗与突出预警技术研究及应用	河南能源化工集团研究总院有限公司
112	煤层瓦斯含量测定负压排渣定点取样关键技术及应用	河南理工大学
113	矿井CO气体科学分类与气敏探测及综合治理技术	河南理工大学
114	阳泉矿区瓦斯抽采工艺标准化体系研究	阳泉煤业（集团）有限责任公司

（续）

序号	项目名称	第一完成单位
115	受载含瓦斯煤水气两相运移规律测试装备研发与应用	河南理工大学
116	矿井连锁节能局部控风防火防瓦斯系统的研制及应用	中国矿业大学（北京）
117	应急救援机器人自由度、工作空间、奇异特性一体化分析研究	华北科技学院
118	强吸附煤层冲孔卸压极限抽采关键技术研究	焦作煤业（集团）有限责任公司
119	煤矸石山自燃火灾热棒移热防灭火技术研究	西安科技大学
120	"多源多汇"采空区自然发火规律及防控技术研究	淮北矿业（集团）有限责任公司
121	高瓦斯低透气煤层煤岩灾变的多场多尺度耦合机理	西安科技大学
122	高瓦斯硬厚煤层预裂提产增效技术及其应用研究	陕西建新煤化有限责任公司
123	常村煤矿复杂煤柱区域冲击地压多层次防治研究	河南大有能源股份有限公司
124	煤孔隙结构特征对瓦斯吸附放散的作用机制及其在突出危险性预测中的应用	西山煤电（集团）有限责任公司
125	卸压瓦斯吸附渗流机制及强化抽采技术开发及应用	中国矿业大学
126	深部煤储层描述及瓦斯分区强化抽采技术	平顶山天安煤业股份有限公司
127	高瓦斯采空区煤自燃防治及抑爆关键技术研究	枣庄矿业（集团）付村煤业有限公司
128	基于松软煤层瓦斯运移时空演化规律的防突关键技术研究	河南理工大学
129	增加瓦斯放散特性与抽采钻孔稳定性技术措施研究	山西煤炭进出口集团鹿台山煤业有限公司
130	大型模块式破碎站集成与关键技术研究	天地（唐山）矿业科技有限公司
131	大型甲醇制丙烯装置及工艺新技术集成应用	神华宁夏煤业集团有限责任公司
132	炼焦煤重介分选系统关键技术研究与应用	西山煤电（集团）有限责任公司
133	粗、细煤泥高效分选提质增效技术研究及应用	上海大屯能源股份有限公司
134	易泥化动力煤高效分选关键技术研究与工艺实践	鄂尔多斯市中北煤化工有限公司
135	选煤厂智能化管理和综合自动化系统研究与应用	陕煤集团神木张家峁矿业有限公司
136	基于矿区闭链循环的煤矸石电厂资源综合利用关键技术及应用	冀中能源峰峰集团有限公司
137	矿井排水系统高效节能技术研究与应用	冀中能源峰峰集团有限公司
138	高灰、高氯煤干法气化合成气净化系统工艺技术研究及应用	兖矿水煤浆气化及煤化工国家工程研究中心有限公司
139	煤化工高盐废水综合利用技术	内蒙古荣信化工有限公司
140	抗静电聚甲醛中试及工程化研究	河南能源化工集团研究总院有限公司
141	河南省煤矿区土地综合整治及生态恢复技术与应用	河南理工大学
142	低温费托合成反应水高效分离及回收的应用研究	陕西未来能源化工有限公司煤制油分公司
143	煤基能源互联网模式研究	北京低碳清洁能源研究所
144	采煤塌陷区综合治理研究	中国矿业大学（北京）
145	现代煤化工项目经济评估方法与风险控制研究	煤炭科学技术研究院有限公司
146	AQ 1076—2009《煤矿低浓度瓦斯管道输送安全保障系统设计规范》	中煤科工集团重庆研究院有限公司
147	GB/T 214—2007《煤中全硫的测定方法》	煤炭科学技术研究院有限公司检测分院
148	GB/T 213—2008《煤的发热量测定方法》	煤炭科学技术研究院有限公司检测分院
149	神东矿区综采工作面设备选型配套技术研究及重要标准制定	神华神东煤炭集团公司

（续）

序号	项 目 名 称	第一完成单位
150	煤矿加固煤岩体用高分子材料热安全性能测试方法	淮北矿业（集团）有限责任公司 合肥工业大学
151	现代化矿井粉尘防治技术标准	神华神东煤炭集团有限责任公司
152	矿井巷道锚杆（索）支护技术标准研究	神华神东煤炭集团有限责任公司
153	GB/T 4437.1—2015 铝及铝合金热挤压管第1部分：无缝圆管	山东兖矿轻合金有限公司
154	MT 451—2011《煤矿用隔爆型低压三相异步电动机安全性能通用技术规范》	煤科集团沈阳研究院有限公司
155	GB 13486—2014《便携式热催化甲烷检测报警仪》	煤科集团沈阳研究院有限公司
156	MT/T 1100—2009《煤矿用隔爆型高压电缆接线盒》	煤科集团沈阳研究院有限公司
157	煤矿用反井钻机通用技术条件	煤炭科学研究总院建井研究分院
158	GB/T 13813—2008《煤矿用金属材料摩擦火花安全性试验方法和判定规则》	中煤科工集团重庆研究院有限公司
159	RT-3DE 左心室局部射血分数定量评价冠心病的价值研究	山西晋城无烟煤矿业集团有限责任公司总医院
160	超声组织多普勒对完全性左束支传导阻滞心房同步性研究	煤炭总医院
161	脑动脉狭窄与阻塞性睡眠呼吸暂停的关系研究	西山煤电（集团）有限责任公司职工总医院
162	心脏超声在胎儿及新生儿先天性心脏病检查中的应用	煤炭总医院

（四）2019年度中国煤炭工业协会科学技术奖获奖项目

特等奖（1项）

序号	项 目 名 称	全部完成单位
1	掘支运一体化快速掘进关键技术与装备	中国煤炭科工集团太原研究院有限公司 山西天地煤机装备有限公司 中国煤炭科工集团有限公司 天地科技股份有限公司

一等奖（37项）

序号	项 目 名 称	第一完成单位
1	煤油气共生大采高智能化综采关键技术研究与应用	陕西陕煤黄陵矿业有限公司
2	新疆高碱煤安全高效清洁燃用关键技术及大型装备研发与应用	国家能源投资集团有限责任公司
3	大透距多频同步无线电波透视技术与装备	中煤科工集团重庆研究院有限公司
4	西部矿区高强度开采损伤监测与控制及修复关键技术	国家能源投资集团有限责任公司
5	浅埋煤层群开采地面塌陷规律及防治技术研究	西安科技大学
6	陕北神南矿区水库旁烧变岩帷幕注浆采煤保水技术研究	陕煤集团神木张家峁矿业有限公司
7	煤系矿产资源综合评价关键技术与应用	中国煤炭地质总局
8	煤层气水平井新型筛管完井与洗井增产技术及专用工具研发	河南理工大学
9	鹤岗矿区巨厚砾岩等复杂条件下三维地震勘探技术	黑龙江龙煤鹤岗矿业有限责任公司

(续)

序号	项 目 名 称	第一完成单位
10	煤矿深井马头门及连接硐室群破损机理与防治技术	安徽理工大学
11	800米深厚土层中冻结法凿井关键技术	兖矿集团有限公司
12	深部煤巷连续梁控顶理论与高效支护技术	中国中煤能源集团有限公司
13	西部弱胶结地层1500万t/a煤矿深立井建设与提升关键技术研究	内蒙古伊泰广联煤化有限责任公司
14	京西复杂地质环境应力集中煤层调控开采关键技术及顶板灾害防治	北京昊华能源股份有限公司
15	复杂难采工作面煤壁破坏机理与柔性加固新技术及应用	中国矿业大学（北京）
16	深井近距离煤层群高效协调开采关键技术研究	开滦（集团）有限责任公司
17	坚硬顶板复杂结构强矿压作用机理及控制技术	大同煤矿集团有限责任公司
18	深井厚煤层大采高综放成套装备研制与应用	兖州煤业鄂尔多斯能化有限公司
19	直角转弯大功率重型刮板输送机研究与应用	阳泉煤业（集团）有限责任公司
20	国家能源采掘装备研发测试平台建设及关键技术研究应用	中国煤矿机械装备有限责任公司
21	双电源互备交替充放矿用纯电动胶轮车研制	霍州煤电集团有限责任公司
22	3300 V矿用高压变频调速一体机系列化产品研制及应用	青岛中加特电气股份有限公司
23	大型矿山进口提升机变频智能化系统改造	开滦（集团）有限责任公司
24	矿用大功率单轨吊辅助运输关键技术与装备	山西焦煤集团有限责任公司
25	基于煤矿火区特征的防灭火材料体系及工程实践研究	山东科技大学
26	中低阶煤层瓦斯含量精准测定及可控抽采技术研究	神华神东煤炭集团有限责任公司
27	深部复合煤岩动力灾害防控理论、技术及装备	西安科技大学
28	采动卸压瓦斯运移通道与储集区域联动演化机理及抽采关键技术	西安科技大学
29	高瓦斯易自燃厚煤层火区高效抑爆及灭火技术研究	安徽理工大学
30	大同矿区双系煤层开采水气下泄致灾机理及防控技术	大同煤矿集团有限责任公司
31	煤矿冲击地压启动理论及防治技术体系研究	天地科技股份有限公司
32	高性能煤基炭素材料工业化开发成套技术	中国平煤神马能源化工集团有限责任公司
33	煤气热载体分段多层低阶煤热解成套工业化技术（SM-GF）	陕西陕北乾元能源化工有限公司
34	大型选煤厂智能化技术的研究与应用	神华神东煤炭集团有限责任公司
35	焦化厂荒煤气高温余热回收利用研究与应用	中国矿业大学（北京）
36	低品质煤浮选提质关键技术开发及应用	中国矿业大学
37	煤炭老矿区转型协同发展模式研究——同煤集团"四元"协同发展模式创新与实践	大同煤矿集团有限责任公司

二等奖（116项）

序号	项 目 名 称	第一完成单位
1	松软煤层6 m大采高沿空留巷关键技术及装备	山西煤炭进出口集团有限公司
2	矿区复垦场地土壤光谱解析及关键修复技术	中国矿业大学
3	基于水情分析的矿井安全排水系统	冀中能源峰峰集团有限公司
4	西部煤矿深埋煤层安全开采关键技术研究	淮矿西部煤矿投资管理有限公司
5	中深层地热钻井换热供暖关键技术	陕西省煤田地质集团有限公司

（续）

序号	项目名称	第一完成单位
6	煤粮复合区土地生态与景观质量诊断及修复技术应用	河南理工大学
7	基于变权的煤层底板突水脆弱性预测与防治技术	大同煤矿集团有限责任公司
8	近奥灰-弱隔水复合型煤系底板注浆改造防治水技术	西安科技大学
9	东部高潜水位采煤沉陷区生态修复关键技术及应用	中国矿业大学
10	鄂尔多斯盆地东南缘煤炭资源安全高效开采的地质基础与保障技术	西安科技大学
11	淮北煤田隐伏富水体电磁波场井上下立体探测技术及应用	淮北矿业（集团）有限责任公司
12	矿山高精度磁悬浮陀螺定向测量系统关键技术与装备	长安大学
13	煤系共生共存多种矿产富集规律与协同勘查	山东科技大学
14	无井式煤炭地下气化岩层移动机理与控制	中国矿业大学
15	采场覆岩裂隙演化规律与涌水异常预控方法研究	国网能源哈密煤电有限公司大南湖一矿
16	麻家梁矿厚松散层开采地表变形监测及应用研究	大同煤矿集团有限责任公司
17	大屯矿区煤层底板奥灰突水机理及评价预测	上海大屯能源股份有限公司
18	鄂尔多斯盆地侏罗系煤层覆岩不同层状结构类型的采动损害规律研究	西安科技大学
19	新近系含水层下提高开采上限技术研究	河南神火兴隆矿业有限责任公司
20	大同矿区石炭系极近距离煤层围岩锚固强化机理及控制技术研究	大同煤矿集团有限责任公司
21	采场围岩三维应力长期动态监测技术	兖州煤业股份有限公司
22	极复杂地质条件大断面煤巷稳定性控制技术与高效掘进	山西晋城无烟煤矿业集团有限责任公司
23	深部复杂采动条件下沿空巷道围岩大变形耦合控制技术研究	兖州煤业股份有限公司
24	冲击能量对围岩及锚网支护体系的损伤及控制技术研究	河南大有能源股份有限公司
25	汾西矿区采动影响下巷道变形机理及支护技术研究	山西汾西矿业（集团）有限责任公司
26	煤矿井下三维采动应力监测系统的开发与应用	天地科技股份有限公司
27	大变形强破坏巷道围岩强化控制理论与技术及装备研究	河南理工大学
28	软弱煤层综放无煤柱开采巷道围岩控制技术研究与应用	山西潞安矿业（集团）有限责任公司
29	无煤柱开采压实采空区内回采巷道围岩控制技术及示范应用	河南理工大学
30	井底密集巷硐群破坏机理及综合加固技术研究	山西潞安环保能源开发股份有限公司漳村煤矿
31	煤矿预应力钢棒锚杆支护系统开发及应用研究	天地科技股份有限公司
32	基于"支护固"理论的煤矿井巷"中平施工法"研发与应用	平顶山天安煤业股份有限公司
33	中小断面煤巷半煤岩巷掘锚一体装备及快掘工艺研究	霍州煤电集团有限责任公司
34	盘江矿区大倾角高瓦斯近距离复杂煤层综采围岩稳定性全过程控制	湖南科技大学
35	固体充填防治坚硬顶板动力灾害理论与关键技术	山东唐口煤业有限公司
36	重复采动影响下高应力小煤柱巷道顶板结构控制关键技术	山西潞安环保能源开发股份有限公司王庄煤矿
37	元宝山露天矿改河期间矿山工程接续关键技术研究	辽宁工程技术大学
38	近距离下位特厚煤层回采巷道非对称破坏及工程调控	中国矿业大学（北京）
39	集贤煤矿冲击地压地质动力区划与防治技术体系研究	辽宁工程技术大学
40	大屯矿区深部煤层开采冲击地压机理与监控防治技术研究	上海大屯能源股份有限公司

（续）

序号	项目名称	第一完成单位
41	特厚煤层大断面全煤巷道开挖卸荷破坏机制与快速掘锚技术研究	大同煤矿集团有限责任公司
42	多煤层开采再生顶板巷道围岩控制技术研究与应用	湖南科技大学
43	高地压强扰动复合动力灾害发生机理及防治技术	兖州煤业鄂尔多斯能化有限公司
44	壁式连采连充高效保水采煤关键技术	山东能源新汶矿业集团有限责任公司
45	基于物联网的智慧矿山绿色安全高效开采关键技术	神华宁夏煤业集团有限责任公司枣泉煤矿
46	大倾角厚煤层综放开采放煤理论与关键技术研究	大同煤矿集团有限责任公司
47	超千米煤矿井下煤矸分离破碎及采空区矸石回填利用关键技术研究	冀中能源股份有限公司邢东矿
48	水体下厚煤层长壁非充分采动关键技术研究与应用	河南理工大学
49	河东乡宁矿区复采残采关键技术研究与应用	霍州煤电集团河津薛虎沟煤业有限责任公司
50	大倾角分叉煤层综放转综采连续推进安全开采技术	拜城县众维煤业有限公司
51	建筑物下条带式 Wongawilli 高效采煤关键技术及应用	河南理工大学
52	鄂尔多斯浅埋煤层群弱胶结覆岩破断及裂隙演化与灾害控制技术	鄂尔多斯市昊华精煤有限责任公司
53	基于人－机－环多源信息的智能放煤系统研究及应用	大同煤矿集团有限责任公司
54	深部构造区多巷掘进冲击地压发生机理与防控技术	陕西彬长矿业集团有限公司
55	厚煤层区段小煤柱巷道围岩控制关键技术及应用	辽宁工程技术大学
56	新疆阿艾矿区近距离煤层协同开采关键技术	新疆龟兹矿业有限公司
57	千米深井高地压、高腐蚀、高地温条件下大采高综放开采成套技术与装备研发	兖矿集团有限公司
58	防爆型履带式液压支架搬运车的研发与应用	山西煤炭进出口集团有限公司
59	智能化"全系统"采煤工作面成套装备关键技术与应用研究	山西焦煤集团岚县正利煤业有限公司
60	矿用车辆湿式制动技术研究与应用	西安科技大学
61	综采工作面机械化搬家技术与应用	霍州煤电集团丰峪煤业有限责任公司
62	井下高效全机械化远距离喷浆成套装备技术研究	兖州煤业股份有限公司
63	高效节能型带式输送机关键技术与应用	天地科技股份有限公司
64	快速拆装自固定模块化带式输送机研制	神东煤炭集团有限责任公司
65	薄煤层智能化综采关键技术与装备开发	阳泉煤业集团华越机械有限公司
66	大型企业"互联网＋"全流程电子招标采购平台研发与应用	冀中能源集团有限公司
67	煤炭智能计量及销售管控技术与应用	神华宁夏煤业集团有限公司
68	基于物联网的矿山供电防误识别智能管控系统的研究与应用	开滦（集团）有限责任公司
69	分布式模块化矿用组合开关系列化研制与应用	天地（常州）自动化股份有限公司
70	基于云计算的矿井灾害源数据管理与分析识别系统开发及应用	中国矿业大学（北京）
71	主提升机械装置状态监测及故障诊断系统研究与应用	霍州煤电集团有限责任公司庞庞塔煤矿
72	大运距重型带式输送机永磁智能驱动与张紧成套技术	北京百正创源科技有限公司
73	基于云平台的煤矿水害信息管理与监测预警的关键技术	山西晋城无烟煤矿业集团有限责任公司
74	煤矿井下物联网感知层感控异构融合理论和技术基础研究与应用	安徽理工大学
75	煤矿钢丝绳牵引皮带输送机改造升级及安全保障技术研究与应用	枣庄矿业（集团）有限责任公司柴里煤矿
76	5000 kW 爆炸性环境机电传动安全性能综合检测系统开发研制	中煤科工集团上海有限公司

（续）

序号	项目名称	第一完成单位
77	提升机安全制动中高压冗余液压站和制动性能监测系统	枣庄矿业（集团）公司付村煤业有限公司
78	基于互联网+的大型能源化工集团安全生产服务平台的研究与应用	中国平煤神马能源化工集团有限责任公司
79	基于机器视觉的井下钻杆自动计数系统开发及应用	西安科技大学
80	高寒地区重载铁路病害预控关键技术研究	神华准格尔能源有限责任公司
81	应力控制型煤与瓦斯突出预测技术与应用研究	煤炭科学技术研究院有限公司
82	煤与瓦斯突出关键因素及预警方法研究	开滦（集团）有限责任公司
83	深部低透气性首采煤层水力压裂区域性增透关键技术与工程应用	安徽理工大学
84	煤矿瓦斯赋存和运移的力学机制及应用	河南理工大学
85	基于岩层移动特性的浅埋煤层遗煤自然发火治理关键技术研究	中国矿业大学
86	深部高地应力煤体割压一体化增透技术工艺研究及应用	陕西正通煤业有限责任公司
87	突出煤层沿空掘进的突出危险性和防治技术研究	阳泉煤业（集团）有限责任公司
88	掘进巷道瓦斯地质异常超前诊断技术研究	阳泉煤业（集团）有限责任公司
89	高瓦斯高产U型通风工作面采空区全时段多层位瓦斯抽采关键技术	山西晋城无烟煤矿业集团有限责任公司
90	复杂地质构造区煤与瓦斯突出危险控制因素研究	阳泉煤业（集团）有限责任公司
91	低渗煤层水力增透抽采瓦斯机理及工艺优选	河南理工大学
92	单一低渗高瓦斯厚煤层二次卸压增透瓦斯高效治理技术	西安科技大学
93	鹤岗矿业公司煤与瓦斯突出防治模式研究	黑龙江龙煤鹤岗矿业有限公司
94	煤层突出危险电性响应特征与精细化探测技术	华北科技学院
95	千米深井安全高效协同开采及资源化利用关键技术	平顶山天安煤业股份有限公司
96	坚硬巨厚顶板条件下极近距离煤层安全高效开采技术研究	中煤新集能源股份有限公司
97	粗煤泥精细分级降灰叠层细筛开发与应用	平顶山天安煤业天宏选煤有限公司
98	潞安180项目气化炉熔渣制备井下巷道用绿色混凝土的研究	山西潞安环保能源开发股份有限公司常村煤矿
99	稀缺炼焦中煤资源高效开发与高质化利用共性关键技术研究	中国矿业大学
100	黄土沟壑特大型井工矿山生态损伤信息感知关键技术及应用	中国矿业大学
101	多煤种配选智慧决策支持系统研究和应用	冀中能源峰峰集团有限公司
102	大型矿车制动能量回收与利用系统关键技术与装备	中煤平朔集团有限公司
103	MT/T 448—2008《矿用风速传感器》等2项标准	煤科集团沈阳研究院有限公司
104	烟煤焦化指标测定方法系列标准	煤炭科学技术研究院有限公司检测分院
105	煤化工领域术语系列标准研究	煤炭科学技术研究院有限公司
106	MT/T 703—2008《煤矿用携带型电化学式一氧化碳测定器》等2项标准	煤科集团沈阳研究院有限公司
107	复杂条件巨厚表土冻结法凿井风险管理研究	兖矿集团有限公司
108	五大灾害防治核心技术与方法研究	西山煤电（集团）有限责任公司
109	复杂环境下煤矿员工安全行为能力评价、动态预警及管控对策	安徽理工大学
110	煤炭价格影响因素及预测模型研究	国家能源技术经济研究院（神华科学技术研究院有限责任公司）

（续）

序号	项目名称	第一完成单位
111	Rho 激酶抑制剂修饰神经干细胞的效能机制研究	大同煤矿集团有限责任公司总医院
112	重型颅脑损伤后大骨瓣开颅术的应用解剖学研究	大同煤矿集团有限责任公司总医院
113	交通心肾法治疗老年性高血压的临床研究	应急总医院
114	瓦斯爆炸事件致创伤性应激障碍的多模态功能磁共振成像研究	山西晋城无烟煤矿业集团有限责任公司总医院
115	脑梗死患者危险因素及控制与临床发病严重程度及短期预后关系研究	华北理工大学
116	血浆脂蛋白a（Lpa）水平对急性心肌梗死发生的影响	华北理工大学

三等奖（150项）

序号	项目名称	第一完成单位
1	煤矿开采区天然气开发方案及布井模式研究	河南理工大学
2	半固结砂岩含水层下采煤突水溃砂机理及防治	天地科技股份有限公司
3	大埋深"双高"极复杂构造条件下煤层安全开采技术研究	冀中能源股份有限公司
4	深井断裂构造滞后突水机理及底板水害防治模式研究	滨州学院
5	下组煤高风险区域承压开采工作面合理长度及防治水技术研究	冀中能源股份有限公司东庞矿
6	徐州矿区地质环境监测关键技术及应用	徐州矿务集团有限公司
7	基于反演物性参数的复煤层宏观结构解析方法研究	山东省煤田地质规划勘察研究院
8	鹤岗矿区多重水害突水致灾机理及综合防控技术体系	黑龙江省龙煤鹤岗矿业有限责任公司
9	煤层底板突水通道多元信息辨识及精准注浆控水关键技术	西安科技大学
10	近高承压水体有底抽巷工作面突水机理与综合防治技术	中国矿业大学（北京）
11	城郊矿区高承压太灰水动态引流疏降关键技术研究	中国矿业大学
12	北斗星基增强系统关键技术及矿山测量应用研究	中国矿业大学
13	近千米采深地表移动规律与应用研究	冀中能源峰峰集团有限公司
14	基于无因次化的开采沉陷预计参数与角量参数的规律及应用	河南理工大学
15	低产井高压氮气闷井增透与排采技术	山西潞安矿业（集团）有限责任公司
16	松散含水层下软弱覆岩特厚煤层分层综放开采防治水技术研究	煤炭科学技术研究院有限公司
17	采煤诱发地表沉陷监测预测与灾害防控技术及应用	河南理工大学
18	基于广义散射波成像的工作面侧帮地质构造精细探测研究	阳泉煤业（集团）股份有限公司
19	煤层气资源综合评价与区划	中国煤炭地质总局勘查研究总院
20	沿空巷道采-掘-采-放采动力学行为及刚柔协同非对称分时支护技术	中国矿业大学
21	沁源矿区深部复合顶板小煤柱留巷围岩综合控制技术研究	山西沁新能源集团股份有限公司
22	东庞矿动压巷道水力压裂卸压技术研究及应用	天地科技股份有限公司
23	井筒装备快速安装新工艺的研究与应用	江苏省矿业工程集团有限公司
24	基于玄武岩纤维的大变形巷道增韧阻裂喷射混凝土技术	河南理工大学
25	采动影响下薄夹矸煤巷支护技术研究与应用	兖州煤业股份有限公司
26	基于微震监测的帷幕注浆巷道稳定性评价及预警	西安科技大学
27	深部高应力超大断面切眼围岩控制技术研究	兖州煤业鄂尔多斯能化有限公司

（续）

序号	项目名称	第一完成单位
28	强动压弱胶结泥岩顶板巷道高冲击韧性注浆锚杆支护技术研究	山西潞安环保能源开发股份有限公司常村煤矿
29	不稳定松软煤层托顶煤回采巷道围岩控制研究	河南大有能源股份有限公司
30	深部巷道围岩协同锚固机理及其技术应用	河南龙宇能源股份有限公司
31	厚煤层留巷道围岩失稳破坏机理及综合控制技术研究	山西天地王坡煤业有限公司
32	深部水解软化型围岩大断面巷道变形失稳控制技术研究	开滦（集团）有限责任公司
33	东庞矿深部巷道围岩综合控制技术	中国矿业大学
34	双层煤线复合顶板大断面锚网索支护技术研究	准格尔旗云飞矿业有限责任公司串草圪旦煤矿
35	基于"应力转移－围岩重塑"的沿墙掘进大断面强动压煤巷围岩综合控制技术	山西煤炭运销集团长治有限公司
36	千米深井冲击煤层综放沿空面巷道围岩控制及安全保障关键技术	山东唐口煤业有限公司
37	巨厚风积沙地层斜井冻结井壁治理关键技术研究	中煤第一建设有限公司
38	应力集中区域掘巷松散破碎煤岩体控制技术研究	西山煤电（集团）有限责任公司
39	大断面复合顶板切顶留巷围岩稳定性机理与控制关键技术研究	山西煤炭运销集团晋城有限公司
40	大采高工作面末采深孔注浆加固技术研究及应用	河南理工大学
41	新疆库拜煤田大倾角综采面优化布置与围岩稳定控制技术研究	河南理工大学
42	复合坚硬顶板及高韧性坚硬特厚煤层"三区三化"综放开采关键技术	新疆库车县夏阔坦矿业开发有限责任公司
43	软岩露天煤矿安全增效开采关键技术	辽宁工程技术大学
44	深埋特厚煤层一次采全高安全高效综放开采技术研究	鄂尔多斯市华兴能源有限责任公司
45	近距离煤层上行开采巷道合理布局与围岩控制研究与应用	新汶矿业集团有限责任公司翟镇煤矿
46	煤矿充填开采国家工程实验室建设及研发能力提升与实践	新汶矿业集团有限责任公司
47	深部复杂地质条件煤层开采防冲技术研究与应用	江苏徐矿能源股份有限公司张双楼煤矿
48	走向与倾斜长壁工作面协同高效开采关键技术研究	冀中能源峰峰集团有限公司
49	沟谷区浅埋厚煤层开采覆岩导气形成机理及控制技术研究	中国矿业大学
50	构造控制区多重采动诱发动力灾害机理及防治技术	兖州煤业股份有限公司
51	近距离厚煤层下伏回采巷道强矿压机理及稳定性控制关键技术研究	枣庄矿业（集团）付村煤业有限公司
52	高瓦斯低透软煤系地层开采关键技术研究	中国矿业大学（北京）
53	煤矿全采区固体改性连续充填开采技术与岩层控制研究	冀中能源股份有限公司
54	矿井强矿压显现动态实时多参量递进集成监测预警技术研究	大同煤矿集团有限责任公司
55	采动巷道复合顶板蝶叶塑性区穿透致冒机理与层次控制技术	河南理工大学
56	褶皱顶板复合型冲击地压多参量信息判识预警与防治技术	陕西彬长矿业集团有限公司
57	深部大跨度煤巷顶板深梁支护结构的构建及应用	中国矿业大学（北京）
58	大型露天煤矿高陡端帮滑移关键单元区域识别技术研究	中国矿业大学（北京）
59	平朔矿区千万吨级高效节能工作面关键技术及示范	中国中煤能源集团有限公司
60	大倾角薄煤层顶板回采巷道围岩结构失稳效应及控制技术研究	新疆大学
61	高瓦斯坚硬厚煤层综放开采顶煤预裂及瓦斯预抽技术研究	兖矿新疆矿业有限公司
62	综采工作面大采高全系列采煤机高效截割及智能制造技术	天地科技股份有限公司

(续)

序号	项 目 名 称	第一完成单位
63	WC55E 铲板式搬运车	中国煤炭科工集团太原研究院有限公司
64	中压大功率采煤机高性能静止无功发生器的开发应用	山西晋城无烟煤矿业集团有限责任公司
65	液压支架下料切割、搬运及码垛工序协调作业机器人系统研发与应用	阳泉煤业集团华越机械有限公司
66	带宽1.8米可伸缩带式输送机研制与应用	兖矿集团有限公司
67	高压大流量液压阀柔性数字化车间关键技术研究与应用	北京天地玛珂电液控制系统有限公司
68	综采工作面多参数精确测量技术及装置的研制	北京天地玛珂电液控制系统有限公司
69	大采高液压支架快速移架系统关键液压元件的研制	北京天地玛珂电液控制系统有限公司
70	液压支架内缸外柱多元熔渗防腐耐磨技术的研究	山西焦煤爱钢装备再制造股份有限公司
71	多功能巷道修复机研制与应用	山西晋城无烟煤矿业集团有限责任公司
72	煤矿斜巷人车安全保障关键技术及装置	枣庄学院
73	大采高综采自动化工作面控制关键技术研究与应用	兖州煤业股份有限公司
74	450 m 超长综采工作面开采工艺及成套装备研发与应用	兖矿集团有限公司
75	翟镇煤矿智慧矿山生产模式及关键技术研究	山东泰山能源有限责任公司翟镇煤矿
76	"一站式"矿山智能化无轨辅助运输系统技术研究与工程实践	河南理工大学
77	煤矿虚拟现实(VR)培训系统	山西兰花科技创业股份有限公司
78	矿用10 kV 隔爆型动态无功补偿装置开发与应用	兖州东方机电有限公司
79	激光强磁钢丝绳在线无损探伤系统研究与应用	平顶山天安煤业股份有限公司
80	提升机手自一体安全制动冗余液压站和制动器监测研究	阳泉煤业(集团)有限责任公司
81	井下大倾角长距离智能巡检机器人	山东新河矿业有限公司
82	矿山配电网故障选线与定位系统	河南理工大学
83	煤矿井下复杂管网运行稳定性关键技术研究与应用	辽宁工程技术大学
84	高腐蚀环境下煤矿机电装备防腐技术应用研究	兖州煤业股份有限公司
85	煤矿连续运输煤流均衡控制系统	中煤科工集团上海有限公司
86	提升机超载实时在线智能监控系统	阳泉煤业(集团)有限责任公司
87	智能煤场自动化翻车、堆料及取料集中控制系统研究与示范应用	神华和利时信息技术有限公司
88	地测防治水全域管理信息系统研发与应用	山西焦煤集团有限责任公司
89	矿区城市公铁平交道口自动安全防护与智能预警技术研究	淄博矿业集团有限责任公司济宁北矿区铁路运销处
90	基于物联网的煤矿"双控"安全管理系统研究	冀中能源峰峰集团有限公司
91	煤层瓦斯解吸规律及煤与瓦斯突出参数测定装置研制	河南理工大学
92	基于定向长钻孔消突关键技术研究	山西汾西矿业(集团)有限责任公司
93	下分层开采上覆采空区煤自燃与瓦斯复合灾害防治关键技术研究	山东鲁泰控股集团有限公司鹿洼煤矿
94	功能化离子液体阻化煤自燃机理及关键技术研究	西安科技大学
95	复杂漏风条件下煤柱回收防灭火技术研究	山西汾西矿业(集团)有限责任公司
96	低渗透难润湿煤层脉动定向注水强渗增润技术及装备研究	山东省七五生建煤矿
97	矿井通风系统三维动态解算与应急救援辅助管理研究	华北科技学院
98	瓦斯地质关联因素分析及预测技术研究	永煤集团股份有限公司新桥煤矿
99	煤矿采掘卸荷诱发煤岩动力灾害与预测预警技术	安徽理工大学

(续)

序号	项目名称	第一完成单位
100	坚硬煤层网状精准割缝卸压增渗技术研究及应用	焦作煤业（集团）新乡能源有限公司
101	深井易自燃厚煤层综放面瓦斯分源监控与灾害判识防治技术	山东唐口煤业有限公司
102	高吸附低渗透突出煤层安全高效瓦斯抽采技术研究	河南神火煤电股份有限公司
103	突出煤层坚硬顶板无焰爆破弱化技术研究	中国平煤神马能源化工集团有限责任公司
104	高瓦斯易自燃煤层综放采空区自燃防治关键技术研究	陕西长武亭南煤业有限责任公司
105	煤自燃分级预警与主动防控技术研究	西安科技大学
106	矿山微震监测数据精细化处理与三维动态解释技术	华北科技学院
107	掘进工作面超前钻探成孔装备及工艺研究	阳泉煤业（集团）有限责任公司
108	软硬复合煤层空气辅助螺旋排渣高效钻进技术	山西晋城无烟煤矿业集团有限责任公司
109	煤层注液态二氧化碳致裂技术研究	兖州煤业股份有限公司
110	易自燃煤层氮气与二氧化碳惰性耦合气体防灭火技术研究	铁法煤业有限责任公司大兴煤矿
111	基于构造特征的煤与瓦斯突出预测指标体系研究	阳泉煤业（集团）有限责任公司
112	高温采区大焓差集中降温关键技术研究	冀中能源峰峰集团有限公司
113	煤矿井下煤层气规模化抽采优化设计关键技术与方法研究	煤炭科学技术研究院有限公司
114	大埋深高应力条件下煤层卸压增透及钻孔固液两相封孔技术	河南神火煤电股份有限公司
115	采掘工作面特高压水力增透与旋流风幕协同控除尘关键技术	枣庄矿业（集团）付村煤业有限公司
116	煤自燃活性结构超声萃取及定向阻化防控技术研究	西安科技大学
117	潘西井田石炭-二叠纪煤层深部开采复合动力灾害机理及防治技术	莱芜市万祥矿业有限公司
118	矿井通风系统监测云平台实现与控制技术应用	中国矿业大学
119	300 MW级循环流化床锅炉低热值煤清洁高效燃烧关键技术研究及应用	黄陵矿业集团有限公司
120	煤泥循环流化床锅炉协同脱硫脱硝超低排放技术研究与应用	山东华聚能源股份有限公司
121	脱硫废液提粗钠盐研究及应用	山西焦化集团有限公司
122	新型炼焦煤吉氏流动度测定仪研发与应用	煤炭科学技术研究院有限公司
123	甲醇生产系统产能提升工艺装备优化研究与应用	兖矿国宏化工有限责任公司
124	造纸轻渣在高温高压循环流化床锅炉中掺烧的研究与应用	枣庄市建阳热电有限公司
125	循环流化床锅炉节能及低氮燃烧技术研究	兖矿国宏化工有限责任公司
126	KDJ-3煤炭浮选药剂的研制与应用	西山煤电（集团）有限责任公司
127	张家峁矿污水高效旋流一体化净化工艺研究与应用	陕煤集团神木张家峁矿业有限公司
128	焦化废水深度处理及回用一体化技术开发与应用	山西焦化股份有限公司
129	煤自燃倾向性系列标准物质研究	煤炭科学技术研究院有限公司
130	NB/T 51067—2017《综放工作面顶煤回收技术规范》	兖矿集团有限公司
131	燃料水煤浆与气化水煤浆国家标准	煤科院节能技术有限公司
132	煤炭清洁燃烧节能评价相关标准研制	煤炭科学技术研究院有限公司
133	MT 719—2007《煤矿用隔爆型行程开关》等三项开关标准	煤科集团沈阳研究院有限公司
134	煤矿带式输送机用电力液压鼓式制动器安全检验规范	中煤科工集团上海有限公司
135	DB37/T 2012—2011 河道下采煤技术规范	兖矿集团有限公司

(续)

序号	项 目 名 称	第一完成单位
136	基于改进实物期权的煤炭资源投资管理应用研究	西安科技大学
137	煤矿生产成本构成及测算模型研究	国家能源技术经济研究院（神华科学技术研究院有限责任公司）
138	煤炭工业发展经济政策研究	中国矿业大学（北京）
139	神华准能集团生态产业园建设研究	神华准能集团有限责任公司
140	校企共建高职煤炭类专业实践教学基地的探索与实践	中国煤炭教育协会
141	阳煤集团现代煤化工领域关键技术分析与专利预警布局研究	阳泉煤业（集团）有限责任公司
142	基于问题求解任务对健康成人后扣带回及邻近楔前叶皮层的fMRI研究	应急总医院
143	五子衍宗丸防治神经管畸形的分子机制研究	大同煤矿集团有限责任公司总医院
144	超声造影对T1-RADS3类及4类甲状腺微小结节诊断价值的研究	应急总医院
145	国人颈动脉的解剖学特点及内膜剥脱术改进的研究	大同煤矿集团有限责任公司总医院
146	两种不同类型的气管支架治疗气管狭窄的疗效和安全性比较	应急总医院
147	综合医院老年糖尿病合并抑郁患者的早期识别与治疗	应急总医院
148	骨形态发生蛋白在骨折治疗中的应用研究	西山煤电（集团）有限责任公司职工总医院
149	乙肝肝硬化并门静脉血栓的早期预测研究	山西晋城无烟煤矿业集团有限责任公司总医院
150	ANA和弥漫大B细胞淋巴瘤的相关性及预后研究	山西晋城无烟煤矿业集团有限责任公司总医院

（五）2020年度中国煤炭工业协会科学技术奖获奖项目

特等奖（2项）

序号	项 目 名 称	完 成 单 位
1	孟加拉国巴拉普库利亚矿强富水含水层下特厚煤层安全高效开采关键技术	徐州矿务集团有限公司，西安科技大学，中煤科工集团西安研究院有限公司，中国矿业大学，中国机械进出口（集团）有限公司，国家能源深井安全开采及灾害防治重点实验室
2	西部特厚硬煤层超大采高智能化综放开采成套技术与装备	兖矿集团有限公司，天地科技股份有限公司，陕西未来能源化工有限公司，中煤张家口煤矿机械有限责任公司，北京天地玛珂电液控制系统有限公司，西安煤矿机械有限公司

一等奖（32项）

序号	项 目 名 称	第一完成单位
1	神东矿区深部开采灾害预测与防控基础研究及关键技术	安徽理工大学
2	巨厚覆盖区多矿种绿色协同勘查关键技术与找矿突破	山东省煤田地质规划勘察研究院
3	淮北矿区煤层底板高承压薄层灰岩重大水患地面顺层孔探查治理与检验评价一体化关键理论技术	淮北矿业股份有限公司

(续)

序号	项目名称	第一完成单位
4	西部矿区煤层采动顶板涌水动力学机制及水害防控关键技术	中煤科工集团西安研究院有限公司
5	阳泉矿区煤矿隐蔽致灾因素精细探测技术研究	阳泉煤业（集团）有限责任公司
6	煤矿深井巷道全断面硬岩掘进机快速施工关键技术及装备研究与应用	阳泉煤业（集团）股份有限公司
7	中深部三软煤层沿空留巷围岩控制关键技术与装备研发	陕西陕煤韩城矿业有限公司
8	鄂尔多斯盆地北部深埋煤层快速建井关键技术研究	淮矿西部煤层投资管理有限公司
9	神东矿区超大采高智能开采关键技术与成套装备研发	神华神东煤炭集团有限责任公司
10	无煤柱自成巷N00工法装备系统及工程应用	中国矿业大学（北京）
11	特厚煤层双临空综放工作面巷道矿压控制技术研究	晋能控股集团有限公司
12	特厚煤层原位扰动力学行为及采场矿压控制	深圳大学
13	新疆乌鲁木齐矿区巨厚煤层安全开采关键技术研究及应用	西安科技大学
14	煤厚高适应性自动控制采煤机关键技术与装备	天地科技股份有限公司上海分公司
15	倾斜急倾斜煤层强力液压支架综合性能分析验证技术与装备	煤炭科学技术研究院有限公司
16	矿井主提升机安全保障关键技术和装置的研发	霍州煤电集团有限责任公司
17	煤矿双重预防体系研究及应用	中国矿业大学
18	煤矿供电无人值守及防越级跳闸技术与系统	黑龙江龙煤矿业控股集团有限责任公司
19	亿吨矿区数字化集中管控技术研究与示范	国家能源投资集团有限责任公司
20	河南能源化工集团安全生产智慧管控系统研究及应用	河南能源化工集团有限公司
21	高瓦斯煤层脉动水力压裂及增透效果评价新技术研究与应用	中国矿业大学
22	中厚低透气性高瓦斯煤层可控冲击波增透关键技术研究与应用	华晋焦煤有限责任公司
23	综采工作面活性磁化水与雾化封闭联合高效降尘技术研究	平顶山天安煤业股份有限公司
24	矿井火区复杂组分瓦斯爆炸防控理论与技术研究	西安科技大学
25	矿井大盘区瓦斯抽采定向钻进技术与装备	中煤科工集团西安研究院有限公司
26	深部突出矿井大采高工作面瓦斯综合治理及循环利用技术研究及示范	中国平煤神马能源化工集团有限责任公司
27	近距离煤层群瓦斯精准抽采关键技术与工程应用	西山煤电（集团）有限责任公司
28	高温费托合成催化剂开发研究与工业应用	上海兖矿能源科技研发有限公司
29	国华科技选煤工艺包在千万吨级炼焦煤选煤厂的应用研究	北京国华科技集团有限公司
30	干旱半干旱露天煤矿水资源保护与生态重构技术研究及应用	中国矿业大学（北京）
31	气化煤浆粒控提浓系列技术与装备研究及工业化	中煤科工清洁能源股份有限公司
32	煤矿超低浓度甲烷热电联供工程化技术及示范应用	潞安化工集团有限公司

创新团队（7项）

序号	项目名称	支持单位	团队成员
1	国家煤矿防爆安全产品质量监督检验中心安全仪表检验室创新团队	煤科集团沈阳研究院有限公司	刘春富　马　龙　李　者　李振新　李仲强　许明英　郭长娜　钱　旭　张宇佳　王　东　潘雅楠　祁文婷　刘雅君　张　岩　王　哲　余　进　付淑玲

（续）

序号	项目名称	支持单位	团队成员
2	中煤科工集团西安研究院有限公司煤矿区煤层气高效开发技术与装备创新团队	中煤科工集团西安研究院有限公司	姜在炳　张　群　张培河　舒建生　范　耀　杜新锋　许耀波　李贵红　降文萍　庞　涛　刘　磊　程　斌　李浩哲　杨建超
3	中国矿业大学煤炭清洁高效分选加工创新团队	中国矿业大学	赵跃民　曹亦俊　段晨龙　陈清如　张海军　董　良　杨建国　张　博　桂夏辉　魏贤勇　谢广元　刘初升　曹景沛　陈增强　王永田　贺靖峰　杨旭亮
4	中国煤炭科工集团有限公司煤矿冲击地压防治创新团队	煤炭科学技术研究院有限公司，煤炭科学研究总院，中国煤炭科工集团有限公司	齐庆新　李宏艳　赵善坤　邓志刚　李海涛　孔令海　张宁博　李少刚　苏振国　秦　凯　安　赛　孙中学　蒋军军　李云鹏　王　寅　吕　坤　莫云龙
5	辽宁工程技术大学地质动力区划与矿井动力灾害防治创新团队	辽宁工程技术大学	张宏伟　王继仁　李　胜　韩　军　宋卫华　陈学华　周西华　霍丙杰　陈　鋆　兰天伟　汤国水　朱志洁　邓汉忠　范超军　荣　海　付　兴　戴凤威
6	西安科技大学煤火灾害防治及应急救援创新团队	西安科技大学	邓　军　翟小伟　肖　旸　马　砺　王彩萍　王　凯　赵婧昱　张嬿妮　金永飞　张玉涛　易　欣　李青蔚　任立峰　王亚超　芦　星　李亚清　白光星
7	阳煤集团瓦斯综合治理利用创新团队	阳泉煤业（集团）有限责任公司	翟　红　王永革　令狐建设　程远平　张吉林　周建斌　刘继勇　王　凯　闫志铭　陈金华　边俊国　石晓红　王永伟　张燕斌　梁成文　郭春生　王晓东

二等奖（137项）

序号	项　目　名　称	第一完成单位
1	煤矿采空区煤层气地面钻采关键技术研究与示范	山西晋城无烟煤矿业集团有限责任公司
2	高应力复杂条件下巷道围岩开挖卸荷效应与分层控制关键技术	安徽理工大学
3	深软高应力大变形巷道卸压体系构建及全空间协同支护成套技术	中国平煤神马能源化工集团有限责任公司
4	露天矿拉斗铲倒堆工艺优化设计理论研究与实践	华北科技学院
5	煤矿综采水介质液压系统成套技术与装备研究与应用	国家能源投资集团有限责任公司
6	我国贫煤地区煤炭资源调查与找煤模式研究	中国地质调查局发展研究中心
7	低渗复合煤层煤层气分段压裂水平井高效开发技术及应用	中煤科工集团西安研究院有限公司
8	煤层底板寒武系石灰岩含水差异性识别及其灾害防治	平顶山天安煤业股份有限公司
9	煤矿井下反射槽波超前探测技术与装备	中煤科工集团西安研究院有限公司
10	大同矿区动力灾害高频微震无线地面台站监测系统研究	晋能控股集团有限公司
11	强富水含水层下综放开采水砂灾害防控关键技术	神华国能集团有限公司
12	邯邢矿区深部矿井开采防治水成套技术研究	冀中能源峰峰集团有限公司
13	基于独立岩溶水系统的大同煤田（北区）构造控制下的突水评价研究与应用	中国煤炭地质总局第三水文地质队
14	淮南矿区控水构造发育规律研究	安徽理工大学
15	峰峰矿区复杂水文地质条件下动态瞬变电磁探测技术研究	冀中能源峰峰集团有限公司
16	随钻钻孔电磁波层析成像超前探水设备及方法研究	晋能控股集团有限公司

（续）

序号	项目名称	第一完成单位
17	立井砂岩含水层水力耦合特性与立体防控水害关键技术	湖南科技大学
18	基于显微成像的煤矿水文地质探查与监测技术研究与应用	陕西煤业化工技术研究院有限责任公司
19	井筒冻结孔隐伏致灾通道注浆封堵技术研究	兖州煤业鄂尔多斯能化有限公司
20	竖井井筒三维激光扫描诊断系统及技术	黑龙江龙煤鹤岗矿业有限责任公司
21	多煤层开采地表沉陷智能监测及精准预测技术	兖州煤业股份有限公司
22	无煤柱高效精准锯式切顶工艺及装备研究与应用	晋能控股集团有限公司
23	深部沿空巷道围岩失稳能量机理及协同控制技术	山东科技大学
24	采动巷道锚杆锚固力衰减机理及围岩大变形控制技术研究与应用	山西潞安环保能源开发股份有限公司五阳煤矿
25	立井环形撑靴迈步系统关键技术与成套设备	中煤第五建设有限公司
26	松软围岩回采巷道冒顶危险区预测方法与围岩控制技术	河南理工大学
27	基于煤矿井下综合应力场的巷道围岩控制原理及技术	天地科技股份有限公司
28	西南矿区高效能支护与快速掘进技术	贵州贵能投资股份有限公司
29	高地应力厚煤层切顶卸压沿空掘巷关键技术研究与应用	焦作煤业集团赵固（新乡）能源有限责任公司
30	复杂应力环境厚煤层下分层复采大断面煤巷稳定性控制关键技术研究	山西华晋吉宁煤业有限责任公司
31	中小型矿井巷道围岩稳定性快速评价及其分级控制技术研究	晋能控股集团有限公司
32	蠕变扰动状态下千米深井巷道围岩长期大变形机制及控制技术研究	山东科技大学
33	基于反井钻井技术的瓦斯管道井建设新工艺研究	北京中煤矿山工程有限公司
34	深立井冻结井壁施工质量控制与服役安全保障关键技术研究及应用	兖州煤业鄂尔多斯能化有限公司
35	气相切顶卸压围岩应力转移技术研究	晋能控股集团有限公司
36	焦作矿区厚煤层精细化综放开采关键技术研究	河南焦煤能源有限公司九里山矿
37	近距离煤层群采空区下沿空留巷围岩稳定机理与控制技术研究	湖南科技大学
38	大采深大采高工作面矿压显现规律及控制技术研究与应用	平顶山天安煤业股份有限公司
39	大倾角松软厚煤层综采放顶煤安全高效开采关键技术研究及应用	霍州煤电集团吕临能化有限公司庞庞塔煤矿
40	深部突出煤层超长工作面高效开采技术研究及应用	河南省正龙煤业有限公司
41	煤矿偏应力场诱发动力灾害机理与调控解危方法	中国矿业大学（北京）
42	近距离煤层三面临空不规则孤岛面安全开采关键技术	新疆龟兹矿业有限公司
43	充分采动全地层覆岩联动作用机理研究	晋能控股集团有限公司
44	矿井残留资源精细化高效回收关键技术研究	山西潞安环保能源开发股份有限公司漳村煤矿
45	采场上覆岩层运动智能化决策研究及应用	山东科技大学
46	采空区全息探测技术与顶煤运移的时空演化规律研究	晋能控股集团有限公司
47	复杂条件坚硬岩层控制理论与技术	晋能控股集团有限公司
48	岩层控制的松散层拱结构研究及应用	山东科技大学
49	山东矿区薄及中厚煤层洁净高效开采技术研究与应用	山东科技大学
50	深埋薄基岩大采高采场覆岩运动规律与安全开采技术	山东科技大学
51	大型陡倾基底内排土场优化设计与高边坡安全控制技术	中煤平朔集团有限公司

(续)

序号	项目名称	第一完成单位
52	千米深井实体煤巷道掘进冲击机理及防治技术	江苏徐矿能源股份有限公司张双楼煤矿
53	重复采动巷道围岩破坏机理与协调支护技术研究	山西乡宁焦煤集团神角煤业有限公司
54	资源枯竭型矿井优化增储及围岩稳控关键技术与示范	河南理工大学
55	深厚表土强冲击煤层开采动力灾害防治关键技术研究与应用	兖煤菏泽能化有限公司
56	阳煤集团动压巷道围岩控制成套技术研究	阳泉煤业（集团）有限责任公司
57	基于软岩保护层开采的深部低渗透高瓦斯煤层煤气共采关键技术	安徽理工大学
58	柳巷煤矿大采高难冒放工作面高效开采关键技术研究与应用	陕西竹园嘉原矿业有限公司
59	阳煤集团综采工作面矿压及设备大数据采集分析系统	阳泉煤业（集团）有限责任公司
60	孤岛工作面综放开采多源灾害协同防控关键技术研究与应用	彬县水帘洞煤炭有限责任公司
61	复杂条件下掘支运一体化技术及锚索机器人	陕西陕煤黄陵矿业有限公司
62	矿井提升副立井AND型罐笼智能化系统	中国矿业大学
63	基于混合级联桥式整流的矿用高压组合变频器研究与应用	晋能控股集团有限公司
64	综掘工作面掘锚一体化技术研究	兖州煤业股份有限公司
65	煤炭采掘装备用超硬材料及耐磨涂层研制与应用	北京工业职业技术学院
66	剥离岩石高效快速定量装车成套技术与装备研究及应用	天地科技股份有限公司
67	煤矿用自动化控制钻机的研究与应用	阳泉煤业（集团）有限责任公司
68	面向矿井提升机钢丝绳张力平衡的在线车槽及检测装备研发	安徽理工大学
69	大功率低速大扭矩矿用隔爆永磁同步电动滚筒的研究与应用	平顶山天安煤业股份有限公司
70	面向防冲卸压的矿用履带式自动钻车的研制及应用	兖煤菏泽能化有限公司
71	基于断链定位、无线传输的工作面联动调速系统的研发与应用	山西汾西矿业（集团）有限责任公司
72	煤矿高压电网在线智能运行管理系统研究	河南理工大学
73	集团公司智能数据控制与融合技术研究及应用	淮北矿业股份有限公司
74	面向智慧矿山的汾西电网一体化运行调度控制系统	山西汾西矿业（集团）有限责任公司
75	矿用强力带式输送机全传动链智能监测与防控系统	西安科技大学
76	煤矿事故隐患排查管控体系与智能化云服务平台	中国矿业大学（北京）
77	车站运输系统远程集中控制技术研究与应用	兖州煤业股份有限公司
78	突出参数快速测定技术及集约管控平台研发与示范	阳泉煤业（集团）有限责任公司
79	基于多传感器融合的煤流智能测量系统的研发及应用	晋能控股集团有限公司
80	基于EtherCAT协议的高性能矿井电力监控系统研究	河南理工大学
81	基于大数据分析的煤矿工作面设备综合监测及故障预警系统	兖州煤业股份有限公司
82	基于图像识别的井下动目标监测技术及系统	煤炭科学技术研究院有限公司
83	三软中厚煤层高强开采瓦斯综合防治技术研究	陕西陕煤澄合矿业有限公司
84	煤矿火区快速隔离密闭与大流量惰气治灾应急处置系统及技术	淮北矿业（集团）有限责任公司
85	复杂环境煤炭自燃规律及多维阻燃抑燃技术	山东科技大学
86	高阻矿井易自燃特厚煤层综放开采通风防灭火关键技术研究	中国矿业大学（北京）
87	顶板巷卸压瓦斯抽采诱导遗煤自燃灾变机制及协同防治技术	河南理工大学
88	复合构造区控制型冲击地压机理与分源防控技术	陕西彬长矿业集团有限公司
89	远距离上保护层保护效果评价研究及综合治理技术应用	平顶山天安煤业股份有限公司

(续)

序号	项目名称	第一完成单位
90	突出煤层瓦斯局部异常带精准防治技术及评价体系	河南神火煤电股份有限公司
91	低渗煤层冲压协同增透抽采瓦斯关键技术与装备研究及应用	河南能源化工集团研究总院有限公司
92	大倾角高瓦斯煤层综放沿空掘巷非对称围岩控制及邻近采空区灾害防控技术	兖矿新疆矿业有限公司硫磺沟煤矿
93	复杂漏风条件下大面积立体采空区煤自燃防控关键技术	西安科技大学
94	煤矿气水射流防尘技术研究	江苏大学
95	神东矿区特大采高超长走向综采工作面防灭火技术研究	神华神东煤炭集团有限责任公司
96	煤自燃多元信息时空演化规律及纳米无机高效阻化技术研究	西安科技大学
97	单一厚煤层高位走向大直径钻孔代替高抽巷瓦斯抽采技术研究	陕西陕煤铜川矿业有限公司
98	高瓦斯大采高工作面走向长钻孔与高抽巷协同抽采关键技术研究	山西和顺天池能源有限责任公司
99	红庆梁煤矿煤炭自燃防治技术体系建立与应用研究	辽宁工程技术大学
100	松软煤层瓦斯抽采钻孔关键技术及应用	河南理工大学
101	大采高超长工作面放顶煤开采瓦斯涌出多源精准预测及综合防治	中煤能源研究院有限公司
102	低透煤层采动分区水力"冲-注"卸压驱替瓦斯效应及抽采增效关键技术研究	山东科技大学
103	焦作矿区突出煤层瓦斯综合治理关键技术研究	焦作煤业（集团）有限责任公司
104	低透难解吸高瓦斯煤层开采瓦斯精准治理技术	辽宁工程技术大学
105	基于微色谱和正压输气技术的井下火灾监测系统	西安科技大学
106	大型循环换热分离一体化设备的研制及应用	国家能源集团宁夏煤业有限责任公司
107	民用燃煤清洁取暖关键技术	兖矿集团有限公司
108	带内构件干扰床及界面作用强化煤粒与脉石分离关键技术与应用	华北科技学院
109	高泥化极难浮选煤泥水处理关键技术及智能化研究与应用	淮南矿业（集团）有限责任公司
110	智能装车系统关键技术的研究与应用	神华神东煤炭集团有限责任公司
111	基于计算机视觉的煤中杂物智能分拣系统研究	北京圆之翰工程技术有限公司
112	大型煤基活性炭生产工艺与装备产业化研究	神华新疆能源有限责任公司
113	苯部分加氢催化剂制备技术开发及工业化应用	唐山中浩化工有限公司
114	废弃矿井地下水污染风险评价与控制技术	中国矿业大学
115	基于多元污染因子监测的趋势分析及分级预警技术研究与应用	开滦（集团）有限公司
116	选煤技术经济一体化产品结构优化数学模型的研究与应用	黑龙江龙煤鹤岗矿业有限责任公司
117	大型工业化低阶粉煤回转热解成套技术开发与应用	陕西煤业化工集团神木天元化工有限公司
118	煤泥高效分级、分选工艺与装备研究	国家能源集团宁夏煤业有限责任公司洗选中心
119	低品位硅藻土选矿和深加工与应用技术及产业化	中国矿业大学（北京）
120	高品质醋酸成套工艺技术开发与应用	兖矿水煤浆气化及煤化工国家工程研究中心有限公司
121	本体聚合共聚甲醛技术升级与工程示范	兖矿鲁南化工有限公司
122	《建筑物、水体、铁路及主要井巷煤柱留设与压煤开采规范》修订研究	煤炭科学研究总院
123	煤炭间接液化领域产品系列标准的研制	中科合成油技术有限公司

（续）

序号	项　目　名　称	第一完成单位
124	AQ 1052—2008《矿用二氧化碳传感器通用技术条件》等2项标准	煤科集团沈阳研究院有限公司
125	煤炭企业总图运输设计标准	中煤西安设计工程有限责任公司
126	MT/T199《煤矿用全液压钻车通用技术条件》等8项煤矿钻凿机械系列标准	煤炭科学技术研究院有限公司
127	煤矿采空区岩土工程勘察规范（GB 51044—2014）（2017年版）	中煤科工集团武汉设计研究院有限公司
128	基于生命周期理论潞安"12345"安全生产预警管理研究与应用	潞安环保能源开发股份有限公司
129	中国能源与水的协同发展策略研究	中国矿业大学（北京）
130	煤电路企业业务合作机制研究	国家能源技术经济研究院
131	煤炭生产专业化服务计价体系研究	国家能源投资集团有限责任公司
132	眩晕性疾病的神经平衡机能研究	开滦总医院
133	乳腺癌患者乳房单纯切除术和乳房切除术后立即再造的Meta分析	华北理工大学
134	低剂量甲氨蝶呤对大鼠脊髓损伤早期不同时段减压后影响	晋城大医院
135	补阳还五汤对实验性自身免疫性脑脊髓的神经保护作用研究	山西中医药大学
136	临床药师干预对华法林抗凝治疗的影响研究	晋城大医院
137	乳腺癌患者C-erbB-2、CD34、ER表达与超声征象相关性研究	应急总医院

三等奖（154项）

序号	项　目　名　称	第一完成单位
1	煤矿井下钻孔成果综合解析技术研究及应用	西安科技大学
2	浅埋煤层开采多源水害防治技术研究	陕煤集团神木张家峁矿业有限公司
3	深部隐伏陷落柱导水控制机理及防治技术研究	冀中能源股份有限公司
4	基于煤炭地质云的煤矿地质信息集成与融合	陕西省煤田地质集团有限公司
5	大直径定向钻孔钻进工艺及配套设备研究	山西晋城无烟煤矿业集团有限责任公司
6	大采高超长工作面底板水害防治技术及应用	晋能控股集团有限公司
7	蒙陕深部矿区高承压多重含水层下厚煤层控水安全开采技术研究与应用	中煤西北能源有限公司
8	大型矿区CORS系统建设与智能监测系统研究应用	兖州煤业股份有限公司
9	开滦矿区开采智能规划动态信息系统研究	开滦（集团）有限责任公司
10	近松散含水层采动涌水溃砂致灾机理及防治关键技术	临沂大学
11	基于流固耦合的峰峰组有效隔水层厚度临界值定量分析研究及应用	晋能控股集团有限公司
12	复杂地质条件下构造控水机理与水源识别技术研究与应用	晋能控股集团有限公司
13	立体多水平分支定位孔快速封堵特大突水点技术研究及应用	焦作市神龙水文地质工程有限公司
14	厚松散层薄基岩下重复采动留设防砂煤岩柱研究	兖州煤业股份有限公司
15	大采高厚湿陷性黄土地表沉陷异常机理及防治对策研究	山西霍尔辛赫煤业有限责任公司
16	煤层气可采性与可压裂性测井评价技术	西安石油大学

（续）

序号	项目名称	第一完成单位
17	桥梁群开采损害机理及监测防控技术研究	冀中能源峰峰集团有限公司
18	多属性反演技术预测煤层顶板砂岩富水性、稳定性研究	内蒙古黄陶勒盖煤炭有限责任公司
19	采煤沉陷影响下京张高速公路变形破坏特征及应急维护研究	河北交投京张高速公路有限公司
20	大变形巷道分级超前支护关键技术及装备研发与应用	天地科技股份有限公司
21	同系煤层共采巷道协同支护技术研究	河南神火煤电股份有限公司
22	煤矿薄喷封闭支护关键技术与装备	兖州煤业股份有限公司
23	深部强扰动和强时效下多场多相渗流理论与工程应用	中国矿业大学（北京）
24	高应力穿断层群巷道围岩力学特性及控制技术研究与应用	山西潞安环保能源开发股份有限公司五阳煤矿
25	浅埋弱胶结顶板巷道蠕变失稳及协调承载控制技术	北京昊华能源股份有限公司
26	煤巷锚杆支护预应力场分布规律与阳泉矿区支护技术研究及应用	阳泉煤业（集团）股份有限公司
27	深井薄基岩大断面煤层大巷综合控制技术研究	焦作煤业集团赵固（新乡）能源有限责任公司
28	煤巷开挖典型非线性力学行为特征及主动支护关键技术	中国矿业大学（北京）
29	鄂尔多斯深埋厚煤层留顶煤大跨度沿空掘巷关键技术及应用	兖州煤业鄂尔多斯能化有限公司
30	高瓦斯中厚煤层综采工作面无煤柱沿空留巷关键技术研究与应用	山西煤炭进出口集团鹿台山煤业有限公司
31	大倾角、硬岩复杂条件巷道掘锚护一体化快速掘进装备与技术	淮北矿业股份有限公司
32	1400 m超深矿井倾斜保护层开采下巷道围岩控制技术	天地科技股份有限公司
33	基于胀锁式对穿锚索的预留煤柱双向加固技术研究及应用	兖州煤业股份有限公司
34	乡宁矿区深井强动压煤巷围岩稳定控制技术	山西乡宁焦煤集团有限责任公司
35	深井厚煤层上向分层膏体充填综采技术研究	山东新河矿业有限公司
36	煤层群遗煤安全高效开采基础与关键技术研究	中国矿业大学
37	浅埋薄基岩大采高工作面顶板结构及其运动规律实证研究	西安科技大学
38	高瓦斯综放面迎采掘巷无煤柱煤与瓦斯共采技术	山西高河能源有限公司
39	组合煤层放顶煤上覆岩层运移与破坏规律研究	华北科技学院
40	厚煤层放顶煤条件下区段煤柱稳定性与合理留设尺寸研究	中国矿业大学（北京）
41	煤炭资源近净开采技术体系与工程实践	冀中能源邢台矿业集团有限责任公司
42	厚硬顶板大型构造区冲击地压防控关键技术研究	天地科技股份有限公司
43	兖州矿区矿震灾害机理与防治技术	兖州煤业股份有限公司
44	复杂薄煤层工作面机械化沿空留巷系统研究及应用	冀中能源股份有限公司章村矿
45	特厚煤层错层位区段煤柱尺寸优化与应用	兖州煤业股份有限公司
46	离柳矿区切顶留巷成套关键技术及全周期矿压规律研究	山西焦煤集团有限责任公司
47	急倾斜特厚煤层综放开采沉陷规律与复杂建筑群下采关键技术研究	华亭煤业集团有限责任公司
48	中厚煤层超长工作面超前应力场演化特征及三巷围岩控制技术研究	河南龙宇能源股份有限公司
49	极不稳定软弱煤层无煤柱开采关键技术研究	河南理工大学
50	近奥灰易自燃特厚煤层弧岛综放开采安全保障技术研究	安徽理工大学
51	断层群及多采空区叠加影响下大巷煤柱回收防冲关键技术	山东唐口煤业有限公司
52	极近距煤层群下行开采巷道支护技术研究	西安科技大学

(续)

序号	项目名称	第一完成单位
53	冲击倾向性煤层顶板动态大数据精准管理技术研究	江苏徐矿能源股份有限公司张双楼煤矿
54	浅埋双向倾斜综放工作面安全高效开采关键技术研究	国家能源集团国神黄玉川煤矿
55	神东矿区厚煤层大断面空巷群区域煤炭安全高效开采关键技术	神华神东煤炭集团有限责任公司
56	短壁连采密实充填安全环保高效开采关键技术及实践	新汶矿业集团有限责任公司孙村煤矿
57	官板乌素煤矿坚硬特厚煤层综放回采率优化关键技术研究	内蒙古准格尔旗特弘煤炭有限公司官板乌素煤矿
58	近距离薄煤层群开采顶板垮落灾害演化规律研究与应用	太原理工大学
59	深部开采综放工作面防冲型采煤工作面移动式液压锚固钻车研究与应用	枣庄矿业（集团）有限责任公司田陈煤矿
60	高效能充填支架研发与关键技术	山东康格能源科技有限公司
61	综掘机智能控制关键技术研究与应用	淮北矿业股份有限公司
62	大倾角综放面远距离恒压自动供液系统关键技术研究与应用	霍州煤电集团有限责任公司
63	带有馈电功能的3.3KV动力中心用组合开关的研制与应用	阳泉煤业（集团）股份有限公司
64	煤矿井下大功率异形轨卡轨车运输系统研究与应用	枣庄矿业（集团）有限公司柴里煤矿
65	防爆型锂电池电机车的研制与应用	枣庄联鑫实业有限责任公司
66	EBH320硬岩掘进机研制及应用	兖矿东华重工有限公司
67	矿用机电一体化程控阀门电动装置研制与应用	天地（常州）自动化股份有限公司
68	冲击地压区域综放工作面刮板机轻量化设计和智能控制技术研究及应用	中国矿业大学
69	WPZ系列全方位多功能巷道修复机研制及产业化	石家庄煤矿机械有限责任公司
70	矿井提升机盘式制动器智能监测冗余液压制动系统的开发与应用	晋能控股集团有限公司
71	煤矿自动化信息化系统与机电设备远程运维及预测性维护平台	天地（常州）自动化股份有限公司
72	矿井高效辅助运输技术的研究与应用	内蒙古黄陶勒盖煤炭有限公司
73	高适应性掘进液压支架装备与工艺研究	淮北矿业股份有限公司
74	基于大数据平台的煤矿供电快速恢复及安全稳定控制系统研究与应用	兖州煤业股份有限公司
75	井下供电自动化计量监测系统研发	阳泉煤业（集团）有限责任公司
76	基于北斗技术异构网络综合业务移动通信系统	北斗天地股份有限公司
77	煤矿物联网平台与单兵装备的开发与应用	淮北矿业股份有限公司
78	井下水仓积淤监测预警系统与智能清淤机器人研制	内蒙古黄陶勒盖煤炭有限公司
79	煤矿安全风险和隐患双重预防信息化平台建设	陕西陕煤韩城矿业有限公司
80	面向煤矿工程机械大型结构件的机器人焊接生产线关键技术研究与应用示范	山东能源重型装备制造集团有限责任公司
81	露天矿高寒环境下带式输送机巡检机器人研究与应用	中国矿业大学
82	煤炭铁路运输智能机器人采样系统	兖州煤业股份有限公司
83	基于光纤自愈环网的煤矿智能供电系统的研究与应用	永煤控股供电分公司
84	斜巷绞车智能化控制技术及系统的研发	枣庄矿业集团新安煤业有限公司
85	矿山提升容器安全运行监测系统	内蒙古昊盛煤业有限公司

（续）

序号	项 目 名 称	第一完成单位
86	基于全周期价值链的一体化集团型煤矿企业设备管控系统研究与应用	国家能源投资集团有限责任公司
87	基于"一张图"的煤机装备4S全生命周期管理系统研发与应用	阳泉煤业（集团）有限责任公司
88	煤层高效预裂综合防灾技术研究与应用	兖州煤业股份有限公司
89	高阳煤矿综放面耦合惰气综合防灭火技术研究	山西汾西矿业（集团）有限责任公司高阳煤矿
90	离柳矿区二叠系煤层解吸气地球化学特征及瓦斯来源分析	山西汾西矿业集团有限责任公司
91	浅埋藏巨厚煤层慢采条件下防灭火技术研究与应用	鄂尔多斯市国源矿业开发有限责任公司
92	基于空化射流的低渗煤层水力切压联合增透技术及应用	煤炭科学技术研究院有限公司
93	彬长矿区低阶煤储层水力脉冲致裂增透与瓦斯高效抽采关键技术研究	陕西彬长矿业集团有限公司
94	多重采空区下厚煤层开采瓦斯与火灾害协同防治技术研究与应用	国家能源集团乌海能源有限责任公司
95	神东矿区现代化矿井综合防尘技术研究	神华神东煤炭集团有限责任公司
96	矿井通风管理系统信息化和矿井通风优化研究	阳泉煤业（集团）有限责任公司
97	煤矿综掘面强润高倍泡沫定向除尘技术工艺研究	滨州学院
98	煤矿井下坚硬顶板强矿压灾害定向长钻孔分段水力压裂超前防治技术及装备	神华神东煤炭集团有限责任公司
99	鄂尔多斯深部矿区冲击地压发生机制与防治关键技术	兖州煤业鄂尔多斯能化有限公司
100	煤矿冲击地压的区域判识预警与动态调控关键技术	黑龙江龙煤鹤岗矿业有限公司
101	李雅庄煤矿通风系统状态预测分析与保障技术研究	辽宁工程技术大学
102	特厚煤层超大工作面低氧及采空区自燃综合防治技术研究	神华神东煤炭集团有限责任公司
103	千万吨级矿井控风系统关键技术与装备研发	神华神东煤炭集团有限责任公司
104	瓦斯－煤自燃耦合规律与协同预控技术研究	阳泉煤业（集团）有限责任公司
105	多煤层开采典型动力灾害发生机理及防治研究	黑龙江龙煤鹤岗矿业有限公司
106	彬长矿区高地温煤自燃致灾机理及自燃智能预警技术研究与应用	陕西彬长矿业集团有限公司
107	近距离上覆复杂遗煤区域综合防灭火技术研究	江苏徐矿能源股份有限公司张双楼煤矿
108	霍尔辛赫煤层增透与抽采钻孔稳定性维护技术研究	山西霍尔辛赫煤业有限公司
109	永夏矿区定向多分支长钻孔区域瓦斯抽采技术研究及示范	河南能源化工集团研究总院有限公司
110	基于大数据框架下瓦斯灾害分析与综合治理技术精准优选研究	西山煤电（集团）有限公司
111	复杂地质条件下长距离推进综放工作面安全保障技术	晋能控股集团有限公司
112	复合顶板单一厚煤层综放开采单"U"通风＋高抽巷瓦斯综合治理技术研究	山西潞安集团余吾煤业有限责任公司
113	煤矿采煤工作面粉尘防治关键技术及管控标准研究	西山煤电（集团）有限公司
114	多元离子与黏附材料协同改性细水雾化颗粒高效除尘系统研究及应用	山西潞安环保能源开发股份有限公司常村煤矿
115	深部强冲击地压煤层瓦斯与火灾害协同防控技术研究与实践	枣庄矿业集团滕东煤业有限公司
116	煤田火区非控燃烧热动力学过程与治理方法	西安科技大学
117	基于瓦斯治理的大采长工作面不同通风系统的控制效果对比及参数优化技术研究	阳泉煤业（集团）有限责任公司

（续）

序号	项目名称	第一完成单位
118	大型煤气化装置高硬高碱灰水系统新型水处理剂关键技术	内蒙古荣信化工有限公司
119	高效回收与深度环保的油页岩干馏工艺	抚顺矿业集团有限责任公司
120	神东优质煤重介旋流器高效旋流分选技术研究	神华神东煤炭集团有限责任公司
121	高变质无烟煤深度分选核心技术研究与应用	冀中能源股份有限公司章村矿
122	400万吨年煤炭间接液化项目关键仪表国产化研发与应用	国家能源集团宁夏煤业有限责任公司
123	中低温干馏半焦多途径燃用关键技术研究	西安热工研究院有限公司
124	酸刺沟煤矿矿井水控制、处理、利用、回灌与生态环保五位一体优化组合研究	中国矿业大学（北京）
125	高泥化煤泥水絮凝沉降特性研究及高效助滤脱水技术开发	陕西煤化选煤技术有限公司
126	基于机器视觉的智能煤矸识别与分选技术	唐山开滦林西矿业公司
127	洗煤厂高可靠性弛张筛的研制	晋能控股集团有限公司
128	高潜水位煤粮复合矿区煤矸石充填复垦土地高效利用关键技术	安徽理工大学
129	城郊选煤厂自动化及系统优化的研究与应用	河南省正龙煤业有限公司城郊选煤厂
130	基于精煤均质化和产率最大化原则的工艺系统改造探索与实践	新汶矿业集团有限责任公司洗煤分公司
131	百万吨醋酸生产装置关键技术研发与应用	兖矿鲁南化工有限公司
132	醋酸酯装置优化运行及产能提升技术研究与应用	兖矿鲁南化工有限公司
133	基于移动床的新型粉煤快速热解技术开发	山东科技大学
134	大型CFB锅炉燃烧优化控制节能技术研究与应用	山东华聚能源股份有限公司
135	高寒地区矿井回风用低温热管热能提取技术研究与应用	神华神东煤炭集团有限责任公司
136	水仓沉淀池"滤—清—运"一体化处理系统设计及工程应用	山西三元煤业股份有限公司
137	煤炭工业露天矿节能设计规范	中煤西安设计工程有限责任公司
138	煤矿主要工序能耗等级和限值系列标准研制	煤炭科学技术研究院有限公司
139	煤矿用电缆阻燃性能的试验方法和判定规则	中煤科工集团上海研究院有限公司
140	煤炭工业露天矿矿山运输工程设计标准	中煤西安设计工程有限责任公司
141	滚筒采煤机通用技术条件第1部分：整机	天地科技股份有限公司上海分公司
142	《固体矿产勘查地质资料综合整理综合研究技术要求》修订研究	自然资源部矿产资源储量评审中心
143	MT/T 980—2006《煤矿气体检测用一氧化碳元件》等2项标准	国家煤矿防爆安全产品质量监督检验中心
144	矿山井架设计标准	中煤邯郸工程设计有限责任公司
145	煤炭清洁利用系统性研究	煤炭工业规划设计研究院有限公司
146	基于内部市场化的信息管理系统的建立与实践	淮矿西部煤矿投资管理有限公司
147	复杂条件老矿区千人矿井"三核"驱动创新体系建设与实践	黑龙江龙煤鹤岗矿业有限公司
148	基于ESAP及安全行为契约的自控群控动态管理系统研究与开发	山东科技大学
149	超声引导下聚桂醇原液联合泡沫硬化剂治疗甲状腺囊实性结节的研究	晋城大医院
150	胸腹股联合双蒂皮瓣游离移植修复大创面的临床应用研究	晋城大医院
151	2型糖尿病人群非酒精性脂肪肝发生的危险因素探讨	开滦总医院
152	药物临床试验机构的风险管理	应急总医院
153	卵巢功能抑制对绝经前期乳腺癌患者的预后分析	华北理工大学
154	基于大型职业人群的心血管疾病保护及危险因素研究	开滦总医院

(续)

序号	标 准 编 号	标 准 名 称
66	GB/T 33688—2017	选煤磁选设备工艺效果评定方法
67	GB/T 33689—2017	选煤试验方法一般规定
68	GB/T 33690—2017	煤炭液化反应性的高压釜试验方法
69	GB/T 34164—2017	选煤厂浮选工艺效果评定方法
70	GB/T 34229—2017	煤层气井试井方法 钻杆地层测试法
71	GB/T 34230—2017	煤和煤矸石淋溶试验方法
72	GB/T 34231—2017	煤炭燃烧残余物烧失量测定方法
73	GB/T 34547—2017	煤矿区煤层气地面抽采效果检测与评价
74	GB/T 35051—2018	选煤厂洗水闭路循环等级
75	GB/T 35052—2018	选煤厂重介质旋流器悬浮液中磁性物含量的测定方法
76	GB/T 35053—2018	煤层气含量测定用密闭取心方法
77	GB/T 35054—2018	选煤用重介质旋流器工艺性能试验方法及判定规则
78	GB/T 35055—2018	卧式刮刀卸料煤泥离心机
79	GB/T 35056—2018	煤矿巷道锚杆支护技术规范
80	GB/T 35057—2018	煤矸石烧结砖隧道窑余热利用技术规范
81	GB/T 35058—2018	提质煤煤质特征评价技术指南
82	GB/T 35059—2018	提质煤复吸水分测定方法
83	GB/T 35060.1—2018	滚筒采煤机通用技术条件 第1部分：整机
84	GB/T 35060.2—2018	滚筒采煤机通用技术条件 第2部分：截割传动装置
85	GB/T 35060.3—2018	滚筒采煤机通用技术条件 第3部分：行走驱动装置
86	GB/T 35060.4—2021	滚筒采煤机通用技术条件 第4部分：电气控制系统
87	GB/T 35061—2018	高频煤泥回收筛
88	GB/T 35062—2018	低阶煤提质技术术语
89	GB/T 35063—2018	煤基伴生油页岩油
90	GB/T 35066—2018	干扰床分选机
91	GB/T 35983—2018	煤样制备除尘系统通用技术条件
92	GB/T 35984—2018	煤和焦炭的固体残余物中全碳、可燃碳和碳酸盐碳的测定方法
93	GB/T 35985—2018	煤炭分析结果基的换算
94	GB/T 35986—2018	煤矸石烧失量的测定
95	GB/T 36167—2018	选煤实验室分步释放浮选试验方法
96	GB/T 37573—2019	露天煤矿边坡稳定性年度评价技术规范
97	GB/T 37574—2019	采煤塌陷区水资源环境调查与评价方法
98	GB/T 37611—2019	综采综放工作面超前支护系统技术条件
99	GB/T 37667—2019	煤灰中铁、钙、镁、钾、钠、锰、磷、铝、钛、钡和锶的测定 电感耦合等离子体原子发射光谱法
100	GB/T 37673—2019	煤灰中硅、铝、铁、钙、镁、钠、钾、磷、钛、锰、钡、锶的测定 X射线荧光光谱法
101	GB/T 37697—2019	露天煤矿边坡变形监测技术规范

(续)

序号	标准编号	标准名称
102	GB/T 37767—2019	煤矿绿色矿山评价指标
103	GB/T 37768—2019	中厚煤层综采工作面总体配套技术条件
104	GB/T 37769—2019	煤灰熔融性测定仪性能验收导则
105	GB/T 37771—2019	煤矿综采工作面总体配套导则
106	GB/T 37806—2019	薄煤层综采工作面总体配套技术条件
107	GB/T 37807—2019	露天煤矿井采采空区勘查技术规范
108	GB/T 37808—2019	综采综放工作面常规供电系统设计规范
109	GB/T 37809—2019	大倾角综采工作面总体配套技术条件
110	GB/T 37810—2019	大采高综采工作面总体配套技术条件
111	GB/T 37811—2019	综采放顶煤工作面总体配套技术条件
112	GB/T 37812—2019	大倾角综放工作面总体配套技术条件
113	GB/T 37814—2019	综采综放工作面远距离供电系统技术规范
114	GB/T 37815—2019	综采综放工作面智能降尘系统技术条件
115	GB/T 38110—2019	煤矿采矿技术文件用图形符号
116	GB/T 39336—2020	沿空留巷高水材料巷旁袋式充填技术要求
117	GB/T 39337—2020	综合机械化超高水材料袋式充填采煤技术要求
118	GB/T 39338—2020	综合机械化固体充填采煤技术要求
119	GB/T 39538—2020	煤中砷、硒、汞的测定 氢化物发生—原子荧光光谱法
120	GB/T 39963—2021	立井冻结法凿井井壁应用C80～C100混凝土技术规程
121	GB/T 50417—2017	煤矿井下供配电设计规范
122	GB/T 50451—2017	煤矿井下排水泵站及排水管路设计规范
123	GB/T 50466—2018	煤炭工业供暖通风与空气调节设计标准
124	GB/T 50554—2017	煤炭工业矿井工程建设项目设计文件编制标准
125	GB/T 50518—2020	矿井通风安全装备配置标准
126	GB/T 50562—2019	煤炭矿井工程基本术语标准
127	GB/T 51169—2016	煤炭工业矿井采掘设备配备标准
128	GB/T 51229—2017	矿井建井排水技术规范
129	GB/T 51277—2018	矿山立井冻结法施工及质量验收标准
130	GB/T 51272—2018	煤炭工业智能化矿井设计规范
131	GB/T 51288—2018	矿山斜井冻结法施工及质量验收标准

(二) 2016—2020年批准发布的煤炭标准 (MT)

序号	标准编号	标准名称
1	MT/T 117—2020	采煤机用电缆夹板
2	MT/T 122.1—2019	额定电压1.14 kV及以下采煤机隔离开关
3	MT/T 154.2—2019	煤矿用机电产品型号编制方法第2部分：电器产品型号编制方法

(续)

序号	标准编号	标准名称
4	MT/T 159—2019	矿用除尘器通用技术条件
5	MT/T 161—2020	滤尘送风式防尘口罩通用技术条件
6	MT/T 163—2019	直读式粉尘浓度测量仪通用技术条件
7	MT/T 164—2019	矿用涂覆布风筒通用技术条件
8	MT/T 222—2019	煤矿用局部通风机技术条件
9	MT/T 244.1—2020	煤矿窄轨车辆连接件 连接链
10	MT/T 244.2—2020	煤矿窄轨车辆连接件 连接插销
11	MT/T 249—2019	YBSD系列矿用隔爆型双速三相异步电机
12	MT/T 317—2019	煤矿用输送带整体带芯
13	MT/T 411—2019	YBI系列装岩机用隔爆型三相异步电动机
14	MT/T 441—2020	巷道掘进混合式通风技术规范
15	MT/T 489—2020	矿用液压轴向柱塞泵
16	MT/T 502—2020	粉尘采样器检定装置通用技术条件
17	MT/T 503—2019	光控自动喷雾降尘装置通用技术条件
18	MT/T 507—2019	煤岩分析方法一般规定
19	MT/T 626—2019	矿井均压防灭火技术规范
20	MT/T 634—2019	煤矿矿井风量计算方法
21	MT/T 635—2020	矿井巷道通风摩擦阻力系数测定方法
22	MT/T 639—2019	钻孔瓦斯涌出初速度的测定方法
23	MT/T 668—2019	煤矿用钢丝绳芯阻燃输送带
24	MT/T 700—2019	煤矿防灭火用阻化剂通用技术条件
25	MT/T 693—2019	矿用无线电波透视仪通用技术条件
26	MT/T 702—2020	煤矿灌（注）浆防灭火技术规范
27	MT/T 716—2019	煤矿重要用途钢丝绳验收技术条件
28	MT/T 717—2019	煤矿重要用途在用钢丝绳性能测定方法及判定规则
29	MT/T 757—2019	煤矿自然发火束管监测系统通用技术条件
30	MT/T 907—2019	矿用隔爆型电动激振器
31	MT/T 914—2019	煤矿用织物芯阻燃输送带
32	MT/T 943—2019	矿用低压交流软起动器
33	MT/T 962—2019	煤矿带式输送机滚筒用包覆层
34	MT/T 1012—2019	煤的转鼓试验方法
35	MT/T 1037—2019	预抽回采工作面瓦斯区域防突措施效果检验方法
36	MT/T 1038—2019	煤矿许用被筒炸药技术条件
37	MT/T 1040—2019	采煤机变频调速装置用YBVF系列行走电动机技术条件
38	MT/T 1166—2019	可伸缩带式输送机自移机尾
39	MT/T 1167—2019	安全高效现代化矿井技术规范
40	MT/T 1168—2019	刨煤机检验规范
41	MT/T 1169—2019	矿井感应通信系统通用技术条件

（续）

序号	标准编号	标准名称
42	MT/T 1170—2019	煤矿带式输送监控系统通用技术条件
43	MT/T 1171—2019	煤矿井下浮游粉尘浓度检测技术规范
44	MT/T 1172—2019	矿用移动式注浆泵技术条件
45	MT/T 1173—2019	煤层透气性系数测定方法——径向流量法
46	MT/T 1174—2019	煤层瓦斯风化带确定方法
47	MT/T 1175—2019	输送瓦斯用钢管
48	MT/T 1176—2019	矿用钢丝绳芯输送带探伤装置
49	MT/T 1177—2019	矿用架线式电机车用变频调速装置
50	MT/T 1178—2019	矿用防爆高压变频器
51	MT/T 1179—2019	煤中焦油含量分级
52	MT/T 1180—2019	煤用浮选机工艺性能试验方法及判定规则
53	MT/T 1181—2019	炼焦煤炼焦试验方法
54	MT/T 1182—2019	煤基腐殖酸钾
55	MT/T 1183—2020	露天矿边坡稳定性分析及岩移监测方法
56	MT/T 1184—2020	露天煤矿剥离采煤安全技术规范
57	MT/T 1185—2020	露天煤矿排土场技术规范
58	MT/T 1186—2020	露天煤矿运输安全技术规范
59	MT/T 1187—2020	煤矿用声级传感器
60	MT/T 1188—2020	综采工作面综合防尘技术规范
61	MT/T 1189—2020	综掘工作面综合防尘技术规范
62	MT/T 1190—2020	煤矿用液压扒斗式装载机
63	MT/T 1191—2020	井下锚杆锚固参数机械波无损检测仪通用技术条件
64	MT/T 1192—2020	液压支架用防冻液
65	MT/T 1193—2020	矿用钻孔深度声波检测仪
66	MT/T 1194—2020	矿用一般型超级电容器电机车
67	MT/T 1195—2020	煤中碳氢测定仪检定规程
68	MT/T 1196—2020	地面煤层气井压裂施工设计规范
69	MT/T 1197—2020	井工煤矿地质类型划分

（三）2016—2020年批准发布的能源标准（NB）

序号	标准编号	标准名称
1	NB/T 10046—2018	矿用风冷调速型磁力耦合器
2	NB/T 10047—2018	煤矿井下作业劳保安全技术规范
3	NB/T 10048—2018	煤矿在用滚筒驱动带式输送机安全运行规范
4	NB/T 10049—2018	煤矿在用电机车检测检验规范
5	NB/T 10050—2018	煤矿在用竖井提升系统防坠器检测检验规范
6	NB/T 10051—2018	煤矿供电防越级跳闸系统

(续)

序号	标准编号	标准名称
7	NB/T 10052—2018	煤矿矿井水净化处理超磁分离工艺操作指南
8	NB/T 10053—2018	煤矿斜井冻结施工技术规范
9	NB/T 10054—2018	油页岩的常规分析方法
10	NB/T 10055—2018	采煤工程师岗位能力评价要求
11	NB/T 10056—2018	低透气性煤层穿层钻孔液态二氧化碳相变致裂工艺技术要求
12	NB/T 10057—2018	低透气性突出煤层钻割一体化工艺技术要求
13	NB/T 10058—2018	煤矿机电工程师岗位能力评价要求
14	NB/T 10059—2018	煤矿掘进工程师岗位能力评价要求
15	NB/T 10060—2018	煤矿通风工程师岗位能力评价要求
16	NB/T 10221—2019	盾构始发与接收冻结法施工及验收规范
17	NB/T 10221—2020	隧道联络通道冻结法施工及验收规范
18	NB/T 10223—2019	煤炭建设工程资料归档及档案管理规范
19	NB/T 10244—2019	煤矿地面建筑安装工程绿色施工评价标准
20	NB/T 10245—2019	煤矿井巷及安装工程绿色施工评价标准
21	NB/T 10384—2019	整体铸造刮板输送机标准
22	NB/T 10356—2019	煤矿井下钻进防喷方法
23	NB/T 10357—2019	滤积式囊袋封孔技术规范
24	NB/T 10358—2019	滤积式囊袋封孔器通用技术条件
25	NB/T 10359—2019	煤与瓦斯突出报警技术方法
26	NB/T 10360—2019	煤矿瓦斯地质图管理技术规范
27	NB/T 10361—2019	矿井通风网络实时监测技术方法
28	NB/T 10362—2019	煤矿低浓度瓦斯氧化利用工程设计规范
29	NB/T 10363—2019	煤矿瓦斯抽采达标评价指标测定方法
30	NB/T 10364—2019	综合机械化放顶煤工作面瓦斯涌出量预测方法
31	NB/T 10365—2019	煤矿采动影响区瓦斯抽采地面直井设计规范
32	NB/T 10366—2019	煤矿卸压瓦斯地面钻井抽采技术方法
33	NB/T 10367—2019	煤矿瓦斯利用术语与定义
34	NB/T 10368—2019	矿用钻孔轨迹随钻测定仪
35	NB/T 10369—2019	矿用塑料护套保温钢管
36	NB/T 10370—2019	煤矿抽放瓦斯用焊接不锈钢管性能检验规范
37	NB/T 10371—2019	煤矿抽放瓦斯用涂（覆）层加强筋螺旋焊接钢管性
38	NB/T 10372—2019	煤矿井下用钢塑复合防护网
39	NB/T 10373—2019	煤炭井工开采绿色矿山建设规划编制基本要求
40	NB/T 10374—2019	煤炭井工开采绿色矿山建设技术要求
41	NB/T 10375—2019	煤炭井工开采绿色矿山建设评价规范
42	NB/T 10376—2019	封闭式储煤设施安全检测系统通用技术条件
43	NB/T 10377—2019	煤矿岩巷掘进空气柱装药光面爆破技术要求
44	NB/T 10378—2019	末精煤流化床干燥技术规范

(续)

序号	标准编号	标准名称
45	NB/T 10379—2019	高效工业锅炉用煤粉制备系统技术要求
46	NB/T 10380—2019	高效工业锅炉用煤粉通用技术条件
47	NB/T 10381—2019	煤矿充水水源氢氧稳定同位素示踪技术规范
48	NB/T 10382—2019	选煤用浮选复合药剂检测检验技术规范
49	NB/T 10383—2019	矿用液压自移无轨设备列车
50	NB/T 10384—2019	整体铸造刮板输送机
51	NB/T 51066—2017	煤炭工业建设工程检测规范
52	NB/T 51067—2017	综放工作面顶煤回收技术规范
53	NB/T 51068—2017	煤矿在用设备齿轮油铁谱分析方法 旋转式铁谱法
54	NB/T 51069—2017	煤矿加固煤岩体用高分子材料热安全性能测试方法
55	NB/T 51070—2017	煤矿膏体充填材料试验方法
56	NB/T 51071—2017	煤矿膏体充填体监测技术与方法
57	NB/T 51046—2016	综合机械化高水材料袋式充填采煤技术要求
58	NB/T 51047—2016	沿空留巷高水材料巷旁填充技术要求
59	NB/T 51048—2016	喷淋式矿井回风换热器
60	NB/T 51049—2016	矿井回风废热综合利用系统节能量评估
61	NB/T 51050—2016	矿用限矩型磁力耦合器
62	NB/T 51051—2016	煤炭建设工程资料管理标准
63	NB/T 51051—2016	煤炭建设工程资料管理标准
64	NB/T 51052—2016	煤炭建设露天剥离工程综合消耗量定额
65	NB/T 51053—2016	煤炭建设工程工程量清单项目及计算规则
66	NB/T 51054—2016	煤炭建设井巷工程消耗量定额
67	NB/T 51055—2016	煤炭建设地面建筑工程消耗量定额
68	NB/T 51056—2016	煤炭建设井巷工程辅助费基础定额
69	NB/T 51057—2016	煤炭建设井巷工程辅助费综合定额
70	NB/T 51058—2016	煤炭建设工程造价编制与管理办法
71	NB/T 51059—2016	煤炭建设特殊凿井工程消耗量定额
72	NB/T 51060—2016	煤炭建设机电安装工程消耗量定额
73	NB/T 51061—2016	煤炭建设凿井措施工程费指标
74	NB/T 51062—2016	煤炭建设工程施工机械台班费用定额
75	NB/T 51063—2016	煤炭建设工程费用定额
76	NB/T 51064—2016	煤炭建设其他费用规定
77	NB/T 51066—2017	煤炭工业建设工程检测规范
78	NB/T 51072—2017	煤炭建设机电安装工程概算指标
79	NB/T 51073—2017	煤炭建设井巷工程直接费概算定额
80	NB/T 51074—2017	煤炭建设井巷工程辅助费概算定额
81	NB/T 51075—2017	煤炭建设地面建筑工程概算指标
82	NB/T 51076—2017	煤炭建设特殊凿井工程概算定额

（四）2016—2020年批准发布的安全标准（AQ）

序号	标准编号	标准名称
1	AQ 1029—2019	煤矿安全监控系统及检测仪器使用管理规范
2	AQ 1049—2018	煤矿建设项目安全审核基本要求
3	AQ 1055—2018	煤矿建设项目安全设施设计审查和竣工验收规范
4	AQ/T 1087—2020	煤矿堵水用高分子材料
5	AQ/T 1089—2020	煤矿加固煤岩体用高分子材料
6	AQ/T 1090—2020	煤矿充填密闭用高分子发泡材料
7	AQ 1115—2018	煤层气地面开发建设项目安全设施设计审查和竣工验收规范
8	AQ 1116—2020	煤矿加固、堵水、充填和喷涂用高分子材料通用安全技术规范
9	AQ 1117—2020	煤矿井下注浆用高分子材料安全使用管理规范
10	AQ 2069—2019	矿用电梯安全技术要求
11	AQ 6201—2019	煤矿安全监控系统通用技术要求

（五）2016—2020年批准发布的团体标准（TB）

序号	标准编号	标准名称
1	T/CNCA001—2018	煤矿设备检修服务 通用要求
2	T/CNCA001—2020	固硫洁净型煤
3	T/CNCA002—2020	小型洁净型煤水暖炉技术条件
4	T/CNCA003—2020	煤直接液化柴油